现代仪器分析技术及应用

（第 2 版）

魏福祥　编著

中国石化出版社

内 容 提 要

本书重点介绍了7种仪器分析方法，即紫外－可见吸收光谱分析、红外吸收光谱分析、原子发射光谱分析、原子吸收光谱分析、气相色谱分析、高效液相色谱分析、质谱及联用技术。书中结合市场上最新仪器，简要介绍了仪器分析方法的原理、仪器结构，对仪器的硬件、软件进行了较详细的描述。主要阐述了每类分析方法的最新技术及最新进展。每种新技术在各个领域的应用都有最新的应用实例可供广大读者参考。

本书可作为高等院校化工、医药、环保、生物、食品、纺织等相关专业的仪器分析参考用书。还可供相关公司、科研单位从事理化检验或质量控制的相关人员参考。

图书在版编目(CIP)数据

现代仪器分析技术及应用/魏福祥编著．—2版．
—北京：中国石化出版社，2014.10
ISBN 978－7－5114－2957－5

Ⅰ．①现…　Ⅱ．①魏…　Ⅲ．①仪器分析　Ⅳ．①0657

中国版本图书馆CIP数据核字（2014）第205384号

中国石化出版社出版发行
地址：北京市东城区安定门外大街58号
邮编：100011　电话：(010)84271850
读者服务部电话：(010)84289974
http://www.sinopec-press.com
E-mail:press@sinopec.com
北京柏力行彩印有限公司印刷
全国各地新华书店经销
*
787×1092毫米16开本32印张1043千字
2015年1月第2版　2015年1月第1次印刷
定价：98.00元

前　言

随着现代科学技术蓬勃发展，对于分析仪器的准确度和灵敏度要求越来越高，现代仪器分析正是适应这种要求而发展起来的。仪器分析是依据各学科基本原理，综合利用电学、光学、计算机等先进技术，探知物质物理、化学特性的分析方法。随着科技发展和进步，现代分析仪器不断更新换代，新方法、新技术不断出现，仪器分析发展极为迅速。因此，为适应现代研究需要，适应科学技术发展，使相关工作者能够从容迎接和面对21世纪科学技术的挑战，作者结合多年来工作实践，2011年与岛津公司合作出版了《现代仪器分析技术及应用》一书，该书出版后，读者反映良好。此次再版，对书中内容稍作了修改，删除了部分章节，增加了部分新技术。

本书各章均包括概述、仪器技术及进展、相关技术在各个领域中的应用和使用注意事项。在内容上对基本理论仅作了简要阐述，尽量言简意明；重点介绍了现代分析仪器基本原理、仪器结构、数据控制及软件技术、实验技术、特点及在各个领域中的应用。在描述手法上，采用图文并茂的形式，将理论、方法、仪器和应用技术有机结合，力图反映仪器分析的最新发展。在应用方面，所选实例基本都是利用最新技术研究的新案例，并对仪器分析的最新动态和进展作了介绍。

参加本书第1版撰稿的有魏福祥(第1章、第2章)、王改珍(第3章)、李彤(第4章)、韩菊(第5章)、刘宝友(第6章)，第2版全书由魏福祥教授通读修订。

由于作者水平有限，书中难免存在错误和不足，敬请读者批评指正。

作　者

目　　录

第1章 绪 论

1.1 仪器分析分类

分析化学是人们获得物质组成、形态和结构等相关化学信息的科学。进入21世纪后，分析化学从定义、基础、原理、方法、仪器及技术上都发生了根本性的变化，突破了经典分析化学为主的局面，进入了以仪器分析为主的现代分析化学新时代。现代分析化学已远远超出化学学科的领域，它正把化学、数学、物理学、计算机科学、生物科学等结合起来，已经发展成一门多学科为基础的综合性科学，现代分析化学已进入分析科学阶段。仪器分析是现代分析化学的重要组成部分，其应用已渗透到工业、农业、国防等各个领域，是生命科学、环境科学、材料科学、食品科学等学科领域的重要研究手段。

仪器分析是以物质的物理或物理化学性质为基础，探求这些性质在分析过程中所产生的分析信号与被分析物质组成的内在关系和规律，进而对其进行定性、定量、形态和结构分析的一类测定方法。由于这类方法通常需要使用较特殊的分析仪器，故习惯上称为"仪器分析"。与化学分析相比，仪器分析具有样品用量少、测定快速、灵敏度高、准确性高和自动化程度高的显著特点，常用来测定微量、痕量组分，是分析化学的主要发展方向。特别是新的仪器分析方法不断出现，其应用也日益广泛，从而使仪器分析在分析化学中所占比重不断增大，并成为现代分析化学的重要支柱。

仪器分析现已发展成为一门多学科汇集的综合性应用科学，分类的方法很多，若根据分析的基本原理分类，主要有光学分析法、电化学分析法、色谱分析法、其他分析法等。

（1）光学分析法

光学分析是建立在物质与电磁辐射互相作用基础上的一类分析方法，包括原子发射光谱法、原子吸收光谱法、紫外-可见光谱法、红外光谱法、核磁共振波谱法和荧光光谱法。

（2）电化学分析法

电化学分析是建立在溶液电化学基础上的一类分析方法，包括电位分析法、电解和库仑分析法、伏安分析法以及电导分析法等。

（3）色谱分析法

色谱分析是利用混合物中各组分在互不相溶的两相（固定相和流动相）中吸附能力、分配系数或其他亲合作用的差异而建立的分离、测定方法。包括：气相色谱、高效液相色谱、超临界流体色谱、高效毛细管电泳等。

（4）其他分析法

包括质谱分析、元素分析、表面分析、热分析等。

质谱法是将待测物质置于离子源中被电离而形成带电离子，让离子加速并通过磁场后，离子将按质荷比（m/z）大小而被分离，形成质谱图。依据质谱线的位置和质谱线的相对强度建立的分析方法称为质谱法。质谱法可以单独使用，也可以和其他分析技术联合使用，如和气相色谱法或液相色谱法联用。质谱法从原理上和以上三类分析方法不同，但在应用上一般和紫外光谱、红外光谱、核磁共振波谱一起组成波谱分析法，所以仪器分析分类把它放在了光学分析中。

表1.1列出了仪器分析的类型、测量参数（或有关性质）以及相应的仪器分析方法。

表1.1 仪器分析分类

方法类型	测量参数或有关性质	相应的分析方法
光学分析法	辐射的吸收	原子吸收光谱法、紫外-可见分光光度法、红外分光光度法、核磁共振波谱法、荧光光谱法
	辐射的发射	原子发射光谱法、火焰光度法等
	辐射的散射	比浊法、拉曼光谱法、散射浊度法
	辐射的折射	折射法、干涉法
	辐射的衍射	X射线衍射法、电子衍射法
	辐射的转动	偏振法、旋光色散法、圆二向色性法
	质荷比	质谱法

续表

方法类型	测量参数或有关性质	相应的分析方法
电化学分析法	电导	电导分析法
	电位	电位分析法、计时电位法、电位滴定法
	电流	极谱法、溶出伏安法、电流滴定法
	电量	库仑法(恒电位、恒电流)
色谱分析法	两相间分配	气相色谱法、液相色谱法、超临界流体色谱法
	电场中的迁移速率	高效毛细管电泳

1.2 仪器分析发展史

分析化学的发展，从16世纪算起已有500年的历史。其间经历了从化学分析到仪器分析的重大飞跃，现正向芯片分析过渡。在20世纪，分析化学的发展经历了三次巨大的变革。第一次变革发生在20世纪初，由于物理学的发展，建立了溶液中四大平衡理论，即酸碱平衡、沉淀溶解平衡、氧化还原平衡、配位反应平衡，为分析化学提供了理论基础，使分析化学从一门分析技术发展成为一门学科，这是分析化学与物理化学结合的阶段，这个阶段分析化学以化学分析为主导，这时分析化学 = 化学分析。第二次变革发生在20世纪40年代到60年代，物理学、电子学、半导体材料及原子能工业的发展，使得仪器分析方法迅速发展，这是分析化学与物理学、电子学结合的阶段，这时分析化学 = 化学分析 + 仪器分析。从20世纪70年代末至今，分析化学经历第三次变革。随着信息时代的到来和计算机应用技术的飞速发展，新仪器、新方法层出不穷，仪器分析成为分析化学的主体，仪器分析正向着高灵敏度、高选择性、高准确度、自动化、智能化和快速分析的方向发展。分析化学已发展成为一门建立在化学、物理学、数学、计算机科学、精密仪器制造学等学科基础上的综合性学科，分析化学发展到了分析科学阶段。

仪器分析形成和发展的过程大致概括为20世纪50年代仪器化，60年代电子化，70年代计算机化，80年代智能化，90年代信息化。21世纪必将是仪器分析的仿生化和进一步的信息智能化。表1.2列出部分与仪器分析发展相关的诺贝尔获奖情况。

表1.2 与仪器分析相关的诺贝尔奖获奖项目

获奖年份	获奖者	获奖内容
1901	Roentgen W. C. (德国)	发现了X射线(物理学奖)
1907	Michelson A. A. (美国)	制造了光学精密仪器及对天体所做的光谱研究(物理学奖)
1915	Bragg W. H. (英国)	应用X射线研究晶体结构(物理学奖)
1922	Aston F. W. (英国)	用质谱法发现同位素并用于定量分析(化学奖)
1923	Pregl F. (奥地利)	发明有机物的微量分析法(化学奖)
1924	Sieghahn M (瑞典)	在X射线仪器方面的发现及研究((物理学奖)
1931	Raman C. V. (印度)	发现Raman(拉曼)效应(物理学奖)
1944	Rabi I. I. (美国)	用共振的方法记录了原子核的共振(物理学奖)
1948	Tiselius A. W. K. (瑞典)	采用电泳及吸附分离人血清蛋白中的蛋白质组分(化学奖)
1952	Bloch F. (美国) Purcell E. N. (美国)	发明核磁共振的精细测定方法
1952	Martin A. J. P. (英) Synge R. L. M. (英国)	开创气相色谱分配分析法(化学奖)
1959	Heyrovsky J. (捷克)	开创极谱分析法(化学奖)
1977	Yalow R. (美国)	开创放射免疫分析法(生理医学奖)
1979	Cormack A. M. H. S.	发明了计算机控制扫描层析诊断法(CT)
1981	Siegbahn K. M. (瑞典)	发明高分辨电子能谱学、仪器并用于化学分析(物理学奖)

续表

获奖年份	获奖者	获奖内容
1986	Binnig G.（德国） Rohrer H.（瑞士）	发明隧道扫描显微镜（物理学奖）
1991	Ernst R. R.（瑞士） Wtithrich K.（瑞士）	对高分辨核磁共振分析的发展（化学奖）
1996	Harold K. R. E. S. R. F. C	用质谱仪观测到激光轰击产生的 C_{60}
2002	Fenn J. B.（美国） Tanaka K.（日本）	发明了对生物大分子进行确认和结构分析的方法－质谱分析法和核磁共振测定溶液中生物大分子三维结构（化学奖）
2003	Lauterbur P. C.（美国） Mansfield P.（英国）	核磁共振成像（生理学和医学奖）
2006	Roger D. K.	真实转录的分子基础研究

1.3 仪器分析发展趋势

现代科学技术的发展，各学科的相互渗透、相互促进、相互结合，新兴领域不断出现，使得仪器分析的适用领域也越来越广泛。仪器分析正进入一个在新领域中广泛应用的时期。它不但在工业、农业、轻工业等领域的应用越来越广泛，现代生命科学、环境科学等飞速发展的学科也越来越离不开仪器分析。仪器分析不但为它们提供了物质的组成，而且还提供了精细结构与功能之间的关系，探索了现象的本质。如在遗传研究中，只有用仪器分析确定了 DAN 双螺旋结构后，才能对其本质有更透彻的了解。仪器分析正越来越受到重视，并向微观状态分析、痕量无损分析、活体动态分析、微区分子水平分析、远程遥测分析、综合技术联用分析、自动化高速分析的方向发展。由图 1.1 分析化学的发展趋势就可看到仪器分析的发展。

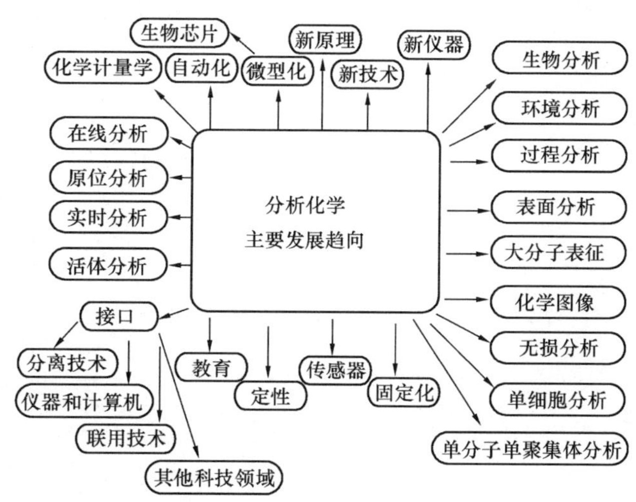

图 1.1　分析化学的发展趋势

生命科学研究的发展，需要对多肽、核酸等大分子进行分析，对微量的生物活性物质如单个细胞内神经传递物质的分析，对生物活体进行分析等。而质谱在扩展质量范围、提高灵敏度、软电离技术方面的发展，更加适用于生物分子及热不稳定化合物的测定。电化学微型电极的出现，产生了电化学探针，可用来检测细胞内的物质，如动物神经传递物质的扩散过程，进行活体分析。高效液相色谱和毛细管电泳的发展，为多肽、蛋白质、核酸等生物大分子的分离、制备、提纯提供了可能。

红外遥感技术在大气污染、烟尘排放的测定方面有独到之处。

仪器联用技术的发展已成为当今仪器分析的重要发展方向。多种现代分析技术的联用、优化组合，使各种仪器的优点得到充分发挥，缺点得到克服，展现了仪器分析在各自领域的巨大生命力。目前，已经实现了电感耦合高频等离子体－原子发射光谱(ICP－AES)、傅里叶变换－红外光谱(FT－IR)、等离子体－质谱(ICP－MS)、气相色谱－质谱(GC－MS)、液相色谱－质谱(LC－MS)、高效毛细管电泳－质谱(HPCE－MS)、气相色谱－傅里叶变换红外光谱－质谱(GC－FTIR－MS)、流动注射－高效毛细管电泳－化学发光(FI－HPCE－CL)等联用技术。尤其是现代计算机智能化技术与上述体系的有机融合，实现了人机对话，使仪器联用技术得到飞速发展，开拓了一个又一个研究的新领域，解决了一个又一个技术上的难题，带来了一个又一个令人振奋的惊喜。

21世纪是生命科学和信息科学的世纪，建立可持续发展的世纪，对于仪器分析科学也是自身发展的新机遇，可以预见，随着计算机技术的飞速发展，在21世纪新型分析仪器会不断出现，各类分析仪器工作站的功能也将趋于更加完善，作用更加强大，一些自动化程度更高的智能型分析仪器也将不断更新，并逐步取代现有的分析仪器。仪器分析技术和现代化的仪器分析必将得到更加快速的发展。

参考文献

1 汪尔康．21世纪的分析化学．北京：科学出版社，1999
2 方惠群，于俊生，史坚．仪器分析．北京：科学出版社，2002
3 吴某成，仪器分析．北京：科学出版社，2003
4 高向阳，新编仪器分析．北京：科学出版社，2004

第2章 分子光谱分析

2.1 紫外－可见吸收光谱分析

2.1.1 概述

紫外－可见吸收光谱(Ultraviolet and Visible Spectroscopy, UV－VIS)属于电子光谱。

紫外－可见吸收光谱法是利用某些物质的分子吸收200～800nm光谱区的辐射来进行分析测定的方法。这种分子吸收光谱产生于价电子和分子轨道上的电子在电子能级间的跃迁，广泛用于有机和无机物质的定性和定量测定。

紫外－可见吸收光谱的波长范围为10～800nm，该区域又可分为：可见光区(400～800nm)，有色物质在这个区域有吸收；近紫外光区(200～400nm)，芳香族化合物或具有共轭体系的物质在此区域有吸收，这是紫外光谱研究的对象；远紫外光区(10～200nm)，由于空气中的O_2、N_2、CO_2和水蒸气在这个区域有吸收，对测定有干扰，远紫外光谱的操作必须在真空条件下进行，因此这个区域又称为真空紫外区。通常所说的紫外光谱是指200～400nm的近紫外光谱。

(1) 紫外光谱法的特点

① 紫外吸收光谱所对应的电磁波长较短，能量大，它反映了分子中价电子能级跃迁情况。主要应用于共轭体系(共轭烯烃和不饱和羰基化合物)及芳香族化合物的分析。

② 由于电子能级改变的同时，往往伴随有振动能级的跃迁，所以电子光谱图比较简单，但峰形较宽。一般来说，利用紫外吸收光谱进行定性分析信号较少。

③ 紫外吸收光谱常用于共轭体系的定量分析，灵敏度高，检出限低。

(2) 紫外吸收曲线

紫外吸收光谱以波长λ(nm)为横坐标，以吸光度A或吸收系数ε为纵坐标。见图2.1。光谱曲线中最大吸收峰，所对应的波长，相当于跃迁时所吸收光线的波长，称为λ_{max}。与λ_{max}相应的摩尔吸收系数为ε_{max}。$\varepsilon_{max}>10^4$为强吸收，$\varepsilon_{max}<10^3$为弱吸收。曲线中的谷，称为吸收谷或最小吸收(λ_{min})。有时在曲线中还可看到肩峰(sh)。

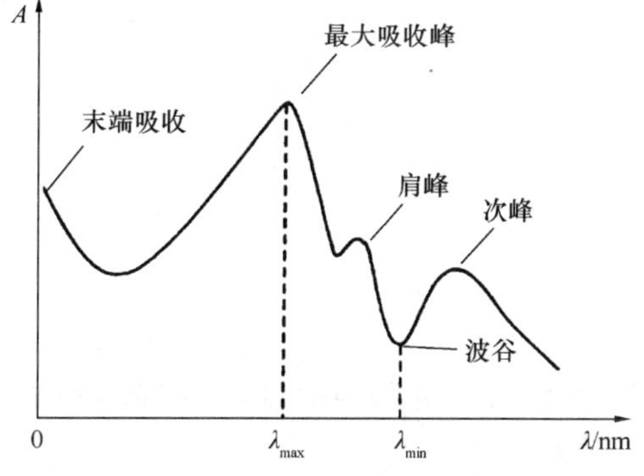

图2.1 紫外－可见吸收曲线

2.1.2 紫外吸收光谱分析的基本原理

(1) 电子跃迁类型

紫外－可见吸收光谱是由于分子中价电子跃迁而产生的，因此这种吸收光谱决定于分子中价电子的分布和结合情况。按分子轨道理论，在有机化合物分子中有几种不同性质的价电子：形成单键的电子称为σ键电子；形成双键的电子称为π键电子；氧、氮、硫、卤素等含有未成键的孤对电子，称为n电子(或称p电子)。当它们吸收一定能量ΔE后，这些价电子将跃迁到较高的能级(激发态)，此时电子所占的轨道称为反键轨道，而这种特定的跃迁是同分子内部结构有着密切关系的，一般将电子跃迁分成如下类型。

1) $\sigma\rightarrow\sigma^*$跃迁

指处于成键轨道上的σ电子吸收光子后被激发跃迁到σ^*反键轨道。由于σ键键能高，要使σ电子跃迁需要很高能量，因此，其吸收位于远紫外区。如乙烷的最大吸收波长λ_{max}为135nm。因饱和碳氢化合物在近紫外光区是透明的，可作紫外测量的溶剂。

2) $n\rightarrow\sigma^*$跃迁

指分子中处于非键轨道上的n电子吸收能量后向σ^*反键轨道的跃迁。当分子中含有下列基团，如：—NH_2、—OH、—S、—X等时，杂原子上的π电子可以向反键轨道跃迁。$n\rightarrow\sigma^*$跃迁所需能量比$\sigma\rightarrow\sigma^*$跃迁的小，波长较 $\sigma \rightarrow \sigma^*$ 长，由于取代基团的不同，吸收峰可能位于近紫外光区和远紫外光区。如甲胺的紫外吸收波长 λ_{max} 为 213nm($\varepsilon = 600$)。

3）$\pi \rightarrow \pi^*$ 跃迁

指不饱和键中的 π 电子吸收光波能量后跃迁到 π^* 反键轨道。由于 π 键的键能较低，跃迁的能级差较小，对于孤立双键来说，吸收峰大都位于远紫外区末端或 200nm 附近，ε 值很大，一般大于 10^4，属于强吸收峰。当分子中两个或两个以上双键共轭时，$\pi \rightarrow \pi^*$ 跃迁能量降低，吸收波长红移，并且吸收强度增加。

4）$n \rightarrow \pi^*$ 跃迁

指分子中处于非键轨道上的 n 电子吸收能量后向 π^* 反键轨道的跃迁。如含有杂原子的不饱和化合物(如 C═O)中杂原子上的 n 电子跃迁到 π^* 轨道。这种跃迁在光谱学上称为 R 带(取自德文：基团型，radikalartig)，跃迁所需能量比 $n \rightarrow \sigma^*$ 的小，一般在近紫外或可见光区有吸收，其特点是在 270 ~ 350nm 之间，ε 值较小，ε 值通常在 100 以内，为弱带，该跃迁为禁阻跃迁。随着溶剂极性的增加，吸收波长向短波方向移动(蓝移)。例如，甲基乙烯基丙酮的 $n \rightarrow \pi^*$ 跃迁紫外吸收为 $\lambda_{max} = 324$nm($\varepsilon = 20$)。

综上所述，电子跃迁类型不同，实际跃迁需要的能量不同：

$\sigma \rightarrow \sigma^*$　　~150nm

$n \rightarrow \sigma^*$　　~200nm

$\pi \rightarrow \pi^*$　　~200nm

$n \rightarrow \pi^*$　　~300nm

吸收能量的次序为：

$$\sigma \rightarrow \sigma^* > n \downarrow \sigma^* \geqslant \pi \rightarrow \pi^* > n \rightarrow \pi^*。$$

电子跃迁所处的波长范围见图 2.2。

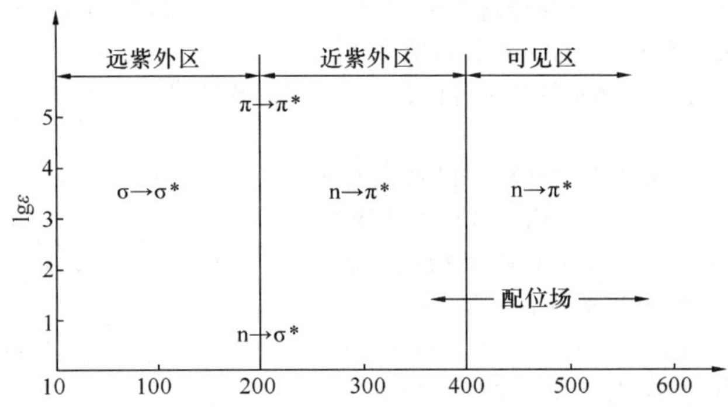

图 2.2　电子跃迁所处的波长范围

由图 2.2 可见，$n \rightarrow \pi^*$ 及 $\pi \rightarrow \pi^*$ 跃迁所需能量在可见及紫外光区，吸收的波长可用紫外 - 可见分光光度计测定。

$n \rightarrow \sigma^*$ 及 $\pi \rightarrow \pi^*$ 跃迁所需能量大小相差不多，都在 200nm 左右，它们都在吸收光谱上产生末端吸收。

$\pi \rightarrow \pi^*$ 跃迁的吸收系数比 $n \rightarrow \sigma^*$ 大得多，故 $\pi \rightarrow \pi^*$ 的吸收峰比 $n \rightarrow \sigma^*$ 高。另外，化合物的分子有共轭存在，其 $\pi \rightarrow \pi^*$ 的吸收就向长波长方向位移。

（2）一些基本概念

1）发色团

分子中能吸收紫外光或可见光的基团叫做发色团或发色基。比如 C═C、C═O、C≡C 等都是发色团。发色团的结构不同，电子跃迁类型也不同。一些典型的发色团及引起的跃迁类型见表 2.1。

表 2.1　发色团及电子跃迁类型

发色团	电子跃迁类型	发色团	电子跃迁类型
C═C，C≡C	$\pi \rightarrow \pi^*$	C═C—O—	$\pi \rightarrow \pi^*$，$n \rightarrow \sigma^*$
C═O，═C═N	$\pi \rightarrow \pi^*$，$n \rightarrow \pi^*$		

紫外光谱分析中，只有 $\pi \rightarrow \pi^*$ 及 $n \rightarrow \pi^*$ 跃迁才有实际意义。即紫外光谱分析，只适用于研究分子中具有不饱和结构的化合物。

2）助色团

有些原子或基团，本身不能吸收波长大于 200nm 的光波，但它与一定的发色团相连时，可使发色团所产生的吸收峰向长波长方向移动，并使吸收强度增加，这样的原子或基团叫做助色团。例如，纯苯的吸收峰约在 254nm 处，但当苯环上连有助色团(—OH)时，则吸收峰向长波长位移。苯酚的吸收峰移至 270nm，强度也有所增加。

常见的助色团有：—OH、—OR、—NHR、—SH、—SR、—Cl、—Br、—I 等。

同一分子中，连接的助色团不同，吸收峰的波长也不同，例如：

CH_3Cl　172nm

CH_3Br　204nm

CH_3I　258nm

3）长移和短移

某些有机化合物因反应引入含有未共享电子对的基团使吸收峰向长波长移动的现象，称为长移或红移(red shift)，这些基团称为向红基团；相反，使吸收峰向短波长移动的现象称为短移或蓝移(blue shift)，引起蓝移效应的基团，称为向蓝基团。另外，使吸收强度增加的现象称为浓色效应或增色效应(hyperchromic effect)；使吸收强度降低的现象称为淡色效应(hypochromic effect)。表 2.2 列举了部分向红基团和向蓝基团。

表 2.2　向红基团和向蓝基团

向红基团	$—NH_2$、—OH、—OR、—NHR、—SH、—SR、—Cl、—Br、—I
向蓝基团	$—CH_2$、$—CH_2CH_3$、$—O—COCH_3$

(3) 吸收带分类

吸收带　就是吸收峰在紫外 - 可见光谱中的谱带位置。根据电子跃迁类型，可以把吸收带分为四种类型。解析光谱时可以从这些吸收带推测化合物分子结构情况。

1）R 带

它是由 $n \rightarrow \pi^*$ 跃迁产生的吸收带。该带的特点是吸收强度很弱，$\varepsilon_{max} < 100$，吸收波长一般在 270nm 以上。溶剂极性增加时会产生浅色移动(吸收强度减小)，其他吸收带出现时有时会出现深色移动(吸收强度增强)，有时被强吸收带掩盖掉，测定这种吸收带需要浓溶液。

2）K 带

K 带(取自德文：konjuierte 共轭谱带)是由共轭体系的 $\pi \rightarrow \pi^*$ 跃迁产生的。它的特点是跃迁所需要的能量较 R 吸收带大，$\varepsilon_{max} > 10^4$。K 吸收带是共轭分子的特征吸收带，因此用于判断化合物的共轭结构，是紫外 - 可见吸收光谱中应用最多的吸收带。

3）B 带

B 带(取自德文：benzenoid band，苯型谱带)是芳香族化合物的特征吸收带。是苯环振动及 $\pi \rightarrow \pi^*$ 重叠引起的。在 230 ~ 270nm 之间出现精细结构吸收，又称苯的多重吸收，如图 2.3。在非极性溶剂中，B 带常出现一宽峰，其重心在 254nm 附近，ε_{max} 为 220。B 带的精细结构常用来识别芳香族化合物。但苯环上的 H 被其他基团取代后，这些小峰即消失。

4）E 带

E 带(取自德文：ethylenic band，乙烯型谱带)也是芳香族化合物的特征吸收之一，如图 2.3。E 带可分为 E_1 及 E_2 两个吸收带，二者可以分别看成是苯环中的乙烯键和共轭乙烯键所引起的，也属 $\pi \rightarrow \pi^*$ 跃迁。

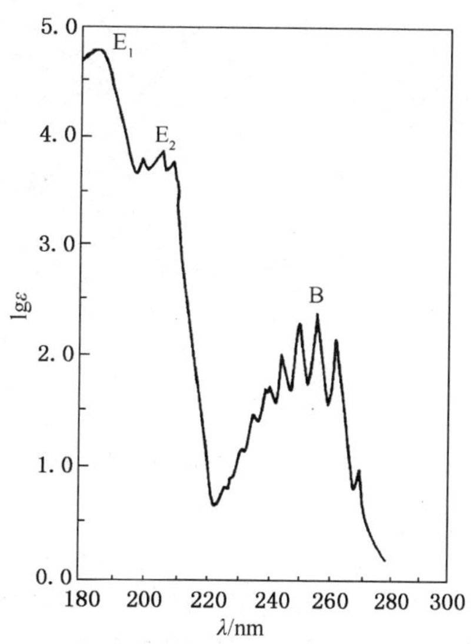

图 2.3　苯的紫外吸收光谱(异辛烷)

E_1 带的吸收峰在 184nm 左右，吸收特别强，$\varepsilon_{max} > 10^4$，是由苯环内乙烯键上的 π 电子被激发所致，此带在远紫外区，不常用。

E_2 带在 203.5nm 处，中等强度吸收（$\varepsilon_{max} = 7400$）是由苯环的共轭二烯所引起。当苯环上有发色基团取代并和苯环共轭时，E 带和 B 带均发生红移，此时的 E_2 带又称为 K 带。

有机化合物的结构不同，所产生的吸收带不同，因而其紫外吸收峰的数目和强度也不同。如前所述，苯可产生 E_1、E_2 及 B 带，因此有三个主要吸收峰（图 2.3）。同样，当一个化合物中有两种以上的发色团时，其跃迁类型以及由此产生的吸收峰数目也可能在两种以上。这样在紫外光谱中也会出现多峰图式。例如：苯乙酮可产生 R 带（$n\rightarrow\pi^*$）、K 带及 B 带（$\pi\rightarrow\pi^*$），因而有三个吸收峰，分别为：

λ_{max} 319nm（$\varepsilon = 50$）

λ_{max} 278nm（$\varepsilon = 1100$）

λ_{max} 240nm（$\varepsilon = 13000$）

2.1.3 紫外－可见吸收光谱技术

2.1.3.1 紫外分光光度计的发展历程

1852 年，比尔（Beer）参考了布给尔（Bouguer）1729 年和朗伯（Lambert）在 1760 年所发表的文章，提出了分光光度的基本定律，即液层厚度相等时，颜色的强度与呈色溶液的浓度成比例，从而奠定了分光光度法的理论基础，这就是著名的朗伯－比尔定律。1854 年，杜包斯克（Duboscq）和奈斯勒（Nessler）等人将此理论应用于定量分析化学领域，并且设计了第一台比色计。到 1918 年，美国国家标准局制成了第一台紫外可见分光光度计。1945 年美国 Beckman 公司推出的世界上第一台成熟的紫外分光光度计商品仪器，就是单光束紫外分光光度计。1952 年日本岛津公司推出第一台光电倍增管紫外分光光度计。1981 年日本岛津公司又推出了世界上第一台扫描型紫外分光光度计。此后，紫外可见分光光度计经不断改进，又出现了自动记录、自动打印、数字显示、微机控制等各种类型的仪器，使光度法的灵敏度和准确度也不断提高，其应用范围也不断扩大。

现代紫外－可见分光光度计大都配有强大的仪器软件，仪器的软件功能极大地提升了仪器的使用性能和价值。软件除了有仪器控制软件、通用数据分析处理软件外，很多仪器针对不同行业应用开发了专用分析软件，给仪器使用者带来了极大的便利。目前，市场上的紫外可见分光光度计主要有两类：扫描光栅型和固定光栅型。后者也常常被称为 CCD（PDA）光谱仪或多通道光度计。它们的主要构成包括光源、分光系统、探测器和软件系统。强大紫外附件的开发，使得测定样品的类型不在仅仅局限在透明液体，各种固体样品的测定也极为方便。UV3600、UV3700 已广泛用于玻璃、塑料、石英、金属片或金属片上薄膜的反射率测定等。

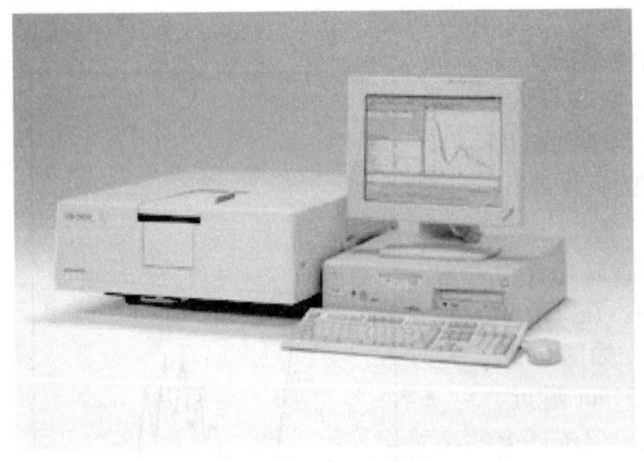

图 2.4 UV2450/2550 紫外分光光度计

2.1.3.2 紫外分光光度计的工作原理及结构

（1）紫外－可见分光光度计的工作原理（图 2.4）

在双光束仪器中，从光源发出的光经分光后再经扇形旋转镜分成两束，交替通过参比池和样品池，测得的是透过样品溶液和参比溶液的光信号强度之比。由于有两束光，所以对光源波动、杂散光、噪声等影响都能部分抵消。双光束仪器克服了单光束仪器由于光源不稳引起的误差，并且可以方便地对全波段进行扫描。图 2.5 和图 2.6 分别是双光束分光光度计的原理及光路图。

（2）仪器结构

紫外－可见分光光度计由光源、单色器、吸收池、检测器以及数据处理记录系统（软件）等部分组成。

1）光源

光源的作用是提供激发能，供待测分子吸收。要求光源能够提供足够强的连续光谱，有良好的稳定性和较长的使用寿命，且辐射能量随波长无明显变化。但由于光源本身的发射特性及各波长的光在分光器内

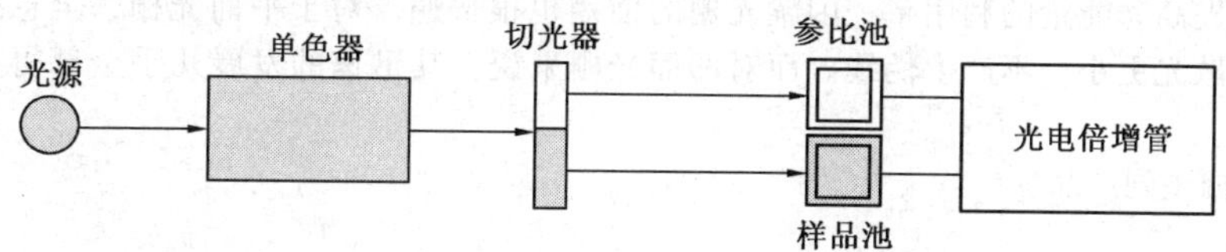

图 2.5　双光束紫外 - 可见分光光度计原理图

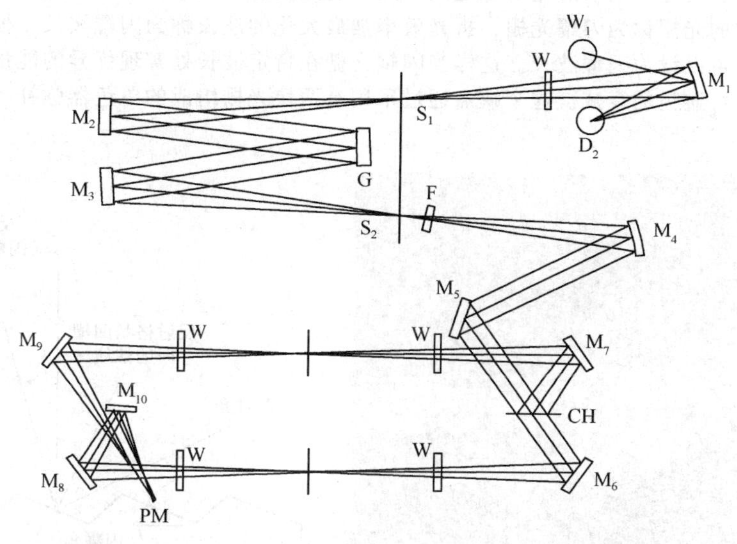

图 2.6　双光束紫外 - 可见分光光度计(UV2450)光路图

的损失不同，辐射能量是随波长变化的。通常采用能量补偿措施，使照射到吸收池上的辐射能量在各波长基本保持一致。

紫外 - 可见分光光度计常用的光源有热辐射光源和气体放电光源。利用固体灯丝材料高温放热产生的辐射作为光源的是热辐射光源，如钨灯、卤钨灯。两者均在可见光区使用，卤钨灯的使用寿命及发光效率高于钨灯。气体放电光源是指在低压直流电条件下，氢或氘放电所产生的连续辐射，一般为氢灯或氘灯，在紫外光区使用。这种光源虽然能提供低至 160nm 的辐射，但石英窗口材料使短波辐射的透过受到限制(石英约 200nm，熔融石英约 185nm)，当大于 360nm 时，氢的发射谱线叠加于连续光谱之上，不宜使用。卤钨灯的工作波长范围为 300 ~ 3300nm，氘灯的工作波长范围为 160 ~ 400nm，两者组合使用。氙灯是新颖的光源，发光效率高，强度大，而且光谱范围宽，包括紫外、可见和近红外区。扫描光栅型大多能在扫描过程中自动地完成光源切换动作，并自动转换滤光片，以消除高级次谱的干扰。固定光栅型为了保持其高速测量的优点，要避免光源切换。

2）单色器

单色器的作用是把从光源发出的光分离出所需要的单色光。通常由入射狭缝、准直镜、色散元件、物镜和出口狭缝构成，入射狭缝用于限制杂散光进入单色器，准直镜将入射光束变为平行光束后进入色散元件(光栅)。后者将复合光分解成单色光，然后通过物镜将出自色散元件的平行光聚焦于出口狭缝。出口狭缝用于限制通带宽度。

扫描光栅型单色器大多布置在样品室之前，固定光栅型则必须把分光系统置于样品室之后。在紫外可见分光光度计的发展历史上，扫描光栅型出现过多种光路设计，主要有单光束、准双光束和双光束。单光束光路的漂移是主要问题，但现在也可通过元器件性能的提高、制造工艺的进步和软件校正加以改进。准双光束和真正双光束设计都是利用参比光路的补偿来减少漂移的影响，结构更为复杂。为了进一步地提高分辨率或降低杂散光，还出现了双单色器分光光度计，其杂散光等性能的确是单单色器分光光度计无法企及的，但其结构的复杂性和制造工艺的高要求也是显然的。

光栅是分光系统的核心元件，有平面光栅和凹面光栅两种。在制造工艺上，全息光栅已全面取代了刻划光栅。为了提高光能量的利用率，闪耀光栅的使用也很普遍。对于平面光栅，全息技术的长处在于成品率更高，杂散光更小，不产生伪线。而对凹面光栅来说，其迅速的发展几乎全部得益于全息技术的应用。

图2.7为光栅系列产品。

① 闪耀光栅：

为提高光栅在特定波长处的折光率，将格子凹槽的表面制作成锯齿结构（闪耀）见图2.8。通过适当的凹槽面结构，实现光栅上入射光与特定波长上反射光的镜面关系，该波长处入射能量的大部分可被汇聚。这种类型的光栅称为闪耀光栅，折光效率被最大化的波长称为闪耀波长。根据光栅凹槽的结构，只有一个波长可以设为闪耀波长。这样当闪耀光栅在特定波长处实现优异的能量汇集时，在其他波长处能量会有不可避免的衰减。这个缺点通过采用有两块光栅组成的单色器弥补，这样可避免光的大量损失。

图2.7 光栅产品

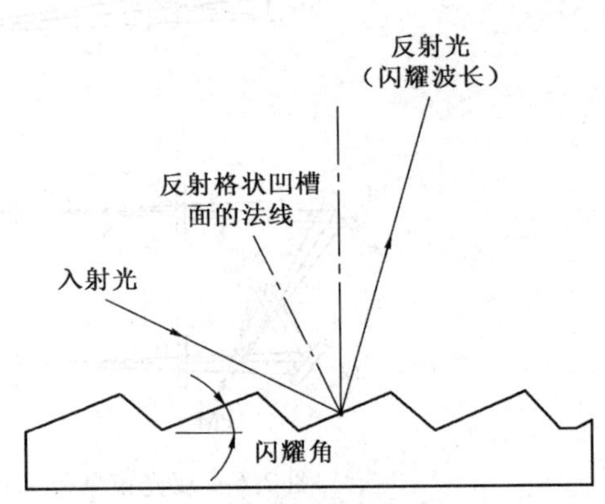

图2.8 闪耀光栅

② DDM（双闪耀光栅、双单色器）光学系统：

DDM光学系统（图2.9）使用一块包含两种不同闪耀角的全息光栅，适用两个波长范围：紫外区与可见区。通过光栅离心转动，进行波长扫描，根据波长改变光栅上使用的区域。这种设计可以实现在任何波长范围内，均有适当的闪耀效率与高折射率。这样DDM光学系统消除了原有的闪耀光栅的缺点，这种新型的单色器，实现了低杂散光与高测定能量。

3）吸收池

用于盛放试液。石英池用于紫外－可见光区的测量，玻璃池只用于可见光区。按其用途不同，可以制成不同形状和尺寸的吸收池，如矩形液体吸收池、流通吸收池、气体吸收池等。对于稀溶液，可用光程较长的吸收池，如5cm吸收池等。图2.10为适于微量样品测定的微量液体池，具有小光斑系光学系统。图2.11是紫外液体池。

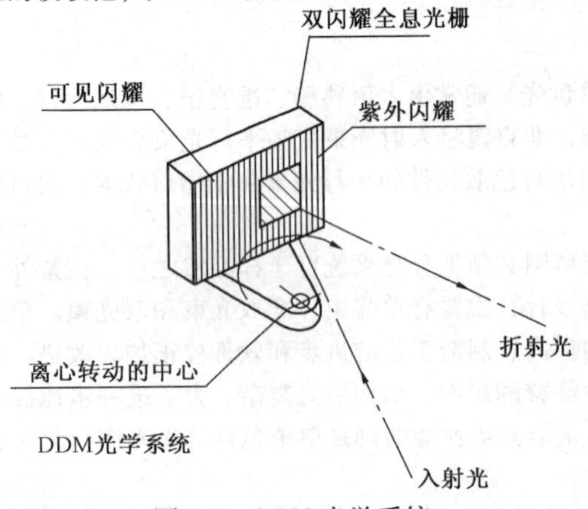

图2.9 DDM光学系统

4）检测器

检测器的功能是检测光信号，并将光信号转变成电信号。简易分光光度计上使用光电池或光电管作为检测器。目前最常见的检测器是光电倍增管（PMT），有的用二极管阵列作为检测器（PDA）。

光电倍增管的特点是在紫外－可见区的灵敏度高、响应快。但强光照射会引起不可逆损害，因此不宜检测高能量。

一般单色器都有出口狭缝。经光栅分光后的光是一组呈角度分布的、按不同波长排列的单色光 λ_1、λ_2 等，通过旋转光栅角度使某一波长的光经物镜聚焦到出口狭缝。二极管阵列检测器不使用出口狭缝，在其位置上放

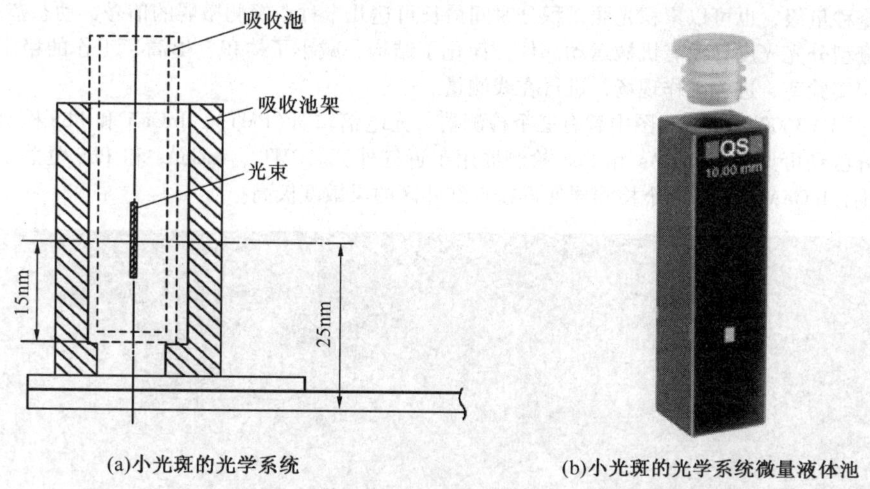

(a)小光斑的光学系统　(b)小光斑的光学系统微量液体池

图 2.10　适于微量样品测定的微量液体池

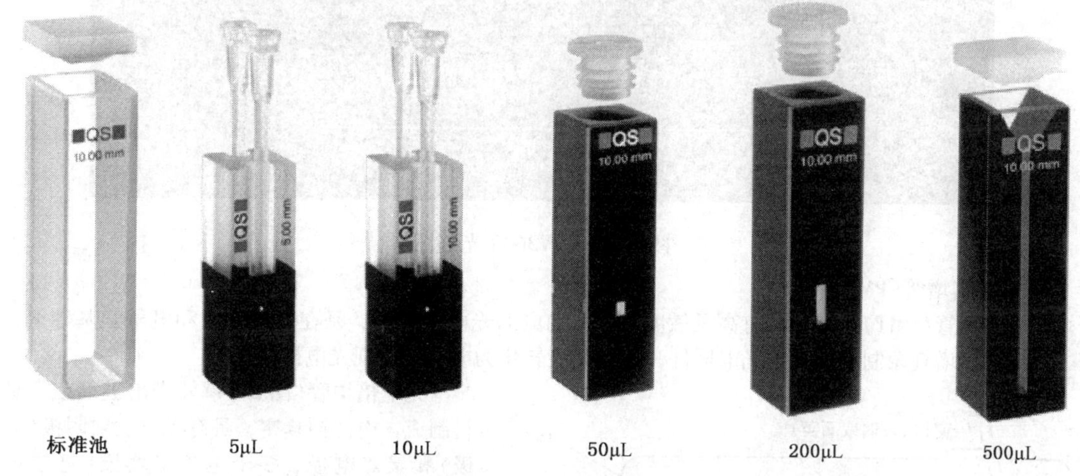

图 2.11　紫外液体池

一系列二极管的线形阵列，分光后不同波长的单色光同时被检测。二极管阵列检测器的特点是响应速度快，但灵敏度不如光电倍增管，而后者具有很高的放大倍数。

扫描光栅型分光光度计使用的探测器主要为光电管、光电二极管和光电倍增管。近十几年来，随着阵列型光电器件技术的发展和应用，促使全新结构和性能的固定光栅型分光光度计的诞生(图 2.12)，尤其使分光光度计的测量速度上了一个新的台阶。

阵列型光电探测器的典型代表是电荷耦合器件(CCD)，这类探测器测量速度快，多通道同时曝光，最

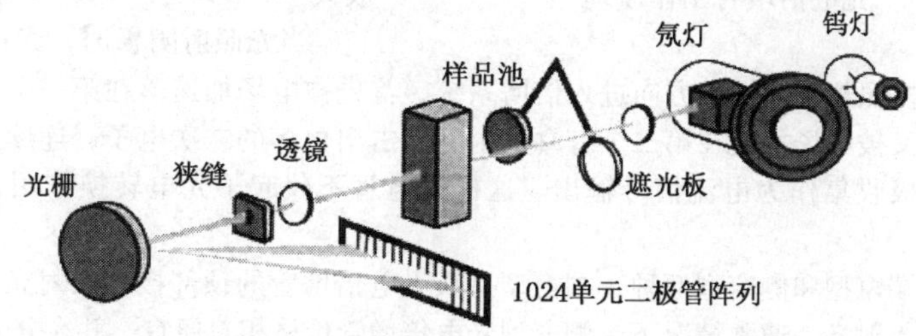

图 2.12　固定光栅型分光光度计光路图

短时间仅在毫秒量级，也可以累积光照，积分时间最长可达几十秒，探测微弱的信号，动态范围大。另外，由于固定光栅型分光光度计没有机械运动部件，简化了结构，减小了体积，提高了工作的稳定性，使分光光度计能走出实验室，进入工作现场，进行在线测量。

图 2.13 是 UV3600 光路图，图中载有三个检测器：光电倍增管(PMT)、InGaA 和 PbS 检测器。光电倍增管用于紫外区和可见区，InGaAs 和 PbS 检测器用于近红外区。PMT，InGaAs 和 PbS 覆盖了从深紫外到近红外的范围，InGaA 和 PbS 两个检测器使得在近红外区的灵敏度极高。

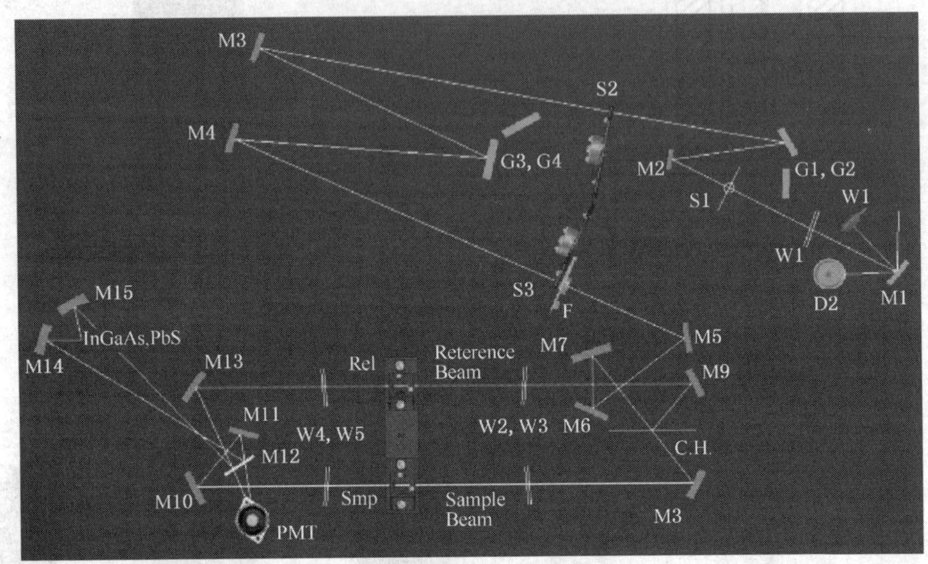

图 2.13 UV3600 光路图

① 光电倍增管(PMT)：

光电倍增管(PMT)是一种具有高灵敏度和快速响应的光电探测器，是在光电效应和电子学基础上，利用二次电子倍增现象制成的真空光电器件，它将光能转化为电能，实现光电探测。

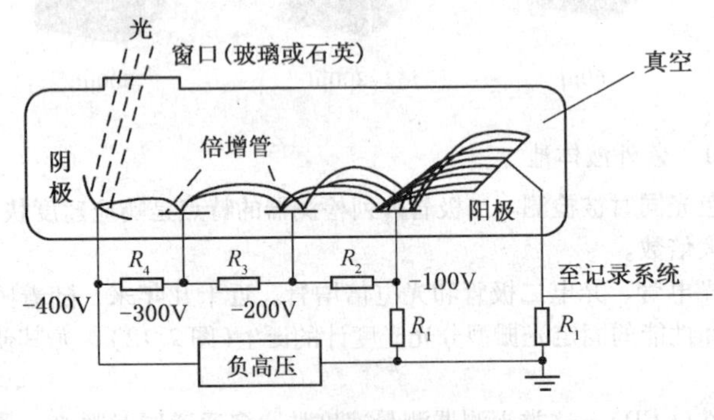

图 2.14 光电倍增管工作原理

光电倍增管(图 2.14)外壳由玻璃或石英材料制成，内部抽真空，具有光电发射阴极(光阴极)和聚焦电极、多个电子倍增极(打拿极)、电子收集极(阳极)。可以将它看作一个具有多级电流放大作用的特殊电子管。阴极(有时称为光阴极)为涂有能发射电子的光敏物质的电极，由 Cs、Sb、Ag 等元素或其氧化物组成，被光子照射时可释放出电子。阳极由金属网组成，主要是收集、传送电子。在阴极和阳极之间装有一系列倍增极，即打拿极，它可使电子数目放大。

当光照射阴极时，光敏物质向真空中激发光电子，这些光电子按照聚集电场的方向进入倍增系统，首先被电场加速落在第一个打拿极上，击出二次电子。这些二次电子又被电场加速在第二个打拿极上，而击出更多的二次电子，连续重复上述过程……放大后的二次电子被阳极收集作为电流信号输出。这样光电管不仅起了光电转换作用，并且起着电流放大作用。

光电倍增管，有端窗型和侧窗型两种，端窗型是从光电倍增管的顶部接收入射光，而侧窗型则是从光电倍增管的侧面接收入射光。通常情况下，侧窗型光电倍增管价格相对便宜，并在分光光度计中广泛使用。大部分的侧窗型管子使用反射式光阴极和环形聚焦型电子倍增系统，使其在较低的工作电压下具有较高的灵敏度。

② 电荷耦合器件(CCD)：

光电倍增管的优点是直接将光信号转换为处理方便的电流信号，并且其本身具有很高的电流放大能力。但是它没有空间分辨能力，难以同时检测多波长信号，这是它不如电荷耦合器件的地方。PMT 的灵敏度和线性均比 CCD 好，但 CCD 具有多通道分析的优势，CCD 的使用大大提高了光谱仪器的分析测试速度。

CCD 是 20 世纪 70 年代初期发明的新一代光电传感器，它的诞生使整个光谱分析仪器领域发生了革命。CCD 不但具有卓越的光电响应量子效率，而且对可见光的频率响应范围宽。它具有固体集成器件所具有的体积小、质量轻、抗震性能强、功耗低的优点，也具有能够并行多通道检测光谱的特点。它可以进行长时间的“积分”，从而使其光电检测灵敏度可与传统的光电倍增管相比拟，并逐渐取代光电倍增管，成为现代光谱分析仪器的检测器。

图 2.15 是 CCD 电荷的产生与存储过程。CCD 是基于金属氧化物半导体(MOS)的光敏元件，即金属电极(M)、氧化物(绝缘体，O)和半导体(如 P 型半导体，S)三层组成，在 MOS 元件的金属层加一正电压后，在氧化物(绝缘层如 SiO_2)和半导体间形成电子势阱，其光生电荷可聚集在此势阱中，电荷量与入射光强度和积分时间有着线性关系。

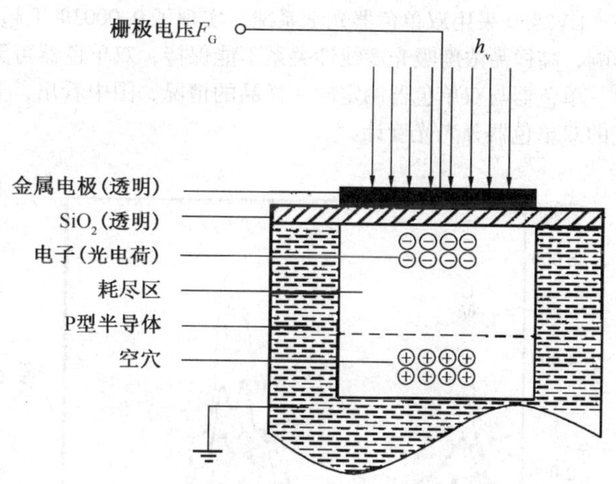

图 2.15　CCD 电荷的产生与存储过程

5) 记录、显示系统

紫外 - 可见分光光度计的整体结构设计一般有两种。一种是将所有的部件，包括光学系统、探测器、电子学系统、微机系统、显示设备等都包含在一个机壳中。这种设计基本无需配置其他设备，可独立完成分光光度计的所有功能。这种分光光度计大都采用液晶视频显示，还使用了触摸屏。而专业性强的光度计尽可能简化了按钮操作。为了有利于数据交流及功能扩充，很多产品都备有 RS232 接口，可以外接记录仪、计算机或与光谱数据站，完成仪器遥控、数据传输、外存、记录等功能。另一种整体结构则是分散式的。最常见的就是将计算机分离出来，而其他部分仍布置在一个机壳中。这种方式可以充分利用 PC 机的资源。操作系统大多采用 Windows 界面，通过 PC 机可以很容易地进行数据的处理，还可以通过互联网进行数据的访问，远程的设备操作。在分散式的基础上还有模块化的布置。这类设计中，各个具备独立功能的系统或部件都可以分离出来，用光缆和电缆相互连接，使用十分灵活。此外，另一项重要的技术就是光纤，光纤使分光光度计的配置更灵活，使用更方便，也是在线测量得以实现的基础。

2.1.3.3　仪器的主要技术指标、测试方法

(1) 光谱范围

紫外可见光谱区通常指 190 ~ 780nm 的波长范围，但实际的分光光度计设计中，经常将波长向长波方向拓展，进入短波近红外区。固定光栅型分光光度计受阵列探测器的限制，1100nm 是其波长的上限。扫描光栅型使用分立光电器件，波长的扩展更为灵活。UV2450 测定波长范围是 190 ~ 900nm，UV 2550 测定波长范围是 190 ~ 1100nm，SolidSpec - 3700 的测定波长范围是 165 ~ 3300nm，通过切换光栅和探测元件，使仪器的光谱范围覆盖了紫外、可见和近红外区，可满足一机多用的需要。

(2) 波长的准确性

波长的准确性大多在 0.1 ~ 1nm。UV2450/2550 波长准确性达到了 ±0.3nm 的水平，波长重复性 ±0.1nm。虽然从原理上看固定光栅型的设计结构固定、简单，易于实现好的波长准确性和重复性，但扫描光栅的设计制造工艺已十分成熟，从性能指标看，性能优异的岛津 UV 系列都是扫描光栅型的产品。

(3) 分辨率

扫描光栅型分光光度计通过改变狭缝宽度可选择分辨率，UV2450/2550 可达到 0.1nm。固定光栅型分

光光度计由于受到阵列探测器的长度和像元数量限制，分辨率是很难达到或高于 0.1nm 的。

（4）扫描速率

扫描速率大多在 100 ~ 4000nm/min，UV2450/2550 波长移动速度 3200nm/min，波长扫描速度 900 ~ 160nm/min，显示扫描速度 2500nm/min。但与固定光栅型最短 ms 量级完成全光谱测量的速度相比，仍是较慢的。

（5）杂散光

一般值是 0.01% ~0.05%T，多数产品的杂散光指标都在这一范围中。其中，最为突出的是 UV2550，杂散光水平达到了 0.0003%T(220nm，NaI)。从其光学设计看，它们采用了世界领先的双单色器。与扫描光栅型产品相比，固定光栅的分光光度计少了出射狭缝，实现低杂散光的难度更大。从性能指标来看，范围是在 0.01% ~1%T。

UV2550 采用双单色器光学系统，实现了 0.0003%T 超低杂散光。单一单色器光学系统，由于杂散光的影响，高样品浓度吸光度线性关系不能保持，双单色器可无需稀释而直接测定高浓度样品，图 2.16 显示了单一单色器与双单色器测定同一样品的情况，图中看出，要精确测定更高的吸光度，需要能实现更低杂散光的双单色器分光光度计。

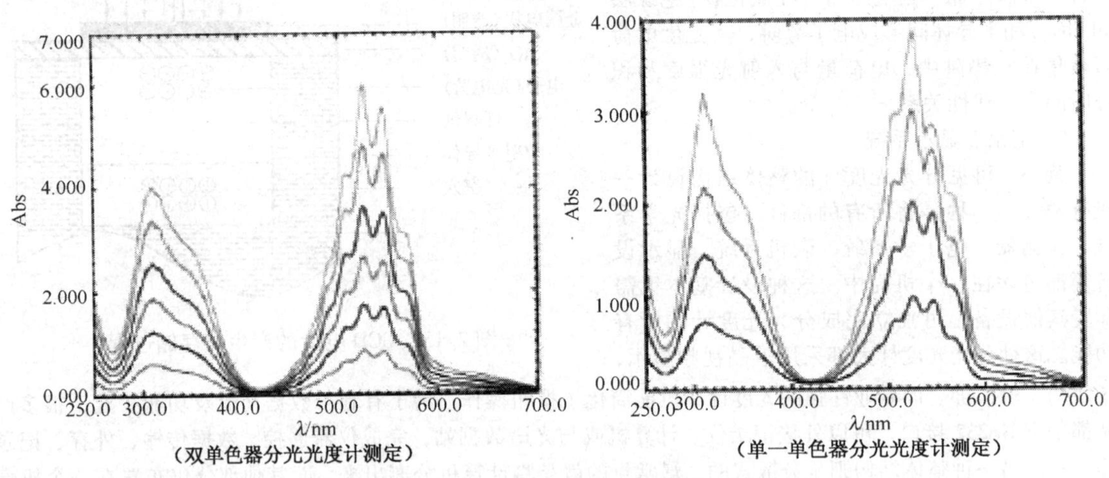

图 2.16 不同浓度高锰酸钾溶液 UV 图谱

2.1.3.4 实验技术

（1）溶剂的选择

紫外光谱分析，溶剂的选择非常重要，同一种物质溶解在不同的溶剂中，会有不同的分析结果，见图 2.17所示，在完全相同的测试条件下，碘溶解在四氯化碳和溶解在乙醇溶剂中的图谱完全不同。图 2.18 为 4 -（间 - 甲苯基偶氮）- 1 - 萘酚，分别溶解在己烷、苯、氯仿、乙酸四种不同的溶剂中，测试结果呈现明显的差异。

许多有机溶剂对光的吸收各有自己不同的截止波长，在选用时要注意。表 2.3 中列出了紫外区常用溶剂的最短可用波长。

（2）分析波长的选择

同一种物质，不同的分析波长有不同的摩尔吸收系数，即有不同的灵敏度。因此，分析波长的选择影响到分析结果灵敏度和可靠性。

分析波长选择一般是根据试样的吸收光谱，选择最大吸收波长作为分析波长。其原因：一是因为最大吸收波长处摩尔吸收系数 ε 值最大，分析的灵敏度最高。二是吸光度绝对误差 ΔA 变化最小。见图 2.19，在图中取 $\Delta\lambda_1 = \Delta\lambda_2$，若选择左边斜肩处的某点处作为分析波长，则 $\Delta\lambda_1$ 所对应的吸光度差值为 $\Delta\lambda_2$。若选择最大吸收峰处作为分析波长，则 $\Delta\lambda_2$ 所对应的吸光度差值为 $\Delta\lambda_1$。显而易见，$\Delta A_1 \ll \Delta A_2$，说明在相同的 $\Delta\lambda$ 下，由于分析时波长位置不同，分析结果的吸光度绝对误差 ΔA 变化的大小也不同。所以，要选择最大吸收波长作为分析波长。

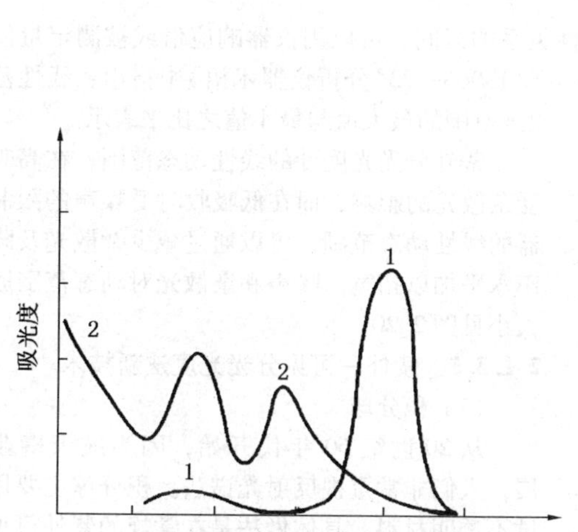

图 2.17 碘在不同溶剂中的吸收光谱

1—四氯化碳；2—乙醇

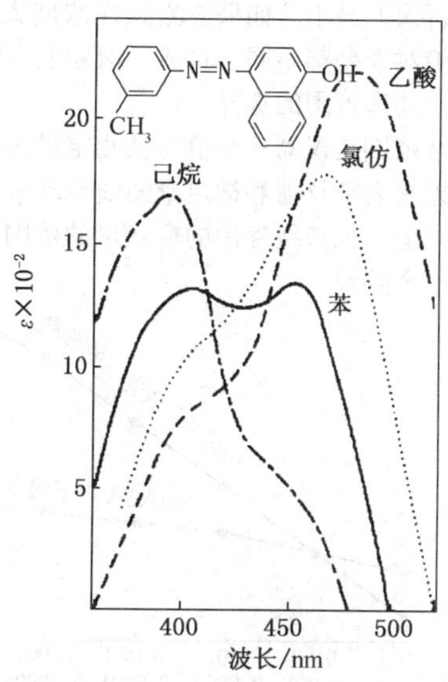

图 2.18 4-(间-甲苯基偶氮)-1-萘酚在不同溶剂中的吸收光谱

表 2.3 紫外区常用溶剂的最短波长

溶剂	二硫化碳	丙酮	吡啶	四氯化碳	甲苯	苯	二甲基甲酰胺	四氯化碳
最短可用波长/nm	380	330	305	290	285	280	270	265
溶剂	甲酸甲酯	乙酸乙酯	乙酸正丁酯	氯仿	二氯甲烷	1,2-二氯乙烷	甘油	乙醚
最短可用波长/nm	260	260	260	245	235	230	220	220
溶剂	已腈	正己烷	对二氧六环	2,2,4-三甲戊烷	异丙醇	乙醇	96%硫酸	水
最短可用波长/nm	215	220	220	215	210	210	210	<210
溶剂	甲醇	甲基环己烷	正丁烷	环已烷	异辛烷			
最短可用波长/nm	210	210	210	<210	<210			

（3）吸光度范围的选择

根据朗伯-比尔定律，吸光度与试样浓度成正比，在不同吸光度范围内测定，可引起不同的误差。分析样品浓度太低或太高，吸光度值超越了合适的范围，都不会得到满意的结果。应使被分析样品的浓度范围控制在一个合理范围内。

试样浓度太低，信号过小，仪器噪声影响较大。试样浓度太大，吸光度值会偏离比尔定律，分析误差增大。甚至浓度偏大时，出现吸光度值反而减小的反常现象。

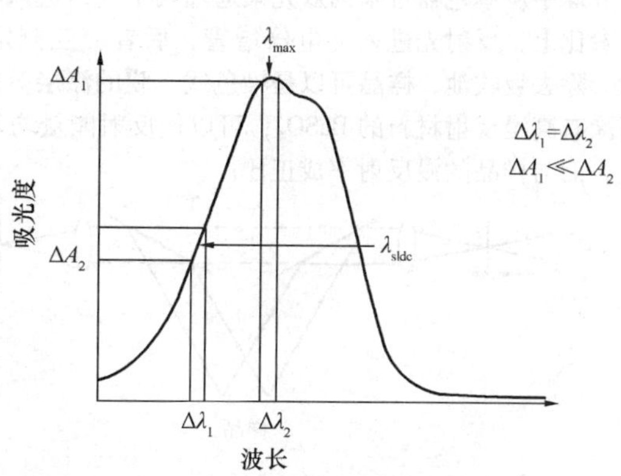

图 2.19 最大吸收波长的选择

在试样量允许时，试样应选择靠近吸光度值(0.434)的浓度。从理论上讲，吸光度值为 0.434 时为最佳值，分析误差最小。如果被测试样浓度太大，应向靠近0.434的方向稀释。在不同的吸光度上测试，相对误差和绝对误差都不同。目前，国际上一般紫外可见分光光度计给出的$\Delta T = \pm 0.3\% T$。

（4）线性动态范围的选择

动态线性范围是仪器响应值与被测定量之间呈线性关系的区间。可以用仪器响应值或被测定量值的高端与低端之差来表征仪器和被定量的线性动态范围。GB/T 13966—92《分析仪器术语》中指出：线性范围是仪器的输出与输入保持线性的的输入量的范围。也可以用该范围的最大值与最小值之比来表示。

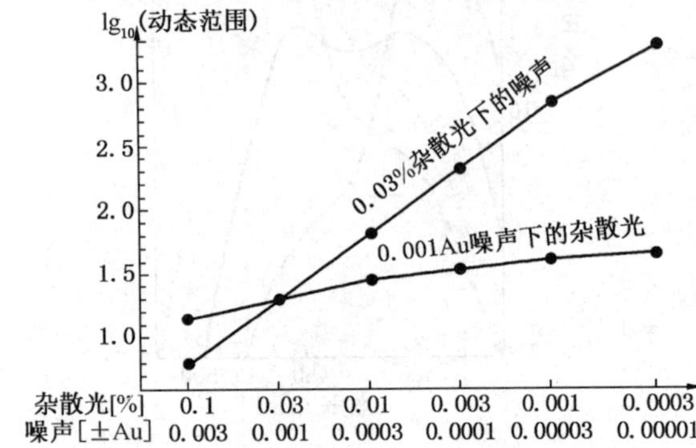

图2.20　噪声和杂散光对动态范围的影响

紫外分光光度计的线性动态范围，在高吸收时受杂散光的影响，而在低吸收时受噪声的限制。仪器的线性动态范围，可以通过减少杂散光及降低噪声水平加以拓宽。噪声和杂散光对动态范围影响的大小见图2.20。

2.1.3.5　紫外－可见分光光度法新技术

（1）积分球

从20世纪60年代开始，因为航天事业的发展，人们非常重视反射光谱法。积分球主要用来测试不透明材料。具体做法是在常规的紫外可见分光光度计上加一个光学积分球附件，使常规的光度计不能进行的操作得以实现。主要测定不透明的固体、粉末等样品的反射率或者半透明液体和曲面固体的透射率。从固体或粉末样品表面漫反射回来光的方向是四面八方的，积分球的作用就是收集这些反射光以被检测器检测。显然，积分球的反射光收集在一定程度上优于普通漫反射测量附件，得到的光谱信噪比高、重复性也较好。而且，检测器放置在积分球的出口，不易受到入射光束波动的影响。为进一步提高反射光收集率，也有积分球使用多个检测器。

如图2.21所示，积分球可提供内部光度参比，制成伪双光束的光谱仪器。积分球的载样器件可采用通用的漫反射样品杯，也可选用一次性样品杯。旋转式样品杯或样品瓶有利于获得稳定可靠的漫反射光谱。

从样品表面反射回来的辐射能量大小，反射率定义为：$R\% = I/I_0 \times 100$。I为被反射的辐射强度，I_0为从某些标准表面反射回来的辐射强度。镜面反射具有定义明确的反射角，如从镜面的反射一样；而漫反射时，部分被反射表面吸收，部分被反射表面散射。反射光谱的测定是在紫外－可见分光光度计上加一可进行反射操作的附件，如图2.22所示。

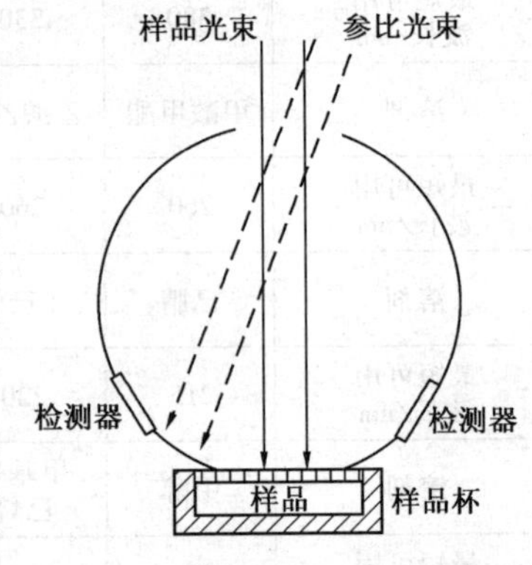

图2.21　一种可同时测量参比和样品的积分球光路示意图

光学积分球，一般将一根内径为60～150mm的铝棒切成两半，技术比较精细复杂，然后将其挖成空心球，在球的内壁上涂上硫酸钡或熏上二氧化镁。这时，在球心放上被测试的样品，则在球内壁的任何地方的漫反射强度都相等，这就是积分球的工作原理。从图2.23中可知，积分球中从单色器过来的双光束通过两个窗口进入积分球，照射在样品及参比上，反射光进入光电倍增管，后者交互测定样品及参比的漫反射。除去吸收池，样品可以是染色线、膜的涂层等固体样品，此时参比处放置标准白板。一般积分球内表面涂有高漫反射材料的$BaSO_4$，可以使反射能量均匀化，在球内任一给定点反射光的强度都与空间分布无关，而与样品的漫反射率成正比。

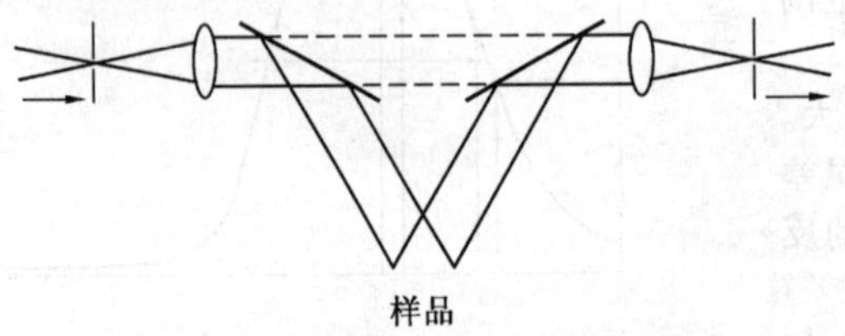

图2.22　样品反射光谱测定光路图

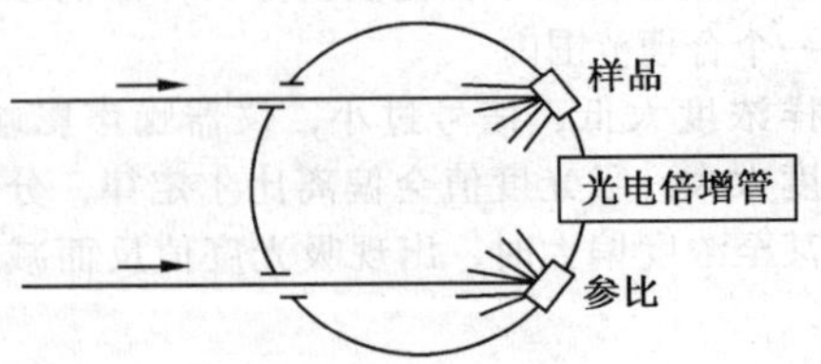

图2.23　积分球原理示意图

使用积分球附件应该注意，无论使用透过样品还是反射样品，都要使样品紧密贴紧积分球开口，如有间隙会使测量值产生误差。如白板表面被污染，可用细砂纸轻轻磨干净，并将白板保存在干燥的容器中。

① 半透明样品的测定：

测定悬浮样品时，照射光因溶液中微粒而发生散射不能100%地到达检测器上，难以获得清晰的光谱。使用积分球测定这样的样品时示意图如图 2.24 所示，积分球是将散射光导入有硫酸钡涂层的球体内，使全部的光集中到检测器上。照射光不能透过不透明的样品，在样品的表面反射，如图 2.25 所示，有两种反射情况，即入射光按以法线为中心的对称角度反射(正反射)和向各方向漫反射，前者称镜反射，后者称为漫反射。

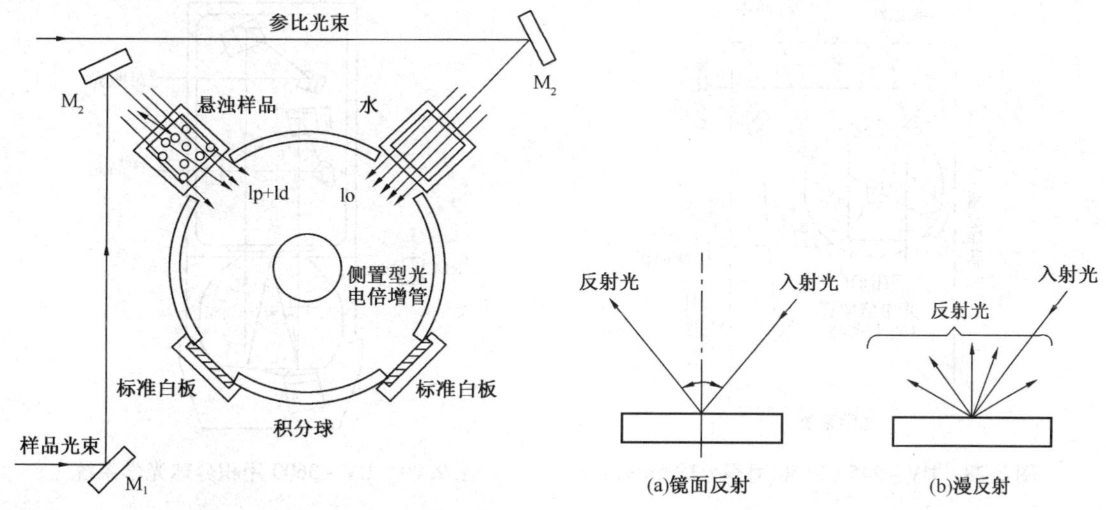

图 2.24　半透明样品的积分球方式测定(透过率测定)　　图 2.25　镜面反射和漫反射

② 不透明样品的测定：

在图 2.26 装置上将样品放置在入射光侧的窗前，进行悬浮液的测定。按图中所示放置样品进行反射测定。此时照射在样品上光的角度为 0°时，可测定漫反射，8 度时可测定全反射光(镜面反射 + 漫反射)。图 2.27 为使用积分球与不使用积分球时测定光谱比较。

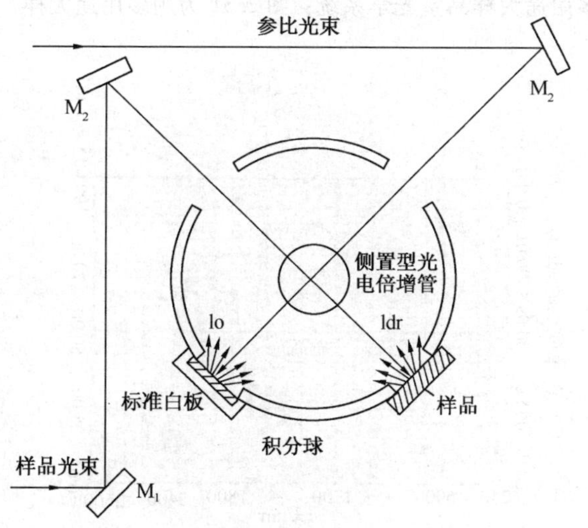

图 2.26　不透明样品的积分球方式测定光路示意图(反射率测定)

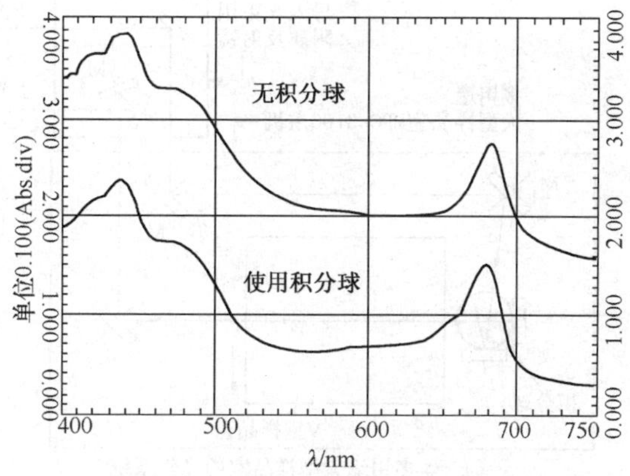

图 2.27　叶绿素悬浮浊液使用积分球与不使用积分球时测定的光谱比较

③ UV－2450/2550 用积分球光学系统（见图 2.28）：

UV－2450/2550 用积分球光学系统，测定波长范围：240～800nm，积分球内径 60mm，内装光电倍增管。反射样品尺寸，最大宽 40mm×高 70mm，厚度 10mm。

④ UV－3600 积分球光学系统：

UV－3600 积分球光学系统见图 2.29 所示，该系统可用于测定粉状、纸张、布料样品的反射光谱。对溶液样品或固体样品的透射光谱测定为主，可进行不受样品的表面状态影响的稳定测定，最适于色彩测定。积分球内径 150mm。反射样品设置空间：150mm（W）×170mm（H）×30mm（t）。

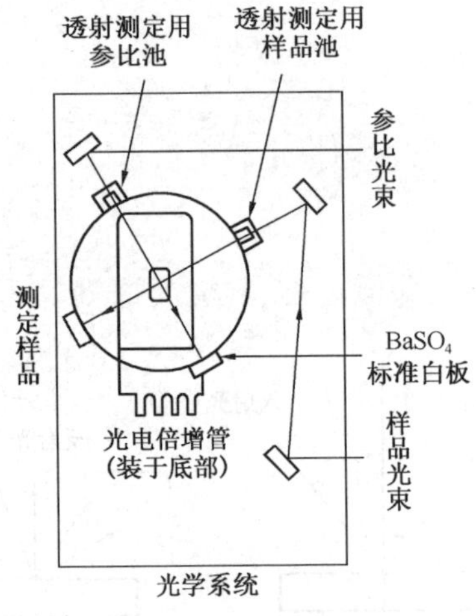

图 2.28 UV－2450/2550 用积分球光学系统

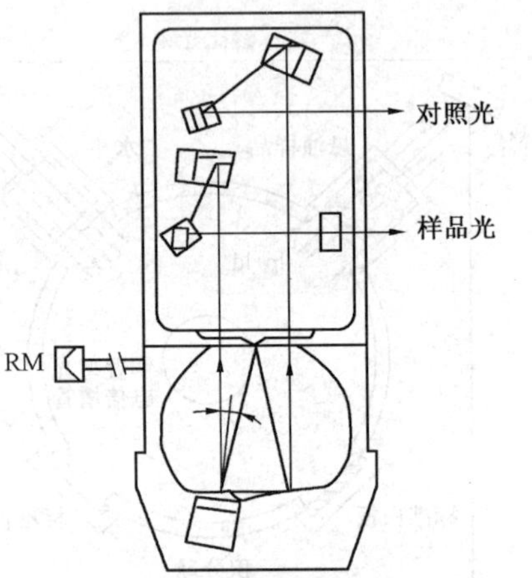

图 2.29 UV－3600 用积分球光学系统

（2）多用途大样品室

多用途大样品室可自由地进行各种样品的透射、反射的测定。为准确地测定固体样品，内装有积分球。以前由于光量不足，用积分球难以进行的近红外区域测定，现在通过采用 UV－3100 型高效率分光器，灵敏度大幅度提高，可在 240～2600nm 的宽波长区域进行测定。积分球周围的样品空间也相当大，适于超大型样品的测定。多用途大样品室可用于半导体硅晶片等的透射，反射测定；各种真空镀膜、膜厚的测定；各种透镜、棱镜等的透射、反射测定；窗材（对太阳光线的透射率），激光棒的测定；光盘的透射、反射测定；小麦粉等粉末的近红外反射光谱测定。图 2.30 为多用途大样品室光学系统；图 2.31 为用多用途大样品室测定 CD 盘的反射光谱实例。

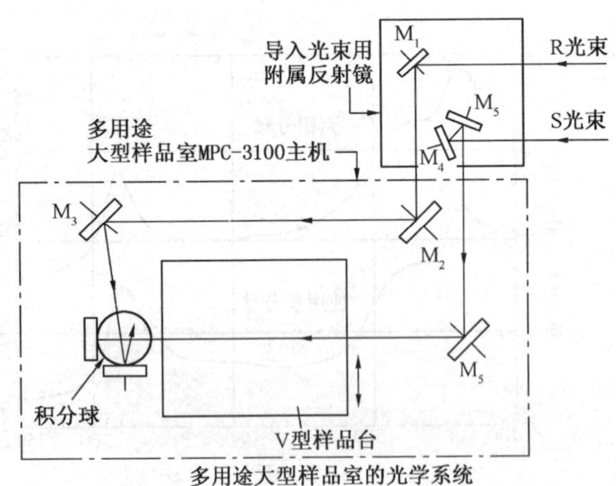

图 2.30 多用途大样品室光学系统

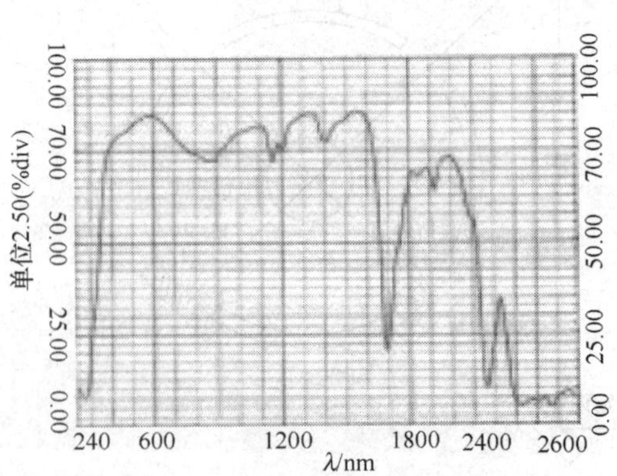

图 2.31 多用途大样品室的 CD 盘的反射光谱测定实例

(3) 微量样品测定

超微量池架最少可测定 50μL 样品(超微量池架示意图，见图 2.32)，因此对样品量有限的生物化学相关分析极其有效。图 2.33 是使用超微量池架和液体池，测定样品量为 50μL 的鲱鱼精子(a)和牛血清白蛋白(b)而得到的吸收光谱。在紫外区域也可获得 S/N 良好的光谱。

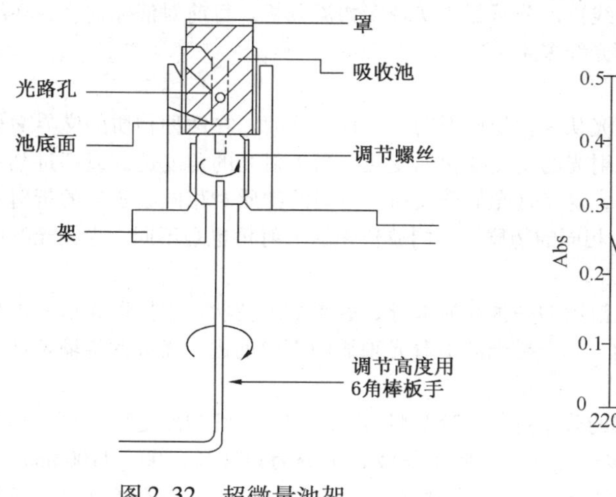

图 2.32　超微量池架

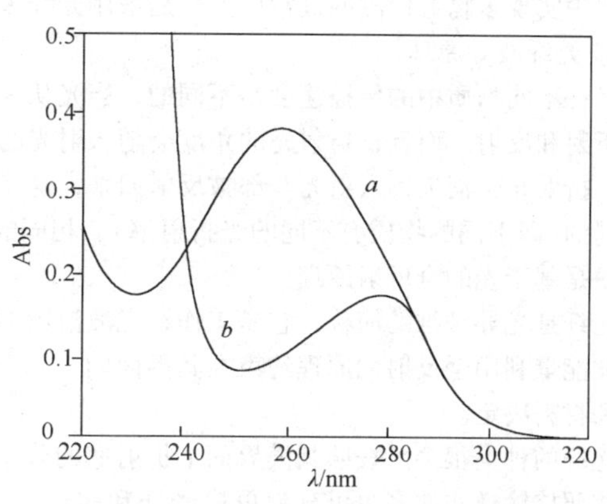

图 2.33　精子和白蛋白的光谱

(4) 自动分析

为实现紫外－可见自动分析，有连续向样品室供应试样的附件，该附件由半自动进样器、自动样品转换器组成。半自动进样器是使用蠕动泵自动向池内供应样品溶液，可在 20min 内，自动连续测定最多达 100 个样品。另外，微量流动池可用于柱洗脱液的连续测定。

半自动进样器组件，根据流动池形态，有如图 2.34 所示 4 种类型。采用以步进电动机驱动的方式，不断吸入液体样品进行测定。可数字设定吸入、排出时间和稳定时间，可根据样品的黏度设定最佳值。

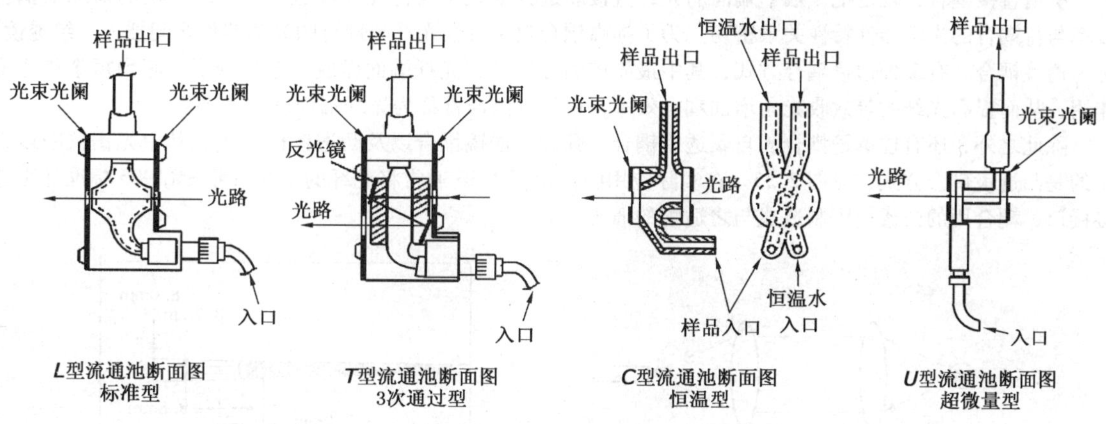

图 2.34　流通池种类和形状

L 型是标准型流通池，流通池形状呈 L 型。T 型是 3 次通过型的流通池，其形状细长几乎呈直线结构，具有吸入、排出时样品流动顺畅、污染少，即使易起泡的样品也不容易起泡等特点。C 型为采用恒温的流通池，池的形状为双重结构，可在流动池的周围循环恒温水，因此可进行准确的高效率恒温测定。U 型是用于微量测定的流通池，与其他流通池相比它可进行微量且交叉污染小的测定。

(5) 光纤技术

为实现现场快速测定，可采用光纤技术。光纤结合模块化设计，可使分光光度计完全突破固定、静态的组成，而变成可以自由搭配，自助式构建的仪器。光纤同时也是实现在线测量的重要手段。

采用光纤具有以下优势：光纤直径小，易弯曲，可直接插入生产装置中，进行原位分析和实时跟踪检测，还可以用于遥测分析；光纤的化学和热稳定性、对电磁干扰不敏感特性，使其可在困难条件下或危险环境、以及复杂的工业生产现场进行工作；更重要的是，采用光纤和光纤多路转换器，可在一台光谱仪器上很容易实现检测多路物料，提高仪器的利用率。

有多种方式可实现一台光谱仪检测多路物料，例如，可将一根光纤分成多束，分别进入多个单立的检测器；也可通过计算机控制，依次切换不同管线进入分析器来实现多物流分析。目前对液体而言，在线光谱仪器中实现多物流检测的最常用方式是采用光纤多路转换器。

① 光纤波导原理：

光在不同物质中的传播速度是不同的，当光从一种物质射向另一种物质时，在两种物质的交界面处会产生折射和反射。而且，折射光的角度会随入射光的角度变化而变化。当入射光的角度达到或超过某一角度时，折射光会消失，入射光全部被反射回来，这就是光的全反射。不同的物质对相同波长光的折射角度是不同的(即不同的物质有不同的光折射率)，相同的物质对不同波长光的折射角也是不同。光在光纤中的传输便是基于光的全反射原理。

光纤是光导纤维的简称，它是工作在光波波段的一种介质波导，通常是圆柱状。它把以光形式出现的电磁波能量利用全反射的原理约束在其界面内，并引导光波沿着光轴线的方向前进，光纤的传输特性有其结构和材料决定。

光纤的种类很多。按照其模界面上折射率的分布可分为阶跃型(或突变性)光纤和渐变型(或自聚焦)光纤；按照传输模式的多少可分为单模光纤和多模光纤；按照工作波长可分为短波长(700～1100nm)光纤、长波长(1100～1700nm)光纤和超长波长(＞2000nm)光纤；按照光纤组成的材料划分有石英光纤、多组分玻璃光纤、塑料光纤、红外光纤、液芯光纤和晶体光纤等。

目前，光谱仪器中普遍使用的是石英光纤。石英光纤是用纯度特别高的石英玻璃通过一定工艺制作而成，根据其羟基含量，可分为高羟基、低羟基和超低羟基光纤三种类型。

② 光纤耦合：

为实现光纤长距离传输和多检点测量，需要将光纤与光源、光纤与光开关以及光纤与光纤进行耦合连接。光纤耦合主要有两种方式：直接耦合和透镜耦合。

所谓直接耦合，就是把一根平端面的光纤直接靠近其他光学器件光面放置。在光纤一定的情况下耦合效率与待耦合的光学器件特性关系密切。为了提高耦合效率可在光纤与耦合的光学器件之间插入一组透镜，称为透镜耦合。有多种透镜耦合方式，其中最简单的方法是将光纤端面做成一个半球形，起到短聚焦透镜作用，从而提高光纤的等效收光角增加耦合效率，这种方法通常称为光纤端面球透镜耦合。

除此之外，还有柱透镜耦合、自聚透镜耦合、圆锥形透镜耦合以及凸透镜耦合等，其中光谱仪中最常用的是凸透镜耦合方式，见图2.35。在实际应用中，如图2.36通常将光纤的末端按照SMA905标准加工连接接口，耦合用的凸透镜则制造成与之适配的插头。

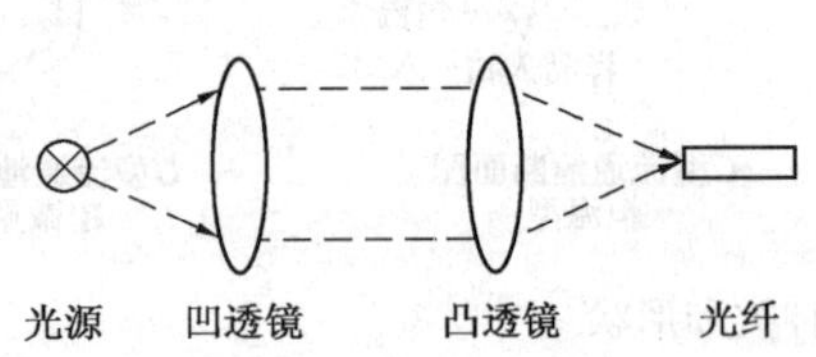

图2.35 光纤与光源的凸透镜耦合示意图

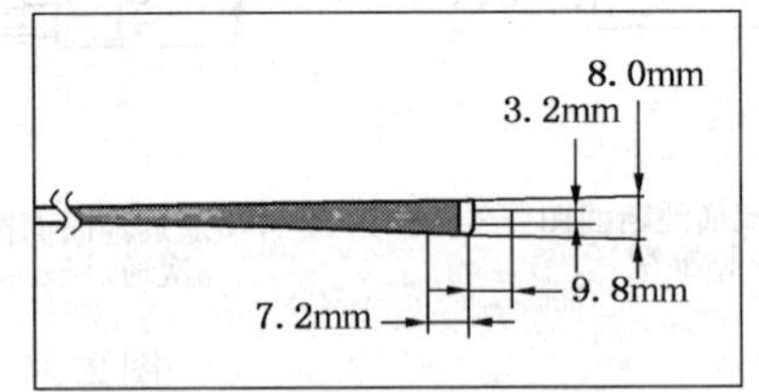

图2.36 SMA905标准接口

③ 光纤测量附件：

光纤测量附件主要包括浸入式透(反)射光纤探头、漫反射探头、ATR探头和光纤式流通池等。

浸入式透(反)射光纤探头(见图2.37)主要用来测量透光性和流动性好的液体样品，其原理是入射光纤传输的光经过透镜耦合准直后变成平行光，照射到棱镜上，经棱镜改变光的传输方向后，进入待测样品，携带样品信息的光在通过透镜耦合进入出射光纤中。透反射光纤探头的原理与透射光纤探头相似，只是透射光和出射光都通过样品，如图2.38。

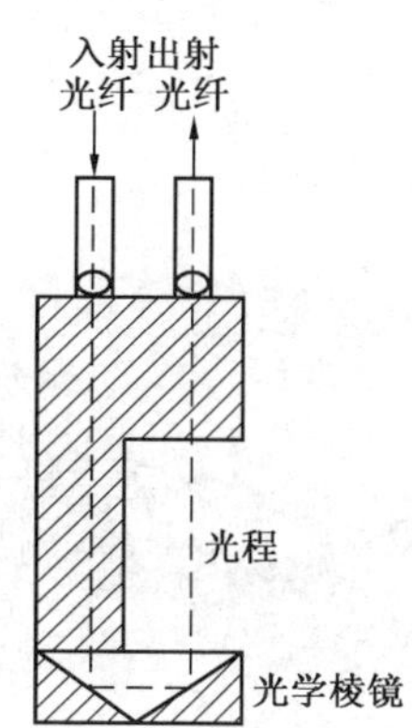

图 2.37 光纤透射探头结构示意图

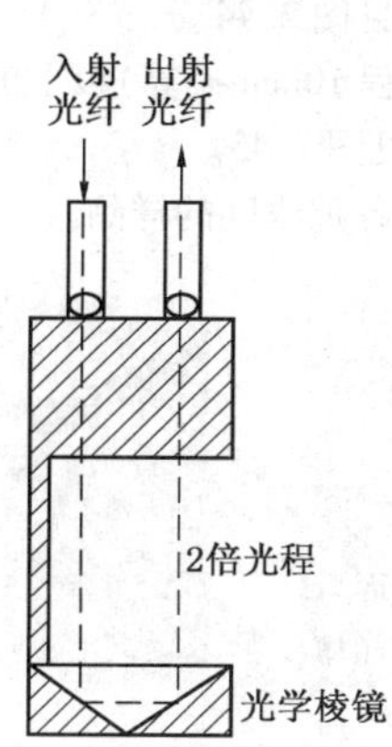

图 2.38 光纤透反射探头结构示意图

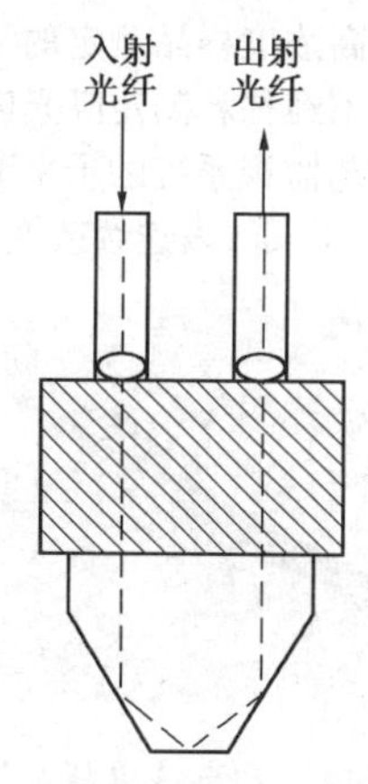

图 2.39 光纤 ATR 探头结构示意图

衰减全反射探头可直接用来测量强吸收的液体样品，如染料等。图 2.39 所示，ATR 探头通常用 3 块蓝宝石晶体组成，通过光的衰减全反射原理实现对样品的测定。

漫反射探头主要用来测量固体颗粒和粉末，其光学原理及结构示意图见图 2.40。为有效收集样品漫反射的光，漫反射探头多采用光纤束，如 6×1 光纤束，6 根光纤用来照射待测样品，1 根光纤则用来收集样品漫反射后的光。由于采用光纤束，光能量衰减严重，传输距离不宜过长，一般在 50m 以内。

光纤式流通池是在线测量流动性较好液体的常用附件，图 2.41 是一种代表性结构简图。应用于实际工作的流通池结构要复杂的多，如要考虑抗气泡、恒温、高温、高压测量条件以及易于拆卸清洗等。

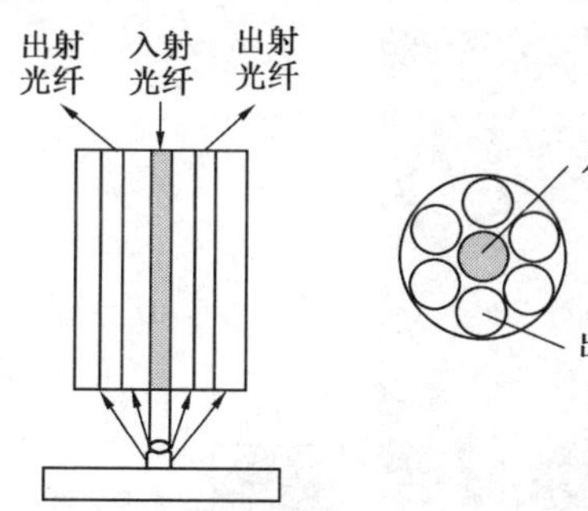

图 2.40 光纤漫反射探头结构示意图

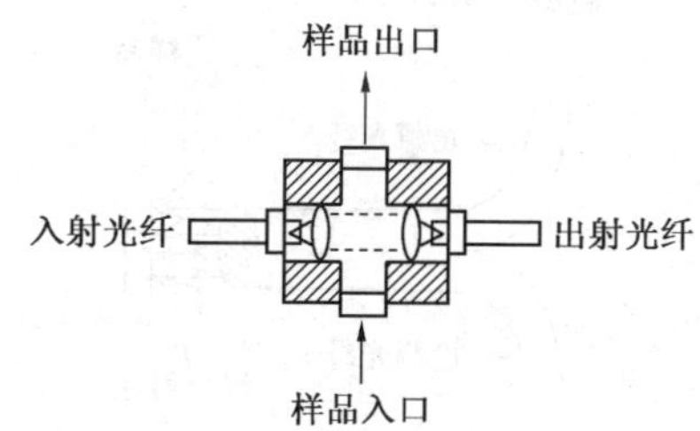

图 2.41 一种典型的光纤流通池结构示意图

④ 适用于各种用途的几种探头：

远距离测定用方形池架，见图 2.42。

使用手套箱与样品池隔离来测定有毒物质、放射性物质、易燃物质时，应用光纤连接器。

用于现场测定的 DIP 探头，见图 2.43。

样品装在烧杯或试管之中时，只需将探头前端放入样品即可测定。适用于监视反应状态或测定后不想将样品废弃时。

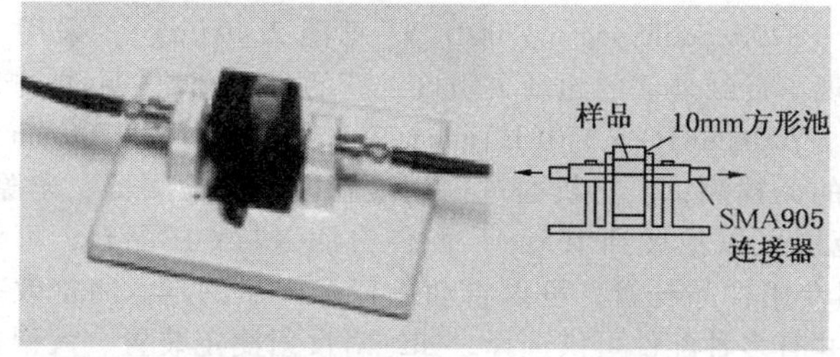

图 2.42 用于远距离测定的方形池架的外观和结构

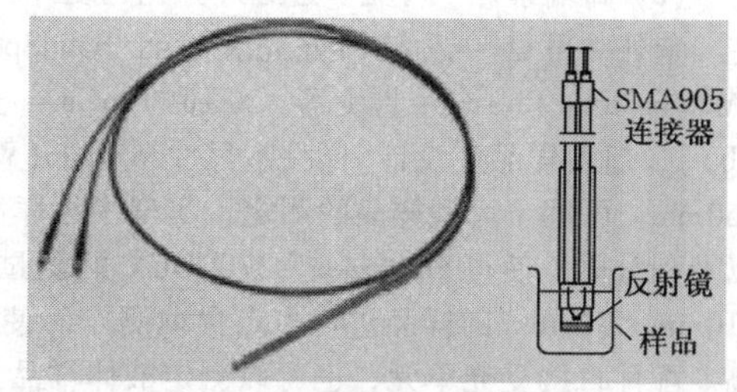

图 2.43 用于现场测定的 DIP 探头的外观和结构

用于超高浓度样品测定的 ATR 探头，见图 2.44。

适用于不经稀释测定吸光度 10000(光程 10mm 换算)以上的高浓度。

用于工艺监视系统的十字型流通池，见图 2.45。

可在 1~15mm 内连续改变光程，监视各种浓度的样品。

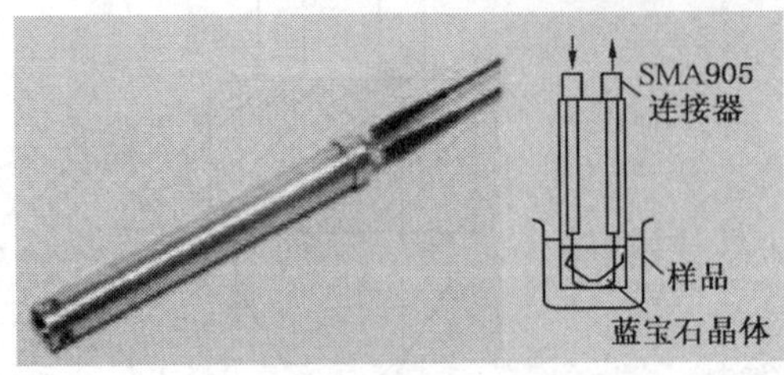

图 2.44 超高浓度样品测定用 ATR 探头的外观和结构

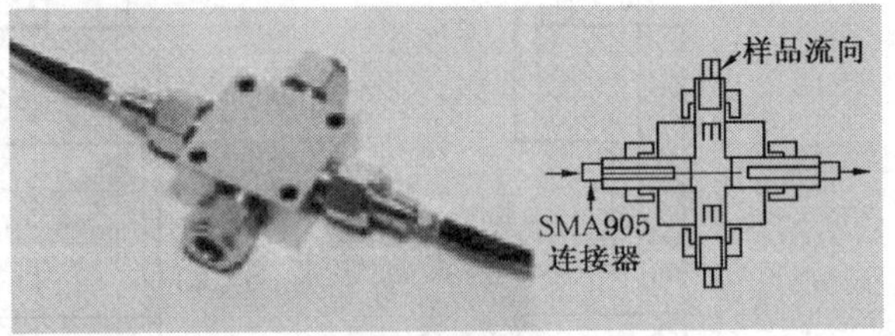

图 2.45 十字型流通池的外观和结构

光线漫反射探头:

漫反射光纤探头可以用来测量各种类型的固体样品，如塑料、水果、药片和谷物等。图 2.46 是一种漫反射式的光学原理示意图。

为了有效收集样品漫反射的光，漫反射探头多采用光纤束(如图 2.47 所示)。如 $n \times m$ 光纤束，n 根光纤用来传输来自光源或单色器的光(称为光源光纤)，使之照射到待测样品上，m 根光纤则用来收集样品的漫反射光(称为检测光纤)，并传回光谱仪。光纤束的排列有多种方式，有规则的，如内圈光纤作检测光纤、外圈光纤作检测光纤，或检测光纤和光源光纤均匀间隔排列；也有无规则排列的，如随意排列的。

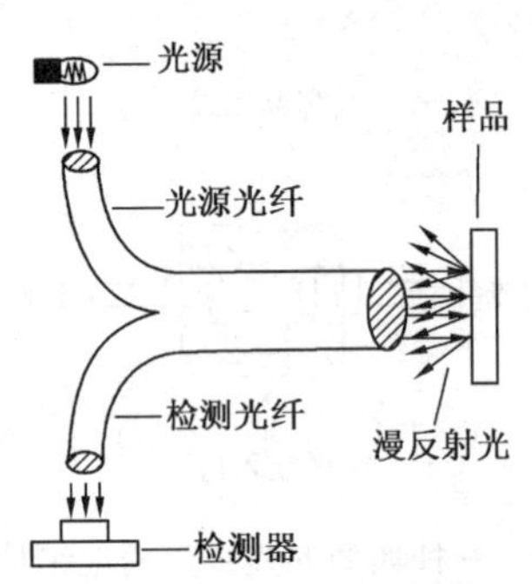

图 2.46 一种漫反射光纤探头的光学原理示意图

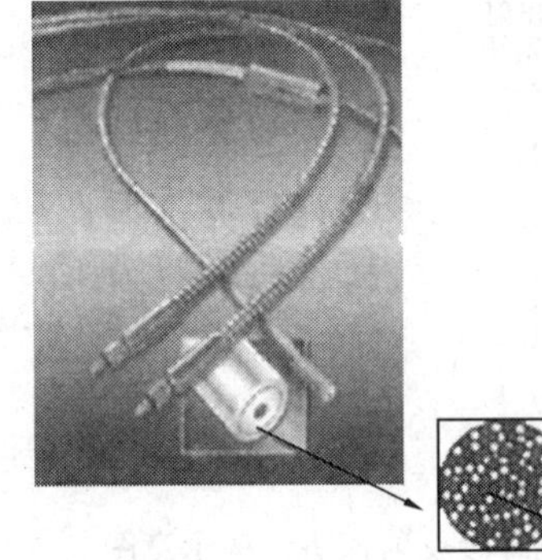
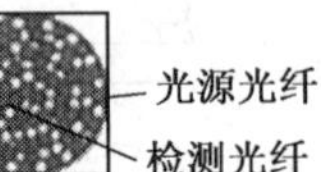

图 2.47 一种商品化的漫反射光纤探头示意图

如图 2.48 所示，采用光纤探头可以方便地对固态样品进行测量，如它可以直接插入到原料桶，也可以对包装袋中的样品直接进行测量。为了测试方便，可在光纤探头上安装各种类型的吹扫附件，对光纤探头上黏连的粉末等污染物进行自动吹扫。这种探头经过特殊设计，还可用于工业过程在线分析。

(6) 高端紫外 - 可见 - 近红外分光光度计

紫外 - 可见 - 近红外分光光度计 SolidSpec - 3700/SolidSpec - 3700DUV[见图 2.49(a)]，采用了 PMT/InGaAs/PbS 三个检测器，新加的 InGaAs 实现了近红外区的超高灵敏度。新的三维光路[见图 2.49(b)]、超大样品室设计[样品室尺寸 900mm(W)×700mm(D)×350(H)mm]，可放置样品尺寸 700mm×560mm。可用于大型样品的测定，实现了大样品的无损测试。主机通过使用最新设计的检测器、光源、以及积分球，使得 SolidSpec - 3700DUV 的测试范围可以扩展到 165nm。配件自动 X - Y 样品台，可对 310mm×310mm 的样品进行多点自动测定。使用专用样品托盘，可以自动进行多样品测定，测定效率高。配件直接受光单元，也可以测定液体样品。并有多种配件可供选择，如绝对反射测定装置、大型样品用的镜面反射测定装置等。

(a)

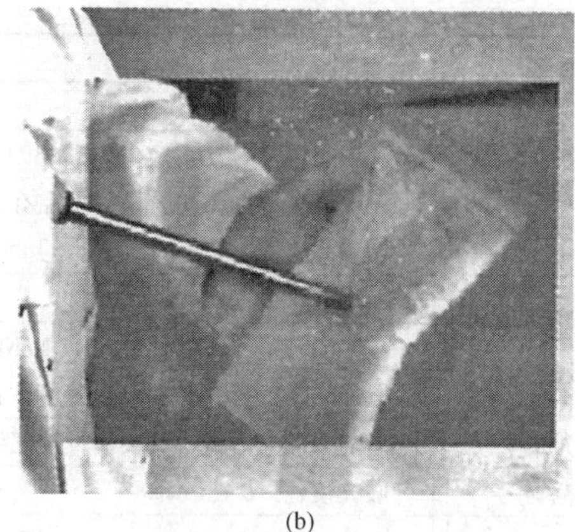
(b)

图 2.48　光纤漫反射探头插入原料(a)或透过包装袋(b)直接对样品进行测量

SolidSpec－3700DUV 型波长范围为 175～2600nm，使用选配件直接受光单元时为 165～3300nm。远紫外区(165～190nm)主要用于光学器件基本光学性能的检测，如半导体工业中仪器内的光学元件如透镜、石英片等。

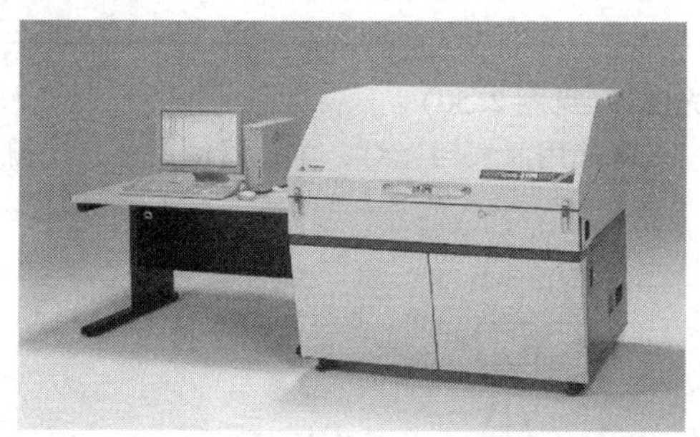
(a)外观图

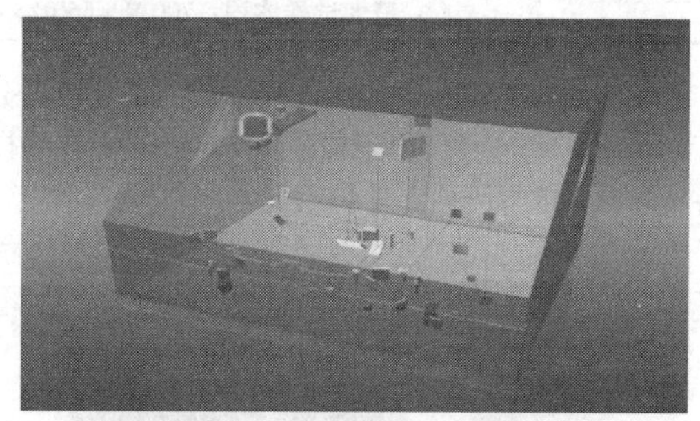
(b)三维光路图

图 2.49　SolidSpec－3700

① 应用领域：

在 FPD(Flat Panel Display 平面显示器，包括液晶、等离子显示器)领域；在半导体领域，对于 12 英寸硅片的测定，也需要有大样品室的支持；在光学通信领域，经常需要在近红外区对防反射膜做评价(防反射膜的低透射率性能)，所以近红外的高灵敏度变得非常重要；在光学材料领域中，从远紫外到近红外区都需要有很高的精度，同样需要有无损的测定。

② 技术指标(表 2.4)。

表 2.4　技术指标

光学系统	双　光　束
分光器	衍射光栅/衍射光栅型双单色器。 前级单色器：凹型衍射单色器。 主单色器：高性能视差校正闪耀全息光栅，Czerny－Turner 型
测试波长范围	3700：240～2600nm(使用积分球时)190～3300nm(使用扩展件) 3700DUV：175～3300nm(使用积分球时)165～3300mm(使用扩展件)
波长准确性	±0.2nm UV/Vis；±0.8nm NIR
波长重复精度	±0.08nm UV/Vis；±0.32nm NIR
波长扫描速度	波长设置：5000nm/min in UV－Vis，20000nm/min in NIR 波长扫描：3600nm/min for PMT & InGaAs，1600nm/min for PbS

续表

光学系统	双　光　束
波长设定步长	0.01nm
光源切换波长	和波长同步自动切换 282.0 ~ 393.0nm 增量 0.1nm
谱带宽度	UV/Vis：0.1nm/0.2nm/0.5nm/1nm/2nm/3nm/5nm/8nm 8 段转换 NIR：0.2nm，0.5nm，1nm，2nm，3nm，5nm，8nm，12nm，20nm，32nm 10 段转换
分辨率	0.1nm
杂散光	<0.00005%T 以下（340nm，$NaNO_2$）； <0.0005%T 以下（1420nm，水）；
测光方式	双光束测光方式（负反馈直接比例方式）
测光范围	吸光度：-6 ~ 6 Abs
漂移	3700：小于 0.0002Abs/h（电源启动 2h 后）　3700DUV：小于 0.0003Abs/h（电源启动 2h 后）
光源	50W 卤素灯（可见和近红外区）和氘灯（紫外区）
检测器	UV - Vis：PMT；NIR：InGaAs & Cooled PbS cell
最大样品体积	内部尺寸：900W × 700D × 350H 最大试样体积：700W × 560D × 40H

（7）BioSpec - nano 用于生命科学用的紫外可见分光光度计（见图 2.50）

BioSpec - nano 专门用于检测 DNA 与 RNA 核酸样品。光源使用氙气闪光灯，单色器使用全息光栅，检测器是光电二极管阵列。见图 2.51。

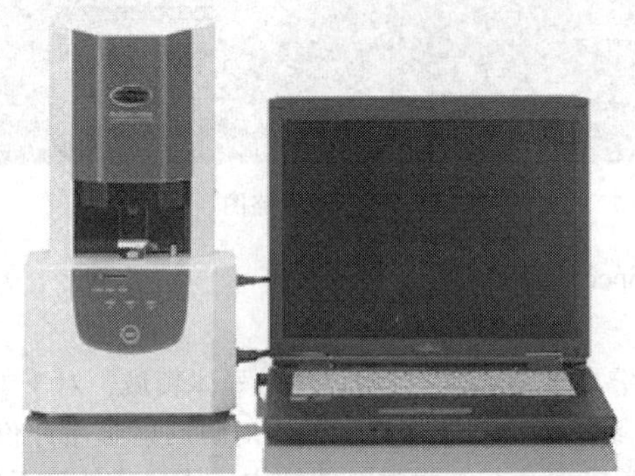

图 2.50　BioSpec - nano 紫外可见分光光度计

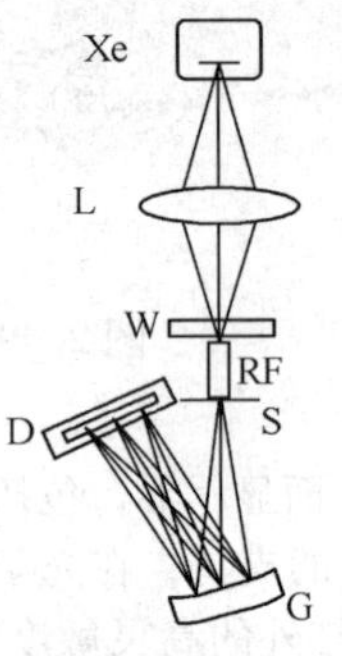

图 2.51　BioSpec - nano 光学系统

① BioSpec - nano 的特点：

BioSpec - nano 是生命科学用紫外可见分光光度计，可用于核酸或荧光标记核酸的定量。

a. 滴样 - 点击分析（图 2.52）：

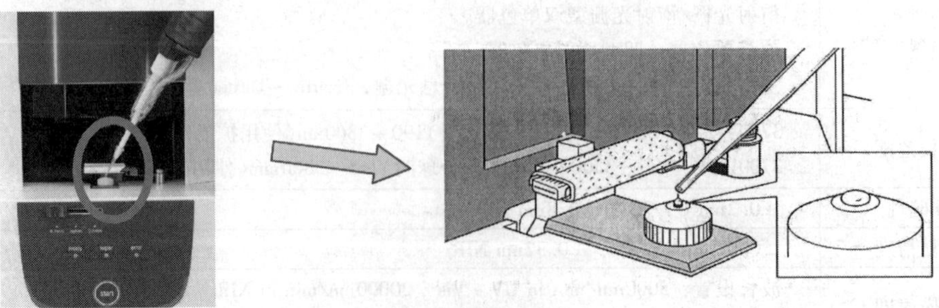

图 2.52　滴样

使用移液枪，将样品滴至目标位置，然后在主机上按[开始]键，或在软件窗口点击[开始]，然后样品上样，测定，擦拭全部自动进行。

光谱测定需要3s，快速得到分析结果。自动样品擦拭功能的专用拭子，可连续使用100次。

b. 1 ~ 2μL 核酸定量：

不使用比色皿。所需样品体积是1μL（光程：0.2mm）或2μL（光程：0.7mm）。核酸紫外图谱，见图2.53。

c. 操作简单快速：

包含兼容Windows Vista/ XP的软件。基本操作，如测定、更换拭子、切换数据显示、报告输出（PDF格式）、数据输出（CSV格式）等，点击工具栏的按键，即可进行。

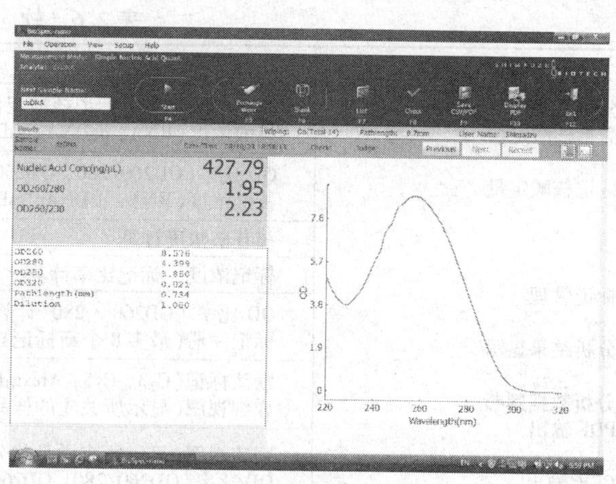

图2.53　核酸紫外图谱

② BioSpec - nano研究领域：

基因组（染色体组）科学，分子生物学，农业、医学（使用基因或SNP进行诊断、处理、或感染测试），法医，食物检测，生物恐怖研究，环境监测研究，DNA测试。

③ 规格（见表2.5 ~ 表2.7）：

表2.5　硬　件

项　目	说　明
测定波长范围	220 ~ 800nm
光谱带宽	3nm
波长准确性	±1nm
光程	0.2mm，0.7mm（手选）
光度范围	0 ~ 1.5Abs
光度值单位	OD（Optical Density，光密度），用10mm光程转换的吸光度
可选比色皿	可以（光程：5mm，样品体积：2mL） 光程杆切换至选配件（5mm）位置
样品体积	最少1μL（光程：0.2mm） 最少2μL（光程：0.7mm）
光源	氙闪光灯
单色器	全息光栅
检测器	光电二极管阵列（512个光电二极管）
自动擦拭功能	提供
样品上样功能	自动
光谱测定时间	3s
定量范围（OD，dsDNA浓度）	光程0.2mm，1 ~ 75OD 50 ~ 3700ng /μL 光程0.7mm，0.3 ~ 21OD 15 ~ 1000ng /μL 可选5mm光程比色皿，0.04 ~ 3OD 2 ~ 150ng /μL
电源要求	AC120V/220V/230V/240V，50/60Hz，40VA
环境温度，湿度	18 ~ 28℃，40% ~ 80%（无结露）
尺寸	宽210mm×深214mm×高417mm
重量	7kg

表 2.6 软　件

项　目	说　明
分析模式 简单核酸定量	简单核酸定量，标记核酸定量 核酸浓度(RNA，dsDNA，ssDNA，OligoDNA)计算
标记核酸定量	OD 比率(OD260/280，OD260/230)计算 核酸浓度(RNA，dsDNA，ssDNA，OligoDNA)
	核苷酸浓度计算
	标记浓度，标记比率计算
标记管理 分析结果显示	OD 比率（OD260 / 280)计算 标记注册(最多 8 个新标记)，编辑，删除
分析数据判断 PDF 输出	默认标记(Cy3，Cy5，Alexa Fluor 546，Alexa Fluor 647) 详细视图(显示所关注的样品分析结果与谱图)
CSV 输出 用户管理 (多用户模式)	列表视图(显示所有样品的分析结果) OD 比率(OD260/280，OD260/230)，OD800 判断 分析结果(详细视图，列表视图)保存于 PDF 文件中 分析结果(详细视图，列表视图)，光谱数据保存于制表符分隔的文本中 安装时选择多用户或单用户模式
	用户管理：用户注册，编辑，删除
关于打印	登录：用户名，密码输入 数据保存于各自文件夹 BioSpec - nano 软件无打印功能，只能输出 PDF 或 CSV 模式。因此，打印吸能从 Adobe Reader 或其他软件中进行。软件安装光盘中含有 Adobe Reader。

表 2.7 运 行 环 境

项　目	说　明
操作系统	Windows Vista Business SP1 Windows XP Professional SP2/SP3
CPU	1.6 GHz 或更高处理器
系统内存	512MB 或更大(使用 Windows Vista 时，大于 1GB)
硬盘容量	40GB 或更大
显示分辨率	1024 ×768 像素或更大
USB 2.0 端口	1 个端口或更多(用于连接仪器) 2 个端口或更多(使用 USB 打印机时)
打印机	兼容所使用系统的打印机
光盘驱动	DVD - ROM 或 CD - ROM 驱动

2.1.3.6 紫外分光光度计控制及数据处理

现代分光光度计的软件已不仅仅是用作数值运算的附属工具，而是整台仪器的核心，渗透到分光光度计的各个层面。

软件的作用主要有控制、监测与校正、光谱采集与处理、数据存储与分析等。分光光度计测量波长或范围的设置、光栅运动的驱动和控制、光源的自动切换、滤光片的自动选择、探测器的驱动、A/D 转换的同步、数据传输至计算机、数据写入内存、光谱或测量结果的显示，所有这些功能对于使用者来说可能只是按键，但在软件中包含了硬件的监测和校正，如光源的输出功率、波长的准确性、杂散光水平、基线校正等。光谱或数据的处理和分析更是软件的特长。友好的视窗图形界面和菜单操作，光谱图和数据作为文件进行管理、存储和读取，光谱图可随意移动、放大、缩小、重叠，数据可以被平滑、求导、积分、进行函数运算，可以自动寻找峰值、浓度分析、多组分分析，还可以有多种软件包，如核酸分析、蛋白质分析、动力学分析、水质分析和环保分析等，用于各专业领域。

以 UV2450 为例，简要介绍紫外分光光度计软件操作技术。

(1) 初始画面

启动 UVPROBE 以后，出现图 2.54 的对话窗口，需要输入设定的用户名和密码，然后点击 OK 键确定。

（2）装置的连接

首先从下拉式菜单的“仪器”项上追加需要的仪器。操作完毕如图 2. 55 所示，软件中加装了 UV－1800、UV－2550、UV－2450 以及 UV－3600；使用时点击实际连接的仪器，例如下图的 UV－2450，然后点击图 2. 55的连接键②，这样仪器与电脑连接（当然，中间的通讯电缆的连接、通讯口的指定等都是必须的，此处不再赘述）并开始图 2. 56 初始画面。

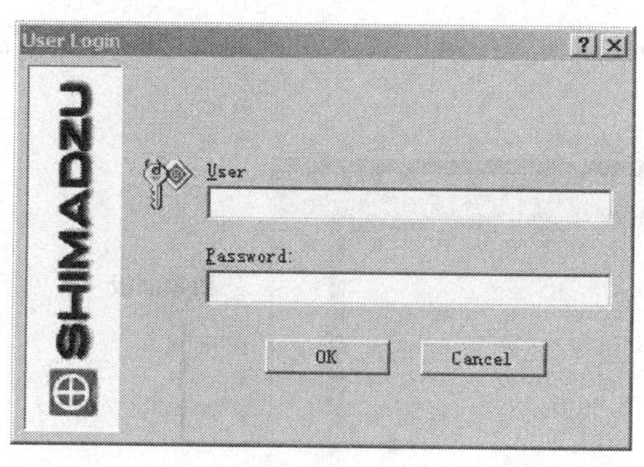

图 2. 54　初始画面

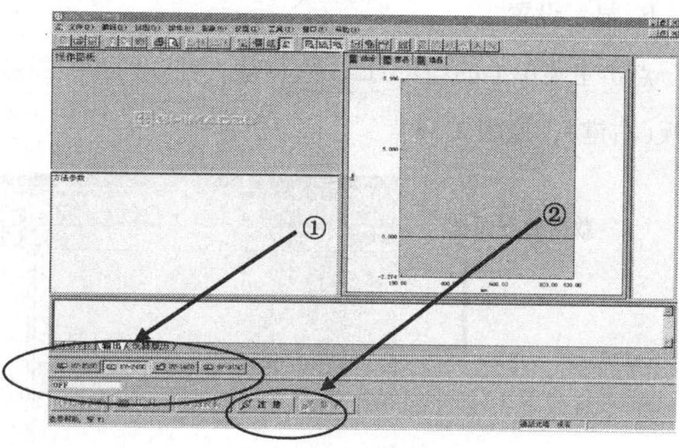

图 2. 55　连接

初始化大约需要 5min 左右，进行一系列的检查和初始设置，如一切顺利通过，就可以开始测定。

（3）测定

首先选择测定的方式，在主菜单上能发现右图所示的各键，自左至右分别为：

① 报告生成器：用于制作各种格式的报告。

② 动力学测定方式：一般测定吸收值随时间的变化，通常用于酶反应随时间的变化。

③ 光度测定（定量）方式：可进行多波长、单波长、峰高或峰面积定量。校准曲线可使用多点、单点、K 因子等方法。由于具有自定义方程的功能，DNA/蛋白质测定等以前需要特殊选购的软件才能进行的工作，使用 UVPROBE 可自编程序进行测定。

④ 光谱测定方式：可进行紫外可见区的光谱扫描。

（4）光谱测定方式：

① 参数和显示的设置：

a. 参数的设定：

点击菜单栏上的 M 键，即可出现如图 2. 57 所示的选择测定条件的画面：

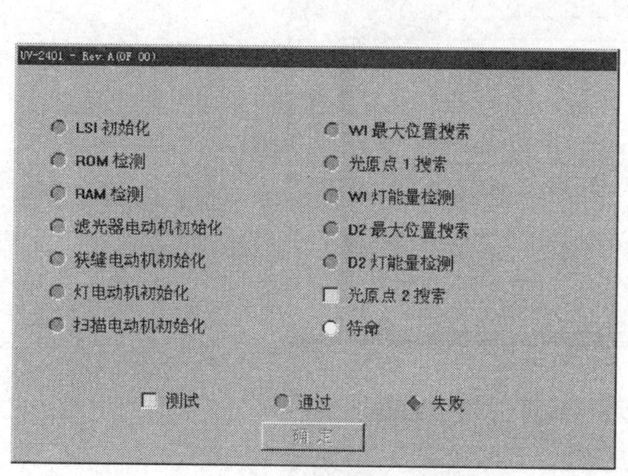

图 2. 56　连接后初始化画面

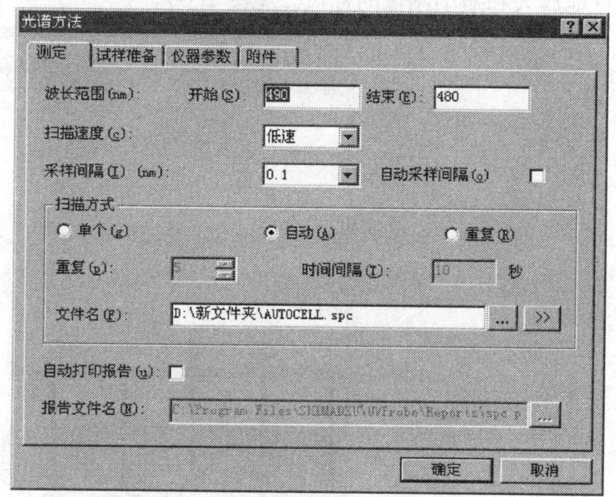

图 2. 57　选择测定条件的画面

在此对话框中可选择波长测定的范围、扫描的速度、采样间隔等条件。

点击图中[试样准备]标签，可输入重量、体积、稀释因子、光程长等信息。

点击图中[仪器参数]标签，可选择测定种类(吸收值、透射率、能量、反射率)以及通带(狭逢)等条件。但是 UV－1800 的通带分别固定为 1nm 不可选择。

如果使用多联式或注射式抽吸装置等附件时，可点击附件标签，在此设置各附件相关的参数条件。

b. 显示设置：

点击主菜单上的 键，可分别开关图像面板(图中的左键)、数据处理面板(中)以及方法面板(右键)，见图 2.58)

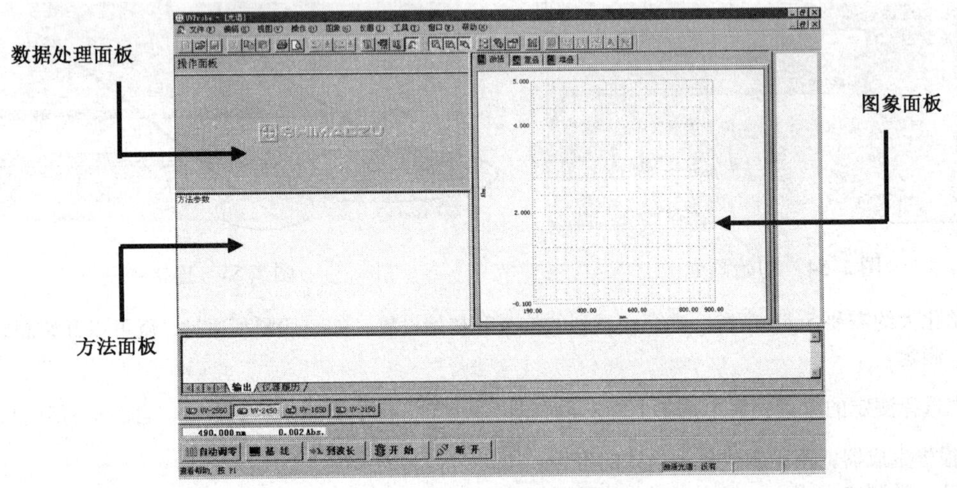

图 2.58 设置面板画面

② 光谱测定(图 2.59)：

首先点击图 2.59 中的②进行基线校正，然后点击③波长设置到 500nm，再点击①自动调零。为何要如此做，原因非常简单，由于一般的分光光度计的能量在 500nm 左右最强，在此自动调零可得到最正确的基线。通常上述操作在开机后进行一次就足够了。此后，设置样品点击④键即可开始测定。

③ 数据处理功能：

a. 波长范围以及纵轴范围的变更：

变更范围十分简单，只需在点击图像上最大和最小的位置，然后输入适当的数字即可。这表示可以随意地放大和缩小图像的标尺。见图 2.60。

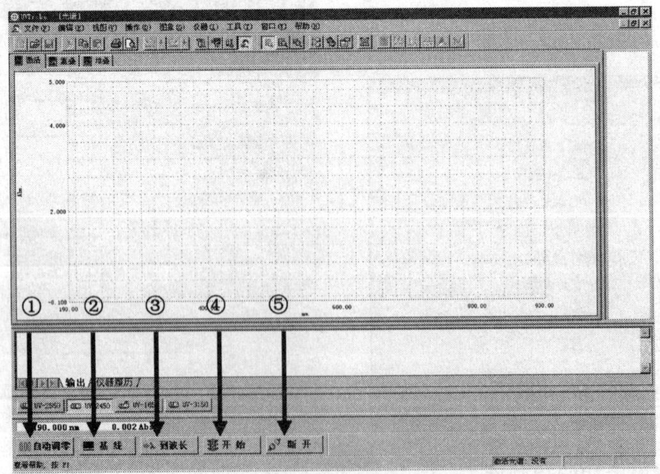

图 2.59 光谱测定画面

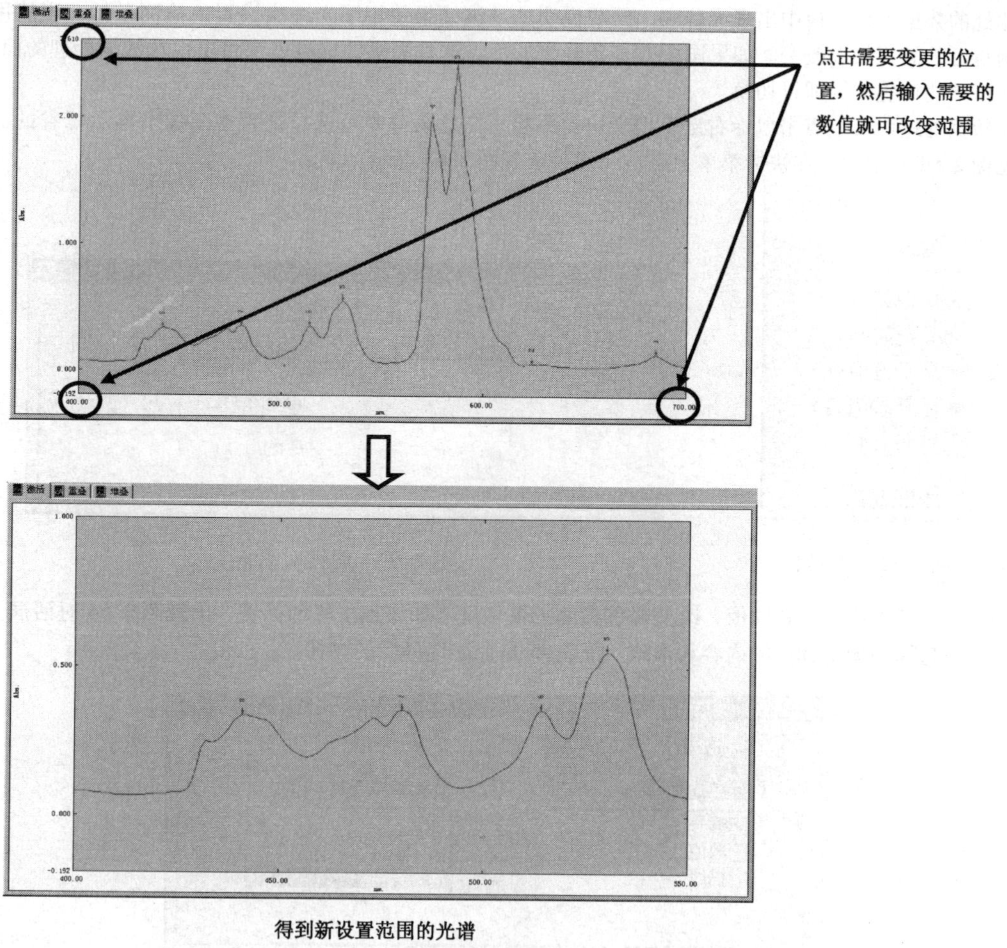

点击需要变更的位置，然后输入需要的数值就可改变范围

得到新设置范围的光谱

图 2. 60　数据处理

此外，在图像上点击鼠标右键，在出现的快捷菜单上选择自动标尺也能使标尺设置到适当的大小。

b. 峰谷检测：

点击主菜单上的[数据处理——峰值检测]，出现图 2. 61 画面。

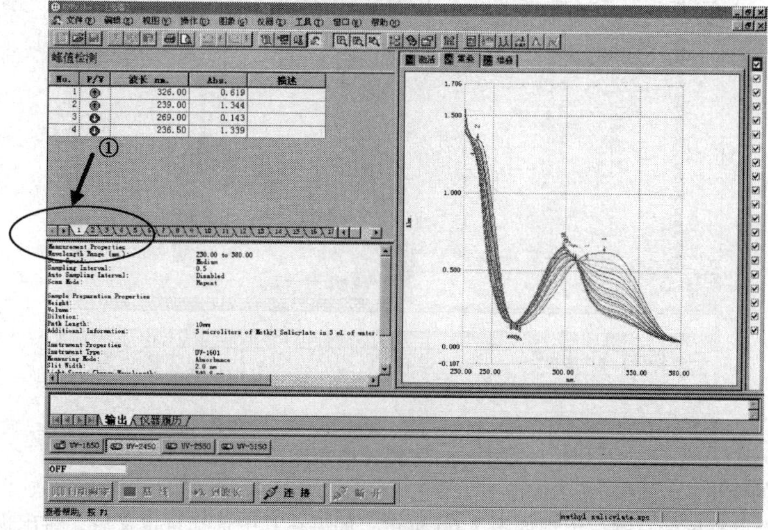

图 2. 61　峰谷检测

此处的数据处理面板中出现峰谷表，需要说明的是该结果使用了上一次设置的检测条件，当然用户还可根据自己的需要加以改变。如果图中有多条光谱的话，这些光谱的峰谷表都将出现在数据处理的面板中，点击表格下的标签①，即可切换。

在数据处理面板上点击鼠标右键，出现快捷菜单，在此菜单中可选择是否在图像中显示峰谷的标记等等，见图 2.62 对话框。在快捷菜单上点击属性，出现图 2.63 显示。

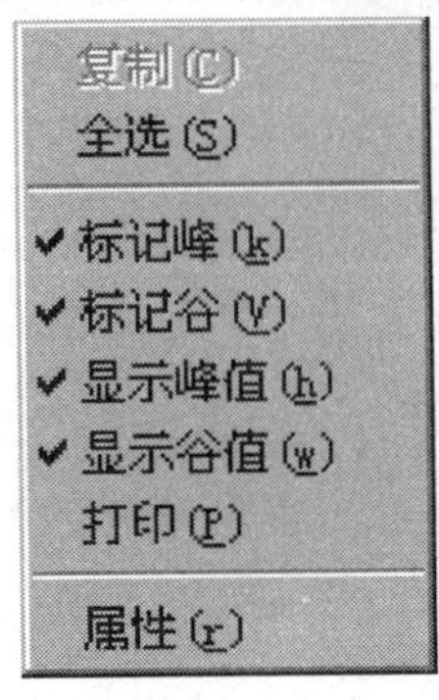

图 2.62 对话框

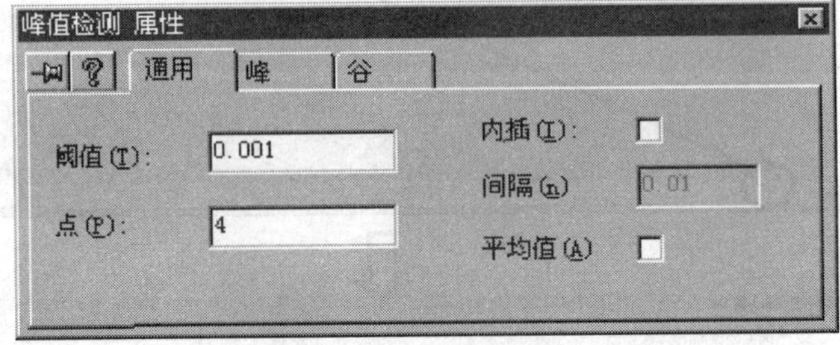

图 2.63 属性对话框

在属性对话框中可设置阈值，改变峰谷检测的灵敏度。如果点击峰的标签，出现图 2.64 对话框。用户可选择在图中标注的内容和形式。图 2.65 是上述选择后的图像。

图 2.64 峰值检测对话框

图中峰谷都有编号，而且分别用向下和向上的箭头表示其位置。

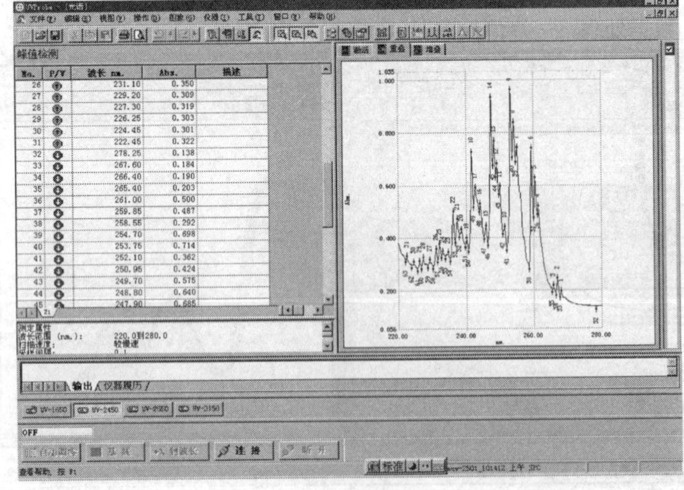

图 2.65 峰谷检测图像

c. 光谱颜色的变更：

在图像面板上点击鼠标右键，出现如图 2.66 菜单，如果在其中选择自定义后，将出现图 2.67 对话框。

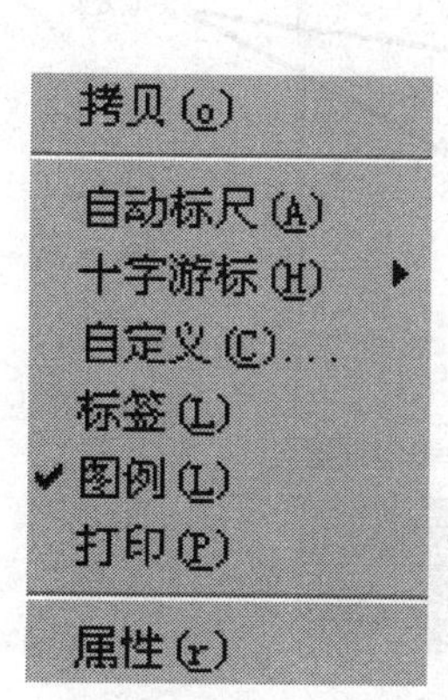

图 2.66　菜单

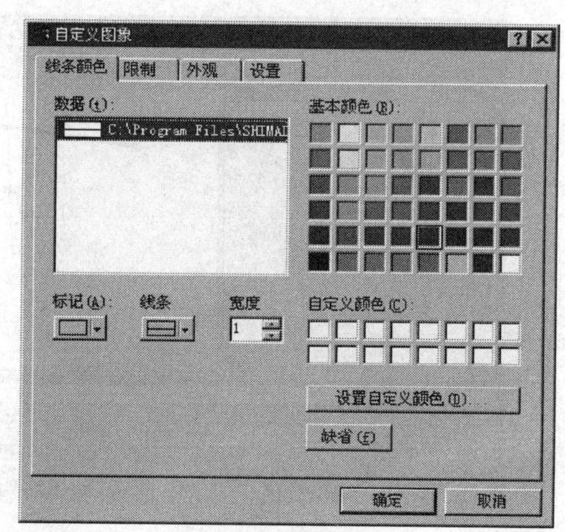

图 2.67　对话框

由图 2.67 可见，光谱的颜色、线的类型、线的粗细等等均可自由地设置，十分方便。

如果在快捷菜单上选择十字游标，光谱面板中出现十字游标，可自由移动，便于读取峰谷的位置及强度。如果选取图例的话，图中就可出现光谱的图例。如图 2.68。

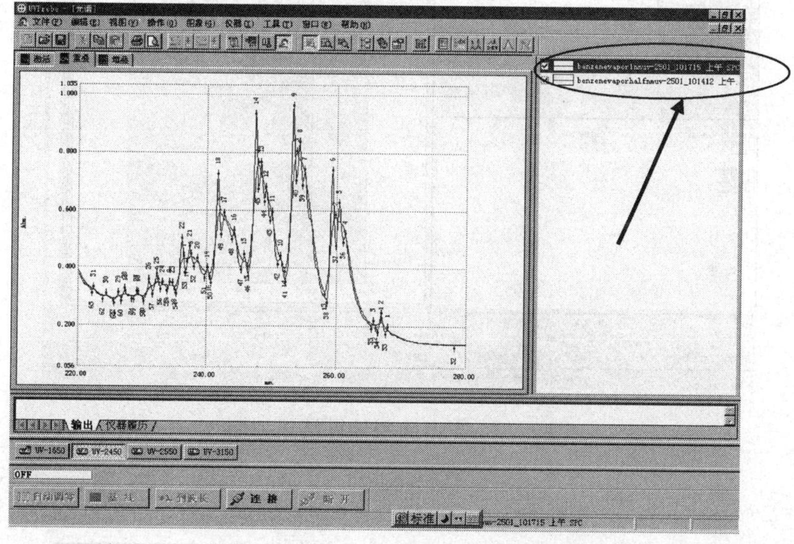

图 2.68　光谱图例

d. 面积计算：

如果要计算光谱的面积，请在主菜单中选择[数据处理——面积计算]

图 2.69①是读数条，左右移动决定光谱面积计算的范围，②显示的是计算结果。

图 2.70 中积分区域的图像格式及色彩可以改变，点击图中③所指的区域出现图 2.71：

在此，即可选择颜色和网格等格式。面积计算可反复进行，没有限制。如果计算面积的区域想删除，可在欲删除的区域中点击鼠标右键，从出现的菜单中选择删除。

此外，图 2.72 中面积计算到了基线，如果希望改变，从菜单上选择属性：

取消基线到零的选择框后，图像和数据处理面板上的结果都将改变，见图 2.73。

e. 数据处理：

测定得到的光谱可进行各种计算。从主菜单上选择[数据处理——计算]即可，见图 2.74：

如果图像上不止一条光谱，需先选择需要处理的数据集，然后选择运算的算符及常数，最后点击计算键，见图 2.75。

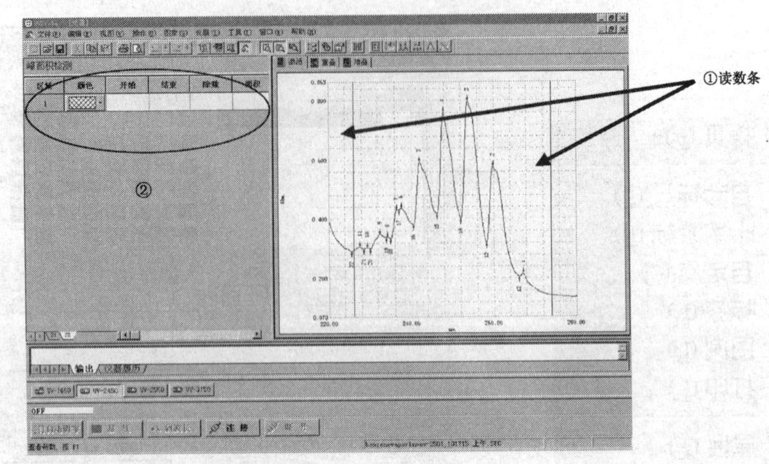

图 2.69　光谱面积计算画面

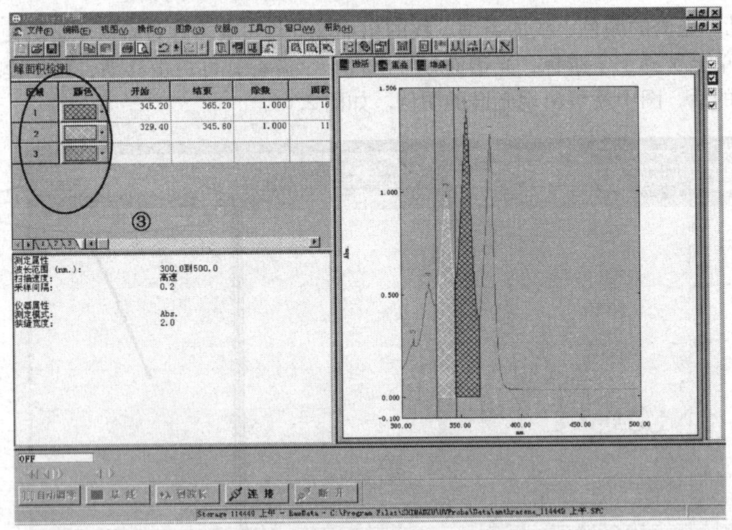

图 2.70　光谱面积计算结果画面

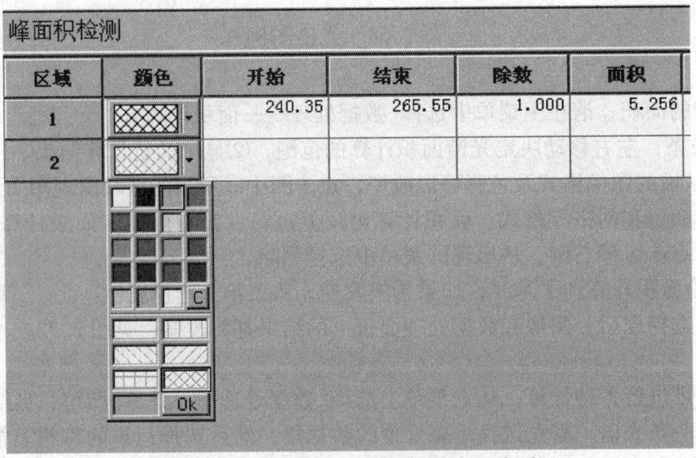

峰面积检测

区域	颜色	开始	结束	除数	面积
1		240.35	265.55	1.000	5.256
2					

图 2.71　积分区域的图像格式及色彩

图 2.72　面积检测属性对话框

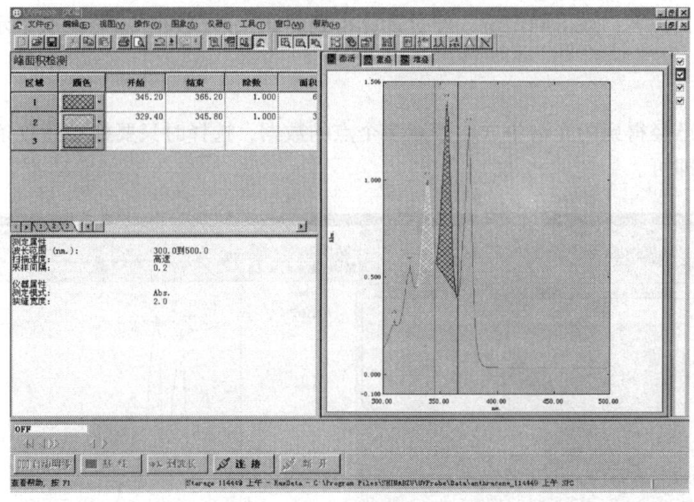

图 2.73　光谱面积计算结果画面(取消对话框中基线到零后的图像)

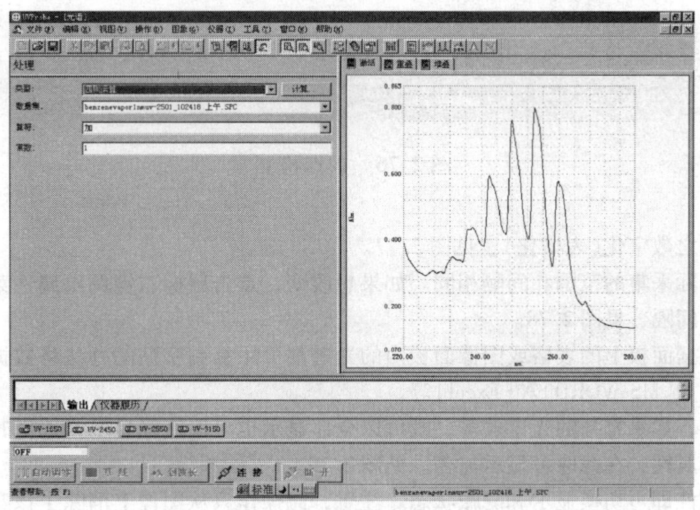

图 2.74　数据处理主菜单

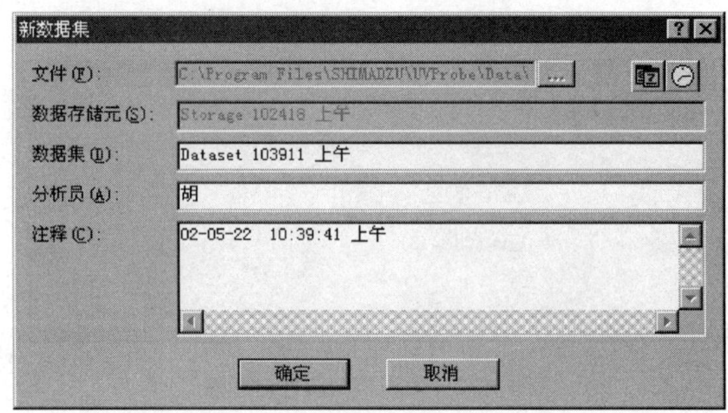

图 2.75 数据集

输入保存结果的文件名，点击确定键，经过计算得到的新光谱(数据集)将重叠显示在图像面板中。

f. 其他：

选点检测：

选点检测可以从已经得到的光谱中选取任意多个点的数据，选择时只要拖动读数条或在图 2.76 的波长列中手动键入波长值即可。

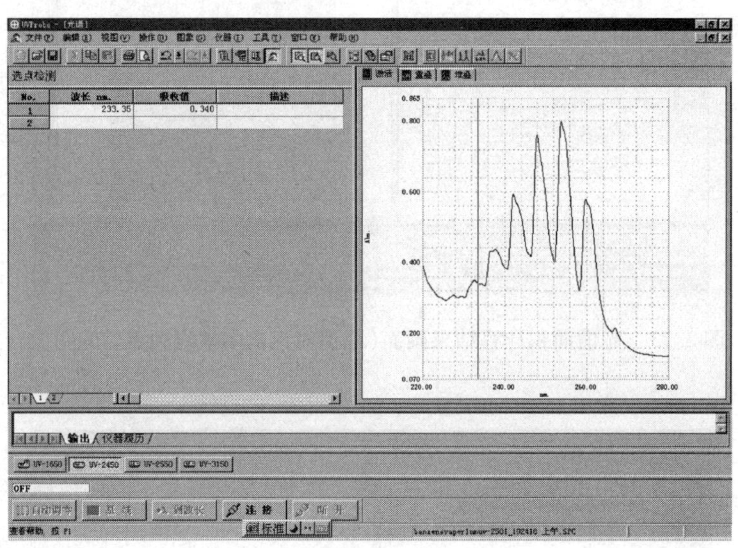

图 2.76 选点检测

数据打印：

测定的光谱可使之数字化(表格化)，见图 2.77。

表格的数据与实际采集的范围和间隔相同。如果想改变，点击鼠标右键调出属性菜单，然后可设置表格的范围以及显示的间隔，见图 2.78。

此外，无论是数据面板上的表格或图像面板内的光谱都可用复制粘贴的办法将数据或图像转移到其他市售的软件中去，例如[MS WORD]和[Excel]等。

数据打印状态下，如果打开的光谱较多，既可以全部显示也可以选择显示，选择时在数据面板上点击鼠标右键，然后选择属性，在此取舍显示与否。见图 2.79。

双击要处理的文件即可切换显示和隐藏状态。注意，此操作只从图像上消除了该数据集，实际上数据集仍然在计算机的内存中。

图像面板上图像的删除：

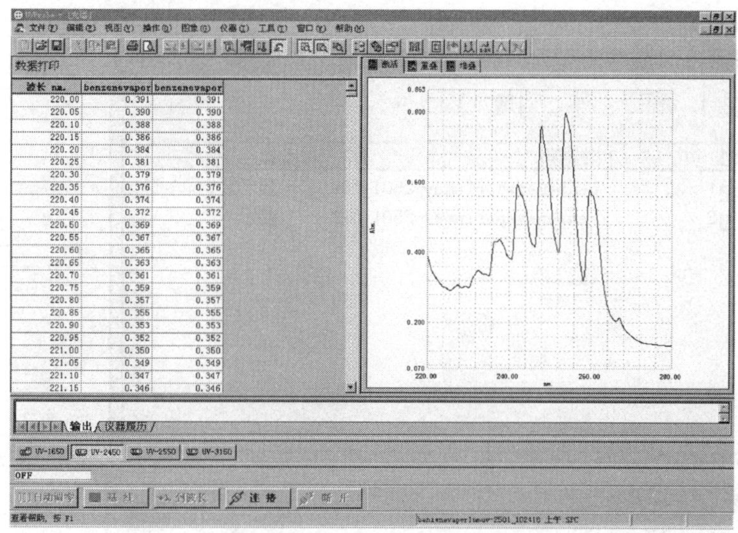

图 2.77　数据打印

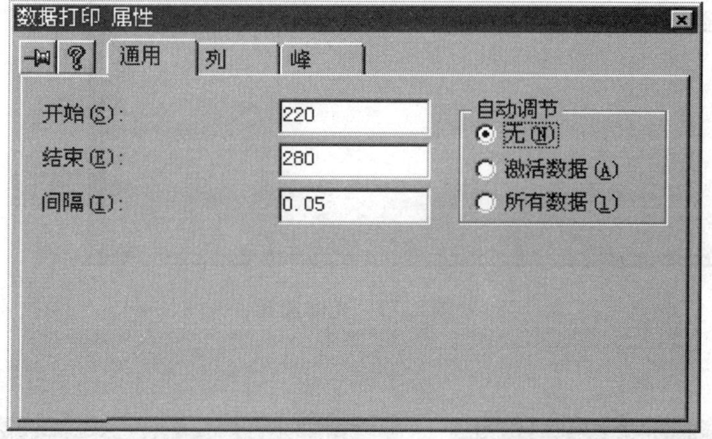

图 2.78　数据打印属性菜单

欲删除图像面板中的图像，先在主菜单上选择[文件——属性]，得到图 2.80，点击删除即可。

改变坐标轴的显示位数：

选择[显示——设置]出现图 2.81，可在图中的划圈部分改变位数。

(5) 光度测定方式

① 参数及显示的设置：

a. 参数的设置：

点击菜单栏中的 M 键，出现图 2.82：

此处显示的波长类型是“点”表示测定高度，如果选择的是范围，则需输入起始和结束波长，并可选择最大、最小、峰、谷或面积等作为定量的依据。

无论如何选择，波长都是必须的，并要加入以后才有效。

b. 显示设置：

在菜单栏上如右各键，点击以后分别出现标准表(最左)、样品表(左 2)、工作曲线图(右 2)和样品图(最右)，见图 2.83。

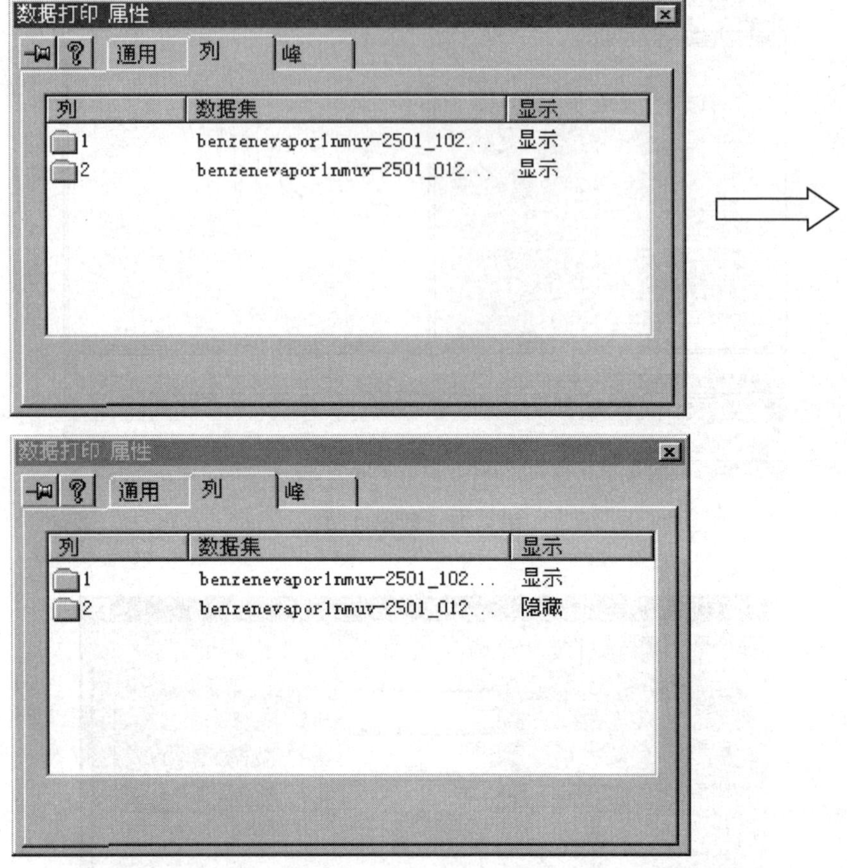

图 2.79　光谱选择

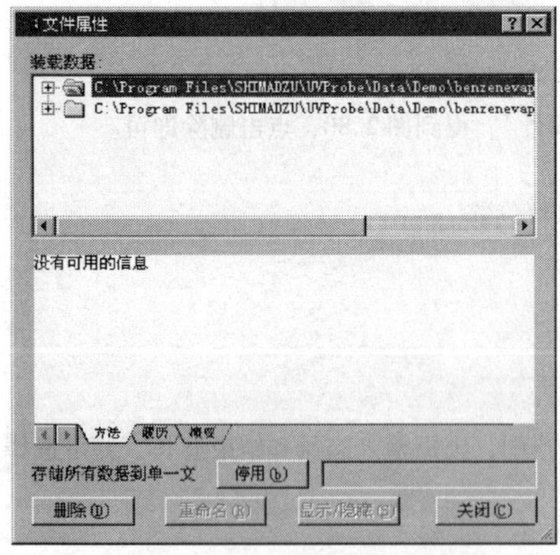

图 2.80　图像面板上图像的删除

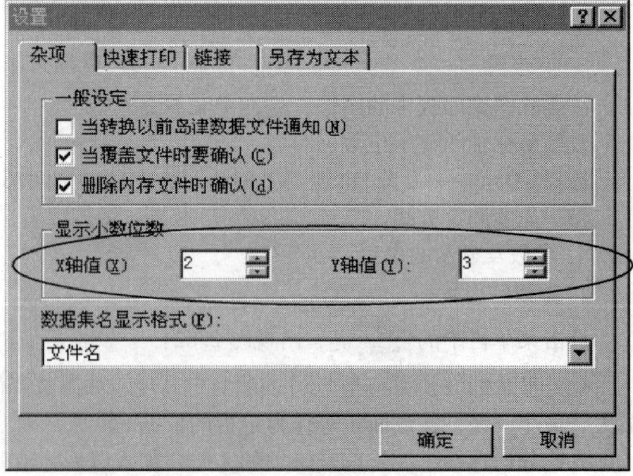

图 2.81　坐标轴设置

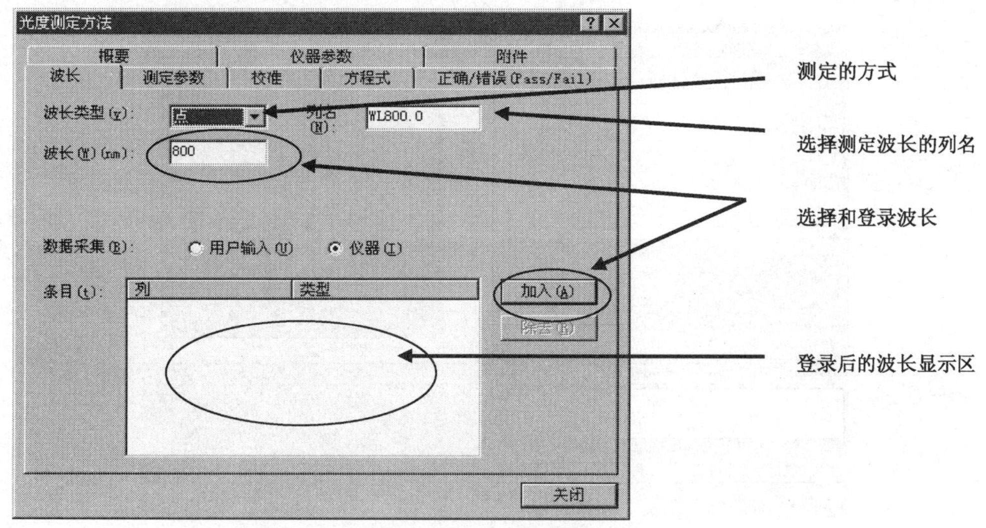

图 2.82　光度测定参数的设置

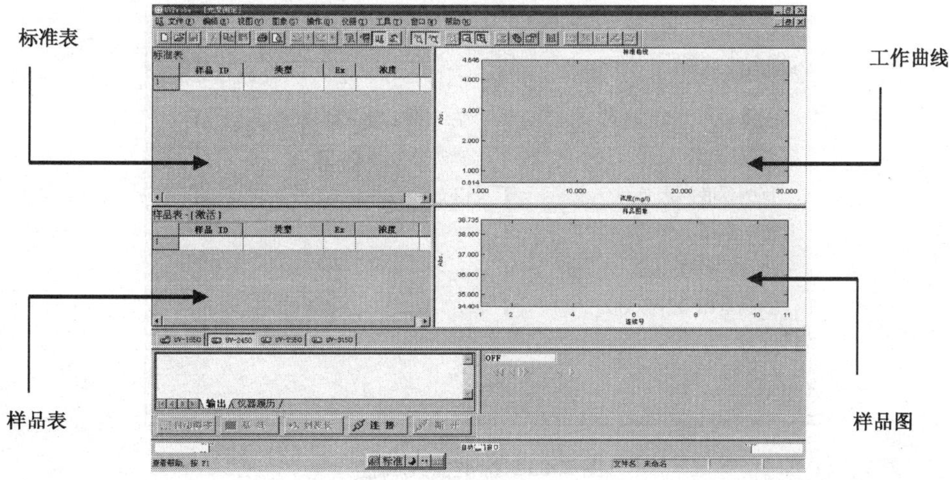

图 2.83　显示设置

② 定量测定：

a. 光度测定：

首先如前所述，选择了点及波长，然后在方法中选择校准，在此决定用工作曲线法定量，并选择多点、单点或 K 因子法等。关闭方法画面后出现如图 2.84 所示。

进行定量测定也需要基线校正和自动调零，方法如前面所述。

此后，样品室内逐个放入标准样品，点击图 2.84 下方的读数键即可。注意，无论是测定标准样品还是未知样品，必须输入名称才有效。标准测定完毕，工作曲线自动显示。然后即可测定未知样品的浓度。有时不需要测定样品浓度，只测定某些波长下的吸光度值，则在校准方法中选择“原始数据”，在登录时选择若干需要的波长，即可测定各波长下的吸光度值。

在工作曲线图像上点击鼠标右键，选择属性，可从该图像上得到许多有用的信息，见图 2.85。

在需要显示的项目中做标记，相应的信息即出现在工作曲线图像的左下方。见图 2.86 的划圈部分：

b. K 因子法：

所谓 K 因子法实际上可称为已知工作曲线法(而且不局限于直线)，即工作曲线回归方程的系数和次数已知，只要输入这些系数以及工作曲线的次数。这一方法对工作曲线较为稳定的日常分析非常有效。设置方法见图 2.87。

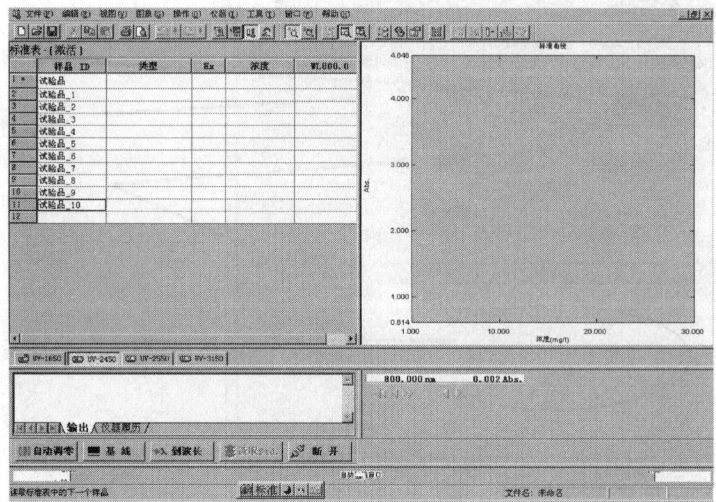

图 2.84　定量测定画面

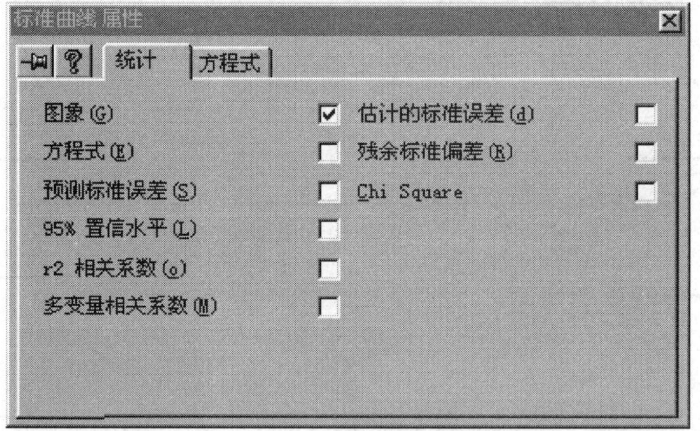

图 2.85　标准曲线属性

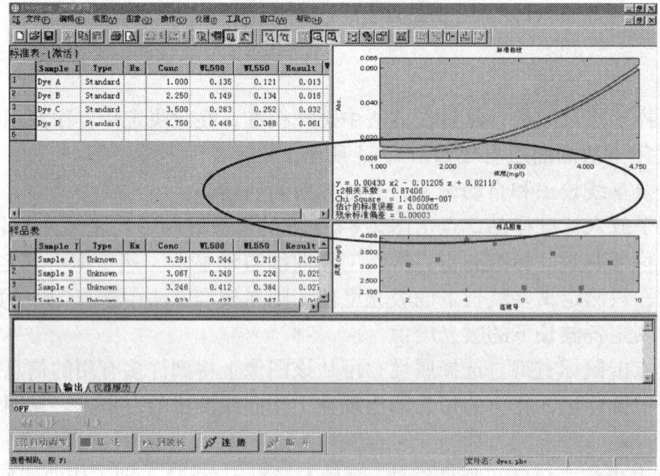

图 2.86　标准曲线显示画面

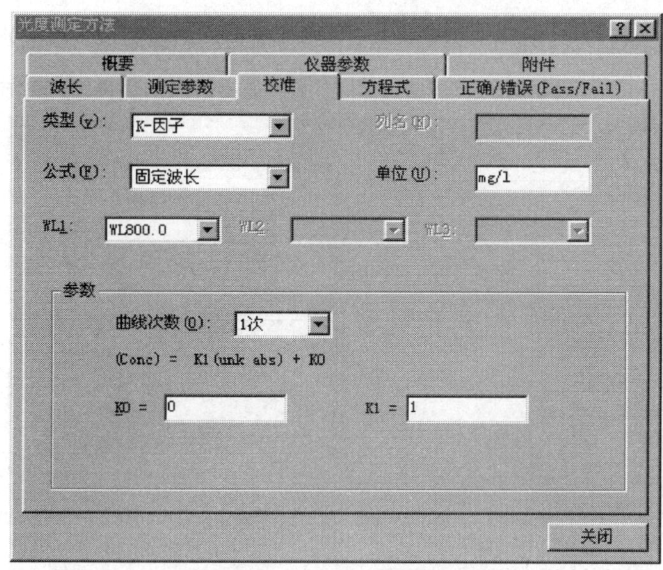

图 2.87　K 因子法设置画面

(6) 动力学

参数和显示的设置:

a. 参数的设置:

在菜单栏中点击方法键 M ，得到如图 2.88 的图像:

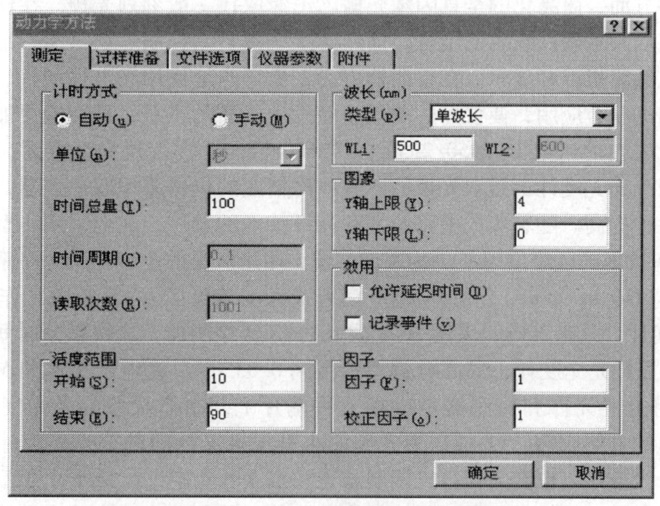

图 2.88　动力学参数设置画面

此处的计时方式选择的是“自动”，时间总量中需手动设置测定的时间。由于是自动计时方式，所以采样步长(图中为时间周期)和读数次数将根据时间总量自动设置。此外可设置波长以及活度计算的开始和结束时间。如果计时方式选择的是手动的话，则可输入时间周期和读取次数，而时间总量(测定时间)会根据输入的时间周期和读取次数自动计算得到。活度范围用于酶反应随时间的变化，如果单纯进行时间扫描的话，则可不考虑活度范围。

测定的波长栏内可选择单波长或双波长(波长 1 减波长 2 或波长 1 除以波长 2)两种方法。选择后输入相应的波长即可。

b. 显示的设置：

主菜单中有如 各键，自左到右分别是时间扫描图像、数据处理面板、测定参数面板和酶活度图像。点击各键屏幕出现相应的板块。图 2.89 中显示的是扫描得到数据后的界面。

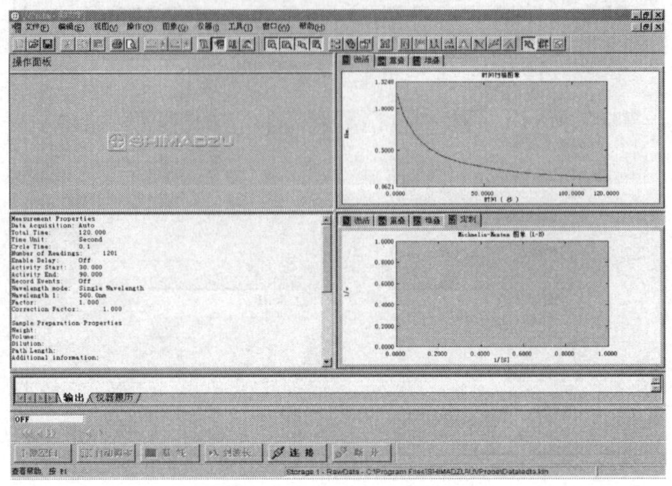

图 2.89 动力学显示设置

2.1.3.7 紫外－可见吸收光谱技术研究进展

分光光度法在分析领域中的应用已经有数十年的历史，至今仍是应用最广泛的分析方法之一。随着分光元器件及分光技术、检测器件与检测技术、大规模集成制造技术等的发展以及单片机、微处理器、计算机和 DSP 技术的广泛应用，分光光度计的性能指标不断提高，并向自动化、智能化、高速化和小型化等方向发展。在分光元器件方面，商品化的全息闪耀光栅已迅速取代一般刻划光栅。在仪器控制方面，随着单片机、微处理器的出现以及软硬件技术的结合，已经到了全部自动控制。在显示、记录与绘图方面，如今更多地采用液晶屏幕或计算机屏幕显示。在检测器方面，更普遍地使用光电倍增管、光电二极管阵列。阵列型检测器和凹面光栅的联合应用，使仪器的测量速度发生了质的飞跃，且性能更加稳定可靠，受到仪器用户的青睐，最具有代表性的当数 UV2450/2550、UV3600/3700。在仪器构型方面，从单光束发展为双光束，现在几乎所有高级分光光度计都是双光束的，有些高精度的仪器采用双单色器，使得仪器在分辨率和杂散光等方面的性能大大提高。随着集成电路技术和光纤技术的发展，联合采用小型凹面全息光栅和阵列探测器以及 USB 口等新技术，已经出现了一些携带方便、用途广泛的小型化甚至是掌上型的紫外可见分光光度计，如美国的海洋(Ocean Optics)公司 PC2000 型卡式光度计可插入 PC 机内工作，推出的带有 USB 接口的 USB2000 微型光度计，只有 200g，采用 2048 位元的 CCD 检测器，最快积分时间只有 0.003s。最近又推出 HR2000 型高分辨光纤光度计，最高分辨率提高到 0.035nm。光电子技术和 MEMS 技术的发展，使得 USB2000 及有可能将分光元件和探测器集成在一块基片上，制作微型分光光度计。随着发光二极管(LED)光源技术及产业的日益成熟，以 LED 为光源的小型便携又低廉的分光光度计已成为研究开发的热点。除了空间色散的分光方式，也有人对声光调制滤光和傅立叶变换光在紫外可见区的应用进行了研究。

仪器的软件功能可以极大地提升仪器的使用性能和价值，现代分光光度计生产厂商都非常重视仪器配套软件的开发。除了仪器控制软件和通用数据分析处理软件外，很多仪器公司针对不同行业应用开发了专用分析软件，比如岛津公司开发的水质测定软件包、蛋白质测定软件包、日光透射软件、色彩测定软件、膜厚测定软件等，给仪器使用者带来了极大的便利。

紫外可见分光光度计虽然是一类有着很长历史的分析仪器，但每一次吸收了新的技术成果都使它焕发出新的活力。扫描光栅型分光光度计依托成熟的设计制造工艺，并结合计算机控制等新的技术成果，仍有很强的生命力。在很多方面，扫描型产品仍代表了最高的技术水平。阵列式探测器的产生直接促成了固定光栅分光光度计的设计，使得它在测量速度更快、更稳定、适应性更强的方向迈出了一大步。并且，从今后的发展来看，仪器的小型化、在线化，测量的现场化、实时化、专用化等将是一大发展方向。例如：面向于含磷农药和氨基甲酸酯农药，我国台湾省的科学家开发了专用的农药残留分析仪。基本原理是有机磷农药和氨基甲酸酯农药对乙酰胆碱酯酶的活性有一定的抑制作用。其抑制率取决于农药残留的种类和含量，通过 UV 法测定吸光度值的变化，算出抑制率的大小，求出农残的含量。由于采用了酶活测试技术，灵敏度很高。通过这种方法测定农药残留，可以得到粗筛的结果。如发现有可疑样品，马上可以送到色谱仪器进行准确地测定。这种专用的农药残留分析仪，结构极其简单。在医院，进行生物指标的分析时，需要快速得到多项生化指标。生化分析仪，就是做这样工作的一种专用 UV 仪器。生化分析仪是一个高度自动化的设备，试剂添加等操作都自动完成。有些公司开发出了几乎每秒出一个分析结果的仪器，实现了自动化与高速度的结合。

要使分光光度计走出实验室，成为一种应用更广，更为普及的测量分析设备，阵列式探测器以及其他的固态式设计可发挥重要的作用。光纤也将是其中的一项重要技术，它已使得紫外可见分光光度计的使用变得更方便，同时也使分光光度计的配置变得更灵活。光纤结合模块化设计，使得分光光度计可以突破完全固定、静态的组成，而变成可以自由搭配、自助式构建的仪器。光纤同时也是实现在线测量的重要手段。计算机技术的影响将更为增进，分光光度计的自动化、智能化是一个方面，另一方面，软件已经在一定程度上使实在的仪器接近了虚拟的程序，网络和信息技术的结合可能带来进一步的影响。除了传统的空间色散的分光方式，声光调制滤波和傅立叶变换光谱也以其各自的特点表现出了在紫外可见波段的应用潜力。

2.1.4　紫外 – 可见光谱技术在各个领域中的应用

2.1.4.1　在太阳能电池方面的应用

一、太阳能电池用防反射膜的绝对反射测定

太阳能电池有很多种，硅类、化合物类、有机类等，但现在使用最多的是硅类太阳能电池。其基本构造如图 2.90 所示。在位于中央的 n 型硅和 p 型硅半导体部分，光能转换为电能。为了防止光能损失，在上部成膜有防反射膜。在此部分的反射率越小，由反射造成的光损失就越小。

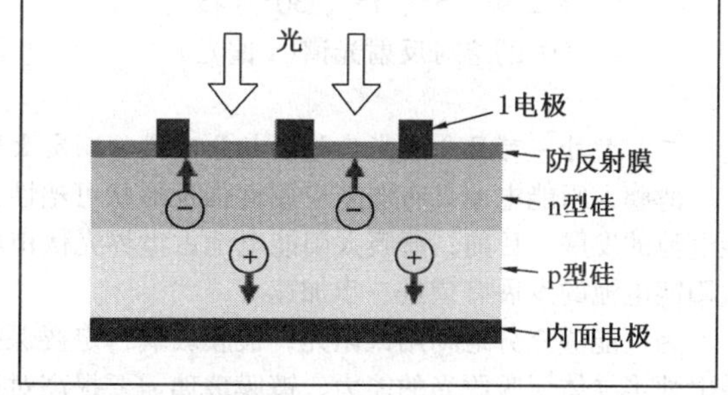

图 2.90　硅太阳能电池单元的基本构造

（1）用于测定的装置、附属装置、样品

SolidSpec – 3700；

可变角绝对反射测定装置如图 2.91 所示；

放有样品的可变角绝对反射测定装置如图 2.92；

如果使用可变角绝对反射测定装置，则可以任意地改变入射角度进行绝对反射率测定。

（2）测定条件

测定波长范围：	300 ~ 2000nm
扫描速度：	中速
采样间距：	1.0nm
测光值：	反射率
狭缝宽：	(32) nm
光源切换波长：	310nm
光栅切换波长：	720nm
检测器切换波长：	870nm，1650nm

图 2.91　可变角绝对反射测定装置

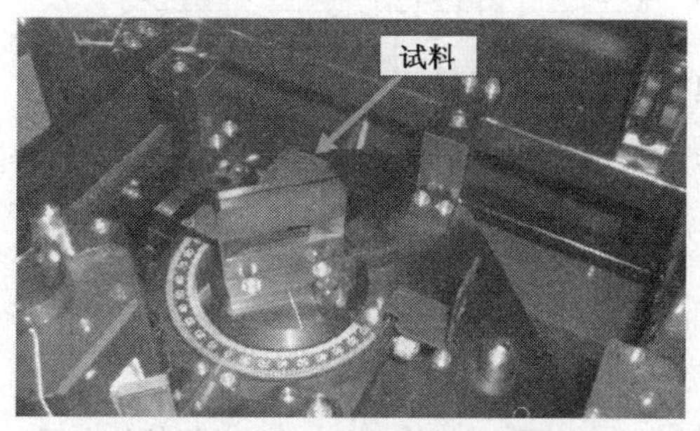

图 2.92　样品设置在可变角绝对反射测定装置上的状态

(3) 太阳能电池用防反射膜的绝对反射测定

使用可变角绝对反射测定装置，以各种入射角度(5°、15°、30°、45°、60°)测定了硅芯片上的太阳能电池用防反射膜(SiN 膜)的绝对反射率。s 偏光测定的结果表示见图 2.93，p 偏光测定的结果表示见图 2.94，测定条件如上所示。在此，s 偏光表示垂直于入射面的振动光，p 偏光表示平行于入射面的振动光 。

从图 2.93，图 2.94 可确认在 500 ~ 600nm 之间有反射率的极小值，可知本样品是以可见区域为中心抑制反射率的膜。图 2.95 表示图 2.94 的 s 偏光测定结果的放大图。入射角为 5°、15°时，575nm 的反射率极低，约 0.2%，可知样品在近于垂直的入射角时，反射率抑制得更低。

如上所述，使用紫外 - 可见 - 近红外分光光度计对样品进行绝对反射率测定是有效评价太阳能电池用防反射膜的手段之一。

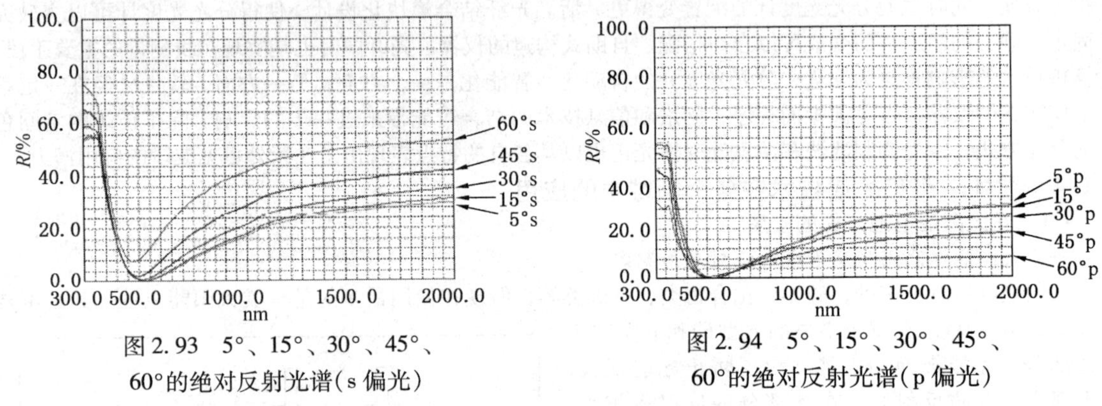

图 2.93　5°、15°、30°、45°、60°的绝对反射光谱(s 偏光)

图 2.94　5°、15°、30°、45°、60°的绝对反射光谱(p 偏光)

二、紫外 - 可见分光光度计和积分球附件测定太阳能镀膜材料的透射率、反射率和雾度

薄膜太阳能电池具有弱光应用性强及形状可塑性强等特点，晶体硅价格的上涨无形中推动了薄膜太阳能电池的发展。目前，薄膜太阳能电池占世界光伏市场份额已超过 10%，伴随着多晶硅价格的走高，薄膜太阳能电池的发展有望进一步加速。

为了能够充分地利用太阳光，镀膜玻璃一定要保持相对较高的透过率，减少光线的反射。为了增加薄膜电池半导体层吸收光的能力，镀膜玻璃需要提高对透射光的散射能力，这一能力用雾度来表示。

总之，太阳能材料要求：透光率高、反射率低、雾度低，可透过近红外线，远红外线的透过率高等。

原理：透光率是指透过试样的光通量和射到试样上的光通量之比，用百分数表示。

反射率是指被物体表面反射的光通量与入射到物体表面的光通量之比，用百分数表示。

为了增加薄膜电池半导体层吸收光的能力，镀膜玻璃需要提高对透射光的散射能力，这一能力用雾度来表示。雾度即为透明或半透明材料的内部或表面由于光漫射造成的云雾状或混浊的外观。以漫射的光通量与透过材料的光通量之比的百分率表示。

雾度测定时，使用积分球附件测定样品透过率。分别测定不拿掉 S(样品池)对面的硫酸钡白板和拿掉 S(样品池)对面的硫酸钡白板的透过率值，然后通过公式计算得到样品的雾度值。雾度测定原理见图 2.96。

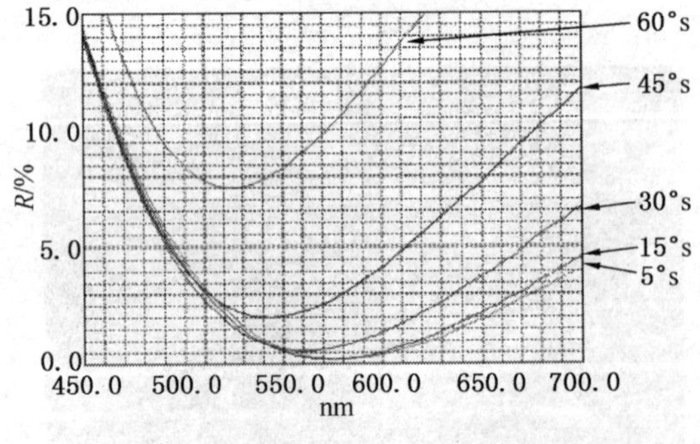

图 2.95　图 2.94 的 450 ~ 700nm 间的放大图

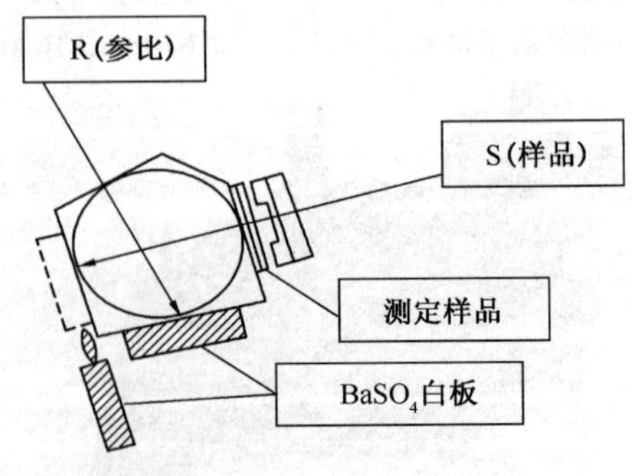

图 2.96　雾度测定原理图

仪器测量条件

仪器装置：	Shimadzu UV－3600
附件：	积分球附件
透射测定条件：	
波长范围：	200～2600nm
扫描速度：	快速
测定方式：	透过
采样间隔：	1.0nm
狭缝宽：	5nm
S/R 转换：	正常
反射测定条件：	
波长范围：	200～2600nm
扫描速度：	快速
测定方式：	反射
采样间隔：	1.0nm
狭缝宽：	20nm
光源改变波长：	360.0nm
检测单元：	积分球
S/R 转换：	相反(5°反射)
雾度测定条件：	
波长范围：	400～2600nm
扫描速度：	快速
测定方式：	透过
采样间隔：	1.0nm
狭缝宽：	20nm
检测单元：	积分球
S/R 转换：	正常

测定应用实例：

测试的样品为太阳能材料镀膜玻璃

透过率测定：

紫外－可见分光光度计主机测定透过率时，采用空气作参比，光谱见图 2.97。

反射率测定：

紫外－可见分光光度计主机和积分球测定反射率时，采用 5°反射，采用硫酸钡白板作参比，光谱见图 2.98。

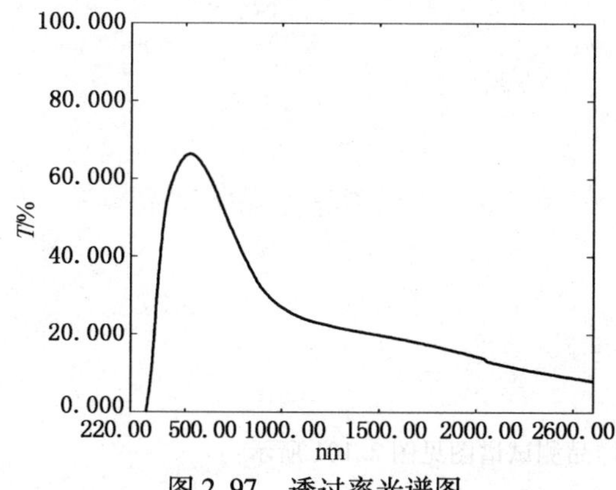

图 2.97　透过率光谱图

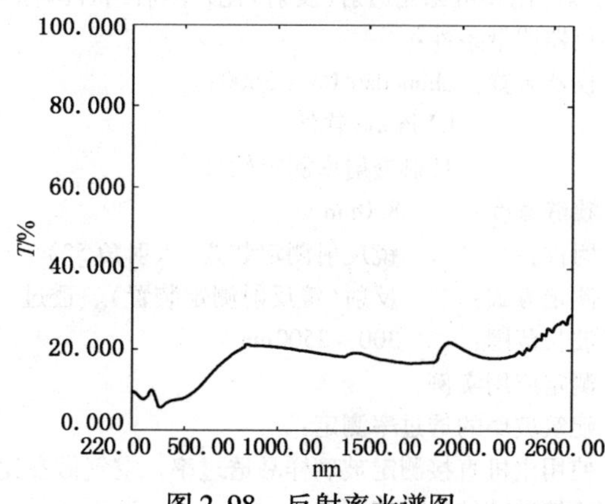

图 2.98　反射率光谱图

雾度测定：

紫外可见分光光度计主机和积分球雾度测定时，采用空气作参比，光谱见图 2.99，图 2.100。

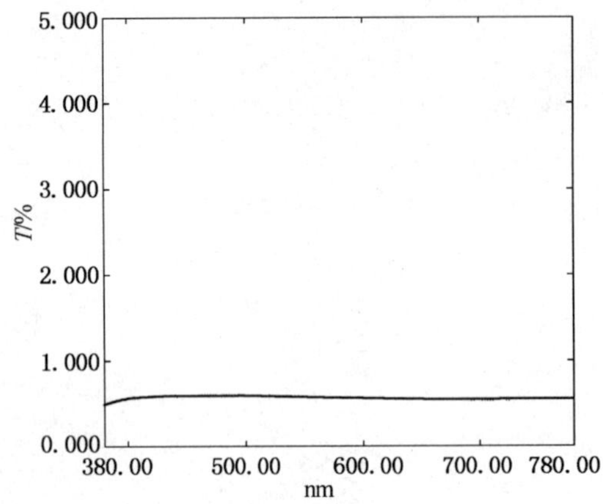

图 2.99 散射光谱图(拿掉 S 对面的白板)

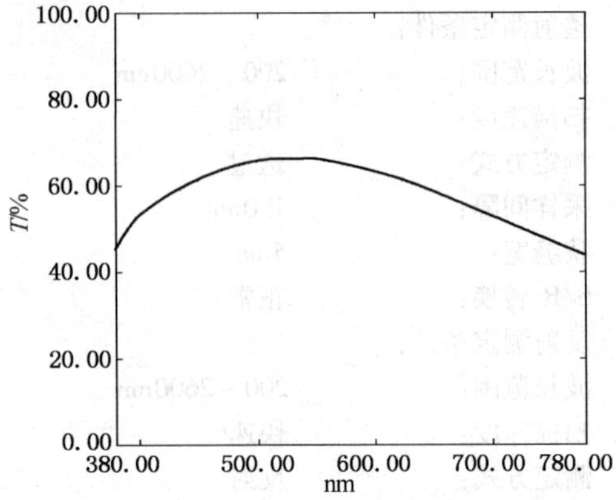

图 2.100 透射光谱图(不拿掉 S 对面的白板)

根据雾度计算公式：根据公式

$$H = \frac{\Gamma_{V散}}{\Gamma_{V透}}$$

$$\Gamma v = \frac{\int_{380nm}^{780nm} \Gamma(\lambda) \cdot V(\lambda) \cdot S_{d65\lambda}(\lambda) \mathrm{d}\lambda}{\int_{380nm}^{780nm} V(\lambda) \cdot S_{d65\lambda}(\lambda) \mathrm{d}\lambda} \times 100\%$$

计算得到 $H = 0.88\%$

2.1.4.2 在玻璃镀膜方面的应用

一、日射透射率测定软件测定建筑玻璃的遮蔽系数

日射透射率(反射率)定义是就入射窗玻璃的日射放射束，透射放射束(反射放射束)对入射放射束的比。日射透射率测定软件是岛津推出的紫外分光光度计用软件，它是根据 JIS R3106 来计算得到日射透射比和日射反射比及可见光透射比和可见光反射比，然后计算样品遮蔽系数的，并且符合 ISO 9050 和 GB 2680—2003。它还可以计算色彩相关的部分项目(三刺激值、色度坐标、主波长、刺激色度)。

下面以实际测定为例，介绍用日射透射率测定软件计算得到建筑玻璃日射透射(反射)比和可见光透射(反射)比，并根据国标计算建筑玻璃的遮蔽系数。

原理：用附件或者主机测出样品的透射或者反射光谱图，用日射透射率测定软件可以自动算出日射透射(反射)比和可见光透射(反射)比，然后结合国标中给的几个常数与公式，算出遮蔽系数。

仪器测量条件：

仪器装置：Shimadzu UV－3600；
UVProbe 软件；
日射透射率测定软件

狭缝宽度： 8.0nm

附件： 镜反射测定装置(入射角 5°)

测定方式： 反射(镜反射测定装置)、透过

波长范围： 300～2500nm

测定应用实例：

建筑玻璃的透过率测定：

使用主机直接测定玻璃样品透过率，空气做参比，样品测试谱图见图 2.101 所示：

建筑玻璃的反射率测定：

使用入射角为 5°的镜面反射测定装置测定建筑玻璃样品的反射率，样品测试谱图见图 2.102 所示。

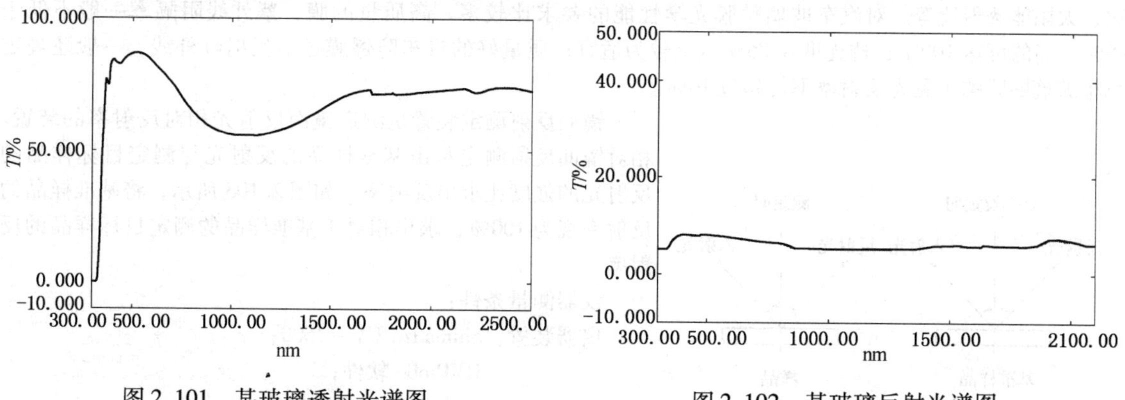

图 2.101　某玻璃透射光谱图　　图 2.102　某玻璃反射光谱图

日射透射测定软件计算透射比和反射比：日射透射率测定软件可以直接给出 t_e 和 ρ_e，根据 GB/T 2680—94 中的计算公式：

遮蔽系数：

$$S_e = g/t_s$$

式中　S_e——试样的遮蔽系数；

t_s——3mm 厚的普通透明平板玻璃的太阳能总透射比，其理论值取 88.9%；

g——试样的太阳能总透射比，%。

$$g = \tau_e + q_i$$

式中　τ_e——试样的太阳光直接透射比，%；

q_i——试样向室内侧的二次传热系数，%；

$$q_i = a_e \times [h_i/(h_i + h_e)]$$

式中　a_e——太阳光直接吸收比；

h_i——试样构件内侧表面的热传递系数，$W/m^2 \cdot K$；

h_e——试样构件外侧表面的热传递系数；

$$h_e = 23W/m^2 \cdot K;$$

$$a_e + t_e + \rho_e = 1$$

式中　ρ_e——太阳光直接反射比，软件直接给出；

$$h_i = 3.6 + (44\varepsilon_i/0.83)$$

式中　ε_i——半球辐射；

可以得出：

$$S_e = \{\tau_e + (1 - \tau_e - \rho_e) \times (3.6 + 44\varepsilon_i/0.83)/\ (3.6 + 44\varepsilon_i/0.83 + 23)\}/\ t_s$$

τ_e 和 ρ_e 可以通过软件直接得到，ε_i 可以参照 GB/T 2680—94，由此可以计算出玻璃样品的遮蔽系数，计算结果如表 2.8。

表 2.8　玻璃样品的遮蔽系数

样品名	τ_v	τ_e	ρ_e	g	S_e
Glass	0.8597	0.7296	0.0667	0.7822	0.8799

注：τ_v—可见光透射比，τ_e—太阳光透射比，ρ_e—太阳光反射比，g—太阳能总透射比，S_e—遮蔽系数。

使用 UV-3600 和镜反射测定装置可以方便准确地测定建筑玻璃的紫外-可见-近红外波段的透过及反射光谱，并使用日射透射率测定软件计算其日光和可见光的透射比和反射比，根据国标中公式和常数可以得到玻璃构件对太阳辐射的遮蔽系数，对于评价建筑玻璃的性能有很好的意义。

二、镜反射测定装置和日射透射率测定软件测定汽车玻璃贴膜

汽车玻璃贴膜的主要作用是防眩光、防紫外线、隔热、防爆与防划伤。技术要求包括感观及外观质量、

防爆安全性能、耐磨性能、光学性能等。其中，光学性能包括可见光透射比、可见光反射比、紫外线透射比、太阳能透射比等。对汽车玻璃贴膜光学性能的要求比较多，高质量的膜，紫外线阻隔率一般不低于98%，高的可达100%；透光度在85%以上较为适宜；质量好的汽车防爆膜还能反射红外线，一般还规定汽车玻璃贴膜的可见光反射率不得超过10%。

镜面反射测定装置是测定镜面反射光相对反射率的装置。相对镜面反射测定是由基准样品的反射光与测定目标样品的反射光的强度比求出反射率。如图2.103所示，将基准样品的反射率视为100%，求出相对于基准样品的测定目标样品的反射率。

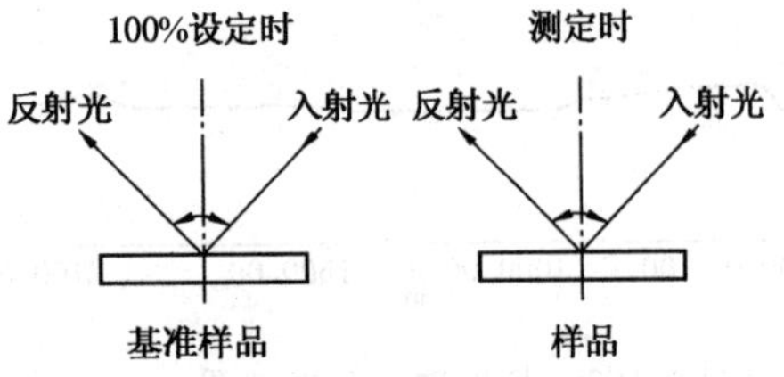

100%设定时 测定时
反射光 入射光 反射光 入射光
基准样品 样品

图2.103 相对反射测定

仪器测量条件：

仪器装置：Shimadzu UV－3600；
UVProbe 软件；
日射透射率测定软件

狭缝宽度： 8.0nm

附 件： 镜反射附件（入射角5°）

测定方式： 反射（镜反射附件）；透过

波长范围： 280～2500nm

测定应用实例：

汽车玻璃贴膜的透过率测定：

汽车玻璃贴膜样品使用主机直接测定透过率，空气做参比，谱图见图2.104所示：

汽车玻璃贴膜的反射率测定：

使用入射角为5°的镜面反射装置测定汽车玻璃贴膜的反射率，谱图见图2.105所示。

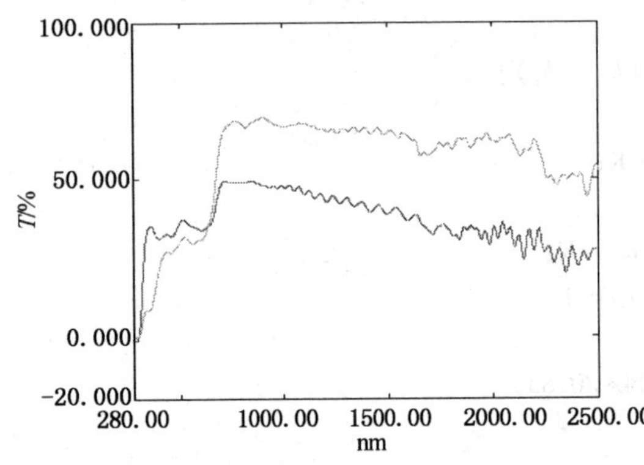

图2.104 两种市售汽车贴膜的透射谱图

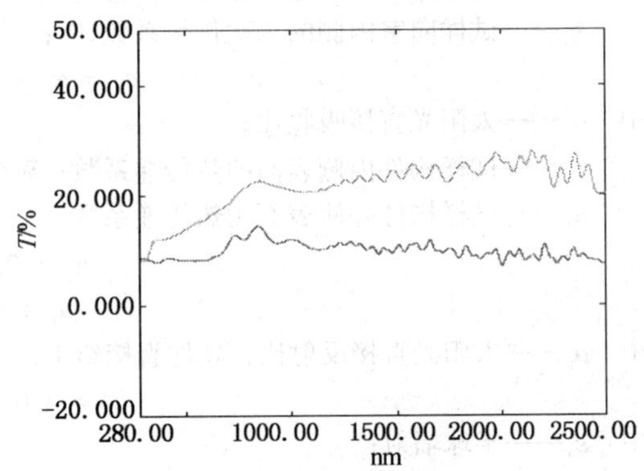

图2.105 两种市售汽车贴膜的反射谱图

2.1.4.3 在食品安全方面的应用

一、紫外－可见分光光度法分析食品中的防腐剂

食品中的亚硝酸钠：

肉中的防腐剂亚硝酸钠进行蒸馏分离，磺胺酸在盐酸酸性下用亚硝酸进行重氮化，用萘乙二胺进行比色测定。

食品中的苯甲酸的分析：

酱油中的防腐剂苯甲酸用水蒸气蒸馏，进行从试样中分离、提取等前处理，进行紫外吸收的测定。

食品中山梨酸的分析：

鱼糕中的防腐剂山梨酸用水蒸气蒸馏，进行从试样中分离、提取等前处理，进行紫外吸收的测定。

去氢醋酸的分析：

馅中的防腐剂去氢醋酸用水蒸气蒸馏进行从试样中分离、提取等前处理，进行紫外吸收的测定。

分析条件：

仪器：UV2450
参比：空白
溶剂：蒸馏水
光程长：10mm
量程：0～2Abs
分析结果见图 2.106～图 2.112。

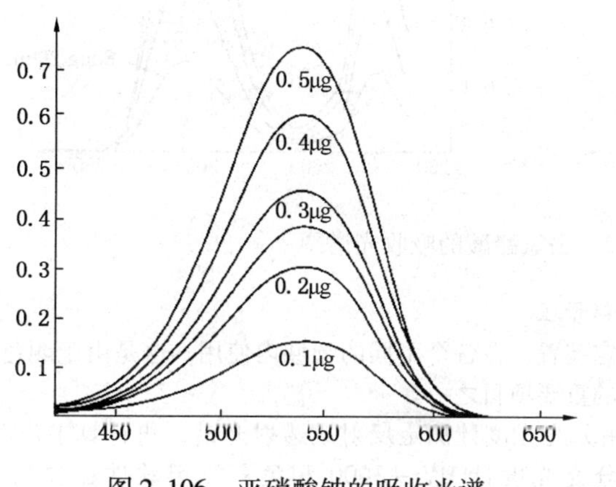

图 2.106　亚硝酸钠的吸收光谱

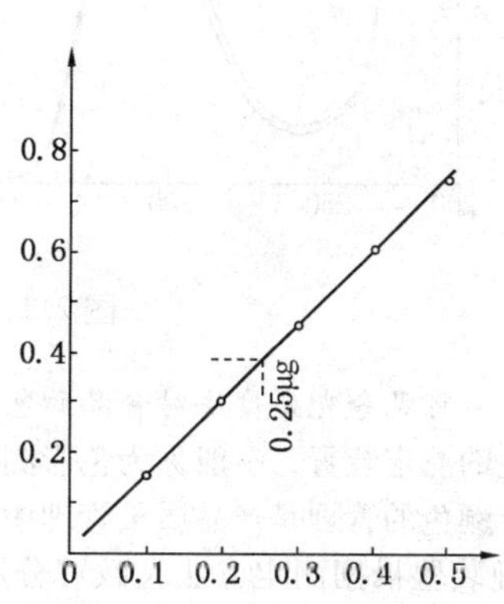

图 2.107　亚硝酸钠的校准线

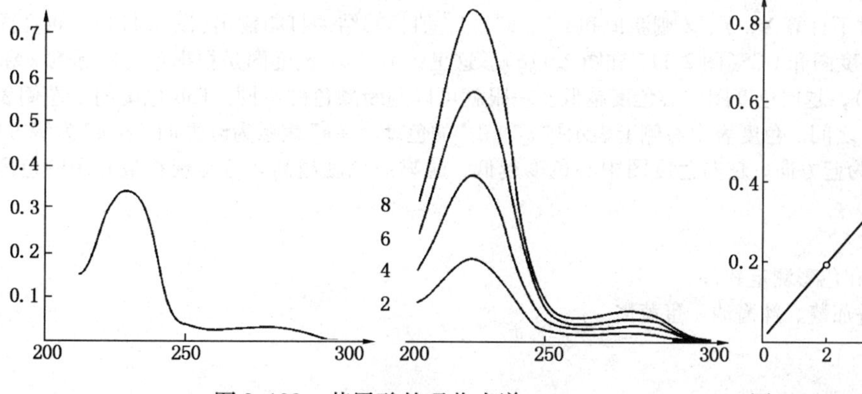

图 2.108　苯甲酸的吸收光谱　　图 2.109　山梨酸的校准线

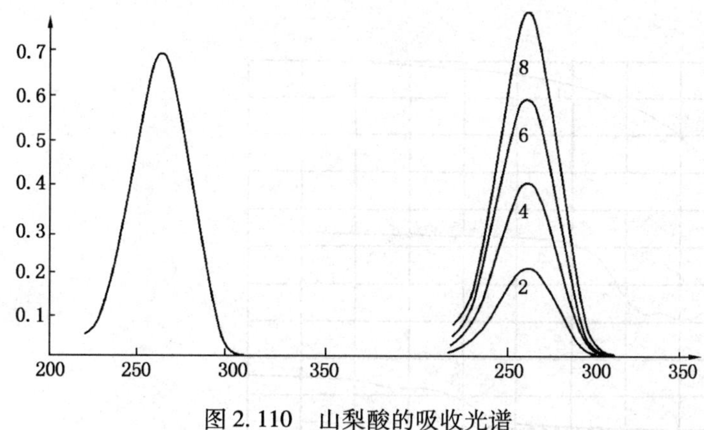

图 2.110　山梨酸的吸收光谱

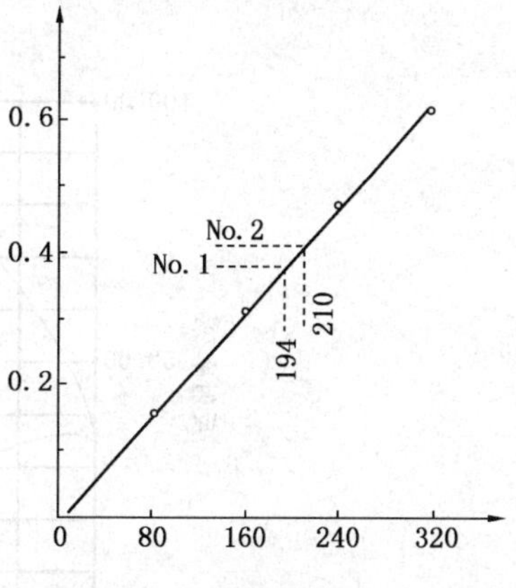

图 2.111　去氢醋酸的校准线

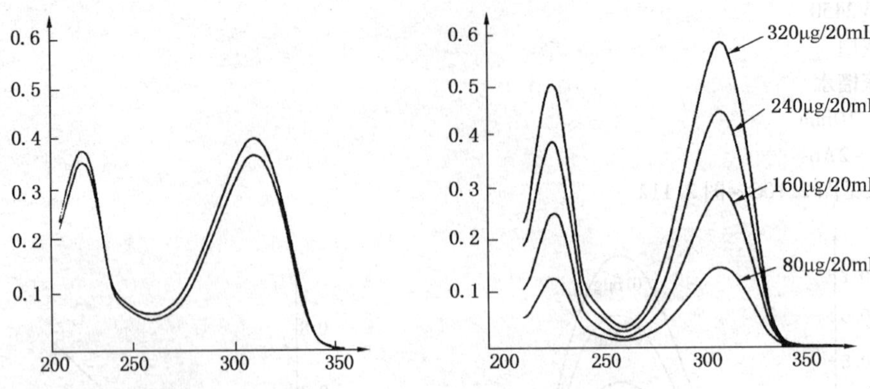

图 2.112 去氢醋酸的吸收光谱图

二、紫外－可见分光光度法对食品的色彩管理

物体颜色的测定装置，一般称为色彩测定装置，在各个不同的领域内使用。这是由于颜色对人心理上的影响很大，颜色的管理是产品质量管理中的重要项目之一。

色彩管理装置根据测定方法大致可分用分光光度计测定反射或透射光谱，再计算求出三刺激值 X、Y、Z 值的分光测色方式。以下介绍使用分光光度计 UV－3600 和色彩测定软件在食品方面的测定实例。

食用醋用透射测定，此外用反射测定。它们的反射或透射光谱如图 2.113 所示。然后，根据光谱数据，在 C 光源 2 次视场条件下计算 X、Y、Z 刺激值和 L^*、a^*、b^* 值，其结果打印输出（图 2.114），再在同样条件下绘出 CIE(xy) 色度图和 UCS（图 2.115 和图 2.116）。这里，由于 xy 色度图是根据色度座标的 x 和 y，表示色度（色彩和色度），越向色度图中心色度越低。一眼就可以判断颜色的不同。Lab 色度图中左侧表示的 L^* 的亮度在 0～100 之间。色度表中右侧上表示按 a^*、b^* 的色度。$+a^*$ 表示为红方向，$-a^*$ 为绿方向，$+b^*$ 为黄方向，$-b^*$ 为蓝方向。越向色度图中心色度越低，越靠边色度越高。这是现在最常用的色度图之一。

分析条件：

仪器：UV－3600 和色彩测定软件

样品：食用醋、番茄酱、辣酱油、蛋黄酱

参比：氧化镁

量程：0～100%

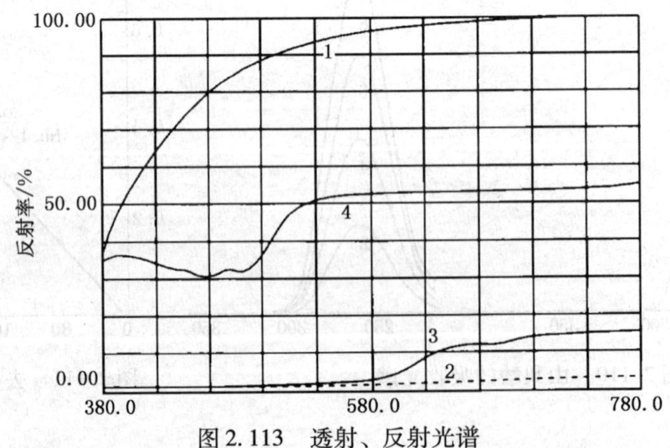

图 2.113 透射、反射光谱

X、Y、Z 值和 L*、a*、b*值的测定结果

标题　：颜色测定

注解　：UV- 3600+ISR-3100（积分球附件）

照明　：C　　视场（度）：　2

基准值　：0.00　0.00　0.00　0.00　0.0000　0.0000

试样	编号	L*	a*	b*	Y	x	Y	样品
	1	97.44	-2.67	12.39	93.51	0.3286	0.3406	食用醋
	2	20.59	21.05	17.83	3.14	0.4985	0.3491	番茄酱
	3	9.46	2.88	3.37	1.06	0.3546	0.3345	辣酱油
	4	75.63	-2.77	20.77	49.29	0.3511	0.3657	蛋黄酱

图 2.114　测定结果

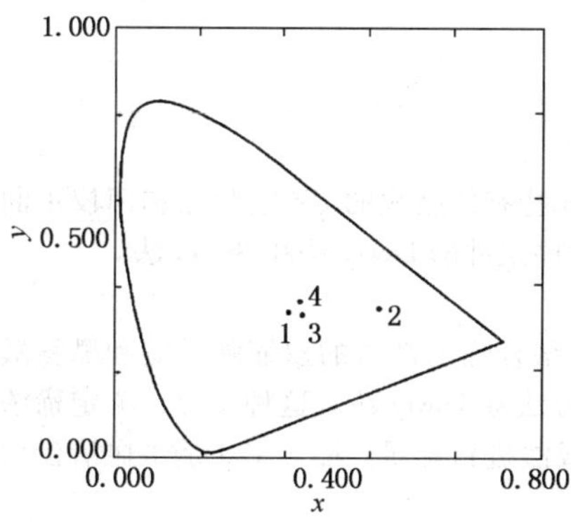

图 2.115　CIE(x. y)色度图

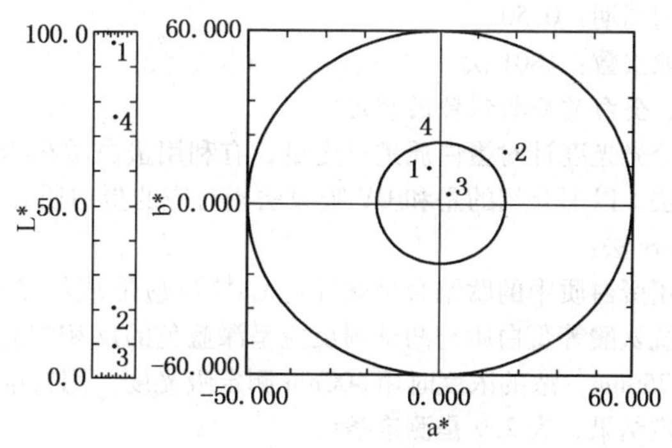

图 2.116　UCS(Lab)色度图

2.1.4.4　在生命科学方面的应用

一、酶活性测定

酶作为催化化学反应的高分子蛋白质，备有基质特异性，应用于各种领域中。酶的定量法有以高效液相法为首的多种方法。但从酶的作用角度看，测定活性值无疑是相当重要的。这里介绍的是用分光光度计测定 GOT 酶(Glutamic Oxaloactic Transaminase，谷草转氨酶)的实例。

GOT 存在于哺乳类的几乎所有的脏器中，特别是心肌中很多，用于诊断肝类和心肌梗塞等。测定方法的原理如图 2.117 所示。根据此反应，测定减少的 NADH，由它的减少速度，求出 GOT 的活性值。

试剂按 Karmen 标准处方，包括苹果酸脱氢酶（MDH），乳酸脱氢酶（LDH），烟酰胺腺嘌呤二核苷酸（NADH），L－天冬氨酸和酮戊酸。由吸光度的减少速度算活性值的因数，可利用图 2.118 所示的反应求出。

$$L\text{-天冬氨酸}+\alpha\text{-酮戊二酸} \xrightleftharpoons{GOT} \text{谷氨酸}+\text{草酰乙酸}$$

$$\text{草酰乙酸}+NADH+H^+ \xrightleftharpoons{MDH} \text{苹果酸}+NAD^+$$

图 2.117　测定法的原理(1)

$$\text{丙酮酸}+NADH+H^+ \xrightleftharpoons{LDH} L\text{-乳酸}+NAD^+$$

图 2.118　测定法的原理(2)

这相当于用 500μmol/L 丙酮酸，其吸光度变化量相当于 500IU/L 时的 1min 的变化量。测定结果如图 2.119所示。吸光度差为 0.076，因数为 6579。

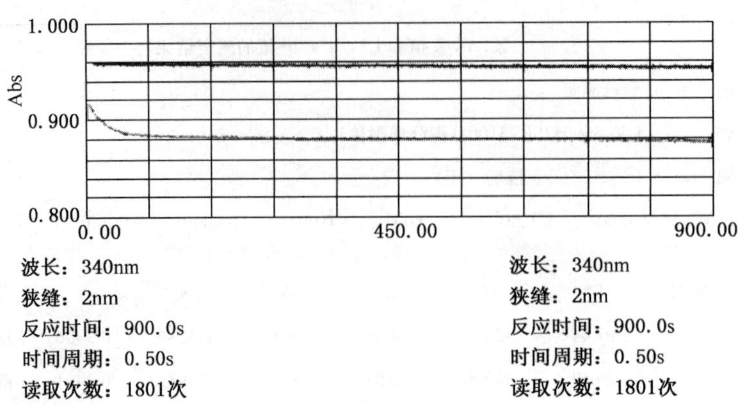

图 2.119 测定结果

分析条件：

波长：340nm

狭缝宽：2.0nm

反应时间：900.0s

时间周期：0.50s

读取次数：1801 次

二、蛋白质分析组件的测定

用分光光度计对蛋白质进行定量，有利用蛋白质在 280nm 特有的吸收的 UV 吸收法和用校正曲线测定的显色法。以下介绍的是和 UV 吸收法相对应的蛋白质分析程序组件的 Lowry 法和 Biuret 法。

Lowry 法：

利用蛋白质中的肽结合呈碱性与 Cu^{2+} 反应形成红紫色的络合物的性质的双缩脲反应和酪氨酸，色氨酸、半胱氨酸等蛋白质与酚试剂反应呈深蓝色的反相组合的方法称 Lowry 法。这种反应，测定稀浓度蛋白质时用 750nm，浓的浓度时用 500nm 测定吸光度，用校准曲线法进行定量。图 2.120 是牛血清蛋白作为试样的测定结果，表 2.9 是测定条件。

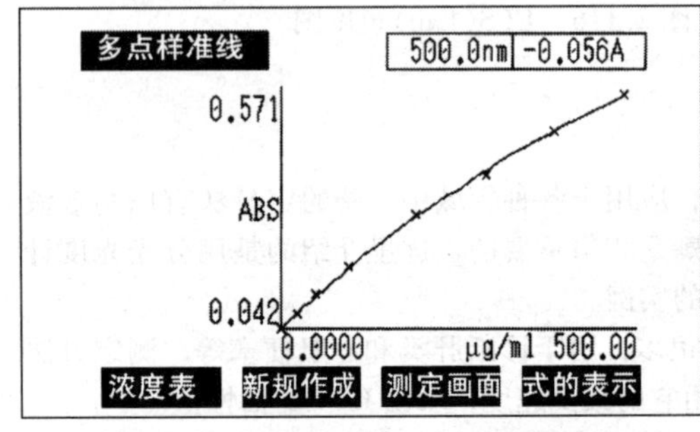

图 2.120 牛血清白蛋白的校准线图

表 2.9 测定条件

定量条件 500.0nm 0.000A
Lowry 法
1.校准线： 多点校准线（2次）
标准试样数 = 8
2.波长： 500.0 nm
3.重复次数： 1
4.单位： μg/ml
校准线请按 START 键作成
（条件变更，请输入编号）
试样控制 条件存储

Biuret 法：

蛋白质在碱性条件下与 Cu^{2+} 反应，呈红紫色。这是由于 Cu^{2+} 在失掉质子的多肽链中与氮原子相结合，形成络合物而发色所致，称为双缩脲反应。测定 540nm 下的吸光度，用校准曲线法进行定量。这种方法与 Lowry 法相比，显色不是很好，但不同蛋白产生的颜色差异小。图 2.121 是牛血清蛋白作为试样的测定结果，表 2.10 是测定条件。

2.1.4.5 在环境科学方面的应用

一、室内环境中甲醛的分析

房屋中使用的壁材、地板等有可能残留甲醛扩散到室内的空气中。文中介绍的是，使用水溶液捕集法与乙酰丙酮比色法相结合进行测定的实例。

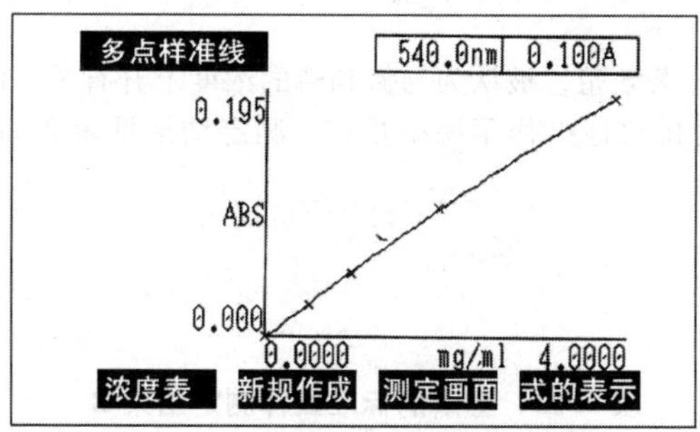

图 2.121　牛血清白蛋白的校准线

表 2.10　测定条件

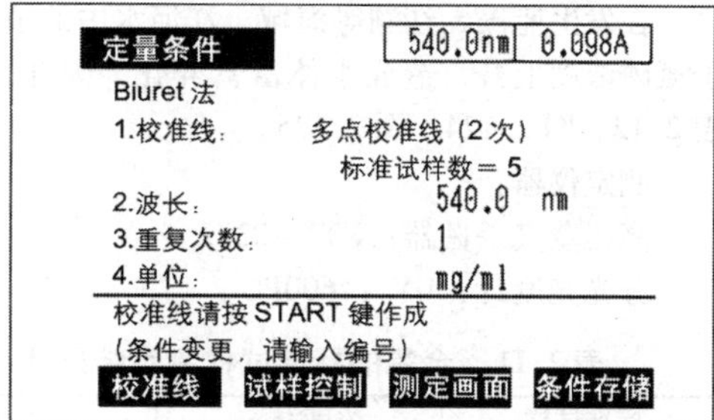

测定装置：

捕集浓缩装置：VPC－10

分光光度计：UV－2450，标准比色皿

测定流程见图 2.122。

测定结果见图 2.123。

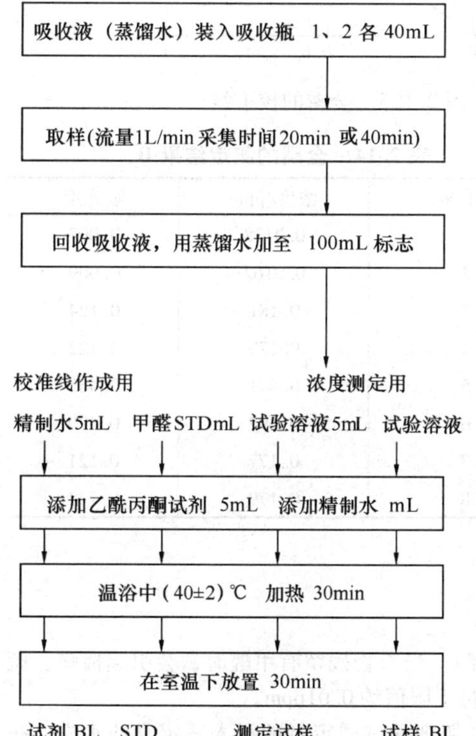

图 2.122　空气中甲醛的测定流程

注：BL 指空白，STD 指标准。

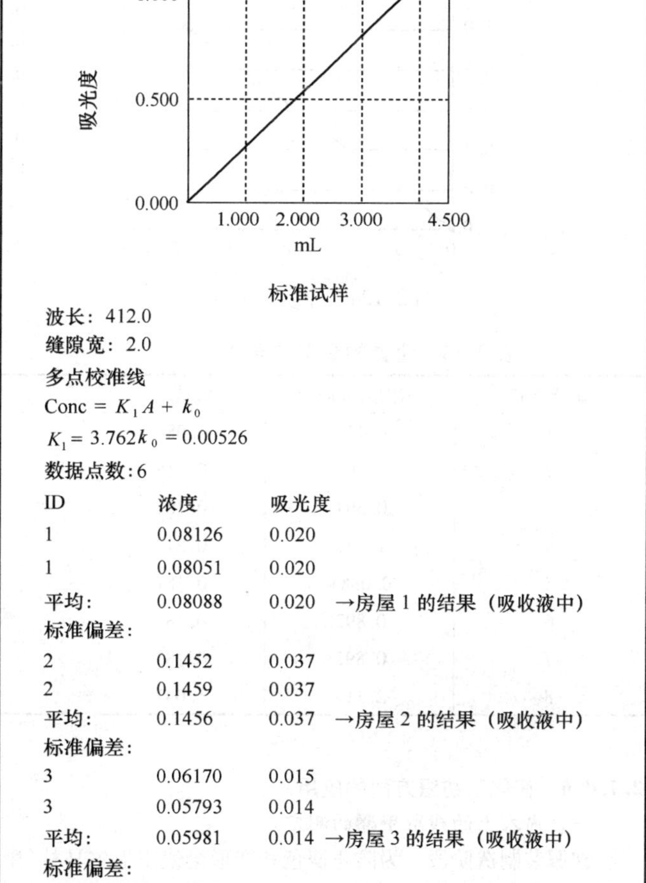

图 2.123　空气中甲醛的测定例

注：Conc 指浓度。

二、江河水中总氮和总磷的分析

在发生蓝藻、红潮等海域、江河水中的植物浮游生物显著繁殖，被认为与氮和磷的浓度上升有关。由于氮磷浓度上升，造成水体富营养化，因此，国家对氮磷排放标准作了明确规定。测定结果见表2.11，表2.12，图2.124，图2.125。

测定仪器：

高压蒸气杀菌器：KT2－2322

分光光度计：UV－1600PC

表2.11　全氮的标准试样测定结果A

标准试样	浓度/ppm	吸光度
1	0.0000	0.000
2	1.0000	0.205
3	2.0000	1.023

表2.12　全磷的标准试样测定结果B

标准试样	浓度/ppm	吸光度
1	0.0000	0.000
2	0.5000	0.340
3	1.0000	0.696

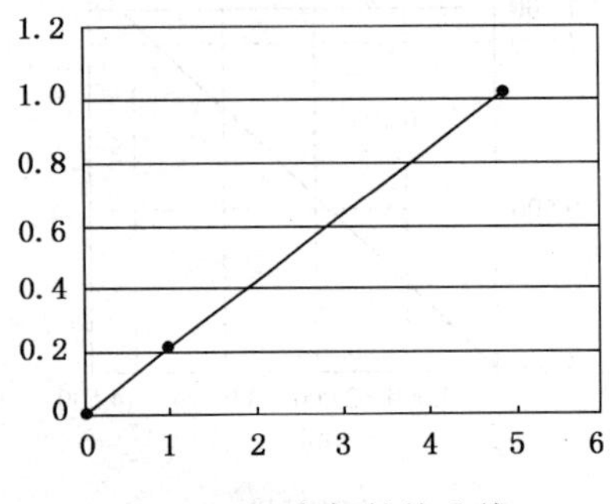

图2.124　全氮的校准线

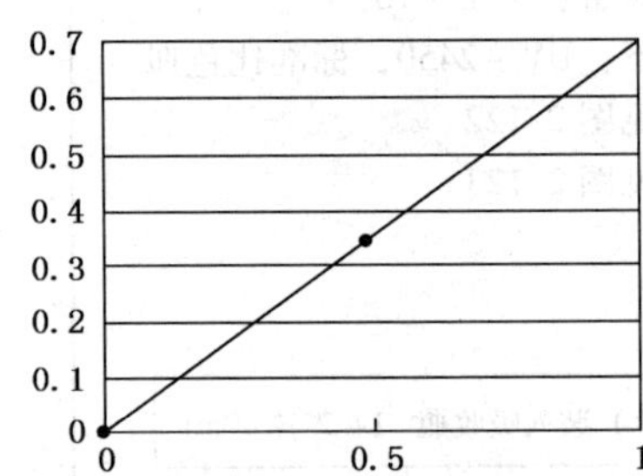

图2.125　全磷的校准线

表2.13　全氮的测定结果A

试样No.	浓度/ppm	吸光度
1	0.431	0.088
2	0.563	0.115
3	0.504	0.103
4	1.042	0.213
5	0.0884	0.181
6	0.892	0.183
7	0.892	0.183
8	2.115	1.047

表2.14　全磷的测定结果B

试样No.	浓度/ppm	吸光度
1	0.0138	0.007
2	0.0167	0.009
3	0.181	0.124
4	0.179	0.122
5	0.671	0.465
6	0.692	0.479
7	0.177	0.121
8	0.179	0.122

2.1.4.6　在化工纺织方面的应用

一、内衣上的残留甲醛的测定

在服装制造阶段，为防止褪色和变形会使用福尔马林（甲醛）。当衣物残留有甲醛时，会引起搔痒、斑疹等，因此，制造厂家必须使甲醛残留量在规定范围之内。定量下限值约0.01ppm。

贴身衣服和对附着在婴儿皮肤上的甲醛的测定实例见下。切细的试样定量的浸入一定量的水中，在40℃加温30min，放冷后，在过剩的醋酸铵存在下作用于乙酰丙酮时，生成黄色的3、5－双乙酰、1,4－氢二甲吡啶，在412nm附近具有极大的吸收。利用这个吸收，甲醛液用水稀释的溶液作为标准液，用校准法测定。

分析条件：

测试仪器：　UV－1600

比色皿：　标准石英比色皿

扫描波长：　　412.0nm

测定原理见图 2.126。

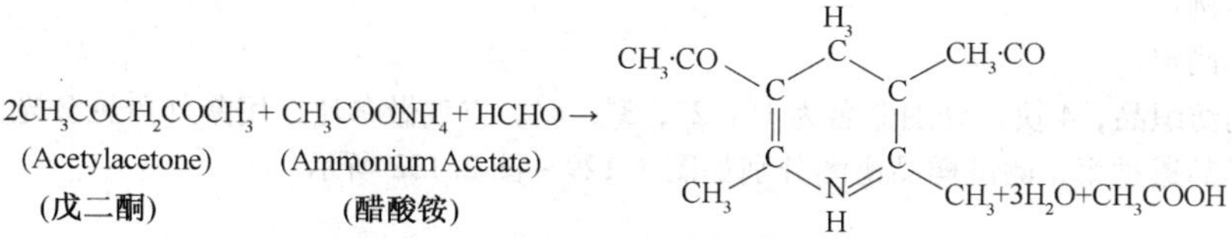

2CH3COCH2COCH3 + CH3COONH4 + HCHO →
(Acetylacetone)
(戊二酮)
(Ammonium Acetate)
(醋酸铵)
CH3·CO
H3
C
CH3·CO
C
C
C
C
CH3
N
H
CH3+3H2O+CH3COOH

图 2.126　测定原理

乙酰丙酮法标准试样（1～4μg/mL）的校准曲线和吸收光谱见图 2.127 和图 2.128。

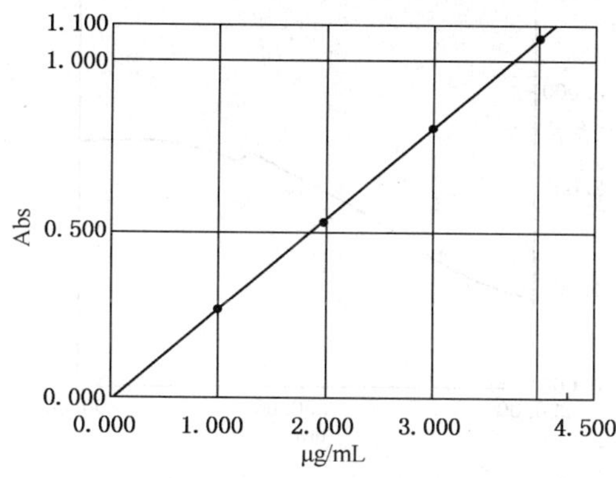

1.100
1.000
Abs
0.500
0.000
0.000
1.000
2.000
3.000
4.500
μg/mL

图 2.127　校准曲线

1.300
1.000
0.500
0.000
350.0
400.0
450.0
500.0
波长/nm

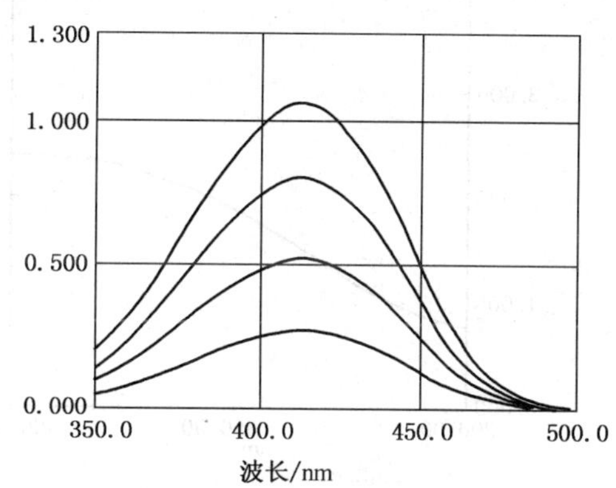

图 2.128　吸收光谱

测定结果见表 2.15。

表 2.15　测　定　结　果

名称	浓度/（μg/mL）	吸光度	名称	浓度/（μg/mL）	吸光度
1	0.03336	0.010	2	0.01475	0.005
1	0.03411	0.010	2	0.01437	0.005
平均	0.03373	0.010←贴身衣服的结果	平均	0.01456	0.005←附着在婴儿皮肤的结果
标准偏差		0.000	标准偏差		0.0001

二、紫外可见分光光度计测定纺织品的紫外防护系数

20 世纪 90 年代后，防紫外线织物骤然兴起，一般采用在织物中增加紫外线整理剂，由防紫外线纤维加工织物等防止紫外线对人体的危害，各种防紫外线织物也开始在市场上销售。对于经加工的防紫外线织物，如何测试其紫外线透过率，目前国内和国际上均有其不同的测试方法，比如：GB/T 18830—2002，AT-TCC 183—2004，BS EN 13758－1：2002，BS EN 13758－2：2003。文中主要是参考 GB/T 18830—2002 进行纺织品紫外线防护系数测定。

原理：用主机和积分球测出样品的透过率，然后结合国标中给的常数与公式，算出紫外线防护系数。

仪器测量条件：

仪器装置：Shimadzu UV－2450；

　　　　　UVProbe 软件；

附　　件：积分球（ISR－2200）

采样间隔：1nm

狭缝宽度：5nm

测定方式：透过率

波长范围：290 ~ 400nm

测定应用实例：

样品透过率测定：

样品为均匀纺织品，4 块，分别命名为 1#，2#，3#，4#。空气做参比，用紫外可见分光光度计主机和积分球附件测定样品透过率，测试样品谱图分别如图 2.129 ~ 图 2.132 所示。

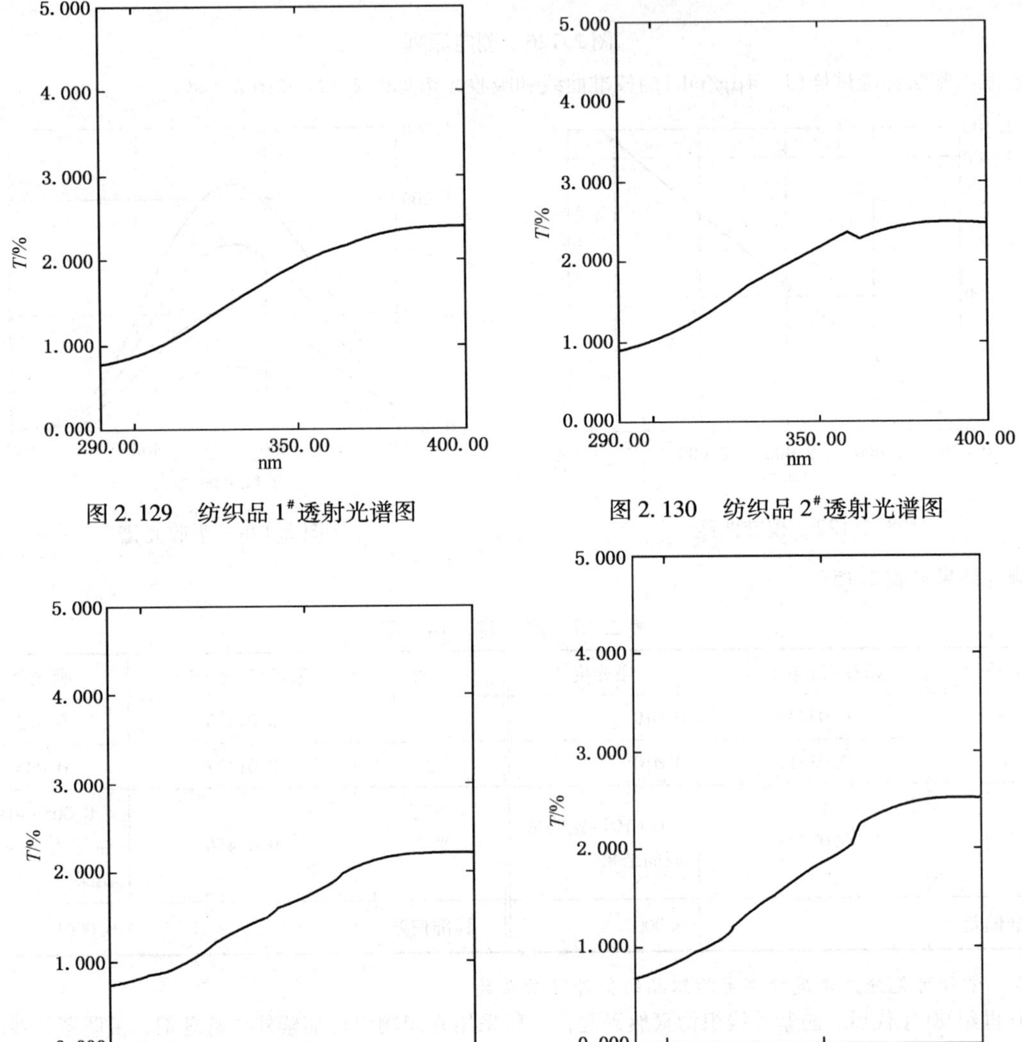

图 2.129　纺织品 1#透射光谱图

图 2.130　纺织品 2#透射光谱图

图 2.131　纺织品 3#透射光谱图

图 2.132　纺织品 4#透射光谱图

① 样品透过率测定数据：

计算得到 315 ~ 400nm 平均透过率为 1.967%，290 ~ 315nm 平均透过率为 0.917%。

计算得到 315 ~ 400nm 平均透过率为 2.141%，290 ~ 315nm 平均透过率为 1.076%。

计算得到 315 ~ 400nm 平均透过率为 1.806%，290 ~ 315nm 平均透过率为 0.850%。

计算得到 315 ~ 400nm 平均透过率为 1.984%，290 ~ 315nm 平均透过率为 0.838%。

② 计算样品紫外线防护系数：

根据 GB/T 18830—2002 中的计算公式：

表 2.16　纺织品 1#透过率

波长/nm	透过率 T/%	波长/nm	透过率 T/%
290.00	0.769	350.00	1.935
295.00	0.821	355.00	2.058
300.00	0.861	360.00	2.129
305.00	0.951	365.00	2.182
310.00	1.022	370.00	2.246
315.00	1.118	375.00	2.313
320.00	1.242	380.00	2.351
325.00	1.370	385.00	2.370
330.00	1.498	390.00	2.394
335.00	1.608	395.00	2.402
340.00	1.733	400.00	2.403
345.00	1.843		

表 2.17　纺织品 2#透过率

波长/nm	透过率 T/%	波长/nm	透过率 T/%
290.00	0.902	350.00	2.177
295.00	0.955	355.00	2.264
300.00	1.024	360.00	2.321
305.00	1.105	365.00	2.335
310.00	1.201	370.00	2.402
315.00	1.308	375.00	2.443
320.00	1.451	380.00	2.473
325.00	1.575	385.00	2.490
330.00	1.727	390.00	2.495
335.00	1.833	395.00	2.487
340.00	1.950	400.00	2.466
345.00	2.058		

表 2.18　纺织品 3#透过率

波长/nm	透过率 T/%	波长/nm	透过率 T/%
290.00	0.731	350.00	1.718
295.00	0.764	355.00	1.836
300.00	0.821	360.00	1.952
305.00	0.870	362.00	2.060
310.00	0.932	370.00	2.121
315.00	1.028	375.00	2.165
320.00	1.151	380.00	2.187
325.00	1.260	385.00	2.202
330.00	1.346	390.00	2.211
335.00	1.450	395.00	2.209
340.00	1.550	400.00	2.211
345.00	1.643		

表 2.19 纺织品 4#透过率

波长/nm	透过率 T/%	波长/nm	透过率 T/%
290.00	0.688	350.00	1.869
295.00	0.735	355.00	1.965
300.00	0.784	360.00	2.122
305.00	0.853	362.00	2.307
310.00	0.954	370.00	2.373
315.00	1.039	372.00	2.441
320.00	1.163	380.00	2.480
325.00	1.308	382.00	2.502
330.00	1.430	390.00	2.518
335.00	1.534	392.00	2.527
340.00	1.662	400.00	2.522
345.00	1.765		

表 2.20 GB/T 18830—2002 附录 A

λ /nm	$E(\lambda)/(\mathrm{W/m^2 \cdot nm})$	$\varepsilon(\lambda)$	λ /nm	$E(\lambda)/(\mathrm{W/m^2 \cdot nm})$	$\varepsilon(\lambda)$
290.00	3.090×10^{-5}	1.000	350.00	5.590×10^{-1}	0.684×10^{-3}
295.00	7.860×10^{-4}	1.000	355.00	6.080×10^{-1}	0.575×10^{-3}
300.00	8.640×10^{-3}	0.649	360.00	2.640×10^{-1}	0.484×10^{-3}
305.00	5.770×10^{-2}	0.220	365.00	6.830×10^{-1}	0.407×10^{-3}
310.00	1.340×10^{-1}	0.745×10^{-1}	370.00	7.660×10^{-1}	0.343×10^{-3}
315.00	2.280×10^{-1}	0.252×10^{-1}	375.00	6.635×10^{-1}	0.288×10^{-3}
320.00	3.140×10^{-1}	0.855×10^{-2}	380.00	7.540×10^{-1}	0.243×10^{-3}
325.00	4.030×10^{-1}	0.290×10^{-2}	385.00	6.055×10^{-1}	0.204×10^{-3}
330.00	5.320×10^{-1}	0.136×10^{-2}	390.00	7.570×10^{-1}	0.172×10^{-3}
335.00	5.135×10^{-1}	0.115×10^{-2}	395.00	6.680×10^{-1}	0.145×10^{-3}
340.00	5.390×10^{-1}	0.966×10^{-3}	400.00	1.010	0.122×10^{-3}
345.00	5.345×10^{-1}	0.810×10^{-3}			

$$T(\mathrm{UVA})_i = \frac{1}{m}\sum_{\lambda=315}^{400} T_i(\lambda) \quad T(\mathrm{UVB})_i = \frac{1}{k}\sum_{\lambda=290}^{315} T_i(\lambda)$$

$$\mathrm{UPF}_i = \frac{\sum_{\lambda=290}^{\lambda=400} E(\lambda)\times\varepsilon(\lambda)\times\Delta\lambda}{\sum_{\lambda=290}^{\lambda=400} E(\lambda)\times T(\lambda)\times\varepsilon(\lambda)\times\Delta\lambda}$$

式中 $E(\lambda)$——日光光谱辐照度(见 GB/T 18830—2002 附录 A)，$\mathrm{W/m^2 \cdot nm}$；

$\varepsilon(\lambda)$——相对的红斑效应(见 GB/T 18830—2002 附录 A)；

$T(\lambda)$——试样 i 在波长为 λ 时的光谱透射比；

$\Delta\lambda$——波长间隔，nm；

m——315 ~ 400nm 的测定(采样)次数

k——290 ~ 315nm 的测定(采样)次数

计算 $T(\mathrm{UVA})_i = \frac{1}{m}\sum_{\lambda=315}^{400} T_i(\lambda)$ 和 $T(\mathrm{UVB})_i = \frac{1}{k}\sum_{290}^{315} T_i(\lambda)$ 时，可以根据 UV - Probe 软件自带的功能计算平均透射比。

得到结果如下：

$T(\mathrm{UVA})_1=1.967\%$；$T(\mathrm{UVB})_1=0.917\%$

$T(\mathrm{UVA})_2=2.141\%$；$T(\mathrm{UVB})_2=1.076\%$

$T(\mathrm{UVA})_3=1.806\%$；$T(\mathrm{UVB})_3=0.850\%$

$T(\mathrm{UVA})_4=1.984\%$；$\mathrm{T}(\mathrm{UVB})_4=0.838\%$

按照 GB/T 18830—2002 规定保留两位小数，得 $T(\mathrm{UVA})_{\mathrm{AV}}=1.97\%$ $T(\mathrm{UVB})_{\mathrm{BV}}=0.92\%$

计算：

$$\mathrm{UPF_i}=\frac{\sum_{\lambda=290}^{\lambda=400}E(\lambda)\times\varepsilon(\lambda)\times\Delta\lambda}{\sum_{\lambda=290}^{\lambda=400}E(\lambda)\times T(\lambda)\times\varepsilon(\lambda)\times\Delta\lambda}$$

时根据表 2.20　GB/T 18830—2002 附录 A 常数可以计算得到：

$\mathrm{UPF}_1=90.14$

$\mathrm{UPF}_2=77.90$

$\mathrm{UPF}_3=98.07$

$\mathrm{UPF}_4=96.58$

根据 GB/T 18830—2002 要求，对于匀质材料，以所测试样中最低的 UPF 值作为该样品的 UPF 值，所以此纺织品的 UPF 值为 77.90，表示为 UPF > 50。

另根据此国标评定，当样品 UPF > 30 且 $T(\mathrm{UVA})_{\mathrm{AV}}<5\%$ 时，可称为“防紫外线产品”。所以该纺织品为防紫外线产品。

2.1.4.7　在书画鉴定方面的应用

运用现代科技手段，对书画作品进行理化测试，可以获得更多更深层次的信息，已成为为鉴定工作提供比较明确的依据的新途径。颜色是书画样品中所包含的重要信息，也是辨别书画真伪入手的方面之一，文中使用紫外可见分光光度计测定书画作品上宣纸和印章的颜色，以期获得必要的判断依据。

原理：颜色来源于来自于物体的光在可见光范围（380 ~ 780nm）内各个波长上的能量分布，即光谱图，如同标记或者指纹，不同的颜色对应不同的光谱图。根据样品的性质和测定的要求，使用紫外可见分光光度计搭配相应的附件，测得样品的光谱图，再计算得到其在不同颜色空间中的色度。

仪器配置：

岛津 UV2450

积分球附件（ISR2200）

色彩测定软件

实验条件

波长范围：380 ~ 780nm

狭缝宽度：5nm

采样间隔：0.5nm

扫描速度：慢速

测定结果：

宣纸和不同颜色的印章的光谱如图 2.133 所示。由图可见，宣纸的相对反射率除在短波长区稍有下降之外，在其他区域变化不大；而印章的相对反射率在可见光区则有较大的变化且各不相同。

表 2.21 为通过色彩测定软件得到的宣纸和印章在各颜色空间中的色度以及特征值。

纸绢是书画的载体，在书画赝品中，使用古纸、古绢作伪的很少见，书画在保存的过程中，纸绢的颜色会发生变化，造假者为了让赝品的颜色与真品接近，常会做旧色。因此，准确比较鉴定品与真品的纸绢颜色是辨别真伪的重要手段。书画上一般都有印章，鉴定印章也是识别真伪的辅助手段，有时甚至起到决定性的作用。比如一幅书画作品上不同时代的印章如果为同一颜色，则很有可能为伪作。

眼睛所看到的物体的颜色不仅和其本身反射/透射特性有关，还叠加了人的感官、光源种类和观察角度因素，而采用仪器测定色度可以排除非物体本身性质的因素，从而得到更准确的鉴定结果。

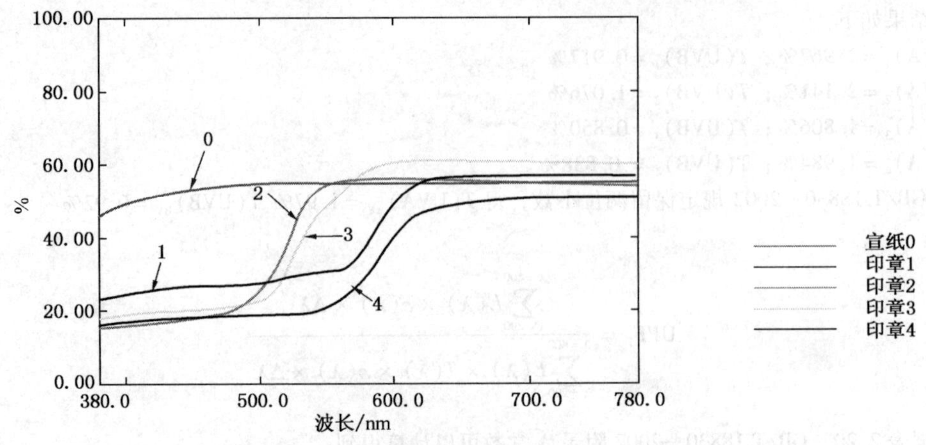

图 2.133　宣纸和印章的光谱图(光源 C，角度 2°)

表 2.21　宣纸和印章的颜色的色度以及特征值

		宣纸	印章 1	印章 2	印章 3	印章 4
CIE XYZ	X	53.64	39.96	46.81	48.78	31.6
	Y	54.99	32.71	48.66	46.94	26.74
	Z	62.75	31.47	22.46	24.47	21.29
Hunter	L	74.16	59.76	69.76	68.51	51.71
	a	−0.67	14.78	−2.31	7.2	18.59
	b	1.74	10.61	29.74	26.78	11.79
CIE Lab	L*	79.04	66.3	72.24	74.15	58.74
	a*	−0.76	12.94	−2.53	7.58	20.66
	b*	1.93	13.25	42.33	37.13	12.92
CIE Luv	L*	79.04	66.3	72.24	74.15	58.74
	u*	0.23	32.46	20.45	34	40.98
	v*	3.15	16.2	56.67	48.57	18.15
Chromaticity	Y	54.99	32.71	48.66	46.94	26.74
	x	0.313	0.373	0.4	0.41	0.4
	y	0.3209	0.3333	0.41	0.39	0.34
Munsell	H	1.1GY	8.5R	4.5Y	9.5YR	8.2R
	V	7.8	6.5	7.4	7.3	2.7
	C	0.2	4.3	5	5	5
dWL		571	592.1	576.15	581.14	597.3
Ep		2	21.44	49.16	42.63	28.51
YI		2.89	49.82	74.19	77.77	66.89

注：CIE：国际照明委员会；Chromaticity：色度；Munsell：色卡；

CIE Lab：颜色空间；CIE Luv：一种颜色空间标准；CIE XYZ：标准色度系统；

+a* 表示为红方向；−a* 为绿方向；+b* 为黄方向；−b* 为蓝方向；

L* 是亮度；u* 和 v* 是色度坐标；X，Y，Z 是三基色刺激值。

2.2　红外吸收光谱分析

2.2.1　概述

红外吸收光谱(Infrared Absorption Spectroscopy，IR)又称为分子振动－转动光谱。当样品受到频率连续变化的红外光照射时，分子吸收了某些频率的辐射，并由其振动或转动运动引起偶极矩的净变化，产生分子振动和转动能级从基态到激发态的跃迁，使相应于这些吸收区域的透射光强度减弱。记录红外光的百分透射比与波数或波长关系的曲线，就得到红外吸收光谱。

(1) 红外光谱在化学领域中的应用

红外光谱在化学领域中的应用大体上可分为两个方面：一是用于分子结构的基础研究。应用红外光谱可以测定分子的键长、键角，以此推断出分子的立体构型；根据所得的力常数可以知道化学键的强弱；由简正频率来计算热力学函数。二是用于化学组成的分析。红外光谱最广泛的应用在于对物质的化学组成进行分析。用红外光谱法可以根据光谱中吸收峰的位置和形状来推断未知物结构，依照特征吸收峰的强度来测定混合物中各组分的含量，它已成为现代结构化学、分析化学最常用和不可缺少的工具。

红外光谱法是鉴别化合物和确定物质分子结构的常用手段之一。随着计算机技术的高速发展，出现了光声光谱、时间分辨光谱和联用技术，红外与色谱联用可以进行多组分样品的分离和定性；与显微镜联用可进行微区(10μm×10μm)和微量(10^{-12}g)样品的分析鉴定；与热重联用可进行材料的热重稳定性研究；与拉曼光谱联用可得到红外光谱弱吸收的信息。这些新技术为物质结构的研究提供了更多的手段，使红外光谱法广泛地应用于有机化学、高分子化学、无机化学、化工、催化、石油、材料、生物、环境等领域。

(2) 红外光区的划分

习惯上按红外线波长将红外光谱分成三个区域：

① 近红外区：0.78～2.5μm(12820～4000cm^{-1})，主要用于研究分子中的O—H、N—H、C—H键的振动倍频与组频。

② 中红外区：2.5～25μm(4000～400cm^{-1})，主要用于研究大部分有机化合物的振动基频。

③ 远红外区：25～300μm(400～33cm^{-1})，主要用于研究分子的转动光谱及重原子成键的振动。

红外光谱分区见图2.134。

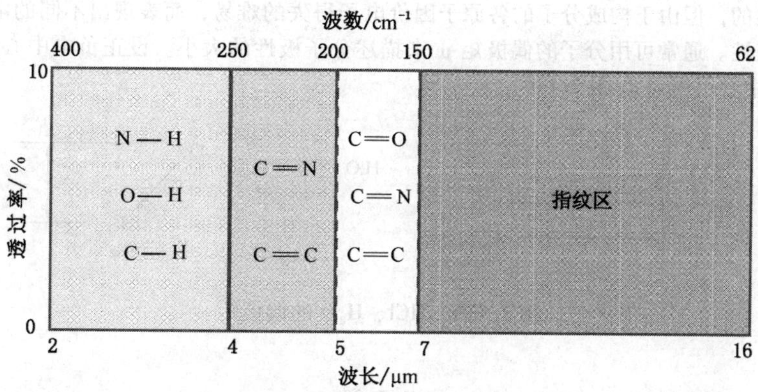

图 2.134　红外光谱分区

其中，中红外区是研究和应用最多的区域，通常说的红外光谱就是指中红外区的红外吸收光谱。红外光谱除用波长λ表征横坐标外，更常用波数 $\tilde{\nu}$ 表征。纵坐标为百分透射比 $T\%$。见图2.135。

(3) 红外光谱法的特点

① 特征性高。就像人的指纹一样，每一种化合物都有自己的特征红外光谱，所以把红外光谱分析形象地称为物质分子的“指纹”分析。

② 应用范围广。从气体、液体到固体，从无机化合物到有机化合物，从高分子到低分子都可以用红外光谱法进行分析。

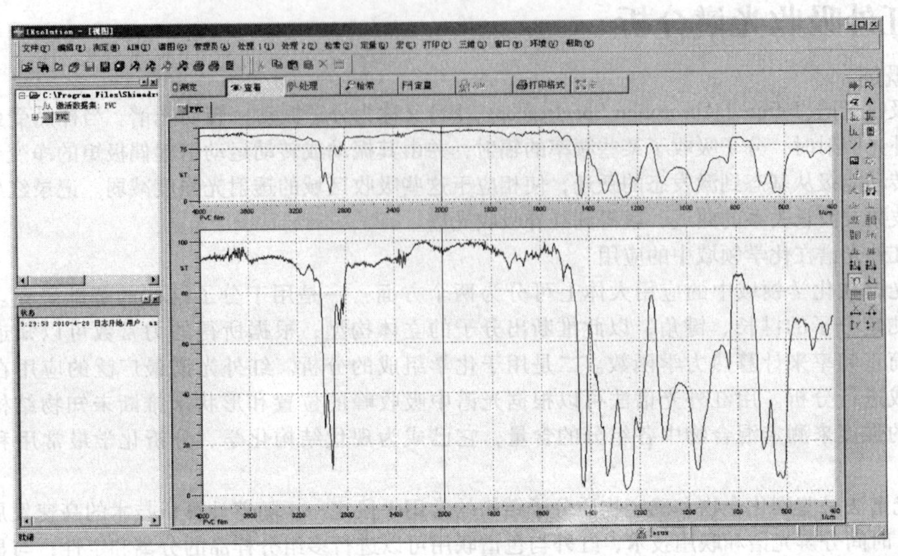

图 2.135 IRAffinity - 1 软件 IRsolution 界面红外光谱

③ 用样量少，分析速度快，不破坏样品。

2.2.2 红外吸收光谱分析基本原理

(1) 产生红外吸收的条件

红外光谱是由于分子振动能级(同时伴随转动能级)跃迁而产生的，物质吸收红外辐射应满足两个条件：

① 辐射光具有的能量与发生振动跃迁时所需的能量相等；

② 辐射与物质之间有偶合作用。

当一定频率(一定能量)的红外光照射分子时，如果分子中某个基团的振动频率和外界红外辐射的频率一致，就满足了第一个条件。为满足第二个条件，分子必须有偶极矩的变化。已知任何分子就其整个分子而言，是呈电中性的，但由于构成分子的各原子因价电子得失的难易，而表现出不同的电负性，分子也因此而显示不同的极性。通常可用分子的偶极矩 μ 来描述分子极性的大小。设正负电中心的电荷分别为 $+q$ 和 $-q$，正负电荷中心距离为 d(图 2.136)。

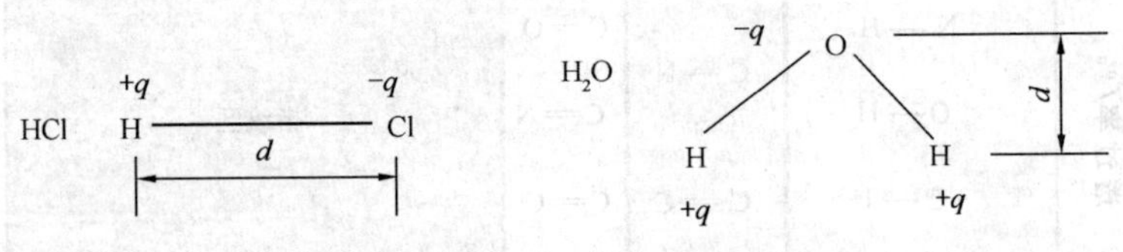

图 2.136 HCl、H_2O 的偶极矩

则：

$$\mu = qd$$

由于分子内原子处于在其平衡位置不断振动的状态，在振动过程中 d 的瞬时值亦不断地发生变化，因此分子的 μ 也发生相应的改变，分子亦具有确定的偶极矩变化频率；对称分子由于其正负电荷中心重叠，$d=0$，故分子中原子的振动并不引起 μ 的变化。上述物质吸收辐射的第二个条件，实质上是外界辐射迁移它的能量到分子中去。而这种能量的转移是通过偶极矩的变化来实现的。这可以用图 2.137 的示意简图来说明。当偶极子处在电磁辐射的电磁场中时，此电磁场作周期性反转，偶极子将经受交替的作用力而使偶极矩增加和减小。由于偶极子具有一定的原有振动频率，显然，只有当辐射频率与偶极子频率相匹配时，分子才与辐射发生相互作用(振动偶合)而增加它的振动能，使振动加激(振幅加大)，即分子由原来的基态振动跃迁到较高的振动能级。可见，并非所有的振动都会产生红外吸收，只有发生偶极矩变化

的振动才能引起可观测的红外吸收谱带，我们称这种振动为红外活性的，反之则称为非红外活性的。

由上述可见，当一定频率的红外光照射分子时，如果分子中某个基团的振动频率和它一样，二者就会产生共振，此时光的能量通过分子偶极矩的变化而传递给分子，这个基团就吸收一定频率的红外光，产生振动跃迁；如果红外光的振动频率和分子中各基团的振动频率不符合，该部分的红外光就不会被吸收。因此，若用连续改变频率的红外光照射某试样，由于该试样对不同频率的红外光的吸收与否，使通过试样后的红外光在一些波长范围内变弱(被吸收)，在另一些范围内则较强(不吸收)。将分子吸收红外光的情况用仪器记录，就得到该试样的红外吸收光谱，如图 2.138 所示。

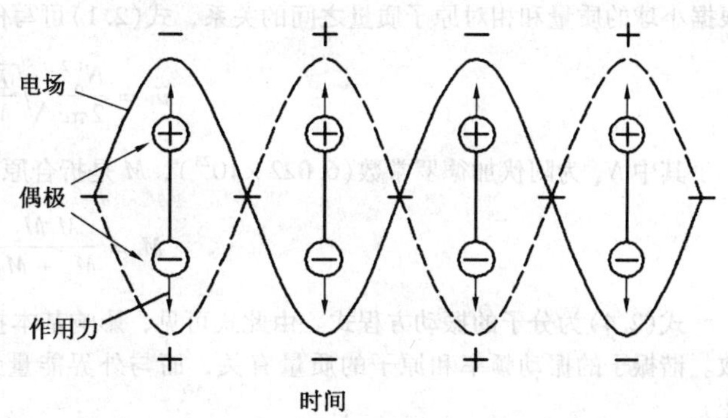

图 2.137　偶极子在交变电场中的作用示意图

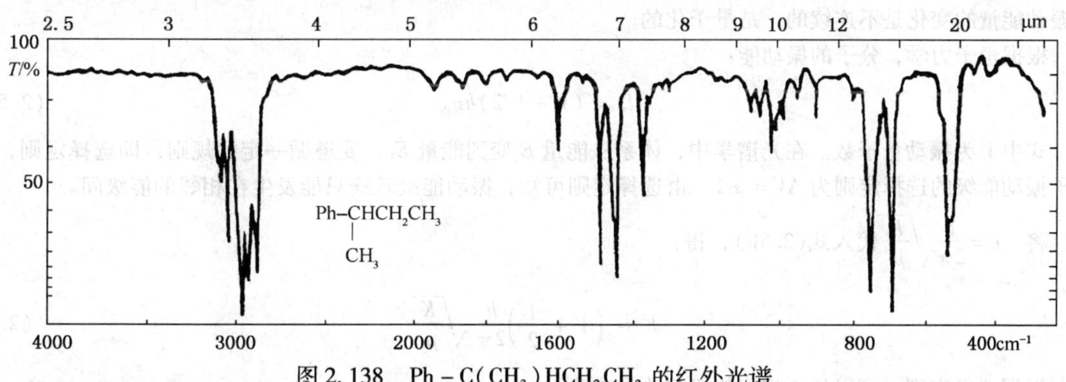

图 2.138　Ph－C(CH_3)HCH_2CH_3 的红外光谱

(2) 分子振动简介

1) 双原子分子振动

分子中的原子以平衡点为中心，以非常小的振幅(与原子间的距离相比)作周期性的简谐振动。这种分子振动的机械模型可以用经典的方法来模拟，如图 2.139 所示。把双原子分子的两个原子看成质量分别为 m_1 和 m_2 的两个刚体小球，连接两个原子的化学键设想成无质量的弹簧，弹簧的长度就是分子化学键的长度，近似看作谐振子。当外力(相当于红外辐射能)作用于弹簧时，两个小球沿轴心来回振动，由经典力学理论(Hook 定律)可导出该体系振动频率 $\tilde{\nu}$ (以波数表示)的计算公式

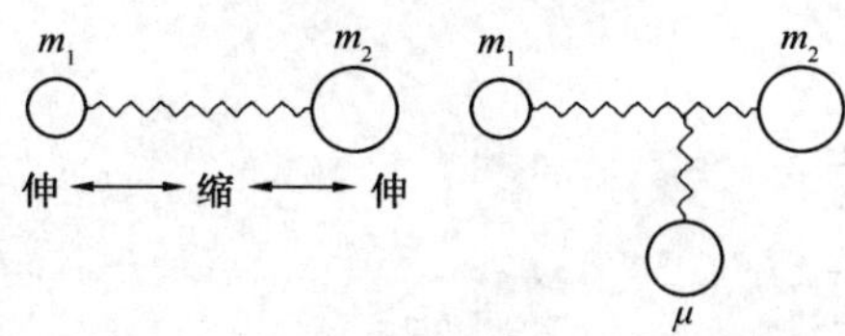

图 2.139　谐振子振动示意图

$$\tilde{\nu} = \frac{1}{2\pi c}\sqrt{\frac{K}{\mu}} \tag{2.1}$$

式中，K 是弹簧力常数，也即连接原子的化学键的力常数(两原子由平衡位置伸长 1Å 的恢复力，单位为 N/cm)。

$$K = a \cdot N\left(\frac{x_a x_b}{d^2}\right) + b \tag{2.2}$$

式(2.2)中，a、b 为常数，x_a、x_b 为原子电负性，N 为价键数，d 为平衡核间距。

μ 是两个小球(即两个原子)的折合质量(单位为 g)

$$\mu = \frac{m_1 m_2}{m_1 + m_2} \tag{2.3}$$

根据小球的质量和相对原子质量之间的关系，式(2.1)可写作：

$$\tilde{\nu} = \frac{N_A^{1/2}}{2\pi c}\sqrt{\frac{K}{M}} \tag{2.4}$$

其中 N_A 为阿伏加德罗常数(6.022×10^{23})，M 是折合原子量：

$$M = \frac{M_1 M_2}{M_1 + M_2} \tag{2.5a}$$

式(2.4)为分子的振动方程式。由此式可见，影响基本振动频率的直接因素是原子量和化学键的力常数。谐振子的振动频率和原子的质量有关，而与外界能量无关，外界能量只能使振动振幅加大(频率不变)。

对于多原子分子中的每个化学键也可以看成一个谐振子。

2) 振动的量子化处理

应当注意，上述从宏观用经典力学的方法来处理分子的振动是便于理解的。但是，一个真实微观的粒子——分子的振动与弹簧小球体系是有区别的。弹簧和小球的体系中其能量的变化是连续的，而真实分子的振动能量的变化是不连续的，是量子化的。

根据量子力学，分子的振动能：

$$E = (V + 1/2)h\nu_{振} \tag{2.5b}$$

式中 V 为振动量子数。在光谱学中，体系从能量 E 变到能量 E_1，要遵循一定的规则，即选择定则，谐振子振动能级的选择定则为 $\Delta V = \pm1$。由选择定则可知，振动能级跃迁只能发生在相邻的能级间。

将 $\nu = \frac{1}{2\pi}\sqrt{\frac{K}{\mu}}$ 代入式(2.5b)，得：

$$E = \left(V + \frac{1}{2}\right)\frac{h}{2\pi}\sqrt{\frac{K}{\mu}} \tag{2.6}$$

根据选择定则，可得任一相邻能级间能量差为：

$$\Delta E = \frac{h}{2\pi}\sqrt{\frac{K}{\mu}} \tag{2.7}$$

当照射的电磁辐射正好能使振动能级跃迁时：

$$\Delta E_{振} = h\nu_{光} = \frac{h}{2\pi}\sqrt{\frac{K}{\mu}}$$

$$h\nu_{振} = h\nu_{光} = \frac{h}{2\pi}\sqrt{\frac{K}{\mu}}$$

$$\nu_{振} = \nu_{光} = \frac{1}{2\pi}\sqrt{\frac{K}{\mu}}$$

$$\tilde{\nu} = \frac{1}{2\pi c}\sqrt{\frac{K}{\mu}} \tag{2.8}$$

由式(2.8)看出，分子固有振动频率也就是它所能吸收的辐射光的频率。

任何分子中的原子总是在围绕它们的平衡位置附近作微小的振动，这些振动的振幅很小，而振动的频率却很高($\nu = 10^{13} \sim 10^{14}$ Hz)，正好和红外光的振动频率在同一数量级。分子发生振动能级跃迁时需要吸收一定的能量，这种能量通常可由照射体系的红外光供给。由于振动能级是量子化的，因此分子振动将只能吸收一定的能量，吸收能量后，从而使振动的振幅加大。这种吸收的能量将取决于键力常数(K)与两端连接的原子的质量，即取决于分子内部的特征。这就是红外光谱可以测定化合物结构的理论依据。

根据式(2.8)可以计算各种键型的基频吸收峰的波数(或频率)，各种化学键的伸缩振动力常数见表2.22。

表 2.22　各种键的伸缩振动力常数 K(单位：N/cm)

化学键	K	化学键	K	化学键	K
—C ≡ N	18	≡ C—H	5.9	S—H	4.3
—C ≡ C—	15.6	C—F	5.9	H—Br	4.1
═C ═O	15	C—O—	5.4	C—Cl	3.6
C ═O	12.1	≡ C—C	5.2	H—I	3.2
C ═C	9.6	═C—H	5.1	C—Br	3.1
H—F	9.7	H—Cl	4.8	C—I	2.7
O—H	7.7	C—H	4.8		
N—H	6.4	C—C	4.5		

3）非谐振子的振动

由于双原子分子并不是所假想的理想的谐振子，其势能曲线不是数学抛物线，实际势能随核间距离的增大而增大，当核间距达到一定值，化学键断裂，分子离解成原子，势能成为常数(图 2.140)。按照非谐振子的势能函数求解薛定谔方程，体系的振动能为：

$$E_{\nu} = (V + 1/2)hc\nu - (V + 1/2)^2 hc\nu + \cdots \qquad (2.9)$$

原子和分子与电磁波相互作用，从一个能量状态跃迁到另一个能量状态要服从一定的规律，这些规律称为光谱选律，它们是由量子化学的理论来解释的。简谐振动光谱选择定则为 $\Delta V = \pm 1$，即跃迁必须在相邻振动能级之间进行。最主要的红外跃迁是 $V_0 \to V_1$，称为本征跃迁。吸收频率 $\nu = \frac{1}{2\pi}\sqrt{\frac{K}{\mu}}$，与经典力学计算结果相同，本征跃迁产生的吸收带又称为本征吸收带或基频峰。真实分子的振动为近似的简谐振动，不严格遵守 $\Delta V = \pm 1$ 的选律，其振动的光谱选律为 $\Delta V = \pm 1, \pm 2, \pm 3 \cdots$ 在红外光谱中，振动跃迁从基态到第二激发态($V=2$)的吸收频率称为倍频(over tone)，倍频吸收峰称为倍频峰。倍频峰的强度较弱。

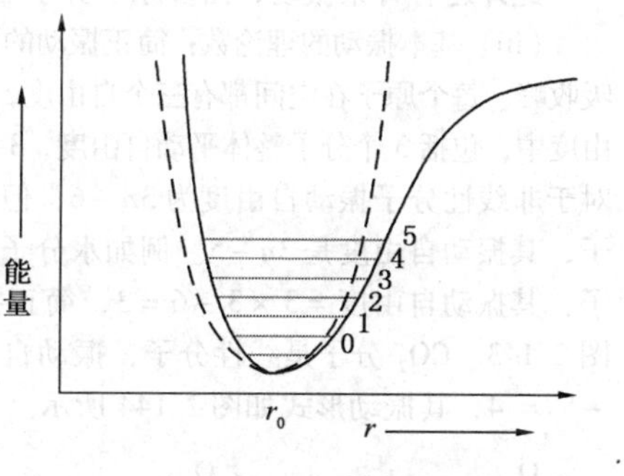

图 2.140　双原子分子的势能曲线
虚线—谐振子；实线—非谐振子

多原子的各种键的振动能级之间可能有相互作用，当电磁波的能量正好等于两个基频跃迁的能量的总和时，可同时激发两个基频振动从基态到激发态，即 $\nu = \nu_1 + \nu_2$，这种吸收称为合频，合频吸收峰强度比倍频更弱。

当电磁辐射能量等于两个基频跃迁能量之差时，也可能产生等于两个基频频率之差的吸收，即 $\nu = \nu_1 - \nu_2$，这种吸收称为差频。差频的吸收过程是一个振动状态，由基态跃迁到激发态，同时另一个振动状态由激发态跃迁到基态。由于激发态分子很少，所以差频吸收比合频更弱。合频和差频统称为组合频。倍频、合频、差频又统称为泛频。

4）多原子分子的振动

多原子分子由于组成原子数目增多，组成分子的键或基团和空间结构的不同，其振动光谱比双原子分子要复杂得多。但是可以把它们的振动分解成许多简单的基本振动，即简正振动。

(ⅰ)简正振动：简正振动的状态是，分子的质心保持不变，整体不转动，每个原子都在其平衡位置附近作简谐振动，其振动频率和相位都相同，即每个原子都在同一瞬间通过其平衡位置，而且同时达到其最大位移值。分子中任何一个复杂振动都可以看成这些简正振动的线性组合。

对称伸缩振动　　非对称伸缩振动
2850 cm⁻¹ 　　2930cm⁻¹

图 2.141　亚甲基的伸缩振动

(ⅱ)振动的基本形式：分子振动一般分为伸缩振动和弯曲振动两大类。

① 伸缩振动：原子沿键轴方向伸缩，键长发生变化而键角不变的振动称为伸缩振动。用符号 ν 表示。它又分为对称(ν_s)和不对称(ν_{as})伸缩振动。对同一基团来说，不对称伸缩振动的频率要稍高于对称伸缩振动。见图 2.141。

② 弯曲振动(或变形振动)：基团键角发生周期变化而键长不变的振动称为变形振动，用符号 δ 表示。弯曲振动又分为面内和面外弯曲振动(变形振动)。

面内弯曲振动(以 δ 表示)又分为两种：一种为剪式振动，以 σ 表示。在这种弯曲振动中，基团的键角交替地发生变化；另一种是面内摇摆振动，以 ρ 表示。在这种弯曲振动中，基团的键角不发生变化，基团只是作为一个整体在分子的对称平面内左右摇摆，见图 2.142。

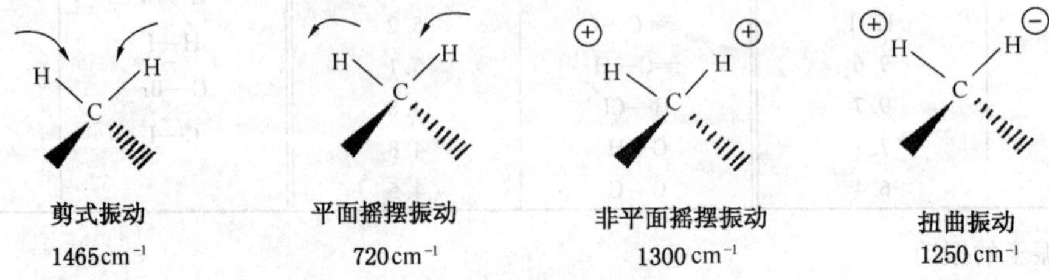

图 2.142　亚甲基的弯曲振动

面外弯曲振动(以 γ 表示)也分为两种：一种为面外摇摆振动，以 ω 表示；另一种是面外扭曲振动，以 τ 表示。

此外还有骨架振动，由多原子分子的骨架振动产生，如苯环的骨架振动。

(iii) 基本振动的理论数：简正振动的数目称为振动自由度，每个振动自由度对应于红外光谱图上一个基频吸收峰。每个原子在空间都有三个自由度，如果分子由 n 个原子组成，其运动自由度就有 $3n$ 个，这 $3n$ 个运动自由度中，包括 3 个分子整体平动自由度，3 个分子整体转动自由度，剩下的是分子的振动自由度。对于非线性分子振动自由度为 $3n-6$，但对于线性分子，其振动自由度是 $3n-5$。例如水分子是非线性分子，其振动自由度 $=3\times3-6=3$，简正振动形式如图 2.143。CO_2 分子是线性分子，振动自由度 $=3\times3-5=4$，其振动形式如图 2.144 所示。

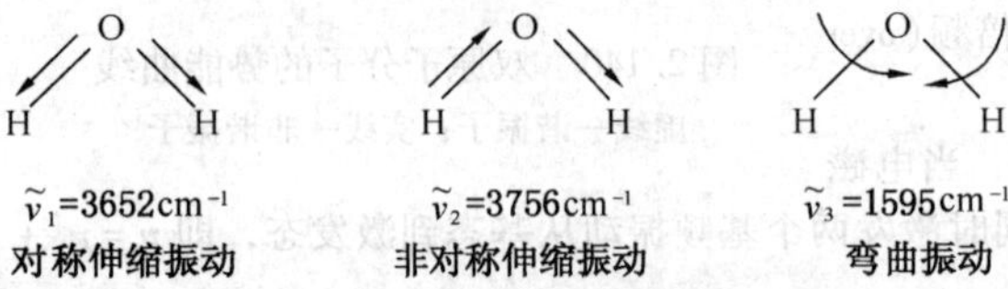

图 2.143　水分子的振动形式

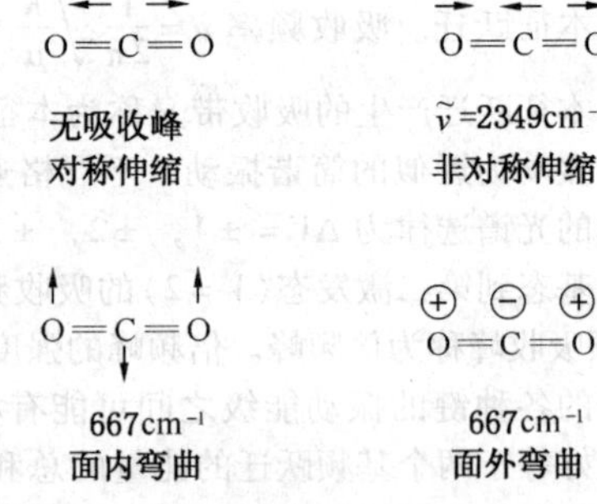

图 2.144　CO_2 分子的振动形式

简正振动的特点是分子的质心在振动过程中保持不变，所有原子在同一瞬间通过各自的平衡位置，每一简正振动代表一种运动方式，有特定的振动频率。似乎都应有相应的红外吸收谱带。理论上每个振动自由度(基本振动数)在红外光谱区均产生一个吸收峰，但是实际上峰数往往少于基本振动数目。其原因：

① 当振动过程中分子不发生瞬间偶极矩变化时，不引起红外吸收；

② 频率完全相同的振动，彼此发生简并；

③ 强宽峰往往要覆盖与它频率相近的弱而窄的吸收峰；

④ 吸收峰有时落在中红外区域(4000～400cm^{-1})以外；

⑤ 吸收强度太弱，以致无法测定。

CO_2 分子理论上应有四种基本振动形式，但实际上只在 667cm^{-1} 和 2349cm^{-1} 处出现两个基频吸收峰。这是因为其中对称伸缩振动不引起偶极矩的改变，即非红外活性振动，没有红外吸收；面内弯曲振动(δ 667cm^{-1})和面外弯曲振动(γ 667cm^{-1})又因频率完全相同，吸收峰发生简并。

(3)吸收谱带的强度

红外光谱的吸收带强度既可用于定量分析，也是化合物定性分析的重要依据。用于定量分析时，吸收强度在一定浓度范围内符合郎伯 - 比尔定律。用于定性分析时，根据摩尔吸收系数可以区分吸收强度级别，如表 2.23。

表 2.23　红外吸收强度及其表示符号

摩尔吸收系数 ε	强　度	符　号	摩尔吸收系数 ε	强　度	符　号
>200	很强	vs	5 ~ 25	弱	w
75 ~ 200	强	s			
25 ~ 75	中等	m	0 ~ 5	很弱	vw

基态分子中的很小一部分，吸收某种频率的红外光，产生振动能级跃迁而处于激发态。激发态分子通过与周围基态分子的碰撞等原因，损失能量而回到基态，它们之间形成动态平衡。跃迁过程中激发态分子占总分子的百分数，称为跃迁几率(2.12)，谱带的强度即跃迁几率的量度。跃迁几率与振动过程中偶极矩的变化($\Delta\mu$)有关，$\Delta\mu$ 越大，跃迁几率越大，谱带强度越强。

$$跃迁几率 = \left(\frac{4\pi^2}{h^2}\right) |\mu_{ab}|^2 E_0^2 t \tag{2.10}$$

式中　E_0——红外电磁波的电场矢量；

μ_{ab}——跃迁偶极矩。

分子振动时偶极矩的变化不仅决定该分子能否吸收红外光，而且还关系到吸收峰的强度。根据量子理论，红外光谱的强度与分子振动时偶极矩的变化的平方成正比。最典型的例子是 C═O 基和 C═C 基。C═O基的吸收是非常强的，常常是红外谱图中最强的吸收带；而C═C基的吸收则有时出现，有时不出现，即使出现，强度也很弱。它们都是不饱和键，但吸收强度的差别却如此之大，就是因为 C═O 基在伸缩振动时偶极矩变化很大，因而 C═O 基的跃迁几率大，而 C═C 基则在伸缩振动时偶极矩变化很小。

对于同一类型的化学键，偶极矩的变化与结构对称性有关。例如 C═C 双键在下述三种结构中，吸收强度的差别就非常明显：

① R—CH═CH_2　　　　$\varepsilon = 40$

② R—CH═CH—R′顺式　　$\varepsilon = 10$

③ R—CH═CH—R′反式　　$\varepsilon = 2$

这是由于对 C═C 双键来说，结构①的对称性最差，因此吸收较强，而结构③的对称性相对最高，故吸收最弱。

另外，对于同一试样，在不同的溶剂中，或在同一溶剂中不同浓度的试样，由于氢键的影响以及氢键强弱的不同，使原子间的距离增大，偶极矩变化增大，吸收增强。例如醇类—OH 基在四氯化碳溶剂中伸缩振动的强度就比在乙醚溶剂中弱的多。而在不同浓度的四氯化碳溶剂中，由于缔合状态的不同，强度也有很大差别。

谱带的强度还与振动形式有关。

2.2.3　红外吸收光谱技术及进展

2.2.3.1　红外分光光度计的发展历程

20 世纪中期以后，红外光谱在理论上更加完善，而其发展主要表现在仪器及实验技术上的发展。1947 年世界上第一台双光束自动记录红外分光光度计在美国投入使用，这是第一代红外光谱的商品化仪器。第一代是用棱镜作单色器，缺点是要求恒温、干燥、扫描速度慢和测量波长的范围受棱镜材料的限制，一般不能超过中红外区，分辨率也低。20 世纪 60 年代，采用光栅作单色器，比起棱镜单色器有了很大的提高，但它仍是色散型的仪器，分辨率、灵敏度还不够高，扫描速度慢，这是第二代仪器。第二代仪器对红外光的色散能力比棱镜高，得到的单色光优于棱镜单色器，且对温度和湿度的要求不严格，所测定的红外波谱范围较宽(7800 ~ 350cm^{-1})。随着计算机技术的发展，20 世纪 70 年代开始出现第三代干涉型分光光度计，即傅里叶变换红外分光光度计(FTIR)。傅里叶变换红外分光光度计与色散型分光光度计不同，它由光源发出的光首先经过迈克尔逊干涉仪变成干涉光，再让干涉光照射样品。检测器仅获得干涉图，然后用计算机对干涉图进行傅里叶变换，得到我们熟悉的红外光谱图。傅里叶变换红外分光光度计具有以下几个显著特点，第一是扫描速度快，它可在 1s 内测得多张图谱；第二是光通量大，因而可以检测透射率比较低的样品；第三是分辨率高，便于观察气态分子的精细结构；第四是测定光谱范围宽（12500 ~ 240cm^{-1}）。现代傅里叶变换红外分光光度计快速发展，使得衰减全反射光谱法、漫反射光谱法、光声光谱法、显微光谱法、动态光谱法（动力学法）得到广泛应用。傅里叶变换红外分光光度计与其他仪器如TA、GC、HPLC的联用，扩大了其使用范围。而用计算机存贮及光谱检索，使分析更为方便、快捷。

2.2.3.2 傅里叶变换红外分光光度计的工作原理及结构

（1）工作原理

傅里叶变换红外分光光度计通过对干涉图进行傅里叶变换测定红外光谱图。

一台傅里叶变换红外分光光度计会采用数种光学系统之一，其中最常用的光学系统为迈克尔逊干涉仪（图2.145）。

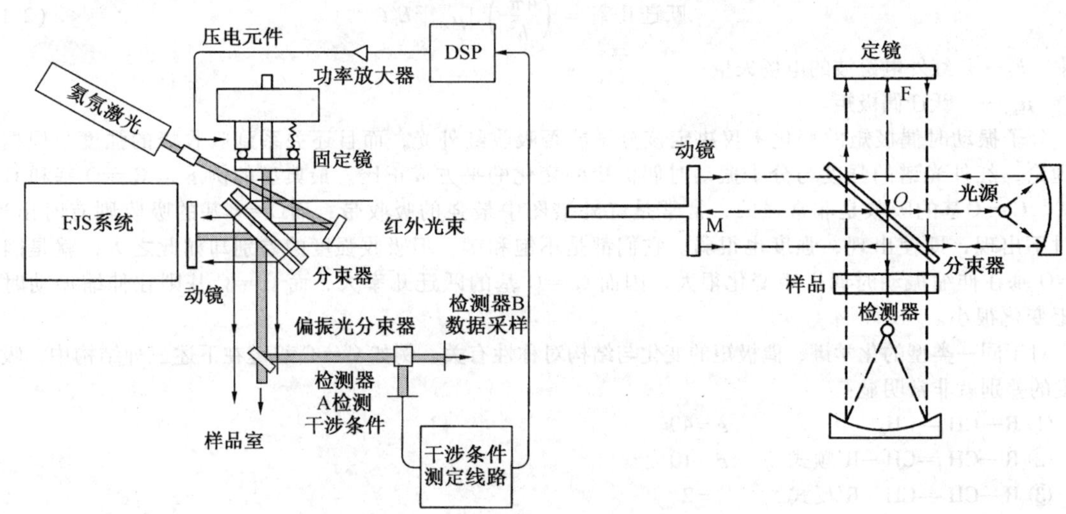

图2.145 迈克尔逊干涉仪结构示意图

迈克尔逊干涉仪主要由定镜F、动镜M、分束器和检测器组成。F固定不动，M则可沿镜轴方向前后移动，在F和M中间放置一个呈45°角的分束器。从红外光源发出的红外光，经过凹面镜反射成为平行光照射到分束器上。分束器为一块半反射半透射的膜片，入射的光束一部分透过分束器垂直射向动镜M，一部分被反射，射向定镜F。射向定镜的这部分光由定镜反射射向分束器，一部分发生反射（成为无用光），一部分透射进入后继光路，称第一束光；射向动镜的光束由动镜反射回来，射向分束器，一部分发生透射（成为无用部分），一部分反射进入后继光路，称为第二束光。当两束光通过样品到达检测器时，由于存在光程差而发生干涉。干涉光的强度与两光束的光程差有关，当光程差为波长的半整数倍时，发生相消干涉，则干涉光最弱。对于单色光来说，在理想状态下，其干涉图是一条余弦曲线。不同波长的单色光，干涉图的周期和振幅有所不同，见图2.146（a）；对于复色光来说，由于多种波长的单色光在零光程差处都发生相长干涉，光强最强，随着光程差的增大，各种波长的干涉光发生很大程度的相互抵消，强度降低，因此，复色光的干涉图为一条中心具有极大值，两侧迅速衰减的对称形干涉图，见图2.146（b）。IRAffinity－1采用30°入

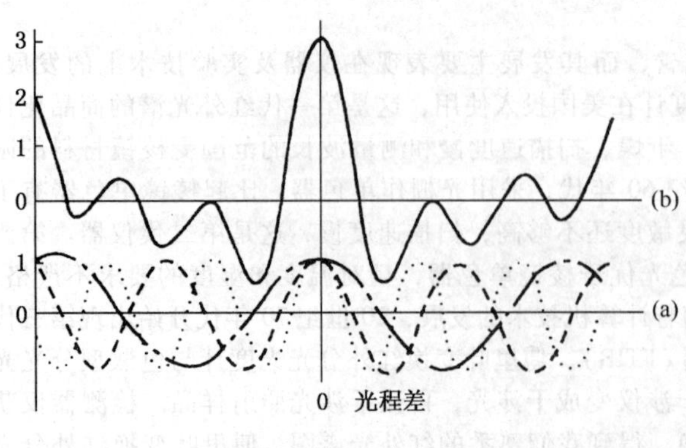

图2.146 干涉图

射的迈克尔逊干涉仪，可提高光的利用率。

在复色光的干涉图的每一点上，都包含有各种单色光的光谱信息，通过傅里叶变换(计算机处理)，可将干涉图变换成我们熟悉的光谱形式。

① 傅里叶变换

假定光源发出的光为波长 λ(cm) 的单色光。图 2.147 中，当定镜和分束器的距离 l_1 与动镜和分束器的距离 l_2 相等时，两束光的光程差，$\chi=2(l_1-l_2)$，等于 0，则两束光相位相同。而相位相同时，光束相互发生干涉并增强(图 2.148A，B)。当动镜移动 $\lambda/4$ 时，光程差变为 $\lambda/2$，则两束光相位相反，光束相互发生干涉并减弱(图 2.148A，C)。因此，当 $\chi=n\lambda$ 时，两束光相互发生干涉增强，而当 $\chi=(n+1/2)\lambda$ 时，两束光相互发生干涉减弱，n 为整数。

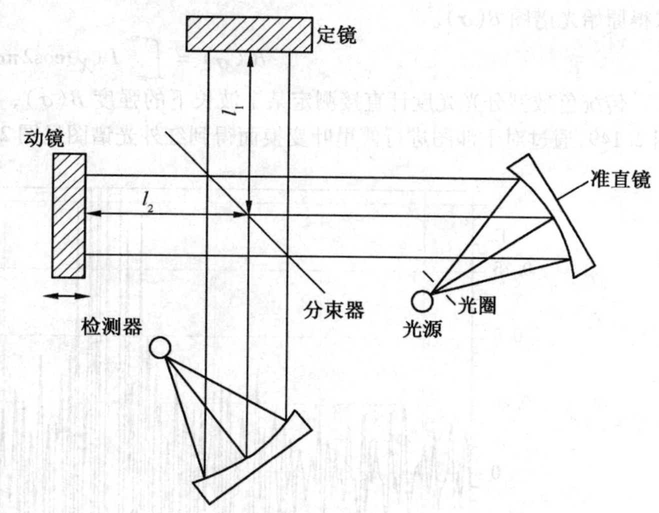

图 2.147　迈克尔逊干涉仪

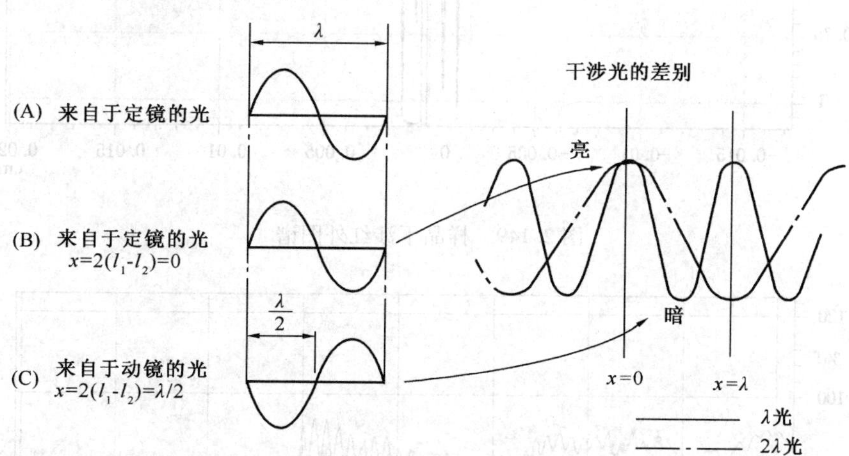

图 2.148　干涉

由以上原理导出的方程(2.11)，可以计算到达检测器的光(波长 λ)的强度 $I^*(\chi)$。

$$I^*(\chi)=4RTS\left(\lambda\left[\frac{1}{2}\right]+\frac{1}{2}\cos 2\pi\frac{\chi}{1}\right) \tag{2.11}$$

其中　R——分束器反射光束的能量；

T——分束器透射光束的能量；

$S(\lambda)$——光源的辐射能量。

检测器能检测到的光的能量可以用方程(2.11)描述，$I(\chi)$表示光的能量，波数 σ (cm^{-1})代替波长。

$$I(\chi)=4RTS(\lambda)\cdot\frac{1}{2}\cos 2\pi\sigma\chi=B(\sigma)\cos 2\pi\sigma\chi \tag{2.12}$$

其中

$$B(\sigma)=4RTS(\lambda)\cdot 1/2。$$

检测器检测的信号 $I(\chi)$ 被称为干涉图，$4RT$ 为标记的分束器效率。如果光源发出的光为多色光，$I(\chi)$ 可以通过将式(2.12)对波长积分求得。

$$I(\chi)=\int_0^{\infty}B(\sigma)\cos 2\pi\sigma\chi\delta\sigma \tag{2.13}$$

方程(2.14)表明 $I(\chi)$ 为光谱图 $B(\sigma)$ 的傅里叶余弦变换。因此，对 $I(\chi)$ 进行反向傅里叶余弦变换可以

求得原始光谱图 $B(\sigma)$。

$$B(\sigma) = \int_{-\infty}^{+\infty} I(\chi)\cos 2\pi\sigma\chi\delta\chi \tag{2.14}$$

传统色散型分光光度计直接测定某个波长下的强度 $B(\sigma)$，而 *FTIR* 检测器检测到的为干涉图 $I(\chi)$ 见图 2.149，通过对干涉图进行傅里叶变换而得到红外光谱图见图 2.150。

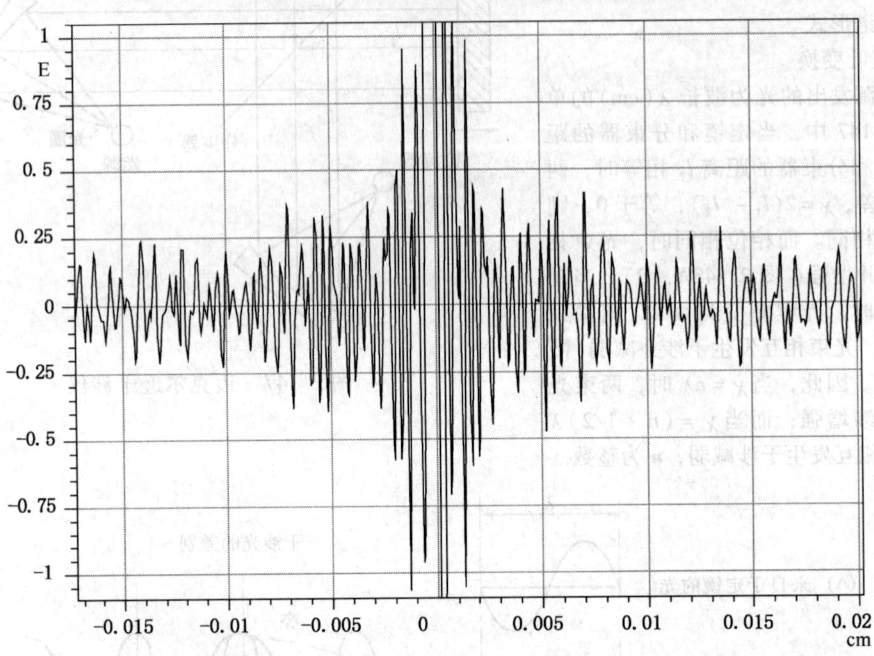

图 2.149 样品干涉红外图谱

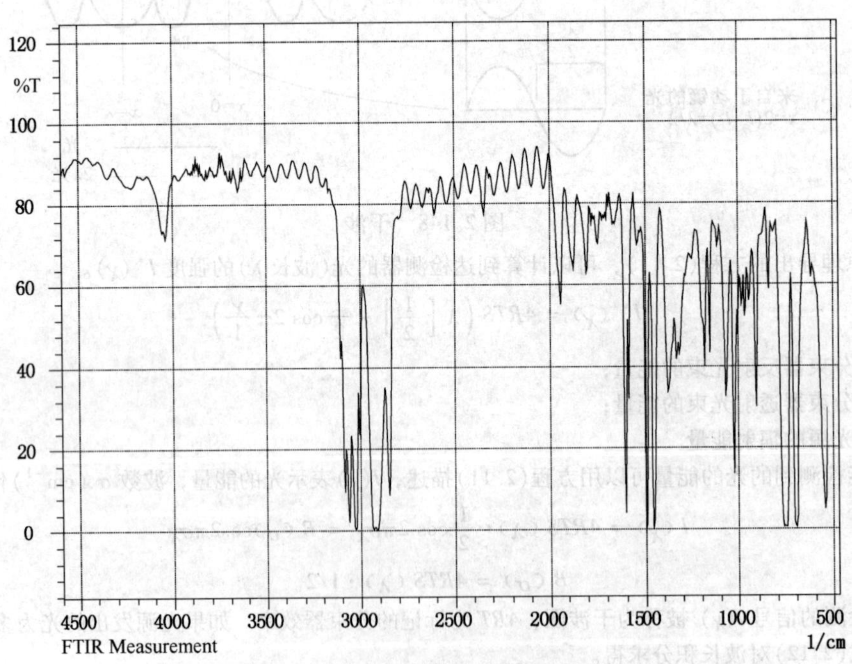

图 2.150 傅里叶变换后红外光谱

② 分辨率和变迹函数：

傅里叶变换光谱学的基本方程(2.11)适合的条件是：干涉仪的动镜必须扫描无限长的距离，而且必须在无限小的光程差间隔中采集数据，才能够得到分辨率无限高、测量区间为 $-\infty \sim +\infty\ \mathrm{cm}^{-1}$ 的一张光谱。但商用红外分光光度计采集数据的间隔不是无限小，而且数据点的采集是有限的。由于干涉图的最大光程差受到限制，即被截止。所以傅里叶变换光谱学的基本方程(2.11)必须乘以一个函数，这个函数成为变迹函数。

从方程(2.14)看要求需要从 $-\infty$ 到 $+\infty$ 的干涉图，但不符合实际。实际上，积分的区间为光程 L，由动镜的移动范围决定。因此实际测得的光谱 $B'(\sigma)$ 与理论上的光谱 $B(\sigma)$ 不同。

$$B'(\sigma) = \int_{-L}^{L} I(Z)\cos 2\pi\sigma Z \mathrm{d}Z = \int_{-\infty}^{+\infty} A(\chi) \mid (Z)\cos^2 \pi\sigma Z \mathrm{d}Z \tag{2.15}$$

$$A(\chi) = \begin{cases} 1 & if(Z) \leqslant L \\ 0 & if(\chi) > L \end{cases} \tag{2.16}$$

在数学上，函数 $I(\chi)$ 和函数 $A(\chi)$ 乘积傅里叶变换等于这两个函数分别进行傅里叶变换的卷积。无限长光程差测量的 $I(\chi)$ 的傅里叶变换是个理想的光谱，以 $B(\sigma)$ 表示。设截至函数 $A(\chi)$ 的傅里叶变换为 $F(\sigma)$。

根据卷积理论，

$$B'(\sigma) = B(\sigma) \cdot F(\sigma) \tag{2.17}$$

其中 $F(\sigma)$ 方程(2.16)中的 $A(\chi)$ 的傅里叶变换后的函数。

$$F(\sigma) = 2L\sin(2\pi\sigma L)/(2\pi\sigma L) = 2L\sin\chi(2\sigma L) \tag{2.18}$$

测得的光谱 $B'(\sigma)$ 是理论光谱 $B(\sigma)$ 和 $F(\sigma)$ 的卷积，$F(\sigma)$，$A(\chi)$ 的傅里叶变换后的函数，称做仪器函数或仪器线形 ILS。

函数 $A(\chi)$ 和 $F(\sigma)$，分别由方程(2.16)和(2.18)给出，如图 2.151(a)所示。函数 $F(\sigma)$，由方程(2.18)表示，开始为 $0 = \pm(1/2L)$，半高宽为 $0.605/L$。光程 L 越大，半高宽越小，当更远地驱动动镜时，分辨率便提高。

仪器函数 $F(\sigma)$ 有明显的次极大值，这些被称作是旁瓣图 2.151(a)。如果 $A(\chi)$，由(2.17)表示，用方程(2.19)的三角函数表示，则其傅立叶变换后的函数由(2.20)给出。

$$A(\chi) = \begin{cases} 1 - \mid \chi \mid L \mid \text{ for} \mid \chi \mid \leqslant L \\ 0 \qquad \mid \text{for} \mid \chi \mid > L \end{cases} \tag{2.19}$$

$$F(\sigma) = L\sin^2(\pi\sigma L)/(\pi\sigma L)^2 = L\sin\chi^2(\sigma L) \tag{2.20}$$

图 2.151(b)说明，与方程(2.18)给出的函数相比，由方程(2.20)表示的仪器函数分离的程度差，但是旁瓣较小。把 $A(\chi)$ 用作减小仪器函数旁瓣的做法称为变迹；$A(\chi)$ 称作变迹函数。

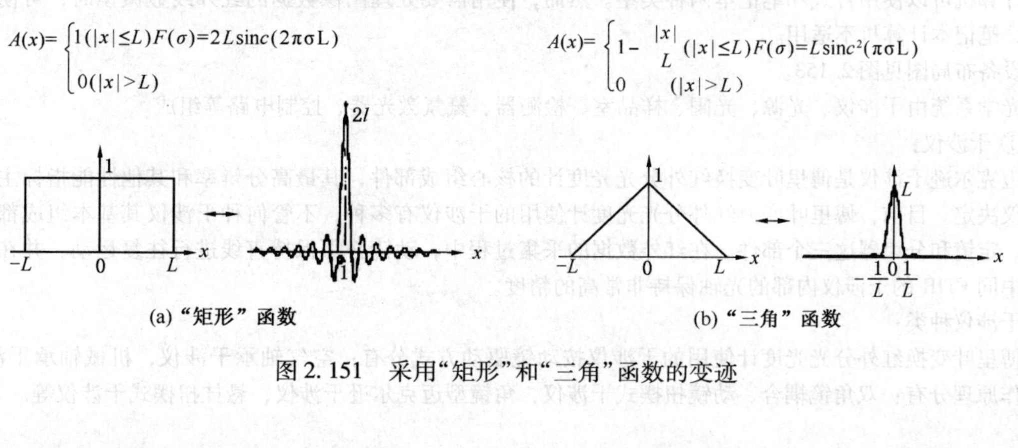

$$A(x) = \begin{cases} 1(|x| \leq L) F(\sigma) = 2L\,\mathrm{sinc}(2\pi\sigma L) \\ 0(|x| > L) \end{cases}$$

$$A(x) = \begin{cases} 1 - \dfrac{|x|}{L} (|x| \leq L) F(\sigma) = L\,\mathrm{sinc}^2(\pi\sigma L) \\ 0 \qquad (|x| > L) \end{cases}$$

(a)“矩形”函数　　(b)“三角”函数

图 2.151 采用“矩形”和“三角”函数的变迹

表 2.24 列出了 IRAffinity－1 的变迹参数及其性质。

表 2.24 变 迹 函 数

参数	变迹方程	仪器函数	半高宽	次极大值残留
None，Box Car	$A(\chi)=1$	$2L\text{ain}\sigma(2\pi\sigma L)$	0.605/L	－21%
Tnang	$A(\chi)=1-\frac{\mid\chi\mid}{L}$	$L\sin\sigma(\pi\sigma L)$	0.88/L	+4.5%
Sqr Triang	$A(\chi)=\left(1-\frac{\mid\chi\mid}{L}\right)^2$	$\left\{\frac{4L}{(2\pi\sigma L)^2}\right\}1-\sin\alpha(2\pi\sigma L)$	1.18/L	0.7%
Besse	$A(\chi)=\left\{1-\left(\frac{\chi}{L}\right)^2\right\}^2$	$L(2\pi\times\sigma)^{5/2}J_{5/2}(2\pi\times\sigma)$	0.952/L	－4.1%
Cos	$A(Z)=\frac{1}{2}\left\{1+\cos\left(\frac{\pi\chi}{L}\right)\right\}$	$\frac{\sin\alpha(2\pi\sigma L)}{2\pi\sigma(1-4L^2\sigma^2)}$	1.00/L	2.7%
Happ	$A(\chi)=0.54+0.46\cos\left(\frac{\pi\chi}{L}\right)$	$\left\{\frac{0.54}{\pi\sigma}+\frac{(0.46)\cdot 4\pi\sigma L^2}{\pi^2-(2\pi\sigma L)^2}\right\}\sin(2\pi\sigma L)$	0.91/L	－0.6%

注：$A(\chi)=0\ (\mid\chi\mid>L)$；

次极大值与中心峰尺寸的比值（以%表示）。

表 2.22 中的信息表明可以使用“None”或“Box Car”（“矩形”函数）参数进行需要高分辨率分析的样品，比如气体，而“Happ”（“Happ－Genzel”函数）或“Sqr. Triaug”（“Sqr－Triaug”函数）参数，这些参数具有更小的旁瓣，适用于不需要高分辨率的场合。

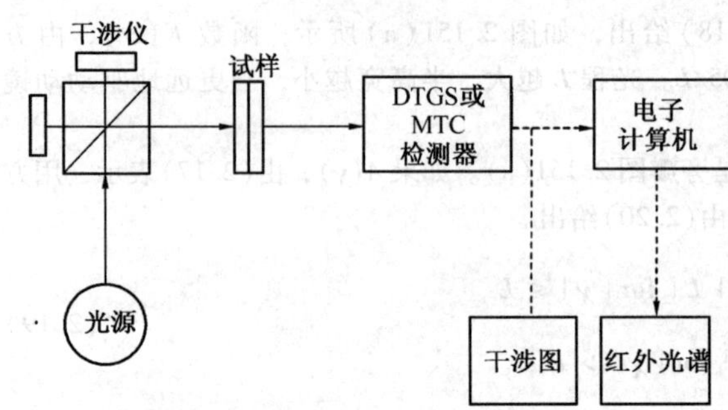

图 2.152 傅里叶变换红外分光光度计工作原理示意图

（2）仪器结构

傅里叶变换红外分光光度计（FTIR）主要由光源、干涉仪、检测器、计算机和记录系统组成。分为三部分：光学系统、计算机、打印机。图 2.152为傅里叶变换红外分光光度计工作原理示意图。

光学系统是红外分光光度计的主要部分，计算机和打印机是红外分光光度计的辅助设备。

光学系统和个人计算机之间使用 USB2.0 接口通讯。

在计算机上安装控制 FTIR 的软件，然后操作光学系统并执行数据处理。

计算机可以使用台式和笔记本两种类型。然而，使用需要处理图像数据的红外线显微镜时，可使用台式机，笔记本计算机不适用。

设备布局图见图 2.153。

光学系统由干涉仪、光源、光阑、样品室、检测器、氦氖激光器、控制电路等组成。

① 干涉仪：

迈克尔逊干涉仪是傅里叶变换红外分光光度计的核心组成部件，其最高分辨率和其他性能指标主要由干涉仪决定。目前，傅里叶变换红外分光光度计使用的干涉仪有多种，不管何种干涉仪其基本组成都包括动镜、定镜和分束器这三个部件。在红外数据的采集过程中，动镜必须保持直线进行往复运动，并在移动过程中同 FTIR 的干涉仪内部的光轴保持非常高的精度。

干涉仪种类：

傅里叶变换红外分光光度计使用的干涉仪按动镜驱动方式分有：空气轴承干涉仪，机械轴承干涉仪；按工作原理分有：双角镜耦合、动镜扭摆式干涉仪，角镜型迈克尔逊干涉仪，悬挂扭摆式干涉仪等。

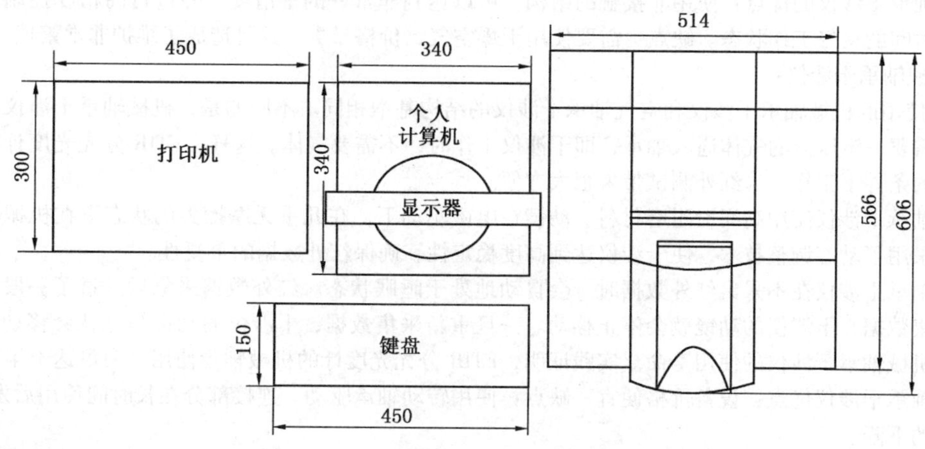

图 2.153　IRAffinity – 1 布局图

a. 空气轴承干涉仪：

空气轴承干涉仪可以方便而精确地改变和控制两相干光束间的光程差。迈克尔逊干涉仪由分束器、固定镜、动镜及动镜驱动机构几部分组成。固定镜和动镜表面都是镀铝或镀金的平面镜。固定镜背部有三个微调螺丝，用以调整定镜位置，以便使固定镜平面和动镜平面保持严格的垂直状态。动镜固定在空气轴承支架上。当有一定压力的纯净气体通入空气轴承时，轴承处于悬浮状态。在电磁驱动下，动镜在空气轴承上作无摩擦的平稳移动，并能在移动过程中与固定镜保持垂直。分束器的作用是将光线分成两束。以 45°入射角射向分束器的光束，其中一部分光束透过分束器射向动镜，另一部分光束在分束器表面反射，射向固定镜。射向动镜和固定镜的光束在反射回来，在分束器表面上透射和反射组成一束干涉光。

图 2.154 所示是 FTIR 分光光度计中使用的空气轴承干涉仪光路示意图。实际上干涉仪中的固定镜并非固定不动，在固定镜的背后安装有压电原件或电磁线圈。在图 2.154 中 He – Ne 激光光束被红外光路中的一面小的平面反射镜反射到分束器，从分束器反射出来的激光干涉信号被红外光路中的三个非常小的光电二极管接收，将接收到的信号经过数字信号处理器（digital signal process，DSP）处理，转换成三个激光干涉图。在动镜移动过程中，当三个激光干涉图相位不相同时，数字信号处理将信息反馈给固定镜背后的压电元件或电磁线圈，实时对固定镜的倾角进行微调，即对固定镜进行实时动态微调。这种动态调整采用调频方式，速度达到每秒十几万次，固定镜的位置精度小于 0.5nm。实时动态调整的干涉仪使 FTIR 测试具有非常出色的重复性和长期稳定性。

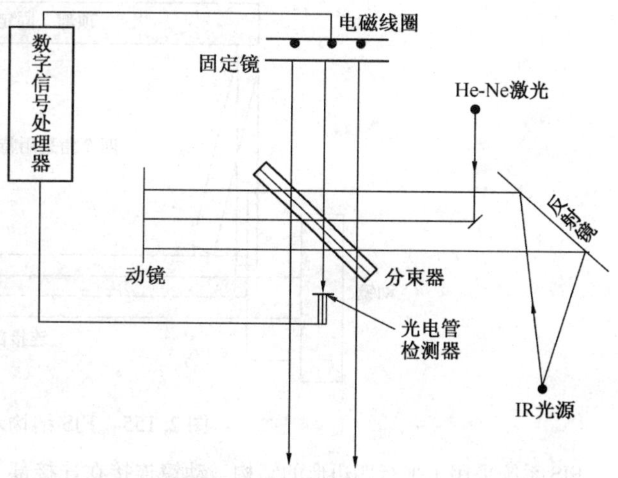

图 2.154　FTIR 光谱仪中使用的空气轴干涉仪光路示意

在图 2.154 中红外光路和激光光路同轴，激光光路占据红外光路的中间位置，激光反射镜和激光检测器挡住一部分红外光束，降低了红外光的能量。因为红外光束的中间位置能量最高，为了提高红外光束的能量，有些干涉仪将激光光束移开中间位置。

FTIR 分光光度计中的空气轴承干涉仪，只有通入空气轴承中的气体达到一定压力时，干涉仪才能工作。如果通入的气体压力不足以使空气轴承悬浮起来，或停止通入气体时，空气轴承会自动地处于静止状态，以免因移动损坏空气轴承。应当注意，通入空气轴承的气体压力也不能过高，否则，容易损坏空气轴承。

空气轴承干涉仪的优点：使用非接触的结构，可以达到非常好的平滑度，并进行高精度控制，从而可以保持长时间的良好工作状态。缺点：需要使用干燥空气，价格昂贵，并且造成了维护非常繁琐。

b. 机械轴承干涉仪：

FTIR 使用的机械轴承干涉仪和空气轴承干涉仪的结构基本相同。不同的是，机械轴承干涉仪中动镜移动时，不需要一定压力的气体通入轴承，即干涉仪工作时，不需要气体。这样，FTIR 分光光度计就可以在没有气源的条件下工作，给红外测试带来很大方便。

机械轴承干涉仪使用高润滑耐磨材料。动镜在电磁驱动下，在几乎无摩擦力的状态下在机械轴承上移动。由于采用了动态调整技术，使干涉仪达到高度稳定性，确保红外数据的重复性。

机械轴承干涉仪在不采集红外数据时，会自动地处于睡眠状态。红外数据采集后，过了一段时间，如果不再采集数据，干涉仪的动镜就会停止移动。一旦重新采集数据，干涉仪的动镜马上就会移动。这样有利于延长机械轴承干涉仪的使用寿命。实践证明，FTIR 分光光度计的机械轴承使用寿命可达十年以上。

机械轴承干涉仪优点：设备价格便宜。缺点：使用转动轴承驱动。连接部分在长时间使用后发生磨损，造成精度的下降。

使用空气轴承干涉仪或机械轴承干涉仪的 FTIR 分光光度计，光谱的最高分辨率可以优于 $0.1cm^{-1}$，但最高也达不到 $0.01cm^{-1}$。分辨率高于 $0.01cm^{-1}$ 以后，动镜在轴承上移动距离过长，机械加工精度要求极高，很难满足要求。为了获得更高分辨率的光谱，必须采用皮带式干涉仪。目前使用皮带式干涉仪的 FTIR 分光光度计最高分辨率达到 $0.0008cm^{-1}$。

c. 灵活连接系统（Flexible Joint System，FJS，专利技术）：

傅里叶变换红外分光光度计在红外数据的采集过程中，动镜必须保持直线进行往复运动，并在移动过程中同 FTIR 的干涉仪内部的光轴保持非常高的精度。使用机械轴承和空气轴承的直接式动镜驱动系统可以达到这一目的。灵活连接系统（FJS）是新出现的一种新技术，有很高的稳定性和精度，并且造价低廉。图 2.155 所示为 FJS 结构示意图。

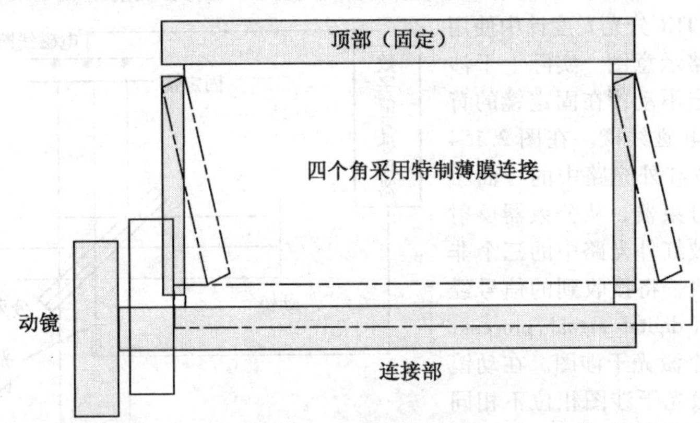

图 2.155 FJS 结构示意图

FJS 系统采用了平行四边形的结构。动镜连接在连接部上，连接部通过平行四边形的两个侧板同顶部连接，顶部是固定的。平行四边形的四个角是通过薄膜连接，可以自由弯曲。薄膜采用特殊材料，可以反复的弯折，保证了动镜驱动的长期稳定性。此设计，动镜和连接部在运动过程中可以一直保持同顶部的平行，使非接触的线性平滑直线移动成为可能。平行四边形的连接结构。由于使用了非接触的结构，从而可以保持动镜驱动过程中，实现长时间的平滑、线性的操作。

d. 双角耦合、动镜扭摆式迈克尔逊干涉仪：

FTIR 分光光度计使用的双角耦合、动镜扭摆式迈克尔逊干涉仪的光路见图 2.156。

干涉仪中有两块定镜和两块动镜，定镜和动镜均采用镀金立体角镜。动镜固定在扭摆式基体上，当基体绕轴扭摆时，从分束器透射和反射的两束光产生光程差，因而得到干涉光。

采用经典干涉仪测试红外光谱，动镜扫描移动收集数据时，难免出现一定程度的摆动，导致入射光线不垂直镜面，使反射光线与入射光线不平行，从而影响光谱质量。环境温度变化和外界机械振动也会对反

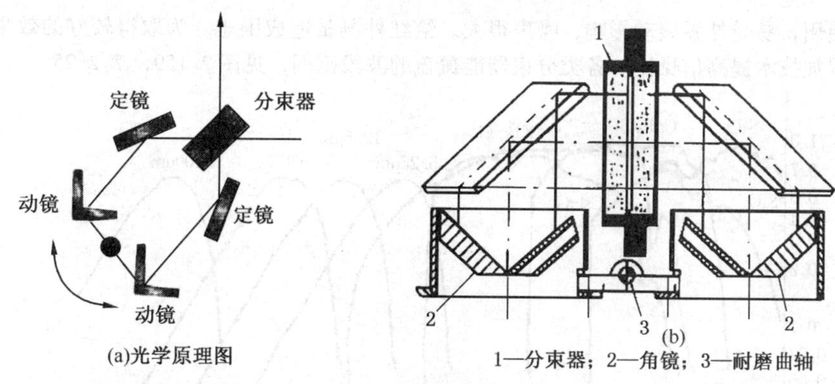

图2.156　双镜耦合、动镜扭摆式干涉仪的光路原理图和装配图

射镜产生干扰。为此经典干涉仪工作时必须进行动态调整，才能保证动镜移动过程中始终与定镜保持垂直，才能得到良好的光谱。

双角耦合、动镜扭摆式迈克尔逊干涉仪中的反射镜，采用的不是平面镜，而是立体角镜。采用立体角镜的干涉仪，即使在动镜摆动时，立体角镜沿轴方向发生较小的偏移，仍然保证入射光线和出射光线绝对平行，如图2.157所示，所以采用立体角镜的干涉仪，仪器的抗干扰能力强。干涉仪工作时不需要进行调整。

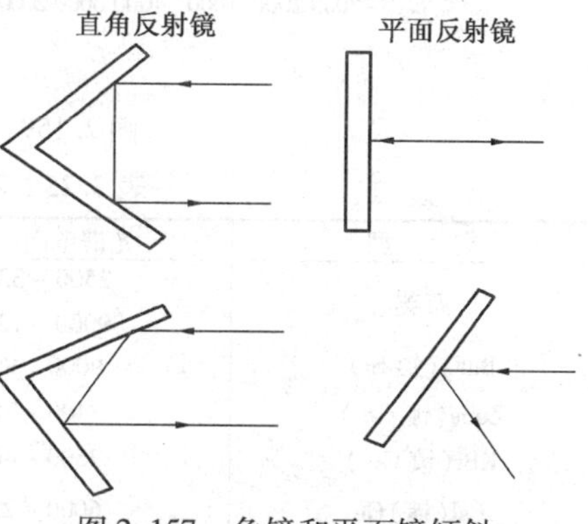

图2.157　角镜和平面镜倾斜对入射光的影响

双角耦合、动镜扭摆式迈克尔逊干涉仪的分光光度计，由于光程差受到一定的限制，光谱的分辨率不可能太高。在现在的设计条件下，光谱的分辨率能够达到$0.1cm^{-1}$。

角反射镜也被设计用来将入射的反射光按照原光路返回。这个结构简单，并且具有较强的抗振动性能。当反射镜在其直角位置产生了角度的偏差时，如图2.158(a)，该结构不会产生光路的偏差。但是，如果反射镜本身产生平移，则光路会发生偏差，如图2.158(b)。当角反射镜采用轴承驱动时，轴承位置的微小变化将不可避免的造成光路的偏差。而且，仪器开关等造成的热变化的也会影响光路。当光束关闭，光量改变，100%透过率线会低于基线，这在高波数范围内影响明显。

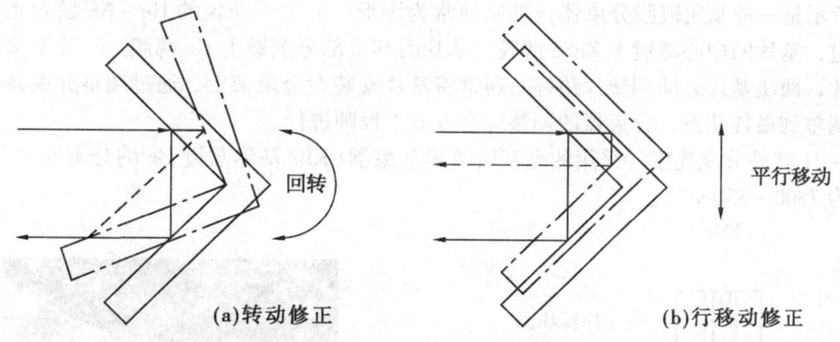

图2.158　角反射镜设计

分束器：

分束器是干涉仪中的重要部件。实际上是一种半透膜，它能使一半光通过，一半光反射。

光束不管是以45°角，还是以其他角度入射分束器，都应该有50%光通过分束器，50%光在分束器表面反射，将一束光分裂为两束光。

到目前为止，还没有一种半透膜在红外光的各波段(近红外、中红外、远红外)都具有半透性质，因此，在不同的红外光谱区需选用不同材料的膜。这种膜一般很薄，厚度仅有几百埃，只能镀在能透射红外的特殊材料上使用，易受外界振动影响，噪声很大，给红外测量造成困难。为取得较好的效果，需采用长时间多次扫描累加技术提高信噪比。各类分束器能覆盖的波段范围，见图 2.159，表 2.25。

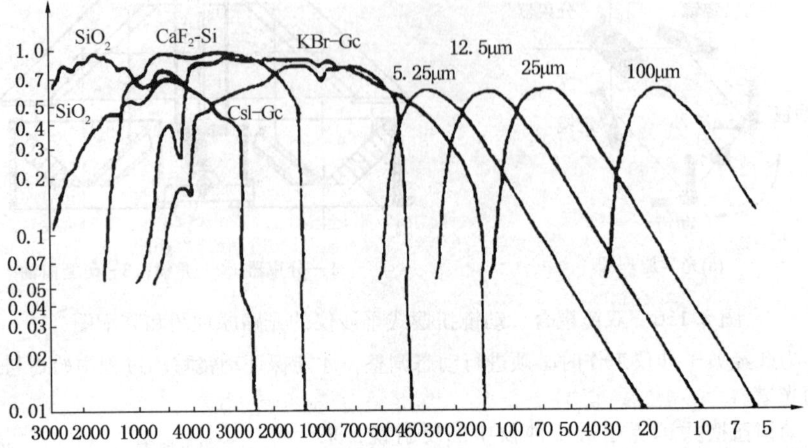

图 2.159 各类分束器能覆盖的波段范围

表 2.25 不同材料的膜能覆盖的波段范围

类　型	光谱范围/cm^{-1}	类　型	光谱范围/cm^{-1}
石英	2500 ~ 3300	聚酯树脂(3μm)	700 ~ 125
	9000 ~ 1200	(6.5μm)	500 ~ 100
BaF_2(镀 Si)	9000 ~ 900	(12.5μm)	240 ~ 70
ZnSe(镀 Ge)	3400 ~ 700	(25μm)	135 ~ 40
KBr(镀 Ge)	7800 ~ 400	(50μm)	90 ~ 25
		(100μm)	40 ~ 10
CsI(镀)Ge	6000 ~ 225	固体远红外分束器	650 ~ 20

分束器一般分为两类：一类是基质镀膜分束器；另一类是自撑分束器。中红外区采用基质镀膜分束器，远红外区采用自撑分束器。下面简单介绍基质镀膜分束器

基质镀膜分束器是在透红外光的基体上蒸镀上一层极薄的薄膜。中红外使用的分束器是在 KBr 或 CsI 基片上蒸镀上 1μm 厚的 Ge 薄膜，1μm 厚的薄膜产生的干涉条纹能覆盖 5000cm^{-1}范围。

图 2.160 所示是一种基质镀膜分束器，基质通常为圆形。如果干涉仪的 He－Ne 激光光束从圆形红外光束的中心通过，基片的中心蒸镀上 ZnSe 薄膜，基片的其余部分蒸镀上 Ge 薄膜。一片不蒸镀任何材料的基片作为补偿片，两块基片之间用垫片垫好。通常将基片安装在金属架上，通过调整分束器框架上面的螺丝，将分束器调整到最佳状态，分束器的调整应有专业工程师进行。

IRPrestige－21 红外分光光度计采用的是基质镀膜分束器（KBr 基体蒸镀 Ge 的分束器）（图 2.161），测定的波数范围为 7800 ~ 350cm^{-1}。

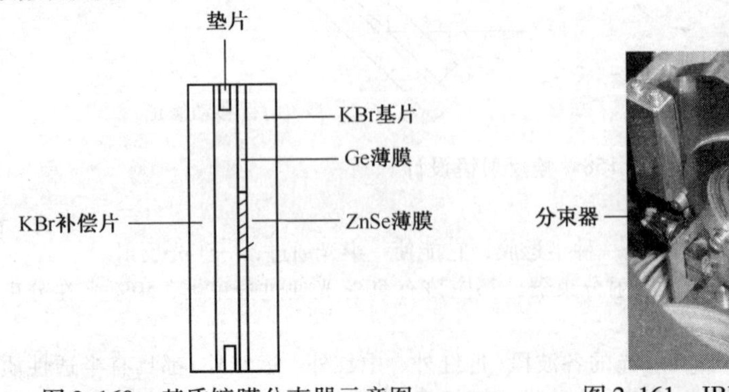

图 2.160 基质镀膜分束器示意图　　图 2.161 IRPrestige－21 分束器可更换

干涉仪除湿：

由于 KBr 其良好的红外光透过特性，FTIR 干涉仪采用 KBr 作为分束器材料。但是其最大的缺点就是怕潮，很容易潮解。因此干涉仪的防潮是非常重要的一项措施。岛津公司在 1984 年就设计了世界上第一款密封干涉仪的 FTIR－4000，在 2002 年和 2008 年又分别推出了配备自动除湿器的 IRPrestige－21 和 IRAffinity－1。

IRAffinity－1 采用三重保护，防止分束器劣化，使干涉仪保持稳定状态，特点为：干涉仪密封构造；除湿功能随时工作，保持干涉仪的干燥；分束器防潮保护涂层。见图 2. 162。

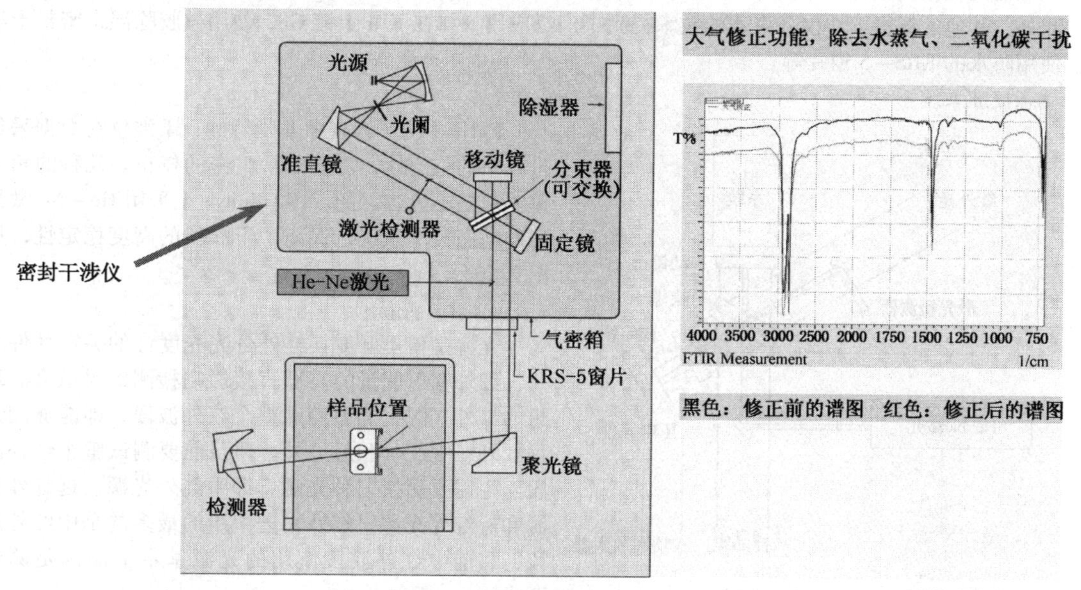

图 2. 162 防潮措施

分束器也可以从干涉仪中卸下保存于干燥器中。再次将分束器安装在干涉仪中时，自动准直机构(ADA)可使干涉仪状态最佳化。

IRPrestige－21 和 IRAffinity－1 自动除湿器工作原理见图 2. 163。

IRAffinity－1 采用 ROSAHL 除湿器，该除湿器采用了特殊固体聚合物电解质膜对空气中的湿气进行电解并排出。

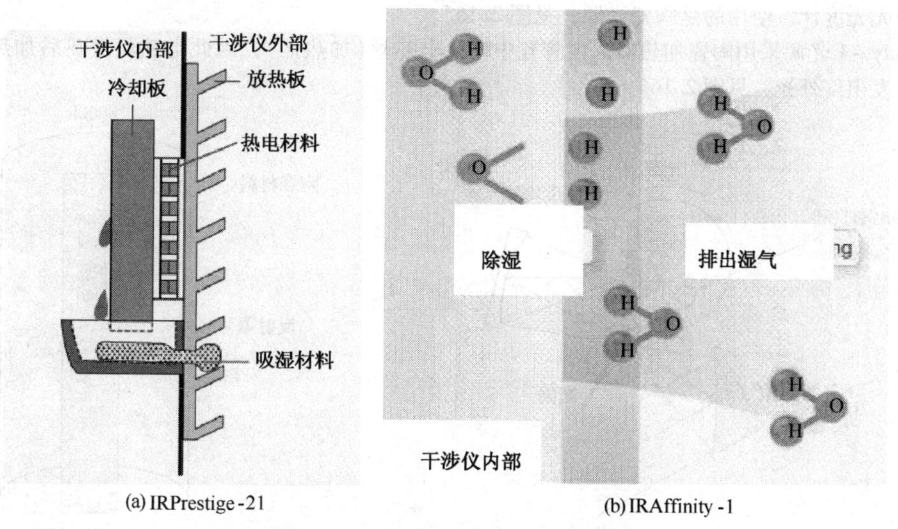

图 2. 163 自动除湿器原理示意图

当对膜两侧附着的多孔电极通直流电时，湿气在阳极(除湿侧)分解为氢离子(H^+)和氧气，分解的氢离子穿过膜向阴极移动并到达阴极(排湿侧)。

$$H_2O \longrightarrow 2H^+ + \frac{1}{2}O_2 + 2e^-$$

氢离子在阴极与空气中的氧气反应，生成水分子(气)并被排出。

$$2H^+ + \frac{1}{2}O_2 + 2e^- \longrightarrow H_2O$$

除湿器的耗电量很低，只需要4.5VA，在待机电力下就可正常工作，大大减轻了干涉仪的干燥维护工作。此外，其他的保护干涉仪分束器的技术得到了广泛应用，如在KBr上镀Ge，使用硅胶除湿，密封干涉仪，使用防水的KRS－5窗片等。

动态校准系统：

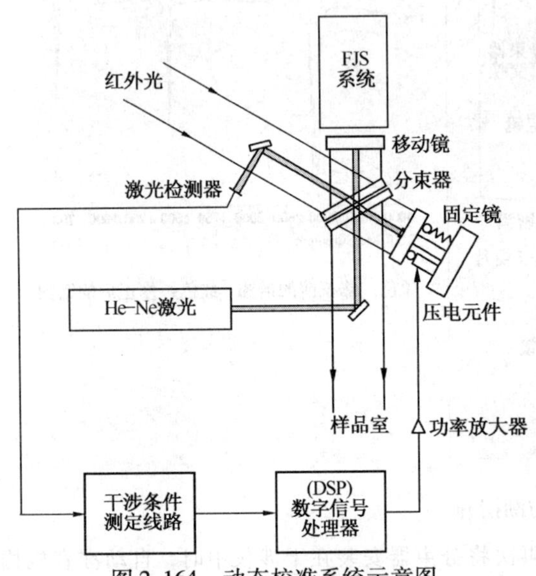

图2.164 动态校准系统示意图

FTIR中的干涉现象非常微妙，干涉仪在数据采集过程中的稳定性，需要非常精密的校正。几秒的角度偏差都是不可容忍的。IRAffinity－1采用He－Ne激光器的动态校准系统，保证了干涉仪的高度稳定性，见图2.164。

② 红外光源：

光源是傅里叶变换红外分光光度计的关键部件之一，红外辐射能量的高低直接影响检测的灵敏度。理想的红外光源是能够测试整个红外波段，即能够测试远红外、中红外和远红外。但目前要测试整个红外波段至少需要更换三种光源，即中红外光源、远红外光源和近红外光源。红外光谱中用的最多的是中红外波段，目前中红外波段使用的光源基本上能满足测试要求。

中红外波段使用的光源大致为两类：硅炭棒光源和陶瓷光源。光源又分为水冷却和空气冷却。水冷却光源，需要用水循环系统，这给仪器的使用带来诸多不便。所以，现在多数傅里叶变换红外分光光度计都采用空气冷却光源。

水冷却硅炭棒光源能量高，功率大，热辐射强。光源形状通常是两头粗，中间细，有效部位在中间，面积很小。目前高分辨率的傅里叶变换红外分光光度计仍然使用水冷却硅炭棒光源。

早期陶瓷光源为水冷却光源，现在使用的陶瓷光源基本上都改为空气冷却光源。IRAffinity－1傅里叶变换红外分光光度计，使用的是陶瓷光源，见图2.165。

IRAffinity－1光源采用陶瓷加热器。在陶瓷中埋入电热丝(加热器)，因此电热丝发热后加热覆盖电热丝的陶瓷，发出红外光，见图2.166。

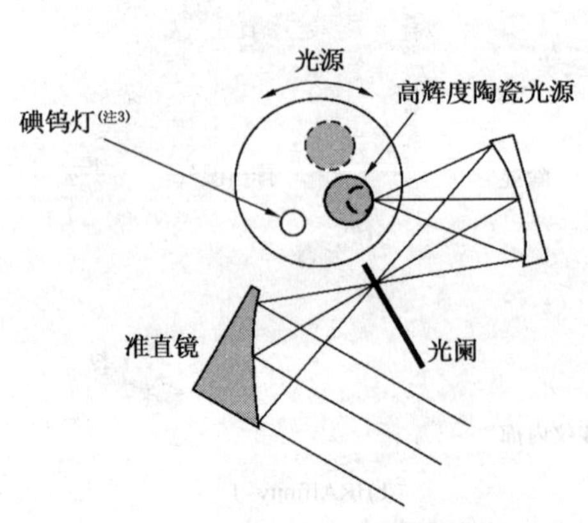

图2.165 新型高辉度陶瓷光源

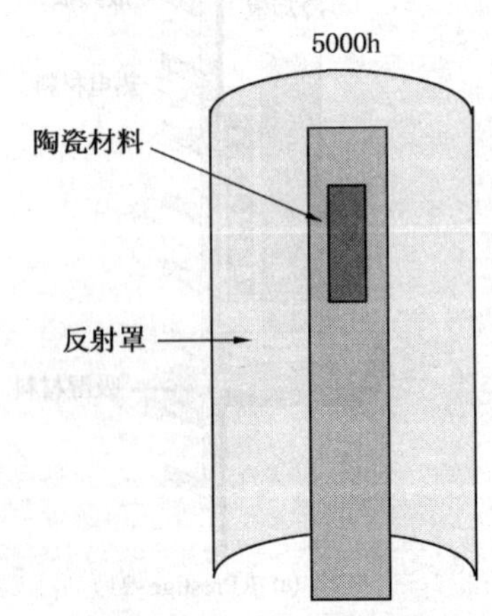

图2.166 新型陶瓷光源

点灯时，光源温度达1200℃以上。陶瓷光源采用电热丝不直接接触空气的构造，因此寿命较长。

不管是硅炭棒光源还是陶瓷光源，红外辐射能量最高的区间都在中红外区的中间部分。在中红外区的高频端和低频端，红外辐射能量较弱，低频端比高频端更弱。

图2.167 IRPrestige－21可同时安装2种光源

低端傅里叶变换红外分光光度计只安装一个光源，即中红外光源。中、高端傅里叶变换红外分光光度计通常都安装双光源系统，其中一个是中红外光源，另一个是远红外光源或近红外光源。中红外光源位置是固定不动的，另一个位置可安装远红外光源或近红外光源。双光源系统中，两个光源之间的切换由计算机控制。当调用不同区间的测试参数时，红外软件会自动选择光源位置（见图2.167）。

③ 检测器：

检测器的作用是检测红外干涉光通过红外样品后的能量。一般对检测器的要求有三点：灵敏度高、响应速度快和测量范围宽。

目前，测定中红外光谱使用的检测器一般分为两类：一类是DTGS检测器；另一类是MCT检测器。

a. DTGS检测器：

DTGS检测器是由氘代硫酸三甘肽[$(NH_2CH_2COOH)_3 \cdot H_2SO_4$中的H被D取代]晶体制成的。将DTGS晶体切成几十微米厚的薄片，薄片越薄，检测器灵敏度越高。DTGS晶体在红外干涉光照射下产生的极微弱信号经放大器放大并进行模数转换后，送给计算机进行傅里叶变换。见图2.168。

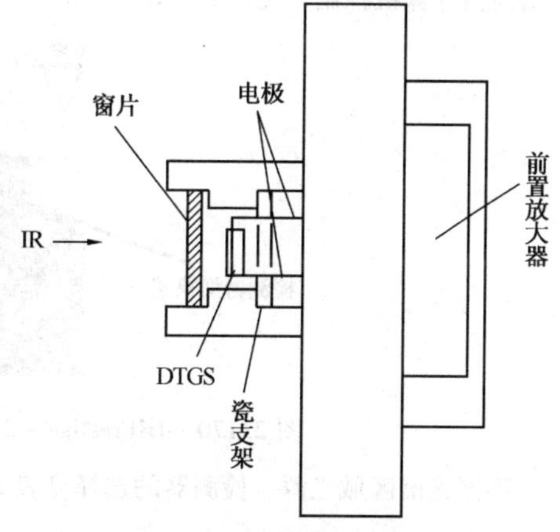

图2.168 DTGS检测器结构示意图

DTGS晶体怕潮湿，因此必须用红外窗片将DTGS晶体密封好。根据密封材料的种类，DTGS检测器又分为：DTGS/KBr检测器、DTGS/CsI检测器和DTGS/Polyethylene检测器。前两种用于中红外检测，后一种用于远红外检测。

岛津红外采用的DLATGS（Deuterated L－Alanine Triglycine Sulfate，氘化L－丙氨酸硫酸三苷肽）检测器也属于DTGS检测器类型，图2.169。

DLATGS是一种新型的高灵敏度热电检测器，它是在DTGS中掺加了0.1%L－Alanine（L－丙氨酸）。热电材料在感受到的热量时会产生自极化，从而产生电荷，称为热电效应。热电效应同温度有关，在居里温度时，其热电系数最大，灵敏度最高；超过居里温度，热电效应消失，检测器被破坏。DLATGS的居里温度是61℃。IRPrestige－21和IRAffinity－1都采用了有温控单元的DLATGS检测器，保证了检测的高灵敏度和稳定性。

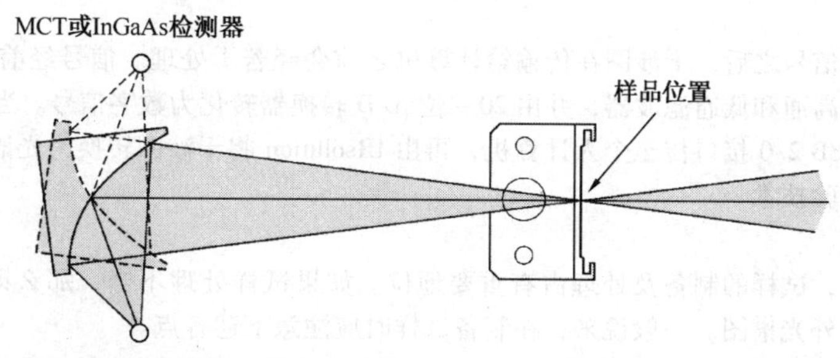

图2.169 DLATGS检测器

b. MCT 检测器：

MCT(Mercury Cadmium Telluride)检测器是一种量子检测器，又称光电导检测器。它吸收辐射后非导电性的价电子跃迁至高能量的导电带，从而降低了半导体的电阻，产生信号。MCT 是由宽频带的半导体碲化镉和半金属碲化汞混合制成的。改变混合物成分的比例，可以获得测量范围不同、检测灵敏度不同的各种 MCT 检测器。目前中红外光谱使用的 MCT 检测器有三种：MCT/A、MCT/B 和 MCT/C。

MCT/A 检测器为窄带检测器，测量范围为 650 ~ 10000cm^{-1}。它是 MCT 类检测器中灵敏度最高、响应速度最快的一种检测器，是用于快速扫描、步进扫描、色谱 - 红外联机、红外显微镜等光谱的检测。使用其他附件时，通常也要用到 MCT/A 检测器。该检测器灵敏度高，即使信号很弱，也可以得到信噪比很高的光谱。

MCT/B 为宽带检测器，测量范围为 400 ~ 10000cm^{-1}。MCT/C 为中带检测器，测量范围为 580 ~ 10000cm^{-1}。MCT/B 和 MCT/ C 检测器的灵敏度都比 MCT/A 低。

MCT 检测器可用于中红外及远红外区，需要在液氮温度(77K)下工作，这种检测器比热电检测器灵敏，是唯一可以在中红外进行检测的量子检测器。InSb 也是量子检测器，是用在近红外分析中。由于 MCT 检测器使用液氮，需要使用杜瓦瓶盛装。目前有两种杜瓦瓶，金属杜瓦瓶和玻璃杜瓦瓶。金属杜瓦瓶结实耐用，但是真空度会缓慢下降，一般 1 年左右需要重新进行抽真空。玻璃杜瓦瓶不存在这个问题，可以长时间的使用。

中、高端傅里叶红分光光度计都是双检测器，即在光学系统中通常安装一个中红外使用的 DTGS 检测器，另一个检测器位置安装 MCT 检测器，或远红外或近红外检测器。在双检测器系统中，两个检测器之间的切换由计算机控制，见图 2. 170。

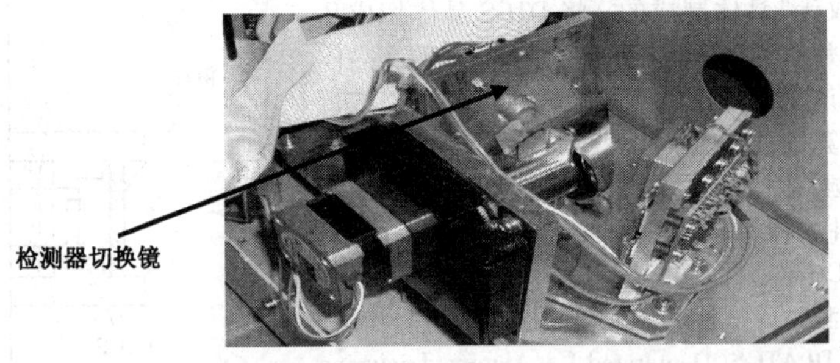

图 2. 170 IRPrestige - 21 检测器切换镜(可同时安装 2 种检测器)

不同光谱区域光源、检测器的选择见表 2. 26。

表 2. 26 不同光源、检测器适用的光谱区域

光谱区	中红外(标准配置)	中红外(选配)	远红外(选配)	近红外 (选配)
光谱范围/cm^{-1}	7800 ~ 350	5000 ~ 650	5000 ~ 240	12500 ~ 3800
光源	陶瓷光源	陶瓷光源	陶瓷光源	钨灯(卤素灯)
检测器	KBr - BS/DLATGS	MCT 检测器	CsI - BS/DLATGS	CaF_2 - BS/InGaAs

④ 电气系统：

在检测器检测到信号之后，干涉图在传输给计算机之前会经若干处理。信号经前置放大器和自动增益放大器放大，再通过高通和低通滤波器，并由 20 - 位 A/D 转换器转化为数字信号。当信号被处理为数字化的干涉图后，经由 USB 2. 0 接口传至个人计算机，再由 IRsolution 将干涉图转换为光谱图，见图 2. 171。

(3) 红外光谱实验技术

样品制备：

在红外光谱法中，试样的制备及处理占有重要地位。如果试样处理不当，那么即使仪器的性能很好，也不能得到满意的红外光谱图。一般说来，在制备试样时应注意下述各点。

① 试样的浓度和测试厚度应选择适当，以使光谱图中大多数吸收峰的透射比处于 15% ~ 70% 范围内。浓度太小，厚度太薄，会使一些弱的吸收峰和光谱的细微部分不能显示出来；浓度过大，过厚，又会使强

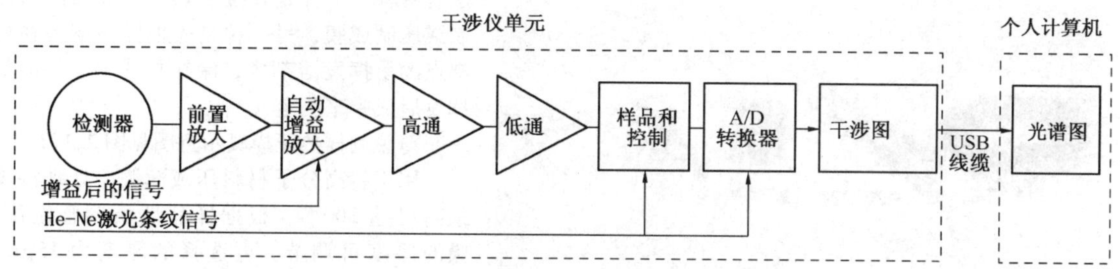

图 2.171　IRAffinity－1 信号处理系统

的吸收峰超越标尺刻度而无法确定它的真实位置。有时为了得到完整的光谱图，需要用几种不同浓度或厚度的试样进行测绘。

② 试样中不应含有游离水。水分的存在不仅会侵蚀吸收池的盐窗，而且水分本身在红外区有吸收，将使测得的光谱图变形。

③ 试样应该是单一组分的纯物质。多组分试样在测定前应尽量预先进行组分分离（如柱分离、蒸馏、重结晶、萃取等），否则各组分光谱相互重叠，以致对谱图无法进行正确的解释。

试样的制备，根据其聚集状态选择适当的制样方法。

固体样品制备：

① 溴化钾压片：粉末样品常采用压片法，一般取试样 2～3mg 样品与 200～300mg 干燥的 KBr 粉末在玛瑙研钵中混匀，充分研细至颗粒直径小于 2μm，用不锈钢铲取 70～90mg 放入压片模具内，在压片机上用 $(5\sim10)\times10^7$Pa 压力压成透明薄片，即可用于测定。图 2.172 为压片模具实物图。

高级可抽真空压片模具

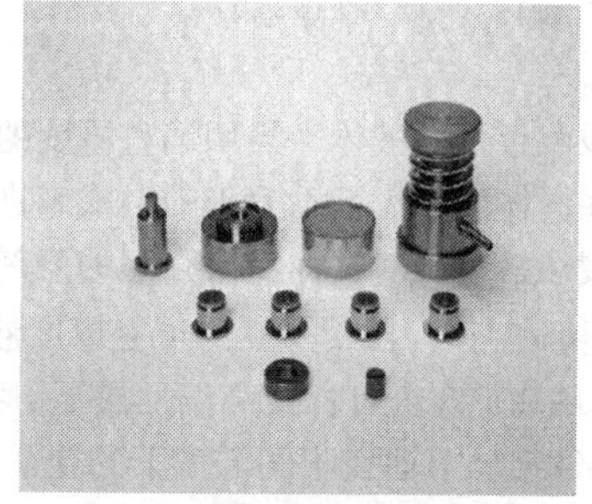

可抽真空压片模具

微量压片模具

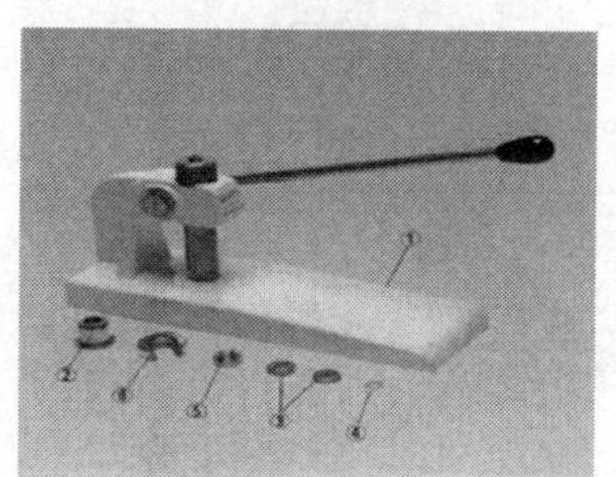

微量压片机

图 2.172　通用的压片模具实物图

② 糊装法：将干燥处理后的试样研细，与液体石蜡或全氟代烃混合，调成糊状，加在两 KBr 盐片中间进行测定。液体石蜡自身的吸收带简单，但此法不能用来研究饱和烷烃的吸收情况。

③ 溶液法：对于不宜研成细末的固体样品，如果能溶于溶剂，可制成溶液，按照液体样品测试的方法进行测试。

④ 薄膜法：一些高聚物样品，一般难于研成细末，可制成薄膜直接进行红外光谱测定。薄膜的制备方

法有两种，一种是直接加热熔融样品然后涂制或压制成膜，另一种是先把样品溶解在低沸点的易挥发溶剂中，涂在盐片上，待溶剂挥发后成膜来测定。

薄膜制样热压模具示意图见图 2. 173。

图 2. 173　热压成型套件

用于将高分子材料压成薄膜，处理温度最高可达 300℃，根据样品性质调整温度。膜的厚度可调节。可选择的厚度为 15μm，25μm，50μm，100μm 和 500μm

液体样品制备：

① 液体池法：沸点较低、挥发性较大的试样，可注入封闭液体池中。液层厚度一般为 0. 01 ~ 1mm。图 2. 174 为密闭液体池。图 2. 175 为可拆式液体池。

图 2. 174　密闭液体池

图 2. 175　可拆式液体池

对于一些吸收很强的液体，当用调整厚度的方法仍然得不到满意的图谱时，可用适当的溶剂配成稀溶液来测定。一些固体样品也可以溶液的形式来进行测定。常用的红外光谱溶剂应在所测光谱区内本身没有强烈吸收，不侵蚀盐窗，对试样没有强烈的溶剂化效应等。例如 CS_2 是 600 ~ 1350cm^{-1} 区常用的溶剂，CCl_4 用于 4000 ~ 1350cm^{-1} 区。图 2. 176 为可变厚度液体池。

图 2. 177、图 2. 178 为可拆式高温加热池（原为反应池），用于高温条件下的光谱测定，须另配温控器。最高温度可达 400℃，对研究不同温度下的化学反应过程非常有用。

图 2. 176　可变厚度液体池

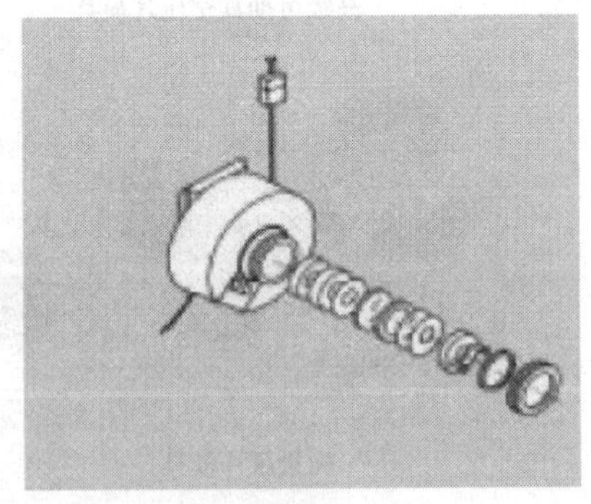

图 2. 177　可拆式高温加热池

② 液膜法：沸点较高的试样，直接滴在两块盐片之间，形成液膜。

气态试样制备：

气态试样可在气体吸收池内进行测定，它的两端粘有红外透光的 NaCl 或 KBr 窗片。先将气体池抽真空，再将试样注入。图 2. 179 为气体池实物图。

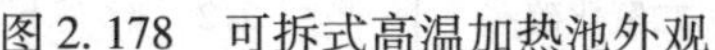

图 2. 178 可拆式高温加热池外观

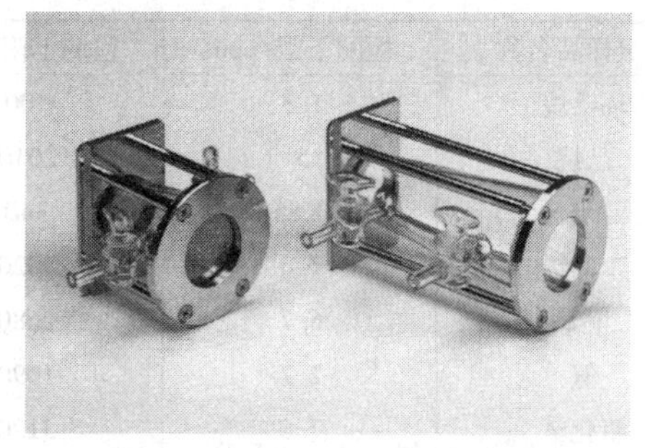

图 2. 179 5cm、10cm 气体池

当样品量特别少或样品面积特别小时，必须采用光束聚焦器，并配有微量液体池、微量固体池和微量气体池，采用全反射系统或用带有卤化碱透镜的反射系统进行测量。

长光程气体池通常适用于低浓度气体样品测定，可根据所测样品的浓度，选择适当光学长度的气体池。光程 10m 和 22m 的气体池安装在光谱仪主机外部，光程 3m 和 10m 的气体池安装在主机样品室，图 2. 180 为长光程气体池光系统。

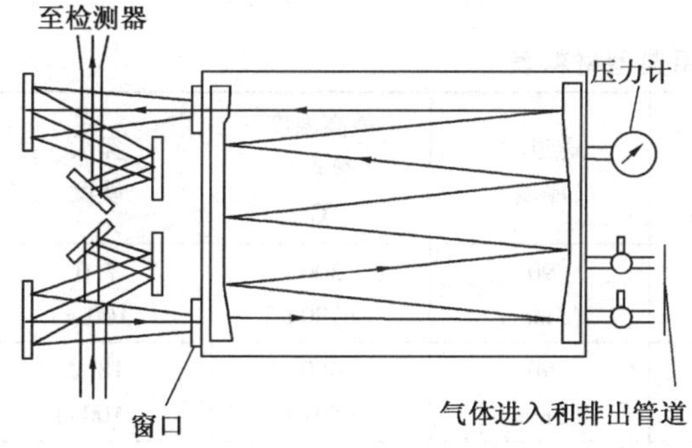

图 2. 180 长光程气体池光系统

图 2. 181 金属长光程气体池

金属长光程气体池，气体池主体为金属铝结构，以适应在高温高压下测定低浓度的气体。此气体池可承受 $10kg/cm^2$ 和 200℃的温度。另外，气体池内层镀镍，可分析 HF 气体。气体池标准配备 KBr 窗片，其他可选窗片有 CaF_2，BaF_2，ZnSe 和 KRS－5 等，光程长度有多种选择，图 2. 181 为金属长光程气体池。

用长光程气体池检测代表性气体的检出限见表 2. 27。

表 2. 27 代表性气体的检测限

测定样品名称	检测下限/ppm	检测上限/ppm	测定样品名称	检测下限/ppm	检测上限/ppm
乙烷	7. 8	3100	臭氧	10	4070
1,3－丁二烯	2. 2	2080	醋酸	4. 2	1670
丁二烯	6. 3	2540	甲酸	3. 8	1500
乙烯	4. 2	1680	乙醛	10	4060
乙炔	0. 57	230	甲醛	4. 3	1710
甲烷	6. 9	2750	丙酮	0. 96	384
丙烷	3. 9	1570	乙醇	19	7500
异戊二烯	2. 4	2100	甲醇	0. 56	225
戊烷	6. 6	2640	醋酸甲酯	2. 3	2130

续表

测定样品名称	检测下限/ppm	检测上限/ppm	测定样品名称	检测下限/ppm	检测上限/ppm
环己烷	1.3	500	乙醚	4.9	1940
己烷	5	2010	二氧化氮	2.5	1000
苯	0.85	340	一氧化氮	18	7040
苯乙烯	7.6	3020	N_2O	2.7	1090
甲苯	6.7	2680	硝酸	3.6	1450
氨	2.7	1090	氰化氢	1.4	578
氯化氢	7.8	3120	亚硝酸	0.91	363
氟化氢	2	800	二氧化硫	2.2	2060
磷化氢	39	15800	硫化氢	1420	570000
水	24	9720	四氯化碳	0.89	357
二氧化碳	1.9	770	氯仿	1.8	739
一氧化碳	0.97	387			

注：检测限为5mAbs，上限为2Abs时的浓度范围。

红外光谱分析常用的窗片材料，有测试有机液体窗片材料和测试水溶液窗片材料，中红外区常用的红外透光材料，见表2.28。表中列出的材料，通常用作窗片或ATR棱镜。根据波数范围和样品的物理、化学性质来选择材料。

表2.28 红外分析用典型材料表

材料	波数范围/cm^{-1}(μm)	折射率	20℃时水中溶解度/(g/100g水)	透过率(厚度)	最高温度(熔点)/℃	努氏硬度
KBr	40000~340 (0.25~29.4)	1.52	65	90 (5mm)	300 (730)	7.0 (100 g)
NaCl	50000~600 (0.2~16.6)	1.49	36	90 (5mm)	400 (801)	18.2 (100g)
KCl	40000~500 (0.25~20.0)	1.46	34	90 (10mm)	(776)	9.3 (100g)
CsI	33000~200 (0.3~50.0)	1.74	44	90 (5mm)	200 (621)	
KRS-5 (TlBr+TlI)	16600~250 (0.6~40.0)	2.37	0.05	70 (2mm)	200 (414)	40.2
ZnS	10000~725 (1.0~13.3)	2.2	不溶	70 (1mm)	300 (1180升华)	354
ZnSe	10000~550 (1.0~18.1)	2.4	不溶	65 (1mm)	350 (1700)	250
BaF_2	50000~770 (0.2~12.9)	1.42	0.004	90 (1mm)	500 (1280)	82 (500g)
CaF_2	50000~1100 (0.2~9.0)	1.39	不溶	95 (3.6mm)	900 (1402)	158 (500g)
Si	8000~660 (1.25~12.1)	3.4	不溶	55 (2.5mm)	300 (1420)	1150
Ge	5500~660 (1.8~16.6)	4	不溶	50 (2mm)	270 (936)	24

续表

材料	波数范围/ cm^{-1} (μm)	折射率	20℃时水中溶解度/ (g/100g 水)	透过率 (厚度)	最高温度 (熔点)/ ℃	努氏硬度
Ⅱ型金刚石	40000～12.5 (0.25～800)	2.38	不溶	70 (1mm)	(400)	10 莫氏(硬度)标尺
SiO_2 (熔融石英)	50000～2500 (0.20～4.0)	1.42 (3000cm^{-1})	不溶	85 (1mm)	1170 软化	500

注：透过率是在各自材料的适用波数范围内的典型值，包括由表面反射造成的损失。

各种材料的特征、性质、易于清洗的溶剂、禁用的溶剂表 2.29 中列出。

表 2.29　典型材料的特征

材料	性　质	清洗溶剂	禁用溶剂
KBr 溴化钾	价格低，波数范围宽 可用无水的醇类容易的处理。使用广泛 机械强度高 在小于 50% 的湿度条件下储存	氯仿，四氯化碳	水溶液，低级醇
NaCl 氯化钠	价格比较低 波数范围宽 在小于 50% 的湿度条件下储存	氯仿，四氯化碳	水溶液，低级醇
KCl 氯化钾	与 NaCl，KBr 性质相似使用不广泛	氯仿，四氯化碳	水溶液，低级醇
CsI 碘化铯	质软所以易损坏 用于远红外区分析 溶解性高 在小于 40% 的湿度条件下储存	氯仿，四氯化碳	水溶液，低级醇
KRS－5 (TlBr＋TlI) 溴化铊和碘化铊复合物	波数范围宽 折射率高 广泛用作 ATR 棱镜 几乎不溶于水 毒性高；必须在权威专业的生产商处进行处理	氯仿，四氯化碳，二甲苯	低级醇 丙酮 铵盐溶液 硫酸 氨水 EDTA 能与铊形成化合物的溶液
ZnS 硫化锌	不溶于水 耐机械冲击和热冲击。折射率高 在蒸发沉淀试验中应用广泛	丙酮，酒精	酸液
ZnSe 硒化锌	不溶于水 耐弱酸或碱溶液 pH 应用范围：5 到 9。折射率高 用作 ATR 棱镜 如果酸性样品和 ZnSe 棱镜或窗片发生反应，可能产生高毒性的 H_2Se 气体	丙　酮，水	强酸或碱溶液
BaF_2 氟化钡	溶解于铵盐溶液 500℃以下可以使用。几乎不溶于水	丙酮，水	酸溶液，铵盐溶液

续表

材料	性　　质	清洗溶剂	禁用溶剂
CaF_2 氟化钙	溶解于铵盐溶液 耐酸碱溶液 质硬，机械强度高 可用于高压池		
Si 硅	广泛用作半导体材料。很少用作窗片材料 Ge 可以代替 Si 作为窗片材料	丙酮，水	$HF + HNO_3$
Ge 锗	广泛用作半导体材料。容易加工成透镜 折射率高。在高折射率样品分析时用作 ATR 棱镜 不溶于水	甲苯，水	热硫酸
Ⅱ型金刚石	比其他所有的材料都坚硬 尽管在 30000 ~ 1500cm^{-1} 范围内逐渐有吸收，但它适用的波长范围可从 UV 到远红外区 天然金刚石一般分为Ⅰ型和Ⅱ型。只有Ⅱ型用作红外分析	乙醇，丙酮	
SiO_2 （熔融石英）	用于 UV 和可见光区域分析 在红外区可到 4nm，性质非常稳定，且易于加工	乙醇，丙酮	

（4）红外分光光度计附件技术

傅里叶变换红外分光光度计具有多通道（一次可测全波段范围）和高光通量等优势，因此比传统色散型红外分光光度计具有更高的灵敏度和波数精度。近年来 FTIR 技术在诸多领域广泛应用，而各种附件的出现及发展，更加拓宽了 FTIR 分析的测试范围。

FTIR 分析的结果，在很大程度上取决于分析中选用的附件。适宜的附件不但有助于获得良好的红外光谱图，同时还可简化制样过程，甚至无需样品制备。因此，根据样品的形状和分析目的，对附件进行恰当的选择，这在 FTIR 分析中至关重要。图 2.182 列出了常见样品 FTIR 分析所对应和涉及的方法与附件。

1）衰减全反射傅里叶变换红外光谱技术（Attenuated Total Internal Reflectance FTIR，ATR－FTIR）

20 世纪 90 年代初，衰减全反射（ATR）技术开始应用到红外显微镜上，即全反射傅里叶变换红外分光光度计。将样品与全反射棱镜紧密贴合，当入射角大于临界角时，入射光在进入光疏介质（样品）一定深度时，会折回射入全反射棱镜中（图 2.183）。射入样品的光线会由于样品的吸收有所衰减，不同波长范围衰减程度不同，与样品的结构有关。记录其衰减随波长的变化即得到衰减全反射光谱。衰减全反射红外光谱为一些无法用常规红外透射测量的样品，如涂料、橡胶、塑料、纸、生物样品等提供了制样摄谱技术。近年来随着计算机技术的发展，实现了非均匀样品和不平整样品表面的微区无损测量。

当一束光以入射角 α 从一种光学介质射入另一种光学介质时，光线在两种介质的界面将发生反射和折射现象，如图 2.186 所示。反射角 β 和折射角 γ 的大小分别由反射定律和折射定律确定。

由反射定律得知，反射角 β 等于入射角 α。根据折射定律：

$$\sin\alpha/\sin\gamma = n_2/n_1 \tag{2.21}$$

式中，n_1 为介质 1 的折射率；n_2 为介质 2 的折射率。

由上式可知，若 $n_2 > n_1$，则 $\alpha > \gamma$。即若光从光疏介质进入光密介质时，折射角小于入射角。

当一束单色光以入射角 α 从空气中射向一块透光材料的晶体表面时，其中一部分光会发生反射（反射角 β 等于入射角 α），另一部分光会发生折射，如图 2.184（a）所示。因为空气与晶体材料相比，空气是光疏介质，晶体是光密介质，所以，入射角 α 大于折射角 γ。

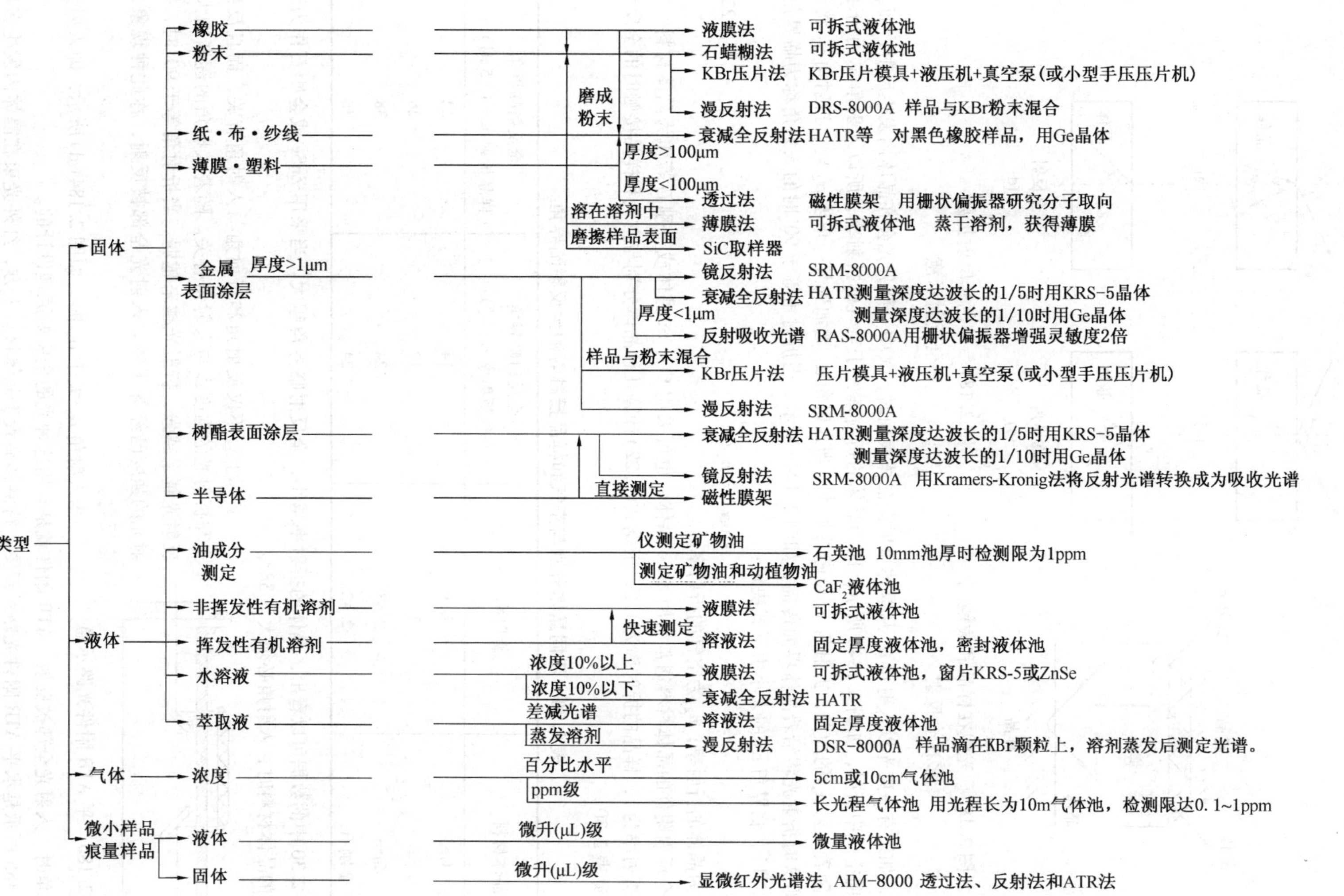

图 2. 182　常见样品 FTIR 分析所对应和涉及的方法与附件

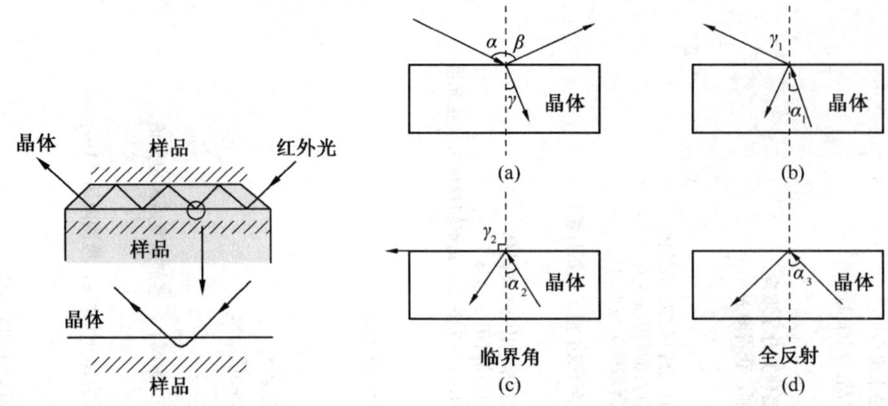

图 2.183　光线在样品和棱镜间多次全反射

图 2.184　单色光反射折射和全反射示意

相反，如果有一束光以入射角 α_1 从晶体里射向晶体表面时，其中一部分光会在晶体内发生反射，而另一部分光向空气中折射，如图 2.184b 所示。因为晶体的折射率大于空气的折射率，所以入射角 α_1 小于折射角 γ_1。随着入射 α_1 的加大，折射角 γ_1 也随着加大。当入射角 α_1 增加到某一角度 α_2 时，折射角 γ_2 将等于 90°，即这时折射光将沿着晶体界面传播，如图 2.184c 所示。当折射角等于 90°时的入射角称为临界角。根据式(2.21)，临界角 α_2 的大小由下式决定：

$$\sin\alpha_2 = n_2/n_1 \tag{2.22}$$

式中，n_1 为晶体的折射率；n_2 为空气的折射率。

衰减全反射附件的晶体材料通常采用 ZnSe 晶体，也可采用 Ge、Si 晶体或金刚石等作为晶体材料。如果空气的折射率为 1，样品的折射率为 1.5，根据式(2.22)计算几种晶体分别与空气和样品接触时的全反射临界角，见表 2.30。

表 2.30　不同晶体分别与空气和样品接触时的全反射临界角

晶体材料	折射率(n)	全反射临界角（空气折射率 = 1 时）/(°)	全反射临界角（样品折射率 = 1.5 时）/(°)
Ge	4.0	14	22
Si	3.4	17	26
ZnSe	2.43	24	38
金刚石	2.42	24	38

从表 2.30 中的数据可以看出，晶体的折射率越小，全反射临界角越大。当采用 ZnSe 或金刚石作为衰减全反射的晶体材料时，入射角必须大于 38°。

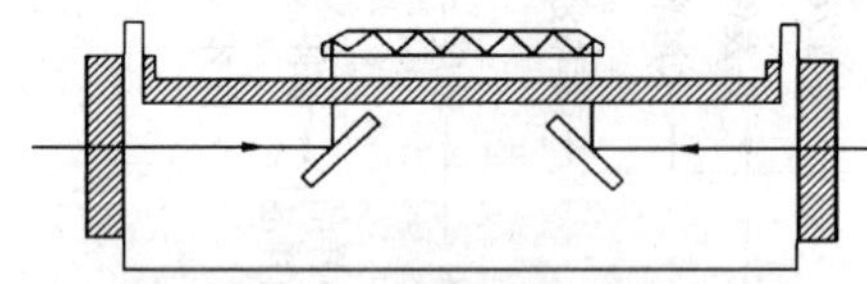

图 2.185　平 ATR 附件光路示意

实际上，不仅反射角和折射角与入射角有关，而且反射光和折射光的强度也与入射角有关。随着入射角的逐渐增大，反射光越来越强，折射光越来越弱。当折射角等于 90°时，折射光的强度已经等于零。入射光全部被反射，称此种现象为全反射。

当入射角 α_3 大于 α_2 时，如图 2.184(d)所示，即入射角大于临界角时，入射光全部被反射。ATR 附件就是利用这种光的全反射原理设计的。

图 2.185 所示是水平 ATR 附件光路示意图。待测样品置于晶体材料上方，红外光束在晶体内发生多次衰减全反射后到达检测器。

红外光在晶体内表面发生全反射时，一方面反射光强等于入射光强，另一方面在晶体外表面附近产生驻波，称为隐失波，如图 2.186。

当样品与晶体外表面接触时，在每个反射点隐失波都穿入样品。从隐失波衰减的能量可以得到吸收信息。隐失波振幅随空间急剧衰减而消失，这种衰减随离开晶体界面距离的增大按指数规律衰减。当隐失波振幅衰减到原来振幅的 $1/e$ 时的距离称为穿透深度。

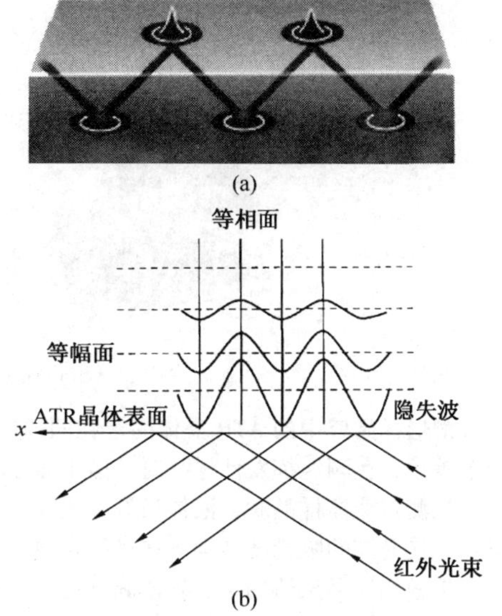

图 2. 186　隐失波图像和隐失波的等幅面和等相面

穿透深度取决于入射光的波长、晶体的折射率、样品的折射率和光线在晶体界面的入射角。穿透深度 D 由下式计算：

$$D = \frac{\lambda}{2\pi n_1 [\sin^2\alpha - (n_s/n_1)^2]^{1/2}} \tag{2.23}$$

式中，λ 为入射光的波长；n_1 为晶体的折射率；n_s 为样品的折射率；α 为入射角。

根据式(2. 23)，计算不同波长、不同入射角、晶体和样品的折射率不同时样品的穿透深度见表 2. 31。

入射角 α 越大，穿透深度越浅；

入射光波数越高，穿透深度越浅；

晶体折射率越大，穿透深度越浅；

衰减全反射傅里叶变换红外光谱技术具有下列优点：

a. 不破坏样品，不需要对样品进行分离和制样，对样品的大小、形状没有特殊要求。

b. 可测量含水和潮湿样品。

c. 检测灵敏度高，测量区域小，检测点可为数微米。

d. 能得到测量位置物质分子的结构信息，某化合物或官能团空间分布的红外光谱图像及微区的可见显微图像。

e. 能进行红外光谱数据库检索以及化学官能团辅助分析，以确定物质的种类和性质。

f. 操作简便、自动化，用计算机进行选点、定位、聚焦和测量。

表 2. 31　不同条件下样品穿透深度

（波数）	KRS－5 and ZnSe（n＝2. 4）（入射角）		Ge（n＝4. 0）（入射角）		
	45°	60°	30°	45°	60°
波长					
2. 5μm（4000cm^{-1}）	0. 50μm	0. 28μm	0. 30μm	0. 17μm	0. 13μm
3. 3μm（3000cm^{-1}）	0. 66μm	0. 37μm	0. 40μm	0. 22μm	0. 17μm
5. 0μm（2000cm^{-1}）	1. 01μm	0. 56μm	0. 60μm	0. 33μm	0. 25μm
6. 7μm（1500cm^{-1}）	1. 35μm	0. 74μm	0. 81μm	0. 44μm	0. 34μm
10μm（1000cm^{-1}）	2. 01μm	1. 11μm	1. 20μm	0. 66μm	0. 51μm
25μm（400cm^{-1}）	2. 03μm	2. 78μm	3. 01μm	1. 66μm	1. 27μm

由于其具有以上优点，极大地扩大了红外光谱技术的应用范围，可以应用于物质表面的化学状态研究，原位跟踪测量及生物化学和药物化学中蛋白质、多肽的研究。

① 水平型衰减全反射装置：

水平 ATR 是指 ATR 附件的晶体材料是水平放置的。ATR 晶体侧面呈倒梯形，横断面为长方形。

水平 ATR 的晶体材料应具有良好的化学稳定性和高的机械强度，标准配置通常采用 ZnSe 晶体，入射角为 45°。这种晶体适合于绝大多数样品的测试。测试水溶液时，溶液的 pH 值为中性左右。

水平 ATR 附件中 ATR 晶体样品架分为槽形和平板形两种，图 2. 187 为槽形实物图。

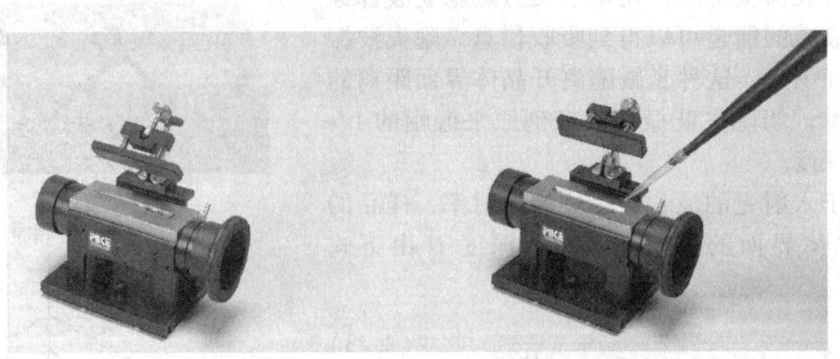

图 2.187　水平型 ATR（槽形）实物图

槽形样品架中的 ATR 晶体固定在凹槽内，适用于液体、粉末或胶状样品的测定。槽形样品架通常配备一个盖子，在测定挥发性样品时，盖上盖子以防止溶剂挥发。

在测定液体样品时，液体最好充满整个凹槽，将 ATR 表面全部盖住。这样才能起到多次衰减全反射的作用，使光谱的吸光度增强。在进行定量分析时尤其应该将 ATR 晶体表面全部盖满。

平板形样品架适用于测定薄膜样品。平板样品架上通常配有压力装置，以保证压力的重复性，而且保证样品和晶体之间均匀接触。

水平型衰减全反射装置具有以下特点：

ATR 晶体水平放置，可分析粉末及液体样品；安装和拆卸操作简单，便于更换样品；晶体具有良好的化学稳定性和高的机械强度；晶体材料多种可选，见表 2.32。

表 2.32　ATR 常用晶体材料

Prism	折射率 n	波数范围/cm^{-1}	Prism	折射率 n	波数范围/cm^{-1}
KRS-5	2.4	~290	Si	3.3	~660
ZnSe	2.4	~650			
金刚石	2.4	~13	Ge	4.0	~660

槽形样品架，ATR 晶体固定在凹槽内，适于液体、粉末样品的测定。同时此样品架为活动式设计，便于从上面替换样品和对 ATR 晶体的清洗。

平板形样品架，用于测定膜和固体样品，其上螺丝可保持样品和 ATR 晶体表面紧密接触，有助于获得高质量图谱。见图 2.188。

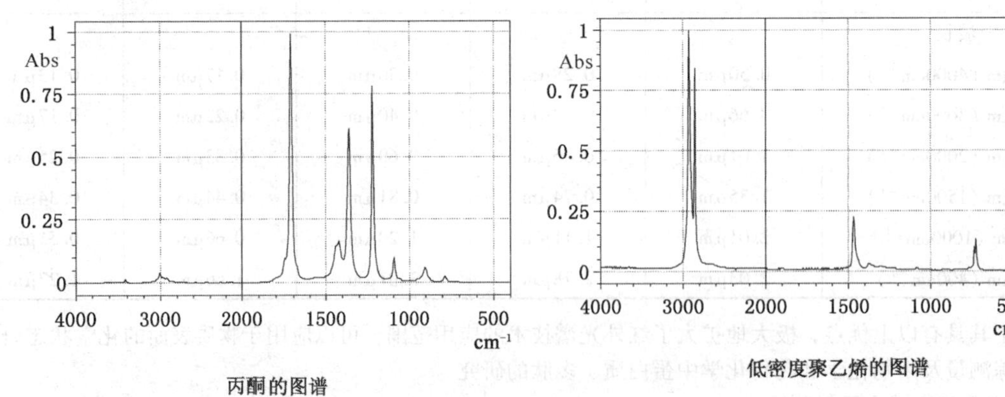

图 2.188　水平型 ATR 装置获得的图谱

ATR 方法能得到样品表层的光谱，而不需要样品切片。由于测定深度随着红外光波长不同而改变，ATR 光谱与透射法测定的光谱有相同的谱峰位置，但形状稍有不同。因此需要将 ATR 光谱经 ATR 校正程序，转换成相当于透射法测定的光谱。ATR 校正见图 2.189。

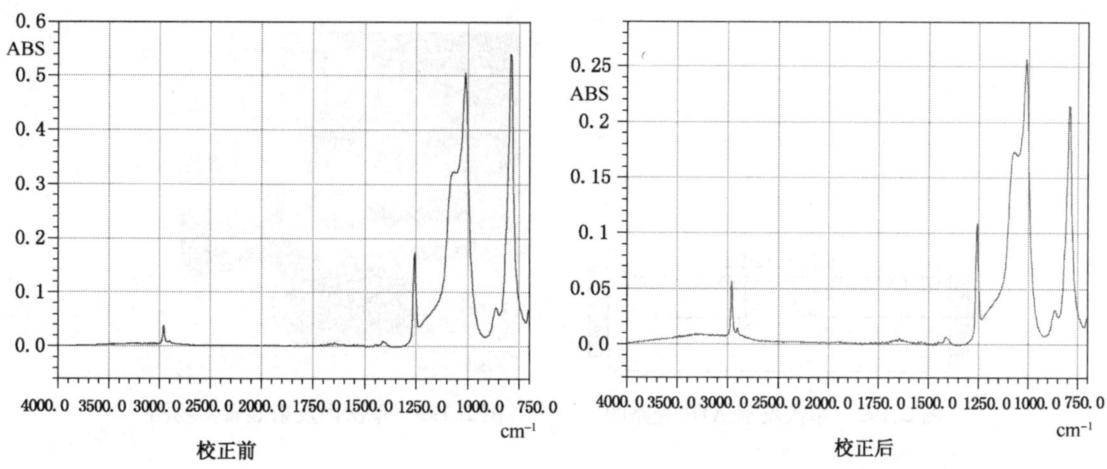

图 2.189　校正前后 ATR 图谱

② 可变角衰减全反射(ATR)装置：

可变角 ATR 分为连续可变角 ATR 和固定可变角 ATR 两种。

连续可变角 ATR 的入射角一般在 30° ~ 60°之间连续可变，晶体材料可选 ZnSe、Ge、KRS - 5 等，图 2.190为可变角 ATR 光路图，图 2.191 为可变角 ATR 实物图。

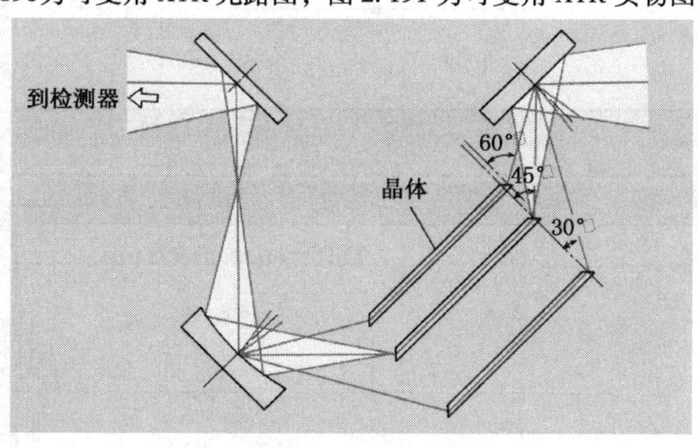

图 2.190　可变角 ATR 光路图

图 2.191　可变角 ATR 装置

该装置特点：入射角可调，可改变红外光穿透样品的深度和次数；不适用于液体或胶状样品的测定；样品可置于晶体的两面或单面，便于调整接触面积的大小，以提高灵敏度。

③ 单次反射 ATR 装置：

多次内反射 ATR 用来测试柔软的样品容易得到高质量的光谱，如测试液体样品、浆装样品、胶状样品、柔软的聚合物等。但是对于固体样品、纤维、硬的聚合物片、漆片玻璃或金属表面的薄膜、微量液体等样品，用多次内反射 ATR 附件测试很难得到满意的光谱。这是因为多次内反射 ATR 附件无法将样品与 ATR 晶体紧密接触。

单次内反射 ATR 附件中，样品与 ATR 晶体接触面积很小，通过施加压力，可以使样品与晶体紧密接触。虽然红外光在 ATR 晶体内只有一次有效的反射，但仍然能得到高质量的图谱。单次内反射 ATR 附件光路图，见图 2.192，图 2.193 为单次内反射 ATR 实物图。

单次内反射装置，晶体直径小，约 2mm，因此，样品需求量小；可用于液体、固体、粉末、纤维、薄膜等各类样品的测定；不产生饱和峰，容易得到良好谱图。图 2.194 为单次内反射 ATR 测定的红外光谱图。

2）漫反射技术

漫反射光谱法(DR)在 20 世纪 60 年代已经发展成为光谱学中的一个分支。最初，它主要用于测量染料、颜料等在可见和紫外区的光谱，后来随着傅里叶变换红外光谱的发展，漫反射红外光谱技术迅速发展起来。1978 年 Fuiier 和 Griffiths 设计出高信噪比的漫反射，目前已有多种适合各类红外仪器使用的漫反射附件。

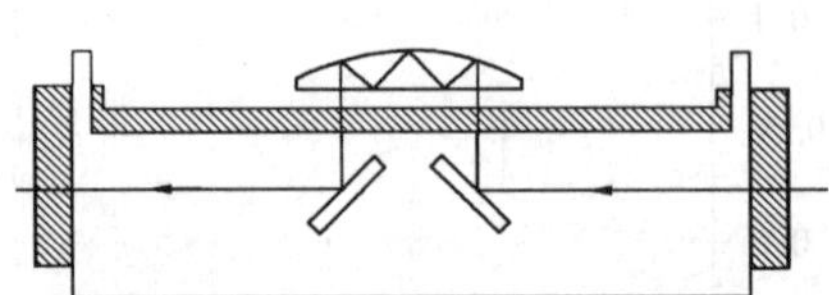

图 2.192 单次反射 ATR 光路图

图 2.193 单次内反射装置实物图

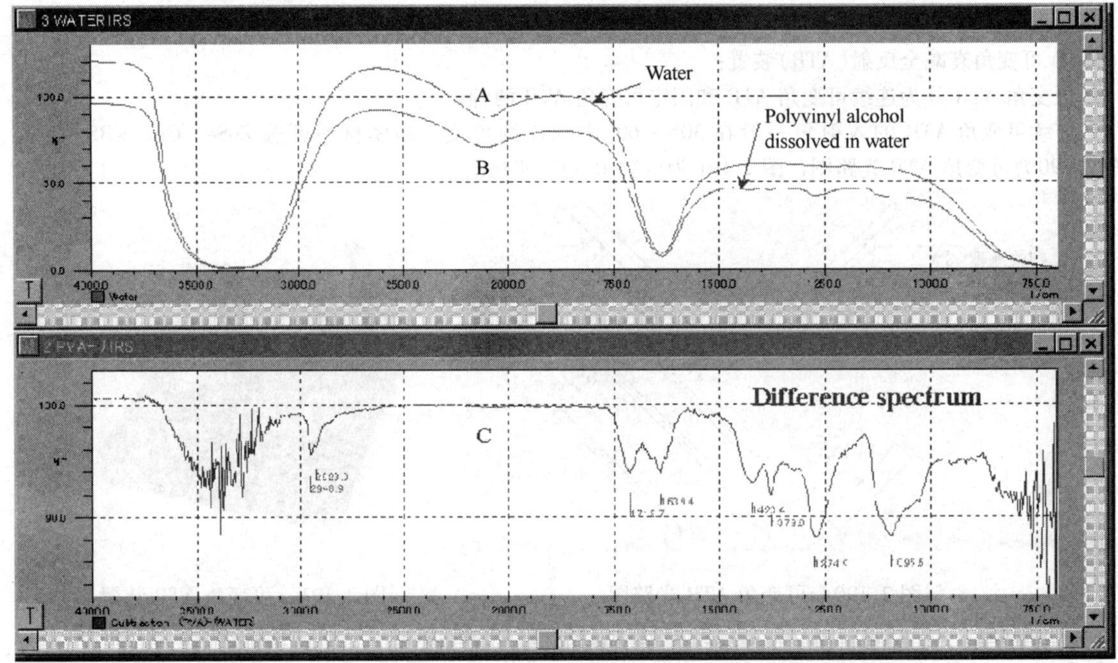

(a) 聚乙烯醇水溶液的光谱

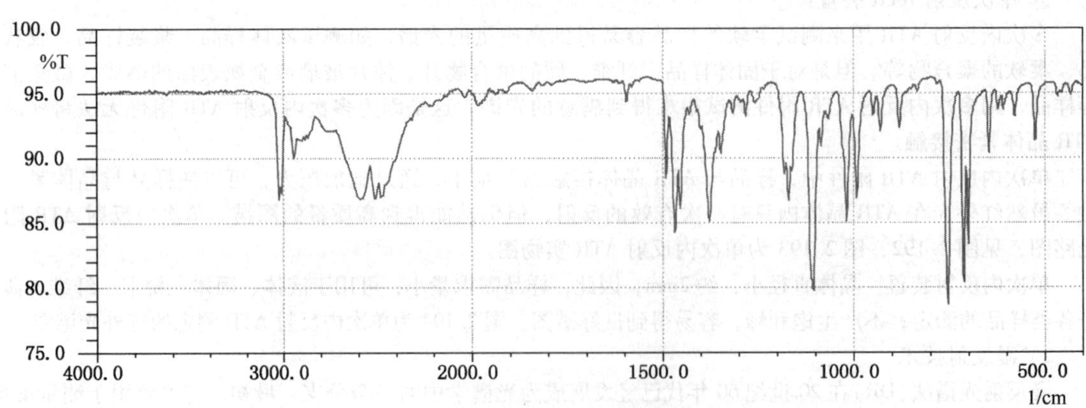

(b) 盐酸二苯醇胺的ATR光谱

图 2.194 单次内反射 ATR 测定的红外光谱图

漫反射附件主要用于测量细颗粒和粉末状样品的漫反射光谱。图 2.195所示是一种漫反射附件光路图，当一束红外光聚焦到粉末状样品表层时，红外光与样品作用有两种方式：一部分光在样品颗粒表面反射，这种反射和可见光从镜面反射一样，这种反射称为镜面反射。由于镜面反射光束没有进入样品颗粒内部，未与样品发生作用，所以这部分镜面反射光不负载样品的任何信息。另一部分光会射入样品颗粒内部，经过透射或折射或在颗粒内表面反射后，从样品内部射出。这样光束在样品不同颗粒内部经过多次的透射、折射和反射后从粉末样品表面各个方向射出来，组成漫反射光。这部分漫反射光与样品分子发生了相互作用，因此负载了样品的结构和组成信息，可用于光谱分析。图 2.196 为一种漫反射附件实物图，图 2.197 为漫反射装置光路图。

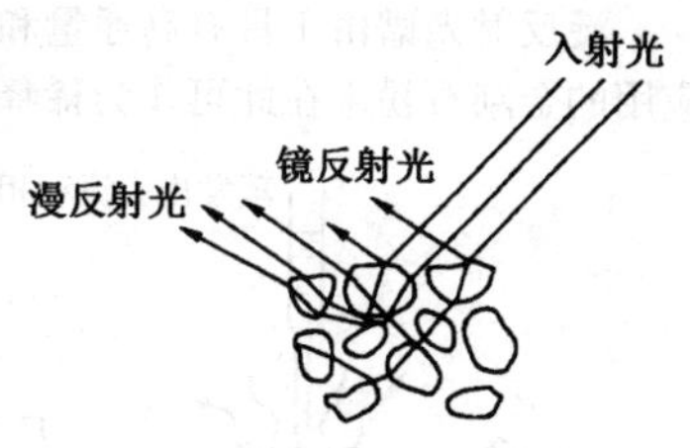

图 2.195　在粉末样品中反射

图 2.196　一种漫反射附件外观

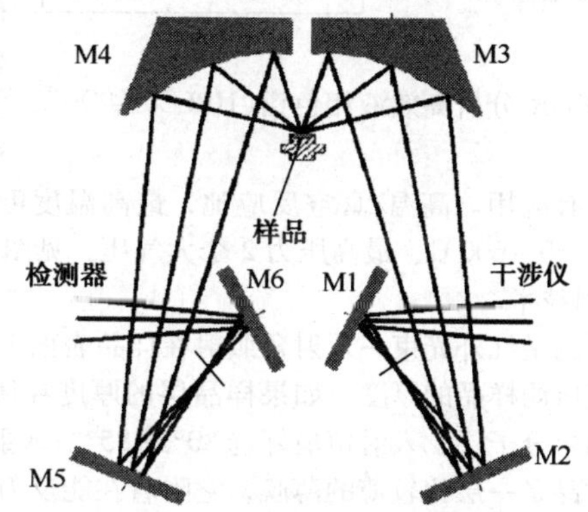

图 2.197　漫反射装置光路图

漫反射光给出的光谱与透射光谱相似，但光谱强度与研究的化合物的浓度不完全成比例。由于光束在样品中多次通过，某些弱吸收谱的成分显示为相当高的吸收强度，因此就需要将漫反射光谱与普通的透射光谱比较，或者用库贝勒卡·蒙克变换(Kubelka - Munk)方程转换漫反射光谱。

$$F = (1 - R)^2/2R = K/S \tag{2.24}$$

式中　S——散射系数；

K——吸收系数；

R——反射系数。

由于测定绝对反射系数很困难，KBr 或 KCl 粉末(在红外区没有吸收)的反射系数值通常用作漫反射系数。

经 Kubelka - Munk 转换得到的光谱强度与样品浓度成比例，此结果可用于定量测定中。

库贝勒卡·蒙克(Kubelka - Munk)变换见图 2.198、图 2.199。

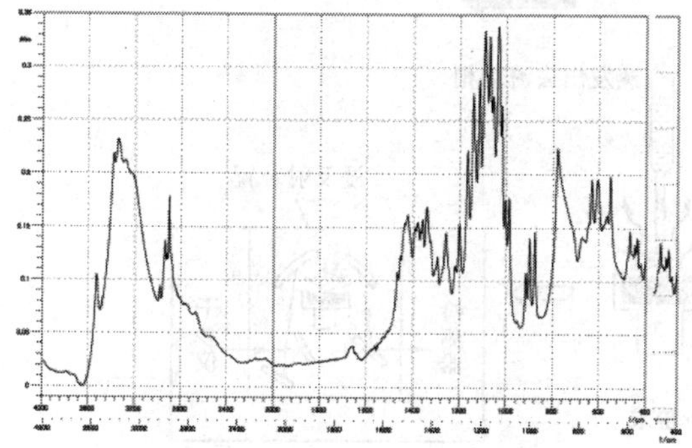
图 2.198　乳糖漫反射光谱

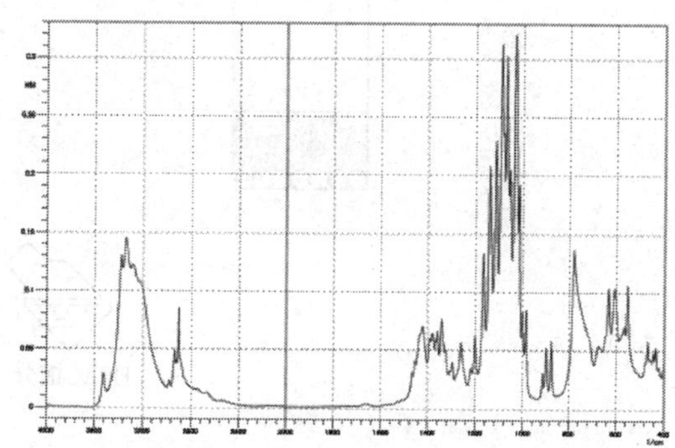
图 2.199　Kubelka - Munk 转换后的乳糖漫反射光

漫反射光谱由于具有高通量和操作简单的特点，可用于任何可以被研碎的样品。通常在压片法中无法应用的金刚石粉末在此可作为稀释剂来使用。此方法也可以用来分析溶解在挥发溶剂中的馏分。液相色谱洗脱液滴在 KBr 粉末上，见图 2.200，流动相可蒸发除去，然后馏分可以用带有漫反射装置的 FTIR 分析。

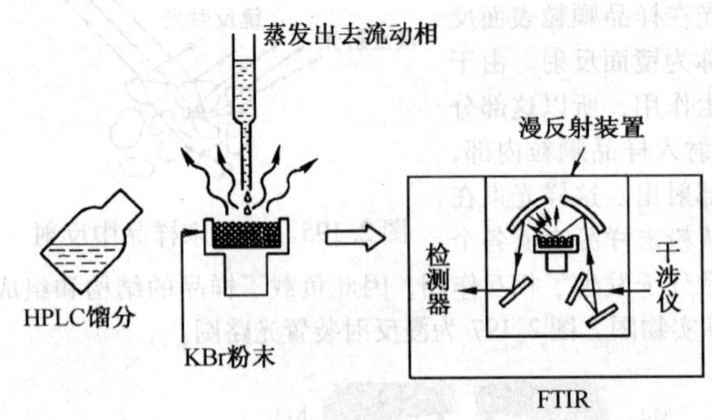

图 2.200 FTIR 分析高效液相色谱(HPLC)馏分

DRS 测定实例流程见图 2.201。

漫反射光谱法也可使用SiC 取样器，操作更加简化。用 SiC 金刚砂纸磨擦固体样品，用漫反射装置直接分析附有此固体样品粉末的 SiC 金刚砂(SiC 的硬度为 9，且化学性质稳定)。用新的 SiC 金刚砂纸作为背景，无需使用稀释剂(KBr 粉末等)，样品无需研磨，见图 2.202。

高温/真空漫反射装置，用于研究样品在高温、低温或真空状态下的变化，催化剂和新型材料等研发领域多有应用。高温/真空反应池，最高温度可达 600℃，压力 10^{-6} 托至 2 个大气压；低温反应池，温度范围 -150 ~600℃，最高压力 2 个大气压，见图 2.203。

3）镜面反射技术

镜面反射指的是红外光束一入射角照射在样品表面上发生的反射，反射角等于入射角。镜面反射入射角的选择取决于所测样品的厚度。如果样品层的厚度在微米级以上，入射角通常选 30°。如果样品层的厚度在纳米级，如单分子层，入射角最好选 80°或 85°。入射角为 80° ~85°的镜面反射通常称为掠角反射。

如果被测样品是一层比较薄的薄膜，它附着在能反射光的金属表面上，入射红外光穿过样品层，并由基底反射，再次穿过样品到达检测器。如图 2.204(a)，这样测定得到的光谱称为镜面反射光谱，这种光谱类似于透射法测定的光谱。这种镜面反射光谱又称为反射 - 吸收光谱。

如果被测样品是一种比较厚的能吸收红外光的材料，其表面非常光滑。当红外光束以某一角度照射到

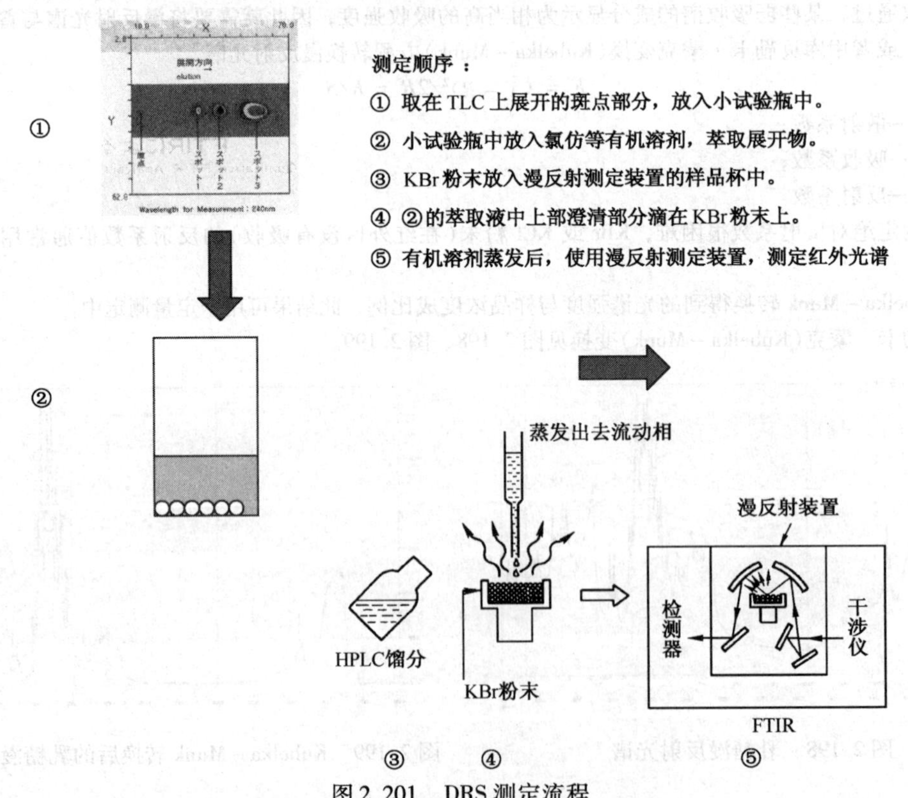

图 2.201 DRS 测定流程

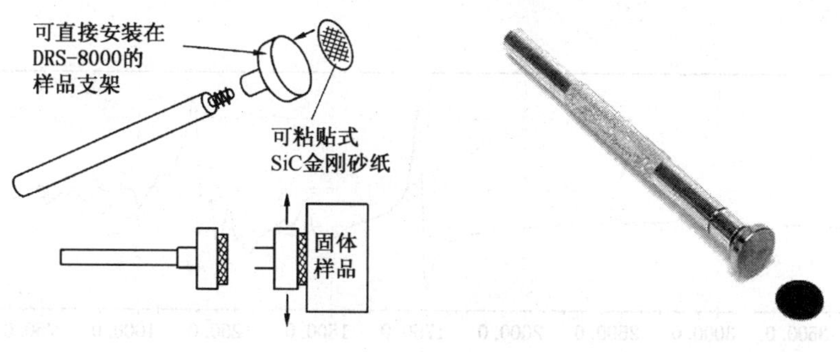

(a) SiC 取样器结构图　　(b) SiC 取样器实物图

图 2. 202　SiC 取样器

Praying Mantis 漫反射装置

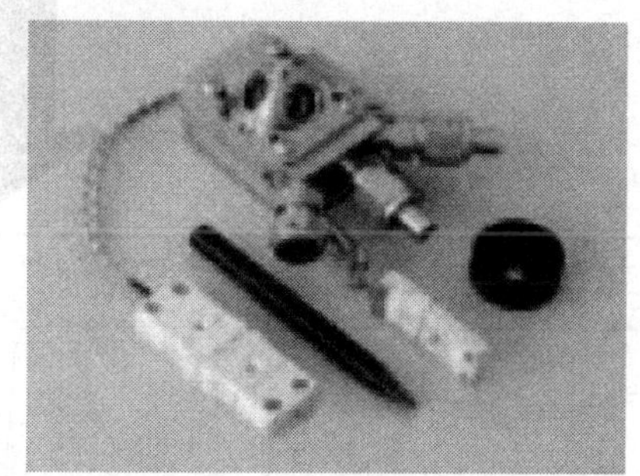

反应池

图 2. 203　高温/真空漫反射装置

样品表面上时，一部分入射红外光穿入样品，被样品所吸收，这部分光不能被检测；另一部分入射红外光被样品表面反射，如图 2. 204(b)所示。这样测得的反射光谱也称为镜面反射光谱。得到的镜面反射光谱可通过 Kramers – Kroning 转换成吸收光谱，见图 2. 205。

如果被测样品既能透过红外光，又能反射红外光，如图 2. 204(c) 所示所测得的光谱时反射 - 吸收光谱与反射光谱的总和。当样品厚度均匀时，透射光和反射光互相干涉，在测得的光谱中会出现干涉条纹。根据干涉条纹可以计算样品的厚度。半导体外延层的厚度可利用这种方法测定。

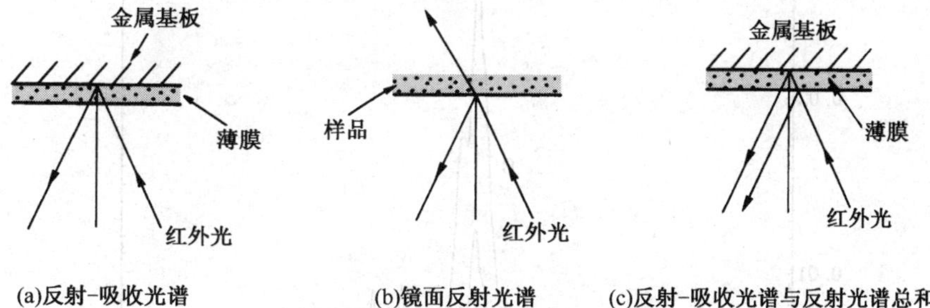

(a)反射-吸收光谱　　(b)镜面反射光谱　　(c)反射-吸收光谱与反射光谱总和

图 2. 204　镜面反射、吸收光谱

反射吸收光谱法能高灵敏度测定金属基底上的薄膜。此方法近年来用于测定很薄的膜(几纳米后的样品)，如有机 LB(Langmuir – Brodgett's)和测定分子取向，图 2. 206 为硬脂酸铅 LB 膜的光谱

当偏振光照射在如图 2. 207 所示的金属基底上，在金属表面反射时，它的相位会发生变化。

在垂直偏振光情况下，相变大约为 180°(π)，与入射角无关，因此，反射光的矢量相互抵消。驻波振幅几乎为零，检测不到样品的吸收。

在水平偏振光的情况下相的改变连续地从 0°变化到 90°，驻波振幅同样随入射角而改变。当选择大的

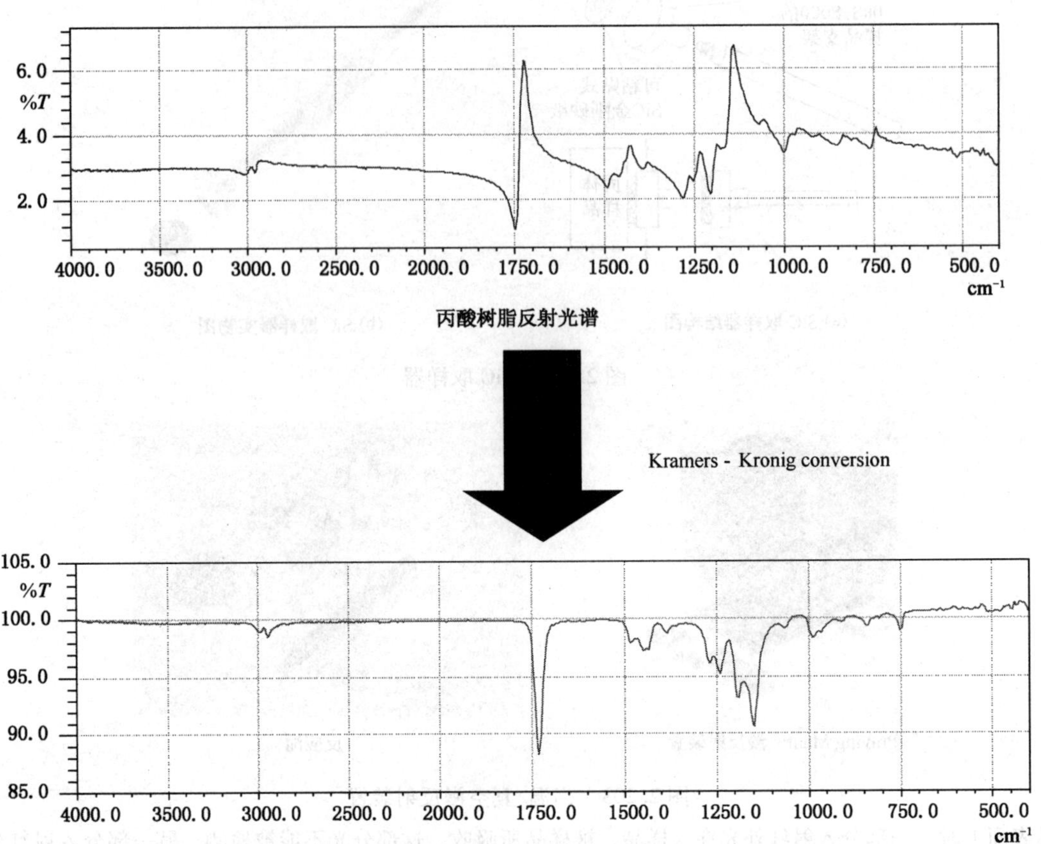

图 2.205　经 Kramers – Kronig Conversion 的丙酸树脂反射光谱

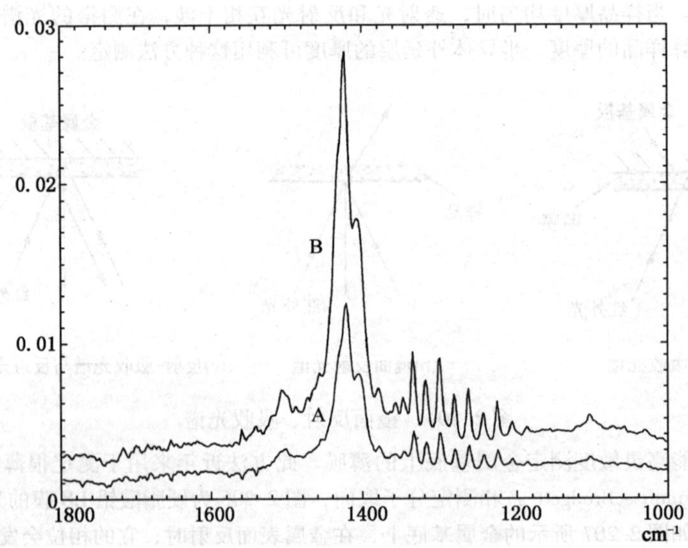

图 2.206　硬脂酸铅 LB 膜的光谱

A：无偏振器；B：使用偏振器使用

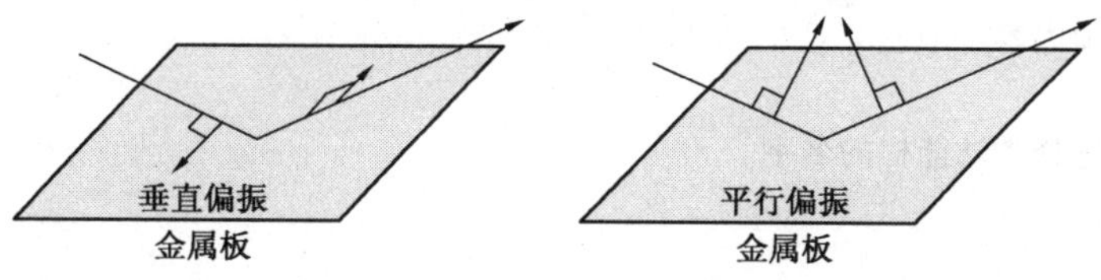

图 2.207　反射吸收光谱原理

入射角时驻波的振幅增大，光束和样品的作用增强。从而产生高的检测灵敏度。金属反射率较高，因此这一方法可高灵敏的测定金属上的薄膜。图 2.208 为一镜面反射装置，图 2.209 为镜面反射装置光路图。

图 2.208　镜面反射装置实物图

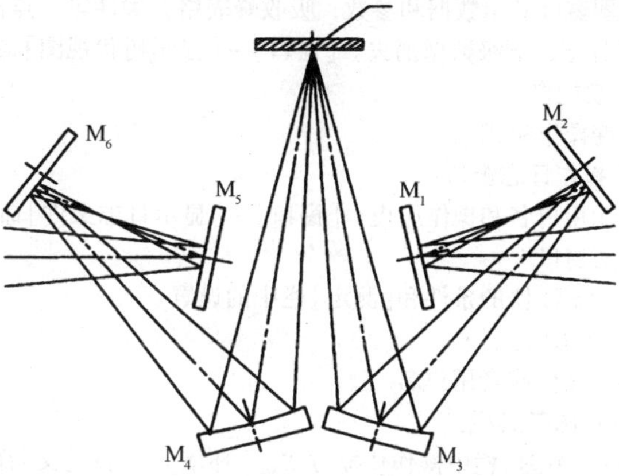

图 2.209　镜面反射装置光路图

2.2.3.3　红外分光光度计控制及数据处理

红外分光光度计控制系统和数据处理都是由微处理器或计算机完成，一台红外分光光度计各部分能很好的协同工作主要依赖于控制系统。控制系统是控制仪器各个部分的工作状态，如控制光源系统的发光状态、调制或补偿，控制分光系统的扫描波长、扫描速度，控制检测器的数据采集、A/D 转换等，这些都由微处理器或计算机配以相应的软件和硬件完成。测试所得的红外光谱通常都需要进行数据处理，在对光谱数据处理之前，应将测得的光谱保存在计算机的硬盘中，因为这是光谱的原始数据。对光谱进行数据处理得到的光谱，应重新命名保存。如果数据处理有问题，可以将原始数据调出重新处理，也可采用不同的数据处理技术对原始数据进行处理。因此，保存光谱原始数据是一件很重要的事情。

基本的光谱数据处理软件应包含在红外软件包中，各公司编写的红外光谱数据处理软件使用方法不同，但基本原理是相同的。图 2.210 是 IRsolution 界面图。

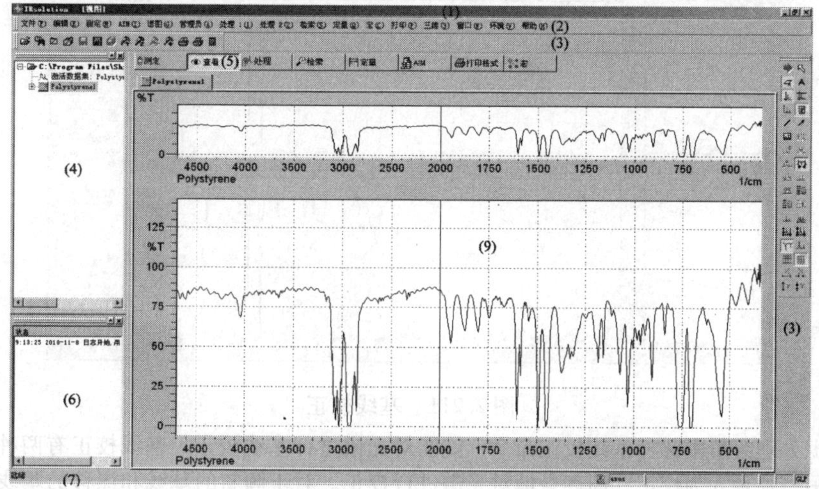

图 2.210　IRsolution 界面图

界面包括下列几项内容

① 标题栏：

显示软件标题和选择的功能栏的名字。

② 菜单栏：

显示菜单。

③ 工具栏：

显示所用的命令，点击就可以执行一个命令。[环境]-[自定义] 命令详细说明了工具栏的内容。

④ 树图窗口：

树图窗口显示数据和参数，吸收峰表格，属性等。点击[+]标记，就可显示文件结构中下级数据。点击[-]标记，下级数据消失。[窗口]-[显示树状视图]命令可以控制显示或者隐藏这个窗口。

⑤ 功能栏：

改变操作模式。

⑥ 操作日志窗口：

显示用户名和操作历史。[窗口]-[显示日志文件]命令可以控制显示或者隐藏这个窗口。

状态窗口

显示干涉仪的条件和[测定]栏中的设置。

⑦ 状态栏：

显示操作或者用户名。

⑧ 谱图工具栏：

显示[视图]栏中操作快捷方式。[环境]-[自定义]命令详细说明了工具栏的内容。

⑨ 工作区：

显示光谱或者/和各种数据。

(1) 基线校正

不管是透射法测得的光谱，还是用红外附件测得的光谱，其吸光度光谱曲线的基线不可能呈直线，采用卤化物压片法测得的光谱，由于颗粒研磨的不够细，锭片不够透明，而出现红外光散射现象，使光谱曲线出现倾斜。采用糊状法或液膜法测定透射光谱时在采集背景光谱的光路中如果没有放置相同厚度的晶片，测得的光谱基线会向上漂移。对出现基线倾斜、基线漂移和干涉条纹的光谱，需要进行基线校正。

所谓基线校正，就是将吸光度光谱的基线人为的拉回到接近零的基线上见图 2. 211。在进行基线校正之前，通常都将光谱转换成吸光度光谱。当然也可以对透射率光谱进行基线校正。

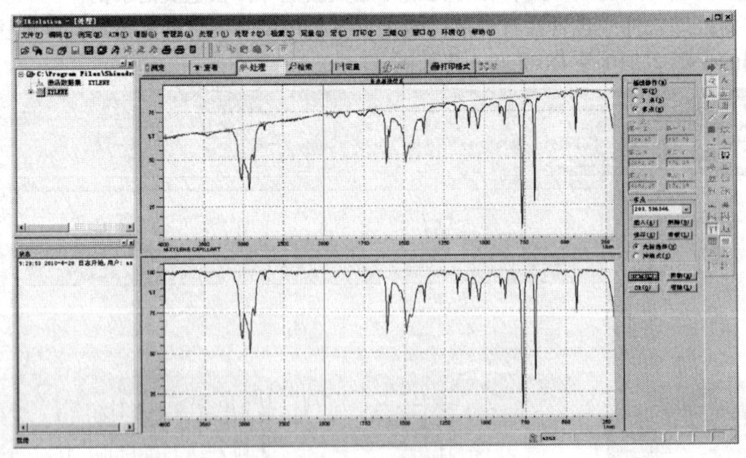

图 2. 211　基线校正

从红外数据处理菜单中选择基线校正命令，就能对光谱进行基线校正。基线校正有两种方法：一种自动基线校正；另一种是人为校正，即逐点地对光谱进行校正。对于倾斜的基线和漂移的基线可以选择自动基线校正方法，对于干涉条纹的基线不能选择自动校正方法，只能选择手动逐点地对基线进行校正。

IRSolution 软件基线校正分为“零”(平移光谱以便最小的吸光度值为0即ABS＝0)，“3点”(在光谱中确定三个点的强度进行基线校正)，“多点”(更准确的基线校正，把起伏的基线校正成直线)三种方式。

以下为最常用的“多点”方式基线校正操作步骤：

① 选择“处理1”中的“基线校正”中“多点”命令；

② 从树图窗口选择需要进行基线校正的谱图，选择后的谱图显示在上方窗口中；

③ 点击“插入”按钮，在上方的窗口中点击鼠标左键插入点；

④ 点击“计算”，结果显示在下方窗口，点击“确定”，保存结果。

图2.212、图2.213、图2.214为基线倾斜的几种情况。

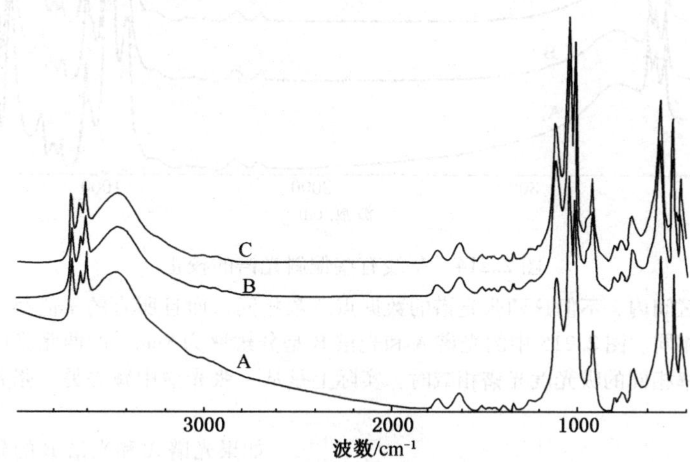

图2.212　基线中等程度倾斜光谱的校正

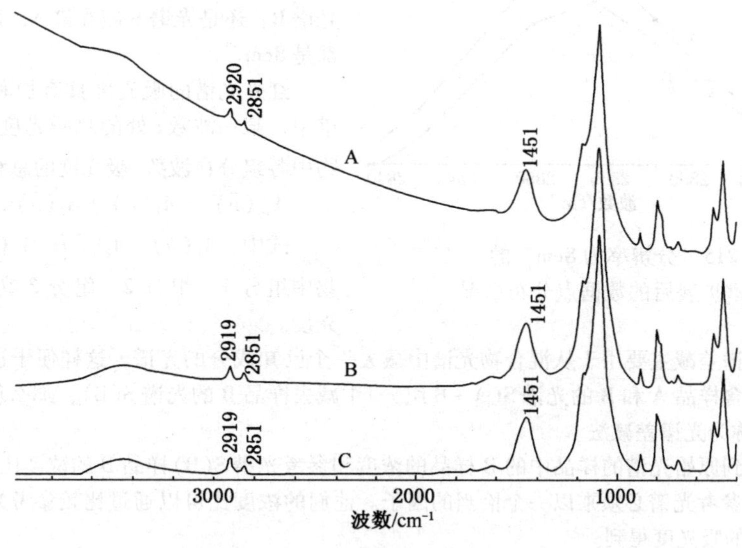

图2.213　基线严重倾斜光谱的校正

基线校正前后的光谱相比，吸收峰的峰位和面积是否发生了变化，这是人们关心的问题。基线校正前后，光谱吸收峰的峰位不会发生变化。但是，基线校正前后，光谱吸收峰的峰面积会有些变化。基线越倾斜，这种变化越明显。

利用红外光谱法进行定量分析时，需要计算峰面积，最好将吸光度光谱进行校正。

(2) 光谱差减

在吸光度光谱坐标中，每一个数据点都由 x 值(波数 $\tilde{v}$)和 y 值(吸光度 A)组成。如果两张光谱的分辨率

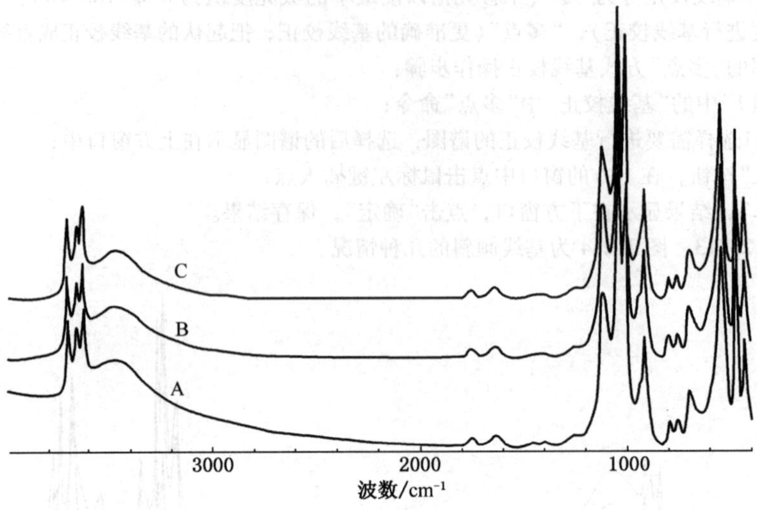

图 2.214　基线有些偏斜光谱的校正

相同，在相同的光谱区间内，不但这两张光谱的数据点总数相同，而且所有的 x 值都一一对应。所不同的是两张光谱的 y 值不相同。图 2.215 中的光谱 A 和光谱 B 是分辨率为 $8cm^{-1}$ 的两张光谱扩展后的数据点分布情况。当两张分辨率相同的吸光度光谱相减时，实际上是从一张光谱中减去另一张光谱中对应的数据点的 y 值。

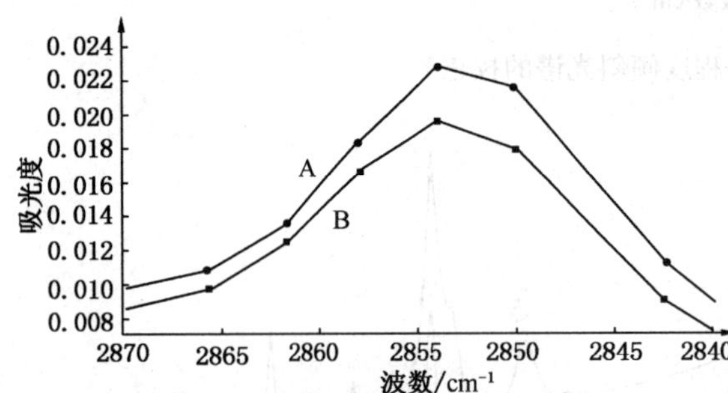

图 2.215　分辨率为 $8cm^{-1}$ 的两张光谱扩展后的数据点分布情况

如果光谱 A 和光谱 B 的分辨率不相同，假如光谱 A 的分辨率为 $4cm^{-1}$，光谱 B 的分辨率为 $8cm^{-1}$，这两张光谱也可以相互减。不管光谱 A 减光谱 B，还是光谱 B 减光谱 A，得到的差谱分辨率都是 $8cm^{-1}$。

红外光谱的吸光度具有加和性，在混合物光谱中，某一波数 $\tilde{v}$ 处的总吸光度 $A_{总}(\tilde{v})$ 是该混合物中各组分在波数 $\tilde{v}$ 吸光度的总和。即：

$$A_{总}(\tilde{\nu}) = A_1(\tilde{\nu}) + A_2(\tilde{\nu}) + A_3(\tilde{\nu}) + \cdots$$

式中，$A_1(\tilde{\nu})$、$A_2(\tilde{\nu})$、$A_3(\tilde{\nu})$ 分别表示混合物中组分 1、组分 2、组分 3 在波数 $(\tilde{v})$ 处的吸光度。

正常情况下光谱差减主要用于从混合物光谱中减去一个已知成分的光谱，这样便于进行其他成分的光谱计算。例如从包含样品 A 和 B 的光谱 S(A + B 组分) 中减去样品 B 的光谱 S(B)，那么就可以得到样品 A 的光谱 S(A)。这称为光谱差减法。

事实上，考虑到原始光谱的样品中的 B 样品的浓度和参考光谱 S(B) 样品 B 的浓度比不刚好等于 1，因此进行光谱差减前参考光谱必须乘以一个恰当的因子。他们的浓度比可以通过比较参考光谱和原始光谱中 B 的成份的吸收峰的吸光度得到。

对于上面的例子，光谱 S(B) 乘以一个因数，然后再从光谱 S(A + B) 中减去刚刚进行乘法运算的光谱就可以得到光谱 S(A)。光谱 S(B) 乘以一个因数以后就抵偿了 S(A + B) 光谱中样品 B 的光谱的吸收峰。

即：

$$差谱 = 样品光谱 - 参考光谱 \times 差减因子$$

在红外光谱窗口中选定样品光谱和参考光谱，在数据处理菜单中选定差减命令(Subtract)，即可进行光谱差减。

常用的“差谱”方式操作步骤：

① 选择“处理 2”中的“数据集运算”命令；

② 在“算法”中选择“2 数据集相减”；

③ 从树图窗口分别选择作为原始光谱和参考光谱的谱图，选择后的谱图显示在上方窗口中；

④ 点击“计算”，结果显示在下方窗口中，通过拖动滚动条调节因子大小，结果会同步变化；

⑤ 调整合适的因子值，点击“确定”，保存结果，见图 2.216。

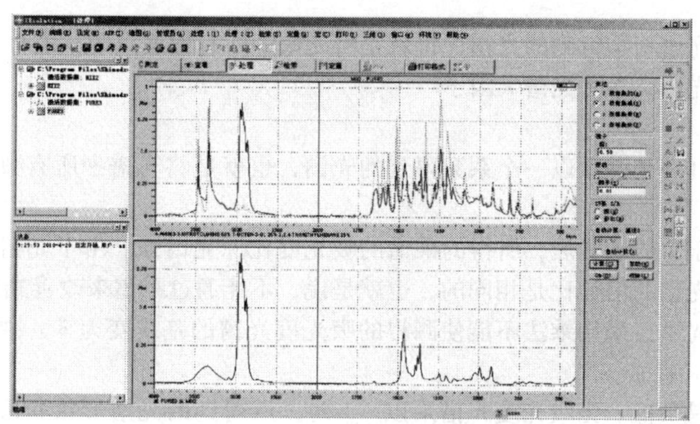

图 2.216 差减光谱

利用红外光谱技术对未知物进行剖析时，先要测定未知物的红外光谱，对未知物的红外光谱进行谱库检索，找出其中一种组分的光谱，从未知物的光谱中减去这一组分的光谱，对得到的差谱在进行谱库检索，就有可能知道另一种组分，如图 2.217。

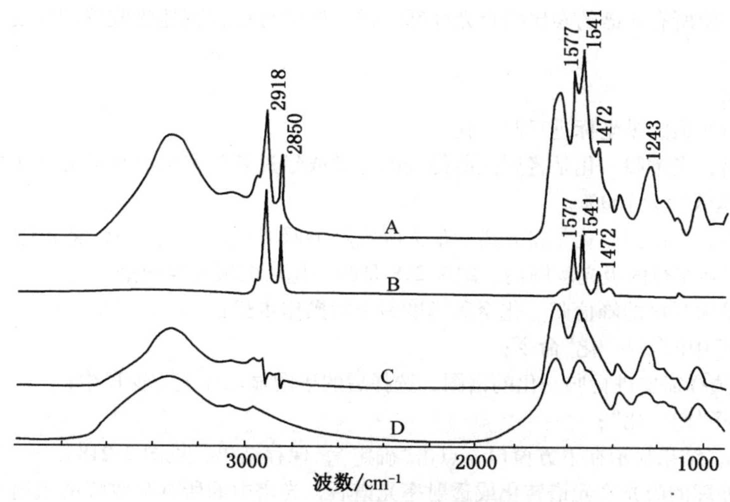

图 2.217 (A)待剖析的未知物的红外光谱；
(B)对未知物光谱检索得到；
(C)从未知物光谱减去硬脂酸钙光谱的差谱；
(D)对差谱检索得到三聚氰胺脲(甲)醛树脂的光谱

(3) 加谱

由于吸光度具有加和性，因此可以将两个或两个以上的吸光度光谱相加(add)，得到新的吸光度光谱。在进行吸光度光谱加和操作时，每次只能将两个光谱加和，得到的加谱再与另一个光谱相加。

在进行操作时首先在光谱窗口选中样品光谱和参考光谱，然后在数据处理菜单中选中加谱命令即可得到加谱。

加谱：结果 = 原始光谱 + 参考光谱 × 因子。

如果相加的两个吸光度图谱是同一个样品测试两次得到的光谱，通过加谱可以提高光谱的信噪比，从而提高光谱质量。

利用红外光谱对未知混合物进行剖析时，应用乘谱和加谱数据处理技术，可以大致得到混合物中各个组分含量的比例。例如，通过分析得知某一混合物由两种组分组成，先定量测试这两种组分的组成，定量测试这两种纯组分的光谱和混合物的光谱，然后将纯组分的光谱乘以不同的系数后再相加，当加谱与混合物的光谱相似时，即可计算出这两种组分的大致含量。

（4）乘谱

乘谱是将两张红外光谱相乘得到的光谱，也就是将光谱中所有数据点的 y 值对应相乘得到的光谱。即：

乘谱：结果 = 原始光谱 × 参考光谱 × 因子

（5）四则运算乘谱

四则运算乘谱是将红外光谱乘以一个系数得到的光谱，也就是将光谱中所有数据点的 y 值都乘以同一个系数得到的光谱。

吸光度光谱乘以大于 1 的系数后，所得的乘谱的吸光度比原光谱强。由于光谱的信号和噪声乘以相同的倍数，因此乘谱和原光谱的信噪比是相同的，也就是说，不能通过乘谱来改善光谱的信噪比。

对于实测的吸光度光谱，采用乘法不能使测得的吸光度光谱的基线变为零。乘的系数越大，光谱的基线偏离零越远。

光谱乘的系数可以是负值。当吸光度光谱乘以 -1 时，所得到的光谱形状和透射率光谱相似，但光谱的纵坐标没有改变。

对于吸光度光谱，不能通过光谱窗口中的标峰命令标出波谷的位置。这时，可将吸光度光谱乘以 -1，波谷转换成波峰。待光谱标好峰位后再乘以 -1，将光谱转换回来。

利用红外光谱进行定量分析时，需要测试标准样品的光谱。但有时很难找到标准样品，这时需要有一个内标。所谓内标，就是在光谱中寻找一个参比峰，将各个光谱中的参比峰归一化，即将各个光谱的参比峰乘以不同的系数，使所有光谱的参比峰吸光度都一样，然后再比较其他吸收峰的强度，达到定量分析的目的。

（6）光谱归一化

光谱归一化是将光谱的纵坐标进行归一化。

对于透射率光谱，光谱归一化是将测试所得到的光谱或经过其他数据处理后光谱中的最大吸收峰的透射率变成 10%，将基线变为 100%。

对于吸光度光谱，光谱归一化是将光谱中最大吸收峰的吸光度归一化为 1，将光谱的基线归一划为 0。图 2.218（上图）是实际测得的吸光度图谱，图 2.218 是归一化后的吸光度图谱。

以下为将光谱最大强度的峰值归一化至吸光度为 1 的操作步骤：

① 选择"处理 1"中的"归一化"命令；

② 从树图窗口选择需要进行归一化的谱图，选择后的谱图显示在上方窗口中；

③ 在动作中选择"归一化"；

④ 点击"计算"，结果显示在下方窗口，点击"确定"，保存结果，见图 2.218。

将经过归一化处理的吸光度光谱转化成透射率光谱后，光谱中的所有吸收峰的透射率全部落在 10% ~ 100% 之间。同样的，将经过归一化处理的透射率光谱转换成吸光度光谱后，光谱中所有吸收峰的吸光度都落在 0 ~ 1 之间。

归一化的光谱是标准光谱，商业红外光谱谱库中的光谱基本上都是归一化的光谱。

（7）光谱平滑

利用光谱平滑数据处理技术可以降低光谱噪声，达到改善光谱形状的目的。通过平滑可以看清楚被噪声掩盖的真正的谱峰。光谱平滑技术是对光谱中数据点 Y 值进行数学平均计算，通常采用 Savitsky - Golay 算法。

红外软件中通常提供两种光谱平滑方法：手动平滑和自动平滑。IRsolution 平滑采用 Savitzky-Golay 运算方法进行平滑，减小了光谱噪音，见图 2.219。

以下为将光谱进行平滑处理的操作步骤：

① 选择"处理 1"中的"平滑"命令；

② 从树图窗口选择需要平滑的谱图，选择后的谱图显示在上方窗口中；

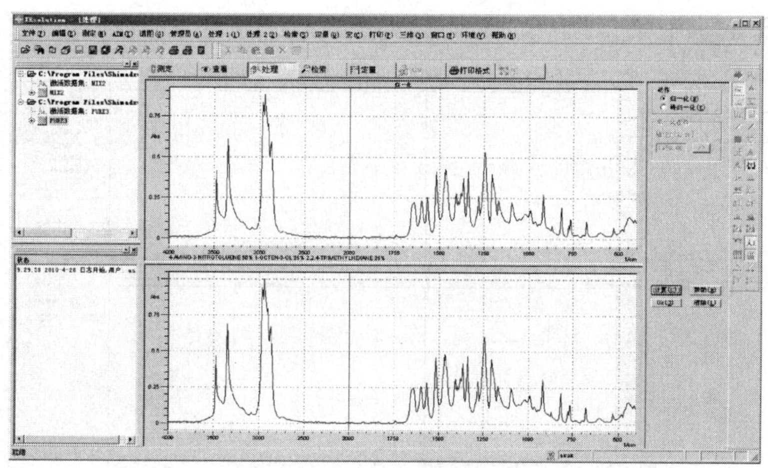

图 2.218　光谱归一化

③ 在“参数”中设置合适的平滑点数；

④ 点击“计算”，结果显示在下方窗口，点击“确定”，保存结果。

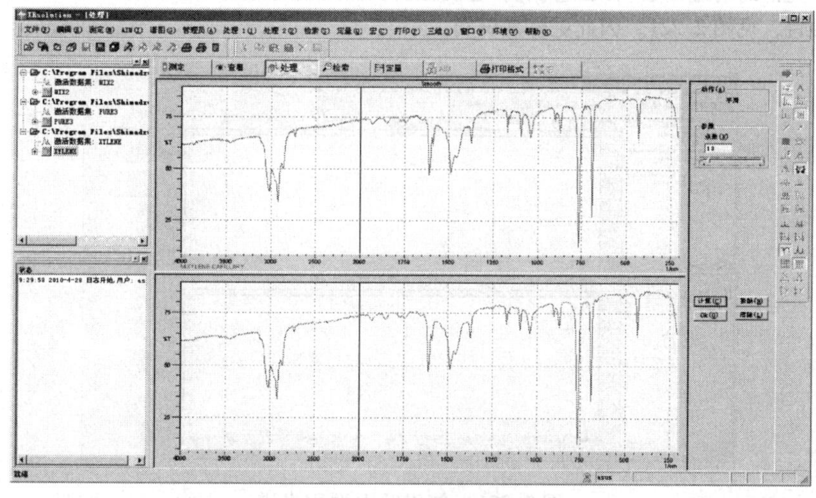

图 2.219　光谱平滑

采用光谱平滑数据处理技术对光谱进行处理后，光谱噪声降低的同时，光谱的分辨率也降低了。平滑的数据点越多，所得光谱的表观分辨率越低。当平滑的数据点达到一定程度时，光谱的有些肩峰会消失。随着平滑点数的增加，吸收峰变得越来越宽。平滑是对已采集的光谱信噪比达不到要求而采取的一种数据处理技术，是一种补救的办法。实际上，在采集光谱数据时，如果发现光谱的信噪比达不到要求，可采用降低分辨率的办法，以提高信噪比。这样得到的光谱就不需要进行平滑了。

（8）导数光谱

用 Savitzky-Golay 方法计算光谱导数。平滑点的数目越多，所得到的光谱越平滑。这个命令可以提供一级到四级导数。重复这些计算可以得到高阶的导数的光谱。

以下为将光谱进行二阶导数处理的操作步骤：

① 选择“处理 1”中的“导数”命令；

② 从树图窗口选择需要进行求导的谱图，选择后的谱图显示在上方窗口中；

③ 在“运算”中选择“二阶导数”，并在“参数”中依据噪声大小设置合适的点数；

④ 点击“计算”，结果显示在下方窗口，点击“确定”，保存结果，见图 2.220。

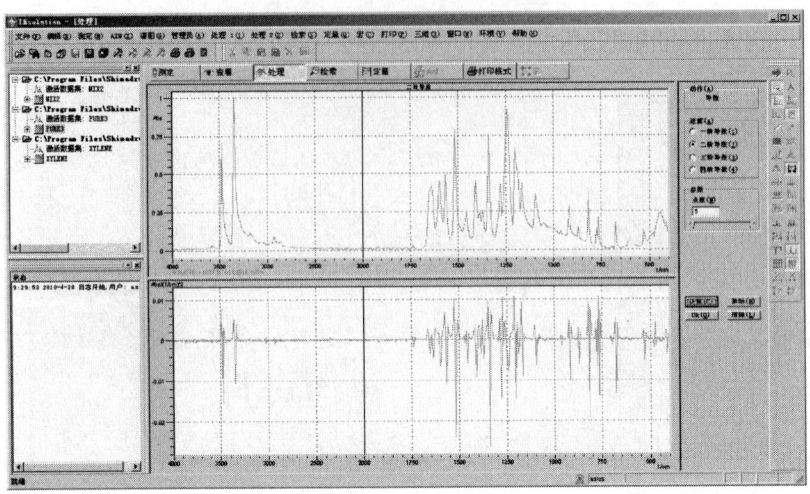

图 2. 220　导数光谱

(9) 傅里叶退卷积光谱

剔除应用于光谱的切趾函数(称去卷积)，它能显著提高光谱的分辨率。这样的处理可以使重叠的吸收峰变得更窄而尖锐，见图 2. 221，因此更容易识别。

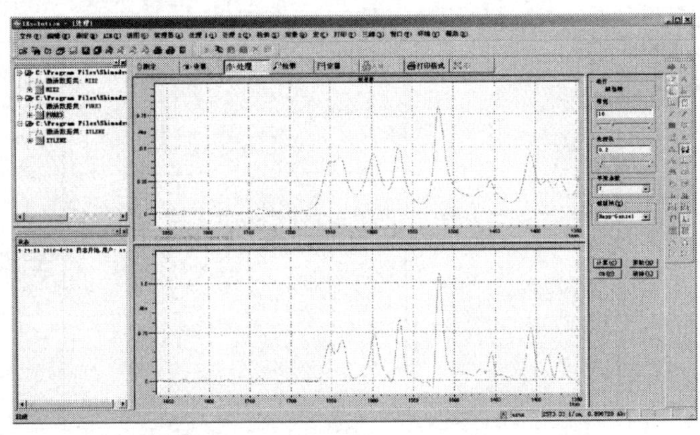

图 2. 221　傅里叶退卷积光谱

以下为将光谱进行退卷积的操作步骤：

① 选择“处理 2”中的“解卷积”命令；

② 从树图窗口选择需要进行解卷积的谱图，选择后的谱图显示在上方窗口中；

③ 在“带宽”中依据要分离的目标峰设置合适的数值，设置干涉图的光程长并在“截趾法”中选择对应的变迹函数，在“平滑点数”中依据噪声大小设置合适的数值；

④ 点击“计算”，结果显示在下方窗口，点击“确定”，保存结果。

(10) 改变数据点间隔

傅立叶变换红外光谱是不连续的数据，而是由分辨率所决定的数据点连接成的一条连续的线。[插入数据点]这个命令可以用来在数据间隔插入数据点，这样光谱中数据间的间隔就会减小。当比较由于用不同的体系测试而得到具有不同数据间隔的光谱时，这个处理非常有用。

以下为将光谱的数据点增加 4 倍的操作步骤：

① 选择“处理 1”中的“数据点”，“内插”命令；

② 从树图窗口选择需要增加数据点的谱图，选择后的谱图显示在上方窗口中；

③ 在“快速内插”中选择相应的倍数；

④ 点击“计算”，结果显示在下方窗口，点击“确定”，保存结果，见图2.222。

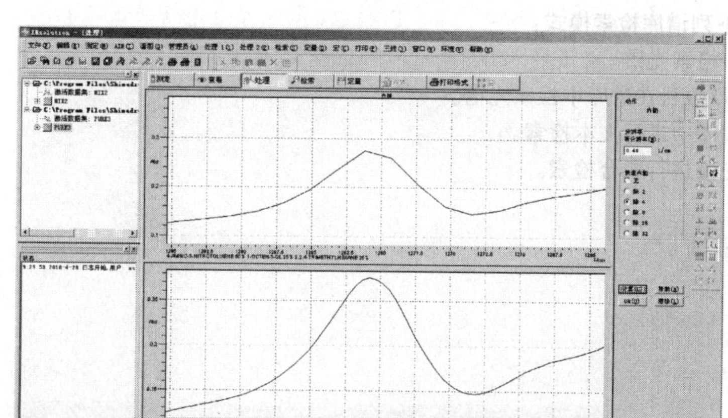

图2.222 改变数据点间隔

2.2.3.4 红外光谱图谱检索

(1) 标准红外光谱图谱集

在红外光谱定性分析中，无论是已知物的验证，还是未知物的检定，最后都需要利用纯物质的谱图来作校验。这些标准图谱，除可用纯物质自己测得或从有关杂志或书刊中找到外，最方便、也是最常用的方法是查阅标准图谱集。

最常用、最齐全的标准图谱集为“萨特勒”(Sadtler)标准红外光谱。

(2) 红外光谱图谱检索

由于计算机的发展，红外光谱的解析可采用计算机进行图谱检索。图谱检索需要一个检索程序和一个谱库，被检图谱信号输入计算机，启动检索程序即可快速检出所需图谱。检出结果的准确度，取决于检索程序的合理性，输入的被检图谱的质量以及谱库的齐全程度。

目前商品谱库以萨特勒图谱最为强大，它的谱库有10万张红外谱图，其中包括9200张气相光谱图，57000张凝聚相标准红外光谱图和37000张商品图谱(分成30门类)。美国Nicolet公司可提供包括美国Aldrich和Sigma公司化学产品在内的共约5万张红外谱图的谱库。有些谱库为了多存谱图采用的不是全谱库储存的写入法，这种谱库在检索后不能显示库中对照谱图的全谱，只能给出模拟谱或提供谱号。各种不同的检索程序各有差异，合理的检索程序命中率高、速度快。检索结果输出时通常提供多个谱图或谱号，并以匹配程度排列。某些检索软件还可以提供存在的官能团和可能的结构式，以及有关的理化常数，这样即使在库中检索不到完全一致的图谱，也可给实验者提供某些有用的启示。

在谱图检索中最困难的：一是谱库不够大，命中率低。除Sadtler图谱外，其他的商品图谱一般只有几千张，常见化合物通常能检出，稍偏异的结构就无法检到。二是混合物的检索。在日常样品测试中，纯化合物只是很少一部分，大多数是混合物样品，谱库中存储的都是纯化合物的标准图谱，这给准确检索带来困难。因此被检样品应尽量除去杂质，以期得到可靠的信息。

IRsolution对于图谱的检索，由[检索]菜单中的命令执行。这个菜单提供各种检索功能以及谱库添加，创建，维护，谱库信息，谱库内容。IRsolution检索原始的用户谱库和商业谱库。商业谱库须单独购买。

IRsolution软件中含有IRsAgrichemicals、IRsATRReagent、IRsPharmaceuticals、IRsPolymer和IRsReagent五个谱库，共839多张谱图，以供检索。检索方法如下：

a. 激活未知谱图。

b. 击功能条中Search键

Libraries页中见图2.223定义使用的谱库；Parameters页中输入有关检索参数，Maximumhits中输入显示最大命中谱图数量，Minimumquality中输入最小匹配度(HQI分值0~1000)；Algorithm(运算法则)中选择Pearson(皮尔森)或Euclidean(欧几里德)；SkipPoints(跳读点)中选择4；

c. 点击 Search 键，显示检索结果(见图2.224)。上半部分是未知谱图，中间是与之相匹配的谱图，下半部分是检索报告。

IRsolution 包括下列谱库检索模式:

类比法在谱库中检索光谱。

通过吸收峰位置/数目在谱库中检索光谱。

通过关键词在谱库中进行文本检索。

联合关键词和光谱进行联合检索。

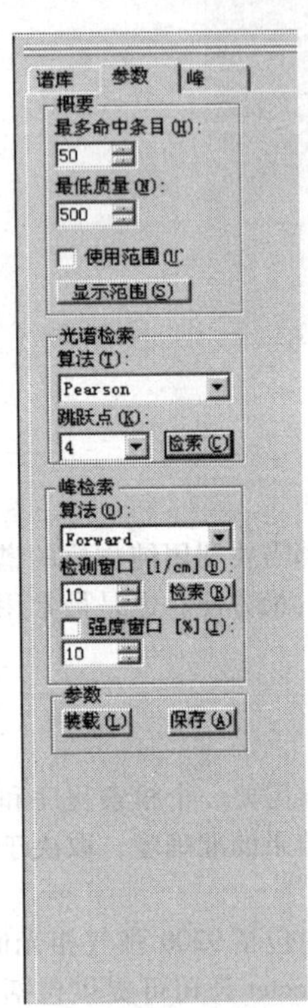

图 2.223 Libraries

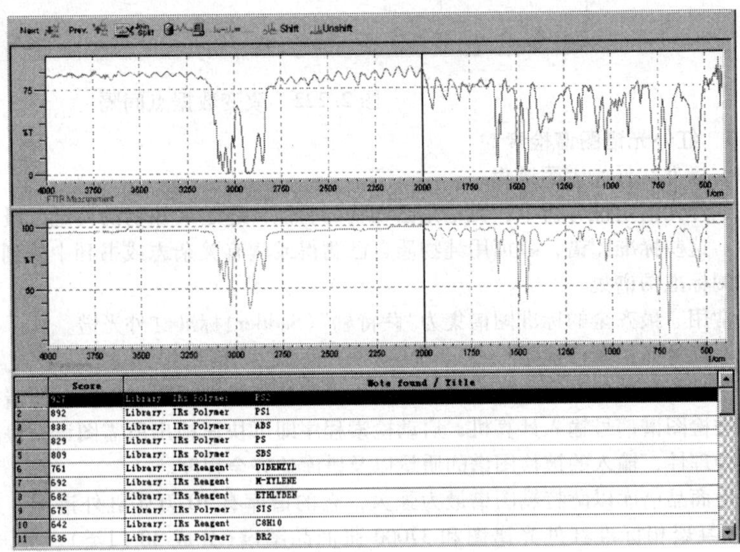

图 2.224 检索结果显示

① 光谱检索方式的操作步骤:

a. 从树图窗口中选择要检索的谱图,点击“检索”功能按钮,进入检索功能;

b. 在“参数”选项卡中,“光谱检索”部分选择合适的算法以及跳跃点,点击“检索”按钮,得到检索结果。

以下为峰检索方式的操作步骤:

a. 从树图窗口中选择要检索的谱图,点击“检索”功能按钮,进入检索功能;

b. 在“参数”选项卡中,“峰检索”部分选择合适的算法以及检测窗口,点击“检索”按钮,得到检索结果。见图 2.225。

② 文本检索方式的操作步骤:

a. 点击“检索”功能按钮,进入检索功能;

b. 在“谱库”选项卡中,点击“文本检索”按钮,在弹出的对话框中输入检索文本(图 2.226),点击“确定”,得到检索结果(图 2.227)。

③ 组合检索方式的操作步骤:

a. 从树图窗口中选择要检索的谱图,点击“检索”功能按钮,进入检索功能;

b. 在“参数”选项卡中,“光谱检索”部分选择合适的算法以及跳跃点;

c. 在“谱库”选项卡中,点击“组合检索”按钮,在弹出的对话框(图 2.228)中根据逻辑关系输入检索文本,点击“确定”,得到检索结果(图 2.229)。

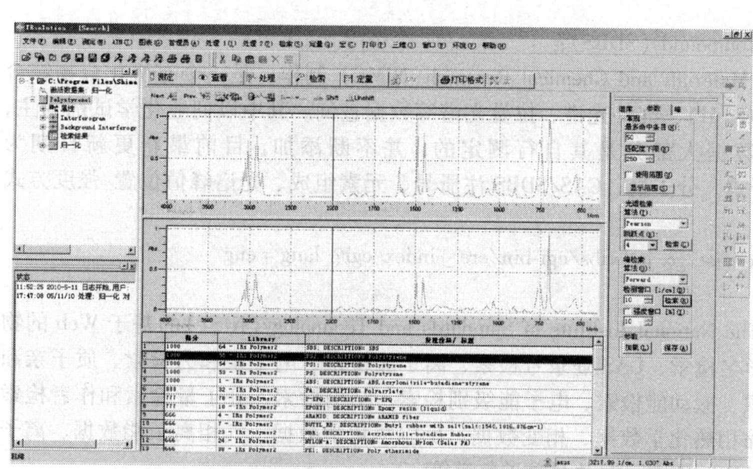

图 2.225　光谱检索方式检索结果

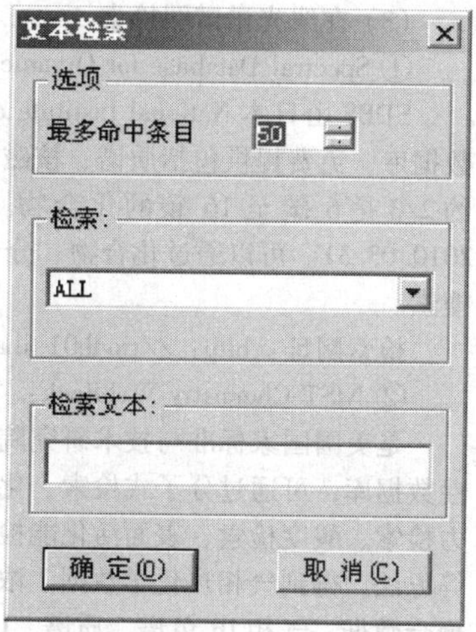

文本检索
选项
最多命中条目
50
检索:
ALL
检索文本:
确 定(O)
取 消(C)

图 2.226　文本检索对话框

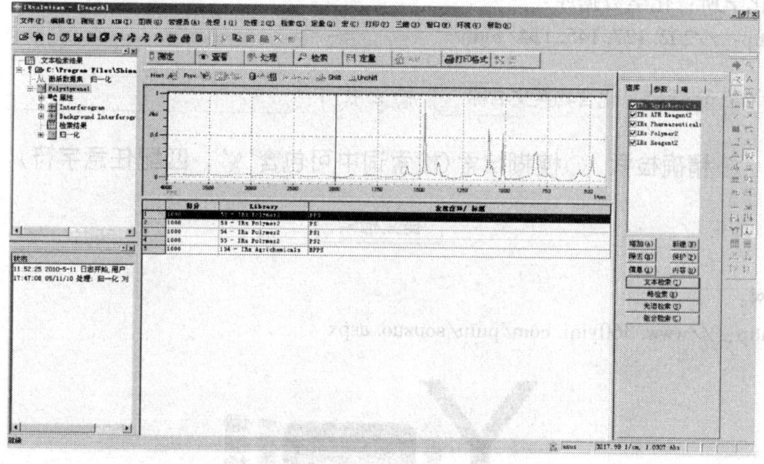

图 2.227　文本检索方式检索结果

高级文本搜索
最大的命中数
And:
类型
文本
Or:
类型
文本
Not:
类型
文本
确 定(O)
取 消(A)

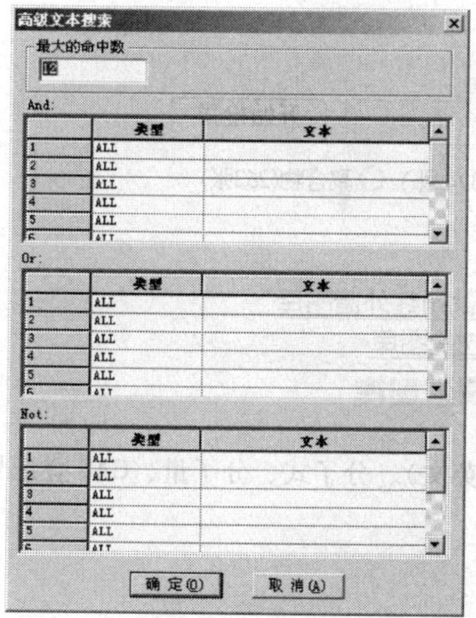

图 2.228　组合检索对话框

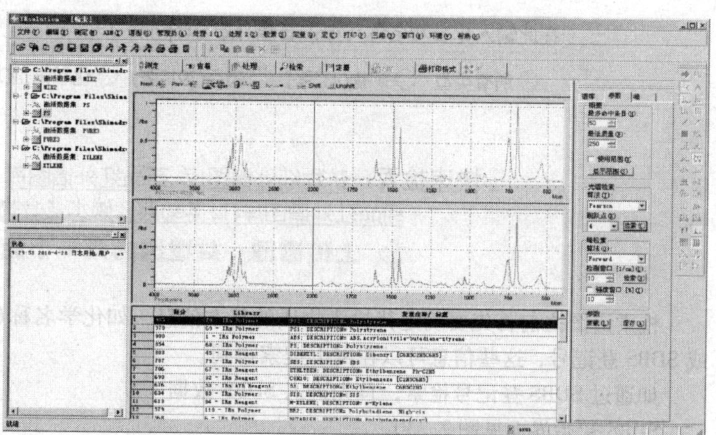

图 2.229　组合检索方式检索结果

(3) 在线光谱谱图检索

① Spectral Database for Organic Compounds(SDBS):

SDBS 由日本 National Institute of Materials and Chemical Research(NIMC) 制作，是一个有机化合物综合数据库，免费提供包括质谱、核磁(C、H)、红外光谱、拉曼光谱等数据查询。其中以商业化学试剂为主，约2/3是6碳至16碳的化合物。数据大部分是其自行测定的，并不断添加，目前最新更新日期为2010. 03. 31。可以通过化合物、分子式、分子量、CAS/SDBS 注册号、元素组成、光谱峰值位置/强度方式搜索。

检索网址：http：//riodb01. ibase. aist. go. jp/sdbs/cgi-bin/cre _ index. cgi? lang = eng

② NIST Chemistry WebBook:

是美国国家标准与技术研究院 The National Institute of Standards and Technology(NIST)的基于 Web 的物性数据库，可通过分子式检索、化学名检索、CAS 登录号检索、离子能检索、电子亲和力检索、质子亲和力检索、酸度检索、表面活化能检索、振动能检索、电子能级别检索、结构检索、分子量检索和作者检索等方法，得到气相热化学数据、浓缩相热化学数据、相变数据、反应热化学数据、气相离子能数据、离子聚合数据、气相 IR 色谱、质谱、UV/Vis 色谱、振动及电子色谱等。

检索网址：http：//webbook. nist. gov/chemistry/

③ 上海有机化学所：化学数据库：

检索网址：http：//202. 127. 145. 134/scdb/

检索关键词 化合物英文名称 检索式

⊙精确检索 ○模糊检索(检索词中可包含'%'，匹配任意字符)

提交检索

④ 360 仪器网：

检索网址：http：//www. 360yiqi. com/putu/sousuo. aspx

名 称 化学式

在此输入化合物名称（如：石墨 或 Graphite） 开始检索

⊙所有类型 ○矿物(835张) ○药品(3918张) ○化学试剂(10242张) ○聚合物(262张)

快速检索：矿物红外谱图库 药品红外谱图库 试剂红外谱图库 药品红外谱图库(日本药典) 碳水化合物拉曼图库

上传谱图--共建国内第一个免费谱图库

检索谱图之前首先要确定待检索物质的基本信息，如化学名称(英文)、分子式、分子量、CAS 登记号或 SDBS 登记号，这些信息可以在网上搜索得到。

如通过 SDBS 登记号检索，首先进入 SDBS 数据库。

SDBS 初始界面见图 2. 230。

点击“同意”进入检索页面(见图 2. 231)，在红色虚线框内输入检索内容(化学名称、分子式、分子量、

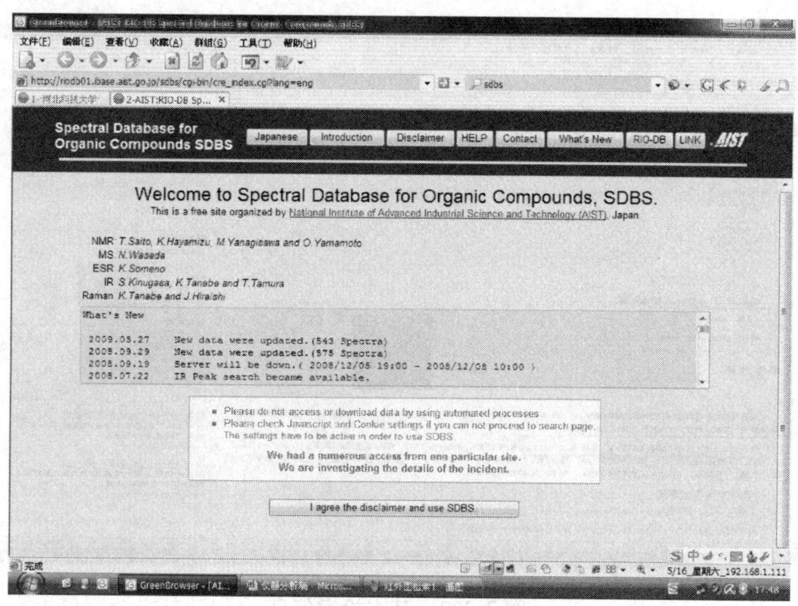

图 2.230　SDBS 初始界面

CAS 登记号或 SDBS 登记号），这些内容不必全部输入，选填一项即可，为避免筛选可以填写物质唯一性的标识，如 CAS 登记号。同样可以选填线框右侧的检索附加信息。

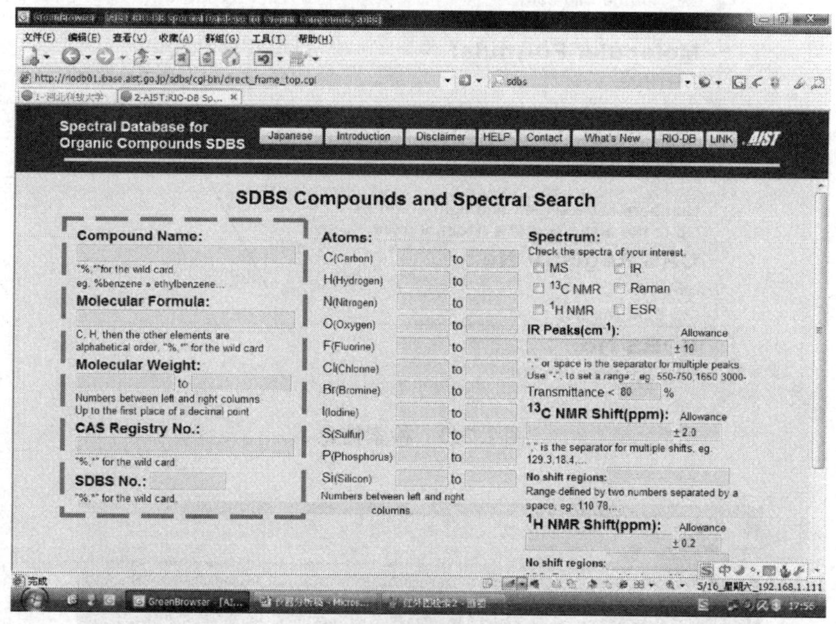

图 2.231　SDBS 检索界面

以硝基苯为例说明检索过程。

a. 先从百度网上搜索硝基苯基本信息，见图 2.232。

b. 在 SDBS 数据检索界面输入检索信息（见图 2.233）。

c. 检索结果：

检索结果（见图 2.234）显示 SDBS 数据库中硝基苯信息，界面中“Y”表明数据库中有相应谱图，点击“Y”即可看到对应谱图信息。在图中可以看到数据库中录入了硝基苯两种形式的红外图谱，硝基苯液膜谱

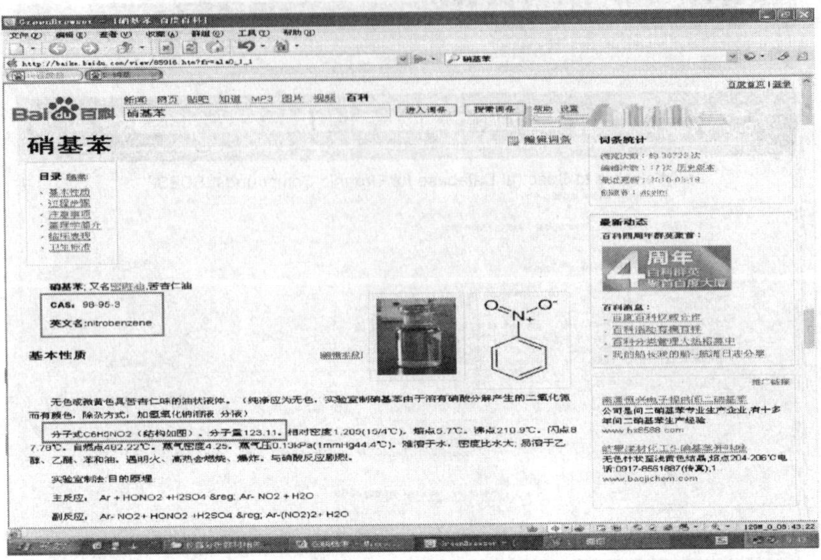

图 2.232 基本检索信息

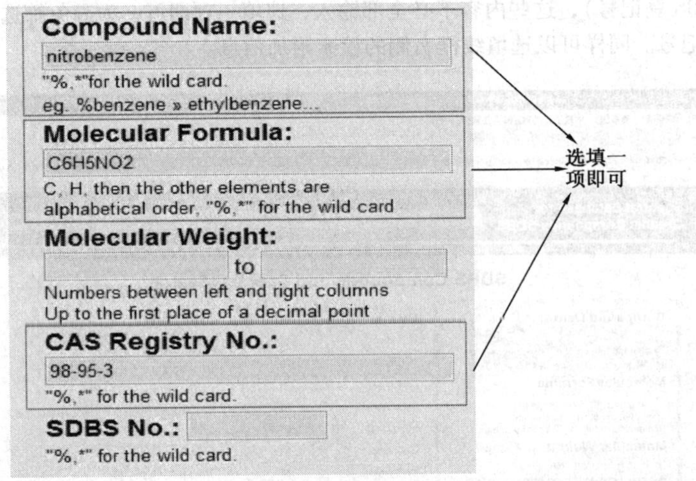

图 2.233 检索信息

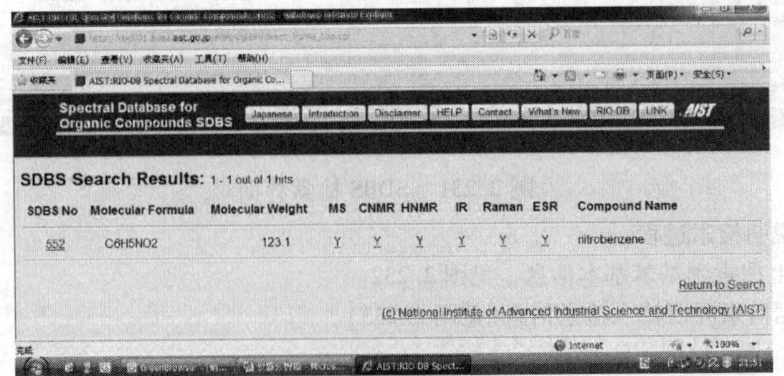

图 2.234 检索结果

图(见图 2.235)和以 CCl_4 为溶剂的硝基苯谱图(见图 2.236)。点击可以互相切换，在谱图上右击另存可以保存谱图。

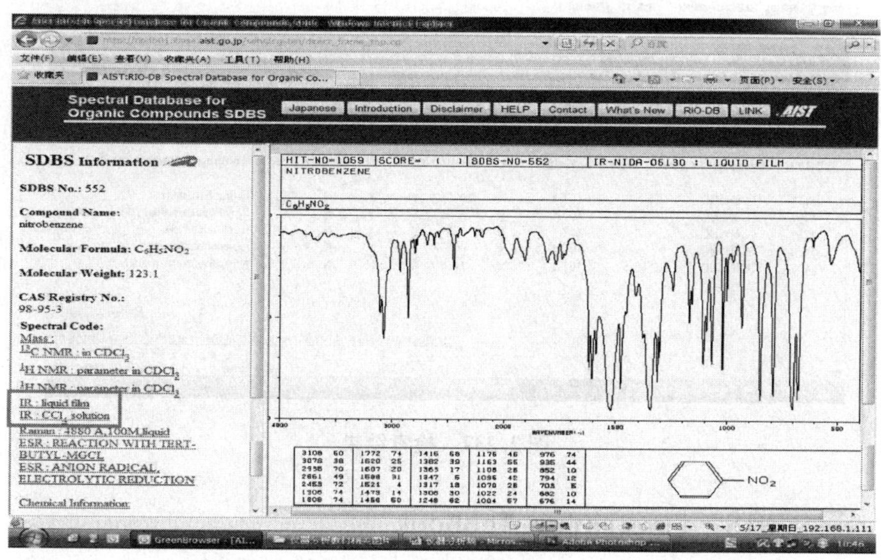

图 2.235　硝基苯液膜

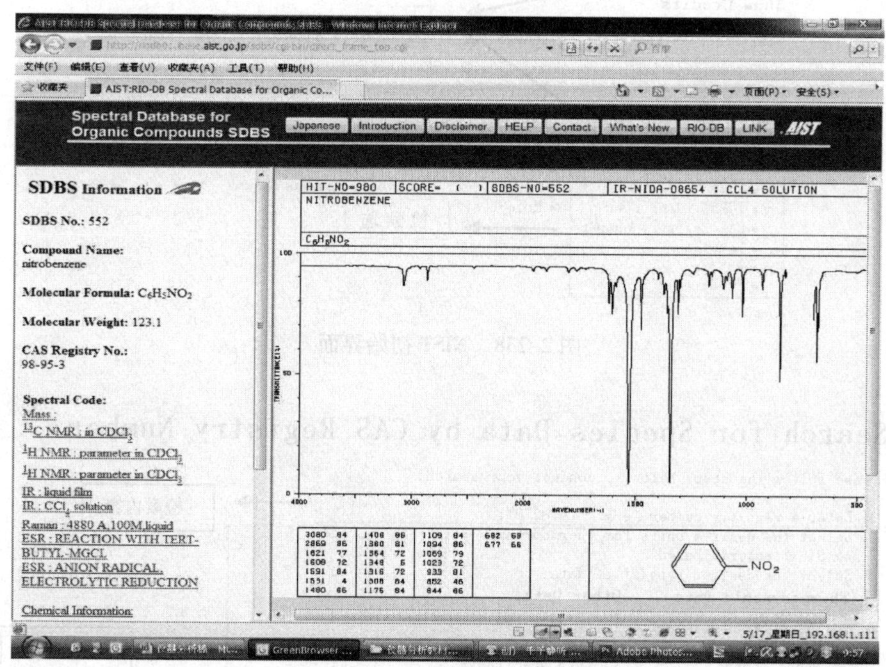

图 2.236　硝基苯的四氯化碳溶液

若谱图中没有该物质对应信息则显示“N”，见图 2.237。

如果利用 NIST 数据库检索，可进入 NIST 数据库。

NIST 初始界面，见图 2.238。

在检索选项(分子量、化学名称、CAS 或分子式等)中任选一项作为检索条件，为避免筛选可以填写物质唯一性的标识，如 CAS 登记号(图 2.239)。

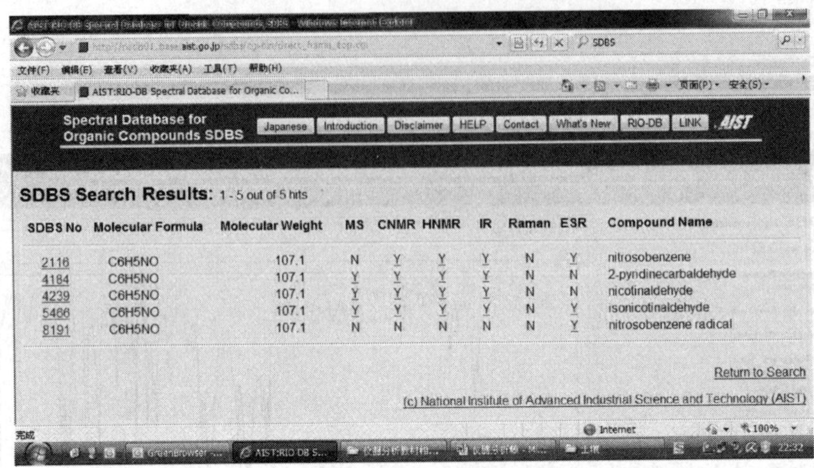

图 2.237 检索结果

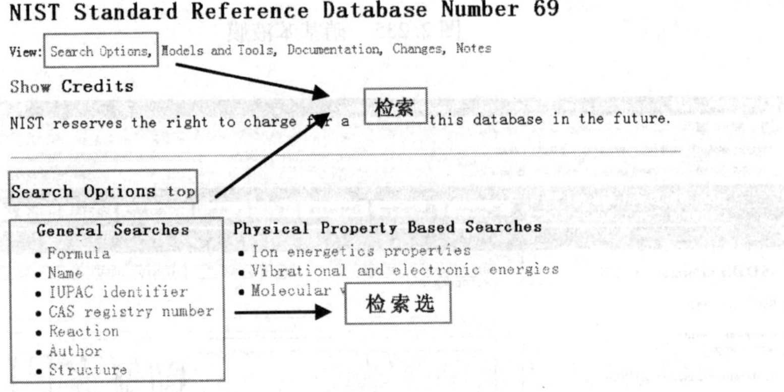

图 2.238 NIST 初始界面

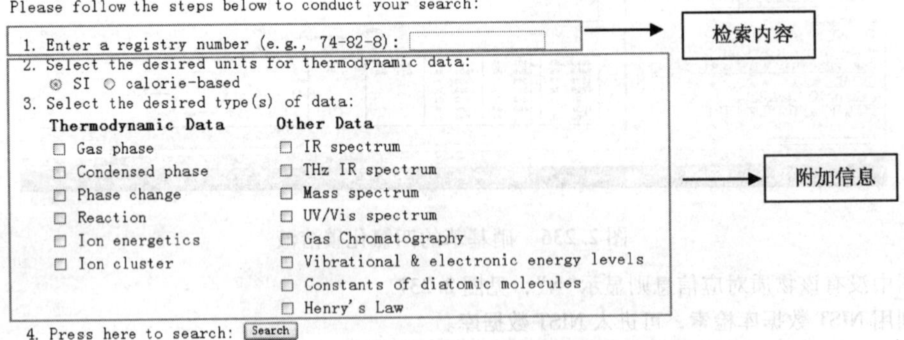

图 2.239 由 CAS 号检索

以硝基苯为例说明检索过程(图 2.240 ~ 2.242)。

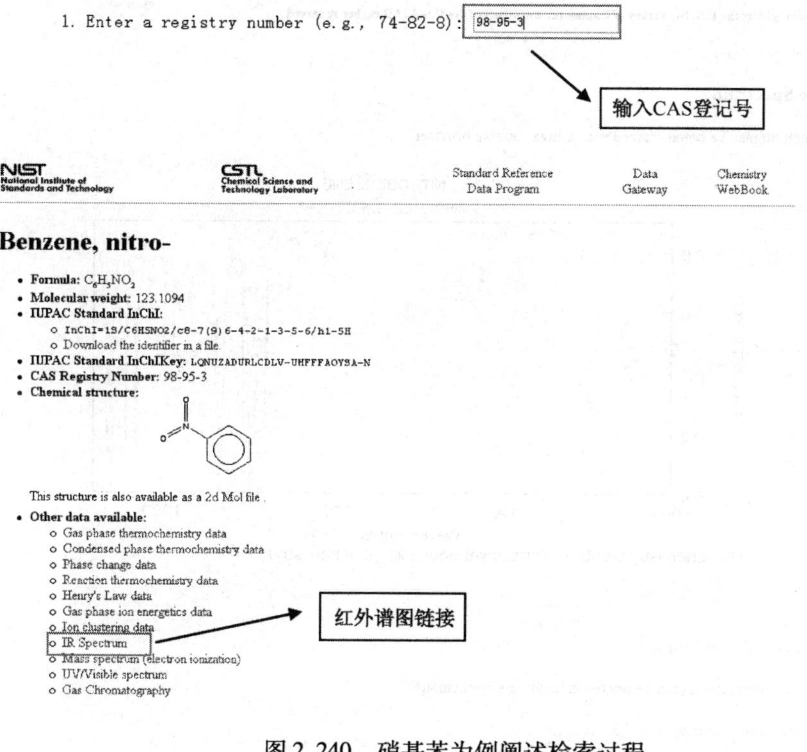

图 2.240　硝基苯为例阐述检索过程

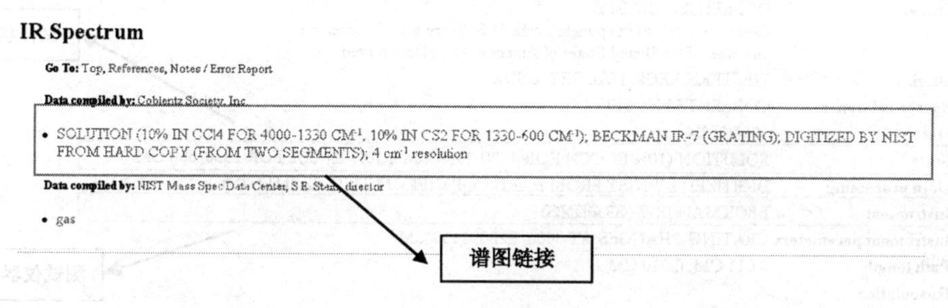

图 2.241　IR 谱图连接

2.2.3.5　红外软件新技术

(1) 异物分析程序：

污染物分析程序是支持污物鉴定的程序，并创建鉴定报告。

从 ATR、透过/反射模式中，选择未知谱图扫描的方法。然后根据所选择的方法，用适当的数据库检索光谱。所检测到的峰与命中光谱的前 10 个进行比较。结果显示为主成分排行，以(+ + +)、(+ +)与(+)表示。

(+ + +)所有峰均匹配。

(+ +)仅有一个峰不匹配。

(+)仅有两个峰不匹配。

所检测到的峰，以同样方式，与命中光谱第 11 位以后的进行比较。结果显示为副成分排行，以(+ + +)、(+ +)与(+)表示。

Infrared Spectrum

Go To: Top, References, Notes / Error Report

Data compiled by: Coblentz Society, Inc.

Condensed Phase Spectrum

Notice: This spectrum may be better viewed with a Java capable browser.

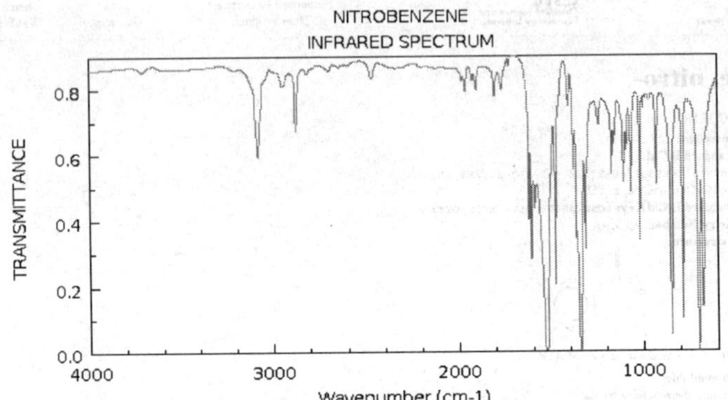

Additional Data

View scan of original (hardcopy) spectrum.

View image of digitized spectrum (can be printed in landscape orientation).

Download (or view) spectrum image in SVG format.

Download spectrum in JCAMP-DX format.

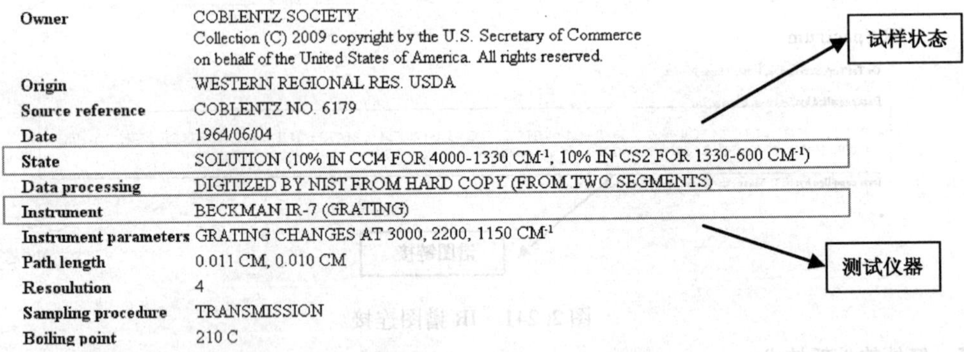

Owner	COBLENTZ SOCIETY Collection (C) 2009 copyright by the U.S. Secretary of Commerce on behalf of the United States of America. All rights reserved.
Origin	WESTERN REGIONAL RES. USDA
Source reference	COBLENTZ NO. 6179
Date	1964/06/04
State	SOLUTION (10% IN CCl4 FOR 4000-1330 CM^{-1}, 10% IN CS2 FOR 1330-600 CM^{-1})
Data processing	DIGITIZED BY NIST FROM HARD COPY (FROM TWO SEGMENTS)
Instrument	BECKMAN IR-7 (GRATING)
Instrument parameters	GRATING CHANGES AT 3000, 2200, 1150 CM^{-1}
Path length	0.011 CM, 0.010 CM
Resoulution	4
Sampling procedure	TRANSMISSION
Boiling point	210 C

图 2. 242 检索结果（硝基苯红外光谱）

（+++）所有峰均匹配。

（++）仅有一个峰不匹配。

（+）仅有两个峰不匹配。

作为主成分或副成分检测到的光谱可与未知谱图重叠，并打印。

以下为异物分析的操作步骤：

a. 选择“测定”“异物分析”见图 2. 243；

b. 在弹出的窗口里选择谱图的测定方式，见图 2. 244。

c. 软件给出判定结果，点击“OK”打印报告，见图 2. 245。

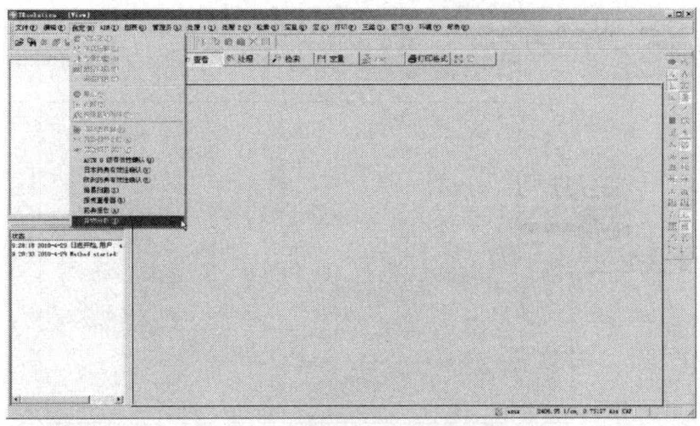

图 2.243　选择测定异物分析窗口

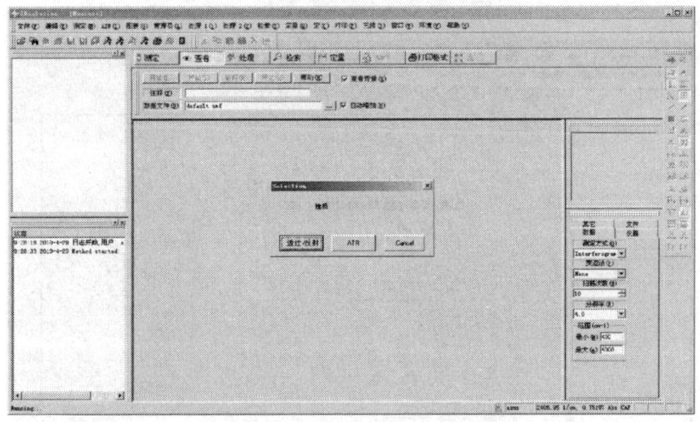

图 2.244　异物分析窗口

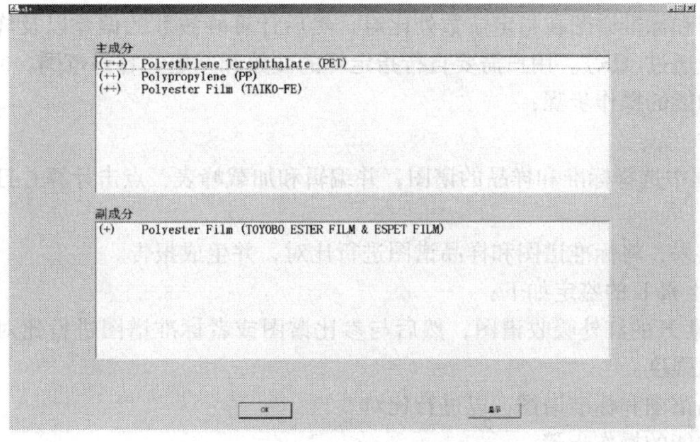

图 2.245　判定结果窗口

（2）药典报告程序

IRsolution 中的制药报告程序作为选配软件，可以在 IRsolution 软件上运行。

该程序包含报告生成、谱图比对、寻峰功能。

选择“测定”“药典报告”，在弹出的对话框中选择相应的功能，见图 2.246、图 2.247。

A. 报告生成

根据药典中的鉴定结果，将样品谱图与标准谱图进行比对，并生成分析报告。计算峰的波数以及比值，并根据峰的波数及比值的误差，程序会给出通过(OK) /失败(NG)。

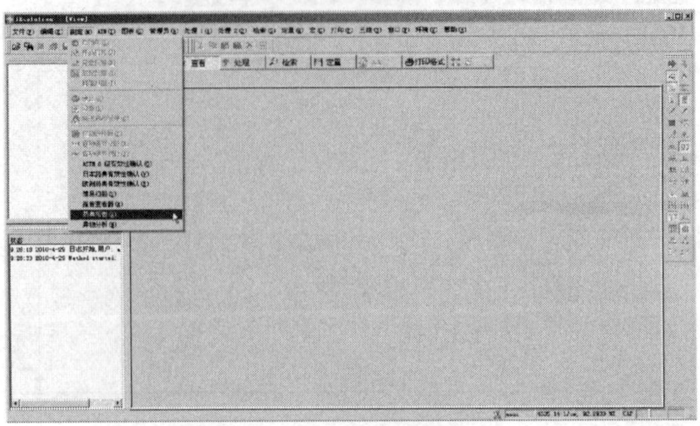

图 2.246　药典报告程序窗口

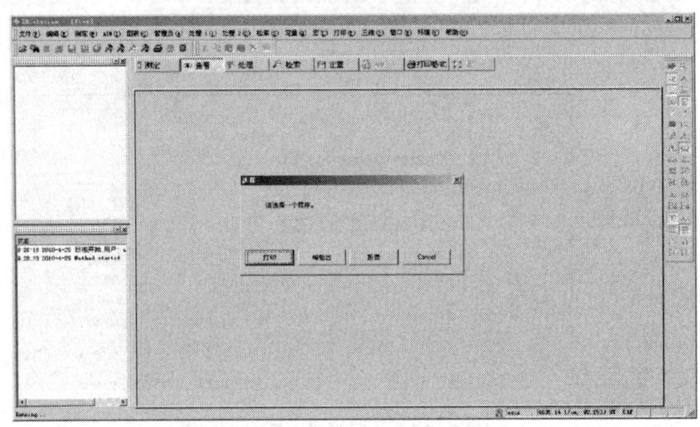

图 2.247　药典报告程序对话框

该程序将样品谱图和标准谱图在指定波数处比对，然后计算峰波数的偏差以及峰比值。如果偏差在容许范围内，判定结果为通过(OK)。用户需要自行指定峰的波数和判定的容许范围。

以下为报告生成功能的操作步骤：

a. 点击“打印”；

b. 在弹出的对话框中选择标准和样品的谱图，并编辑和加载峰表，点击计算并打印报告，见图 2.248。

B. 谱图比对

根据药典的鉴定结果，将标准谱图和样品谱图进行比对，并生成报告。

例如：生育酚/维生素 E 的鉴定如下：

测定生育酚/维生素 E 的红外吸收谱图，然后与参比谱图或者标准谱图进行比对，两个光谱在相同波数处应具有相似的吸收强度。

该程序将打印样品谱图和标准谱图，以进行比对。

以下为谱图对比功能的操作步骤：

a. 点击“报告”；

b. 选择标准和样品的谱图，打印报告，见图 2.249。

C. 寻峰

寻找药典中鉴定报告所描述的峰，并生成报告。

例如：根据第十五版日本药典的描述，ChlorpheniramineMaleatePowder 的鉴定如下：

……测定红外吸收谱图……，在 2940cm^{-1}、2810cm^{-1}、2770cm^{-1}、1589cm^{-1}、1491cm^{-1}、1470cm^{-1}、1434cm^{-1}、1091cm^{-1}和 1015cm^{-1}处有吸收。

以下为寻峰功能的操作步骤：

执行日期：2010-5-12 17:53:25
报告者：　asus

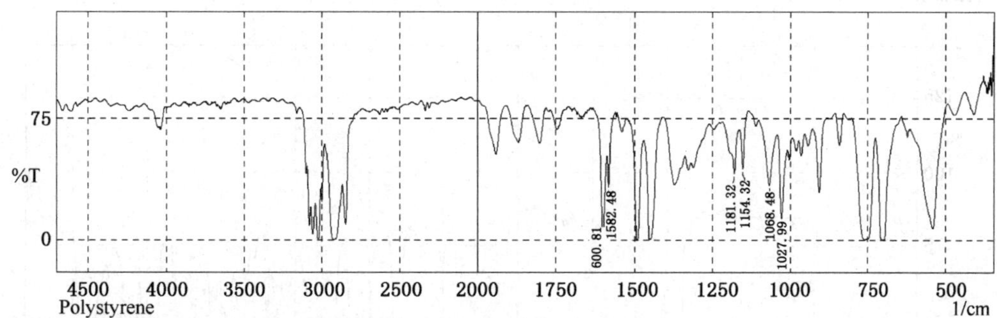

C:/Program Files\Shimadzu/IRsolution\data\Polystyrene1.smf
扫描日期：2002-9-27 10:33:56　　扫描次数：45
分辨率：2[l/cm]　　切趾函数：Happ-Genzel

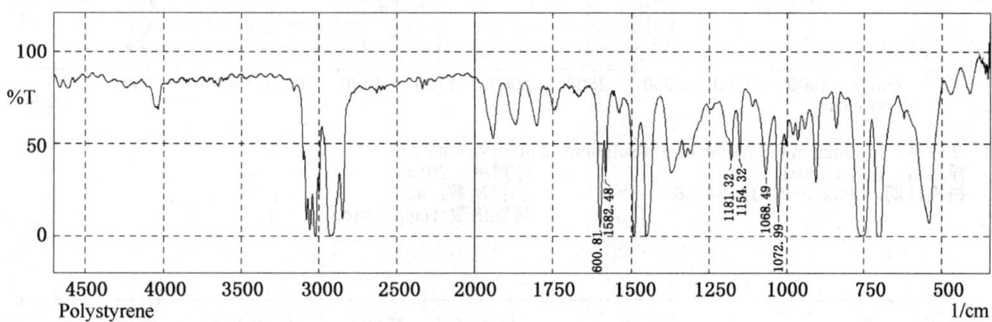

C:/Program Files\Shimadzu/IRsolution\data\Polystyrene2.smf
扫描日期：2002-9-27 10:36:09　　扫描次数：45
分辨率：2[l/cm]　　切趾函数：Happ-Genzel

Peak position

	Sample		Standard		Tolerance	Error
	(cm^{-1})	(%T)	(cm^{-1})	(%T)	(cm^{-1})	(cm^{-1})
__P1	1028.9	13.2	1028.9	13.2	1.00	0.0
__P2	1028.5	33.7	1068.5	33.7	1.00	0.0
__P3	1154.3	44.1	1154.3	44.1	1.00	0.0
__P4	1181.3	41.2	1181.3	41.2	1.00	0.0
__P5	1582.5	32.8	1582.5	32.7	1.00	0.0
__P6	1600.8	4.9	1600.8	4.9	1.00	0.0

Peak ratio

Sample	Standard	Tolerance	Error

图 2.248　报告生成

a. 点击“峰检出”；

b. 在弹出的对话框中加载样品谱图，并编辑和加载峰表，点击检测并打印报告，见图 2.250。

2.2.3.6　红外光谱定量分析

（1）定量分析原理

与其他分光光度法（紫外、可见分光光度法）一样，红外光谱定量分析是根据物质组分的吸收峰强度来进行的，它的理论基础是 Lambert - Beer 定律。各种气体、液体和固态物质，均可用红外光谱进行定量分析。用红外光谱进行定量分析，其优点是有较多特征峰可供选择。对于物理和化学性质相近，而用气相色谱进行定量分析又存在困难的试样（如沸点高，或汽化时试样分解），常常可采用红外光谱法定量。红外吸光度的测定与紫外吸光度的测定相比往往偏差较大，这是由于更易发生对朗伯比尔定律偏离的缘故。原因在于红外吸收的谱带较窄，而红外检测器的灵敏度较低。另一个原因是由于红外光谱测量中一般不使用参

执行日期：2010-4-29 10:28:23
报告者： asus

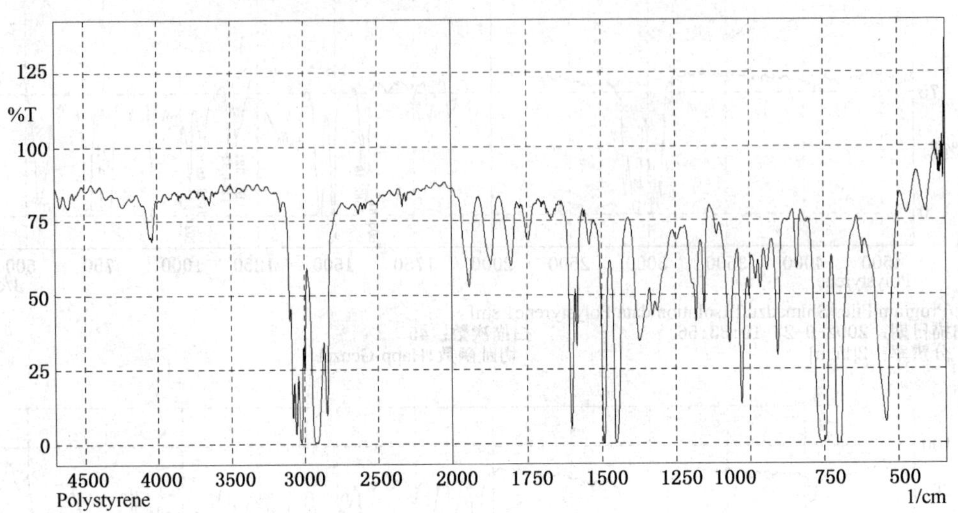

文件名：C:/Program Files\Shimadzu/IRsolution\data\Polystyrene1.smf
样品名：Polystyrene1　　分辨率：2[l/cm]
扫描日期：2002-9-27 10:33:56　　扫描次数：45
切趾函数：Happ-Genzel

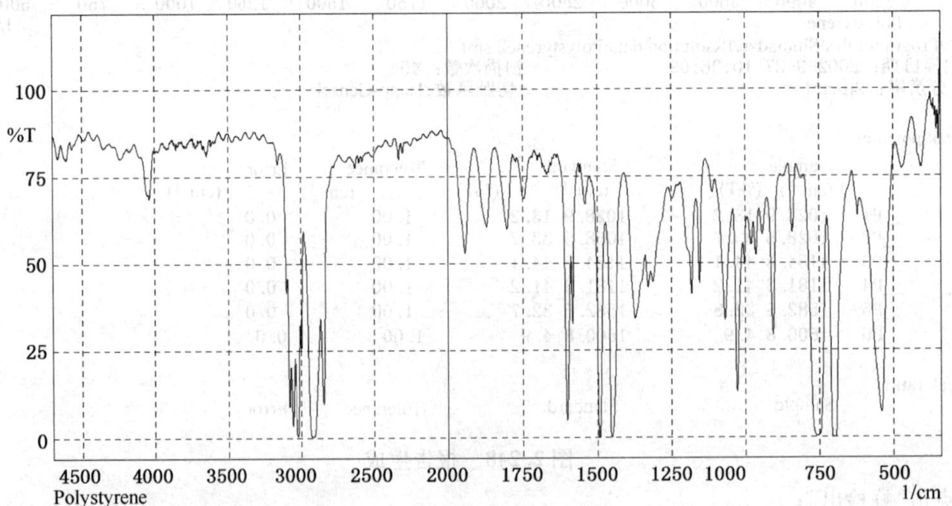

文件名：C:/Program Files\Shimadzu/IRsolution\data\Polystyrene2.smf
样品名：Polystyrene2　　分辨率：2[l/cm]
扫描日期：2002-9-27 10:36:09　　扫描次数：45
切趾函数：Happ-Genzel

图 2.249 谱图比对

比试样，因此无法抵消参比池窗面上的反射、溶剂的吸收和散射，以及样品池窗的吸收和散射所造成的光强的损失。在红外测定中常常不用参比试样，其主要原因是吸收池窗面(盐窗)的透光特性常在变化，厚度也难以控制。

执行日期：2010-5-12 18:05:41
报告者：　asus

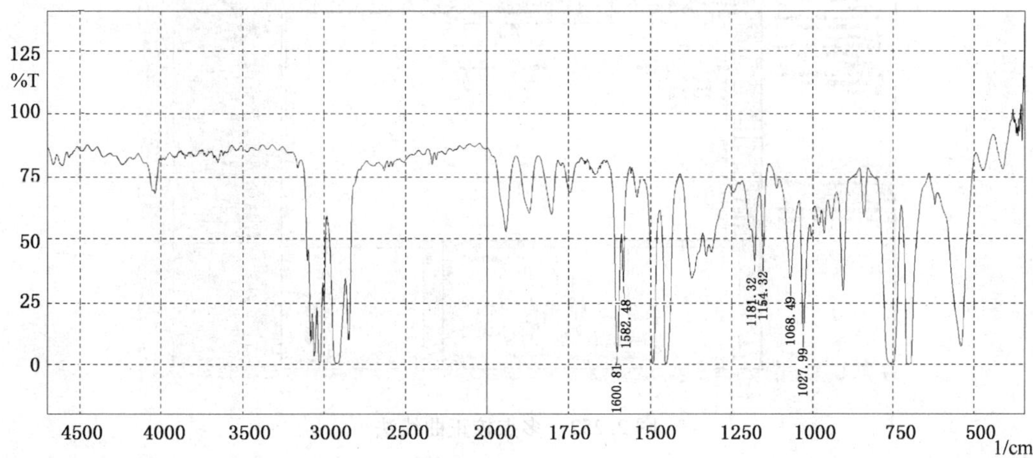

文件名：C:/Program Files\Shimadzu/IRsolution\data\ \Polystyrenel.smf
样品名：Polystyrene1
扫描日期：2002-9-27 10:33:56
分辨率：　2[l/cm]
扫描次数：45
切趾函数：happ-Genzel

Peak wavenumber　　Mark wavenumber

P1:1028.0 13.2
P2:1068.5 33.7
P3:1154.2 44.1
P4:1181.3 41.2
P5:1582.5 32.7
P6:1600.8 4.9

图 2.250　寻峰

（2）测量方法

在红外光谱定量测定中，常常采用基线法求得试样的经验吸光度，它的原理如图 2.251 所示。测定时，不用参比试样，并假定溶剂在吸收峰两肩部是保持不变的。在透光率线性坐标的图谱上选择一个适当的被测物质的吸收谱带。在这个谱带的波长范围内，溶剂及试样中其他组分应该没有吸收谱带与其重叠，也就是背景吸收是常数或呈线性变化。画一条与吸收谱带两肩相切的线 KL 作为基线，如果通过峰值波长处的垂线和这一基线相交于点 M，令 M 点处的透光率值为 I_0，峰值处的透光率值为 I，则这一波长处的吸光度为：

$$A = \lg \frac{I_0}{I}$$

定量校准方法可采用标准曲线或标准加入法。

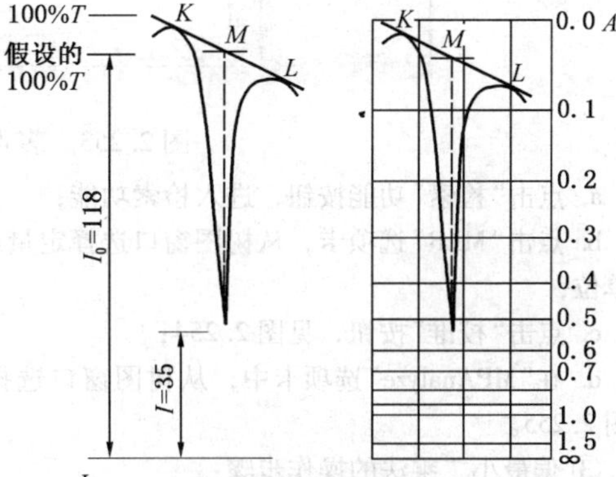

图 2.251　红外光谱吸光度的基线法测量

（3）IRsolution 定量分析软件

[定量]菜单提供定量分析的命令。可用的方法有以朗伯－比尔定律为基础的多点校正曲线法，多重线性回归定量分析法及偏最小二乘法。

① 多点校正曲线法的操作步骤：

a. 点击“检索”功能按钮，进入检索功能；

b. 点击“多点”选项卡，从树图窗口选择定量用谱图，加入到标准表中，并标注对应浓度和单位；

c. 在“多点”选项卡中，“评估”部分中选择定量方式，“参数”中设定曲线次数和原点处理方式，点击“校准”按钮，见图 2.252；

d. 在“MPAnalyze”选项卡中，从树图窗口选择要定量的谱图，添加至样品表中，即可看到定量结果，见图 2.253。

② 多重线性回归法的操作步骤：

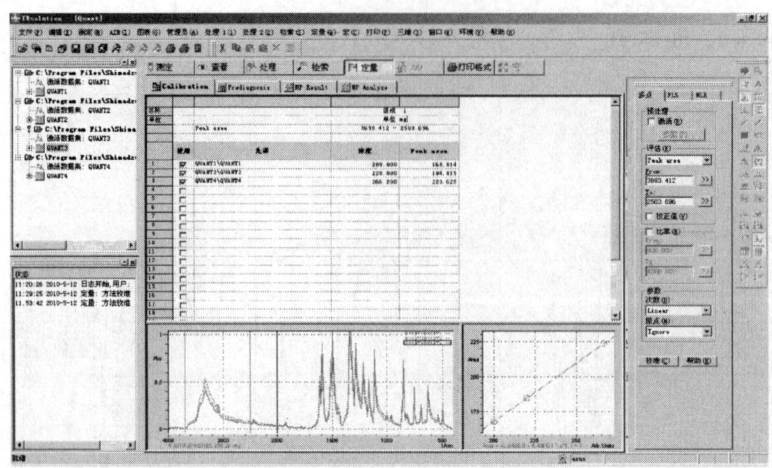

图 2.252 多点校正曲线法

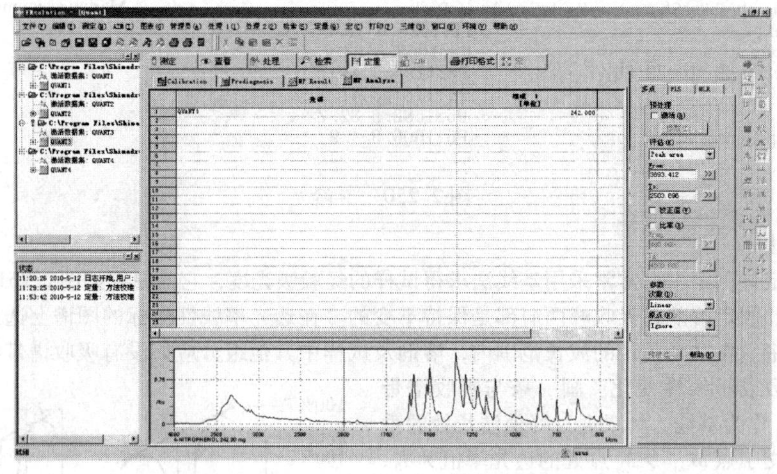

图 2.253 多点校正曲线法定量结果

a. 点击“检索”功能按钮，进入检索功能；

b. 点击“MLR”选项卡，从树图窗口选择定量用谱图，加入到标准表中，选择组成数，并标注对应浓度和单位；

c. 点击“校准”按钮，见图 2.254；

d. 在“MPAnalyze”选项卡中，从树图窗口选择要定量的谱图，添加至样品表中，即可看到定量结果，见图 2.255。

③ 偏最小二乘法的操作步骤：

a. 点击“检索”功能按钮，进入检索功能；

b. 点击“PLS”选项卡，从树图窗口选择定量用谱图，加入到标准表中，选择组成数，并标注对应浓度和单位；

c. 选择算法和因子；

d. 点击“校准”按钮，见图 2.256；

e. 在“PLSAnalyze”选项卡中，从树图窗口选择要定量的谱图，添加至样品表中，即可看到定量结果，见图 2.257。

2.2.3.7 红外吸收光谱技术研究进展

（1）红外显微镜

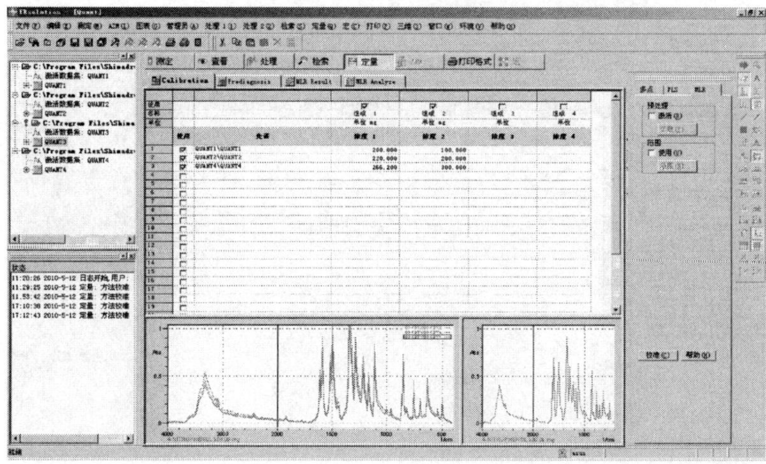

图 2.254　多重线性回归法

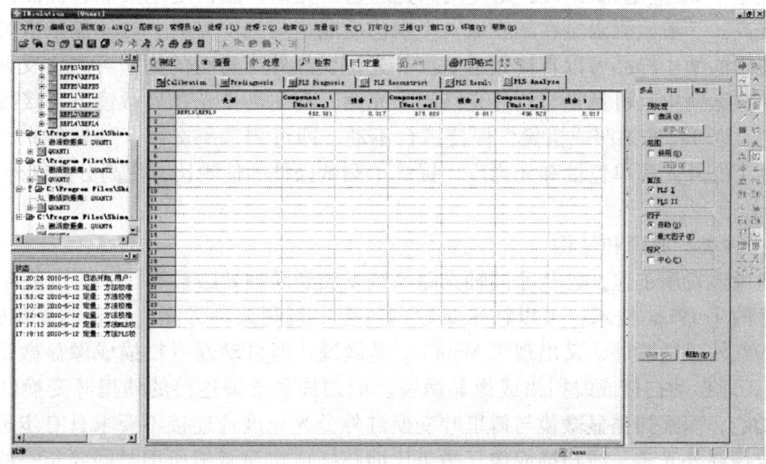

图 2.255　多重线性回归法定量结果

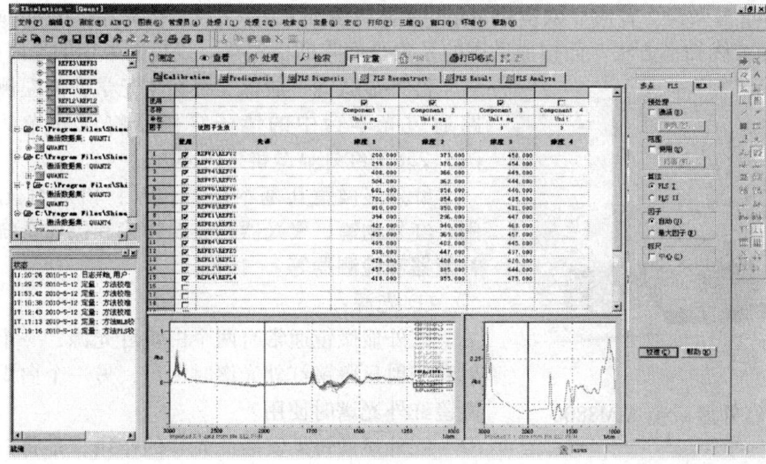

图 2.256　偏最小二乘法

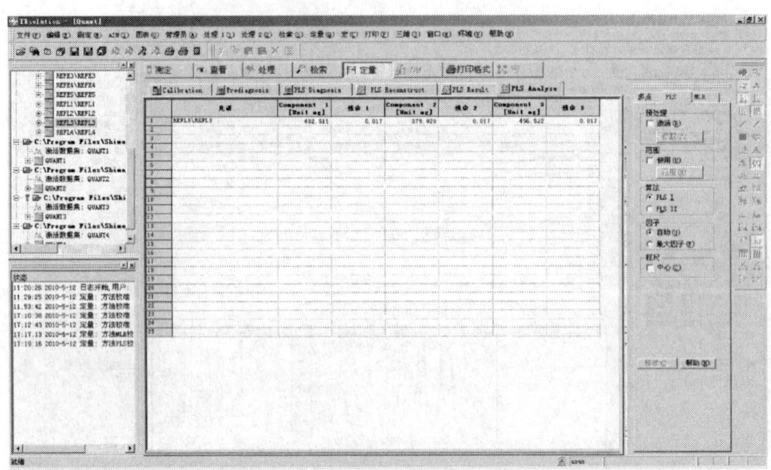

图 2.257 偏最小二乘法定量结果

红外显微镜诞生于20世纪80年代，是使用高光通量的光谱，高精度地聚焦在样品的微小面积上，使测量灵敏度大大提高。一般检测限量在纳克级，个别物质能检测到皮克级。红外显微镜可以是透射式和反射式。对红外光透明的微小样品可以直接做透射红外光谱，红外不透明的物质可测定反射红外光谱，进行无损分析。在红外显微镜中，可见光与红外光沿同一光路，利用可见光在显微镜下直接找到需要分析的微区(可小至10μm)，并可将其拍照或摄像，保持镜台不动，即可测量所选微区的红外光谱。如采用同步加速器红外源，提高了红外光源单色性和光强度，提高了测试探针的信噪比，使高分辨红外显微镜成为可能，分辨率可达到3μm。

1）红外显微镜种类、原理和结构

目前，红外显微镜发展迅速，已从非同轴光路系统发展到同轴光路系统，即红外光路与可见光路同轴。有的利用二相色性的 TruView 技术，可以在采集数据过程中观测被测区间，且观测采集数据时不必转换。当前，除了普通的红外显微镜外，又出现了 Mapping 显微镜，即自动逐点扫描成像显微镜。还有更为高级的 Imaging 显微镜，即自动扫描或线扫描成像显微镜。面扫描显微镜连接的傅里叶变换红外分光光度计要求具有步进扫描功能，而线扫描显微镜与傅里叶变换红外分光光度计连接不要求具有步进扫描功能。扫描同样面积样品的成像红外光谱，线扫描成像显微镜比面扫描成像显微镜所用时间要长一些，但比逐点扫描成像显微镜所用时间大大减少。

普通的红外显微镜一次只能测试一张光谱，在高档显微镜基础上，安装上逐点扫描成像的硬件和软件，就可以组成 Mapping 显微镜。普通显微镜和 Mapping 显微镜都采用 MCT/A 检测器。Imaging 显微镜光谱的采集使用的是面扫描或线扫描方法，面扫描采用的是焦平面阵列检测器，线扫描采用的是阵列检测器

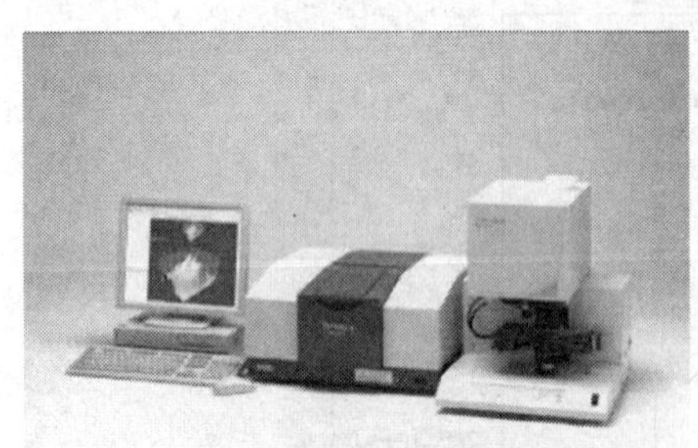

图 2.258 红外显微镜 AIM8800

红外显微镜一般都安装在主光学台的左侧或右侧，红外光路通过光学台中的镜子穿梭器将红外光从光学台中引出。图 2.258为红外显微镜 AIM8800。

红外显微镜其基本结构包括：白炽灯光源、滤光片、光阑、红外物镜、聚光器、玻璃物镜和摄像系统、样品台、光路补偿器和检测器等。

① 光源：

红外显微镜通常有两个白炽灯光源，一个白炽灯在测试透射和反射显微镜红外光谱时使用，另一个白炽灯在测试透射显微镜红外光谱时使用。

红外显微镜上安装滤光片的作用，是将白炽灯发出的白光通过滤光片后变成不同颜色的光。上下两个滤光片的颜色不同，照在样品上具有不同的颜色，以区别上光源和下光源，有利于待测样品的聚焦。

② 光阑：

光阑的作用是产生一个红外光斑。照射在待测样品上红外光斑的大小由光阑控制。当光阑孔径一定时，落在红外光斑内的样品对红外光谱有贡献，红外光斑以外的样品对光谱没有影响。

红外显微镜有单光阑显微镜和双光阑显微镜。光阑有固定光阑和可变光阑两种，固定光阑的大小是固定不变的，通常为圆型。可变光阑的大小和形状是可以改变的，如图2.259所示，是一种四条边组成的手动可变光阑。

光阑的四条边由四个刀口组成，每个刀口的移动由一个旋钮控制。

Mapping显微镜或Imaging显微镜配备的是可变圆形光阑或可变四边形光阑。可变圆形光阑类似照相机的光圈，光阑的大小由计算机控制。可变四边形光阑的大小和形状也是由计算机控制。

由于在红外光斑内的样品才对红外光谱有贡献，那么红外显微镜测试的最小面积是大家关心的。显微红外光谱测试的范围为4000～650cm^{-1}，相应的光源波长为2.5～15.4μm，所以红外显微镜测试的最小面积直径约8～20μm。

红外显微镜如果只配置一个光阑，当光阑的宽度在8～20μm时，红外光的衍射效应会使与红外光斑相邻的样品也被检测，试测得的光谱受到干扰。

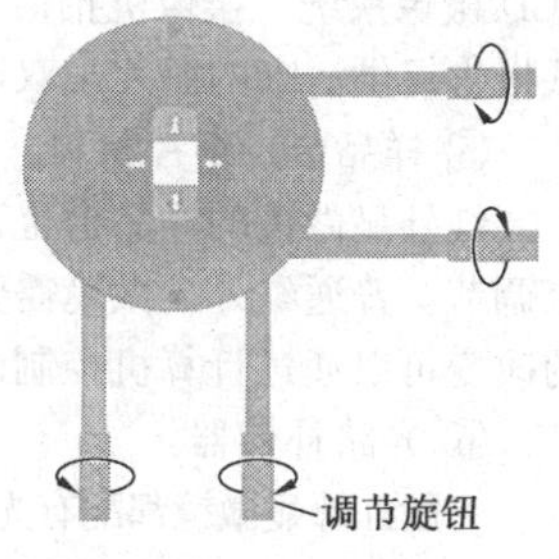

图2.259　由四条边组成的手动可变光阑

为了消除衍射效应对光谱的干扰，可采用双光阑配置。当光阑孔径很小时，红外光通过上光阑照射到样品上会发生衍射，衍射后的红外光斑实际上比用可见光照明的目测光斑要大。当下光阑的孔径和上光阑的孔径相同，且上光阑和下光阑在样品上的光斑重叠时衍射效应对光谱的干扰就能完全消除。

AIM8800显微镜中采用的是折返式光阑系统。AIM8800显微镜透射和反射光路系统，如图2.260所示。从图中可看出，红外光束通过光阑，经反射，照到样品后的光束通过反射，又通过同一个光阑到达检测器，这样可以使衍射光减到最小。因此，能有效地消除红外光衍射对光谱的干扰，使所得光谱只包含所感兴趣的区间的样品信息，而不受样品区间周围介质的影响。

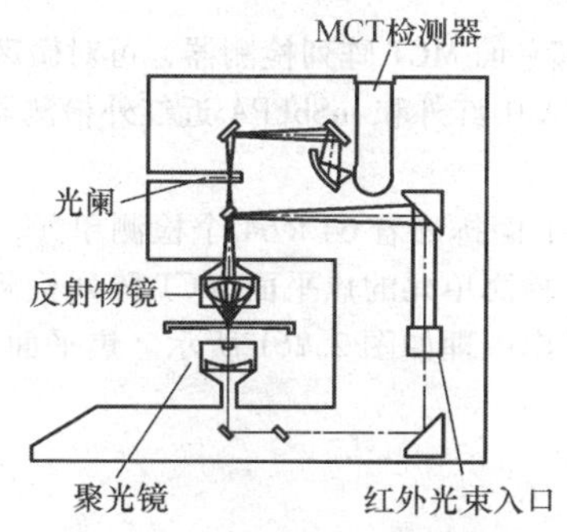

(a)红外显微镜反射测定光路

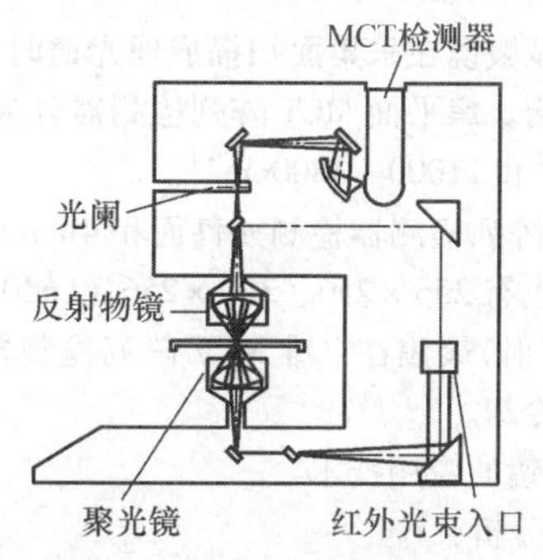

(b)红外显微镜透射测定光路

图2.260　红外显微镜反射、透射光路示意图

③ 红外物镜和聚光器：

红外物镜安装在换镜转盘上，它在光阑和样品台之间，聚光器安装在样品台和下光阑之间。

红外物镜的倍数通常分为三种：10×、15×、和32×。红外物镜即能通过光阑的光束聚焦在待测样品上，又能将样品的图像通过红外物镜和目镜放大，使目测者看清楚待测样品的图像。红外物镜的另一个作用是，用反射式测试显微红外反射光谱时，红外物镜将反射和部分散射光线收集，并将收集到的光线汇集，射向检测器。聚光器的作用是将通过样品后的发散光束汇集，射向检测器。聚光器只在测试透射光谱时使用，测试反射光谱时不使用。

红外物镜的位置是固定的，上光阑在样品表面上的聚焦通过升降样品台来实现。聚光器的位置是可调的，上光阑聚焦好后，再聚焦下光阑。

④ 玻璃目镜和摄像系统：

样品台上样品的图像可以通过目镜用眼睛观察，也可以通过摄像机将样品图像传送到计算机和显示器。

目镜有单筒、双筒可供选择。放大倍数有4×、10×、20×、40×等可供选择。红外显微镜的放大倍数等于物镜的倍数乘以目镜的倍数。例如，红外物镜的倍数为10×，目镜的倍数为20×，显微镜的放大倍数为200×。红外显微镜的放大倍数越高，越有利于聚焦微小区间样品。

单筒目镜用于摄像，不能用眼睛观察，只能通过显示器观察样品的图像。现有高性能、高分辨的彩色CCD摄像系统，摄像机拍摄的样品图像可以存储在计算机里，可以画图、拷贝或粘贴到文档里，为打印测试报告提供清晰的照片。双筒目镜只能用于眼睛观察。三筒目镜既可摄像，又可用眼睛观察。

⑤ 样品台、窗片材料：

红外显微镜的样品台也称载物台。待测样品放置在样品台上，样品的位置可以在X、Y、和Z三个方向上调节。普通红外显微镜需要手动调节旋钮改变样品位置才能将样品聚焦。高级的红外显微镜，样品位置的改变可以通过计算机控制电动机驱动样品台来实现，从达到自动聚焦的目的。

⑥ 光路补偿器：

一般红外显微镜都配有光路补偿器。光路补偿器分为上光路补偿器和下光路补偿器。上光路补偿器通常与物镜装配在一起，下光路补偿器通常与聚光器装配在一起。补偿器的作用是对红外光路进行补偿。当红外光以一定角度从一种介质进入另一种介质时，会发生折射。折射会使光线弯曲，焦点位移。如果配有光路补偿器，样品用白光目视聚焦后，在采集样品光谱时，红外光也就聚焦好了，不需要重新聚焦，就能使红外光通量最大。

如果没有光路补偿器，聚焦时，在待测样品表面，光阑的边界会模糊不清，得不到清晰的光阑图像，也就不能准确地找到样品的位置。此外在采集时，还会使光通量降低。

⑦ 检测器：

普通红外显微镜通常只配一个MCT/A检测器，现在有些红外显微镜可以装配两个检测器，这两个检测器可以通过计算机自动选择。普通红外显微镜使用的检测器有三种：高信噪比窄带MCT/A*检测器，测定范围11700~750cm^{-1}；带宽中等的MCT/A检测器，测定范围11700~600cm^{-1}；低信噪比的宽带MCT/B检测器，测定范围11700~450cm^{-1}。

面扫描红外显微镜在采集面扫描成像光谱时，使用焦平面MCT阵列检测器，可对微区表面不同区域的样品进行快速检测。焦平面MCT阵列检测器分为MCTFPA中红外和InSbFPA近红外检测器，检测范围分别为5000~900cm^{-1}和11000~1800cm^{-1}。

焦平面MCT阵列检测器检测元件面积4mm×4mm，上面排列着64×64个检测单元，每个检测单元之间间隔1.5μm。也有256×256、320×256和640×512个检测单元的焦平面MCT阵列检测器。来自样品的红外光(透射和反射)聚焦在二维MCT阵列检测器上，工作原理如图2.261所示。焦平面MCT阵列检测器工作时需要液氮冷却。

2）红外显微镜的应用技术

① 法医检验分析：

由于在刑事犯罪现场和道路交通事故现场等所能提取到的物证经常是极微的，如一根几毫米长的纤维，一小片多层油漆碎片，一粒肉眼都难以看清楚的固体，书写痕迹等的检测，这是常规红外光谱难以解决的，而显微红外技术就可不损坏物证而进行检验分析，为案件的分析提供有力物证。

例如，FTIR显微镜/ATR物镜法检测圆珠笔迹的红外光谱。

圆珠笔是普及书写的工具。对于书写痕迹的检测，在公安、司法等许多部门有很重要的作用。红外光谱能提供书写痕迹的各种成分随时间变化的诸多信息，而不损坏样品的原始性。

研究使用FTIR显微镜加ATR物镜(图2.262)，再结合显微镜多媒体自动取样技术，对圆珠笔痕迹进行检测，并得到了扣除纸纤维背景的高质量红外光谱。这预示红外光谱的分子信息技术将在有色无色的化学痕迹检测中发挥更重要的作用。

显微ATR法的光学结构原理见图2.263。

仪器测量条件

红外分光光度计：FTIR-8400S

红外显微镜：AIM-8800

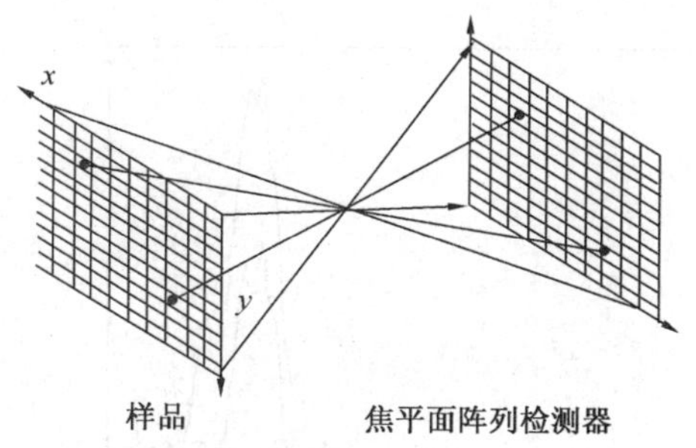

图 2.261　焦平面 MCT 阵列检测器工作原理

图 2.262　显微 ATR 物镜 8800M

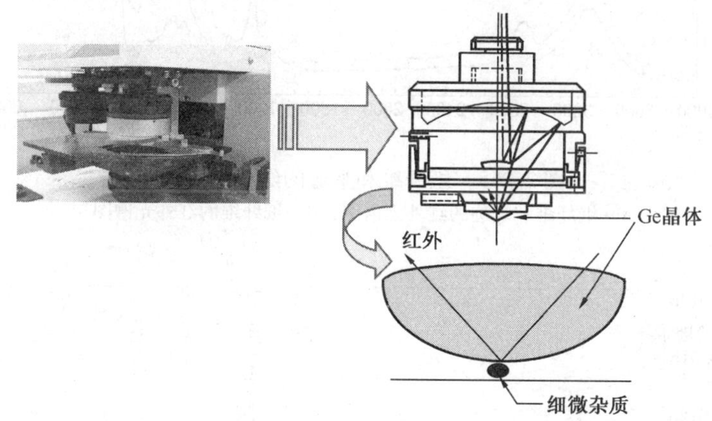

图 2.263　显微 ATR 法的光学结构原理示意图

ATR 物镜：半球型锗晶体

采样次数：50

分辨率：8.0cm^{-1}

检测器：MCT

检测方法：在纸面上书写圆珠笔字迹后，将其紧贴在平板上。把这块载有纸面圆珠笔迹的平板放在红外显微镜的自动样品平台上，固定待测。微小样品固定架见图 2.264。

样品装入并移到中心区后，设定样品检测部位。首先使用 1000 倍的倍率拍照，固定样品待测区域，在待测区域中寻找合适的样品检测点并标记，把 ATR 物镜探头滑入显微镜的光路中，准备进行测试。使用 ATR 物镜探头的背景光谱采集方式为不接触任何样品的悬空采集。若设定纸面上的空白处为样品光谱采集点，则得到空白纸纤维的光谱（图 2.265 中 B 光谱）。在圆珠笔迹处采集的光谱为纸纤维与笔迹的混合信息谱（图 2.265 中 A 光谱）。将二者做差谱处理，得到纯笔迹的各种化学信息红外光谱（图 2.266 中 A－B 光谱）。

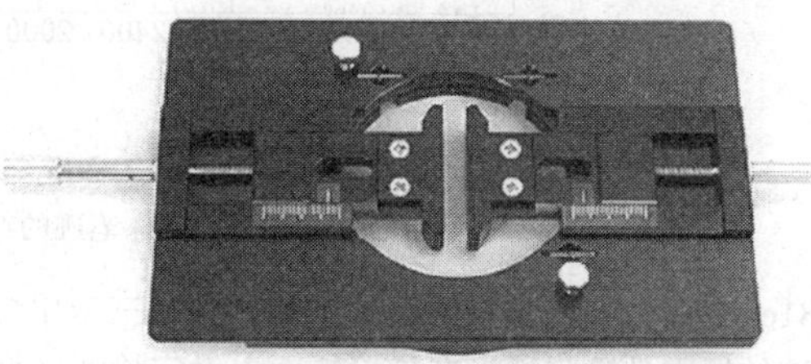

图 2.264　微小样品固定架实物图（方便固定显微 ATR 样品）

在图 2.266 中，1581cm^{-1}、1361cm^{-1}、1172cm^{-1}三个最强的吸收峰是属于染料的贡献，这种染料属于三苯甲烷类染料，这是圆珠笔痕迹在纸面上残留的最主要成分。~1724cm^{-1}的羰基吸收峰应归属于圆珠笔油墨中油剂类的醇酸树脂。醇酸树脂类油剂除羰基外的另一个主要吸收峰在~1260cm^{-1}附近。从红外吸收峰的归属分析可以确认，用这种技术方法所得的圆珠笔纸面痕迹的红外谱图中，主要是染料，其次是油剂和其他成分。

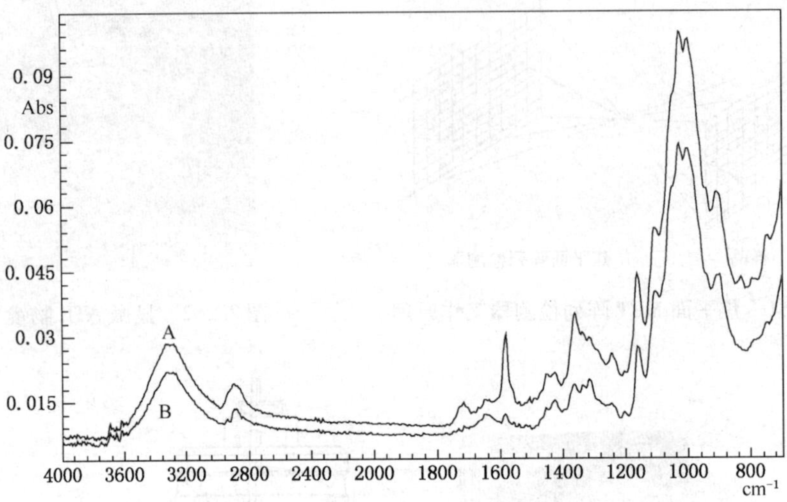

图 2.265　纸纤维和笔迹的红外光谱图

A—纸纤维和笔迹的红外光谱图；B—纸纤维的红外光谱图

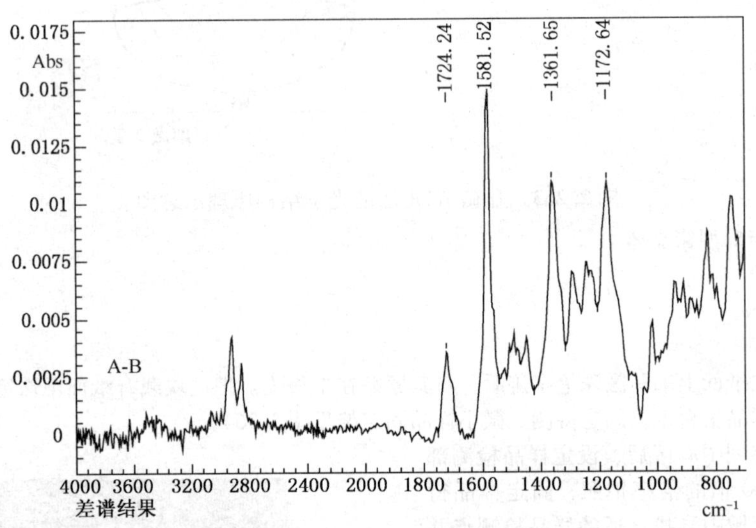

图 2.266　差谱结果

A－B—圆珠笔迹的红外光谱图(差谱)

1581cm^{-1}吸收峰是最强的红外谱峰，它是三苯甲烷类染料中苯环的特征吸收峰。以此峰为圆珠笔在纸面上痕迹的标志性吸收峰，在待检纸面上设定检测区域和相关参数(测试点间隔 100μm，共 36 点面扫描)，进行面扫描的 Mapping 采集。所得 Mapping 图，见图 2.267。在此图中可看到染料在该区域纸面上的分布情况：染料最多处的 1581cm^{-1}吸收峰的强度为 0.0525A，强度低处少于 0.015A。笔痕在纸面上的残留分布是不均匀的。在 X1000 的照片(图 2.268)上可以辨认出纸纤维的形态。在纸纤维的表面，笔痕残留相对稀少，纤维隙间深色残留物明显增多。在锗 ATR 物镜检测区域(Φ40μm)内，纸纤维表面裸露多少将决定所获光谱中笔痕信息的强弱。不论笔痕信息强弱变化，只要光谱上笔痕各种成分的信息保持相对稳定，这种检测方法的技术就是有效的。

纸面上圆珠笔痕迹的化学成分，主要是染料和油剂。不同牌号的圆珠笔，其油墨配方都有差异。红外显微镜方法再配以锗 ATR 物镜技术，能有效地得到清晰的不含纸纤维的红外光谱。红外光谱中丰富的分子信息，可提供圆珠笔油墨鉴别的依据。要鉴别纸面上圆珠笔痕迹的时间差异，最适宜的红外光谱技术方法是红外显微镜再配以大入射角的锗 ATR 物镜技术。

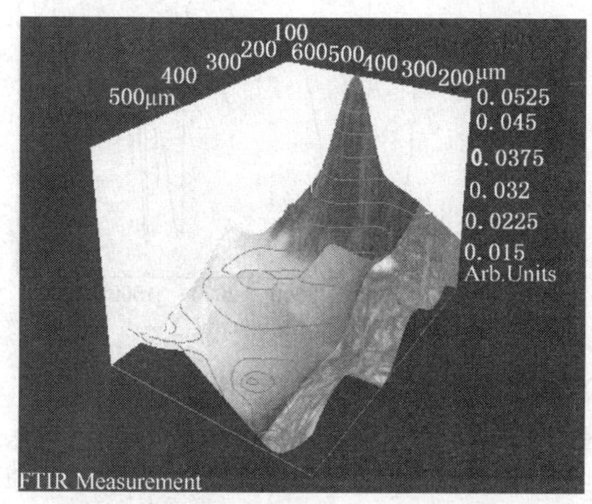

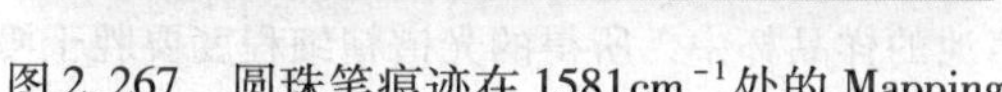
图 2.267　圆珠笔痕迹在 1581cm^{-1}处的 Mapping

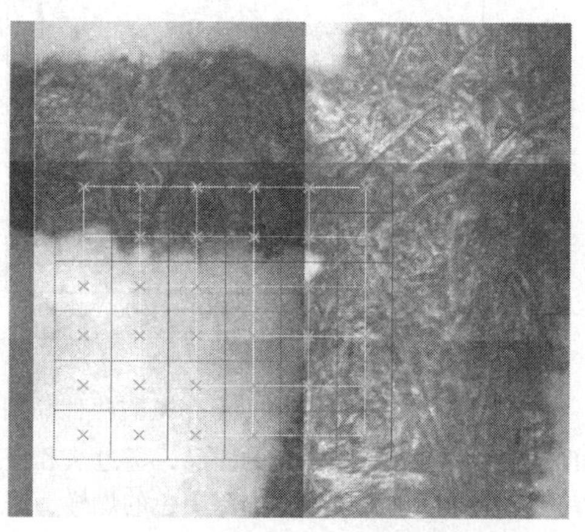
图 2.268　圆珠笔痕迹的显微镜照片

② 医学检验分析：

显微红外可测出晶片上单个细胞的红外光谱，从而对某些疾病作出诊断。例如有人曾用红外显微镜方法测定了白血病患者及正常人单个淋巴细胞的光谱，发现脱氧核糖酸 DNA 的 1080cm^{-1}处 ν_{C-O}吸收峰面积与蛋白质的酰胺 I 谱带 1540cm^{-1}处的羰基吸收峰面积的比例，患者是正常人的 1.5 倍以上，这与白血病患者的白细胞增生较快的现象相符合。

③ 利用红外显微镜能清楚地观察到人毛发的角质层和毛髓部分(图 2.269)。

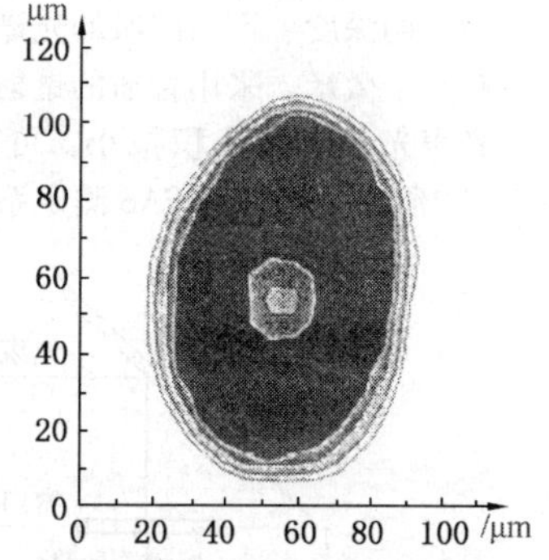

图 2.269　人毛发的截面图象(3300cm^{-1}的 N—H 伸缩振动红外成像)

④ 有机化合物晶型混合物分析：

某些有机化合物在不同溶剂或不同条件下可以生成不同的晶型。药物的晶型现象特别引起人们的注意和重视。例如，驱虫甲苯咪唑存在 3 种不同晶型，其中之一的疗效接近于零，而另外两种的有效率为 98%，因此，晶型的检测显得十分重要。有时即使是在固定的溶剂等结晶条件下，所得晶体往往是两种或多种晶型的混合物。显微红外光谱为分析多晶混合物提供了最有用的方法，它能在显微镜下逐粒地进行红外摄谱，从而获得混合物中各个单晶的晶型信息。图 2.270 是某化合物在同一溶剂中同时析出的两种晶型的红外光谱。

(2) 光声光谱技术(photoacoustic spectroscopy，PAS)

光声光谱技术是探测样品吸收标度的一种测谱技术，其基本原理是光声效应。当一束红外光照射到样品时，样品会选择性地吸收入射光波，这时样品分子被激发到较高的振 - 转能级上。当激发态分子通过碰撞，无辐射地弛豫到基态时，样品分子吸收的能量便转变为分子的热运动。如果样品是放置在密闭的样品池内，而在池内又充以非吸收的气体介质(如氮气、氦气等)，且入射光是经过调制的，这时在样品池内会产生一个周期性的压力信号。气体介质将这个压力传至装置在同一密闭体系内的微音器，产生电信号，该信号经前置放大器放大后输入傅里叶变换红外分光光度计的主放大器和信号处理系统。经傅里叶变换，即可得到红外吸收光谱图。

光声光谱附件主要用于测试固体样品，在测试固体样品时，是将样品密封在光声光谱附件的样品池中，样品池通常用氦气填充。光声光谱附件是将光信号转变成声信号。当红外光通过样品池窗口照射到固体样品时，固体样品吸收红外光后产生热能，这种热能以热波的形式向紧挨着的气体进行扩散，导致气体的热膨胀，便产生了声信号。用微麦克风检测产生的声信号，通过样品室中的插口将信号送到计算机。

用光声光谱测试样品可以实现无损检测。光声光谱附件非常适用于不透射红外光或对红外光具有高度

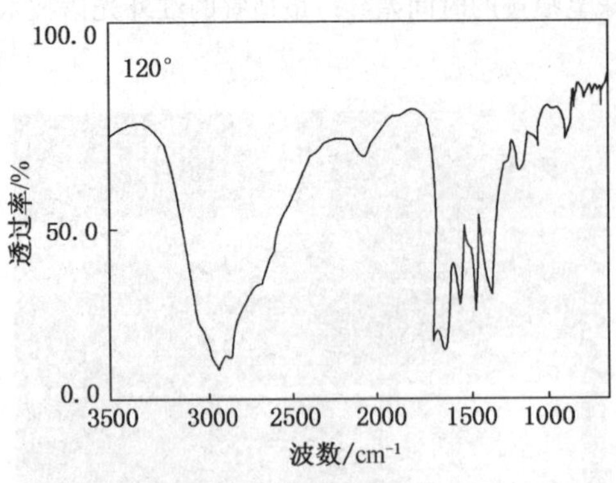

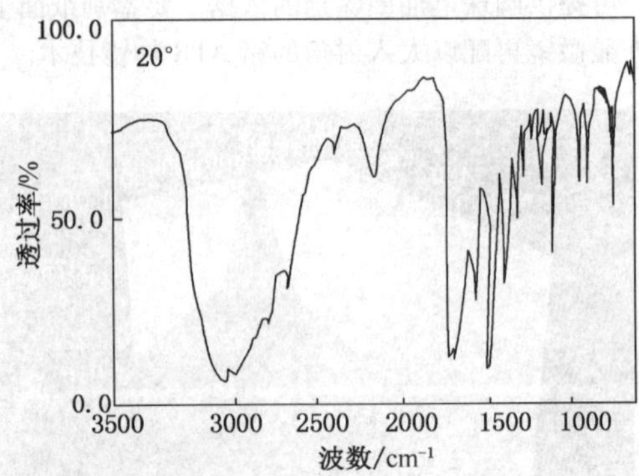

图 2.270 正亮氨酸两种晶型混合物显微红外测得的分别光谱图

吸收的样品的检测。对于深色的样品，透过法和漫反射法都难以获得有效的光谱信息，而光声光谱法却非常适宜于这种样品的测试。例如深黑色的煤样，用其他红外制样方法很难简便地得到有用的光谱。使用光声光谱技术操作就十分简单，只需将煤样直接放入光声池的样品杯中，所得的光谱精细程度要胜于漫反射光谱。无论透明的、不透明的、表面光滑的、毛糙的试样；也无论样品是粉末状、颗粒状、薄片状，平整与否，只要能放进光声池的样品杯中，它都无需制样，无需破坏样品，无需消耗样品就能测得光谱，并能避免糊状法和压片法中可能出现的光谱畸变和多余的介质吸收。

光声光谱图的纵坐标不是以透射率或吸光度表示，而是以 Photoacoustic 表示，图形与吸光度图谱相同。可以直接对光声光谱进行谱库检索。

如果所使用的傅里叶变换红外分光光度计具有步进扫描功能，利用光声光谱附件和步进扫描技术，可以测试样品不同深度的组分或浓度有梯度变化的样品光谱，如测试多层聚合物中各层的组分；测试胆结石样品中不同深度、不同层次的光谱。要确定聚合物薄膜是否有多层组成和确定每层的组分，如果每层的厚度只有几个微米，采用普通的透射法或其他测定技术是无法实现的。

光声光谱附件体积很小，可以安装在样品室里。如图 2.271 所示，是一种光声光谱附件实物图。图 2.272所示为 FTIR－PAS 测定系统示意图

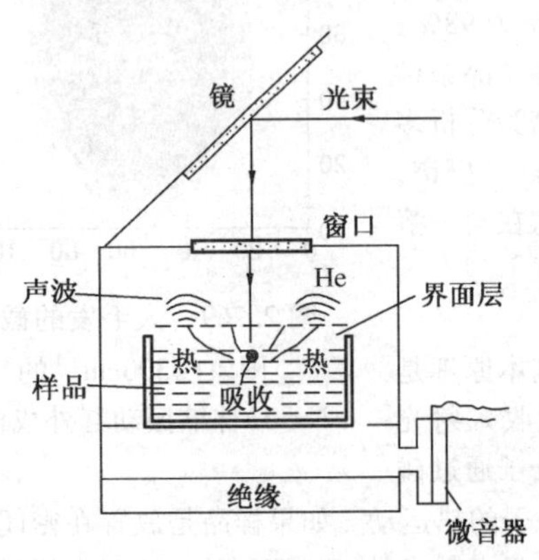

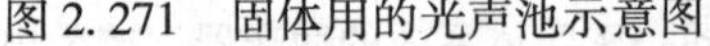

图 2.271 固体用的光声池示意图

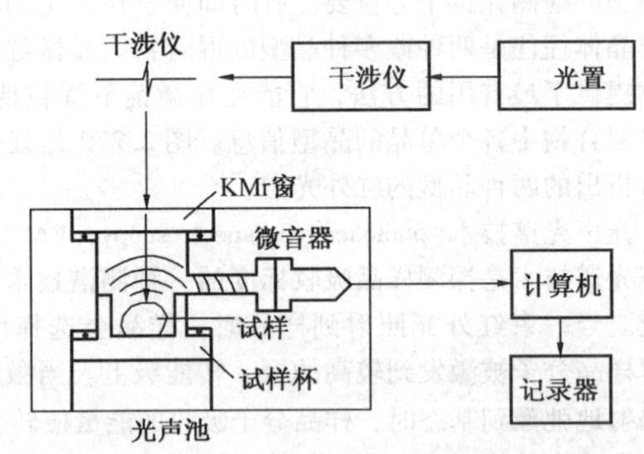

图 2.272 FTIR－PAS 测定系统示意图

光声光谱的样品处理

① 一般要求：FTIR－PAS 测量的唯一的样品制备要求是样品的尺寸要小于样品杯的尺寸，使它能装入光声池。任何形状的样品都可以直接分析，包括压片、切片、芯片、小块、小球、粉末、纤维、薄膜和板材、半导体等。

② 样品装载：样品装入样品杯中，然后装在光声池中，使样品与光声窗间的距离约为 1mm，以便提供一个气体层，多余的空间用 D10mm × 1mm 或 D10mm × 2mm 的不锈钢圆片填充上，以减少气体的体积，从而增加光信号。

③ 对固体样品的处理：a. 对于坚硬的样品、生物样品、不允许破坏的样品或不允许有其他物质混杂于干扰的样品(如公安案例样品)，不用样品制备，只要把样品放入光声池中直接测量即可。b. 对于可破坏的(即可研磨)样品，可将其研成细粉，粒度越小越好，这样可增加光声信号强度。c. 装入样品量没有严格限制，可以多些，以装满样品杯为宜，使其接受光照的面积越大越好，受光面积越大产生的光信号越强。d. 对于一些在空气中会氧化变质或吸收水气变质的样品可在氮气等保护下装入光声池，同时光声池装入氮气等惰性气体。由于光声池在测量中是密闭的，样品不会变质，因此可测到常规方法不宜测到的真实光谱。

光声光谱解析：

从光声光谱的原理和测量方法可以看出，FTIR－PAS法测得的光谱是真正的红外吸收光谱。所以，以往用来解析红外吸收光谱的方法完全适用于解析红外光生光谱。IR和FTIR－PAS光谱的差别仅仅是测量光谱的方法不同，它们反映物质的特性是一样的。

光声光谱的应用：

① 高分子材料FTIR－PAS的测量：在很多工业应用中，聚合物常和其他材料符合。这样的试样往往具有强烈的散射光或不透光性，通常透射光谱就难以测量这些材料，但光声光谱测量它们就不困难。图2.273与图2.274是一个汽车零件的光声光谱分析法与溴化钾压片透过法测得的两张IR谱图，可见PAS图的质量比IR透过法的质量要高。

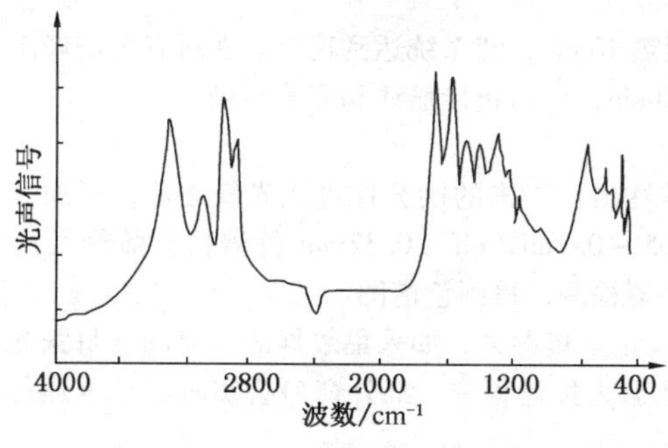

图2.273 汽车零件光声光谱图

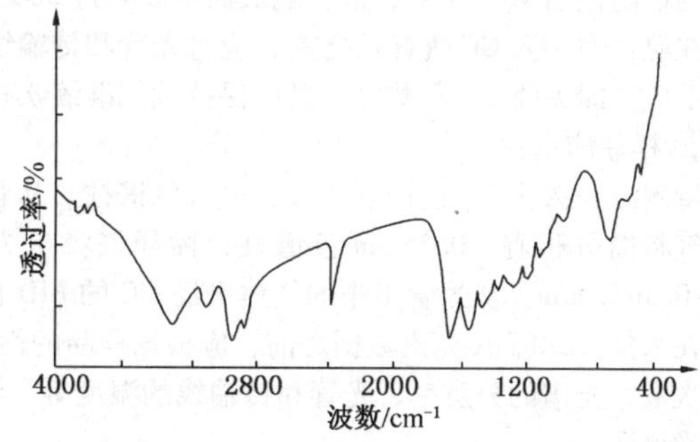

图2.274 汽车零件红外透射图谱

② 表面化学的研究：可进行催化剂表面的测定，可测得它的表面吸附态以及脱附谱。半导体表面、薄膜及作光学材料的电解质喷镀膜也可测定。图2.275(a)是催化剂SiO_2经400℃空气脱水后所测得PAS的谱图；图2.275(b)是在光声池中注入350mLCO使其在SiO_2表面后测得的PAS谱图。

(3) 红外联用技术

红外光谱用于鉴别化合物，操作简便，应用广泛，但要求被测样品必须具有一定的纯度。色谱法具有高分离能力，但不具备识别化合物的能力，将两种方法联用即可取长补短。利用气相色谱的分离技术，再利用红外光谱对每个被分离组分进行测定，然后进行谱库检索，就能对混合物进行定性鉴定。这就是气红联用(GC/FTIR)技术。现在红外光谱与气相色谱、液相色谱和超临界色谱的联用都已获得成功。其中与气相色谱的联用最为成熟，已有多种型号的商品仪器问世；超临界色谱与红外光谱的联用潜力最大，已进行了大量的研究工作。

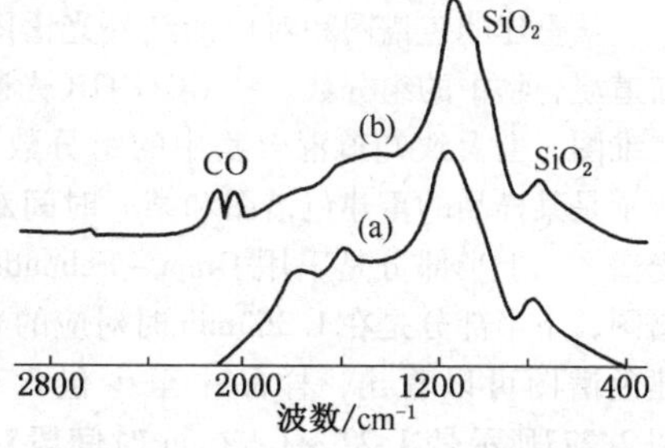

图2.275 SiO_2PAS谱图

① 气－红接口技术：

气－红联用需要有气红联用接口，它将红外分光光度计和气相色谱仪连接起来，组成一个整体，对从气相色谱仪色谱柱出口出来的气体进行红外光谱测定。GC/FTIR联用系统由气相色谱仪、气－红联用接口和FTIR分光光度计三部分组成。其中，气－红联用接口是联用系统的关键部分。

图2.276所示是气－红接口与气相色谱仪连接示意图。

红外光经FTIR分光光度计中的干涉仪调制后，从分光光度计侧面出口进入气－红接口，有抛物面反射镜M_1将红外平行光聚焦，经KBr窗口进入镀金光管，从光管的另一端射出的红外光由椭圆面反射镜M_2聚

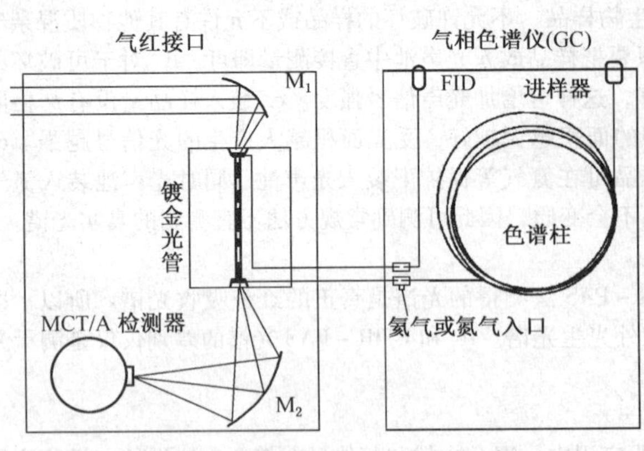

图 2.276 气－红接口与气相色谱仪连接示意图

焦到红外检测器（MCT/A）上被检测。光管的一端与 GC 色谱柱出口相连接，光管的另一端可以连接色谱仪氢火焰离子化检测器（FID）或直接放空。在这样的系统中，可以实时地用 FTIR 分光光度计记录气相色谱仪流出组分的红外光谱信息，从而对混合物进行分析。

气－红接口的核心部分是镀金光管。气－红接口光管的直径为 1mm，长度 150mm，光管体积只有 120μL 左右。光管的体积和光管的尺寸与联机效果密切相关，光管尺寸的设计是经过优化的。光管的两端用 KBr 窗片密封，因此，气－红接口应保持干燥。

光管和色谱柱之间的连接管线为传输管线。光管和传输线都有独立的加热外套，加热温度从 GC/FTIR 软件窗口设定。在进行气－红联机操作时，为了确保色谱馏分始终处于正气状态，传输线和光管必须保持一定的温度，光管和传输线设定的温度应高于 GC 设定的最高柱温 10～20℃，但一般最高不要超过 300℃

在混合物注入 GC 进样器之前，应将光管和传输线预热 40min，使系统达到稳定。在所有色谱峰出完之后，不应立即关闭 GC 和载气，最好保持载气继续吹扫 30min，以防止传输线和光管污染。

② 样品测定：

待测混合物从 GC 进样器注入，进入色谱柱。从色谱柱出口出来的馏分在进入光管之前，可加入氦气或氮气将馏分稀释。0.25mm 色谱柱，稀释气流量为 0.5～0.7mL/min；0.32mm 色谱柱，稀释气流量为 0.3～0.5mL/min。从光管出来的气体可经 GC 的 FID 检测器检测，得到色谱图。

在采集 GC/FTIR 光谱数据之前，应根据样品的性质设定采集参数，如采集数据的总时间、每张光谱的扫描次数、光谱的分辨率、光管和传输线的温度等，在数据采集过程中，红外窗口会实时显示重建色谱图和红光谱图。

色谱图重建有多种方法，到目前为止最普遍使用的是 Gram-Schmidt 重建法。Gram-Schmidt 重建法是从干涉图数据直接取得与光管中馏分浓度相关的信息作为色谱相应值。GC/FTIR 光谱数据采集结束并存盘后，可以用其他重建法重建色谱图，如选择不同的光谱区间重建色谱图，以这个区间出现吸收峰的信息作为色谱相应值，这就是 Chemigram 重建法。

从重建的色谱图和对应的红外光谱图中，可以知道混合物中的组分数。从 GC/FTIR 光谱瀑布图或三维图，也大致知道混合物中的组分数。图 2.277 所示是某样品的重建色谱图和某一时间对应的红外光谱图，上半部分是采用 Gram－Schmidt 法重建色谱图，下半部分是在 1.363min 时对应的光谱。从重建色谱图可以看出，样品中至少包含 6 种组分。图 2.277所示是 1.22～1.94min 时间段对应的 GC/FTIR 光谱瀑布图，在这个时间段有三个组分被检出来。

复杂混合物样品通过 GC/FTIR 联机分析，可以得到色谱图和各色谱峰对应的红外光谱。对于未完全分离的混合色谱峰，可以借助吸光度差减技术得到其中的纯组分红外光谱。对红外光谱进行检索，就可以完成混合物组分的定性鉴定。

气相色谱与红外光谱联用，与气相色谱－质谱

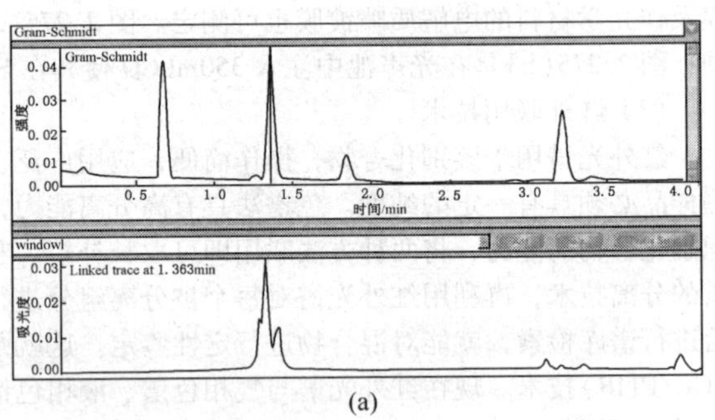

(a)

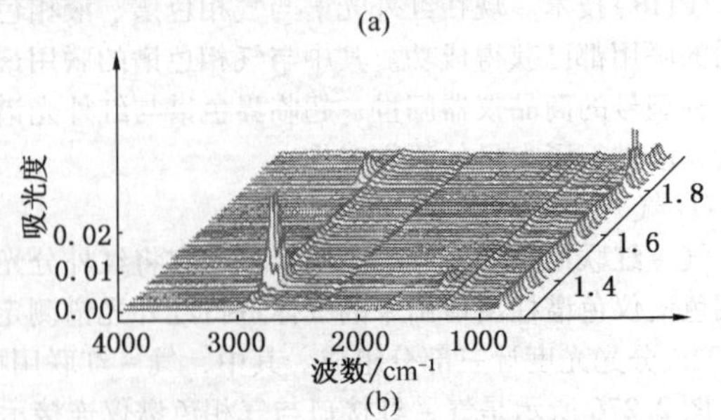

(b)

图 2.277 样品的 GC_IR 重建色谱图和对应段的光谱瀑布图

联用(GC - MS)相比，气相色谱 - 红外联用(GC - FTIR)技术的准确度高，由于每一种化合物(对映体除外)都有独特的红外光谱，易于对未知物组分所含的官能团作出判断，误检的可能性低。缺点是其灵敏度比 GC - MS低很多。但傅里叶变换技术已大大降低了检出下限，使矛盾不太突出。

超临界流体色谱与红外光谱联用是当今最重要的联用技术之一。气体在一定的温度和压力下可成为超临界流体，物质在超临界流体中的扩散速度高于在液体中的扩散速度约 100 倍，而且它不需要像液相色谱一样需要高压才能通过具有一定阻力的柱子。对于相对分子质量比较大、极性强、受热易分解的分子，不能使用气相色谱，利用超临界色谱可解决问题。当压力解除后，超临界流体即成为气体，极易从分析体系中除去。超临界色谱与红外联用显示了独特的优越性，尤其对一些高沸点、难裂解的化合物，质谱分析难以得到理想的碎片，利用超临界色谱 - 红外光谱联用可完全解决问题

GC - FTIR 的应用是一种有效的分离鉴定手段，并在某些方面能克服 GC - MS 的不足，目前它已经成为复杂有机混合物的分离分析不可缺少的工具之一。在环保、医药、香料、食品、化工和石油等领域中得到了广泛的应用。在环境污染方面，环境试样十分复杂，可能的污染物组分多，而它们在环境介质(水、空气、土壤、废弃物)中的含量属痕量级，其浓度都在 10^{-9}μg/L 级以下，环境分析必须借助最现代化的分离分析技术。而 GC-FTIR 在环境污染分析中占有重要地位。

首先需将环境试样进行高倍数的浓缩富集，并将带基体的试样转换成有机溶液后再作分析，常用的制样技术有顶空法、树脂吸附法及溶剂萃取法三种。

有人采用 GC - FTIR 分析了长江大冶河段河水中的有机污染物。取水样 500mL，以树脂 XAD - 2 吸附水中有机污染物，色谱仪为 GC - 9A，FTIR 为 IRAffinity - 1，色谱柱为 OV - 101 弹性石英毛细管柱(内径 0. 20mm，长 50m)，进样量 50μL。经色谱分离，红外谱库检索，鉴定出 28 种有机污染物，其中属美国 EPA 公布的优先污染物占 12 种，表明长江受大冶钢厂排水影响，需采取相应防治措施。

2. 2. 4　红外吸收光谱分析在各个领域中的应用

2. 2. 4. 1　在生物科学领域中的应用

涎腺黏液表皮样癌的傅里叶变换显微红外光谱面扫描(FTIR - Mapping)研究

黏液表皮样癌是一种常见的涎腺肿瘤，这类癌通常由黏液细胞、表皮样细胞和中间细胞所组成。根据癌细胞的分化程度和生物学特点可以将这种癌分为高分化、中分化、低分化三型。高分化型黏液表皮样癌，黏液细胞增殖较多，占 50% 以上，黏液细胞破裂形成黏液池，在中分化和低分化型癌中，表皮样细胞增殖较多而成实性团片，向周围组织浸润。

通过 FTIR 显微镜对这种类型肿瘤切片实施细胞水平的红外光谱测定，得到不同种类细胞的红外光谱，并且利用显微红外面扫描 Mapping 技术对整个肿瘤团块进行逐点扫描，得到肿瘤组织不同位置的红外光谱。获得红外光谱后的样品用 0. 1% 甲苯胺兰染色，对切片进行细胞水平上的病理辨认，从而可以对光谱进行分类。

实验标本由北京大学口腔医院提供，将手术切除的新鲜组织置于液氮中冷却，再冰冻切片，将厚度约为 10μm 样品附着在 BaF_2 片上，随后固定在特制的 Al 样品架上进行测定。三个样品中，样品 1 和 2 诊断为高分化的黏液表皮样癌，样品 3 诊断为中分化的黏液表皮样癌。

实验仪器采用 IR - Prestige21 傅里叶变换红外分光光度计，并配备 AIM - 8800 红外显微镜。对部分样品进行面扫描测定红外光谱时(Mapping)，光阑大小为 40μm × 40μm，扫描范围为 900 ~ 1800cm^{-1}，扫描次数为 60 次，光谱分辨率为 8cm^{-1}。对于普通的点扫描，光阑大小和分辨率不变，扫描范围设定为 900 ~ 4000cm^{-1}，扫描次数 120(或 160)次。光谱数据处理的软件为 IR - solution。

实验中，发现了肿瘤团核心部位以及其周围结缔组织的光谱存在显著的差异。图 2. 278(a)为样品 1 肿瘤团块区域未染色前照片，图 2. 278B 为该区域 675μm × 630μm 范围内扫描的 Mapping 示意图，图中每个小方框为一个 40μm × 40μm 的扫描区域，共计 210 个点；图 2. 278(c)为对整块样品光谱采集完成后染色的照片，样品中间为黏液组织，周围一圈深染的组织为表皮样细胞，外周是结缔组织；图 2. 278(d)是以所得光谱 1080cm^{-1}处谱带强度对 1654cm^{-1}处蛋白质酰胺 I 带峰强度的比值为第三维变量所绘的等高线图，并进行着色，图中颜色深浅表示该比值的高低。Mapping 的结果直观地反映了肿瘤团以及周围组织在光谱上的差异，从显微红外 Mapping 数据处理所得红外光谱图像[图 2. 278(d)]与组织染色[图 2. 278(c)] 的结果基本一致。图 2. 279 自上而下依次为样品 1 结缔组织、表皮样细胞、黏液的红外光谱，分别展示了黏液表皮样癌三种

组织的典型光谱。图 2.280 显示两个诊断为高分化黏液表皮样癌的样品 1 和样品 2 黏液之间的光谱，两者都符合肿瘤组织光谱的一般特征，峰强度的比值 $I(1080cm^{-1})/I(1654cm^{-1})$ 较高，其中前者的比值明显比后者更高。由此看出光谱数据可为病理诊断提供辅证。图 2.281 为样品 3 肿瘤团外周的结缔组织与肿瘤团内部伴生的结缔组织光谱的比较。病理学认为同类的组织仍然具有光谱学的差异。肿瘤团内部的结缔组织随着肿瘤生长而形成，为肿瘤组织提供营养，相应的光谱更接近于肿瘤组织的光谱，而肿瘤团外周结缔组织的光谱根据有关文献可以认为是正常的。目前医学上对于肿瘤组织的形成有不同看法，我们得到的红外光谱有助于从分子水平认识癌化机理。

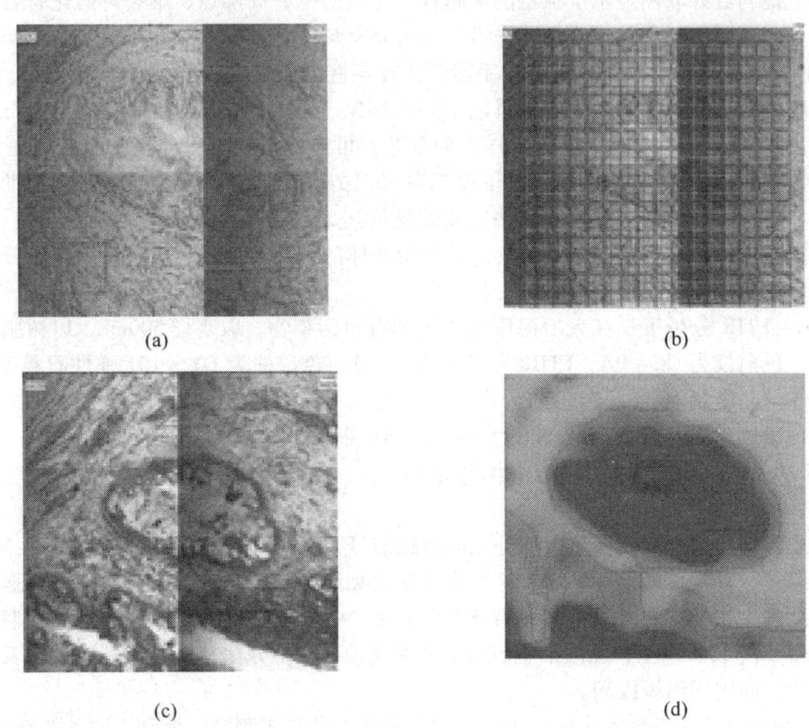

图 2.278 （a）癌组织切片的显微照片（675μm×590μm 区域）；
（b）面扫描的区域；
（c）经甲苯胺兰染色的癌组织切片显微照片；
（d）面扫描图象（$1080cm^{-1}/1654cm^{-1}$ 峰高比值的二维分布）

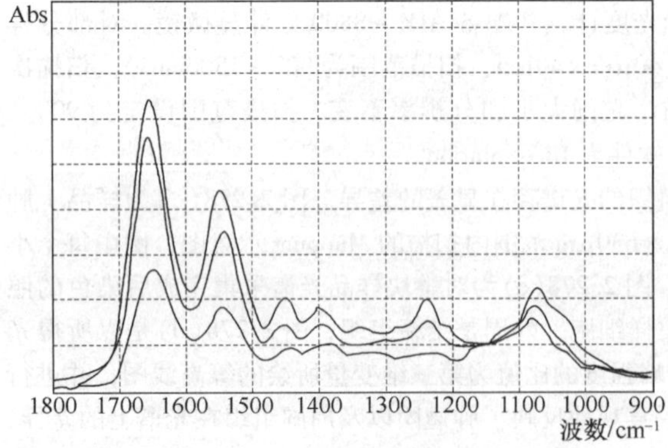

图 2.279 两类癌组织的红外光谱

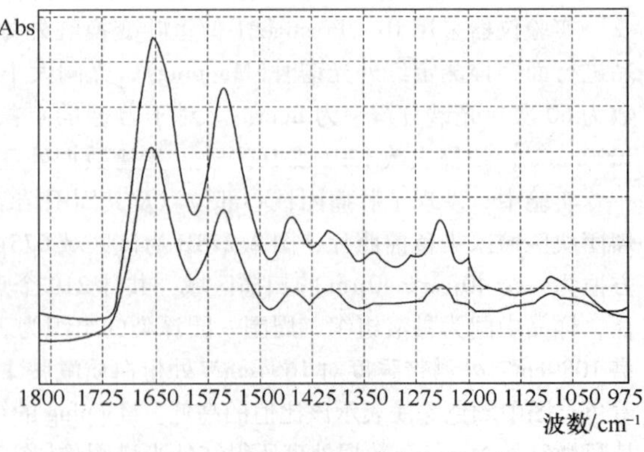

图 2.280 两类黏液的红外光谱

傅里叶变换显微红外光谱以其独特的优点提供了一种从分子角度研究细胞癌化机理的手段。结合显微红外面扫描 Mapping 技术，得到生物组织的红外光谱图像；将获得的大量光谱通过数学方法分类，建立模型，可望成为肿瘤诊断的辅助方法。并可以从微观的角度为红外光谱技术应用于无创、在体原位肿瘤检测提供实验依据。

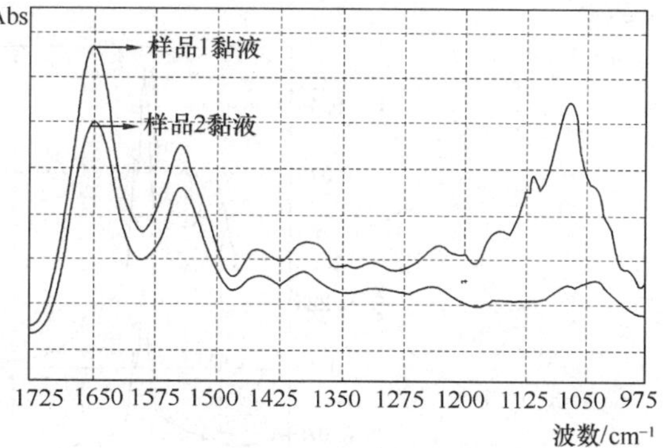

图 2.281　两类结缔组织的红外光谱

2.2.4.2　在电子学领域中的应用

一、红外显微镜测定电路板不良焊点

电路板上助焊剂的分析

取空白电路板，用刀刮去焊盘表面的助焊剂，以铜金属表面为背景，用显微镜测定表面助焊剂的反射光谱。显微镜照片及助焊剂红外光谱图如图 2.282 和图 2.283 所示。

选择常用助焊剂松香水涂于玻璃板上，烘干，用 KBr 压片法测定其红外光谱图，如图 2.284 中上面的谱线所示，其中 $3435cm^{-1}$处的峰是松香中的残留乙醇所致，将图 2.283 与其对照可知，空白电路板上使用的助焊剂是松香。松香是一类天然树脂，其主要成分是树脂酸，$1695cm^{-1}$处的峰是酸 C ═O 基的伸缩振动吸收峰。

电路板上不良焊点的分析。

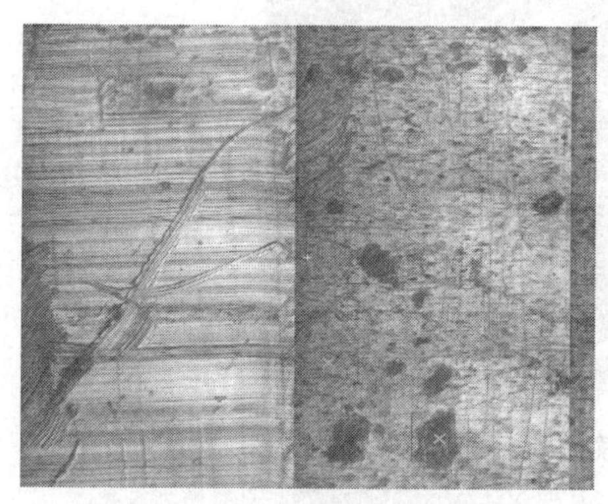

图 2.282　空白电路板显微镜照片

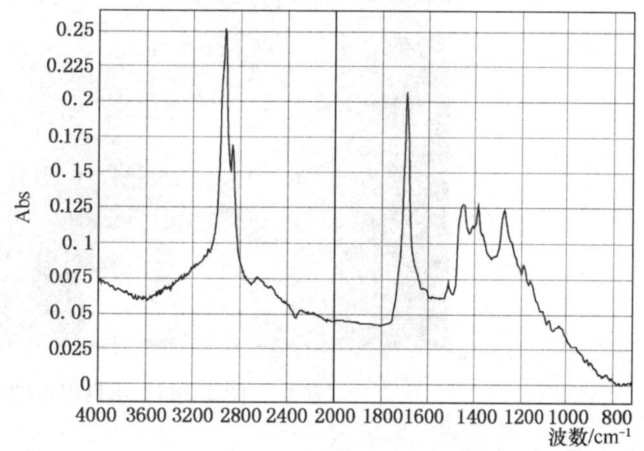

图 2.283　助焊剂的红外光谱图

图 2.285 是电路板上典型焊锡不良区域的显微镜照片，使用红外显微镜的观察模式，可以发现该区域存在大量异物，推测由于该异物的存在影响了上锡效果。

使用红外显微镜测定该异物的红外光谱图，如图 2.286 中上面的谱线所示。与助焊剂松香的红外光谱图比较可以发现，图中出现 $2927cm^{-1}$、$1693cm^{-1}$、$1446cm^{-1}$、$1384cm^{-1}$处有特征吸收，说明该区域也有助焊剂松香存在，使用软件 IRsolution 进行两光谱的差谱运算，得到谱图，如图 2.287 所示。

由差谱可以发现异物在 $1731cm^{-1}$和 $1014cm^{-1}$处有强吸收峰，$1731cm^{-1}$属酯 C ═O 基伸缩振动吸收（范围在 $1756 \sim 1730cm^{-1}$），$1014cm^{-1}$属酯的 C—O—C 对称伸缩振动，而 $2968 \sim 2883cm^{-1}$一组吸收峰属于饱和 C—H 吸收，由此可以确认该异物属于脂肪酸酯类化合物。此类异物可能是由于电路板清洗不充分，残留在焊盘上，从而影响上锡效果。

二、红外显微镜法测定液晶显示器背光模组中的微小异物

液晶显示器属于被动元件，本身无发光能力，必需在显示器背部设置背光照明模组。背光模组的质量控制是液晶显示器生产中的重要环节，如背光模组在生产阶段引入异物，将影响到液晶显示器的品质。

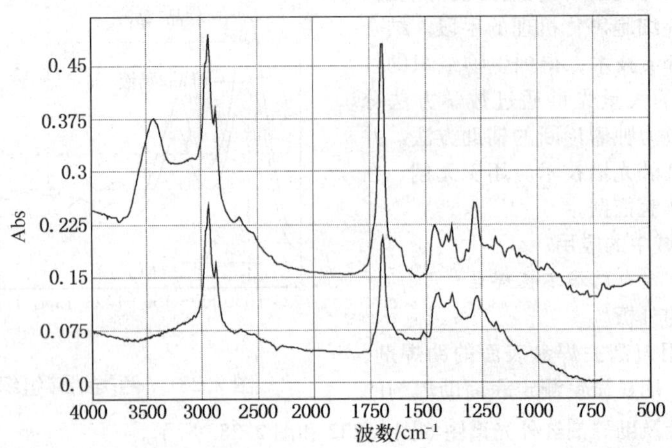

图 2.284 助焊剂与松香的红外光谱图比较

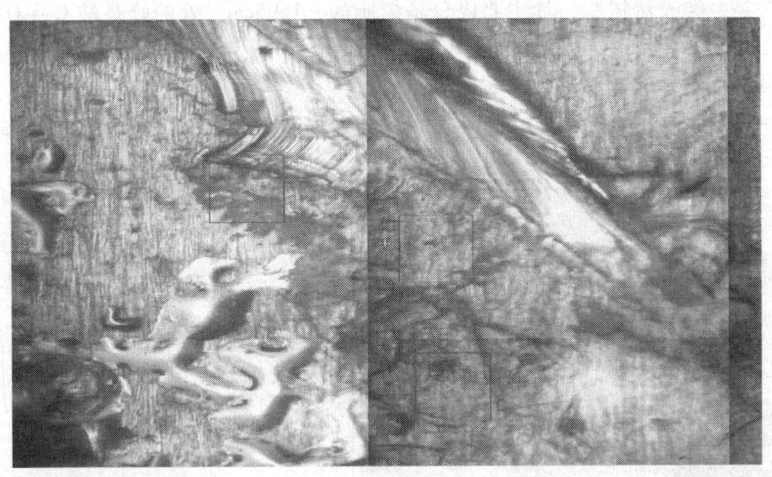

图 2.285 不良焊点的显微镜照片

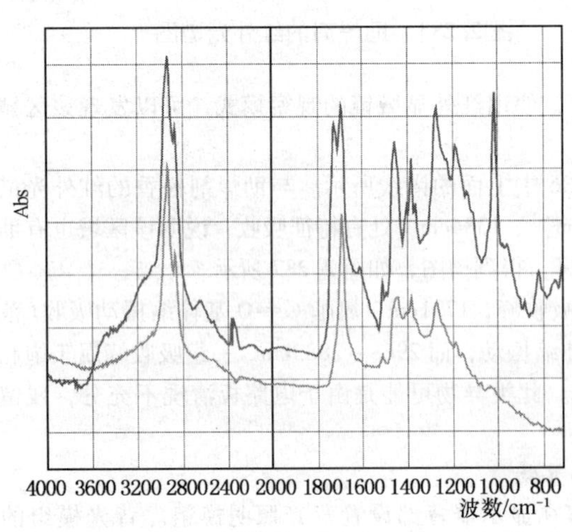

图 2.286 异物与松香的红外光谱图比较

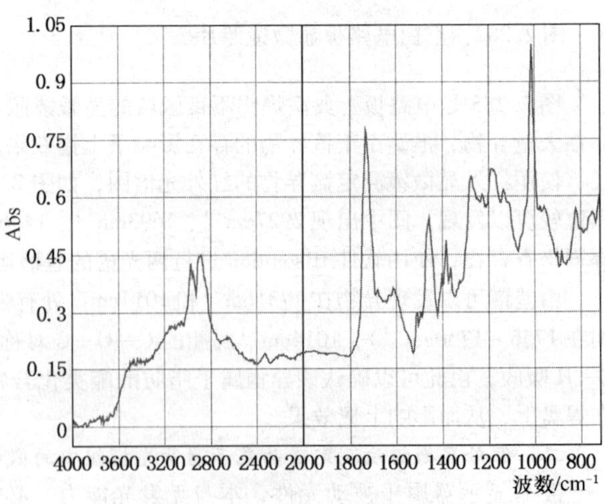

图 2.287 异物与松香的差光谱

在品质管理上重要的微小异物分析中，红外显微镜是简便有力的分析工具。微小异物经取出后用高压金刚石压薄或压碎，使用红外显微镜的透射模式测定异物样品的红外光谱图，经红外谱库搜索后，给出异物的定性结果，由此可以追溯异物的来源。

仪器测量条件：

仪器主机：　　FTIR - 8400S

显微镜：　　AIM - 8800

分辨率：　　$8cm^{-1}$

采样次数：　　50次

检测器：　　MCT

附件：　　金刚石池

通过目测或显微镜观察，发现异物，使用配备的微小样品取样包中的金属针将异物取出，取出的异物样品采集到高压金刚石池中压碎，样品采集过程如图2.288，图2.289和图2.290所示。

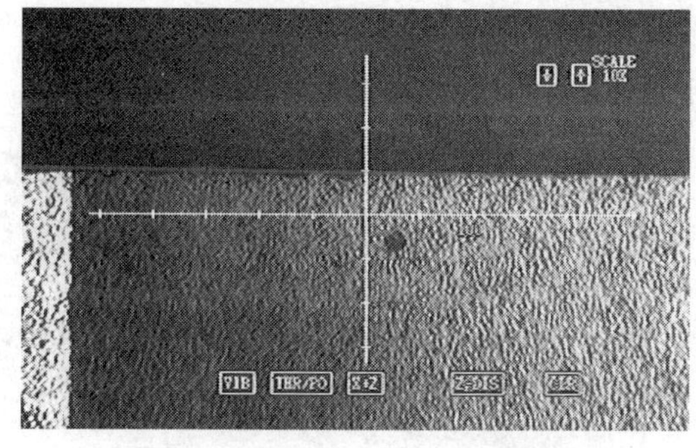

图2.288　部件上发现的异物

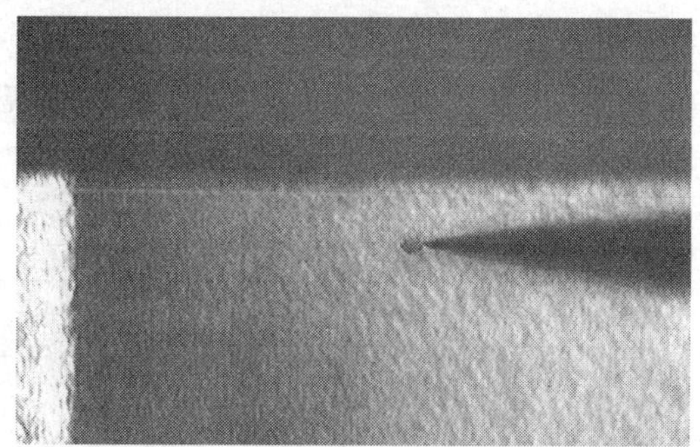

图2.289　使用金属针取出异物

移去金刚石池的上片，使用显微镜的透射模式测定样品，显微镜采用16倍物镜，光阑设置100μm×100μm，测定结果如下：

(1) PET碎屑

异物1的显微照片如图2.291所示，从图像看，该样品类似背光板(背光板有特殊的瓦楞状结构)。图2.292中上面的谱图是该样品的红外光谱图，经谱库搜索，得图2.292中下面的PET光谱，确认该样品是PET塑料。由此推断，异物来自于背光模组中背光板碎屑。

图2.290　采样到金刚石池中

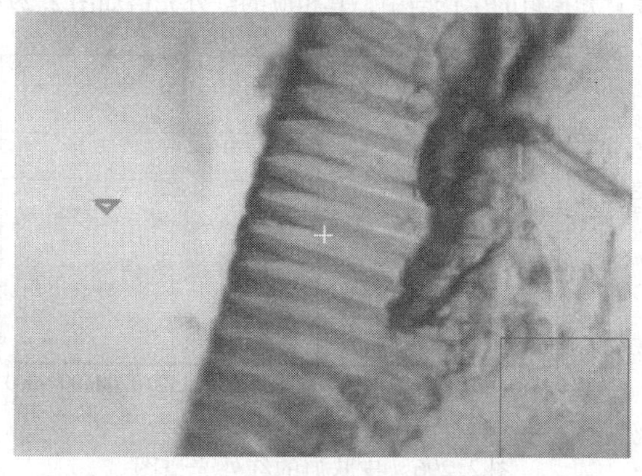

图2.291　异物1 - PET碎屑的显微照片

(2) EVA碎屑

又取得异物2，显微照片如图2.293所示，测得红外光谱如图2.294，谱库搜索结果是EVA。

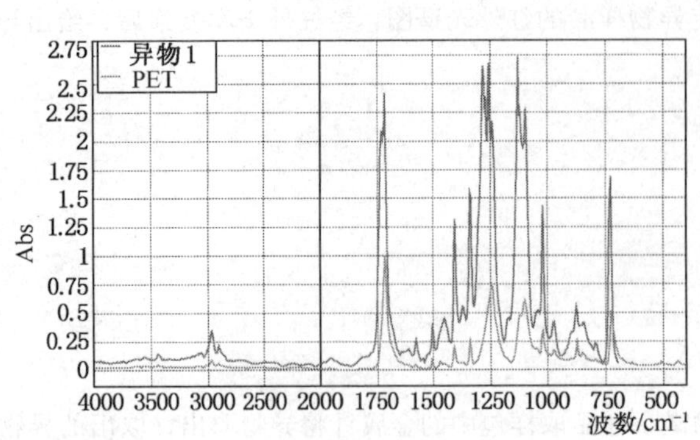

图 2.292 异物 1 的谱库搜索结果

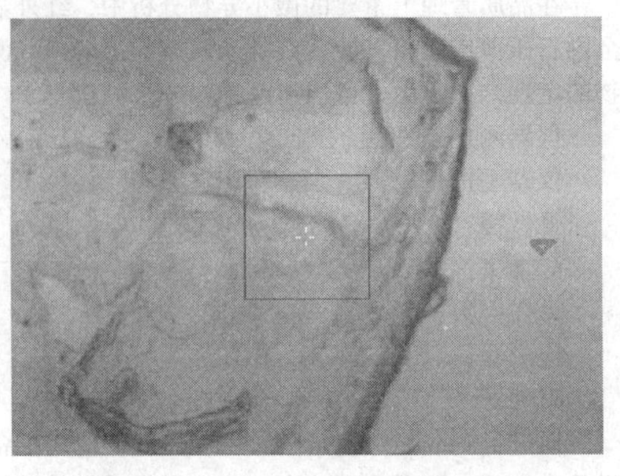

图 2.293 异物 2 - EVA 碎屑的显微照片

(3) 皮肤屑

异物样品采集中，也发现了皮肤屑，图 2.295 是皮肤屑的显微照片，其红外光谱如图 2.296 所示。

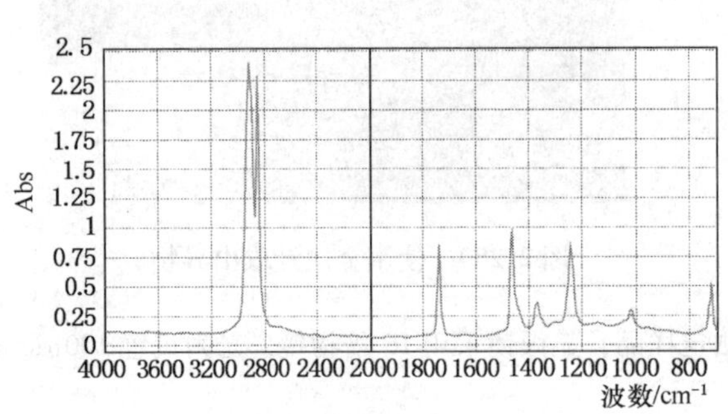

图 2.294 EVA 碎屑的红外光谱图

图 2.295 异物 3 - 皮肤屑的显微照片

(4) 其他种类异物的确认

异物测定中，还发现了其他材质的碎屑，经确认是 PMMA、PA 和 PC 类塑料异物，这些材料广泛应用在背光模组的生产当中，其相应的红外光谱如图 2.297 所示。

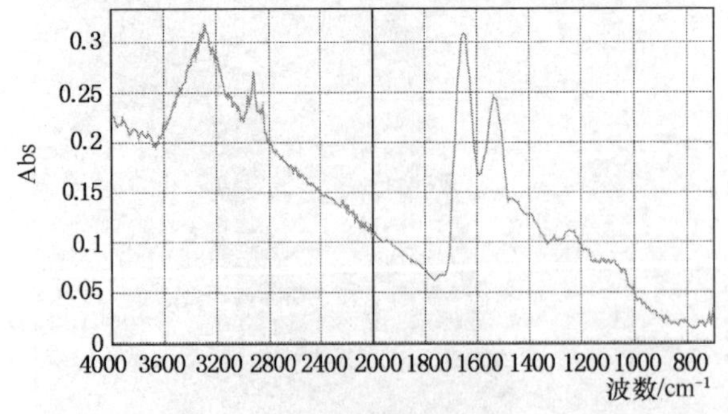

图 2.296 皮肤屑的红外光谱图

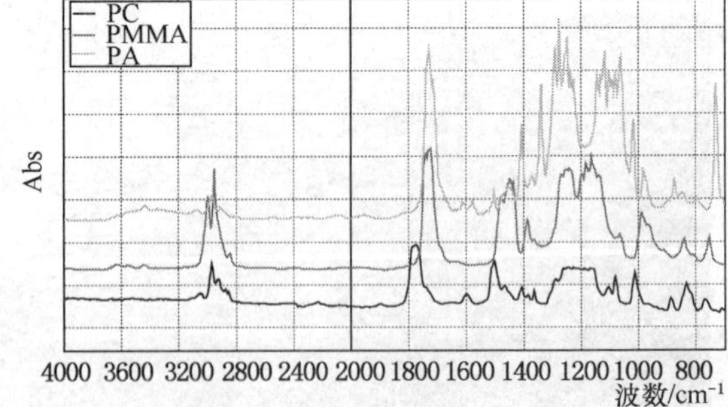

图 2.297 其他塑料碎屑的红外光谱图

三、红外显微镜测定硫镓银晶体内部均匀性

硫镓银($AgGaS_2$)晶体是一种性能优异的新型红外非线性光学材料，在激光通信和国防科技方面都有广泛用途。作为光学器件，硫镓银晶体内部的均匀性直接影响到其光学性能。这里介绍用红外显微镜透射模

式测定硫镓银晶体内部均匀性的方法。

硫镓银晶体的透过率曲线：

晶体为 8mm×8mm 尺寸的单晶锭，厚度为 2.8mm，双面光亮平滑，外观呈棕黄色。将样品夹于薄膜支架上，用 FTIR 主机测定晶体的透过率。分辨率 $4cm^{-1}$，扫描 20 次。

图 2.298 是该晶体在 $4000 \sim 400cm^{-1}$ 范围内的透过率曲线，由曲线可知，在 $4000 \sim 900cm^{-1}$ 范围内透过良好，在 $750cm^{-1}$ 附近有吸收峰。

硫镓银晶体的绘图测定 1：

设置红外显微镜为观察模式，将晶体放在 CaF_2 载玻片上，用 16 倍物镜选择样品 1050μm×750μm 区域，观察其形态。图 2.299 是硫镓银晶体的显微镜照片，可见晶体内部有斜向纹理及黑色斑点。

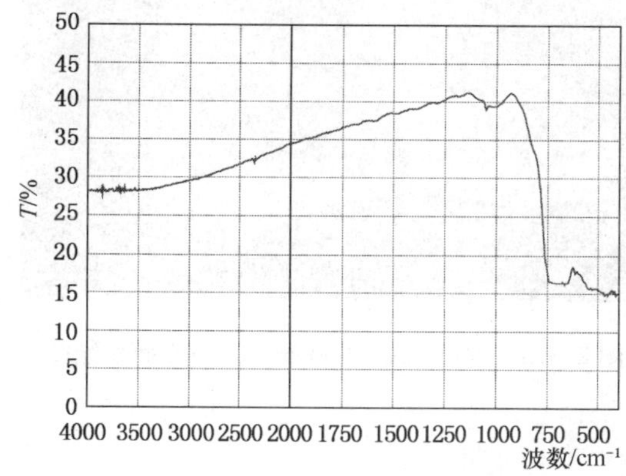

图 2.298　硫镓银晶体透过率曲线

图 2.299　硫镓银晶体的显微镜照片

选择红外显微镜透射模式，利用最新的 IRsolution－Mapping 软件对晶体样品进行绘图测定。设置测定条件如下：显微镜光圈 150μm×150μm，测定间隔 150um，分辨率 $8cm^{-1}$，扫描 50 次，测定光谱范围 $4000 \sim 720cm^{-1}$。

图 2.300 和图 2.301 表示有关 $750 \sim 900cm^{-1}$ 处的吸收强度（峰面积）在该区域内的变化情况。由绘制的三维谱图可知，图上形成峰的区域大多在该晶体的黑斑处，可见黑斑处的杂质对晶体均匀性的影响非常大。

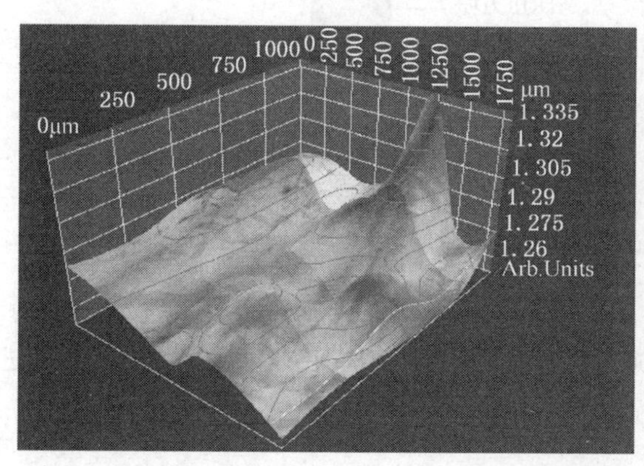

图 2.300　晶体 $750 \sim 900cm^{-1}$ 处的峰面积绘图

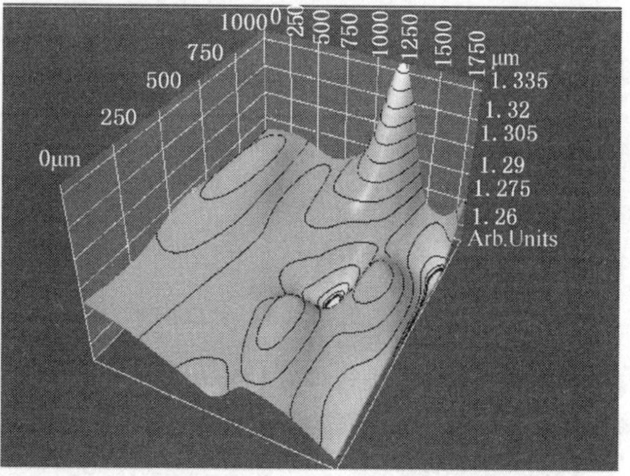

图 2.301　三色显示的绘图

分析该杂质可能是在晶体生长过程中包裹进去的。此外在图上还发现有凹陷处，该处可能与晶体生长的致密性有关。以上选择的是典型的有缺陷处的样品区域。

硫镓银晶体的绘图测定 2：

在显微镜观察模式下，选择晶体外观上颜色均一透亮的区域，尺寸大小 600μm×600μm。

图 2.302 是该区域的显微镜照片，在该区域晶体的颜色及纹理走向均一致。设置测定条件如下：显微镜光圈 100μm×100μm，测定间隔 100μm，分辨率 8cm^{-1}，扫描 50 次。

图 2.303 表示有关 750～900cm^{-1}处的吸收强度（峰面积）在该区域内的变化情况。同样，由三维谱图显示，吸收峰在此区域吸收强度分布均匀。由此得出结论，晶体在此区域内生长的致密均匀，性能良好。

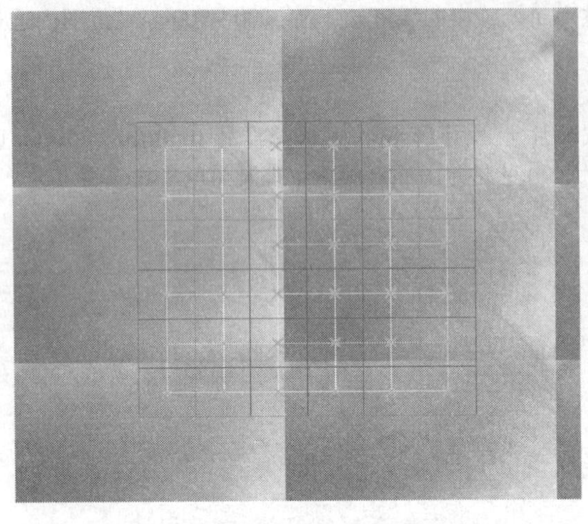

图 2.302 晶体 600μm×600μm 区域显微镜照片

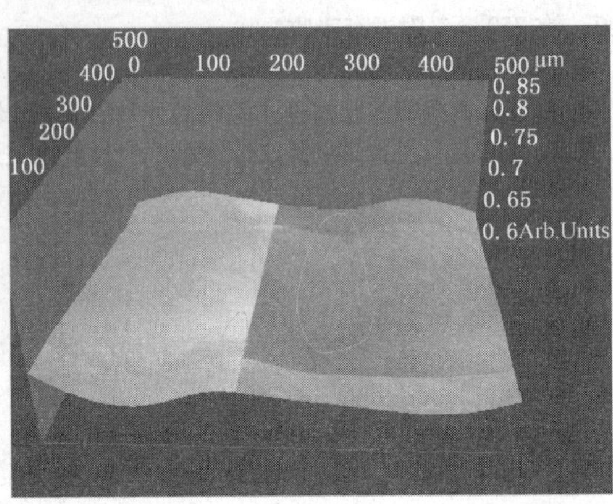

图 2.303 晶体 750～900cm^{-1}处的峰面积绘图

2.2.4.3 在化工与纺织领域中的应用

一、单次反射 ATR 法测定高分子薄膜

光线由光密介质 n_1 向光疏介质 n_2 入射时，如果入射角 α 大于临界角，就会在两种介质的界面上产生全反射现象，如图 2.304 所示。

衰减全反射附件是利用这个原理来采集样品的红外光谱信息，测量时，样品在压力杆的作用下与晶体表面紧密接触，从晶体入射的红外光透过晶体与样品的界面，进入到样品几个微米的深度，最后再反射回晶体，含有样品信息的红外光到达检测器，由仪器测得相应的红外光谱图。图 2.305 是单次反射 ATR 的原理图。

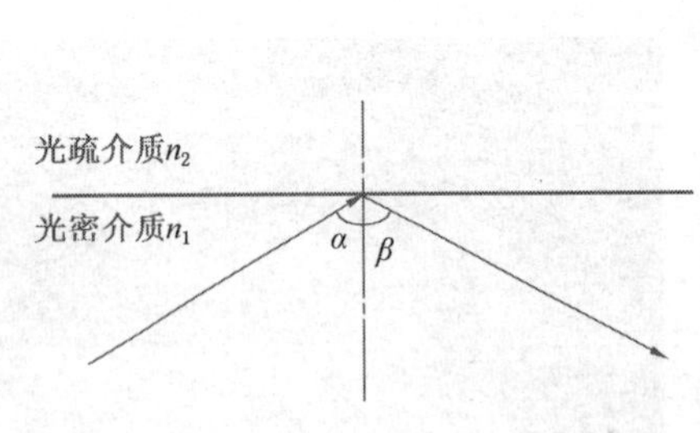

图 2.304 全反射示意图

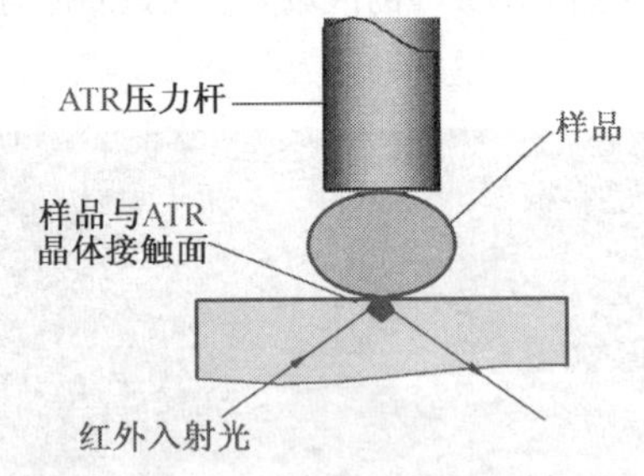

图 2.305 单次反射 ATR 的原理图

附件中的晶体是直径约为 1.5mm 的圆形，从上方通过配有测微器的加压夹具可对加在样品上的压力进行微调。常用晶体类型有 ZnSe、KRS－5 和金刚石等。

仪器测量条件

仪器装置：	FTIR－8400S
分辨率：	4cm^{-1}
附件：	MIRacle™ A
晶体类型：	ZnSe

测定应用实例：

ATR 附件的优点是能测试常规透过法不能测试的样品，例如：纤维、织物、纸张、涂层、橡胶、塑料、弹性体、黏稠物等，测定时只需对样品做简单的制备。以下是高分子薄膜类样品的测定实例。

高分子多层膜的测定：

药用包装复合膜和多层输液用膜是典型高分子多层膜的代表，复合膜是由多层不同材质的薄膜共挤而成，常见的薄膜材质有 PE、PP 和 PET 等，而每层膜的厚度由 5 ~ 30μm 不等。使用 ATR 分别测定薄膜样品的两个表面，得到如图 2.306 所示的红外光谱图。搜索红外谱库得到两个表面的高分子材料分别是 PP 和 PET。

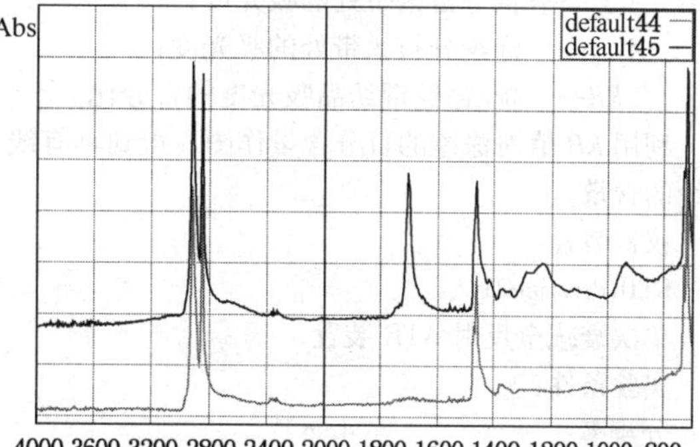

图 2.306　多层膜两个表面的红外光谱图

高分子表面涂层的测定：

样品基材是高分子薄膜，薄膜表面涂有机层，使用 ATR 分别测定了基材和表面涂层的化合物类型。首先测定薄膜基体的红外光谱图，如图 2.307 下面的谱图所示，由谱图所知是 PE 材料；再测定有涂层的一面，得到如图 2.307 上面的谱图。由于涂层较薄，由谱图可以看出，通过 ATR 采样，同时得到涂层和薄膜基材的光谱，使用差谱法，得到表面涂层的光谱，如图 2.308 上面的光谱所示，搜索红外谱库，此涂层是2 - 乙基戊酸。

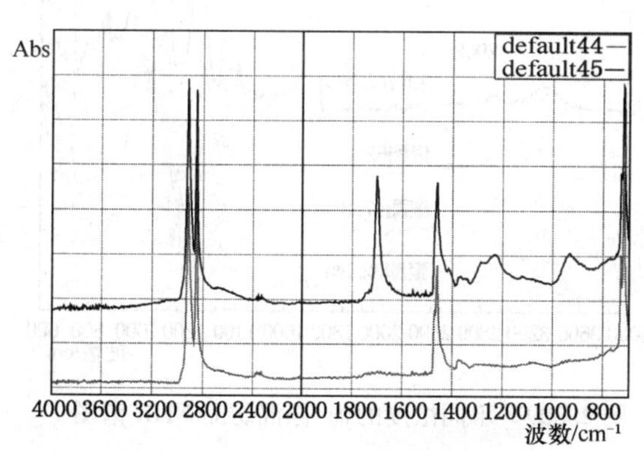

图 2.307　样品两个表面的红外光谱图

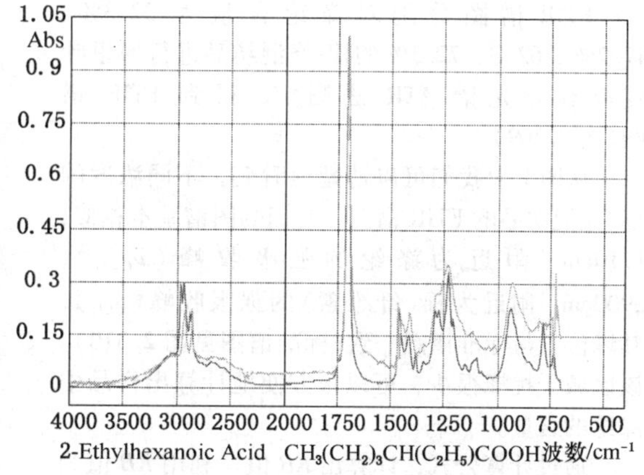

图 2.308　差谱的谱库搜索结果

二、红外光谱法分析测定混纺品中涤纶的含量

涤纶是合成纤维中产量最高的第一大品种。涤纶有多个商品名，“涤纶”是我国的商品名，化学名称是聚对苯二甲酸乙二酯，通常是化学物聚合而成，因此学名常带“聚”。涤纶也称聚酯。该纤维具有挺括、滑爽、快干、耐穿等特点，深受广大消费者的喜爱。当前，混纺品种已由原先的65% 涤纶与 35% 棉的比例发展成为 65:35、55:45、50:50、20:80 等各种不同比例的混纺织物，其目的是为了适应不同层次消费者的需求。

O'Conner 早在 1972 年介绍了 cotton/dacron 的定量检测方法。IYER 于 1976 年介绍了用样品研磨、KBr 压片、透射法定量检测 cotton/polyester 的情况。涤纶的特征峰采用 $1725cm^{-1}$，他发现随着涤纶的含量增加，研磨的时间必须加长。更重要的是，涤纶的含量同其特征峰的吸收强度不呈线性关系，而是同吸收强度与峰宽的乘积呈线性关系。20 世纪 80 年代光声法出现后，有人用在液氮低温下研磨得到的纤维粉末，测定了聚酯类合成纤维与棉花混纺材料的比例。国内有报道用光声法溴化钾压片测定了涤棉混纺纤维中涤纶的含量。文中研究利用 ATR 法来进行棉/涤混纺品中涤纶含量的分析测定。

棉/涤混纺品的红外谱图中，涤纶的强吸收峰是 $1710cm^{-1}$（$\nu_{C=O}$），作为涤纶的分析谱带；棉（纤维素）的强吸收峰是 $2900cm^{-1}$（ν_{CH}），作为棉纤维的分析谱带。

经 ATR 校正后，用基线法计算出吸光度，利用下列公式，求出 *KB* 值。

$$KB = A_{2900}/(A_{2900} + A_{1710}) \times 100\%$$

式中　A_{2900}——棉分析谱带处的吸光度；

A_{1710}——涤纶分析谱带处的吸光度；

KB——棉/涤纶混纺品吸光度的百分比。

利用 KB 值对涤纶的百分含量作图，得到具有线性关系的工作曲线，据此能方便地测定出未知样品中涤纶的含量。

仪器装置：

FTIRPrestige21

单次衰减全反射 ATR 装置

实验条件：

分辨率：　4cm^{-1}

扫描次数：　20

变迹法：　Happ - Genzel

检测器：　DLATGS(氘代 L - 丙氨酸硫酸三甘肽)

扫描范围：　600 ~ 4000cm^{-1}

测定方式：　吸光度

测定条件：

FTIR 谱图分别对涤纶含量为 32.3%、47.2%、62%、72.5% 的棉/涤混纺品进行傅里叶变换红外光谱 ATR 法测定，得到 FTIR 谱图(图 2.309)。

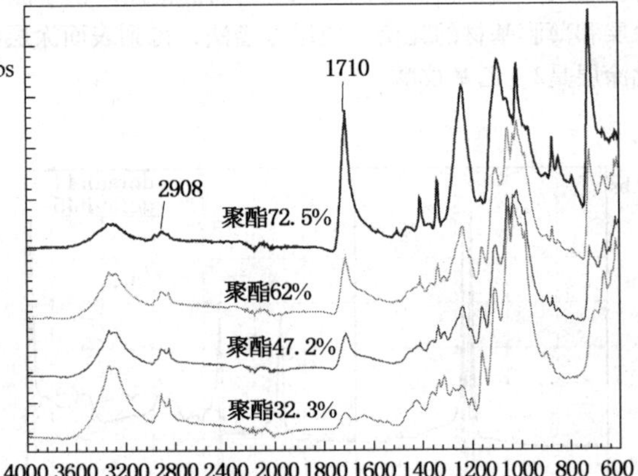

图 2.309　不同浓度的棉/涤混纺品 FTIR 谱图

从图 1 中我们可以清楚地看到，不同浓度的棉/涤混纺品的 FTIR 谱图，它们的图谱基本相似，1710cm^{-1} 附近为涤纶的强吸收峰($\nu_{C=O}$)，2900cm^{-1} 附近为棉(纤维素)的强吸收峰(ν_{CH})，其峰位置与标准谱图一致(标准谱图见图 2.310)。该区域干扰峰很少，可以很方便地计算出样品中涤纶的含量。

通过计算公式，计算出 KB 值。利用 KB 值为纵坐标，涤纶的百分含量为横坐标绘制工作曲线，如图 2.311 所示。曲线方程为 $y = -0.0164x + 1.328$，线性关系良好($R^2 = 0.9996$)。

对于该样品，其主要成分为棉和涤纶，其他配料与棉、涤纶含量相比可忽略。分别采用 ATR 法和化学法进行测定，其计算结果如表 2.33。

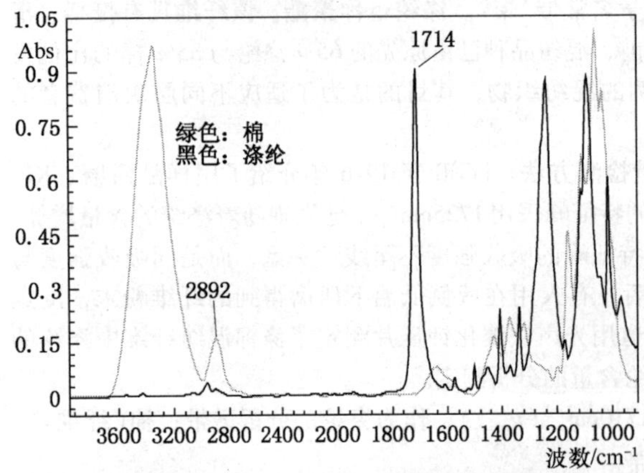

图 2.310　棉和涤纶的标准谱图

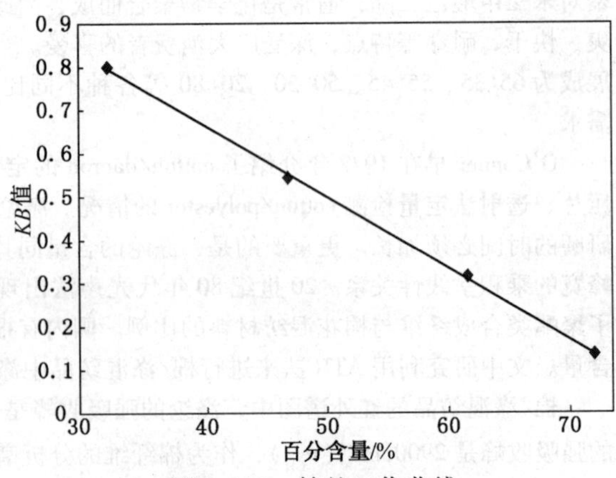

图 2.311　棉的工作曲线

表2.33　样品的测定结果

ATR法/%		化学法/%
样品	64.1	64.4

对该样品进行3次重复测定，重复性较好，符合实验室的要求，测试结果见表2.34。

表2.34　样品的重复测定结果

样品	1	2	3
测定值/%	63.8	65.4	63.1

与常规的化学法相比，红外光谱法具有不破坏样品、检测速度快、操作安全、效率高等优点。不足之处是，红外光谱法仅适合于特征峰较为明显的样品，同时混纺品的混纺方式和染色对测定结果也有一定影响。

2.2.4.4　在法庭科学领域中的应用

取油墨样品一份，直接于KBr上涂膜进行测定，谱图如图2.312。

油墨中颜料的特征吸收及定量波数选择

从图2.312中我们可得到油墨中颜料的特征吸收主要在1092cm^{-1}和1718cm^{-1}左右，故选择该两点作为我们定量的波数，之所以选择两波数进行定量是为了消除一些其他响应物质带来的干扰，实验中我们发现，两波数的相对峰高的比值和颜料的含量成线性关系。故配置了5个不同含量的油墨进行测定，绘制标准曲线，定量测定样品中颜料的含量。

实验条件如下：

仪器：　IR－Prestige21

扫描次数：　40

分辨率：　1cm^{-1}

变迹函数：　Happ－Genzel

光谱测定范围：　500～4000cm^{-1}

实验中油墨涂膜的厚度会影响样品的吸光度，为了保证有足够的灵敏度，实际样品分析中两波数的透过率应在20%～30%左右比较合适

实验技术数据见表2.35，工作曲线见图2.313。

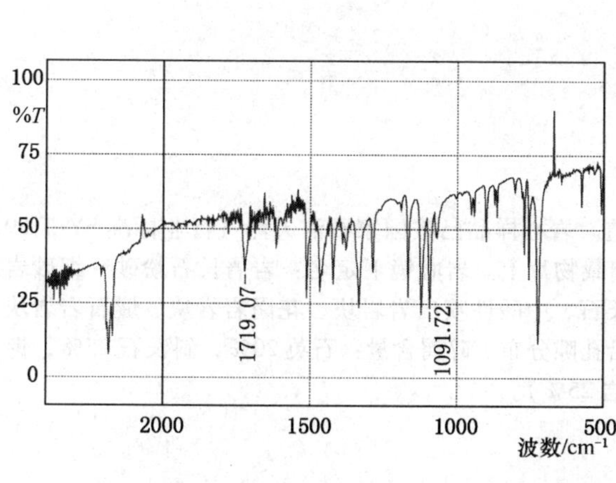

图2.312　油墨红外图谱

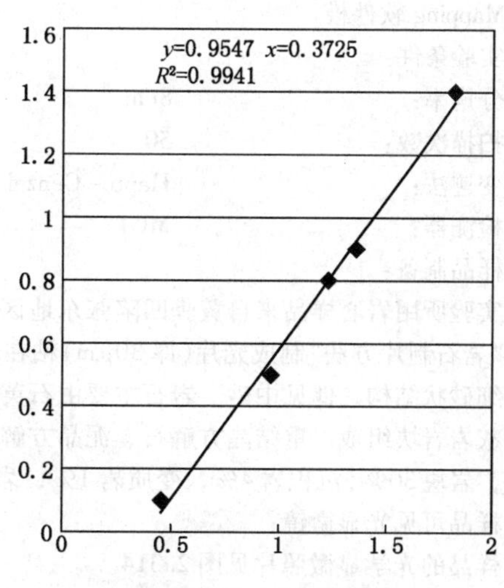

图2.313　工作曲线

表2.35 实 验 数 据

样品编号	波数/cm^{-1}	相对峰高	比 值	样品量
1	1092	37.35	0.455	0.1
	1718	16.99		
2	1092	55.35	0.962	0.5
	1718	53.22		
3	1092	38.72	1.229	0.8
	1718	47.57		
4	1092	30.69	1.36	0.9
	1718	41.74		
5	1092	23.8	1.82	1.4
	1718	43.32		
6	1092	60.56	1.275	0.84
	1718	72.45		

使用表中定量数据，得到如下工作曲线：

$y = 0.9547x - 0.3725$，其相关系数 $r = 0.997$，线性关系良好，使用得到的标准曲线，对标准配置的样品6进行了拟合，得到样品颜料含量为0.84，与标准值0.836非常接近，该方法可行有效。

2.2.4.5 在地质科学领域中的应用

含油岩心的显微红外研究

红外光谱在矿物学、岩石学和地球化学研究具有特殊的意义。然而通常对样品物性的红外光谱学实验研究是对样品宏观体积取统计平均值得到的结果。本文则利用显微红外可在光谱和空间两个方面对目标样品进行分析和识别的特点对含油岩心中有机物含量分布进行了研究。

仪器配置：

IRPrestige21

AIM8800

IRsolution 软件

Mapping 软件模

实验条件：

分辨率：	8cm^{-1}
扫描次数：	50
变迹法：	Happ - Genzel
检测器：	MCT

样品制备：

实验所用岩心样品来自黄骅凹陷张东地区构造。岩心样品已按国家石油天然气行业标准 SY/T 5913 - 2004“岩石制片方法”制成光片(厚30μm)粘在玻璃载物片上。岩心镜下定名：岩屑长石粉砂 - 细砂岩。粉砂 - 细砂状结构，偶见中砂。岩石主要由石英、长石、中酸性喷出岩岩块、花岗岩岩块、燧石岩岩块、和泥晶灰岩岩块组成。重结晶方解石、泥晶方解石沿孔隙分布。碎屑含量：石英20%，斜长石25%，钾长石25%，岩块30%(沉积岩4%，变质岩1%，岩浆岩25%)。

样品可见光显微镜：

样品的光学显微照片见图2.314。

从图上可以看出，样品中有黑色区域，一般情况下，有机质大多存在于黑色区域中，但是光学显微镜照片不能完全反映有机质分布，而且也不能提供含量相对多少的信息。

透射显微镜成像：

在图 2.314 所示区域以光阑大小 30μm×30μm，X、Y 方向间隔为 30μm 进行透射 mapping 扫描，得到 11×14张红外光谱图。图 2.316 中白色区域 a(300μm，390μmm) 和黑色区域 b(120μm，150μm) 的红外光谱图如图 2.315 所示。

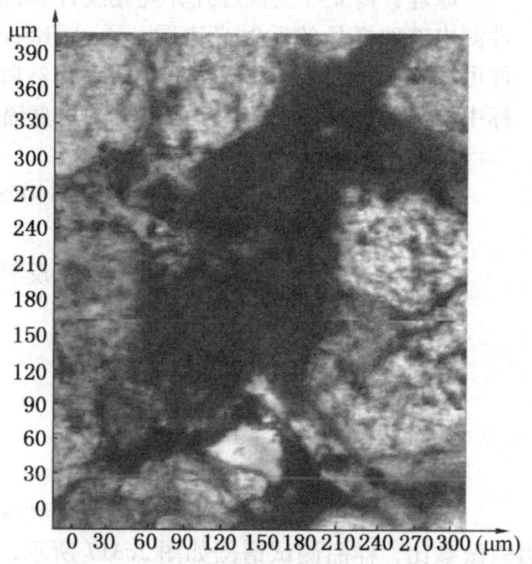

图 2.314　样品光学显微照片

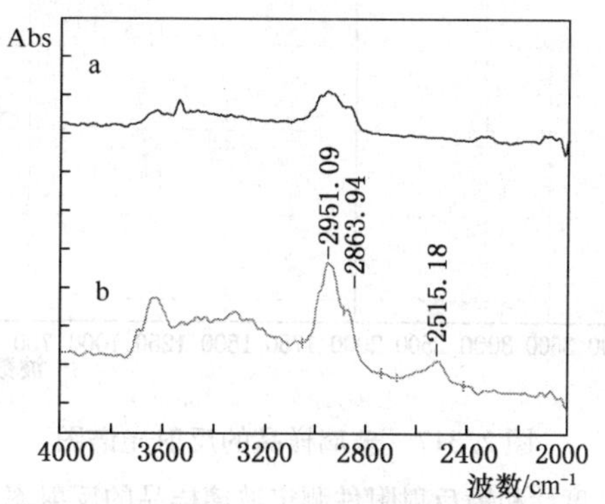

图 2.315　样品的红外光谱图

由于 2000cm^{-1} 以下波数的红外光不能穿透玻璃片基，因此红外谱图波数范围为 2000～4000cm^{-1}。2515.28cm^{-1} 处的吸收峰对应于 S—H 类化学键振动；2951.09cm^{-1} 和 2873.94cm^{-1} 处的吸收峰分别对应于甲基(亚甲基)的反对称和对称伸缩振动；3618cm^{-1} 处的吸收峰对应于羟基的伸缩振动峰。白色区域 b(120μm，150μm)的甲基(亚甲基)可能部分来源于制样所带来的胶黏剂；黑色区域 b(120μm，150μm) 2515.28cm^{-1} 处的吸收峰则来源于样品中的有机质。

以 2400～2600cm^{-1} 的吸光度的校正峰高为 Z 轴绘制三维图，结果如图 2.316 所示。

从图上可以看出，样品三维图有机物主体分布区域与样品光学照片中黑色区域轮廓非常一致，图上还反映出光学照片不能发现的高有机质含量区域，并且通过吸光度直观地反映出有机质在空间上的含量分布。

实验表明，显微红外法可以准确地获得含油岩心中有机质丰富的分布信息，其为矿物、岩石学和岩心的地球化学研究提供了简便有利的工具。

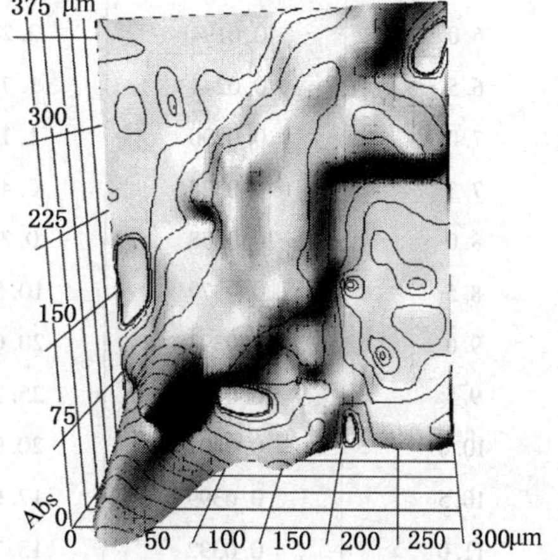

图 2.316　样品三维图

2.2.4.6　在建筑科学领域中的应用

以 FTIR-8400S 和 RSM-8000A 附件以及 IRSolution 软件测定建筑玻璃反射率，并根据 GB/T 2680—94 计算建筑玻璃的垂直辐射率。

玻璃作为透明材料被广泛应用于建筑、交通运输、船舶、航空、制冷等行业，它不仅是良好的透明材料，也是一种良好的热导性材料。不论玻璃被应用于哪个领域，通过玻璃进行热传导都会发生，而透过玻璃的热传导大部分是能量损失。例如，在建筑上使用的普通平板玻璃所发生的能量损失所占的比例很大，据资料介绍普通玻璃应用于建筑上，有 1/3 能量是通过玻璃的传导而损失的。目前在世界性能源紧张的今天节能已成为一种趋势，减少通过玻璃的能量损失越来越被建筑师和建筑使用者所重视，几乎所有的建筑师都希望能透过某种途径尽量减少建筑上的损失，以使建筑物的能耗尽量少。

自然界中热量的传递通常有三种形式：对流、辐射和传导。由于玻璃是透明材料，通过玻璃的传热除上述三种形式外还有太阳能量以光辐射形式的直接透过。衡量通过玻璃进行能量传播的参数有热传导率及 K 值(在美国称为 U 值)、太阳能透过率、遮蔽系数、相对热增益等。K 值是玻璃的传导热、对流热和辐射热的函数，它是这三种热传方式的综合体现。其中，辐射率越低通过玻璃表面发生的辐射损失越少，玻璃的节能效果越好。

原理：傅立叶变换红外分光光度计和镜反射附件测出玻璃样品的反射光谱图，通过 IRSolution 软件可以直接得到不同波数下的反射率，然后结合国标中给出的计算公式，计算出玻璃的垂直辐射率。

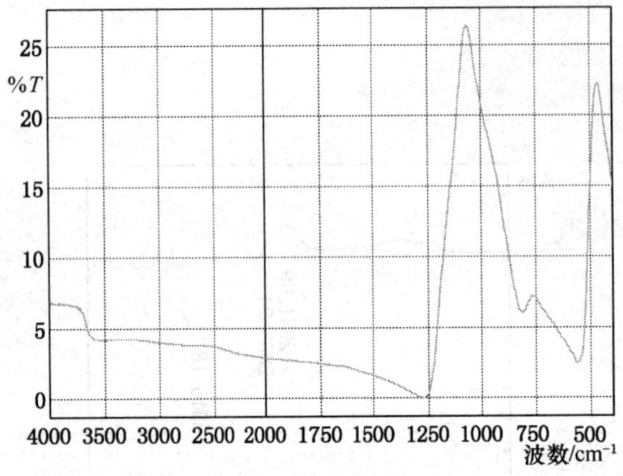

图 2.317 玻璃样品的反射光谱图

仪器测量条件

仪器装置：	ShimadzuFTIR - 8400S；IRSolution 软件；
附件：	SRM - 8000A(镜反射装置)
波长范围：	4000 ~ 400cm^{-1}
分辨率：	8cm^{-1}
扫描次数：	20
切趾函数：	Happ - Genzel
检测器：	DLATGS

建筑玻璃的反射率测定：使用傅立叶变换红外分光光度计和镜反射附件测定玻璃样品的反射率，镀铝镜做参比，样品测试谱图如图 2.317 所示，玻璃反射率测定数据见表 2.36。

表 2.36 玻璃反射率测定数据

波长/μm	G_λ	$\rho_{(\lambda)}$	波长/μm	G_λ	$\rho_{(\lambda)}$
4.5	0.0053	3.135821	15.0	0.0281	5.132366
5.0	0.0094	2.860022	15.5	0.0266	4.595373
5.5	0.0143	2.570678	16.0	0.0252	4.118519
6.0	0.0194	2.279220	16.5	0.0238	3.664047
6.5	0.0244	1.768432	17.0	0.0225	3.147111
7.0	0.0290	1.161902	17.5	0.0212	2.646739
7.5	0.0328	0.413117	18.0	0.0200	2.471999
8.0	0.0358	0.348167	18.5	0.0189	3.109529
8.5	0.0379	10.568745	19.0	0.0179	5.631238
9.0	0.0393	20.024345	19.5	0.0168	10.532866
9.5	0.0401	25.942370	20.0	0.0159	15.610191
10.0	0.0402	20.951590	20.5	0.0150	19.531354
10.5	0.0399	17.636539	21.0	0.0142	21.655594
11.0	0.0392	13.797961	21.5	0.0134	22.275116
11.5	0.0382	9.728209	22.0	0.0126	21.571563
12.0	0.0370	6.589621	22.5	0.0119	20.490091
12.5	0.0356	6.308231	23.0	0.0113	19.279649
13.0	0.0342	7.169646	23.5	0.0107	18.319192
13.5	0.0327	6.821275	24.0	0.0101	17.231724
14.0	0.0311	6.132867	24.5	0.0096	16.008879
14.5	0.0296	5.619247	25.0	0.0091	15.380734

根据 GB/T 2680—94 垂直辐射率的计算公式：

$$a_n = 1 - t_h - \rho_h$$

$$\approx 1 - \rho_h$$

$$\rho_h \approx \sum G_\lambda \cdot \rho_{(\lambda)}$$

得：

$$a_n = 1 - \sum G_\lambda \cdot \rho_{(\lambda)}$$

可以计算出：玻璃的垂直辐射率为 0.9028，($\rho_h = 0.0972$)

使用 FTIR-8400S 和 SRM-8000A 可以方便准确地测定建筑玻璃中红外波段的反射光谱图，使用 IRSolution 软件可以直接得到玻璃样品不同波长下的反射率，根据国标公式和常数可以算出建筑玻璃的垂直辐射率，对于评价建筑玻璃的性能有很好的指导意义。

2.2.4.7　在环境科学领域中的应用

环境水中的石油类来自工业废水和生活污水的污染。油类物质漂浮于水体表面，将影响空气与水体界面氧的交换；分散于水中以及吸附于悬浮微粒上或以乳化状态存在于水中的油，被微生物氧化分解，将消耗水中的溶解氧，使水质恶化。

矿物油是由烷烃、环烷烃及芳香烃组成的混合物。对油类的监测方法主要有重量法、紫外分光光度法、红外光度法等。重量法是常用的分析方法，它不受油的品种限制，所测定的油不能区分矿物油和动、植物油。其方法准确，但操作繁杂，灵敏度差，只适于测定 5mg/L 以上的油品。紫外分光光度法在测定污水中油含量时，存在着石油醚脱芳烃技术实用性差、分液漏斗使用的润滑剂引起误差等问题。

红外光度法是目前中国测定油类的标准方法，也是唯一一种在对油测定中既能进行定性分析，又可以进行定量分析的方法。早期的各种定量方法都是测量混合组分中部分化合物某一特性基团的特殊吸收，进而推算混合组分总量；一旦具有该特性基团的化合物的相对含量发生变化，吸收系数必然相应变化，所以都存在“标准油”的选择问题，长期以来未能统一。文中参照“GB/T 16488—1996 水质石油类和动植物油的测定红外光度法”选择三波长红外光谱法测定地表水，测定结果准确，避免了使用“标准油”。

用四氯化碳萃取水中的油类物质的含量均由波数分别为 2930cm^{-1}(CH_2 基团中 C—H 键的伸缩振动)、2960cm^{-1}(CH_3 基团中 C—H 键的伸缩振动)和 3030cm^{-1}(芳香环中 C—H 键的伸缩振动)谱带处的吸光度 A_{2930}、A_{2960} 和 A_{3030} 进行计算。

仪器配置：

IRPrestige21、10cm 石英比色皿

实验条件

分辨率：	4cm^{-1}
扫描次数：	20
变迹法：	Happ-Genzel
检测器：	DLATGS(氘代 L-丙氨酸硫酸三甘肽)
扫描范围：	2400~3600cm^{-1}
测定方式：	吸光度

样品前处理：

用 20mL 四氯化碳洗涤采样瓶后，倒入分液漏斗中，加入 20g 氯化钠，充分振荡萃取 2min 静置分层，将萃取液经 10mm 厚度无水硫酸钠的玻璃砂芯漏斗流入 50mL 容量瓶内。用 20mL 的四氯化碳重复萃取一次，再取 10mL 四氯化碳洗涤玻璃砂芯漏斗，将三次萃取液一并移入容量瓶中，用四氯化碳定容至标线，并摇匀。

测定结果：

校正系数测定：

以四氯化碳为溶剂，分别配制 100mg/L 正十六烷、100mg/L 姥鲛烷和 400mg/L 甲苯溶液。用四氯化碳作参比溶液，分别测量正十六烷、姥鲛烷和甲苯溶液在 2930cm^{-1}、2960cm^{-1}、3030cm^{-1} 处的吸光度 A_{2930}、A_{2960} 和 A_{3030}(谱图如图 2.318 所示)。利用下述公式联立求解后，可分别得到相应的校正系数 X、Y、Z 和 F。

$$c = X \cdot A_{2930} + Y \cdot A_{2980} + Z\left(A_{3030} - \frac{A_{2930}}{F}\right)$$

式中 c——萃取溶剂中化合物的含量，mg/L；

A_{2930}、A_{2960}、A_{3030}——各对应波数下测得的吸光度；

X、Y、Z——与各种C—H键吸光度相对应的系数；

F——脂肪烃对芳香烃影响的校正因子，即正十六烷在2930cm^{-1}和3030cm^{-1}处的吸光度之比。

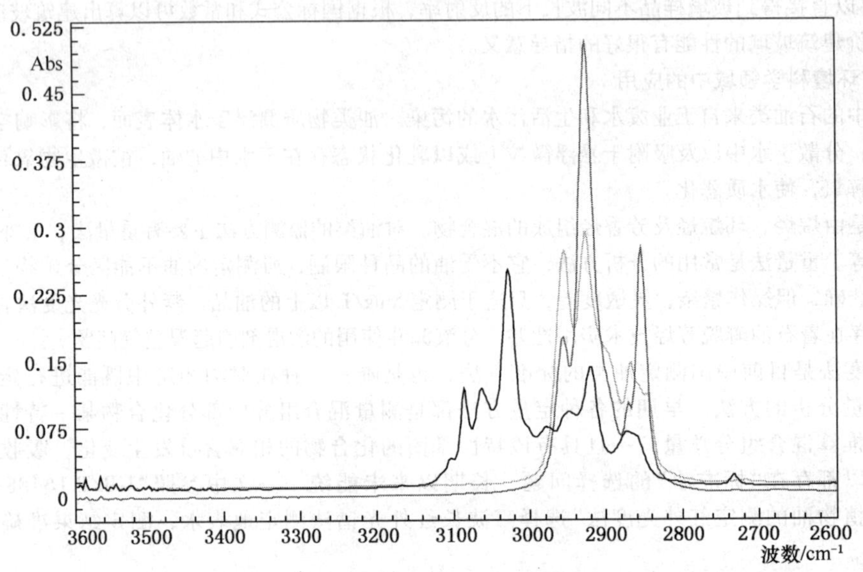

图2.318 正十六烷、姥鲛烷和甲苯溶液的红外光谱图

经过计算得到校正系数 X、Y、Z 和 F 分别为104.46、268.46、1502.52和103.22。

样品测定：

以四氯化碳作参比溶液，进行光谱扫描。于3300cm^{-1}和2600cm^{-1}之间作基线，在2930cm^{-1}、2960cm^{-1}和3030cm^{-1}处分别测量吸光度值，计算总萃取物的含量。计算结果如表2.37。

表2.37 样品测定结果

样 品	测定值/(mg/L)	参考值/(mg/L)	样 品	测定值/(mg/L)	参考值/(mg/L)
1	51.08	50.00	3	108.51	100.00
2	6.26	6.40	4	3.01	3.20

使用红外光谱法测定地表水中的油类物质，可以避免样品中特性基团的化合物的相对含量发生变化而引起测定的误差。根据国标中公式计算得到的结果与参考值接近，满足环境检测的要求，是测定油类物质理想的方法。

2.2.4.8 在能源科学领域中的应用

SPEEK用于直接甲醇燃料电池(DMFC)中作为质子交换膜时，存在甲醇溶液中过度溶胀、力学性能下降的缺点。为了解决这个问题，实验中加入PBI以提高机械性能和耐甲醇渗透性。PBI的含量及其分布对共混膜的电性能影响很大。

随着FTIR仪器的发展，在高聚物结构的研究中，红外光谱法成为极为重要的手段之一，可用于高聚物结晶、取向、共混等结构及动态过程的研究。很多情况下，有机共混高聚物中各组分元素基本相同，其间主要差异是官能基团的不同，红外可以对共混共聚物中特定基团进行定性定量的分析，显微红外则可以得到特定基团在共混高聚物中的分布信息。本文通过显微红外分析由原位混合和共混两种方法制得的SPEEK

与 PBI 共混膜中的两种组分的混合状态；通过改变一系列光阑大小分析 PBI 在共混膜中的分布形态。通过对比不同膜的红外谱图如图 2.319，发现原位混合制得的共混膜中形成了期望所得的铵盐，在 2014cm^{-1}处出现对应亚铵盐的特征峰，而共混制得的共混膜中并未得到这种结构（如图 2.320）。根据红外谱图，对成盐样品进行红外显微测试，SPEEK 选取对应共轭羰基 C ═O 伸缩振动的 1654cm^{-1}峰或对应磺酸基中 O ═S ═O伸缩振动的 1078cm^{-1}峰作为特征峰；PBI 选取对应亚铵盐 2014cm^{-1}峰作为特征峰。

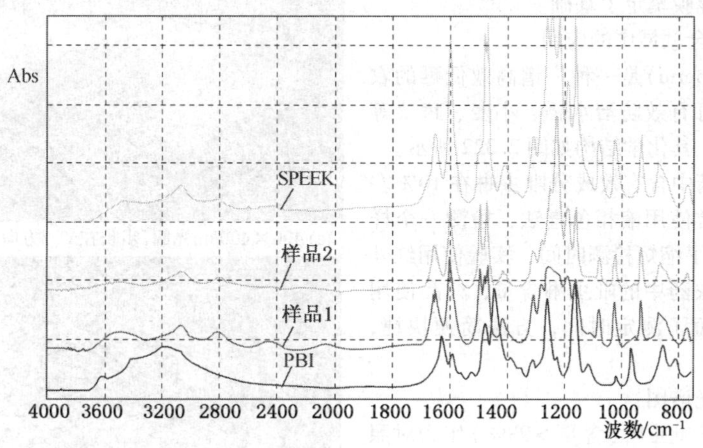

图 2.319　样品 1，2，SPEEK，PBI 红外光谱图（750 ~ 4000cm^{-1}）

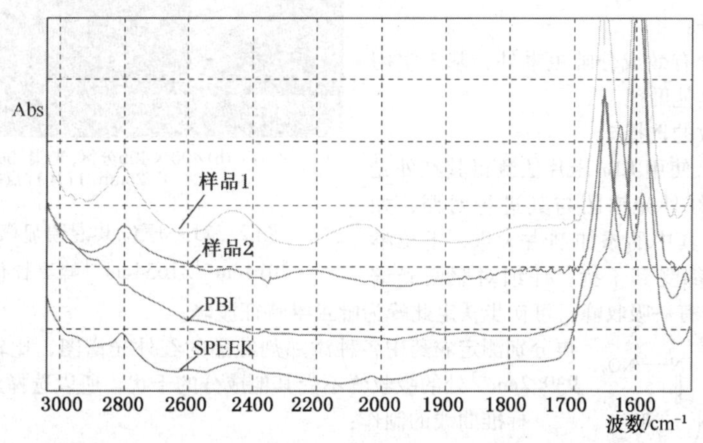

图 2.320　样品 1、2SPEEK、PBI 红外光谱图（1500 ~ 3000cm^{-1}）

先采用 400μm × 400μm 大光阑，在 3500μm × 3500μm 二维区域中扫描，得到立体图［图 2.321（a）］。在其差异度相对小的平滑区，选择一个 400μm × 400μm 的分区作为固定对象进行测试，将光阑由大至小调节，得到各扫描图像，以光阑为 15μm 为例，所选步长 X、Y 方向各为 25μm，17 × 17 点扫描，其形貌分布立体图［图 2.321（b）］。

图 2.321 中，对一系列光阑变化后结果取比值峰最大值 Max 与最小值 Min，以相对差异值：

Diff = （Max − Min）/Max 与光阑大小的变化相结合找到变化趋势，得到组分分布信息。

图 2.321 的结果显示出对任一种制法所得的膜，其不均匀的差异度在测试范围随光阑减小而增大，并且通过相对差异值随光阑变化的对比发现，其峰值变化范围相对值也随光阑减小而增大。大光阑观测会使局部基团聚集差异被大区域平均化，使总体差异度减小且趋于平滑。随光阑减小，其结果更能细致反映出其基团聚集。在 400μm × 400μm 光阑下得到的二维分布图内仍有大区域的平滑区域，如图 2.321（a），即分布相对均匀的区。而到 100μm × 100μm 光阑后，分布出现明显聚集区，如图 2.321（b）。

无论以羰基还是磺酸基为基准，其差异变化相对值都在 50 ~ 100μm 光阑开始出现明显上升，其分散尺寸的均匀度在此范围出现明显变化，说明有这个尺度的宏观聚集。并且在所选最小测试光阑 15μm × 15μm

以后，这种组分分布不均匀性更趋明显。

综上所述，通过红外光谱的分析和显微红外光谱的观察，不但得到了共混膜中 PBI 和 SPEEK 的分布状况，而且证实了直接共混制成的膜不能成盐，而原位混合制得的膜可以成盐的实验结果，为合成制备性能良好的共混膜奠定了基础。

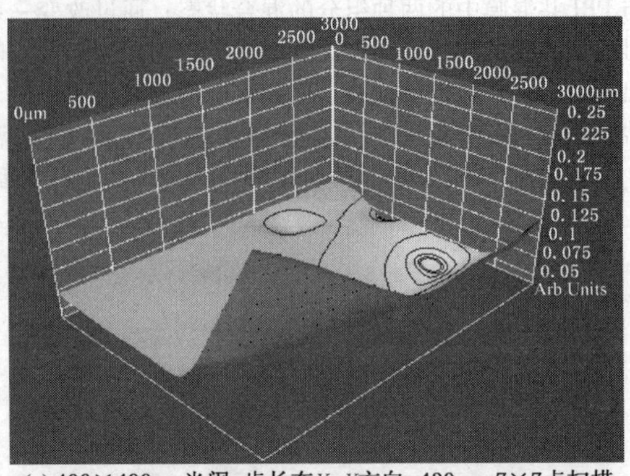

(a) 400×400μm光阑，步长在X、Y方向：430μm，7×7点扫描

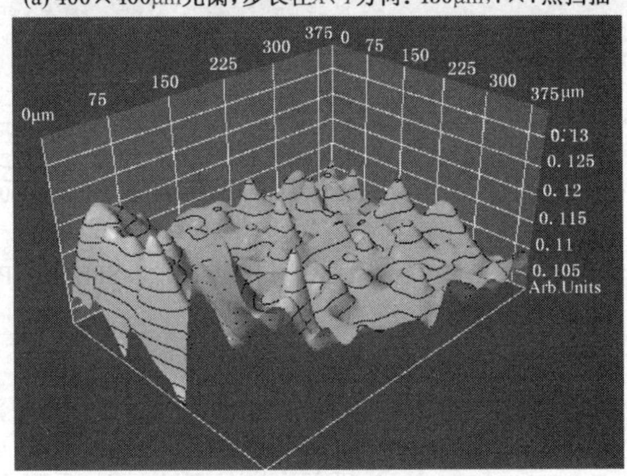

(b) 400×400分区，光阑15μm，步长X、Y：25μm，17×17点扫描

图 2.321 原位共混膜显微红外测试图（$2014cm^{-1}$/$1654cm^{-1}$峰高比值的二维分布）

2.2.4.9 在食品安全领域中的应用

吡虫啉(Imidacloprid)是一种广谱高效低毒的农药，其优异的性能可有效防治水稻、小麦、蔬菜等作物上的多种害虫。其化学结构如图 2.322 所示。

作为商品，农药中含有效成分吡虫啉在 10% 左右。其含量检测通常使用液相色谱法，检测一个样品需要 1h 左右。为了缩短检测时间，实验使用红外光谱法来直接测定农药中的吡虫啉含量，样品使用 KBr 压片，大大缩短了测定时间，方法简便快捷，结果准确。

吡虫啉的红外光谱图：

选择重结晶过的吡虫啉（含量 >98%）作为对照品，使用 KBr 压片法测得其红外光谱图，如图 2.323 所示。

商品农药的成分：

商品农药中除含有效成分吡虫啉外，基于实用的考虑，还添加有其他助剂。

吡虫啉定量波数的选择

选择商品农药，使用 KBr 压片法测得其红外光谱图，将吡虫啉的红外光谱图与其进行对照，如图 2.324所示。由于其中的添加剂占大量，吡虫啉的大多数强吸收峰都受到干扰，仔细对照两光谱图，在 $939.2cm^{-1}$处有一吸收峰，可初步认定此峰为吡虫啉特征波峰。

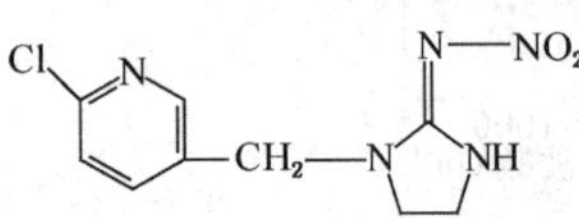

图 2.322 吡虫啉的化学结构

再分别测定农药中各种添加剂纯品的红外光谱图，比较后，可进一步确认 $939.2cm^{-1}$处的吸收峰不受其他成分的干扰，所以选择此峰为定量波数。

标准曲线的制作：

按配方配置一系列浓度的标准样品，用液相色谱标定其浓度，使用十万分之一电子天平称量合适重量标样用于 KBr 压片，测定的谱图如图 2.325 所示，计算谱图中 946.98 ~ $925.77cm^{-1}$处的峰面积。标样重量及峰面积如表 2.38 所示。

表 2.38 各浓度标样重量及峰面积

ID	吡虫啉标样浓度/%	压片标样取样量/mg	吡虫啉绝对重量/10^{-2}mg	峰面积
1	7.26	4.2	30.492	0.866
2	9.28	3.8	35.264	0.975
3	11.12	3.7	41.144	1.108
4	13.24	3.8	50.312	1.333

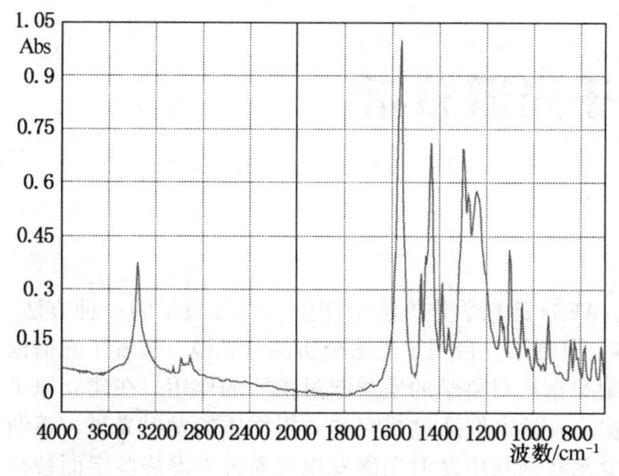

图 2.323　吡虫啉的红外光谱图

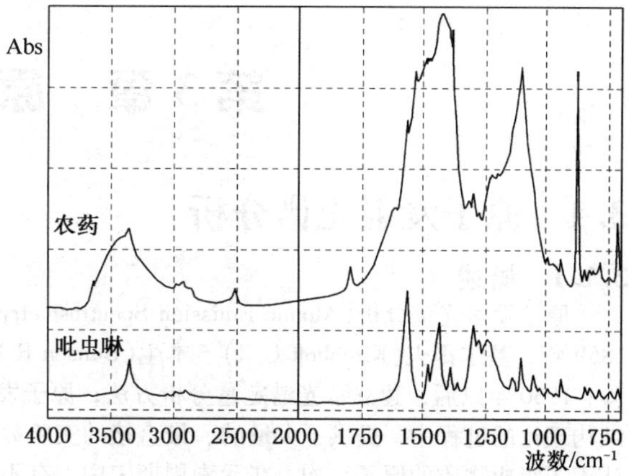

图 2.324　农药与吡虫啉的对照红外光谱图

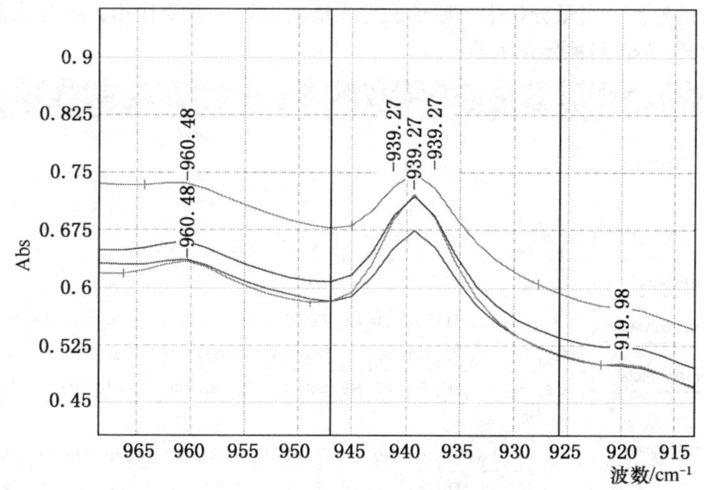

图 2.325　各浓度标样的红外光谱图

参 考 文 献

1　汪尔康编著．21 世纪的分析化学．北京：科学出版社，1999
2　方惠群，于俊生，史坚．仪器分析．北京：科学出版社，2002
3　吴某成，仪器分析．北京：科学出版社，2003
4　翁诗甫，傅里叶变换红外光谱仪．北京：化学工业出版社，2005
5　陆婉珍，现代近红外光谱技术．北京：中国石化出版社，2005
6　李昌厚，紫外可见分光光度计．北京：化学工业出版社，2005
7　孟令芝，龚淑珍，何永炳．有机波谱分析(第二版)．武汉：武汉大学出版社，2003
8　朱明华．仪器分析(第三版)．北京：高等教育出版社，2002
9　马礼敦．高等结构分析．上海：复旦大学出版社，2001
10　赵瑶兴，孙祥玉．有机分子结构光谱鉴定．北京：科学出版社，2003
11　刘密新，罗国安，张新荣等．仪器分析(第二版)．北京：清华大学出版社，2002
12　北京大学化学系仪器分析教学组．仪器分析教程．北京：北京大学出版社，1997
13　魏福祥，韩菊，刘宝友．仪器分析原理及技术．北京：中国石化出版社，2011

第3章　原子光谱分析

3.1　原子发射光谱分析

3.1.1　概述

原子发射光谱分析(Atomic Emission Spectrosmetry，AES)是光学分析法中产生与发展最早的一种方法。1859年，基尔霍夫(Kirchhoff G R)、本生(Bunsen R W)研制第一台用于光谱分析的分光镜，实现了光谱检验；1930年以后，建立了光谱定量分析方法；原子发射光谱法对科学的发展起过重要的作用。在建立原子结构理论的过程中，提供了大量的、最直接的实验数据。科学家们通过观察和分析物质的发射光谱，逐渐认识了组成物质的原子结构。在元素周期表中，有不少元素是利用发射光谱发现或通过光谱法鉴定而被确认的。例如，碱金属中的铷、铯；稀散元素中的镓、铟、铊；惰性气体中的氦、氖、氩、氪、氙及一部分稀土元素等。

在近代各种材料的定性、定量分析中，原子发射光谱法发挥了重要作用，成为仪器分析中最重要的方法之一。图3.1为ICP－AES可测定的元素。

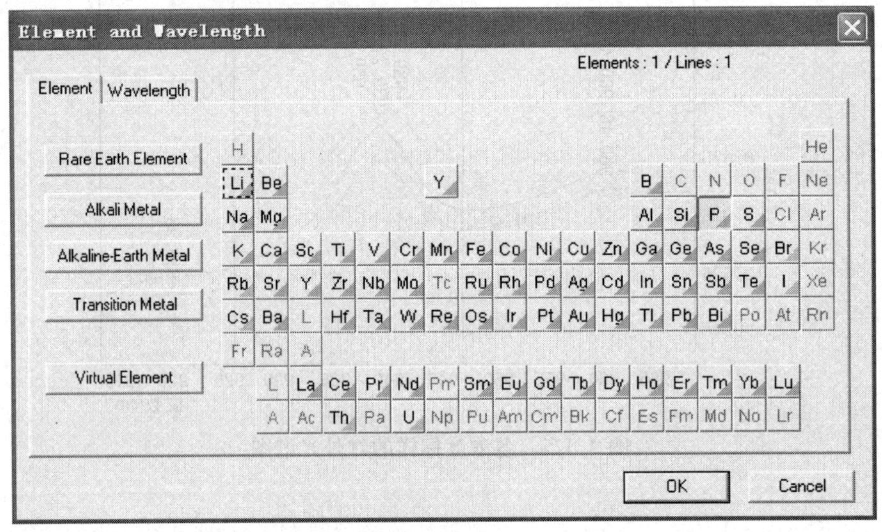

图3.1　ICP－AES可测定的元素

原子发射光谱分析(Atomic Emission Spectrosmetry，AES)，是根据处于激发态的待测元素原子回到基态时发射的特征谱线对待测元素进行分析的方法。发射光谱通常用化学火焰、电火花、电弧、激光和各种等离子体光源激发而获得。目前最广泛应用的原子发射光谱光源是等离子体，其中包括电感耦合等离子体(Inducfively Coupled Plasma，ICP)，直流等离子体(Direct－current Plasma，DCP)及微波等离子体(Microwave Plasma，MWP)。从广义上讲，电弧放电和火花放电也属于等离子体，有些资料把电弧光源称为电弧等离子体。由于这类光源已不在原子发射光谱分析中占主要地位，本书将不予以介绍，重点介绍电感耦合等离子体(Inductively Coupled Plasma，ICP)作为激发光源的原子发射光谱分析。

3.1.2　原子发射光谱分析发展历程

原子发射光谱分析的出现已有一百多的历史，按其发展过程大致可分为三个阶段，即定性分析阶段、定量分析阶段和等离子体光谱三个阶段。

(1) 定性分析阶段

早在17世纪中叶，牛顿利用三棱镜观察太阳光谱。1859年和1860年基尔霍夫(Kirchhoff)和本生(Bunsen)首先将分光镜应用于化学分析，发现了光谱与物质组成之间的关系，并确认各种物质都有自己的特征光谱，建立了光谱定性分析的基础，是原子发射光谱分析第一阶段的开始。此后若干年内，利用原子发射光谱分析技术在发现新元素及填充门捷列夫周期表上做出了巨大贡献。1861 年在硒渣中发现 Tl(铊)，1863 年在不纯的硫化锌中发现铟(In)，1875 年从闪锌矿发现镓(Ga)，1879 年发现稀土元素钬(Ho)，钐(Sm)及铥(Tm)。1885 年发现镨(Pr)和钕(Nd)，1907 年发现镥(Lu)。利用发射光谱法还发现了一些稀有气体。

(2) 定量分析阶段

进入 20 世纪后，由于工业的发展，迫切需要能快速给出试样成分的分析技术。原子发射光谱发展了一系列可以完成定量分析测定的新技术。1925 年 Gerlach 提出定量分析的内标原理。1930 ~ 1931 年罗马金(Lomakin)和塞伯(Scherbe)分别提出定量分析的经验公式，确定了谱线发射强度与浓度之间的关系。由于仪器制造技术的发展，光谱分析在各领域得到广泛应用。第二次世界大战中，各国争相发展军事工业也拓宽了光谱分析应用领域。为了解决核燃料的纯度分析，美国和前苏联分别发展高纯材料的载体蒸馏法光谱分析和蒸发法光谱分析。光栅刻制技术的改进使光栅光谱仪器逐渐推广应用。前苏联光谱学家 МОНдельШТаМ 解释了罗马金 - 塞伯公式的物理意义，使光谱定量技术更加完善。直流电弧、交流电弧和电火花是这一时期广泛采用的激发光源。

(3) 等离子体光谱技术时代

原子发射光讲技术的发展在很大程度上取决于激发光源技术的改进。20 世纪 50 年代广泛使用的电弧光源和火花光源主要缺点是重复性差，测量误差大，采用固体试样使样品处理和标样制备困难，这些原因使得在 20 世纪 60 年代至 70 年代初期，原子发射光谱分析作为一种通用的分析工具遭受了一场剧烈的衰退，而原子吸收光谱等其他分析技术却在快速发展。其实在 20 世纪 50 年代初人们已开始探讨用等离子体代替传统的电弧光源和火花光源。1971 年 Fassel 在第 19 届国际光谱学会议做了一个长达 74 页的专题报告，系统总结了各种等离子体光源的发展和技术现状，标志着原子发射光谱进入等离子体光源时代。下面分别介绍各种等离子体光源的发展历程。

3.1.3　等离子体光谱简介

(1) 直流等离子体光源的发展

直流等离子体是借助直流电弧放电形成的等离子体。最初出现的是等离子体喷焰(plasmajet)(见图 3.2)，它是在 1959 年由 Margoshes 和 Korolev 等设计的。Margoshe 的设计是由圆环状阴极(上电极)和棒状阳极(下电极)构成，由标准直流电弧发生器供给 15 ~ 20A 电流形成电弧放电，用切向通入的氦气把等离子体引至放电室外，形成等离子体喷焰。Korolev 的设计与此类似，但用氮气作工作气体。后来又出现了多种结构不同但原理类似的等离子体喷焰。

1970 年 Spectrametrics 推出倒“V”字形 DCP 光源，它是由两个交叉放置的钨电极构成两极，具体结构见图 3.3。电弧电流 10A，氩气用量约 5L/min。与以前的设计不同，其观测区在两等离子体弧柱交叉点的下部。这种结构的 DCP 由于避开弧柱发射的强的连续背景，有较好的检出限，缺点是漂移较大。

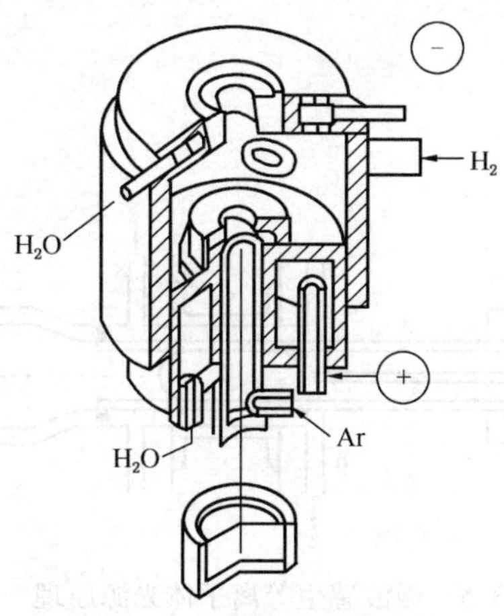

图 3.2　直流等离子体喷焰

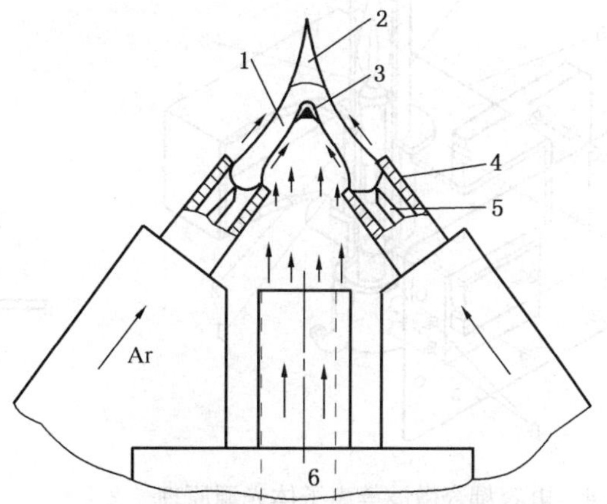

图 3.3　双电极直流等离子体喷焰

1—等离子体弧柱；2—尾焰；3—激发区；4—陶瓷；5—钨钍电极；6—试样

为了改善DCP光源的稳定性，SMI公司在SpectroSpanⅢ型仪器中采用三电极直流等离子体光源，在有氩屏蔽的两个石墨阳极和一个钨阴极之间构成一个倒“Y”形的设计。其检出限和稳定性均有较大的改善。样品以液体状态喷雾送入，在距离两个阳极交点的0.6～1.0mm处各元素得到最大的激发。同两电极DCP相比，测定精密度(相对标准偏差RSD)显著改善。如两电极系统在1h内RSD为±10%，1h后达±20%；而三电极DCP运行4.5hRSD仍为±10%。故后来商品DCP仪器均采用三电极光源。

三电极DCP光源的主要特点为：

① 检出限与ICP光源相近；

② 重现性较ICP光源稍差；

③ 散射光强度(以500mg/L Ca溶液来检查)较ICP光源低；

④ 功率密度较高，DCP为2.5kW/cm^3，而ICP光源仅为0.23～0.42kW/cm^3；

⑤ 氩气消耗量为8～9L/min，低于ICP光源(12～20L/min)；

⑥ 电功率消耗为560～700W，远低于ICP光源的1100～2000W；

⑦ 有显著的基体效应，特别是电离干扰效应不能忽略。

(2) 微波等离子体光源的发展

微波是频率从约100MHz～100GHz的电磁波。微波等离子体是用微波激发产生的等离子体，是等离子体光源的重要分支。微波等离子体光源主要分三类：电容耦合微波等离子体(Capacitively Coupled Microwave Plasma，CMP)，微波感生等离子体(Microwave Induced Plasma，MIP)和微波等离子体炬(Microwave Plasma Torch，MPT)，目前使用的频率均为2450MHz。

由谐振腔中心电极顶端维持的微波等离子体1951年首先被应用于光谱分析。它是由磁控管发生微波，通过同轴波导管送到同轴电极上，在电极顶端形成类似火焰状的等离子体，工作气体可用氦、氩、氮等多种气体，它属于CMP光源。1958年Broida等又将微波感生等离子体用于光谱化学分析。1965年Cooke将MIP光源原子发射光谱用作气相色谱选择性检测器。早期的MIP多在低气压下运行，1976年Beemakkerr采用TM010模式工作的谐振腔，能产生能量密度高的常压氦微波等离子体，简化了设备结构和操作，有较好的实用性。图3.4和图3.5分别为CMP光源和MIP光源的原理图。CMP光源又称单电极等离子体光源。1970年前后，日立公司将CMP光源原子光谱仪商品化，称为日立300型微波等离子体光谱仪。ARL公司生产的MPD850是微波感生等离子体光谱仪的代表。俞惟乐等在1980年用MIP光源配上多通道光量计与气相色谱仪联用，组成气相色谱-微波等离子体发射光谱仪，成功地用于有机化合物化学式的侧定。1985年金钦汉提出新型的微波等离子体炬装置，它类似于三管同轴构造的ICP光源，可在常压下用Ar、He等气体作工作气体，可以侧定有机和无机化合物，比MIP和CMP光源有更佳的分析性能，受到广泛的重视，并实现商品化生产。同其他几种等离子体光源相比，微波等离子体光源有其显著的特点。

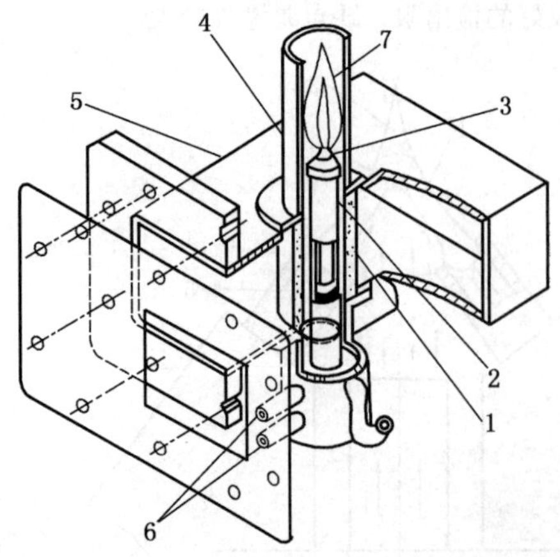

图3.4　电容耦合微波等离子体光源原理

1—氟塑料套筒；2—内导管；3—氧化铝陶瓷电极；4—同轴波导管；5—波导反射器；6—冷却水进出口；7—等离子体焰

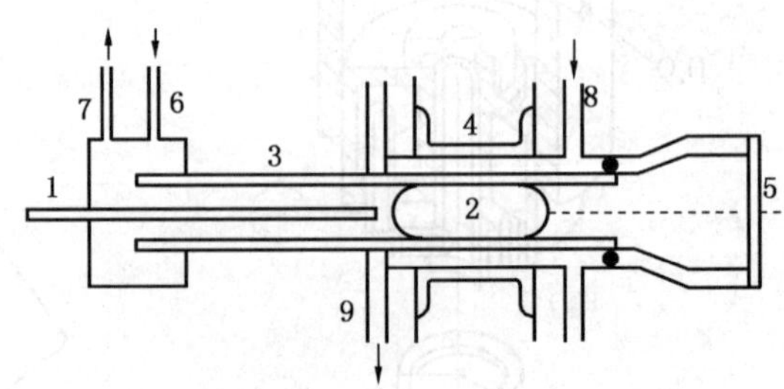

图3.5　微波感生等离子体光源原理

1—进样管(接色谱柱出口)；2—MTP；3—放电管；4—微波能量输入；5—观测窗；6—铺助气入口；7—溶剂排放口；8—进经冷却水；9—出水口

① 不仅可以测定金属元素，而且可以高灵敏度地测定非金属元素，如F、Cl、Br、I、S、P、Si、C、H、O、N等，因而可以和气相色谱或液相色谱联机测定有机化合物的组成。

② 可以在低功率下运行，微波功率仅需约100W。

③ 工作气体可以用Ar、He、N_2等，且耗气量仅为0.5～2L/min。

在测定金属元素时，微波等离子体光源的检出限不如电感藕合等离子体光源，也存在较显著的基体效应。

(3) 电感耦合等离子体光源的发展

电感耦合等离子体(ICP)又称感耦等离子体或高频等离子体，产生它的电源频率一般在3～100MHz之间，作为光谱光源的ICP目前仅用27.120MHz或40.68MHz，功率在0.6～1.5kW之间，视试样特性而异。通过电磁感应产生的无极放电等离子体，早在1942年Babat就成功地试验过，但在整个20世纪50年代却未能在光谱化学领域内应用，主要是等离子体的稳定性问题没有解决。直到1961～1962年，美国的材料物理学家Reed在控制单晶体研究时设计了切向气流稳定的三重同心炬管(见图3.6)，使所形成的ICP焰可长期稳定运行，并观察到物料进入等离子体后可产生鲜艳的颜色。他预言这种等离子体可以作为光谱分析光源。

随着ICP光谱技术的改进和分析应用领域的扩大，1975年出现了商品ICP仪器。它是由ARL公司将ICP光源配在多通道光谱仪组成的。多道ICP光谱仪由于改换分析线和分析元素比较困难，使ICP光源的多元素检测能力受到限制。1978～1979年Fassel研究组又成功地研究出程序控制扫描型ICP单色器系统，这种在计算机控制下顺序测定多种元素的ICP仪器后来称为顺序扫描ICP光谱仪，该仪器具有很好的灵活性和较低的价格，促进ICP光谱技术更广泛的应用，特别适用分析样品类型变化较大的单位。

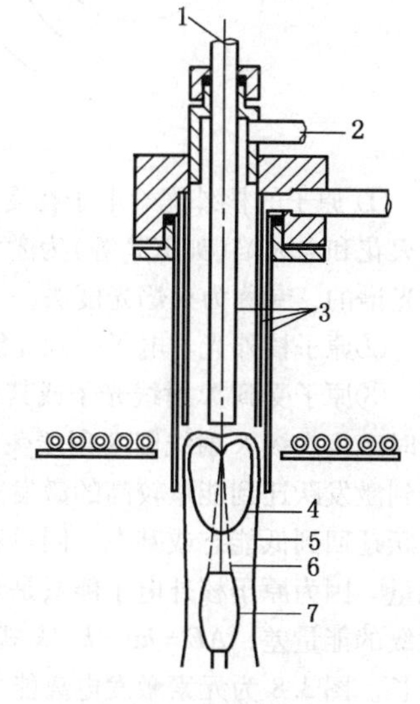

图3.6　制备单晶体用电感耦合等离子体

1—原料粉进口；2—气体人口；3—石英管；4—等离子体；5—等离子体焰；6—粉末流；7—单晶

虽然顺序等离子体光谱技术具有灵活地选择分析线及扣除光源背景的优点，但显著地降低了分析速度，特别在多元素分析时，增加了分析时间，精密度也受到影响。光谱学家们怀念光谱照相法的一次曝光获取全部光谱的特点，于是电视型检测器成为研究和探索的主要方向。20世纪80年代末和90年代初二极管阵列检测器ICP光谱仪、电荷耦合检测器ICP光谱仪和电荷注入检测器ICP光谱仪相继研究成功并投入实际样品分析，逐渐取代光电倍增管型ICP光谱仪。分光系统也由结构紧凑和高色散率的中阶梯光栅分光系统取代传统的光栅分光器。这些技术上的改进使ICP原子发射光谱分析技术具有以下特点：

① 可以快速地同时进行多元素分析，周期表中多达73种元素皆可测定；

② 测定灵敏度较高，包括易形成难熔氧化物的元素在内，检出限可达每毫升亚微克级；

③ 基体效应较低，较易建立分析方法。

④ 标准曲线具有较宽的线性动态范围；

⑤ 具有良好的精密度和重复性。

与此同时，ICP光谱技术也有其久攻不克的弱点：

① 工作气体氩气消耗量较大，用分子气体(氮气等)取代氩气的试验未能成功地推广到实际应用；

② 通用气动雾化器的雾化效率很低。检出限对某些元素分析仍嫌不足，灵敏度远低于ICP质谱法及石墨炉原子吸收光谱法。

从1998～2002年，每年公开发表ICP发射光谱法文献约500篇(不包括ICP荧光及ICP质谱法)。大致可分为3种类型：

① 进样装置的研究。进样系统是ICP仪器的薄弱环节，是ICP技术研究的热点之一；

② 仪器装置的改进。ICP 光源要求其分光系统有高分辨率、宽波长范围、高稳定性，这些也是 ICP 仪器改进的方向；

③ 分析应用。包括不同分析领域及不同样品类型的分析方法，试样的前处理方法及试样的分离技术。

3.1.4 ICP 发射光谱分析的基本原理

3.1.4.1 原子发射光谱产生

原子发射光谱的产生如图 3.7 所示，是利用原子或离子在一定条件下受激而发射的特征谱来研究物质化学组成的分析方法。根据激发机理不同，原子发射光谱有三种类型：

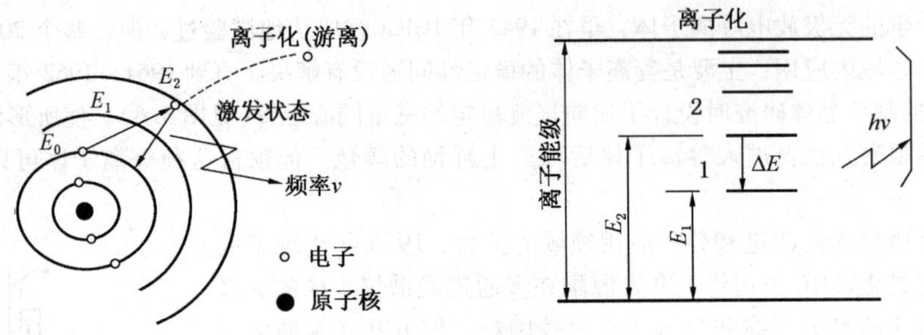

图 3.7 离子发射光谱的产生

① 原子的核外光学电子在受热能和电能激发而发射的光谱，通常所称的原子发射光谱法是指以电弧、电火花和电火焰(如 ICP 等)为激发光源来得到原子光谱的分析方法。以化学火焰为激发光源来得到原子发射光谱的，专称为火焰光度法。

②原子核外光学电子受到光能激发而发射的光谱，称为原子荧光(见原子荧光光谱分析)

③原子受到 X 射线光子或其他微观粒子激发使内层电子电离而出现空穴，较外层的电子跃迁到空穴，同时产生次级 X 射线即 X 射线荧光(见 X 射线荧光光谱分析)。在通常的情况下，原子处于基态，基态原子受到激发跃迁到能量较高的激发态。激发态原子是不稳定的，平均寿命为 $10^{-10} \sim 10^{-8}$s。随后激发原子就要跃迁回到低能态或基态，同时释放出多余的能量，如果以辐射的形式释放能量，该能量就是释放光子的能量。因为原子核外电子能量是量子化的，因此伴随电子跃迁而释放的光子能量就等于电子发生跃迁的两能级的能量差，$\Delta E = h\nu = hc/\lambda$ 式中 h 为普朗克常数；c 为光速；ν 和 λ 分别为发射谱线的特征频率和特征波长。图 3.8 为元素激发电离能与周期表位置的关系。

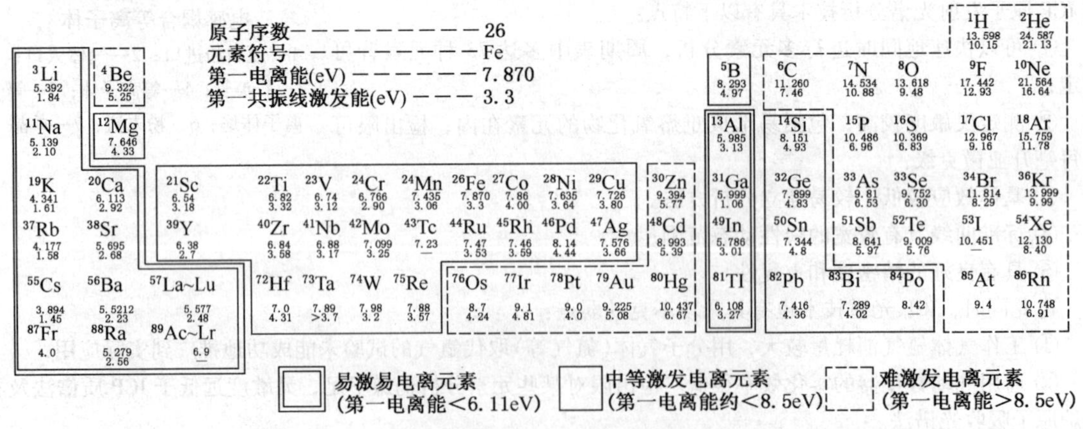

图 3.8 元素激发电离能与周期表位置的关系

3.1.4.2 元素的特征谱线

在正常状态下，元素外层价电子处于基态，元素在受到热能(火焰)或电能(电火花)等激发时，由基态跃迁到激发态，返回到基态时，可发射出由一系列谱线组成的线状光谱，如铝原子在一次电离能下，有46个能级，在176~1000nm范围内相应有118条光谱线；其一次电离原子有226个能级，在160~1000nm范围内相应有318条光谱线(图3.9仅给出了其中的部分谱线)，而铀则能发射出几万条光谱线。周期表中的每一个元素都能显示出一系列的光谱线，这些线光谱对元素具有特征性和专一性，称为元素的特征光谱，这也是元素的定性基础。原子由第一激发态到基态的跃迁能量最小，最易发生，强度也最大，称为第一共振线。原子如果获得足够的能量(电离能)时，将失去一个电子产生电离(一次电离)。当离子由第一激发态跃迁回到基态时，产生离子谱线(离子发射的谱线)，离子谱线与电离能大小无关，是离子的特征共振线。在原子谱线表中，通常用Ⅰ表示原子发射的谱线，Ⅱ表示一次电离离子发射的谱线，Ⅲ表示二次电离离子发射的谱线，如 Al：Ⅰ396.15nm；Ⅱ167.08nm。利用色散系统对光谱进行线色散，可获得按序排列的光谱线谱图。选择元素特征光谱中的较强谱线(通常是第一共振线)作为分析线，依据谱线的强度与激发态原子数成正比，而激发态原子数与样品中对应元素的原子总数成正比的关系就可以进行定量分析。

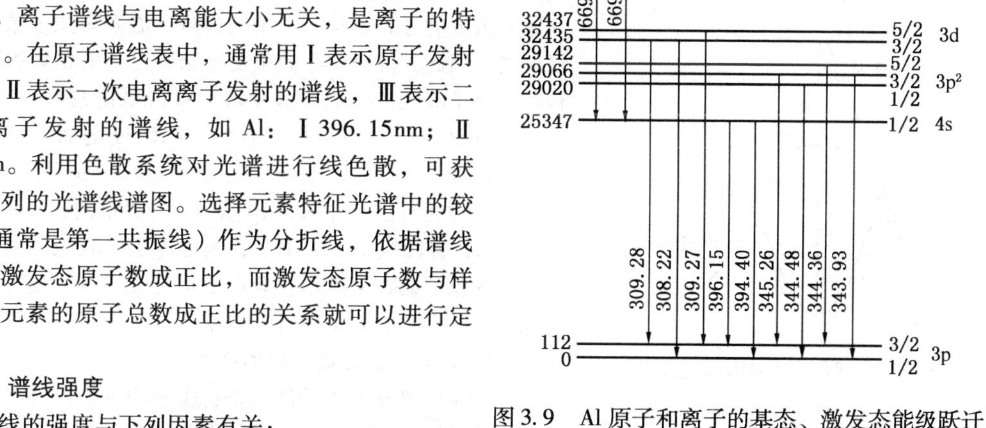

图3.9　Al原子和离子的基态、激发态能级跃迁图

E_{exc}—激发能；J—内量子数

3.1.4.3 谱线强度

光谱线的强度与下列因素有关：

① 高能级(E_m)与低能级(E_k)间的跃迁能量差。

② 高能级(E_m)上的原子总数 n_m。

③ 单位时间内在 E_m 和 E_k 间可能发生的跃迁原子的数目，用跃迁几率 A 表示。发射谱线的强度 I 可表达为：

$$I \propto (E_m - E_h) \tag{3.1}$$

在热力学平衡时，各种能级上原子数量的分布遵守玻耳兹曼分布定律，即能级 E_m 和 E_k 上的原子数分别为 n_m 和 n_k 时：

$$\frac{n_m}{n_k} = \frac{g_m \cdot \exp(-E_m/kT)}{g_k \cdot \exp(-E_k/kT)} \tag{3.2}$$

g 为统计权重。设基态原子的能量 $E_0=0$，则：

$$\frac{n_m}{n_0} = \frac{g_m \cdot \exp(-E_m/kT)}{g_0} \tag{3.3}$$

n_0 为基态上的原子数。因此在各能级上的原子总数为：

$$N = n_0 + n_1 + n_2 + \cdots + n_m + \cdots \tag{3.4}$$

对于全部能级求和，定义总分配函数为Z，则：

$$Z = g_0 + g_1 \cdot \exp(-E_1/kT) + g_2 \cdot \exp(-E_2/kT) + \cdots + g_m \cdot \exp(-E_m/kT) + \cdots \tag{3.5}$$

所以玻耳兹曼分布定律可修正为：

$$\frac{n_m}{N} = \frac{g_m \cdot \exp(-E_m/kT)}{Z} \tag{3.6}$$

其中分配系数 Z 为温度 T 的函数。由于分析中的温度通常在 2000～7000K，Z 变化很小，谱线强度为：

$$I = \Phi\left(\frac{h \cdot c \cdot g_m \cdot A \cdot N}{4\pi\lambda Z}\right)\exp(-E_m/kT) \tag{3.7}$$

式中，φ 为系数，A 为跃迁几率。当光源稳定，温度一定时，分配系数 Z 可视为常数，对于某待测元素，选定分拆线后，g_m、A、λ 和 E_m 也均可视为常数，则

$$I = ac \tag{3.8}$$

即在理想情况下，谱线强度正比于试祥浓度。这是原子发射光谱定量的基础，但在使用传统光源的发射光谱中，往往出现谱线的自吸与自蚀现象，这时，定量公式为：

$$I = AC^b \tag{3.9}$$

式中，a 为与试样在光源中的蒸发、原子化及激发过程有关的常数；b 为与自吸与自蚀现象有关的常数项。

3.1.4.4 谱线的自吸与自蚀

等离于体是指以气态形式存在的包含分子、离子、电子等粒子的整体电中性集合体。等离子体内温度和原子浓度的分布不均匀，中间温度、激发态原子浓度高，边缘反之。因此，位于中心的激发态原子发出的辐射被边缘的同种基态原子吸收，导致谱线中心强度降低的现象，称为自吸。元素浓度低时，一般不出现自吸；随浓度增加，自吸现象增强；当达到一定值时，谱线中心完全吸收，如同出现两条线，这种现象称为自蚀，如图 3.10 所示。在光谱波长表中，自吸线用 r 表示，自蚀线用 R 表示。在其他原子吸收光源的弧焰中也有这种现象，而在电感耦合等离子焰炬光源中，温度分布情况与此相反，则可有效消除自吸现象。

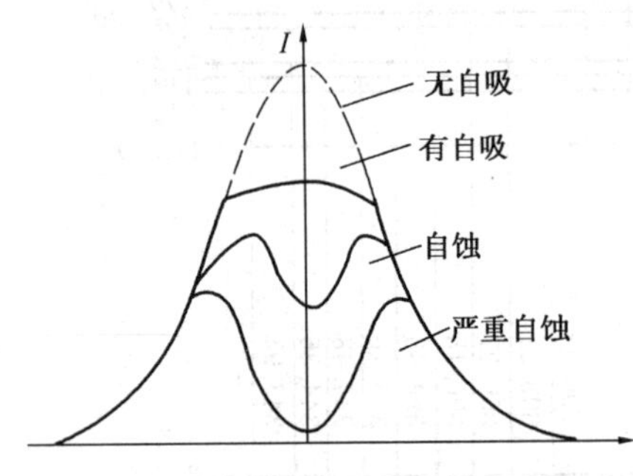

图 3.10 自吸与自蚀谱线轮廓图

3.1.4.5 ICP 发射光谱分析的特点

原子发射光谱分析的优点是：①灵敏度高。许多元素绝对灵敏度为 10^{-11}～10^{-13}g。②选择性好。许多化学性质相近而用化学方法难以分别测定的元素如铌和钽、锆和铪、稀土元素，其光谱性质有较大差异，用原子发射光谱法则容易进行各元素的单独测定。③分析速度快。可进行多元素同时测定。④试样消耗少(毫克级)。适用于微量样品和痕量无机物组分分析，广泛用于金属、矿石、合金、和各种材料的分析检验。

3.1.5 ICP－AES 分光光度计的工作原理及结构

3.1.5.1 ICP－AES 分光光度计的工作原理

ICP 发射光谱仪由五个部分组成如图 3.11 所示，分析过程主要分为三步，即激发、分光和检测。利用激发光源(ICP)使试样蒸发汽化，离解或分解为原子状态，原子可能进一步电离成离子状态，原子及离子在光源中激发发光。利用光电器件或 CCD 检测光谱，按测定得到的光谱波长对试样进行定性分析，按发射光强度进行定量分析，图 3.11 和图 3.12 是 ICP－AES 的仪器结构图和光路图。

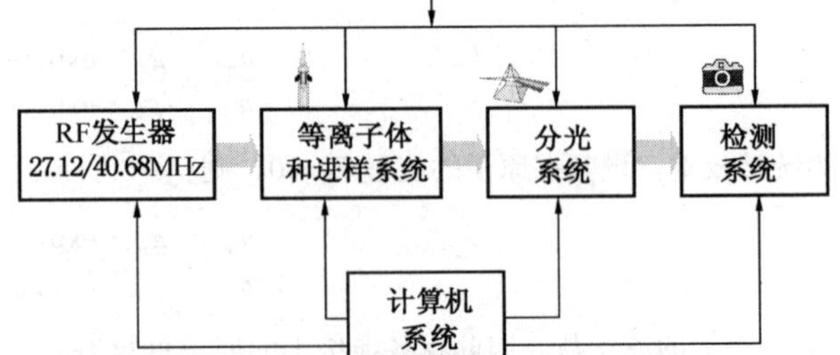

图 3.11 ICP 光谱仪装置原理图

3.1.5.2 仪器结构

ICP－AES 光谱仪器的基本结构由三部分组成，即激发光源、单色器和检测器以及数据处理、记录(计算机)等部分组成。

(1) 光源

电感耦合等离子体(ICP)：具有优越的性能，已成为目前最主要的应用方式。ICP 由高频发生器和等

离子体炬管和工作气体组成。

高频发生器：晶体控制高频发生器作为振源，经电压和功率放大，产生具有一定频率和功率的高频

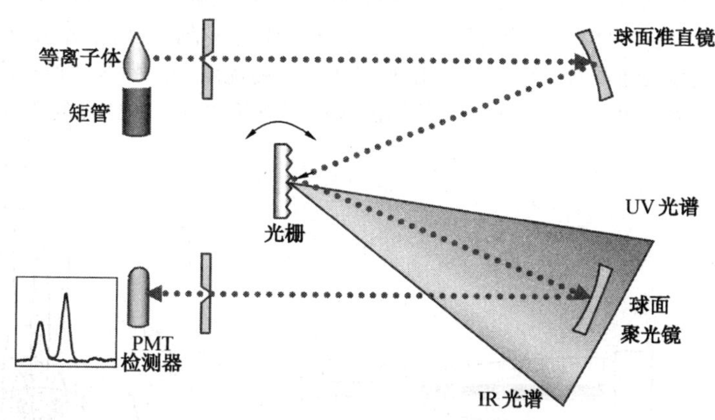

图 3.12　ICP－8100 光谱仪光路图

信号，用来产生和维持等离子体放电，性能良好的光源需要有极为稳定的高频发生器，对高频发生器性能的基本要求是：高频发生器的输出功率设计应不小于 1.6kW。这里所说输出功率是指输出在等离子体火焰负载线圈上得到的功率，又称正向功率。而反射功率愈小愈好，一般不能超过 10W。当高频电源频率为 27.12MHz 或 40.68MHz 时，功率在 300～500W 能维持 ICP 火焰，但火焰不能稳定，无法做样品分析工作。必须使输出功率在 800W 以上，火焰保持稳定后才能进行样品分析工作。一般在上述两种频率工作，其点燃 ICP 火焰需功率为 600W。点燃炬焰后，需等待不小于 5s 时间使其稳定后才能进行分析。高频发生器的频率设计为 27.12MHz 或 40.68MHz，这是由分析性能和电波管理制度决定的。分析性能决定频率不能过低，频率过低维持稳定的 ICP 放电必须增大输出频率，这不仅需要消耗更多的电能，使仪器体积庞大，同时还要耗用更多的冷却氩气。此外，频率过低趋肤效应明显减弱，不易形成火焰中心通道，造成样品无法通过 ICP 泪滴状火焰。频率为 27.12MHz 或 40.68MHz，它是电波管理制度所规定的工业频率区域，它是标准工业频率振荡器 6.78MHz 的 4 倍或 6 倍值，完全符合电波管理制度的规定。

在 ICP 发射光谱分析中，高频发生器功率输出的稳定性直接影响分析的检出限与分析精度。这是发生器的重要指标，它的波动将增大测量的误差。一般要求输出功率≤0.1%。目前使用的高频发生器有两种类型：自激式高频发生器和它激式高频发生器。它们都能满足提供 ICP 火焰的能源及 ICP 光谱分析的要求。高频发生器是由振荡、倍频、激励、功放、匹配等单元组成。自激式的高频发生器是由一只电子管同时完成振荡、倍频、激励、功放、匹配输出的功能。它激式高频发生器是由一个标准化频率为 6.78MHz 的石英晶体振荡器经两次或三次倍频，得到 27.12MHz 或 40.68MHz 频率后，使之激励，再经过功率放大到 2.5kW 以上输出，并经过定向耦合器、匹配箱与负载线圈相连。比如岛津 ICPE－9000 光谱仪，该光源输出功率为 0.8～1.6kW 五档可调，工作频率 27.12MHz，火炬温度高，基体影响小，有效功率高，可使用工业氩气，有机溶剂可直接进样等离子体也不会熄火。图 3.13 和图 3.14 分别为等离子体火炬进样与频率关系和等离子炬观测方向的原理图。

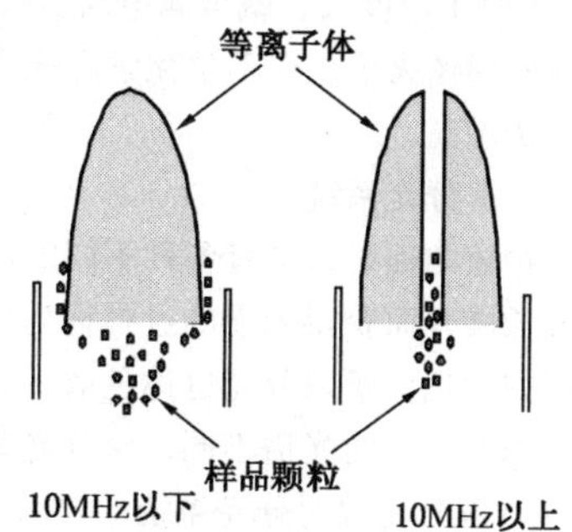

图 3.13　等离子体火炬进样与频率关系

从等离子体发出的光谱经反射镜折返后，导入分光器。相比于从等离子体的横向进行观测，轴向观测时，不通过等离子体的高温部分就可捕捉光谱。因此，氩的发射光谱所产生的背景降低，可高灵敏度地测定。相比于等离子体的横方向观测，高灵敏度高 10 倍左右。但是，等离子体前端部分的温度低，发生离子的再次结合，光谱被吸收。因此，从等离子体的上方吹入氩气，去掉等离子体的前端部分。

等离子体炬管：ICP炬管结构如图3.15所示，等离子炬管由三层同心石英管组成。外管通冷却气Ar的目的是使等离子体离开外层石英管内壁，以避免它烧毁石英管。采用切向进气，其目的是利用离心作用在炬管中心产生低气压通道，以利于进样。中层石英管出口做成喇叭形，通入Ar气维持等离子体的作用，有时也可以不通Ar气。内层石英管内径约为1～2mm，载气携带试样气溶胶由内管注入等离子体内。试样气溶胶由气动雾化器或超声雾化器产生。用Ar做工作气的优点是，Ar为单原子惰性气体，不与试样组分形成难解离的稳定化合物，也不会像分子那样因解离而消耗能量，有良好的激发性能，本身的光谱简单。

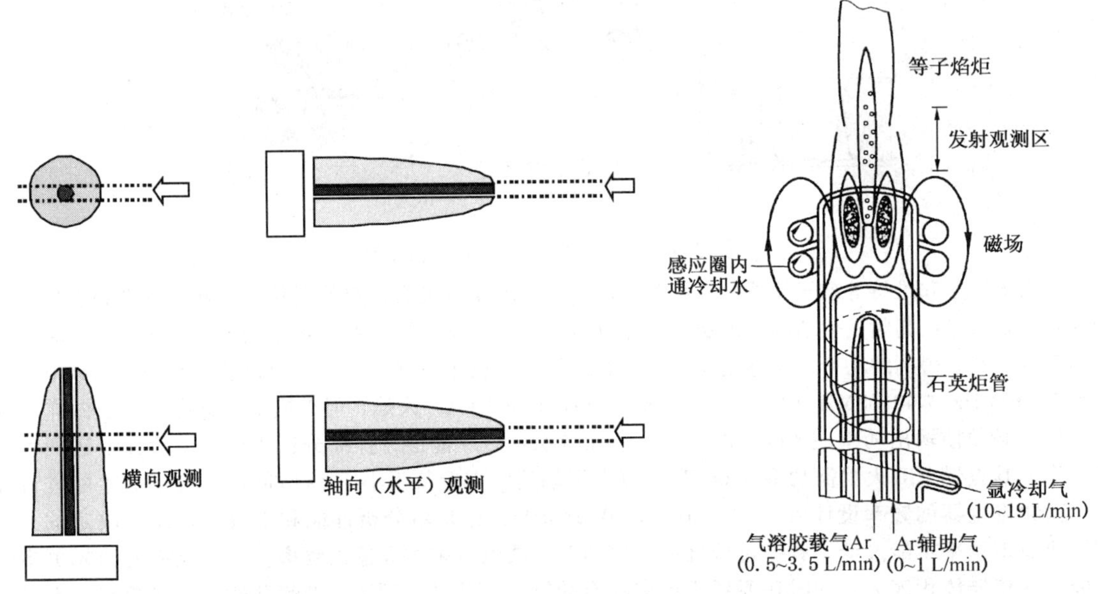

图3.14 等离子炬观测方向的原理图

图3.15 ICP形成原理图

当高频发生器接通电源后，高频电流I通过感应线圈产生交变磁场。开始时，管内为Ar气，不导电，需要用高压电火花触发。气体电离后，在高频交流电场的作用下，带电粒子高速运动，碰撞，形成"雪崩"式放电，产生等离子体气流。在垂直于磁场方向将产生感应电流(涡电流)。其电阻很小，电流很大(数百安)，产生高温，又将气体加热、电离，在管口形成稳定的等离子体焰炬。

ICP光源具有十分突出的特点：温度高，惰性气氛，原子化条件好，有利于难熔化合物的分解和元素激发，有很高的灵敏度和稳定性。具有"趋肤效应"，即涡电流在外表面处密度大，使表面温度高，轴心温度低，中心通道进样对等离子的稳定性影响小，也可有效消除自吸现象，线性范围宽(4～5个数量级)。ICP中电子密度大，碱金属电离造成的影响小，Ar气产生助背景干扰小，也无电极放电，无电极污染，ICP焰炬外形像火焰，但不是化学燃烧火焰，而是气体放电。不足之处使对非金属测定的灵敏度低，仪器昂贵，操作费用高。

(2) 分光系统

物质的辐射，具有各种不同的波长。由不同波长的辐射混合而成的光，称为复合光。把复合光按照不同波长展开而获得光谱的过程称为分光。用来获得光谱的装置称为分光装置或分光器。不同波长的光具有不同的颜色，所以分光也称色散。经色散后所得到的光谱中，有线状光谱、带状光谱和连续光谱。不同激发光源所发射的光谱不同，对分光装置的要求也不同。

1) ICP光源对分光系统的要求

ICP光源具有很高的温度和电子密度，对各种元素有很强的激发能力，可以激发产生原子谱线和离子谱线。由于等离子体各部分温度不同，还可以发射出分子光谱。所产生光谱的复杂性对分光装置提出很高的要求。

① 要求分光系统具有很宽的工作波段：ICP 光源具有多元素同时激发的能力，可以测定多达 72 个元素。其灵敏线分布的波长范围，从 As188.98nm 至 K766.491nm，分光装置应具有 180～800nm 的波段范围。如果再考虑到铝的灵敏线 Al167.081nm，铯的灵敏线 Cs821nm，则分光系统的波长范围应为 165～850nm。到最常用的波长范围是 190～780nm。

② 较高的色散能力和实际分辨能力。因为 ICP 具有很高的激发温度，其发射光谱具有丰富的谱线。Wohlers 的 ICP 谱线表中记录了 185～850nm 内的约 15000 条谱线，各元素间很容易产生谱线重叠和干扰。提高分光系统的分辨光学系统可降低光谱背景、改善检出能力。

③ 良好的波长定位精度。在 ICP 光源中，谱线的物理宽度在 2～5pm 范围内，要获得谱线峰值强度测量的准确数值，定位精度至少在 ±0.005nm 以内，实际上对分光单色器的波长定位精度要求为 ±0.001nm 以内。

④ 低的杂散光。低的杂散光可测定痕量元素并获得可靠的结果。高浓度的 Ca 溶液可以产生强的杂散光。好的分光系统应在进样 1mg/mL Ca 溶液时，分析线波长处产生的增加值小于 0.01～0.1μg/L。用全息光栅分光装置可降低杂散光。

⑤ 分光系统应具有良好的热稳性和机械稳定性，提高其对环境的适应能力。

⑥ 要求具有快速检测能力。在用扫描型仪器时，扫描速度对多元素测定的工作效率是限制因素。为了兼顾扫描速度和定位精度，可采用变速扫描，即在无谱线光区用高速扫描，在谱线窗口区用慢速扫描。

2）分光装置的种类

目前原子发射光谱仪中采用的分光系统主要有三种类型：凹面光栅、平面光栅和中阶梯光栅。

① 平面光栅

光栅是 ICP 光谱仪中用的主要色散元件。平面衍射光栅是在基板上加工出密集的沟槽，在光的照射下每条刻线都产生衍射，各条刻线所衍射的光又会互相干涉，这些按波长排列的干涉条纹，就构成了光栅光谱。图 3.16所示为平面光栅衍射的情况。1 和 2 是互相平行的入射光，1′和 2′是相应的衍射光，衍射光互相干涉，光程差与入射波长成整数倍的光束互相加强，形成谱线，谱线的波长与衍射角有关，其光栅方程式为：

$$d(\sin\theta + \sin\varphi) = m\lambda \quad (3.10)$$

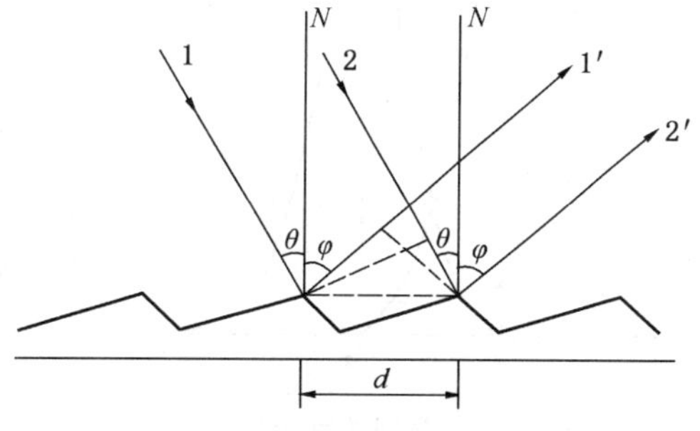

图 3.16 平面反射光栅的衍射

d—光栅常数；N—光栅法线；1，2—入射光束；1′，2′—衍射光束；θ—入射角；φ—衍射角

式中，θ 为入射角，永远取正值；φ 为衍射角，与入射角在法线 N 同一侧时为正，异侧时为负；d 为光栅常数，即相邻刻线间的距离；m 为光谱线，即干涉级；λ 为谱线波长，即衍射光的波长。

从光栅方程式可以看出衍射光栅具有以下特性。

a. 当 m 取零值时，则 $\varphi = -\theta$，λ 可取任意值，这意味入射光中所有波长都沿同一方向衍射，相互重叠在一起，得到的仍是一束白光，并为进行色散，称为零级光谱，其实并未形成光谱。

b. 当 m 取整数且入射角 θ 固定时，对每一 m 值，λ 为 φ 的函数，即在不同衍射角方向可得到一系列衍射光，组成衍射光谱，当 m 取正值，φ 和 θ 在法线的同一侧时，称为正级光谱；当 m 取负值，φ 和 θ 分布在法线两侧时，所得光谱称为负级光谱。负级光谱因其强度较弱，对光谱分析无使用价值。不论是正级光谱还是负级光谱，短波谱线离零级光谱均较近。

c. 级次 m 愈大．衍射角 φ 愈大，即高谱级光谱具有较大的衍射角。

d. 当入射角与衍射角一定时，在某一位置可出现各谱级的不同波长光谱重叠，即谱级重叠，这是光栅光谱的重要特点之一。从光栅方程式可以看出，$m\lambda = m_1\lambda_1 = m_2\lambda_2 = m_3\lambda_3 = \cdots$，即只要谱级与波长的乘积等于 $m\lambda$ 的各级光谱就会在同一位置上出现。

光栅分光系统的光学特性包括自由色散区、色散率、分辨率和光强分布。

a. 自由色散区：在光栅光谱中各级光谱可能衍射在同一角度上，即形成光谱重叠。例如一级光谱600nm，二级光谱300nm和三级光谱200nm等重叠在一起。但也有不重叠的波段，不受其他谱级光谱重叠的波长区称为自由色散区。相邻谱级间的自由色散区

$$\delta\lambda = \lambda_m - \lambda_{m+1} = \frac{\lambda_m}{m+1} \tag{3.11}$$

式中，m为谱级；λ_{m+1}为更高一级谱级的光谱波长。可以看出，谱级愈高自由色散区愈小。

b. 色散率：将光栅方程对波长微分，即为光栅的角色散率

$$\frac{d\varphi}{d\lambda} = \frac{m}{d\cos\varphi} \tag{3.12}$$

可以看出，角色散率与谱级成正比，与光栅常数成反比。离法线很近的衍射光（$\varphi\to 0$），角色散率很小，离法线很远的光谱（φ愈大），角色散率愈大，当$\cos\varphi\approx 1$，角色散率为：

$$\frac{d\varphi}{d\lambda} \approx \frac{m}{d} \tag{3.13}$$

线色散率与角色散率的关系为：

$$\frac{dl}{d\lambda} = \frac{f_2}{\sin\varepsilon} \times \frac{d\varphi}{d\lambda} \tag{3.14}$$

式中，ε为谱面倾角；f_2为物镜有效焦距。

光栅光谱仪的线色散率：

$$\frac{dl}{d\lambda} = \frac{f_2 m}{d\sin\varepsilon\cos\varphi} \tag{3.15}$$

c. 分辨率：分辨率是指有相同强度的两条单色光谱线，可以分辨开的最小波长间隔。按照瑞利（Releigh）准则，当一条谱线主级大正好落在另一条谱线的第一级小位置上时，则认为两条谱线是可分辨的（图3.17），这是两条谱线轮廓最低处的强度约为最大强度处的81%。

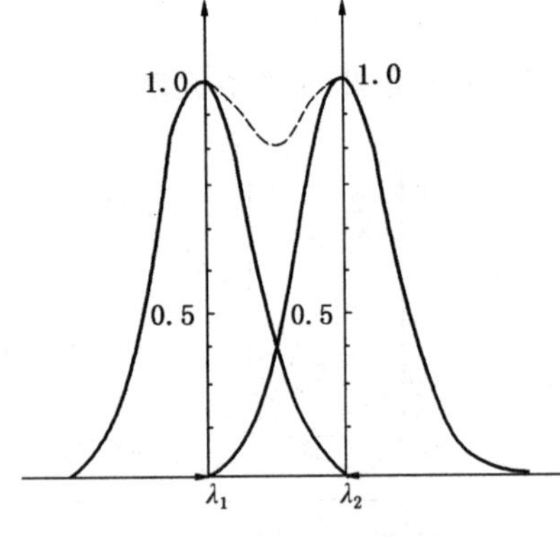

图3.17　瑞利准则示意

根据瑞利准则可推导出光栅的理论分辨率：

$$R = \frac{\lambda}{\Delta\lambda} = mN \tag{3.16}$$

式中，m为光谱级次；N为光栅刻线总数。将光栅方程式（3.10）代入式（3.16），可得：

$$R = \frac{\lambda}{\Delta\lambda} = \frac{Nd(\sin\theta + \sin\varphi)}{\lambda} \tag{3.17}$$

Nd是光栅总宽度，令$W=Nd$，可得：

$$R = \frac{\lambda}{\Delta\lambda} = \frac{W}{\lambda}(\sin\theta + \sin\varphi) \tag{3.18}$$

因为$\sin\theta+\sin\varphi$的最大值不能超过2，因而分辨率的最大值：

$$R = \frac{2W}{\lambda} \tag{3.19}$$

由式（3.19）可以看出，不能用增加光栅刻线密度来提高分辨率。光栅的理论分辨率只取决于光栅宽度、波长及所用的角度。因而要得到高分辨率必须采用大的入射角及衍射角。

d. 光栅光谱仪分辨率的测量：瑞利准则在很大程度上是理想化的，实际上对于两条强度相等的谱线，两者间距离较瑞利准则规定稍小时仍能分辨。但对强度不同的两条谱线，尤其是强线附近的弱线，两者间距离较瑞利准则规定值大些时才能分辨。

理论分辨率是在假定的理想情况下可能达到的结果：即采用无限窄狭缝，两条谱线是单色的且强度相等，谱线的轮廓和宽度仅由衍射效应决定，成像系统无象差等。但在实际使用仪器的条件下，不可能都满足这些条件。因此更实用的是光谱仪的实际分辨率。通常用两种方法检查仪器的实际分辨率。

a. 谱线组法。采用多谱线元素(如 Fe)的已知波长的谱线组，观察谱线是否有效地分开，利用两谱线间波长差计算仪器的实际分辨率。表 3.1 是英国皇家化学会分析方法委员会所推荐的评价 ICP 光谱仪分辨率的谱线组。表 3.2 是我国摄谱仪采用的测量分辨率的谱线组。可以根据波长选用相应的谱线组。

表 3.1　用于检测分辨率的各种元素谱线组　nm

B208.893	Ge265.12	Fe309.997	Hg313.185	Ti334.884	Fe372.438
B208.959	Ge265.16	Fe310.030		Ti334.904	
		Fe310.067	Ti319.08	Ti334.941	Fe390.648
Al237.31	Al257.41		Ti319.20		Fe390.794
Al237.34	Al257.44	Be313.042		Fe371.592	
		Be313.107	Na330.23	Fe371.645	Ti522.430
B249.773	Al309.27		Na330.30		Ti522.493
B249.678	Al3.9.28	Hg313.155		Fe372.256	

表 3.2　用于检测分辨率的 Fe 谱线组

λ/nm	$\Delta\lambda$nm	R	λ/nm	$\Delta\lambda$/nm	R
234.8303	0.0204	11500	350.5061		
234.8009			350.4864	0.0197	17800
249.3180	0.0081		367.0071		
249.3261		30800	367.0028	0.0043	85400
285.3774	0.0088	32400	383.0861		
285.3686			383.0761	0.0103	37200
310.0666	0.0362	8600	448.2256		
310.0.04			448.2172	0.0081	53400
309.9971	0.0080	38800	502.7136		
309.9891			502.7212	0.0076	66100
318.1908	0.0053	60000			
318.1855					

b. 半宽度法。用测谱线半宽度的方法来表征仪器的实际分辨率。目前国内外制造的单色器及其他光谱仪器大多用谱线半宽度作为仪器分辨率的技术指标。我国单色仪国家标准 GB 10984—89 同时采用谱线组法和半宽度法测量分辨率。具体测量应注意，要选择没有自吸收的谱线及避免误用未分开的双线。

平面反射光栅的分光系统，主要用于单通道仪器，顺序测定每一条谱线，图 3.18 为岛津 ICPS-8100 的顺序扫描谱图-Pb。

② 凹面光栅：

凹面衍射光栅是一种反射式衍射光栅，呈曲面状(球面或非球面)，上面刻有等距离的沟槽。由凹面光栅构成的分光装置如图 3.19 所示。通常凹面光栅安置在罗兰圆上，而入射狭缝及出射狭缝安置罗兰圆的另一侧，罗兰圆的直径多在 0.5 ~ 1.0m。凹面光栅在主截面的光栅方程式与平面光栅相同。

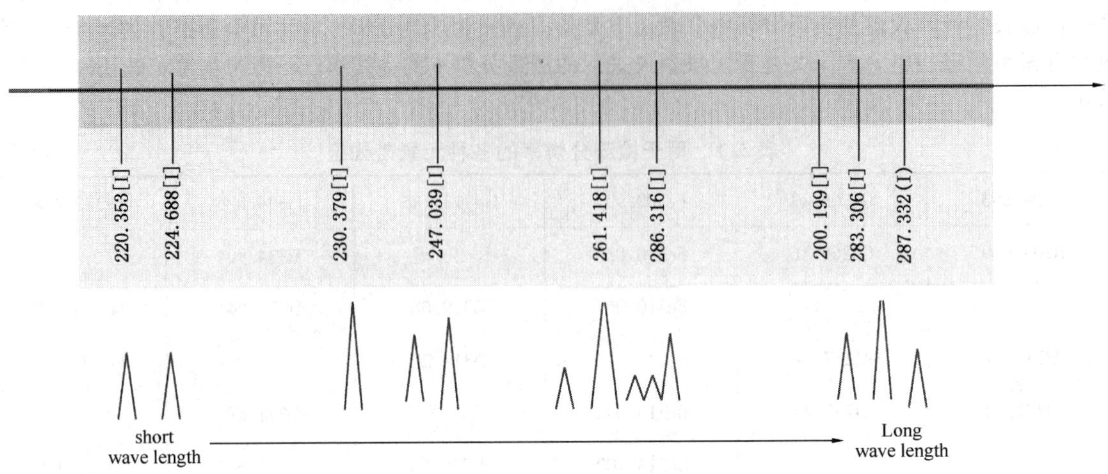

图 3. 18　平面光栅顺序扫描 Pb-谱图

凹面光栅的特点是他既作为色散元件，同时又起准直系统和成像系统的作用，显著地简化了系统结构，而且使探测波长小于 195nm 的远紫外光区成为可能。因为在远紫外光谱区，特别是波长小于 195nm 以下时，反射膜的反射率很低，而凹面光栅本身可起聚光作用，省去几个光学元件，也减少了光能损失。Spectro 分析仪器公司生产的 ICP 光谱仪，采用凹面光栅分光系统和 CCD 检测器，可在 130 ~ 190nm 波段内工作。可测定氯（Cl134. 72nm）、溴（Br163. 34nm）、碘（I161. 76nm）、硫（S180. 70nm）。IRISIntrepidICP 光谱仪将波长范围延伸到近红外光区（1000nm），可以测定卤素及氧等元素。由于凹面光栅分光系统既具有色散作用也起聚焦作用，在圆的聚焦点上设置一系列出口狭缝，则可以获得各种波长的单色光。这样既可以在出口狭缝后进行扫描，也可以放置多个检测器使发射光谱实现多道多元素的同时检测。

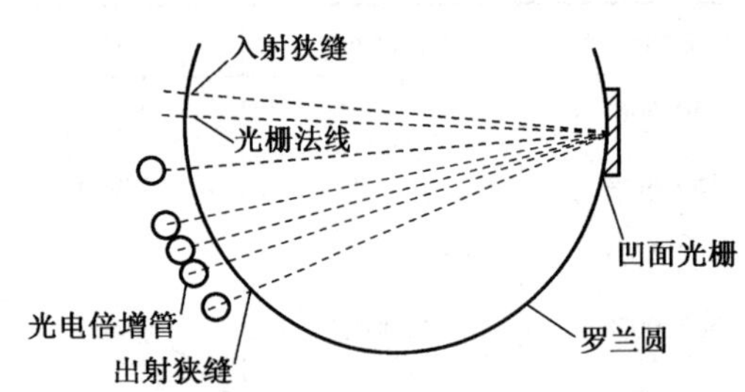

图 3. 19　凹面光栅分光装置

③ 中阶梯光栅：

从衍射光栅的角色散率方程来看，似乎只要增加光谱级次，角色散率就可无限度增加。其实并非如此因为可观察到的最高光谱级次受条件限制。

$$\frac{m\lambda}{d} | \sin\varphi + \sin\theta | \tag{3.20}$$

亦即最高可用光潜级次为：

$$m_{max} \leqslant \frac{2d}{\lambda}$$

由于提高分辨率；通常采用高密度刻线的平面光栅，d 值很小，限制了最高可观察到的光谱级次。例如，一块 1200 线/mm 光栅，当 $\lambda = 500$nm 时，$m_{max} \leqslant 3.3$，即第 4 级光谱就看不到了。

一般平面衍射光栅只能用 1 ~ 3 级光谱，远紫外光区最高用到第 4 级光谱，此时可用光谱范围已经很窄。VarianLtd 的 Liberty220 型比 ICP 光谱仪，采用 1800 线/mm 光栅，第 4 级光谱分辨率高达 0. 006nm，但光谱范围仅为 160 ~ 235nm。

由式(3. 20)可得出光栅常数 $d \geqslant \frac{m\lambda}{2}$，即当用 1 级光谱时，必须遵守 $d \geqslant \frac{\lambda}{2}$，光栅刻线密度不能无限制增加。当 d 比 λ 小得多时，光栅由衍射作用转为反射作用，不能产生色散。

提高光谱仪分辨能力的有效途径是采用中阶梯光栅分光系统。顾名思义，中阶梯光栅的光栅常数介于阶梯光栅和衍射光栅之间，阶梯光栅的光栅常数是毫米级，使用较高的谱级（m 约为 20000），衍射光栅的光栅常数为亚纳米级，而中阶梯光栅常数为微米级。刻线密度 10～80 线/mm；闪烁角 60°左右；入射角大于 45°；常用谱级 20～200 级。阶梯宽度比高度大几倍，可以得到高分辨率和大色散率。反射型中阶梯光栅的原理见图 3.20。

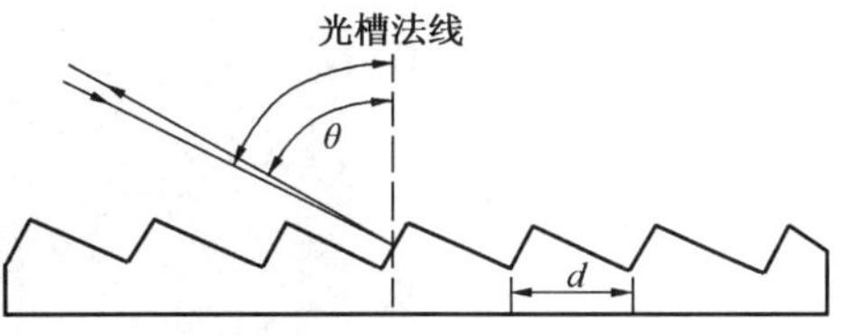

图 3.20　中阶梯光栅原理

普通光栅方程式(3.10)也适用于中阶梯光栅，

$$m\lambda = d(\sin\varphi \pm \sin\theta)$$

一般中阶梯光栅多在 $\varphi=\theta$ 条件下使用，故上式简化为 $\varphi\lambda$：

$$m\lambda = 2d\sin\theta, m = \frac{2d\sin\theta}{\lambda} \tag{3.21}$$

光栅刻线总数 $N=W/d$，W 是光栅宽度，故中阶梯光栅的分辨率为：

$$R = \frac{\lambda}{\Delta\lambda} = mN = \frac{2W}{\lambda}\sin\theta \tag{3.22}$$

即用高光谱级次，大的衍射角及较宽的光栅宽度，可以获得很高的分辨率。

表 3.3 列出了平面光栅光潜仪和中阶梯光栅光谱仪性能的比较。可以看出 0.5m 的中阶梯光栅光谱仪的理论分辨率远高于 0.5m 的平面光栅光谱仪。

表 3.3　两种光栅光谱仪性能比较

技　术　指　标	平面光栅光谱仪	中阶梯光栅光谱仪
焦距/m	0.5	0.5
刻线密度/(线/mm)	1200	79
衍射角	10°22′	63°26′
光栅宽度/mm	52	128
光谱级次(300nm)	1	75
分辨率(300nm)	62400	758400
线色散率(300nm)/(mm/nm)	0.61	6065
倒数线色散率(300nm)/(nm/mm)	1.6	0.15

由于在中阶梯光栅光谱仪中使用高的光谱级，每级光谱覆盖波长范围较窄，由近百级光谱组合方能覆盖从紫外光区至近红外光区。图 3.21 是中阶梯光栅几个光谱级的工作波段，可以看出，从 200～205nm 波段是由 3 个光谱级来覆盖的。

与平面光栅光谱仪不同，中阶梯光栅各级次的色散率不同，短波段色散率高，长波段色散率低。

中阶梯平面反射光栅的分光系统也已较多地应用在分光系统中，特别是中阶梯光栅与棱镜结合使用，形成了二维光谱，配合阵列检测器，可实现多元素的同时测定，且结构紧凑，已出现在新一代原子发射光谱仪中。中阶梯光栅光谱仪的工作原理图如图 3.22，图 3.23 为 ICPE-9000 光谱仪的二维光谱图。

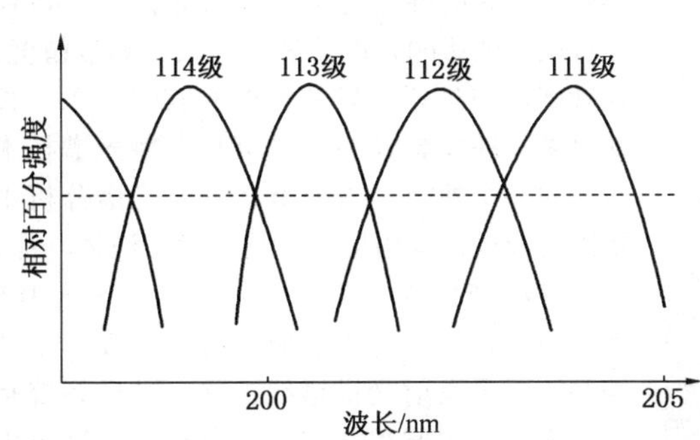

图 3.21　中阶梯光栅的能量分布(75 线/mm 光栅)

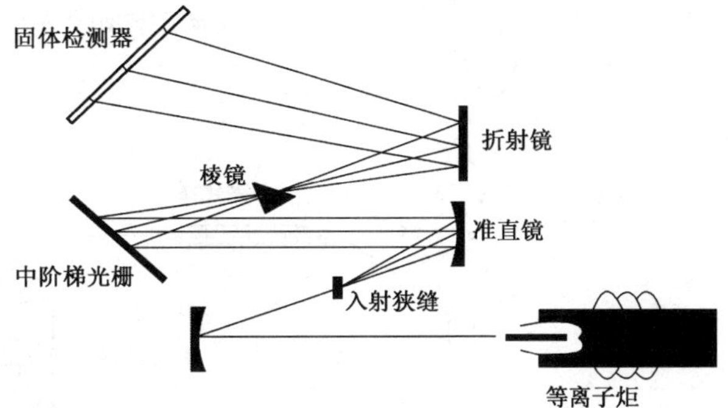

图 3.22　中阶梯光栅光谱仪的工作原理

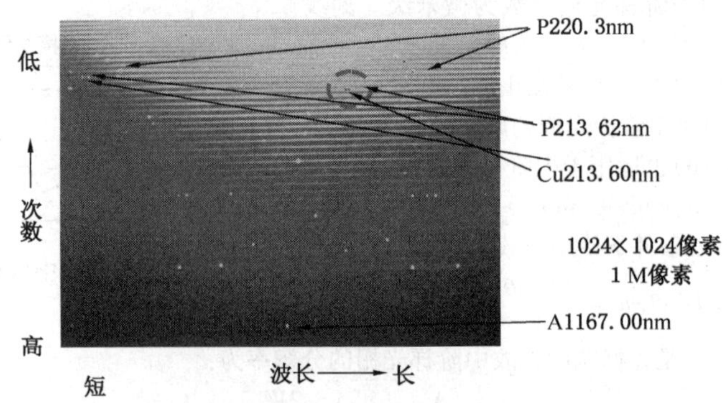

图 3. 23　ICPE-9000 光谱图(元素在中阶梯光栅光谱仪二维谱图)

(3) ICP 进样系统

ICP 进样系统通常将产生的等离子焰炬的炬管及其供气系统列入进样系统中。按照样品状态，进样系统可分为三大类：液体进样系统、固体进样系统和气体进样系统。而且针对每一类试样，进样系统中又有许多结构、方法、方式不同的装置。

1) 液体进样装置

将液体雾化，以气溶胶的形式送进等离子体焰炬中。包括气动雾化器(包括不同类型的同心雾化器、垂直交叉雾化器、高盐量的 Babington 式雾化器)；超声波雾化器(包括去容的超声波雾化器和不去容的超声波雾化器)；高压雾化器(这种雾化器比通常雾化装置能承受气体压力高)；微量雾化器(它包括进样量少的微量雾化器和循环雾化器)；耐氢氟酸的雾化器(这种雾化器是由特殊材料制作，如铂、铑或四氟乙烯等，它的作用是这种装置材料不被氢氟酸腐蚀)。图 3. 24 为 ICPS－8100 进样系统。

2) 固体进样装置

将固体试样直接气化，以固体微粒的形式送进等离子体焰炬中。有：火花烧蚀进样器(采用放电火花将样品直接烧蚀产生的气溶胶引入 ICP 焰炬中)；激光烧蚀进样器(采用激光直接照射试样上，使之产生的气溶胶引入 ICP 焰炬中。包括激光微区烧蚀进样)；电加热法进样器(类似 AA 石墨炉进样装置方式，及钽片电加热进样装置，也可进液体样品)；插入式石墨杯(Horlick 式)进样装置；悬浮液进样器(可对具有悬浮液的液体试样，引入 ICP 火焰)。

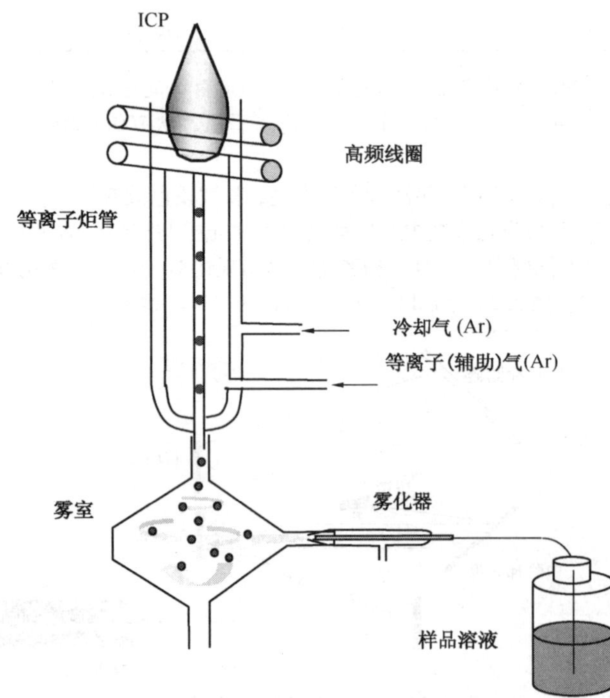

图 3. 24　ICPS-8100 进样系统

3) 气体进样装置

将气态样品直接送进等离子体焰炬中。除了气体直接进样装置外，通过氢化物发生装置，将生成气态氢化物送进等离子体焰炬中，也属气体进样方式。总之，进样装置种类繁多，它的性能对 ICP 发射光谱仪分析性能有很大的影响。仪器的检出限、测量精度、灵敏度均与进样装置的性能有直接关系。长期以来，进样装置一直是 ICP 发射光谱技术研究的一个热点。当前 ICP 发射光谱分析主要以溶液进样应用最为广泛，对于液体样品，它是将溶液引入，使其成为气溶胶进入 ICP 火焰中，并使之蒸发、原子化、激发，得到需要的原子发射光谱谱线，这一进样系统是由炬管、雾化器和雾室三部分组成，这里由于篇幅所限，只介绍常用的几种进样装置。

① ICP 炬管

ICP 炬管是 ICP 火焰形成的重要部分。它由三层同心石英管套接而成。三层石英管内通入工作气体，商品化 ICP 光谱仪均通入氩气（当然试验装置，有通入空气、N_2、A_r N_2 混合气、He 等），外管由切线方向通入氩气，称为等离子气。它是形成等离子体能源也称冷却气，它有冷却炬管的作用）。中间管通入氩气，称为辅助气，也称为等离子气。它起到托起 ICP 火焰的作用，防止等离子焰炬烧坏内管。内管通入氩气称为载气。它是将溶液试样经过雾化后的气溶胶载入 ICP 火焰。优越的炬管必须具有如下性能：

a. 容易点燃 ICP 火焰；

b. 产生持续、稳定的等离子体，引入试样对焰炬稳定性的影响轻微，无熄灭或形成沉淀物的危险；

c. 样品经中心通道到分析观测区的量足够大；

d. 样品在等离子体中有较长的滞留时间并被充分加热；

e. 耗用的工作气体较节省；

f. 点燃 ICP 火焰所需功率尽量小；

g. 污染容易清洗。拆卸、安装简易方便。

ICP 发射光谱技术的开创者 Greenfild 和 Fassel 两位 ICP 先驱专家，在炬管的设计和加工方面，为这门技术立下汗马功劳。至今，商品化 ICP 光谱仪多数仍然采用 Fassel 型炬管作常规炬管。

A. Fassel 型炬管：图示与尺寸见图 3.25。

其外管外径为 20mm、壁厚 1mm；中间管外径 16mm、壁厚 1mm；内管外径为 2mm，其中心出口处内径为 1.0～1.5mm。总长度为 100～120mm。

B. 省气型炬管：通用型常规 Fassel 炬管，不足之处是耗气量大。为此，ICP 工作者在不影响 ICP 炬管易点火、火焰稳定的前提下，对炬管结构进行某些更新，使其节省工作气体。

C. 低气流炬管：何志壮等设计的中间管为喇叭口形的低气流炬管见图 3.26，使外管与中间管的环隙面积减少，适当提高结构因子（既中间管外径与外管的内径比值）在 0.93 时，其炬管点火容易，火焰稳定，而且可以节省氩气 40%。

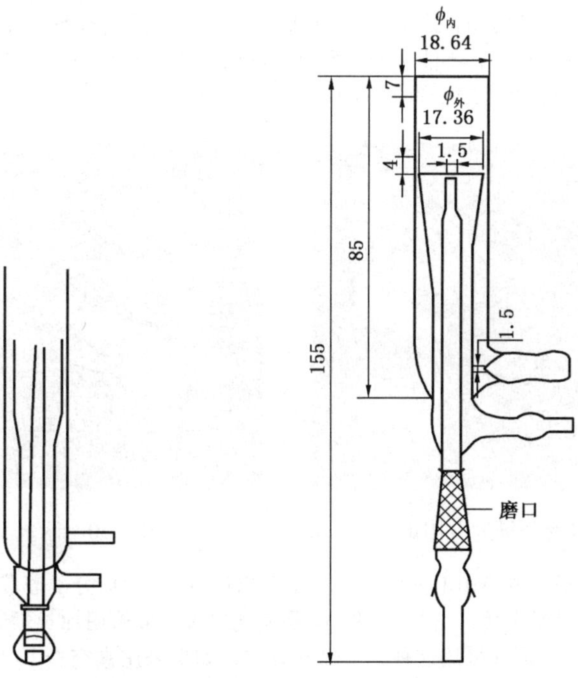

图 3.25　Fassel 型炬管　　　图 3.26　低气流炬管

D. 微型省气炬管：它的设计主要策略是降低炬管尺寸，在不影响点火及 ICP 火焰的稳定性，而节省工作氩气。其外径 14mm，中间管 12mm，内管 2mm，中心出口处 1.0～1.5mm。其点火功率 0.6kW，工作功率0.8～1.4kW，冷却气10L/min.。其检出能力有些元素与常规炬管一致。但火焰温度低，有些元素检出能力不如常规炬管，基体效应大，例如岛津独家采用石英材料制微型炬管，见图3.27(ICPE9000)，冷却气流量(9～20L/min)，等离子气(辅助气流量气0.2～1.5L/min)载气(注入气)灵敏度与标准炬管相当，直径约为标准炬管的2/3，降低约40%氩气消耗，传统炬管：20L/min，小矩管12L/min。

E. 组合式炬管：由于ICP光谱仪的高频发生器高额功率转换不够，使得负载线圈很多能量不能完全转换到ICP火焰上。使炬管外管易烧坏，内管中心处也经常发生堵塞并烧毁。

所以有些商品化仪器采用组合式炬管，见图3.28。

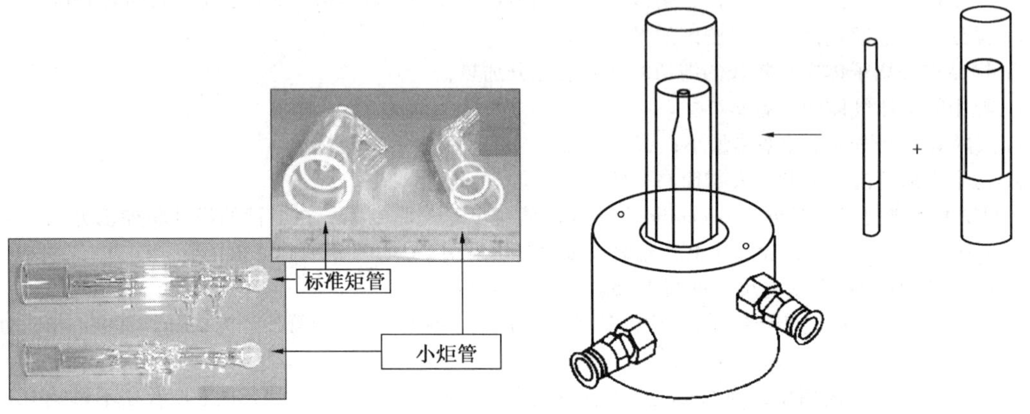

图3.27 ICPE-90000采用小矩管

图3.28 组合式炬管

F. 有机物分析的专用炬管：有机物质的主要成分是碳氢化合物，当ICP分析有机物中杂质元素时，大量碳氢化合物引入，使碳的微粒很容易在炬管中心处附留，使得内管堵塞无法进样，不能工作。所以做有机物分析时，要选用有机物专用炬管(见图3.29)。

G. 耐氢氟酸的炬管：一般炬管的材料是由石英制备的，当分析氢氟酸或分析试样溶液介质是氢氟酸时，由于它对石英材质有腐蚀作用，不能采用。耐氢氟酸的炬管制作材料有：氧化铝、氧化锆、聚四氟乙烯、内管中心处镀铂、镀钯材料制成炬管(见图3.30)。

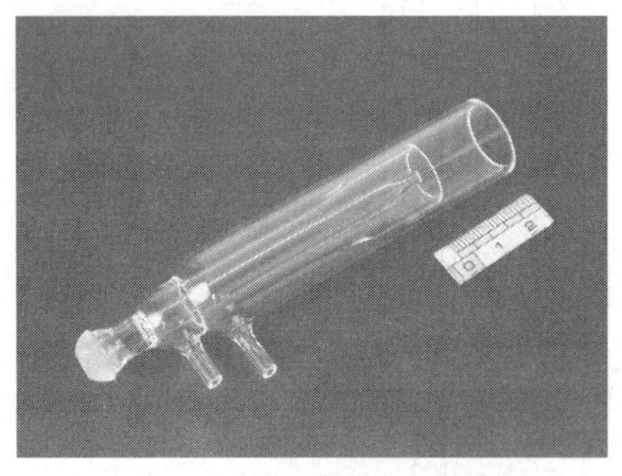

图3.29 有机物分析的专用炬管

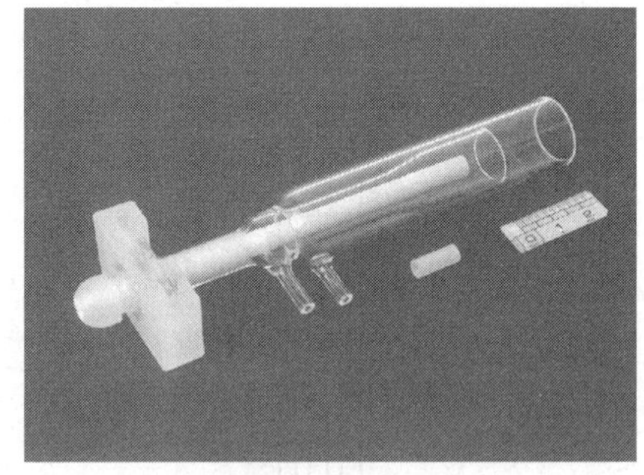

图3.30 耐氢氟酸的炬管

H. 加长炬管延伸管炬管：在ArICP光源中，有小于200nm处的O_2分子谱带，有200～250nm的OH谱带，有380～390nm的CN谱带干扰，这些O_2和N_2是大气进入，可采用加长炬管或炬管上套一延伸炬管，将大气与等离子体火焰隔开。同样采用这种大气隔开方式，如果采用真空型ICP光谱仪，可分析试样的碳元素(见图3.31)。

② 雾化器：

可将溶液试样雾化转化成气溶胶引入ICP火焰中，通常由雾化器、雾室以及相应的供气管路组成。

A. 玻璃同心雾化器－Meinhard雾化器：

玻璃同心雾化器是ICP光谱仪应用最多的雾化装置。工作最初由迈哈德(Meinhard)等创新完成，而且产品已标准化和系列化，并且已在国际市场上销售。其结构如图3.32所示。

迈哈德雾化器是双流体结构，它有两个通道，尾管由于负压作用使溶液样品吸入，支管通载气，材料用硼酸硅玻璃制成。喷口毛细管(中心管)与外管之间缝隙为0.01～0.035mm，毛细管出口处孔径为0.15～0.20mm，毛细管壁厚为0.05～0.1mm，它的作用原理是：当载气通入时，使之产生Venturi效应，在毛细管尾端形成负压自动提升溶液。载气的作用是不仅可产生负压，使样品引入，而且起到溶液雾化的动力作用。在喷口处将溶液细粒打碎，同时又是打通等离子体中心通道和输运样品气溶胶的动力。

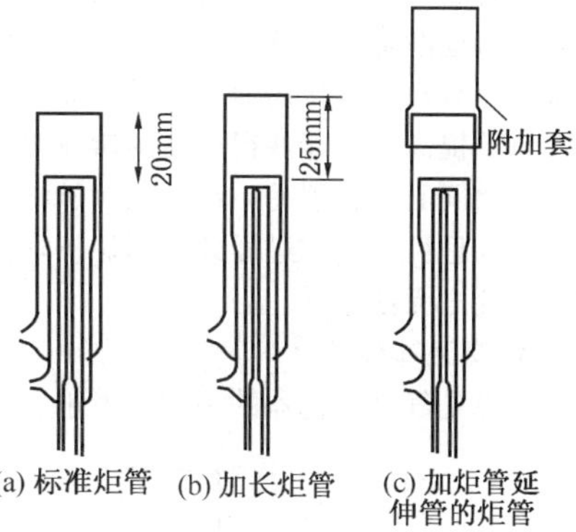

20mm　25mm　附加套

(a) 标准炬管　(b) 加长炬管　(c) 加炬管延伸管的炬管

图3.31　加长炬管

迈哈德雾化器可分为A型、C型和K型三种，它们主要区别在于喷口形状及加工方法(见图3.33)。

A型为平口型(又称标准型)，它喷口处内管与外管在同一平面上，端面用金刚砂磨平。

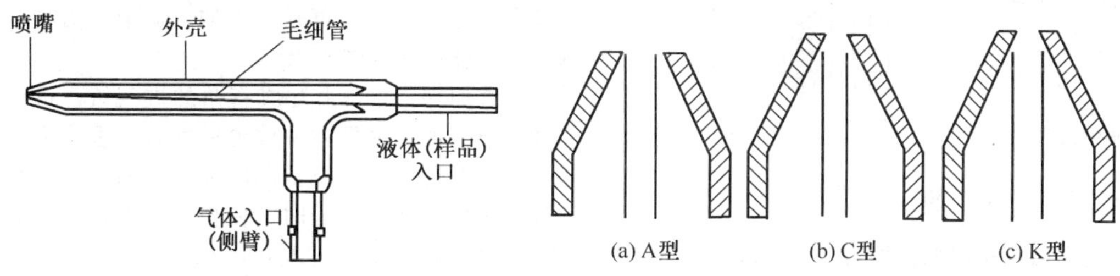

图3.32　玻璃同心雾化器　　图3.33　雾化器端口结构

C型为缩口型，其中心管缩进约0.5mm，而且中心管抛光过。

K型与C型一样，制作方面只是中心管不抛光。

C型与K型雾化器进样耐盐能力强，不易堵塞。A型雾化效率略高。

在分析高盐溶液时为抑制盐类在雾化器喷口处沉积，将玻璃同心雾化器外管出口处制成喇叭口形(见图3.34)，使之出口处保持湿润，不易堵塞。但分析进样时，记忆效应增强，需增长清洗时阅压璃同心雾化器雾化性能，主要包括试液提升量、进样效率及进样速率。进样效率是指进人等离子体的气溶胶量与提升量的比值，以百分数表示。进样速率是单位时间内进人等离子体的物质绝对量。玻璃同心雾化器典型雾化性能曲线见图3.35。

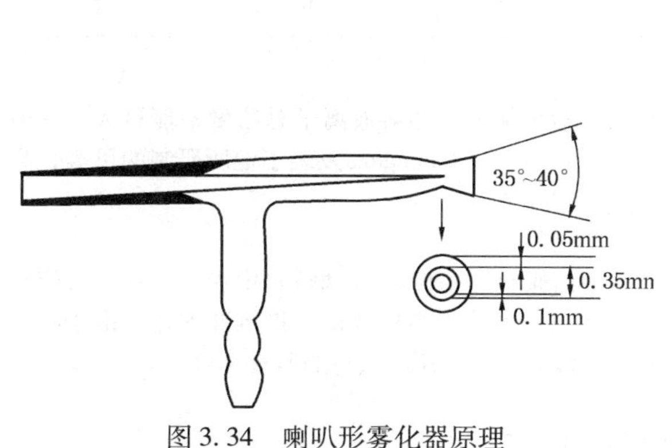

图3.34　喇叭形雾化器原理

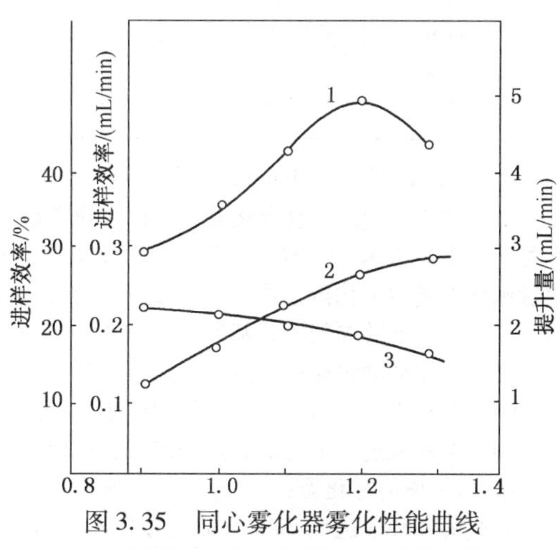

图3.35　同心雾化器雾化性能曲线

1—进样速率；2—提升量；3—进样效率

随着载气压力的增加，试液提升量逐渐增大(但压力达到一定时，再增大压力，提升量为定值)。而进样效率却逐渐降低，这是由于气溶胶中大颗粒雾滴所占比重增加，废液量增多。由于玻璃同心雾化器是手工制品，对每个雾化器而言，进样速率只是在某一载气压力、某一载气流量下，具有最佳值。实验证明，提升量的提高并不能获得更高的谱线强度。

玻璃同心雾化器另一性能是对试液的含盐量(试液中离子总浓度)极为敏感。试液中盐量增加，显著改变试液物理性质，使进样效率明显下降，同时导致提升量的降低，甚至造成雾化器喷口处部分堵塞或完全堵塞，使之无法进样。

B. 交叉雾化器：

它也是气动雾化器的一种，由于它是由互成直角的载气进气管和进样毛细管组成，故又称直角雾化器。其进气管和进样管的基座多为工业胶塑料，所以制作容易定型，加工不像玻璃同心雾化器那样废品率高。进样管采用玻璃材质或能耐氢氟酸的铂-铱合金材质制作。后者可以用于含氢氟酸试样的引入。它与基座的连接可以采用固定式或可调节式，这两种方式各有所长。固定式使雾化效率稳定，雾化时参数规格化，但雾化器发生堵塞时，更好就不如可调节式方便。交叉雾化器工作原理见图3.36。

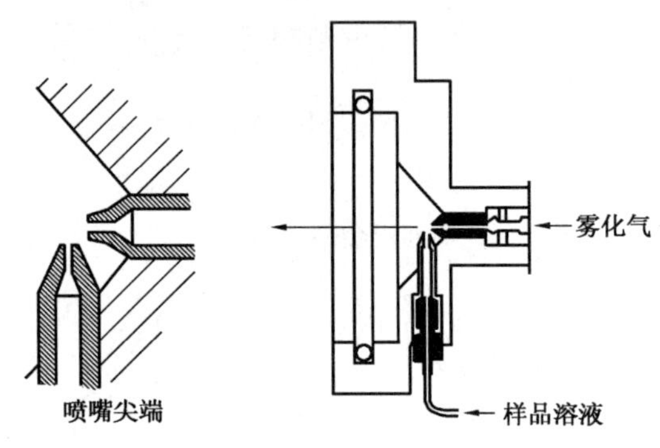

图3.36 交叉雾化器

工作原理：它是由互成直角的进气管、进样毛细管和基座组成。水平方位放置进气管，垂直方位放置进样管。两管放置的位置不应大于0.1mm。当高速气流进入进样管喷出口处时，在与进样管交叉口处形成负压，将试液抽提出来，然后气流冲击打碎试液，使之成为更细的气溶胶进入ICP火焰。

交叉雾化器雾化性能与玻璃同心雾化器基本相似，耐盐浓度比玻璃同心雾化器优越，但作者的实验数据表明，这种优点，微乎其微。同时这两种雾化器的分析检出限与分析精度基本相近，表3.4列出了这两种雾化器的检出限。

表3.4 同心雾化器和交叉雾化器的检出限 μg/L

元素及分析线/nm	玻璃同心雾化器	交叉雾化器	元素及分析线/nm	玻璃同心雾化器	交叉雾化器
Al 396.1	5.0	3.8	Fe 259.9	1.8	1.7
B 249.7	3.0	2.3	Mn 257.6	0.3	0.4
Cd 226.5	3.0	1.4	Mo 203.8		5.0
Co 238.9	2.0	2.7	Ni 231.6	6.0	8.0
Cr 267.7	3.0	3.7	Pb 220.3	30.0	21
Cu 324.7	0.9	1.8	Zn 213.9	3.0	3.6

C. 高盐雾化器——Babington雾化器：

上述两种常用的气动薄化器，它们雾化性能缺点是耐高盐性能差，即溶液离子总浓度不能过大，一般当离子浓度≥20mg/mL时，易造成雾化器堵塞，无法工作。1996年，Babington发表了他所研制的可雾化高盐量试液的新型雾化器，称为Babington式雾化器或称为高盐雾化器。

高盐雾化器的原理及其基本结构如图3.37所示。

当溶液用蠕动泵通过输液管送到雾化器基板上，让溶液沿倾斜的基板(或沟槽)自由流下，在溶液流经的通路上有一小孔，高速的载气从背面小孔处进入，使小孔出口处喷出高压气体，将溶液雾化。由于喷口处不断有溶液流过，不会形成盐的沉积，所以可承担高盐溶液的雾化作用，故称高盐雾化器。

D. 双铂栅网雾化器：

它是另一种改进型Babington式雾化器，其结构如图3.38所示。

双铂栅网雾化器的原理：雾化器的主体是用聚四氟乙烯材质制成，溶液试样的进样管从垂直方向进入，

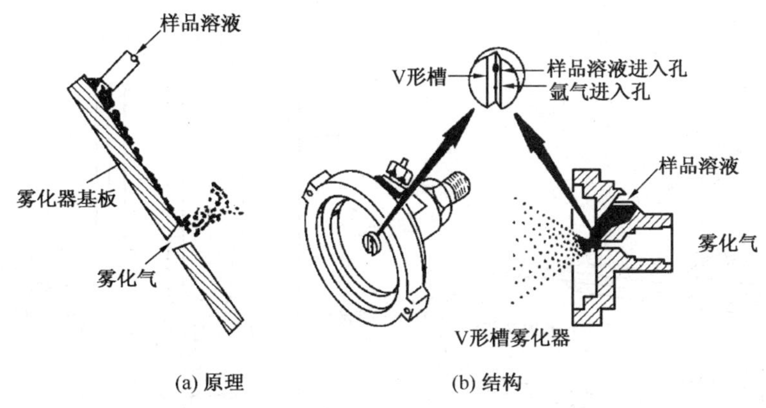

(a) 原理　(b) 结构

图 3.37　高盐雾化器

雾化气喷口 0.17mm，从水平方向雾化气进气，雾化原理与 Babington 式雾化器一样。它的改动是在喷口处前，加入两层可以调节距离的铂网，其网孔为 100 目，当载气从小孔喷出，将试液雾化时，经过已调节最佳距离的双层铂网，使雾化的气溶胶更加细化。这种双铂栅网雾化器，具有耐高盐的能力，而且降低分析检出限，是一种很好的雾化器。

E. 超声波雾化器：

上面介绍的雾化器，其能源均为气体。它们共同的特征是制作简便、价廉，但共同的缺点是雾化效率低，气动雾化器(包括玻璃同心雾化器或交叉雾化器)，其雾化效率为 1% ~3%，而 Babington 式雾化器其雾化效率为 2% ~4%。试液中只有百分之几试样能转变成气溶胶进入 ICP 火焰中，因而限制了 ICP 测定灵敏度的提高。超声波雾化器是将气体的能源转换为超声波能源，利用超声波振荡的空化作用，将溶液雾化高密度的气溶胶，其雾化效率可达 10%。使用这种雾化器在分析时，检出限下降 1 ~ 1.5 个数量级，个别元素可下降 2 个数量级。

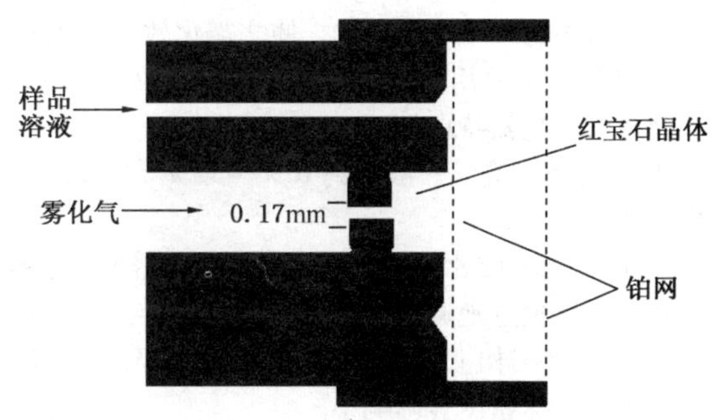

图 3.38　双铂栅网雾化器

超声波雾化器的原理为：用一台超声波发生器，其频率为 200 ~ 10MHz 驱动压电晶体，使其振荡。当试液流经晶体时，由晶体表面向溶液至空气界面垂直传播的纵波所产生的压力使液面破碎为气溶胶。其表面波的波长与超声波振动频率和溶液的表面张力及粘度有关，而且振荡器频率直接影响雾化液粒的大小，是影响检出限、精密度的关键。

常用商品化超声波雾化器日前有两种型号。

① CEITAC 公司生产的 U-5000AT 型超声波雾化器，其结构见图 3.39。

其结构特点：由超声波发生器和去溶装置组成。超声波振动频率为 1.4MHz，功率 35W，超声波换能器由金属铝散热片冷却，去溶剂加热温度 140℃，冷却除去溶剂温度 5℃。

②UAG-1 超声波雾化器，其结构见图 3.40。

其结构特点：由超声波发生器与去溶装置组成。超声波振动频率为 2MHz，功率 50W，超声波换能器是由旋回化学冷冻剂冷却，去溶加热温度 150℃，冷却除去溶剂温度 5℃。这两种超声波雾化器基本参数接近，当仪器结构不同时，其分析性能效果不一样。超声波雾化器结构是直接影响分析性能的关键，去溶效果好坏与检出限、分析精度、记忆效应有直接关系。早期超声波雾化器很多 IPC 工作者不愿接受，其主要原因是气溶胶走的路程长，记忆效应严重，清洗时间过长，分析时间过多。这些都是早期超声波雾化器设计、制造去溶装置效果不好而引起的。现代超声波雾化器去溶效果好得多，因为大部分溶剂去掉，记忆效应明显减少，清洗时间基本与气动雾化器相似。为确保超声雾化器的良好性能，其装置必须做到：提供超声波雾化器的发生晶体振荡器频率必须是稳定的。

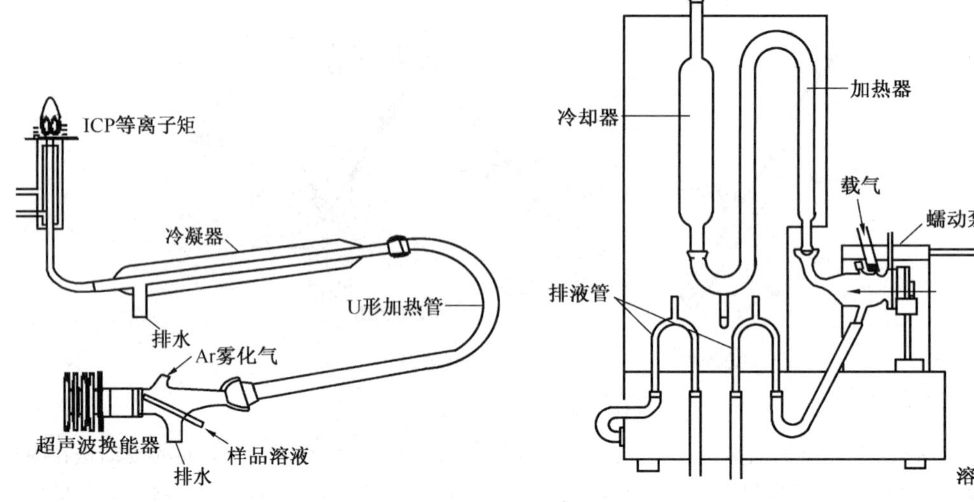

图 3.39 U-5000AT 型超声波雾化器　　图 3.40 UAG-1 超声波雾化器结构

超声波雾化器的晶体振荡器冷却装置也很重要。晶体振荡片工作一段时间就会发热，热的晶体振荡片和凉的晶体振荡频率产生变化，使之雾化效率发生变化，分析精密度下降。例如：U-5000 采用半导体冷却方式，而 UAG-1 采用循环冷却剂方式，其效果不一，二者的检出限如表 3.5 所示。

超声波雾化器特点如下。

① 雾化效率高，一般达到 10% ~13%。雾粒细，所以检出限下降 1 ~1.5 个数量级，个别元素可下降 2 个数量级。

② 产生气溶胶的速度，不像气动雾化器那样依赖载气的压力和流量。因此，产生气溶胶速度和进样的载气流量可以独立地调节到最佳值。

③ 在装置结构上它无进样毛细管，也无小孔径进气管的限制，不易堵塞。试液提升量是由蠕动泵控制，黏度、试样密度等影响小。

④ 虽然超声波雾化器提高了雾化效率，但对于分析谱线复杂基体物质，其分析元素谱线强度增加，同时分析物基体元素谱线强度也随着增强，这就需要慎重考虑谱线光谱干扰、基体背景干扰等。当然，当 Li、Na、K 碱金属浓度高时，由于它的雾化效应增强，这时就需要考虑 ICP 分析平时很少见的电离干扰效应。

⑤ 超声波雾化器结构复杂，价格高。

⑥ 超声波雾化器是很有前途的雾化装置，尤其是 ICP 发射光谱分析微量元素方面，怎样与石墨炉和 IC-MS 的检出限方面比较，是值得 ICP 发射光谱研究的很好课题。表 3.5 为 U-5000 与 UAG-1 超声波雾化器检出限对比表。

表 3.5 U-5000 与 UAG-1 超声波雾化器检出限对比表

元　素	波长 (CETACU-5000)/nm	检出限/ ppb	波长/ (岛津 UAG-1)/nm	检出限/ ppb
Al	396.15	0.2	167.08	0.06
As	193.69	1.0	193.76	1.0
Ba	493.40	0.2	445.40	0.01
Ca	317.93	0.3	393.37	0.002
Cd	228.80	0.1	228.80	0.04
Co	228.61	0.3	238.89	0.1
Cr	205.55	0.5	205.55	0.08

续表

元　素	波长（CETACU-5000）/nm	检出限/ppb	波长/（岛津 UAG-1）/nm	检出限/ppb
Cu	324.75	0.06	324.75	0.05
Fe	259.94	0.2	259.94	0.06
Ga	417.2	0.4	417.2	0.2
K	766.49	10.0	766.49	5.0
Mg	279.55	0.03	279.55	0.005
Mn	257.61	0.03	257.61	0.03
Mo	2.2.03	0.3	2.2.03	0.1
Na	588.99	0.4	588.99	0.2
Ni	231.60	0.8	231.60	0.1
Pb	220.35	1.0	220.35	1.0
Sb	217.58	3.0	217.58	1.0
Sc	261.38	0.02	261.38	0.01
Se	196.02	2.0	196.02	1.0
Si	251.61	0.4	251.61	0.2
Sn	189.98	2.0	189.98	0.6
Sr	421.55	0.1	421.55	0.003
Ti	190.66	3.0	190.66	0.02
V	292.40	0.1	292.40	0.2
Zn	213.85	0.07	213.85	0.1
Be	234.86	0.03	234.86	0.01
Ag	328.06	0.1	328.06	0.05

F. 氢化物发生雾化器：

氢化物发生器是将分析元素转变为气态的化合物，它是将元素周期表中能生成氢化物的元素；一经氢化反应生成气态化合物，引入 ICP 火焰中，该方法被称为气体注入进样系统。目前，元素周期表中能生成氢化物的元素有：第四族 Ge、Sn、Pb，第五族 As、Sb、Bi，第六族 Se、Te。当前常用方法是在酸性样品溶液中加入硼氢化钠或硼氢化钾，使其反应产生氢化物。它的反应式如下：

$$NaBH_4 + HCl + 3H_2O \longrightarrow NaCl + H_3BO_3 + 8H \xrightarrow{E^{m+}} EH_n + H_2(\text{过量})$$

式中，E 为氢化元素；m 可等于或不等于 n。

上述生成氢化物的 8 个元素，其生成氢化物形式为：AsH_3、BiH_3、GeH_3、PbH_4、SbH_3、SeH_2、SnH_4、TeH_2。氢化物这种气体注入进样方式，其检出限比常规的气动雾化器明显得到改善，检出限下降 1～2 个数量级。氢化法与气动雾化法的检出限比较如表 3.6 所示。

常规氢化法测定的 As、Sb、Bi、Se、Te、Ge、Pb，它不仅在金属材料测量中应用广泛(例如：钢材中五害元素 As、Sb、Bi、Sn、Pb 的测定)，尤其是在环境试样、生化试样及食品、饮料样品测定方面，都极为重要。因为这些样品必测元素就包括在其中，同时普通的气动雾化 ICP 方法其检测灵敏度不够，采用氢化物进样 ICP 方法才能检测。

氢化物发生器种类很多，大致可分为两类：连续发生法和间歇式发生法。现简单介绍常用连续发生法产生氢化物引入 ICP 火焰的例子(见图 3.41)。

表 3.6 氢化法与气动雾化法的检出限比较

元素	检出限/(ng/mL)		元素	检出限/(ng/mL)	
	气动雾化器	氢化法		气动雾化器	氢化法
As	20	0.02	Te	50	0.7
Sb	60	0.08	Ge	10	0.2
Bi	20	0.30	Sn	40	0.05
Se	60	0.03	Pb	20	1.0

它采用多通道的蠕动泵，分别将酸性试液、$NaBH_4$ 溶液及 HCl 溶液引入，使其溶液汇合，在反应圈中发生氢化反应，然后反应的氢化物送到气液分离器，废液排去，反应的氢化物被载气带入 ICP 火焰。氢化法特点如下。

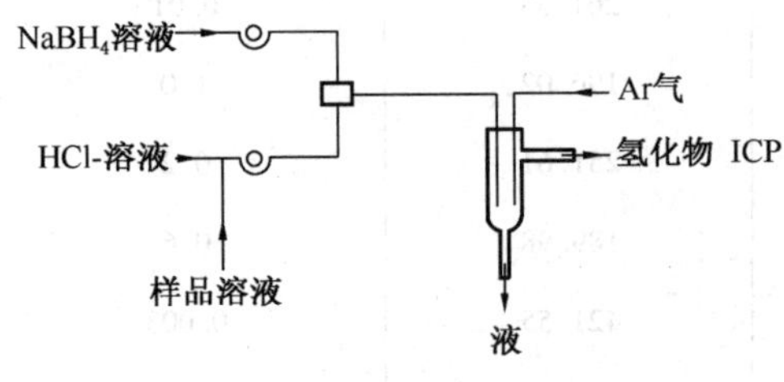

图 3.41 氢化物发生器流路示意图

A. 采用氢化法检出限有明显改善，虽然 8 个元素改善检出限程度不同，但从表 3.6 中实验数据表明，它比气动雾化器检出限要好于 1～2 个数量级。

B. 采用氢化法在氢化反应同时可以分离基体，且能将产生的氢化物元素引入 ICP 火焰，所以可降低基体干扰。

C. 由于氢化法采用大口径进样方式，故不存在雾化器堵塞问题。

D. ICP 发射光谱多元素同时分析，在氢化法中应用是有困难的。上述 8 个元素同时一起测定困难很多，例如：测定 Pb、Bi 时，它的介质酸性浓度不能过高，而 As、Se、Ge、Sb、Se、Sn 则需要 20% HCl 浓度。同样测定 Pb 时，需将试液中二价 Pb 首先采用氧化方式转化为四价的 Pb，只有使 Pb 转换为 PbH_4 后，才能引入 ICP 火焰中(氧化剂一般用过硫酸铵、铁氰化钾等)。

E. 采用氢化法会带来较多的化学干扰问题，这是应该注意的。

③ 雾室：

雾室与雾化器组成进样系统，雾室一般是体积 100～200cm^3 的玻璃容器，它可将已经雾化器后的气溶胶进一步细化，去除大颗粒雾粒，将气溶胶引入 ICP 火焰中。它的作用表现如下。

A. 将已经雾化后的气溶胶进一步细化，去除大颗粒雾粒，使之成为更细小、更均匀的气溶胶引入 ICP 火焰中。

B. 缓冲由于载气进样引起脉动，载气带入的气溶胶流平稳进入 ICP 火焰中。

C. 根据气体压力平衡原理，雾室另一端连接废液排出口，使之能连续平稳地排出废液。雾室的气压始终保持恒定。

几种常用雾室的性能与特点：

常用的雾室有双筒雾化室、附撞击球单筒雾化室及旋流雾室。

A. 双筒雾室见图 3.42(Scott 型)。它适应大流量、大提升量的雾化器工作。其分析精密度较高。它的缺点是：消耗试液多，记忆效应严重，清洗时间长。

B. 附撞击球单筒雾室能使雾化器雾化的气溶胶进一步破碎，细化雾粒，提高雾化效率。它的缺点是：载气进样引起脉动性大，使 ICP 火焰易产生抖动，分析精度差。

C. 旋流雾室见图3.43，它使气溶胶沿流切线方向进入雾室，利用离心力作用分离掉大颗粒的雾粒，从而达到细化气溶胶的目的。它与小提升量(1mL/min 左右)同心气动雾化器结合，在雾化效率、分析灵敏度、精密度上得到良好效果。目前商品仪器大多采用旋流雾室作为标准配置。

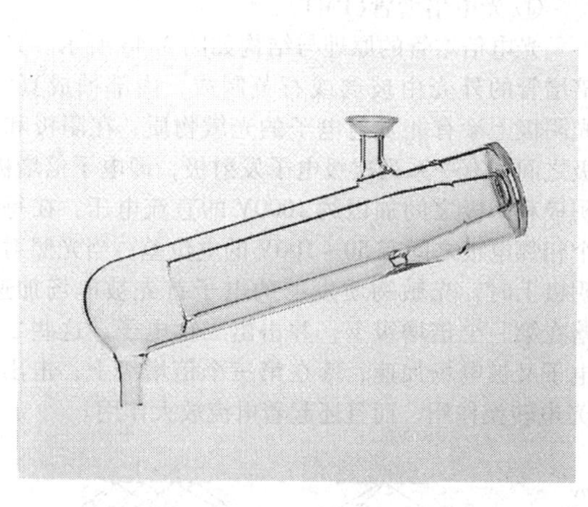

图3.42 ICPE－9000 光谱仪双筒室

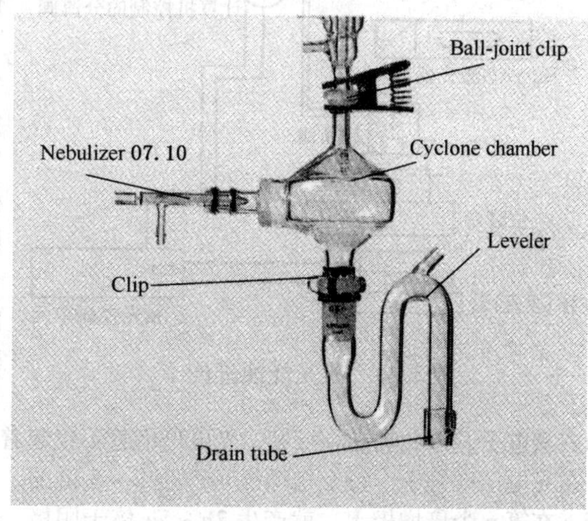

图3.43 ICPE－9000 光谱仪旋流雾室室

(4) 其他形式进样装置

将固体试样直接引入 ICP 火焰，通常不需要样品前处理，无需试样的分解、分离或富集。减少试样溶解和稀释，提高分析灵敏度，同时也减少化学试剂及容器带来的污染，缩短分析时间，节省试剂消耗，减少稀释的误差等。这些特点特别适应地质方面矿物、岩石分析应用，也适应难熔金属、合金分析应用。因此，这种试样引入技术是很有应用前途的方法。

1）直接试样插入法是将试样放置在由石墨、担、钨等材料制成的装样头上，一般采用类似如交、直流电弧常用的各种类型石墨杯状电极，插入石英炬管中心管中，再伸入 ICP 光源中，利用等离体高温加热石墨杯中试样，使其蒸发进入 ICP 火焰中。利用等离子体高温加热石墨杯中试样，使其蒸发入 ICP 火焰中。支持石墨杯的石英棒可以上下移动，经试验可调节到最佳的位置，如图3.44所示。

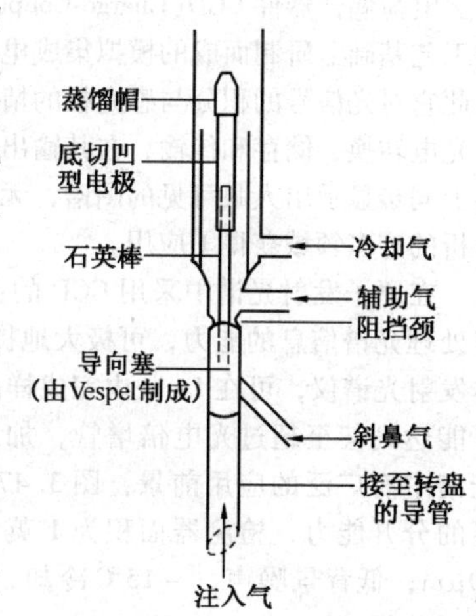

图3.44 Hörlick 直接试样插入

直接试样插入法性能及特点如下。

① 此法的检出限由于空白的固体样品难以找到，因此确切的检出限数据比较困难。类似各种论文报道的数据相差很大。总之，它的检出能力略比常用气动雾化器好。

② 其分析的精密度一般比溶液法要差，相对标准偏差(RSD)为 7%～10%。

③ 其基体效应比溶液法严重，制备与试样性质类似的标准样品较为困难。

2）激光烧蚀进样法是用激光束照射试样，使其蒸发、气化，用载气将试样气化的气溶胶引入 ICP 火焰，如果在激光烧蚀装置上，配置激光显微装置，则可进行试样的微区分析。装置见图3.45。

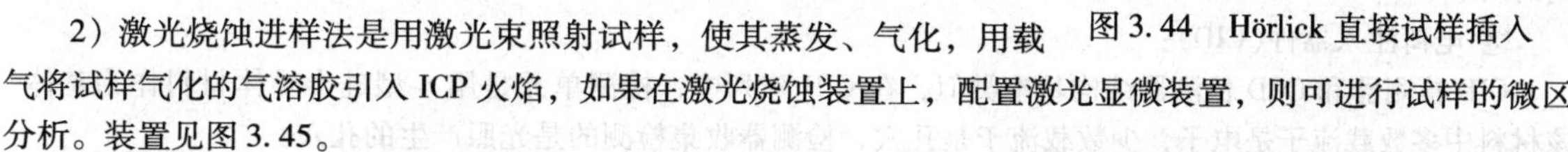

激光烧蚀进样法工作原理及性能特点：采用钕忆铝石榴石(NdYAG)激光器通过折射板照射样品上，使之蒸发、原子化、激发样品，引入 ICP 火焰检测样品成分。作一般固体样品测定。当折射板转开另一角度，用显微镜用 x-y 移动台观察样品位置，并用 z 移动台调节焦距，然后恢复折射板位置，用激光照射进行样品的微区分析。这种方式特别实用于地质样品单矿物测定。

ICP 的固体试样进样方式，一直是 ICP 发射光谱技术的一个研究热点，激光烧 ICP 进样装置已经有性能不错的商品问世。

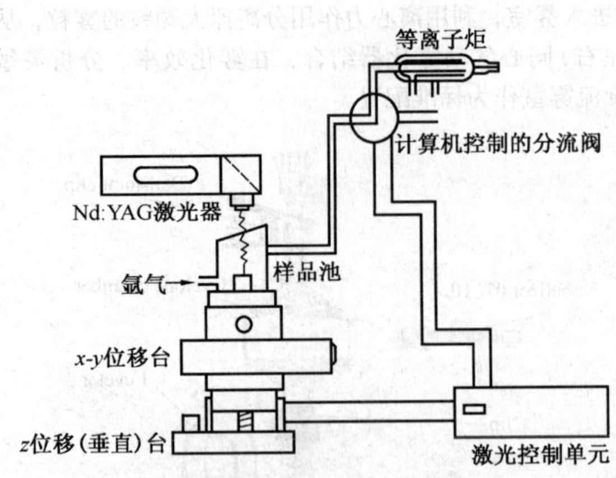

图 3.45 激光烧蚀进样

(5) 检测器

光谱仪中采用的检测器主要有光电倍增管(PMT)和固体检测器，固体检测器包括电感耦合器件 CCD 和电荷注入器件(CID)。

① 光电倍增管(PMT)：

光电倍增管的原理与结构如图 3.46 所示。光电倍增管的外壳由玻璃或石英制成，内部抽成真空，光阴极上涂有能发射电子的光敏物质，在阴极和阳极之间连有一系列次级电子发射极，即电子倍增极，阴极和阳极之间加以约 1000V 的直流电压，在每两个相邻电极之间有 50 ~ 100V 的电位差。当光照射在阴极上时，光敏物质发射的电子首先被电场加速，落在第一个倍增级上，并击出二次电子，这些二次电子又被电场加速，落在第三个倍增级上，击出更多的三次电子，以此类推。可见，光电倍增管不仅起着光电转换作用，而且还起着电流放大作用。

在光电倍增管中，每个倍增极可产生 2 ~ 5 倍的电子，在第 n 个倍增极上，就产生 $2n \sim 5n$ 倍于阴极的电子。由于光电倍增管具有灵敏度高(电子放大系数可达 $10^8 \sim 10^9$)、线性影响范围宽(光电流在 $10^{-9} \sim 10^{-4}$ A 范围内与光通量成正比)、响应时间短(约 10^{-9} s)等特点，因此广泛应用于光谱分析仪器中。

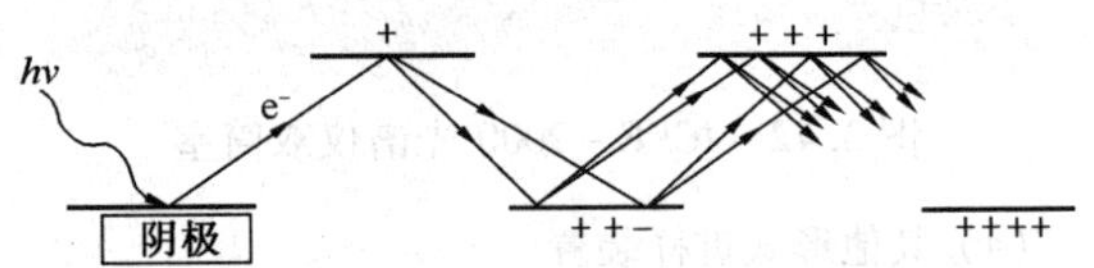

图 3.46 光电倍增管的工作原理图

② CCD 检测器：

电荷偶合器件 CCD(Charge-Coupleddevice)是一种新型固体多道光学检测器件，它是在大规模硅集成电路工艺基础上研制而成的模拟集成电路芯片。由于其输入面空域上逐点紧密排布着对光信号敏感的像元，因此它对光信号的积分与感光板的情形很相似。但是，它可以借助必要的光学和电路系统，将光谱信息进行光电转换、储存和传输，在其输出端产生波长 - 强度二维信号，信号经放大和计算机处理后在末端显示器上同步显示出人眼可见的图谱，无需感光板那样的冲洗和测量黑度的过程。目前这类检测器已经在光谱分析的许多领域获得了应用。

在原子发射光谱中采用 CCD 的主要优点是，这类检测器的同时多谱线检测能力和借助计算机系统快速处理光谱信息的能力，可极大地提高发射光谱分析的速度。如采用这一检测器设计的全谱直读等离子体发射光谱仪，可在 1min 内完成样品中多达 70 种元素的测定。此外，它的动态响应范围和灵敏度均有可能达到甚至超过光电倍增管，加之其性能稳定，体积小，比光电倍增管更结实耐用，因此，在发射光谱中有广泛的应用前景，图 3.47 和图 3.48 分别为岛津 ICPE-9000 光谱仪的 CCD 检测器和检测器谱线的分开能力，检测器面积为 1 英寸；高分辨率为百万像素(1024 × 1024 像素)；像素尺寸为 20μm × 20μm；低背景噪声，－15℃冷却，开机 10min 工作；无饱和(光晕)效应，高含量元素与微量元素可同时分析。

③ 电荷注入器件(CID)：

CID 检测器和 CCD 检测器结构基本类似，在 CID 阵列中，检测单元是用 n-型硅半导体材料作为基体，该材料中多数载流子是电子，少数载流于是孔穴，检测器收集检测的是光照产生的孔穴。

3.1.5.3 几种常见的 ICP 发射光谱仪

(1) 多通道常见的 ICP 发射光谱仪

早期商品化 ICP 发射光谱仪均为火花光源直读光谱仪改造完成，将其火花光源更改为等离子光源外，测光系统略加改变，分光系统基本采用凹面光栅作色散器。它的原理见图 3.49。

从 ICP 光源发射光经聚光镜照到入射狭缝上，狭缝装在光栅的“罗兰圆”(Rowlandcircle)上，起光谱仪光源作用。进入凹面光栅，经光栅衍射后的单色光按波长不同，分别照射到“罗兰圆”安置各个波长的出口狭缝上，出口狭缝后放置光电倍增管，使之测量强度。

凹面光栅光谱仪的特点：它的光栅既作色散元件，同时又起到准直系统和成像系统的作用。结构简单，由于分光器内无移动部件，所以性能温度，分析精密度好。

图 3.47　CCD 检测器

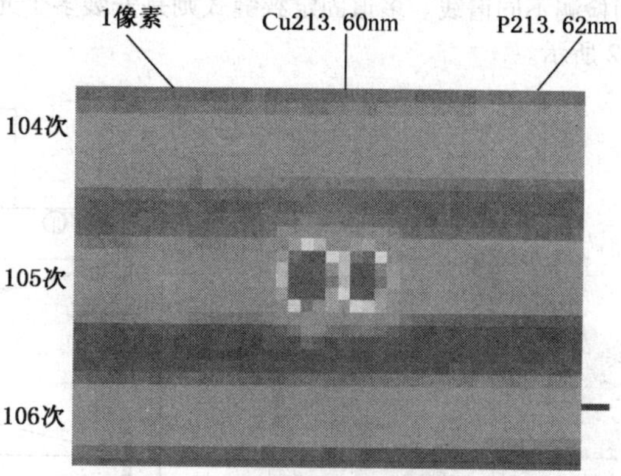

1像素　Cu213.60nm　P213.62nm
104次
105次
106次

图 3.48　CCD 谱线分开能力

但该仪器在排出口狭缝的数量有限，最多可拍 48 个出口狭缝，所以分析元素有限。另外选择分析谱线的灵活性差。目前仪器公司生产的 ICP 发射光谱仪，采用凹面光栅分光系统与 CCD 检测器结合，生产多通道仪器具有很多特点，尤其在超紫外光区域(<190nm)波长非金属元素的谱线，其检出限低，抗光谱干扰能力强，是其他 ICP 发射光谱仪难以做到的。其光谱仪特点如图 3.50 所示。

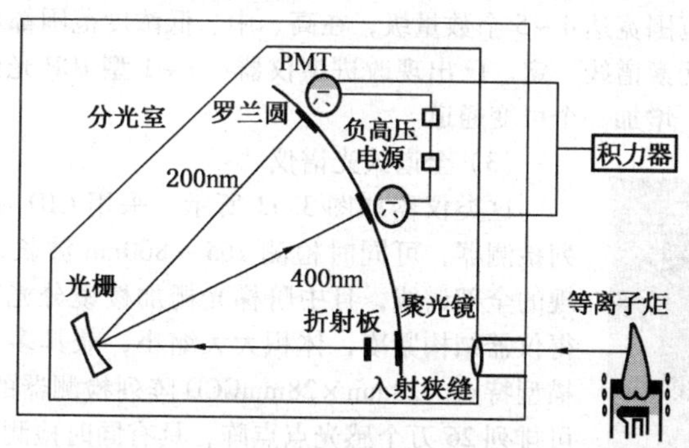

图 3.49　Paschen-Rung 型多通道光谱仪

图 3.50　多通道用 CCD 检测光谱仪

如图 3.50 所示，光谱仪的分光系统采用 Paschen-Rung 装置，光栅 2924 条/mm 或更高刻线。在“罗兰圆”上装多块 CCD 检测器，有用于测量 125 ~ 360nm 紫外和近紫外光谱区域的，也有用于测量可见光区到近红外光区谱线的。为了检测真空紫外光区的谱线，采用带自净化装置的密闭充氩气的紫外光学室，以除去空气中的氧气，使之测定小于 190nm 分析元素谱线，免除工作时需要经常吹气。零级光谱经反射镜作为虚拟的入射狭缝，投射在第二块光栅上用于检测 460nm 以上的长波段分析线的元素，可见采用如 Na589nm、Li670nm、K766nm 等谱线。在等离子体和分光器的界面，用 0.5L/min 的氩气吹扫，使 ICP 仪器的分析波长范围可以扩展到 12 ~ 800nm。其装置结构与火花直读多道仪器相同，但由于充分发挥了高刻线光栅分光分辨率高且均匀的特点，又具有线阵固体检测器可安装更多通道同时背景测定的优点，使这类 ICP 仪器具有比传统多道仪器更多的特点。

值得一提的是，这类 ICP 仪器可以在 130 ~ 190nm 波段内工作，可用 Cl134.72nm 谱线测定氯，用 Br163.34nm 谱线测定溴，用 I161.76nm 谱线测定碘，用 S180.70nmp 谱线测定硫等。尤其 Br、Cl、I、Ga、Ge 等最灵敏线均在远紫外区，可选择其最灵敏线进行分析，使之降低检出限。同时可选用 120 ~ 180nm 光区的无干扰谱线，避免谱线干扰。它是唯一可以完成卤素的痕量分析，测定在 μg/g 以下含量的 ICP 发射光谱仪器。

(2) 平面光栅扫描式光谱仪

光电直读是利用光电法直接获得光谱线的强度，分为两种类型：多道固定狭缝式和单道扫描式。一个出射狭缝和一个光电倍增管，可接受一条谱线，构成一个测量通道。单道扫描式是转动光栅进行扫描，在不同时间检测不同谱线。多道固定狭缝式则是安装多个光电倍增管，同时测定多个元素的谱线，如图 3. 51 和图 3. 52 所示。

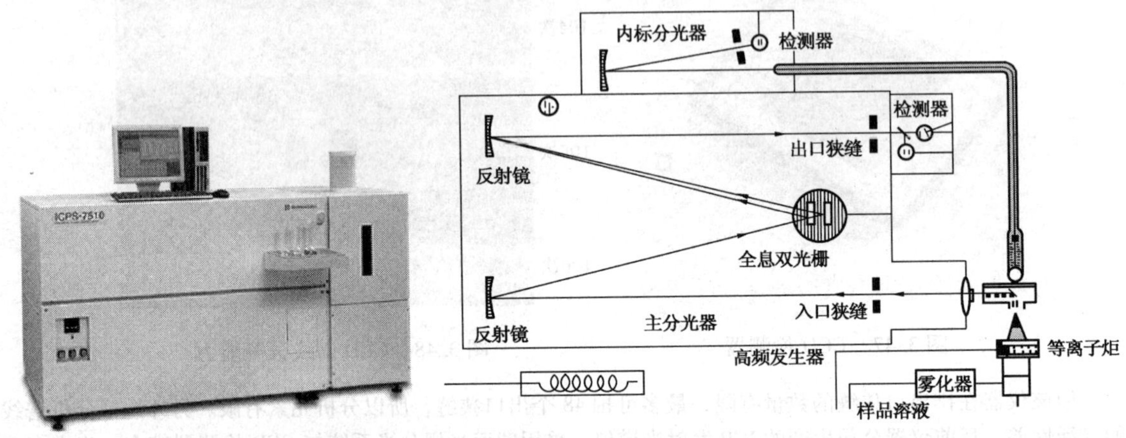

图 3. 51　ICPS-7510 光谱仪　　图 3. 52　附有内标分光器 ICPS-7510 扫描型光谱仪

多道固定狭缝式仪器具有多达 70 个通道可选择设置，能同时进行多元素分析，这是其他金属分析方法所不具备的，且分析速度快，准确度高，线性范围宽达 4 ~ 5 个数量级，在高、中、低浓度范围都可进行分析。不足之处是出射狭缝固定，各通道检测的元素谱线一定。已出现改进型仪器：$n+1$ 型 ICP 光谱仪，即在多通道仪器的基础上，设置一个扫描单色器，增加一个可变通道。

(3) 全谱式光谱仪

这类仪器如图 3. 53 所示，采用 CID 或 CCD 阵列检测器，可同时检测 165 ~ 800nm 波长范围内出现的全部谱线，且中阶梯光栅加棱镜分光系统，使得仪器结构紧凑，体积大大缩小，兼具多道型和扫描型特点。28mm × 28mmCCD 阵列检测器的芯片上，可排列 26 万个感光点点阵，具有同时检测几千条谱线的能力。

图 3. 53　ICPE-9000 全谱光谱仪

该仪器特点显著，测定每个元素可同时选用多条谱线，能在 1min 内完成 70 个元素的定性、定量测定，试样用量少，1mL 的样品即可检测所有可分析元素，全自动操作，线性范围达 4 ~ 6 个数量级，可测不同含量试样，分析精度高，CV0. 5%，绝对检出限通常在 0. 1 ~ 50ng/mL。由于等离子体温度太高，全谱直读型仪器不适合测量碱金属元素，同时高温引起的光谱干扰也是限制 ICP 应用的一个问题，特别是在 U、Fe 和 Co 存在时，光谱干扰更明显。对非金属元素不能检测或灵敏度低则是发射光谱法普遍存在的问题。

3. 1. 6　ICP 发射光谱分析实验技术

(1) 光谱定性分析

由于各种元素的原子结构不同，在光源的激发作用下，试样中每种元素都发射自己的特征光谱。

1) 元素的分析线与最后线

每种元素发射的特征谱线有多有少，多的可达几千条。当进行定性分析时，不需要将所有的谱线全部检出，只须检出几条合适的谱线就可以了。

进行分析时所使用的谱线称为分析线。如果只见到某元素的一条谱线，不能断定该元素确实存在于试样中，因为有可能是其他元素谱线的干扰。某元素是否存在，必须有两条以上不受干扰的最后线与灵敏线。灵敏线是元素激发电位低、强度较大的谱线，多是共振线。最后线是指当样品中某元素的含量逐渐减少时，最后仍能观察到的几条谱线，它也是该元素的最灵敏线。

2）分析方法

① 铁光谱比较法：这是目前最通用的方法，它采用铁的光谱做为波长的标尺，来判断其他元素的谱线。铁光谱作标尺有如下特点：谱线多，在 210～660nm 范围内有几千条谱线。谱线间相距都很近。在上述波长范围内均匀分布。对每一条谱线波长，人们都已进行了精确的测量。在实验室中有标准光谱图对照进行分析。如图 3.54 所示，上面是元素谱线，中间是铁光谱，下面是波长标尺。

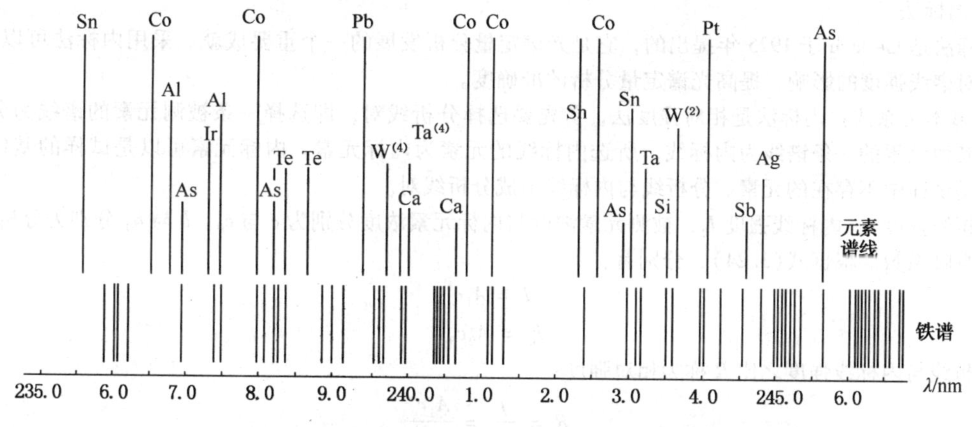

图 3.54 标准光谱图与试样光谱图的比较

标准光谱图是在相同条件下，在铁光谱上方准确地绘出 68 种元素的逐条谱线并放大 20 倍的图片。铁光谱比较法实际上是与标准光谱图进行比较，因此又称为标准光谱图比较法。在进行分析工作时，将试样与纯铁在完全相同条件下并列且紧挨着摄谱，摄得的谱片置于映谱仪（放大仪）上；谱片也放大 20 倍，再与标准光谱图进行比较。比较时首先需将谱片上的铁谱与标准光谱图上的铁谱对准，然后检查试样中的元素谱线。若试样中的元素谱线与标准图谱中标明的某一元素谱线出现的波长位置相同，即为该元素的谱线。判断某一元素是否存在，必须由其灵敏线来决定。铁光谱比较法可同时进行多元素定性鉴定。

② 标准试样光谱比较法：将要检出元素的纯物质或纯化合物与试样并列摄谱于同一感光板上，在映谱仪上检查试样光谱与纯物质光谱。若两者谱线出现在同一波长位置上，即可说明某一元素的某条谱线存在。此法多用于不经常遇到的元素分析。

此外，还有谱长测量法。但此法应用有限，只有在感光板上发现特殊的谱线，标准光谱图与标准试样法都难以确定时才会用此法。

谱线的波长表已出版很多种，其中最详细和应用最广的是《MIT 波长表》，HarrisonGR 编辑，1939 年出版。我国 1971 年出版的《光谱波长表》应用也较广。

（2）光谱半定量分析

光谱半定量分析可以给出试样中某元素的大致含量。若分析任务对准确度要求不高，多采用光谱半定量分析。例如对钢材与合金的分类、矿产品位的大致估计等，特别是分析大批样品时，采用光谱半定量分析尤为简单而快速。

光谱半定量分析常采用摄谱法中比较黑度法，该方法需配制基体与试样组成近似的被测元素的标准系列。在相同条件下，在同一块感光板上标准系列与试样并列摄谱；然后在映谱仪上用目视法直接比较试样与标准系列中被测元素分析线的黑度。黑度若相同，则可作出试样中被测元素的含量与标准样品中某一个被测元素含量近似相等的判断。

（3）光谱定量分析

1）光谱定量分析的关系式

光谱定量分析主要是根据谱线强度与被测元素浓度的关系来进行的。如前所述，当温度一定时谱线强

度 I 与被测元素浓度 c 成正比，即：

$$I = Ac \tag{3.23}$$

当考虑到谱线自吸时，有如下关系式：

$$I = Ac^b \tag{3.24}$$

式中，b 为自吸系数。b 随浓度 c 增加而减小，当浓度很小无自吸时，$b=1$。

式(3.24)是光谱定量分析的基本关系式。这个公式由 Schiebe G 和 Lomakin BA 先后独立提出，又称为 Schiebe-Lomakin 公式。

经过许多的研究发现，单纯应用式(3.24)测定谱线的绝对强度进行定量分析是困难的。因为试样的组成与实验条件都会影响谱线强度。因此，在实际工作中通常用内标法。

2）内标法

内标法是 Gerlach 于 1925 年提出的，它是光谱定量分析发展的一个重要成就。采用内标法可以减小前述因素对谱线强度的影响，提高光谱定量分析的准确度。

① 基本关系式：内标法是相对强度法，首先要选择分析线对，即选择一条被测元素的谱线为分析线，再选择其他元素的一条谱线为内标线，所选内标线的元素为内标元素。内标元素可以是试样的基体元素，也可以是试样中不存在的元素。分析线与内标线组成分析线对。

分析线强度 I，内标线强度 I_0，被测元素浓度与内标元素浓度分别为 c 与 c_0，b 与 b_0 分别为分析线与内标线的自吸系数。根据式(3.24)，分别有：

$$I = A_1 c^b \tag{3.25}$$

$$I_0 = A_0 {c_0}^{b_0} \tag{3.26}$$

分析线与内标线强度之比 R 称为相对强度：

$$R = \frac{I}{I_0} = \frac{A_1 c^b}{A_0 c_0^{b_0}} \tag{3.27}$$

式中，内标元素含量 c_0 为常数，实验条件一定，$A = A_1/A_0 c_0^{b_0}$ 为常数，则：

$$R = \frac{I}{I_0} = Ac^b \tag{3.28}$$

对式(3.27)取对数，得：

$$\lg R = b\lg c + \lg A \tag{3.29}$$

式(3.29)是内标法光谱定量分析的基本关系式。

② 内标元素与分析线对的选择：

A. 内标元素与被测元素在光源作用下应有相近的蒸发性质。

B. 内标元素若是外加的，必须是试样不含有或含量极少可以忽略的。

C. 分析线对选择要匹配：或两条都是原子线，或两条都是离子线，尽量避免一条是原子线、一条是离子线。

D. 分析线对两条谱线的激发电位相近。若内标元素与被测元素的电离电位相近，分析线对激发电位也相近，这样的分析线对称为“匀称线对”。

E. 分析线对波长应尽量接近。分析线对两条谱线应没有自吸或自吸很小，并且不受其他谱线的干扰。

3）工作曲线法

在确定的分析条件下，用三个或三个以上含有不同浓度被测元素的标准样品与试样在相同条件下激发光谱，以分析线强度 I，或内标法分析线对强度比 R 或 $\lg R$ 对浓度 c 或 $\lg c$ 做校准曲线。再由校准曲线求得试样中被测元素含量。

① 摄谱法：若分析线与内标线的黑度都落在感光板正常曝光部分，这时可直接用分析线对黑度差 ΔS 与 $\lg c$ 建立校准曲线。

黑度差：

$$\Delta S = S_1 - S_2 = \gamma(\lg I_1 - \lg I_2) = \gamma \lg \frac{I_1}{I_2} = \gamma \lg R \tag{3.30}$$

式(3.30)与内标法光谱定量分析公式(3.29)结合，得到：

$$\Delta S = \gamma b \lg c + \gamma \lg A \tag{3.31}$$

由式(3.31)可看出，分析线对黑度值都落在乳剂特性曲线直线部分，分析线与内标线黑度差 ΔS 与被测元素浓度的对数 $\lg c$ 呈线性关系。式(3.31)同样是摄谱法定量分析内标法的基本关系式。

② 光电直读法：ICP 光源稳定性好，一般可以不用内标法，但由于有时试液的黏度等会有差异而引起试样导入的不稳定，也采用内标法。ICP 光电直读光谱仪商品仪器上带有内标通道，可自动进行内标法测定。光电直读法中，在相同条件下激发试样与标样的光谱，测量标准样品的电压值 U 和 U_r，U、U_r 分别为分析线与内标线的电压值；再绘制 $\lg U - \lg c$ 或 $\lg(U/U_r) - \lg c$ 校准曲线；最后求出试样中被测元素含量。这些都由计算机来处理分析结果。

4）标准加入法

当测定低含量元素，找不到合适的基体来配制标准试样时，采用标准加入法比较好。设试样中被测元素含量为 c_x，在几份试样中分别加入不同浓度 c_1、c_2、c_3、…、c_i 的被测元素；在同一实验条件下激发光谱，然后测量试样与不同加入量样品分析线对的强度比 R。在被测元素浓度低时，自吸系数 $b=1$，分析线对强度比 $R \propto c$，$R-c$ 图为一直线，见图3.55。将直线外推，与横坐标相交截距的绝对值即为试样中待测元素含量 c_x。

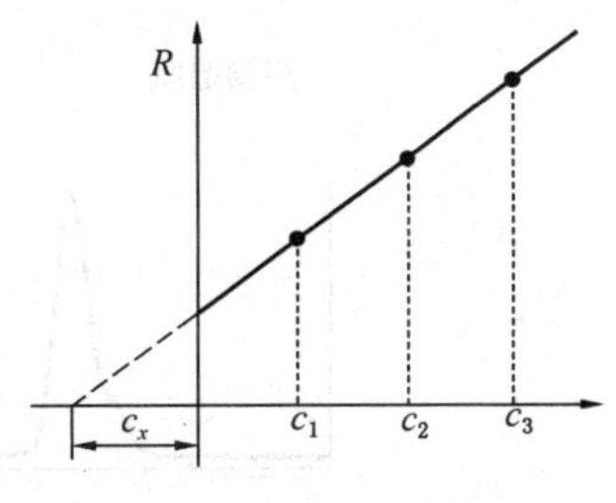

图3.55 标准加入法

由于：

$$R = I/I_0 = Ac^b$$

$b=1$，则：

$$R = A(c_x + c_i)$$

$R=0$，则：

$$c_x = -c_i$$

(4) ICP 发射光谱分析中的干扰

干扰效应是指干扰因素对分析试样测定的影响，使其分析结果产生系统误差或偶然误差。ICP 发射光谱的干扰是极其复杂的，干扰来源很多，有光谱干扰(包括分子光谱与原子光谱)、基体干扰、背景干扰、电离干扰、雾化干扰以及化学干扰。有些文献将它们分为光谱干扰和非光谱干扰，有些将它分为物理干扰和化学干扰。由于干扰来源不同，同样，减少或校正干扰的方式也千差万别。干扰来源及减少或校正的方式，已成为 ICP 分析工作者的研究课题。这里仅对 ICP 发射光谱干扰来源与校正方法作一介绍。

1）光谱干扰

① 分子光谱干扰与校正

ICP 发射光谱仍然有分子带状光谱的发射，如 OH 带状光谱，它是由水汽分解而形成的。它的波长分布在 260~325nm 区域，带头 281.1~294.5nm 和 306.0~324.5nm 两区域。CN 带状分子光谱干扰也是存在的，尤其是有机样品的分析应特别注意，其带头 358.3~388.3nm 和 415.3~421.6nm。同样 NO、NH、C_2 均有分子光谱干扰存在。通常，无机试样分析很少考虑分子带状光谱的干扰，这是由于所测定元素选用的分析线早以考虑这个问题，避免在分子光谱干扰带中选用分析线。分析有机试样时，主要避开 CN 分子光谱带的干扰，其办法是使等离子体火焰与空气隔离，采用的方法有三种：增大冷却气流量、在冷却气中附载少量的 O_2 气、在炬管顶部加套一只透明石英制成套管或使用外管加长炬管，使等离子体火焰与周围空气隔离等。

② 原子光谱干扰与校正

光谱干扰又称光谱谱线重叠干扰现象，是光谱分析工作者经常需要考虑与克服的问题，如图3.56所示。

ICP 发射光谱是由原子中的价电子受到外来能量的推动，激发跃迁到激发态，再由高能态回到各较低的能态或基态时，以辐射形式放出其激发能而产生的光谱线。每一条所发射的谱线的波长，取决于跃迁前后两个能级之差。由于原子的能级很多，原子在被激发后。其外层电子可有不同的跃迁，但这些跃迁应遵循一定的规则，因此对特定元素的原子可产生一系列不同波长的特征光谱线(或光谱线组)，这些谱线按一定的顺序排列，并保持一定的强度比例。原子的各个能级是不连续的(量子化)，电子的跃迁也是不连续的，这就是原子光谱是线状光谱的根本原因。不同的元素由于它的价电子数量不等，而且能级轨道不同，

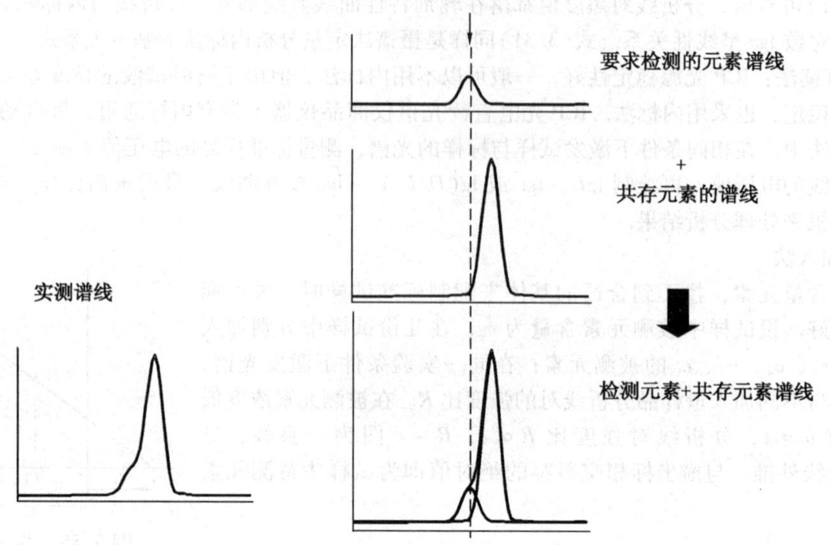

图 3.56 谱线重叠干扰

所以产生谱线决非一条，因此一元素要产生许多的谱线。例如：铁元素在紫外、可见光谱区域产生4000多条谱线(其中有高强度记录的谱线达461条)，有些稀土元素可产生8000多条谱线(例如Ce有强度记录的谱线达2532条)。分析样品时，各元素产生的光谱线交织在一起，也就是谱线重叠干扰。光谱干扰是普遍现象，没有光谱干扰是很少见的情况。由于ICP发射光谱分析主要采用溶液方式，所以光谱干扰与样品溶液的浓度(即元素存在的含量)有关，虽然查阅资料表明，某被测元素分析线有干扰元素谱线干扰存在，但试样中无干扰元素存在或该元素含量很低，有些干扰谱线不会出现，它也不存在谱线干扰，仍然可用该谱线进行测定。减少或校正光谱干扰的主要方法有如下几种。

A. 选用高分辨率的ICP光谱仪是消除、减少光谱干扰极为有利的手段。作为ICP分析工作者，应对要分析物质有初步的了解，基体元素是多谱线元素还是少谱线的元素，被测定的元素含量大致范围是多少，从中判断光谱干扰存在的情况。联系自己所使用ICP光谱仪分辨率大小，选择不受干扰的分析谱线(首先考虑不受基体元素谱线干扰)。分析工作者在选购光谱仪时，是否都需要选购高分辨率仪器呢？不一定如此，而应按主要分析试样的目标进行选用。由于高分辨率仪器价格比低分辨率仪器价格贵很多，故不能采用大马拉小车的浪费现象，购置高分辨率仪器来工作。更不能购置低分辨率、低价位的仪器，来测定多谱线为基体物质中元素的测定。例如：稀土金属或稀土氧化物材料中，稀土杂质元素与非稀土杂质元素的测定。同样铌钽、锆铪、钨钼金属及氧化物中，杂质元素测定，这样会造成无法工作的后果。

B. 稀释样品的浓度，是减少光谱干扰的有效途径。样品浓度愈低，谱线出现概率愈少，谱线干扰愈小。稀释样品浓度的标志，是要求分析元素谱线能清晰测定，而干扰元素谱线强度降低到最小的程度。但有些分析方法采用过多稀释样品的浓度，减少光谱干扰方法不一定可取，这样会造成分析的灵敏度不够、分析谱线不能出现；无法测定。同样大比例的稀释，即使谱线出现，但强度很小，在工作曲线低浓度弯曲部分寻求含量，容易造成测定误差增大。

C. 采用光谱干扰校正系数法(IEC)。这种方法对凹面光栅的多通道型光谱仪是必不可少的软件。如果它的干扰是来自分析物的基体，其元素含量≥80%时，此时必须采用固体标准样品方式进行校正，否则准确度差(这是由于ICP发射光谱当元素含量≥80%时，测量准确度差)。而对单通扫描的ICP光谱仪与固体检测器中阶梯型光谱仪，一般采用更换谱线方法来完成测试任务，但有时采用次灵敏线，其分析灵敏度不够，仍然要采用光谱干扰校正系数法工作。光谱谱线重叠干扰的校正系数法(IEC)，它的校正公式如下：

$$C = C_0 - \sum k_j C_j \tag{3.32}$$

式中，C 为校正后的含量；C_0 为校正前的测定含量；k_j 为干扰元素的校正系数；C_j 为干扰元素的测定含量。

干扰校正系数如何求得呢？例如：样品中分析Mn，使用分析线Mn290.02nm，同时样品中存有Cr，

Cr290.03nm 将与 Mn 分析线重叠，这样分析 Mn 的含量其结果偏高。分析时必须采用校正方法进行校正。

校正步骤：按样品中相似 Cr 含量制备的标液，引入到 ICP 光谱仪中，在 Mn290.02nm 谱线处(或通道上)测定 Cr 的强度，并绘制工作曲线，从工作曲线获得 1μg/gCr 相当多少 μg/g Mn。这样可求出校正系数，同时，测定其他不受干扰的 Cr 谱线，测定样品中 Cr 的含量 C_j，然后按上述公式就可进行光谱重叠校正。这些工作由仪器的计算机软件来完成。

现在有些厂家在软件中将校正系数装入仪器中，使用时更为方便。注意任何厂方提供的校正系数都是不够全面的，大部分干扰系数的求出是以水为基体溶液而得到，没有考虑基体对测定元素的影响。同时，有些浓度范围不一定适应用户要求，故用户还得采用制备标准的方法，实际求出校正系数。

D. 单道扫描 ICP 光谱仪。可采用固定谱线法与限制扫描测定距离法(控制区域法)软件来消除谱线干扰。这两种测试技术的软件，为消除谱线干扰起到了很好作用。固定谱线法：即使分析谱线与干扰谱线不完全重合，在扫描步进最小距离之外(例如步进距离为 ±0.0002nm)，此时仪器不进行扫描寻找分析谱线，只需用水溶液单元素标准进行定位，在此位置上进行标准溶液测量，制作工作曲线，并在此位置上进行试样测定，即可消除干扰。同样使用仪器限制扫描测定距离读数方式，也是一种消除光谱干扰的有效方法。尤其在正常扫描方式遇到干扰难以测定时，首先应用仪器轮廓模式的软件，确定谱线之间的干扰距离，再决定测定此谱线限制扫描距离测光取数位置(如，在 ±0.0047nm 范围之内)，这样即可排除在此范围外干扰谱线测定。这两种方式在扫描仪器中还是经常采用的。例如，在稀土金属或稀土氧化物中，对稀土杂质元素和非稀土杂质元素的测定，还是经常使用的方法。

2）基体效应(或基体干扰)与校正

基体是被分析物质的主要组分。原子发射光谱定量分析，目前仍是一种经验的相对的分析方法，最大局限性是样品组分影响的存在。试样的组分、化学、物理性质与标准样品不可能完全一致会带来测定误差。被测定元素在不同的基体情况下，它的检出能力有所不同，对某些元素可以提高，对另外一些元素可能降低。ICP 发射光谱分析的方法，虽然试样均需溶解成溶液，使之离子化，基体效应显然明显减少，但在不同基体中，被分析元素与它的分析线出现的强度差异仍然很大，这就是基体效应。当然基体也产生许多光谱线，同样它也是产生谱线干扰的重要因素。减少或校正基体干扰的措施如下。

① 基体匹配法：

这是我们经常使用于常规材料的分析方法，按试样的称样量、稀释倍数计算出基体在被测试样溶液中的浓度量，同样在标准溶液中加入其基体浓度量，这就是基体匹配法。这种标准溶液模拟试样的方式，其测定结果是令人满意的。当然测定金属材料(包括钢铁、有色金属、铜、铝等)，固体标准样更好，选择与被测样品类似的标准样品，与样品在同一称样量、同一分解样品方式、同一分析条件下同时测定，以标准含量制作工作曲线，求出样品值，将得到更佳的测定结果。然而不是所有材料均有固体标准样品，所以还是采用上述基体匹配法，作材料分析为多数。

② 基体校正系数法：

试验在不同基体浓度时对被测元素的影响，计算出基体校正系数(即 mg/mL 基体相当多少被测元素?g/g)，输入计算机内的软件即可完成。此法只可在特定环境中应用。例如，电镀液中，镀金或贵重金属电镀液中杂质元素的测定，为减少标液中金的用量或贵金属用量，不采用基体匹配方式，测定它们中杂质元素的含量，也经常使用基体校正系数法工作。

其校正公式如下：

$$C = C_0 \times \sum d_j \tag{3.33}$$

式中，C 为校正后的含量；C_0 为校正前的测定含量；d_j 为基体元素的校正系数。

工作步骤：制备不同含量的基体元素的标准样品(mg/mL)，其中含有被测定元素，制作工作曲线，从工作曲线上测定强度在不同基体含量影响的数据，求出其校正系数。

③ 标准加入法：

由于基体的化学试剂难寻或基体纯度不够，难以以基体匹配的方式进行工作。有时测定的含量比较低，无法获得高纯物质作为有效基体，可以采用标准加入法。这也是克服基体干扰的一种有效的方式。

工作步骤：在测定样品中，加入不同含量的测元素，制作工作曲线，X 轴负截距即为测定含量。

实际操作如下：取四份等体积的同一试样溶液，分别置于四个容量瓶中，除一瓶外，在其他三瓶中分别加入不同已知量的标准溶液，使其浓度各为试样溶液中分析元素估计量的1倍、2倍、3倍。把四个容量瓶中的溶液稀释至相同体积。

求出各瓶溶液中待测元素谱线强度的读数平均值，以读数平均值为纵坐标，以加入的分析元素浓度为横坐标作图；将所作出的直线向下方延长至与横坐标相交，该交点与坐标之间的距离，就代表原测试溶液中该元素的浓度。再计算试样中该元素的含量。

注意，标准加入法只能在扣除背景和空白、强度与浓度确系直线关系时才能使用。

3）背景干扰与校正

ICP发射光谱法背景来源是多方面的：有的是分析试样的基体将背景强度提高；有的是进样雾化过程中，使背景强度提高；有的是仪器分光器光学信噪比低，杂散光使光学噪声提高的背景强度；有的是光电转换，A/D转化的电学信噪比低，使电噪声提高背景的强度等，都是产生背景强度的来源。

抑制背景干扰的方法如下。

① 采用基体匹配方式工作。使标准样品与被测试样背景值倾向一致，相互抵消。

② 采用扣除背景强度方式：是将测量分析谱线强度减去背景的强度，它对提高灵敏度，降低检出限是很有效的方式。固体检测器与中阶梯结合的光谱仪，不需增加任何装置，在测定分析谱线同时，可以同时测定背景值，所以采用扣除背景方式工作，它比多通道的光谱仪和扫描式光谱仪更为优越。需注意的是对高浓度的分析，一般不需要采用扣背景方式工作。

③ 背景点的选择与扣背景的方式很多，有单边选点扣背景、双边等距离选点扣背景、斜坡选点扣背景等。这些方式如何采用，与分析人员的经验和水平有很大关系，这里无法赘述，但它的效果是一致的，通过扣除背景的方式能降低检出限。

4）物理干扰及校正

因物理性因素的变化而产生的分析上的干扰称作物理干扰。从图3.57可知，物理干扰发生在样品溶液的喷雾、运送过程之中，是在ICP发射光谱分析中容易发生的干扰。

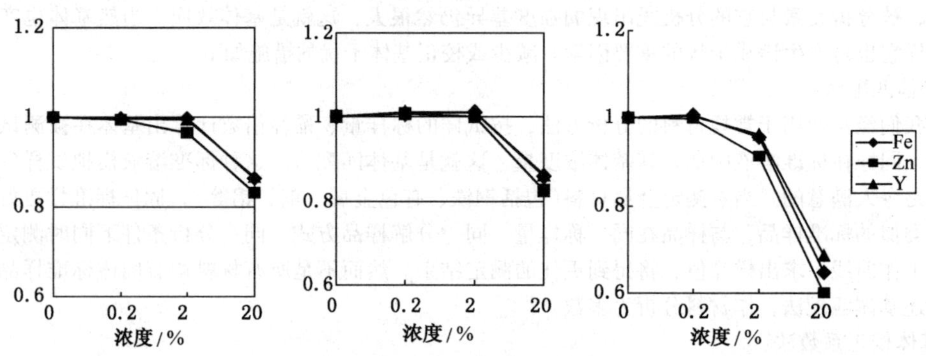

图3.57 物理干扰

图3.56表示改变各种酸浓度时的发射光谱强度的变化，喷雾量、发射光谱强度相应于黏度的倒数而减少。并且，除酸之外，当高浓度的盐类、有机物共存时也会发生同样的现象。物理干扰是由样品导入量的变化引起的。所以，测定此导入量，校正变化量。但是，一般导入量不作为体积或重量进行测定。在内标校正法中，导入量的变化作为基准元素(内标元素)的发射光谱强度进行测定，校正其强度的变化量。通过内标校正可以去除物理干扰，并且可以校正因等离子体的晃动等引起的发射光谱强度的变动，大幅改善测定精度(重现性)。

内标元素的条件

① 不应在样品中含有，或即使含有也应相对于添加量为微量；

② 举动应与测定元素一致；

③ 应不受测定元素、共存元素的分光干扰；

④ 不应对测定元素造成分光干扰；

⑤ 适当的添加量应具备充分的发射光谱强度；

⑥ 应使用高纯度的试剂。

5）电离干扰与校正

ICP火焰虽然温度很高，电离干扰很少，但易电离的元素，如：大量易电离元素K、Na、Li等进入ICP火焰后，使等离子体火焰温度明显下降，使得被测定元素谱线强度产生变化，这就是电离干扰现象，见图3.58。

图3.58表明，随着Na^+浓度的增加，Ca的原子线和离子线的强度均有不同的变化。同时当选择炬焰不同观测高度时，其影响程度也不一样。当然采用离子线和适当的火焰观测高度，可以减少强度的影响。

而实践中当试样需要碱熔时，经常采用NaOH、KOH、Na_2CO_3、Na_2O_2等溶剂带入大量Na盐或K盐，使被测定元素结果偏离。

减少电离干扰方法如下。

① 采用类似基体匹配方式，在标准溶液中加入试样与溶剂中带来的易电离元素（Na、K、Li）同样的量，使其试样溶液与标准溶液中易电离元素的量尽量相等。

② 选择合适ICP炬焰观测高度，尽量避开低温区观测，避开使用尾焰观测高度方式测量。

③ 尽量减少载气流量，适当提高发生器输入功率，使ICP炬焰温度不能下降很多。

④ 选择合适的分析谱线，尽量选用离子线作分析线。

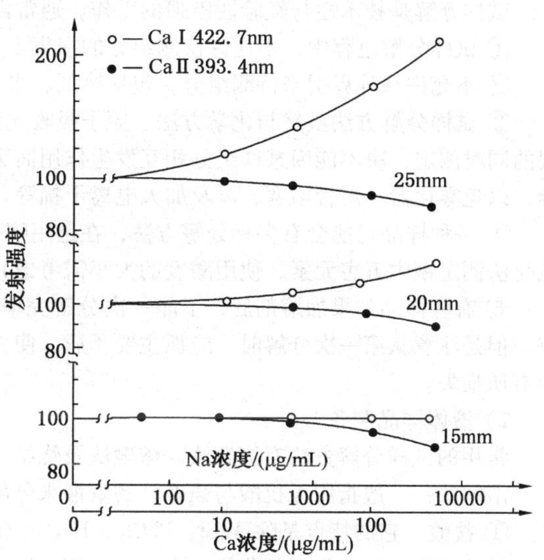

图3.58 钠对钙发射强度的影响

6）化学干扰与校正

从脱溶剂到原子化的过程中，生成难溶解性的元素间化合物。因此，在原子化的过程中，其化合物的分解不完全，原子化效率降低，因此而产生的干扰称作化学干扰。人们比较了解在火焰原子吸收中的化学干扰，在ICP发射光谱分析中，却没因这样的化学干扰的报告实例。这是因为等离子体为高温，这些化合物立刻发生分解。但对于实际样品分析，化学干扰仍存在，尤其是采用氢化物发生器方式进样，化学干扰更显示它的严重性。不同酸的介质，它们的密度、黏度、表面张力等物理性能不相同，除造成的雾化干扰外，它们进入ICP火焰后，蒸发速率不一致，激发所需能量也不一样，这都可能带来化学干扰。

减少化学干扰的方法一般可采用如下几种。

① 严格控制样品前处理酸度，样品与标准溶液用酸型相同。

② 保持进样介质相同，浓度一致。即便样品采用碱熔方式，碱性溶液有许多金属离子（如，Fe、Al等）易产生沉淀，需酸化后溶液进入，故还是需要保持介质一致。

③ 氢化物雾化进样系统，更需严格控制酸度。因为不同酸度在生成金属气相化学反应中效果完全不一样，例如：氢化物法测定钢铁中As、Sb、Bi、Sn、Pb五种有害元素中，As、Sn、Sb需要盐酸浓度达20%方能形成金属的氢化物，而Pb、Bi只要盐酸浓度为2%就生成金属的氢化物，过量的酸不能反应。

（5）样品分解

1）固体样品制备

常规的ICP发射光谱分析是溶液进样方式。对于固体样品需要分解，即便是液态的样品，也需前处理以达到分析的要求。试样分解的方法，与化学分析和原子吸收方式有很多相似之处，同时也有不同之处。要考虑多元素同时溶解及测定，同时应尽力避免所用的溶剂及器皿带来的杂质的影响。例如为避免光谱干扰，一般不采用化学分析常规用镍坩埚碱熔方式工作，因为镍坩埚碱熔时，镍被溶解稀释后带入试液中，镍是多谱线的元素，易造成镍的谱线对测定元素谱线的光谱干扰。分解试样是一个极为复杂和多变的化学反应过程，它可使这种化学反应的化学平衡方程式生成的各种物质向可溶解的方向移动，使之产生新的单体、化合物、络合物等溶于水或弱酸中。为使试样分解，在充分了解试样的基本组分、性能上，通常采用如下措施。

① 使溶解出来的某些组分，能形成难电离的弱电解质(如水、弱酸等)。

② 使溶解出来的某些组分，能形成可挥发的气体。但此组分不会作为被测定的组分。

③ 使溶解出来的某些组分，能形成稳定的络合物。

④ 使溶解出来的某些组分，能转化为可溶性单质或化合物。

试样分解是技术性与经验性极强的工作，通常需注意的事项如下。

① 试样分解过程中，不允许待测组分的损失。

② 不允许从外界引来待测组分，包括溶剂、水与使用的各种器皿。

③ 试样分解方法虽然与化学方法、原子吸收光谱方法类似，但绝不能套用。它有其特别之处，如多元素的同时测定，决不能因某些组分相互发生作用而丢失。试样的基体浓度不能过高，溶剂的用量不能过大等，以免雾化器、炬管堵塞，以及加大电离干扰等。

④ 一种样品可能会有多种分解方法，在选用哪种分解方法时，一定要与测定方法统筹考虑(例如使用氢化法测定钢中五害元素，使用酸度的大小需考虑)。

⑤ 有些样品如果加溶剂后，不能一次分解完毕，可将不溶的样品分离(例如过滤)，可进行第二次分解，但是注意从第一次分解时，应抓主要矛盾，使大部组分首先分解，同时作为分离时，绝不能让剩余部分有所损失。

2）液体样品制备

常用的试样分解方法有溶解法、熔融法及烧结法(又称半熔法)。

溶解法：一般指用无机酸与强碱性的溶液来分解样品的方法。常用的溶剂有以下几种。

① 盐酸　它的特点是除 AgCl、$PbCl_2$、Hg_2Cl_2 化合物不溶或微溶于水外，大多数金属的氯化物都是可溶性的化合物。同时很多氯化物具有很好的挥发性，氯离子还可与 Fe 生成弱的络合物，所以 HCl 是一种常用的溶剂，尤其是对钢铁材料的测定。$HCl + H_2O_2$ 及 $HCl + Br_2$ 均是分解金属、硫化矿常用的溶剂。

② 硝酸　它的特点是所有的硝酸盐类都溶于水。硝酸具有强氧化作用，所以在应用于钢样分解中，可破坏碳化物。尤其是与 H_2O_2 混合使用，是分解生物样品(如，头发、肉类等）常用的溶剂。这里需要解释 1 份 HCl 和 3 份的 HNO_3(通称王水）或 1 份 HNO_3 和 3 份 HCl(通称逆王水）的作用如下：

$$HNO_3 + 3HC = NOCl + Cl_2 + 2H_2O$$

其中 NOCl、Cl_2 具有强氧化性，氯离子具有强络合能力，所以王水也是一种很好的溶剂。

③ 硫酸　它的特点是碱土金属与 Pb 的硫酸盐，不溶或微溶水外，大多数的硫酸盐是可溶于水的。它具有氧化性与脱水性，同时它的沸点是 338℃，比 HCl、HNO_3、HF 都高，所以是一种很好的溶剂。尤其在与 H_3PO_4 混合使用时，它是分解合金钢与矿石样品常用的溶剂。

④ 磷酸　它的特点是在高温下能形成焦磷酸和聚磷酸，使之能与很多元素生成络合物，尤其与 W、Mo、Fe 等生成稳定的络合物，单用它分解样品情况很少。与硫酸混合通常称硫磷混酸，在分解高温合金与铬铁矿、铌铁矿、钛铁矿中经常采用。

⑤ 高氯酸　它的特点是除钾盐、铵盐等极少数几种高氯酸盐不溶或微溶于水外，大部分高氯酸盐均可溶于水。它具有极强的氧化性，浓热的 HClO。与有机物反应，会引起爆炸。在有机物试样分解时，有时也要加高氯酸。但必须注意，必须先加入硝酸破坏有机物，再加高氯酸，以免出现危险。

⑥ 氢氟酸　它的特点是它往往与硝酸、硫酸、高氯酸混合使用。它是地质样品酸溶必不可少的溶剂。它与 Fe、Al、Ti、Zr、W、Nb、Ta 和 U 生成稳定的络合物，与 Si 生成可挥发性 SiF4。它是金属 Nb、Ta、W 很好的溶剂。

目前广泛使用聚四氟乙烯器皿，石墨坩埚代替铂坩埚。需注意的是聚四氟乙烯加热温度不能超过 250℃。大量的氢氟酸能腐蚀雾化器与炬管，分解地质样品时，虽使用氢氟酸分解样品，在样品分解后，可用高氯酸赶氢氟酸，这样就不必非用耐 HF 雾化气和炬管。但分析金属 Nb、Ta、W 时，它分解的络合物必须在 HF 酸介质中存在，否则产生水解，这时还是应该用耐 HF 酸的进样系统。

⑦ 碱性氢氧化钠溶液　在聚四氟乙烯烧杯中，往往用 5～7mol/L NaOH 分解高硅铝合金中杂质元素的测定。同样碱性溶液还可分解很多样品，注意有些元素溶解后(如 Al、Fe 等）产生沉淀，这时应该酸化溶解沉淀后，再引入 ICP 火焰中测定。

熔融法：某些样品的组分，如酸性氧化物、硅酸盐、天然的氧化物、人造的高温灼烧过的 Fe_2O_3、

Al_2O_3、陶瓷、铁合金等，酸溶解法不能将这类样品分解，就需采用熔融法。

熔融法是将粉末状的酸性盐类或碱性熔剂，与粉末状的样品在坩埚内混合均匀，放置于高温炉中，使之呈熔融态时发生分解反应，使待测组分转化为可溶性的或易为酸分解的化合物。

常用的熔剂有如下几种。

① 焦硫酸钾 它属于酸性盐类熔剂。在420℃以上分解。

$K_2S_2O_7$——$K_2SO_4 + SO_3\uparrow$ 它主要用于分解：Fe、Al、Zr、Nb、Ta等氧化物试样及中性或碱性的耐火材料样品。

② 碳酸钠和碳酸钾 为碱性熔剂。Na_2CO_3 在850℃分解，K_2CO_3 在890℃分解。如果它们1:1混合，其熔点是700℃左右。它们也经常与NaOH、Na_2O_2 混合，作为地质样品如硅酸盐、重晶石($BaSO_4$)的熔剂。

③ 过氧化钠是强氧化性、强腐蚀性的碱性熔剂。它可以通过熔融手段分解很多酸不能溶解的地质样品，如：铬铁、硅铁、绿柱石、锡石、独居石、铬铁矿、黑钨矿、辉钼矿、硅砖等。

④ 氢氧化钠或氢氧化钾 常用的低熔点碱性溶剂。NaOH熔点318℃，KOH熔点380℃。往往与其他溶剂混合使用，既可增加溶解能力，同时降低熔融的温度。它们是铝土矿、硅酸盐样品常用的溶剂。注意在使用时，它们容易吸水，常会飞溅，故熔融时需逐渐升温。

烧结法(半熔法)

烧结法起三种作用：①样品进一步均匀化；②低于熔剂的熔点温度分解样品，尽量不腐蚀坩埚；③熔融时添加某些试剂，以防止样品中被测组分挥发损失。

烧结法常用的主要熔剂如下。

(1) $Na_2CO_3 + ZnO$ 用于测定煤与矿物中硫含量。

(2) $CaCO_3 + NH_4Cl$ 一般熔剂均含有Na、K。若需测定Na、K两个元素往往采用这种溶剂。

(3) LBO_2(偏硼酸锂)这也是测定样品中Na、K两个元素的熔剂。常用于硅酸盐样品的溶剂。

3) 有机物样品的分解

① 干法灰化将样品直接进行灰化，包括高温炉灰化法和低温等离子体灰化法。灰化后的残渣，酸分解测定其组分。但是高温灰化如下元素As、B、Cd、Cr、Cu、Fe、Pb、Hg、Ni、P、V等，容易有所损失，如果注意灰化温度，这些元素也是可以测定的。

② 湿法消解常用于测定有机物样品中的金属元素。

A. 硫酸：它是常用的溶剂。其氧化能力不强，但分解样品时的温度高，通常可加入 K_2SO_4 或 $KHSO_4$ 等，提高样品分解能力。而且往往与 HNO_3 混合使用。

B. 硝酸：它也是常用溶剂。其氧化能力强，但分解样品时的温度低。它往往作 H_2SO_4 消解剂，通常先使用 H_2SO_4 使其样品炭化，再加 HNO_3 溶解、蒸近干，以除去亚硝基硫酸，再加 HNO_3 溶解即可。这是目前电气设备胶塑产品PVC或PE等样品分解的主要方式。

C. 对于一些难消解的样品，可采用 $HClO_4 + HNO_3$ 或 $HClO_4 + HNO_3 + H_2S$ 作消解剂，用来分解蛋白质、纤维素和一些聚合物样品。也有用该法分解的矿物油等。

③ 凯氏方法消解 使用凯氏烧瓶消解方式，能使很多低沸点的元素，在样品分解时不易挥发损失。所以此法可以对上述分解时易挥发元素测定。

④ 溶剂浸取 用有机试剂萃取有机物试样的某些金属元素，然后进行测定。

⑤ 高压密封罐消解：高压密封罐由聚四氟乙烯密封罐和不锈钢套筒构成。试样和酸放在带盖的聚四氟乙烯罐中，将其放入不锈钢套筒中，用不锈钢套筒的盖子压紧密封聚四氟乙烯罐的盖子，放入烘箱中加热。加热温度一般在120~180℃。聚四氟乙烯罐的壁较厚，导热慢一般要加热数小时。停止加热后必须冷却才能打开。溶剂：硝酸；硝酸+过氧化氢，酸消耗量小，试剂空白低，试样消解效果好，金属元素几乎不损失，环境污染小。分解周期长。

⑥ 微波消解：微波消解也是一种在密封容器中消化的手段。它具有高压密封罐法所有的优点。消解速度比高压密封罐法快得多。试剂消耗量小，金属元素几乎不损失，不受环境污染，空白低。使用硝酸可消化大多数有机样品。微波炉的价格较高，试样处理能力不如干式灰化和常规消化法。

3.1.7 原子发射光谱仪控制及数据处理

原子发射光谱仪控制系统和数据处理都是由工作站和计算机完成，一台原子发射光谱仪各部分能很好地协同工作主要依赖于软件控制系统。软件控制系统是控制仪器各个部分的工作状态，如控制光源系统的发光状态、调制或补偿，控制分光系统的扫描波长、扫描速度，控制检测器的数据采集、A/D 转换等，这些都由微处理器或计算机配以相应的软件和硬件完成。测试所得的响应值都需要进行数据处理，在对数据处理之前，应将测得的光谱保存。

以岛津 ICPE-9000 为例，简要介绍原子发射光谱仪的软件操作技术。

（1）软件界面及主窗口见图 3.59

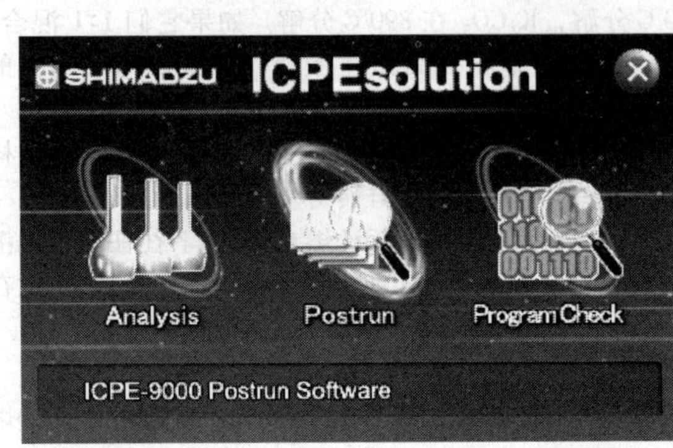

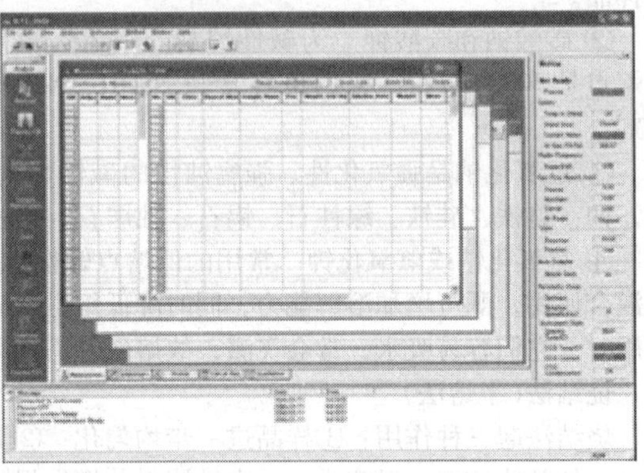

图 3.59 启动软件界面及软件主窗口

在此重点介绍使用〈开发助手〉确立未知样品的定量分析方法的设定和使用〈诊断助手〉诊断测定结果的设定。

（2）开发助手

未知样品的全元素定性分析：

①点击《助手栏》的分析，出现图 3.60 样品测定表界面。

② 从「系统方法」图标选择「全定性 . iem」，点击「打开」。显示全定性分析面，见图 3.61 全元素被指定为定性分析元素。

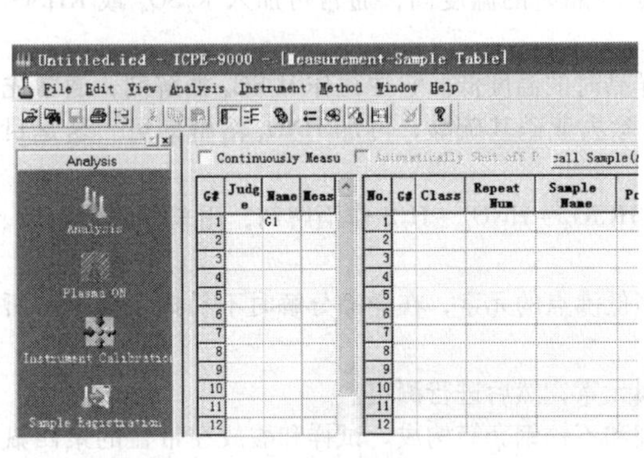

图 3.60 样品测定初始界面图

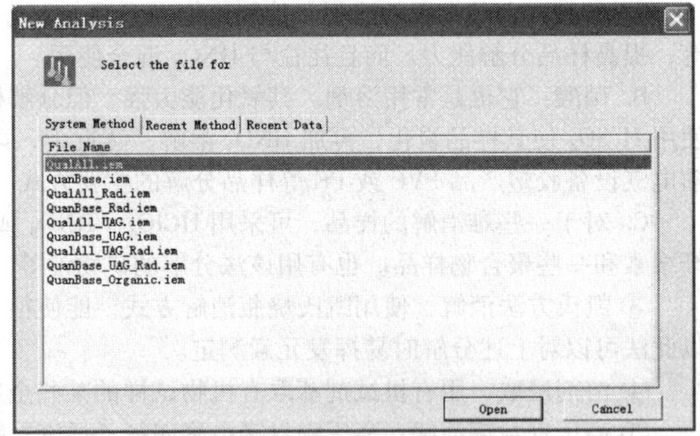

图 3.61 全定性分析界面图

测定条件为已设定的默认值，请根据需要进行变更。

③ 点击「插入一行」，在图 3.62 中输入未知样品的「样品名」。在此测定次数设定为 1 次。

④ 样品进样，进行测定。

开发助手：

① 点击图 3.59 中「开发助手」。

显示出「开发助手 - 分析元素选择」画面。见图 3.63。

② 根据需要变更「定量下限」「定量上限」。见图 3.64。

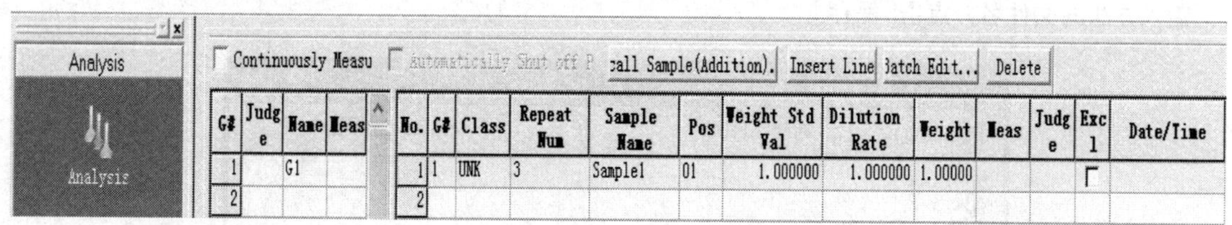

图3.62　未知样品测定

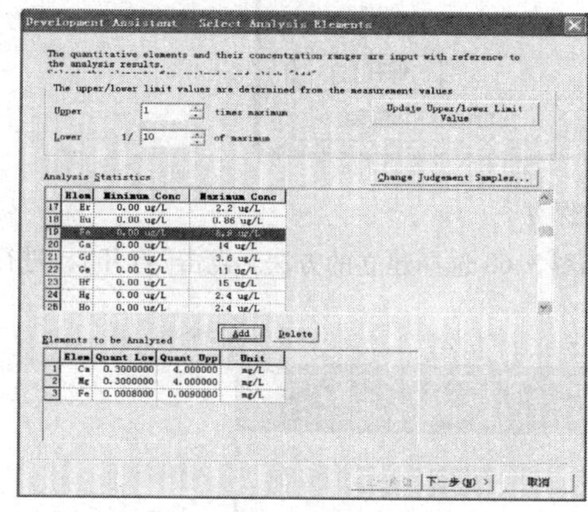

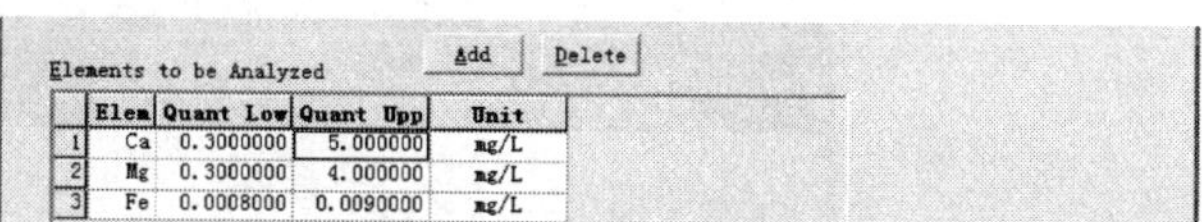

图3.63　分析元素的选择界面　　　　图3.64　定量上下限变更界面

从定性分析的半定量值自动输入「定量上限」的数值。需要扩大测定浓度范围时，请变更此数值。(例：测定Ca至：5mg/L时，将「定量上限」变更为5。)

③ 选择进行定量分析的元素(例：Ca，Mg，Fe)，点击「↓」。

④ 开发助手可选出定量分析的最佳波长。见图3.65

⑤ 点击「下一步」。

⑥ 显示出「开发助手－校正样品信息的设定」画面。见图3.66。

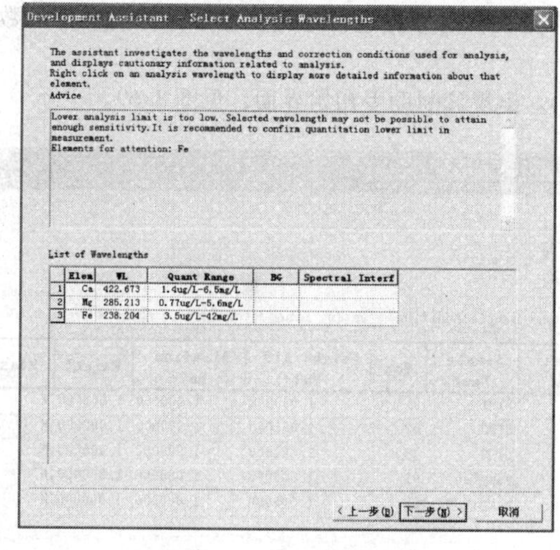

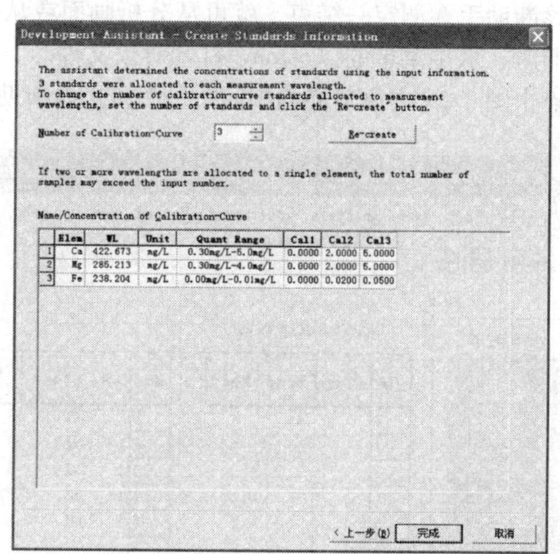

图3.65　分析波长的选择　　　　图3.66　校正样品信息的设定界面

⑦ 在「工作曲线样品数」中已输入的初始值为3，变更样品个数时，变更此数值，点击「重新设定」。点击「结束」。

⑧ 显示出「方法设定准备完毕。建立方法吗?」，见图3.67点击「保存」。建立定量分析方法。

输入方法的文件名，点击「保存」。

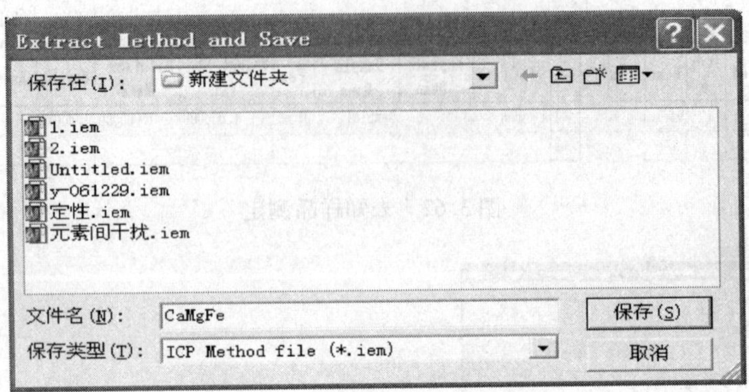

图 3.67 建立方法的保存

⑨ 点击「助手栏」的「分析」，点击「最近的方法」图标，如图 3.68 选择建立的方法。点击「打开」，进行定量分析。

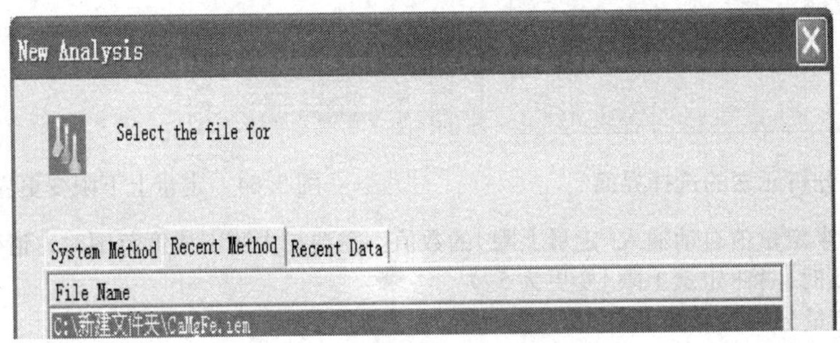

图 3.68 最近定量分析方法的打开

(3) 诊断助手

在此说明使用诊断助手对于已测定的数据进行分析结果评价的步骤。

诊断助手在测定一结束，就可从分析画面或从保存为文件的数据进行诊断。对于保存为文件的数据进行诊断时，从主菜单的「Postrun」打开对象文件。

点击图 3.59 主窗口界面中「助手栏」的「诊断助手」。出现诊断助手初始界面，见图 3.69。

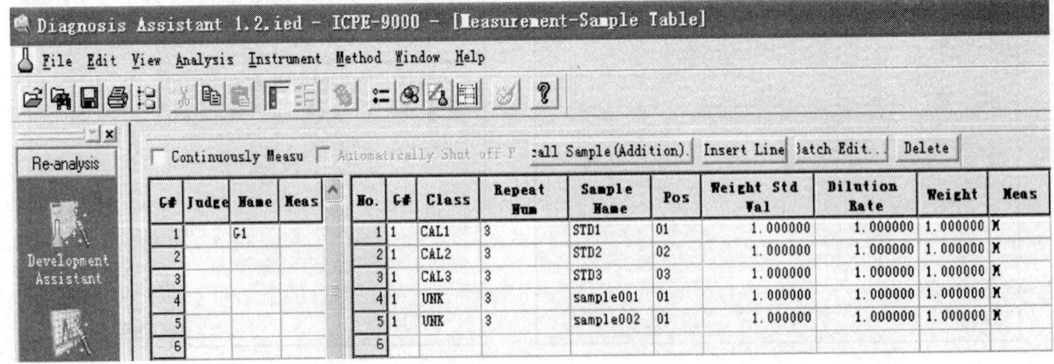

图 3.69 诊断助手初始界面

显示出「诊断助手有时为了解决问题进行方法的变更、重新计算。保存现在的数据吗?」，点击「是」，将数据保存为文件(必要时)。

① 显示「开发助手－输入诊断条件」画面。见图 3.70。

② 设定定量范围。

③ 点击「OK」。

④ 显示出「开发助手 - 显示诊断结果」画面。见图3.71。

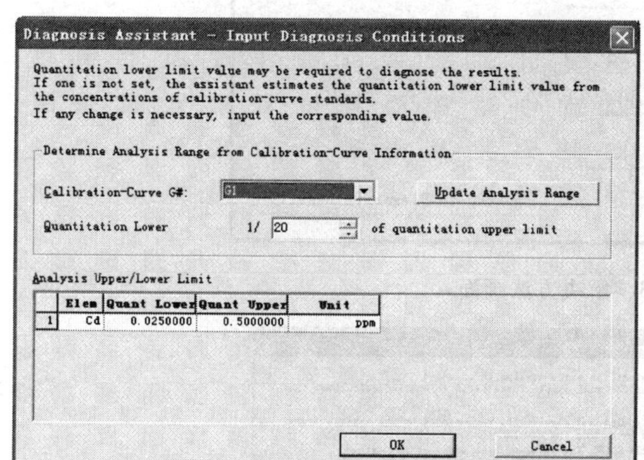

图3.70　输入诊断条件界面

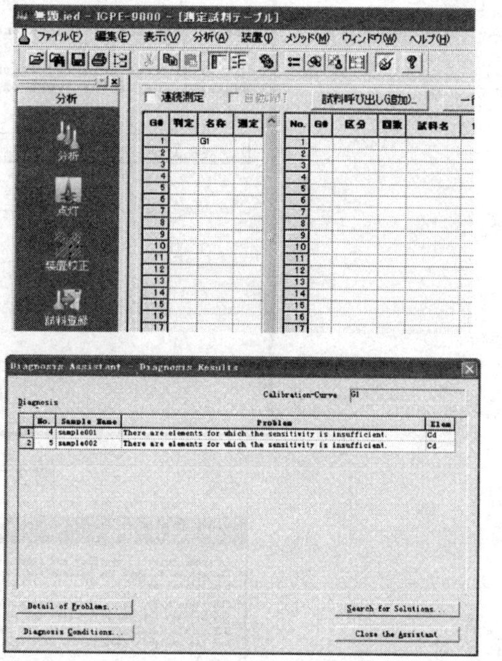

图3.71　显示诊断结果画面

⑤ 选择提示的问题，点击「问题详细说明」，显示出「诊断助手 - 问题详细说明」画面。见图3.72。

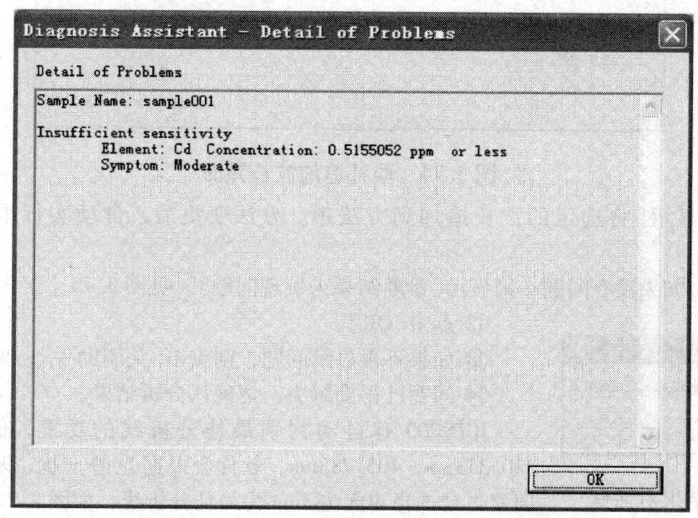

图3.72　诊断助手 - 问题详细说明画面

⑥ 问题确认结束后，点击「OK」，返回「诊断助手 - 问题详细说明」画面。见图3.73。

⑦ 点击「解决方法」，诊断助手提示针对该问题的解决方法。

如此时显示「波长追加」的解决方法。

⑧ 点击「波长追加」。显示波长追加画面。见图3.74。

⑨ 点击确认「候补追加波长」下的「Adop(采用)」。

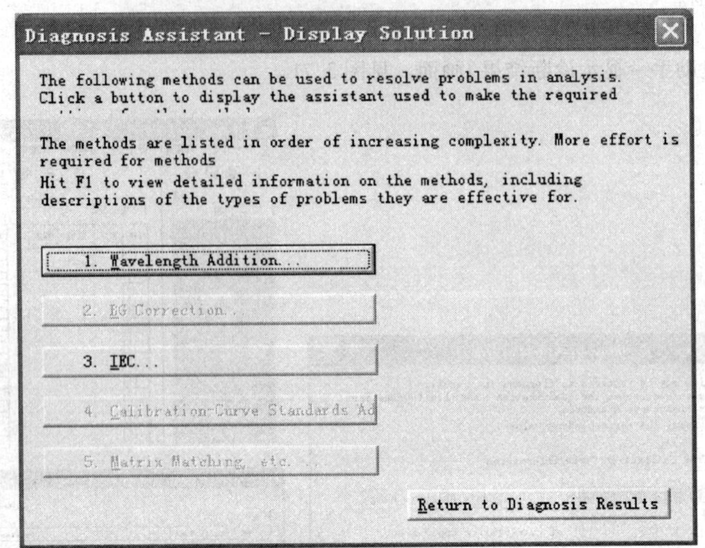

图 3.73 解决方法画面

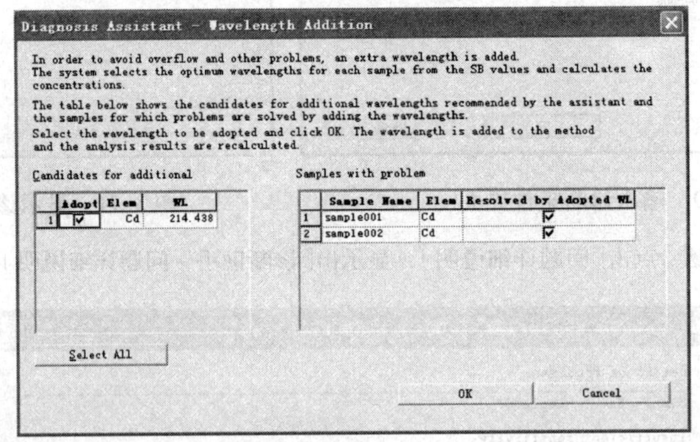

图 3.74 候补追加波长界面

⑩ 点击「OK」。显示「将选定的波长追加到方法中。方法变更后，自动实行重新计算，再次诊断结果。」。

⑪ 经再次诊断，如果没有问题，则显示「诊断结果未发现问题」。见图 3.75。

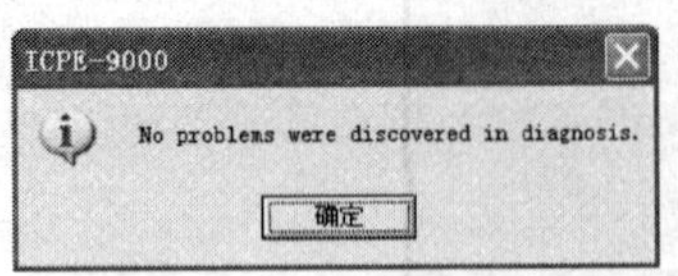

图 3.75 诊断结果对话框

⑫ 点击「OK」。

⑬ 如果不再显示问题，则点击「关闭助手」。见图 3.76。

⑭ 问题已得到解决，请确认分析结果。

ICP9000 有自动判别最佳分析线的功能，例如：Pb216.999nm，220.353nm，405.783nm，软件会根据光谱干扰，基体效应，灵敏度等因素自动选择 405.783nm 为最佳分析线，如图 3.77。

3.1.8 原子发射光谱技术研究进展

（1）抗溢出 CCD 检测器

最早的 CCD 检测器存在溢出的现象。当超出某个像素可接受量的光入射到该像素上，就会产生超过像素可存储量的电荷，这部分电荷会溢出，漏出到邻近的像素上。而接受了溢出电荷的邻近像素，输出本身蓄积电荷与邻近溢出电荷的总和，将输出高于原本信号的信号，这种现象叫作“溢出”。溢出模式见图 3.78。

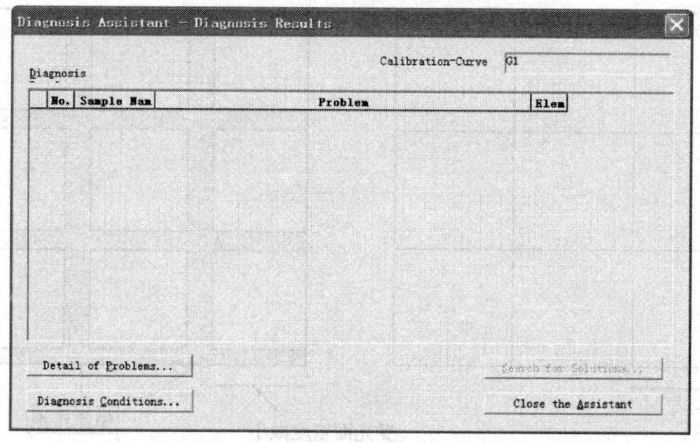

图 3.76　关闭助手对话框

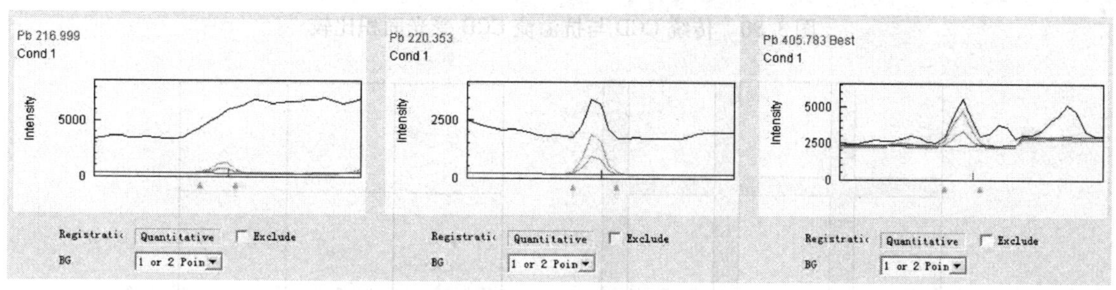

图 3.77　谱线轮廓图

(2) 抗溢出机构

由于溢出现象的存在，一个像素的过载将影响一次测定中的所有结果，一定要加以避免。为防止溢出现象，新型 CCD 检测器在各像素之间设置了将溢出电荷排出的称为溢流排泄的沟。见图 3.79，这样，即使超出饱和量的光入射到某一像素上，产生电荷溢出，也不会漏出到邻近的像素，因此避免受到发生电荷溢出的像素的影响。

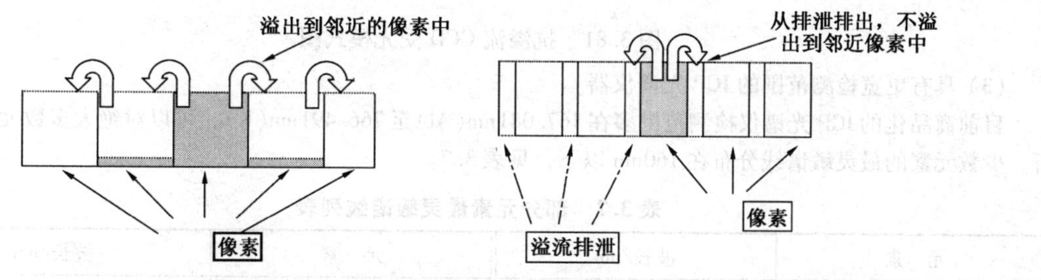

图 3.78　溢出模式图　　　　图 3.79　溢流排泄的模式图

另一方面，如果在 CCD 中设置了这样的溢流排泄，则 CCD 的受光部的有效面积减少，因此灵敏度下降。传统 CCD 与抗溢流 CCD 受光面积比较见图 3.80。

在岛津 ICPE-9000 中，CCD 芯片的一面为溢流排泄模式，光从芯片的背面入射，使用背面入射 CCD(背投模式)。在背面入射 CCD 上，没有因溢流排泄造成有效受光面积的减少，因此检测灵敏度也未受影响。抗溢流 CCD 受光模式图见图 3.81。

通过这样的检测器设计，就可以完成高浓度元素和低浓度元素的同时检测，既保证了高浓度元素不会对其他元素检测造成干扰，也保证了低浓度元素检测的灵敏度。

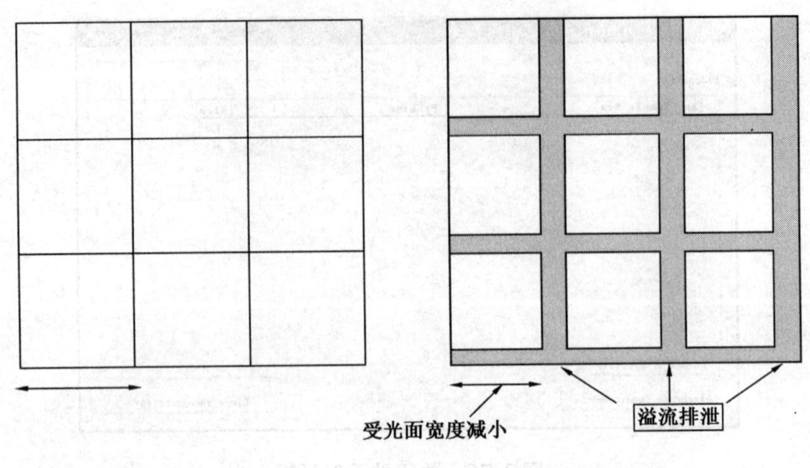

图 3.80 传统 CCD 与抗溢流 CCD 受光面积比较

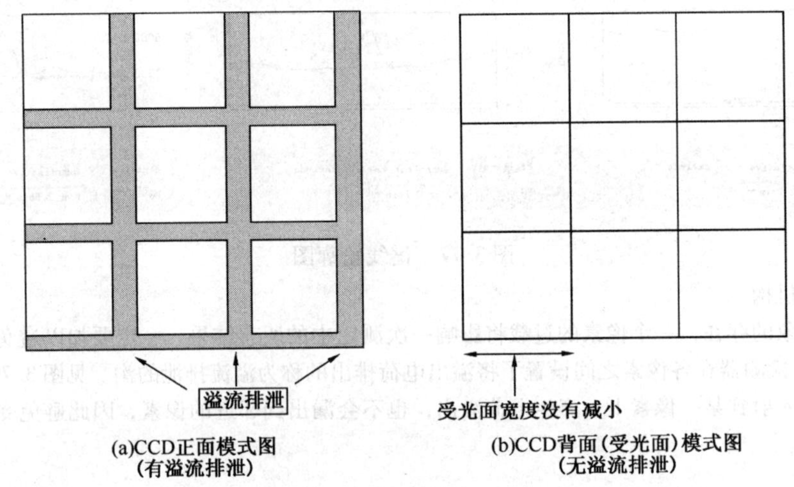

图 3.81 抗溢流 CCD 受光模式图

(3) 具有更宽检测范围的 ICP 光谱仪器

目前商品化的 ICP 光谱仪检测范围多在 167.081nm(Al)至 766.491nm(K)，可以对绝大多数元素进行分析。少数元素的最灵敏谱线分布在 160nm 以下，见表 3.7。

表 3.7 部分元素最灵敏谱线列表

元 素	波长/nm	元 素	波长/nm
氯(Cl)	134.724	硼(B)	136.246
溴(Br)	154.065	锡(Sn)	140.045
碘(I)	145.798	镓(Ga)	141.440
磷(P)	138.150		

目前的 ICP 仪器多使用石英元件作为分光系统组成部分，而石英材料会吸收 160nm 以下的光。所以使用常规仪器难以对样品中痕量的氯、溴等元素进行准确定量。如果把石英棱镜换成 CaF_2 或者 MgF_2 材质的棱镜，而且在等离子体到光室之间没有水蒸气和空气干扰(惰性气体保护)，就可以进行 160nm 以下的谱线

测定。

如今，通过改变光学元件材质、在等离子体和光室之间加装保护装置等方式，商品化的ICP光谱仪在紫外区的检测范围可以扩展到134nm，完全能够满足对痕量卤族元素和磷、硼等非金属元素分析的需求，其谱线轮廓见图3.82。

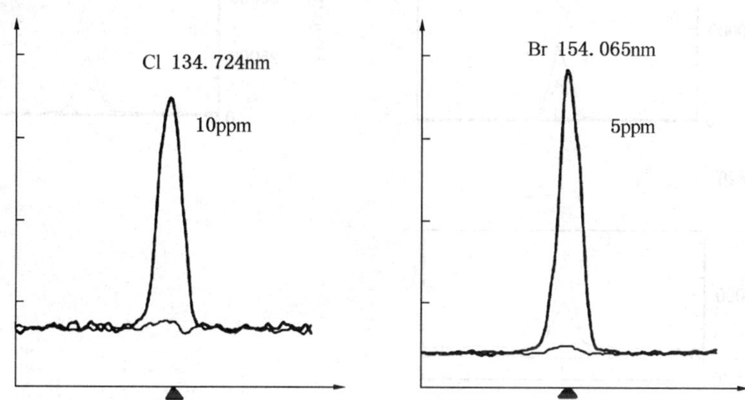

图3.82 氯元素和溴元素的最灵敏谱线轮廓

(ICPS-8100)

(4) 激光烧蚀进样系统

激光烧蚀进样是固体进样方法的一种，该法利用激光束照射样品，使其蒸发、气化。载气将气化的样品气溶胶引入ICP火焰，进行激发分析。

激光烧蚀进样法工作原理是：采用钕钇铝石榴石(NdYAG)激光器通过折射板照射在样品上，使其蒸发、原子化、激发，由载气引入ICP火焰检测样品成分。这种方式特别适用于地质样品单矿物分析，目前已有商品化仪器。

固体进样方式一直是ICP发射光谱技术的研究热点，它通常不需要样品前处理，无需样品分解、分离或富集。这种方法可以避免溶解、稀释样品，因此提高了分析灵敏度，也减少了前处理带来的污染和误差，缩短了分析时间。这些特点都适合于矿物、岩石、难溶金属及合金的分析。但是，固体进样方法存在一些难以克服的问题：

① 取样量少，当样品不均匀时，分析结果的可靠性差；

② 固体进样产生的基体效应比溶液进样时严重得多，而且很难克服；

③ 难于获得标准样品。

(5) 功能更全面的数据处理软件

在传统的发射光谱分析中，最困难的就是如何选择一条没有干扰的目标元素谱线。随着计算机软件的发展，全谱直读ICP光谱仪的数据处理软件可以根据检测器记录的光谱信息进行智能分析，推荐没有干扰的谱线进行元素定量、提示造成干扰的元素，还可以结合几个样品的测定结果，通过计算扣除邻近谱线元素造成的干扰。在图3.83的例子中，镁元素最灵敏的谱线是280.270nm，383.826nm次之。但浓度最高的样品在280.270nm处造成检测器饱和，无法准确测定；而383.826nm处又有较强的背景干扰，因此软件推荐了相对灵敏度较低，但更适宜这个样品的285.213nm进行定量分析，在谱图上显示“Best”。见图3.83。

除了以上描述的功能外，一些公司的软件还可以根据未知样品的定性半定量结果，推荐待测元素的最佳分析波长和标准溶液浓度，帮助开发分析方法；也可以在标准溶液、样品测定完成之后，更改用于制作标准曲线和定量的波长，实现真正的一次测量支持各种分析方法。

(6) 元素形态分析技术

分析技术迅速发展，仅测量体系中元素的总量已不能满足科学家们在生物、环保、临床医学、毒理学等各个研究领域的需要。元素形态、价态不同，其毒性差异很大，不同形态元素的分布、毒理学及相互转化成为新的研究热点。使用传统的元素分析技术，只能对某一元素总量进行分析，无法区分元素的不同

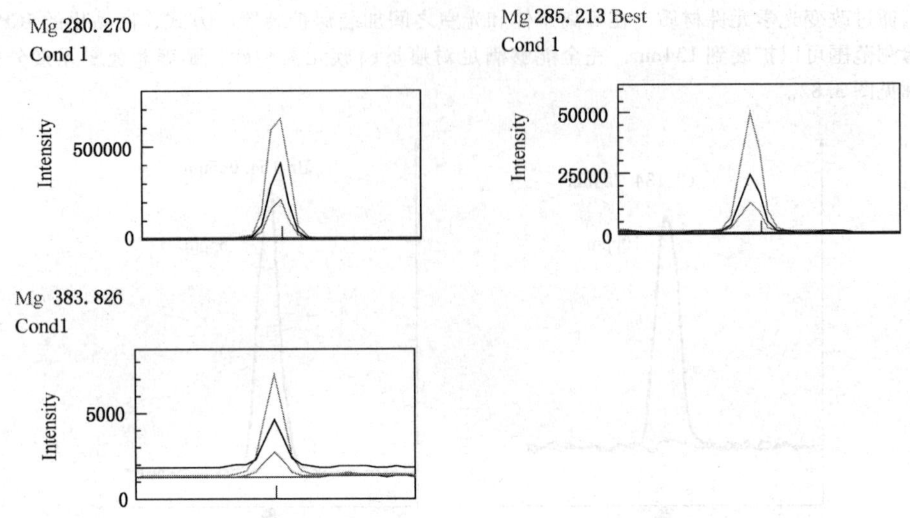

图 3. 83 软件自动推荐镁元素分析最佳谱线

形态。

最新的元素形态分析技术把液相色谱和ICP光谱串联起来，由液相色谱完成不同形态元素的分离，再利用ICP光谱作为检测器，选择目标元素波长，进行灵敏度高、特异性强的检测。

液相－ICP光谱联用技术要求ICP光谱仪对液相色谱的流动相进行连续分析，但全谱直读ICP光谱的每次检测都要通过一次曝光完成，是间断的。所以在元素形态分析中，液相后端要串联顺序扫描型ICP。分析时固定目标元素波长，即可进行连续测定。目前已经可以使用液相色谱完全分离砷元素的八种不同形态，用ICP光谱进行分析，见图3.84。不久的将来，HPLC－ICP－AES联用技术必将在流程控制、质量核查、临床应用以及生物分析化学中发挥越来越重要的作用。

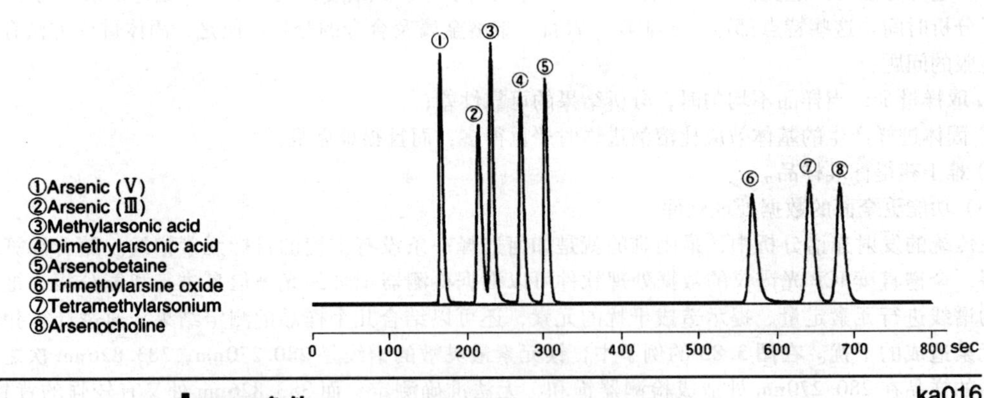

图 3. 84 使用 LC－ICP－AES 检测八种不同形态的砷

(7) 真空光室

空气中的氧气会吸收小于190nm波长的光谱线，如果需要测定小于190nm元素的谱线，必须将分光器抽真空，或充入氮气、氩气等惰性气体，以去除氧气造成的影响。

一般认为，使用惰性气体吹扫的方法有几个缺点：

① 吹扫时间较长，耗气量大；

② 吹扫气体带来光室气流和温度波动；

③ 如果吹扫气体不纯，可能污染光室内的光学元件。

比较而言，采用真空光室就不存在这样的问题。一般开启真空泵 30min 之后，光室内即可达到约 10Pa 的真空度，可以进行深紫外区谱线的检测，大大缩短了仪器启动等待时间，并节约了运行成本。图 3.85 为空光室光强随时间变化。

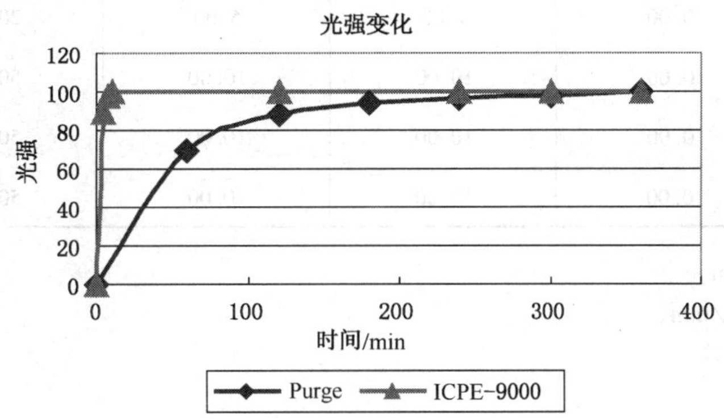

图 3.85　真空光室光强随时间变化

3.1.9　原子发射光谱分析在各个领域中的应用

3.1.9.1　在制药领域的应用

ICP－AES 法测定三种中药材中的重金属元素

（1）概述

中药是我国的传统医药，是中华民族的瑰宝。中药作为天然药物，因其毒副作用小、疗效好、使用安全而受到人们的青睐，并越来越被国际社会所接受。但因中药在栽培、加工、储存和生产炮制等过程中可能受到不同程度有毒、有害物质的污染，因而影响其安全性。例如中药本身存在或受污染而使重金属含量超标就是一个比较突出的问题。20 世纪 90 年代以来发生了多起“中药中重金属超标事件”并被媒体报道，成为国际医药市场的热门话题，严重损害了中药形象，给我国造成了极大的经济损失，因此中药材中重金属含量的控制是急需解决的问题。为保证药品质量、确保人民用药安全有效、质量可控，以及药品研制、生产、经营、使用和管理有法可依，我们国家颁布了最新《中国药典》(2010 年版)，并于 2010 年 7 月正式实施。新版药典进一步提高了对高风险品种的质控要求，进一步加强了对重金属或有害元素、杂质、残留溶剂、抑菌剂等的控制。同时，2001 年 7 月 1 日国家对外贸易经济合作部出台和实施的《药用植物及制剂进出口绿色行业标准》限量指标为：重金属总量≤20.0mg/kg，铅(Pb)≤5.0mg/kg，镉(Cd)≤0.3mg/kg，汞(Hg)≤0.2mg/kg，铜(Cu)≤20mg/kg，砷(As)≤2.0mg/kg。

电感耦合等离子原子发射光谱法(Inductively Coupled Plasma Atomic Emission Spectrometry，ICP－AES)是近年来发展迅速的分析方法，具有检出限低、灵敏度高、精密度好、线性范围宽、同时检测多种元素的优点，已广泛应用于生物样品中微量元素的测定。

采用微波消解电感耦合等离子发射光谱法对中药材金银花、黄连和鱼腥草中《药用植物及制剂进出口绿色行业标准》限量的五种重金属元素 As、Cd、Cu、Hg 和 Pb 进行测定，为这些药用植物的全面利用和进一步加强对重金属元素的控制提供科学依据。

主要试剂

实验所用器皿均为玻璃制品；实验所用酸均为优级纯试剂，校准曲线用标准溶液为百灵威化学技术公司生产的原子吸收用单元素标准溶液。实验用水为超纯去离子水。

标准曲线的配制：配制 As、Cd、Cu、Hg、Pb 五种重金属元素的混合标准溶液(见表 3.8)。

（2）仪器与工作条件

岛津 ICPE－9000 全谱发射光谱仪，仪器工作参数如下：

高频频率：27.12MHz，

高频输出功率：1.2kW。

同心雾化器，旋流雾室。

表 3.8 校准曲线标准系列 μg/L

元 素	1	2	3	4	5
As	0.00	10.00	20.00	50.00	500.00
Cd	0.00	1.00	5.00	20.00	100.00
Cu	0.00	10.00	10.00	50.00	500.00
Hg	0.00	10.00	10.00	50.00	500.00
Pb	0.00	10.00	10.00	50.00	500.00

冷却气流速 10L/min，

等离子气流速 0.6L/min，

载气流速 0.7L/min。

观测方向：轴向。

岛津 ICPE－9000 软件[助手功能]可自动进行测定元素的波长选择，选择共存元素谱线干扰小，检出限和信背比高的谱线(见表 3.9)

表 3.9 分析线波长

元 素	As	Cd	Cu	Hg	Pb
波长/nm	189.042	214.438	224.700	184.950	220.353

(3) As、Cd、Cu、Hg、Pb 五种元素标准曲线的相关系数分别为 0.9996、1.00000、1.00000、0.99956 和 0.99999。

(4) 方法的检出限、精密度和回收率见表 3.10。

表 3.10 溶液中检出限、精密度及回收率 μg/L

元 素	As	Cd	Cu	Hg	Pb
检出限	2.37	0.13	1.13	1.31	2.92
RSD/%	6.01	2.02	5.29	4.74	3.78
回收率/%	101.00	1.03.74	103.00	90.40	100.50

(5) 样品测定

采用微波消解 ICP－AES 法测定 3 种中药材样品分析结果列于表 3.11。由方法的回收率在 90.4% ~ 103.74% 之间，从而表明该测定结果的数据可靠。

表 3.11 样品测定结果($n=3$) mg/kg

药材名称	As	Cd	Cu	Hg	Pb
金银花	1.05	0.07	12.89	ND	1.71
黄连	1.66	0.60	17.68	ND	1.91
鱼腥草	1.90	0.63	11.68	ND	4.88

ND：未检出。

本实验采用微波消解 ICP - AES 法测定了中药材金银花、黄连和鱼腥草中的 As、Cd、Cu、Hg 和 Pb 的含量，结果表明：使用该方法安全、快速、易操作、空白值低、方法精密度高、数据准确，并且回收率高。适用于质检部门以及卫生部门对中药材及类似样品中重金属含量的快速检验。

3.1.9.2　在食品领域的应用

ICP - AES 测定茶叶中金属元素

（1）概述

食品安全问题是关系到人类健康和国计民生的重大问题，一直以来受到极大的关注和重视。中国卫生部与中国国家标准化管理委员会于 2005 年 1 月 25 日发布了《食品中污染物限量》GB 2762—2005，并于 2005 年 10 月 1 日开始实施。其中对不同食品中污染金属元素和最大允许浓度予以限定。本文以茶叶等标准物质为例，使用 ICPE - 9000 对 GB 2762—2005 中明确规定的污染元素铅进行了分析，使用 ICPE - Solution 软件自动选择最佳谱线功能确定分析谱线。鉴于 ICPE - 9000 可以进行多元素同时测定的特点，也介绍了一些在其他食品中作为污染物被限定元素的分析结果供参考。通过与超声雾化器联用可以在一定程度上提高分析灵敏度。与氢化物发生器联用也可以提高 As、Se 等元素的灵敏度。

（2）仪器与实验条件

ICPE - 9000 等离子体光源全谱发射光谱仪，仪器工作参数：

高频频率：27.12MHz；

高频输出功率：1.2kW；

同轴雾化器，旋流雾室，小矩管。

冷却气流速 10L/min；

等离子气流速 0.6L/min；

载气流速 0.8L/min。

观测方向：轴向或水平方向。

岛津 ICPE - 9000 软件[助手功能]可自动进行测定元素的波长选择，选择共存元素谱线干扰小，检出限和信背比高的谱线。

（3）标准曲线和光谱轮廓图(图 3.86)

（4）定量分析结果(μg/g)见表 3.12。

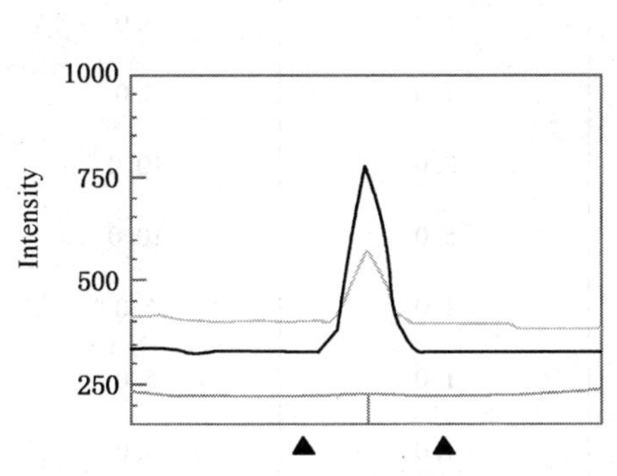

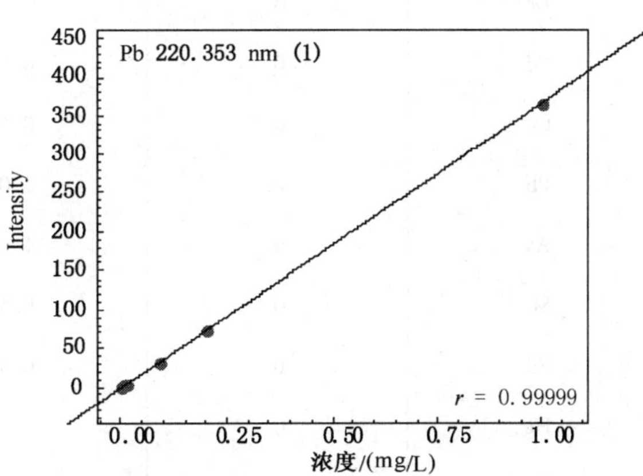

图 3.86　铅的标准曲线和光谱轮廓图

3.1.9.3　在金属材料领域的应用

电感耦合等离子体发射光谱法测定金属锑及三氧化二锑中杂质元素

（1）概述

金属锑及三氧化二锑材料中含有铜、镉、铅、砷、铬、硒、锡、汞、铋等多种重金属杂质元素，当它作为原材料参与生产时，材质中的杂质含量直接影响到产品的化学成分，从而影响到产品的物理和化学性能。快速、准确测定金属锑及三氧化二锑中的杂质元素含量，对于冶炼过程中各项技术指标都具有至关重要的作用，是控制产品质量的重要手段。建立简便、准确的测定方法具有一定的实际意义。

表 3.12 定量分析结果 μg/g

元素	(NIES No. 7) 保证值		(BCR CRM - 62) 保证值		(NIST SRM1572) 保证值	
Al	760	775 ±20	256	(260)	101	92 ±15
As	<0.4		<0.4		2.8	3.1
Cd	0.03	0.03	0.11	0.1	0.03	0.03
Cr	0.17	(0.15)	1.03		0.71	0.8 ±0.2

国家分析标准中大部分元素分析采用的方法是：样品用盐酸和硝酸或氢溴酸溶解蒸干后，重复加氢溴酸挥发除锑。在稀盐酸介质中，使用空气 - 乙炔火焰，于原子吸收光谱仪测量。而对于硒、汞、砷等元素采用盐酸、硝酸溶解，在氢化物发生器中被硼氢化钾还原成原子态，用氩气导入石英炉原子化器中，以原子荧光光谱仪进行测定。多种元素用不同分析手段分别检测增加了实验的难度和时间。

电感耦合等离子发射光谱法可以简便、快速地进行多元素测定。本文采用加大酸度消解样品，未经基体分离直接以高分辨率顺序扫描型 ICP - AES 光谱仪进行测定。并就基体锑对待测元素的干扰情况、溶液的酸度要求进行了条件试验研究，发现只要控制好消解温度，硒、汞元素都可以进行同时检测，简化了实验步骤。

(2) 实验试剂

实验所用酸均为 BTV - Ⅲ级试剂，工作曲线用标准溶液为国家标准物质中心和日本和光株式会社生产的原子吸收用单元素标准溶液。实验用水为超纯去离子水。平行称取 5 份 0.1g 高纯金属锑(99.999%)，按样品消解方法制成溶液，加入待测标准溶液序列，配置标准曲线见表 3.13。

表 3.13 作曲线用标准系列 μg/mL

元 素	标准 1	标准 2	标准 3	标准 4
Cr	0	0.5	1.0	5.0
Cd	0	0.5	1.0	5.0
Cu	0	0.5	1.0	5.0
Pb	0	1.0	5.0	10.0
As	0	1.0	5.0	10.0
Se	0	0.5	1.0	5.0
Sn	0	0.5	1.0	5.0
Hg	0	0.5	1.0	5.0
Bi	0	0.5	1.0	5.0

(3) 实验仪器

ICPS - 8100 等离子光谱真空扫描型发射光谱仪。

光栅：焦距 1m；

刻线数 4960 条/mm；

波长范围 160 ~ 372nm；

刻线数4320条/mm；

波长范围250~426nm；

刻线数1800条/mm；

波长范围426~850nm。

ICP光源：频率27.12MHz；

高频输出功率为1.2kW。

同轴雾化器，旋流雾室。

冷却气流速14L/min；

辅助气流速1.2L/min；

载气流速0.7L/min；

净化气流速3.5L/min；

采用纵向观测方式；

提升量2.2mL/min；

积分时间为3s。

(4) 样品预处理和测定

分别称0.1g金属锑或三氧化二锑样品于100mL玻璃烧杯中，加5mL硝酸盐酸混合酸(HNO_3 + HCl = 1 + 4)，轻轻摇动消解，待样品反应完毕，定容于10mL容量瓶中。将仪器调至最佳状态后进行测定。

(5) 各元素的分析线、精密度、检出限及准确度(表3.14)

表3.14 各元素谱线、检出限、精密度和准确度

元 素	λ/nm	检出限/(μg/mL)	RSD/%	回收率/%
Cr	267.716	0.001	0	100.0
Cd	226.502	0.001	0	102.0
Cu	327.396	0.002	2.85	98.0
As	193.696	0.01	0.99	96.8
Se	196.026	0.02	1.44	106.4
Sn	189.989	0.02	0	104.0
Hg	253.652	0.01	0	98.0
Pb	220.351	0.005	0	102.0
Bi	223.061	0.02	0	96.0

3.1.9.4 在环境领域的应用

超声波雾化器-ICP-AES测定饮用水中12个元素

(1) 概述

按我国建设部《各类水司暂行水质目标》规定的一类水司(即日供水量大于100万m^3)水质要求，需测定23个无机元素。采用岛津公司特制的UAG-1型超声雾化器-ICP-AES方法可以不经任何浓缩、分离的预处理，一次分析饮用水中一类水司的水质目标中22个无机元素(其中Hg元素的灵敏度达不到要求)。分析速度快，精密度高，操作极其简单。完全能满足自来水公司日常监控要求。

(2) 实验试剂

使用国家级的标准溶液，1mg/mL的Pb、Se、Fe、Cu、Cd、Al、As、P、Mn、V、Ba、Sr原始标液，以0.6mol/L HCl(水)溶液为介质，按表3.15配制标准系列。

表3.15 标 准 系 列 μg/mL

元 素	STD-1	1STD-2	STD-3	STD-4
Se	V	0.1	0.05	0.005
Pb, Cd, As	0.5	0.25	0.025	0
Al, P, Mn, Ba, Sr	1.0	0.5	0.05	0
Fe	1.5	0.75	0.075	0
Cu	2.0	1.0	0.1	0

制备标准系列的水必须是离子交换水再用石英蒸馏器蒸馏一次提纯的高纯水。

(3) 仪器及分析条件

岛津公司 ICPS-7500 等离子体光源真空扫描型发射光谱仪。

焦距1m。

光栅刻线3600条/mm;

波长范围165~458nm; 1800条/mm;

波长范围458~850nm。

ICP光源:

频率27.12MHz;

入射功率1.2kW;

反射功率0kW;

冷却气14L/min;

等离子气1.2L/min;

净化气3.5L/min;

载气0.9L/min;

UGA-1超声波雾化器，双筒雾室，蠕动泵进样方式。观测高度15mm，积分时间5s。

(4) 方法的精密度和灵敏度

方法的灵敏度以背景等效浓度(BEC)表示，各元素的灵敏度及精密度(RSD, $n=10$)列于表3.16。

表3.16 各元素谱线、灵敏度和精密度

元 素	λ/nm	BEC/(μg/mL)	RSD
Pb	220.351	0.012	0.42
Se	196.026	0.0091	0.89
Fe	259.940	0.00099	0.21
Cu	327.396	0.0064	0.22
Cd	226.502	0.0087	0.56
As	193.696	0.019	0.73
Al	396.153	0.002	0.31
P	178.287	0.019	0.64
Mn	257.610	0.00086	0.22
V	311.071	0.0012	0.21
Ba	455.404	0.0025	0.23
Pb	220.351	0.012	0.42
Sr	407.771	0.00063	0.25

（5）方法的准确度

对标准水样的测定结果及与标准值的对比列于表 3. 17。

表 3. 17　标准水样分析结果对照

元　素	ρB/(mg/L)		元　素	ρB/(mg/L)	
	标准值	本法值		标准值	本法值
Pb	0. 05	0. 055	P	0. 05	0. 055
Se	0. 01	0. 053	Mn	0. 05	0. 045
Fe	1. 01	1. 02	V	0. 02	0. 016
Cu	1. 00	1. 02	As	0. 05	0. 053
Cd	0. 05	0. 052	Ba	0. 2	0. 206
Al	0. 05	0. 06	Sr	0. 2	0. 205

3. 2　原子吸收光谱分析

3. 2. 1　概述

虽然早在 1802 年 Wollaston 在观察太阳光谱黑线时就首次发现了原子吸收现象，但原子吸收光谱法(AAS)却比原子发射光谱法发展的晚，一直到 1955 年澳大利亚物理学家瓦尔西(Walsh)发表了著名论文“原子吸收光谱法在分析化学中的应用”才为原子吸收光谱分析法的快速发展奠定了基础。20 世纪 60 年代初出现了以火焰作为原子化装置的仪器，1970 年制成了以石墨炉为原子化装置的商品仪器。AAS 建立后即由于其高灵敏度而发展迅速，应用领域不断扩大，成为金属元素分析的一种重要分析方法。

3. 2. 2　原子吸收光谱分析的基本原理

原子吸收光谱法是基于原子由基态跃迁至激发态时对辐射光吸收的测量，通过选择一定波长的辐射光源，使之满足某一元素的原子由基态跃迁到激发态能级的能量要求，则辐射后基态的原子数减少，辐射吸收值与基态原子的数量有关，也即由吸收前后辐射光强度的变化可确定待测元素的浓度。原子发生在基态与第一激发态能级之间的跃迁几率较大。不同能级间的原子数服从玻尔兹曼分布定律，但原子数正比于相应能级间激发能($-E$)的幂指数，E 增加时，对应激发态能级上的原于数将迅速他减少，也即维持原子化温度在 5000K 以下，绝大多数原子仍处于基态，辐射吸收正比于基态原子数，这也是 AAS 法具有高灵敏度的原因之一。另外，吸收光谱远比发射光谱简单，对于前者，由谱线重叠引起光谱干扰的可能性很小。与原子发射光谱法(AES)相比，吸收与发射是原子价电子跃迁过程中相互依存的两个方面，另外，在 AES 法中原子的蒸发与激发过程都在同一能源中完成，而 AAS 法则分别由原子化器和辐射光源提供，AAS 法的仪器原理如图 3. 87 所示。

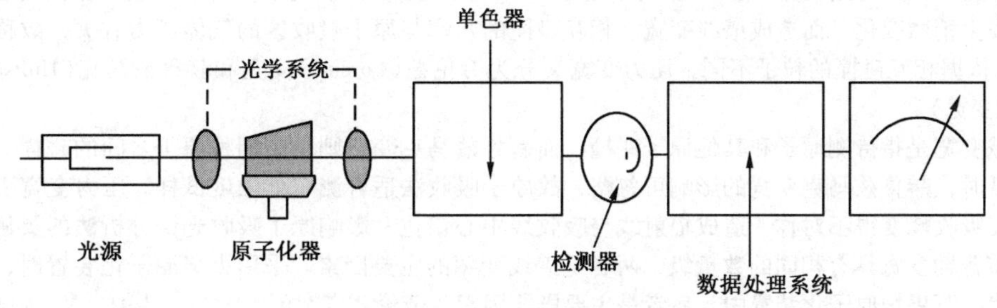

图 3. 87　原子吸收分析原理

（1）谱线的轮廓与谱线变宽

原子结构较分子结构简单，理论上应产生线状光谱吸收线。但在实际上，用特征吸收频率的辐射光照射时，获得一峰形吸收峰，也即具有一定宽度(相当窄的波长或频率范围)。当一束不同频率、强度为 I_0 的平行光通过厚度为 1 的原子蒸气时，透过光的强度 I_t 服从吸收定律：

$$I_\nu = I_0 e^{-K_\nu l_c}$$

式中，K_ν 为基态原子对频率为 ν 的光的吸收系数。以 I_ν 和 K_ν 分别对应 ν 作图，结果如图 3.88 所示。由图可见，不同频率吸收系数不同，在 ν_0 处最大，称为峰值吸收系数，若将吸收系数 K_ν 对频率 ν 作图，所得曲线为吸收线轮廓，见图 3.87。原子吸收线的轮廓以原子吸收谱线的中心频率(或中心波长)和半宽度来表征。中心频率由原子能级决定。半宽度是中心频率位置，吸收系数极大值一半处，谱线轮廓上两点之间频率或波长的距离($\Delta\nu$ 或 $\Delta\lambda$)。图 3.89 中 K_ν 为吸收系数；K_0 为吸收系数极大值，即峰值吸收系数；ν_0 为中心频率。引起吸收峰变宽的原因主要有以下因素：

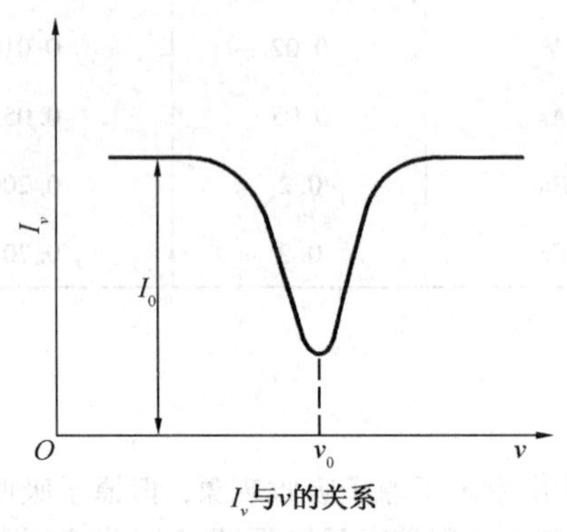

图 3.88 I_ν 与 ν 的关系

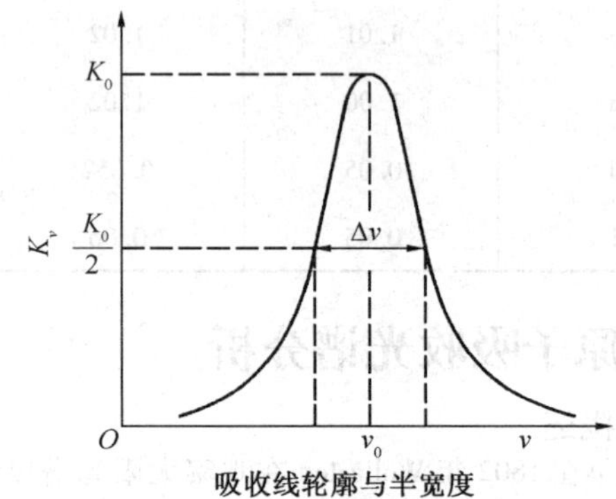

图 3.89 原子吸收光谱轮廓图

① 自然宽度：在没有外界影响下，谱线仍具有一定的宽度，此宽度称为自然宽度。它与激发态原子的平均寿命有关。平均寿命越长，谱线宽度越窄。不同谱线有不同的自然宽度，一般约为 10^{-5} nm 数量级。

② 温度变宽(也称多普勒变宽，$\Delta\nu_D$)：温度变宽是由原子的热运动引起的。原子处于无规则热运动时，对于一个运动着的原子发出的光，如果运动方向离开观察者(接受器)，则在观察者看来，其频率较静止原子所发的频率低；反之，较静止原子所发的频率高，这种现象称为多普勒(Doppler)效应。原子化器中气态原子的无规则热运动，对检测器来说具有不同的运动速度分量，使检测器接受到的光的频率稍有差异，故造成谱线变宽。多普勒变宽($\Delta\nu_D$)与绝对温度 T 之间的关系为：

$$\Delta\nu_D = 7.162 \times 10^{-7} \cdot \nu_0 \sqrt{\frac{T}{M}} \tag{3.34}$$

式中，M 为相对原子质量。在火焰原子化器中，温度变宽是造成谱线变宽的主要因素，可达 10^{-3} nm 数量级。温度变宽不引起中心频率偏移。

③ 压力变宽(劳伦兹变宽，赫鲁兹马克变宽，$\Delta\nu_L$)：在原子化蒸气中，由于大量粒子相互碰撞而使各粒子能量发生稍微变化，而造成谱线变宽。相互碰撞的几率与原子吸收区的气体压力有关，故称为压力变宽($\Delta\nu_L$)。依据相互碰撞的粒子不同，压力变宽又分为劳伦兹(Lorentz)变宽和赫鲁兹马克(Holtsmark)变宽(也称共振变宽)。

劳伦兹变宽是指待测原子和其他原子碰撞，而赫鲁兹马克变宽则是指同种原子之间的碰撞。当待测原子浓度较低时，赫鲁兹马克变宽的影响可忽略，故原子吸收法适合测定低浓度试样。压力变宽引起中心频率偏移，使吸收峰变得不对称，造成辐射线与吸收线中心错位，影响原子吸收光谱分析法的灵敏度。劳伦兹变宽与多普勒变宽具有相同的数量级，两者是谱线变宽的主要因素。采用火焰原子化装置时，前者是主要影响因素；石墨炉原子化装置中，后者是主要影响因素。劳伦兹变宽可表示为：式中，N_A 为阿伏伽德罗常数，σ 为碰撞截面积，M_1、M_2 分别为两碰撞原子的相对原子质量。

$$\Delta\nu_L = 2N_A\sigma_p \sqrt{\frac{2}{\pi RT}\left(\frac{1}{M_1} + \frac{1}{M_2}\right)} \tag{3.35}$$

④ 场致变宽：指外界电场、带电粒子、离子形成的电场及磁场的作用使谱线变宽的现象，但一般影响

较小。

⑤ 自吸变宽：空心阴极灯光源发射的共振线被灯内同种基态原子所吸收产生自吸现象，灯电流越大，自吸现象越严重，造成谱线变宽。

(2) 积分吸收

在原子吸收光谱法中，如果采用连续光源，则一般的分光系统获得的光谱通带为 0.2nm，而原子吸收线半宽度为 10^{-3}nm。如图 3.90 所示。这样，要在相对较强的入射光背景下测量吸收后仅有 0.5% 的光强度变化，无疑灵敏度极差。如果将图 3.90 中吸收线所包含的面积进行积分，代表总的吸收，即积分吸收，其数学表达式：

$$A = \Sigma \int K_\nu \mathrm{d}\nu = \frac{\pi e^2}{mc} N_0 f = kN_0 \tag{3.36}$$

式中，N_0 为单位体积内的基态原子数；f 为吸收振子强度，表示每个原子中能够吸收或发射特定频率光的平均电子数；k 为将各项常数合并后的新常数。由上式可见，峰面积与基态原子数成正比。若能获得积分值，则是一种理想的定量方法。但设定波长为 500nm 时，相邻波长的 $\Delta\lambda$ 至少应为 0.0001nm（吸收线半宽度为 10^{-3}nm），则需要的单色器分辨率为 $R = 400/0.0001 = 4\times10^6$，目前的制造技术无法达到，这也是原子吸收法长期不能走向实际应用的原因所在。1955 年，Walsh 提出了以锐线光源作为激发光源，用测量峰值吸收系数代替积分值的方法，使这一难题获得解决。所谓的锐线光源是指给出的发射线宽度要比吸收线宽度窄，即发射线的 $\Delta\nu_e$ 小于吸收线的 $\Delta\nu_a$，如图 3.91 所示。

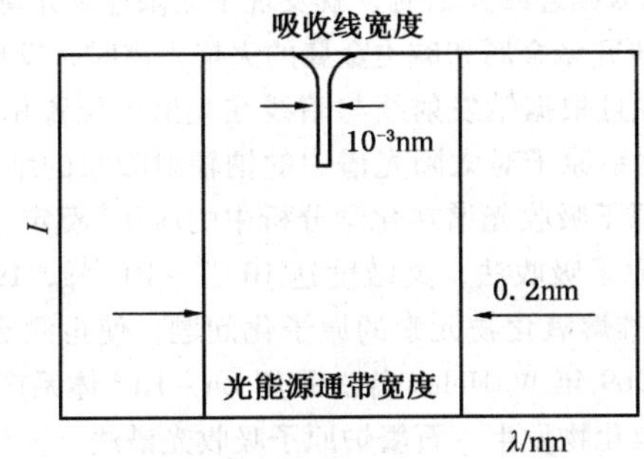

图 3.90　连续光源与原子吸收线的通带宽度对比示意图

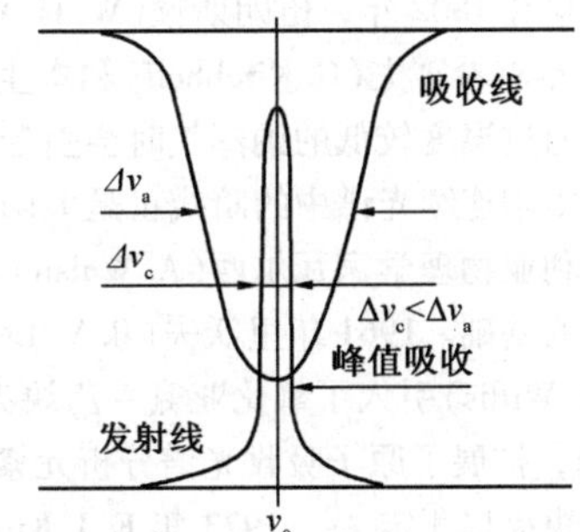

图 3.91　发射线与吸收线

(3) 峰值吸收与定量基础

若仅考虑原子的热运动，即多普勒变宽是主要影响因素，则吸收系数为

$$K_\nu = K_0 \exp\left[-\frac{2(\nu-\nu_0)\sqrt{\ln 2}}{\Delta\nu_0}\right]^2 \tag{3.37}$$

积分后得：

$$\int K_\nu \mathrm{d}\nu = \frac{1}{2}\sqrt{\frac{\pi}{\ln 2}} \cdot K_0 \cdot \Delta\nu_0 \tag{3.38}$$

由式(3.36)和式(3.38)得：

$$\frac{1}{2}\sqrt{\frac{\pi}{\ln 2}} \cdot K_0 \cdot \Delta\nu_D = \frac{\pi e^2}{mc} N_0 f$$

$$K_0 = \frac{2}{\Delta\nu_D}\sqrt{\frac{\ln 2}{\pi}} \cdot \frac{\pi e^2}{mc} \cdot N_0 \cdot f \tag{3.39}$$

如果使锐线光源的中心频率与待测原子吸收线的中心频率相同，在 $\Delta\nu$ 的很窄范围内，可认为 $K_\nu \approx K_0$，即可用峰值吸收系数 K_0 代替吸收系数 K_ν。由吸收定律，吸光度 A 为：

$$A = \lg\frac{I_0}{I_\nu} = \lg\frac{\int_0^{\Delta\nu} I\mathrm{d}\nu}{\int_0^{\Delta\nu} I\cdot e^{-KI_\nu}\mathrm{d}\nu} = \lg\frac{\int_0^{\Delta\nu} I\mathrm{d}\nu}{e^{-KJ}\int_0^{\Delta\nu} I\mathrm{d}\nu} = 0.434K_0\cdot l \tag{3.40}$$

将式(3.39)代入式(3.40)得：

$$A = \left[0.434\frac{2}{\Delta\nu_D}\cdot\sqrt{\frac{\ln 2}{\pi}}\cdot\frac{\pi e^2}{mc}\cdot f\cdot l\right]\cdot N_D = k\cdot N_0 \tag{3.41}$$

上式说明吸光度A与基态原子总数成正比，但定量还需要考虑在高温原子化过程中，原子蒸气中激发态原子与待测元素原子总数之间的定量关系。热力学平衡时，两者符合 Boltzmann 分布定律：

$$\frac{N_1}{N_0} = \frac{g_1}{g_0}e^{-\frac{\varepsilon_0-\varepsilon_1}{kT}} = \frac{g_1}{g_0}e^{\frac{-\Delta E}{kT}} = \frac{g_1}{g_0}e^{\frac{-h\nu}{kT}} \tag{3.42}$$

式中，g_1 和 g_0 分别为激发态和基态的统计权重，公式右边除温度T外，都是常数。T一定，比值一定。在通常的原子化温度(<3000K)和最强共振线波长低于600nm时，最低激发态上的原子数N_1与基态原子数N_0之比小于10^{-3}，所有激发态上的原子数之和与基态原子数N_0相比也很小，则可以用基态原子数代表待测元素的原子总数，而原子总数与被测元素的浓度成正比：

$$N_0 \approx N \propto C \text{ 则}: A = a * c \tag{3.43}$$

式中，a为常数。这就是原子吸收光谱法的定量基础，但要注意应用的前提条件是：低浓度(可只考虑多普勒变宽)发射线的中心频率与待测原子吸收线的中心频率相同及发射线宽度要比吸收线宽度小(可以用峰值吸收系数K_0代替吸收系数K_v)。

3.2.3 原子吸收光谱分析技术及进展

3.2.3.1 原子吸收光谱仪的发展历程

早在1802年，伍朗斯顿(W. H. Wollaston)在研究太阳连续光谱时，就发现了太阳连续光谱中出现暗线，1860年克希霍夫(G. Kirchhoff)和本生(R. B. Bunsen)研究碱金属和碱土金属的火焰光谱时，发现钠蒸气发出的光通过温度较低的钠蒸气时会引起钠光的吸收，并且根据钠发射线与暗线在光谱中位置相同这一事实，断定太阳连续光谱中的暗线正是太阳外围大气圈中的钠原子对太阳光谱中的钠辐射吸收的结果。1955年，澳大利亚物理学家瓦尔西(A. Walsn)发表著名论文《原子吸收光谱在化学分析中的应用》奠定了原子吸收光谱法的基础。1961年里沃夫(B. V. Lvoi)发表非火焰原子吸收法，灵敏度达$10^{-14}\sim10^{-13}$g，1965年威立斯(J. B. Willis)引入了氧化亚氮-乙炔火焰解决易生成难熔氧化物元素的原子化问题，使可测定元素达到近70个，扩展了原子吸收光谱分析元素的应用范围。1969年W. Holak首次采用Zn-HCl体系产生AsH_3，空气乙炔火焰测定As，1973年E. J. Kundson等开发了氢化物发生-石墨炉原子吸收光谱法。氢化物发生-原子吸收光谱法是测定Se、As、Sn、Sb、Te、Bi、Hg等易生成挥发性化合物的元素最灵敏的分析方法之一。20世纪80年代以来，元素形态分析研究有了很大发展，其中色谱和原子吸收联用是分析元素形态的最有效方法之一。

20世纪50年代末，英国Hilger和Watts公司和美国PE公司分别在Uvispek和P-E13型分光光度计基础上研发了火焰原子吸收分光光度计。Hilger和Watts的Uvispek被称为第一台问世的火焰原子吸收光谱商品仪器，1970年美国PE公司推出了第一台石墨炉原子吸收光谱商品仪器(HGA-70型)，1976年日本Hitachi公司的第一台恒定磁场塞曼原子吸收光谱仪器投放市场，1990年出现第一个纵向磁场横向加热石墨炉塞曼原子吸收光谱仪，1997年北京瑞利分析仪器公司推出了带富氧空气-乙炔高温火焰原子化器的原子吸收光谱仪器，21世纪前夕，美国Thermo公司与PE公司先后将高分辨的分光系统——中阶梯光栅单色器引入原子吸收光谱仪。李沃屋(L'vov)是石墨炉原子吸收光谱分析法(GFAAS)的提出者和奠基人，又是石墨炉原理样机的发明者，马斯美恩(Massmann)是商品石墨炉原子化器样机的发明者，1970年美国PE推出第一台石墨炉原子吸收分光光度计商品仪器ZL4100。

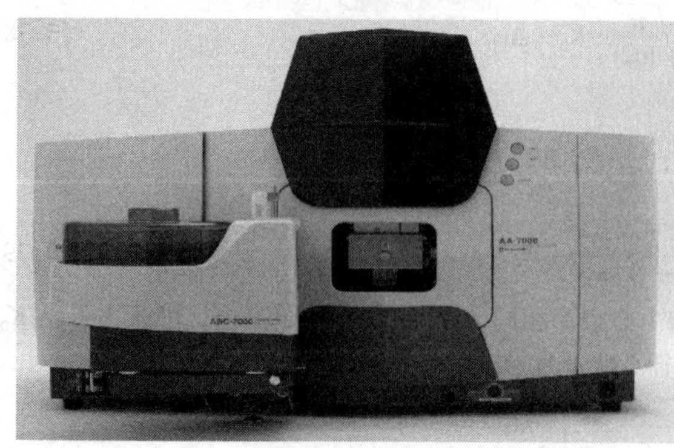

图3.92 AA-7000原子吸收分光光度计

3.2.3.2 原子吸收分光光度计的工作原理及结构

(1) 原子吸收分光光度计的工作原理

原子吸收分光光度计有单光束和双光束之分，主要由光源、原子化系统、单色器、检测器及数据处理系统组成，单色器位于火焰与检测器之间，如图 3.93 所示。单光束仪器结构简单，操作方便，但受光源稳定性影响较大，易造成基线漂移。为了消除火焰发射的辐射线的干扰，空心阴极灯可采取脉冲供电，或使用机械扇形板斩光器将光束调制成具有固定频率的辐射光通过火焰，使检测器获得交流信号，而火焰所发出的直流辐射信号被过滤掉。双光束仪器中，光源(空心阴极灯)发出的光被斩光器分成两束，一束通过火焰(原子蒸气)，另一束绕过火焰为参比光束，两束光线交替进入单色器。双光束仪器可以使光源的漂移通过多参比光束的作用进行补偿，获得稳定的输出信号。图 3.93 和图 3.94 分别是单、双光束原子吸收分光光度计的光路图。

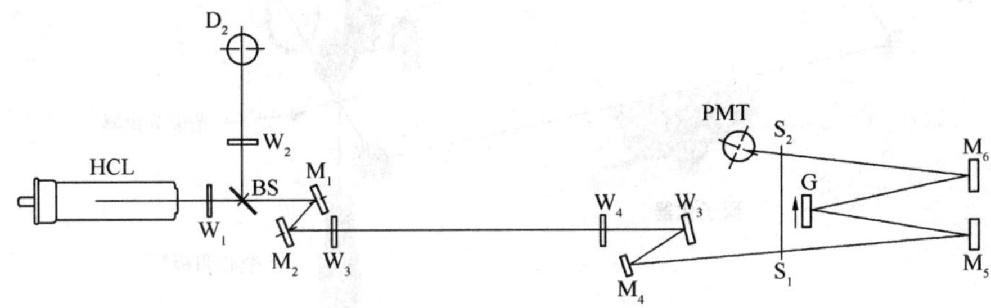

图 3.93 单光束原子吸收分光光度计光路图

另外为了提高出色的稳定性，岛津公司新开发了三维光学系统，如图 3.95 所示，该光学系统具有以下特点：配备可变衰减器，精密调节 D_2 光使光束平衡性能提高；尽量少的光学镜片的使用，减少光能量损失；分光器入口处的成像特性的最优化；增益设定的数据库化使发光的影响减轻。

(2) 仪器结构

1) 光源

原子吸收法要求使用锐线光源，目前普遍使用的锐线光源是空心阴极灯，之外还有高频无极放电灯、蒸气放电灯等。光源应能满足辐射光强度大、稳定性好、背景辐射小等要求。空心阴极灯的结构如图 3.96 所示，阴极为一空心金属管，内壁衬或熔有待测元素的金属，阳极为钨、镍或钛等金属，灯内充有一定压力的惰性气体。

当两电极间施加适当电压时，电子将从空心阴极内壁流向阳极，与充入的惰性气体碰撞而使之电离，产生正电荷。正电荷在电场作用下，向阴极内壁猛烈轰击，使阴极表面的金属原子溅射出来，溅射出来的金属原子与电子、惰性气体原子及离子发生撞碰而被激发，产生的辉光中便出现了阴极物质的特征光谱，用不同待测元素做阴极材料，可获得相应元素的特征光谱。空心阴极灯辐射强度与灯的工作电流有关，但灯电流太大时，热变宽和自蚀现象增强，反而使谱线强度减弱，对测定不利。空心阴极灯具有辐射光强度大、稳定、谱线窄、灯容易更换等优点，但每测一种元素需更换相应的灯，新型仪器中将多个灯放置在旋转订架上，按需要进行旋转切换。

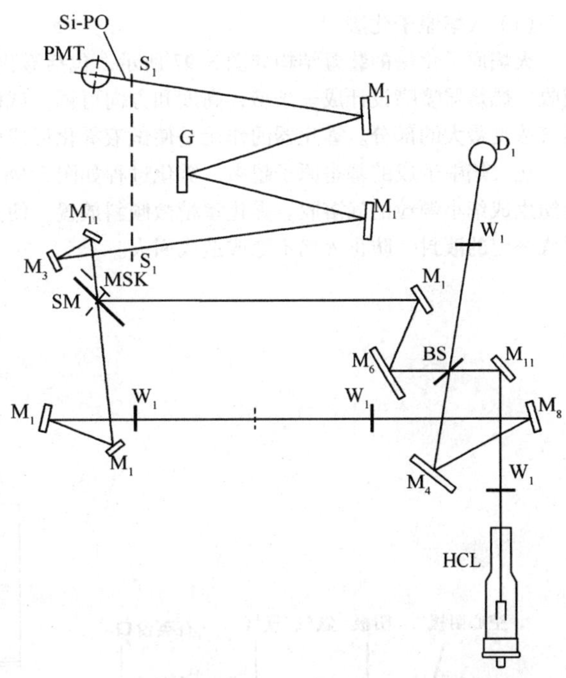

图 3.94 双光束原子吸收分光光度计光路图

HCL—空心阴极灯；D_2—氘灯；BS—分束器；W_1 ~ W_4—王—窗板；M_1—M_6—F 反射镜，S_1，S_2—狭缝；G—衍射光栅；PMT—光电倍增管

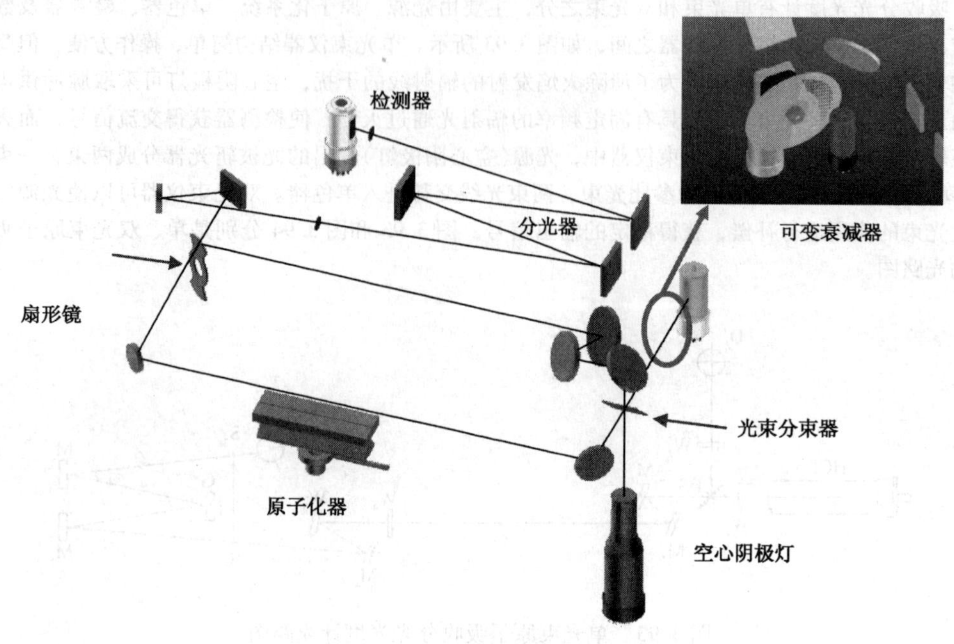

图 3.95 三维光学系统示意图

2）原子化系统

试样分析前需要制备成溶液，试样中的待测元素以离子态或配合物形式存在，原子化系统就是将其转变为原子蒸气。常用的原子化方法有火焰法和非火焰法。

（1）火焰原子化法

火焰原子化法的装置结构如图 3.97 所示，包括雾化器和燃烧器两部分。为保证辐射光被原子蒸气有效吸收，燃烧器喷嘴设计成长条型，高度和方向可调，试样浓度较小时，能够使辐射光平行通过火焰中原子蒸气浓度最大的部分。雾化器的作用是使试液雾化形成气溶胶后进入燃烧器火焰中，气溶胶粒子的直径越小，在火焰中生成的基态原子越多。雾化过程如图 3.98 所示，试液被高速气流吸入雾化，与撞击球进一步碰撞生成细小颗粒的气溶胶。雾化室稍微倾斜放置，使大雾滴和冷凝液可由废液口排出。工作时废液口要形成一定的液封，防止火焰不稳或造成回火。

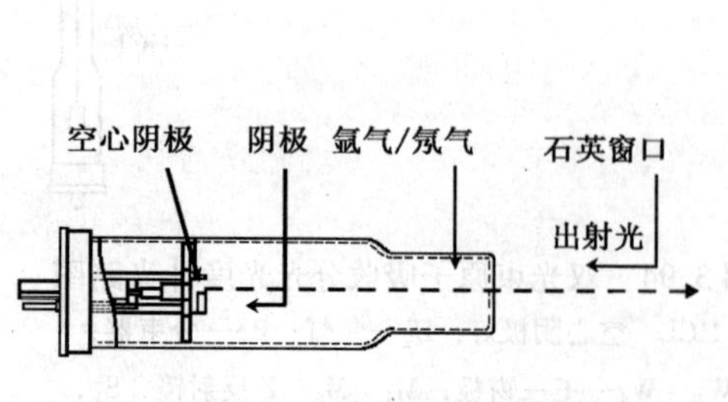

图 3.96 空心阴极灯结构示意图

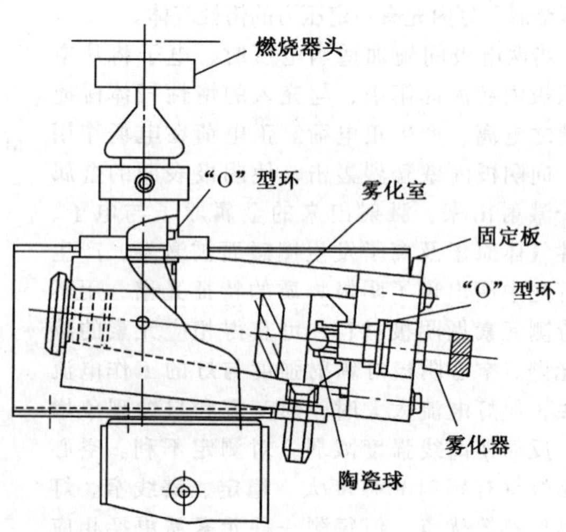

图 3.97 火焰原子化法装置结构图

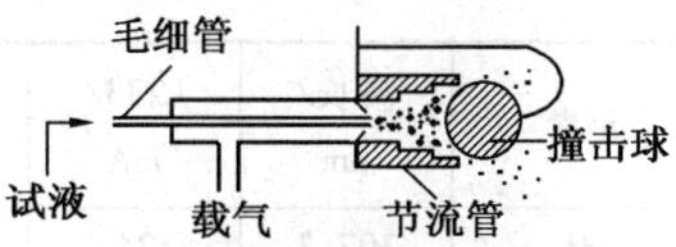

试样气溶胶离子在火焰中经蒸发、干燥、离解(还原)等过程产生大量基态原子，原子化过程中，火焰的性质对不同元素的基态原子的产生具有很大影响。根据使用的燃气和助燃气的比例，火焰可分为三种类型：

① 化学计量火焰：使用的燃气和助燃气的比例符合化学反应配比，产生的火焰温度高，干扰少，稳定，背景低，是最常用的火焰类型。

图 3.98　火焰原子化法雾化器结构图

②富燃火焰：也称还原焰，即燃气过量，燃烧不完全，火焰中含有大量炭，温度较化学计量火焰略低，适合测定高温难熔金属元素或高熔点的惰性元素等。

③ 贫燃火焰：也称氧化焰，即助燃气过量。过量助燃气带走火焰中的热量，使火焰温度降低，适用于易电离的碱金属元素的测定。

火焰温度越高，产生的热激发态原子增多对定量不利。在保证待测元素充分离解为基态原子的前提下，尽量采用低温火焰，使基态原子的激发依赖于对光的吸收。火焰温度取决于燃气与助燃气类型，常用的空气 - 乙块火焰温度达 2600K，可测 35 种元素。火焰原子吸收法测定条件和不同类型火焰的温度分别见表 3.18和表 3.19。

选择火焰时，还应考虑火焰本身对光的吸收。可根据待测元素的共振线，选择不同的火焰，避开干扰。例如，As 的共振线 193.7nm，由图 3.99 可见，采用空气 - 乙炔火焰或其他火焰时，火焰产生较大吸收，而选 $N_2O-C_2H_2$ 火焰则较好。通常空气 - 乙炔火焰最为常用，可测定 30 多种元素。而 $N_2O-C_2H_2$ 火焰温度较高，可使测定的元素增加到 70 多种。

表 3.18　火焰原子吸收法测定条件

元素	波长/nm	L233/mA	L2433/mA	狭缝/nm	火焰类型	流量/(L/min)	燃烧器高度/mm
Ag	328.1	10	10/400	0.5	空气 - 乙炔	2.2	7
Al	309.3	10	10/600	0.5	氧化亚氮 - 乙炔	7.0	11
As	193.7	12	12/500	1.0	空气 - 氢	[3.7]	15
Au	242.8	10	10/400	0.5	空气 - 乙炔	1.8	7
B	249.7	16	10/500	0.2	氧化亚氮 - 乙炔	7.7	11
Ba	553.5	16	12/600	0.2	氧化亚氮 - 乙炔	6.7	11
Be	234.9	16	10/600	1.0	氧化亚氮 - 乙炔	7.0	11
Bi	223.1	10	10/300	0.5	空气 - 乙炔	2.2	7
Ca(1)	422.7	10	10/600	0.5	空气 - 乙炔	2.0	7
Ca(2)	422.7	10	10/600	0.5	氧化亚氮 - 乙炔	6.5	11
Cd	228.8	8	8/100	1.0	空气 - 乙炔	1.8	7
Co	240.7	12	12/400	0.2	空气 - 乙炔	1.6	7
Cr	357.9	10	10/600	0.5	空气 - 乙炔	2.8	9
Cs	852.1	16		1.0	空气 - 乙炔	1.8	7
Cu	324.8	6	10/500	0.5	空气 - 乙炔	1.8	7
Dy	421.2	14	15/600	0.2	氧化亚氮 - 乙炔	7.0	11
Er	400.8	14	15/500	0.5	氧化亚氮 - 乙炔	7.0	11
Eu	459.4	14	10/600	0.5	氧化亚氮 - 乙炔	7.0	11
Fe	248.3	12	12/400	0.2	空气 - 乙炔	2.2	9
Ga	287.4	4	4/400	0.2	空气 - 乙炔	1.8	7
Gd	368.4	12		0.2	氧化亚氮 - 乙炔	7.0	11
Ge	265.2	18	20/500	0.2	氧化亚氮 - 乙炔	7.8	11

续表

元素	波长/nm	L233/mA	L2433/mA	狭缝/nm	火焰类型	流量/(L/min)	燃烧器高度/mm
Hf	307.3	24	20/600	0.2	氧化亚氮-乙炔	7.0	11
Hg	253.7	4		1.0	用汞冷蒸汽技术		
Ho	410.4	14	10/600	0.2	氧化亚氮-乙炔	7.0	11
Ir	208.8	20		0.2	空气-乙炔	2.2	7
K	766.5	10	8/600	0.5	空气-乙炔	2.0	7
La	550.1	18	18/600	0.5	氧化亚氮-乙炔	7.5	11
Li	670.8	8	8/500	0.5	空气-乙炔	1.8	7
Lu	360.0	14		0.5	氧化亚氮-乙炔	7.0	11
Mg	285.2	8	8/500	0.5	空气-乙炔	1.8	7
Mn	279.5	10	10/600	0.2	空气-乙炔	2.0	7
Mo	313.3	10	10/500	0.5	氧化亚氮-乙炔	7.0	11
Na	589.0	12	8/600	0.2	空气-乙炔	1.8	7
Nb	334.9	24		0.2	氧化亚氮-乙炔	7.0	11
Ni	232.0	12	10/400	0.2	空气-乙炔	1.6	7
Os	290.9	14		0.2	氧化亚氮-乙炔	7.0	11
Pb(1)	217.0	12	8/300	0.5	空气-乙炔	2.0	7
Pb(2)	283.3	10	8/300	1.0	空气-乙炔	2.0	7
Pd	247.6	10	10/300	0.5	空气-乙炔	1.8	7
Pr	495.1	14		0.5	氧化亚氮-乙炔	7.0	11
Pt	265.9	14	10/300	0.5	空气-乙炔	1.8	7
Rb	780.0	14		0.2	空气-乙炔	1.8	7
Re	346.0	20		0.2	氧化亚氮-乙炔	7.0	11
Ru	349.9	20	20/600	0.2	空气-乙炔	1.8	7
Sb	217.6	13	15/500	0.5	空气-乙炔	2.0	7
Sc	391.2	10		0.2	氧化亚氮-乙炔	7.0	11
Se	196.0	23	15/300	1.0	空气-氢	[3.7]	15
Si	251.6	15	10/500	0.5	氧化亚氮-乙炔	7.7	11
Sm	429.7	14	15/600	0.2	氧化亚氮-乙炔	7.0	11
Sn(1)	224.6	10	20/500	0.5	空气-乙炔	3.0	9
Sn(2)	286.3	10	20/500	1.0	空气-乙炔	3.0	9
Sn(3)	224.6	10	20/500	0.5	氧化亚氮-乙炔	6.8	11
Sn(4)	286.3	10	20/500	1.0	氧化亚氮-乙炔	6.8	11
Sr	460.7	8	6/500	0.5	空气-乙炔	1.8	7
Ta	271.5	18		0.2	氧化亚氮-乙炔	7.0	11
Tb	432.6	10		0.2	氧化亚氮-乙炔	7.0	11
Te	214.3	14	15/400	0.2	空气-乙炔	1.8	7
Ti	364.3	12	10/600	0.5	氧化亚氮-乙炔	7.8	11
Tl	276.8	6		0.5	空气-乙炔	1.8	7
V	318.4	10	10/600	0.5	氧化亚氮-乙炔	7.5	11
W	255.1	24		0.2	氧化亚氮-乙炔	7.7	11
Y	410.2	14	10/600	0.5	氧化亚氮-乙炔	7.5	11

续表

元素	波长/nm	L233/mA	L2433/mA	狭缝/nm	火焰类型	流量/(L/min)	燃烧器高度/mm
Yb	398.8	10	5/200	0.5	氧化亚氮-乙炔	7.5	11
Zn	213.9	8	10/300	0.5	空气-乙炔	2.0	7
Zr	360.1	18		0.2	氧化亚氮-乙炔	7.5	11
As(H)	193.7	12	12/500	1.0	空气-乙炔	2.0	<HVG-1>
Bi(H)	223.1	10	10/300	0.5	空气-乙炔	2.0	<HVG-1>
Sb(H)	217.6	13	15/500	0.5	空气-乙炔	2.0	<HVG-1>
Se(H)	196.0	23	15/300	1.0	空气-乙炔	2.0	<HVG-1>
Sn(H)	286.3	10	20/500	1.0	空气-乙炔	2.0	<HVG-1>
Te(H)	214.3	14	15/400	0.2	空气-乙炔	2.0	<HVG-1>

注：这些测定参数作为标准分析参数已经存储在程序中，但这些参数的优化要依据样品的性质。用氢气作为燃烧气时，氢气的实际流量要比显示值大一些。燃气实际流量是上表砷(As)和硒(Se)方括号中显示的数值。将燃气流量设为方括号中的数值，则实际流量可以按下式计算：氢气实际流量是燃气流量显示值×3.5，<HVG-1>是(氢化物发生器)专用附件。

表 3.19　火焰的温度

火焰	发火温度/℃	燃烧速度/(cm/s)	火焰温度/℃
煤气-空气	560	55	1840
煤气-氧	450		2730
丙烷-空气	510	82	1935
丙烷-氧气	490		2850
氢-空气	530	320~2050	2318
氢-氧	450	900	2700
乙炔-空气	350	160	2300
乙炔-氧	335	1130	3060
乙炔-氧化亚氮	400	180	2955
乙炔-氧化氮		90	3095

(2) 非火焰原子化法

非火焰原子吸收法包括电热高温石墨炉原子化法、氢化物原子化法以及冷原子化法。

① 石墨炉原子化法

石墨炉原子化法是常用的非火焰原子化方法，其装置结构如图 3.100 所示。外气路中 Ar 气体沿石墨管外壁流动，冷却保护石墨管；内气路中 Ar 气体由管两端流向管中心，从中心孔流出，用来保护原子不被氧化，同时排除干燥和灰化过程中产生的蒸气。

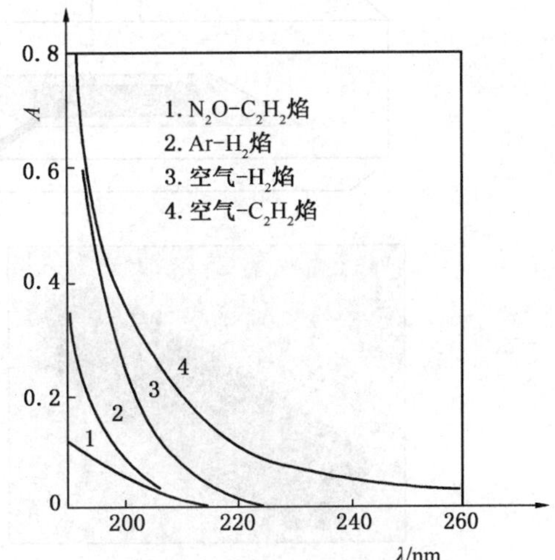

图 3.99　不同火焰的背景吸收

石墨炉法需要根据待测元素及样品选择适合的石墨管，现在普遍使用的石墨管有三种，高密石墨管、热解石墨管和平台石墨管。高密石墨管用普通石墨制作，应用最为广泛。由于石墨具有多孔的特性，液体样品在石墨管壁会有一定的渗透。热解石墨管是在高密石墨管的表面用 CVD 方法进行热解，而具有金属般光泽的表面，样品在管壁渗透较少。平台石墨管中装有一个盛样品的平盘(平台)，例如岛津的平台石墨管的"平台"由 100% 热解石墨制作。图 3.101 ~ 图 3.103 分别为岛津三种石墨管的形状

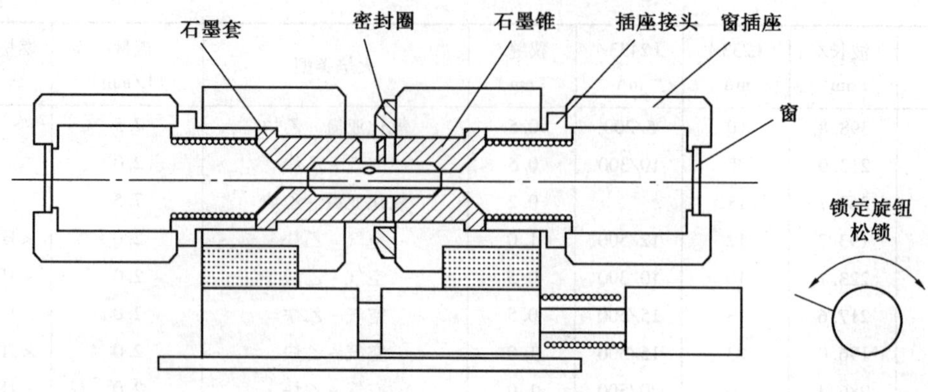

图 3.100 石墨炉结构图

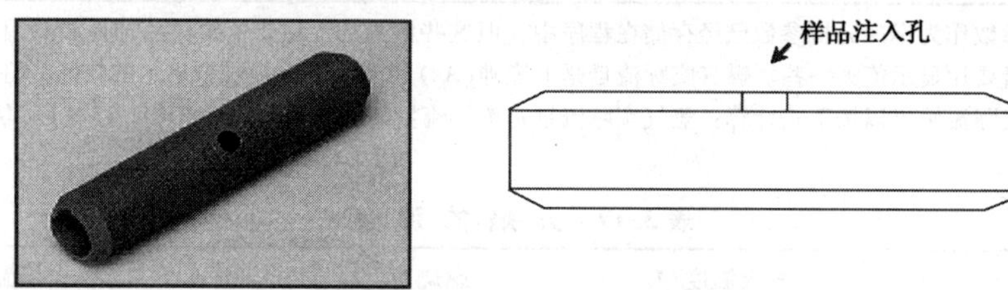

图 3.101 高密度石墨管及进样

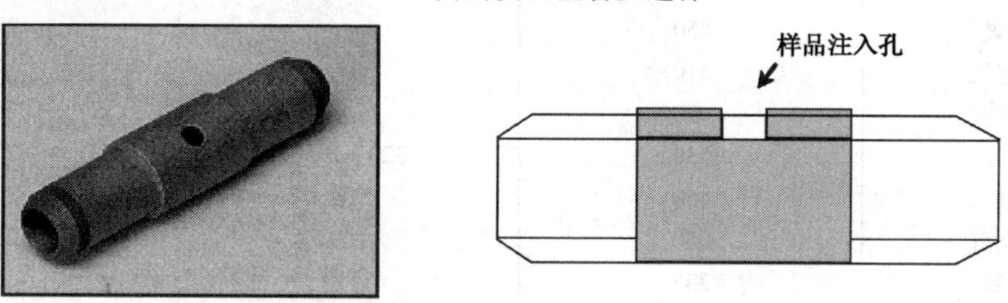

图 3.102 热解石墨管及进样

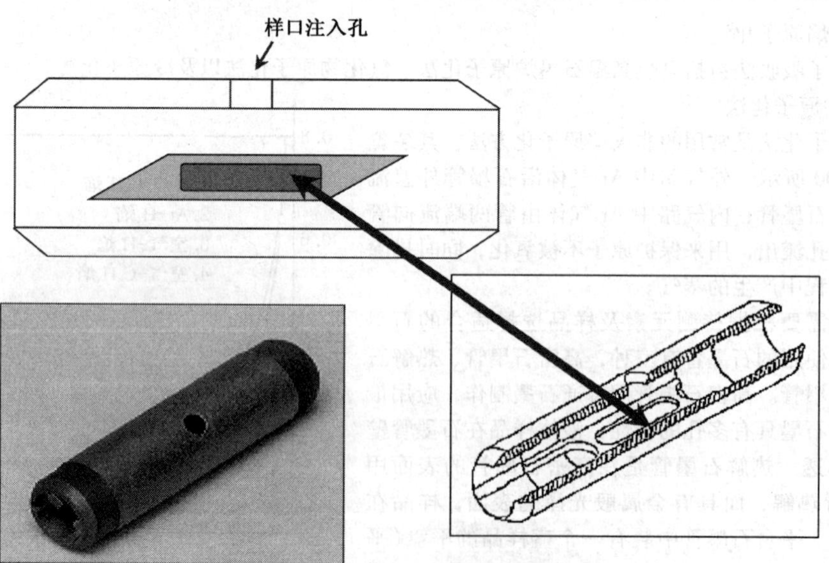

图 3.103 平台石墨管形状及进样

及进样方式，图 3.104 为不同石墨管的峰型比较。

石墨管的选择方法有以下几种：

A. 如何使用高密度石墨管：

高密石墨管可用于测定各种元素，特别是原子化温度低的元素。这些元素有 Cd、Pb、Na、K、Zn 和 Mg 等。也适用于检测灵敏度要求低的分析或高浓度样品的分析，例如：测定 Al、Fe 和 Cu 时，用热解石墨管可以测到 1ppb，用高密石墨管可以测到 100ppb。图 3.105 显示了用高密石墨管和热解石墨管测定铜(Cu)的工作曲线，高密石墨管的测定点是 20ppb、40ppb 和 60ppb，用热解石墨管的测定点是 2ppb、4ppb 和 6ppb，显示的吸收相似。

B. 如何使用热解石墨管：

通常，热解石墨管分析易和石墨管的主要组分碳结合的元素(易形成碳化物的元素)。典型元素如 Ni、Ca、Ti、Si、V 和 Mo。在高密石墨管中，样品容易渗透到石墨中，造成待测元素与碳之间有较大的接触面积。在热解石墨管中，由于接触面积小，抑制了碳化物的形成，从而提高了灵敏度。

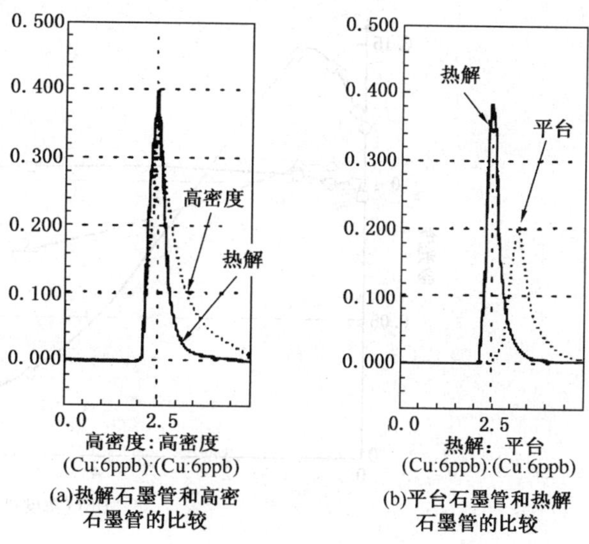

图 3.104 峰形比较

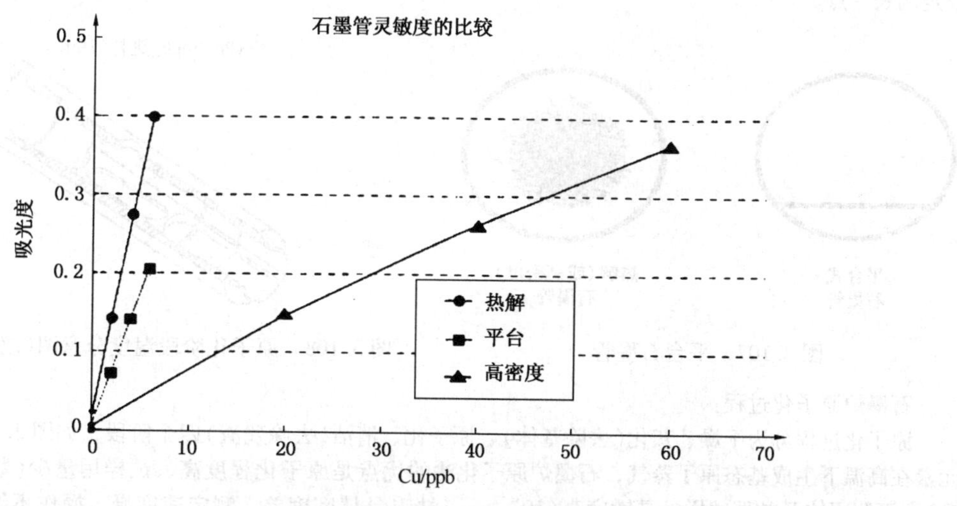

图 3.105 不同石墨管的灵敏度比较

比较峰形可以看到，热解石墨管得到的峰较尖锐，而高密石墨管得到的峰形较宽。图 3.106 是用热解石墨管分析 Cu 的实例。在例中可以看到，测定结果容易受样品中酸浓度和样品在石墨管中的分布状况影响，热解石墨管分析的重现性不如高密石墨管。酸浓度对灵敏度的影响如图 3.106 所示。与平台石墨管和高密石墨管比较，酸度变化对热解管灵敏度的影响大。

C. 如何使用平台石墨管：

平台石墨管的特点是将样品溶液注射到平台上，如图 3.107 所示方式加热。石墨炉方法中，石墨管加热首先从管壁开始，然而，一般的石墨管在管壁加热时，样品同时被加热和原子化。但在平台石墨管中样品的原子化是在整个石墨管都达到原子化温度后进行的(见图 3.108)。用平台石墨管的测定中，尽管平台材料是热解石墨，但原子化峰变得更宽(见图 3.104)，与一般的热解石墨管比较，温度可设定高一些较好。用平台石墨管，可以利用不同的加热程序，将液体样品性质对分析的影响降低至最小。这是由于在平台石墨管中原子化后的原子不容易发生再结合，不像普通石墨管，由于管壁热而使之容易存在于管中心的低温区，如图 3.106 所示，即使酸浓度变化很大，但平台石墨管灵敏度的变化并不大。另外，适时选择原子化

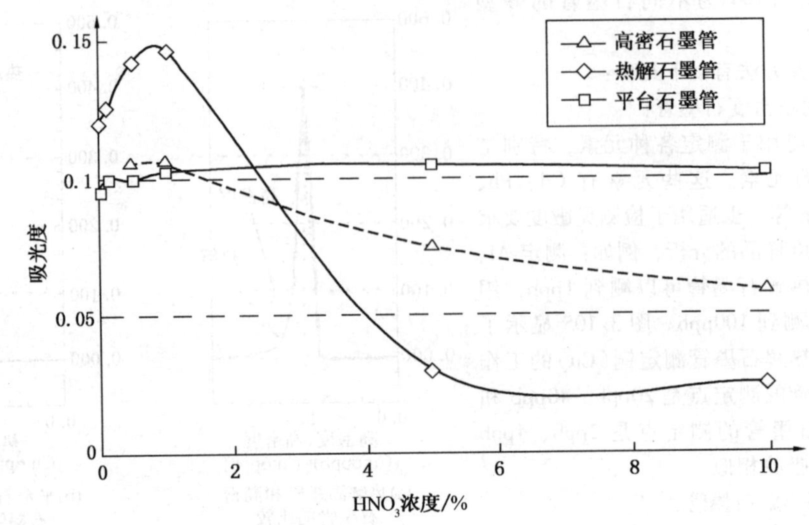

图 3.106 不同石墨管和硝酸浓度对 Pb 检测灵敏度的影响

信号可以避开产生的背景信号。因此，这是分析复杂基体样品，如生物样品、废水和海水等的有效方法。平台石墨管这个特性常造成原子化阶段的峰尾部回不到基线水平，这种情况下，应该将原子化阶段的时间设定的长一点。

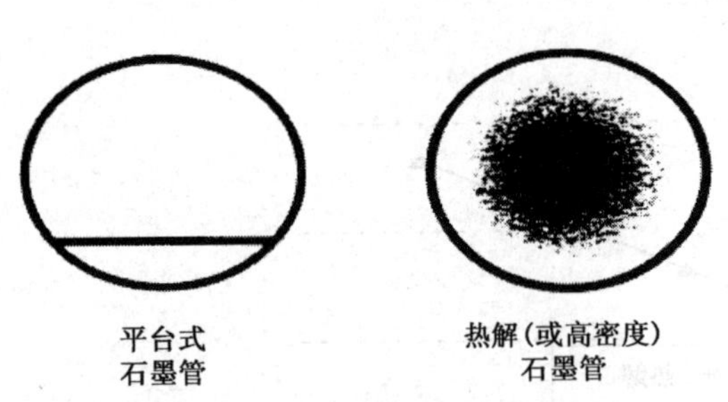

图 3.107 平台石墨管

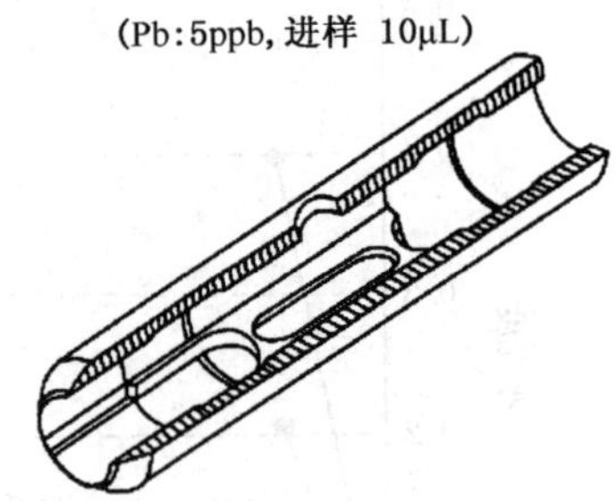

图 3.108 原子化阶段温度分意图(暗色表示低温)

石墨炉原子化过程：

原子化过程分为干燥、灰化(去除基体)、原子化、清洁(去除残渣)四个阶段，如图 3.109 所示。待测元素在高温下生成基态原子蒸气，石墨炉原子化法的优点是原子化程度高、试样用量少(数微升至数十微升)，可测固体及黏稠试样，灵敏度高(10^{-12} g)。缺点是精密度差，测定速度慢，操作不够简便，装置复杂。关于石墨炉原子化的升温程序将在实验技术部分详细介绍。

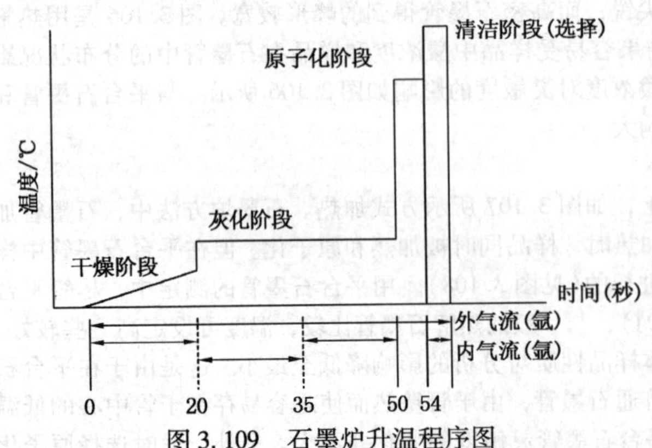

图 3.109 石墨炉升温程序图

② 低温原子化器

低温原子化是利用某些元素(如 Hg)本身或元素的氢化物(如 AsH_3)在低温下的易挥发将其导入气体流动吸收池内进行原子化。测定 As、Sb、Bi、Sn、Ge、Se、Pb、Te 等元素时常用低温原子化方法，也即氢化物原子化方法，原子化温度为 700～900℃，氢化物原子化方法的原理是在酸性介质中，待测化合物与强还原剂硼氢化钠反应生成气态氢化物。例如：

$$AsCl_3 + 4NaBH_4 + HCL + 8H_2O = AsH_3\uparrow + 4NaCl + 4HBO_2 + 13H_2\uparrow$$

将待测试样在专门的氢化物生成器中产生气态氢化物。送入原子化器中使之分解成基态原子。这种方法的原子化温度低，灵敏度高（对砷、硒可达 10^{-8}g），基体干扰和化学干扰小。

③ 冷原子化法

各种试样中 Hg 元素的测量多采用冷原子化法，即在室温下将试样中的汞离子用 $SnCl_2$ 或盐酸经胺完全还原为金属汞后，用气流将汞蒸气带入具有石英窗的气体测量管中进行吸光度测定。该方法灵敏度、准确度较高（可检测出 10^{-8}g 汞）。

3）单色器

在原子吸收光谱法中，由于使用了锐线光源，对单色器的要求不高，多采用平面光栅，仅需要将共振线与邻近线分开即可，如测 Mn 元素时，单色器只需要能将共振线 279.48nm 和邻近线 279.8nm 分开即可。

4）分光器

分光器的作用是将所需要的共振吸收线分离出来。分光器的关键部件是色散元件，现在商品仪器都使用光栅。原子吸收光谱仪对分光器的分辨率要求不高，曾以能分辨开镍三线 Ni230.003nm、Ni231.603nm、Ni231.096nm 为标准，后采用 Mn279.5nm 和 Mn279.8nm 代替 Ni 三线来检定分辨率。光栅放置在原子化器之后，以阻止来自原子化器内的所有不需要的辐射进入检测器。分光器由入射和出射狭缝、反射镜和色散元件组成。

① 狭缝

狭缝是一种精密机械组件，如图 3.110 所示。由两条相互平行、间距很小、平直度很好的刀刃型金属刃边构成。狭缝又分入射狭缝和出射狭缝。被光源光束照亮的入射狭缝对于分光子系统来说，其功能就是一个发光的物或光源；出射狭缝的作用是经过分光的入射狭缝单色像依序射出，传递到光度子系统或光信号接收子系统。狭缝的宽度分固定式和可调式两种，固定式是指狭缝宽度按设计要求制造后不能改变，可调式指狭缝宽度可连续变化，由使用者通过调节结构按需要调节。现在的原子吸收商品仪器多使用固定式组合狭缝，即一组固定式狭缝，一般由 3 ~4 个宽度不同的固定狭缝一定方式排列组成。狭缝宽度会影响出射能量、光谱带宽和分辨率。

② 准直镜

准直镜又称准光镜，如图 3.111 所示，其功能是准直来自入射狭缝的发散光束。在光学仪器中，用光学组件将发散光束变成平行光束的功能称为准直。实现准直功能的常用光学组件是球面反射镜或非球面反射镜，非球面反射镜又分抛物面反射镜和椭球面反射镜。球面反射镜尽管产生球差，但因容易加工而被普遍使用；非球面反射镜尽管较好地消除了球差，但因加工难度大而较少使用。

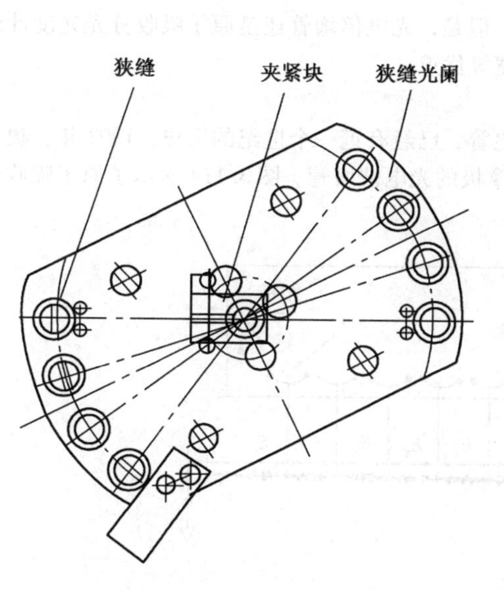

图 3.110　狭缝结构示意

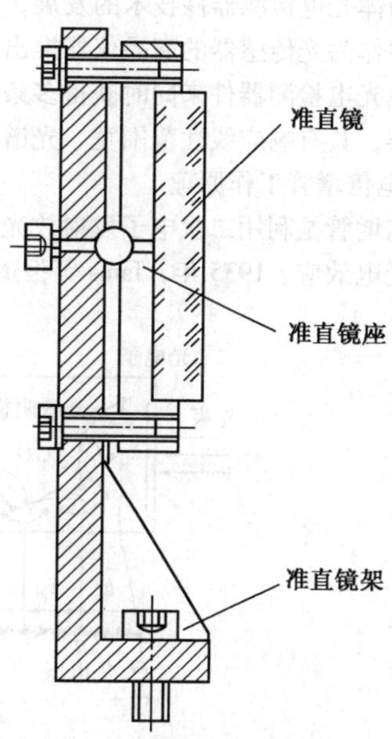

图 3.111　准直镜结构示意图

③ 色散组件

分光组件又称色散组件，是分光子系统的核心，其功能是使复合光在空间分解成以波长排序的单色光。常用的分光组件有棱镜和光栅。光栅种类较多，有透射光栅和反射光栅，平面光栅和凹面光栅，刻划光栅和全息光栅，还有闪耀光栅(定向光栅)、复制光栅、阶梯光栅等。棱镜与光栅的分光原理不同，使用时各有短长，分光原理如图 3.112 所示。

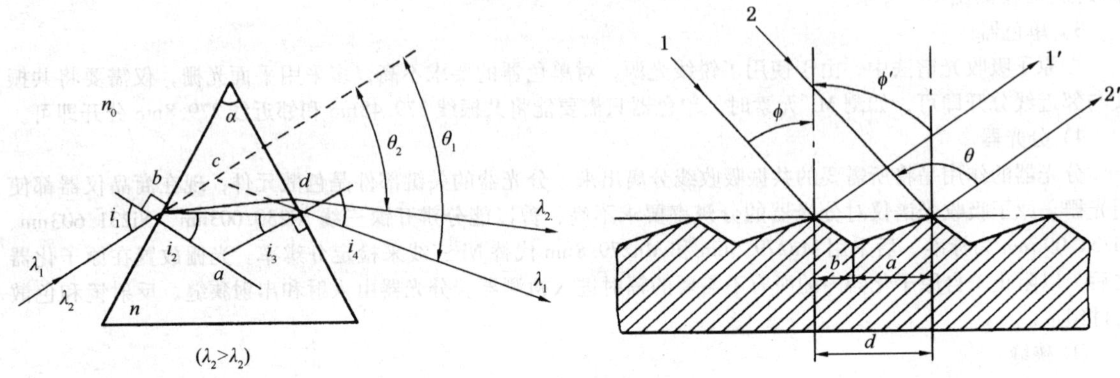

图 3.112 分光元件分光原理示意图

(a)棱镜的色散作用；

n_0—棱镜周围介质折射率；n—棱镜折射率；λ_1，λ_2—入射光波长；i_1—λ_1 波长光在棱镜第一面入射角；i_2—λ_1 波长光在棱镜第一面折射角；i_3—λ_1 波长光在棱镜第二面入射角；i_4—λ_1 波长光在棱镜第二面折射角；θ_1—λ_1 波长光偏向角(即射向棱镜的入射光线与穿过棱镜后的折射光线间的夹角)；θ_2—λ_2 波长光偏向角；α—棱镜顶角；b—λ_1 波长光在棱镜第一面入射点；d—λ_1 波长光在棱镜第二面入射点

(b)平面光栅色散原理

ϕ—光线 1 在光栅上入射角；ϕ'—光线 2 在光栅上衍射角；θ—入射光线与衍射光线夹角；a—光栅刻槽大面宽度；b—光栅刻槽小面宽度；d—光栅常数

5）检测系统

原子吸收分光光度计最常用的检测器是光电倍增管(Photomultiplier Tube，PMT)。其结构如图 3.113 所示，随着固体光电检测器件技术的发展，近年来也有采用电荷耦合器件(Charge Couple Device，CCD)等固体光电器件作为光传感器的商品仪器推出。在多元素同时测定的原子吸收分光光度计中，一般采用 CCD 等数组式固体光电检测器件来同时获得多条谱线信号。但是，光电倍增管还是原子吸收分光光度计最常用的光电传感器，具有响应线性范围宽、光谱响应范围宽等优点。

① 光电倍增管工作原理

光电倍增管是利用二次电子发射放光电流的光电管，已经有近一个世纪的历史。1902 年，奥斯汀等发现了二次光电效应。1935 年，Iams 等报道了单级打拿极的光电被增管。图 3.114 显示了原子吸收分光光度

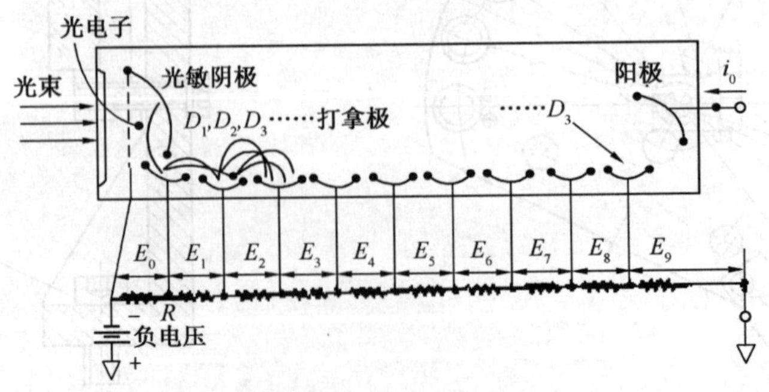

图 3.113 光电倍增管结构图

计常用的日本浜松公司出品 R928 型、R955 型侧窗型光电倍增管。

图 3.114　R928 型、R955 型侧窗型光电倍增管

光电倍增管的基本工作原理是基于外光电效应，将光源发射的光子转变成真空中的电子，再利用二次电子发射效应使电子数倍增。工作过程如图 3.115 所示，当光照射到光电倍增管的光阴极上时，光阴极将光子转变为光电子。在光阴极与第一打拿极及各打拿极之间均加上几十到一百多伏的电压下，形成使电子加速运动的电场。在电场作用下，电子加速运动，撞击第一打拿极，轰击出更多的二次电子。逸出的电子继续在电场的作用下，加速撞击下一个打拿极，电子数进一步增加。打拿极越多，激发出的电子数越多，得到的电信号越大。一般的光电倍增管有十个左右的打拿极，最高可将信号放大 10^9 倍，放大倍数与管子所施加的电压密切相关。打拿极倍增后的光电子达到阳极(又称收集极)，形成阳极电流。阳极电流仍然是微弱的(亚微安级到十微安级)，需要后续的电子电路进一步放大。

光电倍增管使用稳压高压电源通过电压分压气供电，直接建立管内各个电极所需的电位分布。分压器的一端通常与仪器机壳相连而接地。在原子吸收仪器中，阴极一般接负电位，阳极则接地，电源供给的是负高压。由于不同元素空心阴极灯发光强度相差悬殊，光电倍增管的放大倍数应能在一个较大的范围内变动，需要负高压可调。所以说光电倍增管可以看成是光\电转换部分和高性能可变增益信号放大器组成，调整高压电源电压实质上是调整放大器的放大倍数。光电倍增管输出的是与光信号成比例关系的电流信号，需经电流电压信号变换及电压信号放大电路，方可进行解调等信号处理，然后推动显示设备或进行模拟数字信号转换。熟悉这一点，对仪器的工作过程处理的理解，对一些故障现象和故障排除都很有好处。

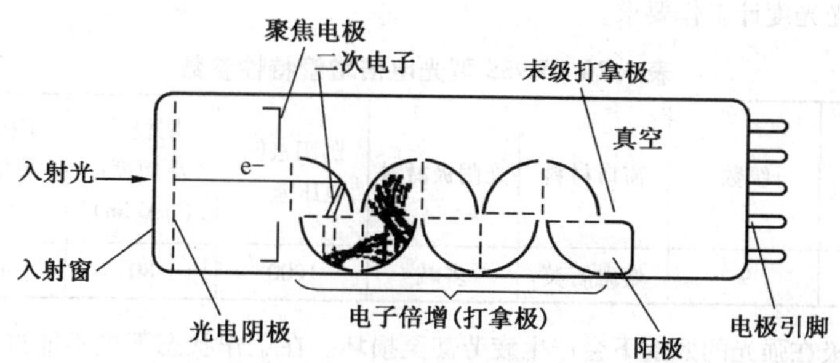

图 3.115　端窗型光电倍增管示意图

② 光电倍增管基本结构与类型

光电倍增管外形类似真空电子管，光阴极、打拿极和阳极安装在封闭的管壳内。现代光电倍增管基本结构视阴极类型分为两大类。用于接收聚焦的窄光束，不透明光阴极位于管内深处，光束垂直管轴射向位于玻壳侧面光窗，为侧窗型射向位于玻壳顶端光窗，为端窗型。见图 3.115。

倍增系统的打拿极形状有许多种，分离式倍增系统打拿极可分为聚焦电子束式和透过式两类。聚焦电子束式打拿极有盒子形、瓦片形及圆环形；透过式打拿极有百叶窗式、栅网式及薄膜式。

③ 光电倍增管的特性参数

由于用途广泛，光电倍增管的品种、构造、型号很多，不同型号的光电倍增管，其特性参数很不相同，需要根据仪器的工作特点、使用要求综合考虑选择。光电倍增管有三项重要参数：灵敏度、光谱特性曲线和暗电流。

A. 灵敏度：

光电倍增管灵敏度有阴极灵敏度与阳极积分灵敏度之分。阴极灵敏度又分为谱灵敏度与积分灵敏度两个参数。

a. 阴极灵敏度：光阴极谱灵敏度定义为光阴极发射电流对单色辐射通量的比值。单位 A/W 或 A/lm。

光阴极积分灵敏度定义为光阴极对 A 型辐射光源未分解光的灵敏度(以色温 284K 的白炽钨丝灯作 A 型光源)，单位为 A/W。

b. 阳极积分灵敏度：定义为阳极电路光电流与标准 A 型光源辐射到光阴极的光通量之比。单位为 A/lm。

B. 光谱特性曲线：

光谱特性曲线是表征光电倍增管光阴极灵敏度随波长变化的参数，这是由光电倍增管的光阴极灵敏度及窗口材料透过率具有随波长变化的特性所决定的。原子吸收分光光度计常用的 R928 型、R456 型光电倍增管光谱特性曲线如图 3.116 所示。

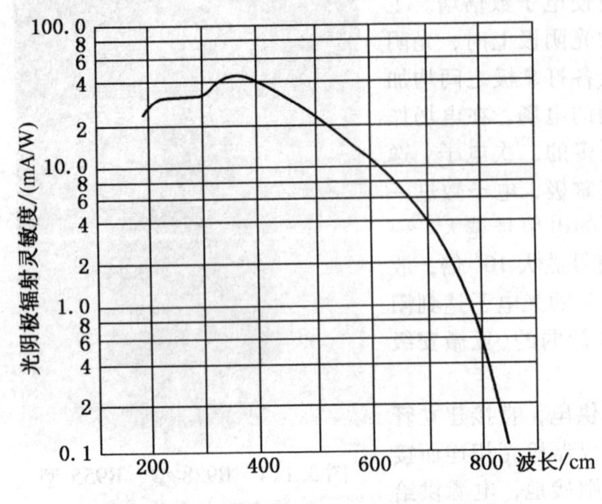

图 3.116 光电倍增管光谱特性曲线

C. 暗电流：

暗电流是指无光照时，在光电倍增管电路中流过的电流。产生暗电流的因素有三个：通过倍增系统放大的光阴极、阴极区电流及第一打拿极的热发射电流；阳极与其他电极间的漏电流；各电极之间的场致发射电子落到打拿极工作面上被放大产生的阳极电流。光电倍增管的暗电流越小，性能越好。

根据原子吸收分光光度计工作波长范围宽(一般从 As 的 193.7nm 覆盖到 Cs 的 852.1nm)、不同元素光源辐射光通量差异大等特点，选用光电倍增管需要综合考虑上述三项参数。表 3.20 给出的 R955 型光电倍增管特性参数显示，该型号光电倍增管具有很宽的光谱响应范围，紫外区光阴极灵敏度较高，暗电流低，比较符合原子吸收分光光度计工作要求。

表 3.20 R955 型光电倍增管特性参数

光谱响应范围/nm	最大响应波长/nm	级数	窗口材料	光阴极材料	阴阳极间电压差/V	阴极分灵敏度/(μA/lm)	阳极积分灵敏度/(A/lm)	阳极最大暗电流/nA
160 ~ 870	330	9	熔融石英	多碱	1000	80	400	50

光电倍增管的阴极在强光的照射下会产生疲劳甚至损坏。在工作状态下更不能打开光学暗室。在正常的条件下，光电倍增管的可靠性很高，使用寿命很长，日本浜松公司给出的平均寿命是 5×10^5 ~ 5×10^6h。一般在仪器的使用寿命期间并不需要更换光电倍增管。

3.2.4 原子吸收光谱实验技术

3.2.4.1 测量条件的选择

(1) 分析线

选择分析线应避免可能的谱线干扰，当分析线附近的其他非分析线进入光谱带宽内时，将使灵敏度降低和工作曲线弯曲，通常选用最灵敏线为分析线，当最灵敏线受到较大干扰、难以保证测定的准确度时，可以选用次灵敏线作为分析线，但必需注意，选择不同的分析线，测定的稳定性有差别。As、Se 等共振吸收线位于 200nm 以下的远紫外区，火焰组分对其有明显吸收，故用火焰原子吸收法测定这些元素时，不宜选用共振吸收线为分析线。表 3.21 列出了常用元素的分析线。

(2) 狭缝宽度

狭缝宽度影响光谱通带宽度与检测器接受的能量。原子吸收光谱分析中，光谱重叠干扰的几率小，可以允许使用较宽的狭缝，增强光强与降低检出限。狭缝宽度的选择要能使吸收线与邻近干扰线分开。通过实验进行选择，调节不同的狭缝宽度，测定吸光度随狭缝宽度的变化，当有干扰线或非吸收光进入光谱通带内时，吸光度值将立即减小。不引起吸光度减小的最大狭缝宽度，即为应选取的合适的狭缝宽度。

表 3.21 原子吸收分光光度法中常用的分析线

元素	λ/nm	元素	λ/nm	元素	λ/nm
Ag	328.07，338.29	Hg	253.65	Ru	349.89，372.80
Al	309.27，308.22	Ho	410.38，405.39	Sb	217.58，206.83
As	193.64，197.20	In	303.94，325.61	Sc	391.18，402.04
Au	242.80，267.60	Ir	209.26，208.88	Se	196.09，203.99
B	249.68，249.77	K	766.49，769.90	Si	251.61，250.69
Ba	553.55，455.40	La	550.13，418.73	Sm	429.67，520.06
Be	234.86	Li	670.78，323.26	Sn	224.61，286.33
Bi	223.06，222.83	Lu	335.96，328.17	Sr	460.73，407.77
Ca	422.67，239.86	Mg	285.21，279.55	Ta	271.47，277.59
Cd	228.80，326.11	Mn	279.48，403.68	Tb	432.65，431.89
Ce	520.0，369.7	Mo	313.26，317.04	Te	214.28，225.90
Co	240.71，242.49	Na	589.00，330.30	Th	371.9，380.3
Cr	357.87，359.35	Nb	334.37，358.03	Ti	364.27，337.15
Cs	852.11，455.54	Nd	463.42，471.90	Tl	276.79，377.58
Cu	324.75，327.40	Ni	232.00，341.48	Tm	409.4
Dy	421.17，404.60	Os	290.91，305.87	U	351.46，358.49
Er	400.80，415.11	Pb	216.70，283.31	V	318.40，385.58
Eu	459.40，462.72	Pd	247.64，244.79	W	255.14，294.74
Fe	248.33，352.29	Pr	495.14，513.34	Y	410.24，412.83
Ga	287.42，294.42	Pt	265.95，306.47	Yb	398.80，346.44
Gd	368.41，407.87	Rb	780.02，794.76	Zn	213.86，307.59
Ge	265.16，275.46	Re	346.05，346.47	Zr	360.12，301.18
Hf	307.29，286.64	Rh	343.49，339.69		

（3）空心阴极灯的工作电流

空心阴极灯一般需要预热 10～30min 才能达到稳定输出。灯电流过小，放电不稳定，故光谱输出不稳定，且强度小；灯电流过大，发射谱线变宽，导致灵敏度下降，校正曲线弯曲，灯寿命缩短。选用灯电流的一般原则是，在保证有足够强且稳定的光强输出条件下，尽量使用较低的工作电流。通常以空心阴极灯上标明的最大电流的 1/2～2/3 作为工作电流。在具体的分析场合，最适宜的工作电流由实验确定。

（4）原子化条件的选择

在火焰原子化法中，火焰类型和特征是影响原子化效率的主要因素。对低、中温元素，使用空气－乙炔火焰；对高温元素，采用氧化亚氮－乙炔高温火焰；对分析线位于短波区（200nm 以下）的元素，使用空气－氢火焰是合适的。火焰类型确定后，一般说来，稍富燃的火焰（燃气量大于化学计量）是有利的。对氧化物不十分稳定的元素如 Cu、Mg、Fe、Co、Ni 等，用化学计量火焰（燃气与助燃气的比例与它们之间化学反应计量相近）或贫燃火焰（燃气量小于化学计量）也是可以的。为了获得所需的特性火焰，需要调节燃气与助燃气的比例。

在火焰区内，自由原子的空间分布不均匀，且随火焰条件而变化，因此，应调节燃烧器的高度，以使来自空心阴极灯的光束从自由原子浓度最大的火焰区域通过，以期获得高的灵敏度。

在石墨炉原子化法中，合理选择干燥、灰化、原子化及除残温度与时间是十分重要的。干燥应在稍低于溶剂沸点的温度下进行，以防止试液飞溅。灰化的目的是除去基体和局外组分，在保证被测元素没有损失的前提下应尽可能使用较高的灰化温度。原子化温度的选择原则是，选用达到最大吸收信号的最低温度作为原子化温度。原子化时间的选择，应以保证完全原子化为准。在原子化阶段停止通保护气，以延长自由原子在石墨炉内的平均停留时间。除残的目的是为了消除残留产生的记忆效应，除残温度应高于原子化温度。以下是石墨炉原子化程序的详细优化过程。

1）石墨炉原子化过程升温程序参数的选择和优化

关于各个元素的石墨炉原子吸收分析法测定条件，商品仪器都有推荐条件。在此仅对一些重要部分进行论述，分析者对待分析样品性质的了解是至关重要的，还有就是进样量（进样体积）的选定和对分析结果的要求，这些是设定和优化测定条件的依据。此外还应考虑石墨管自身的一些问题，如不同批次的石墨管之间在纯度、密度、电阻率等方面有不均匀性问题存在，也有在同一批中不同管之间性能存在差异的情况，同一只石墨管在使用过程中管壁变薄或表面变粗造，以致发生热解层脱落都是影响测定条件选择的因素。

① 升温模式的选择：

斜坡升温模式由三个参数决定，即起始温度 T_0，要求达到的温度 T_1 和由 T_0 达到 T_1 的时间 Δt，实际上只有两个参数，T_1 和 Δt。若 T_1 已定，T_1 愈大，升温速率愈慢；当 Δt 已定，T_1 愈大，升温速率愈高。这种升温模式主要用于干燥阶段。斜坡升温模式的特点是能缓慢而平稳的由 T_0 升到 T_1。阶梯升温模式又称台阶升温，由起始温度 T_0 直接升至要求达到的温度 T_1，从理论讲其升温时间 $\Delta t=0$。实际上 Δt 不可能为零，而是很小，不影响阶梯升温模式功能的发挥，它主要用于灰化阶段，也有采用斜坡升温与阶梯升温相结合的方式。阶梯升温模式的特点是升温时间快。原子化阶段大都采用温控升温或温控最大功率升温方式。

② 干燥、灰化、原子化的温度和时间：

在制定升温程序前，需先了解样品的性质和进样量，每个阶段升温模式、温度、时间的选择，以及升温阶段个数的确定都是建立在对样品的性质和进样量了解的基础上。当分析未知样品时应尽可能对样品作些了解，并在建立升温程序实验过程中注意观察和分析问题。

③ 干燥升温模式、温度和时间的选择：

干燥条件直接影响分析结果的精度，升温模式一般都选择斜坡升温方式，温度略高于溶剂的沸点，时间由进样体积确定，每微升 2～3s。要求通过缓慢而平稳的升温过程到达设定的温度，没有发生样品飞溅，再将温度恒定保持一段时间（10～30s），达到溶剂完全蒸发除去。在实验工作中应力求找到能保证干燥过程平稳进行、不发生样品飞溅、时间又比较短的方案。如果样品中有几种溶剂或生物样品，需根据情况在干燥阶段设置几个斜坡升温加热方式。对一些盐分高或较为黏稠的样品，如血、尿、海水、废水、油类等，干燥过程较难控制。干燥温度低了，蒸发干燥不完全；温度高了，又容易引起飞溅造成样品丢失。对这类情况可采用加进一定体积的有机试剂，如 CH_3COOH 等使干燥过程较平稳的进行。还可采采取减小进样量或稀释的方法，为保证分析灵敏度，还可采用多次进样方法。在干燥过程中注意观察管中发生的情况十分重要。

④ 灰化升温模式、温度和时间的选择：

灰化阶段的各个参数往往是需要控制的重要参数，选择和控制得好，能大大简化测定过程。通过灰化阶段的升温程序加热处理，若能使待分析元素以相同的化学形态进入原子化阶段，且基体共存物质大部分被除去，气相化学干扰和背景吸收干扰大幅度减小，将能获得良好的分析结果。实际工作是复杂的，要尽可能蒸发除去基体共存物质，灰化温度应尽可能高一些，又要不损失待分析元素。通过用纯标准溶液制作待分析元素灰化曲线，确定其最佳灰化温度。若在此灰化温度下，不能或只能小部分蒸发除去基体共存物质，就要考虑使用化学改进剂，把待分析元素转变成低挥发性化合物，从而提高灰化温度，达到除去基体共存物质的要求。在实验过程中应注意观察灰化阶段有无原子吸收信号出现，就能立即知道待分析元素有无损失。除了磁场调制（交变磁场）塞曼原子吸收光谱仪器外，其他类型仪器均可在灰化阶段显示原子吸收信号的实时变化。对较为复杂基体的样品，需要设置几个灰化温度来实现蒸发除去基体共存物质，也可用斜坡升温方式来实现。

⑤ 原子化阶段升温模式、温度和时间的选择：

现在的石墨炉原子吸收光谱仪器都具有温控加热升温的功能，原子化阶段一般都选择温控升温方式，即温控最大功率升温方式。通过用纯标准溶液制作待分析元素的原子化曲线的方法，确定最佳原子化温度。原子化时间的确定原则是：原子化阶段开始至原子吸收信号回到基线的这段时间间隔，长了会影响石墨管的使用寿命，短了会造成待分析元素和基体物质在管内残留聚集。原子化温度在选择时，宜低不宜高，尤其是在分析低挥发元素，即难熔元素时，对这些难熔元素在制作原子化曲线时，即使温度升至 2700℃，原子吸收信号还在慢慢上升。联系石墨管的使用寿命，综合考虑对难熔元素的分析，除了有特殊要求的以外，一般选用 2700℃即可。如有些仪器制造商公司，提出原子化的最高温度不宜超过 2650℃的建议，并写进推荐条件。这些值得分析者考虑和思考。在使用平台原子化时，干燥、灰化、原子化各阶段的温度均提高 200～300℃。原子化过程的升温程序初步确定后，通过实验仔细观察原子化阶段的原子吸收和背景吸收信号轮廓形状，比较好的情况是：原子吸收信号较锐，无拖尾，背景吸收信号小。再最后确定全部参数及程序。

2）STPF 技术

STPF(Stabilized Temperature Platform Furnace 恒温平台炉)是一个概念，而不是硬件，由 Slavin 等提出。也可以说是一套减轻以致消除石墨炉原子吸收分析中干扰的方法，在此我们称做 STPF 技术。其内容是：

积分吸光度(峰面积测量方式)

快速响应检测电路和高速采样频率；

背景校正；

最大功率加热；

热解涂层石墨管和里沃夫平台；

原子化阶段停气；

用基体改进剂(现称为化学改进剂)。

上述 7 项全部采用方能构成 STPF 技术，才具有良好的减轻或消除干扰的效果。若有一条或多条没有采用，效果会很小或没有。这套较为完整的有效减轻或消除干扰的方法是 Slavin 等在使用里沃夫平台原子化技术的分析工作实践中总结出来的。它不仅简单具有可操作性，还有其严密的逻辑性。这套方法对整个原子化过程，从如何保证样品在恒温状态下原子化，防止样品渗进管壁和减小原子蒸气扩散损失，准确测量快速变化的原子吸收信号，如何消除原子化过程中待分析元素以不同化合物形态存在而产生原子化速率变化对测量结果的影响。STPF 技术的提出者十分强调是一整套技术，决不只是一个恒温平台石墨炉。1983 年 Slavin 等对 STPF 技术的实践进行了小结和充实，明确提出用塞曼背景校正方法。由于原子吸收光谱仪器的发展，STPF 技术中除第 7 项外，仪器均已实现。STPF 技术还包含一个重要的内容，用纯标准溶液制作工作曲线完成样品测定，只有充分消除了基体物质的干扰后才可以。反过来以能否用纯标准溶液制作工作曲线完成样品测定，可在一定程度上说明是否较好掌握和应用整套的 STPF 技术。这一点在 Slavin1985 年 10 月访问我国时所作的学术报告中强调过，其理由是 STPF 技术在很大程度上或基本上消除了干扰。里沃夫高度评价 STPF 技术在实际应用上有了发展，一是提出用钽片平台代替石墨平台，和以衬钽石墨管代替热解石墨管，解决了大部分碱土金属(Ca、Sr 和 Ba)、易生成碳化物的难熔元素和稀土元素的分析问题，扩大了 STPF 技术分析元素的范围；二是一种工作曲线斜率的自动控制方法。石墨平台 STPF 技术对 Mo、Ti、V 的分析结果没有任何改善，可能是这些元素的出现温度太接近石墨管的最高温度，不能应用辐射加热方式使石墨平台很快升至管壁的温度。对这类元素不宜用石墨平台。21 世纪的开始，原子吸收光谱仪器和石墨炉原子吸收分技术有了新的发展，尤其在快速检测电路、高速采样技术、背景校正技术和温控加热石墨炉电源技术等都有了长足的进步，加之横向加热石墨管与一体化平台石墨管商品的出现，使 STPF 技术又有了进步。对分析工作者来说要能正确使用和掌握 STPF 技术，还需要有一份耐心和细致。

(5) 进样量

进样量过小，吸收信号弱，不便于测量；进样量过大，在火焰原子化法中，对火焰产生冷却效应，在石墨炉原子化法中，会增加除残的困难。在实际工作中，应测定吸光度随进样量的变化，达到最满意的吸光度的进样量，即为应选择的进样量。

3.2.4.2　干扰及其抑制

(1) 物理干扰及抑制

物理干扰是指试样在转移、蒸发过程中因物理因素变化所引起的干扰效应，主要影响试样喷入火焰的速度、雾化效率、雾滴大小等。可通过控制试液和标准溶液的组成尽量一致的方法来抑制。

(2) 化学干扰及抑制

化学干扰是指待测元素与其他共存组分之间的化学作用所引起的干扰效应，主要影响到待测元素的原子化效率，是主要干扰源。当待测元素与其共存物质作用生成难挥发的化合物时，可使参与吸收的基态原子减少。另外，如果待测元素容易电离生成离子，则对原子的分析线不产生吸收，这都使得待测元素的总吸收强度减弱，产生负误差。例如，钴、硅、硼、钛、铍在火焰中易生成难熔化合物，硫酸盐、硅酸盐与铝生成难挥发物；电离电位≤6eV 的元素易发生电离(如碱及碱土元素)等都会引起负误差。

可通过在标准溶液和试液中加入某种光谱化学缓冲剂来抑制或减少化学干扰，常用的有：

① 释放剂：与干扰元素生成更稳定的化合物，使待测元素释放出来。例如，锶和镧可有效消除磷酸根对钙的干扰。

② 保护剂：与待测元素形成稳定的配合物，防止干扰物质与其作用。例如，加入 EDTA 生成 EDTA - Ca，避免磷酸根与钙离子作用。

③ 饱和剂：加入足够的干扰元素，使干扰趋于稳定。例如，用 $N_2O - C_2H_2$ 火焰测钛时，在试样和标准溶液中加入 300mg/L 以上的铝盐，可以使铝对钛的干扰趋于稳定。

④ 电离缓冲剂：选择一种易电离的缓冲剂。大量加入，以抑制待测元素的电离。例如，加入足量的更易电离的铯盐，抑制 K、Na 等元素的电离。

(3)光谱干扰与抑制

光谱干扰是指待测元素的共振线与干扰物质谱线分离不完全及背景吸收所造成的影响，这类干扰主要来自光源、试样中的共存元素和原子化装置。

① 谱线干扰

如果分析线附近有单色器不能分离的待测元素的邻近线，或两种元素共存，并有不能分离的相邻谱线时，产生谱线干扰。如 Cd 的分析线为 228. 80nm，而 As 的 228. 81nm 谱线将对 Cd 产生谱线干扰，可以通过调小狭缝或选其他分析线的方法来抑制或消除这种干扰。同样，分析 Cd 时，如果空心阴极灯中内衬金属 Cd 的纯度不够高而含有微量 As，也产生干扰，这时，可换用纯度较高的单元素灯减小干扰。

② 背景干扰

背景干扰主要是指分子吸收和光的散射所产生的背景吸收。在原子化过程中，共存物质形成分子和自由基时产生吸收，如卤化物在 200 ~ 400nm 间所产生的分子吸收谱带；当试样溶液中盐含量较高时，在火焰中能够形成团体颗粒，对光产生效射，都会引起待测元素吸光度增加，产生正误差。通路石墨炉原子化法比火焰法产生的干扰严重。在一般过程中通常采用的空白溶液校正背景方法，仅适合由化合物产生背景的理想溶液。目前在原子吸收仪器中，一般采用氘灯背景扣除法和自吸收背景扣除法以及塞曼(Zeeman)效应背景扣除法来消除背景干扰。

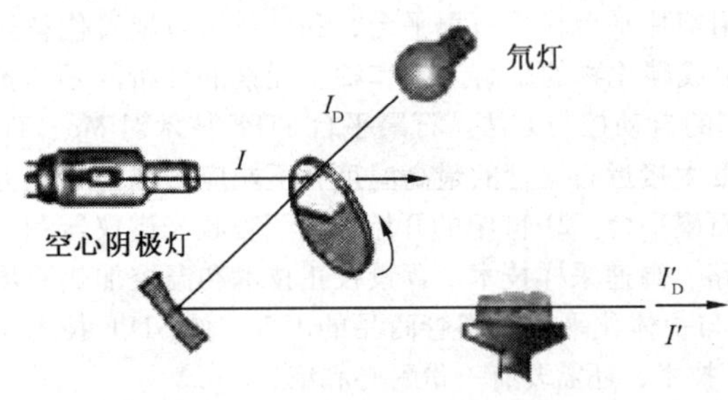

图 3. 117　氘灯校背景示意图

氘灯背景扣除法也称连续光源背景扣除法，其原理如图 3. 117 所示。用空心阴极灯进行正常测定时，总吸光度包括了待测原子吸收和背景吸收。校正时，由于原子对连续辐射的吸收可以忽略，氘灯发射的连续光谱通过原子蒸气产生的吸收则主要是由背景吸收和散射造成的，总吸光度与连续光源产生的吸光度之差即为待测原子的净吸收值。校正时，要求两束光的中心重合，否则将影响校正效果。氘灯扣背景扣除法只能在 190 ~ 430nm 范围内从事背景校正，对于长波段范围内元素的高盐类样品分析困难，而且不能对分光干扰进行校正。

自吸收背景扣除法其原理如图 3. 118 所示，在空心阴极灯上小电流 1L(10mA 左右)和大电流 1H (500mA 左右)交替通过。大电流时，由于阴极溅射的大量原子云的自吸收，灯的发光光谱中间变为凹形(自吸收：SelfReverse)。这时，主要是背景吸收，几乎没有原子吸收。另外，小电流时的发光光谱成为一个窄峰，此时为背景和原子吸收。求出两者的差，可正确地校正背景吸，测定真正的原子吸收。自吸收背景扣除法校正波长范围 190 ~ 900nm，可以对分光干扰进行校正。但灵敏度不如氘灯背景扣除法高，短波段元素灵敏度本身就低，受其影响会更差，

塞曼背景扣除法是根据磁场作用下谱线分裂的现象(塞曼效应)，利用磁场将简并的谱线分裂成具有不同偏振特性的成分。原子化器加磁场后，待测原子的吸收线分裂成一个与磁场平行的Π成分和两个与磁场垂直的 σ_+、σ_- 成分，如图 3. 119 所示，三者之和的总强度等于未分裂时谱线的总强度。

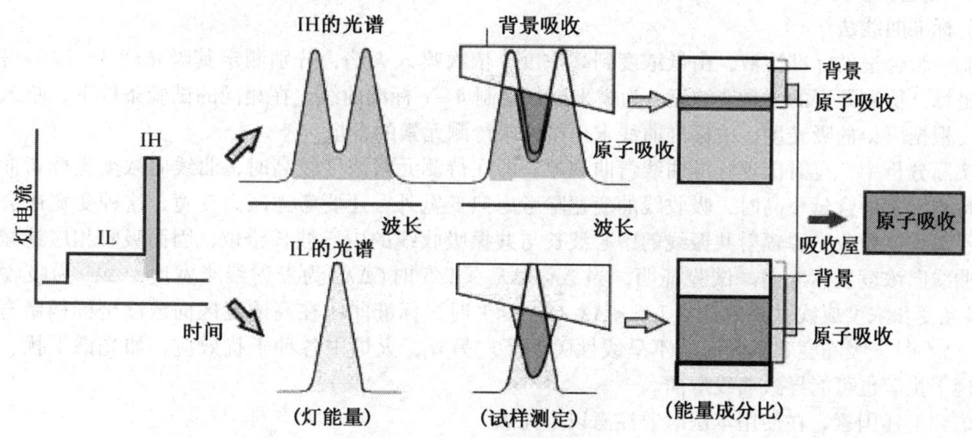

图3.118 自吸收校背景示意图

由空心阴极灯发出的光线通过旋转偏振器成为偏振光。随旋转偏振器的转动，当平行磁场的偏振光通过火焰时，产生总吸收；当垂直磁场的偏振光通过火焰时，只产生背景吸收，如图3.120所示。两次测量之差为被测元素的净吸光度。塞曼校正与连续光谱校正相比，校正波长范围宽（190～900nm）、背景校正较彻底，但测定的灵敏度低，仪器复杂，价格高，且只适用于石墨炉法。

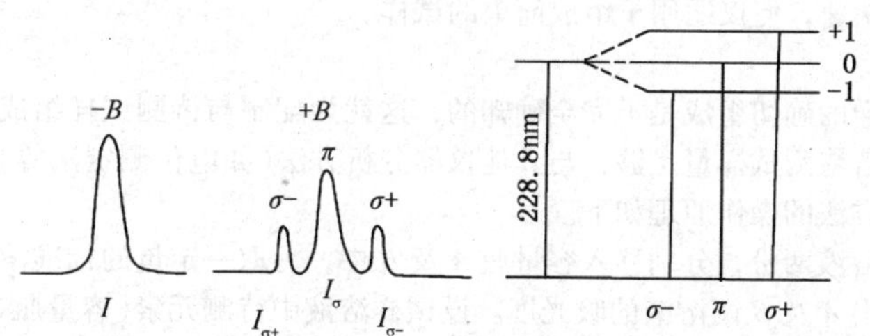

图3.119 Cd228.8nm谱线的塞曼效应

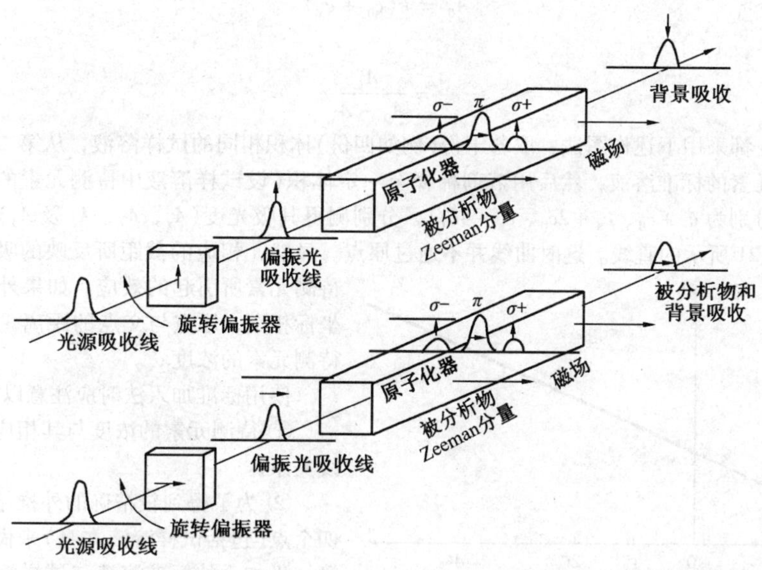

图3.120 恒定磁场调制方式Zeeman效应背景校正原理示意图

3.2.4.3 定量分析方法

（1）标准曲线法

配制一组合适的标准溶液，由低浓度到高浓度，依次喷入火焰，分别测定其吸光度 A。以测得的吸光度为纵坐标，待测元素的含量或浓度 c 为横坐标，绘制 $A-c$ 标准曲线。在相同的试验条件下，喷入待测试样溶液，根据测得的吸光度，由标准曲线求出试样中待测元素的含量。

在实际分析中，有时出现标准曲线弯曲现象。即在待测元素浓度较高时，曲线向浓度坐标弯曲。这是因为当待测元素的含量较高时，吸收线的变宽除考虑热变宽外，还要考虑压力变宽，这种变宽还会使吸收线轮廓不对称，导致光源辐射共振线的中心波长与共振吸收线的中心波长错位，因而吸收相应地减少，结果标准曲线向浓度坐标弯曲。试验证明，当 $\Delta\lambda_e/\Delta\lambda_a<1/5$ 时（$\Delta\lambda_e$ 为发射线半宽度，$\Delta\lambda_a$ 为吸收线半宽度），吸光度和浓度成线性关系；当 $1/5<\Delta\lambda_e/\Delta\lambda_a<1$ 时，标准曲线在高浓度区向浓度坐标稍微弯曲；若 $\Delta\lambda_e/\Delta\lambda_a>1$ 时，吸光度和浓度间就不呈线性关系了。另外，火焰中各种干扰效应，如光谱干扰、化学干扰、物理干扰等也可能导致曲线弯曲。

考虑到上述因素，在使用本法时要注意以下几点。

① 所配制的标准溶液的浓度，应在吸光度与浓度呈直线关系的范围内；

② 标准溶液与试样溶液都应用相同的试剂处理；

③ 应扣除空白值；

④ 在整个分析过程中操作条件应保持不变；

⑤ 由于喷雾效率和火焰状态经常变动，标准曲线的斜率也随之变动，因此，每次测定前应用标准溶液对吸光度进行检查和校正。

标准曲线法简便、快速，但仅适用于组成简单的试样。

（2）标准加入法

一般来说，待测试样的确切组成是不完全确知的，这就为配制与待测试样组成相似的标准溶液带来困难，但在这种情况下，若待测试样量足够，与其他仪器分析方法（如电位测定法等）一样，可应用标准加入法克服这一困难。这种方法的操作原理如下。

取相同体积的试样溶液两份，分别移入容量瓶 A 及 B 中，另取一定量的标准溶液加入 B 中，然后将两份溶液稀释至刻度，测出 A 及 B 两溶液的吸光度。设试样溶液中待测元素（容量瓶 A 中）的浓度为 c_x，加入标准溶液（容量瓶 B 中）的浓度为 c_0，A 溶液的吸光度为 A_x，B 溶液的吸光度为 A_0，则可得：

$$A_x = kc_x$$
$$A_0 = k(c_0 + c_x)$$

由上两式得：

$$c_x = \frac{A_x}{A_0 - A_x}c_0 \tag{3.44}$$

实际测定中，都采用下述作图法：取若干份（例如四份）体积相同的试样溶液，从第二份开始按比例加入不同量的待测元素的标准溶液，然后用溶剂稀释至一定体积（设试样溶液中待测元素的浓度为 c_x，加入标准溶液后浓度分别为 c_x+c_0、c_x+2c_0、c_x+4c_0），分别测得其吸光度（A_x，A_1，A_2 及 A_3），以 A 对加入量作图，得如图 3.121 所示的直线。这时曲线并不通过原点。显然，相应的截距所反映的吸收值正是试样中待测元素所引起的效应。如果外延此曲线使与横坐标相交，原点与交点的距离，即为所求试样中待测元素的浓度 c_x。

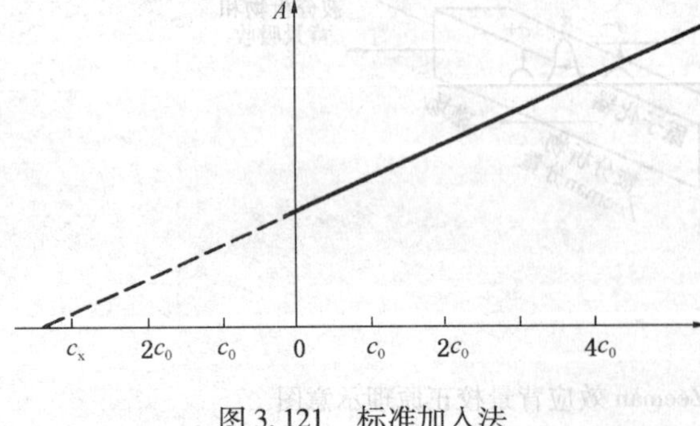

图 3.121 标准加入法

使用标准加入法时应注意以下几点：

① 待测元素的浓度与其相应的吸光度应呈直线关系；

② 为了得到较精确的外推结果，最少应采用四个点（包括试样溶液本身）来做外推曲线，并且第一份加入的标准溶液与试样溶液的浓度之比应适当，这可通过试喷试样溶液和标准溶液，比较

两者的吸光度来判断。增量值的大小可这样选择，使第一个加入量产生的吸收值约为试样原吸收值的一半；

③ 本法能消除基体效应带来的影响，但不能消除背景吸收的影响。这是因为相同的信号，既加到试样测定值上，也加到增量后的试样测定值上，因此只有扣除了背景之后，才能得到待测元素的真实含量，否则将得到偏高结果；

④ 对于斜率太小的曲线(灵敏度差)，容易引进较大的误差。

(3) 灵敏度与检出限

① 灵敏度及特征浓度：

在原子吸收分光光度分析中，灵敏度 S 定义为校正曲线的斜率，其表达式为：

$$S = \frac{dA}{dc} \tag{3.45}$$

或：

$$S = \frac{dA}{dm} \tag{3.46}$$

即当待测元素的浓度 c 或质量 m 改变一个单位时，吸光度 A 的变化量。在火焰原子化法中常用特征浓度来表征灵敏度，所谓特征浓度是指能产生 1% 吸收或 0.0044 吸光度值时溶液中待测元素的质量浓度($\mu g \cdot mL^{-1}/1\%$)或质量分数($\mu g \cdot g^{-1}/1\%$)。例如 1μg/g 镁溶液，测得其吸光度为 0.55，则镁的特征浓度为：

$$\frac{1}{0.55} \times 0.0044 = 8 ng \cdot g^{-1}/1\%$$

对于石墨炉原子化法，由于测定的灵敏度取决于加到原子化器中试样的质量，此时采用特征质量(以 g/1% 表示)更为适宜。显然，特征浓度或特征质量越小，测定的灵敏度越高。

灵敏度或特征浓度与一系列因素有关，首先取决于待测元素本身的性质，例如难熔元素的灵敏度比普通元素的灵敏度要低得多。其次，还和测定仪器的性能如单色器的分辨率、光源的特性、检测器的灵敏度等有关。此外，还受到实验因素的影响，例如：光源工作条件不合适，引起自吸收或光强减弱；供气速度不当，导致雾化效率降低；燃烧器条件不合适，共振辐射不是从原子浓度最高的火焰区通过；燃气与助燃气流量比不恰当，引起原子化效率降低等，都会降低测定灵敏度。反之，若正确选择试验条件，并采取有效措施，则可进一步提高灵敏度。

② 检出限：

检出限是指产生一个能够确证在试样中存在某元素的分析信号所需要的该元素的最小含量。即待测元素所产生的信号强度等于其噪声强度标准偏差 3 倍时所相应的质量浓度或质量分数，用 μg/mL 或 μg/g 表示。绝对检出限则用 m 表示：

$$D_c = \frac{c}{A} \cdot 3\sigma \tag{3.47}$$

或：

$$D_m = \frac{m}{A} \cdot 3\sigma \tag{3.48}$$

式中，c 或 m 分别为待测液的浓度或质量；A 为多次待测试液吸光度的平均值；σ 为噪声的标准偏差，是对空白溶液或接近空白的标准溶液进行至少 10 次连续测定，由所得的吸光度值求算其标准偏差而得。

检出限比灵敏度具有更明确的意义，它考虑到了噪声的影响，并明确地指出了测定的可靠程度。由此可见，降低噪声、提高测定精密度是改善检出限的有效途径。因此对于一定的仪器，合理地选择分析条件，诸如选择合适的灯电流，仪器充分预热，调节合适的检测系统的增益，保证供气的稳定等，都可以降低噪声水平。

3.2.4.4 原子吸收光谱仪附件

原子吸收光谱仪主要包括氢化物发生器、冷汞发生器、自动进样器、砷形态分析装置(LC－AA)、微量进样的火焰测定等。

(1) 氢化物发生器

图 3.122 为岛津公司氢化物发生器。

As、Se、Sn、Sb、Te、Bi 等元素在酸性条件下与强还原剂 $NaBH_4$ 或 KBH_4 反应，生成气态的氢化物，

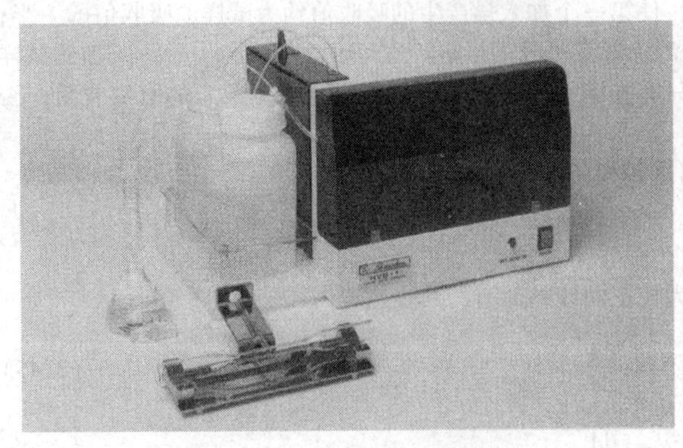

图 3.122 氢化物发生器

由氩气带入加热的石英管中进行原子化，测量其吸光度。氢化物发生器流路如图 3.123 所示，样品、盐酸、硼氢化钠通过蠕动泵输送到集流管中混合，再进入反应圈中产生氢化物，反应混合物包括氢化物、氢气、水蒸气和试剂残留，反应混合物进入到气液分离器使得气相和水相得以分离，气相通过载气输送到吸收池里，水相作为废液排出。

(2) 冷汞发生器

在常温下，用还原剂氯化亚锡将水样中化合态的汞还原为金属汞，用载气将汞蒸气带入原子吸收分光光度计的冷原子吸收池中，测量汞蒸气对波长 253.7nm 的吸收。冷汞发生器有循环模式和抽气模式两种测量方式，其流路如图 3.125 所示，当选用循环模式时，图中排气旋塞和模式旋塞均处于实线位置，汞蒸气在管路循环，在反应开始后大约 1min 时间，信号达到一个平台阶段，然后把排气旋塞打至虚线位置，排除残留气至高锰酸钾回收瓶中。当选用抽气模式，开始时模式旋塞和排气旋塞均处于虚线位置，此时产生的汞蒸气经过 30s 的完全反应时间后，储积于封闭的循环管路中，当把排气旋塞打至实线位置时，汞蒸气瞬间全部进入气体池中，时间信号为一个尖峰。图 3.124 为岛津公司的冷汞发生器。

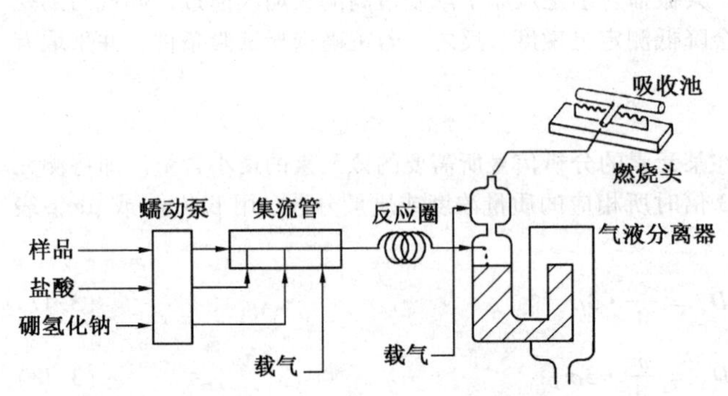

图 3.123 氢化物发生器流路图

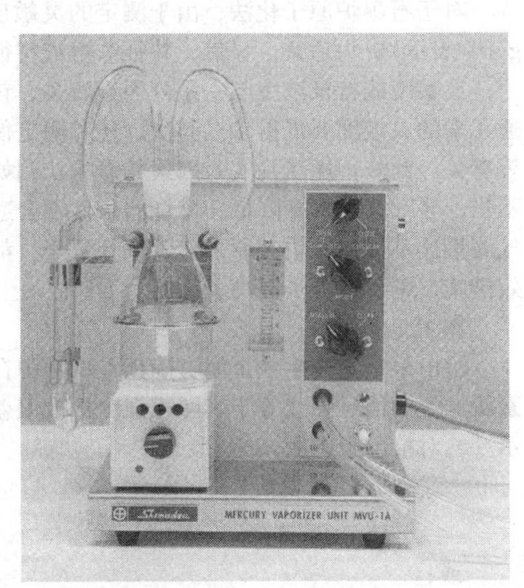

图 3.124 冷汞发生器

(3) 砷形态分析装置(LCAA)

岛津液相－原子吸收联用系统集液相色谱分离富集和原子吸收光谱高灵敏度检测的优势，采用在线消解氢化物发生装置作为接口，实现了以砷为代表的、多元素高灵敏度形态分析。

岛津液相原子吸收联用系统主要由岛津公司 LC－10A 和原子吸收光谱仪构成。样品通过液相色谱分离，在线消解氢化物发生装置处理，无论大小分子可挥发元素有机化合物均能转化为小分子柯氢化发生的形态，从而进入原子吸收光谱仪准确定量到 ppb 级(液体中含量)，达到快速准确微量定量形态分析的目的。实验全过程从 HPLC 进样开始到得到测试结果，仅需 10min，大大提高了测定元素可挥发化合物的速度，同时该系统大幅度降低了成本，满足了中国市场需求。图 3.126 为岛津砷形态分析装置(LC－AA)。

(4) 自动进样器

自动进样器是作为替代人工进样而开发的一种仪器附件，经过许多制造商长期不断的研发，这种附件已克服早期产品可靠性差、精度低、操作复杂等主要缺陷，逐渐显示其减少人为操作误差、提高分析速度、

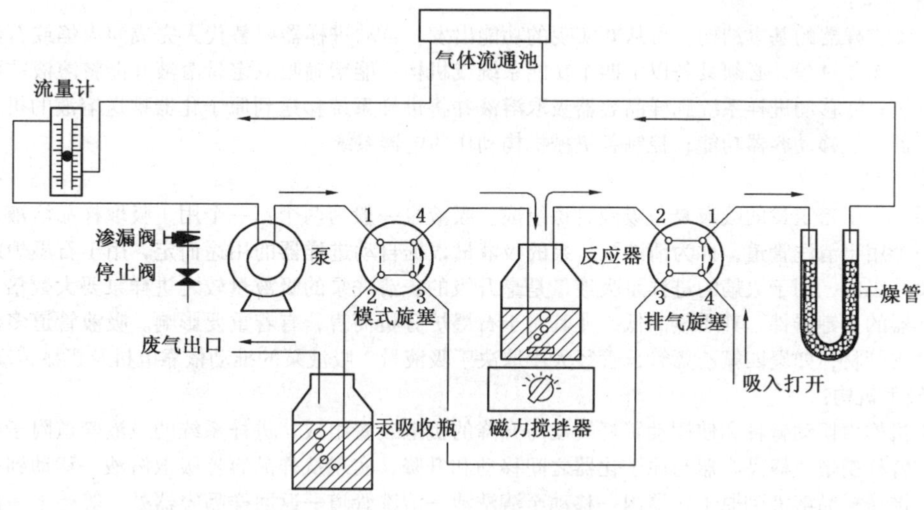

图 3.125　冷汞发生器流路图

图 3.126　砷形态分析装置(LC - AA)

实现全自动检测的优势，成为分析工作者的得力助手。

由于石墨炉法分析的人工进样操作要求高，误差大，因此最先开发的是石墨炉自动进样器，随后开发的是火焰自动进样器。自动进样器的专用性强、通用性差，尤其是石墨炉自动进样器，因为与主机的石墨炉原子化系统有比较严格的尺寸、结构、形状的配合关系，故而差异性大，但从基本结构上看，也有不少共性。本节以岛津 AA6800 的石墨炉自动进样器(见图 3.127)为例，重点介绍自动进样器的共性特点、操作使用注意事项等。

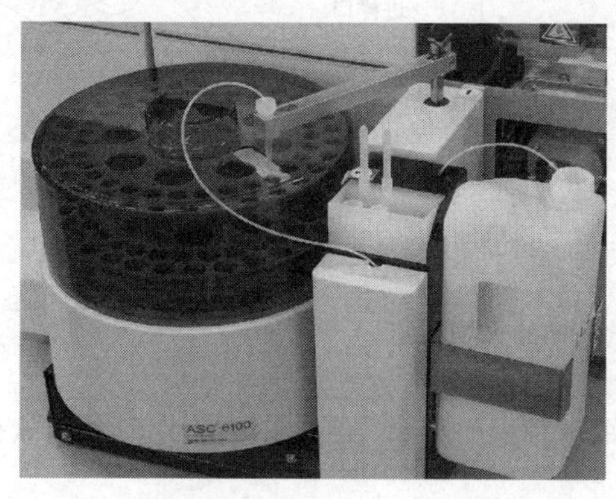

图 3.127　AA6800 自动进样装置可用于火焰和石墨炉全自动分析

① 基本结构：

分析自动进样器的基本结构，可从要实现的功能出发。自动进样器要替代人完成向火焰或石墨炉原子化系统进样的操作过程，必须具备以下四个功能系统或机构：能精确吸取定量溶液并能将溶液准确推送出去的进样系统；能移动进样系统到样品容器吸取溶液并将进样系统移送到原子化器推送溶液的机构；放置多个样品容器并能移动容器功能；控制各机械机构动作的电器系统。

② 进样系统：

进样系统由精密定量的吸液泵与吸液管道组成。吸液泵一般为两个：一个用于吸取样品溶液，称为进样泵；另一个用于清洗管道，称为清洗泵。泵的吸液量根据自动进样器的用途而定，用于石墨炉的进样泵吸液量是微升级的，用于火焰的进样泵吸液量是毫升级的；清洗泵的吸液量较之进样泵要大数倍。吸液泵是自动进样器的关键器件，其质量高低，尤其对于石墨炉分析而言，有着重要影响。吸液管道多数使用优质的氟聚合物管材，如聚四氟乙烯管，管径大小取决于吸液量。吸液泵的推动依靠电机及机械传动装置。

③ 机械手机构：

机械手机构由摆动臂杆和使摆动臂杆转动与升降的机电装置组成。进样系统的吸液管道附于摆动臂杆上，由摆动臂杆携带在样品容器与原子化器之间移动和升降，实现从样品容器吸取溶液—移动到原子化器进样位置—推送样品溶液到原子化器内—移动至清洗池—清洗管道—返回样品容器处，等待下一次吸液的拟人机械手操作。用于石墨炉的机械手机构大多执行绕轴转动及升降动作，而用于火焰原子化器的机械手机构一般执行平面两维移动及升降动作，这主要取决于两种原子化器的结构与进样方式。

④ 样品容器放置与移动机构：

该机构由放置样品容器的样品盘及其移动装置组成。为适应大量样品自动进样以及添加基体改进剂或配制校准溶液的要求，样品盘可放置数十至上百个盛放溶液的聚丙烯样品杯。每个杯位有编号，供操作者和计算机识别。有些自动进样器的样品盘，盛放基体改进剂的样品杯放在特设的位置上。由于火焰和石墨炉所用机械手的机构不同，其样品容器放置与移动机构亦不相同。用于石墨炉的样品容器放置与移动机构多为样品杯沿圆周排列可绕轴转动的圆盘，用于火焰的样品容器放置机构一般为样品杯在平面上两维顺序排列的固定平板，平板自身并不移动，依靠机械手两维移动来抽取不同样品杯中的溶液。

（5）微量进样的火焰测定

与传统的连续吸入方法不同，50～100μL 的样品注入到火焰中，得到样品的峰形信号用于定量。微体积进样方法的特点：仅需要少量样品；即使高盐含量样品也不容易堵塞燃烧器缝；使用自动进样器，可自动稀释测定。图 3.128 为岛津微量进样的火焰测定。图 3.129 为自动进样器自动稀释 2ppm Cu 标准溶液制备的校准曲线（进样量 100μL）。

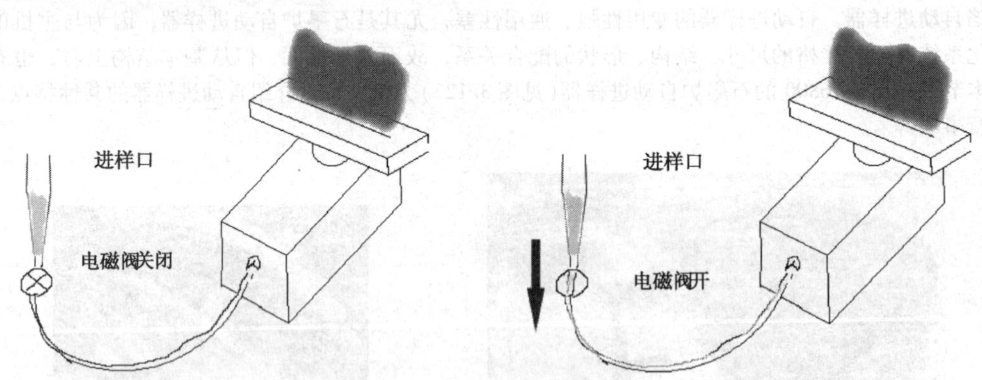

图 3.128 微量进样的火焰测定

3.2.5 原子吸收光谱仪控制及数据处理

以 AA－6800 为例，简要介绍原子吸收光谱仪的软件操作技术。图 3.130 为 AA6800 为软件的操作流程。

（1）仪器自检画面

首先启动软件进行连接仪器，出现仪器自检界面，见图 3.131。

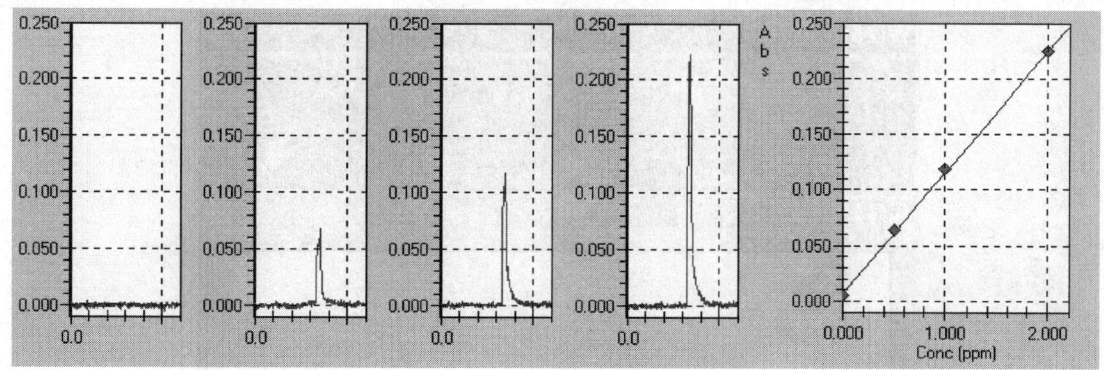

图 3.129　自动进样器自动稀释 2ppmCu 标准溶液制备校准曲线(注入量：100μL)

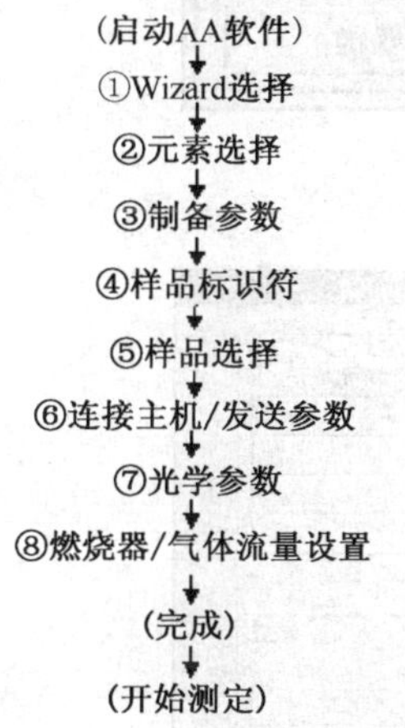

图 3.130　AA6800 为软件的操作流程

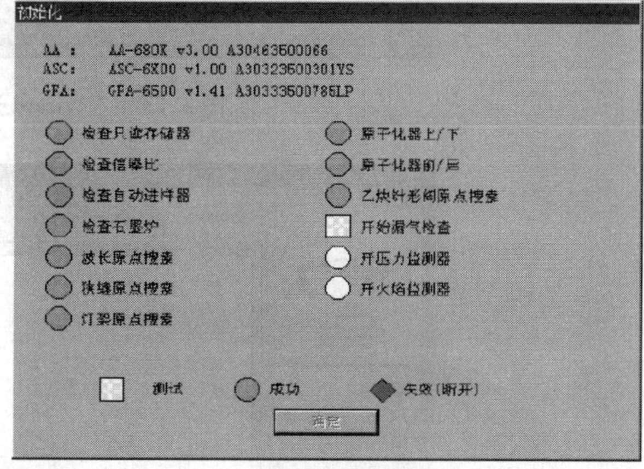

图 3.131　仪器自检页

自检过程中黄心方块项目表示正在执行检测项，绿色实心圆表示自检成功项，红色实心菱形表示检测失败或未打开项。因此，若用户只使用火焰方式测定时，ASC 与 GFA 均可以处于断开的状态，允许 ASC、GFA 显示红色不通过，其余各项均应正常自检完成。

(2) 元素选择

当出现“Wizard 选择”对话框时，见图 3.132，如果需要设置一套新的参数，双击 Wizard 上的元素选择或点击图标，再点击 <确定> 键，然后将出现“元素选择”页。见图 3.133。

点击 <选择元素> 键。出现“装载参数”页，见图 3.134。

在此页选择要测定的元素。完成所有设置后，点击 <下一步>。将出现制备参数页。见图 3.135。

(3) 制备参数

首先，点击选择的元素行，使之变亮，然后点击 <编辑> 键。出现“制备参数”页。见图 3.136 设置参数。

在此设置测定类型及标准曲线的类型及条件等，当完成所有的设置后，点击 <下一步>。将出现“样品标识符”页，见图 3.137。

(4) 样品标识符

① 在“样品标识符”页，首先输入测定样品的个数。然后用键盘逐一输入样品的标识符(样品名)到[样品标识符]的各单元中。

② 当所有样品取连续号码的相同名称时，可点击 <集体设置>。然后将出现“样品标识符集体设置”的对话框。

③ 集体设置后，如果需要还可在此进行个别样品标识符的改变。

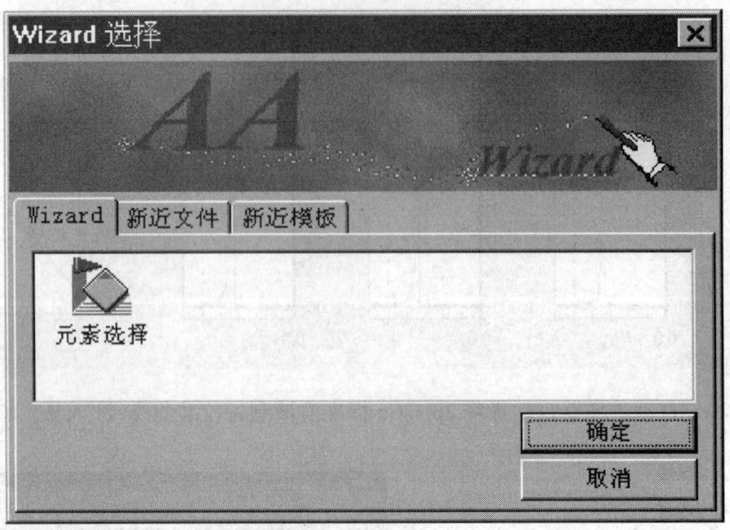

图 3.132 “Wizard 选择”对话框

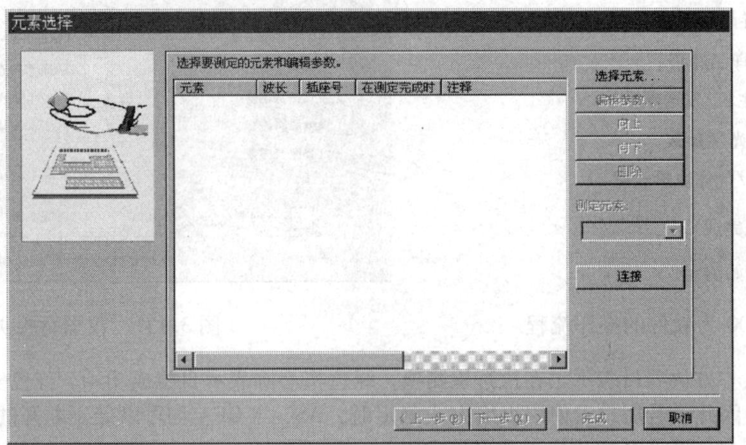

图 3.133 “元素选择”页

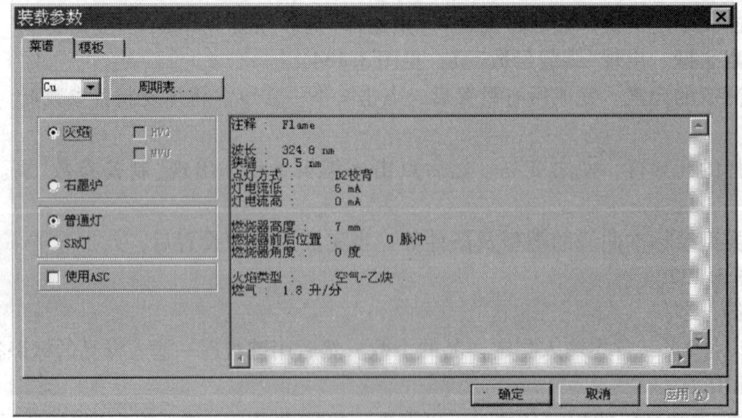

图 3.134 菜谱页中的装载参数

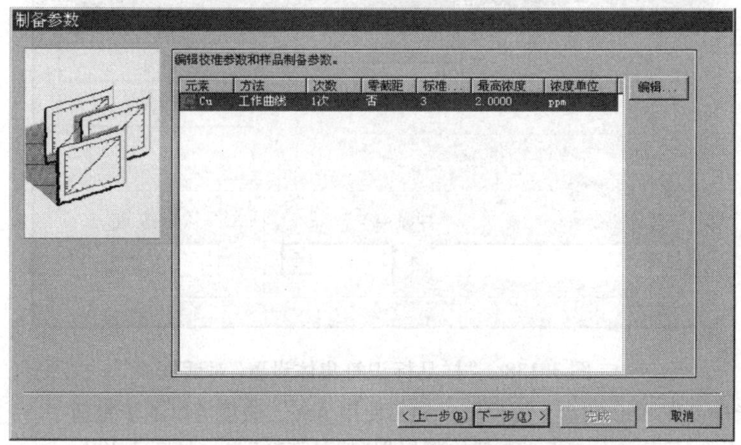

图 3. 135　“制备参数”页

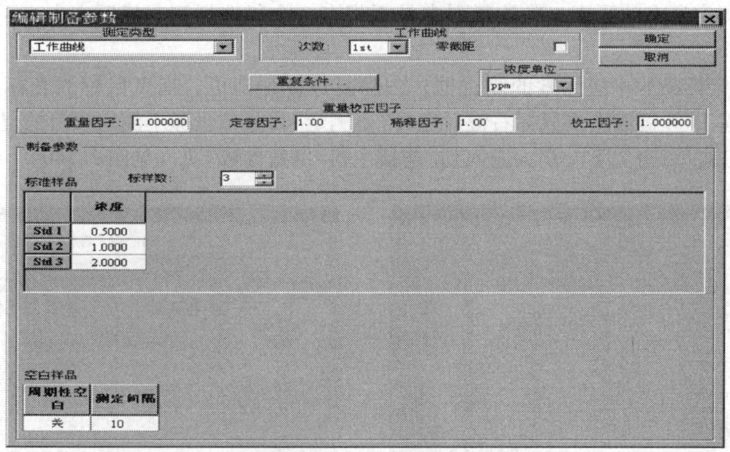

图 3. 136　编辑“制备参数”页

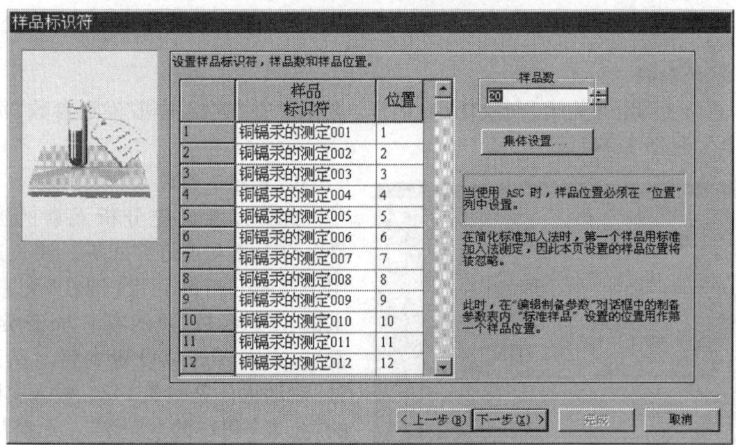

图 3. 137　“样品标识符”页

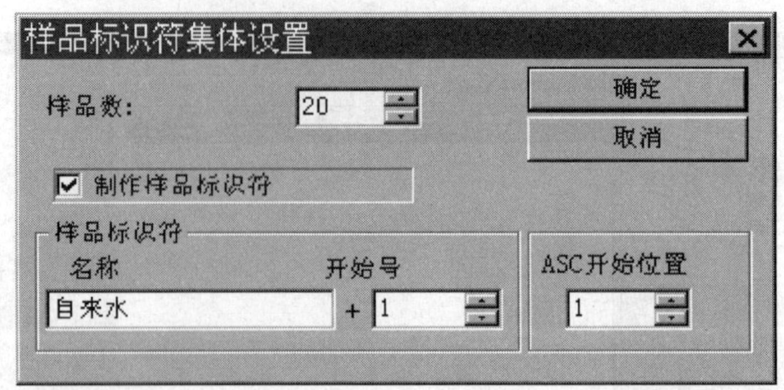

图 3.138 “样品标识符集体设置”对话框

④ [位置]是指样品在 ASC 转盘上的位置。如不使用 ASC，该项可以不予置理。

⑤ 在完成设置后，点击<下一步>。然后将出现“样品选择”页。见图 3.139。

(5) 样品选择

在样品选择页中，决定每个样品需要测定的元素。

当每一个样品测定所有的元素，确认每列中是否都有一个复选标记，然后点击<下一步>进入到“连接主机/发送参数”页。

① 点击不需测定样品的相应元素的复选框，去除复选标记即可。拖曳鼠标的光标，选择不测定的范围，然后在键盘上按 DEL 键或点击鼠标右键后选择“不测定”可集体去除不测定项目的复选标记。

② 在完成设置后，点击<下一步>进入到“连接主机/发送参数”页。见图 3.140。

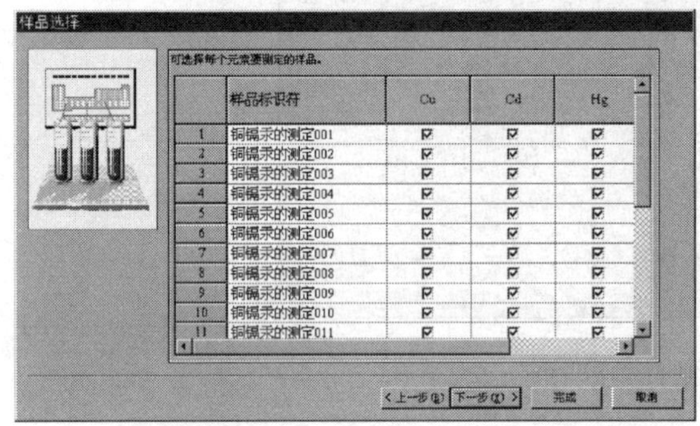

图 3.139 样品选择页

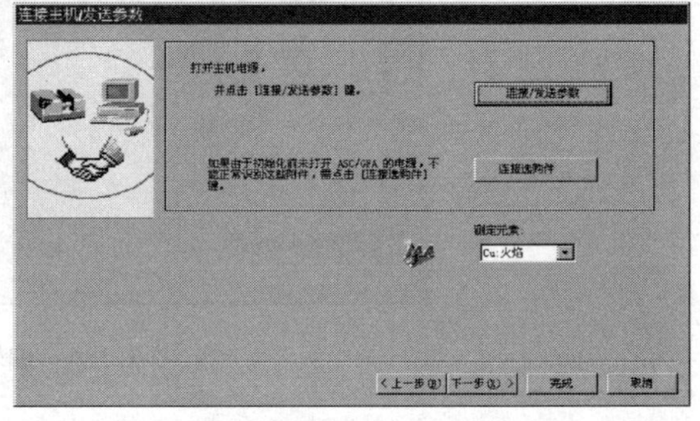

图 3.140 “连接主机/发送参数”页

(6) 连接主机/发送参数

初始化完成后，点击<确定>关闭“初始化”对话框。然后，在“连接主机/发送参数”页点击<下一步>，进入到“光学参数”页。见图 3.141。

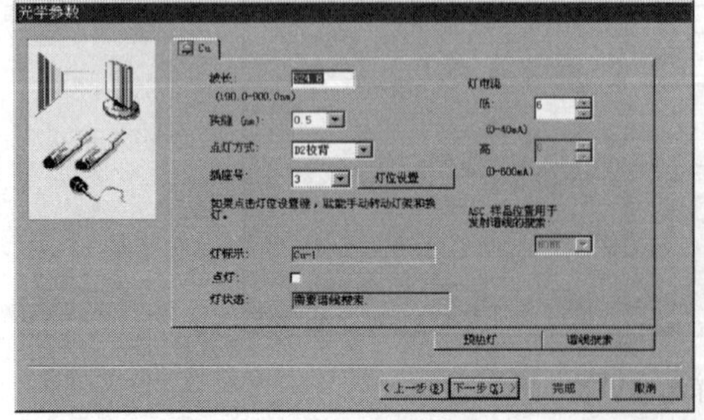

图 3.141 “光学参数”页

(7) 光学参数

此处设置最先分析元素的波长，狭缝，插座号，灯电流和点灯方式等。注意这里设置的参数只用于首先分析的元素(即在“元素选择”页或“连接主机/发送参数”页的右下方[测定元素]中指定的元素)。点击<灯位设置>键。然后将出现“灯位设置”对话框。见图 3.142，输入实际安装在各插座上的“元素”和灯的“类型”。元素从下拉式菜单中选择。“灯类型”从下拉式菜单中选择“普通灯”或“SR 灯”。然后在[灯标识符]列中选择灯标识符。点击<确定>返回到“光学参数”页。当“灯位设置”对

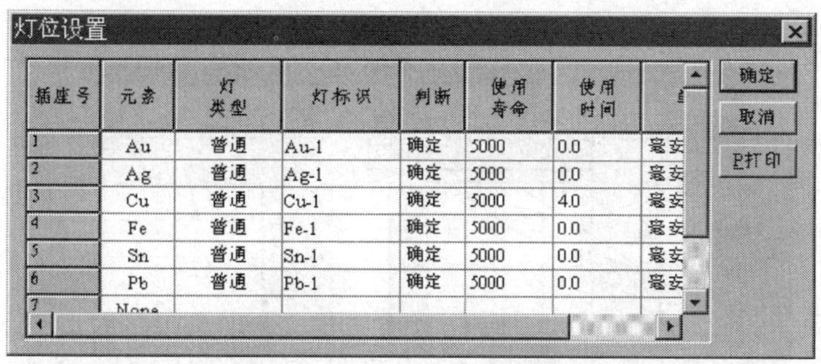

灯位设置

插座号	元素	灯类型	灯标识	判断	使用寿命	使用时间	
1	Au	普通	Au-1	确定	5000	0.0	毫安
2	Ag	普通	Ag-1	确定	5000	0.0	毫安
3	Cu	普通	Cu-1	确定	5000	4.0	毫安
4	Fe	普通	Fe-1	确定	5000	0.0	毫安
5	Sn	普通	Sn-1	确定	5000	0.0	毫安
6	Pb	普通	Pb-1	确定	5000	0.0	毫安
7	None						

图 3.142　“灯位设置”对话框

话框打开时，可以手动转动灯架和换灯。

用于设置当前设置的测定元素测定完毕后下一个测定元素空心阴极灯的预热。<谱线搜索>键，如果点击<谱线搜索>，出现“谱线搜索/光束平衡”对话框。图 3.143 为谱线搜索/光束平衡已经完成，显示谱线搜索/光束平衡的结果。

(8) 燃烧器/气体流量设置

在“燃烧器/气体流量设置”页，即图 3.144 中设置燃烧器位置和燃气流量，通过点击单选键分别选择操作[燃烧器位置]或[燃气流量]。

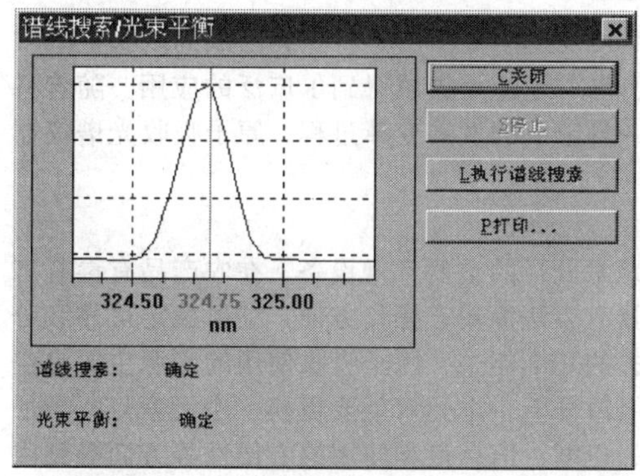

图 3.143　“谱线搜索/光束平衡”对话框

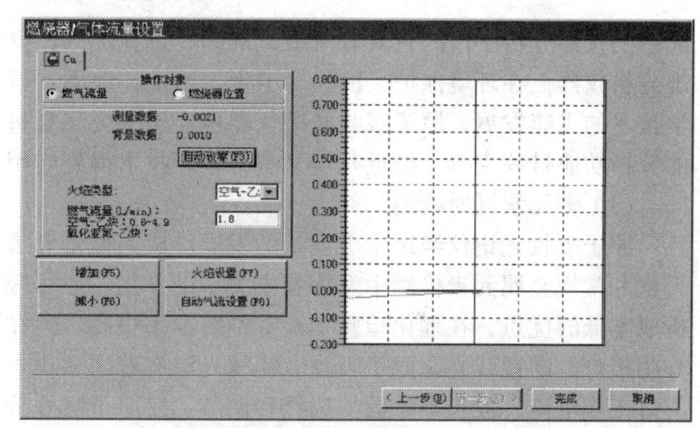

图 3.144　“燃烧器/气体流量设置”页(AA－6800)

当所有设置完成后在主窗口(图 3.145)进行样品测定。

出现的主窗口包括下列项目：

① 菜单条
② 标准工具条
③ 测定元素工具条(当前测定元素)
④ 吸收值数字显示
⑤ 实时图象(和温度程序图)
⑥ 峰轮廓(最新的 4 次测定，并重叠显示)
⑦ 工作曲线工具条(选择工作曲线和类型)
⑧ 工作曲线显示
⑨ MRT 工作单
⑩ 功能键
⑪ 状态条

3.2.6　原子吸收光谱技术研究进展

自 1953 年澳大利亚物理学家 A. Walsh 首先在试验室研制成功了原子吸收光谱仪，创立了原子吸收光谱分析以来，1958 年 B. V. L′vov 提出了石墨炉原子吸收光谱法，经过不断改进和发展，至今已成为一种非常

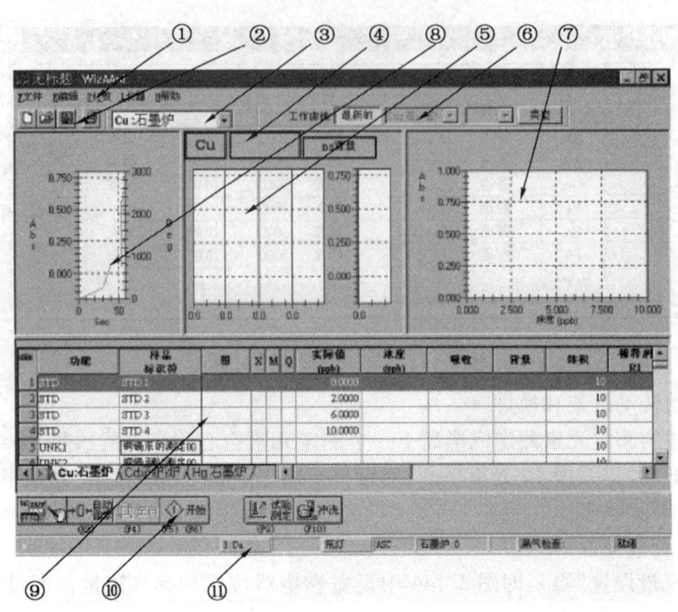

图 3.145　样品测定主窗口

成熟的仪器分析手段。它具有灵敏、准确、选择性好、操作简便及适用范围广等特点，已成为试验室的常规分析仪器，在环境保护、医药、卫生、冶金、地质、石油、化工等各个领域得到了广泛的应用。随着科学技术的飞速发展，原子吸收光谱仪器也经历了突飞猛进、一日千里的发展变革过程，原子吸收光谱仪器的分析功能日臻完善，最近几年又有一些新技术得到应用。

(1) 多元素同时检测

原子吸收光谱仪经过半个世纪的发展已成为微量和痕量元素分析的重要常规设备，在农产品有毒有害元素和常规金属元素检测中发挥着主力军的作用。原子吸收具有方法简单、操作方便、结果稳定可靠和分析成本低的优点，在理化检验实验室中普及率很高。但在过去的几十年中，原子吸收使用的光源主要是空心阴极灯，即锐线光源原子吸收。锐线光源有着诸多优点，但每分析一个元素就要更换一个元素灯，再加上灯工作电流、波长等参数的选择和调节，使原子吸收分析的速度、信息量和使用的方便性等方面受到限制，存在分析速度慢和依赖空心阴极灯的固有特性成为原子吸收光谱的致命弱点。为了克服这些缺点，各厂家在这方面都开发出了一些新技术。

1) 连续光源

早在1952年，世界原子吸收光谱分析的奠基人澳大利亚科学家 Alan Walsh 先生在提出原子吸收光谱概念时，就首先考虑过用连续光源，但用连续光源要求单色器的分辨率达到2pm水平的分辨率，这在当时的技术条件下是不可能的，所以只能采用锐线光源(通常为空心阴极灯)，并一直沿用至今。

世界各地的原子吸收仪器研究者和设计者也一直在致力于用一个光源代替70余种元素灯，对连续光源原子吸收的研究坚持不懈地进行了几十年。由于连续光源根本性的缺点是：宽带辐射和弧光的不稳定性。多元素同时测定对连续光源的唯一要求是：在分析波长处与空心阴极灯有同样光辐射强度和稳定性。所以要实现连续光源原子吸收，必须攻克在光源、单色器和检测器等方面的技术难关。

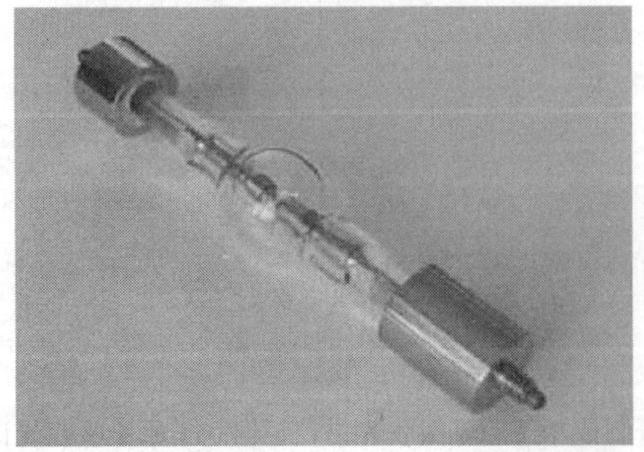

图 3.146　高聚焦短弧氙灯

德国耶拿公司生产的连续光源火焰原子吸收光谱仪 ContrAA，采用高聚焦短弧氙灯(图 3.146)作为连续光源，与传统的原子吸收光谱仪相比，最大的不同在于采用一个连续光源取代了传统的空心阴极灯，一只氙灯即可满足全波长(189～900nm)所有元素的测定需求。该高聚焦短弧氙灯是一个气体放电光源，灯内充有高压氙气，在高频高压电压激发下形成高聚焦弧光放电，辐射出从紫外线到近红外的强连续光谱，能量比一般氙灯大10～100倍，电极距离＜1mm，发光点只有200μm，发光点温度10000K。多元素顺序测定时，可测量元素周期表中60余个金属元素，还可以测量更多的元素(如放射性元素)，并为研究原子光谱的机理提供了分析仪器的保证，开创性地实现了无需锐线光源的多元素原子吸收光谱分析。

连续光源一直难以在原子吸收光谱仪上得到应用，主要原因在于原子吸收要求在每一个分析波长处与空心阴极灯有同样的谱线宽度和足够高的光辐射强度及稳定性，这一技术对于仪器的分光系统和波长定位系统有着极高的要求。ContrAA采用了石英棱镜和高分辨率的大面积中阶梯光栅组成双单色器，得到了0.002nm(280nm处)的极高分辨率，解决了谱线宽度的问题，采用氖灯进行多谱线同时波长定位和动态校正保证波长的准确性和重现性，使连续光源在近似单色光的条件下测量原子吸收。图3.147为ContrAA光学构造示意图。

ContrAA采用了最新一代的高性能CCD线阵检测器(512点阵)，该检测器进一步提高了量子效率，读数速度比以往光谱仪CCD提高一个数量级，512个感光点同时检测1～2nm波段内的全部精细光谱信息，由很多个感光点的信号描绘一个吸收信号的轮廓，并能同时测定特征吸收和背景信号，得到时间－波长－信号的三维信息，将所有背景信号(包括特征谱线干扰和连续背景)同时扣除，实现了实时背景校正，再也用不着传统的背景校正(如氘灯、塞曼、自吸收等)方法了。

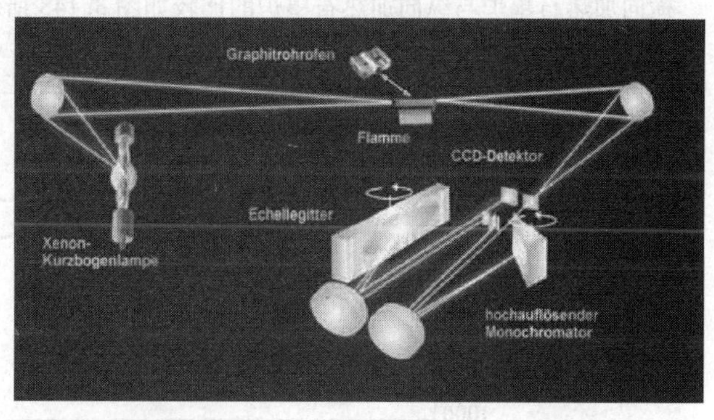

图3.147 ContrAA光学构造示意图

如此设计的连续光源原子吸收使检出限和工作范围等分析性能都得到了显著的提高。高强度氙灯连续光源、中阶梯光栅和CCD检测器相结合的ContrAA，同时检测分析信号和背景信号，使分析和参比的测量信号同时获得，没有时间差异，具有实时双光束的功能，且能显示观察范围内的所有光谱干扰信息，因此，ContrAA是精确地校正背景和观察研究谱线特性和干扰，以及进行常规分析的理想仪器。主要优点归纳如下：

① 采用300W高聚焦短弧氙灯作连续光源，波长覆盖了原子吸收全部波长范围，可任意选用任何一条谱线进行测定。不需要空心阴极灯，没有换灯和事先购灯的麻烦。

② 高分辨率的中阶梯光栅双单色器，分辨率达到0.002nm，解决了连续光源的单色性问题。

③ 高灵敏度CCD检测器，一根谱线由多个像素组成，得到时间－波长－信号的三维信息，适于进行原子吸收干扰和机理方面的进一步研究。

另外，ContrAA还拥有原子化器与普通原子吸收相同的优点，所有测量方法和附件均适用；仪器维护和消耗成本低于普通火焰原子吸收光谱仪；可配自动进样器、氢化物发生器；可配分段流动注射微量进样器等。

虽然连续光源有许多优点，但目前在使用上还存在很多应用上的不足。

① 原子吸收光谱仪最大的优势在于选择性强，显而易见，使用连续光源的选择性没有单元素灯强，且抗干扰能力差；

② 原子吸收光谱仪在分析各元素时，不同的元素其最佳分析条件都是各不相同的，使用连续光源时各元素的分析条件都是固定的，因此使用连续光源分析各元素时其分析条件不能达到最佳的分析条件。

2）多元素灯

常规的原子吸收光谱仪器通常使用空心阴极灯做光源，空心阴极灯是依靠空心阴极放电激发的一种特殊的低压辉光放电灯。空心阴极灯分单元素和多元素空心阴极灯，多元素空心阴极灯的阴极是由几种被分析元素组成的，一灯多用。由于各元素的蒸发和激发特性的差异，很难使各元素的放电条件同时都达到最佳，因此发射强度不如单元素灯。由合金制造的多元素空心阴极灯，由于不同元素选择性蒸发，易挥发元素优先蒸发，强度不断减弱，导致阴极中难挥发元素的相对浓度增大，各元素的发射强度不断变化。经过一段时间的使用后，其中某些元素的发光强度衰减到很低不能再用，多元素空心阴极灯的寿命不如单元素灯长。因此，多元素空心阴极灯的应用并不广泛，多是针对特定生产和工作需要而制作的。

(2) 石墨炉横向加热技术

横向加热石墨管是指在与石墨管长度相垂直的方向加热，此种加热方式实现了"恒温条件原子化"。横向加热石墨管的最大优点是克服了温度梯度造成的温度不均，沿光束方向的石墨管温度严格均匀一致，可大大消除由于纵向加热石墨管两端温度比石墨管中央温度低很多造成的原子蒸气冷凝，显著减少基体干扰，降低了可能产生的样品记忆效应，并可消除常见的峰"拖尾"，避免灵敏度损失，所以更适合于复杂基体样品的痕量和超痕量分析，同时可提高仪器分析的精度，并可更准确地进行线性温度-时间编程。较低的原子化温度是横向加热石墨管的又一优势。由于整个石墨管同时达到所要求的原子化温度，没有温度梯度的影响，所以许多元素原子化温度都有所下降。由于加热温度的降低，相应延长了石墨管的寿命。

横向加热石墨炉与纵向加热石墨炉的比较如图 3.148 所示。

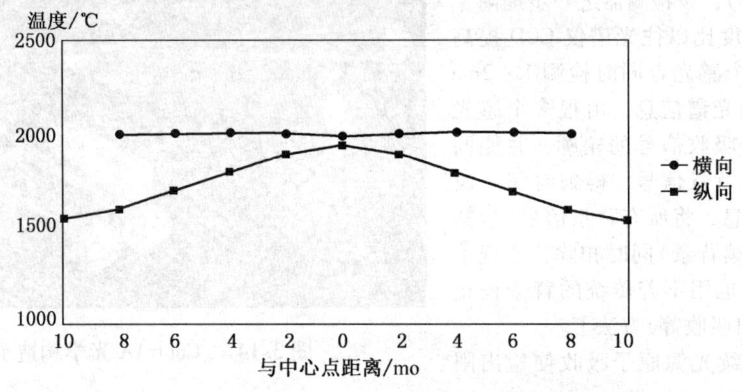

图 3.148　横向、纵向石墨管温度分布比较曲线

由图 3.148 可知：横向加热石墨炉石墨管中心的温度与两端差得很少，管内的温度均匀。因此，横向加热石墨炉石墨管中的原子化效率均匀，原子浓度均匀；而纵向加热石墨炉石墨管中心的温度与两端有差别，因此，纵向加热石墨炉石墨管中的原子化效率不均匀，原子浓度不均匀。而横向加热石墨炉可以显著改善石墨炉分析系统的性能。

综上所述，横向加热石墨炉是最先进的技术，是纵向加热石墨炉发展的必然趋势。美国 PE、澳大利亚 GBC、加拿大 Aurorah 和德国耶拿 Analytikjena 都已将这一技术应用在他们的产品上，我国的原子吸收生产厂家北京普析通用也将横向加热石墨炉技术用在自主生产的原子吸收 TAS-990 系列上。

(3) 石墨炉固体进样技术

样品消解在原子吸收分析中占有很重要的地位，尤其是痕量分析时，挥发性元素或形成挥发化合物的元素，在样品消解过程中的挥发损失，或所用试剂和仪器等的玷污都将导致分析结果的偏低或偏高。著名专家威尔茨先生在其专著中指出"原子吸收中的系统误差，绝大多数发生在样品预处理时而很少由于分析本身所致，因此痕量分析最好用直接法以避免样品预处理"。因此无需样品处理直接进行分析是解决该问题唯一可行的方法。

直接固体石墨炉分析的优势：

① 无需样品消解和溶剂稀释，直接分析原始样品；

② 使污染的可能性降低到最低点；

③ 样品用量较少；

④ 分析过程简单，节省时间和节约成本。

直接等固体进样石墨炉分析虽然解决了消解和特殊样品的分析难题，但也存在着标准品难得和基体干扰问题，即使如此，背景扣除法直接自动用石墨炉法测定固体样品，它可以避免消解带来的诸多问题，仍不失为一种好的分析技术。

（4）元素形态分析（联用技术）

原子吸收光谱法以其灵敏度高、特效性好、适用性广、操作简便在各个领域内获得广泛的应用。原子吸收光谱法开始是用于无机元素测定，1968 年 G. D. Christian 和 F. J. Feldman 等提出间接原子吸收光谱法，扩大原子吸收光谱分析的应用范围，将原子吸收光谱用于非金属元素与有机化合物的测定。20 世纪 60 和 70 年代环境科学的发展，80 年代以后生命科学的发展，不仅对分析灵敏度提出更高的要求，分析内容更加多样化，而且要求分析元素的形态。

元素形态，简而言之，是指元素存在的具体形式。不同形态的元素的化学、生物效应和毒性差别很大，决定它们在生态环境中和生物体内的化学行为，表现出不同的效应。如汞和砷是有毒元素，但不同形态的汞和砷，其毒性差别很大，有机汞的毒性远超过无机汞，烷基汞的毒性又比芳基汞毒性大；As(Ⅲ)毒性最大，而砷甜菜碱和砷胆碱相对来说是非毒性的。在海洋中，海生物蜗牛、贻贝、珠蚌、骨螺能将 87% ~ 100% 有毒的无机砷经过一甲基砷和二甲基砷转化为无毒的砷甜菜碱。因此，在许多情况下，必须分析元素形态，才能清楚地说明某些元素的环境生态效应。一种元素常以多种化学形态存在，如汽油中常见的四乙基铅及甲基铅有 15 种之多，其中某些形态的含量非常之低。重金属在土壤和沉积物中，可以交换态、碳酸盐结合态、铁锰氧化物结合态、硫化物及有机结合态、残渣态存在，前三种形态稳定性差，后二者稳定性强，重金属污染物的危害主要来源于稳定性差的重金属形态。因此，元素形态分析比元素总量分析要复杂得多，要求分析方法有很强的分离能力与很高的检测灵敏度，已成为原子吸收光谱发展的一个热点，也是分析化学的一个重要发展领域。

原子吸收光谱分析元素形态最有效的方法之一就是利用色谱 - 原子吸收光谱联用技术，该技术综合了色谱的高分离效率与原子吸收光谱检测的专一性和高灵敏度的优点。20 世纪 80 年代，火焰光度原子吸收光谱已经用作高效液相色谱的检测器来分析砷的形态，由于灵敏度较低、背景噪音高，逐渐被高灵敏度的石墨炉原子吸收取代。

岛津液相 - 原子吸收联用系统集液相色谱分离富集和原子吸收光谱高灵敏度检测的优势，采用在线消解氢化物发生装置作为接口，实现了以砷为代表的、多种元素高灵敏度分析。样品通过液相色谱分离，在线消解氢化物发生装置处理，无论大小分子、可挥发元素、有机化合物均能转化为小分子可氢化物发生的形态，从而进入原子吸收光谱仪准确定量到 ppb 级(液体中含量)，达到快速准确微量定量形态分析的目的。实验全过程从液相色谱进样开始到得到测试结果，仅 10 余分钟，大大提高了测定元素可挥发性化合物的速度。同时该系统大幅度地降低了成本，满足了中国市场需求。

（5）岛津原子吸收的独特点

岛津公司从 1968 年开始就推出了第一台商品化的原子吸收光谱仪，至今为止一直不断推陈出新，AA - 7000是岛津公司于 2009 年新推出的一款原子吸收产品，是岛津公司原子吸收产品集大成者。AA - 7000采用全自动火焰、石墨炉切换，以及自动进样分析系统，这款原子吸收光谱仪不仅继承了岛津原有原子吸收产品的优点，也加入了一些岛津新研发的成果。

1）石墨炉气路控制系统专利

岛津公司高灵敏度的石墨炉分析技术代表了世界领先水平，岛津公司目前所有的原子吸收产品在用石墨炉原子化器进行分析时，在原子化阶段对石墨管内产生的原子蒸气进行独特的控制(日本专利：2067563)，从而实现了极高水平的灵敏度和高重现性，见图 3.149。

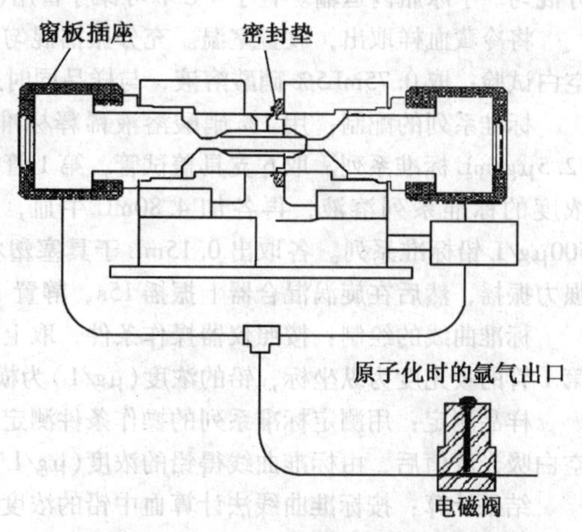

图 3.149　石墨炉气路控制系统专利

石墨炉在分析样品的过程主要分为三个阶段：干燥阶段、灰化阶段和原子化阶段。由于整个分析过程温度较高，为延长石墨管的使用寿命，通常在干燥阶段和灰化阶段都要在石墨管内通入高纯氩气来保护石墨管，原子化阶段需对蒸气态的原子进行测量，需要停止通入高纯氩气。岛津的石墨炉在原子化阶段停气过程采用减压阀，这从三个方面提高了石墨炉分析样品的灵敏度和重现性：

① 提高原子蒸气在石墨管内停留时间，从而提高灵

敏度；

② 根据气体从高压向低压扩散的原理，减少了样品从进样口逸出的样品量，增大了样品向石墨管两端扩散的概率，从而减少了样品损失，提高了灵敏度；

③ 由于每次样品在原子化阶段都向石墨管两端扩散，因此每次样品的光程长都和石墨管的长度相等，从而提高了石墨炉分析样品的重现性。

2）振动传感器

原子吸收光谱仪目前应用比较广泛原子化器主要有火焰和石墨炉。对使用乙炔气体的火焰原子吸收光谱仪来说，安全性非常重要，AA7000 在世界上首次标准配备振动传感器，新内置的振动传感器一旦检测到振动，立刻自动熄灭火焰，不必担心发生地震等强烈晃动的情况。

3.2.7 原子吸收光谱分析在各个领域中的应用

3.2.7.1 在制药领域的应用

石墨炉原子吸收光谱法测定血中铅

采用石墨炉原子吸收光谱法直接测定全血中铅，存在严重的基体干扰。采用酸脱蛋白沉淀后在标准溶液中添加牛血的基体匹配法直接测定全血中铅，方法简便快速。用本法测定铅含量 110μg/L 和 330μg/L 的血样，测定值的相对标准偏差(RSD)分别为 3.9% 和 2.6%。分析不同浓度的血铅质控样品，分析结果与标准值吻合。

仪器：

岛津 AA-6800 原子吸收分光光度计，ASC-6100 自动进样器，铅空心阴极灯。

仪器条件：灯电流：8mA；分析线波长：283.3nm；光谱通带宽：0.5nm；氘灯校正背景。

原子化升温程序：干燥：80～200℃ 40s；灰化：600～650℃ 25s；原子化：2500℃ 5s 停气；清洗：2700℃ 3s。

试剂：实验用水为去离子水

硝酸，优级纯。

硝酸溶液，1%(体积)。

硝酸溶液，5%(体积)。

肝素钠水溶液，5g/L。

牛血，肝素抗凝，-20℃保存，用时放置室温，摇匀。

铅标准溶液：国家标准物质研究中心(GBW08619)。

铅标准应用溶液：取铅标准溶液用 1% 硝酸溶液稀释成 50.0μg/mL 的标准应用溶液。

分析步骤：

样品处理：将采集的静脉血置于预先加入肝素钠溶液(1mL 血加 20～40μL)的具塞聚乙烯塑料管中，充分混匀。于冰瓶内运输。置于 4℃ 下可保存备用(有效期为 3 周)。

将冷藏血样取出，放置室温。充分振摇混匀，取 0.15mL，置于具塞聚乙烯塑料管内，供测定。同时作空白试验：取 0.75mL5% 硝酸溶液，与样品同时进行测定。

标准系列的配制：用 1% 硝酸溶液稀释标准溶液成 1.25μg/mL、2.5μg/mL、5.0μg/mL、10.0μg/mL、12.5μg/mL 标准系列。取 6 支具盖试管，第 1 管加入 0.2mL1% 硝酸溶液，其余各管分别加入 0.20mL 不同浓度的标准系列溶液，再各加 4.80mL 牛血，配制成 0、50μg/mL、100μg/mL、200μg/mL、400μg/mL、500μg/L 铅标准系列。各取出 0.15mL 于具塞塑料离心管中，各加入 0.6mL 5% 硝酸溶液，立即盖好盖子，强力振摇，然后在旋涡混合器上振摇 15s，静置 15min，离心 5min。

标准曲线的绘制：按照仪器操作条件，取上清液进样 10μL，测定各管的吸光度。以各管的吸光度减去第 1 管的吸光度为纵坐标，铅的浓度(μg/L)为横坐标，绘制标准曲线。

样品测定：用测定标准系列的操作条件测定样品溶液和试剂空白溶液，测得的样品吸光度值减去试剂空白吸光度值后，由标准曲线得铅的浓度(μg/L)。

结果计算：按标准曲线法计算血中铅的浓度。

方法检出限和测定精密度：

分析方法的检出限与测定实际样品的精密度如表 3.22～表 3.24。

表3.22 方法检出限

编 号	1	2	3	4	5	6	7	SD	检出限(3s)
ABS	0.0089	0.0076	0.0087	0.0081	0.0073	0.0079	0.0069	0.000715	1.4μg/L

表3.23 分析实际样品精密度

编 号	1	2	3	4	5	RSD
001	111.0	123.6	119.5	120.3	118.3	3.9%
002	327.4	326.2	325.4	307.0	324.0	2.6%

表3.24 质控样分析结果

编 号	测定浓度/(μg/L)	真实浓度/(μg/L)	编 号	测定浓度/(μg/L)	真实浓度/(μg/L)
1	51	41~65	3	250	213~283
1	50	41~65	3	253	213~283
2	91	76~116	GBW09140	311	305~365
2	95	76~116			

3.2.7.2 在食品领域的应用

蔬菜中重金属含量的分析与研究

蔬菜的重金属污染问题直接影响人体的身体健康问题，重金属的毒性主要是由于进入人体内后与蛋白酶上的"SH"基团结合，使蛋白质变性，影响蛋白质酶的结构和功能。Pb损害人体各种神经系统，造血系统；汞损害肾脏，使肾功能衰竭；砷损害毛细血管，直接影响肝、肾、心等器官。所以发展有机农业，保护生态环境，已经引起广大科技工作者的重视。本文采用原子吸收光谱法测定[31]5种重金属元素含量，为发展有机蔬菜的研究提供可靠的理论依据。

仪器与试剂：

仪器：AA-6800型原子吸收光谱仪(日本岛津)

铅，镉，铬，铜，锌空心阴极灯(河北衡山公司)

试剂：

铅，镉，铬，铜，锌标准液(g/L)(上海测试中心提供)

硝酸，高氯酸均为GR级

无离子水经过0.2μm微孔膜

仪器条件：氘灯扣背景

表3.25仪器参数，表3.26石墨炉升温程序。

表3.25 仪 器 参 数

元 素	火焰法FAAS 石墨炉GAAS	波长/ng	SBW/nm	灯电流/mA	标准浓度/ (μg/mL)	燃烧流速
Cu	FAAS	324.8	0.5	6	0.25，0.5，1	1.8
Zn	FAAS	213.9	0.5	5	0.025，0.05，0.1	2.0
Pb	GAAS	283.3	1	10	0.25，0.5，1	
Cd	GAAS	228.8	1	6	0.25，0.5，1	
Cr	GAAS	357.9	0.5	10	10，20，40	

材料：

蔬菜来自宝山现代园艺场(黄瓜，番茄，甘薯，白衣菜，青花菜)

有机基质：采用沼渣为基质

表 3.26 石墨升温程序

步骤＼元素	Cr		Cd		Pb	
	温度/℃	时间/s	温度/℃	时间/s	温度/℃	时间/s
①	100	16	120	18	120	20
②	250	10	150	10	250	10
③	600	10	300	10	400	10
④	800	10	500	10	500	10
⑤	1000	10	650	7	600	3
⑥	2600	3	2400	2	2200	2
⑦	2700	2	2450	2	2500	2

样品前处理

样品采集：选择有代表性的 5 种蔬菜，分别擦干，于 105℃ 杀青，然后在 65℃ 下烘干，粉碎过筛(60 目)。

硝化：称取样品 0.3000g，于高压罐中，加 6mL 混合酸(硝酸 + 高氯酸 = 4 + 1)，1mLH_2O_2，盖紧盖子，加温至 150℃，保温 5 小时后冷却。打开盖子，轻轻注入无离子水，定容于容量瓶中 25mL 中，待测。

标准曲线制作：

Cu 标准溶液：用 1% HNO_3 配制 0.25μg/mL、0.5μg/mL、1μg/mL 标准液；

Zn 标准溶液：用 1% HNO_3 配制 0.025μg/mL、0.05μg/mL、0.1μg/mL 标准液；

Pb 标准溶液：用 1% HNO_3 配制 0.25μg/mL、0.5μg/mL、1μg/mL 标准液；

Cd 标准溶液：用 1% HNO_3 配制 0.25μg/mL、0.5μg/mL、1μg/mL 标准液；

Cr 标准溶液：用无离子水配制 10μg/mL、20μg/mL、40μg/mL 标准液。

结果讨论：

表 3.27 蔬菜中重金属含量最高允许限量 μg/mL

重金属	蔬菜限量标准值	标准编号	重金属	蔬菜限量标准值	标准编号
Cu	≤10	GB 15199—94	Cd	≤0.05	GB 15201—94
Zn	≤20	GB 13106—91	Cr	≤0.5	GB 14901—94
Pb	≤0.2	GB 14935—94			

表 3.28 种蔬菜的重金属含量分析 mg/kg

品种＼元素	Cu	Zn	Pb	Cd	Cr
黄瓜	3.51	6.25	0.09	0.03	0.50
番茄	5.25	7.48	0.15	0.05	0.44
甘薯	2.09	7.14	0.11	0.02	0.48
白衣菜	2.03	8.58	0.19	0.03	0.50
青衣菜	2.98	7.67	0.10	0.04	0.42

由表 3.28 可见，本实验经用沼渣的有机基质培育的 5 种蔬菜，通过原子吸收光谱仪的分析，分析结果表明：这些蔬菜中重金属含量均未超标。由此可见，利用宝山现代园艺场该地区沼渣培育的蔬菜是可行的，重金属无污染，空气符合国家标准，为沼渣的推广利用、发展有机蔬菜、保护上海地区的农业生态环境提供了可靠的理论依据。

3.2.7.3 在环境领域的应用

一、工业废水中铜、锌、铬含量的分析与研究

火焰原子吸收光度法是根据某元素的基态原子对该元素的特征谱线产生选择性吸收来进行测定的分析方法。影响原子吸收法的主要干扰是基体的化学干扰，由于试样和标准溶液基体的不一致，试样中存在的

某些基体常常影响被测元素的原子化效率。一般说来，铜、锌的基体干扰不太严重，工业排放废水(如有色冶炼、电镀、化工、印染等行业)、某些农药和抑藻剂中常含有铜、锌、铬等金属元素。水中铜含量超过1mg/L时，会使织物着色；超过1.5mg/L时，会有苦味。水中铜会抑制藻类生长，影响水产的养殖。水中铬有三价和六价两种价态，它们均对人体健康有害，一般认为，六价铬毒性强，更易为人体吸收，而且在体内蓄积影响内部组织损坏。锌对人体毒性较小，但对鱼类毒性要大得多，水中锌浓度达到0.01mg/L以上时，可使鱼类致死，然而工业废水中(特别是电镀、有色冶炼、化工)常含有大量的锌。为了保护我们赖以生存的环境，保护生态平衡，对工业废水的排放进行质量监控是必要的。而原子吸收光度法是快速、准确、灵敏度高的首选方法。

实验仪器与试剂：

日本岛津AA-6200型原子吸收分光光度计；铜、铁、锌空心阴极灯，上海产；可控温电热板等。硝酸、盐酸、高氯酸(均为优级纯)，水(去离子水)；铜、锌(光谱纯)，重铬酸钾(基准试剂)；铜、锌、铬标准储备液：分别称取各试剂适量，用适当的溶剂溶解，必要时加热，用去离子水稀释至一定体积，配成浓度均为1000mg/L的标准溶液。

采样方法：

采样用聚乙烯塑料瓶。使用前用2%的硝酸水溶液浸泡24h，然后用去离子水冲洗干净。采样时，用水样洗涤容器2~3次。水样采集后，每1000mL水样立即加入2.0mL浓硝酸(pH约为1.5)。

分析步骤：

1）样品预处理

样品预处理分为三种情况：①不含悬浮物的废水直接测定。②比较浑浊的废水，每100mL水样加入1mL浓硝酸，置于电热板上微沸消解10min，冷却后用快速定量滤纸过滤，滤纸用0.2%硝酸洗涤数次，然后用0.2%硝酸稀释到一定体积，供测定用；③含悬浮物和有机质较多的废水，每100mL水样加入5~7mL浓硝酸，在电热板上加热消解到10mL左右，稍冷却，再加入5mL浓硝酸和2mL高氯酸(含量70%~72%)，继续加热消解，蒸至近干。冷却，用0.2%硝酸溶解残渣(可加热)。冷却后用快速定量滤纸过滤，把滤纸用0.2%硝酸洗数次，并同滤液收集于容量瓶中，用0.2%硝酸稀释至一定体积，供测定用。

每分析一批样品要平行做两个空白。

表3.29　仪器工作条件

元　素	波长/nm	火　焰	狭缝宽度/nm	灯电流/mA	燃气流速/(L/min)
铜	342.7	空气-乙炔	0.7	6	1.8
锌	213.9	空气-乙炔	0.2	8	2.0
铬	357.9	空气-乙炔	0.7	10	2.8

2）标准系列

本法以标准储备液稀释配制成混合标准系列溶液。

Cu

浓度/(mg/L)	0.00	0.50	1.00	1.50	2.00
吸光度(A)	0.0000	0.0650	0.1306	0.1952	0.2623

Zn

浓度/(mg/L)	0.00	0.05	0.10	0.20	0.40
吸光度(A)	0.0000	0.0603	0.1211	0.2401	0.4793

Cr

浓度/(mg/L)	0.00	1.00	2.00	3.00	4.00
吸光度(A)	0.0000	0.0264	0.0531	0.0803	0.1072

3）样品的测定

将1）中处理好的溶液按仪器操作规程直接（或按不同稀释倍数稀释后）测定铜、锌、铬的含量。

二、石墨炉原子吸收法对大气悬浮物中铅的分析

针对我国铅污染防治的复杂情况和严峻形势，用石墨炉原子吸收分光光度法测定TSP中铅的含量。利用原子吸收法测定大气或飘尘中的微量元素时，一般用大气采样器，控制一定的流量，用装有吸收液的吸收管或滤膜采样，然后用适当的方法处理、测定。用原子吸收法还可进行元素的形态与价态分析。对大气中的铅污染加强监控已为社会普遍关注。各地区每隔5天采集的TSP（总悬浮颗粒）样品中含铅量是大气环境监测的必测指标之一。

主要实验仪器与试剂：

AA-6800型原子吸收仪；铅空心阴极灯；仪器工作条件见表3.30和表3.31。

表3.30　仪器工作条件

元　素	波长/nm	灯电流/mA	狭缝/nm
Pb	283.3.3	10	1.0

表3.31　石墨炉原子化升温程序

元　素	干　燥		灰　化		原子化		净　化	
	温度/℃	时间/s	温度/℃	时间/s	温度/℃	时间/s	温度/℃	时间/s
Pb	120	20	300	10	550	5	1700	3
	200	10						

采样：

用乙酸纤维滤膜采集环境空气中的TSP样品，通过采样前后滤膜的质量变化可以求得所采集的TSP质量；经湿法消解后制备成试样溶液，用石墨炉原子吸收分光光度计测定试样溶液中铅的浓度。通过记录采样时的气压和温度，可以将采样气体的体积换算成标准状态的体积，进而可以求得采样气体TSP中铅的浓度。

方法的的检出限、精密度和回收率见表3.32。

表3.32　溶液中检出限、精密度及回收率

元　素	Pb	元　素	Pb
检出限/ng	0.1746	回收率/%	103.50
RSD/%	1.2		

3.2.7.4 原子吸收在化工领域的应用

一、彩管玻璃化学组成的原子吸收分析

彩管玻璃组成复杂，含有十多种组分，分析任务量非常大。特别是屏玻璃中的二氧化锆和二氧化钛，用传统的比色分析工艺非常繁琐，且难掌握，费时费力，也容易操作失误导致分析结果不准确。

为此，将以往化学分析所采用的国标分析工艺加以整合，将测试溶液的分取由7个系列减少为2个系列，标准曲线溶液的配置由9组减少为6组，把屏玻璃中二氧化锆和二氧化钛的比色分析改为原子吸收测试，实现了使用原子吸收法完成全部分析任务，在保证分析数据准确无误的情况下，大大缩短了分析周期。同时可以节省近一半的人力物力，降低了生产成本。

仪器、试剂及测试条件：

原子吸收分光光度计（AA6800日本，岛津）

标准溶液（表1）

其他试剂溶液

标准玻璃溶液（按样品处理步骤制备）

测试条件（表2）

样品处理及测试：

玻璃试样用高氯酸、氢氟酸分解，挥发除尽二氧化硅后，溶解在稀硝酸中；将试样溶液经雾化喷入火焰中，测定吸光度，计算出相应元素氧化物的浓度。

① 准确称取玻璃粉末试样0.5000g于铂皿中，用水润湿，加高氯酸5mL、氢氟酸20mL，在砂浴上加热分解，至近干；冷却，用水冲洗铂皿壁，再加高氯酸5mL、氢氟酸20mL，继续在砂浴上蒸发至干；冷却后加4mL硝酸(1+1)，适量水溶解清彻，移入200mL容量瓶中，用水稀释至刻度(溶液A)。

② 准确称取玻璃粉末试样1.0000g于铂皿中，加5mL盐酸(1+1)、20mL氢氟酸，在砂浴上加热分解，至近干；冷却，加5mL盐酸(1+1)、10mL氢氟酸，继续在砂浴上蒸发至干；冷却后再加5mL盐酸(1+1)，继续在砂浴上蒸发至干；冷却后加25mL盐酸(1+1)、适量水溶解清彻，移入100mL容量瓶中，加10mL氯化铵(20%)、10mL氯化锶(20%)，用水稀释至刻度(溶液B)。

③ 准确分取10.00mL溶液A于100mL容量瓶中，加3mL La^{3+}(20mg/mL)溶液，用水稀释至刻度(溶液C)。

④ 准确分取10.00mL溶液A于100mL容量瓶中，加10mL K^{+}(40mg/mL)溶液，用水稀释至刻度(溶液D)。

按表3.33制备标准工作溶液；用硝酸(1%)喷洗原子吸收分光光度计，并调节仪器零点；待仪器稳定后，按表3.34的测试条件，以溶液A、B、C、D为测试对象(表3.35)，分别测量各组成氧化物的含量。

表3.33 标准溶液

序号	氧化物	标液/(mg/mL)	标液分取量/mL(→100mL)	加入试剂
1	K_2O	0.2	5.00，10.00，15.00	1mL硝酸(10%)、3mL La^{3+}(20mg/mL)
	Na_2O	0.2	2.00，6.00，10.00	
	SrO	0.5	1.00，3.00，5.00	
2	CaO	0.2	1.00，3.00，5.00	3mL La^{3+}(20mg/mL)、1mL硝酸(10%)
	MgO	0.2	1.00，3.00，5.00	
3	Al_2O_3	0.5	1.00，2.00，3.00	3mL La^{3+}(20mg/mL)、1mL硝酸(10%)
	PbO	1	3.00，6.00，9.00	
4	BaO	1	1.00，2.00，3.00	1mL硝酸(10%)、10mL K^{+}(40mg/mL)
5	ZrO_2	2	5.00，15.00，25.00	25mL盐酸(1+1)、10mL氯化铵(20%)、10mL氯化锶(20%)
	TiO_2	1	2.00，4.00，6.00	
6	Fe_2O_3	0.05	1.00，3.00，5.00	1mL硝酸(10%)
	Sb_2O_3	0.2	2.00，4.00，6.00	
7	ZnO	0.4	1.00，2.00，3.00	1mL硝酸(10%)
	NiO	0.015	1.00，2.00，3.00	
	Co_3O_4	0.005	1.00，2.00，3.00	

注：标准溶液(储备，均为1mg/mL，ZrO_2为2mg/mL)用高纯度的基准物质配制。

表3.34 测试条件

氧化物	波长/nm	燃烧器长/cm	燃烧器高/mm	火焰种类	火焰性质
K_2O	766.5	10	5	C_2H_2 - Air	氧化性
Na_2O	589.0	10	5	C_2H_2 - Air	氧化性
SrO	460.7	10	7	C_2H_2 - Air	氧化性
CaO	422.7	10	8	C_2H_2 - Air	氧化性
MgO	285.2	10	5	C_2H_2 - Air	氧化性
Al_2O_3	309.3	5	11	C_2H_2 - N_2O	还原性
PbO	283.3	10	5	C_2H_2 - Air	氧化性
BaO	553.5	5	11	C_2H_2 - N_2O	氧化性

续表

氧化物	波长/nm	燃烧器长/cm	燃烧器高/mm	火焰种类	火焰性质
ZrO_2	360.1	5	8	$C_2H_2-N_2O$	还原性
TiO_2	364.3	5	11	$C_2H_2-N_2O$	还原性
Fe_2O_3	248.3	10	9	C_2H_2 – Air	氧化性
Sb_2O_3	217.6	10	9	C_2H_2 – Air	还原性
ZnO	213.9	10	5	C_2H_2 – Air	氧化性
NiO	232.0	10	14	C_2H_2 – Air	氧化性
Co_3O_4	240.7	10	14	C_2H_2 – Air	氧化性

注：根据需要确定燃烧器的角度。

表 3.35　测试溶液及项目

溶　液	测　试　项　目	溶　液	测　试　项　目
A B	Fe_2O_3、Sb_2O_3、NiO、Co_3O_4、ZnO ZrO_2、TiO_2	C D	K_2O、Na_2O、SrO、CaO、MgO、Al_2O_3、PbO BaO

验证实验：

为了保证新工艺的测试结果准确，对 2002 年 8 月 14 日和 16 日的玻璃制品进行了比对测定。从分析结果来看，新的测定方法与国标方法符合程度非常好，误差也很小，见表 3.36。

表 3.36　分　析　结　果

氧化物	8 月 14 日			8 月 16 日		
	国标方法	新方法		国标方法	新方法	
	分析值	分析值	RSD/%	分析值	分析值	RSD/%
K_2O	7.50	7.52	0.5	7.58	7.55	0.5
Na_2O	7.49	7.48	1.4	7.45	7.47	1.5
SrO	8.22	8.22	0.3	8.18	8.20	0.4
CaO	1.13	1.11	1.1	1.04	1.06	1.2
MgO	0.28	0.29	0.7	0.28	0.28	0.8
Al_2O_3	2.05	2.04	0.1	2.03	2.05	0.1
PbO	22.4	22.4	0.4	22.4	22.4	0.3
BaO	8.92	8.90	1.2	8.87	8.89	1.2
ZrO_2	2.46	2.46	0.2	2.44	2.45	0.1
TiO_2	0.44	0.44	0.5	0.44	0.44	0.6
Fe_2O_3	0.05	0.05	1.6	0.04	0.05	1.7
Sb_2O_3	0.42	0.42	0.5	0.42	0.41	0.6
ZnO	0.47	0.47	0.4	0.47	0.47	0.4
NiO	126	125	1.2	122	124	1.0
Co_3O_4	21	22	1.8	23	23	2.0

结果及讨论：

① 分析结果以氧化物百分含量出具报告，二氧化硅以余量计。如前所述，我们把原工艺（采用“电子玻璃化学分析方法”国家标准）整合并全部改用原子吸收法，既缩短了分析周期又节省了人力物力，结果准确可靠，完全满足生产需要。

② 玻璃试样溶液是一个组成多样的复杂混合物，使用原子吸收分光光度计测试时，被测物质间的干扰严重；我们充分考虑被测物质间的相互干扰问题，测试时或者使用混合标准溶液，或者在标准溶液和测试

溶液中同时加入消除干扰的试剂；对于无法用单一方法消除的干扰则使用标准玻璃扣除背景，校正分析数据。

③ 二氧化锆和二氧化钛的原子吸收分析，两者在高温火焰中都是耐热氧化物，致使原子化效率极低，难以定量分析。其存在介质和测试时的火焰气氛是决定测试结果的主要因素，实验表明：锆和钛的原子吸收测试要在还原性介质和富燃火焰(还原性)条件下进行。在不同的介质中，锆和钛的原子吸光度有很大的差异。在硝酸介质中，NO_3^- 是氧化性离子，对锆和钛的原子化不利；而在盐酸介质中，由于氯离子的增感作用，促进了锆和钛的原子化。存在介质及浓度对二氧化锆吸光度的影响见图3.150。不同的火焰气氛对锆和钛的原子吸光度有很大的影响。在氧化性气氛下锆和钛易形成耐热氧化物而难以原子化；在还原性火焰中存在大量的还原性原子团(CN、NH、CH……)抑制了耐热氧化物的形成，从而促进了锆和钛的原子化，提高了测试灵敏度。在测试溶液中加入氯化铵和氯化锶，既可以利用 NH_4^+ 对锆和钛的增感作用也利用 Sr^{2+} 抑制锆和钛在高温火焰中的离子化，同时消除其他共存离子的干扰，从而大大提高测试准确度。

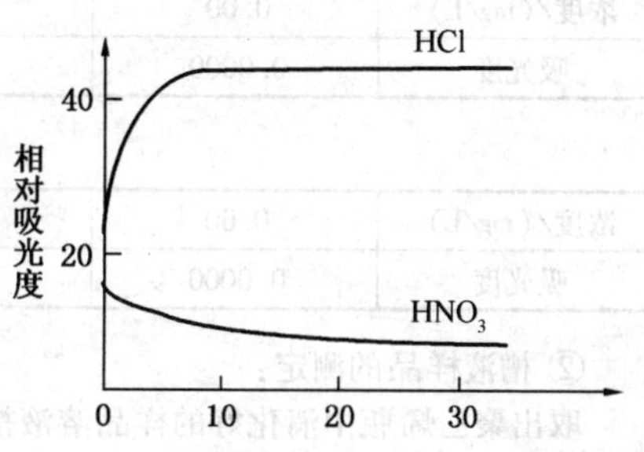

图3.150　溶液介质对吸光度的影响

④ 在上述测试条件下，溶液酸度对K、Na的测试有影响，使吸光度偏低，因此必须保持标准曲线溶液和测试溶液的酸度一致。共存离子对K、Na的测试影响不明显。

二、火焰原子吸收法测定电泳涂料槽液中Zn、Na、Fe含量

火焰原子吸收法在测定有色、黑色金属及其合金的杂质元素中应用较为普遍，但在涂料方面的应用文献较为少见，由于工件在进入电泳涂料槽液前，需要经过表面预处理(除油、磷化等)，而预处理剂中含有大量金属化合物，主要是锌盐、钠盐，在清洗过程中不能保证完全除掉其附着物，这样就会带入到电泳槽液中，这些金属离子积累到了一定的浓度，就会影响工件的电泳质量，所以必须对其浓度进行监控，以达到良好的电泳效果。

仪器和试剂：

AA-6200型原子吸收仪；铁、锌、钠空心阴极灯；仪器工作条件见表3.37。

表3.37　仪器工作条件

元　素	波长/nm	灯电流/mA	狭缝/nm	乙炔流量
Fe	248.3	12	0.2	1.8
Zn	213.9	8	0.7	1.8
Na	589.0	12	0.2	1.8

过氧化氢(优级纯)；硝酸(优级纯)；铁、锌、钠标准储备液(均为1g/L)。

分析步骤：

1）电泳槽液样品的预处理

用量筒量取100mL样品置于150mL烧杯中，加入30mL浓硝酸(边加边搅拌)，当有絮状沉淀并结块后(此时颜料树脂与溶剂分离开)，用中速定性滤纸过滤于400mL高型烧杯中，并用蒸馏水洗涤沉淀4~5次，洗液也过滤于该烧杯中备用。

2）电泳槽液样品的消化

向1)处理后的滤液杯中加入20mL浓硝酸，盖上表面皿放置过夜，将烧杯置于电热板上低温消化30min，煮沸至约为10mL后，取下冷却，再加入20mL 1+1的硝酸在电热板上低温消化15min，煮沸至约为5mL，取下冷却，加入12mL H_2O_2，再于电热板上煮沸至溶液约为5mL左右，重复上述消化过程，直到溶液颜色为淡黄色或者无色透明液体，取下冷却，用纯水定容至250mL容量瓶中，移入聚乙烯瓶待测。

3）电泳槽液样品的分析

① 标准曲线的配制及工作曲线：

用铁、锌、钠标准储备液配制标准系列溶液，测定结果如表3.38~表3.40。

表 3.38 Fe 标准系列溶液

浓度/(mg/L)	0.00	1.00	2.00	3.00	4.00
吸光度	0.0000	0.0725	0.1431	0.2149	0.2818

表 3.39 Zn 标准系列溶液

浓度/(mg/L)	0.00	0.25	0.50	0.75	1.00
吸光度	0.0000	0.0804	0.1600	0.2513	0.3378

表 3.40 Na 标准系列溶液

浓度/(mg/L)	0.00	0.20	0.40	0.60	0.80
吸光度	0.0000	0.0634	0.1305	0.1927	0.2627

② 槽液样品的测定：

取出聚乙烯瓶中消化好的样品溶液按不同稀释倍数稀释后直接测定锌、钠、铁含量。

通常除去样品中有机物的方法主要有干法和湿法两种，干法是在高温电阻炉中在一定温度下灼烧除去有机物，但该法的炉温若控制不好会造成待测元素的损失。湿法消化实验中 $HNO_3-H_2O_2$ 法比 HNO_3 消化和 HNO_3-HClO_4 法消化都好，它能将样品中有机物完全消化破坏。我所用此法对槽液样品进行测定，监控电泳质量应用十多年来效果良好，证明此法是测定电泳槽液样品杂质离子的可行方法。

3.2.7.5 原子吸收在有色金属和钢铁中的应用

平台石墨炉原子吸收光谱法测定高纯氧化铋中铅

铋及氧化铋杂质的测定，国标 GB/T 915—1995 中，铜、铁采用分光光度法，镉、镍采用电热原子吸收法，分析显得费时费力。用火焰原子吸收光谱法连续测定铜、铝等，但铅测定下限不能满足当前实际需要。也有采用沉淀法、萃取法或离子交换法等手段进行预分离和富集，但过程往往繁琐，而且样品易污染及处理过程中造成分析物损失，影响测定的准确性、可靠性，且分析速度慢。本文应用平台石墨炉原子吸收法直接测定高纯氧化铋中铅，获得满意的结果。

仪器与试剂：

岛津 AA－6701 原子吸收光谱仪(附 GFA－6500 石墨炉和 ASC－6500 自动进样器)

铅空心阴极灯(日本 KotoBunkogen 公司)

铅标准储存溶液：1.000mg/mL。由北京标准物质中心制备提供，实验所需标准系列溶液将其逐级稀释所得

硝酸：Surprapur 级(德国 Merck 公司生产)

水：Milli－Q 水(18.2MΩcm)

钯基体改进剂：钯粉(光谱纯)用王水加热溶解配置成钯浓度为 0.1%(m/V)

磷酸二氢胺：磷酸二氢胺(光谱纯)加水加热溶解配置成浓度为 1%(m/V)

实验方法：

样品制备：

称取试样约 0.4g 于石英烧杯中，加入 4mL HNO_3，加热溶解澄清，冷却后 Milli－Q 水定容至 50mL 容量瓶中。同时制备相应的空白液。

仪器工作参数：

主机测定参数见表 3.41。

表 3.41 主机测定参数

波长(λ)/nm	灯电流(I)/mA	自吸收灯高电流(I)/mA	光谱通带宽度(Δ)λ/nm	背景扣除①
283.3	10	300	0.5	D_2/RS

① D_2—氘灯扣背景，RS—自吸收灯扣背景。

平台石墨炉升温程序见表 3.42。

表3.42　平台石墨炉升温程序

程　序	温度/℃	时间 t/s	氩气流量 q_v/(L/min)	升温方式
干燥	140	10	1.0	斜坡
	140	20	1.0	保持
灰化	900	10	1.0	斜坡
	900	30	1.0	保持
	900	3	0.0H①	保持
原子化	2100	3	0.0H①	保持
清洗	2200	3	1.0	保持
冷却	20	10	1.0	保持

① 0.0H表示停气时石墨管端有适当负压，减少原子向石墨管进样口扩散，提高灵敏度。

结果与讨论：

灰化温度与原子化温度：

铅和铋都是易挥发性元素，且其两者挥发温度接近。因此在没有添加基体改进剂的情况下，铅在平台石墨管上的灰化温度较低，约为400℃。此时大量的铋基本留在平台管上，在原子化时痕量的铅和大量的铋一同原子化，导致很高的背景，影响到铅的检出。若升高温度到800℃，虽然背景将有所降低，但铅的信号降低很多。再升高温度到900℃，背景将大大降低，但信号也降低很大。因此在没有添加基体改进剂下，难以准确测定铅的含量。

基体改进剂的选择：

钯作为基体改进剂是最常用的一种方法。试验表明，钯虽然能提高铋的灰化温度，但是对铅的原子吸收有较大的抑制作用。当加入钯6μg和10μg时铅的吸光度则分别降低30%和50%。抗坏血酸、磷酸二氢胺等也是一种良好的基体改进剂，在铁镍合金和镍基合金测定中也曾有报道。但在本实验发现，单独使用抗坏血酸不能提高铅的灰化温度，灵敏度也没有得到改善。实验用磷酸二氢胺可使灰化温度提高到700℃，灵敏度相应得到提高，但背景依然很高，可能磷酸二氢胺也对铋有稳定作用。大量铋依然留在平台管中，导致原子化时产生大量的背景。在此基础上本实验选择钯加磷酸二氢胺作为基体改进剂。2μL0.1mg/mL钯+4μL1%磷酸二氢胺，灰化温度在900℃，灵敏度不变，但是背景明显降低。

氘灯和自吸收灯法测定比较：

基体改进剂的存在虽然可将灰化温度提高到900℃，其背景的影响仍未能消除。此时信号相对背景仍然较小。对于铅含量低的高纯氧化铋样品，准确扣除背景尤为重要。岛津AA-6701原子吸收光谱仪有两种扣背景方式，即氘灯和自吸收灯两种扣背景的方法。空心阴极灯强脉冲自吸收背景校正利用了空心阴极在高电流下发射谱线产生自蚀的特性来完成背景校正。在产生自吸收谱线变宽时，辐射能量的峰值与原来波长的差异很小，由此能准确地扣除背景，包括结构背景在内。但是在高电流下原波长处仍然存在共振线辐射能量，使测定灵敏度降低。氘灯扣背景在背景扣除上虽然没有自吸收扣背景好，但是其对灵敏度基本上影响小，考虑到本身信号小，故在本实验上选择氘灯扣背景。

校准曲线选择、方法的检出限和方法验证：

大量铋的存在严重干扰了铅的测定，选择标准曲线时，测定结果明显偏低。说明除了背景干扰外，还存在物理干扰等。实验中选择标准加入法来消除此干扰，可消除其物理干扰。

方法的检出限测定是参照GB 10724—89化学试剂无火焰(石墨炉)原子吸收光谱法通则。空白液中分析元素含量大小和样品中背景的大小和石墨管质量影响其检出限。本方法铅的检出限为$1.2\times10^{-5}\%$，相对偏差为20%

称取四份0.5g相同样品于塑料瓶中，其中两份分别加入已知量待测元素标准样(50mL中含铅2.5ng/mL)按前面方法进行处理，定容体积50mL。从测定浓度结果计算加料回收率。

$$R(\%) = \frac{C_a - C}{C_s} \times 100$$

式中　R——加料回收率，%；

C_a——样品中加标准测定元素的平均总浓度；

C——样品中测定元素的平均浓度；

C_s——加入已知量标准测定元素浓度。

按验证方法测定加料回收率 Pb104%。

3.2.7.6 原子吸收测定形态砷

一、(LC－AA)*液相色谱－原子吸收联用技术测定不同形态的砷*

砷是以其毒性而闻名的一种元素，而近代研究发现，砷元素的毒性大小是随着化合物的形态不同而变化的，特别是与汞、锡等有机形态毒性大于无机形态的元素不同，有机砷的毒性一般比无机砷小得多，有些形态有机砷的生化毒性甚至只有无机砷的千分之一左右。20 世纪 70 年代以来，海洋生物学家在海洋动物和植物体内发现了非常高浓度水平的砷存在，主要是多种形态的有机砷，比如砷甜菜碱广泛存在于海洋动物体内，二甲基砷则在海洋动物和植物中都有分布，而砷糖则是海藻和软体动物含砷的主要成分。

由于砷的不同形态毒性不同，以及海产品中的砷形态复杂，因此在对海产品进行食用安全性评估的时候，如果仅依靠砷的总量作出结论显然是不准确和不科学的。我们需要将各种形态的砷化物按其毒性作加权平均才能得到合理的结果，而这项工作的基础就是对海产品含砷形态进行全面翔实的调查，因此砷元素形态分析仪满足了这种需求。在这里，我们以金枪鱼为列，利用岛津公司的砷元素形态分析仪来测定金枪鱼中甜菜碱的含量。

仪器

本试验所用仪器是最新砷形态分析系统，该系统主要由岛津 LC－10Ai、AA－6800G、SARF－16C 马氟炉原子化器、CSlight 数据处理软件构成，其液相和原子吸收接口由北京同立公司提供的在线消解氢化物发生装置构成。本系统测量波长为 193.7nm，用一个低压紫外灯(8W)提供样品消解所需能量，色谱柱为 Hamilton PRP－X100(250mm×4.1mm)的阴离子色谱柱，和 Dionex Ionpac CS10(4mm×250mm)的阳离子柱，六通阀定量管体积为 100μL；氢化物发生系统包括蠕动泵和一个马氟炉原子化器，该原子化器的使用温度为 850℃。北京同立在线系统集成公司 LA－510 在线消解氢化物发生器。

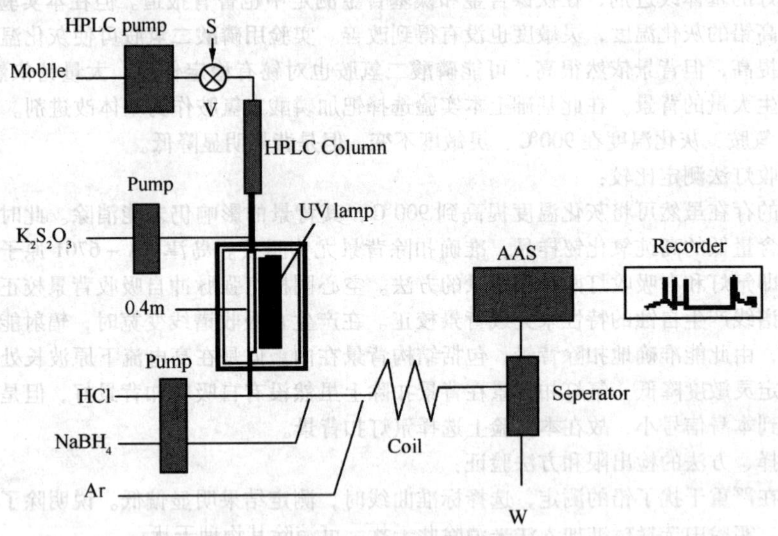

图 3.151 砷形态分析系统构成图

1. 分析过程：

阴离子柱的分析过程：

打开原子吸收光谱仪，预热 20min。打开 HPLC 泵系统，调节流动相流速为 1mL/min。打开氢化物发生器上的蠕动泵，开始采样基线数据，直至基线平稳。

100μL 样品经旋转式六通阀注射进入色谱分离系统，不同形态含砷化合物的谱带流出后与 KBH_4、HCl 溶液混合产生氢化物，气液成分经气液分离器分离后，由原子吸收光谱仪测量砷化氢的吸收信号。流程示意图如图 3.152。

阳离子柱的分析过程：

打开原子吸收光谱仪，预热 20min。打开 HPLC 泵系统，调节流动相流速为 1.2mL/min。打开氢化物发生器上的蠕动泵和紫外灯，开始采样基线数据，直至基线平稳。

100μL 样品经旋转式六通阀注射进入色谱分离系统，不同形态含砷化合物的谱带流出后与 $Na_2S_2O_8$ 溶液混合，在经过附在紫外灯壁外的石英管时被催化分解成小分子砷化合物，经与 KBH_4、HCl 溶液混合后产生氢化物，气液成分经气液分离器分离后，由原子吸收光谱仪测量砷化氢的吸收信号。流程示意图如图 3.153 所示。

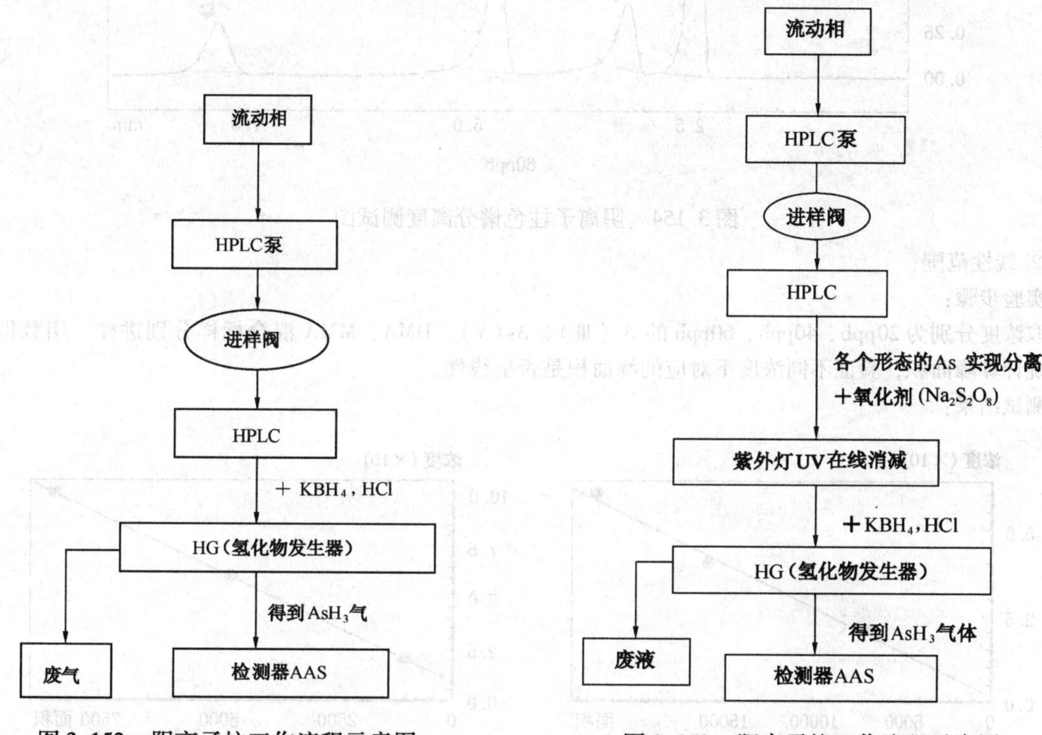

图 3.152　阴离子柱工作流程示意图　　图 3.153　阳离子柱工作流程示意图

2. 结果与讨论

① 关于阴离子柱的结果与讨论：

分离度的测试：

分离度的计算依据如下公式：

$$R = 2(t_2 - t_1)/(w_1 + w_2)$$

其中 R 为分离度，t 为色谱峰的保留时间，w 为峰底宽度。评价标准为：$R \geqslant 1$。

试验步骤：

取等浓度的标样 As(Ⅲ)，As(V)，DMA，MMA 混合，得到浓度为 60ppb 的混合标样溶液。以 100μL 采样环进样，开始采集数据。

测试结果见表 3.43。

表 3.43　分离度计算表

Form	As(Ⅲ)	DMA	MMA	As(V)
T	143.2	189.7	278.0	465.7
R	2.23	3.83	6.92	

结论：从上表的测量数据可知，四种砷的 R 值均大 1，符合设计要求。

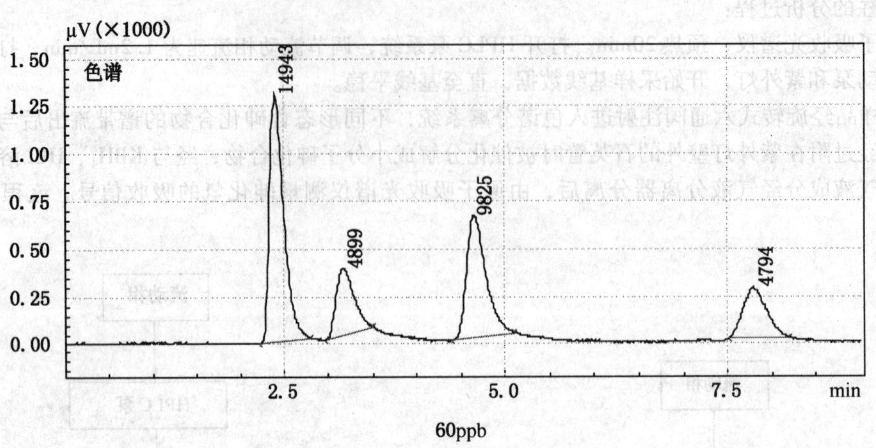

图 3.154 阴离子柱色谱分离度测试图

② 线性范围：

实验步骤：

取浓度分别为 20ppb、40ppb、60ppb 的 As(Ⅲ)、As(Ⅴ)、DMA、MMA 混合标样分别进样，用数据处理系统计算峰面积，验证不同浓度下对应的峰面积是否呈线性。

测试结果：

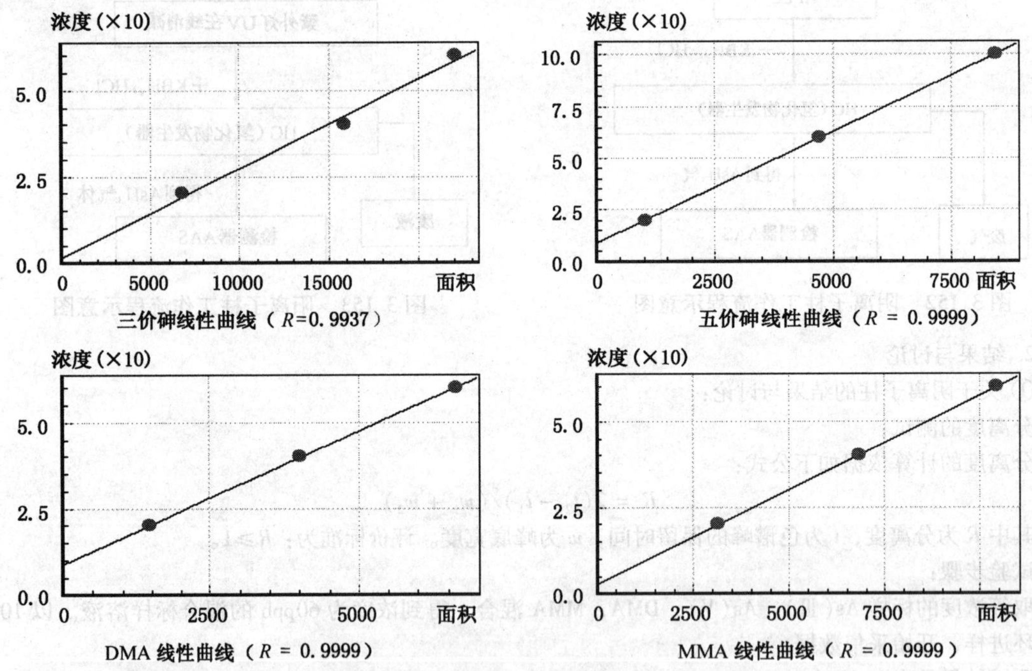

图 3.155 四种形态砷的标准曲线

由上述标准曲线和表格中的 r^2 值可知，四种形态的砷均具有良好的线性。线性范围不小于两个数量级。

③ 检出限：

按照 IUPAC 的规定，三倍于噪声的浓度值相当于检出限。根据这一定义，进行了检出限的测定。

实验步骤：

我们将空白重复了 7 次，得到了仪器噪声的平均值，另根据四种形态砷的线性图分别得到了对应形态砷仪器的灵敏度，因而得到四种形态砷的检出限。

测试结果：

测试结果表明：四种砷形态 As(Ⅲ)、As(Ⅴ)、DMA、MMA 的检出限分别为 1.7ppb、5.9ppb、3.3ppb 和 8.5ppb，低于 50ppb，符合设计要求。

④ 重复性测试：

实验步骤：

取 As(Ⅲ)、As(Ⅴ)、DMA、MMA 浓度为 60ppb 的混合标样溶液，重复进样 5 次，考察各个峰面积的相对标准偏差是否大于 10%。

测试结果见表 3.44。

表 3.44　重现性及精密度考察

形态浓度	As(Ⅲ)	DMA	MMA	As(Ⅴ)
60ppb	15860	5429	9544	4560
60ppb	16423	5756	10257	4750
60ppb	15124	5431	10229	5593
60ppb	15586	5696	10136	5394
60ppb	15318	5539	10100	5427
平均值	15662	5570	10053	5145
SD	508.1	150.4	292.1	458.2
RSD/%	3.24	2.71	2.91	8.91

试验的 RSD 均小于 10%，符合研究报告预期的目标。

3. 关于阳离子柱的结果与讨论

① 分离度测试：

取等浓度的标样 DMA、MMA、AsB、AsC 混合，得到浓度为 100ppb 的混合标准溶液。以 100μL 采样环进样，开始采集数据。

分离度的计算依据如下公式：

$$R = 2(t_2 - t_1)/(w_1 + w_2)$$

其中 R 为分离度，t 为色谱峰的保留时间，w 为峰底宽度。评价标准为：$R \geqslant 1$。

② 测试结果见表 3.45。

表 3.45　分离度计算表

	MMA	DMA	AsB	AsC
T	103.2	270.6	451.9	696.9
R	4.82	3.55	3.53	

结论：从上表的测量数据可知，四种砷的 R 值均大于 1，符合设计要求。

③ 线性范围：

实验步骤：

取浓度分别为 100ppb、200ppb、400ppb 的 DMA、MMA、ASB、ASC 混合标样分别进样，用数据处理系统计算峰面积，验证不同浓度下对应的峰面积是否呈线性。

测试结果见表 3.46。

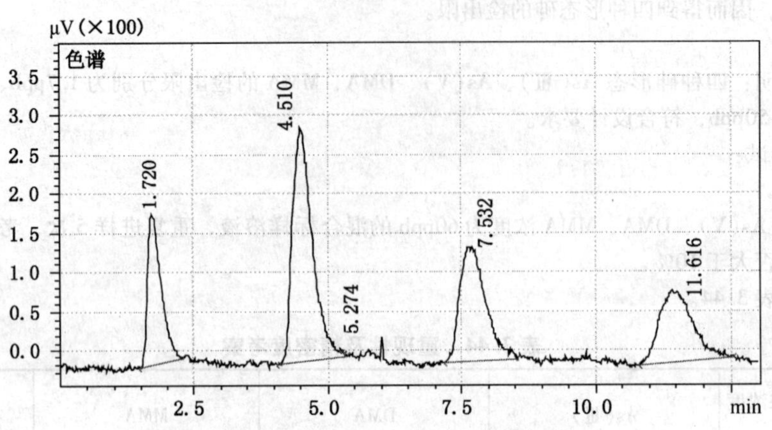

图 3.156 阳离子柱色谱分离度测试

表 3.46 四种形态砷的工作曲线数据

form / conc.	MMA	DMA	ASB	ASC
100ppb	3713	7647	5022	4160
200ppb	6750	13414	8715	7785
400ppb	13547	27856	17728	14761
r^2	0.999	0.999	0.999	0.999

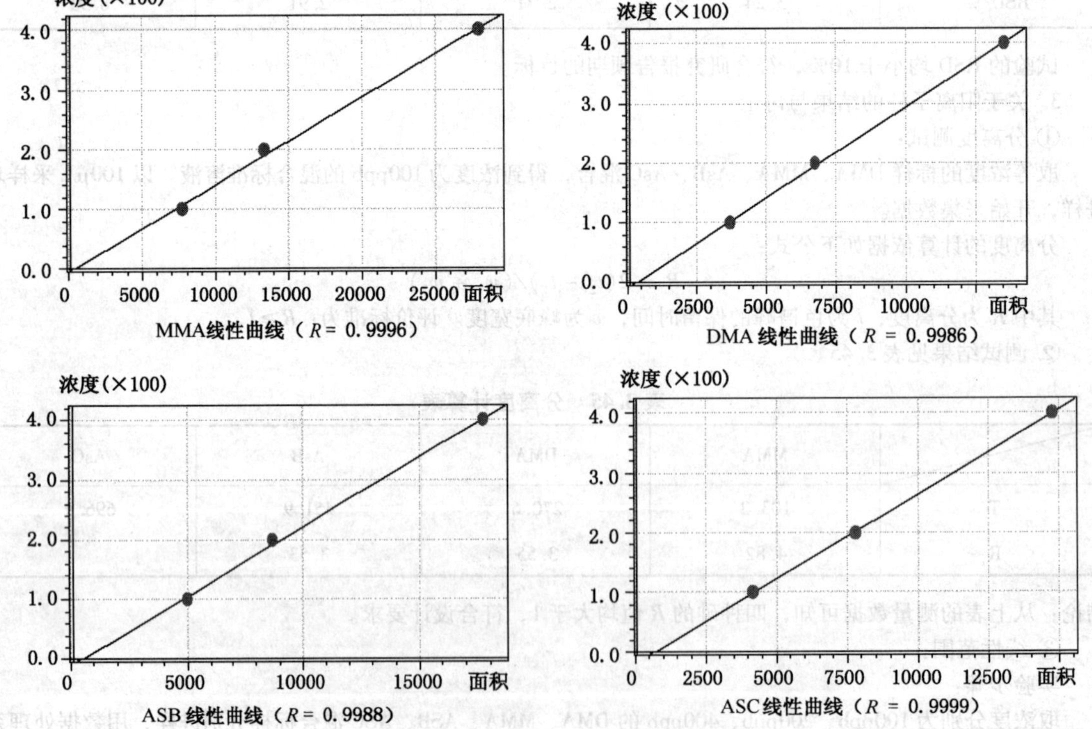

图 3.157 四种形态砷的标准曲线

④ 检出限

按照 IUPAC 的规定，三倍于噪声的浓度值相当于检出限。根据这一定义，进行了检出限的测定。

实验步骤：

我们将空白重复了 7 次，得到了仪器噪声的平均值，另根据四种形态砷的线性图分别得到了对应形态砷仪器的灵敏度，因而得到四种形态砷的检出限。

测试结果：

测试结果表明：四种砷形态，MMA、DMA、ASB、ASC 的检出限分别为 7.5ppb、4.6ppb、9.7ppb 和 17ppb，低于 50ppb，符合设计要求。

⑤ 精密度：

实验步骤：

取 DMA、MMA、ASB、ASC 浓度为 300ppb 的混合标样溶液，重复进样 5 次，考察各个峰面积的相对标准偏差是否大于 10%

测试结果见表 3.47。

表 3.47　重现性及精密度考察

形态浓度	MMA	DMA	ASB	ASC
300ppb	9386	18189	11406	8231
300ppb	8960	17875	11366	8716
300ppb	8748	17235	10755	8447
300ppb	8624	17645	10831	8392
300ppb	8855	17629	10852	9177
平均值	8914	17714	11042	8593
SD	290.37	351.20	316.54	370.45
RSD(%)	3.26	1.98	2.87	4.31

由上表可以看出，试验的 RSD 均小于 10%，符合研究报告预期的目标。

4. 样品测试

实验部分：

所用仪器：

岛津公司砷元素形态分析系统，Dionex Ionpac CS10(4mm×250mm)的阳离子柱。

仪器条件：

色谱：流动相为 0.7% 的 HNO_3；流速 1.2mL/min；采用 100μL 的采样环。

紫外消解：3% $Na_2S_2O_4$ 和 2% 的 NaOH 混合溶液。

氢化物发生：1.5% 的 $NaBH_4$ 和 0.5% 的 NaOH 混合溶液；15% 的盐酸。

原子吸收：灯电流：12mA；石英管温度：850℃。

实验方法

标准溶液的配制：分别配制浓度为 100ppb、200ppb 和 400ppb 的 DMA、MMA、AsB、AsC 混合标准溶液。

样品：首先将金枪鱼肉粉碎，冻干。称取 0.5g 样品，加入 1∶1 的甲醇和水浸泡过夜，用超声波辅助萃取 15min，后用离心机离心得到萃取清液。转移清液至烧杯，重复萃取三次。将得到的清液在较低温度(50℃以下)下蒸除甲醇(也可以用 N_2 进行吹扫)。最后将清液转移至 25mL 容量瓶定容。

标准曲线的绘制：

将 100ppb、200ppb、和 400ppb 的标准溶液分别进样，利用以上所做曲线对未知样测定。

实验结果

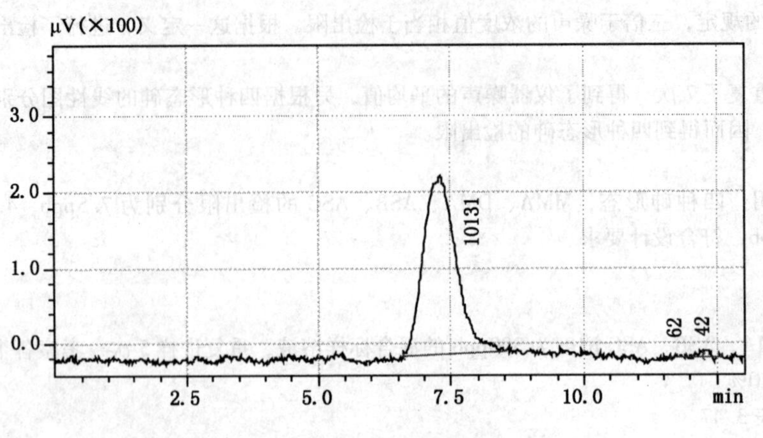

图 3.158 样品色谱图

所得未知样峰面积 10131.2，ASB 浓度为 227.74ppb。

参 考 文 献

1 郑国经，计子华，余兴．原子发射光谱分析技术及应用．北京：化学工业出版社，2009

2 刘志广，张华，李亚明．仪器分析(第二版)．大连：大连理工大学出版社，2007

3 辛仁轩．等离子体发射光谱分析．北京：化学工业出版社，2004

4 张诒学，何华焜，陈江韩．原子吸收光谱仪．北京：化学工业出版社，2006

5 魏福祥，韩菊，刘宝友．仪器分析原理及技术．北京：中国石化出版社，2011

6 周梅村．仪器分析．武汉：华中科技大学出版社，2008

7 朱良漪．分析仪器手册．北京：化学工业出版社，2000

8 朱明华．仪器分析(第三版)．北京：高等教育出版社，2000

9 邓勃．应用原子吸收与原子荧光光谱分析(第二版)．北京：化学工业出版社

10 邓勃．原子吸收光谱分析．北京：化学工业出版社

第4章 气相色谱分析

4.1 概述

色谱法是现代分离分析的一种重要的方法，具有高效快速分离特性而在现代仪器分析中占有重要的地位。这类分析方法特别适合于复杂混合物的快速分离分析，在许多领域都有十分广泛的应用。色谱法包括了气相色谱、液相色谱、薄层色谱、凝胶色谱、超临界流体色谱等各种分析方法，其中气相色谱法是以气体为流动相，是目前应用最为广泛的一种色谱法，主要用于各种气体混合物及较低沸点有机化合物的分离分析。

4.1.1 气相色谱法的分离原理及特点

气相色谱法是以气体为流动相的，按色谱柱分为填充柱气相色谱和毛细管柱气相色谱。填充色谱柱是在内径3~6mm的金属或玻璃管中填充固定相的，毛细管柱是一种称之为固定液的化合物均匀涂覆在毛细管内壁上而构成固定相的。气相色谱的分离原理因色谱柱中的固定相性质的不同而异，使用的固定相有两大类：固体吸附剂颗粒和表面涂覆固定液的颗粒。按照固定相的状态不同，气相色谱法又可分为气-固色谱和气-液色谱。气-固色谱法是基于固体吸附剂对试样中各组分的吸附能力的不同而进行分离的，因此属于吸附色谱法；气-液色谱法是基于固定液对试样中各组分的溶解能力的不同而进行分离的，在流动相和固定液两相间分配的差异则是分离的依据，属于分配色谱法。

色谱法经过一个世纪的发展，出现了许多种类的分析技术，其中气相色谱法是世界上应用最广泛的分析技术之一，主要是由于气相色谱法具有如下特点。

① 分离效率高，分析速度快。可分离复杂混合物，如有机同系物、异构体、手性异构体等。一般在几分钟或几十分钟内可以完成一个试样的分析。

② 样品用量少，检测灵敏度高，可以检测出μg/g(10^{-6})级甚至ng/g(10^{-9})级的物质。一次进样量仅为0.001~0.1mg。

③ 应用范围广。在色谱柱温度条件下，可分析有一定蒸气压且热稳定性好的样品，一般来说，气相色谱法可直接进样分析沸点低于400℃的各种有机或无机试样。目前气相色谱法所能分析的有机物，约占全部有机物的15%~20%。

④ 不足之处。难以对被分离组分定性。

4.1.2 气相色谱法的理论基础

色谱理论的建立促进了色谱法的快速发展。色谱理论需要解决色谱分离过程中的热力学和动力学两个方面的问题，即影响分离及柱效的因素与提高柱效的途径，柱效评价指标及色谱参数间的关系等。组分的保留时间受色谱过程的热力学因素控制(温度及流动相和固定相的结构和性质)，而色谱峰变宽受色谱过程的动力学因素控制(组分在两相中的运动情况)。

(1) 分配系数及分配比

气-液色谱的分离是以试样中各组分在流动相和固定相间分配的差异为依据的。组分在柱内两相间的分配行为用分配系数和分配比来描述。

分配系数(parititon coefficient，用K表示)是指在一定温度和压力下，组分在两相分配达到平衡时的浓度(单位：g/mL)比，即

$$K = \frac{\text{组分在固定相中的浓度}}{\text{组分在流动相中的浓度}} = \frac{c_s}{c_M} \tag{4.1}$$

分配系数是气-液色谱分离的依据。它是由组分和固定相的热力学性质决定的，是每一种溶质的特征值，它仅与两个变量有关：固定相和温度，与两相体积、柱管的特性以及所使用的仪器无关。分配系数作为气-液分配色谱的重要参数，决定着某些物质能否用气-液分配色谱进行分离分析的基本条件。如果两个组分具有相同的分配系数，则它们的色谱峰是重合的，无法得到分离，反之，其分配系数差异越大，则

相应色谱峰分离越好。

由于在固定相与流动相中的组分浓度不易测得，在实际工作中，也常用分配比(partition ratio，用k表示)来表征色谱分配平衡过程。k是指在一定温度和压力下，某一组分在两相间分配达到平衡时，分配在固定相和流动相中的质量比。即

$$k = \frac{\text{组分在固定相中的质量}}{\text{组分在流动相中的质量}} = \frac{m_s}{m_M} \tag{4.2}$$

k值越大，说明该组分在固定相中的质量越多，相当于柱的容量越大，因此k又被称为容量因子(capacity factor)或容量比(capacity ratio)，是重要的热力学参数。k值是衡量色谱柱对被分离组分保留能力的重要参数。k值也取决于组分及固定相的热力学性质，它不仅随柱温、柱压的变化而变化，还与流动相及固定相的体积有关。分配比k与分配系数K的关系如下。

$$k = \frac{m_s}{m_M} = \frac{c_s V_s}{c_M V_M} = \frac{K}{\beta} \tag{4.3}$$

式中：c_s、c_M分别为组分在固定相和流动相中的浓度；V_M为柱中流动相的体积，近似等于死体积；V_s为柱中固定相的体积，在各种不同类型的色谱中有不同的含义；β称为相比率，它是反映各种色谱柱柱形特点的又一个参数。例如：对填充柱，其β值为6～35；对毛细管柱其β值为60～600，分配比可从色谱图上直接测得。

(2) 色谱流出曲线

在色谱分析中，由检测器输出的电信号强度对时间作图，所得曲线称为色谱流出曲线，又称为色谱图，如图4.1，图中提供的重要的信息有峰高，保留值和区域宽度等。

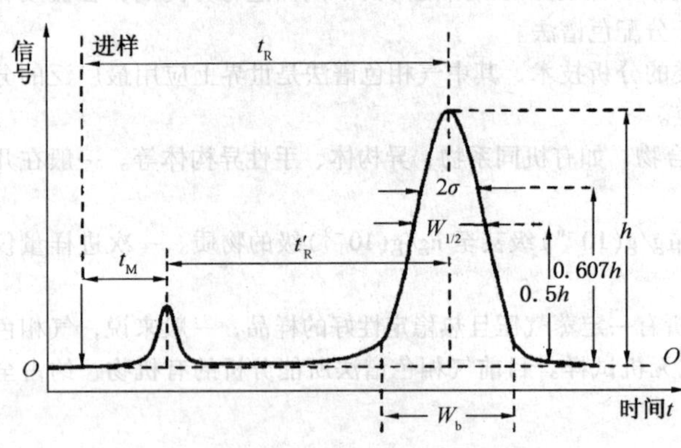

图4.1 色谱流出曲线

保留值可用时间表示，也可用体积表示，前者称为保留时间，后者称为保留体积。保留时间t_R是指组分从进样到柱后出现峰极大值时所需的时间，是色谱法定性的基本依据。但同一组分的保留时间常受到流动相流速的影响，因此有时用保留体积表示保留值。保留体积是指从进样开始到被测组分在柱后出现浓度极大值时所通过的流动相的体积。以上各种保留值定性指标，都只是用一种组分在一定条件下测定的数据。若同时用另一组分作标准物或参比进行测定，可以取其调整保留值之比作为定性指标，称为相对保留值，它是为了消除流动相流速变化而采用的保留值定性参数，只与柱温和固定相性质有关，而与柱径、柱长、填充情况及流动相流速无关，更加准确的描述了对两种溶质的分离程度大小，因此它在色谱法中，尤其在气相色谱法中广泛用作定性数据。它表示了固定相对这两种组分的选择性，并可作为这两种组分的分离指标或色谱柱评价指标，故又称为分离因子，也称为选择性因子。

区域宽度是反映色谱峰宽的参数，可用于衡量柱效率及反映色谱操作条件的动力学因素。通常表示色谱峰区域宽度的有标准偏差σ，半峰宽$W_{1/2}$和峰底宽度W_b三种方法。

从色谱流出曲线可获得以下重要信息：

① 根据色谱峰的个数，可以判断样品中所含组分的最少个数。

② 根据色谱峰的保留值，可以进行定性分析。

③ 根据色谱峰的面积或峰高，可以进行定量分析。

④ 色谱峰的保留值及其区域宽度，是评价色谱柱分离效能的依据。

⑤ 色谱峰两峰间的距离，是评价固定相选择是否合适的依据。

(3) 气相色谱分离基本理论

色谱分析的任务之一是将混合物中各组分彼此分离，组分要达到完全分离，两峰间的距离必须足够远。两峰间的距离是由组分在两相间的分配系数决定的，即与色谱分离过程的热力学性质有关。同时，还要考虑每个峰的宽度。若峰很宽以致彼此重叠，还是不能分开。而峰底宽度是由组分在色谱柱中的传质和扩散

行为决定的，即与色谱分离过程的动力学性质有关。因此，色谱分离的基本理论需要解决的问题包括：色谱分离过程的热力学和动力学问题；影响分离及柱效的因素与提高柱效的途径；柱效与分离度的评价指标及其关系。

1）塔板理论

色谱塔板理论最早是由 Martin 和 Synge 将塔板高度和理论塔板数的概念引入色谱分离过程而建立的。塔板理论把色谱柱比作一个精馏塔，沿用精馏塔中塔板的概念来描述组分在两相间的分配行为，同时引入理论塔板数 n 作为衡量柱效率的指标，即色谱柱是由一系列连续的相等高度的水平塔板组成。每一块塔板的高度称为理论塔板高度，用 H 表示。

塔板理论假设：在柱内一小段长度 H 内，组分可以在两相间迅速达到平衡，H 称为理论塔板高度。对于气相色谱法来说，载气进入色谱柱不是连续进行的，而是脉动式的，每次进气为一个塔板体积。所有组分开始时存在第 0 号塔板上，而且试样沿轴向扩散可忽略。分配系数在所有塔板上是常数，与组分在某一塔板上的量无关。

由此可得，理论塔板数 n 与理论塔板高度 H 及柱长 L 的关系式。

$$n = \frac{L}{H} \tag{4.4}$$

与精馏塔一样，色谱柱的柱效能是随理论塔板数 n 的增加而增加的，随理论塔板高度 H 的增大而减小。

由色谱流出曲线得出，塔板高度和塔板数的方程为：

$$n_e = 5.54\left(\frac{t'_R}{Y_{1/2}}\right)^2 = 16\left(\frac{t'_R}{W_b}\right)^2 \tag{4.5}$$

其中，n_e 是把死时间扣除的有效理论塔板数，t'_R 是调整保留时间，$Y_{1/2}$ 是半峰宽，W_b 是色谱峰底宽。由方程(4.5)可知，有效理论塔板数 n_e 和有效理论塔板高度 H_e 可作为描述柱效能的指标。在保留时间一定时，色谱峰越窄，n_e 越大，H_e 就越小，柱效能越高。

塔板理论是一种半经验性理论。它用热力学的观点描述了溶质在色谱柱中的分配平衡和分离过程，解释了色谱流出曲线的形状及浓度极大值的位置，并提出了计算和评价柱效能高低的参数。但由于它的某些假设并不符合色谱柱内的实际发生的分离过程，如气体的纵向扩散不能被忽略，同时也不能不考虑分子的扩散、传质等动力学因素，因此塔板理论只能定性的给出理论塔板高度的概念，却不能解释理论塔板高度受哪些因素影响以及造成谱带扩展的原因，也不能说明同一色谱柱在不同的载气流速下柱效能不同的实验结果，无法指出影响柱效能的因素及提高柱效的途径，因而限制了它的应用。

2）速率理论

1956 年荷兰学者 Van Deemter 等在研究气液色谱时，提出了色谱过程动力学理论——速率理论。速率理论吸收了塔板理论中理论塔板高度的概念，并充分考虑了组分在两相间的扩散和传质过程，从而在动力学基础上较好的解释了影响理论塔板高度的各种因素。该理论模型对气相、液相色谱都适用。Van Deemter 方程的数学简化式为

$$H = A + \frac{B}{u} + C_u \tag{4.6}$$

式中，H 为理论塔板高度；u 为流动相的线速度；A、B、C 为常数，分别代表涡流扩散系数、分子扩散系数及传质阻力项系数。

在填充色谱柱中，当组分随流动相向柱出口迁移时，流动相由于受到固定相颗粒阻碍，不断改变流动方向，使组分分子在前进中形成紊乱的类似涡流的流动，形成涡流扩散现象，造成同时进色谱柱的相同组分到达柱出口的时间并不一致，引起了色谱峰的变宽。涡流扩散系数 A 为：

$$A = 2\lambda d_p \tag{4.7}$$

式中，d_p 为固定相的平均颗粒直径；λ 为固定相的填充不均匀因子。

因此 A 与固定相的平均颗粒直径及不均匀度有关。为提高柱效能，柱内应填充细小且均匀的颗粒。对于气液色谱法使用的空毛细管柱，不存在涡流扩散，因此 $A=0$。

分子扩散现象是由于组分浓度梯度造成的。当随着流动相向前推进时，由于存在着浓度梯度，组分分子必然自发的向前和向后扩散，造成谱带变宽。因此，分子扩散项系数 B 与固定相颗粒的几何形状对自由

分子扩散的阻碍情况及组分分子在流动相中的扩散系数成正比关系。其表达式为：

$$B = 2\gamma D_g \tag{4.8}$$

式中，γ 为弯曲因子，反应了固定相颗粒的几何形状对自由分子扩散的阻碍情况；D_g 为试样组分分子在流动相中的扩散系数。

影响 B 的因素有组分相对分子质量，流动相的相对分子质量，柱温及流动相的流速等。试样组分具有相对较小的分子质量，采用相对分子质量较大的流动相，加大流动相流速，降低柱温等可降低纵向扩散的影响。

传质阻力项包括气相传质阻力系数和液相传质阻力系数两项。即

$$C = C_g + C_L \tag{4.9}$$

气相传质过程是指试样组分从气相移动到固定相表面的过程，在这一过程中，试样组分将在气固两相渐进性分配。有的分子还来不及进入两相界面就被气相带走，有的则进入两相界面又不能及时返回气相。这样，由于试样在两相界面上不能顺势达到平衡，引起滞后现象，这种传质阻力现象，从而使色谱峰变宽。对于填充柱，气相传质阻力系数 C_g 为：

$$C_g = \frac{0.01k^2 d_p^2}{(1+k)D_g} \tag{4.10}$$

式中，k 为容量因子。

液相传质过程是指试样组分从固定相的气－液界面移动到液相内部，并发生质量交换达到分配平衡，然后又返回气－液界面的传质过程。这个过程也需要一定时间。此时，气相中组分的其他分子仍随载气不断向柱口运动，于是造成峰形扩张。液相传质阻力系数 C_L 为

$$C_L = \frac{2}{3}\frac{k}{(1+k)^2}\frac{d_f^2}{D_L} \tag{4.11}$$

式中，d_f 为固定相液膜厚度；D_L 为组分在液相的扩散系数。

由式(4.11)可以看出，d_f 越小，D_L 越大，则液相传质阻力就越小。降低固定相的含量，可以降低膜厚度，但 k 值随之变小，又会使 C_L 增大。当固定液含量一定时，一般可采用比表面积较大的载体来降低液膜厚度。提高柱温也可增大 D_L，但会使 k 值减小，因此为了保持适当的 C_L 值，应控制适当的柱温。

考虑色谱过程的动力学因素即涡流扩散，分子扩散及传质阻力等的影响，Van Deemter 气液色谱理论塔板高度方程的表达式为

$$H = 2\lambda d_p + \frac{2\gamma D_g}{u} + \left[\frac{0.01k^2}{(1+k)^2}\frac{d_p^2}{D_g} + \frac{2}{3}\frac{k}{(1+k)^2}\frac{d_f^2}{D_L}\right]u \tag{4.12}$$

Van Deemter 方程对选择色谱分离条件具有实际指导意义，它指出了色谱柱填充均匀程度、填料粒度的大小、流动相的种类及流速、固定相的液膜厚度等对柱效能的影响。

载气流速对柱效能的影响。对于一定长度的色谱柱，理论塔板高度越小，理论塔板数越大，柱效能越高。而从 Van Deemter 方程可知，载气流速大时，传质阻力项是影响柱效能的主要因素，流速小，柱效能高；载气流速小时，分子扩散项成为影响柱效能的主要因素，流速大，柱效能高。

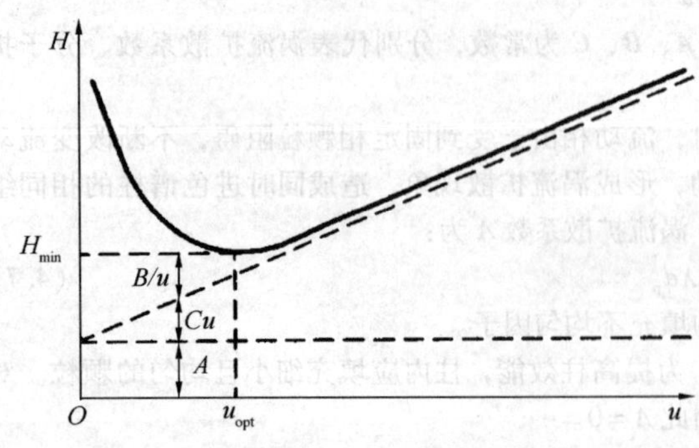

图 4.2　$H-u$ 关系曲线

由于流速在两项中完全相反的作用，流速对柱效能的总影响存在着一个最佳流速值，即速率方程式中理论塔板高度的一阶导数有一极小值。以理论塔板高度 H 对应载气流速 u 作图，趋向最低点的流速即为最佳流速，如图 4.2 所示。

通过上述对 Van Deemter 方程的讨论可得出以下结论：

① 组分分子在柱内运行的多路径与涡流扩散、浓度梯度所造成的分子扩散及传质阻力是气液两相间的分配平衡不能瞬间达到等因素是造成色谱扩展、

柱效能下降的主要原因。

② 通过选择适当的固定相粒度、载气种类、液膜厚度及载气流速可提高柱效能。

③ 各种因素相互制约，如载气流速增大，分子扩散项的影响减小，使柱效能提高，但同时传质阻力项的影响增大，又使柱效能下降；柱温升高，有利于传质，但又加剧了分子扩散的影响，选择最佳条件，才能使柱效能达到最高。

速率理论阐明了流速和柱温对柱效能及分离的影响，为色谱的分离和操作条件的选择提供了理论指导。

3)分离度

塔板理论是从热力学的角度探讨了色谱分离过程，而速率理论是从动力学的角度出发，因而两者都难以全面描述难分离物质对的实际分离程度。

实际上，难分离物质对的分离程度受色谱过程中两种因素的综合影响：①保留值之差——色谱过程的热力学因素；②区域宽度——色谱过程的动力学因素。

色谱分离中常见的四种情况如图 4.3 所示。图中(a)的情况表明，柱效能较高，ΔK(两组分分配系数之差)较大，完全分离；图中(b)的情况表明，ΔK 不是很大，柱效能较高，峰形较窄，基本上完全分离；图中(c)的情况表明，ΔK 较大，但柱效能较低，峰形扩展，分离的效果不好；图中(d)的情况表明，ΔK 小，柱效能低，分离效果差。

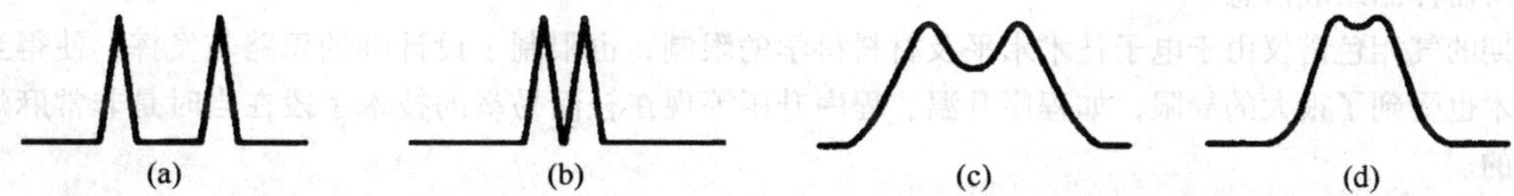

图 4.3　色谱分离中难分离组分常见的几种情况

由此可见，单独用柱效能或选择性不能完全反映组分在色谱柱中的分离情况，故需引入一个综合性指标——分离度 R。分离度是既能反映柱效能又能反映选择性的指标，称为总分离效能指标，又称为分辨率，它定义为相邻两组分色谱峰保留值之差与两组分色谱峰峰底宽总和之半的比值。

分离度 R 的表达式为：

$$R = \frac{2(t_{R2} - t_{R1})}{W_{b2} + W_{b1}} = \frac{2(t_{R2} - t_{R1})}{1.699(Y_{1/2(2)} + Y_{1/2(1)})} \tag{4.13}$$

R 值越大，表明相邻两组分分离越好。一般来说，$R=0.8$，两峰的分离程度可达 89%；$R=1$，分离程度大于 98%；$R=1.5$，分离程度大于 99.7%。通常用 $R=1.5$ 作为相邻两组分已完全分离的标志。

分离度 R 的表达式并没有反映影响分离度的各因素。实际上分离度受柱效能 n、选择性因子 α 和容量因子 k 三个参数的控制。

因此导出基本色谱分离方程式：

$$R = \frac{\sqrt{n}}{4}\frac{t'_{R2} - t'_{R1}}{t_{R2}}\frac{k}{1+k} = \frac{\sqrt{n}}{4}\frac{\alpha - 1}{\alpha}\frac{k}{1+k} \tag{4.14}$$

在实际应用中，往往用 n_e 代替 n，得到基本色谱分离方程式的又一表达式

$$R = \frac{\sqrt{n_e}}{4}\left(\frac{\alpha - 1}{\alpha}\right) \tag{4.15}$$

由式(4.15)可以看出：

① 分离度与柱效能关系

具有一定相对保留值 α 的物质对，其分离度与有效塔板数 n_e 有关，受热力学性质的影响。若理论塔板高度一定，分离度随柱长而增大但这样做将延长分析时间，因此提高分离度的好方法是降低理论塔板高度，提高柱效能。

② 分离度与选择因子的关系

当 $\alpha=1$ 时，$R=0$。说明此时无论怎样提高柱效能也不能使两组分分开。增大物质对的相对保留值 α 是提高分离度的有效方法。一般通过改变固定相的性质和组分或降低柱温可有效增大相对保留值。

4.1.3 气相色谱分析发展概况

现代色谱技术的发明是基于 Jamer 和 Martin 于 1952 年提出的色谱概念性文章。Martin 和 Synge 1941 年的文章中曾经第一次探讨了以永久气体作为载气以非挥发性的溶剂作为固定相的分配色谱概念，期间气固色谱方法也被其他研究者所证实。1950 年代，石油组分分析对色谱方法提出了严峻挑战，Shell 公司的科学家及英国石油公司率先采用色谱方法应用于石油产品分析。之后气相色谱迅速在生物化学、天然产物、氨基酸、食品香料等领域获得广泛应用。气相色谱仪是实现气相色谱过程的仪器，自 1952 年世界上第一次创建实用气液色谱法以来，在短短几十年间，气相色谱仪作为现代分析检测仪器的代表，已发展成为一个有相当生产规模的产业，并形成了具有相当丰富的检测技术知识的学料。

目前气相色谱仪的生产和使用已经十分普遍，国内外有多个公司和厂商生产气相色谱仪。气相色谱仪主要包括几个部分：气源主要提供气相色谱流动相所需的载气。气相色谱气源主要采用高压 H_2，He，N_2 等气体作为驱动力，携带样品通过色谱系统；压力－流量调节系统主要对高压气体减压、设定流量和压力，使色谱系统具有优异精度和重现性，目前高端气相色谱仪采用高精度的电子压力控制或电子流量控制技术，使得系统的稳定性和重现性达到新的高度；色谱进样系统主要对样品进行准确定量的引入汽化室，对样品进行各种分流/不分流自动或手动进样操作；色谱柱主要对混合物样品进行高效分离；柱温箱主要控制提供色谱柱分析所需的精确的温度或程序升温；检测器主要对被分析的样品组分进行定量检测，通过相关电子线路对信号进行放大、转换输出到计算机或信号数据处理系统；数据系统则将数据按要求进行定性定量分析提取所需样品组成信息。

早期的气相色谱仪由于电子技术水平及材料科学的限制，也限制了设计师的思路与发挥，使得当时的色谱技术也受到了很大的局限，如程序升温、程序升压等现在轻而易举的技术手段在当时是非常麻烦且难以实现的。

随着电子技术和材料科学的发展，不仅强化了气相色谱仪的功能，而且也极大地丰富了应用气相色谱仪技术的方法和手段，从而更快地推动气相色谱仪的进步。目前现代气相色谱仪器技术得到了巨大的进步，已经比较成熟，如在气路系统的压力－流量调节环节采用高精度的电子压力控制或电子流量控制技术；温控系统发展有独立加热模块和整体加热模块等；数据采集实现网络化，由于计算机的普及，主机控制系统由工作站实现。随着电子技术和数字化的发展，气相色谱技术将朝着快速、便携、集成、微型等方向发展，另外的发展在专业仪器领域，如农药残留检测用气相色谱仪，石油化工专用气相色谱仪等。

4.2 气相色谱分析技术及进展

4.2.1 气相色谱仪的结构及工作原理

气相色谱仪是实现色谱过程的仪器。它为色谱分离提供所需的操作条件。图 4.4 为气相色谱仪的实物图片，图 4.5 为气相色谱仪的布局图。

图 4.4 GC－2010 Plus 型气相色谱仪的实物照片

4.2.1.1 气相色谱仪的工作原理

气相色谱仪的型号和种类繁多。气相色谱仪的主要部件及一般流程如图 4.6 所示，它们由气路系统、进样系统、分离系统、检测系统、温控系统等部分组成。其工作原理是：载气由高压钢瓶中流出，通过减压阀、净化器、稳压阀、流量计，以稳定的流量连续不断的流经进样系统的汽化室，将气化后的样品带入

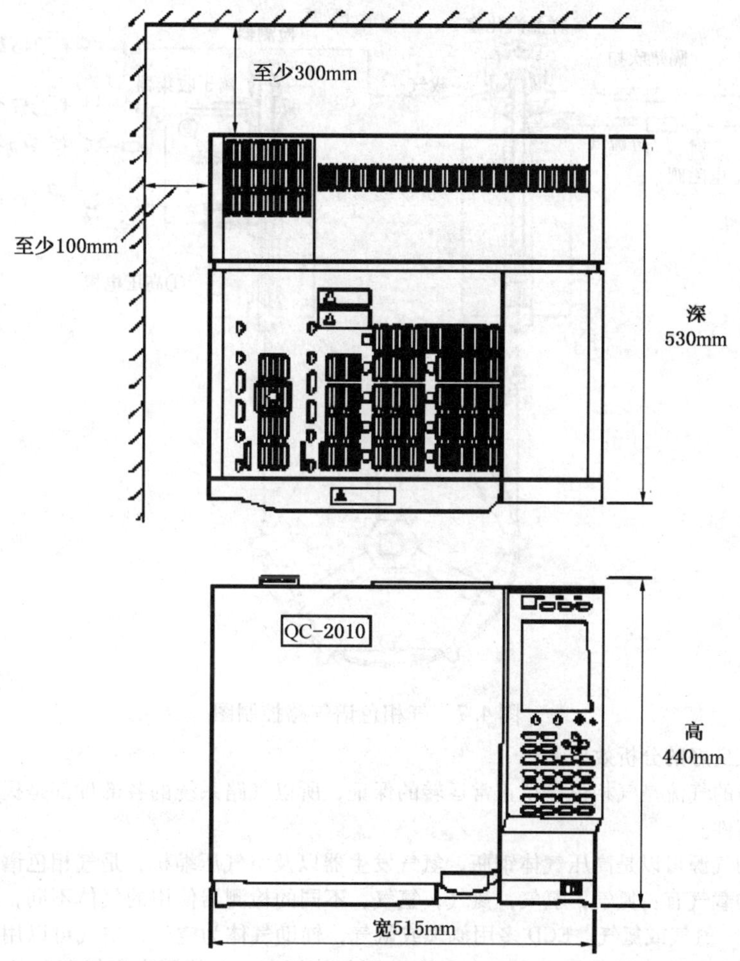

图4.5　气相色谱仪布局图

色谱柱中进行分离，分离后的组分随载气先后流入检测器，检测器将组分浓度或质量信号转换成电信号输出，经放大由记录仪记录下来，得到色谱图。

4.2.1.2　气相色谱仪的仪器结构

（1）气路系统

气路系统的主要部件及流程见图4.7所示。

气相色谱仪的流动相多用高压气瓶做气源，经减压阀把气瓶中15MPa的压力减到0.4~0.6MPa，通过专用净化器（一般为20~25cm长×45mm内径的金属管，内装5A分子筛，除去载气中的水分和杂质）到稳压阀，保持气流压力稳定。程序升温用气相色谱仪，有时还要有稳流阀，以便在柱温升降时可保持气流稳定。压力表或流量计可指示载气的流量或流速。汽化室使液体或固体样品进行汽化。毛细管气相色谱仪与填充柱气相色谱仪不同之处是：进样系统复杂，如在汽化室中安装分流/不分流系统，使用冷柱头进样系统；另外在毛细管色谱柱末端进入检测器时还要增加一个补

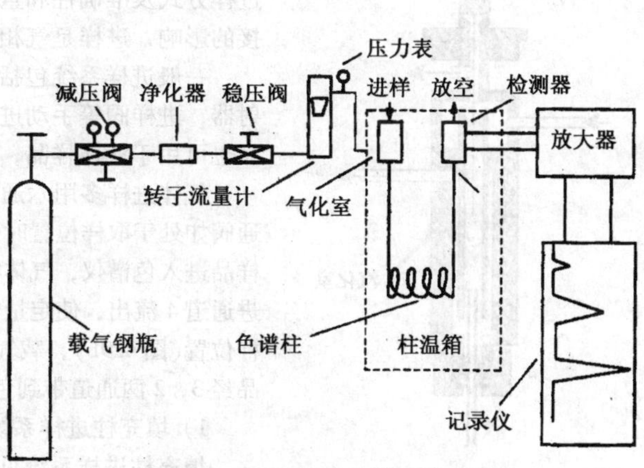

图4.6　气相色谱仪的一般流程

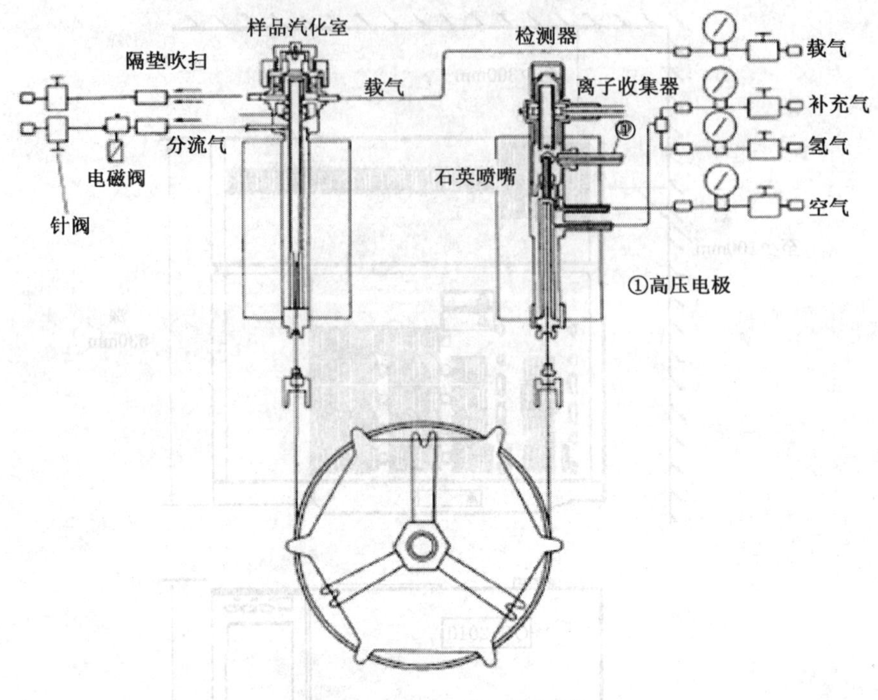

图 4.7 气相色谱气路控制图

充气的管线以保证良好的分析效果。

稳定而可调节的气流是气相色谱仪正常运转的保证，所以气路系统的各部件都是提供稳定而具有一定流量载气气流的部件。

气相色谱仪的气源可以是高压气体钢瓶，氢气发生器以及空气压缩机，是气相色谱仪载气和辅助气的来源。通常使用的载气有：氮气，氢气，氦气，氩气，不同的检测器使用的气体不同，TCD 多用氦气或氢气，FID 多用氢气、氦气或氮气。ECD 多用氮气或氩气，辅助气体为空气，空气可以用空气压缩机或空气钢瓶，用作载气的氢气可以用氢气发生器，也可以用氢气钢瓶，在使用高压钢瓶时要通过一个减压阀把 10MPa 以上的压力减到 0.5MPa 以下。

(2) 进样系统

气相色谱仪的进样系统是将样品引入色谱系统而又不致造成系统漏气的一种特殊装置。由于气相色谱分析中，样品的状态、性能各异，进样量相差悬殊，使用的色谱柱不同，有各种各样的进样技术，而进样系统的结构，进样温度，进样量，进样方式及准确性和重复性等都对气相色谱定性、定量分析结果产生直接的影响，进样是气相色谱分析中误差的主要来源之一。

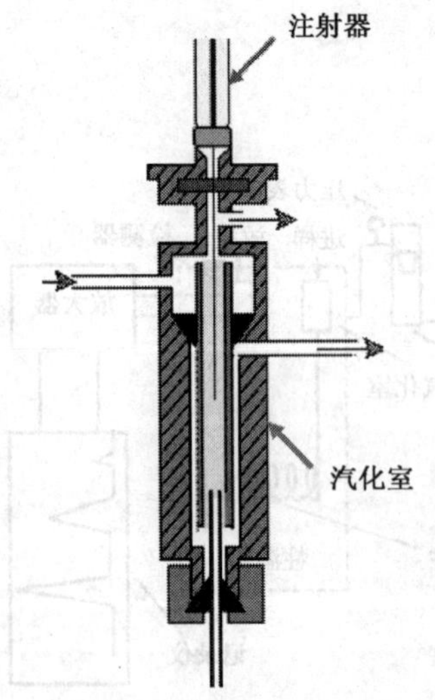

图 4.8 一般进样系统示意图

一般进样系统包括进样器和汽化室两部分(见图 4.8)。进样器有注射器，进样阀等手动进样器及自动进样器等。注射器可用于常压气体样品也可用于液体样品，其操作简单灵活，但手动进样时误差较大。

气体进样多用六通阀定体积进样器，其工作原理如图 4.9 所示。六通阀如处于取样位置时[图 4.9(a)]，载气经 1，2 通道直接入色谱柱，无样品进入色谱仪，气体样品经通道 5 流入接在通道 3，6 上的定量管 7 中进通道 4 流出，使定量管充满样品。把六通阀从取样位置旋转 60°后到进样位置(图 4.9b)，载气经 1，6 通道和定量管 7 相连接，把定量管中的样品经 3，2 两通道带到色谱柱中，定量管的体积可根据需要进行选择。

1) 填充柱进样系统

填充柱进样系统见示意图 4.10。样品借助进样器被引入进样系统的

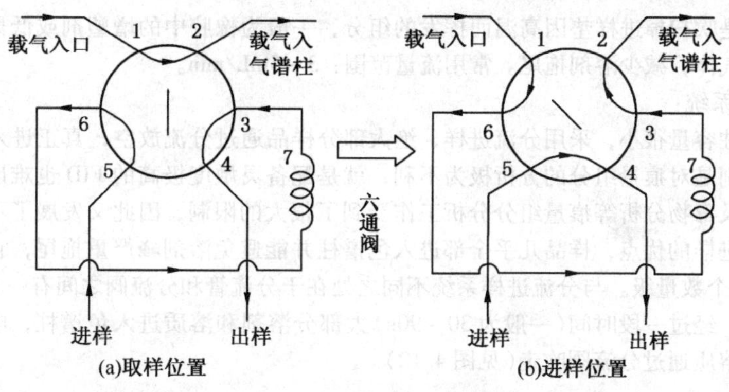

图 4.9 六通阀工作原理图

汽化室，在汽化室中溶剂和样品被加热转化为蒸汽，然后被载气迅速携带到色谱柱中分离。所以汽化室是一个把样品瞬间加热变成蒸汽，并保持组分化学性质不变的器件。一般汽化室是由加有内衬石英玻璃管的金属腔体组成，温度比柱温高 10～20℃。内衬石英玻璃管的加入是为了防止加热的金属表面催化样品发生不必要的化学反应。

为了克服一般汽化室汽化过程的热分解现象，可采用针头比较长的注射器将样品直接打到色谱柱的顶端固定相上，使微量的液体样品瞬间汽化，及时进入色谱柱的第一块塔板以提高柱效，这种进样方法称为柱头进样。柱头进样特别适合微量杂质分析，如农药残留量分析。柱头进样操作的关键是注射针要插到足够的深度，否则将体现不出它的优点，一般快速汽化室也可以改装成柱头进样。

2）毛细管柱进样系统

毛细管柱与填充柱相比具有化学惰性强、热稳定性好、色谱峰窄而尖、分离效率高等优势，特别是柱涂渍交联固定相技术的发展使柱流失进一步减少，提高了仪器的信噪比，降低检出限，使得毛细管柱气相色谱分析仪器的发展和应用越来越广泛。由于毛细管柱内径很细，液膜很薄，其柱容量比填充柱小 2～3 个数量级，为了克服毛细管柱容易引起的进样歧视现象因此对进样系统的技术要求非常高。目前发展多种进样方式，如常见的分流进样，不分流进样，冷柱头进样，程序升温汽化进样，大体积样品直接进样等不同进样系统和技术，提高了分析的精密度和准确性。

① 分流进样系统

分流进样系统的示意图见图 4.11，经预热的载气分两路，一路吹扫注射隔垫；另一路以较快的速度进入汽化室，此处使样品与载气混合，并在毛细管柱入口处进行分流。常规毛细管柱分流比一般为(1:20)～(1:200)；对大内径厚液膜毛细管柱一般为(1:5)～(1:20)。

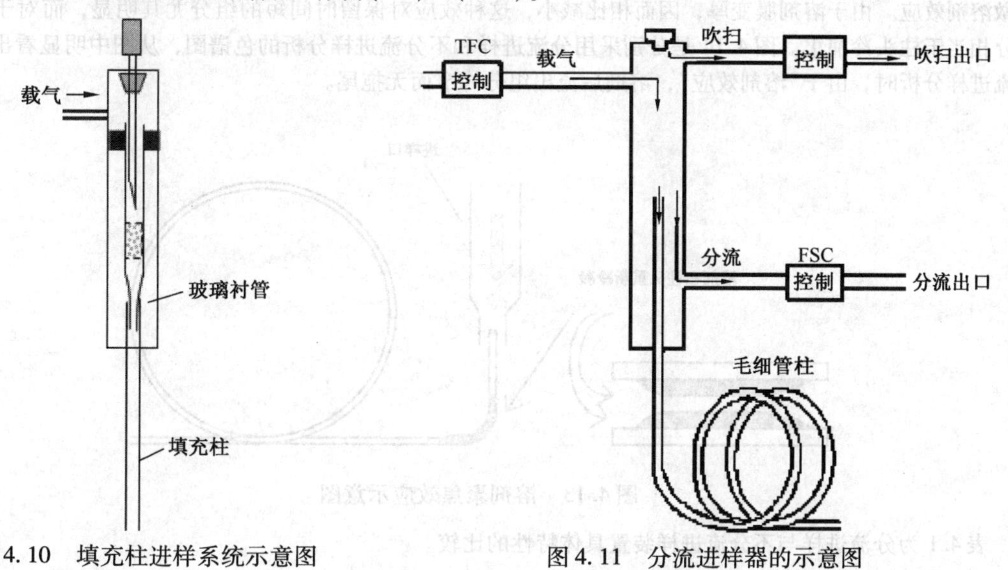

图 4.10 填充柱进样系统示意图　　图 4.11 分流进样器的示意图

注射隔垫吹扫是吹扫掉进样垫因高温而挥发的组分，一般为橡胶中的增塑剂或低聚物，减少鬼峰。吹扫溢出衬管的溶剂气体，减少溶剂拖尾。常用流量范围：3～5mL/min。

② 不分流进样系统：

由于毛细管的柱容量很小，采用分流进样，绝大部分样品通过分流放空，真正进入柱的样品很少，显然对微量分析，特别是对痕量组分的分析极为不利，就是配备灵敏度极高的 FID 也难以检测。使诸如环境监测、天然产物以及毒物分析等痕量组分分析工作受到了很大的限制，因此又发展了不分流进样法。它兼有直接进样和分流进样的优点，样品几乎全部进入色谱柱并能避免溶剂峰严重拖尾，它比通常的分流进样相应信号提高 1～3 个数量级。与分流进样系统不同之处在于分流管和分流阀之间有一个缓冲空间。在进样时分流电磁阀关闭。经过一段时间（一般为 30～90s）大部分溶剂和溶质进入色谱柱，电磁阀打开，把汽化室中的剩余溶剂和溶质通过分流阀吹走（见图 4.12）。

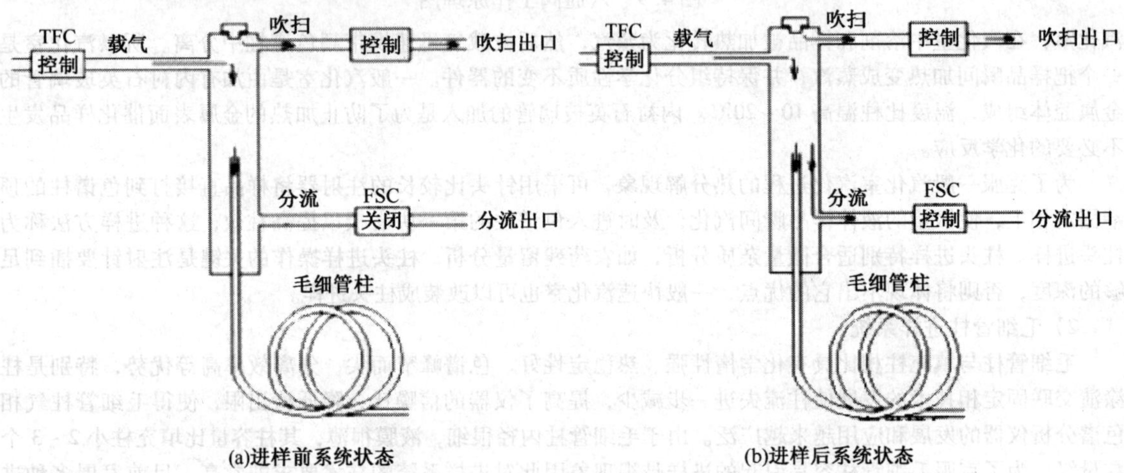

图 4.12　不分流进样系统工作原理

溶剂聚焦效应保证了不分流进样良好的分析效果。所谓溶剂聚焦效应是指不分流进样时，由于柱的起始温度比溶剂沸点低，样品在汽化室中以一定的速度变化，大量溶剂带着组分很快流向低温柱头，并在那里冷凝（见图 4.13）。冷凝在柱头上的溶剂与固定相膜混合，形成比固定相膜厚几倍的溶剂液膜（在柱入口附近最厚），组分蒸汽其前沿在溶剂膜上保留较强，随着溶剂的挥发其后沿保留较弱，因而使峰变窄，也叫做溶剂效应。由于溶剂膜变厚，因而相比减小，这种效应对保留时间短的组分尤其明显，而对于高沸点组分相当于柱头冷捕集。图 4.14 是分别采用分流进样和不分流进样分析的色谱图，从图中明显看出，在不分流进样分析时，由于“溶剂效应”，溶剂后流出组分峰窄而无拖尾。

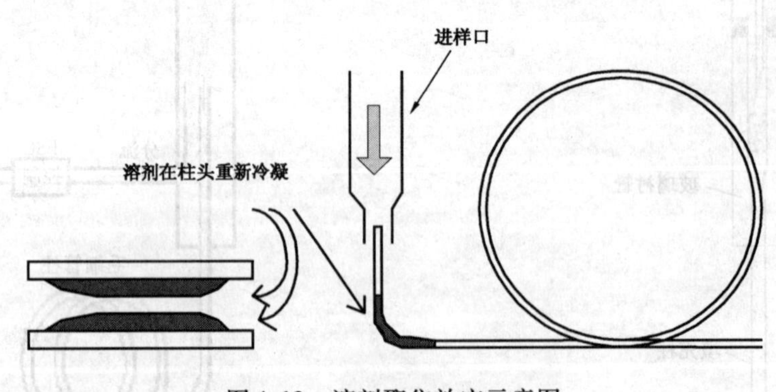

图 4.13　溶剂聚焦效应示意图

表 4.1 为分流进样与不分流进样装置具体特性的比较。

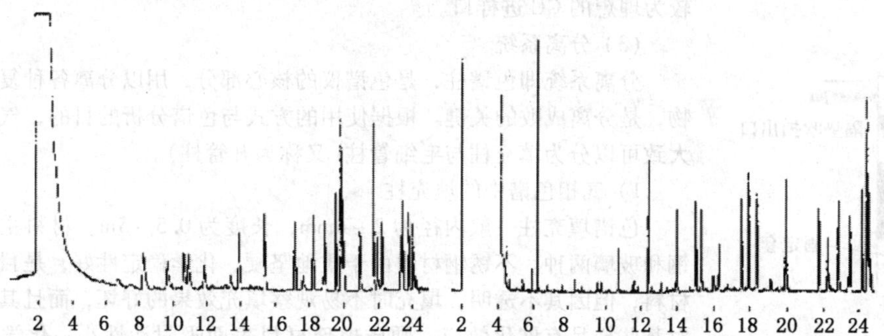

色谱柱：Rtx－530m×0.25mm×0.25μm
进样量：1.0μL
样品：5μg/mL农药混标（溶剂为正己烷）
柱温程序：150℃-4℃/min－275℃.

(a)分流进样分析色谱图

色谱柱：Rtx－530m×0.25mm×0.25μm
进样量：1.0μL
样品：5μg/mL农药混标（溶剂为正己烷）
柱温程序：40℃-25℃/min-150℃-4℃/min-275℃

(b)不分流进样分析色谱

图4.14 溶剂聚焦对峰形的影响

表4.1 分流与不分流进样比较

	分 流 进 样	不 分 流 进 样
载气流路	分流阀开启； 总流量＝隔垫吹扫流量＋柱流量＋分流流量； 分流比的调节由总流量控制器控制； 柱前压越高，柱流速越大； 柱前压不变，总流量越大，分流比越大； 样品在进样口内汽化，按同样的比例随载气分流	进样阶段，分流阀关闭，进样时间到达后，分流阀开启； 进样阶段：总流量＝隔垫吹扫流量＋柱流量； 需设定适当的进样时间，过长的进样时间将导致峰拖尾及展宽
衬管	建议选择分流衬管	建议选择不分流衬管
操作参数设置	进样口温度应接近或等于样品最重组分的沸点； 选择合适的柱流量； 常用分流比范围在(20:1)～(200:1)； 进样量一般<2μL	进样口温度设置可比分流进样稍低，但必须确保待测组分在瞬间不分流时完全汽化 分流出口的流量（分流阀开启后）一般为30～60mL/min； 进样量一般<2μL； 为了减小色谱峰峰展宽，可采用溶剂聚焦和高压进样
样品适应性	适合于大部分挥发样品，包括液体和气体样品，特别是对一些化学试剂的分析。也适合于浓度高的样品或不了解的未知样品	常用于环境分析（如水和大气中痕量污染物的检测）、食品中的农药残留检测，以及临床和药物分析

③ 冷柱头进样系统：

冷柱头进样系统（OCI，也称冷柱上进样）（见图4.15）在结构上，与分流/不分流进样系统有很大不同，冷柱头进样就是将样品以液体形态直接注入处于室温或更低温度下的色谱柱前端，然后逐步升高温度使不同沸点的样品组分依次汽化通过色谱柱进行分离的过程，对样品无分流歧视问题。分析精度高，重现性好。尤其适用于沸点范围宽，或热不稳定的样品，也常用于痕量分析。

④ 程序升温汽化进样系统：

程序升温汽化进样（PTV）是将液体样品或气体样品注入处于低温的进样口衬管内，然后按照设定程序升高进样口温度。实际上，PTV是把分流/不分流进样和冷柱头进样结合为一体的进样口，因此，它充分发挥了上述各进样技术的长处，功能多，适用范围广。

OCI和PTV属于冷进样系统，较之分流/不分流进样等热进样系统，可避免歧视效应和热分解效应，是

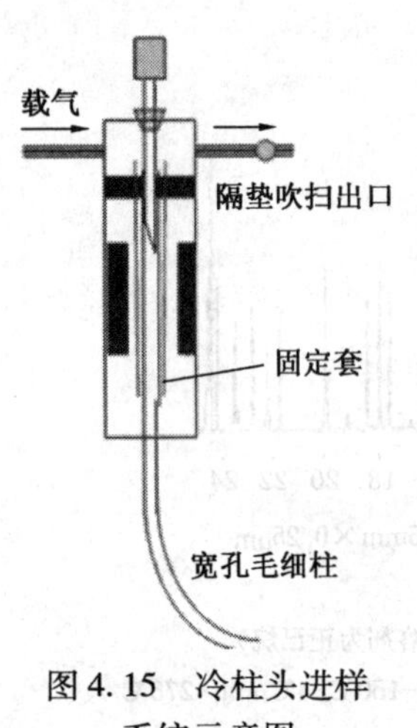

图 4.15　冷柱头进样系统示意图

较为理想的 GC 进样口。

（3）分离系统

分离系统即色谱柱，是色谱仪的核心部分，用以分离各种复杂的混合物，是分离成败的关键。根据使用的方式与色谱分析的目的，气相色谱柱大致可以分为填充柱与毛细管柱（又称为开管柱）。

1）气相色谱中的填充柱

色谱填充柱一般内径为 2～4mm，长度为 0.5～5m。材料主要有不锈钢和玻璃两种。不锈钢材料由于质地坚硬、化学稳定性好，是目前常用的材料，但因其不透明，填充时不易观察填充效果的好坏，而且其在高温时对某些样品有催化效应。硬质玻璃材料表面吸附活性小，化学反应活性差，透明便于观察填充情况，是实验室常备的色谱柱。

在气相色谱分析中，由于使用惰性的永久性气体做流动相，可以认为组分与流动相间基本没有作用力，决定色谱分离的主要因素是组分和固定相之间的作用力，所以，固定相的性质对分离起着关键作用。气相色谱固定相可分为两类：固体固定相、液体固定相．

① 固体固定相

固体固定相是一种有表面活性的固体吸附剂，具有吸附容量大，热稳定性好，廉价等优点，在分离永久性气体，无机气体和低分子碳氢化合物方面是有一定优势的。常用的吸附剂有非极性炭质吸附剂，中等极性氧化铝，强极性硅胶，及特殊吸附作用的分子筛等。

a. 炭质吸附剂：是一类非极性的固体吸附剂。主要有活性炭、石墨化炭黑、碳分子筛等，活性炭比表面积大，吸附活性强，通常用于分析永久性气体和低沸点烃类化合物，如分析空气、CO、CO_2、CH_4、乙炔、乙烯等混合物。石墨化炭黑最适于空间和结构异构体的分离，也用于分析 SO_2，H_2S，低级醇类，低级脂肪酸，酚及胺类等物质。碳分子筛是用偏聚二氯乙烯为原料，经热降解反应制成的多孔性炭黑。具有耐高温、填充简便、柱效高等优点，主要用于分析稀有气体、永久性气体，C_1～C_3 烃等。

b. 氧化铝：是一种中等极性的吸附剂，比表面适中，热稳定性和机械强度好，主要用于 C_1～C_4 烃类分析，低温下用于氢的同位素的分离。

c. 硅胶：是一类氢键型强极性吸附剂。其化学组成为 $SiO_2 \cdot H_2O$，其分离能力取决于孔径大小和含水量。可用于分析 N_2O，SO_2，H_2S，SF_6，CF_2Cl_2 以及 C_1～C_4 烷烃等物质。

d. 分子筛：是一类具有特殊吸附活性的吸附剂，是人工合成的一类硅铝酸盐类物质，具有均匀孔隙结构和较大的表面积，一般用来分离 H_2，O_2，N_2，CO，CH_4 等永久性气体及低温下分析惰性气体等。

f. 高分子合成固定相：主要指各种高分子多孔小球，一般以苯乙烯和二乙烯苯交联共聚物为主体。由于合成条件与添加原料的不同，可合成出不同极性、不同孔径的小球。这类固定相的特点是孔径大小和表面积可以控制，峰形对称性好，有较强的疏水性，特别适用于有机物中微量水的分析。

② 液体固定相

气相色谱的气－液分离模式，起分离作用的是固定液。其分离原理是组分在载气和固定液中的溶解分配平衡，依不同组分溶解度或分配系数的差异而分离。液体固定相由固定液和载体构成。由于固定液种类繁多，应用范围广，使气－液分配色谱成为气相色谱的主流。

a. 载体：气液色谱固定相由固定液和载体组成，载体为固定液提供一个大的惰性表面，用以承担固定液，使固定液能在其表面形成薄而均匀的液膜。因此作为载体物质应具有比表面积大，孔径分布均匀；化学惰性，表面无吸附性或吸附性很弱；较高的热稳定性和机械强度；颗粒大小均匀、适度等特性。

载体大致可分为硅藻土和非硅藻土两类。硅藻土是目前气相色谱法中常用的一种载体，它是由硅藻的单细胞海藻骨架组成，主要成分是二氧化碳和少量的无机盐。非硅藻土载体有有机玻璃微球载体、氟载体、高分子多孔微球载体等。这类载体常用于特殊分析，如分析强腐蚀性物质 HF、Cl_2 时需用氟载体。

载体表面并非完全惰性，而是具有活性中心，有些既具有吸附活性，又有催化活性，用这样的固定相分析样品，将会造成色谱峰的拖尾。所以，一般载体在使用前须经化学等手段处理，以改进孔隙结构，屏蔽活性中心。

b. 固定液：气液色谱固定液是色谱柱的核心。一个混合物样品是否能用气相色谱分析，主要取决于气相色谱固定液，可以用作气相色谱固定液的物质应具有下列性能：在工作温度下为液体，具有很低的蒸汽压。在工作温度下要有较高的热稳定性和化学稳定性，即在进行色谱分析时固定液不与载体、样品和载气发生反应。在工作温度下固定液对载体有好的浸渍能力，使固定液形成均匀的液膜。固定液对所分离的混合物有选择性分离能力。

气-液色谱分离的基础是组分在固定液中溶解度的差异，而溶解度的大小取决于组分与固定液分子之间的作用力。这些作用力包括色散力、诱导力、定向力、氢键力以及其他特殊作用力。组分与固定液分子间的这些作用力，在色谱分离过程中起重要作用。

气相色谱固定液已有几百种，常用的也有几十种。可以根据“相似相溶”的原理，选择固定相，即组分与固定液化学结构相近、极性相近时，组分在固定液中的溶解度大，分配平衡次数多，易分离。人们通过大量实践筛选出了最具代表性的固定液，称为“优选固定液”，它们是聚二甲基硅氧烷(SE-30)，聚苯基甲基硅氧烷(OV-17)，全氟基聚硅氧烷，三氟丙基聚硅氧烷(OV-210)，聚乙二醇-20000(PEG-20M)，聚丁二酸二乙二醇酯(DEGS)。将样品分别在这些最常用的固定液上进行初步分离，根据分离情况选择最好的，或混合等作适当的调整。

由于要分析分子量较大，热稳定性好的样品，对气相色谱固定相的耐热性提出了更高的要求。常用的有端羟基聚硅氧烷，端羟基苯基甲基硅氧烷，聚二甲基硅氧烷等耐高温固定液。

化合物的手性特征十分普遍，而它在医药，农药中具有重要意义，所以对分析手性化合物提出迫切要求。而分离对映异构体的核心是寻找和使用手性固定相。目前使用的手性固定液有含手性氨基酸衍生物的聚硅氧烷固定液，环糊精及其衍生物类手性固定液等。

2）气相色谱中的毛细管柱

1957 年，美国科学家 Golay(戈雷)在色谱动力学理论指导下，发明了柱效极高的开管柱。他将固定液直接涂在玻璃毛细管内壁上代替填充柱进行试验，结果发现其分离能力远高于填充柱。毛细管色谱柱的出现是气相色谱发展中的一个重要的里程碑，它使 GC 在分离效率和分析速度两方面都大大提高。1979 年柔性石英毛细管柱的出现使毛细管色谱的发展推向一个新的高潮，柔性石英毛细管弹性好，不易折断，使用更为方便，应用范围更广。据统计目前所用柱子中石英毛细管已占 60% 以上。

毛细管柱的固定液附着在管内壁上，中心是空的，故又称为开管柱(见图 4.16)。现在常用的毛细管柱内径为 250~530μm，长度为 10~50m，使用最长的可达 100m，材质主要有柔性石英材料、金属、玻璃。目前一根内径 250μm，长度为 20m 的壁涂层柱约有 100000 理论塔板数，比长为 5~10m 的填充柱的柱效要高得多。毛细管柱相比大、渗透性好、分析速度快、总柱效高，可以解决原来填充柱不能解决的问题。

毛细管柱比经典填充柱的柱效高几十倍到上百倍，几乎完全代替填充柱，广泛应用于石油化工、环境科学、食品科学、医药卫生等领域，可用来分析组成极为复杂的混合物和痕量物质，从此开创了气相色谱的新纪元。

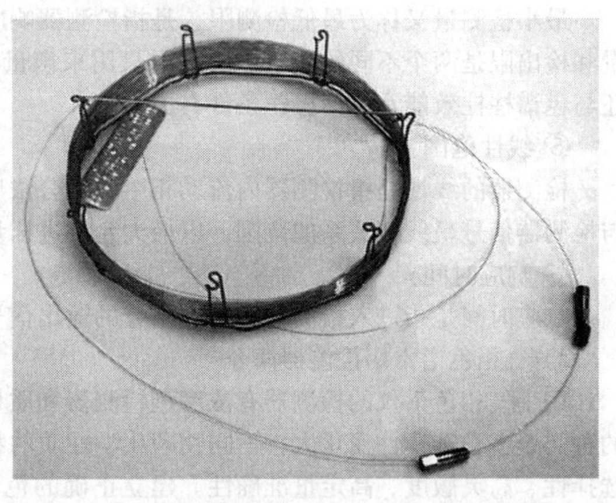

图 4.16　气相色谱毛细管柱

(4) 检测系统

检测系统由色谱检测器和放大器等组成。检测器是测量从色谱柱流出物质的成分或浓度变化的器件。一个多组分混合物经色谱柱分离后，顺序进入检测器，检测器就把各组分的浓度或质量变化转换成易于测量的电信号，如电压、电流等，经放大器放大后输送给记录仪或数据处理系统。因而，检测器是一个换能装置，其性能的好坏直接影响到色谱分析的定性、定量结果。检测器性能包括灵敏度，响应时间，噪音及响应的线性范围等。

检测器通常由两部分组成：传感器和检测电路。

传感器是利用被测物质的各种物理性质、化学性质以及物理化学性质与载气的差异，来感应出被测物质的存在及其量的变化。如热导检测器(TCD)就是利用被测物质的热导率和载气热导率的差异；氢火焰离子化检测器(FID)、氮磷检测器(NPD)等都是利用被测物质在一定条件下可被电离，而载气不被电离；火焰光度检测器(FPD)是利用被测物质在一定条件下，可发射不同波长的光，而载气(N_2)却不发光的。所以，传感器是将被测物质变换成相应信号的装置。它是检测器的核心。检测器性能的好坏，主要取决于传感器。

检测电路是将传感器产生的各种信号转变成电信号的装置。从传感器送出的信号是多种多样的，有电阻、电流、电压、离子流、频率、光波等。检测电路的作用是测定出这些参数的变化，并将其变成可测定的电信号。如 TCD 中热丝阻值的变化，利用惠斯顿电桥变成电信号；各种气相电离产生的电子或离子流，用电场收集、微电流放大器放大后，才显示出它的变化；而各种光度法产生的不同波长光的强度，即是利用光电倍增管或 PDA 进行光电转换，然后微电流放大得到结果。

1）检测器的性能评价指标

① 适用范围：

气相色谱检测器分为通用型检测器和选择型检测器。通用型检测器对各类物质都有响应，能适用于任何类型物质的分析，因而应用范围很广，如热导检测器，氢火焰离子化检测器等。选择型检测器是只对某类化合物有特征响应，可排除样品中其他组分的干扰。氮磷检测器，电子捕获检测器，火焰光度检测器等是典型的选择型检测器。

② 响应值(或灵敏度)：

当一定浓度或质量的组分进入检测器，产生一定的响应信号 E。在一定范围内，信号 E 与进入检测器的物质质量 m 呈线性关系。若以进样量 m 对响应信号 E 作图，可得到一条通过原点的直线。直线的斜率就是检测器的灵敏度 S。因此，灵敏度可定义为信号 E 对进入检测器的组分质量 m 的变化率．

③ 检出限：

检出限是指检测器恰能产生 3 倍噪音时，单位时间引入检测器的样品量或单位体积载气中所含的样品量。无论哪种检测器，检出限都与灵敏度成反比而与噪音成正比。检出限不仅取决于灵敏度，而且受限于噪音，所以它是衡量检测器性能的综合指标。

④ 最小检测量：

最小检测量又称为最低检测限，是指检测器响应值为 3 倍噪声时所需的试样浓度(或质量)。最小检测量和检出限是两个不同的概念。检出限只用来衡量检测器的性能，而最小检测量不仅与检测器性能有关，还与色谱柱柱效能及色谱操作条件有关。

⑤ 线性范围：

检测器的线性是指检测器内流动相中的组分浓度与相应信号成正比关系。线性范围是指被测组分的量与检测器信号呈线性关系的范围，以最大允许进样量与最小进样量之比来表示。

⑥ 响应时间：

响应时间是指进入检测器的某一组分的输出信号达到其值 63% 所需的时间，一般小于 1s。

2）气相色谱常用检测器简介

用于气相色谱仪的检测器有浓度型检测器和质量型检测器，又分为常规检测器和特殊检测器。检测器的种类繁多，选择性变化大，不同物理化学性质的物质的检测需要采用特定物质对应的检测器才能达到高选择性、高灵敏度、高定量准确性。建立正确的色谱方法，不仅需要选择正确的分离模式和色谱柱系统，也包括选择正确的检测器。

目前检测器的种类多达数十种，常用的只有四五种。表 4. 2 列出了常用检测器的性能。

① 热导检测器(TCD)：

传统的热导检测器的检测原理是采用 weston 电桥电路，由 4 个等电阻的铼钨丝组成，其工作原理见图 4. 17。

分别将其中对边的电阻丝放入两个检测池体中，其中一个作为样品分析池，另一个作为参比池，分别通过相同流量、从色谱柱流出的载气和未经过色谱柱的参比气体。在没有样品的情况下，电桥电流处于平衡状态，当样品流过时，样品蒸汽由于热导传导效率不同于载气，从热丝上携带走的热量与载气不同，导致样品池中热丝温度发生变化、电阻率随之改变，桥路电流平衡被打破产生输出信号，这一输出信号值的大小与样品的浓度成正比关系。样品峰流过后，温度恢复正常，桥电流也恢复正常。

表 4.2　常用检测器的性能

检测器种类	载气种类	测定浓度	应　用
热导检测器（TCD）	氦气、氢气、氩气、氮气	50ppm 以上	无机气体、有机化合物
氢火焰离子化检测器（FID）	氦气、氮气	数 ppm 以上	有机化合物
电子捕获检测器（ECD）	氮气	数 ppb 以上	有机卤素等化合物
氮磷检测器（NPD 或 FTD）	氦气、（氮气）	数 ppb 以上	氮、磷化合物
火焰光度检测器（FPD）	氦气、氮气	约 0.1ppm	硫、磷化合物

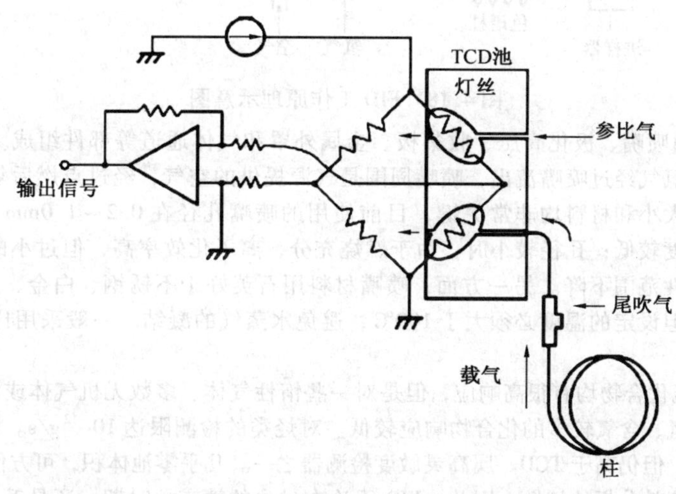

图 4.17　TCD 工作原理示意图

热导检测器的灵敏度受外加工作电流影响，电流增加，灵敏度迅速增加，但电流过大，会导致热导电阻烧断。热导检测器对池温非常敏感，在 150℃ 以上才有较好的响应值和灵敏度，且对温度的稳定性要求较高，因此对温控系统的稳定性要好。热导检测器的灵敏度还取决于所用的载气的种类，氢气、氦气作为热导检测器的载气具有较高的灵敏度，氮气作载气时灵敏度明显下降。TCD 为浓度型检测器，对载气流速波动很敏感，其峰面积响应值反比于载气流速。在检测过程中，载气流速必须保持恒定。另一个影响热导检测器灵敏度的因素是池体积。相同条件下，池体积越大，灵敏度越低，近年来有较大的改进。

与其他检测器相比，虽然 TCD 灵敏度较低，但它对所有物质都有响应。它的结构简单，性能可靠；定量准确、经久耐用；又是非破坏性检测器，可与其他检测器联用。特别是近二十余年来，毛细管柱的发展，要求 TCD 在流路、形状、池体积、热丝材料、电桥检测电路、温度控制精度、灵敏度、线性范围和采集数据速度等方面，均做了不断的改进。现池体积小至几微升，可与填充柱、也可与毛细管柱直接相连以及作快速 GC、微型 GC 和便携式 GC 的检测器；不仅适于作常量分析、也可直接作 μg/g 级的痕量分析。近年来，商品气相色谱检测器的产量，一直是 TCD 和 FID 交替领先。因此，TCD 始终充满着旺盛的生命力，至今仍是应用最广的检测器之一。

② 氢火焰离子化检测器(FID)：

FID 是气相色谱中最常用的一种检测器，其工作原理是含碳有机物在氢火焰中燃烧时，产生化学电离，发生下列的反应：

$$CH + O \longrightarrow CHO^{+} + e$$

$$CHO^{+} + H_2O \longrightarrow H_3O^{+} + CO$$

反应产生的正离子在电场作用下被收集到负电极上，产生微弱电流，经放大后得到色谱信号(见图4.18)。

以氢气作为燃烧气，空气作为助燃气，样品蒸汽与氢气混合进入火焰，由于氢火焰温度极高，化合物在燃烧过程中被电离，产生一定比例的离子，离子在外加高压电场作用下形成离子流，在电极之间便形成微电流，微电流经过放大，转化为电压信号输出被记录仪或经 A/D 转换被计算机记录下来，得到色谱图。其中燃烧形成电流大小与化合物的量成正比关系。

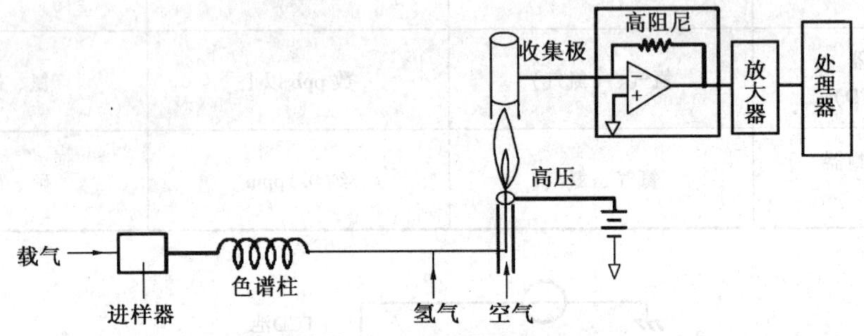

图4.18 FID 工作原理示意图

FID 检测器主要由喷嘴、极化高压、收集极、金属外罩和气体通道等部件组成。色谱柱中的载气与流出组分与尾吹气和氢气经过喷嘴流出，喷嘴周围是气源提供的空气，经过点燃后氢气可以在燃烧室中平稳燃烧。喷嘴孔径大小和材料均非常关键，目前使用的喷嘴孔径在 0.2 ~ 1.0mm 之间，孔径较大时，线性范围宽，但灵敏度较低；孔径较小时，由于燃烧充分，离子化效率高，但过小的孔径会被流出的固定相分解物堵塞，线性范围下降。另一方面，喷嘴材料用石英好于不锈钢、白金、及陶瓷。FID 的响应虽对温度不太敏感，但设定的温度必须大于100℃，避免水蒸气的凝结。一般采用比最高柱温高 20℃ 的检测温度。

FID 对大多数有机化合物均有很高响应，但是对一些惰性气体、多数无机气体或溶剂没有响应，对多卤代烃、硫化物、含氮、含氧较多的化合物响应较低。对烃类的检测限达 10^{-12} g/s。即使对含杂原子的有机化合物响应值偏低，但仍高于 TCD。属高灵敏度检测器之一。几乎零池体积，可方便的与毛细管柱连接，充分体现出毛细管柱高效分析的特性。因此，FID 无论在过去的填充柱时期，还是毛细管柱已普及、正向全二维、快速气相色谱发展的今天，均得到普遍的应用。

③ 电子捕获检测器(ECD)：

ECD 是利用放射源或非放射源产生大量低能热电子，亲电子的有机物如多卤化合物进入检测器，俘获电子而使基流降低产生信号。它是最早出现的灵敏度极高的选择性检测器，其应用面仅次于 TCD 和 FID。

ECD 工作原理是：由柱流出的载气及吹扫气进入 ECD 池，在放射源 ^{63}Ni 或 ^{3}H 放射出 β 射线的轰击下被电离，产生大量电子。在电源、阴极和阳极电场作用下，该电子流向阳极，得到一定的基流。当电负性组分从柱后进入检测器时，便捕获一定数量的电子，使基流下降，产生一负峰。它通过放大器放大，将负峰转换为正峰后即为响应信号(见图4.19)。其大小与进入池中组分量成正比。

ECD 检测器是由 ECD 池和检测电路组成。电离源、阴极和阳极三者排布在一定形状的池腔中，构成 ECD 池。在此将组分浓度变化转变成电信号。通过检测电路将此信号输出，放大，记录。

电子捕获检测器主要用于检测较高电负性的化合物，主要是卤代烃类化合物和少部分含氧化合物等。灵敏度高、选择性好是 ECD 的主要性能特征。电子捕获检测器可检测到 1pg/μL 的物质。正是由于其高选择性和高灵敏度，才使它能广泛应用于痕量有机分析，特别是对那些环境和生物样品(杂质含量高、种类多而复杂)，仍能得到理想的色谱图。ECD 的不足之处是其线性范围通常较窄。

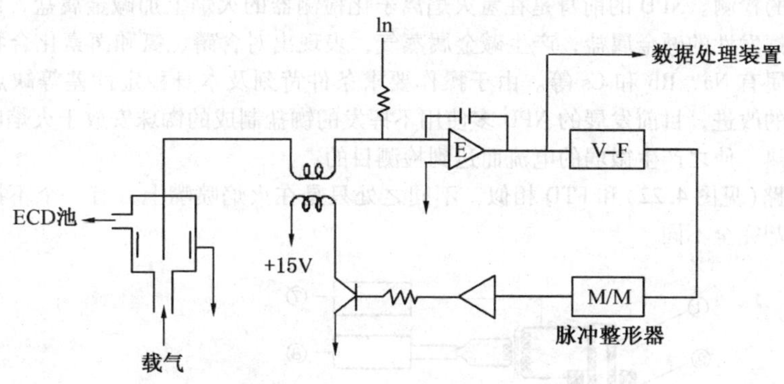

图4.19　ECD工作原理示意图

电子捕获检测器的稳定性与载气流量有密切关系，同时温度的稳定性也影响捕获效率，从而影响检测器的稳定性。载气的种类也会影响检测器灵敏度，N_2 具有较 H_2、He 高的灵敏度。

GC-2010 Plus 高灵敏度的 ECD 是在原有结构基础上，改进尾吹气进入放射源的入口结构，见图4.20，减少因检测池污染造成的负峰现象，最小检测量 8fg/s 变为 6fg/s，实验结果证明这种改进的检测池不会因污染造成负峰的出现(见图4.21)。

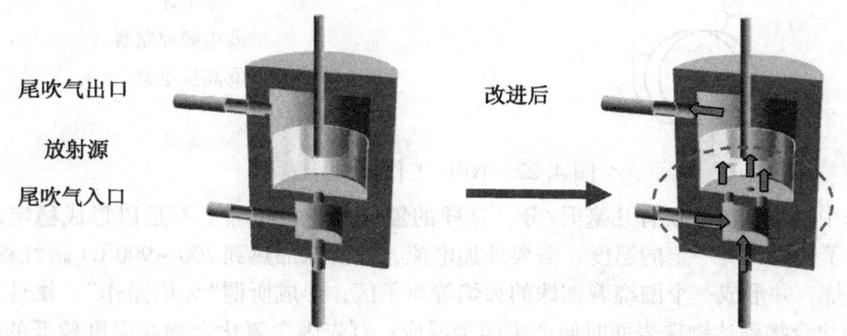

图4.20　ECD-2010 检测池局部结构图

④ 氮磷检测器(NPD 或 FTD)：

NPD 是气相色谱检测器的后起之秀。它是电离型检测器，对氮磷化合物灵敏度高，专一性好，专用于

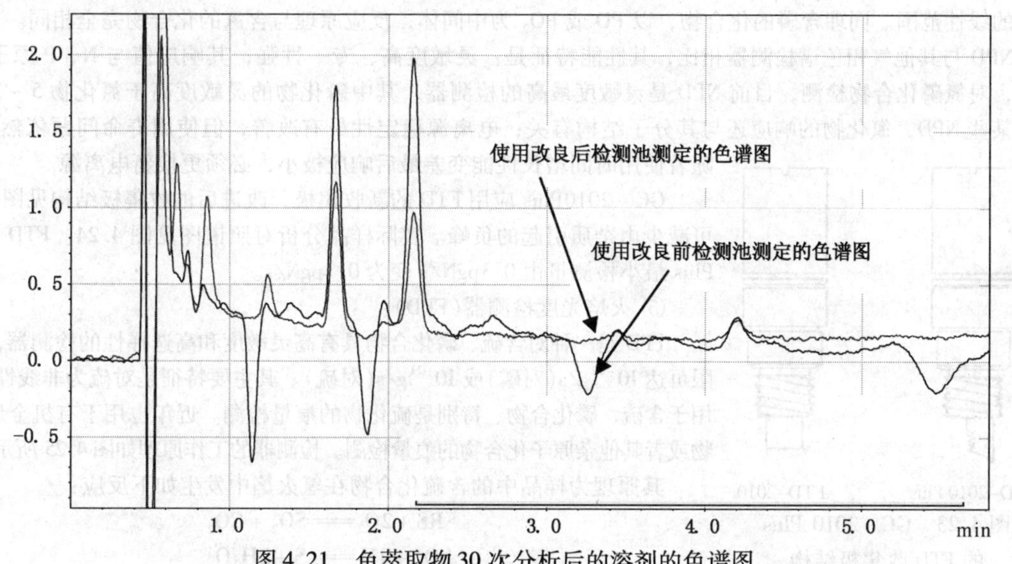

图4.21　鱼萃取物30次分析后的溶剂的色谱图

痕量氮、磷化合物的检测。NPD 的前身是在氢火焰离子化检测器的火焰上加碱金属盐，即碱火焰电离检测器，用氢火焰加热挥发性的碱金属盐，产生碱金属蒸气，表现出对含磷、氮和卤素化合物极高的灵敏性和选择性，所用碱金属有 Na、Rb 和 Cs 等。由于操作要求条件苛刻及本身稳定性差等缺点影响其使用和推广。随着多年逐步的改进，目前发展的 NPD 多使用不挥发的铷盐制成的铷珠安放于火焰喷嘴上，珠内含有加热丝，利用电加热，使之产生微弱的电流而达到检测目的。

NPD 的检测电路(见图 4.22)和 FTD 相似，不同之处只是在火焰喷嘴上方有一个不挥发的铷盐制成的铷珠。但工作原理却完全不同。

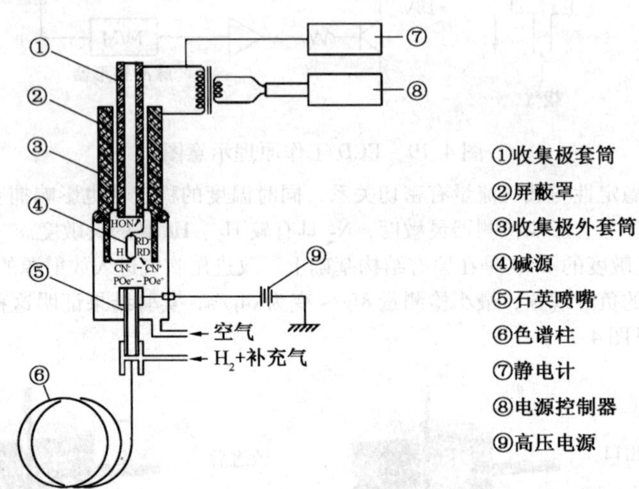

图 4.22 NPD 工作原理示意图

NPD 在操作中，氢气流量仅有几毫升/分，这样的氢气流量在喷嘴上不足以形成稳定的火焰，也不能将铷珠加热，为了使铷珠有一定的温度，需要外加电流，把铷珠加热到 700 ~ 900℃(暗红程度)，氢气在红热的铷珠表面燃烧，并形成一个围绕着铷珠的火焰等离子区，形成所谓“无焰操作”，铷珠处于火焰的还原区，如当含 N 的化合物到达铷珠表面时便产生两个反应：首先因含氮化合物在温度较低的还原火焰中，不会燃烧而生成稳定的氰基(CN)；CN 从铷珠中的铷金属原子上吸收一个电子而生成一对离子，即带负电的(CN^-)和带正电的铷离子，铷离子将被始终带负电的铷珠捕获并中和，因而可反复参加反应而不损失，然后 CN^- 跑向正的收集极或者在火焰的外层氧化区中燃烧，生成中型产物和放出电子，随后电子跑向收集极，这样就产生了对含氮化合物的选择性的信号。通过把喷嘴和铷珠相连为负电位，可获得更好的重复性和宽的线性范围。同理含磷的化合物，以 PO 或 PO_2 为中间体，反应原理与含氮的化合物完全相同。

NPD 与其他气相色谱检测器相比，其性能特征是：灵敏度高，专一性强；其响应值与 N、P 原子流成正比，对氮磷化合物检测，目前 NPD 是灵敏度最高的检测器，其中磷化物的灵敏度高于氮化物 5 ~ 10 倍。但对某些 NPD，氮化物的响应还与其分子结构有关；电离源稳定性虽有改善，但使用寿命问题依然存在，随着使用时间增长性能变差最后响应极小，必须更换新电离源。

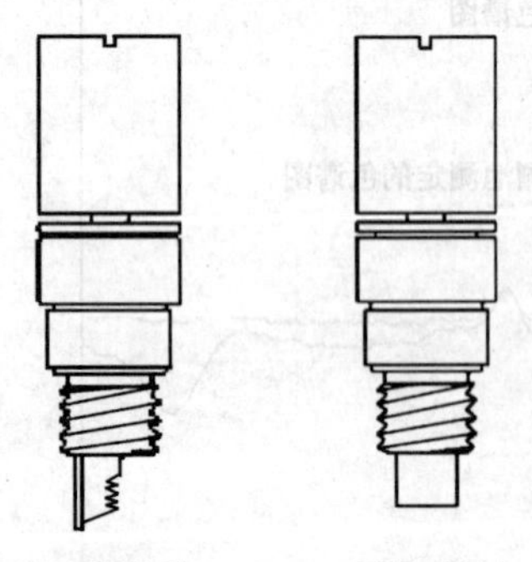

图 4.23 GC - 2010 Plus 的 FTD 收集极结构

GC - 2010Plus 应用 FTD 的新收集极，改进后的收集极结构见图 4.23，可减少由杂质引起的负峰。实际样品分析对照谱图见图 4.24。FTD - 2010 Plus 最小检测量由 0.3pgN/s 变为 0.1pgN/s。

⑤ 火焰光度检测器(FPD)：

FPD 是一种对含硫、磷化合物具有高灵敏度和高选择性的检测器，检测限可达 10^{-13} g/s(对磷)或 10^{-11} g/s(对硫)。其主要特征是对硫为非线性响应，用于含硫、磷化合物、特别是硫化物的痕量检测。近年也用于有机金属化合物或者其他杂原子化合物的痕量检测。检测器的工作原理如图 4.25 所示。

其原理为样品中的含硫化合物在氢火焰中发生如下反应：

$$RS + 2O_2 \equiv SO_2 + CO_2$$

$$SO_2 + 4H \equiv S + 2H_2O$$

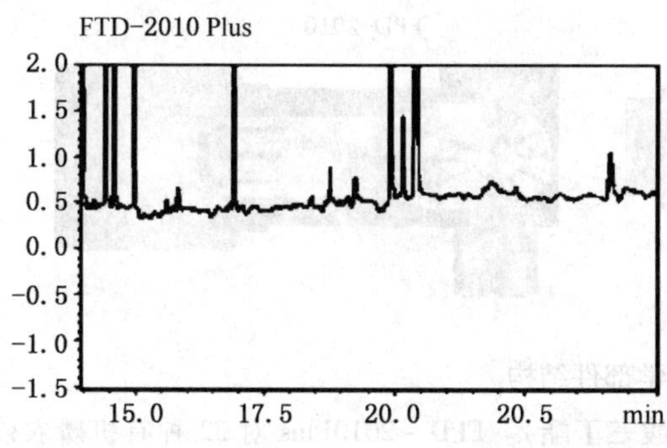

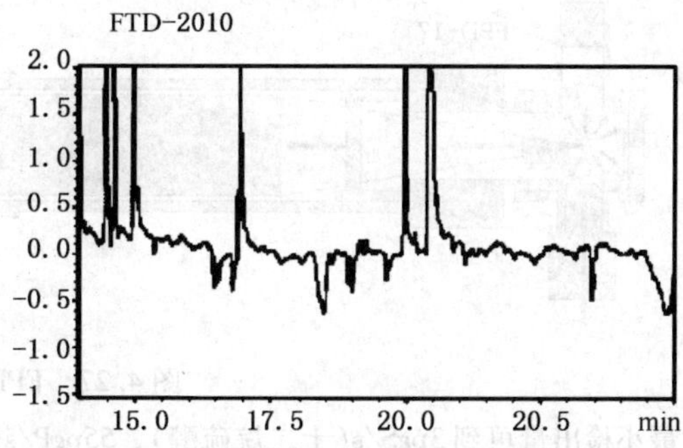

图 4.24　FTD 实际样品分析对照谱图

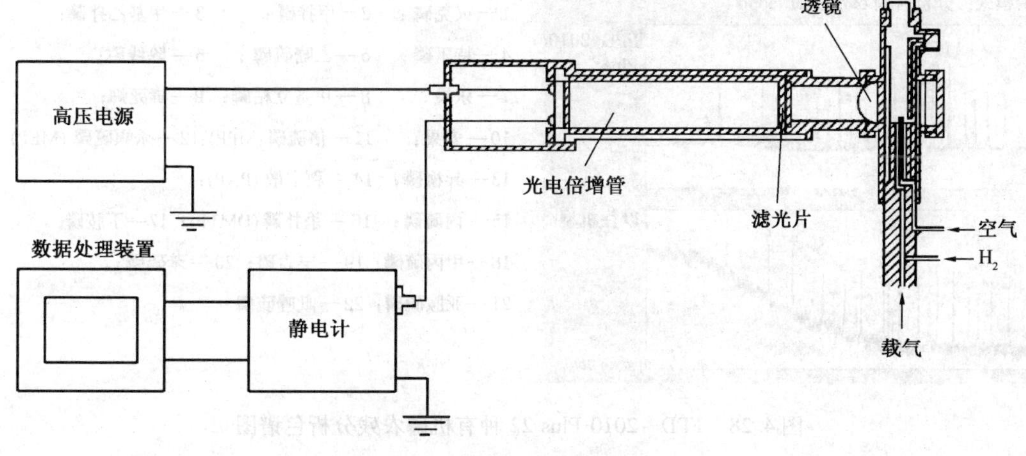

图 4.25　FPD 工作原理示意图

$$S + S \longrightarrow S_2^* \qquad S_2^* \longrightarrow S_2 + h\nu$$

发射出 350 ~ 430nm 的特征分子光谱。

含磷化合物则被氧化成 PO，然后被 H 还原成激发态的 HPO^*，同时发射出 480 ~ 600nm 的特征光谱。其中，394nm 和 526nm 分别为含硫、磷化合物的特征波长，通过相应波长的滤光片获得后，照射到光电倍增管上，转变为光电流，信号经放大后，得到相应化合物的色谱图。

FPD 主要由两部分组成：火焰发光部分和光度测定部分。火焰发光系统是 FPD 的核心，它与检测器的性能密切相关。目前发展的有三种：单火焰光度检测器，双火焰光度检测器和脉冲火焰检测器。

一般单火焰 FPD 存在着易灭火、易猝灭，灵敏度低等缺点。目前也在不断的改进。日本岛津 GC－17A 的 FPD 是将空气直接进入火焰中心孔，载气和氢气混合后在外层燃烧，即使进样量大也不会引起因瞬间缺氧而火焰熄灭。

目前岛津 FPD－2010Plus 在此基础上又进行了改进，一是火焰喷嘴部分(见图 4.26)，FPD－2010Plus 的喷嘴中心变更为锥状，将空气喷射孔与喷嘴中心近距离配置，改善了氢气－空气的混合效率，提高氢火焰的稳定性而不伴随噪声的增加。

一是光学部分(见图 4.27)，以往的干涉滤镜直径大于光电倍增管受光面，光能有损失。FPD－2010Plus 采用“双聚焦系统”，即在干涉滤镜部分追加透镜，使光高效率的聚集在光电倍增管的感光处，实现完全在光电倍增管受光面聚光，大大提高了 FPD 的灵敏度。

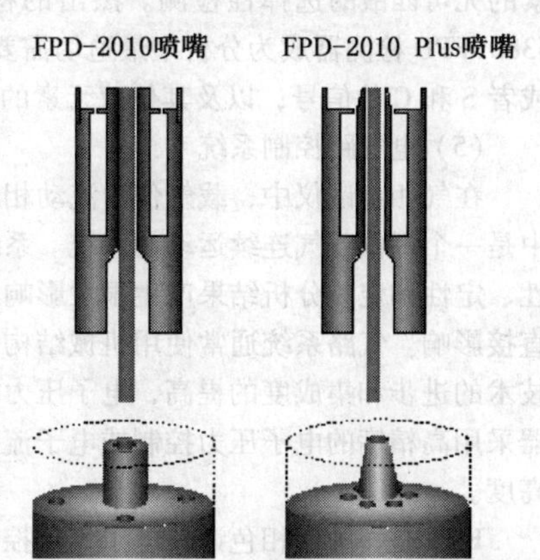

图 4.26　FPD 火焰喷嘴结构

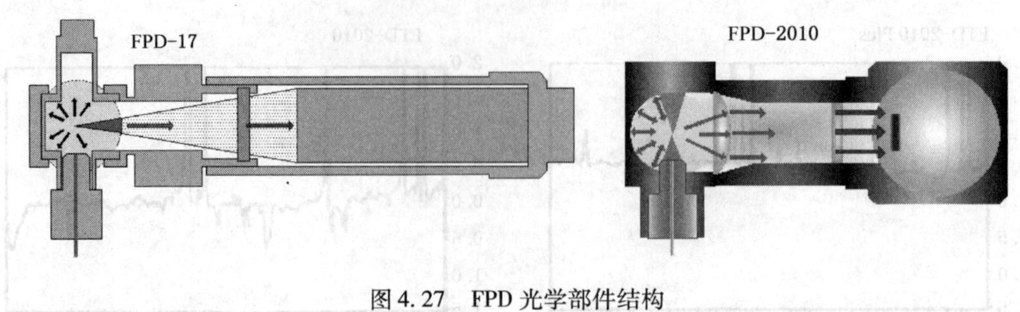

图 4.27 FPD 光学部件结构

最小检出量可到 3pgS/s(十二烷硫醇)，55pgP/s(磷酸三丁酯)。FPD－2010Plus 对 22 种有机磷农残物质 5ppb 不分流分析的色谱图(见图 4.28)表明，与以往机型相比，稳定性好，分离效果佳。

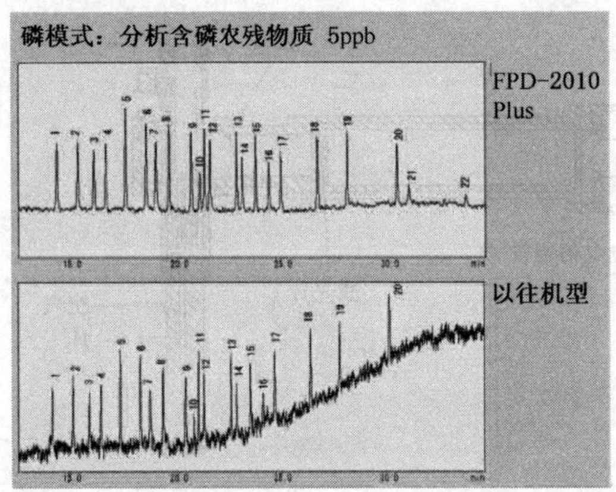

1—灭克磷； 2—甲拌磷； 3—甲基乙拌磷；
4—特丁磷； 5—乙嘧硫磷； 6—除线磷；
7—乐果； 8—甲基立枯磷； 9—毒死蜱；
10—安果； 11—倍硫磷(MPP)；12—杀螟硫磷(MEP)；
13—异柳磷； 14—稻丰散(PAP)；
15—丙硫磷； 16—杀扑磷(DMTP)；17—丁胺磷；
18—甲丙硫磷；19—丰索磷；20—苯硫磷；
21—亚胺硫磷；22—吡唑硫磷

图 4.28 FPD－2010 Plus 22 种有机磷农残分析色谱图

双火焰光度检测器(DFPD)使用了两个空气－氢气火焰，将样品分解区域与特征光发射测量区域分开。克服了单火焰的响应依赖于火焰条件与样品种类的缺点，其响应仅与样品中的硫(磷)的质量有关，并在检测硫时基本遵循平方关系，消除了猝灭效应。

脉冲火焰光度检测器(PFPD)是在单火焰光度检测器和双火焰光度检测器的基础上，为了进一步改善和提高检测器的灵敏度和选择性发展起来的。脉冲火焰即间断燃烧的火焰，设计两个燃烧室。其优点为不灭火，允许进样量大，灵敏度高，减小猝灭效应，其响应值与化合物分子结构无关，且可作硫、磷以外的多元素的选择性检测。

作为火焰光度检测器的最新改进，O.I. 公司 5380 型脉冲式火焰光度检测器能够完成多达 28 种特定元素的无可匹敌的选择性检测。杰出的检测性能(提高 10 倍以上)以及极佳的选择性(10～1000 倍)，使 5380PFPD 检测器成为分析中最迫切需要的分析手段。其双通道，双路模拟输出功能可以同时输出 S 和 P，或者 S 和 C 的信号，以及其他双元素的输出。

(5) 电气路控制系统

在气相色谱仪中，载气作为流动相，起着携带试样进入色谱柱分离的作用。因此，气路系统在色谱仪中是一个提供载气连续运动的系统。系统的密封性、阻力变化、载气的流速、压力波动等都将对仪器稳定性、定性和定量分析结果产生很大影响。另外辅助气路流量的稳定性也会对检测器灵敏度和基线稳定性有直接影响。气路系统通常使用机械结构的气阻、开关阀、稳压阀、稳流阀和针形阀等进行控制，随着电子技术的进步和集成度的提高，电子压力控制和电子流量控制在仪器中的使用已成为一种趋势。目前许多仪器采用高精度的电子压力控制或电子流量控制技术，进行气路控制，使得系统的稳定性和重现性达到新的高度。

EPC 是一种气相色谱仪电子气路控制部件，它采用电子压力传感器和流量控制器，通过计算机计算诸多功能实现压力、流量和线速等自动控制。日本岛津公司称为先进的电子流量控制(AFT)，PE 公司叫可编程气路控制(PPC)，瓦里安公司叫电子流量控制系统。EPC已成为国内外高档多功能气相色谱仪必备的部件之一。现有的仪器也可以改装使用EPC部件，使仪器得以升级。EPC通过自动控制载气的柱前压、毛细管柱线速或色谱柱柱流量，进一步优化现有色谱仪的操作参数，实现最佳的色谱分离。在毛细管分析中，它可以方便地实现分流、不分流、直接全进样、柱前压、线速度、流量以及节省载气、减小分流比等程序的全自动控制。

EPC的主要优点：缩短分析时间，提高工作效率；可采用较低柱温，提高了仪器的稳定性、灵敏度、样品的分解与歧视，延长了柱寿命和减少了运行成本；提高了定性与定量重复性和准确度；减少分析样品的歧视和分解；可实现色谱分离的“微调”作用；有利于恒定对流量敏感的检测器灵敏度；全面实现数字化和自动化；节省载气；容易实现仪器的小型化；增加操作安全性；有利于分析中出现的问题或故障分析。特别是通过电子流路控制技术可以实现不同的进样方式的控制；而载气的逆向流动、分别流入不同色谱柱或者检测器，可以实现包括反吹、检测器分流、检测器切换和多维气相等技术。

气相色谱仪的电子气路是由先进的电子流量(AFT)控制，而AFT是由AFC控制部件和APC控制部件及限制阀等构成。

AFC控制部件的控制方式有三种：①压力控制即控制系统始终维持柱前压恒定不变；②平均线速度控制系统，始终维持载气在毛细管柱中的平均线速度不变；③载气流量恒定，控制系统始终维持毛细管柱中载气流量不变。压力控制和平均线速度控制通常用于分流/不分流进样，而三种控制方式均可用于直接全进样方式。

APC控制部件是控制检测器总辅助气体控制部件。其控制原理如图4.29所示，氢气、补充气和空气流量是根据气阻恒定时，不同压力计算得出的。例如，对400mL/min流量的空气，根据存储在GC-2010Plus内存中的空气压力-流量的特性曲线，压力控制在约61kPa。阻力取决于检测器的类型和气体种类(空气、氢气或尾吹气)。

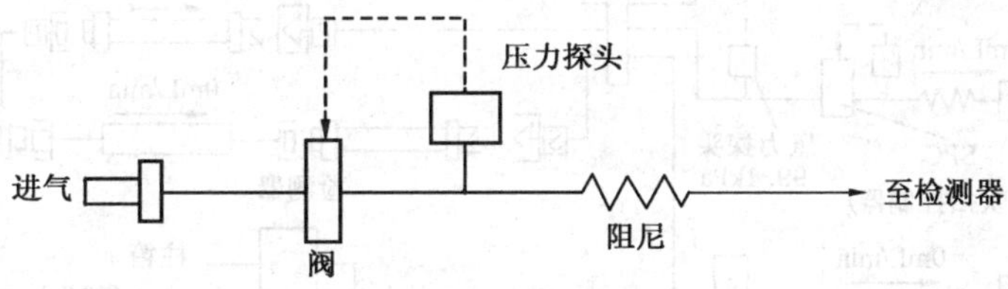

图4.29　APC控制原理

1）分流/不分流进样控制系统

图4.30是分流进样气路控制系统示意图，AFC中总流量控制器(TFC)通过柱前压力传感器反馈输出控制分流控制器(ESC)，ESC反过来再控制柱前压力。图中显示的控制状态是：分流比1:40，线速度30cm/s，吹扫流量3mL/min，柱箱温度50℃。柱入口压力的计算根据线速度、柱箱温度、柱内径、柱长，并自动地设置为49.6kPa。同样，柱流量自动地设置为1.67mL/min，总流量设置为69.8mL/min[=1.67mL/min×40+3mL/min(吹扫流量)]。当控制方式设置为“Press”(压力)，柱入口压力控制到49.6kPa不变，不受柱箱温度的影响。当控制方式设置为“Velocity”(线速度)，柱入口压力将随着柱箱温度的改变而自动改变，维持线速度恒定。即使在程序升温分析过程中，柱箱温度改变，线速度能维持不变。通常，当柱箱温度升高，载气的黏度也增加，不容易流动。与控制方式无关，ESC控制柱入口压力、TFC控制总流量。

图4.31是在毛细管柱不分流进样方式时，AFC在进样时间段的气路流程现状示意图。不分流和分流控制方法不同的是在进样时间段，AFC控制TFC使柱前压传感器输出保持不变，以控制柱前压恒定，此时ESC完全关死，进样时间过后，自动打开分流流路和ESC。AFC中TFC通过柱前压压力传感器反馈输出控制ESC，ESC反过来再控制柱前压力，从而实现总流量和柱前压力的自动控制。当控制方式选为：“压力控制”时，无论柱温如何变化，柱前压永久恒定在49.6kPa；当控制方式选为“平均线速度”时，随着程序升温柱温不断升高，柱前压也随之升高，而“平均线速度”则保持恒定。

2）载气恒线速度控制

基于速率理论的Van Deemter方程式：

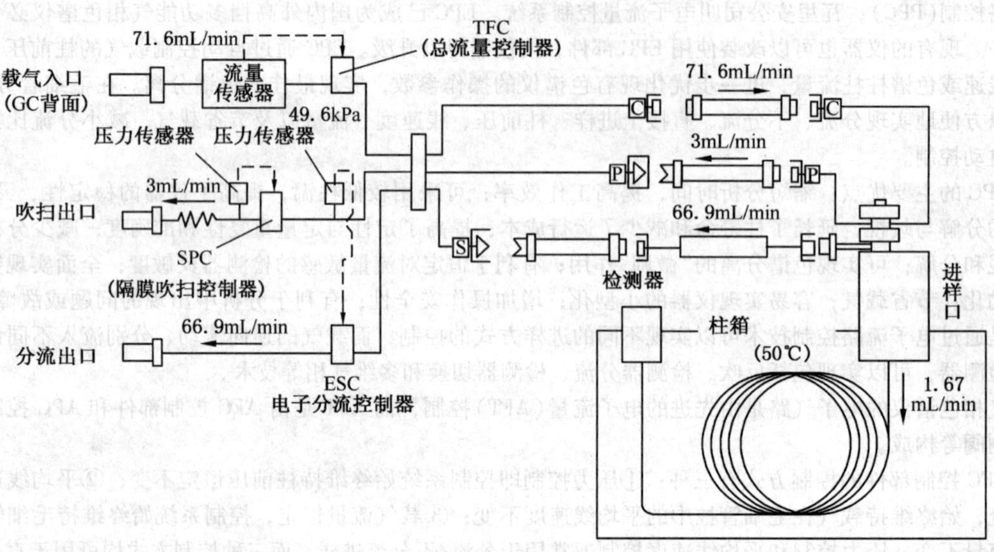

图 4.30 分流进样气路控制系统原理图

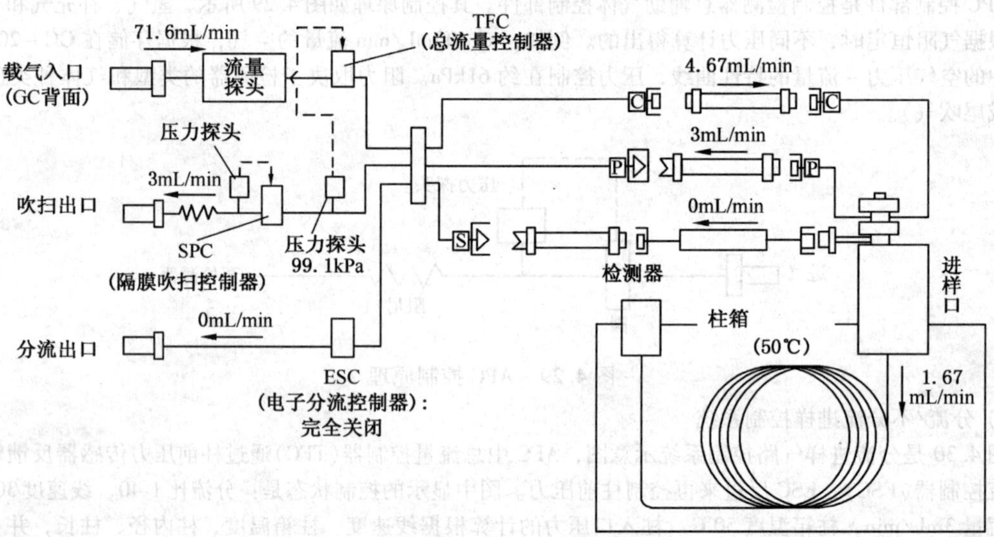

图 4.31 进样时段不分流控制气路示意图

$$H = A + \frac{B}{u} + Cu$$

式中，A、B、C 为常数，分别代表涡流扩散系数、分子扩散系数及传质阻力项系数。反映出理论塔板高度 H 与流动相载气的线流速 u 的关系。

将 Van Deemter 方程在坐标轴上绘制出来，会发现该方程表示的是 H 与 u 的关系，即曲线上有一个最小值，它所对应的 u 就是最佳载气线速度。也就是说，在最佳载气线速度 u 条件下分析可获得最小的塔板高度 H、最大的柱效 N。

将该理论应用到实际中，常用的几种载气，如氮气、氦气、氢气等，均有最佳线速度范围（见图 4.32）。岛津气相色谱仪的"载气恒线速度控制"模式，就是基于这种理论提出的。"载气恒线速度控制"可以保证在整个分析过程中，将载气线速度恒定在最佳范围，保证整个分析过程的理论塔板高度最小，而理论塔板数（即柱效）最大。

通常的恒压、恒流模式则无法保证载气线速度恒定，尤其是在程序升温分析过程中。随着分析时间的增加，柱温上升，恒压和恒流控制模式下载气线速度都在变化(见图 4.33)，理论塔板高度均在上升，即柱效在分析过程中是不断下降的，化合物的分离将无法保证达到最优化。

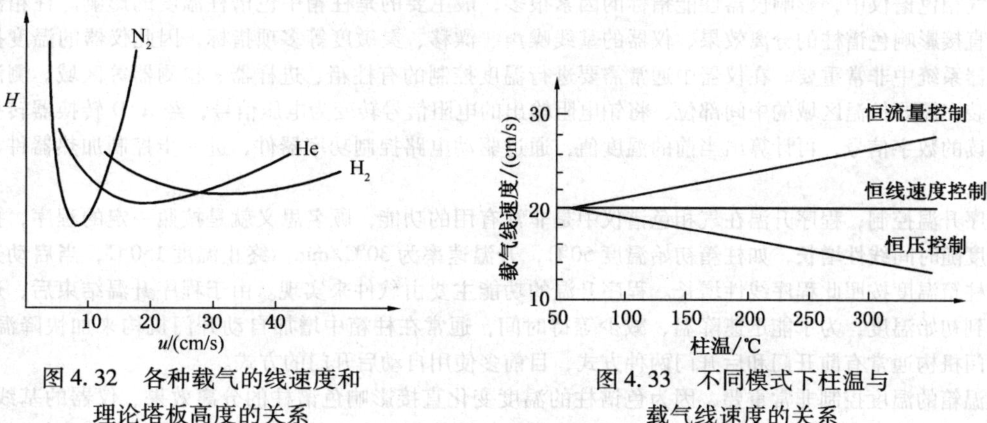

图 4.32　各种载气的线速度和理论塔板高度的关系

图 4.33　不同模式下柱温与载气线速度的关系

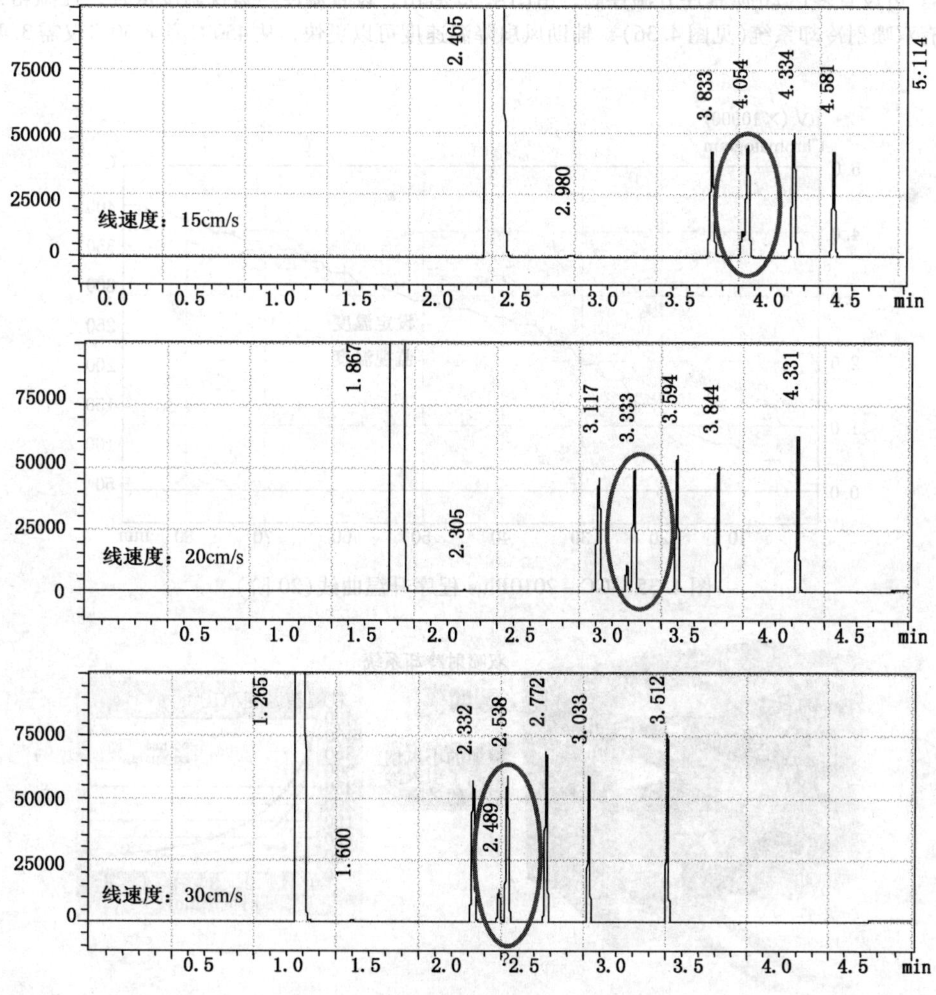

图 4.34　载气恒线速度的应用色谱图

载气的平均线速度可优化分离，可以设定平均线速度，并且在色谱柱程序升温过程中保持不变。

图4.34数据表明，利用载气的恒线速度控制模式，可以达到很好的分离效果。

（6）温控及电路系统

在气相色谱仪中，影响仪器性能指标的因素很多，最主要的是柱箱中色谱柱温度的影响。柱箱温度的变化会直接影响色谱柱的分离效果、仪器的基线噪声、漂移、灵敏度等多项指标，因此仪器的温度控制系统在仪器系统中非常重要。在仪器中通常需要进行温度控制的有柱箱、进样器、检测器等区域。测温铂电阻一般装在需要控温区域的中间部位，将铂电阻输出的电阻信号转变为电压信号，经 A/D 转换器转换为单片机可读的数字信号，再计算出当前的温度值，通过驱动电路控制功率器件，进一步控制加热器件，实现控温。

程序升温控制，程序升温在气相色谱仪中是非常有用的功能，顾名思义就是按照一定的程序，控温区内的温度随时间线性增长，如柱箱初始温度 50℃，升温速率为 30℃/min。终止温度 150℃，当启动升温程序后，柱箱温度按照此程序线性增长。程序升温的功能主要由软件来实现。由于程序升温结束后，通常仪器要回到初始温度，为了能迅速降温，减少等待时间，通常在柱箱中增加自动开门机构来加快降温速度。自动开门机构通常有前开门和后开门两种方式，目前多使用自动后开门的方式。

柱温箱的温度控制非常重要，因为色谱柱的温度变化直接影响色谱柱的分离效果、仪器的基线噪声、漂移、灵敏度等多项指标。因此气相色谱的温控系统的性能好坏主要体现在柱温箱升温的稳定性，快速的升、降温度等方面。岛津 GC－2010 Plus 型气相色谱仪的温控系统，具有快速程序升温，最大速率可到 250℃/min。可设置多达 20 阶程序升温控制，由图 4.35 看出，设置温度与监视温度重合，柱温箱升温稳定性好。配有双喷射冷却系统（见图 4.36），辅助风扇降温速度可以更快，从 450℃降至 50℃仅需 3.4min。

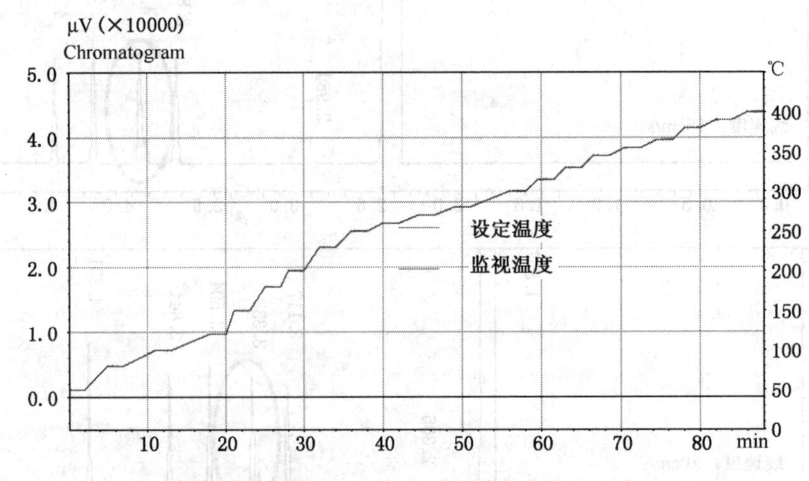

图 4.35　GC－2010Plus 程序升温曲线（20 阶）

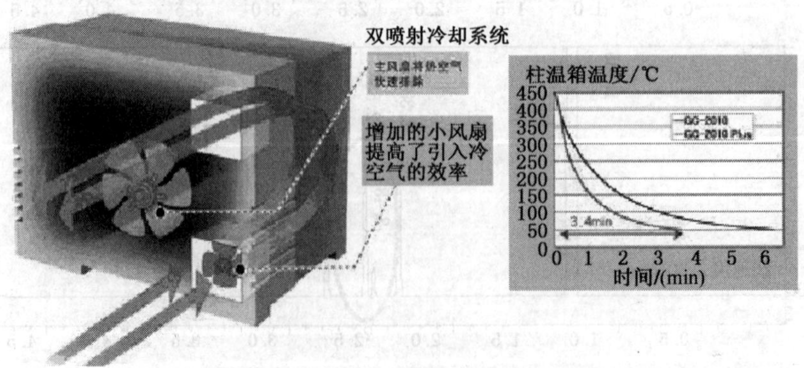

图 4.36　GC－2010Plus 型气相色谱仪的双喷射冷却系统及冷却效果图

(7) 记录、显示系统(数据处理系统)

1) 色谱仪的显示系统

气相色谱仪的显示窗口通常采用可容纳大信息量的大型显示器与图解式人机对话方式，具有快速设定分析条件及参数，操作直观、简单等特点。具有自检功能，确认装置运行是否正常，可详细的检查隔垫、衬管等的使用状况；温度传感器的状况；供气压力、各种气体的控制状况等。图 4.37 是岛津 GC-2010 气相色谱仪上的显示窗口。

2) 记录及数据处理系统

色谱仪检测信号最原始的记录装置是记录仪，记录仪就是常用的自动平衡电子电位差计，它可以把从检测器来的电压信号记录成为电压随时间变化的曲线，并绘制到纸上。并没有对色谱数据处理，需要人工再测量谱峰或面积。计算积分仪则是现今更为普遍使用的色谱数据处理装置，这种装置一般包括一个微处理器，前置放大器，自动量程切换电器，电压-频率转换器，采样控制器，计数器及寄存器，打印机，键盘和状态指示器等。数据处理系统或色谱工作站是一种专用于色谱分析的微机系统，将通用的个人电脑从硬件上和软件上进行扩充，使之实现信号采集、数据处理和仪器动作控制的系统。

(8) 其他辅助(附件)系统

在色谱分析中，提高工作效率(即单位时间可分析的样品数)是人们一直追求的目标。从填充柱到毛细管柱，从手动进样到自动进样，从常规色谱到快速色谱都是提高了工作效率。统计数据表明，色谱实验室通常用 60% 的时间对样品进行处理，真正 GC 分析所用时间只有 10% ~15%，其余时间应用在数据处理和报告编辑等工作上。所以如何进行加快或简化样品处理被一致认为是气相色谱成功分析和提高工作效率的关键因素。

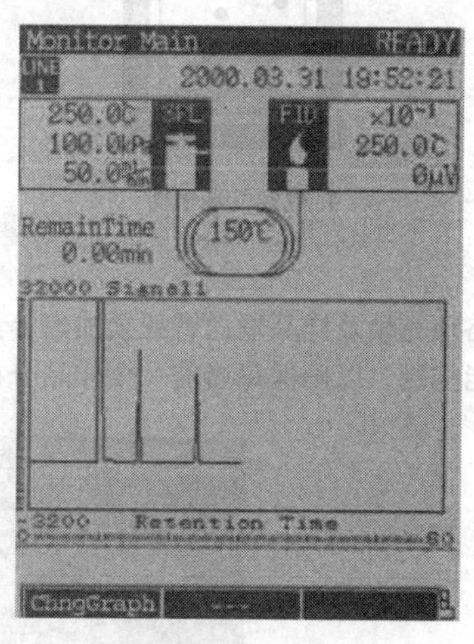

图 4.37　GC-2010 气相色谱仪的显示窗口

在分析挥发性有机物(Volatile Organic Compounds，简称 VOC)时，经典的前处理方法，如液液萃取、固相萃取等，主要是靠人工操作，重复性差，工作强度大，处理周期长，又要使用大量有机溶剂等。顶空分析(Head Space Analysis)和热脱附分析(Thermal Desorption Analysis)等方法往往是简单而有效的方法。

1) 顶空进样系统

顶空分析是取样品基质(液体和固体)上方的气相部分进行色谱分析。顶空分析是一种间接分析方法，与液液萃取和固相萃取方法相比，既可以避免在除去溶剂时导致挥发性物质的损失，又降低了共提取物所引起的噪音，这使得顶空分析方法相对于溶剂提取方法对样品中微量的有机挥发性物质分析具有更高的灵敏度和更快的分析速度。顶空分析的基本理论依据是在一定条件下气相和凝聚相(液相和固相)之间存在着分配平衡。所以气相的组成能反映凝聚相的组成。我们可以把顶空分析看成是一种气相萃取方法，即用气体作"溶剂"来萃取样品中的挥发性成分，因而，顶空分析就是一种理想的样品净化方法。

顶空技术依据其不同的取样和进样方式可分为：静态顶空(Static Head Space)和动态顶空(Dynamic Head Space)。通常说的顶空就是指静态顶空，而动态顶空通常称为吹扫捕集(Purge & Trap)。

所谓顶空是将样品放置在一密闭容器中，在一定温度下放置一段时间使气液两相达到平衡，取气相部分进入 GC 分析，又称平衡顶空或者一次气相萃取。整个操作的过程如图 4.38 所示。

实现顶空的方法大体上分为两类：注射器法和传输线法。所谓注射器法，就是上面提到的经典顶空，是用注射针来完成顶空的定量取样、转移和 GC 的进样。

岛津公司使用的三位一体自动进样器 AOC-5000(图 4.39)可实现常规液体分析、顶空和固相微萃取三种进样方式。其中的顶空模式即为注射器方式。AOC-5000 是仅以注射针移动的观念所开发的顶空进样技术，可消除一般传统型自动进样器所产生的一些头痛问题。样品的处理以机械手臂操作，可让样品的分析更直接和简单，机械手臂将样品瓶传送进入有 6 个加热孔的加热槽预热，当样品达到气液相平衡，加热的气密式进样针会移到加热槽的上方抽取样品瓶上层的顶空气体样品。样品注入后，加热的注射针会被惰性气体自动清洗，这一过程没有易造成误差的繁复操作步骤，比如样品瓶须加压充气、阀门须切换、样品回

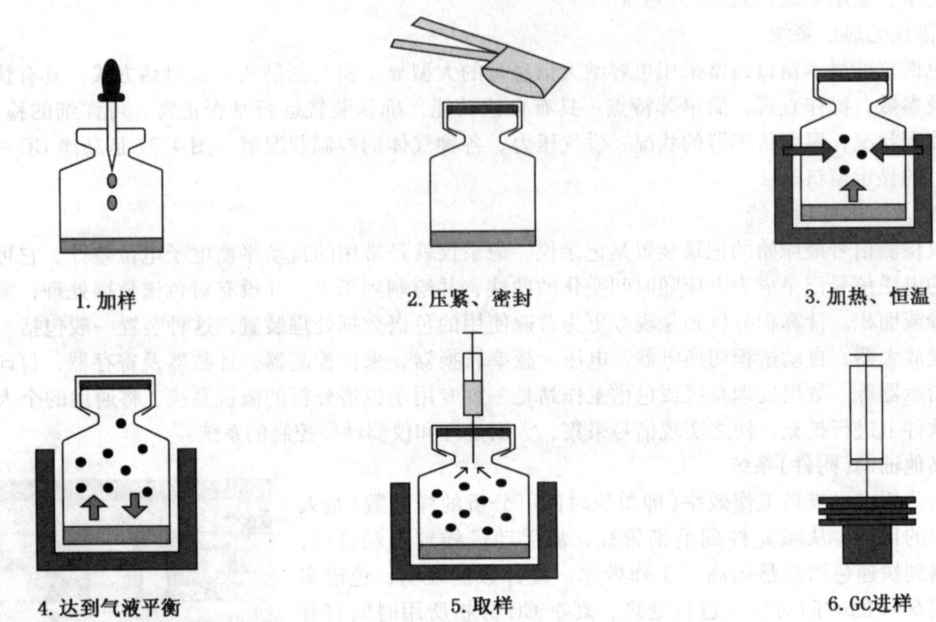

图 4.38 顶空进样流程

路须充填及样品输送管线须加热等。为了获取最大的样品检测通量，样品瓶传送到加温槽的机制以人工智能控制，以确保每当前一个样品分析结束时永远会有下一个待测样品在等待被进样分析。

图 4.39 AOC－5000 自动顶空分析装置

样品的操作除了简单和透明外，相比于传统的顶空进样器，AOC－5000 还具有以下的优点：没有死体积以及由于样品回路和样品输送管线的吸附作用造成的交叉污染问题。无须更换不同容量的样品回路，仅以软件参数调整注射针的注射量大小就可以达到调整样品注射量大小的要求。没有由于样品瓶因被加压充气而造成的样品被稀释的困扰。

传输线法则是取样仍用注射针抽取，但使用定量环定量，并通过阀切换和保温的传输管路，通过气相的载气把样品带入气相的进样口进行分析。在气相色谱仪运行期间，为了维持相同的加热时间，样品瓶被逐个地传送到加热炉内和逐个地在进样后退回。程序根据分析间隔时间、重复次数和加热时间来自动优化自身，尽量花最少的时间处理完所有的样品。程序认为任一个单个样品周期会持续至下一个样品瓶的加热开始。整个仪器实现全自动化处理，与岛津公司合作的 DANI 公司是全球领先的顶空仪器制造商，推出的全自动的 44 位顶空进样器 HSS86.50(见图 4.40)，其原理见图 4.41，它还可以进行多顶空分析。

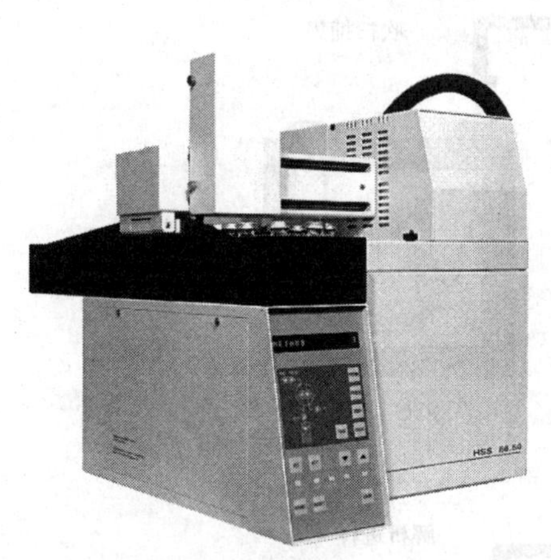

图 4.40　DANI 公司 HSS 86.50 顶空进样器

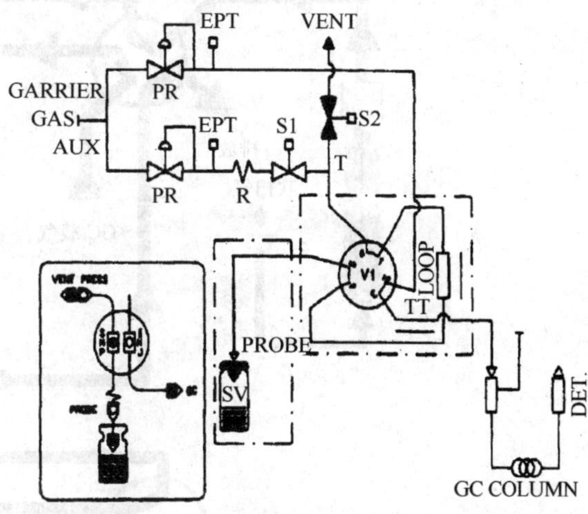

图 4.41　传输线法自动顶空进样示意

顶空分析作为无需有机溶剂提取的分析方法，其简便、环保和高速、灵敏的特点受到越来越多分析化学家的青睐。近年来自动顶空分析进样装置的发展和内标法的应用使顶空分析的定性分析和定量分析具有良好的重现性，顶空－气相色谱联用分析技术的发展使得该分析方法成为目前复杂基质中有机挥发性物质的一种快速有效方法，该方法将在挥发性成分的分析中发挥重要的作用。

顶空分析应用领域主要有药物溶剂残留分析，饮用水中挥发性有机物分析，环境分析(废水和固体废弃物中 VOC 分析)，印刷品和包装材料中残留溶剂分析，刑侦分析(e. g. 血液中醇类分析)，食品中香气成分分析，聚合物中残留溶剂等。

顶空分析的主要缺点是有时必须进行大体积的气体进样，这样挥发性物质的色谱峰的初始展宽较大会影响色谱的分离效能。如果样品中待分析组分的含量很低时，顶空分析不是一种理想的方法。而吹扫捕集不仅适用于复杂基质中挥发性较高的组分，对较难挥发及浓度较低的组分也同样有效。一般情况下顶空可以分析浓度为 ppb 量级的组分，而吹扫捕集则更低，甚至可以达到 ppt❶ 量级，所以吹扫捕集尤其适合用于环境中痕量物质的分析。

2) 吹扫捕集(动态顶空)系统

吹扫捕集是指：向样品中连续通入惰性气体(一般为高纯氮气)，液体或者固体样品挥发性组分即随该萃取气体从样品中“吹扫”出来，然后通过一个吸附装置(捕集器)将样品浓缩，最后再将样品解吸进入气相色谱分析。这是一种连续的气相萃取，直到样品中的挥发性组分完全萃取出来。见图 4.42。

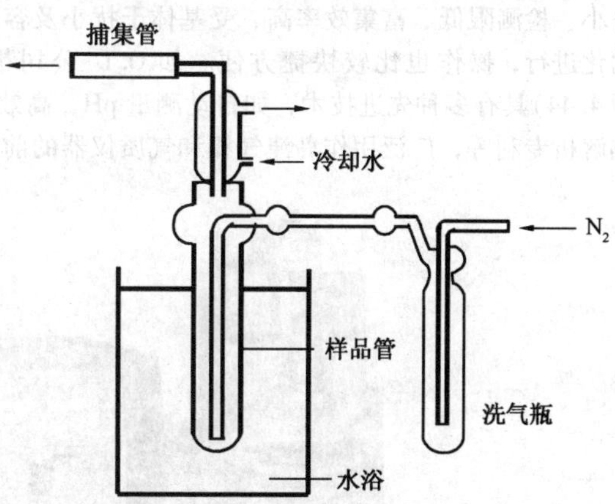

图 4.42　吹扫捕集工作原理示意图

吹扫捕集一般工作步骤如下：

① 分析物的提取；②吹扫状态(用惰性气体吹扫样品溶液，将挥发性有机物携带至冷阱，被冷阱中预装的吸附剂吸附，以达到对挥发性有机化合物的浓缩目的)；③分析物的传送；④吸附及解吸状态(冷阱被快速的加热，使已吸附的化合物被解吸出来)；⑤送到 GC 进样口，完成色谱进样任务。见图 4.43。

吹扫捕集法对样品的前处理无需使用有机溶剂，对环境不造成二次污染，而且具有取样量少、组分损

❶　$1ppt = 10^{12}$。

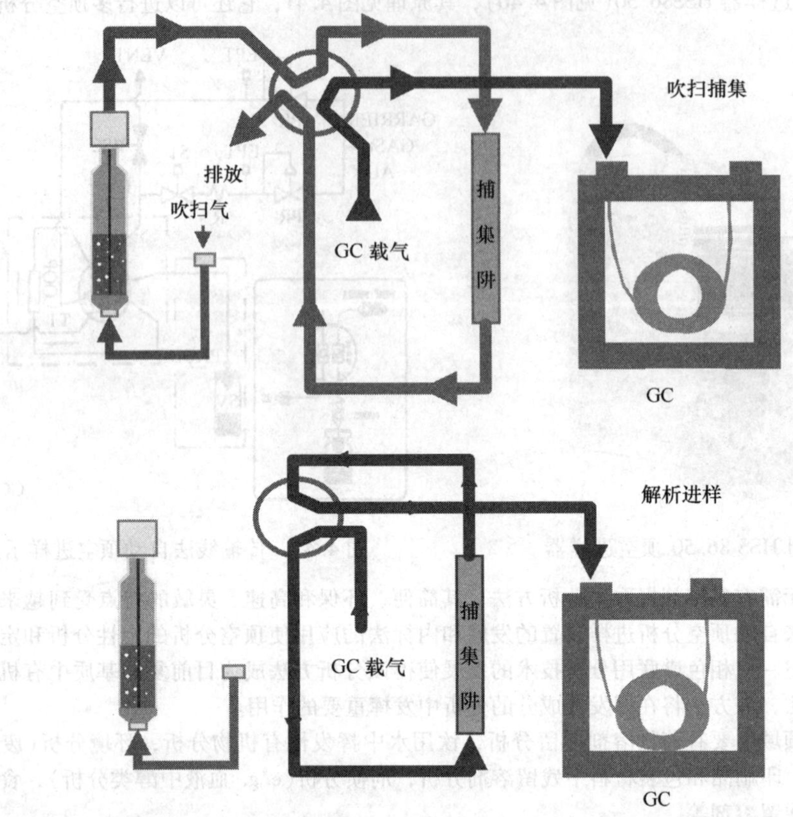

图 4.43　吹扫捕集分析流程(吹扫捕集、解析进样)

失小、检测限低、富集效率高、受基体干扰小及容易实现在线检测等优点。现在吹扫捕集分析都是仪器自动化进行，操作也比较快捷方便。如 O.I. 公司推出的最新的 Eclipse 4660 全自动吹扫捕集分析仪(见图 4.44)具有多种先进技术，如自动测量 pH，高效的防泡沫和除水技术，极高的红外吹扫和直接电阻式加热解析专利等，广泛用作岛津气相和气质仪器的前处理装置。

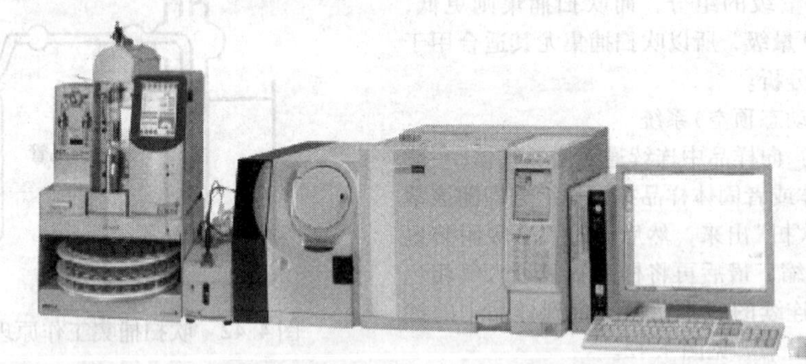

图 4.44　O.I. 公司吹扫捕集与岛津公司气相色谱质谱仪联用装置

自 1974 年 Bellar 和 Lichtcnherg 首次发表有关吹扫捕集色谱法测定水中挥发性有机物的论文以来，一直受到环境科学与分析化学界的重视。吹扫捕集技术适用于从液体或固体样品中萃取沸点较低的挥发性(VOC)或半挥发性有机物(SVOC)，广泛用于食品、药品与环境监测、临床化验等方面。美国 EPA60l、EPA602、EPA603、EPA624、EPA501.1 与 EPA524.3 等标准方法均采用吹扫捕集技术。特别是随着商业化吹扫捕集仪器的广泛使用，吹扫捕集法在挥发性和半挥发性有机化合物分析、有机金属化合物的形态分析中起着越来越重要的作用。

3）热脱附分析系统

热脱附又称热解析，其原理是：先用吸附管（内装活性炭、TENAXGC 等吸附剂）吸附空气中的有机挥发物，然后将吸附管放到热解析进样器上瞬间加热至高温将挥发性组分脱附并随载气引入 GC 或 GCMS 分析。

加热时，挥发物从吸附剂中释放出来，并被惰性气流带到次级捕集阱（次级捕集阱的作用是降低色谱峰的展宽）。由于仪器的不同，捕集阱可能是填充的，也可能不是填充的，而且经常被冷却到低于室温。最后，次级捕集阱被快速加热，同时用载气吹扫，将脱附的挥发物带入气相色谱仪进行分离和分析。图 4.45为热脱附分析示意图。

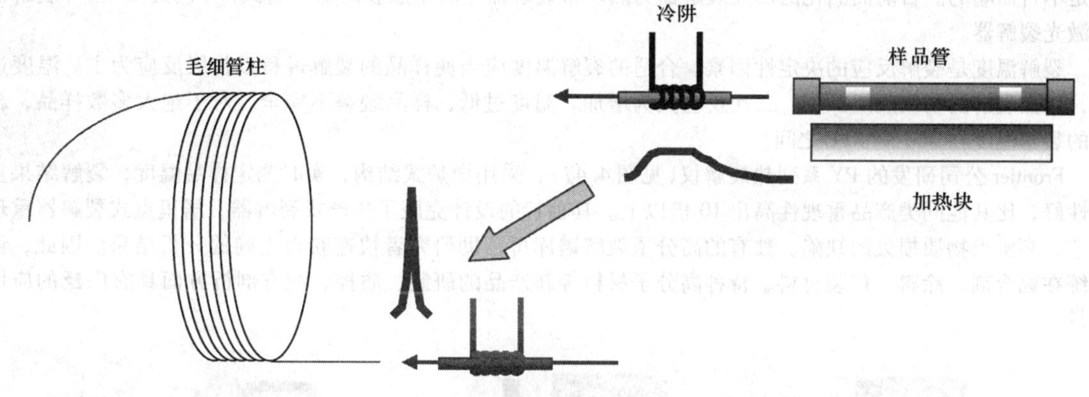

图 4.45　热脱附分析示意图

同顶空分析一样，热脱附技术具有不需有机溶剂、样品量少、灵敏度高、重现性好、操作简便、快速等特点，便于与其他检测仪器联用。可用于样品中挥发性微量组分的样品前处理。不同之处是顶空通常用于分析固体或液体中的 VOC，而热脱附一般则是分析气体中的 VOC。另外可以看到在吹扫捕集的解析阶段也就是热脱附过程。

目前商业化热脱附装置也不少，热脱附分析装置 TD－20 就很具有代表性（见图 4.46）。它可以实现与 GC/GCMS 联机控制使用。为减少背景和污染物的影响，阻止空气在系统内的泄露，TD－20 进行了简捷的流程设计，拥有杰出密封性的 Silosteel 二阶捕集。使用 Silosteel 材料保障所有与气体接触的管路系统的惰性，抑制吸附和分解。专门设计的管路使传输线尽可能短，提高了回收率。TD－20 拥有 48 位自动进样器，在自动操作模式下，可连续彻夜分析样品，提高了分析效率。控制软件与 GC、GCMS 控制软件互联，不仅容易设定批处理时连续分析的条件，而且还允许在连续分析进程中改变 TD、GC 或者 GCMS 的分析条件，直观操控。TD－20 使用 AFC 电子流量控制载气。因此，在热脱附过程中，不需要手动调整流速、柱头压和分流比。精确的电子流量控制提供了杰出的分析条件再现性。

热脱附是一种广泛使用的技术，它能将挥发性和半挥发性化合物从各种基质中萃取和分离出来。它可以作为一种空气监测技术（室内、室外、车间、轿厢、呼吸等），也可以是分析土壤、聚合物、包装材料、

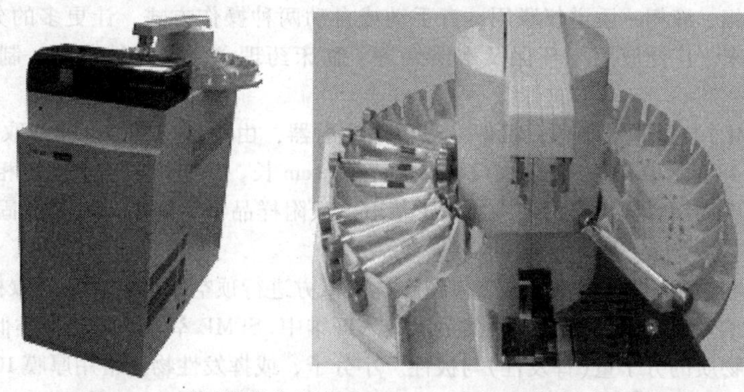

图 4.46　热脱附分析装置 TD－20 及 48 位自动进样器

食品、调料、化妆品、烟草、建筑材料、药物和消费品的有效工具。实际上，几乎任何含有挥发性有机物的样品都能使用该技术进行分析。

4）热裂解系统

热裂解是指：将待测样品置于裂解装置内，在严格控制的条件下加热使之迅速裂解成可挥发的小分子产物，然后将裂解产物有效地转移到色谱柱进行分离分析。通过产物的定性定量分析，及其与裂解温度、裂解时间等操作条件的关系可以研究裂解产物与原样品的组成、结构和物化性能的关系，以及裂解机理和反应动力学。

裂解器是完成裂解反应的装置，它可以控制样品裂解的温度和时间，因此，裂解器的性能对结果的影响是不言而喻的。目前商品化的四类裂解器为热丝带裂解器、居里点裂解器、管式炉(包括微型炉)裂解器和激光裂解器。

裂解温度是裂解反应的决定性因素。合适的裂解温度应当使样品的裂解过程以初级反应为主。温度过高，样品裂解的初级反应加剧，二次反应大为增加。温度过低，样品裂解不完全。对于绝大多数样品，合适的裂解温度在 400 ~ 800℃之间。

Frontier 公司研发的 PY 系列热裂解仪(见图 4.47)，采用微炉式结构，实时测定样品温度，裂解结果重现性好，比其他同类产品重现性高出 10 倍以上。其独特的设计克服了热丝式裂解器、居里点式裂解器重现性差，高沸点物质损失的缺陷。独有的高分子裂解谱库可帮助研究者快速获得正确的分析结果。因此，该系统在黏合剂、涂料、包装材料、特种高分子材料等新产品的研制、质控、配方剖析方面具有广泛的应用前景。

single-Shot Pyrolyzer™
PY-2020iS
单击式2020iS热裂解仪

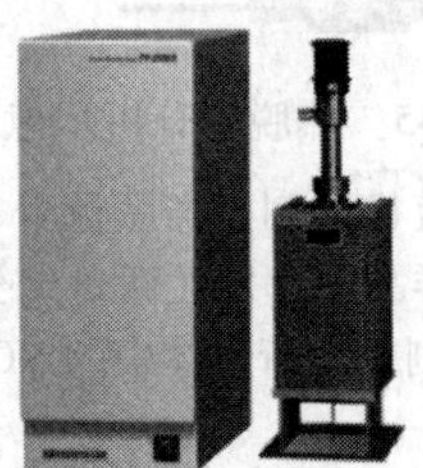

Double-Shot Pyrolyzer™
PY-2020iD
双击式2020iD热裂解仪

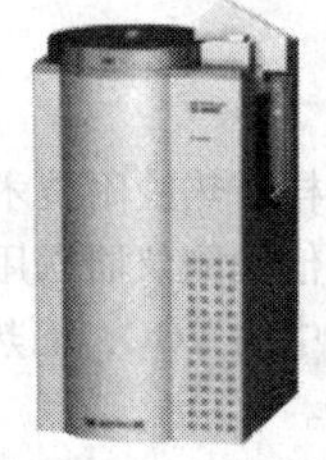

Auto-Shot Sampler™
AE-1020E
自动进样AS-1020热裂解仪

图 4.47 PY 系列热裂解仪

5）固相微萃取系统

固相微萃取(SPME)是一种适用于 GC 的样品制备技术，其基本原理是将含水样品中的分析物直接吸附到一根带有涂层的熔融石英纤维上，然后解吸分析物。这种取样技术具有使用便捷的特点，并且无须使用有机溶剂。是一种应现代仪器的要求而产生的样品前处理新技术，几乎克服了以往一些传统样品处理技术的所有缺点，集采样、萃取、浓缩、进样于一体，便于携带，真正实现样品的现场采集和富集，能够与气相、气相 - 质谱、液相、液相 - 质谱仪联用，有手动或自动两种操作方式，让更多的分析工作者从重复、烦琐的操作中解脱出来。广泛应用于环保及水质处理、临床药理、公安案件分析、制药、化工、国防等领域。

固相微萃取(SPME)装置非常小巧，状似一只色谱注射器，由手柄(Holder)和萃取头或纤维头(Fiber)两部分构成，见图 4.48。萃取头是一根外套不锈钢细管的 1cm 长、涂有不同色谱固定相或吸附剂的熔融石英纤维头，纤维头在不锈钢管内可自由伸缩，用于萃取、吸附样品；手柄用于安装或固定萃取头，可永久使用。

SPME 纤维可以直接插入液体样品中或者停留在样品上方进行顶空取样。在顶空取样中，SPME 纤维相当于“化学泵”，将化合物从液相吸入顶空，然后又吸入纤维中. SPME 萃取头的选择类似于选择毛细柱或液相柱，主要依据分析物质的分子量(挥发性)与极性。小分子、或挥发性物质常用厚膜 100μm 萃取头，较大分子或半挥发物质采用 7μm 萃取头，非极性物质选择非极性固定相，极性物质选择极性固定相。综合考虑分析物的极性和挥发性时，还可以有 85μm，75μm，65μm，30μm 的极性或非极性萃取头供选择。

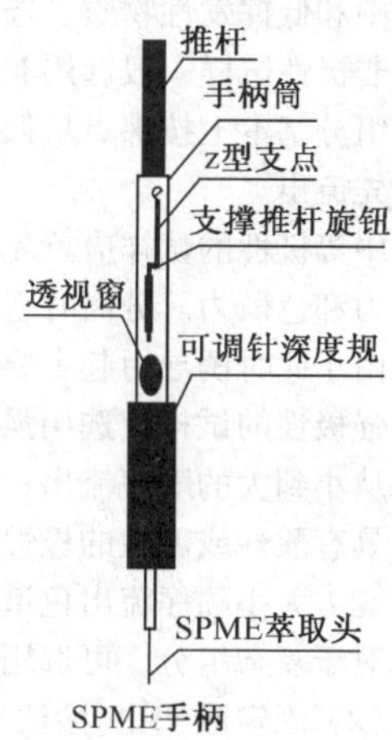

图 4.48　固相微萃取（SPME）装置

4.2.2　气相色谱实验技术

4.2.2.1　色谱系统的配置

现代气相色谱仪由气路系统，进样系统，分离系统，检测系统组成。对于一些固体物质、水质、空气中有机成分等不同的样品还需顶空、热脱附等辅助装置配套使用。现代仪器已实现模块化，来满足不同样品分析的需求，即各种模块可任意组合，实现快速，准确的分析。因此在对样品进行分离分析时，首先根据样品的性质、分析目标物及定性定量分析任务，初步制定色谱分析方案。可能需要通过先期实验筛选，选用什么色谱柱、进样方法、检测器和数据处理等。来确定一套色谱分析方案。即常说的建立色谱分析方法，进行色谱系统的配置。

目前多检测器多功能型气相色谱仪是气相色谱仪生产的主流，例如岛津气相色谱仪器可同时配置三个进样单元，四个检测器，用于不同样品的分析。这类仪器的特点主要有检测器多、附件齐全、设计周到、灵活性大、性能优良，可根据被分析样品的需要，组合成不同分析流程的仪器，基本能满足不同分析对象的需求。如石油化工部门研究汽、柴油馏分中的非烃类化合物的组成（如硫化合物、氮化合物和氧化合物等），则需配置对上述化合物专门响应的检测器（如原子发射光谱检测器、硫化合物发光检测器、氮化合物发光检测器、火焰光度检测器、氧－氢火焰离子化检测器等）；如环境保护部门研究痕量氯化物或农药残留分析，则需配置电子捕获检测器或火焰光度检测器。

4.2.2.2　样品制备

气相色谱法分析是一门综合的实验技术，其色谱分析过程可归纳为以下四个阶段：样品采集，样品制备（预处理），色谱分析和数据处理与结果表达。如果样品采集和前处理比较成功，在色谱分析和数据处理时，即使选用的色谱仪所配用的检测器灵敏度不高，柱分离效率较低，数据处理装置功能一般，也能获得比较理想的实验结果。反过来说，若所选购的仪器和数据处理装置配置较高，又选择了一根高效率色谱柱，那么可大大降低样品的预处理过程。在目前色谱分析中，耗时、费力和效率低的样品采集与处理，仍是整个色谱分析中的瓶颈。一般统计，样品采集和处理时间，有时要占整个分析时间的三分之二。应当指出，无论是何种最先进的色谱仪、真正高性能色谱柱、最完善的数据处理装置等，都不能从一个采集处理不适当样品得到满意的分析结果。因此，为充分发挥所用仪器的综合分析能力，应考虑尽量简化样品的预处理过程或根本不要样品预处理。样品预处理的目的可归纳为：①欲分析组分预分离；②富集；③转化；④衍生化（转化成色谱能分析的状态）。需要考虑样品预处理的原因主要如下。

① 不能直接进样分析，如品种繁多（含水、氧等对仪器和色谱柱的不良影响）；样品组成及其浓度复杂多变（基体对分析痕量组分干扰大）；样品物理形态广（黏度、固体、多相性样品）；直接分析时干扰因素太多。

② 考虑用样品预处理方法来弥补现有仪器或分析条件的不足，如现场环境不允许（如时间）；样品的状态、不稳定性或化学活性；现有分析条件不允许；选购的仪器、设备条件不具备；操作人员的技术水平限制等。

虽然样品预处理技术仍然是色谱分析的瓶颈，但随着科学技术的发展，许多传统的样品预处理技术或设备得到了很大的改进与完善，新的处理方法和技术也相继问世。目前样品的制备方法正处在多种处理技术并存，信赖技术不断组合的局面下，常用的比较新的样品制备技术主要有：顶空技术、膜萃取技术、固相萃取技术、固相微萃取和微捕集技术、超临界萃取技术、微量衍生化技术、其他几种处理制备技术的组合等。

4.2.2.3　色谱条件的选择

（1）固定相选择

固定相是对样品分离起决定作用的因素，是进行色谱分析要考虑的首要因素。如果样品组分是气体或极易挥发的小分子化合物，则首先采用固体固定相，它们对化合物具有很强的吸附保留能力，即便是 H_2 和 He 气体物质也有足够的保留能力，因此可以与其他气体分子分离开来。液体固定相主要用于分离挥发性适中和低挥发性物质。选择固定液，一般按“相似相溶”的规律选择，在操作中，应根据实际情况考虑。

非极性试样一般选用非极性固定液。非极性固定液对样品的保留作用，主要靠色散力。分离时，试样中各组分基本上按沸点从低到高的顺序流出色谱柱。若样品含有同沸点的烃类和非烃类化合物，则极性化合物先流出。

中等极性的试样应首先选用中等极性固定液。在这种情况下，组分与固定液分子之间的作用力主要为诱导力和色散力。分离时组分基本按沸点从低到高的顺序流出色谱柱，但对于同沸点的极性和非极性化合物，由于此时诱导力起主要作用，使极性化合物与固定液的作用力加强，所以非极性组分先流出。

强极性的试样应选用强极性固定液。此时，组分与固定液分子之间的作用主要靠静电力，组分一般按极性从小到大的顺序流出；对含有极性和非极性的样品，非极性组分先流出。

具有酸性或碱性的极性试样，可选用极性强的固定液，如腈醚和多元醇固定液等。各组分将按形成氢键的能力大小顺序流出色谱柱。

对于复杂组分，可选用两种或两种以上的混合液作为固定液，配合使用，提高效果。

(2) 固定液配比(涂渍量)的选择

固定液配比是固定液在载体上的涂渍量，一般指的是固定液与载体的配比，配比通常在5% ~25%之间。配比越低，在载体上形成的液膜越薄，传质阻力越小，柱效能越高，分析速度也越快。配比较低时，固定相的负载量低，允许的进样量较小。分析工作中通常倾向于使用较低的配比。

(3) 柱长和柱内径的选择

增加柱长对提高分离度有利(分离度 R 正比于柱长的平方 L^2)，但组分的保留时间将延长，且柱阻力也将增大，不便操作。

柱长的选用原则是在能满足分离目的的前提下，尽可能选用较短的柱，有利于缩短分析时间，填充色谱柱的柱长通常为1 ~3m。可根据要求的分离度通过计算确定合适的柱长或通过实验确定合适的柱长，柱内径一般为3 ~4mm。毛细管柱一般长度30 ~60m，内径0. 25mm或0. 32mm。

(4) 柱温的确定

首先应使柱温控制在固定液的最高使用温度(超过该温度固定液易流失)和最低使用温度(低于此温度固定液以固体形式存在)范围内。

柱温升高，分离度减小，色谱峰变窄变高。柱温升高，被测组分的挥发度增大，即被测组分在气相中的浓度增大，低沸点组分峰易产生重叠。柱温降低，分离度增大，分析时间延长。对于难分离的物质，降低柱温虽然可在一定程度内使分离得到改善，但是不可能使之完全分离，这是由于两组分的相对保留值增大的同时，两组分的峰宽也在增加，当后者的增加速度大于前者时，两峰的交叠更为严重。柱温一般选择在接近或略低于平均沸点时的温度。

(5) 载气种类和流速的选择

载气种类的选择，应考虑三个方面：载气对柱效的影响、检测器要求及载气性质。载气相对分子质量大，可抑制试样的纵向扩散，提高柱效能。载气流速较大时，传质阻力项将起主要作用，此时采用较小相对分子质量的载气(如 H_2，He)，可减小传质阻力，提高柱效能。热导检测器使用导热系数较大的 H_2 是为了有利于提高检测灵敏度。而在氢焰检测器中，氮气仍是首选气体。

在载气流速的选择方面，可根据采用色谱柱内径的大小，选择合适的载气流速。

(6) 其他操作条件的选择

进样方式和进样量的选择。液体试样可采用手动或自动进样。手动进样使用微量进样器，规格有1μL、5μL、10μL等。进样量应控制在柱容量允许范围及检测器线性范围之内。进样时要求动作快、时间短。气体试样应选择用气体进样阀进样。

汽化室温度的选择应保证被测组分能完全气化，同时又必须避免温度设置过高而造成试样分解。

4. 2. 2. 4 定性与定量分析

气相色谱分析方法包括定性分析和定量分析两部分。定性分析的应用受到一些限制，远不及定量分析应用广泛。

(1) 气相色谱定性鉴定方法

气相色谱定性鉴定方法就是利用保留值或者与其相关的值来判断每个色谱峰代表何种物质。一般情况下不单独使用气相色谱定性鉴定，多与其他仪器方法或化学方法联合使用。利用纯物质定性的方法：利用保留值定性。通过对比试样中具有与纯物质相同保留值的色谱峰，来确定试样中是否含有该物质及在色谱图中的位置。该法不适用于不同仪器商获得的数据之间的对比。

(2) 气相色谱定量分析方法

气相色谱定量分析的基础是根据检测器对被测组分等产生的响应信号与被测组分的量成正比的原理，通过色谱图上的峰面积或峰高，计算样品中被测组分的含量。由于同一检测器对含量相同的不同组分其响应信号不同，因而组分峰面积之比并不一定等于响应组分的含量之比，为准确定量，需对峰面积或峰高进行校正，因此，引入定量校正因子的概念。

在一定色谱操作条件下，被测物质 i 的质量 m_i 或其在载气中的浓度 c_i 与进入检测器的响应信号 E(色谱流出曲线上表现为峰面积 A_i 或峰高 h_i)成正比，有

$$m_i = f_i A_i \tag{4.16}$$

这就是气相色谱定量分析方法的依据。其中 f_i 称为定量校正因子。

要准确进行定量分析，必须解决三个问题：准确测量峰面积，测定校正因子及选择合适的定量方法。

峰面积的测量。峰面积的测量直接关系到定量分析的准确度。常用计算方法有峰高乘半峰宽法，峰高乘峰底宽度法，峰高乘平均峰宽法，峰高乘保留时间法，自动积分和微机处理法等。

定量校正因子的计算。校正因子的意义为单位峰面积(或峰高)所代表的组分含量。由于色谱条件的波动及进样量的微小差异带来的偏差，很难准确测定 f_i。因而，一般使用相对定量校正因子 f'_i，其定义为被测样品中各组分的定量校正因子与标准物质的定量校正因子之比，即

$$f_i = \frac{f_i}{f_s} = \frac{A_s W_i}{A_i W_s} \tag{4.17}$$

式中，i 和 s 分别表示组分和内标物质。实际色谱应用中，一般为相对定量校正因子，但一般将“相对”略去。

常用的定量方法有面积归一化法，外标法，内标法等。

① 面积归一化法。

面积归一化法就是把所有流出的色谱峰的峰面积加起来，其中某个峰面积的百分数即为该组分的百分含量，其计算公式为：

$$w_i = \frac{A_i}{\sum A_i} \times 100\% \tag{4.18}$$

此法仅适用于试样中所有组分全部出峰的情况。归一化法简便、准确，进样量的准确性和操作条件的变动对测定结果影响不大。

② 校正面积归一化法

对响应值不同的组分或使用除 FID 外的其他检测器，需要进行校正因子校正，称为校正面积归一化法，其计算公式为：

$$w_i = \frac{f_i A_i}{\sum f_i A_i} \times 100\% \tag{4.19}$$

③ 外标法。

外标法也称标准曲线法。此法是利用试样中某特定组分的纯物质配制一系列标准溶液进行色谱定量分析。对 $A_i(h_i) - c_i$ 作图得到标准曲线，根据测定组分的 A_i 或 h_i，从标准曲线上求出 c_i。使用条件是适用于大批量试样的快速分析。

外标法操作简单，是广泛应用的定量方法之一，且准确性较高。对进样量的控制要求较高，操作条件变化对结果准确性影响较大。

④ 内标法。

将一定量的纯物质 m_i 作为内标物加入到已知量 W 的试样中，根据被测组分 i(质量 m_i)与内标物(质量 m_s)在色谱图上相应响应峰面积的比，求出 c_i。

计算公式为

$$\frac{m_i}{m_s}=\frac{f'_iA_i}{f'_sA_s} \tag{4.20}$$

$$m_i=m_s\frac{f'_iA_i}{f'_sA_i} \tag{4.21}$$

$$c_i=\frac{m_i}{W}\times 100\%=\frac{m_s\dfrac{f'_iA_i}{f'_sA_s}}{W}\times 100\%=\frac{m_s}{W}\frac{f'_iA_i}{f'_sA_s}\times 100\% \tag{4.22}$$

定量时一般以内标物为基准，即$f'_s=1$

内标物需满足的要求：试样中不含有该物质；加入量及性质与被测组分比较接近；不参与化学反应；出峰位置应位于被测组分附近而又不影响组分峰。

内标法定量准确性较高，操作条件和进样量的稍许变动对定量结果影响不大；但操作较繁琐，不适合大批量试样的快速分析。

4.2.3 气相色谱仪的控制及数据处理

近年来，随着色谱分析技术的不断发展，所得谱图信息之丰富和单位时间产生的谱图量之庞大，都已是人工解析所不能办到的。与此同时，电脑技术在硬件和软件方面已取得巨大进展，无论在运算速度，还是精度和可靠性方面都是有很大的提高。电脑具有极强的算术和逻辑运算，使复杂信息的实时处理成为可能。所以这些特点都促使电脑辅助的色谱数据处理技术即色谱工作站得到迅速发展，成为色谱数据处理的发展方向。

色谱工作站就是将一台通用的个人电脑从硬件上和软件上进行扩充，使之实现信号采集、数据处理和仪器操作控制的系统。它包括硬件和软件两部分。

硬件：色谱检测器输出的响应信号是连续模拟信号，在用数据处理机或电脑处理之前，需要经过模/数转换装置转化成数据处理机或电脑软件能够接受的离散数字信号。色谱工作站的硬件部分是指信号采集器，又称模/数转换器，分为放在电脑外面的外置式和插在电脑扩展槽里的内置式两种。不管形式如何，它们都是将色谱仪检测器输出的模拟信号转变为电脑能够接收的一个个数字信号(称为采集数据)。起着电脑与色谱仪之间的桥梁作用。如果色谱仪本身就能够输出数字信号，则这样的硬件也就不需要了。但一般能够直接输出数字信号的仪器也都同时保留有接口输出模拟信号，以便配套自带模/数转换器的工作站软件。

软件：是指接收由硬件传送来的色谱信号采样数据，并实现谱图显示、峰检测和基线校正、定量计算、打印报告等功能的电脑程序。它还包括另一块重要内容即对仪器工作参数的设定和仪器操作的控制，即反控功能。没有反控功能的色谱工作站充其量只能称为色谱数据处理系统，不是一个完整的"工作站"。

较之色谱数据处理机，色谱工作站在如下方面具有明显优势：

① 可直接通过屏幕观察出峰情况及计算结果，可自由决定是否打印分析报告，而数据处理机一般只有通过打印才能看到谱图和计算结果，日常对热敏纸或喷墨打印头的消耗很大。

② 能够保存并管理大量的谱图及分析结果。

③ 谱图处理功能更为丰富和强大，能够提供复杂的定性和定量计算功能。

④ 可通过局域网或 internet 迅速将谱图和分析结果传到另一台电脑，实现数据共享；

⑤ 具有反控功能的工作站甚至还可以通过局域网或 internet 对仪器进行远程操作控制、远程故障诊断及远程操作指导；

⑥ 不处理色谱数据时，电脑与色谱仪之间保持独立，仍可用于其他工作；

⑦ 电脑中色谱数据处理软件的升级换代十分方便。

采用电脑技术实现色谱仪器的信息处理，不但使过去色谱分析工作者需要花费很多时间才能获得的分析结果如今在瞬间求得，而且电脑技术可进而用于色谱仪器操作的自动化调节。在运用色谱工作站之后，操作者就可以将用于测试不同样品的各种仪器参数作为方法存储在电脑内，而在此之前，只能在仪器上手工设置色谱主机的各种运行参数。色谱工作站有效地提高了仪器的使用效率，同时使人机操作界面更为简单友好。在实现电脑的反控后，色谱仪上的控制面板就可取消，仪器各部件的运行参数完全由电脑控制。所以，今后电脑将成为色谱仪的标准配置，离开电脑色谱仪将无法工作。

4.2.3.1　气相色谱工作站简介

以气相色谱 GCsolution 工作站为例，介绍工作站的主要功能和操作，软件界面见图 4.49。

(1) GC 实时分析

在软件操作界面，点击“仪器 1”图标(见图 4.50)，进入 GC 实时分析。

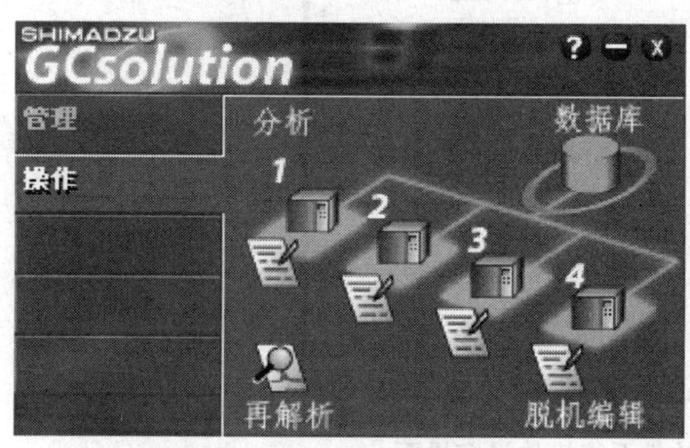

图 4.49　GCsolution 工作站

图 4.50　进入 GCsolution 实时分析操作示意图

在 GC 实时分析界面可以完成对仪器配置、分析方法条件设定、开启或关闭仪器以及数据采集等各项功能。(见图 4.51)

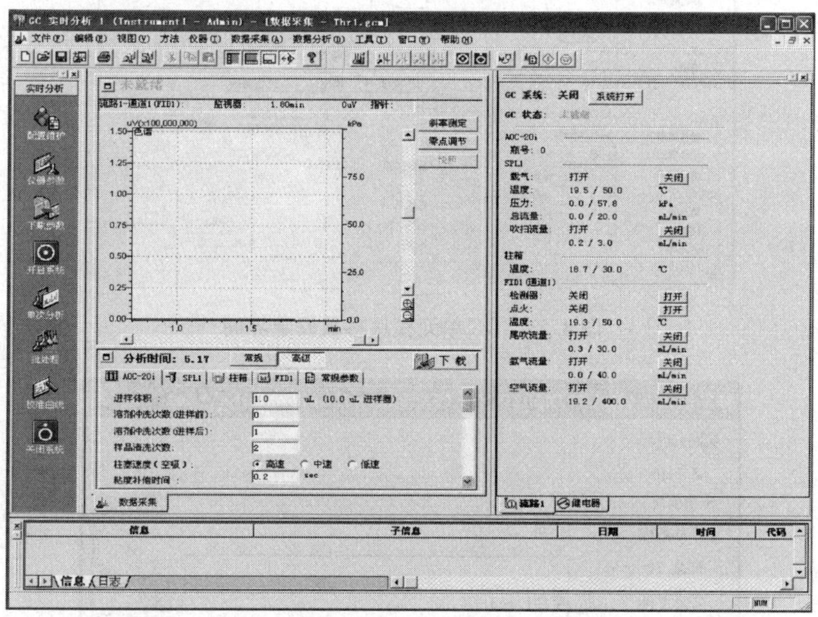

图 4.51　GCsolution 实时分析界面

(2) 仪器配置

根据分析流路，进行 GC 系统模块设定，如 AOC－20i 自动进样器，SPL 进样单元，色谱柱，FID 检测器及附加设备。系统设定见图 4.52。

(3) 色谱分析参数设定

根据样品分析条件，可以分别对自动进样器，进样单元，色谱柱，检测器等各个单元的具体参数进行设定(见图 4.53)。

(4) 数据采集

工作站软件可进行单次数据采集分析(见图 4.54)和批处理采集分析(图 4.55)。

(5) 数据处理

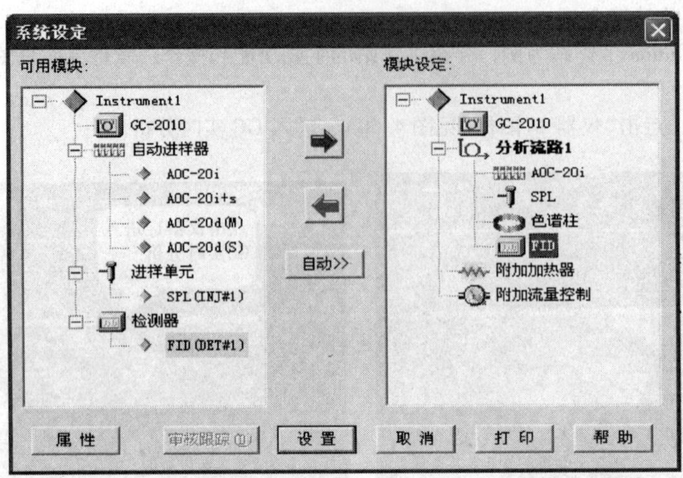

图 4.52　GCsolution 工作站软件系统模块设定界面

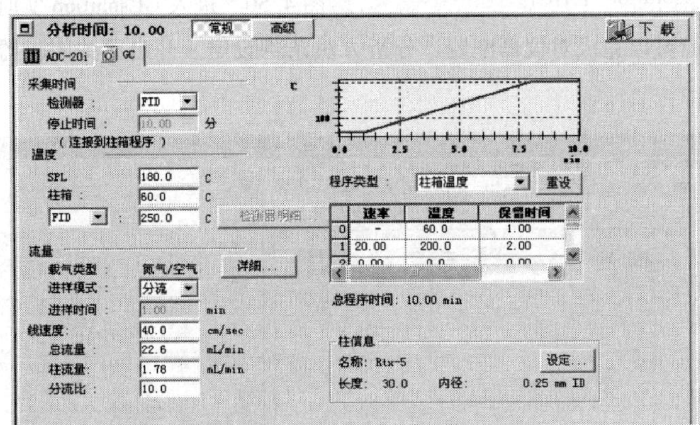

图 4.53　GC 单元模块参数设定界面

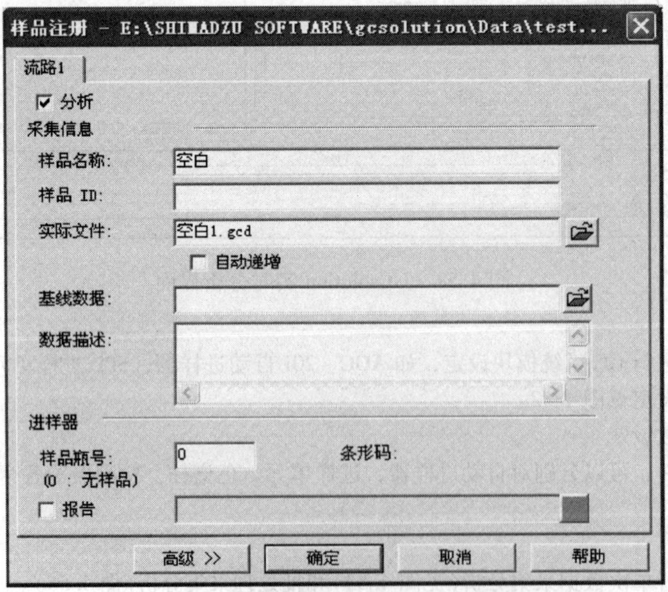

样品注册 - E:\SHIMADZU SOFTWARE\gcsolution\Data\test...

流路1

☑ 分析

采集信息

样品名称: 空白

样品 ID:

实际文件: 空白1.gcd

☐ 自动递增

基线数据:

数据描述:

进样器

样品瓶号: 0　　条形码:

(0 : 无样品)

☐ 报告

高级 >>　确定　取消　帮助

图 4.54　单次数据采集分析参数设定界面

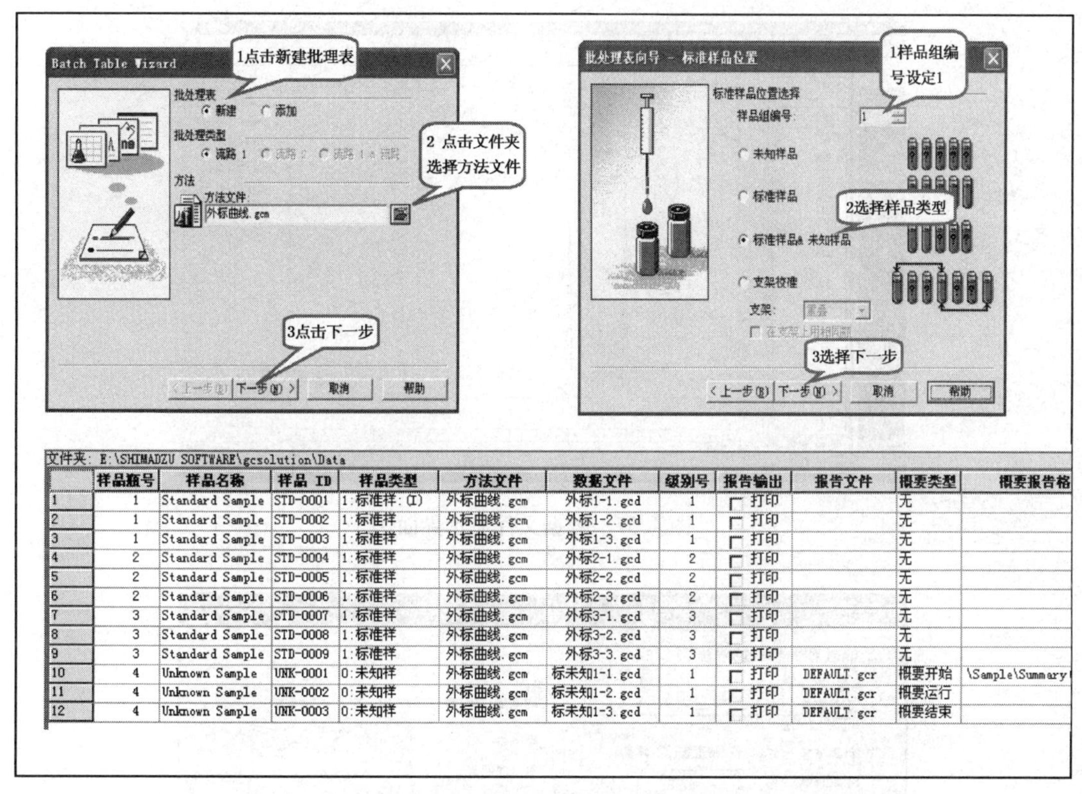

文件夹: E:\SHIMADZU SOFTWARE\gcsolution\Data

	样品瓶号	样品名称	样品 ID	样品类型	方法文件	数据文件	级别号	报告输出	报告文件	概要类型	概要报告格
1	1	Standard Sample	STD-0001	1:标准样:(I)	外标曲线.gcm	外标1-1.gcd	1	打印		无	
2	1	Standard Sample	STD-0002	1:标准样	外标曲线.gcm	外标1-2.gcd	1	打印		无	
3	1	Standard Sample	STD-0003	1:标准样	外标曲线.gcm	外标1-3.gcd	1	打印		无	
4	2	Standard Sample	STD-0004	1:标准样	外标曲线.gcm	外标2-1.gcd	2	打印		无	
5	2	Standard Sample	STD-0005	1:标准样	外标曲线.gcm	外标2-2.gcd	2	打印		无	
6	2	Standard Sample	STD-0006	1:标准样	外标曲线.gcm	外标2-3.gcd	2	打印		无	
7	3	Standard Sample	STD-0007	1:标准样	外标曲线.gcm	外标3-1.gcd	3	打印		无	
8	3	Standard Sample	STD-0008	1:标准样	外标曲线.gcm	外标3-2.gcd	3	打印		无	
9	3	Standard Sample	STD-0009	1:标准样	外标曲线.gcm	外标3-3.gcd	3	打印		无	
10	4	Unknown Sample	UNK-0001	0:未知样	外标曲线.gcm	标未知1-1.gcd	1	打印	DEFAULT.gcr	概要开始	\Sample\Summary
11	4	Unknown Sample	UNK-0002	0:未知样	外标曲线.gcm	标未知1-2.gcd	1	打印	DEFAULT.gcr	概要运行	
12	4	Unknown Sample	UNK-0003	0:未知样	外标曲线.gcm	标未知1-3.gcd	1	打印	DEFAULT.gcr	概要结束	

图 4.55　批处理表制作与批处理数据采集分析参数设定界面

在软件界面，单击“再解析”图标(见图 4.56)，进入再解析窗口，导入数据文件，可进行面积归一化法、外标法、内标法等定性定量分析处理。

1）面积归一化法

打开数据文件(见图 4.57)，通过组分表向导选择面积归一化定量方法及定量处理参数(见图 4.58)，通过峰值表查看数据处理结果(见图 4.59)。

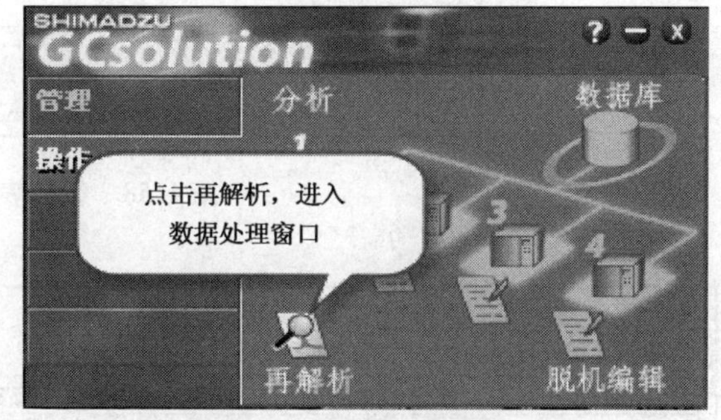

图 4.56　进入数据处理操作示意图

2）外标法

打开数据文件(见图 4.60)，通过组分表向导选择外标法定量方法及定量处理参数(见图 4.61)，运行批处理表，生成校准曲线(见图 4.62)和计算结果(见图 4.63)。

3）内标法

打开数据文件(见图 4.64)，通过组分表向导选择内标法定量方法及定量处理参数(见图 4.65)，运行批处理表，选择查看目标化合物工作曲线(见图 4.66)和计算结果(见图 4.67)。

(6) 分析结果与报告输出

从数据资源管理器中选择适合的报告格式，选择数据文件，加载至“报告模版”，点击打印，按照选择报告格式打印报告。图为输出打印的外标法定量分析报告(见图 4.68)。此外，还有创建个性化报告格式，进行批处理打印等功能。

4.2.3.2　专用的色谱工作站软件

特殊行业如石化行业需制作专用的色谱工作站软件。

炼油厂 PONA 分析专用色谱工作站 PONAsolution。提供将一组相邻的峰算做一个组分以及对所有组分

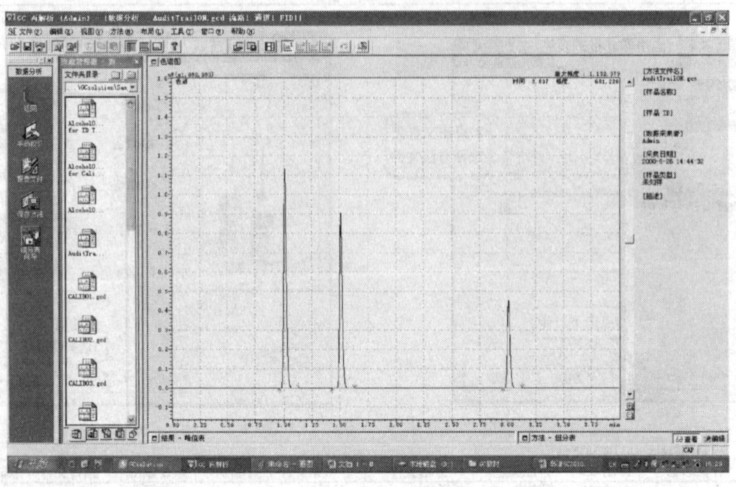

图 4.57　数据文件显示界面

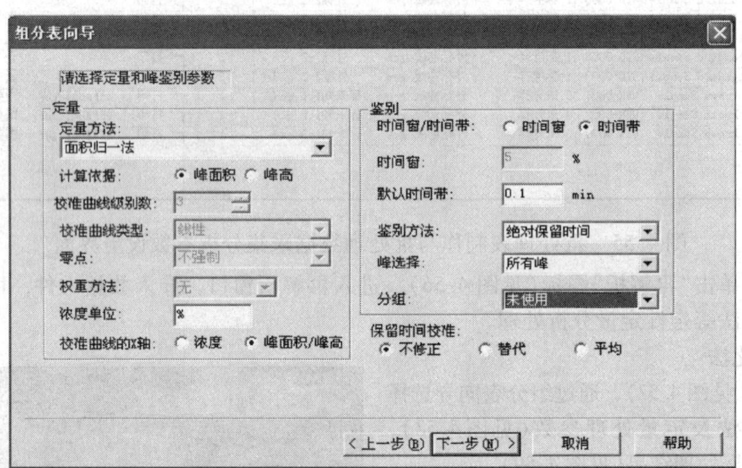

图 4.58　组分表向导操作界面

结果 - 峰值表

峰值表 | 组分 | 分组 | 校准曲线

峰号	保留时间	面积	峰高	浓度	单位	标记
1	1.010	1879933.8	1077474.8	45.45456	%	
2	1.510	1503945.7	877253.7	36.36362	%	
3	3.010	751973.3	430989.9	18.18182	%	

图 4.59　面积归一化法数据结果显示

分组累计的功能，以便将汽油谱图中几百个峰分别累计到脂肪烃、烯烃、环烷烃和芳烃四大类中。进行 PONA 分析的最大困难在于谱图中峰的定性，故要求工作站软件能利用已知保留指数自动定性，同时提供简便的谱图参照和手工定性手段。

模拟蒸馏专用色谱工作站，蒸馏 GC 软件。可根据已知沸点的正构烷烃标准样品和待测油样的峰切片计算待测油样的实沸点蒸馏数据和恩氏蒸馏数据。

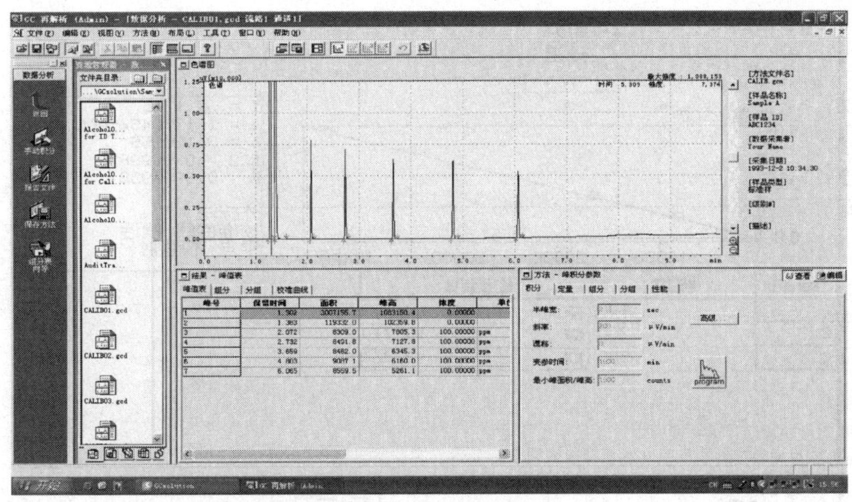

图 4.60　数据文件显示界面

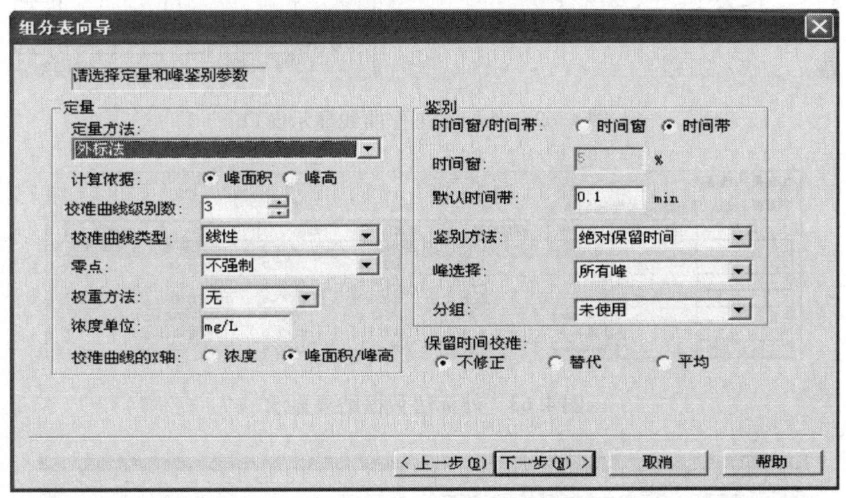

图 4.61　组分表向导操作界面

4.2.4　气相色谱分析新技术

4.2.4.1　AFT 技术

(1) 反吹控制技术

样品分析的停止时间不由目标化合物的出峰时间决定，而是由最后一个杂质的出峰时间决定。当目标化合物出峰时间较早而杂质出峰时间较晚的时候可以应用反吹。反吹的作用是当目标化合物被检测到后，通过改变载气流向将其余物质从进样口端的分流流路吹扫出去，缩短分析时间，提高工作效率。同时，高沸点物质的高效排出，有效缩短色谱柱在高温区的工作时间，减小污染，防止老化，降低保留时间漂移，延长色谱柱寿命。

反吹控制技术是在色谱柱尾端加装 APC 压力控制单元，目标化合物流出后 APC 给出适当压力，与此同时进样口分流阀打开，使得进样口端压力较低，载气反相流动，将杂质从进样口的分流阀排出。反吹控制技术的应用可以极大程度地节省分析时间，可以避免高沸点杂质污染色谱柱和检测器。图 4.69 为反吹控制示意图。

反吹装置是一个附件，可以加装在气相色谱仪或者气相色谱/质谱联用仪上。包括压力控制单元和限流器。

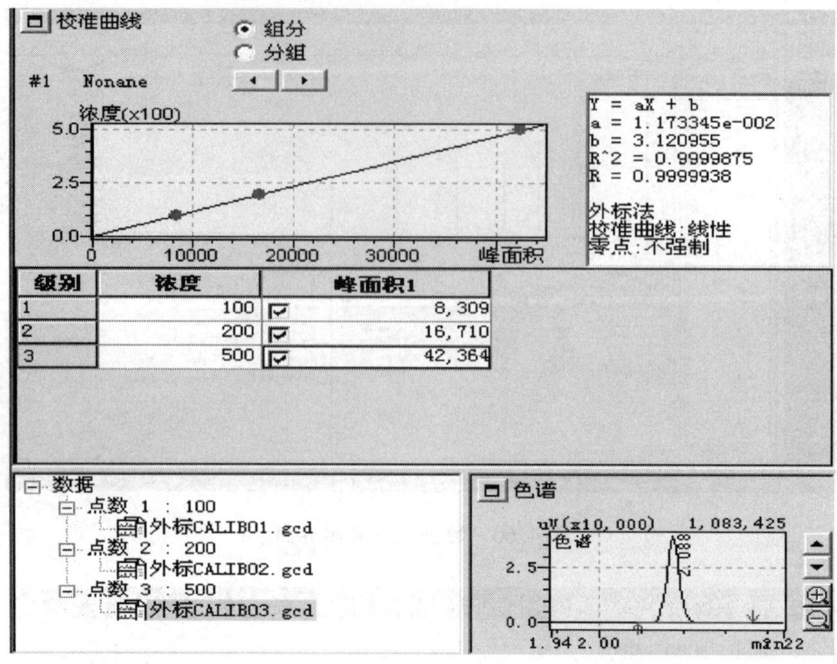

图 4.62 外标法工作曲线显示窗口

结果 - 峰值表

峰值表 | 組分 | 分組 | 校准曲线

峰号	组分 ID#	组分名	保留时间	面积	峰高	浓度	单位
1			1.308	3040205.0	1083873.2	0.00000	
2			1.390	95998.9	77806.7	0.00000	
3	1	Nonane	2.091	85072.0	75243.4	1001.30992	mg/L
4	2	Decane	2.760	86838.3	69065.5	1001.77509	mg/L
5	3	Undecane	3.696	86543.4	56629.9	1003.09592	mg/L
6	4	Dodecane	4.847	92693.0	51108.3	1004.08434	mg/L
7	5	Tridecane	6.113	87122.1	44403.5	1005.14588	mg/L

图 4.63 外标法数据结果显示

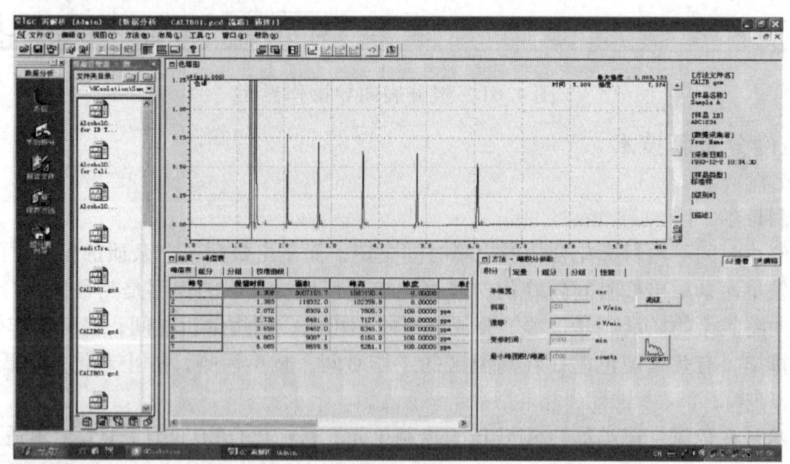

图 4.64 数据文件显示界面

凡是目标化合物馏出时间较早、总分析时间较长的毛细管柱分析都可以采用反吹技术。如精炼：石油成分(汽油、煤油、轻油)的确认分析；石化：聚合物中单体的分析；食品：低沸点香料成分的分析；医药：天然产品中提取物的分析。反吹可以通过将高沸点物质从分流出口排出而减少其对色谱柱的污染。

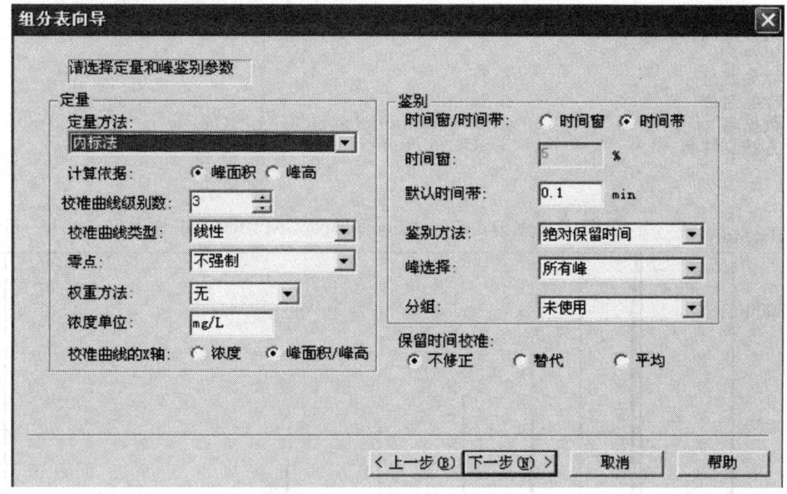

图 4.65　组分表向导操作界面

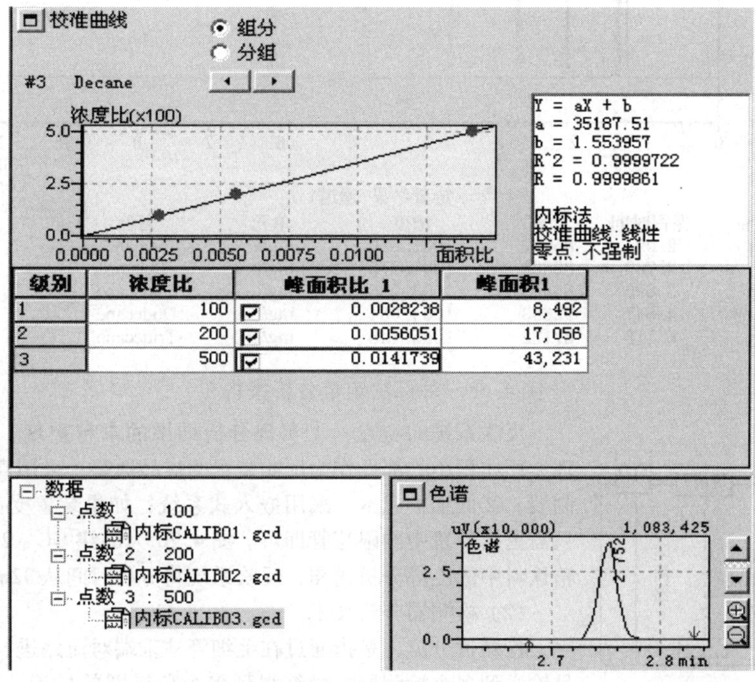

级别	浓度比	峰面积比 1	峰面积1
1	100	0.0028238	8,492
2	200	0.0056051	17,056
3	500	0.0141739	43,231

图 4.66　内标法工作曲线显示窗口

结果 - 峰值表

峰值表 | 组分 | 分組 | 校准曲线

峰号	组分 ID#	组分名	保留时间	面积	峰高	浓度	单位
1	1	内标物	1.390	84058.1	73555.0	0.00000	mg/L
2	2	Nonane	2.091	85072.0	75243.4	282.84907	mg/L
3	3	Decane	2.760	86838.3	69065.5	283.02289	mg/L
4	4	Undecane	3.696	86543.4	56629.9	283.44257	mg/L
5	5	Dodecane	4.847	92693.0	51108.3	283.85468	mg/L
6	6	Tridecane	6.113	87122.1	44403.5	284.28822	mg/L

图 4.67　内标法数据结果显示

样品信息

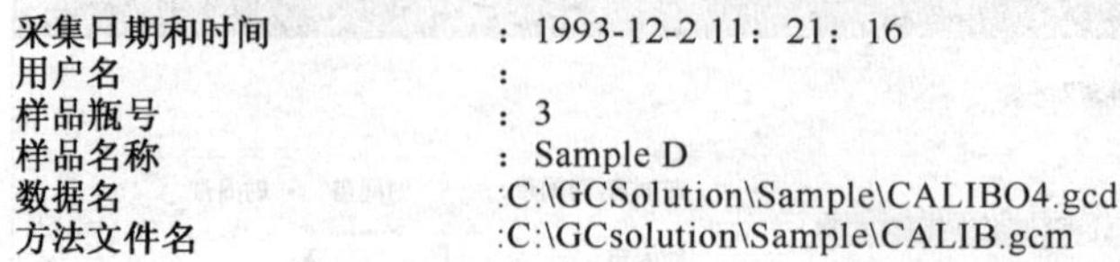

采集日期和时间	：1993-12-2 11：21：16
用户名	：
样品瓶号	：3
样品名称	：Sample D
数据名	:C:\GCSolution\Sample\CALIBO4.gcd
方法文件名	:C:\GCsolution\Sample\CALIB.gcm

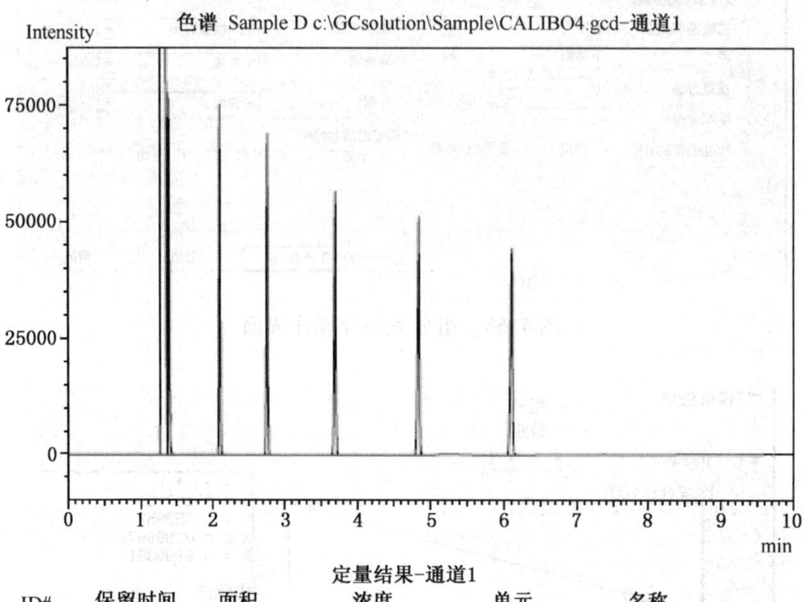

定量结果-通道1

ID#	保留时间	面积	浓度	单元	名称
1	2.091	85072	1001.310	mg/L	Nonane
2	2.760	86838	1001.775	mg/L	Decane
3	3.696	86543	1003.096	mg/L	Undecane
4	4.847	92693	1004.084	mg/L	Dodecane
5	6.113	87122	1005.146	mg/L	Tridecane

图 4.68 外标法定量分析报告

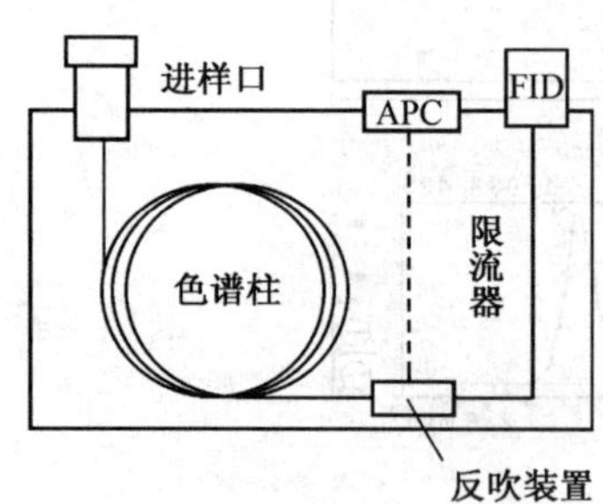

图 4.69 反吹控制示意图

反吹系统的特点：①实现分析结果的卓越重现。使用经惰性化处理、死体积小的部件作为反吹装置的样品通路；采用高精度数字流量控制器。②低维护成本。采用嵌入式系统；如果装置受高沸点物质污染，只需更换装置中的限流管即可。图 4.70 为岛津 GC－2010Plus 分析含酒精饮料中的乙醇分析谱图，反吹系统将分析时间从 32min 缩短至 8min。

（2）检测器分流技术

检测器分流，是指通过在毛细管柱末端对流路进行分流，从而将样品输送到多个检测器，最终得到多个色谱图的过程。图 4.71 为检测器分流控制示意图。一次进样即可获得大量化合物信息；提高了分析的重现性以及定性的准确性；为多种检测器同时分析提供了可能。图 4.72 利用检测器分流控制技术，气相色谱分析葡萄精油在 FID/FTD/FPD 三个检测器分析的谱图。

GC－2010Plus 检测器分流技术的特点：①应用惰性材质尽可能减少吸附。低死体积，内表面惰性化，适用于分析强吸附化合物。②即使复杂分析条件亦可轻松设定。无需繁琐的限流器、检测器条件设定。分析条件可以保存成 GC 或 GCMS 方法文件。

（3）检测器切换技术

检测器切换技术，是指通过在毛细管柱末端对流路进行切换，根据样品内容的不同，将不同样品输送到不同检测器，最终得到所有化合物检测结果的过程，见图 4.73。

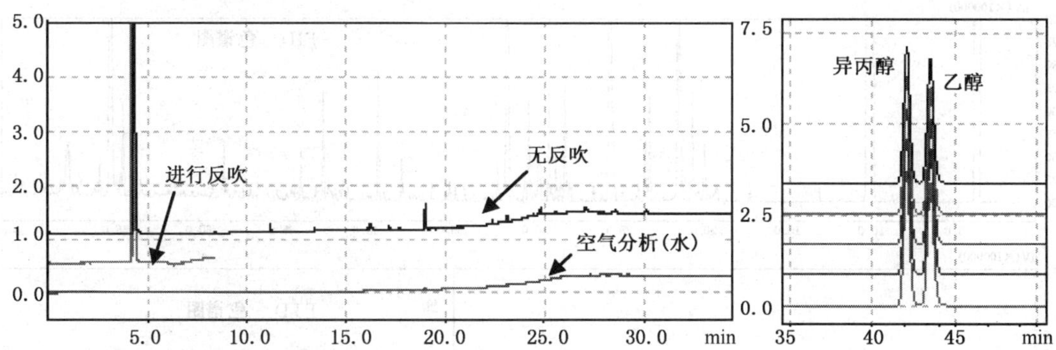

分析条件：
色谱柱：ZB－WAX0.32mm×30m，d.f.＝0.50mm
柱温：55℃(6min)－70℃/min－200℃(2.5min)
载气：He150kPa(6min)－400kPa/min－20kPa(2.7min)
APC 压力(反吹装置)：100kPa(6min)－400kPa/min－200kPa(2.8min)
进样口：分流进样口，温度：280℃
进样体积：0.2mL 分流比：50∶1
检测器：FID280℃氢气：40mL/min 空气：400mL/min 尾吹气：He30mL/min

图 4.70　GC－2010 分析含酒精饮料中的乙醇

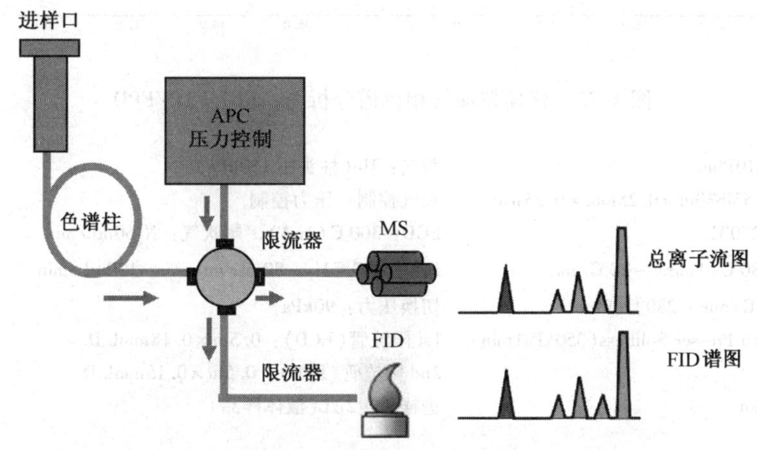

图 4.71　检测器分流控制示意图

检测器分流时样品同时进入多个检测器，因为分流会损失灵敏度，所以不适合残留分析；而检测器切换是样品在不同时间进入不同检测器，样品在检测器之间的切换效率是 100%。检测器可以是气相检测器也可以是质谱。

检测器切换装置是一个附件，可以加装在气相色谱仪或者气相色谱/质谱联用仪上。包括压力控制单元和限流器。

图 4.74 是利用检测器切换技术分析农药残留的分析条件和色谱图。

4.2.4.2　快速气相色谱技术

从填充柱到毛细管柱，GC 经历了一次革命，分离效率大为提高，分析速度也相应加快。但是，科学的追求是无止境的，生产的发展不断地推动了技术的发展。快速气相色谱(high－speed GC 或 fast GC)就是这样一种技术，从20 世纪80 年代起，国外很多学者开始研究快速 GC 且已取得了很大的进展。不少新的仪器已具备了快速 GC 的功能，岛津公司的 GC－2010 在2000 年推出时，率先将满足快速 GC 分析的指标作为标准配置。

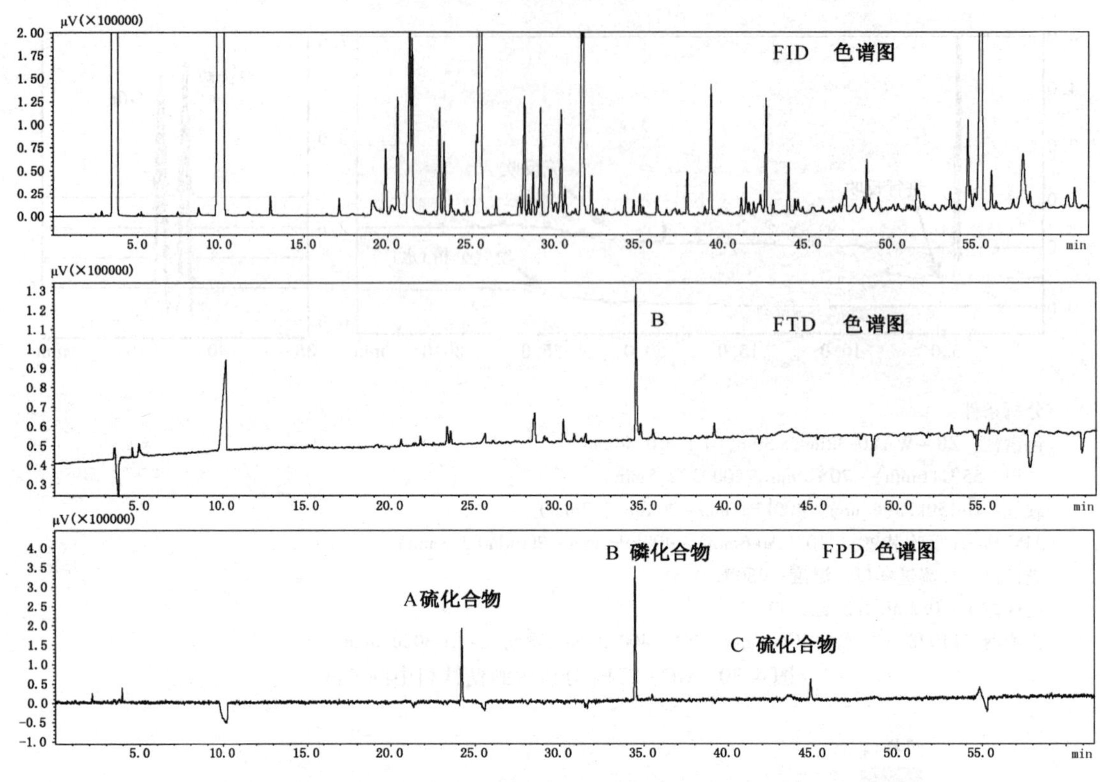

图 4.72 葡萄精油气相色谱分析图：FID/FTD/FPD

分析条件：

装置：GC－2010Plus	载气：He(柱头压 150kPa)
色谱柱：Rtx－5MS30m×0.25mm×0.25μm	载气控制：压力控制
进样口温度：250℃	ECD：300℃(1nA)，尾吹气：$N_2$60mL/min
色谱柱温度：80℃(1min)－20℃/min －180℃ －5℃/min－280℃(9min)	FPD：300℃ H_2：80mL/min Air：120mL/min
	切换压力：90kPa
进样方式：High Presser Splitless(350kPa1min)	1st 限流管(ECD)：0.5m×0.18mmI.D.
	2nd 限流管(FPD)：0.5m×0.15mmI.D.
进样时间：1min	进样量：2μL(液体样品)

顾名思义，快速 GC 就是分析速度快的 GC。但快与慢是相对的，采用普通毛细管柱分析一种五组分混合物(如苯、甲苯等)，可能用 2min 就能解决问题，但要分析更复杂的样品(如汽油)也许要几个小时。也就是说，分析速度与样品有关。所以不能简单地说分析时间 3min 是快速 GC，5min 就不是快速 GC 了。有人从不同的角度(如柱尺寸、载气压力等)定义快速 GC，但并未被普遍采用。后来又有人从峰宽的角度定义了快速 GC，这也是目前公认的比较合理的，因为它排除了样品的影响，认为分析速度等于单位时间内流出色谱峰的个数，即分析速度反比于峰宽。峰宽越小，单位时间内可容纳的峰就越多，分析时间就越短。这一定义将快速 GC 分为三类：

① 快速 GC，半峰宽 <1s；

② 极快速 GC，半峰宽 <0.1s；

③ 超快速 GC，半峰宽 <0.01s。

这就从量的概念上定义了快速 GC。

如果单纯地追求分析速度快，可以采用多种措施来实现快速 GC。但每种参数的改变都有其有利和不利的一面，所以所谓的快速 GC 是在分离度不变、甚至提高的条件下来加快分析速度。在 GC 中，色谱柱是分

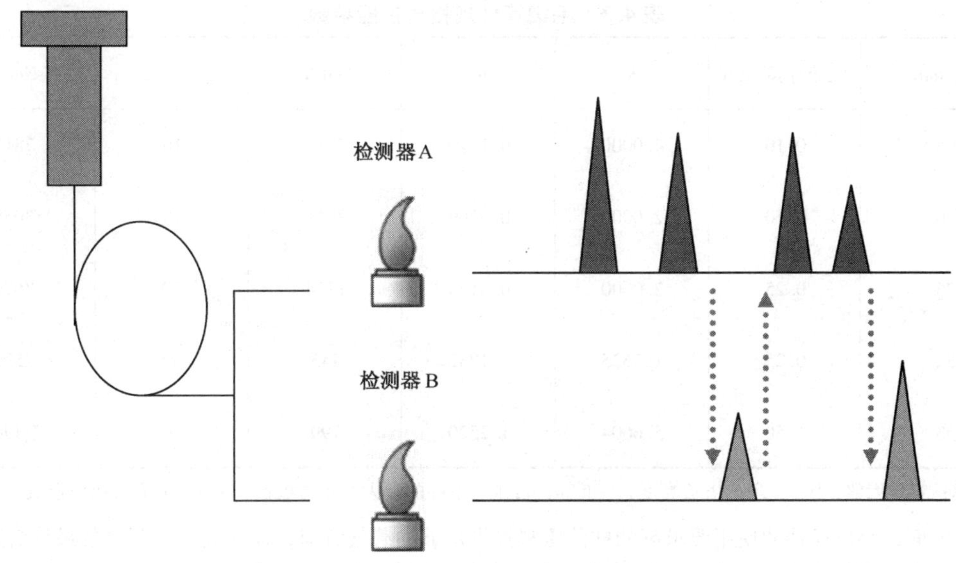

图 4.73　检测器切换分析示意图

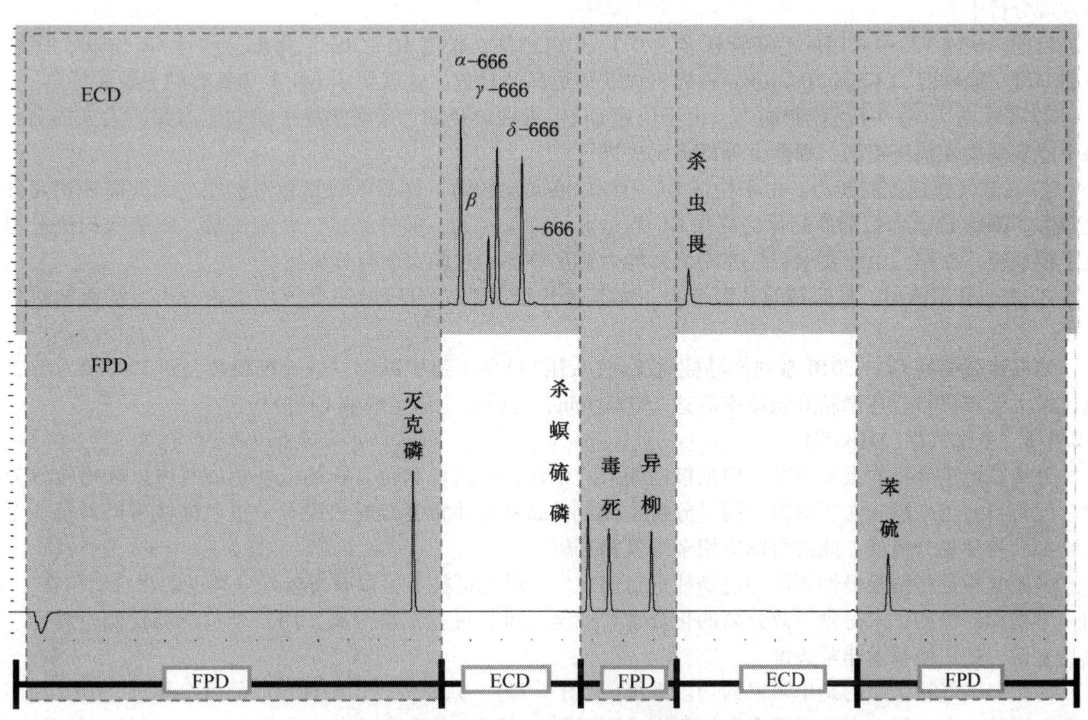

图 4.74　检测器切换技术分析农残色谱图

离的关键，因此人们都将注意力集中到与改变色谱柱特性有关的问题上。

人们从理论和实践两方面证明，高雷(Golay)方程只在低压(柱压降低于出口压力)条件下才是有效的。而在高压条件下，最佳载气流速与柱长有直接关系，即柱越短，最佳载气流速越高，使用最佳载气流速范围越宽。这就证明了使用小内径毛细管的可行性。

表 4.3 的实验数据，显示不同内径的毛细管柱在柱长不同的情况下，可以达到的柱效能力。比如，10m 长度的 0.1mm 内径的毛细管柱，其柱效与 30m 长度的 0.25mm 内径的毛细管柱相当。这样就可以采用较短的色谱柱保持分离度不变。

表4.3 毛细管柱规格与性能参数

内径/mm	液膜厚度/μm	K	Heff	Neff/m	柱长/m	Neff/m
0.05	0.10	4.0000	0.1279	7819	10	78188
0.10	0.10	2.0000	0.3269	3059	10	30589
0.25	0.25	2.0000	0.8173	1224	30	36707
0.32	0.25	1.5625	1.1832	845	30	25355
0.53	1.50	5.6604	1.2520	799	30	23962

注：*K*：容量因数；Heff：理论塔板高度；Neff/m：每米毛细柱的最大有效塔板数；Neff：最大有效塔板数。

另一方面，小口径柱的使用要求高的柱前压来提供足够的载气流速，而在高压下载气的最佳流速更大，这正符合快速分析的要求。于是仪器制造厂商对仪器做了改进，提高了柱前压的上限，增大了可控制的分流比，增大了柱箱程序升温速率，并推出了小至0.05mm内径的毛细管柱，从而把快速GC从研究领域推广到常规分析中去。

目前，快速GC中采用的毛细管柱多为0.1mm内径柱，长度10~20m。为配合快速GC分析，固定相液膜厚度一般较薄，不超过0.2μm。这样可以获得更高的柱效。这就要求GC本身具有以下硬件特点：

① 高柱前压(柱头压)控制能力。由于快速GC毛细柱口径细，所需的柱子前端压力相应大大提高，如果不能实现高柱前压控制，则整个分析将无法进行。

② 高载气流速控制能力。由于快速GC毛细柱液膜比较薄，样品承载量相对较小，因此需使用高分流比(超过1000:1)。而目前商品化的高端GC均是电子流量控制，即柱流量、分流流量、隔垫吹扫流量均由电子模块统一控制，因此要求载气控制的总能力要足够高，才能实现高分流比。

③ 快速升温能力。柱温箱的升温能力，尤其是快速升温能力可以使分析物快速流出，从而加快分析速度。

如岛津公司的GC-2010系列产品柱前压(柱头压)最高达到970kPa，载气控制最大到1200mL/min，分流比最大到9999:1，柱温箱升温速率高达250℃/min，可以完全满足快速GC分析。

4.2.4.3 多维气相(MDGC)

分离是色谱分析的重要环节，根据极性相似的原理，色谱柱和化合物的极性相似时可以获得较好分离度。但是目前越来越倾向于多组分同时分析，或者样品基质非常复杂时，没有一根色谱柱可以对每一个化合物都获得理想分离度，此时可以应用多维气相分析。

多维气相是将两根极性不同的色谱柱进行串联，一维色谱柱上可以获得较好分离度的化合物留在一维，用一维检测器检测；未得到有效分离的化合物切换至二维，进行二次分离，用二维检测器检测。对于二维气相来说，柱切换技术非常关键。

传统二维气相采用的是单阻尼的切割系统(见图4.75)，只要进行切割保留时间就会飘移，究其原因是由于色谱柱1出口压力在待机模式和切割模式下不同；MDGC多重切割技术采用的是双阻尼的切割系统(见图4.76)，色谱柱1出口压力在待机模式和切割模式下始终保持不变，可以任意切割而保留时间固定不变，具有明显优势(见图4.77)。

MDGC可以是单柱箱系统也可以是双柱箱系统。双柱箱系统更具优势。因为单柱箱系统中二维色谱柱温度是一样的，色谱柱2的柱温程序无法优化，而双柱箱系统两根色谱柱柱温可以进行独立优化，有效提高分离能力。

MDGC具备卓越的分离能力，适合多组分同时分析，可以把含量极低的物质从基质中分离出来，尤其适合复杂化合物的分析。岛津公司的MDGC/GCMS的配置见图4.78。利用MDGC分析实例色谱图数据(见图4.79)看出，具有卓越的保留时间重现性。

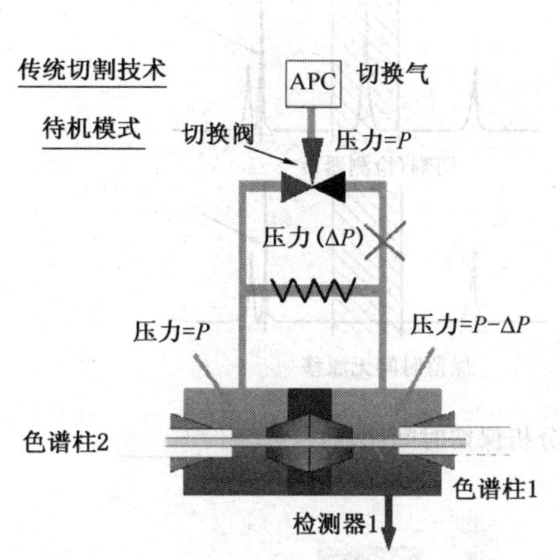

色谱柱 1 出口压力 = $P-\Delta P$；
色谱柱 2 入口压力 = P
色谱柱 1 出口压力 < 色谱柱 2 入口压力，
样品通过色谱柱 1，进行分离，由检测器 1 检测

色谱柱 1 出口压力 = P；
色谱柱 2 入口压力 = $P-\Delta P$
色谱柱 1 出口压力 > 色谱柱 2 入口压力，
样品通过色谱柱 2，进行分离，由检测器 2 检测

图 4.75 单阻尼的待机和切割模式示意图

其中：P—由 APC 给出；ΔP—阻尼；×—断路

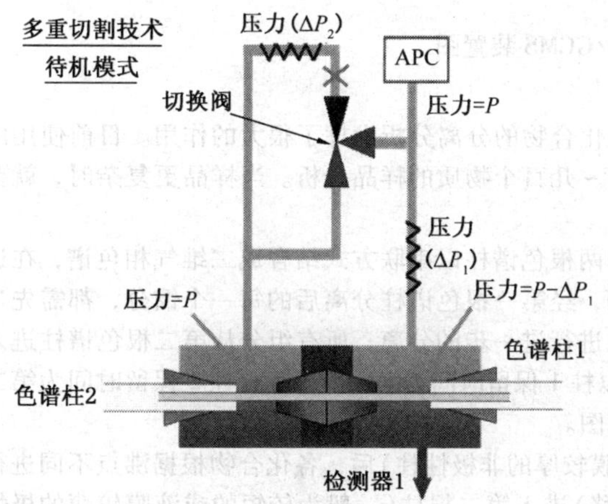

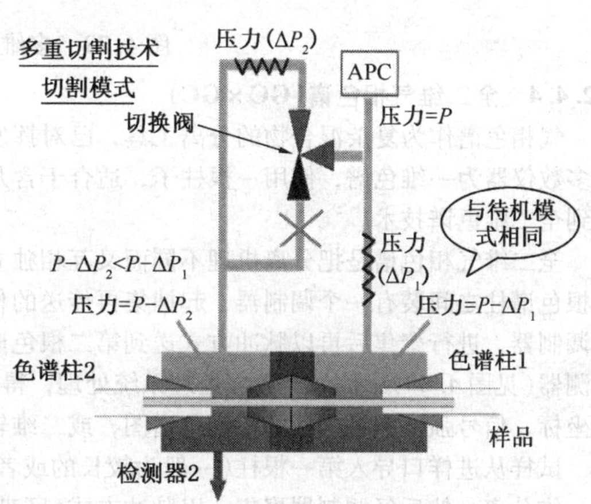

色谱柱 1 出口压力 = $P-\Delta P_1$
色谱柱 2 入口压力 = P
色谱柱 1 出口压力 < 色谱柱 2 入口压力，
样品通过色谱柱 1 进行分离，由检测器 1 检测

色谱柱 1 出口压力 = $P-\Delta P_1$
色谱柱 2 入口压力 = $P-\Delta P_2$
色谱柱 1 出口压力 > 色谱柱 2 入口压力，
样品通过色谱柱 2 进行分离，由检测器 2 检测

图 4.76 双阻尼的待机和切割模式示意图

其中：P—由 APC 给出；ΔP_1，ΔP_2—阻尼；$\Delta P_1 < \Delta P_2$；×—断路

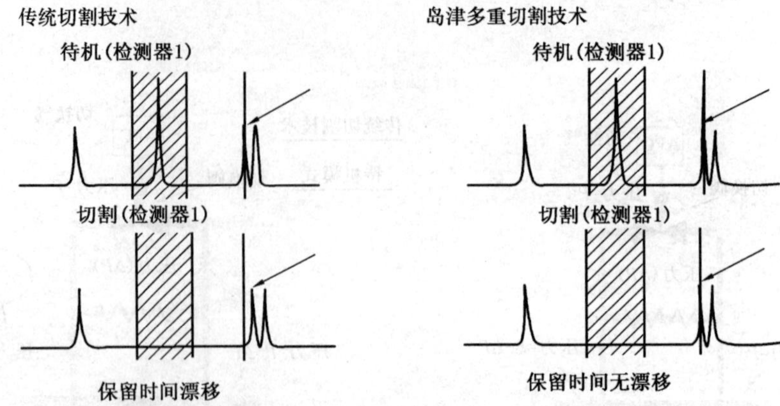

图 4.77 多维气相切割技术分析保留时间比较

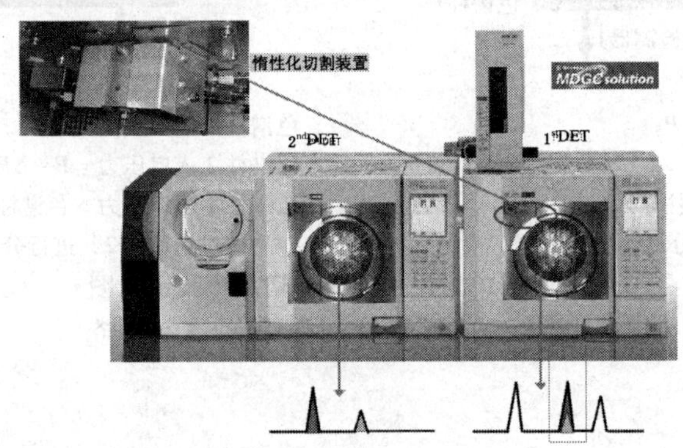

图 4.78 多维 GC/GCMS 装置图

4.2.4.4 全二维气相色谱(GC×GC)

气相色谱作为复杂混合物的分离工具，已对挥发性化合物的分离分析发挥了很大的作用。目前使用的大多数仪器为一维色谱，使用一根柱子，适合于含几十～几百个物质的样品分析。当样品更复杂时，就要用到全二维色谱技术。

全二维气相色谱是把分离机理不同而又互相独立的两根色谱柱以串联方式结合成二维气相色谱，在这两根色谱柱之间装有一个调制器，起捕集再传送的作用，经第一根色谱柱分离后的每一个馏分，都需先进入调制器，进行聚焦后再以脉冲方式送到第二根色谱柱进行进一步的分离，所有组分从第二根色谱柱进入检测器(见图 4.80)，信号经数据处理系统处理，得到以柱 1 保留时间为第一横坐标，柱 2 保留时间为第二横坐标，信号强度为纵坐标的三维色谱图，或二维轮廓图。

试样从进样口导入第一根柱(一般为较长的或者液膜较厚的非极性柱)后，各化合物根据沸点不同进行第一维分离，然后经调制器聚焦，以脉冲方式(区带转移)进入第二根柱(一般为较短的或液膜较薄的极性柱或中等极性柱)，第一根柱中因沸点相近而未分离的化合物再根据极性大小不同进行第二维分离，检测器检测到的响应信号经数据采集软件处理后，得到三维色谱图(两个横坐标分别代表第一根柱和第二根柱的保留时间，纵坐标则表示检测器的信号强度)，或者是二维轮廓图。根据三维色谱图或二维轮廓图中色谱峰的位置和峰面积，得到各组分的定性和定量信息，因调制器对第一根柱流出物具有聚焦作用，而且调制器的脉冲周期很短，故不会造成第二维谱带的扩宽，保持了第一维分离原有的分辨率。通常，第二根柱的柱长比第一根柱短很多，固定相的厚度也不如第一根柱，因而第二根柱分离速度比第一根柱快得多，这保证了在较短的脉冲周期内完成第二维分离，不会导致前后两次脉冲流出的组分相互交叉或重叠。

GC×GC 的正交分离是通过线性程序升温的方法和固定相极性的改变两者共同作用而实现的。仅仅依靠两维固定相极性的改变是不能保证两维完全不相关的，因为在恒温条件下，在非极性柱上保留强的物质在极性柱上也会保留强，高沸点的物质在第一维和第二维出峰都晚，而低沸点物质则都早。如果结合使用

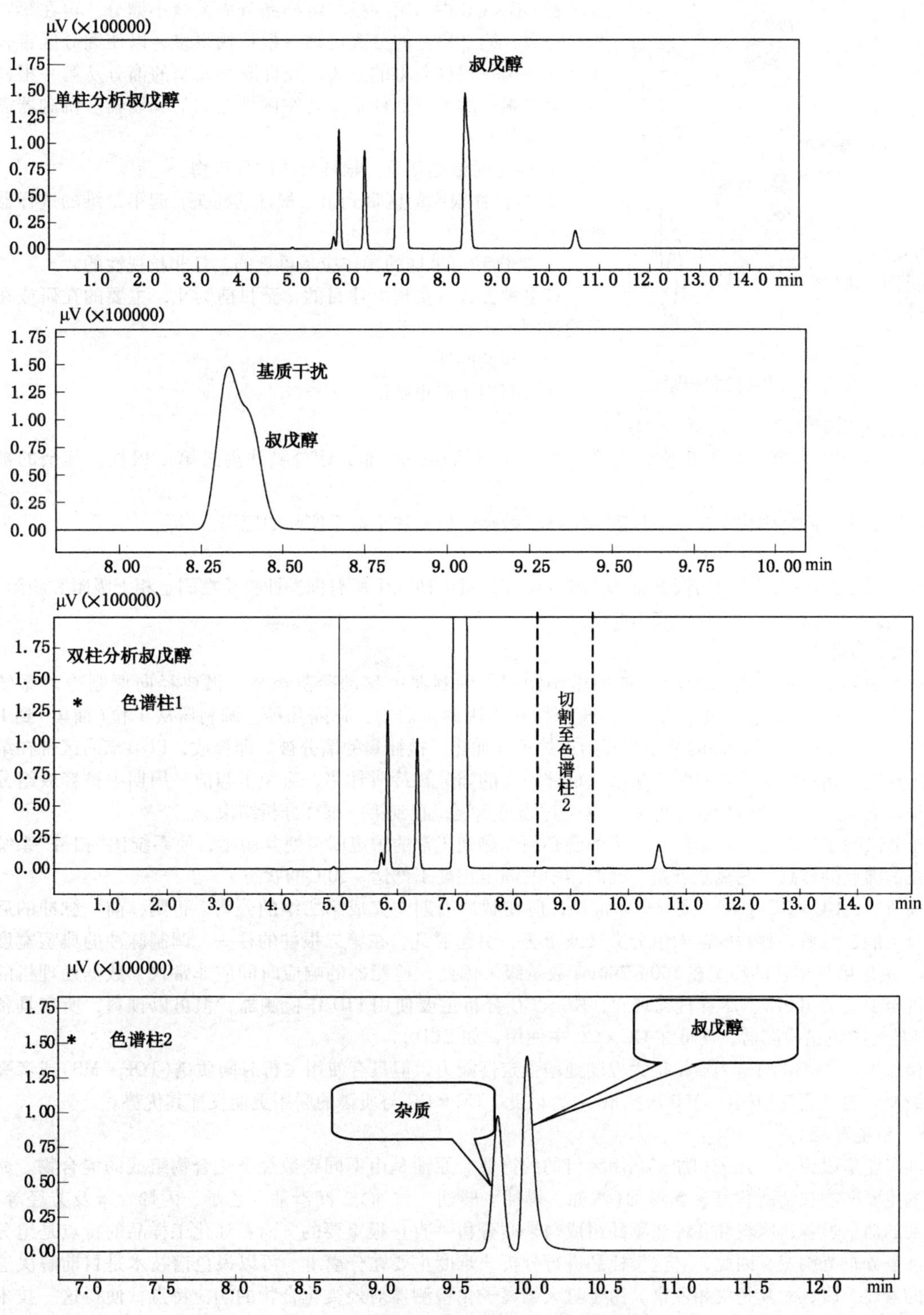

图 4.79　岛津 MDGC 分析色谱图

线性程序升温的方法，那么高沸点物质相对于低沸点的同类化合物进入第二柱晚但得到了温度补偿，沸点越高温度补偿越大，这样就可以消除两维相关，实现真正的正交分离，同时充分利用了 GC×GC 的二维分离空间。

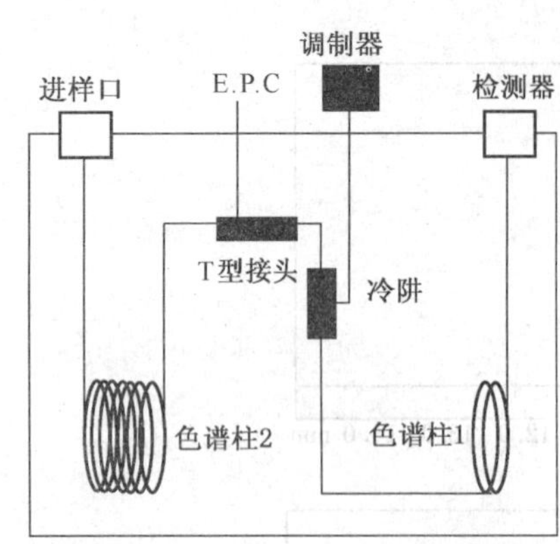

图4.80 全二维气相色谱流程图

在GC×GC中，第一根柱将样品分成大量小馏分，再在第二根柱分离，第二根柱的分离比第一根柱快得多，以使馏分区带较窄并保持第一根柱获得的分离。允许既小又窄的馏分从第一根柱进入第二根柱的关键部件是安装在两柱之间的调制器。调制器需满足的条件是：

① 能定时浓缩从第一根柱流出的分析物；

② 能转移很窄的区带到第二根柱的柱头，起第二维的进样器的作用；

③ 聚焦和再进样的操作应是再现的，且非歧视性的。

有多种方式可实现上述目的，至目前为止，主要的在研或在用的调制方式有以下几类。

（1）阀调制器

此法有两个严重缺陷：

① 需要很高载气流速通过第二根柱。

② 样品中的大多数含量被放空，从第一根柱流出的仅一小部分馏分被注射进第二根柱，其余的被废弃。

尽管它已用于研究用化学计量学处理GC×GC数据，但此法不适于实际的应用。

（2）热调制器

这是在气相色谱中最常用的调制技术。改变温度，可以使几乎所有挥发性物质在固定相上吸附和脱附，主要缺点是调制器温度必须比炉温高100℃。

（3）冷阱调制器

与热调制器不一样，冷阱系统也被用做调制器。调制器由移动冷阱组成，做成径向调制冷阱系统（LMCS）。第一根柱的谱带以很窄的区带宽度保留在冷阱调制器中，每隔几秒，调制器从T位（捕集）到R位（释放）。在R位，由于冷却的毛细管开始由炉子气加热，被捕集的馏分被立即释放，以很窄的区带在第二根柱的柱头开始色谱分析，同时，从第一根柱流出的馏分被冷阱捕集，避免了与前一周期中被释放组分在第二根柱的重叠。几秒（调制时间）后，这个过程将重复，直到第一根柱分析结束。

这个方法的主要好处是调制器中的毛细管必须加热到正常的炉温即可使其脱附，使系统比"扫帚"系统能处理更高沸点的样品。明显缺点是：调制器中的固定相处于低达-50℃的状态。

如前所述，GC×GC中第二维分离非常快，应在脉冲周期内完成第二维的分离，否则，前一脉冲的后流出组分可能会与后一脉冲的前面组分交叉或重叠，引起混乱。在第二根柱的柱头，调制脉冲的典型宽度为60ms。流出第二根柱的峰宽在100～200ms数量级。因此，检测器的响应时间应非常快，数据处理机的采集速度至少应是100Hz。尽管直到现在，GC×GC分析主要使用FID作检测器，但可以预料，所有具备FID特征的气相色谱检测器，均可在GC×GC中使用，如ECD。

质谱作为GC×GC的检测器将很大程度地增强定性能力，但只有使用飞行时间质谱（TOF-MS）或者高速单四级质谱能以高速扫描（≥100次扫描/s），因此，GC×GC与质谱的联用更能发挥其优势。

4.2.4.5 系统气相

石油工业是以原油的开采和加工利用为目的的行业。原油是由不同碳数烃类化合物组成的混合物。原油加工的主要产物包括液化气、燃料油（汽油、煤油、柴油、重油）、润滑油和乙烯、丙烯、苯及芳烃等。伴随原油的加工过程，原料和各种产物的组成与杂质分析一直是很重要的。而石油化工样品的特点是组分复杂，沸点分布范围宽。因此，对这类样品进行分析，难度主要在分离上，可以说色谱技术是目前解决这类应用的最佳手段，尤其是气相色谱，由于氢火焰离子化检测器对烃类化合物的响应特点，使得这一技术在石化分析中有很广泛的应用范围。目前，以标准化专用色谱柱和多维色谱切换技术为基础，针对行业特定应用需求（标准方法）开发的各种专用气相色谱分析系统和应用包，已得到了越来越多应用人员和专家的认同。

石化应用分析最为常见系统有：汽油中苯和甲苯SH/T 0713（ASTM D3606 GB17930）；汽油中含氧化合物SH/T 0663（ASTM D4815）；汽油中苯和甲苯和总芳烃SH/T 0693（ASTM D5580）；天然气全组分分析

ASTM D1945；天然气中微量硫化物分析 UOP 791；炼厂气分析系统；水煤气分析系统、高炉煤气分析系统、焦炉气分析系统；燃料乙醇分析系统；气体中微量 CO、CO_2 分析系统；高纯气体分析(PDD)等。

岛津系统气相色谱仪(System GC)是根据用户分析目的定制的专用色谱，通过选择阀及色谱柱的最佳组合方式，达到高速、简单的分析目的。具有独特的阀箱用于容纳切换阀以保证气相分析的准确度、精确度和系统的灵活性．并且气体取样，预切割，中心切割及反吹系统可在阀箱里轻松设计。其装置见图 4. 81。

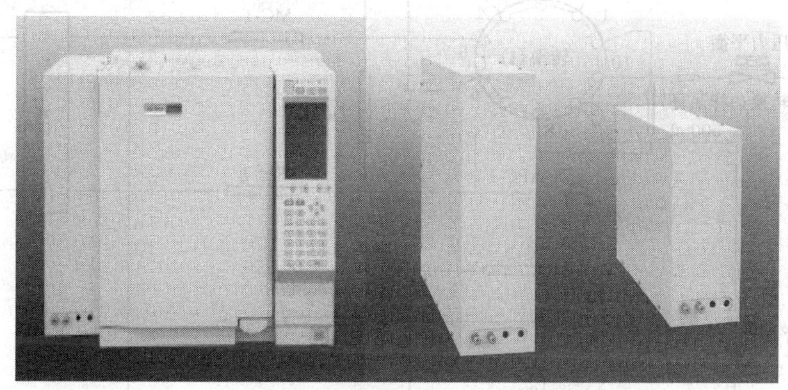

图 4. 81　System GC 及阀箱(全规格 & 半规格)

(1)城市燃气分析系统(燃气分析系统，含 He/H_2分析)

此方法为城市燃气中的 He，H_2，O_2，N_2，CO，CO_2 以及 C_1 到 C_3 提供了定性及定量分析。流程见图 4. 82。固定体积的样品导入气相色谱仪，样品中各单独组分分别被两个 TCD 检测。系统包括 3 个自动阀，两个 TCD 检测器。其中 He/H_2 由 MS－5A 分离，与其他的组分一起被吹出，并于用 N_2 做载气的那一个 TCD 检测出。TCD－1 检测色谱图见图 4. 83，TCD－2 检测色谱图见图 4. 84。

GC-Solution 色谱工作软件包括了气相色谱控制的实时控制、自动操作及数据处理。

(2) 汽油分析系统　(苯，甲苯分析系统)

准确的将内标物如 MEK(甲基乙基酮)加入汽油样品中，然后将样品注入装有两个柱子和一个柱切换阀的气相色谱仪。流程见图 4. 85。样品首先通过非极性预柱(OV－1)，根据其沸点分离组分，当异辛烷洗涤出后，阀反吹出沸点高于异辛烷的部分，将其释放于大气中。异辛烷及轻组分直接进入极性分析柱，苯和甲苯通过极性分析柱分离并由 TCD 检测。结果见图 4. 86。

4. 2. 4. 6　气相色谱联用技术

众所周知，气相色谱可以作为物质分离和定量分析的有效手段，但在未知物的结构鉴定方面始终存在困难，仅靠保留指数定性未知物或未知组分非常不可靠。而随着一些定性和鉴定结构的分析手段——质谱、红外光谱、紫外光谱、原子吸收光谱、等离子体发射光谱、核磁共振波谱等技术的发展，确定一个纯组分是什么化合物，其结构如何已是比较容易的事。而这些技术往往只适用于纯化合物，对混合物常常无能为力。将色谱技术的高效分离及定量检测能力与质谱等结构鉴定能力结合在一起，用于复杂试样分析，这种气相色谱联用技术无疑是一种具有很高使用价值的分离鉴定手段。

(1) 气相色谱－质谱(GC－MS)联用技术

气质联用仪是分析仪器中较早实现联用技术的仪器。自 1957 年霍姆斯和莫雷尔首次实现气相色谱和质谱联用以后，这一技术得到长足的发展。在所有联用技术中气质联用，即 GC－MS 发展最完善，应用最广泛。目前从事有机物分析的实验室几乎都把 GC－MS 作为主要的定性确认手段之一，在很多情况下又用 GC－MS进行定量分析。另一方面，目前市售的有机质谱仪，不论是磁质谱、四极杆质谱、离子阱质谱，还是飞行时间质谱、傅里叶变换质谱等均能和气相色谱联用。GC－MS 逐步成为分析复杂混合物最为有效的手段之一。本书第 6 章将对包括气质联用仪在内的色谱－质谱联用技术做详细的介绍。

(2) 气相色谱－傅立叶红外检测联用技术

色谱－红外光谱联用技术最初出现在 20 世纪 50 年代末，采用的是色谱分馏捕集技术。即将色谱馏分低温冷凝在红外光谱仪的窗片上，或用冷阱冷凝，再用微量转移技术将馏分转移至微量吸收池中，然后再经红外光谱仪检测。这种方法既费时又易玷污样品。而且色散型红外光谱仪因扫描速度慢、灵敏度低等不

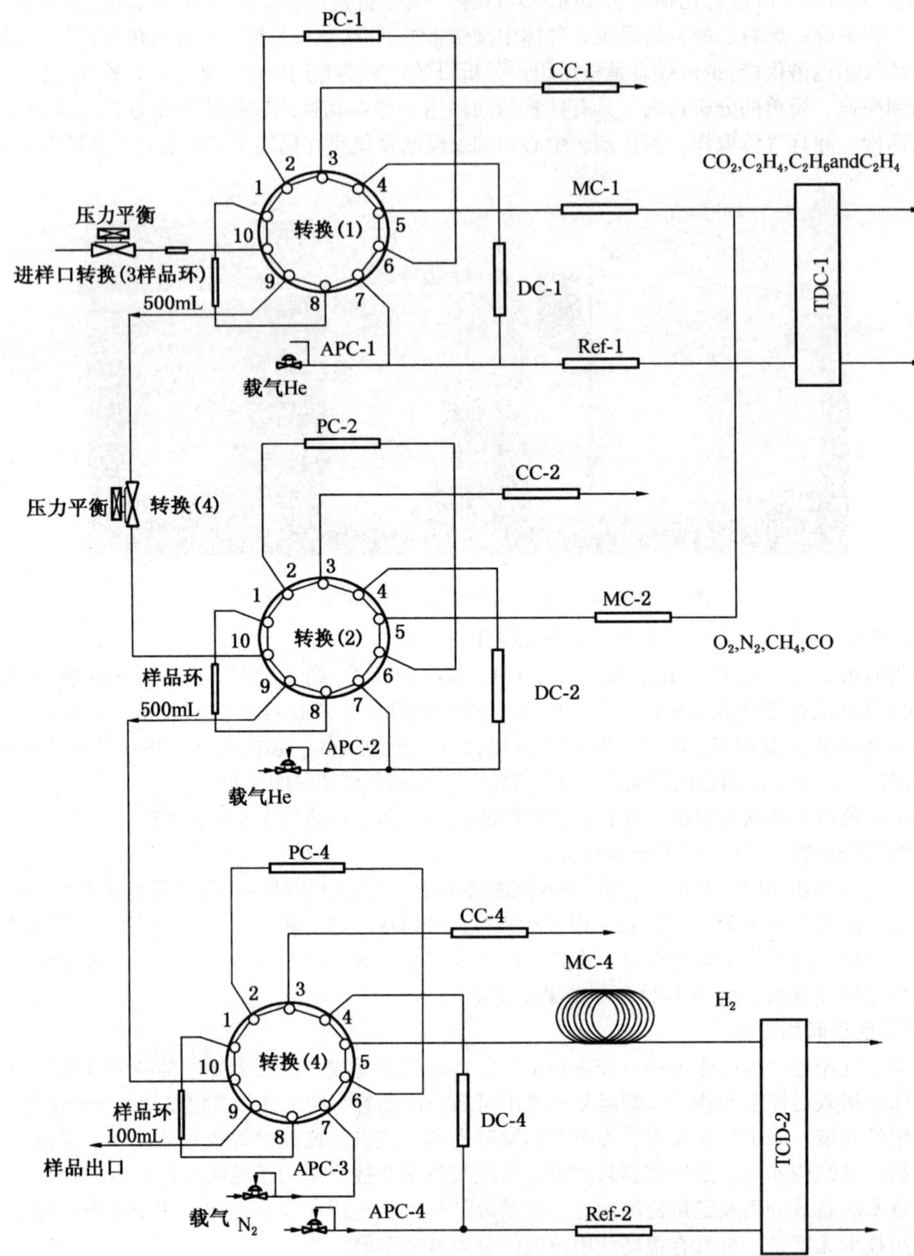

图 4.82 燃气分析系统含 He/H_2分析流程图

足，难以做到同步跟踪扫描，也难以胜任微量组分的检测。干涉型傅立叶变换红外光谱仪的出现为色谱－红外光谱联用创造了条件，随着接口技术的不断创新与完善，GC－FTIR 联用技术也随之不断发展。早期商品仪器为填充柱 GC－FTIR 系统，20 世纪 80 年代初，商用毛细管 GC－FTIR 仪问世，随后逐渐取代了早期的填充柱 GC－FTIR 仪器。毛细管 GC－FTIR 仪器优越的分离检测特性被广泛用于科研、化工、环保、医药等领域，成为有机混合物分析的重要手段之一。

GC－FTIR 联用系统由以下几个单元组成：

① 气相色谱单元，对试样进行气相色谱分离；

② 联机接口，GC 馏分在此检测；

③ 傅立叶变换红外光谱仪，同步跟踪扫描、检测 GC 各馏分；

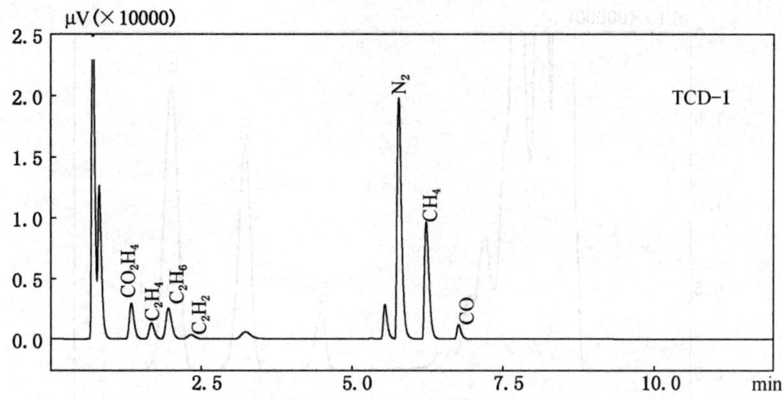

图4.83 燃气分析系统含He/H_2分析TCD-1色谱图

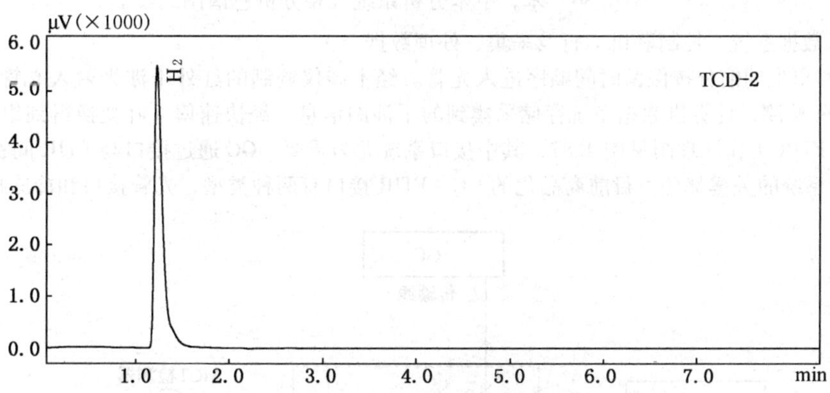

图4.84 燃气分析系统含He/H_2分析TCD-2色谱图

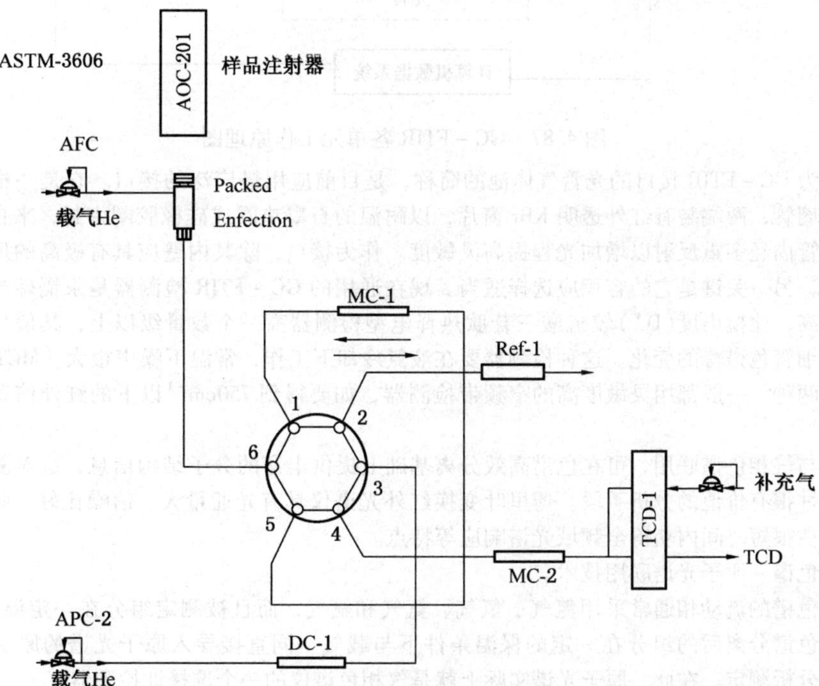

图4.85 苯，甲苯分析系统气相分析流路图

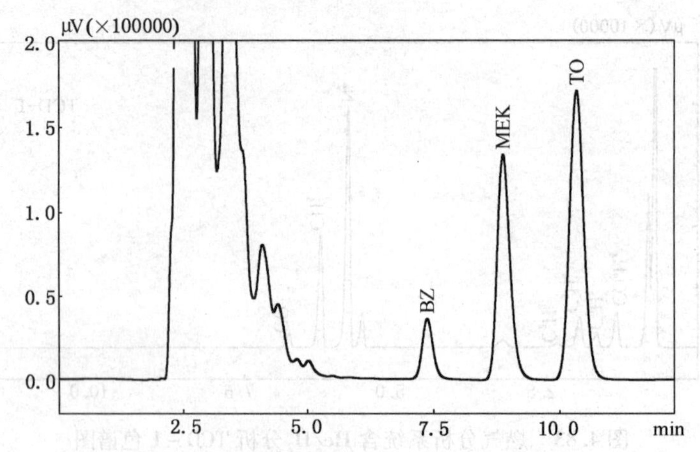

图4.86 苯，甲苯分析系统气相分析色谱图

④ 计算机数据系统，控制联机运行及采集、处理数据。

从GC分离出来的馏分按保留时间顺序进入光管。经干涉仪调制的红外干涉光射入光管，然后聚焦至检测器进行红外检测，计算机数据系统存储采集到的干涉图信息，经快速傅立叶变换得到组分的气相红外光谱图。GC－FTIR工作原理图见图4.87，其中接口系统尤为重要。GC通过接口与FTIR间在线联机检测，"接口"是联用系统的关键部分，目前商品化的GC－FTIR接口有两种类型，光管接口和冷冻捕集接口。

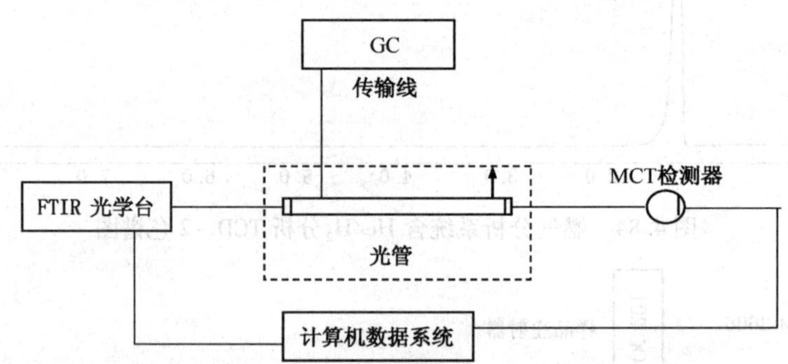

图4.87 GC－FTIR各单元工作原理图

光管是作为GC－FTIR接口的光管气体池的简称，是目前应用最广泛的接口。它是一根能加热的内壁镀金的硼硅玻璃管，两端装有红外透明KBr窗片，以耐温的石墨垫圈或硅橡胶圈密封，来自干涉仪的红外干涉光束在光管内经多重反射以增加光程提高灵敏度。作为接口，除其内壁应具有极高的反射率、尽可能小的死体积外，另一关键是它的容积应选择适当。现在通用的GC－FTIR检测器是汞镉碲光导检测器，其特点是灵敏度高，比检出度(D^*)较硫酸三苷肽热释电型检测器高一个数量级以上，其信号响应快，足以跟上最快的毛细管色谱峰的变化。这种检测器要在液氮冷却下工作，常温下噪声很大。MCT检测器分为宽频带和窄频带两种。一般都用灵敏度高的窄频带检测器，如要得到750cm^{-1}以下的红外信息则需用宽频带检测器。

红外光谱与气相色谱联用，可在色谱高效分离基础上提供丰富的分子结构信息，这对复杂试样的分离鉴定无疑是一种很有价值的分析手段。傅里叶变换红外光谱仪具有光通量大、信噪比好、频率精度高、扫描速度快，能在很短时间内获得全频域光谱响应等特点。

(3) 气相色谱－原子光谱联用技术。

由于气相色谱的流动相通常采用氮气、氢气、氦气和氩气，而且被测定组分在一定温度下也呈气态，故可以将气相色谱分离后的组分在一定的保温条件下与载气一同直接导入原子光谱的原子化器进行原子化，直接进行分析测定。在此，原子光谱实际上就是气相色谱仪的一个选择性检测器。

1) 气相色谱－火焰原子吸收光谱仪(GC－FAAS)联用

GC - FAAS 是由气相色谱分离后的组分要通过有加热装置的传输线直接导入火焰原子吸收光谱仪的原子化器。图 4.88 是用来测定人体体液中二甲基汞横如氯化甲基汞 GC - FAAS 联用装置的示意图。由于测定的是烷基汞，故为避免汞在高温下与金属产生汞齐，采用聚四氟乙烯管作为传输线。作为气相色谱和火焰原子吸收光谱仪之间的传输线还可以用不锈钢或石英材料制成，可根据所测样品的不同，所需保温的情况不同，来选用不同的传输线，传输线的死体积要尽可能小。

2）气相色谱 - 等离子体原子发射光谱仪（GC - ICP - AES）联用

与 GC - FAAS 联用相似，GC - ICP - AES 也可以通过加热的传输线，将气相色谱分离后的组分连同载气一起直接导入等离子体原子发射光谱仪中，如图 4.89 所示。

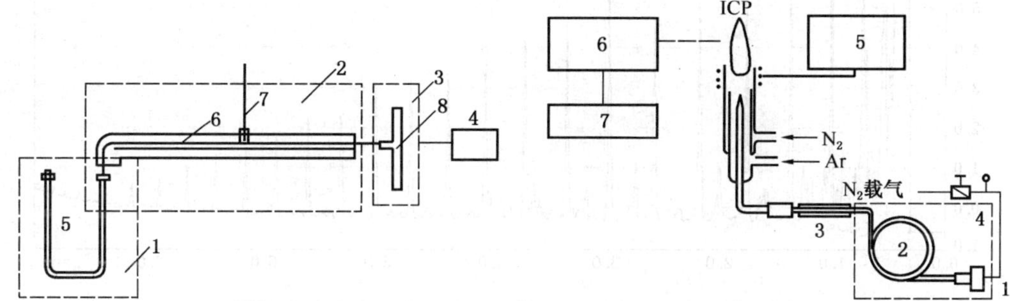

图 4.88　GC - FAAS 联用示意图
1—GC 部分；2—转移线部分；3—FAAS 部分；
4—记录仪；5—色谱柱；6—保温层；
7—温度计；8—原子化器

图 4.89　GC - ICP - AES 联用装置示意图
1—进样口；2—色谱柱；3—加热绕组；
4—柱箱；5—高频发生器；
6—光谱仪；7—记录仪

由于 ICP - AES 除了可测定金属外，还可以用来测定有机分子中所含的 C、H、O、S、N、P、F、Cl、Br、I、Si 和 B 等非金属元素，而且无论何种有机分子，在 ICP 放电中均可以完全离解为自由原子系列，而相应的响应几乎不受分子结构的影响，这样就可以使用 GC - ICP - AES 确定流出物的经验式。

4.3　气相色谱技术在各个领域中的应用

4.3.1　在石油分析中的应用

一、快速气相色谱法分析原油、轻油全烃分布

原油和轻质油用气相色谱法分析，可以得到按碳数或沸程分布曲线和正异构烷烃相对含量。常规原油全烃分布分析采用 25m × 0.25mm 毛细管柱完成，由于 C_3 ~ C_{40} 烷烃沸点范围大，分析时间需 80min。这里介绍一种快速气相色谱方法，用 12m 细内径毛细管柱分析时间为 8min，用 20m100μm 细内径柱，可以得到更详细异构烃信息，分析时间仅为 15min。

实验条件：

仪器：

岛津 GC - 2010 气相色谱仪，FID 检测器，GCsolution 色谱工作站

色谱条件：

细内径毛细柱：A 柱：12m × 100μm × 0.1μmOV - 1 柱

B 柱：20m × 100μm × 0.1μmOV - 1 柱

载气：高纯氦、柱前压：A 柱：340kPa B 柱：680kPa

柱温：A 柱：50℃（1min）- 50℃/min - 320℃（5min）

B 柱：50℃（1min）- 30℃/min - 320℃（5min）

进样口：320℃，检测器：320℃

进样量：0.2μL，分流比：600 : 1

样品：1#原油，2#轻质油，3#C_8 ~ C_{38} 烷烃混合标样

原油直接进样，采用进 3#正构烷标样，利用正构烷程序升温保留规律（碳数与保留时间线性关系）相结合定性，峰面积归一化法定量。

用 12m × 100μm OV－1 柱快速分析原油，柱前压 340kPa，升温速率 50℃/min，可以在 8min 完成原油全烃分布分析，见图 4.90。

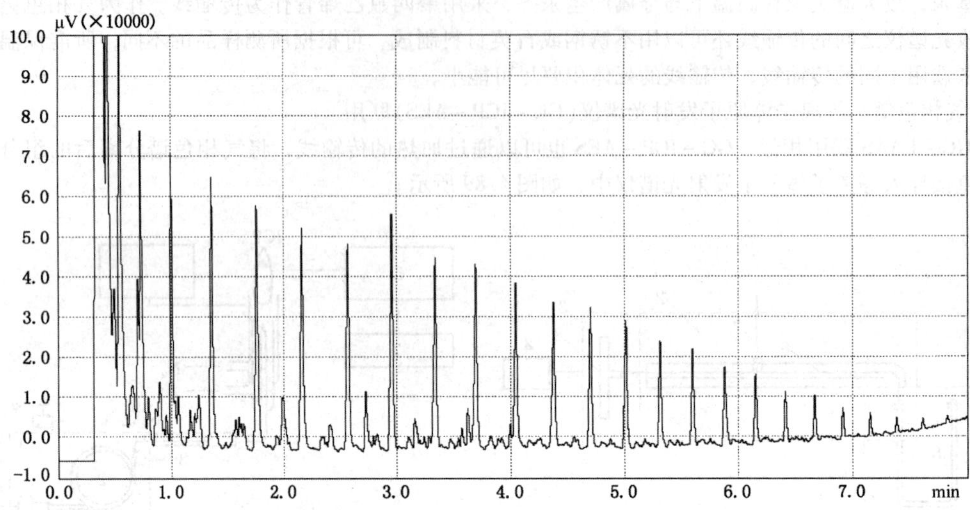

图 4.90　12m × 100μm OV－1 柱分析原油全烃色谱图

用 20m × 100μm OV－1 柱快速分析原油，柱前压 680kPa，升温速率 30℃/min，在 15min 完成原油全烃分析，对生物标记物等异构烷有更详细分离，见图 4.91。

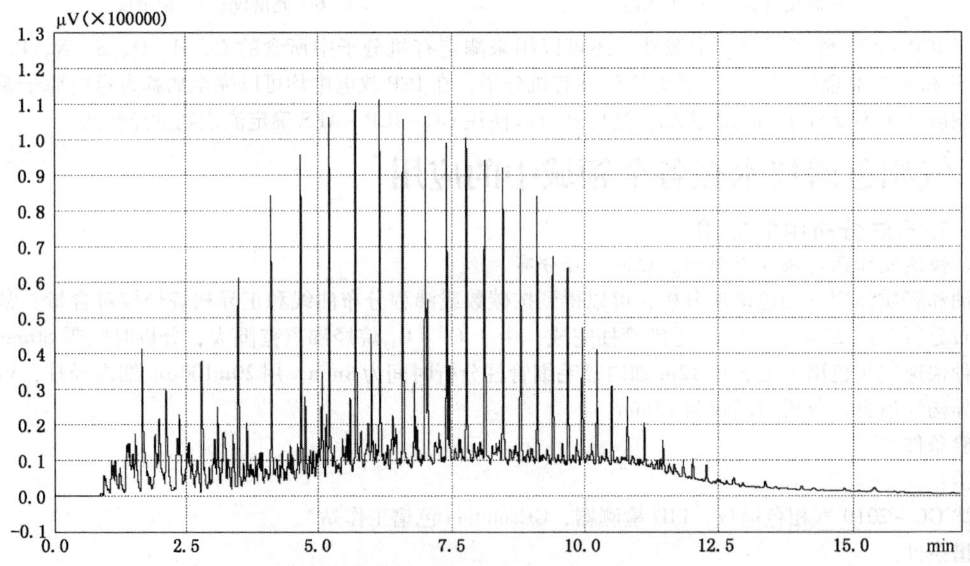

图 4.91　20m × 100μm OV－1 柱分析原油全烃色谱图

由分析结果可以看出，采用 12～20m 细内径 100μm 石英毛细柱，30～50℃/min 快速程序升温与 300～700kPa 柱前压快速分析原油与轻质油全烃分布，分析时间缩短 5～10 倍，并可以得到更详尽异构烷信息。

二、PONA 分析法测定车用乙醇汽油调和组分油芳烃含量

芳烃含量是影响汽油调和方案的关键因素，也是车用乙醇汽油调和组分油产品的重要技术指标。PONA 分析法可以给出汽油产品的烷烃、环烷烃、烯烃、芳烃族组成，是汽油单体烃族组成的重要分析手段。毛细管气相色谱的 PONA 分析，采用高理论塔板数的非极性化学键合型熔融石英毛细管色谱柱，将碳氢混合物分离成单个色谱峰。采用程序升温保留指数进行定性，给出单体烃分析结果，随后按碳数(3～13)烃族给出族组成分析报告。定量方法为面积归一化法。由于烃类在 FID 检测器上的相对重量校正因子近似相等，

所以面积百分数接近重量百分数，芳香族比其他类化合物的检测灵敏度高一些。

实验条件：

仪器：

岛津 GC－2010 气相色谱仪，FID 检测器，GC－2010PONA 分析软件

色谱条件：

色谱柱：PONA 色谱柱(50m×0.2mm，0.5μm)

柱温：35℃(15min)－2℃/min－180℃(7min)

进样口温度：250℃

检测器温度：300℃

柱流量：0.4mL/min

氮气流量：30mL/min，氢气流量：50mL/min，空气流量：400mL/min，

进样量：0.2μL

分流比：50:1

通过 GC－2010PONA 分析软件，采用辽化公司裂解汽油定性数据库，将每个车用乙醇汽油调和组分油单次色谱分析数据进行定性、定量处理，车用乙醇汽油调和组分油色谱图见图 4.92，结果见表 4.4。

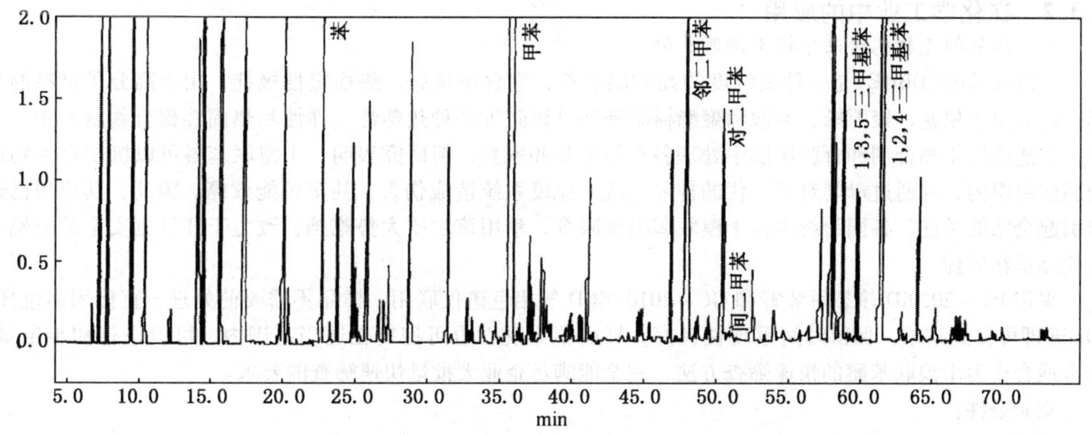

图 4.92　典型车用乙醇汽油调和组分油色谱图

表 4.4　车用乙醇汽油调和组分油 GC－2010PONA 分析软件分离及定性结果

样　　品	色谱峰数/个	PONA 分析软件定性峰数/个	定性组分含量占总含量百分数/%
1#调和油	126	96	93.77
2#调和油	128	100	94.33
3#调和油	111	90	92.18
4#调和油	125	91	95.26

用 1#调和油样品单次色谱分析数据，根据 PONA 分析软件给出的芳烃组分定性定量结果，选择含量相对较高的苯、甲苯、邻二甲苯、对二甲苯、间二甲苯、1,3,5－三甲基苯，1,2,4－三甲基苯组分分别进行标样保留时间定性，结果见表 4.5。

研究结果表明，利用 PONA 色谱柱对车用乙醇汽油和组分油进行分离，分离出 111～128 个峰，通过 GC－2010PONA 分析软件定性出 90～100 个色谱峰，定性组分含量占总含量的 92.18%～95.26%，且定性

出的主要芳烃组分色谱峰与其标样峰完全吻合。得到准确的车用乙醇汽油调和组分油芳烃含量，为汽油调和方案的制定提供了依据，验证了 PONA 分析法在调和汽油分析中的应用，拓宽了 PONA 分析技术应用范围。

表 4.5 主要芳烃组分及其色谱标样定性结果

芳烃组分	样品峰保留时间/min	色谱标样峰保留时间/min
苯	22.575	22.530
甲苯	35.763	35.712
邻二甲苯	47.754	47.722
对二甲苯	47.866	47.816
间二甲苯	50.500	50.483
1,3,5－三甲基苯	58.546	58.527
1,2,4－三甲基苯	61.215	61.206

4.3.2 在化学工业中的应用

一、热裂解气相色谱法分析十溴联苯醚

十溴联苯醚(DBDE)是一种高纯度的高效阻燃剂，它含溴量高，热稳定性极佳，用于高分子材料的阻燃，比如用于尼龙、聚丙烯、不饱和聚酯树脂和环氧树脂等各种热塑性、弹性和热固性聚合物材料中。此外，它还适用于黏合剂和背胶涂层中处理各类纺织品和家具。但研究表明，十溴联苯醚可以沉积在生物体的脂肪组织内，并通过母婴对下一代的神经系统、免疫系统造成伤害，甚至可能致癌。因此，其应用已逐步引起全球的关注。各国纷纷出台十溴联苯醚禁限令，禁用该物质大势难挡，致力于开发更安全的阻燃剂替代品迫在眉捷。

采用 PY－2020iD 热裂解装置和 GC－2010/ECD 气相色谱仪联用，样品不需要前处理，直接固体进样，20min 即可得到结果，保留时间重现性良好，峰面积重现性也可控制在适当范围内，可以进行初步定量。非常适合作为十溴联苯醚的快速筛查方法，完全能满足企业大批量快速筛查的要求。

实验条件：

仪器：

岛津 GC－2010 气相色谱仪，电子捕获检测器(ECD)，PY－2020iD 双阶热裂解仪，AS－1020E 自动进样器，GCsolution 工作站。

色谱条件：

色谱柱：UA－PBDE15m×0.25mm×0.05μm

色谱柱温度：50℃(1min)－30℃/min－340℃(2min)

进样口温度：320℃

载气：氦气

线速度：80.4cm/s

分流比：100∶1

控制方式：恒线速度

ECD 温度：345℃

电流：0.1nA

尾吹气：氮气 60mL/min

DBDE 标准品色谱图、5 次分析色谱对比图和实际样品分析色谱图分别见图 4.93、图 4.94 和图 4.95。

按本方法测定手机外壳，检出 DBDE，定量结果为 0.17%。由分析结果得出采用热裂解气相色谱法分析电气材料中的十溴联苯醚具有方便、快速的突出优点，适合于工厂大批量样品的快速筛查。

二、顶空－气相色谱质谱法检测鞋底中甲苯的含量

在制鞋行业中鞋底生产原料如苯乙烯中普遍含有甲苯，所以造成鞋产品含有甲苯，另外也有一些黏合

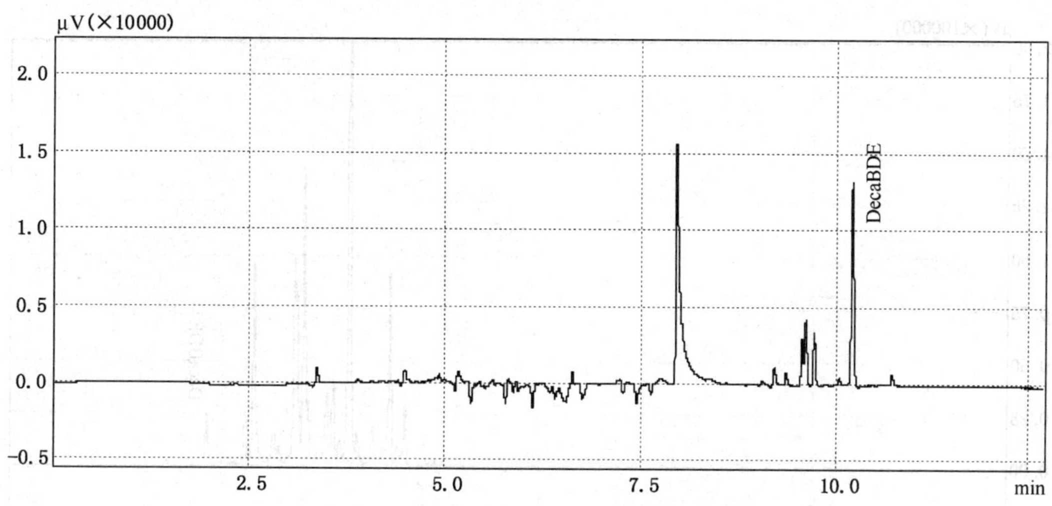

图 4.93　0.1% DBDE ABS 塑料标准品色谱图

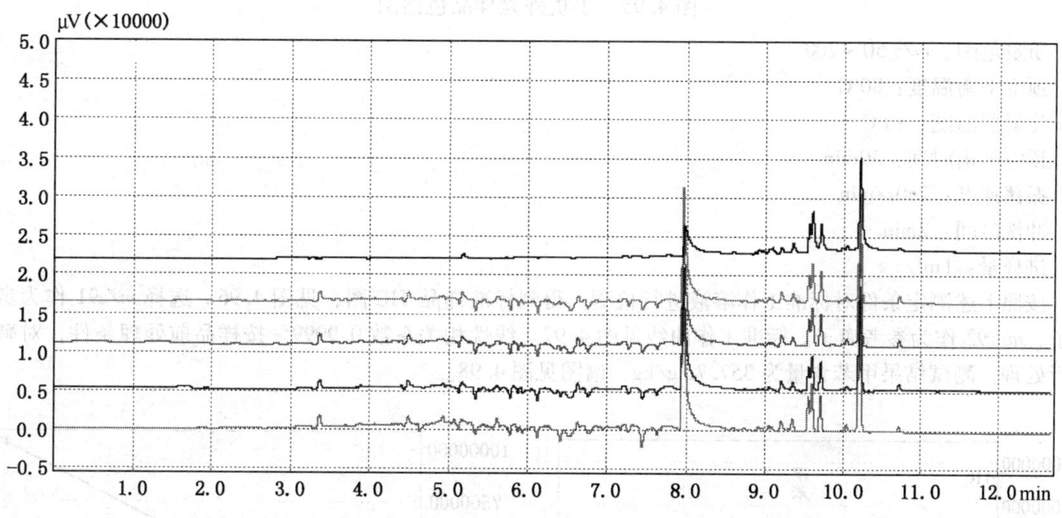

图 4.94　DBDE 5 次分析色谱对比图

剂中也有甲苯存在，对人们健康形成潜在的威胁。

鉴于此，甲苯残留量是判定产品是否合格的重要指标之一。本例采用顶空 - 气相色谱质谱法对橡胶鞋底中的甲苯进行检测。

仪器：

岛津 GCMS - QP2010Plus 气相色谱质谱仪，AOC - 5000 自动进样器，GCMSsolution 色谱工作站。

色谱条件：

色谱柱：Rtx - 5ms，30m × 0.25mm × 0.25μm

进样口温度：250℃

柱温程序：40℃(3min) - 15℃/min - 200℃(10min)

柱流量：1.0mL/min 恒线速度方式

分流比：5:1

接口温度：250℃

离子源温度：200℃

采集方式：SCAN

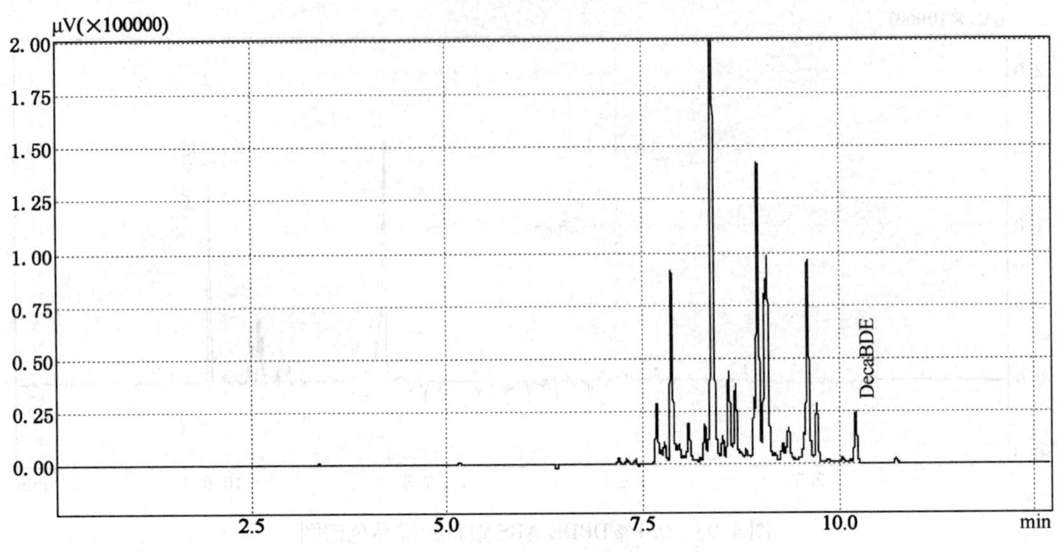

图 4.95　手机外壳样品色谱图

质量范围：*m/z* 50～200

顶空平衡温度：80℃

注射器温度：80℃

顶空平衡时间：30min

振荡速度：250r/min

冲洗时间：2min

进样量：1mL

按照上述测定条件对标准工作溶液进行检测。得到标准样品 TIC 图，见图 4.96。选择 *m/z*91 作为定量离子，*m/z*92 作为参考离子。标准工作曲线见图 4.97。线性相关系数 0.9999。按样品前处理条件，对鞋底进行处理，测试结果甲苯含量为 357.7mg/kg，谱图见图 4.98。

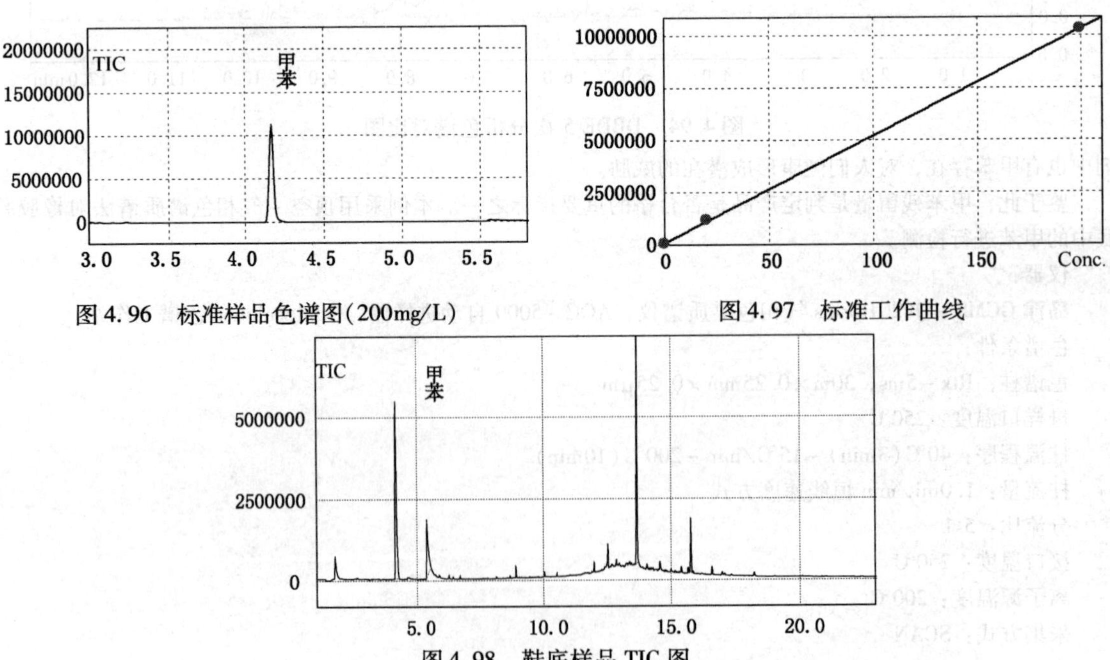

图 4.96　标准样品色谱图(200mg/L)　　图 4.97　标准工作曲线

图 4.98　鞋底样品 TIC 图

本实验建立顶空-气相色谱质谱法对鞋底中的甲苯进行检测，由分析结果得出该方法操作简便且干扰小，线性范围宽，相关系数为0.9999，检测限达到0.04mg/kg，保留时间RSD为0.1%，面积RSD为0.6%，平均回收率为108.2%。

4.3.3 在农业中的应用

一、双FPD检测器在有机磷农药分析中的应用

农药的发明和使用在给种植业带来巨大利润的同时，也使自然界的生态平衡遭到了破坏，更重要的是农药的残留直接威胁到人类的健康。

有机磷农药作为一种高效、广谱的杀虫剂广泛地用于农业生产中，但大量使用后对人、动物和环境产生的危害也日益严重，虽然大多数有机磷农药属于低残留或中等残留，但许多品种属于、剧毒农药，容易引起急性中毒，因此对农产品中特别是蔬菜、水果中有机磷农药的检测已成为全社会共同关注的问题。

传统的检测方法一般采用气相色谱单柱单检测器进行检测，由于蔬菜、水果本身含有的一些物质也会在仪器有响应，因此不可避免发生假阳性现象，采用两根不同极性的柱子对目标物进行分离，用双柱双检测器进行定性定量，可以保证定性结果更加准确，有效提高分析效率。

实验条件：

仪器：

岛津GC-2010A（带双流路双FPD检测器），GCsolution工作站

色谱条件：

色谱柱：A柱：Rtx-Oppesticed柱，30m×0.32mm×0.25μm

B柱：Rtx-1柱，30m×0.32mm×0.25μm

进样口温度：220℃，检测器温度：300℃

柱温：80℃（1min）-20℃/min-160℃（1min）-20℃/min-260℃（7min）

载气：氮气，纯度≥99.999%

流量：恒线速度37cm/sec，燃气：氢气，纯度≥99.999%，流速为80mL/min

助燃气：空气≥99.999%，流速为100mL/min

不分流进样

样品一式两份，由双塔自动进样器同时进样。该方法检出限在0.010~0.060mg/kg。

本方法采用双柱双检测器进行定性定量。18种有机磷农药分成A，B两组，图4.99是0.2ppm有机磷标准品谱图（其中乙酰甲胺磷、氧化乐果、磷胺、久效磷、亚胺硫磷的浓度为0.4ppm），图4.100，图4.101分别是梨、菜豆空白样品和0.5ppm标样添加回收谱图。结果表明，两组农药在Rtx-Oppesticed柱、Rtx-1柱两个柱子上都可以很好的分离，定性采用固定气相色谱条件，样品的保留时间和标样保留时间对照。由于蔬菜水果是比较复杂的的基质，很容易造成干扰，用单柱单检测器很难确定是农药还是干扰物。因此利采用性质不同的两个柱子，同种农药在两个柱子上的保留时间是不同的，若干扰物在一个柱子上干扰农药测定，在另一个柱子同时干扰此农药的可能性很小，所以可以很好的进行定性确证。定量采用外标法。从这18种农药在白菜、菜豆、梨、油菜、韭菜等上面的分离和检测效果，充分显示了本方法的优越性。

对18种有机磷农药分别在白菜、菜豆几种蔬菜、水果进行了0.05mg/kg、0.2mg/kg、1mg/kg三水平添加试验都达到了很好的结果。以菜豆的0.2mg/kg添加回收率为例（见表4.6），两根柱子回收率基本都在70%~120%之间，变异系数在10%以下。完全符合农残检测的回收率和变异系数的要求。

（其中乙酰甲胺磷、氧化乐果、磷胺、久效磷、亚胺硫磷的浓度为0.4ppm）

二、气相色谱法用于分析人参里有机氯农药残留

人参是我国独特的名贵药材，但是由于人参里的农药残留会给人类健康带来危害，所以人参中农残的测定就显得尤为重要。采用气相色谱仪，电子捕获检测器对人参中的有机氯农药的残留量进行测定，具有分析时间短，灵敏度高、结果准确的特点。

仪器：

岛津GC-14C，ECD检测器，N-2000工作站

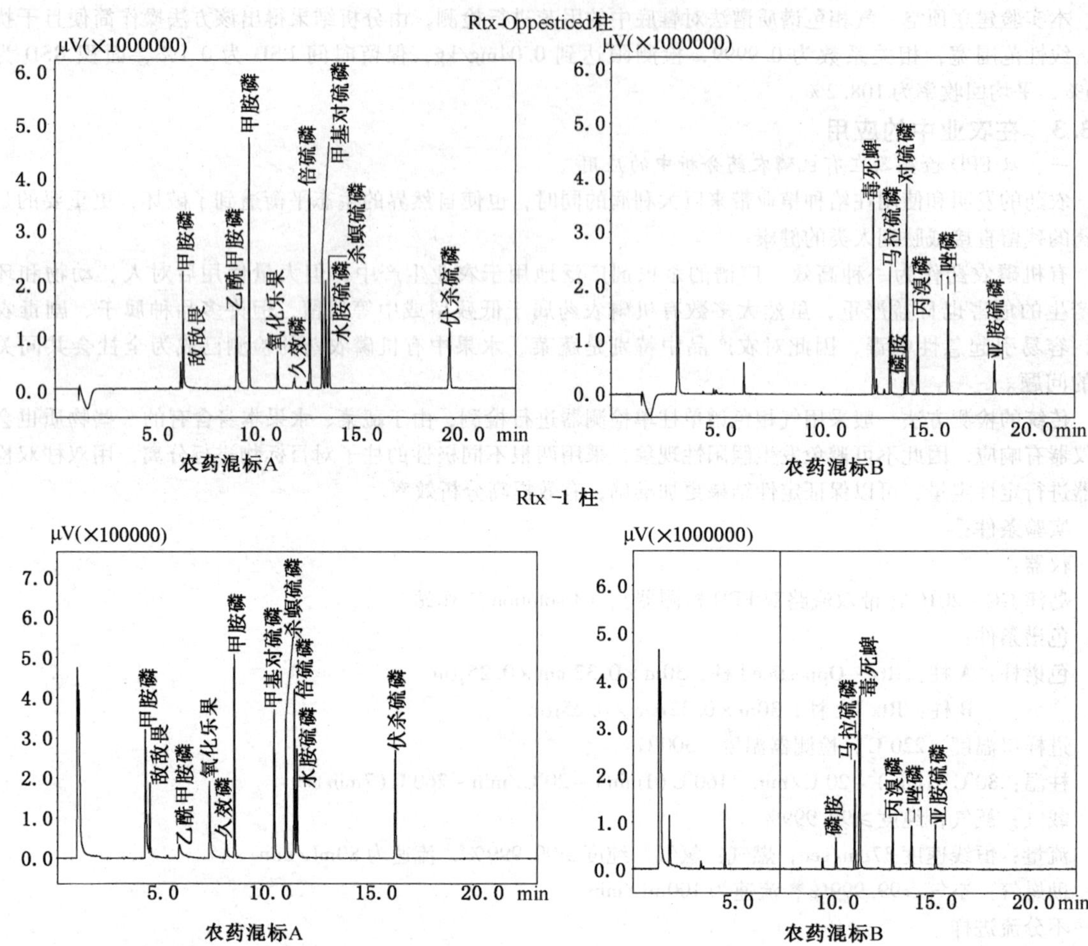

图 4.99　0.2ppm 有机磷标准品谱图

（其中乙酰甲胺磷、氧化乐果、磷胺、久效磷、亚胺硫磷的浓度为 0.4ppm）

色谱条件：

色谱柱：Rtx－5，30m×0.25mm×0.25μm

进样口温度：250℃

程序升温：120℃－20℃/min－180℃－4℃/min－220℃（1min）－10℃/min－250℃（10min）

检测器：ECD，温度：280℃

载气：N_2

柱头压力：98kPa（恒压）

进样量：2μL

进样方式：分流，分流比：5:1

尾吹气流量：30mL/min（N_2）

主要步骤为：用丙酮：石油醚（2:3）提取样品，层析法净化、浓缩后，用带电子捕获检测器的气相色谱仪测定。图 4.102 为国家标准规定的 9 种有机氯农药标样色谱图，图 4.103 为人参样品的色谱图。

由气相色谱图得出定性结果：1. α－BHC 2. β－BHC 3. γ－BHC 4. PCNB5. δ－BHC 6. p,p'－DDE 7. p,p'－DDD 8. o,p'－DDT 9. p,p'－DDT

样品经有机溶剂均质提取，采用 Rtx－5 石英毛细管柱程序升温分析，并用电子捕获检测器（ECD）检测，外标法定量。平均回收率为 81%～110%，完全可以应用于人参中的 9 种有机氯农药残留量检测。实验可以看出，该方法的稳定性良好，对实际样品检测也得到了很好的结果。

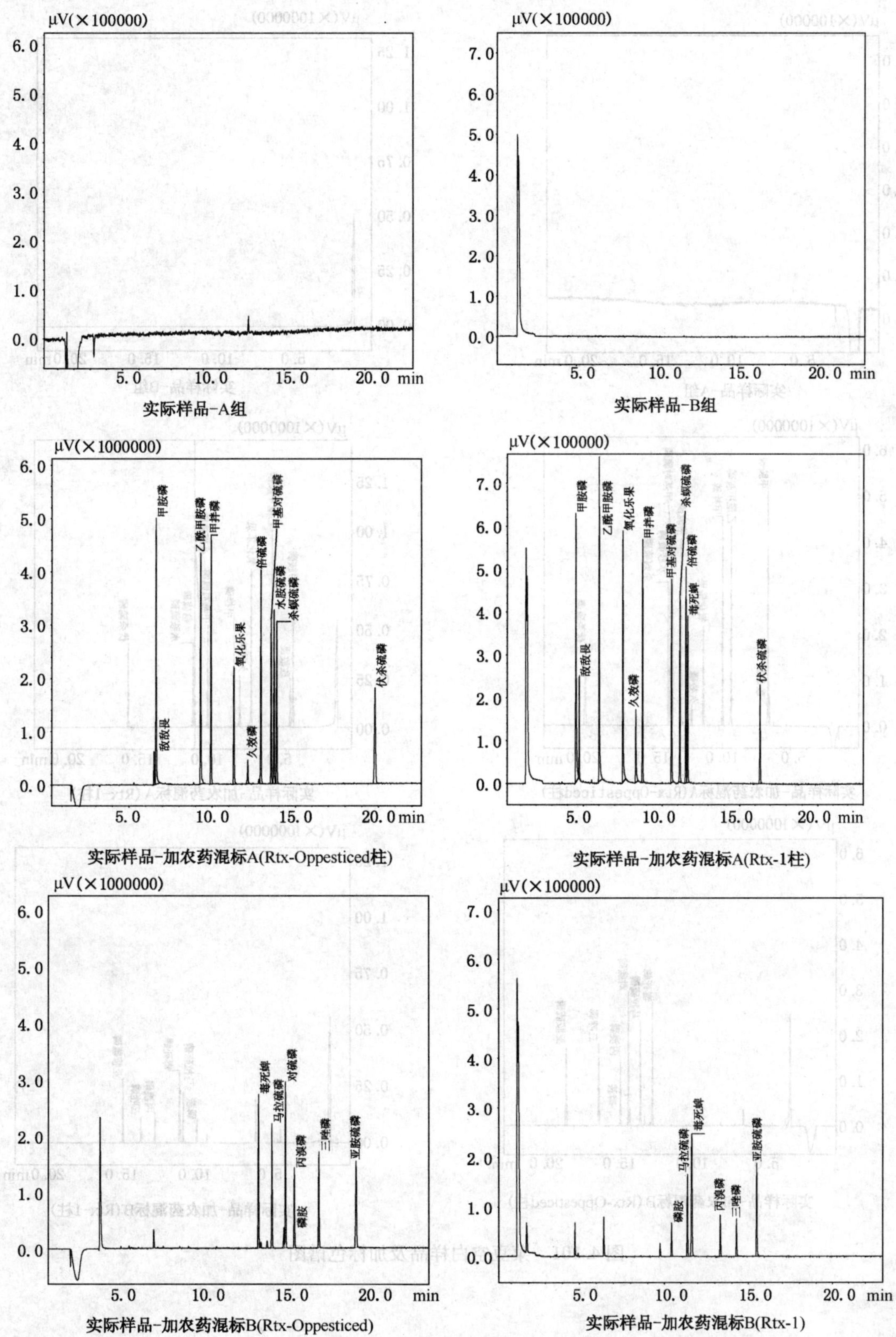

图 4.100　梨空白样品及加标色谱图

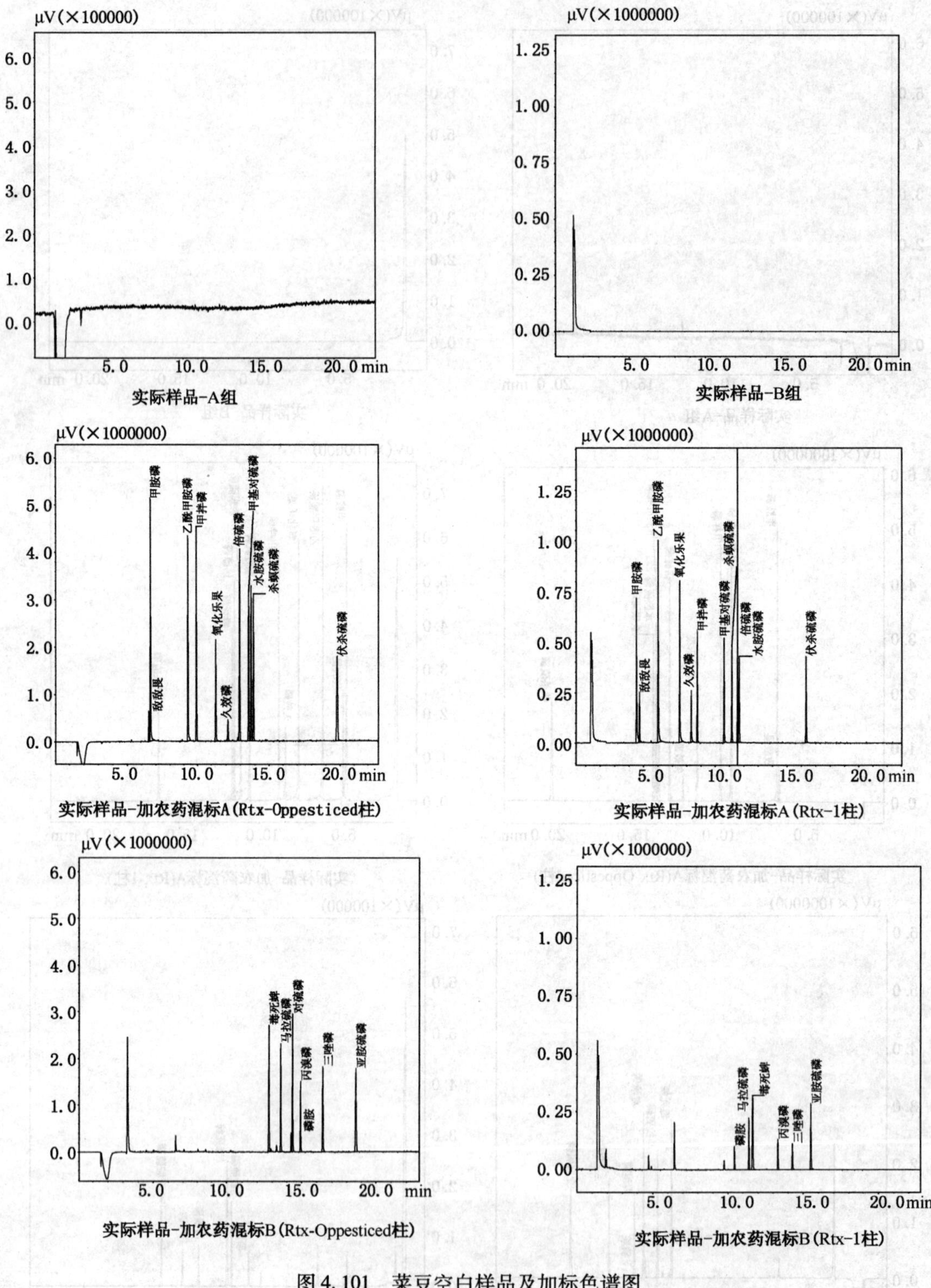

图 4.101 菜豆空白样品及加标色谱图

表4.6　18种有机磷类农药添加回收率数据一览表(菜豆)

序号	中文名	添加水平/(mg/kg)	回收率/%										组别
			A－Rtx－Oppsticed					B－Rtx－1					
			Ⅰ	Ⅱ	Ⅲ	平均	变异系数	Ⅰ	Ⅱ	Ⅲ	平均	变异系数	
1	敌敌畏	0.1	75.7	76.8	79.3	77.3	2.39	83.3	87.6	89.0	86.6	3.34	
2	甲胺磷	0.2	82.6	86.9	84.2	84.6	2.57	88.2	85.3	94.9	89.5	5.50	
3	乙酰甲胺	0.1	115.3	114.0	109.8	113.0	2.54	110.2	103.8	100.9	105.0	4.53	
4	甲拌磷	0.1	80.4	85.6	82.2	82.7	3.19	79.5	83.9	80.6	81.3	2.28	
5	氧化乐果	0.2	120.5	116.8	115.9	117.7	2.07	115.3	109.7	105.9	110.3	4.29	
6	久效磷	0.1	97.9	92.8	96.8	95.8	2.80	95.7	90.9	94.5	93.7	2.67	A
7	倍硫磷	0.1	97.2	95.3	91.5	94.7	3.07	95.8	93.7	89.8	93.1	3.27	
8	甲基对硫磷	0.1	101.2	99.8	98.7	99.9	1.25	95.9	92.8	93.4	94.0	1.75	
9	水胺硫磷	0.1	112.3	108.7	109.3	110.1	1.75	100.8	117.8	105.2	107.9	8.17	
10	杀螟硫磷	0.1	101.2	98.7	97.2	99.0	2.04	98.2	95.4	93.9	95.8	2.28	
11	伏杀硫磷	0.1	113.6	110.2	109.9	111.2	1.85	112.9	108.6	107.4	109.6	2.64	
12	毒死蜱	0.1	96.3	94.8	93.9	95.0	1.28	94.7	92.6	91.3	92.9	1.85	
13	马拉硫磷	0.1	108.9	112.5	103.7	108.4	4.08	107.2	110.5	112.6	110.1	2.47	
14	对硫磷	0.1	98.3	89.9	93.2	93.8	4.51	96.8	87.2	91.5	91.8	5.24	
15	磷胺	0.2	118.8	106.3	105.9	110.3	6.65	102.6	110.3	109.0	107.3	3.84	B
16	丙溴磷	0.1	101.2	100.3	98.6	100.0	1.32	99.6	98.5	95.1	97.7	2.24	
17	三唑磷	0.1	98.6	97.2	90.3	95.4	4.66	97.2	96.1	89.0	94.1	4.73	
18	亚胺硫	0.2	96.8	98.1	92.8	95.9	2.88	95.1	97.4	90.9	94.5	3.49	

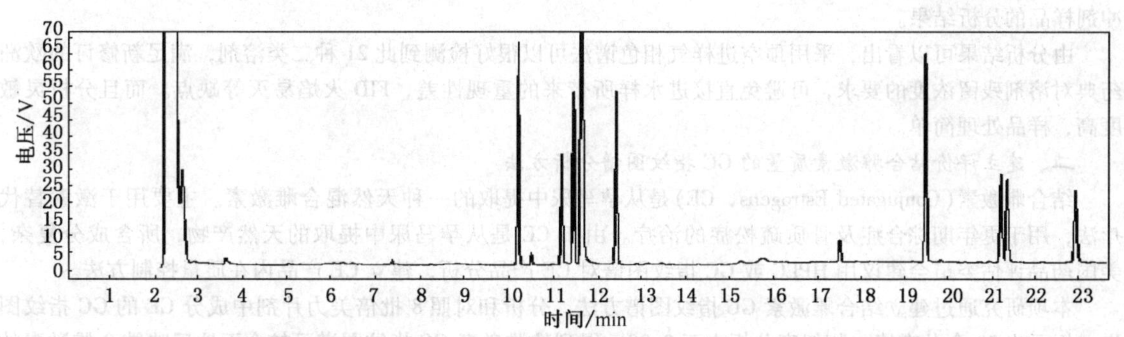

图4.102　9种有机氯农药标样色谱图

4.3.4　在医药分析中的应用

一、顶空－气相色谱法分析药物中的有机溶剂残留

药物中的残留溶剂是指原料药或赋形剂在生产中，以及在制剂制备过程中产生或使用的挥发性化合物，它们在工艺中不能完全除尽。由于残留溶剂没有疗效，所以所有残留溶剂在药品生产过程中应尽可能的去除，以符合产品规范、GMP或其他基本的质量要求。

采用顶空－气相色谱法分析药物中的有机溶剂残留，具有样品处理简单、检测灵敏度高等特点。

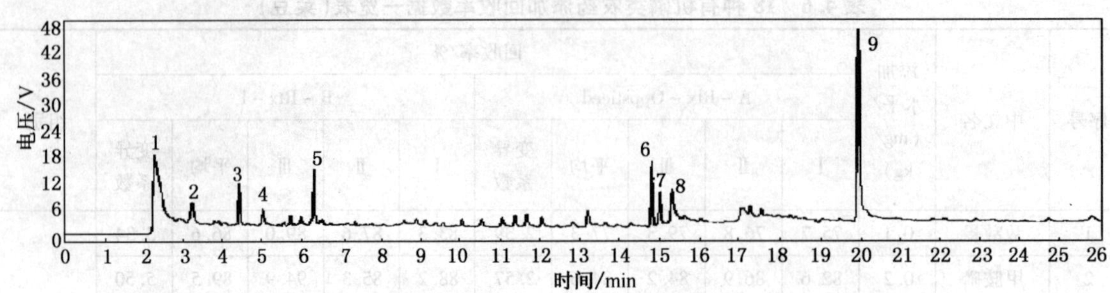

图 4.103　人参样品色谱图

仪器：

岛津 GC－2010A 气相色谱仪，氢火焰离子化检测器（FID），GCsolution 工作站

色谱条件：

色谱柱：Rtx－1301，30m×0.53mm×3μm

进样口温度：200℃

柱箱温度：40℃（20min）－10℃/min－240℃

检测器：FID 温度：280℃

载气：N_2，柱头压力：22.8kPa（恒压）

尾吹气流量：25mL/min（N_2）

进样方式：分流（分流比：2:1）

进样量：1mL

顶空条件：

平衡温度：80℃

平衡时间：60min（轻微震荡）

传输线温度：85℃

载气：N_2，压力：31kPa

辅助压力：20kPa

加压时间：30s

图 4.104 为 21 种二类溶剂（毒性不大，限制使用）标准样品的分析结果，图 4.105 为某药厂生产的感冒冲剂样品的分析结果。

由分析结果可以看出，采用顶空进样气相色谱法可以很好检测到此 21 种二类溶剂，满足新修订的欧洲药典对溶剂残留浓度的要求，可避免直接进水样所带来的重现性差，FID 火焰易灭等缺点。而且分析灵敏度高，样品处理简单。

二、建立评价结合雌激素质量的 GC 指纹图谱分析方法

结合雌激素（Conjugated Estrogens，CE）是从孕马尿中提取的一种天然混合雌激素。主要用于激素替代疗法，用于更年期综合症及骨质疏松症的治疗。由于 CE 是从孕马尿中提取的天然产物，所含成分复杂，美国药品评估委员会建议用 HPLC 或 GC 指纹图谱对 CE 产品分析，建立 CE 产品内在质量控制方法。

本项研究通过建立结合雌激素 GC 指纹图谱方法，分析和对照 8 批倍美力片剂中成分 CE 的 GC 指纹图谱，标示出 20 个共有峰，相似度分析大于 0.99。得到的雌激素 GC 指纹图谱可较全面地反映结合雌激素的内在质量，并作为结合雌激素产品的质量控制方法。

仪器：

岛津 GC－2010A 气相色谱仪，氢火焰离子化检测器（FID），GCsolution 工作站

色谱条件：

色谱柱：DB－22520m×0.18mm×0.20μm

进样口温度：230℃

程序升温：200℃（5min）－5℃/min－220℃（60min）

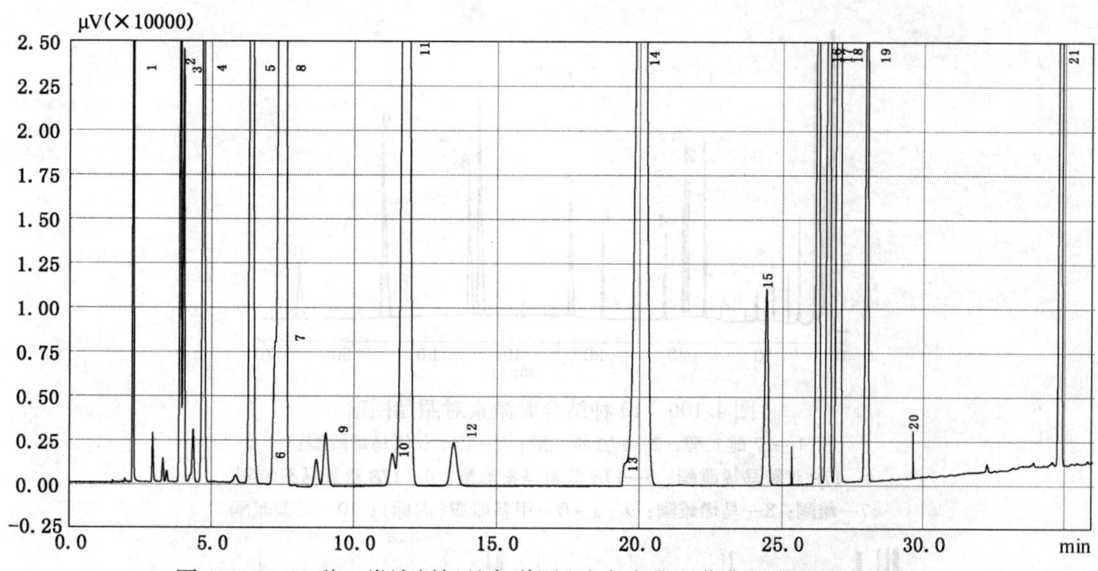

图4.104　21种二类溶剂标品色谱图(浓度为欧洲药典规定的浓度限度)

1—甲醇；2—乙腈；3—二氯甲烷；4—己烷；5—顺-1,2-二氯乙烯；6—硝基甲烷；7—氯仿；8—环己烷；9—1,2-二甲氧基乙烷；10—三氯乙烯；11—甲基环己烷；12—1,4-二氧乙烷；13—氮苯；14—甲苯；15—2-己酮；16—氯苯；17—二甲基亚砜+乙苯；18—间，对二甲苯；19—邻-二甲苯；20—*N*,*N*-二甲基乙酰胺；21—1,2,3,4-四氢萘

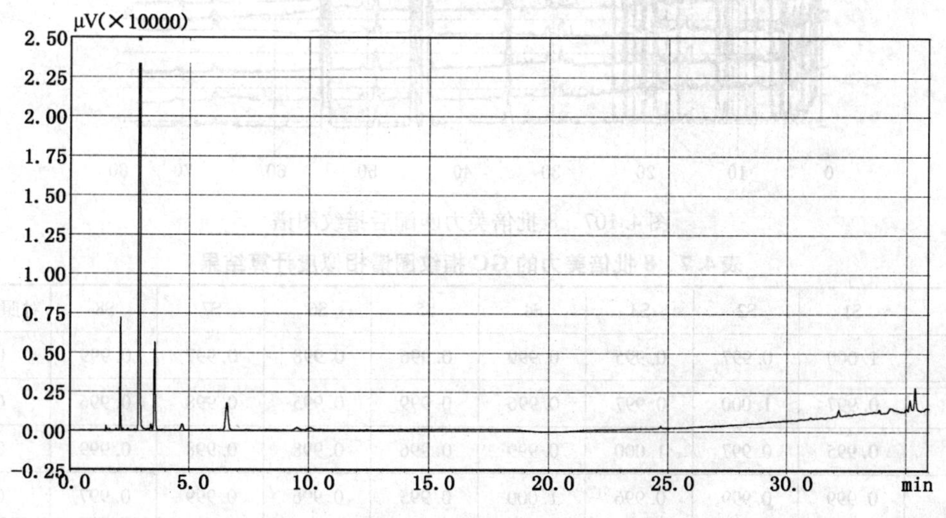

图4.105　感冒冲剂样品残留溶剂色谱图

检测器：FID 温度：240℃

载气：氮气流速：0.79mL/min

进样方式：分流，分流比：40:1

首先对CE进行GC指纹图谱测定分析，选择GC色谱图中可以反映CE内在质量的共有峰，以3-*O*-甲基雌酮为内标峰，其相对保留时间值为1，计算出各共有峰的相对保留时间，以雌酮峰为内参照峰，以雌酮峰面积为100，分别计算各峰的相对峰面积，分析8批倍美力片中结合雌激素指纹图谱的相似性。根据8批样品的分析结果，有20个色谱峰的相对保留时间和相对峰面积均较固定，故标定20个共有指纹峰。10种结合雌激素对照品图谱，见图4.106。

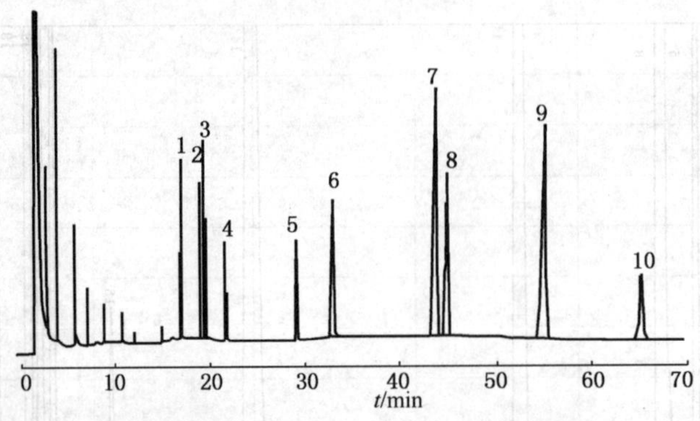

图 4.106　10 种结合雌激素对照品图谱

1—17 雌二醇；2—17β 雌二醇；3—17α 双氢马烯雌酮；
4—17β 双氢马烯雌酮；5—17α 双氢马萘雌酮；6—17β 双氢马萘雌酮；
7—雌酮；8—马烯雌酮；9—3－O－甲基雌酮(内标)；10—马萘雌酮

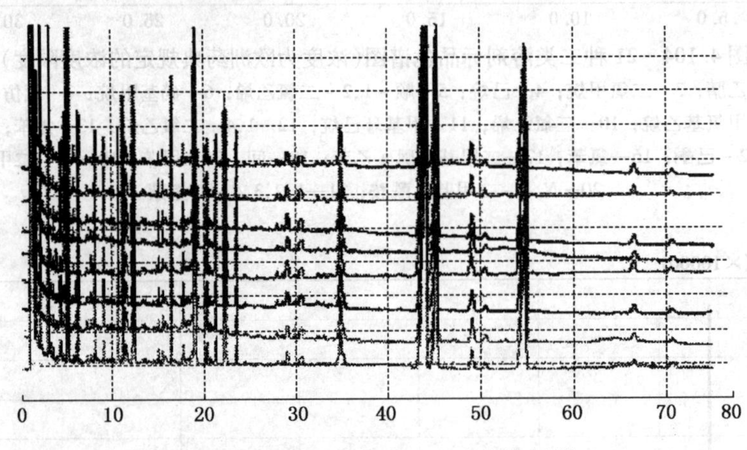

图 4.107　8 批倍美力匹配后指纹图谱

表 4.7　8 批倍美力的 GC 指纹图谱相似度计算结果

	S1	S2	S3	S4	S5	S6	S7	S8	对照指纹图谱
S1	1.000	0.997	0.995	0.999	0.996	0.998	0.997	0.999	0.998
S2	0.997	1.000	0.997	0.996	0.999	0.995	0.998	0.996	0.996
S3	0.995	0.997	1.000	0.999	0.996	0.998	0.998	0.999	0.998
S4	0.999	0.999	0.996	1.000	0.995	0.996	0.999	0.997	0.997
S5	0.996	0.999	0.996	0.995	1.000	0.997	0.997	0.994	0.999
S6	0.998	0.995	0.998	0.996	0.997	1.000	0.998	0.996	0.997
S7	0.997	0.998	0.998	0.999	0.997	0.998	1.000	0.999	0.999
S8	0.999	0.996	0.999	0.997	0.994	0.996	0.999	1.000	0.997
对照指纹图谱	0.998	0.996	0.998	0.997	0.999	0.997	0.999	0.997	1.000

利用中药色谱指纹图谱相似度评价系统软件对 8 批倍美力片的指纹图谱进行谱图比较，并对谱图校正匹配。建立了共有模式的 8 批倍美力谱图和生成的对照谱图，见图 2.107。再利用软件对 8 批倍美力片的指纹图谱进行相似度评价，8 批倍美力与对照指纹图谱间的相似度均大于 0.99。结果见表 4.7。

4.3.5　在环境科学中的应用

一、采用热解析仪与气相色谱联用的方法分析室内空气中的挥发性有机物

随着人们生活水平的提高，室内各种装修材料被广泛使用，导致室内空气污染的问题逐渐的凸现出来。室内空气中的挥发性有机物(VOCs)的浓度作为衡量室内空气污染程度的重要指标而受到了重视。本方法采用热解析仪与气相色谱联用的方法分析室内空气中的挥发性有机物具有方便、快捷、操作简单、回收率高的特点。

热解析仪是利用一根填有吸附剂的吸附管通过采样泵将一定体积的空气样品直接吸附在吸附管里，然后通过热解析仪的快速升温将吸附在吸附管里样品中的挥发性有机物脱附出来，通过热解析仪与气相色谱仪连接的导管直接将样品送到进样口中而得到分析。

仪器：

岛津 GC－2010A 气相色谱仪：氢火焰离子化检测器(FID)；热解析仪：TP－2030(北分天普公司)、

色谱条件：

色谱柱：OV－150m×0.25mm×1μm

载气：氮气柱前压：70kPa

柱温：50℃(5min)－5℃/min－250℃(10min)

进样口温度：250℃检测器温度：280℃

进样量：1μL(标样)；10L(实际样品)分流比：30：1

热解析仪条件：

吸附管：15cm×0.6mm(I. D)(填料为 TENAX－GC，填充长度为 4.5cm)

热解析时间：8min 热解析炉温：320℃

进样压力：80kPa

图 4.108 为国家标准规定的 8 种挥发性有机物的标样色谱图，图 4.109 为实验室空气实际样品的色谱图。

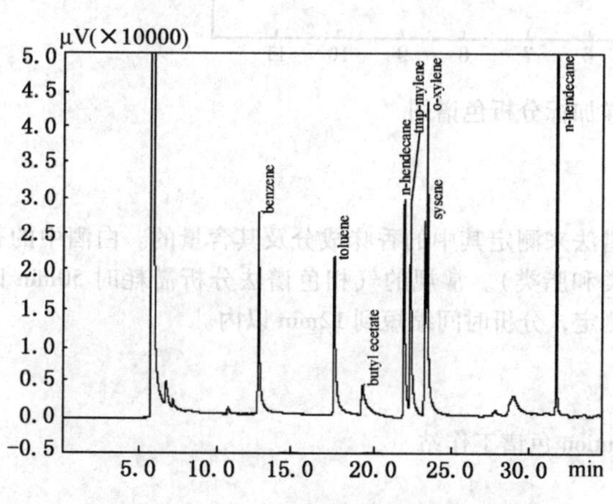

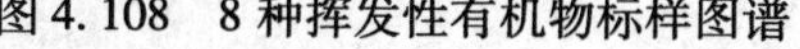

图 4.108　8 种挥发性有机物标样图谱

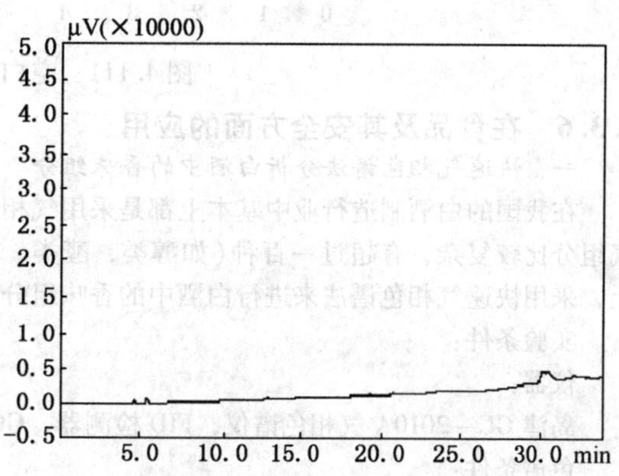

图 4.109　室内空气样品图谱

二、气相色谱法测定水中硝基苯

硝基苯是一种带有苦杏仁味的淡黄色透明油状液体，属于剧毒化学品。GB 3838—2002《地表水环境质量标准》中规定在集中式生活饮用水地表水源地中硝基苯的限值为 0.017mg/L。国内测定水中硝基苯的标准方法为 GB 13194—91，采用气相色谱仪 ECD 检测，硝基苯最低检测浓度为 0.2ug/L。

仪器：

岛津 GC－2010A 气相色谱仪，FID 检测器，GCsolution 色谱工作站

色谱条件：

色谱柱：Rtx－530m×0.25mm×0.25μm

进样口温度：250℃

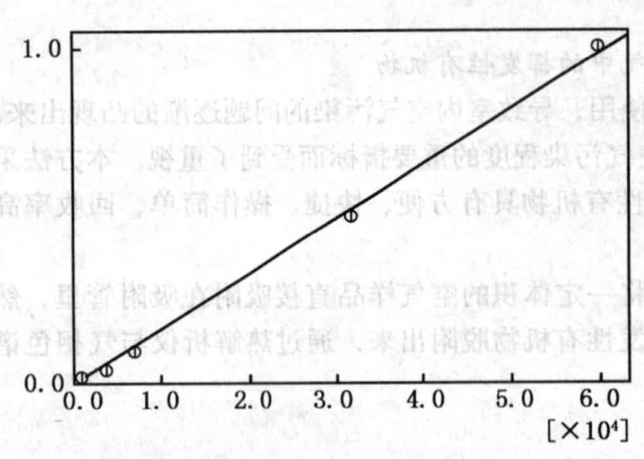

图 4.110 硝基苯标准曲线

柱温：80℃(5min) - 15℃/min - 180℃ - 40℃/min - 250℃(10min)

检测器温度：280℃

载气流量控制方式：恒线速度方式

柱流量：1mL/min(N_2)

分流比：10:1

取 5 个不同浓度的标准水溶液进行萃取浓缩处理，再取 1uL 进样制作标准曲线。水样用同样方法进行萃取浓缩处理后进样分析，得到分析结果。

图 4.110 为硝基苯标准曲线，其线性相关系数为 0.9992。

在空白水样中添加硝基苯标样制成 0.1mg/L 的加标样液，经处理后取 1uL 进样，得到如图 4.111 的分析结果，测得浓度为 0.1029mg/L，测定偏差为 2.9%。

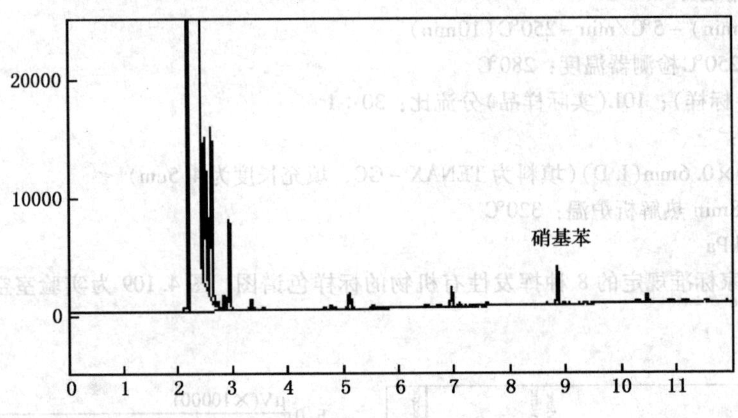

图 4.111 空白水样加标分析色谱图

4.3.6 在食品及其安全方面的应用

一、快速气相色谱法分析白酒中的香味组分

在我国的白酒制造行业中基本上都是采用气相色谱法来测定其中的香味成分及其含量的。白酒中的香气组分比较复杂，有超过一百种(如醇类，醛类，酸类和脂类)。常规的气相色谱法分析需耗时 50min 以上，采用快速气相色谱法来进行白酒中的香味组分的测定，分析时间缩短到 12min 以内。

实验条件：

仪器：

岛津 GC - 2010A 气相色谱仪，FID 检测器，GCsolution 色谱工作站

色谱条件：

色谱柱：DB - WAX，20m × 0.1mm × 0.1μm

进样口温度：230℃

程序升温：36℃(2.5min) - 20℃/min - 70℃ - 30℃/min - 180℃ - 50℃/min - 220℃(3min)

载气：N_2，柱头压力：400kPa(恒压)

检测器温度：260℃

进样量：0.8μL

进样方式：分流(分流比：180：1)

图 4.112 为快速色谱法分析的结果，图 4.113 为常规色谱法分析的结果。部分定性结果：1. 乙醛，2. 甲酸乙酯，3. 乙酸乙酯，4. 乙缩醛 + 甲醇，5. 异戊醛，6. 乙醇，8. 2 - 丁醇，9. 丁酸乙酯，10. 丙醇，11. 异丁醇，12. 戊酸乙酯，13. 丁醇，15. 异戊醇，16. 己酸乙酯，19. 乳酸乙酯，21. 乙酸，25. 丁酸，27. 戊酸，29. 己酸，30. β - 苯乙酸。

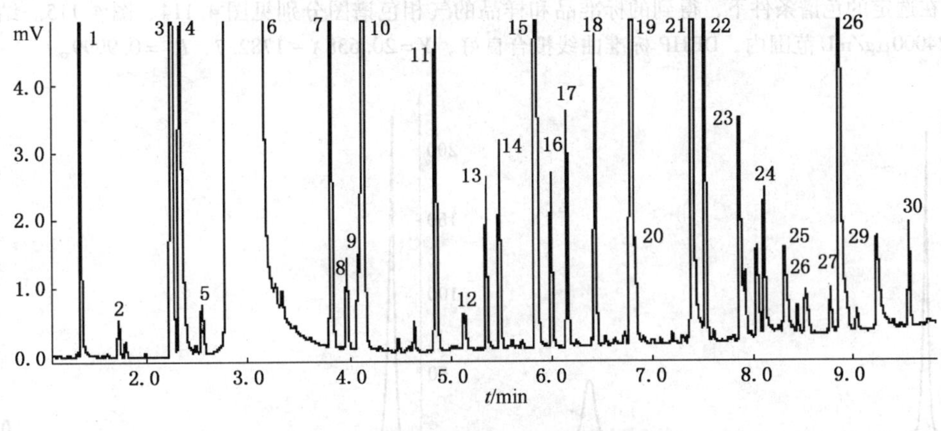

图 4.112 快速色谱法分析白酒结果

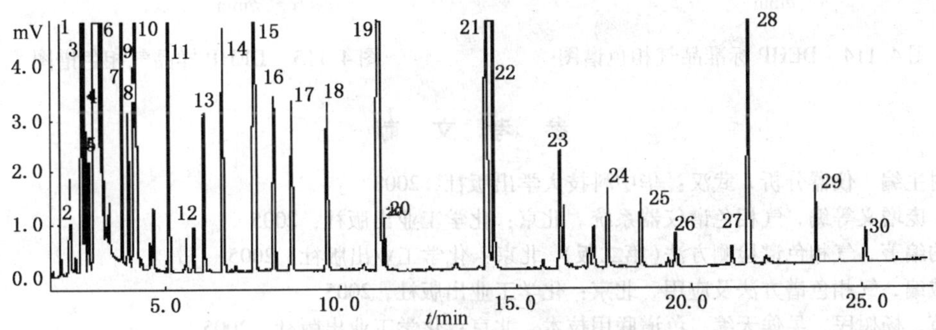

图 4.113 常规色谱法分析白酒结果

白酒中的香味成分复杂，各组分之间的沸点差异较大，较为适合应用快速色谱法来进行分析。根据上面的分析结果，可以看出采用快速色谱法分析可以在 10min 之内分离出我们所感兴趣的组分，比常规分析方法节省三倍的分析时间。与常规的分析方法相比，可以看出快速色谱法并没有影响到分析的精度。

二、食品塑料袋中邻苯二甲酸二(2－乙基)酯(DEHP)气相色谱检测方法的建立

塑料食品包装袋中的有机溶剂残留是由原料本身及其后加工和印刷时带入的。其中多为对人体有害的化合物，如甲苯、丁酮、乙酸乙酯、异丙醇等，这些溶剂不可避免地会残留在包装材料中，若使用含有较高残留溶剂的包装材料来包装食品、药品等，将会危害人们的身体健康，因此必须对包装用的薄膜的溶剂残留量进行检测。

DEHP 是塑料中常用的增塑剂之一，直接与内装高脂食品接触时，能够从塑料中迁移到内装食品中，造成内装食品的污染。DEHP 对人体系统有不良影响，具有致畸、致癌的作用。本实验对各种材质的食品塑料袋中 DEHP 的测定进行了较为系统的研究，采用气相色谱法，FID 检测器，对 DEHP 进行测定。以保留时间定性，峰面积定量，制作 DEHP 峰面积－浓度标准曲线。

仪器：

岛津 GC－2010A 气相色谱仪，FID 检测器，GCsolution 色谱工作站

色谱条件：

不锈钢填充柱：1m×3mmI.D，固定液 SE－3010%，ShimaLiteW(AW－DMCS)60～80 目。

程序升温：250℃－20℃/min－290℃(7min)

进样口温度：260℃

检测器温度：270℃

氮气流速：32mL/min，氢气流速：20mL/min，空气流速：300mL/min。

进样量：3μL。

由于塑料中增塑剂成分复杂，为了使 DEHP 不受其他成分的影响，选用了程序升温方式，并采用外标

法定量。在选定的色谱条件下，得到的标准品和样品的气相色谱图分别见图 4. 114、图 4. 115。结果表明，在 0. 0 ~ 24000μg/mL 范围内，DEHP 标准曲线拟合良好，$Y = 20.638X - 1782.7$，$R^2 = 0.9999$。

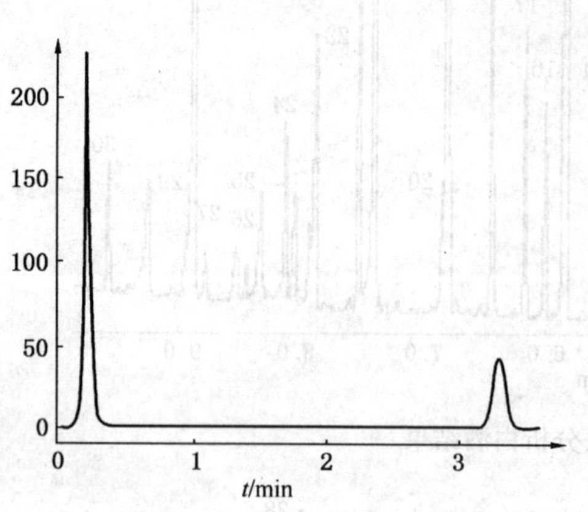

图 4. 114 DEHP 标准品气相色谱图

图 4. 115 DEHP 样品气相色谱图

参 考 文 献

1 周梅村主编．仪器分析．武汉：华中科技大学出版社，2008
2 武杰，庞增义等编．气相色谱仪器系统．北京：化学工业出版社，2005
3 吴烈钧编著．气相色谱检测方法(第二版)．北京：化学工业出版社，2005
4 刘虎威编．气相色谱方法及应用．北京：化学工业出版社，2005
5 汪正范，杨树民，吴侔天编．色谱联用技术．北京：化学工业出版社，2005
6 邓玉林编．气相色谱在石油化工中的应用．北京：化学工业出版社，2005
7 王永华编著．气相色谱分析应用．北京：科学出版社，2007
8 朱良漪主编．分析仪器手册．北京：化学工业出版社，2000
9 朱明华编．仪器分析(第三版)．北京：高等教育出版社，2000
10 刘志广，张华，李亚明编．仪器分析(第二版)．大连：大连理工大学出版社，2004
11 魏福祥主编．仪器分析及应用．北京：中国石化出版社，2007
12 R. Kellner，J. – M. Mermet，M. Otto 编著．分析化学．李克安，金钦汉等译．北京：北京大学出版社，2001
13 段微微，唐恩柱．PONA 分析法测定车用乙醇汽油调和组分油芳烃含量．天津化工，2009，23(5)：55
14 孔金金，高晓黎．建立评价结合雌激素质量的 GC 指纹图谱分析方法．药物分析，2008，23(3)：131
15 张双灵，徐仰丽，王世清．食品塑料袋中 DEHP 气相色谱检测方法的建立．食品科学，2007，28(8)：341

第5章 高效液相色谱分析

5.1 概述

5.1.1 高效液相色谱发展概况

高效液相色谱(High Performance Liquid Chromatography, HPLC)是色谱分析法的一个重要分支。早在20世纪初，俄国植物学家Tswett就创立了液相色谱法，但由于经典液相色谱法柱效低、分析速度慢、不能在线检测，当时并没有受到足够的重视。1952年，Martin和James发明了气相色谱法(Gas Chromatography, GC)，给挥发性有机化合物的分离测定带来了划时代的变革，并以惊人的速度向前发展，几乎进入了分析的各个领域，但在实践中又发现了它的不足之处。气相色谱法只能分析在工作温度下能够迅速气化且热稳定性好的物质，对于高沸点、强极性、热稳定性差的物质无能为力。这样只有20%左右的有机物能用气相色谱法分析，其应用范围受到了限制。20世纪60年代生命科学的发展，迫切需要解决对生物大分子(如蛋白质、核酸等)的分离分析问题，这就促使人们又回过头来研究液相色谱。

1941年，Martin和Synge等提出采用非常细颗粒的填料和柱两端施加较大的压差，应能得到最小的理论板高。1963年，Giddings的理论工作为现代液相色谱法奠定了理论基础。Giddings在研究气相色谱理论的基础上，根据色谱过程动力学和流体力学的分析指出，如果采用小颗粒填料、高压进口压力，柱效可超过气相色谱。他的依据是：液体作流动相时，黏度很大，溶质在其中的扩散系数很小(分子扩散小)。只要减小填料的粒度，加快传质速度，并通过提高柱进口压力加快溶质的流出速度，实现液相色谱的高效、快速分析是可能的。在后来的几年中，科学家们改进了柱填料的颗粒度，使用微粒固定相和细柱子以提高柱效；采用高压泵输送流动相加快流速；设计研制了高灵敏度、死体积小的检测器以实现自动化检测。1969年诞生了第一台高效液相色谱仪，从而使液相色谱和气相色谱一样，具有了高效率、高速度、高灵敏度的特点，开启了高效液相色谱的时代。采用5 ~ 10μm微粒固定相，传质快，柱效高，理论塔板数可达20000 ~ 80000块/m，能分离多组分复杂混合物或性质极为相近的同分异构体，包括手性分子。使用紫外、荧光等高灵敏度检测器，检出限可达10^{-12} ~ 10^{-9}g/mL。气相色谱法的流动相是惰性气体，对样品仅起运载作用，实际工作中主要利用改变固定相来改善分离。高效液相色谱分离过程中，样品(又称溶质)与流动相(又称溶剂)、固定相之间均有一定作用力，增加了控制分离选择性的因素，流动相性质和组成的变化，常是提高分离选择性的重要手段，使分离条件选择更加方便灵活。此外，高效液相色谱的体系和类型比气相色谱更为多样化，样品易于回收制备，应用范围更广。因其分析对象不受极性、沸点和热稳定性限制，特别适合于分离分析大分子、高沸点、强极性、热不稳定化合物，以及具有生物活性的物质和多种天然产物。据估计大约有70%的不挥发化合物，可用高效液相色谱法分析。20世纪70年代中期以后，电子和计算机技术用于液相色谱仪，大大提高了仪器的自动化水平和分析精度。在色谱基础研究上，结合先进的硬件、软件设计，20世纪80年代又出现了智能色谱仪，进一步提高了仪器的自动化程度。据国际市场的统计资料表明，液相色谱是分析仪器行业中最大的市场，高效液相色谱仪每年生产的增长率一直保持较高水平。目前，高效液相色谱已成为化学、药学、医学、生命科学、环境科学、食品科学等学科领域中重要的分离分析技术。近年来，生物工程和生命科学的迅速发展，为高效液相色谱技术提出了更多、更新的分离、分析、纯化、制备的要求，大大促进了这一技术的迅速发展。特别是微柱液相色谱、多维液相色谱和电喷雾质谱与液相色谱的联用，为生物大分子的分离和鉴定提供了强有力的工具。

5.1.2 高效液相色谱法基本原理

5.1.2.1 基本参数

高效液相色谱中的基本参数，如分配系数(K)、容量因子(k)、保留值，柱效能、分离度等，意义均同气相色谱，不再详述，这里给出几个液相色谱柱特性参数。

(1) 柱压降

柱压降用ΔP表示，指的是柱入口与出口间的压力差

$$\Delta P = P_i - P_o \tag{5.1}$$

式中 P_i——柱入口压力，MPa；

P_o——柱出口压力，MPa。

(2) 总孔隙度

定义为柱横截面上流动相所占的分数，即色谱柱流动相体积与柱总体积之比，以 ε_T 表示

$$\varepsilon_T = \frac{V_m}{V_c} \tag{5.2}$$

式中 V_c——色谱柱总体积，cm^3；

V_m——色谱柱内流动相体积，cm^3。

(3) 渗透性

渗透性表示流动相通过柱子的难易程度。在 HPLC 中，由于使用液体流动相，其黏度远比气体流动相大，填料粒度又很细，因而为了保证柱子能在较低压力下正常操作，总希望渗透性大。柱的渗透性 K_f 定义为

$$K_f = K_o \varepsilon_T = \frac{u\eta L\varepsilon_T}{\Delta P} \tag{5.3}$$

式中 u——流动相线速度，cm/s；

η——流动相黏度，Pa·s；

L——色谱柱长度，cm；

K_o——渗透性常数，cm^2。

$$K_o = \frac{u\eta L}{\Delta P} \tag{5.4}$$

K_o 值大，说明柱子的渗透性好，柱阻力小。

(4) 阻抗因子

渗透性常数 K_o，又称为比渗透率，是填料粒径 d_p 的函数：

$$K_o = \frac{d_p^2}{\phi} \tag{5.5}$$

式中 d_p——填料粒径，cm；

ϕ——柱阻抗因子，是一个无因次量，其大小决定于填料颗粒的类型和填充方式。一般填充柱的 ϕ 值为 500～1000。

(5) 线性容量

相当于气相色谱中的允许进样量。在高效液相色谱中，样品量的多少同样影响保留值和分离度。样品量超出一定范围，保留值不再为常数，柱效降低，分离度变坏。

规定：色谱柱的 V_g 值比恒定值下降 10% 时的进样量，称为此柱的线性容量，用 $Q_{0.1}$ 表示。

线性容量与填料的表面性质有关，填料比表面积越大，线性容量越大。

5.1.2.2 高效液相色谱的速率理论

高效液相色谱法的基本原理与气相色谱法相似，因此气相色谱法中的基本概念、基本理论也适用于高效液相色谱法，但由于二者流动相的差异，在描述两种色谱基本理论时会有所不同。

在液相色谱中同样存在峰形扩展，即谱带展宽现象，故有必要加以讨论。

液相色谱和气相色谱的主要区别可归因于流动相性质的差异：

① 液体扩散系数比气体要小 10^5 倍；

② 液体黏度比气体约大 10^2 倍；

③ 液体表面张力比气体约大 10^4 倍；

④ 液体密度比气体约大 10^3 倍；

⑤ 液体不可压缩。

这些差异对液相色谱的扩散和传质过程影响很大，而传质过程对柱效的影响尤为显著。由 Giddings、Snyder 等提出的液相色谱速率方程如下：

$$H = H_e + H_d + H_s + H_m + H_{sm}$$

$$= 2\lambda d_p + \frac{2\gamma D_m}{u} + q\frac{k}{(1+k)^2}\cdot\frac{d_f^2}{D_s}u + \omega\frac{d_p^2}{D_m}u + \frac{(1-\varepsilon_i+k)^2}{30(1-\varepsilon_i)(1+k)^2}\frac{d_p^2}{\gamma_0 D_m}u \tag{5.6}$$

式中 H_e——涡流扩散项；

H_d——分子扩散项；

H_s——固定相传质阻力项；

H_m——流动的流动相传质阻力项；

H_{sm}——滞留的流动相传质阻力项。

(1) 涡流扩散项

$$H_e = 2\lambda d_p \tag{5.7}$$

液相色谱中的涡流扩散项与填充柱气相色谱相似，减小固定相粒度、柱子装填得均匀，都有利于提高柱效。

(2) 分子扩散项

$$H_d = \frac{2\gamma D_m}{u} = \frac{B}{u} \tag{5.8}$$

当组分进入色谱柱后，因在轴向存在着浓度梯度，引起分子扩散。由式(5.8)可知，$H_d \propto D_m$。由于分子在液体中的扩散系数比在气体中要小 4~5 个数量级，因此在液相色谱法中，分子扩散引起的峰展宽很小，当流动相线速度大于 0.5cm/s 时，H_d 即可忽略。

(3) 固定相传质阻力项

固定相传质阻力主要发生在分配色谱中，由溶质分子从流动相进入固定相(或液膜)内进行传质引起的。因传质过程需要时间，由于组分分子渗入固定相的深度不同，进出固定相所用的时间不同，引起峰形扩展。H_s 主要取决于固定液的液膜厚度及溶质分子在固定液内的扩散系数：

$$H_s = q\cdot\frac{k}{(1+k)^2}\frac{d_f^2}{D_s}\cdot u = C_s u \tag{5.9}$$

式中 q——结构因子，由固定相颗粒和孔结构决定；

D_s——溶质在固定相中的扩散系数；

d_f——液膜厚度，若固定相为多孔颗粒或离子交换树脂，d_f 用 d_p 代替；

C_s——固定相传质阻力系数。

对于由固定相传质引起的峰扩展，主要从改善传质，加快溶质分子在固定相上的解吸过程着手。对液-液分配色谱，可减小液膜厚度；对吸附色谱、离子交换色谱，则可使用小颗粒填料来解决。还可通过增加 D_s，减小 u 来提高柱效。

(4) 流动相传质阻力项

溶质分子在流动相中的传质过程有两种形式，即流动的流动相传质和滞留的流动相传质。

当流动相从填料缝隙中流过时，处于同一横截面上所有分子的流速并不相同，由于摩擦作用，靠近填料颗粒的流速比流路中间的流速要小。因此，在流路中间的分子要比靠近填料颗粒的分子流得快一些，导致峰扩展。

$$H_m = \omega\frac{d_p^2}{D_m}u = C_m u \tag{5.10}$$

ω 为无因次量，与柱内径、形状、填料性质有关，其值在 0.01~10 之间。当填料均匀，填充紧密时，ω 减小。C_m 为流动的流动相传质阻力系数。

为减小 H_m，柱子应填充均匀、紧密，以尽量减小颗粒间缝隙。为此，可使用球形、小颗粒的填料。

当使用多孔性填料时，填料表面的小孔内充满了滞留不动的流动相，溶质分子通过这些滞留的流动相扩散到达固定相。但它们扩散至小孔的深度不同，有的只扩散至小孔浅处便很快返回至主流路中；另一些则扩散至小孔深处。这样，当它们返回至主流路中时，就比那些扩散至小孔浅处的分子落后了，从而造成峰形扩展。固定相的微孔越深，传质速率越慢，峰形扩展越严重。

$$H_{sm} = \frac{(1-\varepsilon_i+k)^2}{30(1-\varepsilon_i)(1+k)^2}\frac{d_p^2}{\gamma_0 D_m}u = C_{sm}u \tag{5.11}$$

式中 ε_i——内孔隙度；

γ_0——与固定相颗粒孔道弯曲程度有关的因子；

C_{sm}——滞留的流动相传质阻力系数。

为了减小 H_{sm} 项，应使用小颗粒的多孔填料或表面多孔型的填料，它们的孔深比大颗粒的多孔填料要浅得多。由于滞留区传质与固定相的结构有关，所以改进固定相就成为提高液相色谱柱效的一个重要问题。

综上所述，液相色谱速率方程也可简写为：

$$H = A + \frac{B}{u} + (C_s + C_m + C_{sm})u = A + \frac{B}{u} + Cu \tag{5.12}$$

由于液体扩散系数很小，只有在流速很低时，才能观察到分子扩散对板高的影响。通常条件下，分子扩散项可以忽略，决定峰形扩展的主要因素是传质阻力项 Cu，此时速率方程可表示为：

$$H = A + Cu \tag{5.13}$$

通过作 $H-u$ 曲线进行对比表明，高效液相色谱较气相色谱的 $H-u$ 曲线具有较平坦的斜率。这说明在液相色谱分离中，使用较高的流动相线速操作，色谱柱效无明显损失，有利于实现快速分离。

5.1.2.3　柱外效应

速率理论研究的是柱内峰展宽的因素，实际上在柱外还存在引起色谱峰展宽的因素，即柱外扩散，也叫柱外效应。由于色谱柱以外的某些因素造成额外的谱带展宽，使柱的实际分离效率未能达到其固有水平，这种现象称为柱外效应。造成柱外效应的因素主要有：进样器死体积、低劣的进样技术、柱前后连接管体积、检测器死体积等。由于溶质分子在液体流动相中的扩散系数较低，致使柱外效应对液相色谱的影响比气相色谱更显著。为减少柱外效应的影响，应尽可能减小柱外死体积。为此，应采用细内径的连接管，并尽量缩短其长度。例如，可采用零死体积接头来连接各部件，管道对接宜呈流线形。采用较小死体积的检测器，减小进样体积，加快进样速度，将样品尽可能进在柱头的中心部位等。柱子本身效率越高，柱子尺寸越小，柱外效应越显得突出。如何减小柱外效应也是现代液相色谱技术研究的热点之一。

5.1.3　高效液相色谱基本类型

5.1.3.1　液－固吸附色谱

液－固吸附色谱所用流动相为液体，固定相为固体。流动相种类很多，如正己烷、氯仿、苯、乙酸乙酯、甲醇、水等，进行洗脱时既可使用一元溶剂，又可使用二元或多元混合溶剂，而对于复杂混合物的分离，后者更常用。固定相是具有吸附活性的固体吸附剂，如硅胶、氧化铝、活性炭等，其中硅胶是应用最广泛的一种，主要是表面多孔和全多孔微粒型，一般采用粒径 5～10μm 的全多孔微粒型。

液－固吸附色谱的分离原理是利用固定相吸附中心对不同性质的溶质分子吸附能力的差异实现对混合物的分离。吸附色谱的色谱过程是溶质分子与溶剂分子以及溶质分子中不同的官能团竞争固定相吸附中心的过程，溶质的保留和分离选择性决定于：

① 溶质和溶剂分子对吸附剂表面活性中心的竞争；

② 溶质分子的各种官能团和吸附剂表面上相应吸附剂中心间的特殊相互作用，它包括偶极和诱导作用，氢键以及电荷迁移或形成 π 络合物；

③ 溶剂对样品的溶解能力。

可见，溶质的保留和分离选择性是由吸附剂、溶剂、溶质三者的性质共同决定的，当色谱条件一定时，溶质的保留主要取决于溶质分子官能团的类型、数目、位置和分子的几何形状。

溶质分子所含官能团的极性越强，吸附能就越高，保留值越大。因此，官能团的性质决定着溶质分子的洗脱顺序。若将单官能团分子按保留值增大的顺序排列起来，则为：烷烃＜烯烃＜芳烃＜卤代化合物＜含硫化合物＜醚＜硝基化合物＜酯＜醛≈酮＜醇≈胺＜酰胺＜羧酸。可见，具有官能团差异的不同类型化合物容易在液－固吸附色谱中得到分离。

溶质分子所含极性官能团的数目越多，保留值越大。因而，液－固吸附色谱可分离官能团相同，但数目不同的化合物。由于次甲基的吸附能很弱，使液－固吸附色谱很难分离同系物，但可进行族分离。

此外，由于吸附剂表面的刚性结构，溶质分子官能团与吸附中心的相互作用随分子的几何形状而改变。当溶质分子的构型与吸附剂表面活性中心的刚性几何构型相适应时，吸附作用就强。因此，用液－固吸附色谱法分离异构体比其他类型的色谱法具有更高的选择性。

总之，液－固吸附色谱法适用于分离极性不同的化合物、异构体和进行族分离，不适于分离含水化合物和离子型化合物。

5.1.3.2　化学键合相色谱

化学键合相色谱是由液 - 液分配色谱发展起来的。分配色谱有较好的分离效果，但存在一个根本缺点是固定液的流失，从而导致柱效下降，分离度变坏，噪音增大，污染柱后流出物。为了解决液 - 液色谱存在的固定液流失现象，产生了化学键合相色谱。

将各种不同的有机基团通过化学反应共价键合到硅胶(载体)表面的游离羟基上，所形成的固定相叫化学键合固定相。利用化合键合固定相进行物质分离的液相色谱方法称为化学键合相色谱法，简称键合相色谱(Bonded-phase Chromatography，BPC)。化学键合固定相具有耐溶剂冲洗，不流失，稳定性强，表面性质均匀，传质快，柱效高，特别适用于梯度洗脱等优点，是 HPLC 较为理想的固定相。目前，化学键合相色谱在现代液相色谱中占有重要地位，大部分分离问题都可以用它来解决。

根据键合固定相与流动相之间相对极性的强弱，可将键合相色谱分为正相色谱和反相色谱。流动相极性小于固定相的称为正相色谱，反之则为反相色谱。其中反相色谱的应用最广。

(1) 正相色谱

正相色谱中，固定相为极性键合相，即基质硅胶表面键合的极性有机基团，如氰基(—CN)、氨基($—NH_2$)、二醇基(—DIOL)等，流动相为非极性或弱极性的有机溶剂。若流动相极性太低，不能润湿固定相极性表面或对样品溶解不好，可加入适量中等极性的有机溶剂，如氯仿、醇、乙醚等，称为极性调节剂。

正相色谱的分离选择性决定于极性键合相的种类、溶剂强度和样品性质。溶质与固定相上极性基团间的作用力是决定色谱保留和分离选择性的首要因素。保留值随溶质极性的增加而增加；随溶剂极性的增加而降低。固定相极性端基的极性越大，溶质保留值越大；溶剂中极性调节剂的浓度或极性越大，溶剂强度越大，溶质的保留值越小；样品中不同组分的分离是基于官能团的差异，洗脱顺序取决于溶质分子的极性，溶质极性越大，保留值越大。正相色谱适于分离不同类型(官能团有差异)的化合物、同系物、脂溶性或水溶性极性化合物，不适于分离异构体，因为固定相极性基团本身不具有刚性。

(2) 反相色谱

反相色谱的固定相为非极性键合相，即基质硅胶表面键合的是非极性的烃基硅烷。烷基配合基可以是不同链长的正构烷烃或苯基，如 C_6、C_8、C_{18}、C_{22} 等，其中应用最多的是十八烷基键合硅胶(octadecylsilane)，简称 ODS 固定相。流动相为极性溶剂。常以纯水作基础溶剂，再加入一些有机调节剂，如甲醇、乙醇、四氢呋喃、二氧六环等。在当代液相色谱领域，反相高效液相色谱(RP - HPLC)已成为非极性键合相色谱的同义语。自 1976 年以来，大约有 70% ~80% 的高效液相色谱分析工作是在非极性键合相上进行的。过去用硅胶或离子交换色谱进行的分离，现在可以有效而方便地用非极性键合相色谱来完成，RP - HPLC 已成为通用型液相色谱方法。

“疏溶剂理论”认为，反相色谱中溶质的保留取决于三个方面的因素：①溶质分子中非极性部分的总面积；②键合相上烃基的总表面积；③流动相的表面张力。以上三项越大，保留值越大。

从溶质方面来说，溶质分子疏水结构的差异是实现分离的基础。溶质的极性越弱，疏水性越强，保留值越大。具体表现为：

① 同系物中，碳数越多，保留值越大。如：$k(C_1) < k(C_6) < k(C_8) < k(C_{18})$。

② 不同异构体的保留值随非极性部分表面积增大而增大。如：支链烷基化合物的保留值小于同碳数的直链烷基化合物。

③ 非极性部分相同，极性官能团不同时，官能团极性越强，k 值越小。

④ 平面结构分子的 k 值大于非平面结构分子的 k 值。

固定相的作用在于提供非极性表面，键合相上烷基的链长和键合量是影响样品容量、保留值、柱效和分离选择性等色谱性能的重要因素。当键合量一定时，溶质的保留值随着配合基碳链长度的增加而增大，且固定相的稳定性提高，选择性增大；当配合基碳链长度一定时，硅胶表面上配合基的浓度越大，溶质的保留值越大，选择性也随之增大。

反相色谱中溶剂极性越弱，其洗脱能力越强，溶剂强度越高；相反，溶剂极性越强，洗脱能力越弱，溶剂强度越低。水是极性最强的溶剂，也是反相色谱中最弱的溶剂。为了获得不同强度的淋洗液，常采用水 - 有机溶剂混合物，如水 - 甲醇、水 - 乙腈等。有机溶剂的性质及其与水的比例对分离有重要影响。常用的反相色谱溶剂洗脱强度顺序为：水 < 甲醇 < 乙腈 < 乙醇≈丙酮≈乙酸乙酯≈二氧六环 < 异丙醇≤四氢

呋喃。只要选用不同的有机溶剂和控制它与水的比例，就可以改变组分 k 值和分离选择性。影响反相色谱保留值的主要因素是流动相的性质和组成，其次是固定相的性质和表面覆盖率。实际应用中，改变流动相的组成和性质是控制保留值，提高分离选择性和柱效的主要手段。

5.1.3.3 离子对色谱

离子对色谱是在色谱体系中加入一种或数种与试样离子电荷相反的离子对试剂(称为对离子、反离子或平衡离子)，使其与溶质离子形成疏水性离子对，该离子对不易在水中离解而迅速转移到有机相中。由于试样中溶质离子的性质不同，它与对离子形成离子对的能力大小不同，以及离子对的疏水性不同，导致样品中各组分离子在固定相中滞留时间不同，因而得到分离。离子对色谱也分为正相离子对色谱和反相离子对色谱。

(1) 正相离子对色谱

正相离子对色谱通常以含有对离子的水溶液或缓冲溶液为固定相，将其涂渍在硅胶或纤维素载体上，用相对弱极性的有机溶剂作流动相。被测组分与对离子形成的离子对疏水性越强，它在固定相中溶解度越小，越易进入流动相，组分保留值越小；反之，则越大，由此得到分离。

正相离子对色谱因对离子存在于固定相中，在使用过程中对离子不断消耗，浓度逐渐降低，使得色谱系统不够稳定。若想改变对离子种类和浓度，需要重新制备柱子，给分离条件选择带来不便，使其在应用上受到一定限制。

(2) 反相离子对色谱

反相离子对色谱采用疏水性的非极性固定相，如烷基键合相(ODS)，流动相是含有对离子和有机溶剂(如甲醇或乙腈)的缓冲水溶液。流动相中对离子的性质和浓度是控制溶质保留和分离选择性的重要因素。对离子疏水性增强，保留值增加；增大流动相中对离子浓度，有利于疏水性离子对的形成，保留值也随之增大。

在反相离子对色谱法中，由于对离子是在流动相中，所以很容易通过改变流动相组成、对离子类型和浓度、流动相 pH 值等控制 k 值和分离选择性。反相离子对色谱的应用比正相离子对色谱广泛得多，可同时分离离子性和非离子性混合物，解决了过去难分离混合样品的分离问题，诸如酸、碱和离子、非离子的混合物，特别是对一些生化样品如核酸、核苷、生物碱以及药物等。

5.1.3.4 离子交换色谱

离子交换色谱法以离子交换剂作为固定相，交换剂由基体和带电荷的离子基构成。不同的组分离子与离子基之间亲和力大小不同，组分离子与离子基亲和力越大，越易交换到固定相上，其保留时间越长；反之，亲和力小的组分保留时间短。因此，离子交换色谱是依据组分离子与带电荷的离子基之间亲和力的差异而分离。

离子交换色谱的固定相根据离子基所带电荷不同，分为阳离子交换剂和阴离子交换剂。阳离子交换剂离子基荷负电，用于分离阳离子；阴离子交换剂离子基荷正电，用于分离阴离子。流动相通常是各种盐类的缓冲水溶液。流动相的组成、离子强度、pH 值等影响溶质保留和分离选择性。流动相中配衡离子的种类对溶质保留产生显著影响。配衡离子与离子基作用力越强，其洗脱能力也越强。

在离子交换色谱中，流动相为强电解质溶液，用电导检测时，背景信号很高，难以测量由于样品离子的存在而产生微小电导的变化。为降低本底值，提高灵敏度，发展了离子色谱。离子色谱法分为双柱离子色谱和单柱离子色谱。

双柱离子色谱是在分离柱后加一根抑制柱，在抑制柱中装有与分离柱电荷相反的离子交换剂。当洗脱液由分离柱进入抑制柱后，一方面可以将具有高背景电导的流动相转变成低背景电导的流动相，从而降低洗脱液的电导；另一方面，又可以将样品离子转变为相应的酸或碱，以增加其电导，使灵敏度大幅度提高。

单柱离子色谱不加抑制柱，采用特殊合成的低容量离子交换剂和低浓度的低电导洗脱液。这样可使被测离子的保留时间控制在合理范围之内，此时不加抑制柱也能有效分离、检测各种离子。

5.1.3.5 亲和色谱

亲和色谱是利用蛋白质或生物大分子等样品与固定相上配体之间的特异性相互作用实现分离的液相色谱方法。固定相是将合适的配体直接或间接(通过间隔臂)连接到不溶性载体上制得。一般常用的载体有纤维素、葡聚糖凝胶、琼脂糖凝胶、聚丙烯酰胺凝胶和多孔玻璃等。配体有多种类型，如生物特效配体、染料配体、电荷转移配体等，作为生物特效配体的生物活性物质，可为氨基酸、肽、辅酶、抗体、抗原、核苷酸、核糖核酸与脱氧核糖核酸等。

亲和色谱是吸附色谱的发展，在分离过程中涉及疏水相互作用、静电力、范德华力和立体相互作用。在键合了某类配体的亲和色谱柱上加入含生物活性大分子的样品，只有那些与该柱中配位体表现出明显亲和性的生物大分子才会被吸附，这些被吸附的生物分子只有在改变流动相(缓冲溶液)的组成时才会被洗脱。亲和色谱主要用于蛋白质和生物活性物质的分离与制备。

5.1.3.6　体积排阻色谱

体积排阻色谱法是以具有一定孔径分布的凝胶为固定相的色谱法，又叫凝胶色谱法。根据流动相类型不同，可分为以有机溶剂为流动相的凝胶渗透色谱和以水溶液为流动相的凝胶过滤色谱。与其他色谱法完全不同的是，体积排阻色谱法不是靠溶质在固定相和流动相之间的相互作用力不同来进行分离，而是按溶质分子尺寸大小和形状的差别进行分离，适用于分离相对分子质量大的化合物(约为 2000 以上)。

5.1.4　高效液相色谱方法选择及条件优化

5.1.4.1　色谱分离类型的选择

高效液相色谱分离类型繁多，每种类型都有一定的适用范围。这为各类样品的分离提供了便利条件。面对一个分析样品，如何正确选择合适的色谱分离类型和最佳操作条件，是分析工作者要解决的首要问题。一般来讲，应根据样品性质选择色谱类型。这就需要充分了解样品的溶解性、相对分子质量、极性(官能团类型)、离子性等相关性质，然后才能作出判断和选择。下面介绍色谱分离类型选择的一般原则。

(1) 水溶性样品

1)相对分子质量 <2000 的样品

① 样品组分相对分子质量相差较大时，采用小孔填料的空间排阻色谱法。

② 样品组分相对分子质量差别不大时，则进一步考察组分是否可以离解。对非离子性组分，可采用键合相色谱法分离。

③ 对于低分子量水溶性离子样品，可采用离子对色谱或离子交换色谱法。

2)相对分子质量 >2000 的样品

若高分子量的组分属于非离子性化合物，可采用空间排阻色谱法；若属离子性样品，可选用离子对色谱或离子交换色谱法。

(2) 脂溶性样品

1)相对分子质量 <2000 的样品

① 对于低分子量的非离子性样品，如果含有结构异构体，最好采用液 - 固吸附色谱法分离；若不是异构体，可采用键合相色谱法。

② 对于离子性或可离解的样品，可采用离子对色谱法。

2)相对分子质量 >2000 的样品

采用空间排阻色谱法。

将上述色谱分离类型选择的基本原则，用图解分析表示出来，见图 5.1。

5.1.4.2　色谱分离条件的选择

色谱分离类型选定后，接下来就要确定色谱分离条件，主要包括固定相、流动相、柱温、流速、洗脱方式等。其中最重要的条件是固定相和流动相，二者选择得正确与否直接关系着分离的成败。下面简要介绍液 - 固吸附色谱法和键合相色谱法分离条件选择的一些基本原则。

(1) 液 - 固吸附色谱法

1) 固定相

硅胶是液 - 固色谱中最常用的吸附剂，采用粒径为 5 ~ 10μm 的全多孔微粒型硅胶能解决大多数分析问题。

2) 流动相

合适的流动相通过色谱条件的优化确定。可先试用中等强度的溶剂，若洗脱能力太强，可改用较弱的溶剂；若洗脱能力太弱，可改用较强溶剂。对于复杂混合物的分离，常需采用二元或多元混合溶剂，通过改变溶剂种类、浓度、极性、黏度等提高分离选择性。在二元混合溶剂中，多以非极性溶剂(ε°小的)为

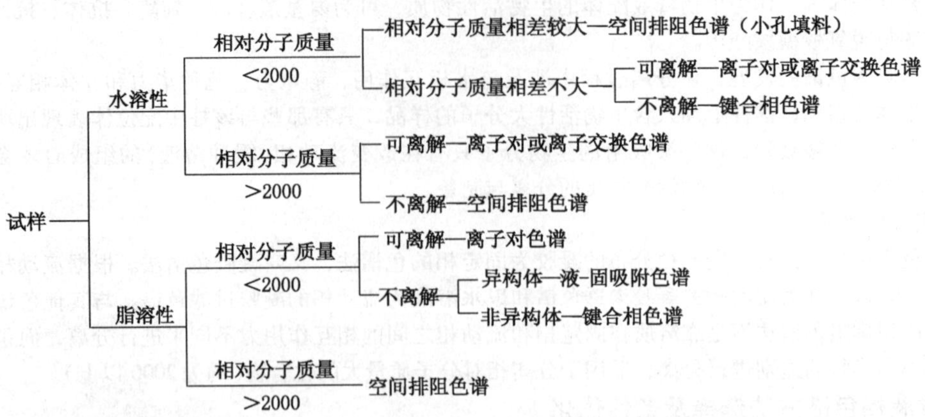

图 5.1　高效液相色谱分离类型的选择

主，加入一定量的极性溶剂。溶剂性质和组成不同，其洗脱强度不同。一般来说，改变混合溶剂中极性溶剂的种类或浓度，可显著提高分离选择性。此外，因液－固吸附色谱的分离机制与薄层色谱相同，故可以薄层色谱作先导，能更快选出合适的流动相。

(2) 键合相色谱法

1) 固定相

在反相键合相色谱中，应用最广泛的固定相是十八烷基键合硅胶（ODS），其常用粒径为3μm 或 5μm。在正相键合相色谱中，最常用的是氰基键合相，对于极性很强的样品，也可用二醇类键合相或氨基键合相。

2) 流动相

对于 ODS 固定相，常用的流动相是甲醇＋水或乙腈＋水体系，最佳流动相组成也需通过条件优化确定。一般先以体积比 1:1 的甲醇＋水为初始条件，若保留值过小，则适当降低有机溶剂的比例。若该流动相体系不能获得满意分离，可更换有机溶剂的种类，如将甲醇换为乙腈或四氢呋喃等。只要选用不同的有机溶剂和控制它与水的比例，就可以改变组分 k 值和分离选择性。

对于正相键合相色谱体系，首先以纯烃类作流动相进行试验。若保留值太大，应增加流动相的极性。为获得合适的溶剂强度，常使用混合溶剂。二元混合溶剂一般由弱极性的 A 溶剂和强极性的 B 溶剂组成。为了改善分离选择性，原则上既可通过变换弱极性的 A，也可通过变换强极性的 B 来实现。但经验证明，在正相色谱分离中，强极性成分 B 与溶质分子之间的相互作用比弱极性成分 A 强得多，B 是对分离选择性起决定作用的成分。因此，通常采用变换混合溶剂中强极性成分 B 的方法来提高分离选择性。

总之，键合相色谱中流动相的选择，是通过控制加入的有机溶剂或极性溶剂的种类和比例来改善或提高分离选择性的。

5.2　高效液相色谱技术及进展

5.2.1　仪器结构及原理

高效液相色谱仪种类很多，根据其功能不同，主要分为分析型、制备型和专用型。虽然不同类型的仪器性能各异，应用范围不同，但其基本组成是类似的。主要由输液系统、进样系统、分离系统、检测系统、记录及数据处理系统组成，包括储液瓶、高压泵、进样器、色谱柱、检测器、记录仪（或数据处理装置）等主要部件，其中对分离、分析起关键作用的是高压泵、色谱柱和检测器三大部件。此外，还可根据需要配置流动相在线脱气装置、梯度洗脱装置、自动进样系统、馏分收集装置、柱后反应系统等，现代高效液相色谱仪还带有微机控制系统，进行自动化仪器控制和数据处理。图 5.2(a)是典型的高效液相色谱仪结构示意图，图 5.2(b)、(c)、(d)、(e)是几款高效液相色谱仪实物照片。

液相色谱仪工作过程为：高压泵将储液瓶中的流动相经进样器以一定的速度送入色谱柱，然后由检测器出口流出。当样品混合物经进样器注入后，流动相将其带入色谱柱中。由于各组分的性质不同，它们在柱内两相间作相对运动时产生了差速迁移，混合物被分离成单个组分，依次从柱内流出进入检测器，检测器将各组分浓度转换成电信号输出给记录仪或数据处理装置，得到色谱图。

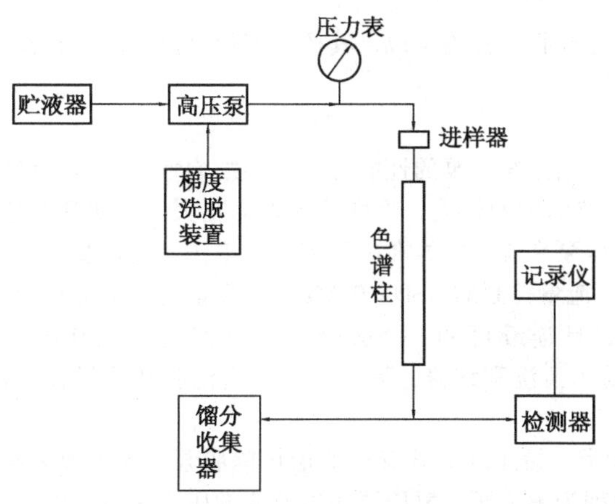

(a) 高效液相色谱仪结构示意图

(b) 安捷伦1200液相色谱仪

(c) Waters LC 2090液相色谱仪

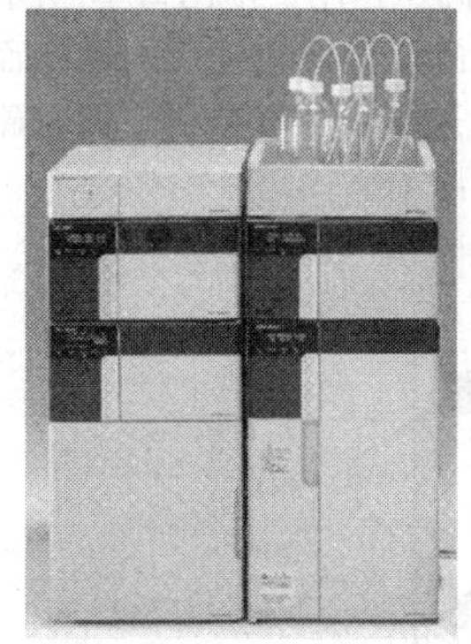

(d) 岛津LC20A Prominence系统(积木式)

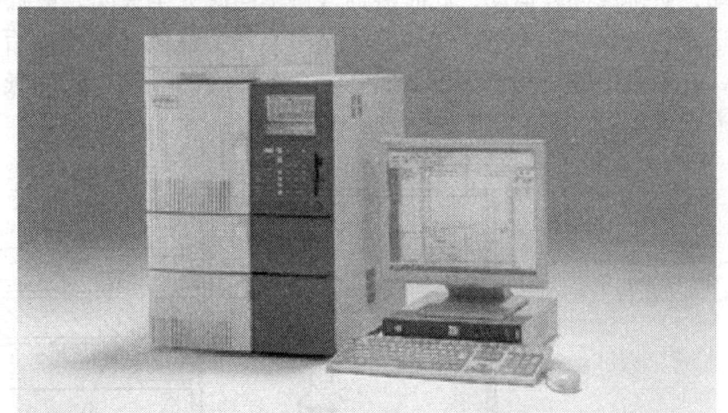

(e) 岛津LC- 2010系统(集成式)

图 5.2　高效液相色谱仪结构示意图及实物图

一般分析型商品化液相色谱仪可有如下两种组合方式：

① 完全紧凑的整体系统。其死体积小，灵敏度高，体现高效液相色谱仪总体实用的特点。

② 独立部件的组合系统。其灵活性高，可根据不同的分析目的，组装成不同的联接方式。

5.2.1.1 输液系统

输液系统由储液瓶、高压泵、过滤器、阻尼器、梯度洗脱装置等组成，其核心部件是高压泵。其作用是向色谱柱提供高压、流速稳定的流动相。

(1) 高压泵

高压泵的作用是将流动相在高压下连续不断地送入色谱系统，泵的性能好坏直接影响整个仪器的稳定性和分析结果的可靠性。由于固定相颗粒极细，再加上液体黏度较大，因此柱内阻力很大。为实现快速、高效分离，必须借助高压，迫使流动相通过柱子。对高压泵来说，要能在高压下连续工作，通常要求耐压35～50MPa。流量要稳定，无脉动，输出流量精度要高，流量控制的 RSD <0.5%，以保证检测器能稳定工作，使定性、定量有良好的重现性。流量范围要宽，且连续可调，一般分析型仪器流量在 0.010～10mL/min之间。此外，还应耐腐蚀，更换溶剂方便，易于清洗和维修，易于实现梯度洗脱和流量程序控制等。

根据排液性质，高压泵可分为恒压泵和恒流泵两大类，按工作方式又分为液压隔膜泵、气动放大泵、螺旋注射泵和柱塞往复泵四种。前两种为恒压泵，后两种为恒流泵。恒压泵输出液流的压力恒定，而流量随外界阻力变化而改变，不适于梯度洗脱，它正逐渐被恒流泵所取代。恒流泵在一定的操作条件下，输出的流量保持恒定，柱阻力或流动相黏度改变只引起柱前压的变化。目前，绝大部分高效液相色谱仪所采用的是柱塞往复泵。因为它液缸容积小，易于清洗和更换溶剂，特别适合于梯度洗脱。改变电机转速能方便地调节流量，流量不受柱阻影响，其主要缺点是输出的脉冲性较大，现多采用双泵系统来克服。

1) 气动放大泵

气动放大泵是根据流体压力传导原理而设计的，利用气体压力来驱动和调节流动相的压力。其主要结构由气缸和液缸两部分组成，采用大截面的气缸活塞和小截面的液缸柱塞，由于截面两端的压力相等，则：

$$p_{液} A_1 = p_{气} A_2 \quad p_{液} = \frac{A_2}{A_1} p_{气} = K p_{气}$$

式中，A_1 为液缸柱塞的截面积；A_2 为气缸活塞的截面积，K 称为放大比。

可见，液缸压力正比于两个截面积的比值，利用气缸活塞和液缸柱塞截面积的差异实现压力放大。这样可在较低气源压力的情况下，获得较高的液缸输出压力。K 一般在 30～50，液缸容积为 70mL 左右。

气动放大泵(图 5.3)一般用空气压缩机或气体钢瓶提供的压缩气体低压驱动。工作时，压缩气体在电磁阀控制下交替从入口 1 和入口 2 进入气缸，推动气缸活塞向右或向左移动。当压缩气体从气缸右边的气孔入口 2 进入时，驱动气缸活塞并带动液缸柱塞向左移动，作吸液冲程运动，此时溶剂入口单向阀完全开启，而出口单向阀则完全关闭，在负压作用下流动相由入口单向阀吸入液缸。当气缸活塞向左移动到一定位置时，电磁阀切换，使入口 2 关闭，入口 1 打开，压缩气体由气缸左边的气孔入口 1 进入，驱动活塞向右移动，做排液冲程运动，此时溶剂入口单向阀完全关闭，液缸中流动相在高压作用下由出口单向阀排出，被输送到色谱系统。单液缸气动放大泵中，每个输液冲程结束后，气缸和液缸活塞即快速反向运行而重新吸液，几乎不中断流动相输出，但基线会有暂时的波动。实用气动放大泵常采用双液缸结构，由电磁阀控

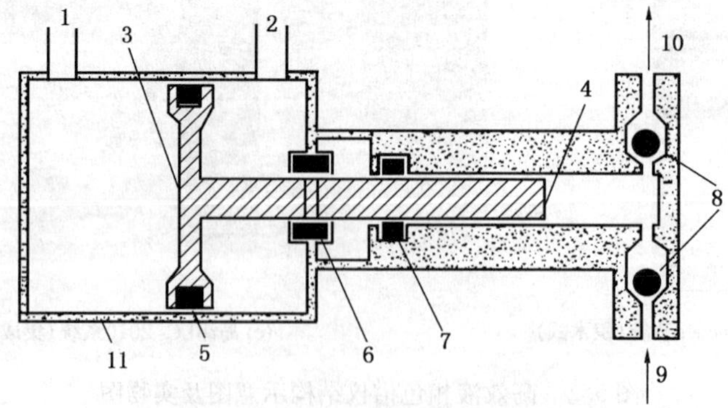

图 5.3 气动放大泵结构示意图

1、2—压缩气体入口；3—大活塞；4—小柱塞；5、6、7—密封圈；8—单向阀；9—流动相入口；10—流动相出口；11—气缸

制气缸进气，单向阀控制液缸吸排液，一个缸排液的同时，另一个缸吸液，从而实现连续输送高压液流且不引起基线波动。

气动放大泵属恒压泵，输出液体压力稳定，流动相流速不仅取决于泵的输出压力，还与流动相黏度以及柱阻力有关。通过调节气源压力可调节流动相流速。

气动放大泵的优点是能以较简单的方式快速建立高压，仪器的设计和加工精度要求不是非常高，制作较容易，成本较低。此泵的缺点是不能输出恒定流速的流动相，不易测出重复的保留时间和峰面积，从而影响分析结果的准确性和可靠性。此外，液缸容积大，不便清洗，更换溶剂麻烦，不适于作梯度淋洗。

在高效液相色谱仪发展初期，气动放大泵使用较多，如上海分析仪器厂的150型、北京分析仪器厂的SY－01型液相色谱仪均采用气动放大泵。目前在常规分析型液相色谱仪中已很少应用，然而，由于气动放大泵增压快，输出压力高，多用于湿法装柱技术中。

2)螺旋注射泵

螺旋注射泵相当于一个大的注射器，由液缸、活塞、螺杆传动机构和步进电机等组成。液缸及活塞均由不锈钢制成，液缸容积一般为50～250mL。

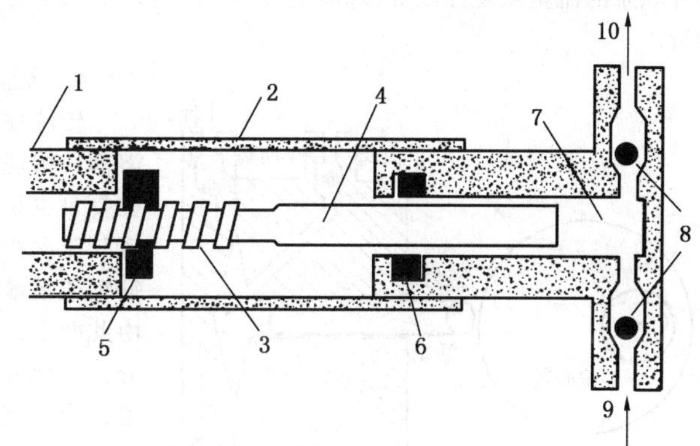

图5.4　螺旋注射泵结构示意图

1—步进电机；2—变速齿轮箱；3—螺杆；4—活塞；5—螺母；6—密封圈；7—流动相；8—单向阀；9—流动相入口；10—流动相出口

工作时，活塞由步进电机经螺杆传动装置带动，以缓慢恒定的速度移动，将液缸内溶剂在高压下以恒定流量输出。流量可由步进电机的转速来控制，而电机转速由数字电路控制，它可按数控电路给定值准确地恒速运转，故能给出恒定的液体流量。溶剂排空时停止供液，活塞快速后退吸液后继续供液，如此往复交替进行。见图5.4。

螺旋注射泵属恒流泵，输出流量与系统阻力无关，只取决于电机转速，而电机可以恒速稳定运转，故注射泵输出液体流量非常稳定，无脉动，是一种高精度的恒流泵，可与多种高灵敏度检测器连接使用。其缺点是不能连续供液，采用双泵交替工作可克服此不足。此外，液缸容积大，清洗不方便，更换溶剂繁琐，加工精度要求很高，再加上常需使用双泵，故造价较高。

目前在常规液相色谱分析中该类泵使用较少，但是近年来随着微柱色谱的发展，具有稳定低至微升和纳升小流量范围的泵的需求增加，促使了螺旋注射泵和类似的输液系统的发展。

3)单柱塞往复泵

单柱塞往复泵由液缸、柱塞、单向阀、密封垫、凸轮及驱动机构等组成，结构示意图见图5.5。工作时电动机带动凸轮(或偏心轮)转动，凸轮驱动柱塞在液缸内往复运动。当柱塞向后移动时，出口单向阀关死，溶剂自入口单向阀吸入液缸；当柱塞向前推进时，入口单向阀关死，溶剂经压缩自出口单向阀排出。凸轮运转一周，柱塞往复运动一次，完成一次吸液和排液过程。由于柱塞往复一次排出液体的容积是恒定的，因此，往复柱塞泵是恒容积泵(即恒流泵)。改变柱塞冲程或往复频率，即改变电机转速，可在一定范围内调节泵的输出流量。

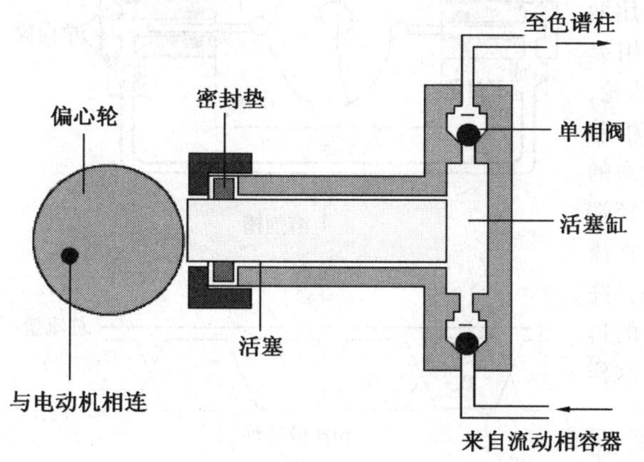

图5.5　单柱塞往复泵结构示意图

单柱塞往复泵属于恒流泵，可连续供液，流量范围10^3以上，由于其液缸体积小，清洗和更换溶剂十分方便，特别适用于梯度洗脱。工作时柱塞往复频率高，每分钟达数十到上百次，因此对柱塞材料、密封环的耐磨性及单向阀的刚度和精度要求较高。液缸采用不锈钢材料，单向阀的阀球、阀座和柱塞则采用人造红宝石材料，密封环采用聚四氟乙烯-石墨材料，密封性能良好。

单柱塞往复泵的主要缺点是输出液流有脉动，可在泵出口与色谱柱入口之间安装一个脉动阻尼器来减少脉动。脉动阻尼器的种类很多，最常见和最简单的脉动阻尼器是将内径0.2～0.5mm、长约5m的不锈钢管绕成螺旋状，利用其挠性来阻滞压力和流量的波动，起到一定的缓冲作用。为了便于清洗和更换流动相，阻尼器的体积应尽可能小。但最有效的办法是采用多头泵供液。连接方式可分为并联式和串联式，一般说来并联泵的流量重现性较好(RSD为0.1%左右，串联泵为0.2%～0.3%)，但出故障的机会较多，价格也较贵。

4）隔膜式往复泵

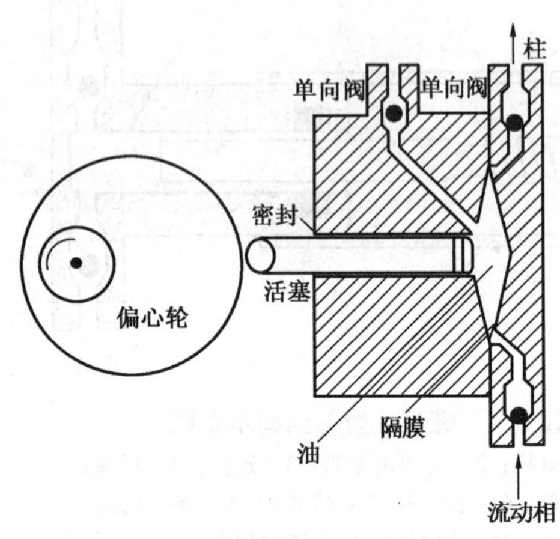

图5.6　隔膜式往复泵结构示意图

传统柱塞泵中，由于柱塞与溶剂接触，更换流动相时原溶剂残留现象比较突出，采用隔膜泵则可有效避免。隔膜型往复泵也是靠柱塞的往复运动实现输液和吸液，但柱塞不直接与流动相接触，而是通过压缩传动油，引起具有弹性的不锈钢或碳氟聚合物膜挤压泵头中的液体输出流动相，其名称由此而来，结构原理图见图5.6。一块隔膜将泵缸分为两部分，一部分充满了油，另一部分充满了流动相。柱塞与油接触，当柱塞往复运动时，隔膜受到油压的作用，对流动相部分产生“吸引”或“推压”，使流动相部分的单向阀吸液或排液，从而获得稳定的液流。隔膜型往复泵也是一种恒流泵，通过调节泵活塞的冲程即可进行流量调节，通常可以达到0～10mL/min。

由于隔膜泵往复运动的柱塞只与隔膜接触而不与流动相接触，故不存在活塞密封垫磨损对流动相的污染，而且可以通过加润滑油使活塞润滑性提高，减少高速驱动时的磨损。隔膜泵的死体积小(约0.1mL)，因此，更换流动相后平衡快，有利于梯度洗脱。隔膜泵的缺点是结构比较复杂，价格较贵，和单柱塞机械往复泵一样，输出液流也有脉动，也需要配置阻尼装置来消除脉动。

5)双柱塞往复泵

单柱塞往复泵的主要缺点是输出液流的脉动大，采用双柱塞往复泵可有效减小液流的脉动。按照柱塞和输液的流路结构，双柱塞往复泵又可分为并联式和串联式两种。

① 双柱塞往复式并联泵：

双柱塞往复式并联泵结构如图5.7(a)所示，采用两个凸轮或一个凸轮，两个泵头并联使用，凸轮相差180°。用同步电机或变速直流电机驱动精心设计的凸轮，凸轮再推动两柱塞作往复运动。因设计的相位相差180°，凸轮短半径端所对应的柱塞向外伸，使该柱塞的下单向阀打开吸入流动相，与此同时，凸轮的长半径端所对应的另一柱塞被推入，使其上单向阀打开，并将流动相送至色谱柱。于是，凸轮驱动两柱塞交替伸缩，往复运动，使一个泵头输液，另一个泵头充液，获得的排液特性如图5.7(b)所示，即具有稳定的输出流量，这样就能有效避免单柱塞泵液流脉动的问题。

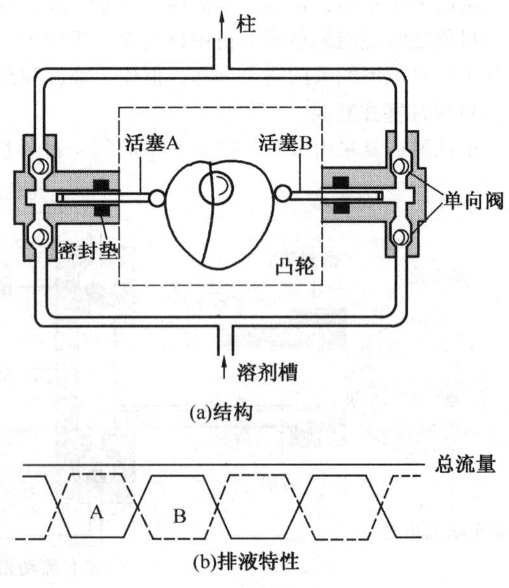

图5.7　双柱塞往复式并联泵

现在有的仪器已配备具有三个泵头的往复泵，一个偏心轮在三个方向(相差120°)同时驱动三个柱塞，使输出液流的脉动进一步减小。

岛津公司 Prominence LC－20A 系列高压泵中，LC－20AD 输液泵属于微体积双柱塞往复式并联泵，泵腔体积 10μL，流量设定范围 0.0001～10.0000mL/min，最大排液压力 40MPa，流量准确度 1%，见图 5.8。

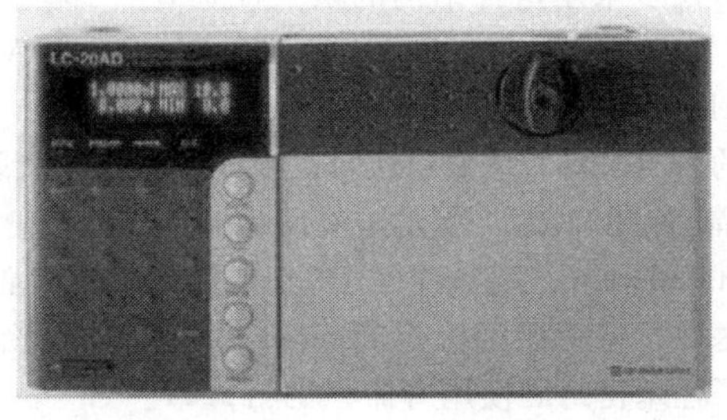

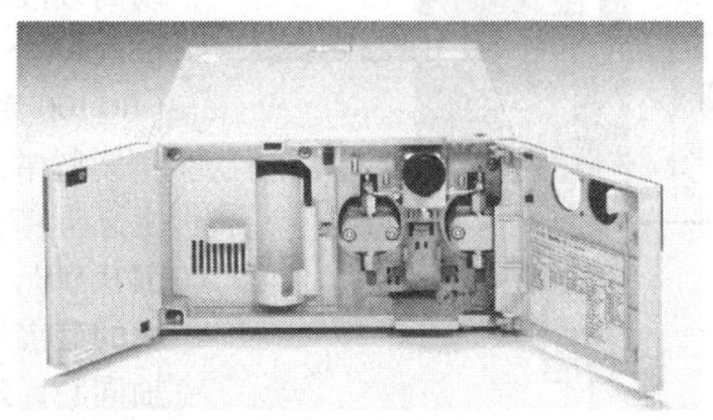

图 5.8　LC－20AD 输液泵

LC－20AD 输液泵采用自动脉冲校正机构和微柱塞的高速驱动，实现了超低脉冲输液，具有极低脉动性和低噪声的特点。输液泵每个泵头在柱塞的输出冲程中推动 10μL 流动相进入色谱柱，适合高灵敏度检测器（RF、CDD、LCMS、RID 等）使用，同时更适合梯度分析。双柱塞的往复式并联泵，由电动机带动一个偏心轮，在相位差 180°的相反方向，同时驱动两个柱塞，使一个泵头输液，另一个泵头吸交替完成，以减少流动相送液时的脉动现象。

LC－20AD 输液泵采用精密的固件设计可校正柱塞驱动的误差，其高精度步进电机使流量分辨率提高至 3nL/min，从而实现极宽的流量范围，最低可到 0.1μL/min，在不分流的情况下可实现极低的流量；在低流量范围内，能够保证极佳的流量准度和精度，对于二元高压梯度洗脱条件下，可以得到更好的保留时间重现性。LC－20AD 输液泵即使在 5mL/min 时也实现了 0.5% RSD 的重现性。采用 10μL 泵腔体积设计，可降低噪声，从而提高灵敏度。微冲程体积的脉动抑制效果见图 5.9。

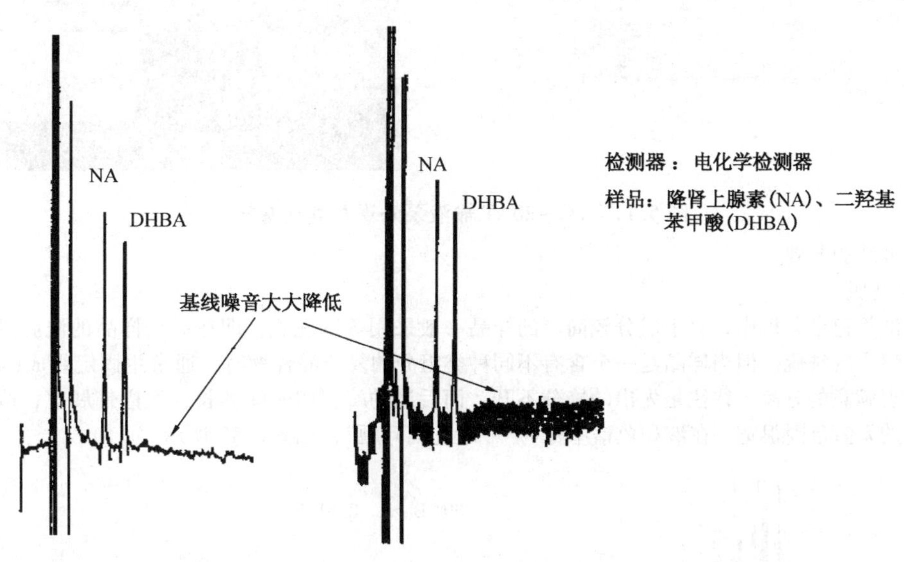

图 5.9　微冲程体积的脉动抑制效果

② 双柱塞往复式串联泵：

双柱塞往复式串联泵也有两个泵头，一个为主泵头，另一个为副泵头。串联泵的主泵头与副泵头的泵腔体积比为 2:1，采用一组单向阀设计，副泵头入口阀即为主泵头的出口阀，见图 5.10。

当主泵头排液时，副泵头吸液，主泵头排出的流动相一半被副泵头吸入，另一半则直接通过副泵头输出到色谱系统；主泵头吸液时，副泵头排液，副泵头将之前吸入的一半流动相送入色谱柱。以这种补偿式

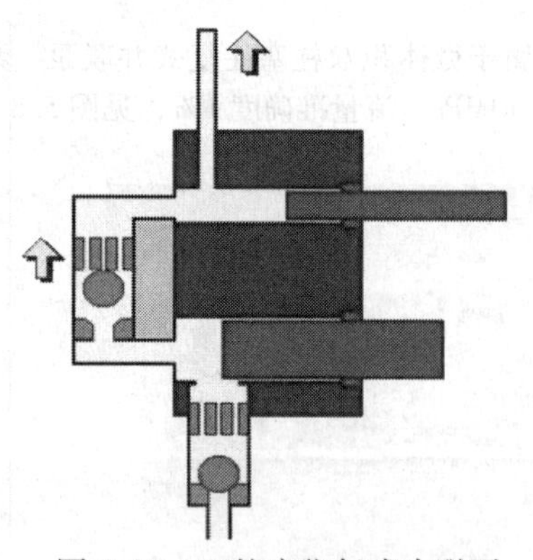

图 5.10 双柱塞往复式串联泵结构示意图

工作方式，主副泵配合可以有效降低输出液流的脉动。双柱塞往复式串联泵比并联泵少一组单向阀，降低了造价，减少了发生故障的机会，更换溶剂方便，易于清洗，很适合于梯度洗脱。全自动高效液相色谱仪多采用这种结构的泵。日立 L－7100 型、大连依利特分析仪器有限公司的 P230 型、岛津 LC－10AT、Agilent1100 系列采用串联式连接方式。

岛津公司的 LC－20AT 泵为双柱塞往复式串联泵，泵腔体积：主泵头 47μL、副泵头 23μL，最大排液压力 40MPa，流量设定范围 0.001～10.000mL/min，流量准确度 2%。使用新的切割工艺制成的蓝宝石柱塞杆，采用浮动机构支持柱塞，使柱塞与密封圈同轴同心，延长了柱塞密封圈使用寿命，见图 5.11。

1996 年 Waters 公司研制了 Alliance 高效液相色谱系统，其中 2690 分离单元对柱塞的驱动装置进行了改进，双柱塞拥有各自独立的线性驱动装置，构成的往复式串联泵，其性能优于常规的双柱塞往复式并联泵和双柱塞往复式串联泵。采用线性驱动装置实现了柱塞匀速直线运动，不用任何阻尼器或梯度混合器，可持续输出流量为 50μL/min～5.0mL/min 的稳定液流，流速重现性可达 ±0.075%。该分离单元使用全新设计的串联流路、独立的线性柱塞驱动装置、双压力传感器、精确的反馈数控软件，从而获得高准确度的流量输出，可在等度和梯度分析中呈现良好的重现性。

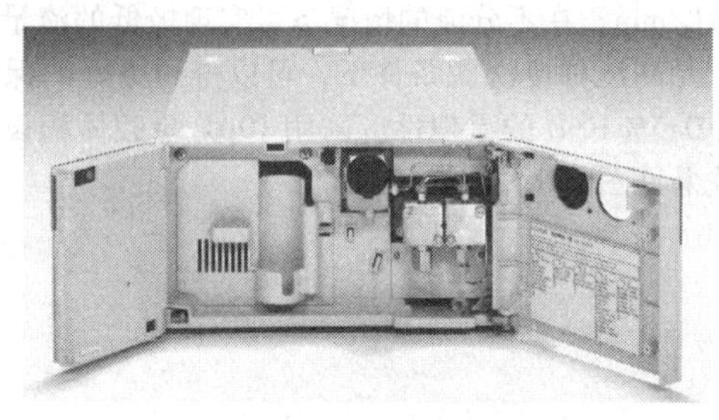

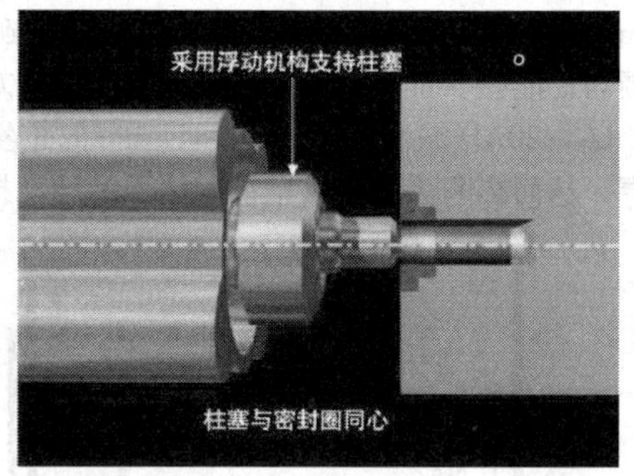

图 5.11 LC－20AT 输液泵外观及其柱塞杆

(2) 梯度洗脱装置

1) 梯度洗脱

在高效液相色谱分析中，对于成分较简单的样品一般采用等度洗脱，即在一个样品的洗脱过程中，溶剂组成保持恒定的洗脱。但当样品是一个含有不同种类组分的复杂混合物时，通常用固定组成(等强度)的溶剂难以实现满意的分离。往往是先出的峰分不开，而后出的峰保留时间太长，且谱带展宽，造成检测困难。即样品的 k 值范围很宽，在液相色谱中称为“一般洗脱问题”，如图 5.12 所示。

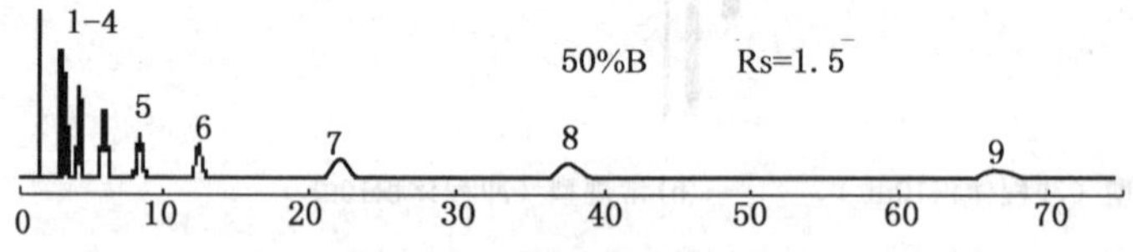

图 5.12 “一般洗脱问题”谱图

在这种情况下，为了得到最佳分离，使 k 值较小组分和 k 值较大组分都能获得良好峰形，就必须采用程序控制技术，改变分离过程中峰的移动速度，使每个组分都在最佳状态下洗脱出来。液相色谱的程序控制技术主要有：流速程序、温度程序、固定相程序和溶剂程序。溶剂程序就叫做梯度洗脱，是指在一个样品的分析过程中，溶剂组成(或溶剂强度)随洗脱时间按一定规律连续变化的洗脱。

对于图 5.12 所示的“一般洗脱问题”中若采用梯度洗脱，开始可用弱溶剂洗脱，使初始谱带 k 值增大，

在接近最佳 k 值范围内分离，使分离度提高。在洗脱过程中，溶剂组成不断变化，溶剂强度增大，使最后几个谱带的 k 值降低到最佳范围而使峰形变窄。这样，梯度洗脱方法使所有组分都以最佳平均 k 值通过色谱柱。因此，梯度洗脱可改善复杂样品的分离度，缩短分析时间，加快分析速度，改善峰形，减少拖尾，增加柱效，提高样品的检测灵敏度，利于痕量组分检测。

由于液相色谱中流动相组成对分离结果的影响非常明显。所以，在所有程序控制技术中，梯度洗脱是最实用、最有效的技术，能使非常复杂的混合物得到最佳的分离。

2）梯度洗脱曲线类型

梯度洗脱中一般采用二元(也可以是多元)溶剂 A 与 B，其中 A 为弱溶剂，B 为强溶剂，在洗脱过程中 A 与 B 的组成随时间变化。两种溶剂组成的梯度洗脱可按任意程度混合，即有多种洗脱曲线：线性梯度、凹形梯度、凸形梯度和阶梯形梯度。其中线性梯度最常用，尤其适合于在反相柱上进行梯度洗脱。对于初步分离中前半部峰重叠，后半部峰分离度过大，保留时间太长的情况，可选择线性梯度或凹形梯度；对于前半部分离良好，后半部峰重叠，可选择凸形梯度；前后两部分分离良好，中间部分峰重叠，可选择折线梯度。

3）梯度洗脱装置

梯度洗脱装置一般分为两种类型：低压梯度和高压梯度。

① 高压梯度装置

高压梯度又称为内梯度，是用高压泵将不同强度的溶剂增压后送入梯度混合器混合，然后送入色谱柱。

高压梯度装置由多台(2～3 台)高压泵、梯度程序控制器和混合器组成。每台泵输送一种强度的溶剂，由程序控制器控制各泵的流量，以改变混合流动相的组成。高压梯度装置一般只用于二元梯度，即用两个高压泵分别按设定的比例输送 A 和 B 两种溶剂至混合器，混合器是在泵之后，即两种溶液是在高压状态下进行混合的，其装置结构如图 5.13 所示。溶剂在高压下混合，混合器的设计十分重要。要求体积小，没有死角，便于清洗，混合效率高。

高压梯度装置的特点：可获得任意形式的梯度曲线，且精度较高；易于实现控制的自动化；使用多台高压泵，较为昂贵，故障率高，不适于多元溶剂。

HP1100HPLC 色谱仪的二元高压梯度系统如图 5.14 所示。

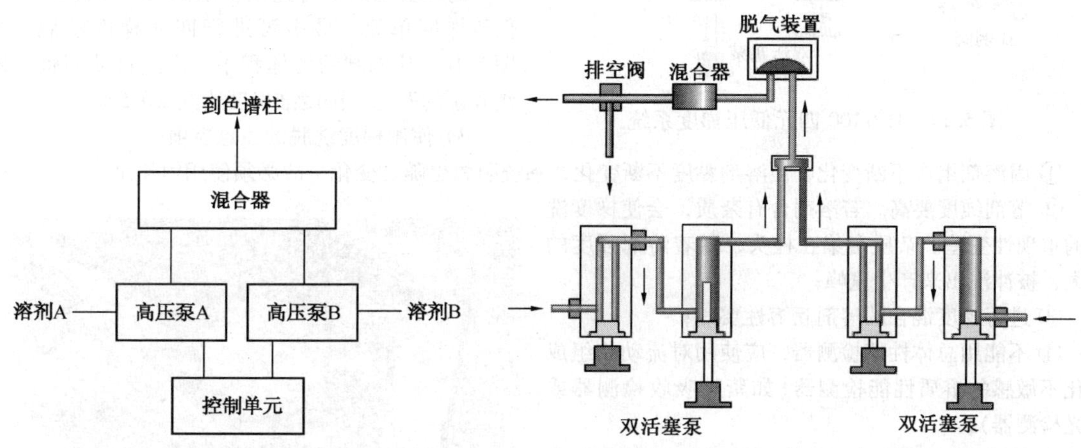

图 5.13 二元高压梯度装置示意图　　图 5.14 HP1100 二元高压梯度系统

LC－20AB 是内装两台 LC－20AD 输液系统的二元高压梯度输液单元，实现了节约空间的二元高压梯度系统。如图 5.15 所示。

② 低压梯度装置

低压梯度又叫外梯度，是在常压下，将若干种不同强度的溶剂按一定比例混合后，再由高压泵输入色谱柱。

现代低压梯度装置，采用可编程序控制器控制的自动切换阀(比例阀)，用一台高压泵来完成梯度操作，可实现三元或四元梯度供液。通过程序控制器控制切换阀的开关频率，可获得任意的梯度曲线。低压梯度装置只需一台高压泵，与等度洗脱输液系统相比，就是在泵前安装了一个比例阀，各溶剂的比例由各电磁阀的开启时间控制，溶剂按不同比例输送到混合器混合，混合好的流动相由高压泵送入色谱柱，如图5.16所示。因为比例阀是在泵之前，所以是在常压(低压)下混合，在常压下混合往往容易形成气泡，所以低压梯度通常配置在线脱气装置。

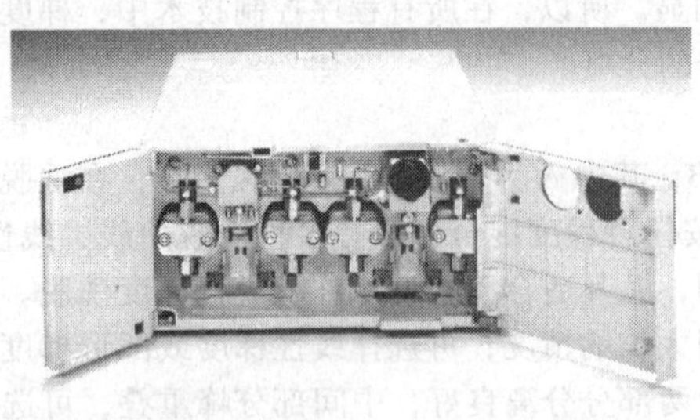

图5.15 LC－20AB二元高压梯度系统

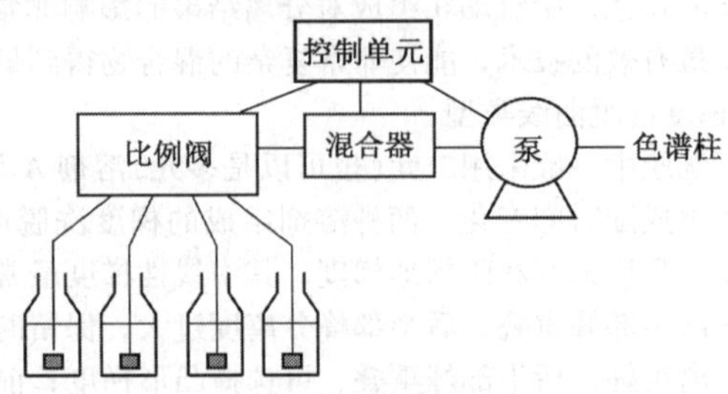

图5.16 四元低压梯度装置示意图

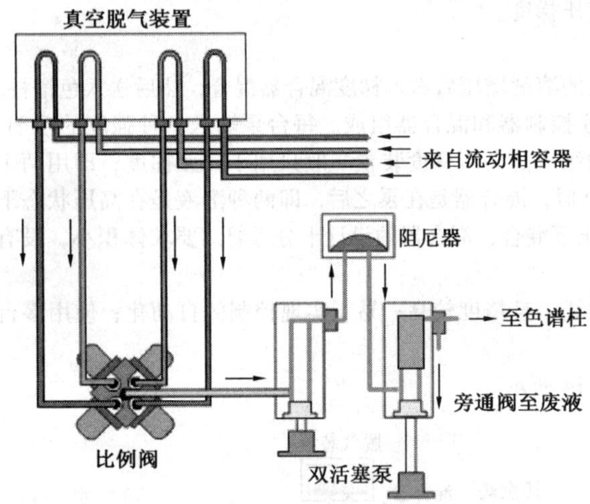

图5.17 HP1100四元低压梯度系统

低压梯度装置的特点：只用一台高压泵，成本低；可实现多元溶剂的梯度洗脱；梯度重现性好，精度高；低压下混合，可减少溶剂因混合发生的体积变化。

HP1100高效液相色谱仪用的是一台双柱塞往复式串联泵和一个高速比例阀构成的四元低压梯度系统，如图5.17所示。来自于四种溶液瓶的四根输液管分别与真空脱气装置的四条流路相接，经脱气后的四种溶液进入比例阀，混合后从一根输出管进入泵体。多元梯度泵的流路可以部分空置。

岛津公司提供可选购安装的LC－20AD/20AT低压梯度单元，最多可进行四元梯度洗脱，见图5.18。比例阀的死体积小，通过自动调整电磁阀和泵的匹配，浓度准确度达到±0.5%。

4）使用梯度洗脱的注意事项

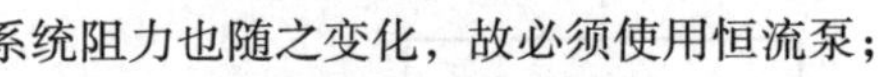

① 因溶剂组成不断变化，使溶剂黏度不断变化，系统阻力也随之变化，故必须使用恒流泵；

② 溶剂纯度要高。若溶剂含有杂质，会使梯度洗脱的重现性变差。杂质富集在柱头，随着溶剂强度的增大，被冲洗出来产生鬼峰；

③ 进行梯度混合的溶剂互溶性要好；

④ 不能用总体性能检测器，应使用对流动相组成变化不敏感的溶质性能检测器(如紫外吸收检测器或荧光检测器)；

⑤ 做完一次分析后，必须对色谱柱进行再生处理，即用起始流动相对色谱柱进行充分洗脱，使柱子恢复到初始状态。为缩短柱平衡时间，可使用反向梯度进行再生。

图5.18 LC－20AD/20AT低压梯度单元

(3) 溶剂的脱气

HPLC中所用的溶剂，在使用前必须进行脱气处理，否则，溶解在溶剂中的气体会在管道、高压泵或检测器中以气泡的形式逸出。逸出的气泡对检测器和高压泵的正常工作会有干扰，使基线不稳，噪音增大，溶解在流动相中的氧气，还可能与流动相、固定相或样品发生化学反应。故使用前必须仔细脱气，以除去溶剂中溶解的气体。

目前，液相色谱流动相脱气使用较多的是离线超声波振荡脱气、在线惰性气体鼓泡吹扫脱气和在线真空脱气。

1）超声波脱气

将装有流动相的储液瓶放入超声波清洗槽中脱气 10～20min。这种方法脱气效果稍差，但比较简便，使用安全，方便，基本上能满足日常分析操作的要求，所以，目前仍广泛采用。

2）惰性气体鼓泡吹扫脱气

将气源（钢瓶）中的气体（氦气）缓慢而均匀地通入储液瓶的流动相中，因氦气的溶解度比空气低得多，故氦气分子可将其他气体分子置换和顶替出去，而它本身在溶剂中的溶解度又很小，微量氦气所形成的小气泡对检测无影响。此法脱气效果较好，适用于所有溶剂，但氦气价格昂贵。

3）真空脱气

将流动相通过一段由多孔性合成树脂膜制造的输液管，该输液管外有真空容器，真空泵工作时，膜外侧被减压，分子量小的氧气、氮气、二氧化碳就会从膜内进入膜外而被脱除。图 5.19 是单流路真空脱气装置的原理图。一般的真空脱气装置有多条流路，可同时对多个溶液进行脱气。真空脱气法易使挥发性大的组分损失，不适于混合溶剂。

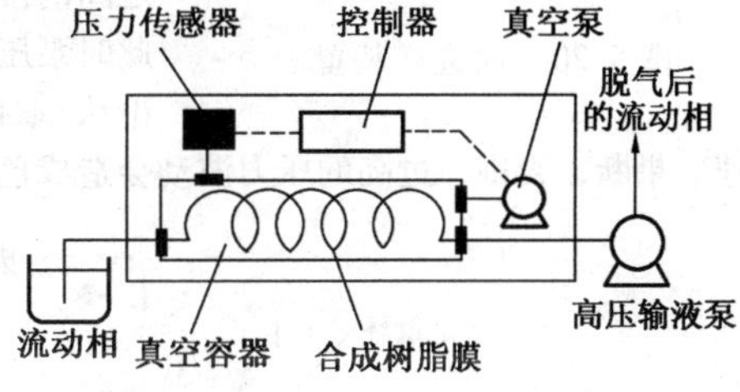

图 5.19　单流路真空脱气装置原理图

4）加热回流脱气

溶剂连续流过加热管，以除去溶解的气体。因气体在流动相中的溶解度随温度升高而降低，故可在加热流动相时逸出。此法简单，除气效果好，但操作不方便，易于引起着火或爆炸。

5.2.1.2　进样系统

进样系统是将分析试样定量引入色谱仪的装置，高效液相色谱仪对进样系统的要求如下：

① 耐高压，密封性好，不得出现泄漏、吸附、渗透等；

② 进样量精确，重现性好，死体积小；

③ 保证中心进样，由进样引起色谱峰扩张小；

④ 进样时系统压力、流量波动小；

⑤ 操作简便，可根据需要选择不同的进样量。

液相色谱分为注射器进样、阀进样、自动进样三种进样方式。

（1）注射器进样

与气相色谱类似，使微量注射器的针尖穿过进样器的弹性隔膜垫片，将样品以小液滴形式送到柱床顶端。

注射器进样对隔膜的要求很高，密封垫片必须能耐溶剂的化学侵蚀，且有一定的机械强度、有弹性、易穿透、能自动密封。常用的是硅橡胶材料，但它不适用于烷烃溶剂。氟橡胶材料能适用于烷烃溶剂，但不能用于丙酮、甲醇等溶剂。近年来采用硅橡胶表面黏覆一层聚四氟乙烯薄膜为隔膜材料，以适应各种溶剂。

注射器进样的特点：

① 将样品直接送到柱头填充床的中心，进样速度快，死体积几乎等于零，故峰形扩展小，柱效高；

② 结构简单，操作方便，进样量可灵活调整；

③ 操作压力不能太高。由于隔膜被针穿刺过的部分易泄漏，使这种进样器不能承受较高压力，另外高压下还易使注射器崩裂，故操作压力一般在 10MPa 以下。若压力较高，可采用停流进样，但保留时间不准确。

④ 进样重现性差，不能实现自动进样。

由于注射器进样存在一定局限性，现在已很少使用。

（2）阀进样

高压进样阀是现代液相色谱仪一种优良的进样装置，被普遍采用，由阀体、转子、定子、密封垫、定量管、手柄等组成。阀体用不锈钢制作，旋转密封部分由合金陶瓷材料制成，既耐磨，又具有良好的密封

图 5.20 阀进样装置

性。操作时，先将手柄转向取样位置，用平头微量注射器将样品常压注入定量管，然后将手柄迅速转动 60°到进样位置，样品立即被流动相带入色谱柱。阀进样装置见图 5.20。

阀进样的工作原理：当阀处于“取样”位置(LOAD)时，将样品充满定量管，但不与柱接通，多余样品从放空孔排出；然后将阀迅速旋转 60°，使阀处于“进样”位置(INJECT)，阀与液相流路接通，由高压泵输送的流动相流经定量管，将管中的样品送入色谱柱中。见图 5.21。

从上述过程中可以看出，当进样阀的手柄处于“取样”与“进样”之间的位置时，流路被完全隔断，在泵到色谱柱之间产生瞬时断流，此时泵压上升，柱压下降。转换完成后，柱压急剧上升。因此，无论从“取样”到“进样”，还是从“进样”到“取样”，手柄的转动一定要迅速、果断，否则，过高的压力波动会造成色谱柱的损坏。

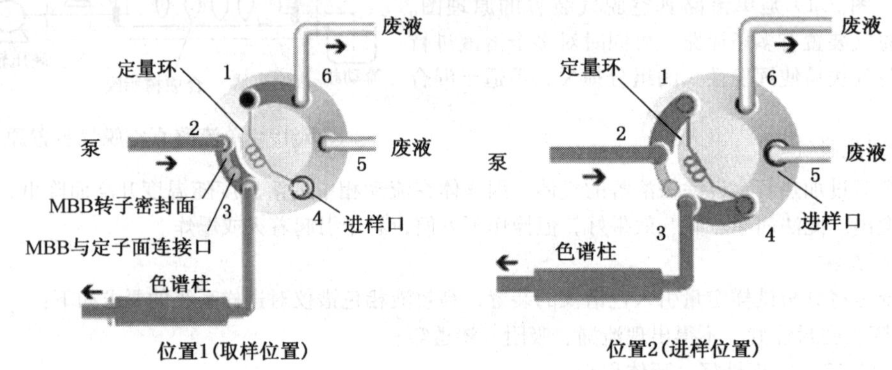

图 5.21 阀进样器原理

目前高效液相色谱仪上配备的手动进样阀大多采用美国 Rheodyne 公司的产品，典型的代表为 7725 和 7725(i)阀，见图 5.22。

7725(i)阀采用 MBB(Make Before Break)专利技术，使切换过程中流动相不间断流动，连续流过转子密封槽和 MBB 流路直到切换到位。这种独特的流路设计有效降低了阀切换时产生的压力波动，保护了色谱柱，提高了分离效果。见图 5.23 和图 5.24。

图 5.22 7725(i)手动进样阀

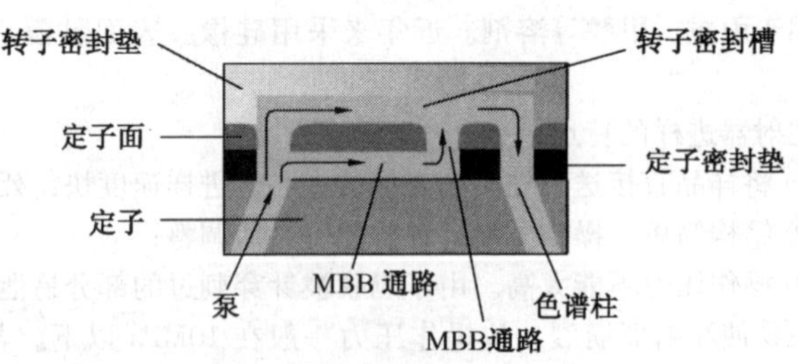

图 5.23 MBB 设计截面图

Rheodyne 公司的 XX25 系列进样阀可以有完全充满样品定量管和部分充满样品定量管两种方式取样和进样，故 XX25 系列进样阀又被称为可变进样体积进样阀。7725(i)阀进样精度达 0.1% ~1%，正常工作压力为 34MPa，调节压力按钮，最高工作压力可调至 48MPa，最高工作温度 80℃，使用寿命 3 万次以上。阀中内置传感器，可自动发出开始采样的电信号。

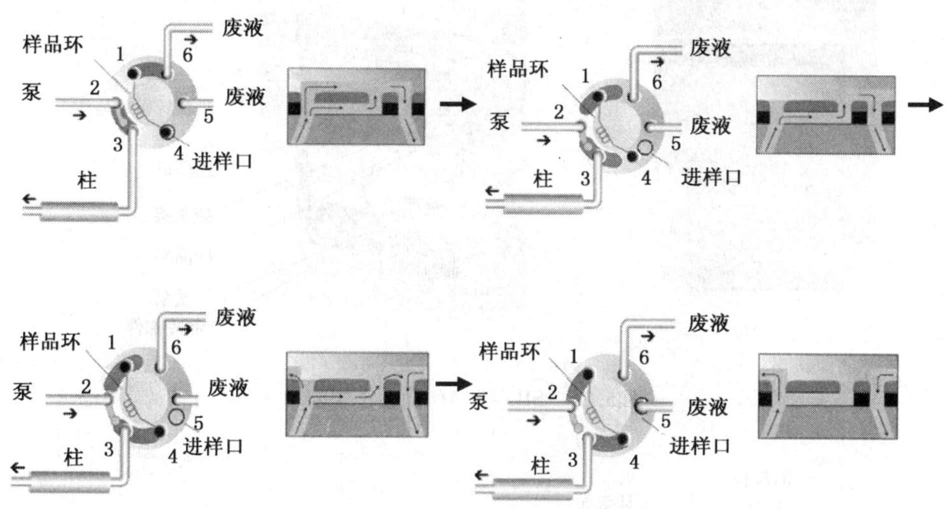

图 5.24　MBB 流路切换示意图

阀进样操作注意点：

① 进样应使用液相色谱专用平头进样针；

② 进样时，进样针应插到底；

③ 不使用时将针头留在进样器内；

④ 样品溶液 pH < 10 时，常用 Vespel 材质的密封垫（适于 pH < 10），否则换 Tefzel 或 PEEK 材质的密封垫（适于 pH 0 ~ 14）；

⑤ 清洗应使用专用进样口清洗器。

阀进样的特点：

① 能在高压下直接进样，不需停流。

② 进样量可变范围大，重现性好，分析、制备均适用。

③ 死体积大，容易引起峰形扩展，柱效比注射器进样下降约 10%。

（3）自动进样

自动进样器是由计算机自动控制定量阀，取样、进样、复位、清洗和样品盘转动等一系列操作全部按预定程序自动进行，操作者只需将样品按顺序装入贮样装置。该法适合于大量样品的分析，节省人力，可实现自动化操作。

岛津公司的 SIL - 20A/AC 自动进样器（图 5.25），进样量设定范围 1 ~ 2000μL（可选），标准配置 0.1 ~ 100μL，最高工作压力 20.0MPa，进样速度可达到 10s/10μL，有效缩短了分析周期，实现了高通量分析。依赖精密计量试样的高性能计量泵，进样精度高，进样量重复性 RSD < 0.2%（以 10μL 进样），保证了分析的重现性；采用全量进样方式，确保无样品损失。

使用经过特殊技术处理的进样针以及完善的进样针密封结构和流路部件材质，最大限度抑制试样的吸附，有效降低了交叉污染，交叉污染典型值 < 0.0035%。

进样器采用全封闭样品室设计，可有效避免光照射对样品的影响，确保样品性质的稳定性。SIL - 20AC 配备了带有除潮功能的冷却装置，温度设定范围 4 ~ 40℃，保证分析易分解样品、体内分析样品等组分时具有良好的准确性和重现性。采用精密的 XYZ 快速进样针驱动技术，运行故障率大大降低。

SIL - 20A/AC 自动进样器工作过程如下：

A. 待机（准备）

从贮液瓶传送的流动相，按顺序通过高压阀、定量环、采样针管、进样口，然后在到达分析色谱柱之前回到高压阀。低压阀连接出入口 4 和 5。

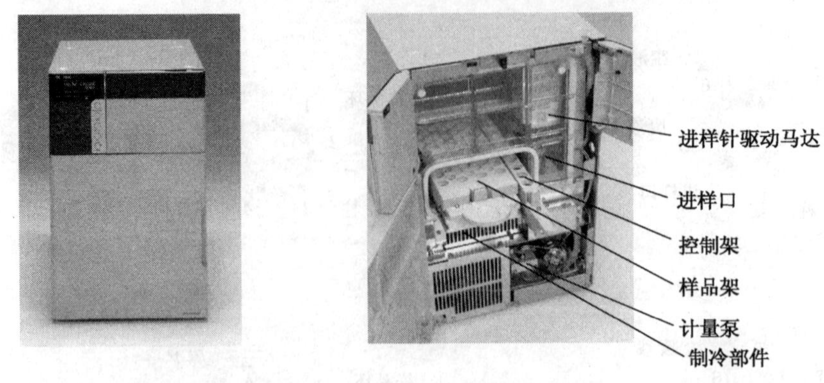

图 5.25　SIL－20AC 自动进样器

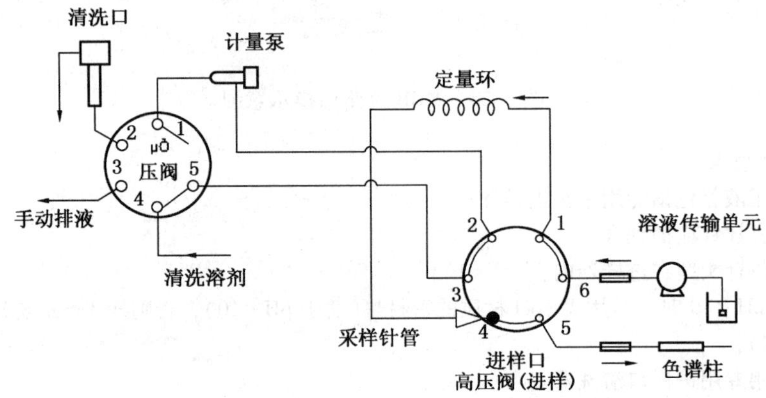

B. 释放流路中的压力

高压阀旋转到装入位置(顺时针方向 60°)，定量环流路中的高压样品环路流动相，按顺序通过采样针管、进样口、高压阀、计量泵、低压阀和清洗口，并释放定量环中的压力。

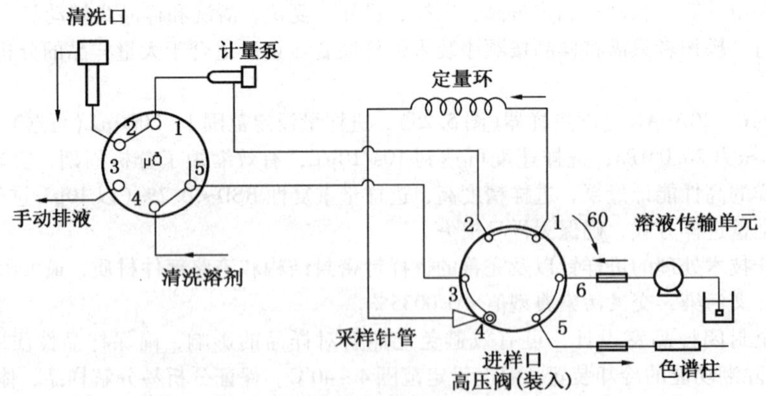

C. 清洗采样针管

采样针管插入到清洗口，在该位置，口内的清洗液清洗它的外表面。也可以设定自动进样器不执行清洗。此外，针管清洗泵(可选)可以用两种类型的清洗液来清洗。

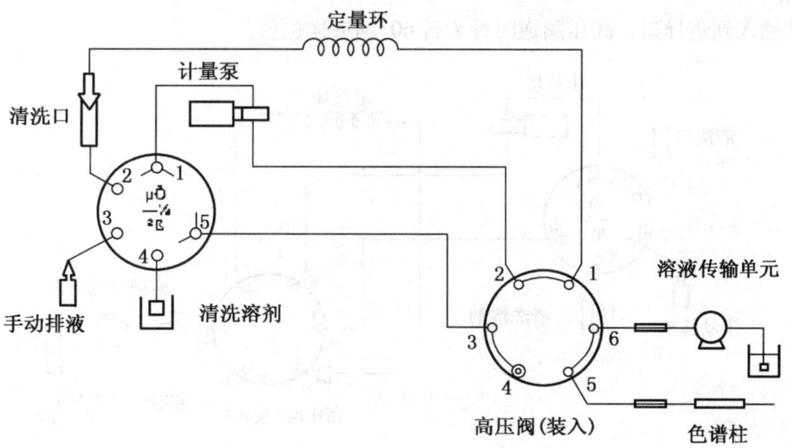

D. 样品吸入

低压阀顺时针旋转 30°，采样针管被插入到样品瓶中。然后计量泵将样品抽入采样针管。

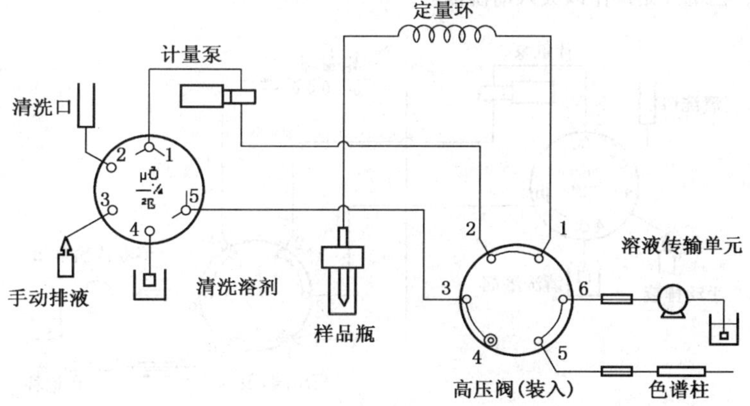

E. 清洗采样针管

采样针管插入到清洗口，在该位置，口内的清洗液清洗它的外表面。也可以设定自动进样器不执行清洗。通过针管清洗泵(可选)，可使用两种类型的清洗液来清洗。

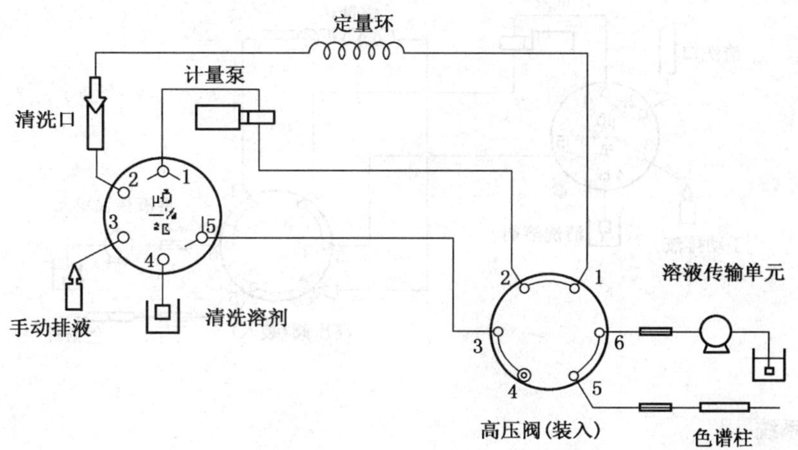

F. 分析开始

采样针管被插入到进样口，高压阀逆时针旋转60°到进样位置。

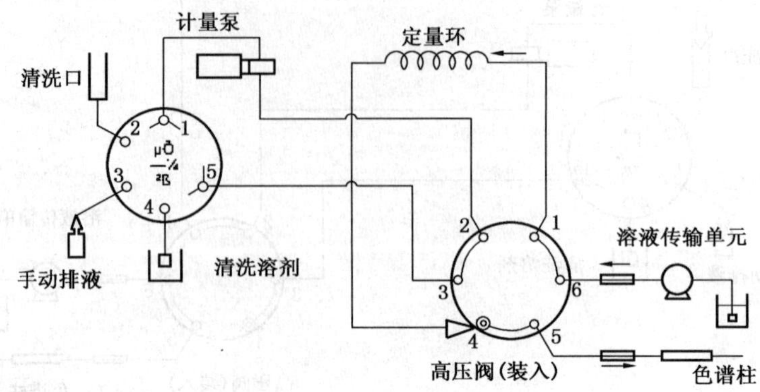

G. 测量流路的清洗(吸入清洗液)

低压阀逆时针旋转30°(出入口1和2连通)。当计量泵柱塞返回主位置后，低压阀顺时针旋转60°(出入口4和5连通)，柱塞开始操作以吸入清洗液。

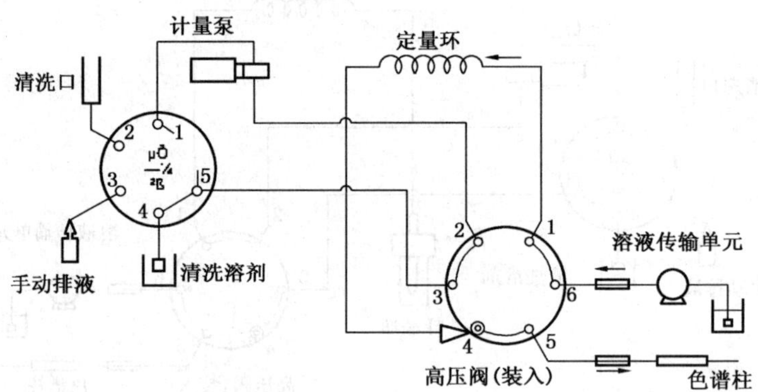

H. 测量流路的清洗(排出清洗液)

低压阀逆时针旋转60°(出入口1和2连通)，测量泵柱塞开始运转以将清洗液排出到清洗口。

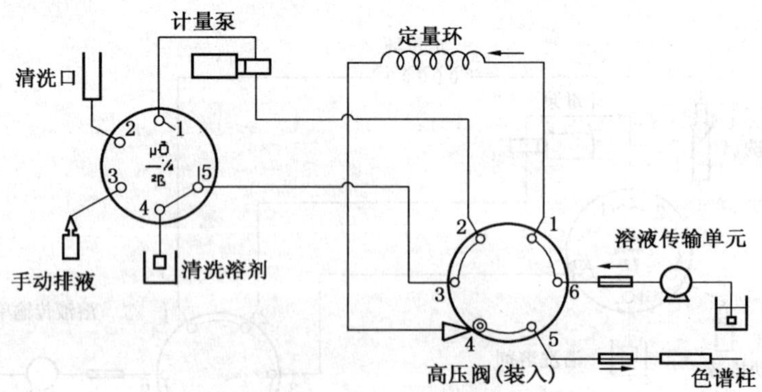

5.2.1.3 分离系统

分离系统主要指色谱柱，样品在此完成分离。色谱柱是色谱仪最重要的部件，称为色谱仪的“心脏”。

它的质量优劣直接影响分离效果。

对色谱柱的要求是：分离效率高、柱容量大、分析速度快、性能稳定。这些优良性能与柱结构、柱填料特性、柱填充质量和使用条件有关。

(1) 色谱柱的结构

1) 柱材料和柱形状

色谱柱由柱管、填料、压帽、卡套(密封环)、筛板(滤片)、接头、螺丝等组成。为了能耐高压、耐腐蚀，色谱柱均采用优质不锈钢制作。不锈钢柱的内壁必须经过精细的抛光处理。管内壁若有纵向沟槽或表面不光洁，会影响色谱过程，引起谱带展宽，使柱效下降。色谱柱两端的柱接头内装有筛板，是烧结不锈钢或钛合金，颗粒的间隙即为筛板的孔，筛孔应小于填料的直径，以防止填料漏出。一般5μm粒径的填料，可用2μm孔径的筛板。

液相色谱一般使用直形柱，色谱柱结构示意图见图5.26。

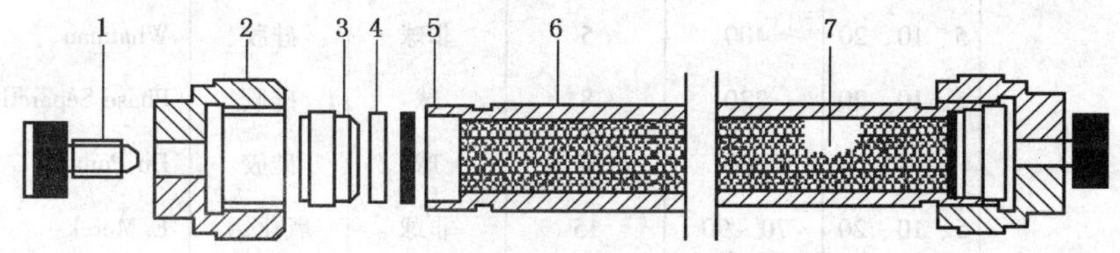

图5.26　色谱柱结构示意图

1—塑料保护堵头；2—柱头螺丝；3—刀环；4—聚四氟乙烯O形圈；5—筛板；6—色谱柱管；7—填料

2) 柱尺寸

液相色谱柱按用途可分为分析型和制备型两类，尺寸规格如下：

① 常规分析柱(常量柱)，内径2~5mm(常用4.6mm，国内有4mm和5mm)，柱长10~30cm；

② 窄径柱(narrowbore，又称细管径柱、半微柱 semi-microcolumn)，内径1~2mm，柱长10~20cm；

③ 毛细管柱(又称微柱 microcolumn)，内径0.2~0.5mm；

④ 半制备柱，内径>5mm；

⑤ 实验室制备柱，内径20~40mm，柱长10~30cm；

⑥ 生产制备柱，内径可达几十厘米。

柱内径一般是根据柱长、填料粒径和折合流速来确定，目的是为了避免管壁效应。

柱长根据填料粒度大小来确定。现代色谱分析常用5~10μm的小颗粒填料，一般柱长为10~30cm。典型的液相色谱分析柱尺寸是内径4.6mm，长25cm。快速柱使用3μm填料，柱长仅为3~5cm。

对于填充优良的色谱柱，H与L无关。$n \propto L$，$R \propto \sqrt{L}$。故增加柱长可提高分离度，但分析时间也随之增加，柱压升高。因此，在分离度能符合要求的情况下，应尽量使用短柱，以达到快速分析和降低柱压的目的。

柱内径明显地影响柱效，这主要是因为柱内的径向扩散和管壁效应引起的。样品分子在柱内移动时，除了纵向(轴向)扩散外，还存在着分子的径向扩散，特别当流速低时，径向扩散更需考虑。如果柱的内径不够大，分子在流出柱子之前将扩散到管壁区，产生管壁效应。由于管壁区的填充情况不如柱中心均匀，且因摩擦流动相流速减慢，使纵向扩散比中心区快，使峰展宽，柱效下降。这种现象称为管壁效应。使用"无限直径"柱可以克服管壁效应，溶质分子在流出色谱柱以前不会到达管壁区。

(2) 色谱柱的填料

色谱柱填料即柱内起分离作用的固定相，填料的特性决定色谱柱的性能。填料的热力学性质影响色谱柱的选择性；填料的动力学性质或填料的结构特点，如颗粒的大小、形状、均匀性、表面积、孔径、孔体积等影响柱效。现代液相色谱的发展主要是由于柱填料的发展而发展起来的。

目前，HPLC分析中常用的填料主要是薄壳型和全多孔微粒型。薄壳型填料传质速度快，有较高的柱效和分析速度，对大分子有突出的分离效能，但比表面积小，柱容量低。全多孔微粒型填料筛分范围小，粒度均匀，柱效高，柱容量大，应用最为普遍，一般采用的粒径为5μm。

表5.1和表5.2分别列出了部分常用的液-固色谱吸附剂和化学键合固定相。

表 5.1 液－固色谱常用吸附剂

商品名称	粒径/μm	比表面积/(m^2/g)	孔径/nm	形状	材料	供应者
YWG	5、7、10	300	6～8	非球	硅胶	青岛海洋化工厂
GYQG	3、5	300	10	球	硅胶	北京化学试剂所
LichrosorbSI－100	5、10、20	400	10	非球	硅胶	E. Merck
Lichrospher SI－100	3、5、10	250	10	球	硅胶	E. Merck
Micropak SI	5、10	500		非球	硅胶	Varian
μ－Porasil	10	300	10	非球	硅胶	Waters
Partisil	5、10、20	400	5	非球	硅胶	Whatman
Sperisorb－Si	5、10、20	220	8	球	硅胶	Phase Separation
Zorbax－sil	6～8	300	60	球	硅胶	Du Pont
Lichrosorb Alox	5、10、20	70～90	15	非球	氧化铝	E. Merck
Micropak Al	5、10	70～90		非球	氧化铝	Varian
Sphersorb Ay	5、10、20	95	15	球	氧化铝	Phase Separation

表 5.2 HPLC 常用化学键合固定相

类型		商品名称	官能团	粒径/μm	形状	供应者	备注
极性键合相	弱极性	LiChrosorb Diol	二醇基	10	非球	E. Merck	用于强极性化合物分离
		Nucleosil－NMe_2	二甲胺基	5、10	球	RSL(Belgium)	也可作弱阴离子交换剂，分离酸、酚
	中等极性	YWG－CN	氰基	10	非球	天津化学试剂二厂	8%碳含量
		Partisil－10PAC	氰基、氨基	10	非球	Reeve Angel	氰基:氨基＝2:1
		Zorbax CN	氰基	6	球	Du Pont	
	强极性	YWG－NH_2	氨基	10	非球	天津化学试剂二厂	
		LiChrosorbNH_2	氨基	5、10	非球	E. Merck	用于糖类和肽分析
		μ－BondapakNH_2	氨基	10	非球	Waters	9%键合量，pH2～8
非极性键合相	长链	YWG－C_{18}	C_{18}	10	非球	天津化学试剂二厂	
		LiChrosorb RP－18	C_{18}	5、10	非球	E. Merck	22%碳含量
		μ－Bondapak C_{18}	C_{18}	10	非球	Waters	10%碳含量
		Micropak CH	C_{18}	10	非球	Varian	聚合层，22%碳含量
		Partisil－ODS－1	C_{18}	5、10	非球	Reeve Angel	5%碳含量
		Nucleosil－C_{18}	C_{18}	5、10	球	RSL(Belgium)	15%碳含量
	短链	LiChrosorb RP－8	C_8	5、10	非球	E. Merck	13%～14%碳含量
		Nucleosil－C_8	C_8	5、10	球	RSL(Belgium)	15%碳含量
		YWG－C_6H_5	苯基	10	非球	天津化学试剂二厂	7%碳含量

(3) 色谱柱的填充

高效液相色谱柱的获得，主要取决于柱填料的性能，但也与柱床结构有关，而柱床结构直接受填充技术的影响。柱填充的根本目的是得到一个均匀、紧密的床层，以获得高柱效。

液相色谱柱填充方法有干法和湿法两种：

1) 干法装柱

填料粒径大于 20μm 时，可用干法填充。将柱管竖直放置，分小批逐渐加入填料，每次加入填料时，同时将柱子振动，或者在旁侧敲击，直至装满为止。

2) 湿法装柱

粒度小于 20μm 的填料，不宜用干法填充。如普遍应用的 5～10μm 填料，因具有很高的表面能，细小颗粒间存在相互聚集的倾向，干法装填，易黏附于管壁，装填不均匀，不能获得高柱效，此时，需要湿法装填。

湿法也叫匀浆法，即以一合适的溶剂(或混合溶剂)作为分散介质，经超声波处理，使填料微粒在介质中高度分散并呈悬浮状态，形成匀浆。然后，用加压介质在高压下将匀浆压入柱管中，制成具有均匀、紧密填充床的高效柱。湿法装柱装置见图 5.27。

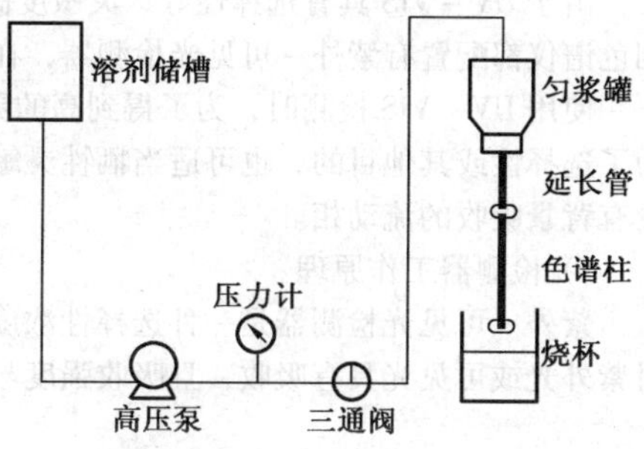

图 5.27　湿法装柱示意图

(4) 色谱柱的连接

色谱柱通过连接管与色谱柱系统连接起来。在两端的柱接头内安装上烧结不锈钢过滤片。柱下端的滤片是为了挡住填料，防止柱填充物进入检测器或堵塞管道。柱上端的滤片既可防止填料倒出，又可保护柱床层进样时不被破坏。滤片的孔隙度要小于填料粒度。

柱接头和连接管除了能耐腐蚀、耐高压和接口密封性良好之外，非常重要的是要求孔体积尽可能的小，以减少柱外峰扩展。连接管一般采用窄孔(内径为 0.13mm)的厚壁(1.5～2.0mm)不锈钢管，且尽可能的短，以减少柱外死体积。

(5) 保护柱

一般在分析柱前面有一个前置柱，其中的装填物与分析柱相同，其作用是收集、阻断来自进样器的机械或化学杂质，以保护和延长分析柱的使用寿命，该柱称为保护柱。保护柱应尽可能短，以免引起谱带扩展，一根 1cm 长的保护柱就能起到充分的保护作用。

(6) 柱温控制

在高效液相色谱分析中，柱温一般为室温或接近室温，但适当提高柱温可以改善传质，提高柱效。尤其在现代液相色谱分析中，人们对分析结果的准确度和精密度的要求越来越高，柱温的控制日益受到人们的重视。要求柱箱温度范围宽，对温度控制精确。

5.2.1.4　检测系统

检测器是色谱仪的三大关键部件之一，是用于连续监测柱后流出物组成和含量变化的装置，其作用是将色谱柱中流出的样品组分含量随时间的变化，转化为易于测量的电信号。理想的 HPLC 检测器应具有灵敏度高、重现性好、响应快、线性范围宽、死体积小等特性。常用的液相色谱检测器有紫外吸收检测器、荧光检测器、示差折光检测器、电化学检测器等。对它们的要求和性能指标与气相色谱检测器基本相同。

液相色谱检测器分类方法很多，按检测器性质可分为总体性能检测器和溶质性能检测器；按测量信号性质可分为浓度型检测器和质量型检测器；按用途可分为通用型检测器和选择性检测器等。

总体性能检测器：连续测定柱后流出物(溶剂 + 溶质)总体特性变化的检测器，如示差折光检测器，类似于气相色谱仪中的热导池检测器 TCD。

总体性能检测器测量的是任何液体都存在的物理量，故适用范围广。但它对溶剂本身有响应，故受温度变化、流量波动等因素的影响，造成较大的噪声和漂移，灵敏度低，不适于痕量分析，且不能用于梯度洗脱。

溶质性能检测器：只对流动相中溶质的物理性质变化有响应，对流动相无响应。如紫外 - 可见光检测器。

这类检测器灵敏度高，受外界影响小，并且可用于梯度洗脱操作。

(1) 紫外－可见光检测器(Ultraviolet－visible Detector，UV－VIS)

紫外－可见光检测器，又称紫外吸收检测器、紫外光度检测器，或直接称紫外检测器，是基于某些物质对紫外光或可见光的吸收能力不同而制成的检测器。由于很多有机分子都具有紫外或可见光吸收基团，有较强的紫外或可见光吸收能力，因此 UV－VIS 有很广泛的应用范围，既可测 190～350nm 范围(紫外光区)的光吸收变化，也可向可见光范围 350～700nm 延伸。

紫外－可见光检测器对环境温度、流速、流动相组成等的变化不是很敏感，可用于梯度洗脱。

由于 UV－VIS 具有选择性好、灵敏度高、噪声低等优点，在高效液相色谱中应用最广，几乎所有的液相色谱仪都配置有紫外－可见光检测器，在各种检测器中，其使用率约占 70%。

使用 UV－VIS 检测时，为了得到高的灵敏度，常选择被测物质能产生最大吸收的波长作检测波长，但为了选择性或其他目的，也可适当牺牲灵敏度而选择吸收稍弱的波长，另外，应尽可能选择在检测波长下没有背景吸收的流动相。

1) 检测器工作原理

紫外－可见光检测器是一种选择性浓度型检测器，其工作原理是基于 Lambert－Beer 定律，即被测组分对紫外光或可见光具有吸收，且吸收强度与组分浓度成正比。

$$I = I_0 e^{-\varepsilon Lc} \tag{5.14}$$

式中 I_0——入射光强度；

I——透射光强度；

ε——摩尔吸光系数；

L——光程；

c——组分的物质的量浓度。

透光率 T 表示为

$$T = \frac{I}{I_0} = e^{-\varepsilon Lc} \tag{5.15}$$

吸光度 A 表示为

$$A = \lg\frac{1}{T} = \varepsilon Lc \tag{5.16}$$

2) 检测器分类

紫外－可见光检测器按波长来分，分为固定波长和可变波长两类。固定波长检测器又有单波长和多波长两种；可变波长检测器主要分为色散型检测器和光学多道检测器两种。

① 固定波长紫外吸收检测器

单波长紫外吸收检测器由光源、滤光片、流通池、光电倍增管、高阻等组成，结构示意图见图 5.28。

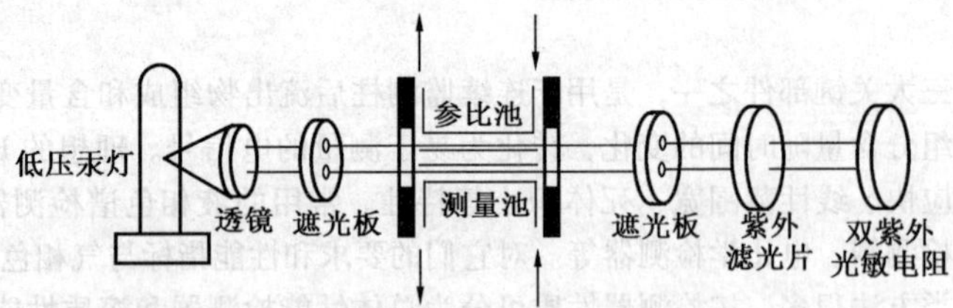

图 5.28 单波长紫外吸收检测器结构示意图

单波长紫外吸收检测器通常采用低压汞灯作光源，低压汞灯发射出 254nm 的紫外光，经准直镜、再经遮光板分为一对平行光束分别进入流通池的测量池和参比池。经流通池吸收后的出射光，经过遮光板、出射石英棱镜及紫外滤光片，只让 254nm 的紫外光被光电管接收。若两流通池通过纯的均匀溶剂，它们在紫外波长下几乎无吸收，光电管上接收到的辐射强度则相等，无信号输出；当组分进入测量池时，吸收一定的紫外光，使两光电管接收到的辐射强度不等，这时有信号输出，输出信号的大小与组分浓度有关。检测原理如下：

进样前，流通池中只有纯溶剂：$I_{0测} = I_{0参}$，$c_{测} = c_{参}$，$I_{测} = I_{参}$，$A_{测} = A_{参}$

光电倍增管产生的光电流相等：$i_{测} = i_{参}$

在高阻上产生的压降相等，但方向相反，输出信号为零，走基线。

进样后，样品通过测量池，而参比池仍为流动相，无紫外吸收，而测量池中的样品有紫外吸收，则

$$I_{0测} \neq I_{0参},\ I_{测} < I_{参},\ A_{测} > A_{参},\ i_{测} < i_{参}$$

在高阻上产生的压降不等，有信号输出。

大多数芳香族化合物及含 C═O、C═N、—N═N—等结构的化合物在 254nm 有强吸收，可用此类检测器测定。

单波长紫外吸收检测器结构紧凑、造价低廉、操作维修方便、灵敏度高，但只能测定对 254nm 波长光有吸收的物质，限制了其使用范围。

多波长紫外吸收检测器一般采用多波长光源，如中压汞灯，包含有 254nm，280nm，313nm，334nm，365nm 等不同波长的光。采用氘灯或氢灯，在 200 ~ 400nm 范围内有较好的连续光谱，通过一组滤光片选择所需要的工作波长，仪器操作更加灵活，提高检测器线性和选择性。多波长紫外吸收检测器的光路与单波长式基本一致，由于采用多波长光源，在某个波长的能量分配不大，因而比单波长紫外吸收检测器略低。

② 可变波长紫外 - 可见光检测器

固定波长紫外吸收检测器提供的检测波长单一，通常不能按照被测样品的紫外吸收特性任意选择工作波长，有时不能满足实际工作中对样品检测的要求，而可变波长紫外 - 可见光检测器弥补了这一不足。

可变波长紫外 - 可见光检测器相当于装有流通池的紫外 - 可见分光光度计，光路图见图 5.29。光源采用氘灯/钨灯，波长范围 190 ~ 800nm，紫外区用氘灯，可见区用钨灯。光源发出的光经聚光镜聚焦，由滤光片滤去杂散光，再经反射镜到达光栅，色散成不同波长的单色光。选择某一特征波长的光作为入射光，通过分光器交替照射流通池的测量池和参比池，透过光同步交替到达测量光电二极管与参比光电二极管产生电信号，由测量光电二极管与参比光电二极管的信号差获得样品的检测信息。

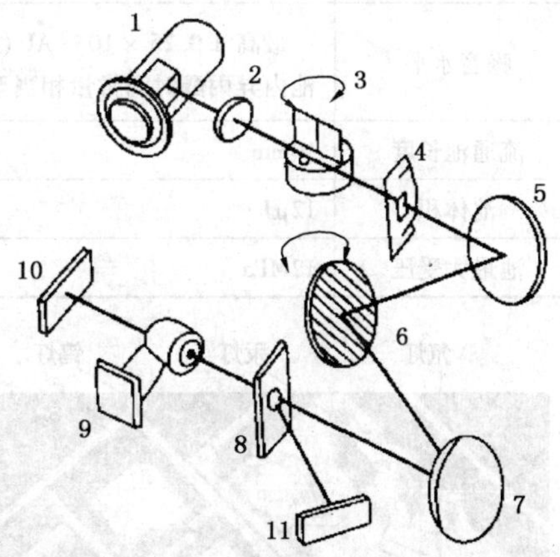

图 5.29　可变波长紫外 - 可见光检测器光路结构示意图

1—氘灯；2—聚光透镜；3—可旋转组合滤光片；4—入口狭缝；5、7—反射镜；6—光栅；8—光分束器；9—流通池；10、11—光电管

可变波长紫外 - 可见光检测器波长范围宽，以光栅作单色器，可得到任意波长的单色光，使仪器的选择性得到提高，进一步扩大了适用范围。实际应用中，可以选择样品的最大吸收波长作为检测波长，提高检测灵敏度；也可以选择在溶质有强吸收而基质无吸收的波长下进行检测，有效提高分析的选择性。梯度洗脱时，选择在流动相改变而其吸光度不变的波长下进行检测。

紫外 - 可见光检测器的灵敏度很高，许多功能团在紫外区具有很高的摩尔吸收系数，采用可调波长的氘灯作光源，在组分的最大吸收波长处进行检测，其检测灵敏度可达 0.002AUFS（满刻度吸收单位），最小检测量为几个纳克。

上述可变波长紫外 - 可见光检测器，在某一时刻只能采集某一特定波长的吸收信号，由于光谱扫描速度较慢，一次分析只能得到一个波长下的色谱图，不能进行随峰扫描。

随着计算机技术的发展，检测器的功能也得到不断开发，如增加了波长程序、多波长测定、比例色谱等功能。

3）紫外 - 可见光检测器的特点

① 灵敏度高。如对蒽的检测限可达 3.5×10^{-10}g/mL。

② 具有一定的选择性。对无紫外吸收的饱和烃及有关衍生物无响应。

③ 受操作条件变化和外界影响小，对环境温度、流速、流动相组成等的变化不太敏感，适用于梯度洗脱。

④ 线性范围宽，可达 10^5。

⑤ 结构简单，使用维修方便。

SPD－20A/20AV 紫外－可见光检测器主要性能列于表 5.3，光学系统及光路图见图 5.30。

表 5.3　SPD－20A/20AV 紫外－可见光检测器主要性能

项　目	SPD－20A	SPD－20AV
光源	氘灯、汞灯(用于波长精确度检查)	氘灯、钨灯和汞灯(用于波长精确度检查)
波长范围	可消除二级衍射的 190～700nm 截止滤光片自动激活范围为 371～700nm。	190～900nm 可消除二级衍射的 190～700nm(氘灯)、371～900nm(钨丝电灯泡)截止滤光片自动激活范围为 701～900nm
光谱带宽度	8nm	
波长准确度	±1nm	
波长重现性	±0.1nm	
漂移	1×10^{-4} AU/h(250nm，室温恒定，池内异丙醇)最大 3×10^{-4} AU/h(250nm，室温恒定，池内异丙醇)。	1×10^{-4} AU/h(250nm、600nm，室温恒定，池内异丙醇)最大 3×10^{-4} AU/h(250nm、600nm，室温恒定，池内异丙醇)。
噪音水平	最高 $\pm0.25\times10^{-5}$ AU(250nm，室温恒定，池内异丙醇时间常量相当于 2s)。	最高 $\pm0.25\times10^{-5}$ AU(250nm、600nm，室温恒定，池内异丙醇，时间常量相当于 2s)
流通池长度	10mm	
池体积	12μL	
池最大受压	12MPa	

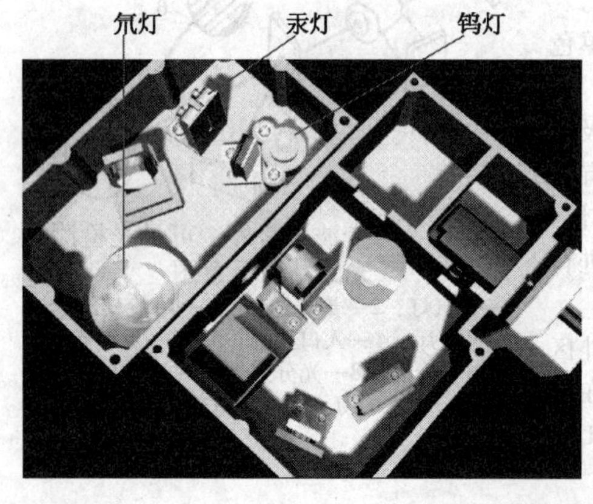

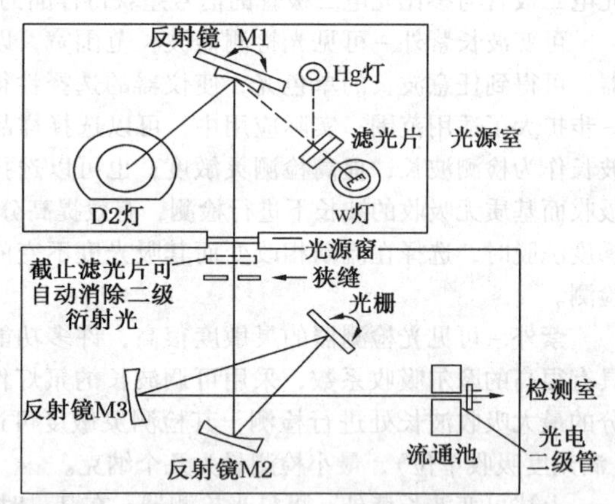

图 5.30　SPD－20AV 的光学系统及光路图

SPD－20A/20AV 紫外－可见光检测器内置低压汞灯，可进行波长校准。常规紫外检测器仅利用氘灯的两条特殊谱线 486.0nm 和 656.1nm 锐线波长处进行校正，但在 200～300nm 波长范围内没有进行校正。在实际分析应用中，用户更多的是选择 200～300nm 区域。岛津标准配置低压汞灯，在 253.7nm 波长处进行短波校正，保证了低波长范围内的波长准确性。波长校正在仪器开机自检过程中自动完成。

SPD－20A/20AV 紫外－可见光检测器标准配备温控池，可缓冲室温变化，使基线稳定，提高微量组分分析的可靠性，在室温发生变化时，也能保证基线平稳，从而保证检测的高灵敏度。

SPD－20A/20AV 紫外－可见光检测器还具有双波长测定、比例色谱、时间程序、停泵扫描四项功能。

① 双波长测定

用UV－VIS检测时，为了得到高的灵敏度，常选择被测组分能产生最大吸收的波长作检测波长，但为了选择性或其他目的也可适当牺牲灵敏度而选择吸收稍弱的波长，称之为最佳检测波长。

不同化合物的最佳检测波长是不一样的，对于复杂组分来说，很难在同一个检测波长下同时进行分析，以饮用水中农药残留检测为例，见图5.31。磺草灵在270nm处有最佳吸收，230nm处吸收很弱；环草隆、依普同在230nm处有最佳吸收，270nm处吸收很弱。若检测器没有双波长同时检测的功能，则需要在230nm、270nm波长处分别进样分析。通过双波长检测功能可以一次进样，对具有不同最佳吸收波长的复杂组分进行同时分析。

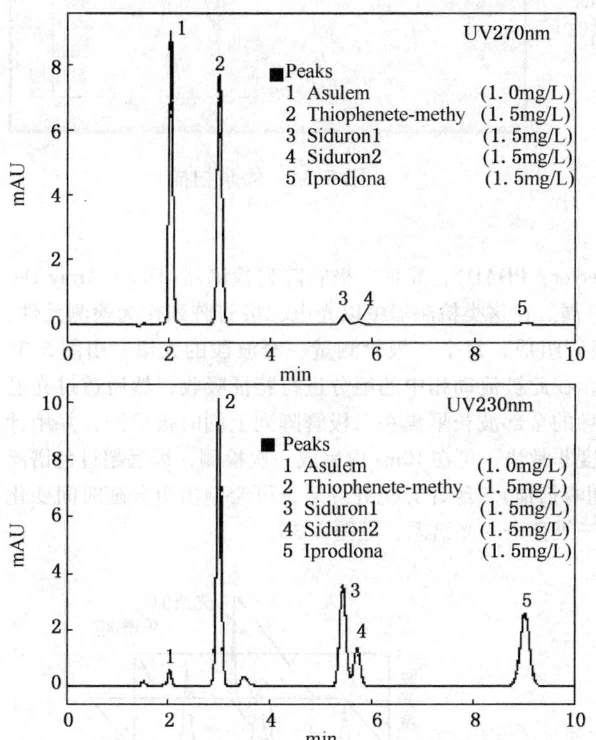

日本饮用水标准(2004年4月起实施)：

1. 磺草灵(asulam)
2. 甲基硫菌灵(thiophanate-methyl)
3. 环草隆1(siduron)
4. 环草隆2(siduron)
5. 依普同(iprodione)

分析条件：

色谱柱：Shim-pack VP-ODS (150mm×4.6mm i.d.)

流动相：乙腈+50mmol/L KH_2PO_4 (pH3.0)=55∶45

流速：1.0mL/min

柱温：40℃

检测器：SPD-20A，检测波长230nm，270nm

进样量：10μL

图5.31　饮用水中4种农药残留双波长分析

双波长同时测定功能提高了多组分样品分析的效率，并且可以测定比例色谱，进行峰纯度分析。SPD－20A/20AV通过光栅的快速切换实现双波长检测，即使在双波长检测的条件下，灵敏度也没有损失。

② 比例色谱

采用双波长吸光度之比的比例色谱图，可以发现杂质、获得峰纯度信息。比例高度为成分固有值，与标准品的比例高度相比较，取得峰纯度的信息。如图5.32所示。

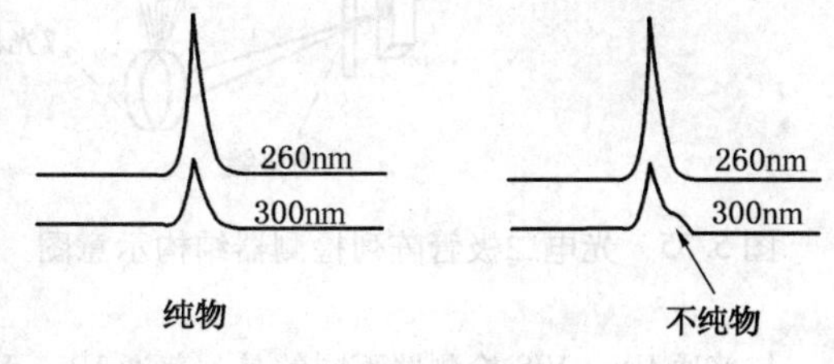

图5.32　比例色谱

③ 时间程序

时间程序也被称为波长编程、波长程序，在多组分样品分析时，采用时间程序可以使每一个化合物都能在最佳波长下得到检测，从而获得最高灵敏度。提高了多组分样品分析的效率。图5.33说明13种抗菌素分别在各自最佳吸收波长下测定的色谱图，根据各组分出峰时间选择相应波长，从而得到最高灵敏度。

④ 停泵扫描

停泵扫描即使待测组分停留在检测池内，进行光谱扫描，从而确定最佳吸收波长，见图5.34。适用于方法开发、确定化合物最佳吸收波长、未知成分鉴别等。

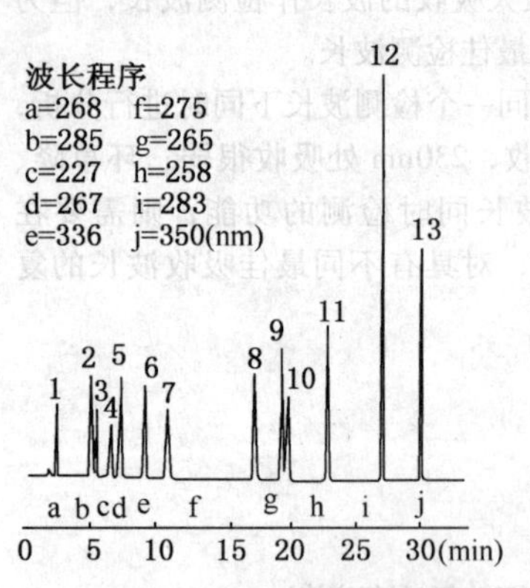

图 5.33 抗菌素的时间程序测定

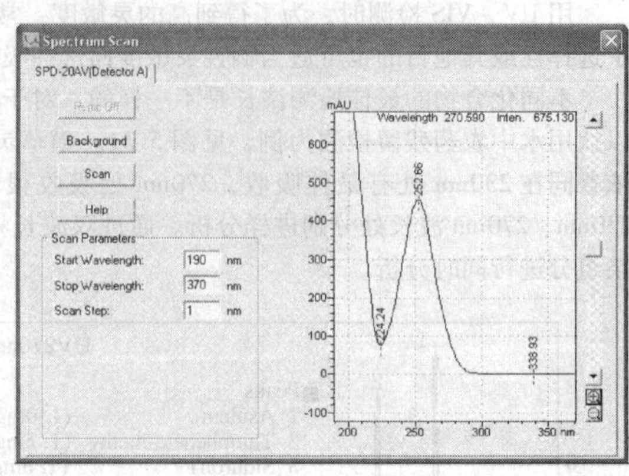

图 5.34 停泵扫描

（2）光电二极管阵列检测器

光电二极管阵列检测器(Photo - diode Array Detector，PDAD)，简称二极管阵列检测器(Diode Array Detector，DAD)，是紫外 - 可见光检测器的一个重要进展。在这类检测器中以光电二极管阵列作为检测元件，阵列由数百到上千(如 211、512、1024)个光电二极管组成，每个二极管测量一窄波段的光谱。由图 5.35 可见，光源发出的复合光经聚焦后照射到流通池上，在此被流动相中的组分进行特征吸收，然后透过光通过狭缝投射到光栅上进行分光，使所得含有吸收信息的全部波长聚焦在二极管阵列上同时被检测，并用计算机对二极管阵列快速扫描采集数据。由于扫描速度非常快，可在 10ms 内完成一次检测，远远超过色谱流出峰的速度，因此不用停流，可跟随色谱峰扫描(随峰扫描)。经计算机处理后，可绘制出组分随时间变化的光谱吸收曲线，即得到保留时间 - 吸光度 - 波长三维色谱 - 光谱图，见图 5.36。

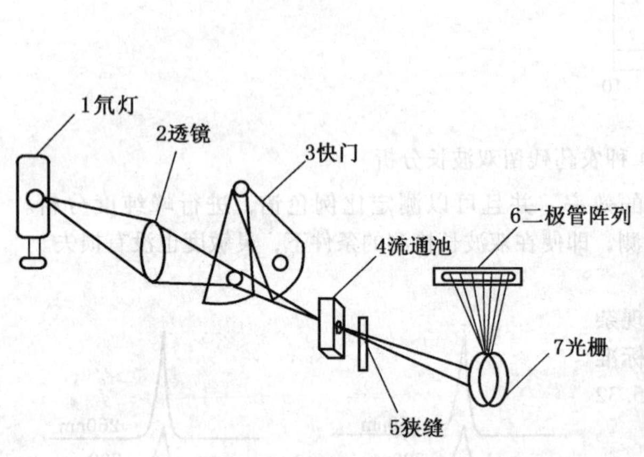

图 5.35 光电二极管阵列检测器结构示意图

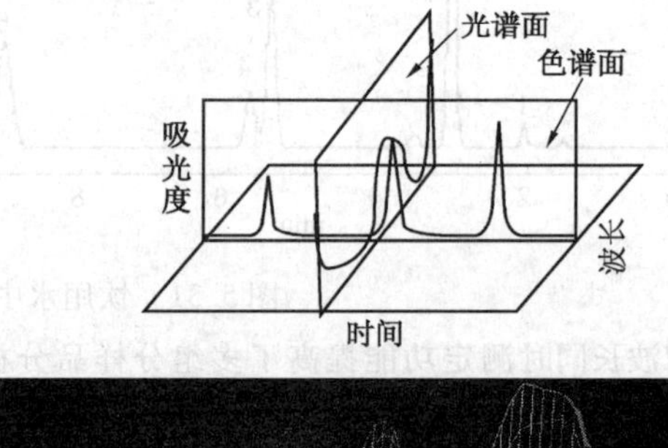

图 5.36 三维色谱 - 光谱图

与普通 UV - VIS 检测器不同的是，普通 UV - VIS 检测器是先用单色器分光，只让特定波长的光进入流通池。而二极管阵列检测器是先让所有波长的光都通过流动池，然后通过一系列分光技术，使所有波长的光在接受器上被检测，故可同时得到多个波长的色谱图。这种检测器是液相色谱中最有发展前途的检测器，它可以提供关于色谱分离、定性定量的丰富信息。如可利用色谱保留值及光谱特征吸收曲线进行综合定性；通过比较一个峰中不同位置的吸收光谱，估计峰纯度；通过比较每个峰的吸收光谱选择最佳测定波长等。

SPD - M20A 二极管阵列检测器性能见表 5.4。

表 5.4　SPD-M20A 二极管阵列检测器性能

项目	性能
光电二极管阵列元件	512
光源	氘灯、钨灯
测量波长范围	190～800nm
波长准确度	±1nm
分辨率	每个元件 1.2nm
狭缝宽度	1.2nm、8nm，可以切换狭缝
光谱分辨率	1.4nm 或以下(使用 253.7nm 低压汞灯发射谱线，1.2nm 狭缝)
噪音水平	$\pm 0.3\times10^{-5}$AU/h 或更低
漂移	0.5×10^{-3}AU/h 或更低
温度系数	0.5×10^{-3}AU/℃或更低(250nm、600nm、池内空气、时间常量 2s)

(3) 示差折光检测器(Differential Refractive Indexdetector，DRI)

示差折光检测器又称折射率检测器(Refractive Index Detector，RID)，是一种通用型检测器，它是基于连续测定柱后流出液折射率变化来测定样品的浓度。

溶液的折射率是纯溶剂(流动相)和纯溶质(组分)的折射率乘以各物质的浓度之和。溶有组分的流动相和纯流动相之间折射率之差，表示组分在流动相中的浓度。因此，只要组分折射率与流动相折射率不同，就能进行检测。无紫外吸收的物质，如糖类、脂肪烷烃类都能用示差折光检测器检测。

1) 检测器工作原理

示差折光检测器通过连续测定色谱柱流出液折射率变化来测定样品浓度。其响应信号由下式决定：

$$R = Z(n - n_0) \tag{5.17}$$

式中　R——响应值；

Z——仪器常数；

n——溶液的折射率；

n_0——溶剂的折射率。

根据稀溶液中相加性定律，溶液的折射率等于溶剂和溶质各自的折射率乘以各自的摩尔浓度之和，即

$$n = c_0 n_0 + c_i n_i \tag{5.18}$$

式中　n_i——溶质的折射率；

c_i——溶质的摩尔百分数；

c_0——溶剂的摩尔百分数。

由式(5.17)、(5.18)推导、整理得

$$R = Zc_i(n_i - n_0) = Zc_i\Delta n \tag{5.19}$$

可见，示差折光检测器的响应值与溶质的浓度成正比，故属于浓度型检测器。因每种物质都有特定的折射率，只要其折射率与纯溶剂的折射率有足够的差别，检测器就有响应。因此这是一种通用型检测器，类似于 GC 中的 TCD。

2) 检测器分类

示差折光检测器按其原理可分为三种不同设计：反射式(依 Fresnel 定律)、折射式(依 Snell 定律)和干涉式。

① 偏转式示差折光检测器

a. 检测原理

当一束光由一种介质射入另一种介质时，由于两种介质的折射率不同而产生折射现象。入射光 I_0 在界面上分为两束：反射光和折(透)射光 I。θ 和 θ' 分别为入射角和折射角，根据 Snell(斯涅耳)定律：

$$n \cdot \sin\theta = n' \cdot \sin\theta' \tag{5.20}$$

n、n' 分别为两种介质的折射率。当 $\Delta\theta = \theta - \theta'$ 很小时，$\Delta\theta$ 与 $\frac{\Delta n}{n}$ 成正比。因此，通过测量偏转角的变化量 $\Delta\theta$，便可求得两种介质的折射率之差。

基于测量入射光偏转角的变化量 $\Delta\theta$ 来测定样品浓度而制成的折光仪，称为偏转式示差折光检测器。

b. 仪器结构

偏转式示差折光检测器由光源(钨丝灯)、透镜、滤光片、流通池、棱镜、光敏元件等组成。图 5.37 是一种偏转式示差折光检测器的光路图。

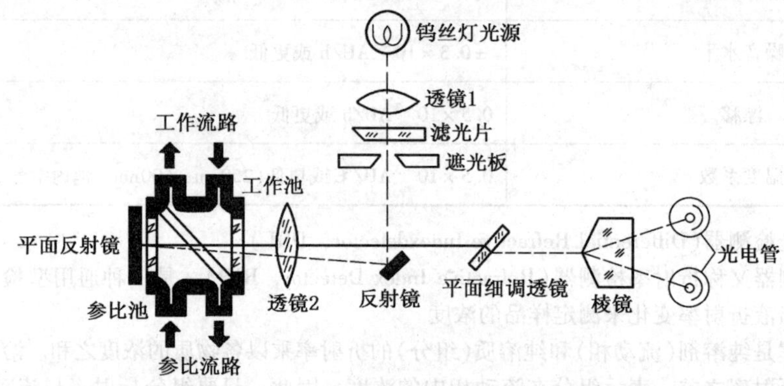

图 5.37　偏转式示差折光检测器光路图

光源发出的光由透镜 1 聚焦后，从遮光板的狭缝射出，经反射镜反射后，由透镜 2 汇集两次，通过工作池和参比池，被平面反射镜反射出来，成像于棱镜的棱口上，然后光束均匀分解为两束，到达左右两个对称的光电管上。如果工作池和参比池均为流动相，光束无偏转，则光束分离比为 1:1，左右两个光电管上产生的电信号大小相等，方向相反，信号输出为零。如果工作池中有样品通过，由于折射率发生变化，导致折射角 θ' 改变，光束发生偏移，从而使到达棱镜的光束偏离棱口，光束分离比不再是 1:1，左右两个光电管接受的光束能量不等，导致两个光电管输出差动信号，该信号与偏转角的大小有关，从而检测试样浓度。

偏转式示差折光检测器池体积较大($>10\mu L$)，折射率范围宽(1.00 ~ 1.75)，线性范围可达 1.5×10^4，较反射式灵敏度稍高。目前，多数示差折光检测器采用偏转式结构。

② 反射式示差折光检测器

a. 检测原理

当一束光由一种介质(n)射入另一种介质(n')时，将发生反射和折射(透射)，透射光强度 I 与入射光强度(I_0)之间的关系服从弗列斯涅尔(Freznel)定律：

$$\frac{I}{I_0} = \frac{1}{2}\left[\frac{2\sin\theta'\cos\theta}{\sin(\theta+\theta')}\right]^2 + \left[\frac{2\sin\theta'\cos\theta}{\sin(\theta+\theta')\cos(\theta-\theta')}\right]^2 \tag{5.21}$$

当入射光强度 I_0 及入射角 θ 固定时，透射光强度 I 便取决于 θ'，而具有不同折射率的介质产生的折射角 θ' 是不同的，从而导致透射光强度 I 的不同。因此，在一定条件下，测量透射光强度的变化，可得到两种介质的折射率之差。

基于测量透射光强度的变化而制成的折光仪称为反射式示差折光检测器，也叫弗列斯涅尔折光仪。

b. 仪器结构

反射式示差折光检测器由光源、遮光板、红外阻断滤光片、透镜、棱镜、光敏元件等组成。图 5.38 是一种反射式示差折光检测器的光路图。

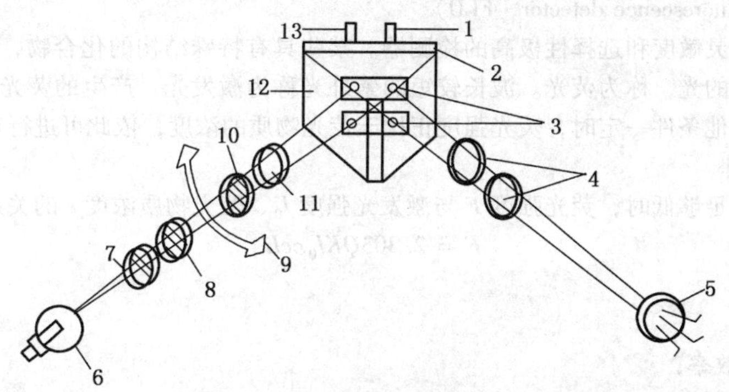

图5.38 反射式示差折光检测器光路图

1—流通池参比通道；2—检测池底板；3—流通池；4—透镜-2；5—检测元件；
6—光源；7—狭缝-1；8—红外滤光片；9—投射器旋转机构；10—狭缝-2；
11—透镜-1；12—棱镜；13—流通池样品通道

由光源发出的光，经过垂直光栏和平行光栏、透镜准直成两束能量相等的平行光，照射到棱镜和液体交界面上(分别照射到样品池和参比池的玻璃-液体界面上)，大部分(约90%)被反射成对测量无用的反射光，小部分按Freanel定律透射入介质。透射光照在一块精细抛光的不锈钢底板上形成漫反射，经流通池介质由棱镜的另一面射出，经透镜聚焦在光敏元件上。无样品通过时，参比池与测量池液体的折射率相同，反射回来的两束光强度相等，在光敏元件上产生的电信号大小相等，方向相反，无信号输出。当有样品进入测量池时，液体折射率发生了变化，引起折射光强度的变化。此时，照射到两光敏元件上的光强度不相等，光强度之差正比于两池中液体的折射率之差，即正比于样品的浓度。

反射式示差折光检测器池体积小(<5μL)，但一块棱镜不能用于液体整个折射率范围，一般需用低折射率(1.31~1.44)和高折射率(1.40~1.55)两块，依需要互换。在最佳操作条件下，其检测限可达4×10^{-4}RIU。

3) 示差折光检测器的特点

① 示差折光检测器属于总体性能检测器，只要组分与溶剂折射率有差别就能给出信号。无紫外吸收的物质，如糖类、脂肪烷烃类都能检测。但如果组分的折射率与溶剂的折射率很接近时(n_i与n_0接近)，可能发生漏检。

② 灵敏度中等，检测限为$10^{-7}\sim10^{-6}$g/mL。

③ 因液体折射率随温度、压力变化，这种检测器对温度和流速特别敏感，故应在恒温、恒流条件下操作，检测器温度应稳定在$\pm10^{-4}$℃。

④ 不能用于梯度洗脱，因检测器对流动相组成的任何变化具有明显响应，洗脱液组成应恒定。

RID-10A示差折光检测器性能见表5.5。

表5.5 RID-10A示差折光检测器性能

项目	性能
折光指数范围	1~1.75RIU
检测范围	A方式：0.01~500×10^{-6}RIU P、L方式：1~5000×10^{-6}RIU
光学单元温度控制	30~60℃，1℃步距
调零	自动调零，自动光学调零，精密调零
噪声	<2.5×10^{-9}RIU
飘移	<100×10^{-9}RIU/h
流通池	9μL，2MPa；最大流速20mL/min
极性切换	有
重量	12kg
体积(高×宽×长)	140mm×260mm×420mm
操作温度	4~35℃

（4）荧光检测器（fluorescence detector，FLD）

荧光检测器是一种灵敏度和选择性极高的检测器。某些具有特殊结构的化合物，受紫外光激发后，能发射出另一种较长波长的光，称为荧光。波长较短的紫外光称为激发光，产生的荧光称为发射光。当被测样品的浓度足够低且其他条件一定时，荧光强度正比于荧光物质的浓度，依此可进行定量分析。

1）检测器工作原理

当被测样品的浓度足够低时，荧光强度 F 与激发光强度 I_0、荧光物质浓度 c 的关系为

$$F = 2.303QKI_0\varepsilon cL \tag{5.22}$$

式中 F——荧光强度；

Q——量子效率；

K——荧光收集效率；

ε——摩尔吸收系数；

I_0——激发光强度；

c——组分物质的量浓度；

L——液池厚度。

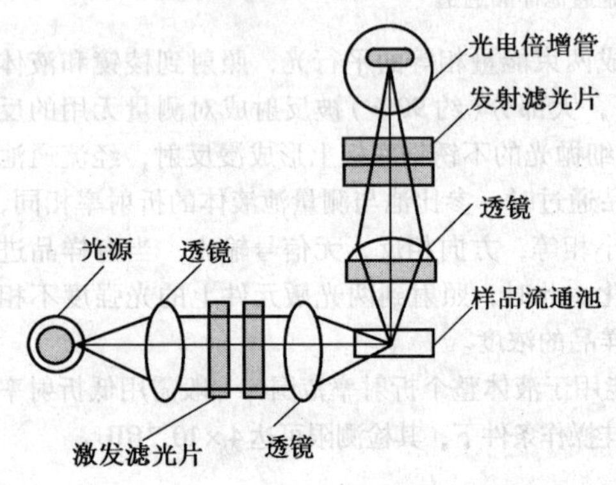

图 5.39 荧光检测器光路图示意图

当实验条件固定时，Q、K、I_0、L、ε 均为常数，$F \propto c$，可用于定量分析。

2）检测器结构

荧光检测器由激发光源、透镜、激发光单色器、发射光单色器、流通池、光敏元件、放大器等组成。激发光源多采用高强度的氙灯（220～650nm）或激光，单色器采用滤光片或光栅。使用滤光片的荧光检测器，称为多波长荧光检测器；使用光栅的荧光检测器，称为荧光分光检测器，能进行光谱的自动扫描。

光源发出的连续光谱，经激发光单色器分光后，选择特定波长的单色光作为激发光，进入样品池。样品受激发后发出荧光，荧光向四面发射。为避免激发光的干扰，取与激发光成直角方向的荧光进行检测。荧光至发射光单色器分光后，单一波长的发射光由光电倍增管接收，转换成电信号进行检测。荧光检测器光路示意图见图 5.39，图 5.40 是岛津 RF－10A$_{XL}$荧光检测器的典型结构，表 5.6 给出了岛津 RF－20A/20Axs 荧光检测器性能。

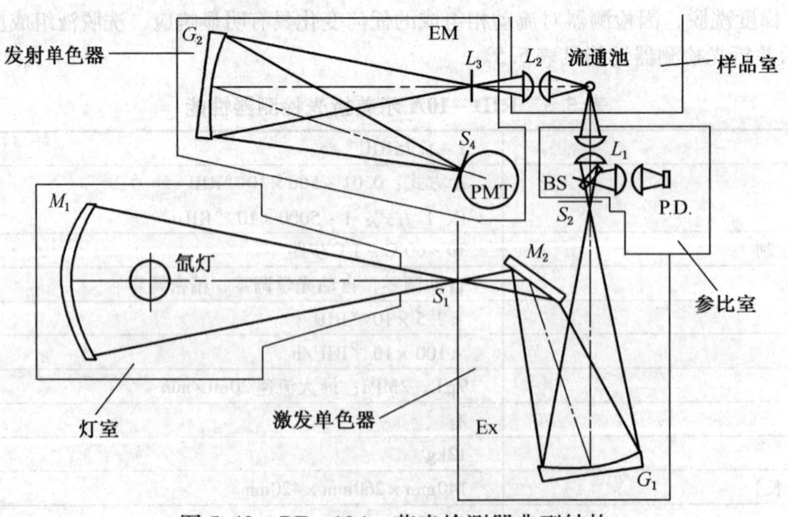

图 5.40 RF－10A$_{XL}$荧光检测器典型结构

表 5.6　RF－20A/20Axs 荧光检测器性能

项　　目	RF－20A	RF－20AXS
灵敏度(水拉曼峰)	1200	2000
采样频率	最大 100Hz(10ms)	
响应时间	无过滤(相当于 10ms)	
波长范围	Ex：200～650nm Em：200～650nm	Ex：200～750nm Em：200～750nm
多波长检测功能	双波长同时测定	
流通池控温功能	无	室温－10℃至 40℃
灯寿命	2000h	2000h
更换灯	从前面板处更换 无须位置调节	
更换流通池	从前面板处更换	
S/N 检查	有	
波长检查	外置汞灯	内置汞灯
VP 功能	有	

荧光检测器具有极高的灵敏度和良好的选择性，一般比紫外吸收检测器的灵敏度高两个数量级，特别适用于痕量分析，在环境监测、药物分析、生化分析中有着广泛的用途，稠环芳烃、黄曲霉素、有机胺类、氨基酸、甾族化合物、维生素、药物等都可用荧光检测器检测。对于某些本身不发荧光的物质，可利用化学衍生技术使其生成荧光衍生物，再进行检测。

20 世纪 90 年代初，一种新型的激光诱导荧光检测器(Laser Induced Fluorescence Detector，LIFD)已经商品化，与其他现有的检测方式相比，激光诱导荧光检测器具有最高的检测灵敏度，作为高效液相色谱或高效毛细管电泳检测器，可用于生物体中超痕量生物活性物质和环境污染物的检测，检出限达到 10^{-12}～10^{-9}mol/L，对高荧光效率的物质可进行单分子检测。

3)荧光检测器的特点

① 灵敏度极高，最小检测量可达 10^{-13}g；

② 选择性好，只对能发射荧光的物质有响应，可有效避免不发荧光成分的干扰；

③ 线性范围较宽，约为 10^4～10^5；

④ 对温度、流量变化不太敏感，使用无荧光物质作流动相，能用于梯度洗脱。

⑤ 增加激发光强度 I_0，可提高检测灵敏度。

(5) 电化学检测器

电化学检测器主要有电导检测器、安培检测器、极谱检测器、库仑检测器。

安培检测器由恒电位器和三电极电化学池组成。工作电极一般为玻碳电极，参比电极为 Ag/AgCl 电极，辅助电极为铂丝。当柱后流出物进入检测器电化学池时，在工作电极表面发生氧化还原反应，两电极间有电流通过，电流大小与被测物质的浓度成正比。安培检测器灵敏度较高，选择性好，只能检测电化学活性物质，最适合与反相色谱匹配。

极谱检测器采用滴汞电极为工作电极，可提供一个不断更新的电极表面，克服了电极表面污染问题。极谱法能测定许多氧化性物质，而测定还原性物质时，由于汞易氧化，一般只能在负电位或 0.5V 以下的正电位下使用，故适用范围较窄。

电导检测器是离子色谱中使用最广泛的检测器。其作用原理是用两个相对电极测量柱后流出物中离子型溶质的电导，由电导的变化来测定溶质的含量。

电导检测器的构成：由电导池、测量电导率所需的电子线路、变换灵敏度的装置和数字显示仪等几部

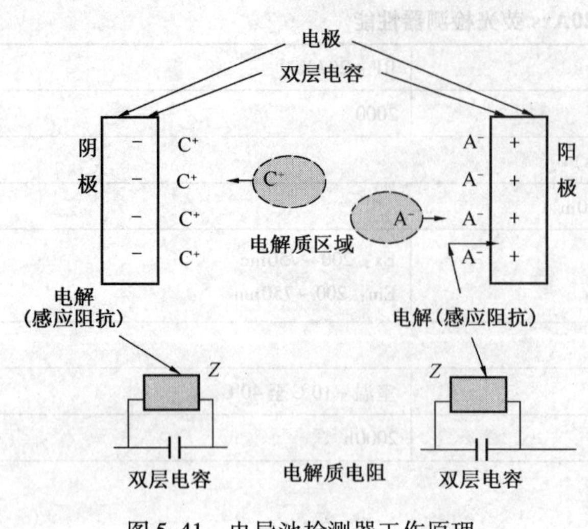

图 5.41 电导池检测器工作原理

分组成，电导池是其核心，检测体积可达到微升甚至纳升级。其基本结构是在柱流出液中放置两根电极，然后通过适当的电子线路测量溶液的电导。

电导池工作时，电极间及电极附近溶液中所发生的电化学过程可以用图 5.41 表示。

当向电导池的两个电极施加电压时，溶液中的阴离子向阳极移动，阳离子向阴极移动。在电解质溶液中的离子数目和离子的移动速率决定溶液的电阻大小，离子的迁移率或单位电场中离子的速率取决于离子的电荷及其大小、介质类型、溶液温度和离子浓度。离子的迁移速率取决于施加电压的大小。所施加的电压既可以是直流电压，也可以是正弦波或方波电压。当施加的有效电位确定后，即可测量出电路中的电流值，即能测出电导值。

电导检测器具有死体积小，灵敏度高，线性范围宽的特点，但受温度影响较大，要求严格控制温度。电导检测器已广泛应用于环境科学和生物医学领域，分离、检测有机和无机阴离子、阳离子。

库仑检测器测定的是柱后流出物通过检测器发生电解时传递的电量。为获得高的电解效率，要求电极的表面积要大，相应地使检测器池体积增大。

美国 ESA 公司库仑阵列电化学检测器(the coulometric array)可得到三维图谱：时间、电势和浓度。对排列的多个电极按逐渐升高的方式施加不同的电势，可更容易地检测出具有不同氧化还原电势的化合物，即使这些化合物色谱性能相同，常规色谱法无法分开，也能检测。该检测器具有灵敏度高，线性范围宽，选择性好，能用于梯度洗脱等优点。并且电极免维护，无需抛光处理。

(6) 蒸发光散射检测器(Evaporative Light - scattering Detector，ELSD)

蒸发光散射检测器(ELSD)是基于溶质的光散射性质制成的检测器。由雾化器、加热漂移管(溶剂蒸发室)、激光光源和光检测器(光电转换器)等部件构成，见图 5.42。

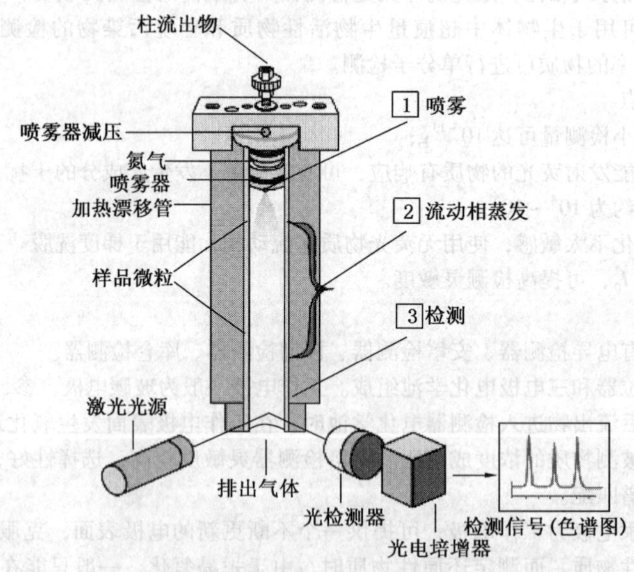

图 5.42 蒸发光散射检测器结构示意图

色谱柱流出液导入雾化器，被载气(压缩空气或氮气)雾化成微细液滴，液滴通过加热漂移管时，流动相被蒸发掉，只留下溶质。光源发出的激光束照在溶质颗粒上产生光散射，光收集器收集散射光并通过光电倍增管转变成电信号。因为散射光强只与溶质颗粒大小和数量有关，而与溶质本身的物理和化学性质无关，所以 ELSD 属通用型和质量型检测器。适合于无紫外吸收、无电活性和不发荧光的样品的检测。其灵敏度与载气流速、汽化室温度和激光光源强度等参数有关。

蒸发光散射检测器通用性强，灵敏度高于示差折光检测器，对流动相系统温度变化不敏感，信噪比高，可进行梯度洗脱。其不足之处在于，要求样品组分应是非挥发性或半挥发性的，而流动相是易挥发的。若样品组分为挥发性的，将会与流动相一同蒸发，导致无法检测。

表 5.7 给出了 ELSD－LTⅡ蒸发光散射检测器的性能。

表 5.7　ELSD－LTⅡ蒸发光散射检测器性能

项　目	ELSD－LTⅡ	备　注
测量方法	雾化后光散射	独有的低温蒸发技术
光源	蓝色发光二极管(LED) 使用寿命：约 5000h	更长的使用寿命
检测元件	高灵敏度光电倍增管 数字信号处理	
数字过滤器	数字时间常数：0.5～10s	获得更佳的峰形
雾化气	氮气或空气 耗气量：最大 3.0L/min	
流动相流量范围	0.2～2.5mL/min(标准) 0.04～1.2mL/min(可选)	获得更小的峰展宽
蒸发温度	室温～80℃	
自动化功能	自动调零 雾化气自动开关 光源自动开关	减少操作成本
自诊断功能	有	
信号输出	0～1V 模拟	
通讯接口	RS－232C	
操作温度范围	5～40℃	
电源	100V，120V，230V，15VA，50/60Hz	
体积	宽 250mm×长 550mm×高 450mm	
重量	20kg	

5.2.1.5　记录与数据处理系统

由检测器产生的电信号，以前大多采用长图形电子电位差计(即记录仪)进行记录，便可得到色谱图。记录仪本身没有计算功能，只能记录色谱信号的图形，完成分析后，要根据记录仪给出的色谱图，人为测量峰高、半峰宽等尺寸，计算峰面积值。这种方式效率低，劳动强度大，人为误差大。

后来发展了色谱处理机，它实际上就是一台积分仪，能根据输入的积分参数、定量方法、定性方法，判断和积分色谱峰的峰高和面积，计算出样品含量，同时打印结果和绘制图谱。可用 BASIC 语言编制时间程序，对积分事件进行处理。色谱处理机很快就被色谱工作站所取代。

现代色谱仪大都采用色谱工作站的计算机系统，不仅可对色谱仪实时控制，还可自动采集数据，进行数据处理，给出分析结果。色谱工作站是由计算机、专用色谱软件和接口组成的一套系统，通过计算机的操作，能控制、监测和处理色谱仪的运行状态，计算和处理色谱信号。

计算机的介入极大地提高了运行速度和数据存储能力，借助 Windows 操作系统，使分析报告的编辑、打印更加出色，并具有同时控制多台色谱仪、支持 GLP/GMP 功能和满足互联网要求。目前更为先进的工作站已将外置接口移到色谱仪内，同计算机的通讯靠标准 RS－232c 串口或以太网完成，软件的设计也更加丰富多彩(如 LCSolution 色谱工作站)。从最初的记录仪到后来的色谱处理机(积分仪)，到现在的色谱工作站，数据处理能力越来越大，功能越来越强。

5.2.2 仪器控制及数据处理

5.2.2.1 数据处理基本知识

(1) 色谱定量计算常用术语

① Integration parameters：积分参数，规定计算出峰面积的方法。

② Channel：通道，指检测波长或选定要定量计算的波长。

③ Quantification method：定量方法，选择定量方法(外标法，内标法等)。

④ Curvefit Type：曲线拟合类型，包括线性、二次方程等。

⑤ Compound table：化合物表，定义要进行定量计算的组分，其中包括定性和定量参数。

Type：组分类型，指组分的分析类别。

Target：要计算的目标组分。

ISTD：指该组分为添加的内标组分。

Reference：指该组分为参比组分，用来对目标组分进行确认。

ISTD&Ref.：指该组分既是内标组分，又是参比组分。

Conc.：浓度，指目标组分的计算结果。

⑥ SampleType：样品类型，规定该数据的计算类别。

Standard：标样，浓度已知的标准品，用来制作标准曲线。

Unknown：未知样，浓度待测的目标组分。

⑦ Sample Amt.：样品量，待测样品的原始称样量，在计算结果中会除以该数值。

⑧ Dil. Factor：稀释因子，待测样品的稀释倍数，在计算结果中会乘以该数值。

⑨ ISTD Amt.：内标量，内标组分的添加量。

⑩ Level：样品浓度水平，规定数据的浓度级别，Unknown 为 0，Standard 为整数，浓度由低到高依次为 1、2、3、4、5……

(2) 数据处理参数

1) 积分参数

Width，Slope，Drift，T. DBL 等。

2)定性参数

保留时间及允许误差(时间窗，时间带)。

3)定量参数

定量方法：外标法、内标法、面积归一法等。

曲线点数：一点或多点。

曲线拟合：线性、折线、曲线。

(3) 基本积分参数

① Slope：斜率，用来判断出峰起点、终点以及滤除低平噪声。

② Drift：漂移，判断相邻峰的积分方式。

③ Width：半峰宽，峰的半高宽，排除峰宽小于最小峰宽的峰。

④ T. DBL：时间变参，根据时间自动改变峰宽和斜率。

⑤ Minimumarea：最小峰面积，排除面积小于该值的峰。

(4) Slope 的设定

如下图所示，当设定 Slope 值小于色谱峰的斜率时，该色谱峰作为峰计算；当设定 Slope 值大于色谱峰的斜率时，该色谱峰作为噪音滤除；当设定 Slope 值与峰斜率相当时，积分不稳定，须手动设定。

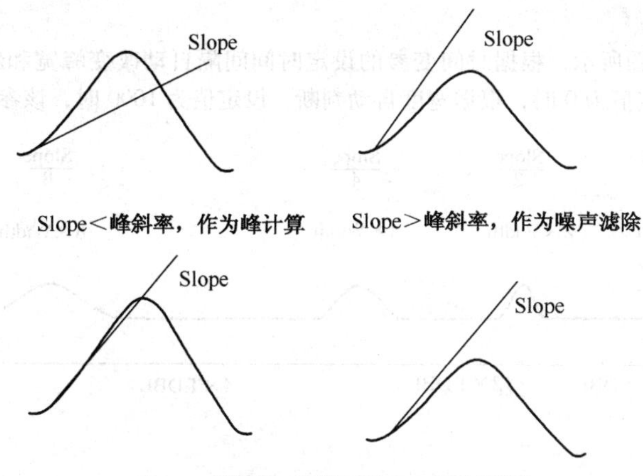

Slope＜峰斜率，作为峰计算　　Slope＞峰斜率，作为噪声滤除

Slope≈峰斜率，积分不稳定，须手动设定

（5）Drift 值的设定（手动校正）

如下图所示，当设定 Drift 值小于两色谱峰的峰谷时，峰积分按照基线进行；当设定 Drift 值大于两色谱峰的峰谷时，积分按照基线至峰谷连线进行。

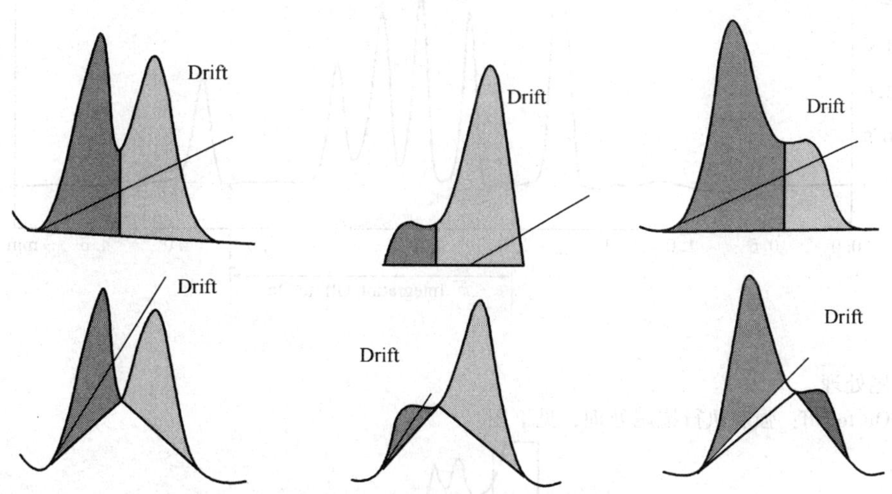

注：（1）设定值为 0 时，积分仪将自动判断。
（2）如 Drift 与基线至峰谷连线较接近时，积分面积值可能变化较大。

（6）Drift 值的设定（自动校正）

如下图所示，当 Drift 值设定为 0 时，积分将由仪器自动判断，判断依据如下：当谷宽小于半峰宽时，积分按基线进行；当谷宽大于半峰宽时，积分按基线至峰谷连线进行。

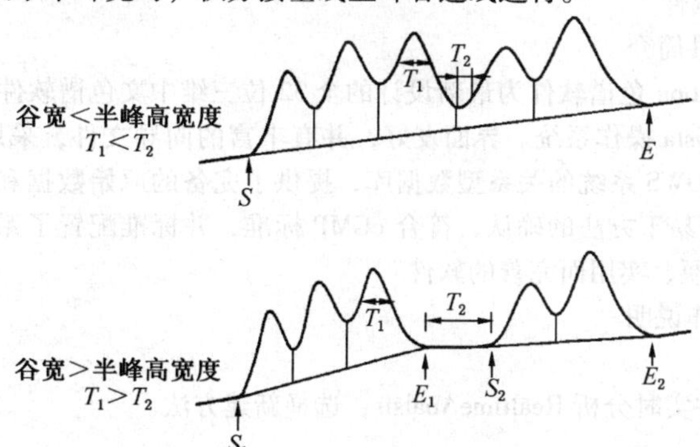

（7）T. DBL 的设定

时间变参的设定如下图所示，根据时间变参的设定时间间隔自动改变峰宽和斜率参数（设定时间间隔后，峰宽参数加倍）。设定值为 0 时，根据宽度自动判断，设定值为 1000 时，该参数不起作用。

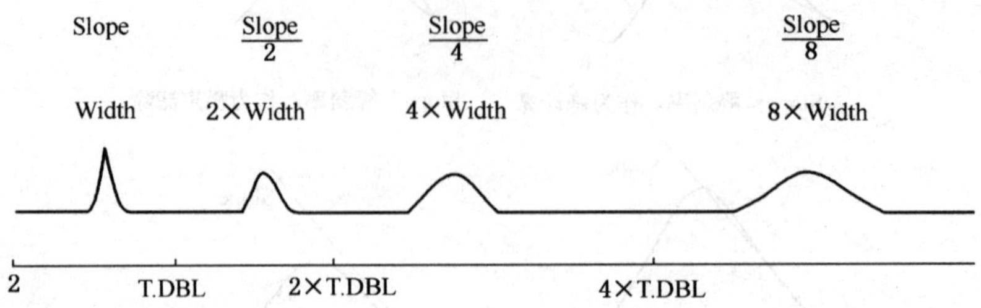

（8）积分锁定

Integration Off to On：锁定某一时间范围的峰，使之不计算积分，如下图所示。

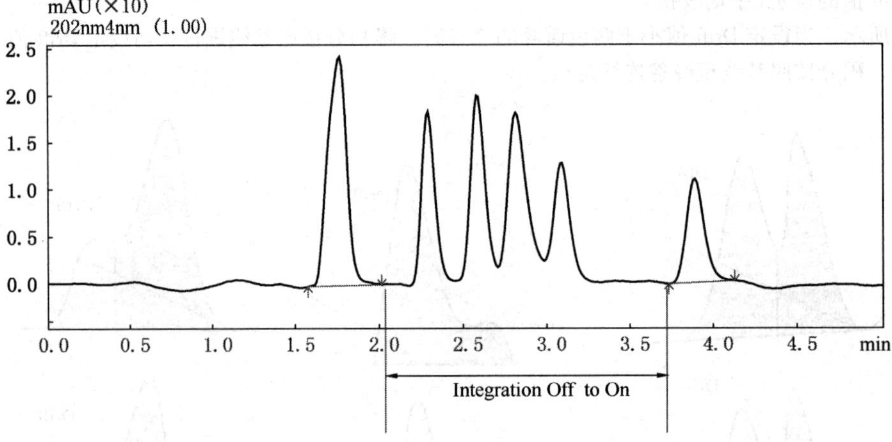

（9）拖尾处理

Tailing On to Off：强制执行拖尾处理，见下图。

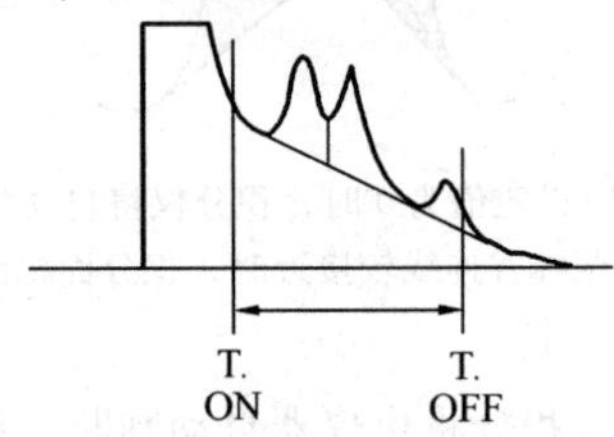

5.2.2.2 LCsolution 色谱软件

（1）LCsolution 色谱软件简介

岛津公司开发的 LCsolution 色谱软件为最新设计的全 32 位三维中文色谱软件，充分利用了 WIN2000 及 XP 的 32 位环境，并支持 Vista 操作系统。界面友好，并有丰富的向导文件，采用 LAN 或 RS－232 数据采集与控制环境，融合 WINDOWS 系统的关系型数据库，提供了完备的原始数据和方法的安全保障，具有完备的数据审计追踪能力，更易于方法的确认，符合 cGMP 标准，并标准配置了系统适应性软件，被美国分析应用用户协会评价为“方便、实用而完善的软件”。

（2）LCsolution 快速操作说明

1）数据的采集

① 打开 LCSolution 软件实时分析 RealtimeAnalsis，选择新建方法。

表 5.8　LCsolution 色谱软件性能

软件结构	32 位，支持鼠标右键功能，长文件名及拖放功能，WIN2000 及 XP 界面
界面组成	方便快捷的模块界面
语言	中文/英文
数据库	融合 WINDOWS 关系型数据库
产品论证	ISO 9001、ISO－14001 及 Tick－It 软件界最高品质论证
向导	众多向导，图形界面，直观
接口卡	RS－232 技术，HUB 接口，可以快速交流数据
报告格式	可任意编制，也可选择模板，可自动生成 E－mail 和 PDF 格式
系统适应性	标准配置系统适应性软件，方便客户计算柱效、理论塔板数、拖尾因子等验证必备指标。

② 编辑泵、柱温箱及检测器等参数，保存方法。点击 Download 按钮下载方法参数到各单元。

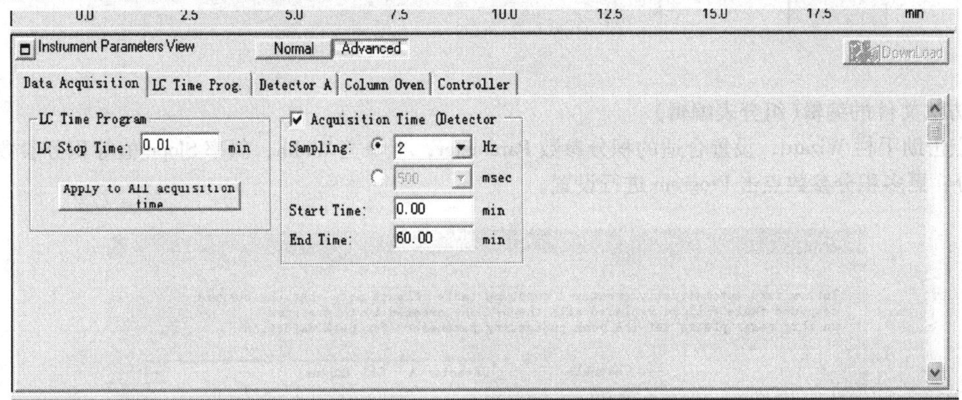

③ 在实时控制菜单上点击 Instrument on 按钮，各单元开始按方法设定参数工作。等待基线稳定后即可开始进样。

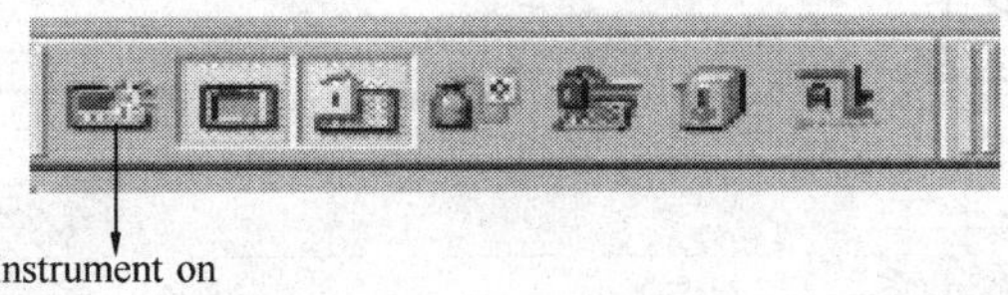

④ 点击"开始单次分析"图标。显示"单次分析"视窗，输入要保存的数据文件名、样品瓶编号、进样量等参数(如果采用手动进样器，只需输入要保存的数据文件名即可)，点击"OK"，即开始采集数据。

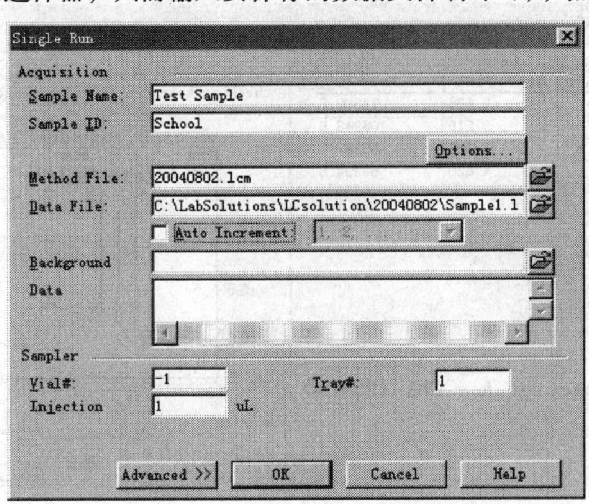

2)标准曲线的制作

① 进入数据再解析 LCsolution PostRun，打开标准系列中的任一数据文件。

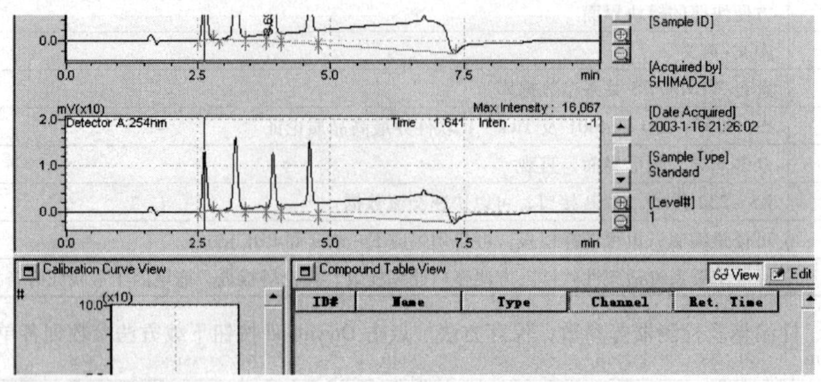

② 方法文件的编辑(组分表编辑)

a. 点击助手栏 Wizard，设置合适的积分参数 Parameter，半峰宽 Width，斜率 Slope 值等积分参数，对目标峰积分；更多积分参数点击 Program 进行设置。

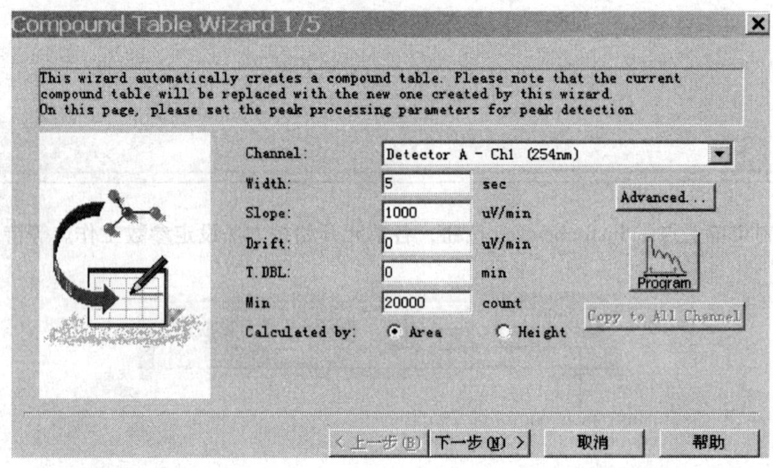

b. 点击“下一步”，选择需进行定量分析的组分和内标组分。

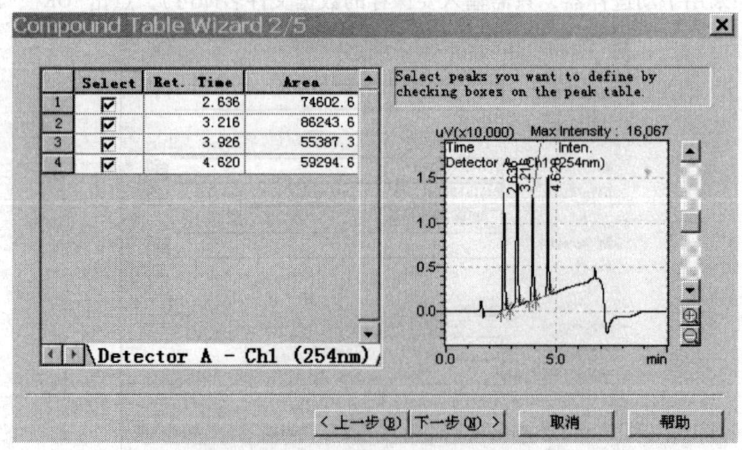

c. 点击“下一步”，选择定量方法(外标法选择 External standard，内标法选择 Internal standard)，同时设定其他参数(浓度级别等)。

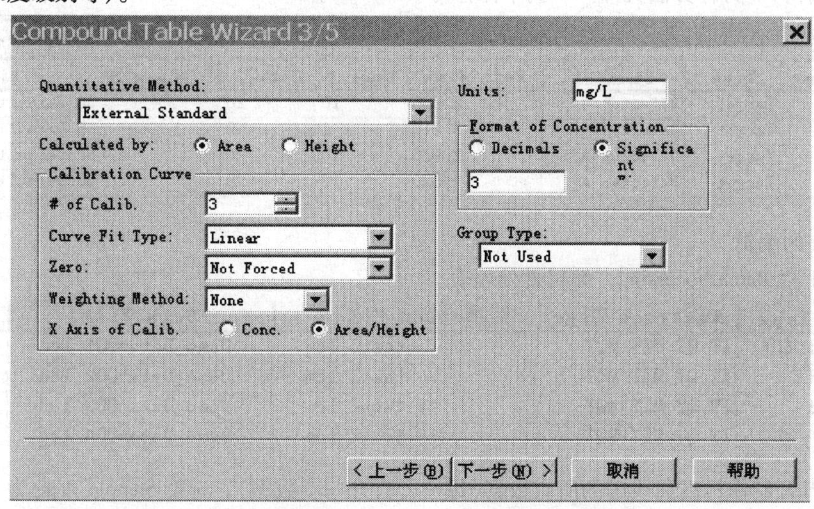

d. 点击“下一步”，设定保留时间误差范围。

Compound Table Wizard 4/5

Identification
Window/Band: Window Band
Window: 5 %
Default Band 0.01 min
Peak Selection: Closest Peak

Retention Time Update:
None Replace Average

<上一步(B) 下一步(N)> 取消 帮助

e. 点击“下一步”，输入组分名和各级别浓度值(如果是内标法，选择内标峰的 Type 为 ISTD)。

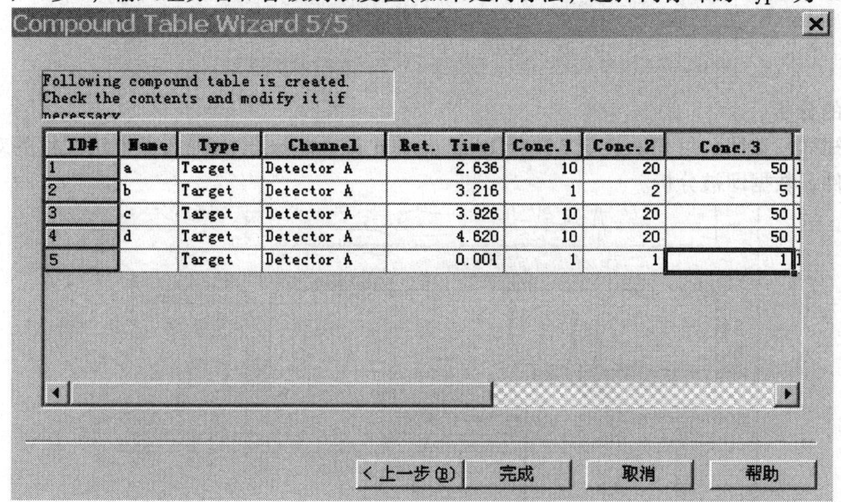

Compound Table Wizard 5/5

Following compound table is created. Check the contents and modify it if necessary.

ID#	Name	Type	Channel	Ret. Time	Conc.1	Conc.2	Conc.3
1	a	Target	Detector A	2.636	10	20	50
2	b	Target	Detector A	3.216	1	2	5
3	c	Target	Detector A	3.926	10	20	50
4	d	Target	Detector A	4.620	10	20	50
5		Target	Detector A	0.001	1	1	1

<上一步(B) 完成 取消 帮助

f. 点击“完成”。右下方 Compound Table 组分表，设置 View 模式(也可以在 Compound Table 的 Edit 模式下进行组分表编辑)。另存方法文件。本例中保存为 test2. met。

Compound Table View　　View　Edit

ID#	Name	Type	Channel	Ret. Time	Conc.1	Conc.2	Conc.3	Fit Type
1	a	Target	Detector A	2.636	10	20	50	Default
2	b	Target	Detector A	3.216	1	2	5	Default
3	c	Target	Detector A	3.926	10	20	50	Default
4	d	Target	Detector A	4.620	10	20	50	Default

③批处理表的编辑

a. 点击助手栏 BatchProcessing，编辑批处理表。

Sample Type	Analysis Type	Method File	Data File	Level#
1:Standard:(I)	IT QT MIT MQT	test2.lcm	Demo_Data-001.lcd	1
1:Standard	IT QT MIT MQT	test2.lcm	Demo_Data-002.lcd	2
1:Standard	IT QT MIT MQT	test2.lcm	Demo_Data-003.lcd	3
0:Unknown	IT QT MIT MQT	test2.lcm	Demo_Data-004.lcd	0

b. 在表中打开制作标准曲线用的所有数据(每一行打开一个数据)，选择 Sample Type 为 Standard，同时第一行设为 Initialize Calibration。设定方法文件(前一步保存的文件)、浓度级别(浓度由低到高的顺序依次为 1、2、3……未知样品数据 Level 设为 0)等项，保存批处理文件。

c. 点击 Batch Start 运行该批处理文件，对标准系列进行计算。计算完毕后，在批处理中的方法文件和数据文件中均包含了相应的标准曲线。

d. 可选择助手栏中 Calibration，打开批处理表中的方法文件来查看标准曲线计算结果。

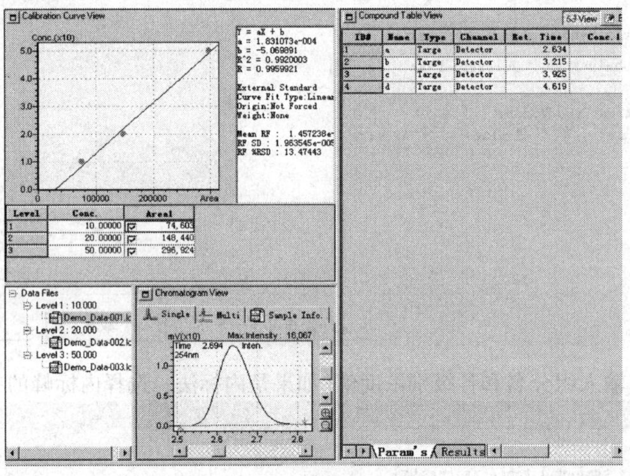

3)未知样的分析

①打开未知样品数据，由 File 菜单下选择 Load method parameters，出现选择方法文件的对话框，打开相应的方法文件，数据即被分析。

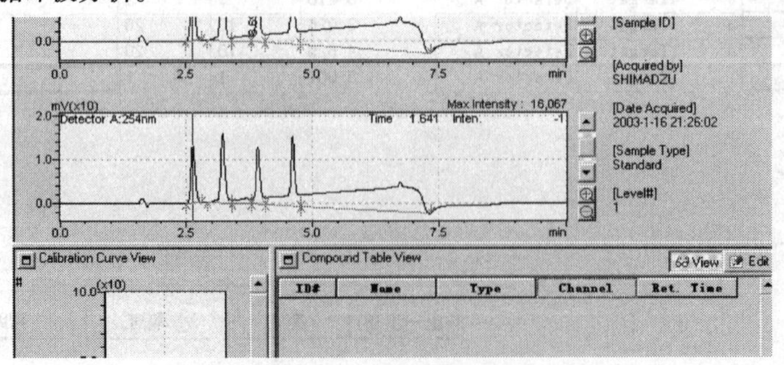

② 可在数据文件中的 Compound Table View 视图中的 Result 中查看计算结果。如需保存结果，选择保存数据文件。

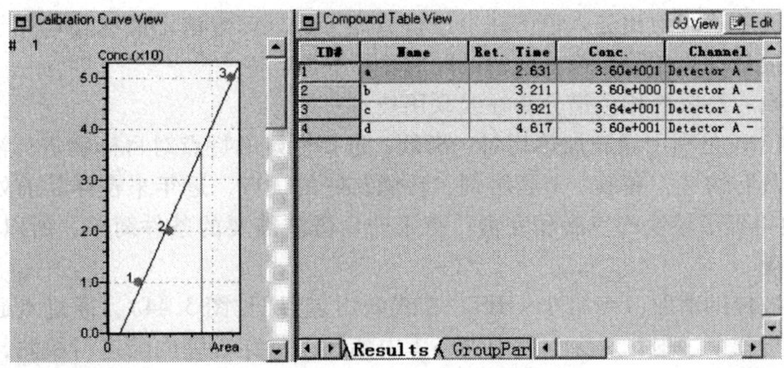

5.2.3　高效液相色谱新技术

5.2.3.1　样品前处理 - 高效液相色谱分析在线联用技术

(1) 固相微萃取 - 高效液相色谱分析在线联用技术

固相微萃取(SPME)集采样、萃取、富集、进样于一体，具有耗时少、效率高、操作简单等优点，是一种无溶剂或少溶剂的样品前处理技术。与柱式固相萃取联用方式不同，SPME 可以探针式、搅拌棒式或管内中空式等方式与色谱分析在线联用。探针 SPME 或搅拌棒 SPME 通常需要一个单独的解吸过程，即将 SPME 材料置于解吸池中通过解吸液解吸后进入色谱分离检测系统进行定性定量分析；而管内 SPME 与柱式 SPE 相似，可以直接进行流动萃取。

目前，探针 SPME - HPLC 在线联用技术日趋成熟。有人利用如图 5.43 所示的改进的分子印迹聚合物

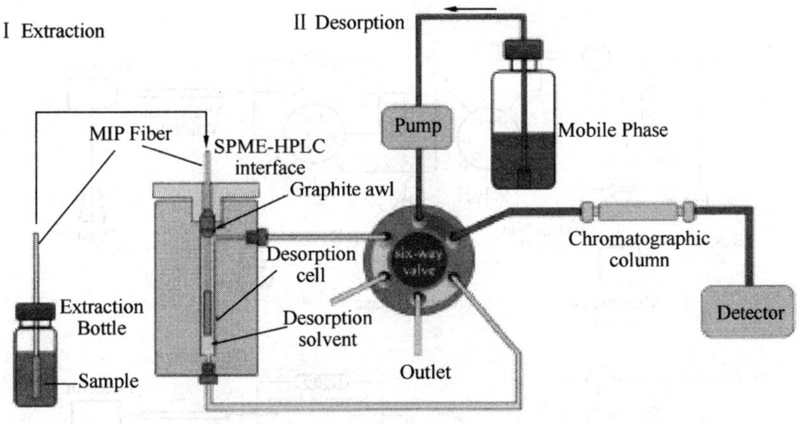

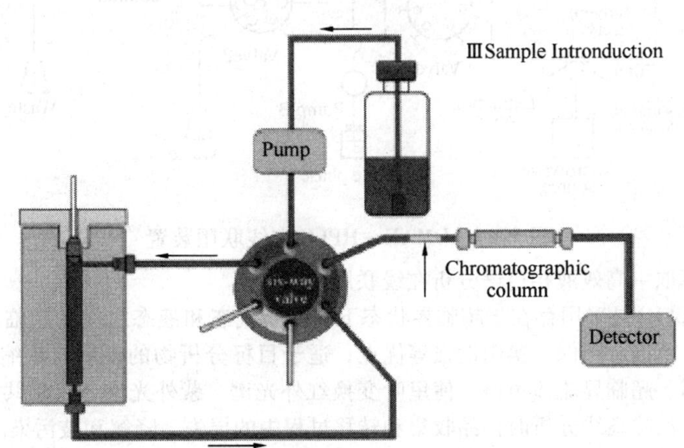

图 5.43　SPME - HPLC 在线联用系统

(MIP) - SPME - HPLC 联用系统同时测定了 5 种三嗪类除草剂：将 MIP - SPME 探针萃取完全后浸入解吸池内进行解吸；解吸完成后，将纤维从接口中取出，在导引管中插入密封针加压密封，再将手柄转至“进样”位置，解吸池中解吸液随着流动相进入色谱柱中进行分离分析。该方法已经成功地用于大豆、玉米、生菜和土壤等复杂样品中痕量三嗪类除草剂多残留的同时分析检测。

(2) 微波辅助萃取 - 高效液相色谱分析在线联用技术

微波辅助萃取(MAE)是利用微波加热均匀、高效、选择性好的特点对目标物进行液相萃取分离。与传统方法相比，该技术具有快速、高效、节省溶剂、环境友好的优点，近年来在样品前处理中的应用受到广泛关注，MAE 装置也得到了较快的发展和完善。由于产生微波需要的条件简单，所以 MAE 与各种分析检测技术的联用较易实现。

有人利用动态微波辅助萃取(DMAE) - HPLC 在线联用装置(见图 5.44)，通过六通阀的切换依次进行萃取、进样、色谱分析三个过程，对穿心莲中穿心莲内酯和去氢穿心莲内酯进行检测，实现了中药有效成分的在线萃取、分离和检测，简化了整个分析过程。

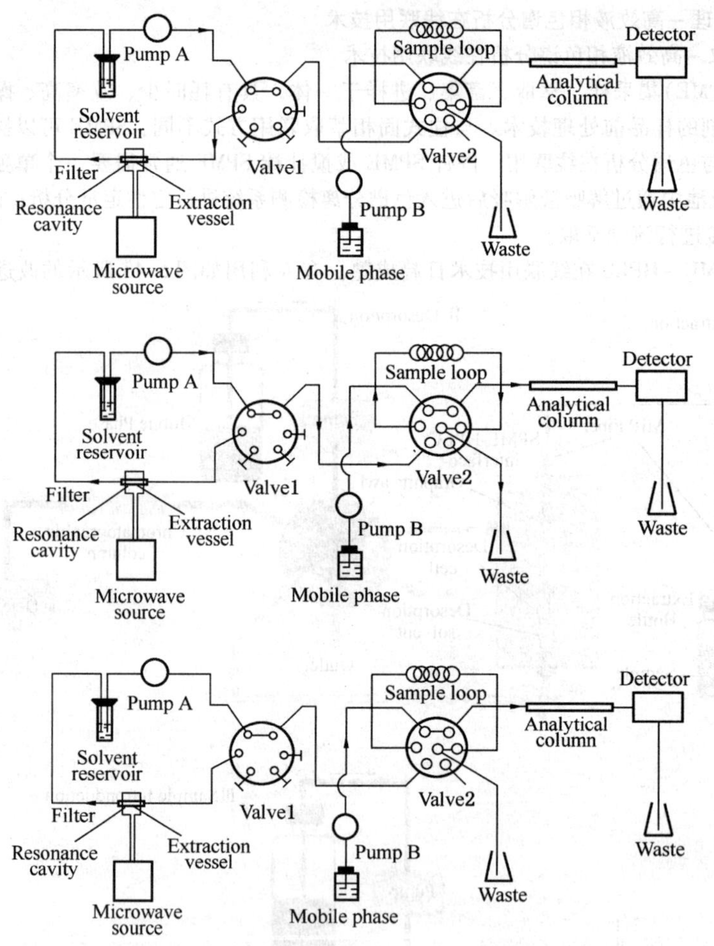

图 5.44 DMAE - HPLC 在线联用装置

(3) 超临界流体萃取 - 高效液相色谱分析在线联用技术

超临界流体萃取(SFE)是采用存在于超临界状态下的介于气态和液态之间的超临界流体作为萃取剂的萃取方法，具有高效、节能、环保、实用性强等优点，适于目标分析物的提取与浓缩。SFE 可以与多种分析检测技术如液相色谱、超临界流体色谱、傅里叶变换红外光谱、紫外光谱、核磁共振等联用，从而实现萃取与分析的自动化，消除离线分析时样品收集和转移过程中的损失、降解和被污染。

有人采用自动十通阀与并行捕集柱接口构建了 SFE - HPLC 在线联用装置(见图 5.45)，此装置中两根捕集柱能够交替实现样品的捕集和转移。利用该系统对灵芝子实体进行 SFE 萃取，大大缩短了萃取周期。

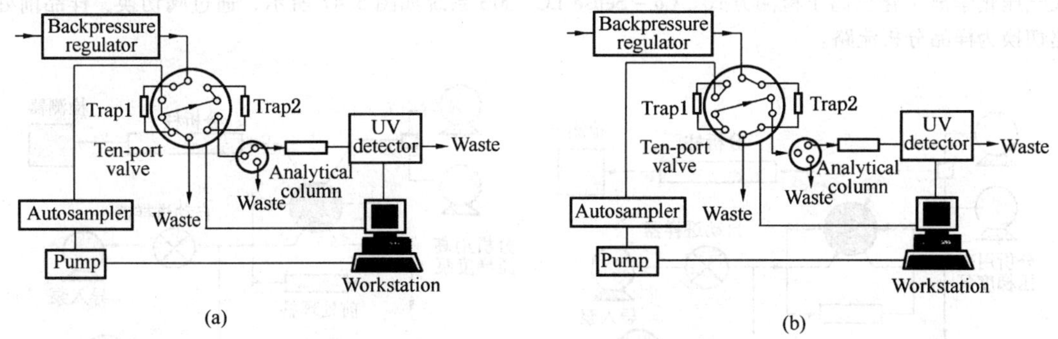

图 5.45　并行捕集 SFE - HPLC 在线联用系统示意图

5.2.3.2　在线自动除蛋白技术——Co - Sense 系统

在生物样品中的药物分析时需要进行前处理，主要除去蛋白质和浓缩。传统的手工前处理操作繁琐、耗时、重现性差、药物回收率低。针对这些问题，岛津公司开发了生物样品自动前处理系统，即 Co - Sense for BA。此为用于分析生物样品的应用系统，具有在线稀释旁通流路的自动前处理系统和新开发的前处理柱 Shim - Pack MAYl - ODS 的组合，实现了真正的血浆(血清)的直接大量注入。在线自动稀释用旁通流路的效果见图 5.46。

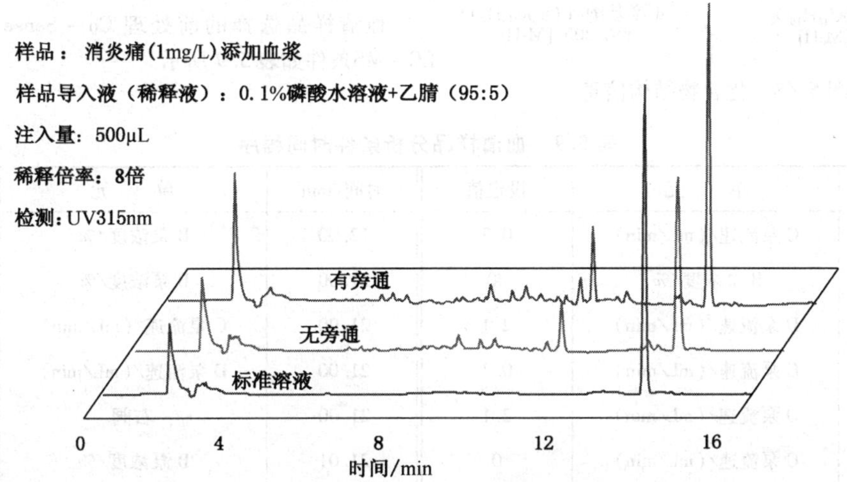

图 5.46　在线自动稀释用旁通流路的效果

Co - Sense 系统的特点为：

① 使用样品导入用溶液的在线稀释，即使是蛋白质结合率高的药物且在大量注入时也可有效地捕集，回收率几乎 100%；

② 使用高效自动进样器超高速进样，接近零的交叉污染；

③ 迅速且有效地除去蛋白；

④ 有效地保护分柱色谱柱和 LC - MS 的接口；

⑤ 经久耐用的新型柱。通过采用新开发的涂覆技术和粒子径的最优化，可得到长期稳定的数据。

应用实例：Co - Sense LC - PDA - MS 系统直接分析测定血清中双酚 A 和 4 - 辛基酚含量

双酚 A 是环氧树脂和聚碳酸酯塑料的添加剂，制成的塑料产品用于食品和饮料的包装，树脂产品广泛用于金属的涂层包括食品罐头、瓶盖和供水管。烷基酚被广泛用作塑料增塑剂、工业用洗涤剂、农药乳化剂、纺织行业的整理剂等，其包括 4 - 辛基酚。这两种化合物都是内分泌干扰物。

对于生物样本血清中物质的测定一般都需经过繁琐的样品前处理，本研究使用 Co－Sense LCMS 系统对直接进样的血清样品中双酚 A（BisphenolA，BPA）和 4－辛基酚（4－Octylphenol，4－OP）进行含量测定，选择大气压化学离子化负离子检测方式。Co－Sense LC－MS 系统如图 5.47 所示，通过阀切换，样品前处理流路切换为样品分析流路。

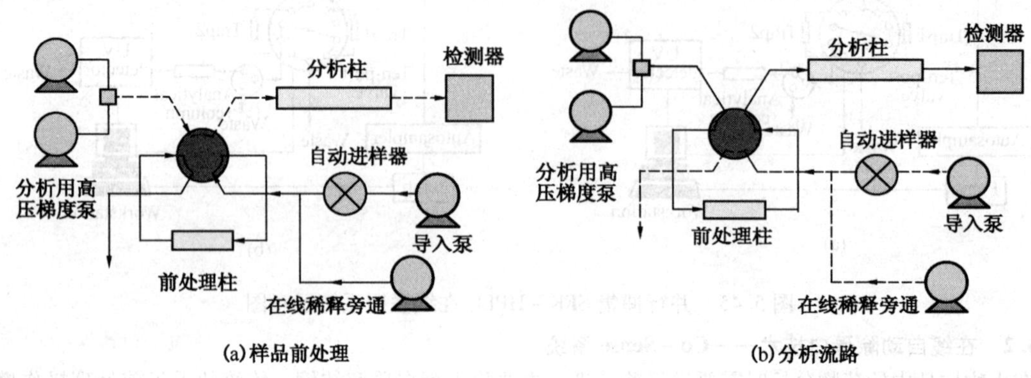

(a)样品前处理　　(b)分析流路

图 5.47　Co－SenseLC－MS 系统

H_3C　CH_3　HO　OH

双酚A(BPA)$C_{15}H_{16}O_2$
m/z 227 [M-H]$^-$

HO　C_8H_{17}

4-辛基酚(4-OP)$C_{14}H_{22}O$
m/z 205 [M-H]$^-$

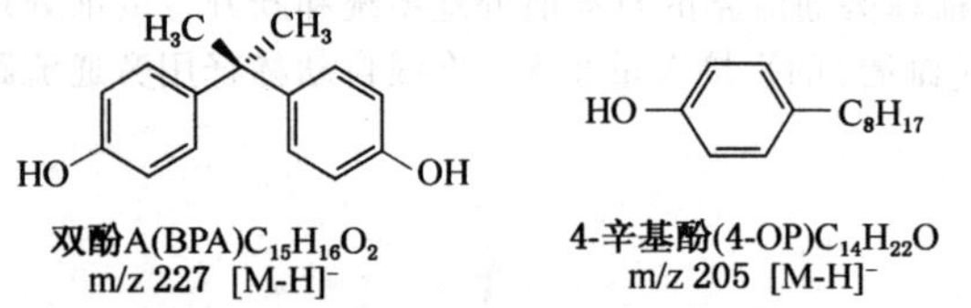

图 5.48　化合物结构信息

两种化合物定量分析 SIM 方式选择［M－H］$^-$作为检测离子，APCI 负离子检测方式，化合物结构信息如图 5.48 所示。

血清样品选择的前处理 Co－Sense 系统条件及 LC－MS条件如表 5.9 所示。

表 5.9　血清样品分析条件时间程序

时间/min	单　元	设定值	时间/min	单　元	设定值
0.01	C 泵流速/（mL/min）	0.3	12.00	B 泵浓度/%	100
0.01	B 泵浓度/%	30	21.00	B 泵浓度/%	100
0.01	D 泵流速/（mL/min）	2.1	21.00	C 泵流速/（mL/min）	0
4.99	C 泵流速/（mL/min）	0.3	21.00	D 泵流速/（mL/min）	0
4.99	D 泵流速/（mL/min）	2.1	21.00	右阀	0
5.00	C 泵流速/（mL/min）	0	21.01	B 泵浓度/%	30
5.00	D 泵流速/（mL/min）	0	21.01	C 泵流速/（mL/min）	0.3
5.00	左阀	1	21.01	D 泵流速/（mL/min）	2.1
8.00	B 泵浓度/%	30			

LC－MS2010EV 分析条件如下：

色谱柱：Intersil－ODS（150mm×2.0mm i.d.，5μm）

前处理柱：AYI－ODS（10mm×4.6mm i.d.，50μm）

流动相 A：水

流动相 B：甲醇

流动相流速：0.5mL/min

泵 C（导入泵）：水＋甲醇（95:5，体积比），含 10mmol/L 醋酸铵

泵 D（稀释泵）：水＋甲醇（95:5，体积比），含 10mmol/L 醋酸铵

柱温：40℃

放电针电压：4.5kV，APCI 负离子模式

雾化气流速：2.0L/min

接口温度：400℃

干燥气：0.03MPa

CDL 电压：20V

化合物的色谱图如图 5.49 所示。

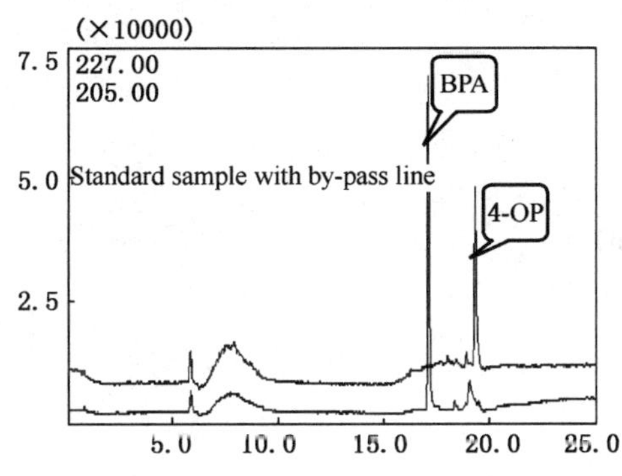

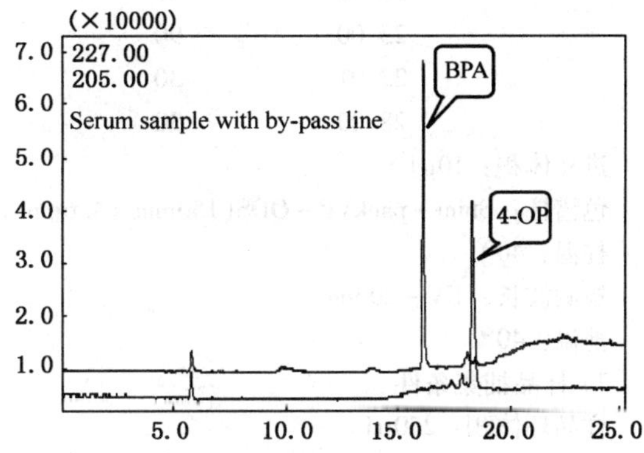

图 5.49　样品分析色谱图

5.2.3.3　在线自动脱盐技术

在药物中不纯物分析以及天然产物中未知成分的鉴定分析中，由于磷酸盐具有广泛的 pH 范围以及在低波长吸收低的特点，已经在许多 LC 分析方法中使用。但由于磷酸盐不适宜于 API 离子源，LC－MS 需要使用挥发性的缓冲液，因此，当使用 MS 取代 UV 检测器时，往往需要优化新的分析条件。鉴于这种情况，岛津公司开发了新的阀切换系统(在线自动稀释脱盐 LC－MS 前处理系统)，该系统可以在线自动进行脱盐，同时自动稀释旁路可以提高目标化合物的捕集效率。这样，使用在线自动稀释脱盐 LC－MS 前处理系统，就可以直接将 HPLC 的分析条件应用到 LC－MS 中，对目标化合物进行 MS 分析。

应用实例：在线自动脱盐 LC－MS 系统分析人参皂甙

(1) HPLC 装置

在线自动稀释脱盐 LC－MS 前处理系统包括脱气机 DGU20A5；泵 LC－20AD(3 台)；LC－20AB(1 台)；自动进样器 SIL－20C；高压混合器；柱温箱 CTO－20AC；流路切换阀 FCV－12AH(2 个)；紫外检测器 SPD－20AV；LCMS－2010EV。

(2) 流程图

流程图如图 5.50 所示，先采用 HPLC 对未知样进行分析，对感兴趣的目标峰，可以通过左阀的切换将其引入后面的系统，经过富集及脱盐后，右阀切换，将捕集柱中的样品引入 MS 检测器进行检测。

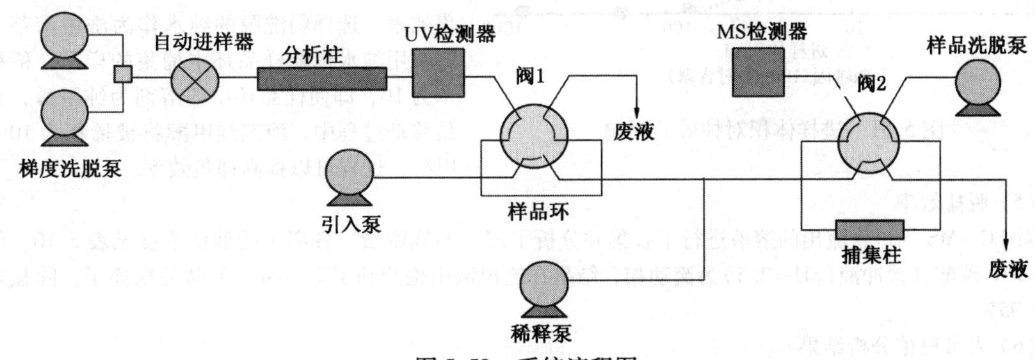

图 5.50　系统流程图

(3) 分析条件

1)分离条件

分析柱流速：1mL/min

流动相A：20mmol/L 磷酸盐缓冲液(pH = 2.6)，流动相B：乙腈

梯度条件：

时间(min)	B相比例(%)
0	30
18.00	40
18.01	90
23.00	90
23.01	30
28.00	30

进样体积：10μL

色谱柱：Shim - packVP - ODS(150mm × 4.6mm i.d.，5μm)

柱温：40℃

检测波长：UV - 200nm

池温：40℃

2) 样品捕集条件

样品环体积：250μL

引入液：0.1%乙酸水溶液

稀释液：0.1%乙酸水溶液

引入泵流速：0.3mL/min

稀释泵流速：2.7mL/min

3) MS检测器

样品洗提流速：0.2mL/min

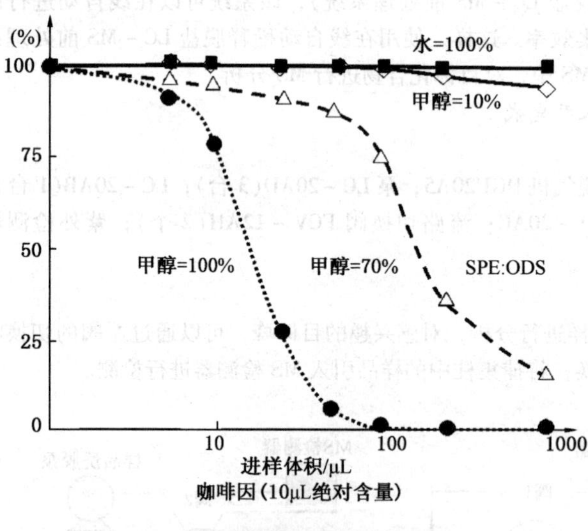

图5.51 进样体积对柱效的影响

样品洗提溶剂：含有0.1%乙酸的乙腈溶液

MS柱：Shim - packVP - ODS(150mm × 2.0mm i.d.，5μm)

MS离子源：电喷雾

(4) 捕集效率

样品体积对柱效的影响如图5.51所示。标样溶液分别由水、甲醇配制。咖啡因的绝对量均为100μg。当使用强溶剂(如甲醇)洗脱时，随着进样体积的增加，柱效显著降低。另外，当使用弱溶剂(如水)洗脱时，随着进样体积的增加，柱效没有明显降低。因此，为了提高捕集效率，选择弱洗脱的纯水作为洗脱溶剂。稀释泵用纯水稀释样品环中捕集的样品，稀释倍率为10，即使样品环中的溶剂为纯甲醇，在样品移动过程中，溶剂纯甲醇将被稀释为10%的甲醇，这样可以提高捕集效率。

(5) 脱盐效率

对LC - MS入口管流出的溶液进行了收集并分析了离子的残留量，各离子的残留浓度见表5.10。使用50mmol/L磷酸盐缓冲液(pH = 2.5)为流动相，结果在流出液中检测到了2.064mg/L磷酸根离子，除盐效率为99.95%。

(6) 人参皂甙分析结果

按照上述分析条件，对人参提取液进行了分析，色谱图见图 5.52，人参皂甙 Re、Rg1 和 Rb1 的 MS 分析结果见图 5.53～图 5.55。

表 5.10　各种离子残留浓度

离子	峰面积	浓度/(mg/L)	离子	峰面积	浓度/(mg/L)
F^-	—	未检出	NO_3^-	59784	0.404
Cl^-	77313	0.258	PO_4^{3-}	140927	2.064
NO_2^-	—	未检出	SO_4^{2-}	52801	0.197
Br^-	—	未检出			

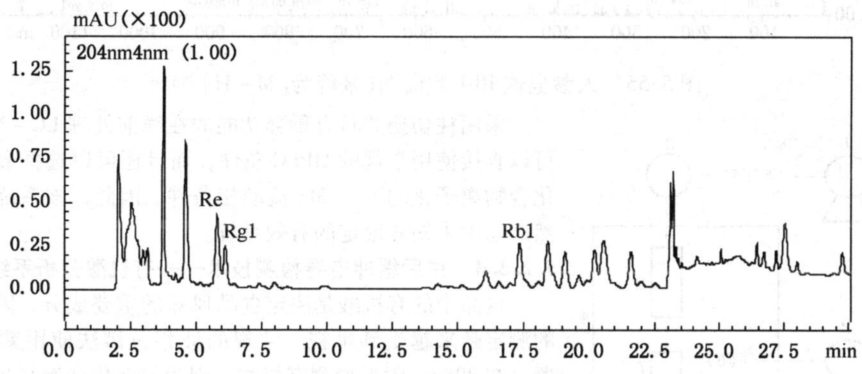

图 5.52　人参提取液色谱图

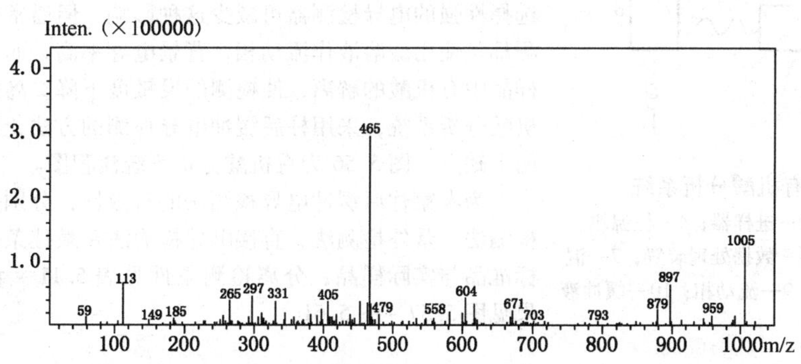

图 5.53　人参皂甙 Re 质谱图(基峰为[M + AcO]⁻)

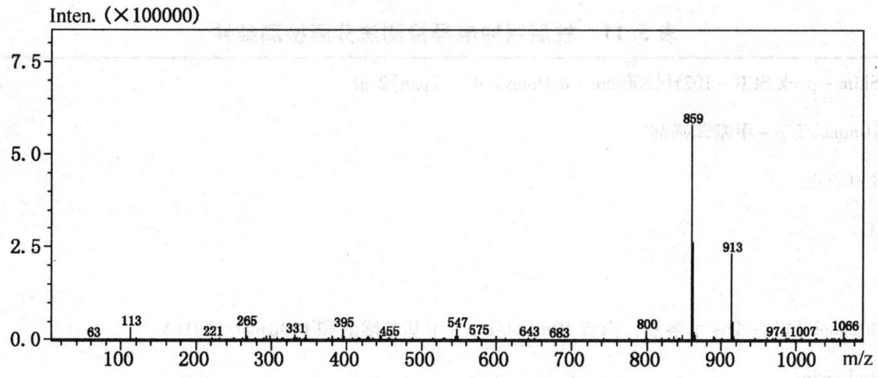

图 5.54　人参皂甙 Rg1 质谱图(基峰为[M + AcO]⁻)

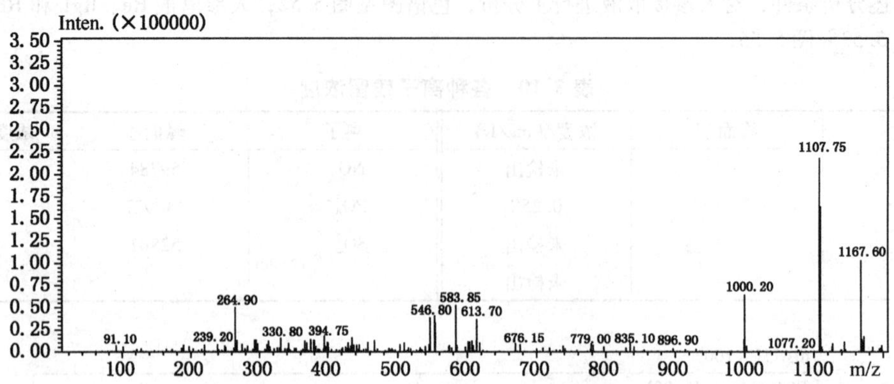

图 5.55　人参皂甙 Rb1 质谱图(基峰为[M－H]$^-$)

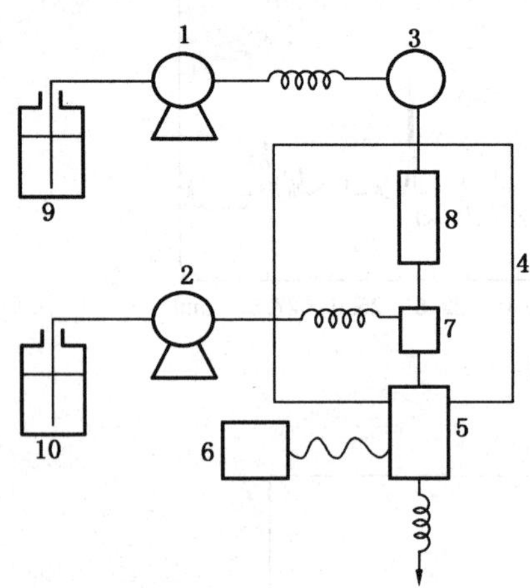

图 5.56　有机酸分析系统

1、2—输液泵；3—进样器；4—柱温箱；5—电导检测器；6—数据处理装置；7—混合器；8—色谱柱；9—流动相；10—缓冲液

采用柱切换并具有稀释功能的在线前处理 LC－MS 系统不仅可以直接使用常规的 HPLC 条件，而且还可以选择最适合于目标化合物离子化的 LC－MS 流动相条件。因此，该系统是药物和天然产物中未知样鉴定的有效系统。

5.2.3.4　柱后缓冲电导检测技术——有机酸分析系统

食品中的有机酸是决定食品风味的重要成分，因此，有机酸的测定越来越受到重视。常规的液相色谱法使用紫外吸收检测器，在 205nm 附近检测有机酸。因为很多化合物在此位置都有吸收，所以在检测中，目标组分易受样品本底中杂质的影响。使用选择性强的电导检测器可减少这种影响，但通常的直接电导法检测都是使用酸溶液作流动相，背景电导率高，而且酸溶液抑制了样品中有机酸的解离，使检测的灵敏度下降。岛津公司开发的有机酸分析系统，采用柱后缓冲电导检测的方法，同时避免了以上两个缺点。图 5.56 为有机酸分析系统流程图。

为考察柱后缓冲电导检测法的有效性，分别用柱后缓冲电导检测法、紫外检测法、直接电导检测法在最佳条件下分析有机酸标准品与实际样品，分离检测条件见表 5.11～表 5.13，分析结果见图 5.57～图 5.61。

(1) 样品处理

啤酒、橙汁、日本烧酒样品，经 0.45μm 的膜过滤后，直接进样 10μL。酸奶样品，取 5g，用超纯水稀释到 20mL，振荡 5min，在 12000r/min 下离心 5min，取上清液进样 10μL。

表 5.11　柱后缓冲电导检测法分离检测条件

分析柱：Shim－pack SCR－102H(300mm×8.0mm i.d.，7μm)2 根
流动相：10mmol/L *p*－甲基苯磺酸
流速：0.9mL/min
温度：35℃
检测条件
缓冲液：40mmol/LBis－Tris 水溶液，内含 10mmol/L *p*－甲基苯磺酸和 100μmol/LEDTA
流速：0.9mL/min
检测池温度：43℃

表 5.12　紫外检测法的分离检测条件

分析柱：Shim - pack SCR - 102H(300mm × 8.0mm i.d.，7μm)2 根
流动相：5mmol/L $HClO_4$
流速：0.8mL/min
温度：60℃
检测波长：210nm

表 5.13　直接电导法的分离检测条件

分析柱：Shim - pack SCR - 102H(300mm × 8.0mm i.d.，7μm)2 根
流动相：10mmol/L *p* - 甲基苯磺酸
流速：0.9mL/min
温度：35℃

（2）柱后缓冲电导检测法分析结果

1)有机酸标准品

有机酸标准品的色谱分离图见图 5.57。

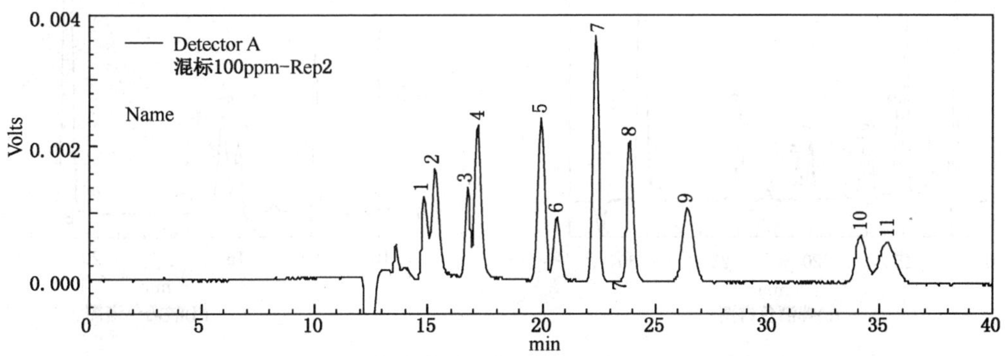

图 5.57　11 种有机酸标准品(100mg/L，10μL)的色谱图

1—磷酸；2—柠檬酸；3—丙酮酸；4—苹果酸；5—琥珀酸；6—甲酸；
7—乙酸；8—己二酸；9—庚二酸；10—丁酸；11—乳酸

2）实际样品

实际样品色谱图见图 5.58。

（3）与紫外检测法的比较

分别用柱后缓冲电导检测法和紫外检测法测定橙汁与啤酒样品，结果见图 5.59、图 5.60。

（4）与直接电导检测法的比较

分别用柱后缓冲电导检测法和直接电导检测法测定 11 种有机酸标准品，结果见图 5.61。

柱后缓冲电导法采用柱后调节 pH 值，电导检测器检测的方法检测有机酸，是可以实现有机酸准确定量的一种新型分析方法。柱后缓冲电导检测法的线性、重现性都表现出了良好的结果，对多组分实现了良好的分离，适合食品样品中多组分有机酸的检测。与紫外检测法相比，柱后缓冲电导检测法不易受样品背景中杂质的干扰，增加了定量的可靠性；与直接电导检测法相比，柱后缓冲电导检测法大幅提高了高 pK_a 值的有机酸的检测灵敏度。

5.2.3.5　柱后衍生荧光检测技术——氨基甲酸酯分析系统

N - 氨基甲酸酯类农药作为杀虫剂和除草剂被广泛使用，其在农产品中的残留也早已成为问题。2004 年发布的我国农业标准 NY/T761 中，柱分离后在线水解生成的甲胺进行荧光衍生的检测方法作为蔬菜和水果中氨基甲酸酯类农药多残留检测方法被采纳。为实现氨基甲酸酯类农药的快速检测，岛津公司开发了氨基甲酸酯分析系统。采用以 3μm 粒径的高纯硅胶作填料的快速分析柱 Shim - pack FC - ODS，比常规分析

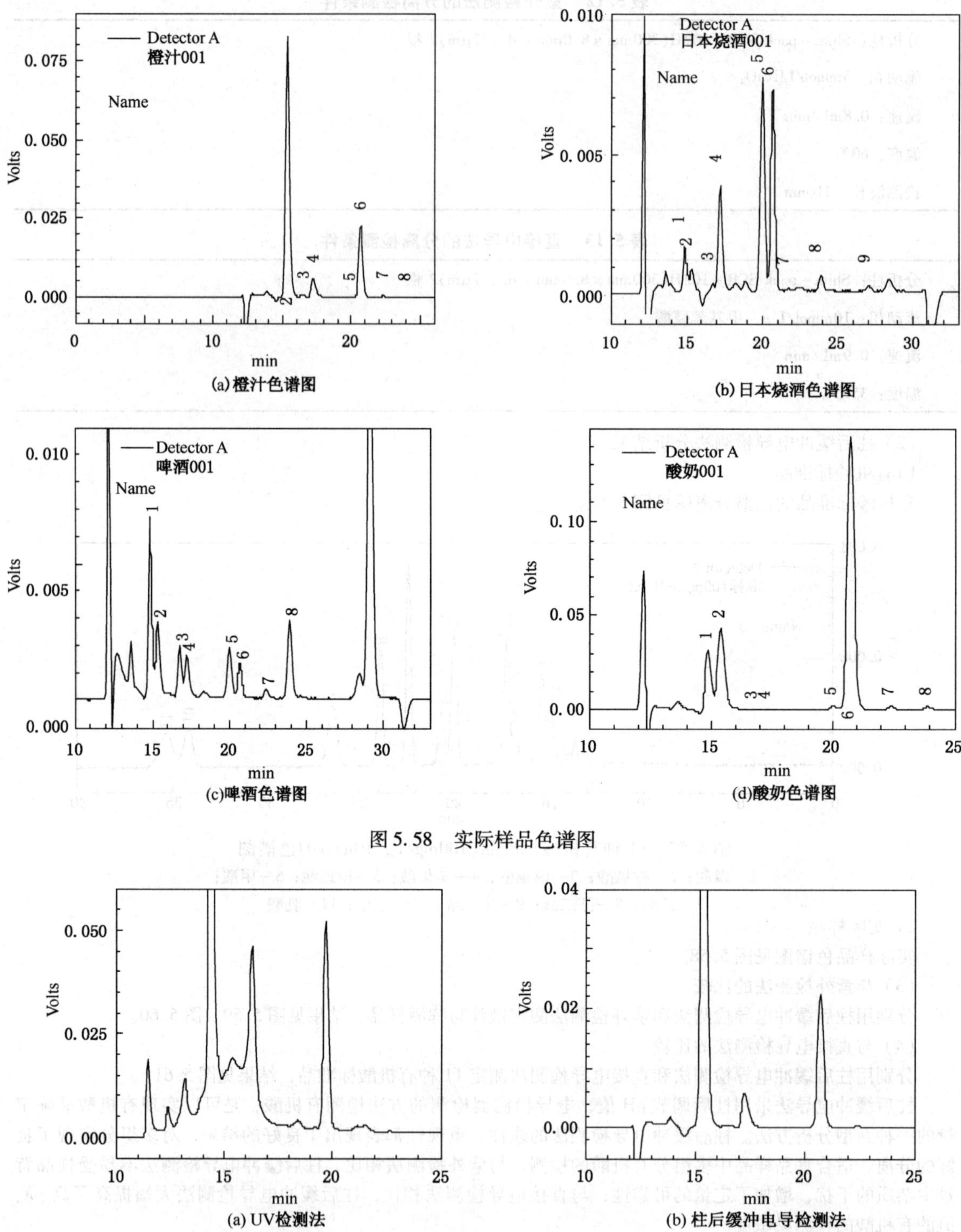

图 5.58 实际样品色谱图

图 5.59 橙汁色谱图

柱(5μm 粒径)的分析时间减少一半。若将快速分析和快速前处理法 QuEchERS 相结合，可以将氨基甲酸酯类分析时间控制到 1.5h 以内。

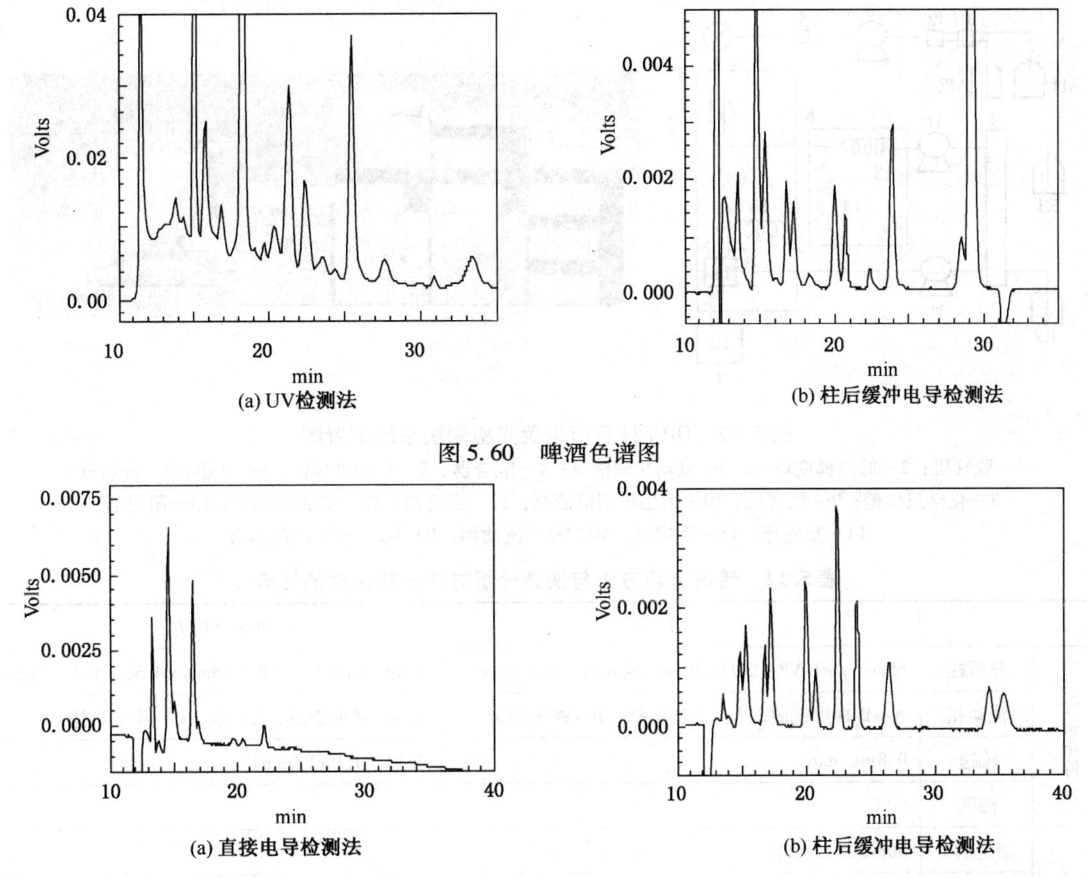

(a) UV检测法　(b) 柱后缓冲电导检测法

图 5.60　啤酒色谱图

(a) 直接电导检测法　(b) 柱后缓冲电导检测法

图 5.61　11 种有机酸标准品色谱图

（1）检测原理

N-氨基甲酸酯类化合物经反相色谱法分离，柱后在碱性条件下水解生成甲胺。生成的甲胺与一级胺的荧光衍生化试剂 *O*-苯二甲醛（OPA）反应，进行较高灵敏度的荧光检测。反应如下：

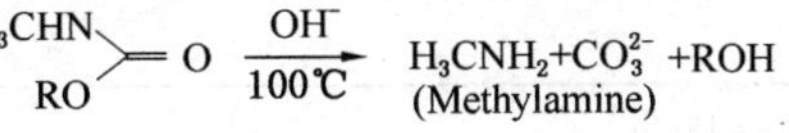

$$H_3CHN(RO)C{=}O \xrightarrow[100℃]{OH^-} H_3CNH_2 + CO_3^{2-} + ROH$$

(Methylamine)

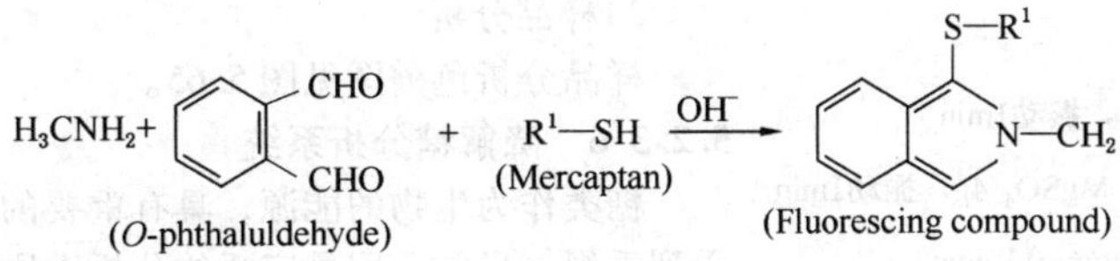

$$H_3CNH_2 + C_6H_4(CHO)_2 + R^1{-}SH \xrightarrow{OH^-} \text{(Fluorescing compound: 1-}(S{-}R^1)\text{-isoindole, } N{-}CH_3)$$

(*O*-phthaluldehyde)　(Mercaptan)　(Fluorescing compound)

（2）分析系统

OPA 柱后衍生荧光检测法系统配置如图 5.62 所示。

（3）样品前处理方法（QuEchERS）

QuEChERS 前处理法流程如图 5.63 所示。

（4）分析条件

分析条件见表 5.14。

（5）分析结果

1）标准品分析

标准品色谱图见图 5.64。

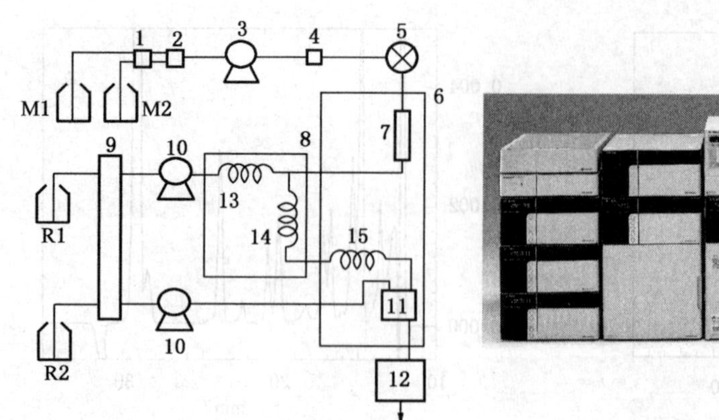

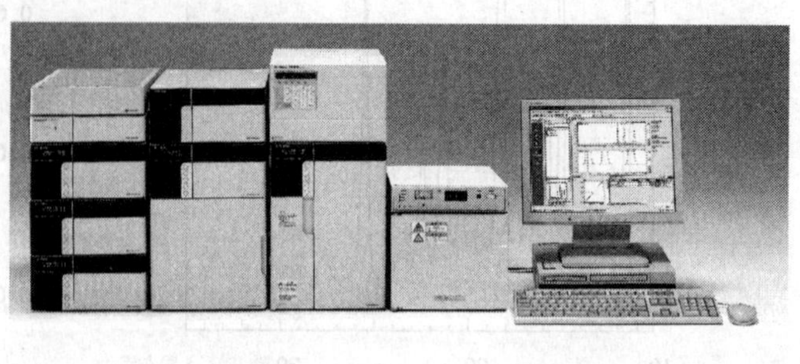

图 5.62　OPA 柱后衍生荧光检测法系统配置图

1—脱气机；2—低压梯度单元；3—流动相输液泵；4—混合器；5—自动进样器；6—柱箱；7—分析柱；8—化学反应槽；9—脱气机；10—衍生试剂输液泵；11—混合器；12—荧光检测器；13—阻尼器；14—反应环；15—反应环；M1, M2—流动相；R1, R2—衍生试剂溶液

表 5.14　传统分析方法与快速分析方法分析条件的比较

		传统分析方法	快速分析方法
分析条件	分析柱	Shim - pack VP - ODS(150mm × 4.6mm i.d., 5μm)	Shim - pack FC - ODS(75mm × 4.6mm i.d., 3μm)
	流动相	A→B 梯度洗脱，A：10% 甲醇，B：90% 甲醇	A→B 梯度洗脱，A：水，B：40% 甲醇
	流速	0.8mL/min	流速：1.0mL/min
	温度	50℃	
检测条件	衍生剂 1	50mmol/LNaOH	
	温度	100℃	
	流速	0.5mL/min	
	衍生剂 2	OPA 衍生剂	
	温度	50℃	
	流速	0.5mL/min	
	检测	RF - 10AXL Ex = 340nm，Em = 445nm	

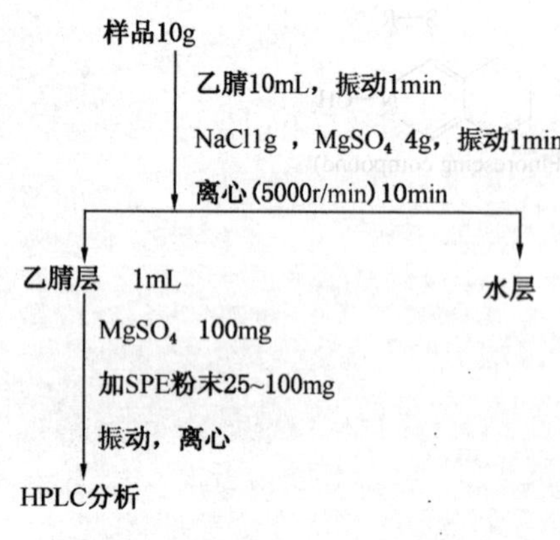

图 5.63　QuEChERS 前处理法流程图

2) 样品分析

样品分析色谱图见图 5.65。

5.2.3.6　降解糖分析系统

糖类作为生物的能源，具有重要的作用，因此它的检测也受到重视。目前采用最广泛的分析手段是高效液相色谱法。由于分离的目的不同，所以在液相色谱上开发出多种分离方法，例如空间排斥色谱法、分配色谱法、配位体交换色谱法和阴离子交换色谱法，而在检测手段上多用示差折光检测器。但因为这种检测器选择性差、灵敏度低，不适用于低浓度、复杂基底的样品分析，所以又开发出了多种糖类的柱后衍生系统。岛津公司开发出了以精氨酸为柱后衍生剂的降解糖分析系统。该柱后衍生法可与多种分离方法结合，共同完成降解糖的分离与检测。

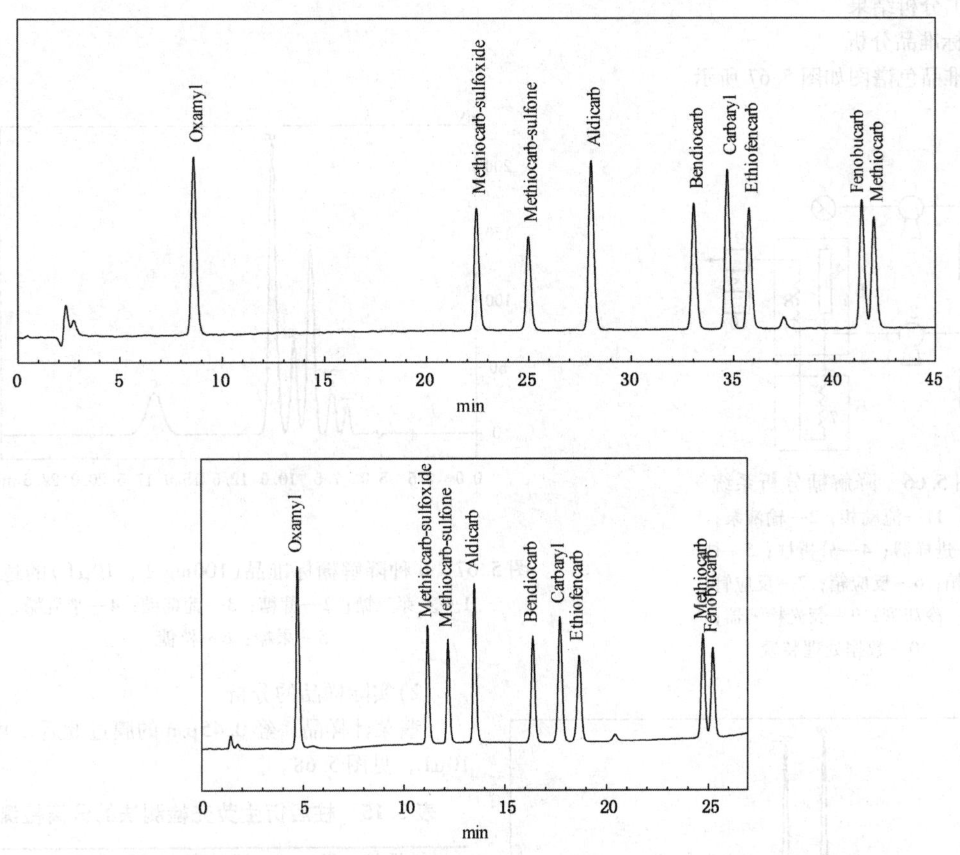

图5.64　使用常规柱(上)和快速柱(下)分析标准品的色谱图比较

注：Oxamyl 杀线威；Methiocarb - sulfoxide 甲硫威亚砜；Methiocarb - sulfone 甲硫威砜；Aldicarb 涕灭威；Bendiocarb 恶虫威；Carbaryl 甲萘威；Ethiofencarb 杀虫丹；Fenobucarb 仲丁威；Methiocarb 甲硫威；isoprocarb 异丙威；baycarb 仲丁威

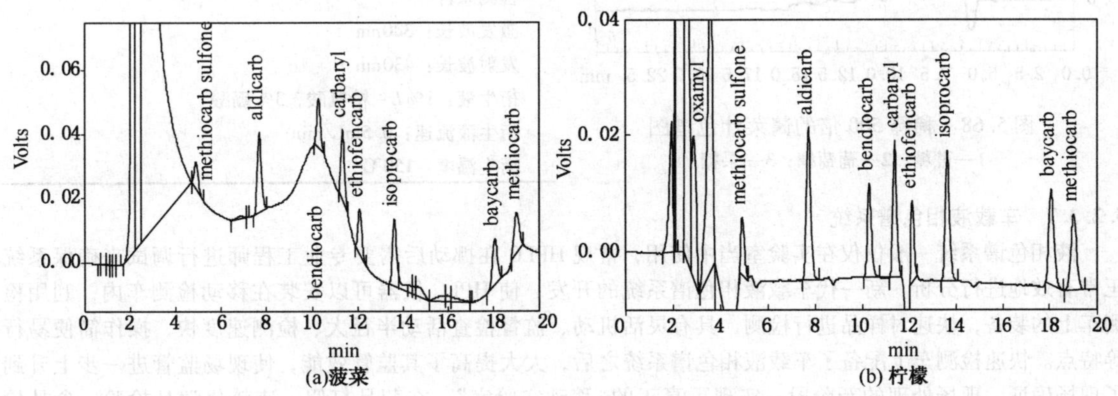

图5.65　样品分析色谱图

(1) 分析系统

降解糖分析系统如图5.66所示。

(2) 分析条件

分析条件见表5.15。

(3) 分析结果

1)标准品分析

标准品色谱图如图 5.67 所示。

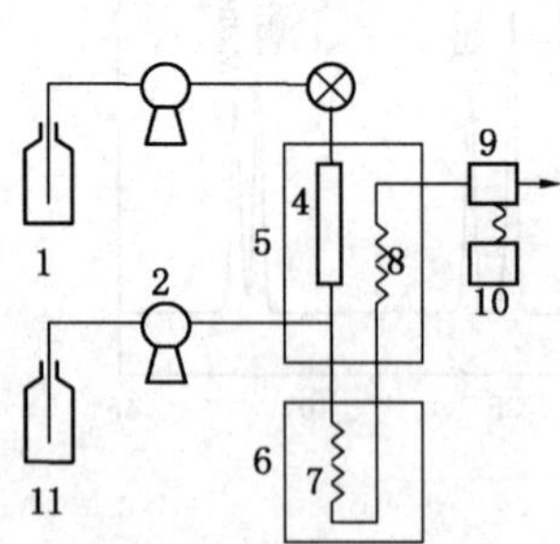

图 5.66 降解糖分析系统

1、11—流动相；2—输液泵；3—进样器；4—分析柱；5—柱温箱；6—反应箱；7—反应管；8—冷却管；9—荧光检测器；10—数据处理装置

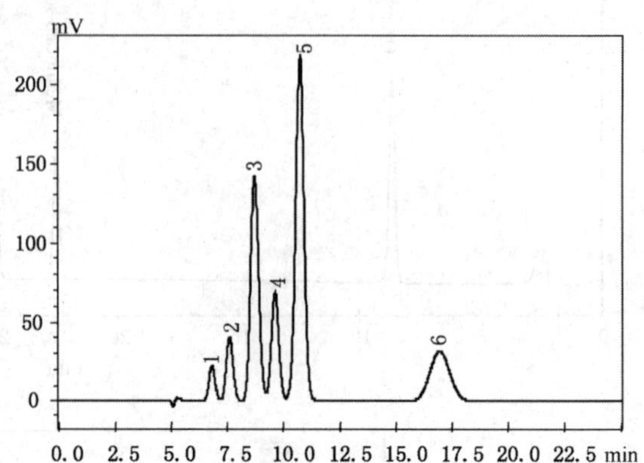

图 5.67 6 种降解糖标准品(100mg/L，10μL)的色谱图

1—麦芽三糖；2—蔗糖；3—葡萄糖；4—半乳糖；5—果糖；6—核糖

2)实际样品的分析

酱菜汁样品，经 0.45μm 的膜过滤后，直接进样 10μL，见图 5.68。

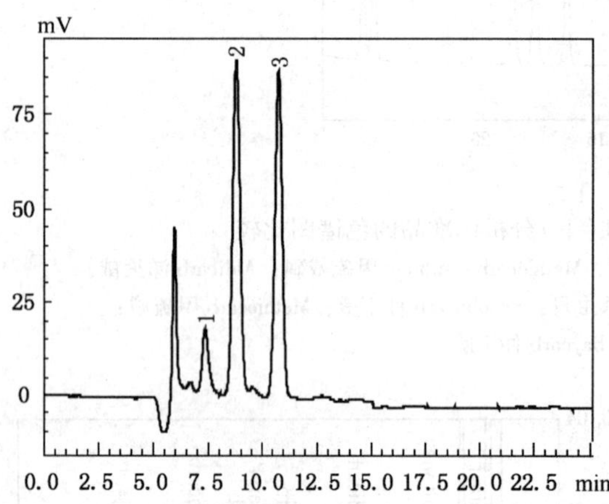

图 5.68 稀释 500 倍的酱菜汁色谱图

1—蔗糖；2—葡萄糖；3—果糖

表 5.15 柱后衍生荧光检测法的分离检测条件

分离检测条件
分析柱：Shim - pack SCR - 101C (300mm × 7.9mm i. d.，10μm)
流动相：蒸馏水
流速：0.8mL/min
温度：80℃
检测条件
激发波长：320nm
发射波长：430nm
衍生液：1% *L* - 精氨酸，3% 硼酸
衍生液流速：0.5mL/min
衍生温度：150℃

5.2.3.7 车载液相色谱系统

液相色谱系统一般仅仅在实验室当中使用，常规 HPLC 在挪动后需要专业工程师进行调试来确保系统正常有效地进行分析。新一代车载液相色谱系统的开发，使 HPLC 仪器可以安装在移动检测车内，利用检测车上的装备，快速对样品进行检测，具有灵活机动、监督检查活动半径大、检测速度快、操作简便易行等特点。快速检测车上配备了车载液相色谱系统之后，大大提高了其监管效能，使现场监管进一步上升到了现场确证、现场处理的新阶段，实现了真正的“移动实验室”，在药品打假、违禁化学品检验、食品检测、环境监测等方面极具优势。

应用实例：岛津公司车载高效液相色谱仪

岛津公司的车载 HPLC 系统解决了快速检测车开发中一系列的难题，专门开发了车载减震装置，最大限度减少车辆行驶过程中震动对液相色谱仪的影响，经过专业测试场搓板路、卵石路、高速倾斜路面连续长距离行驶考察，仪器性能稳定，实际样品测试结果与实验室一致。车载高效液相色谱仪的开发，极大地增强了快速检测能力，为医药、卫生、食品、环境等行业基层检测工作提供便利。

(1) 仪器和试剂

岛津车载高效液相色谱仪：LC－20AT 输液泵，DGU－$20A_5$在线脱气机，SPD－M20A 二极管阵列检测器，CBM－20Alite 系统控制器，LCSolution 工作站，车载减震装置，仪器安装在药检依维柯改装车上。

中药标准品司他夫定(Stavudine)、齐多夫定(Zidovudine)和奈韦拉平(Nevirapine)，均购自中国药品生物制品检定所。试验用水为纯化水，甲醇为色谱纯。

(2) 色谱条件

分析柱：Shim－pack VP－ODS(150mm×4.6mm i.d.，5μm)；流动相：0.01mol/LKH_2PO_4(pH2.5)和甲醇(体积比为1:1)；流速：1.0mL/min；检测：190～300nm；进样体积：20μL。

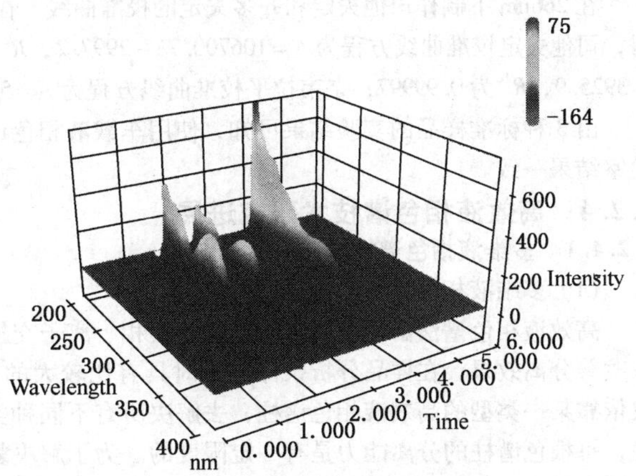

图5.69　抗 HIV 药物 HPLC 分析结果图
(出峰顺序：司他夫定，齐多夫定，奈韦拉平)

(3) 结果与讨论

用流动相分别配制5个不同浓度级别的含司他夫定、齐多夫定和奈韦拉平3个标准品的混合标样，每个标样平行进样7针，实验结果如图5.70、图5.71。

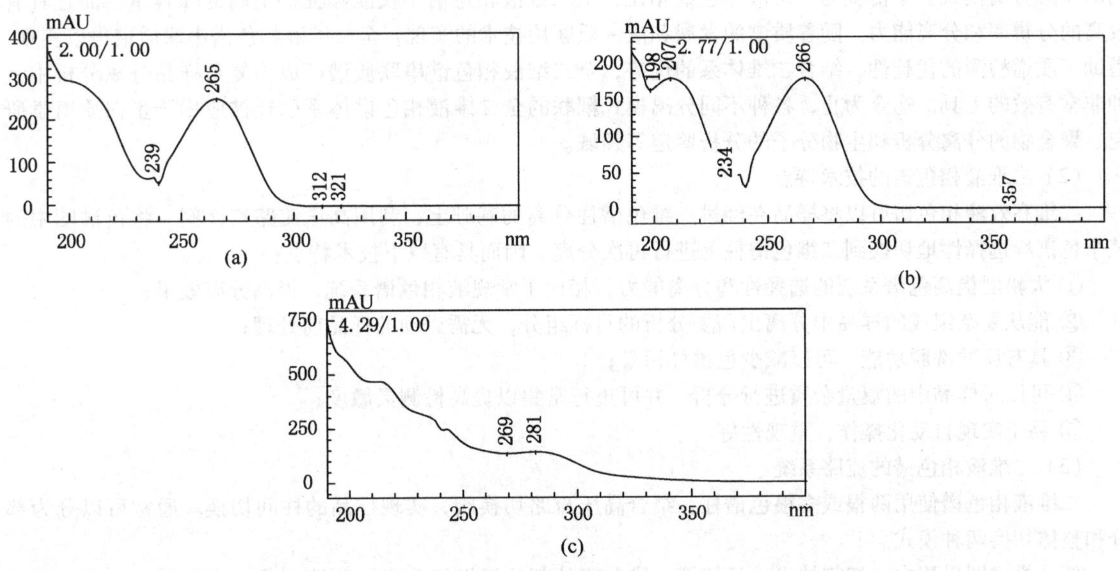

图5.70　司他夫定(a)，齐多夫定(b)，奈韦拉平(c)光谱图

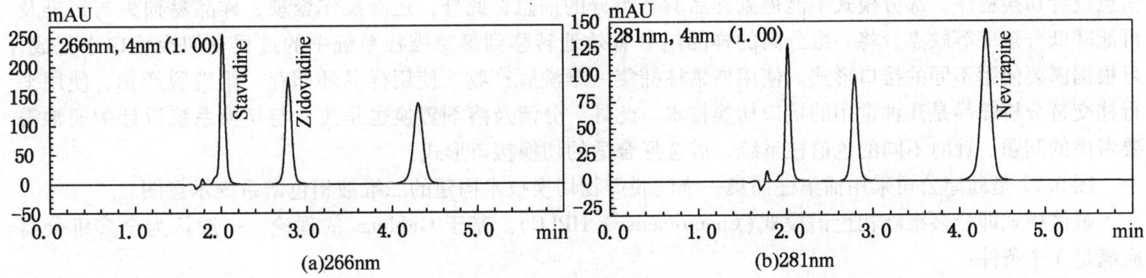

图5.71　司他夫定，齐多夫定，奈韦拉平色谱图

在266nm下制作司他夫定和齐多夫定的校准曲线，在281nm下制作奈韦拉平的校准曲线。由实验结果可得，司他夫定校准曲线方程为$A=106700.7c-2997.2$，R^2为0.99997；齐多夫定校准曲线方程为$A=65669.4c-3925.9$，R^2为0.99997；奈韦拉平校准曲线方程为$A=59368.0c-5018.4$，R^2为0.99998。

由3种标准样品的实验结果可知，使用车载液相色谱仪可以得到良好的线性和重现性，测试结果与实验室结果一致。

5.2.4 高效液相色谱技术研究进展

5.2.4.1 多维液相色谱技术

（1）多维液相色谱技术概述

高效液相色谱法由于可以采用正相、反相、离子交换、体积排阻等多种分离体系，以及梯度洗脱方法来改善分离效果，在样品分析条件选择时具有比较大的灵活性。但是，随着分析样品复杂性的日益增加，仅依靠某一类型的高效液相色谱柱，去解决所有不同种类的分析问题，在实际应用中是不可行的。换句话说，每根色谱柱的分离能力是有一定限度的。为了解决复杂组分的分离，20世纪70年代由Huber等提出了二维高效液相色谱分离技术。通过在一维和二维色谱柱之间用切换阀进行流路切换，可以实现各维色谱柱的独立运行或将一维柱未能分离开的色谱峰切割后进入二维柱再次分离。在一维分离系统中不能完全分离的组分，可能在二维系统中得到更好的分离，分离能力、分辨率得到极大的提高。完全正交的二维液相色谱，峰容量是两种一维分离模式单独运行时峰容量的乘积。与一维色谱相比，多维色谱能够提供更高的峰容量，更适合于复杂样品的分离分析。

全二维液相色谱将分离机理不同而又相互独立的两根色谱柱通过一个切换阀耦联在一起，是一种最常用的多维分离模式。与传统的一维液相色谱相比，全二维液相色谱不仅能够提供更高的峰容量，而且具有较高的分辨率和分离能力。随着质谱的发展和液－质联用技术的实现，全二维液相色谱串联质谱得以实现。借助于质谱检测的优越性，结合二维体系的优势，全二维液相色谱串联质谱已成为复杂样品分离分析中一种非常有效的工具。迄今为止，各种不同分离模式耦联的全二维液相色谱体系已经被应用于蛋白质组学研究、聚合物的分离分析和生物分子的分析鉴定等领域。

（2）二维液相色谱的技术特点

二维高效液相色谱可以将样品在经过一维色谱柱分离的基础上，利用高压流路切换阀，将色谱图中的某个色谱峰选择性地切换到二维色谱柱上进行再次分离，因而具有以下技术特点：

① 大幅度提高色谱系统的选择性和分离能力，相比于常规液相色谱系统，提高分离效果；

② 能从复杂组成的样品中分离出需要分析的目标组分，无需繁琐的样品前处理；

③ 具有反冲洗脱功能，可以减少色谱柱污染；

④ 可以对样品中的痕量杂质进行分析，并可进行富集以提高检测灵敏度；

⑤ 易于实现自动化操作，重现性好。

（3）二维液相色谱的流路系统

二维液相色谱使用两根或多根色谱柱，结合高压流路切换阀，实现样品的柱间切换。通常可以分为部分和整体切换两种模式。

部分模式即采用中心切割技术，只使第一维分离的部分目标组分进入到第二维中进行下一步分析。为了将样品有效地转移到下一维柱系统中，必须先在第一维分离模式中用标准物进行实验，根据得到的分离信息设计切换程序。部分模式不能得到样品所有组分的信息，此外，还有操作繁琐、样品易损失与污染及可能降低分辨率等缺点。将一维分离的样品组分有效地转移到第二维柱系统中的过程在切换接口中完成，可根据需要使用不同的接口形式。使用捕集柱捕集一维洗脱产物、使用样品环储存一维洗脱产物、使用平行柱交替分析样品是几种常用的接口切换技术。此外，分流及溶剂置换也是接口与切换系统设计中通常需要考虑的问题。针对不同的色谱柱系统，需选择合适的切换接口形式。

图5.72是岛津公司采用捕集柱捕集一维洗脱产物切换技术构建的二维液相色谱系统示意图。

整体模式即全多维液相色谱模式（Comprehensive HPLC）。基于Giddings的理论，一般认为全多维分离应满足3个条件：

① 样品的每一部分都受到不同模式的分离；

② 所有样品组分以相等的比例（100%或稍低一些，即并不要求100%分析物，只要分流的部分能代表

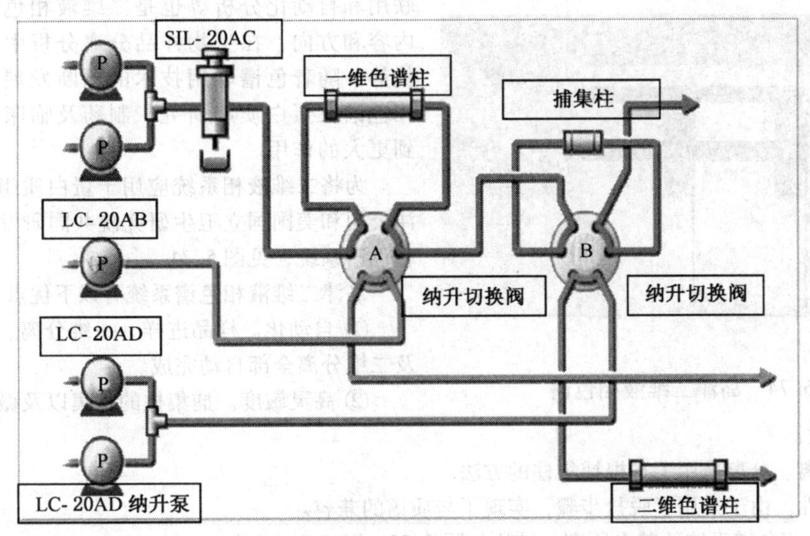

图 5.72　捕集柱捕集一维洗脱产物切换技术构建的二维液相色谱系统示意图

所有样品组分信息即可）转移到二维及检测器中；

③ 在一维中已得到的分辨率基本上维持不变。

其中，第一条和第三条说明了传统的中心切割技术与全二维的区别。Schoenmakem 等认为在二维分离之前进行分流也可称为全二维分离，进一步拓宽了全二维分离的概念。

图 5.73 是岛津公司使用样品环储存一维洗脱产物切换技术构建的全二维液相色谱系统示意图。

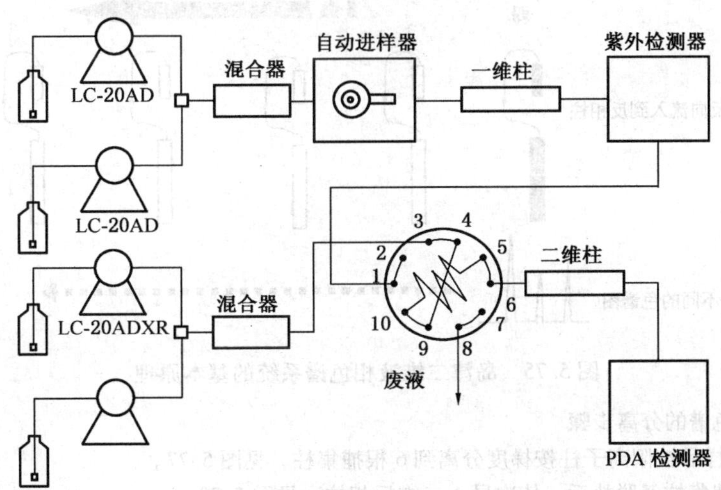

图 5.73　样品环储存一维洗脱产物切换技术构建的全二维液相色谱系统示意图

基于不同的分离目的，可以采用不同分离机理的柱系统构建多维液相色谱分离系统，离子交换色谱（IEC）、反相色谱（RPLC）、亲和色谱（AC）、体积排阻色谱（SEC）和正相色谱（NP）等分离模式皆可以组合用于特殊目的的分离。对于两种分离模式的组合，不仅应考虑分离选择性、分辨率、峰容量、柱容量及分析速度等因素，对于生物样品的分离、样品回收率和活性等因素也可能非常重要。在实际多维分离系统的构建过程中，必须综合考虑不同因素的影响，选择合理的分离模式和柱系统。

二维液相色谱采用柱结合模式，柱间切换接口的设计对样品的分离效果及整个系统的性能都有很大影响，因此设计和优化切换模式是二维液相色谱研究的重点。不同分离模式之间的匹配组合、与质谱的

图 5.74　岛津二维液相色谱

联用和自动化分析等也是二维液相色谱研究的重要内容和方向，在生物样品分离分析中显示出极大的优势。随着色谱联用技术的不断发展完善，二维液相色谱在蛋白质组研究、制药及临床等领域必将起到更大的作用。

为将二维液相系统应用于蛋白质组学研究，由岛津公司和美国国立卫生研究院共同研发了岛津二维液相色谱系统，见图 5.74。

岛津二维液相色谱系统有以下优点：

① 自动化。样品进样、一维分离、捕集、脱盐以及二维分离全部自动完成。

② 高灵敏度。捕集柱的富集以及微量液相色谱分析提高了灵敏度。

③ 高速分离。分离采用了 6 根捕集柱的方法。

④ 高稳定性。由于采用了脱盐步骤，实现了与质谱的兼容。

岛津二维液相色谱系统的基本原理与结构如图 5.75、图 5.76 所示。

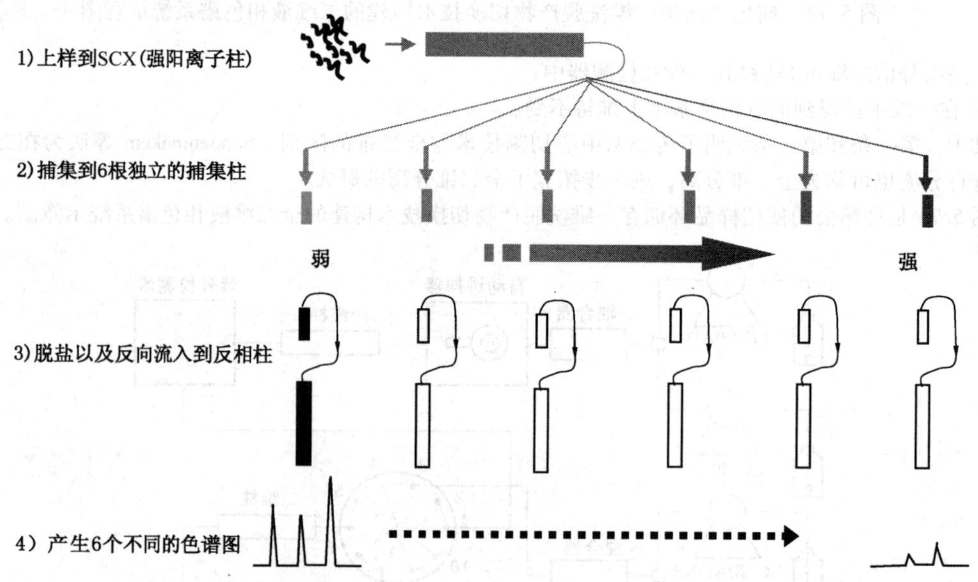

图 5.75　岛津二维液相色谱系统的基本原理

（4）二维液相色谱的分离步骤

1）一维分离：样品被阳离子柱按梯度分离到 6 根捕集柱，见图 5.77。

2)脱盐：每个捕集柱经脱盐后，依次导入二维反相柱，见图 5.78。

3)二维分离：每个组分经反相柱进行二维分离，见图 5.79。

使用二维液相分析系统实现了蛋白质组学有效分析，捕集柱的富集以及微量液相色谱分析增强了灵敏度，为微量流速设计的岛津液相系统提高了分离的准确性。

5.2.4.2　超高效液相色谱(UPLC)

随着现代社会与科学技术的发展，对各种复杂样品分离分析的要求越来越高，特别是在食品安全、环境监测、药物开发、生命科学等领域，“更快、更好地得到分析检验结果”这是广大分析工作者的愿望，因此超高效液相色谱(UPLC 或 UHPLC)系统顺势而生。UHPLC 的出现增加了分析的通量、灵敏度及色谱峰容量，它给实验室带来了新奇而强大的能力，成为分离分析的一个新兴领域。UHPLC 的出现也大大拓宽了液相色谱的应用范围和在分离分析科学中的重要地位，为分析化学工作者提供了又一个强

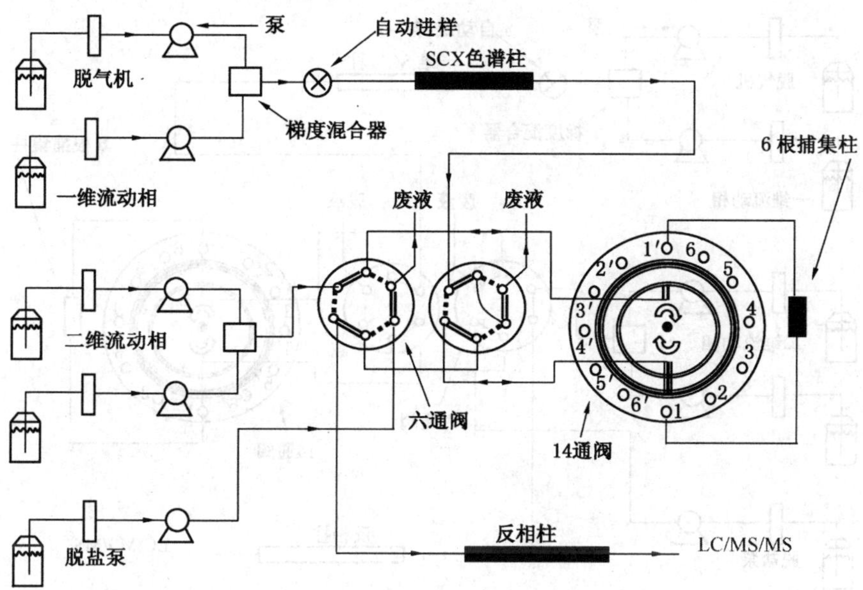

图 5.76　岛津二维液相色谱系统的基本结构

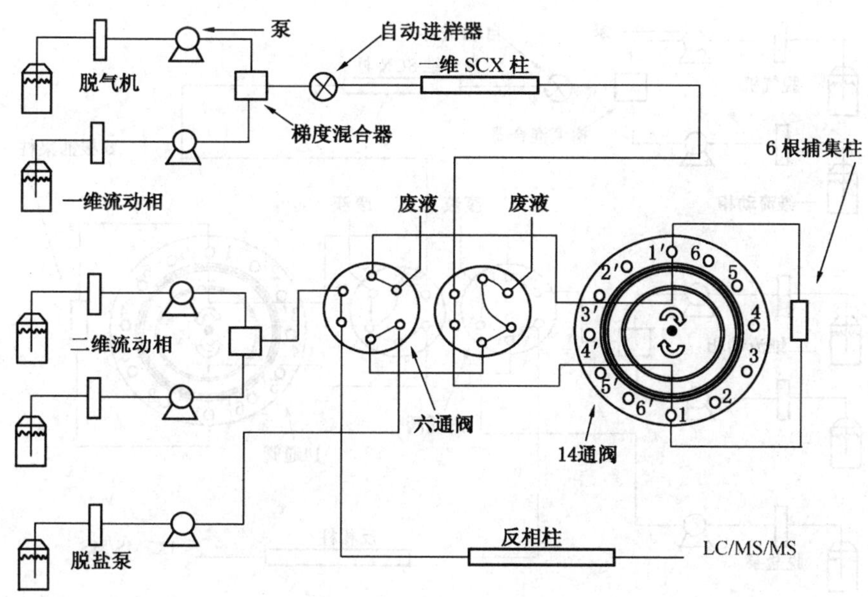

图 5.77　一维分离

有力的技术手段。

(1) 超高效液相色谱的高分离度

UHPLC 这一分离分析领域的创新，是基于液相色谱速率理论。由 5.1.2.2 中介绍的液相色谱速率理论方程

$$H = 2\lambda d_p + \frac{2\gamma D_m}{u} + q\frac{k}{(1+k)^2}\cdot\frac{d_f^2}{D_s}u + \omega\frac{d_p^2}{D_m}\cdot u + \frac{(1-\varepsilon_i+k)^2}{30(1-\varepsilon_i)(1+k)^2}\cdot\frac{d_p^2}{\gamma_0 D_m}\cdot u$$

$$= A + \frac{B}{u} + C\cdot u \tag{5.23}$$

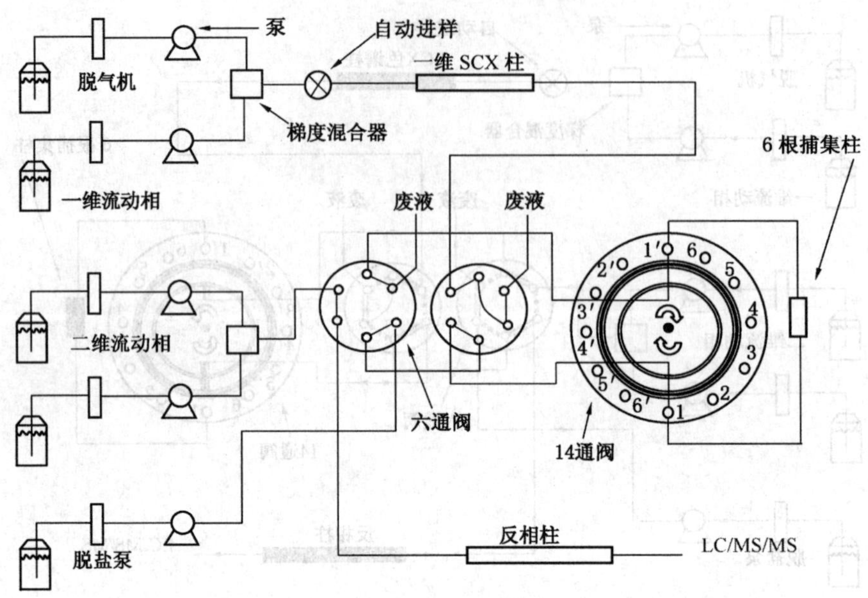

图 5.78 脱盐

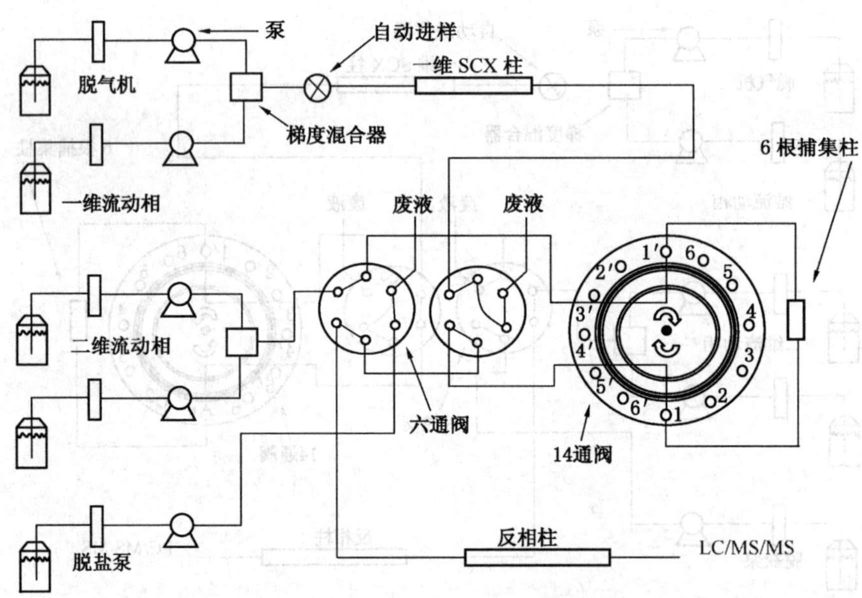

图 5.79 二维分离

可知，式中 A、C 两项与填料颗粒度 d_p 之间的关系为：$A \propto d_p$；$C \propto {d_p}^2$，因而方程式(5.23)可表达为：

$$H = a(d_p) + \frac{b}{u} + c\,(d_p)^2 u \tag{5.24}$$

从式(5.24)可明显看到，随着色谱柱中装填固定相粒度 d_p 的减小，色谱柱的塔板高度 H 也愈小，色谱柱的柱效越高，说明柱效 n 与颗粒度 d_p 成反比：

$$n \propto \frac{1}{d_p} \tag{5.25}$$

另一方面，液相色谱分离度与柱效 n 的平方根成正比：

$$R = \frac{\sqrt{n}}{4} \cdot \frac{\alpha - 1}{\alpha} \cdot \frac{k_2}{k_2 + 1} \tag{5.26}$$

式(5.26)中 R 是分离度，k_2 是容量因子，α 是选择性系数，n 是理论塔板数。可见，随着颗粒度 d_p 的降低，柱效 n 增加，进而 R 值也增加。由于分离能力用峰容量衡量，单位时间的峰容量越高，表明可以分离出的色谱峰越多，分析的分辨率越高。这也说明了可以通过减小色谱柱中装填固定相颗粒度来提高色谱柱的柱效和分离度。除提高柱效和改善分离度外，依据速率理论可进一步推测，减小固定相粒度还可在分析速度、灵敏度方面提高色谱分离分析的效能。目前常用的 2.0μm 左右的填料颗粒比大颗粒(5～10μm)可在更宽的流量范围内得到更高的柱效，即在不损失高分离度的同时优化流速(提高分析速度)。

(2) 超高效液相色谱的高速度

分析工作者总是希望在单位时间内处理更多的样品、提供更多的信息并保证数据的高质量。较小的颗粒能超乎寻常地提高分析速度而不降低 R。因为 d_p 减小后，柱长可以按比例缩短而保持柱效不变，而且速率理论表明最佳流速与 d_p 成反比。柱长缩短会加快分离速度，而 d_p 越小，最佳流速也越大，进而可通过提高流速来进一步加快分离速度。

(3) 超高效液相色谱的高灵敏度

随着痕量分析的要求越来越高，仪器开发者一直在试图提高仪器灵敏度。过去的工作集中在检测器上，然而采用超高效色谱系统就能获得灵敏度的显著提高。在 UHPLC 中始终可得到较高的灵敏度。因为 UHPLC 使用小颗粒技术可以得到更高的柱效(因而改善了分离度)、更窄的色谱峰宽，即更高的灵敏度。因为色谱峰变得更窄，峰高也就更高了；同样，当 UHPLC 用于快速分析，用较短色谱柱而使柱效不变时，色谱峰高会相应增加。因此，使用 UHPLC 技术，不仅可以在保持与 HPLC 相同分离度时提高峰高，而且在改善分离度的同时亦可提高灵敏度。

(4) 提高分离效率、缩短分析时间的 UHPLC 系统

在实现高分离度、维持基本性能、低成本的前提下实现快速分析，快速分析对于单次分析的时间、分析周期(包括进样及清洗)、装置准备所需时间(自动启动、清洗、分析状态判断)和整体色谱柱的快速化等都会带来工作效率的提高。为了应对整体分析周期的快速，UHPLC 进样速度提升为 10s 内完成，使得分析周期得以大为缩短。

填料的细微化的确可以得到快速分离的效果，另外，由于理论塔板数与填料粒径成反比，可以使分析柱缩短长度。但是，通用性、操作性等基本要求很重要。填料的细微化带来高柱效的同时也使柱压升高，因此通用性显得尤为重要。

减小色谱柱填料的粒径，理论塔板高度可降低(峰变得尖锐)，在高线速度区域，柱效的降低得以缓和。不同填料粒径的 $H-u$ 曲线如图 5.80 所示。可见 d_p 越小，其最佳流速越高，更适合在高流速区域操作。

将分析时间缩短 5 倍以上时，最佳流动相流量是常规色谱柱(粒径 5μm)的 2 倍以上，最小理论塔板高

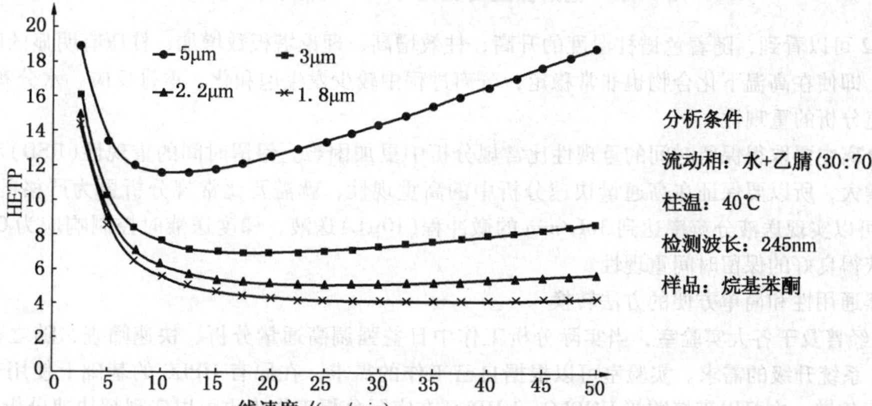

图 5.80 不同填料粒径的 $H-u$ 曲线

度是常规色谱柱(粒径 5μm)的 1/2 以下，因此必须使用填料粒径 2.5μm 以下的色谱柱。为了使用现有 HPLC 系统的条件，理论塔板数与常规色谱柱(150mm×4.6mm i.d.，5μm.)同等或以上，在大部分的分析条件下，柱压在 30MPa 以下，必须使用填料粒径 2.0μm 以上的色谱柱。考虑快速化、效率化和通用性兼备，在分析中可以首选填料粒径在 2.0μm 左右的快速液相色谱柱。

实现快速分离的途径除了填料的细微化外，另外的途径就是高温化。通过提高分离温度，可提高物质的相间移动速度，因此即使是相同的粒径也可实现更高的理论塔板数，高线速度也可保持低理论塔板高度。温度的提高，降低了流动相的黏度，可抑制高流量下的柱压上升，而且可直接使用现有 HPLC 系统。

色谱柱温度变化带来的压力变化与 $H-u$ 曲线的变化见图 5.81、图 5.82。

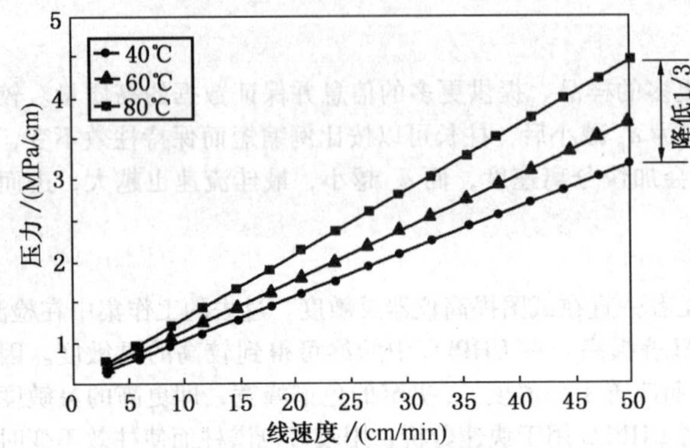

图 5.81　色谱柱温度变化对压力的影响

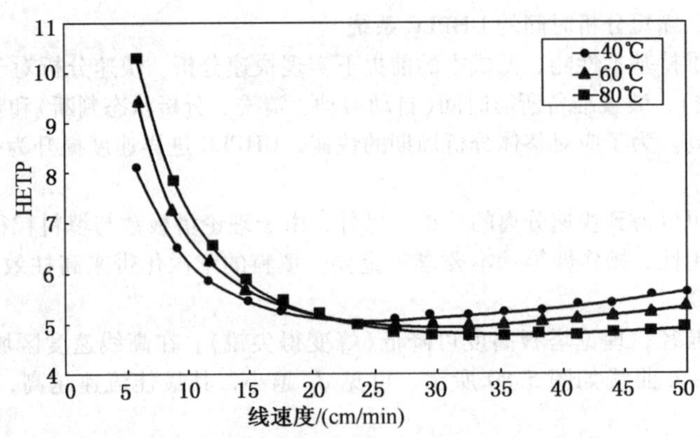

图 5.82　色谱柱温度变化对 $H-u$ 曲线的影响

由图 5.82 可以看到，随着色谱柱温度的升高，柱效增高，理论塔板数增加，柱压有明显的降低。使用 ODS 色谱柱，即使在高温下化合物也非常稳定，分离过程中较少发生饱和化、重排反应、水分解等。

(5) 快速分析的重现性

在快速分离中要取得保留时间的重现性比常规分析中更加困难。保留时间的重现性(RSD)和时间的平方根成反比增大，所以要保证在高通量快速分析中的高重现性，就需要比常规分析更为严格的送液性能。UHPLC 一般可以实现送液分辨率达到 3nL/min 的微冲程(10μL)送液、梯度送液时控制响应为 0.1s 的送液能力，可以获得良好的保留时间重现性。

(6) 仪器通用性和简单方便的方法转换

HPLC 已经普及于各大实验室，当实际分析工作中日益强调高通量分析、快速筛查，随之而来的就是对常规 HPLC 系统升级的需求。实验室可以根据自己工作的需求，在原有 HPLC 的基础上使用升级包升级为超快速液相色谱，也可以直接购买 UHPLC。UHPLC 在实际分析工作中也可以实现超快速分析与常规分析交替，仅仅需要将超微量流通池与常规流通池互换以及超快速分析柱与常规分析柱互换即可。目前，2010

版中国药典等国家法规已经将超快速液相系统纳入到法定分析仪器。

UHPLC 与 HPLC 基于相同的分离机理，故相互之间的方法转换较为容易和方便。现有 HPLC 方法可以按照比例直接转换成 UHPLC 方法；相反，UHPLC 方法也可以容易地转换成 HPLC 方法，供常规 HPLC 系统使用。可以利用仪器公司内嵌在工作站中的方法转换软件，来实现常规分析与快速分析参数间的转换。

在实际应用中，由于 UHPLC 填料颗粒较小，为防止柱子堵塞，对样品前处理的要求更加严格。由于系统体积及流量的减小，UHPLC 比 HPLC 更节省溶剂，从而更环保及节省费用。UHPLC 的设计成为质谱仪最佳入口技术，由于 UHPLC 的流量小，使质谱仪的负荷减少，真空度更好；UHPLC 分离度的提高，使离子抑制现象减弱，更好地提高了检测器的灵敏度；UHPLC 灵敏度的提高，使质谱检测器灵敏度得到进一步提升，从而实现了分离与检测的强强联合；UHPLC 的高分离度可以帮助分析工作者更加从容驾御复杂组分的分离；它的高灵敏度可以帮助我们解决痕量待测物质分析的难题；同时，它的快速、高通量、节省时间、节约溶剂的优点使以它为前端的 LCMS、LCMSMS、LCMS－IT－TOF 等技术成为当今最有效的分离分析工具之一。面对基体复杂的混合痕量组分的分析，特别是蛋白质与代谢组学等生化领域以及天然产物的分析，需要精细的微量操作手段和高灵敏度的痕量检测技术。UHPLC 的出现极大促进了这些领域的发展，并将得到更好地应用。

综上所述，UHPLC 技术的出现，使液相色谱在更高水平上实现了突破，并且更广泛地应用于食品安全、环境分析、药物开发、代谢组学等领域。

为实现超快速液相色谱分析，岛津公司开发了 Prominence UFLC 系统，见图 5.83。

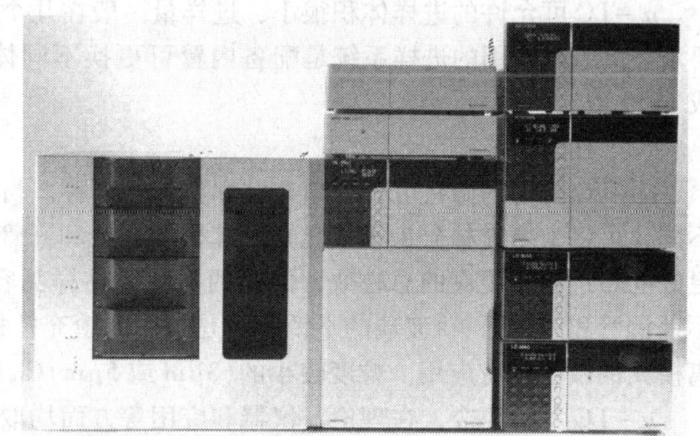

图 5.83 岛津 Prominence UFLC

岛津 Prominence UFLC 系统的特点：

① 采用微冲程(10μL/冲程)送液，流量分辨率高达 3nL/min 的送液单元 LC－20AD/20AB，确保了保留时间的重现性；

② 具备高精度计量泵和高气密性流路的自动进样器 SIL－20A，实现卓越的进样重现性；超快速进样(10s/10μL)，缩短分析周期；

③ 利用延迟进样功能，改善梯度洗脱时的弱保留成分的分离；

④ 可进行 85℃下稳定的高温分离(使用 CRB－6A 时可至 150℃)；

⑤ 以快速响应和高采样频率应对快速分析。

Prominence UPLC 提供了有效的溶剂预加热方式，使溶剂达到稳定可靠的状态。先进的智能加热平衡器(IHB)通过使用柱箱内独立控制的加热区域，使高温分析时的峰展宽效应最小，以保证任何流速下的柱温。常规高通量分析时可进行 85℃下稳定的高温分离，当分析温度高达 150℃时，柱后冷却器则可以有效降低检测噪音。支持超快速梯度分析，通过“填料粒径的合理细微化”和“高温分析”，实现循环时间 33s。

5.2.4.3 微柱高效液相色谱

微柱高效液相色谱简称微柱液相色谱(μ－LC)，是在高效液相色谱法的基础上，随着新材料的出现和微加工技术的不断进步，于 20 世纪末期新开发出来的一种色谱微分离技术。微柱液相色谱是指采用内径为 0.10～1.00mm 色谱柱的液相色谱装置。与常规液相色谱相比，μ－LC 可以使用较小颗粒的固定相，具有更高的柱效和更快的分析速度，其总分离效能可达(10～30)万块/m 理论塔板。此外，固定相和流动相比常规 HPLC 节省 97%以上，样品消耗减少 90%，环境污染小。μ－LC 的最佳流量低，易与质谱等多种检测器及多维色谱联用。

对 μ－LC 的研究始于 1967 年，Horvath 等用微柱分离核苷酸取得了较好的结果。随后，各种不同结构和功能的细内径色谱柱相继被开发和应用，并随着精密制造及微加工技术的的进步和新材料的不断问世得到了较快的发展。μ－LC 产业化的关键在于高压微流量定量输液系统和高灵敏检测器检测池的微型化。

1976年，日本JASCO公司推出了第一台商品化μ-LC仪器，随后，各大色谱仪器公司也相继推出了自己的产品。

(1) 泵系统

与常规分离分析系统不同，微型流动分离分析系统的液体流量在nL/min级至μL/min级，并要求流量/压力可控、流动相组成和流向可控。目前μ-LC多采用螺旋注射泵及往复柱塞泵作为输液源。

岛津公司LC-20AD泵的输液流量最低可至0.1μL/min，并具有较高的流量精度，能够用于μ-LC。Dionex公司推出的Nano液相色谱系统——UltiMate™系列，其流量范围为50nL/min~200μL/min，既可用于等度洗脱，也可用于低压梯度洗脱。

(2) 检测系统

一般地，凡是适配于毛细管电泳的检测器都适合μ-HPLC使用。紫外-可见、示差折光、荧光、电化学、化学发光、蒸发光散射等检测手段均可用于μ-HPLC系统。紫外-可见(UV-VIS)光谱检测器因其普适性而成为μ-LC系统最常用的检测器。常规HPLC目前使用的检测池体积大多数小于或等于8μL。为了减小检测池引起的峰展宽，与微柱相适配的池体积应在纳升或微升级。μ-LC采用石英毛细管色谱柱时，多为柱上检测方式。

(3) 进样系统

μ-LC可允许的进样体积很小，进样量一般在几个纳升~1μL的范围，因此对于进样死体积有更高的要求。μ-LC使用的进样系统是配备内置可更换不同体积定量管的小体积进样阀，如Rheodyne公司7410或7520型。

(4) 柱系统

μ-LC采用的微柱可分为填充柱和整体柱两种。目前，实验中大多采用填充柱。按色谱柱内填充状态不同，可将微填充柱分为密填充柱、疏松填充柱和开管柱三类。与密填充柱相比，疏松填充柱和开管柱有更好的渗透性和更高的总柱效，但这两类色谱柱样品容量低，对仪器的要求相对更为苛刻。石英毛细管、不锈钢管和内衬石英/玻璃的不锈钢管是常用的填充柱材料，用于离子交换色谱、亲和色谱、反相色谱等分离模式的微柱均有应用。粒度较小的(3μm或5μm)C_{18}反相填料是最常用的微柱填料。

μ-LC发明至今，在理论、仪器和应用等方面均取得了很大的进步。由于其具有进样体积小，分析速度快等常规液相色谱所无法比拟的优点，在生化分析、手性分离、神经科学、蛋白质及多肽的研究以及医药、工业聚合物与添加剂的分析等领域具有广阔的应用前景。

5.2.4.4 变性高效液相色谱

变性高效液相色谱法(Denaturing High Performance Liquid Chromatography，DHPLC)是一种能用于快速、自动和高通量检测基因的技术平台。1995年，美国Stanford大学的Oefner及Underhill等最先报道了这一技术。

变性高效液相色谱法，即把在接近DNA解链温度条件下进行的离子对反相液相色谱分析。DHPLC技术的原理是基于未解链的和部分解链的双链DNA在部分失活条件下具有不同保留的性质，即利用在部分变性条件下同源与异源双链DNA解链特征的差异进行变异检测。这种部分失活条件可以采取升高温度的手段获得。所有基因组DNA的单拷贝均可通过PCR反应大量扩增，杂合子个体的DNA经扩增产生异源双链，由于错配位点的氢键被破坏，因此在异源双链上形成"鼓泡"，导致它与纯合子个体的DNA扩增产物——完全匹配的同源双链的解链特征不同。在部分加热变性的条件下，异源双链DNA分子因有错配区的存在更易于解链形成Y形结构，与固定相的结合能力降低。当流动相中乙腈浓度梯度增大时，异源双链将先于同源双链被洗脱出来，带有突变序列的样品呈现出异源双链和同源双链混合物的峰形特点，而不含突变序列的样品则只有同源双链的峰形。据此可检测出含有单个碱基的置换、插入或缺失的异源双链片段，从而提供有无突变的信息，是一种快速、高效、准确、经济并可半自动化地进行基因突变及多态性检测的技术。

DHPLC可在非变性温度下进行双链DNA分离，在部分变性温度下进行基因突变、单核苷酸多态性和甲基化测定，在完全变性温度下对寡核苷酸进行质控和纯化等。由于该技术具有快速、经济、准确和自动化程度高等特点，目前已经成为分子生物学重要技术之一。DHPLC的操作模式、分离原理及应用领域见表5.16。

表 5.16　DHPLC 操作模式、原理及应用领域

工作模式	温度范围	应用范围	分离原理
非变性	50～52℃	鉴定双链 DNA 片段长度(小于 2000bp) PCR 产量检查和产物纯化 定量分析(Q－RT－PCR)	按片段长度分离，与序列无关
部分变性	53～75℃ (平均范围)	突变检测 单核苷酸多态性(SNP)研究	依靠片段大小和序列分离
完全变性	75～80℃ (平均范围)	鉴定单链 DNA 片段长度(小于 2000bp) RNA 分析 寡核苷酸分析和纯化	依靠片段大小和序列分离

DHPLC 技术的特点：

① 检测的准确性高，对未知突变大于 96%，已知突变大于 99%。

② 检测灵敏度高，能检测低水平的突变，可靠检测样品中少至 5% 的基因型。

③ 可分析异质性样本，可进行混合样品的分离检测。

④ 操作容易，自动化分析。

⑤ 结果重复性高，速度快。

⑥ 样品通量高。

⑦ 消耗品低价性，性价比高。

自 Onfner 等建立 DHPLC 方法以来，美国环球基因有限公司(Transgenomic，Inc.)开发出了能以不变性温度、充分变性温度和部分变性温度三种方式操作的离子对反相液相色谱自动分析仪，称为 WAVETMDNA 片段分析系统。它通过一个独特的 DNA 色谱柱———DNASep 柱进行核酸片段的分离和分析。该分析系统采用变性高效液相色谱分析的原理，利用离子对反相液相色谱技术进行核酸片段的分离和分析。当 DNA 样品注入到 DNASep 色谱柱后，通过与缓冲液中的桥分子三乙基胺(Triethylammonium Acetate，TEAA)的相互作用被吸附到固相柱基质上，而乙腈可破坏这一相互作用；随着缓冲液中乙腈浓度逐渐升高，DNA 依次从柱上洗脱下来；在合适的变性温度下，带有突变序列的异源双链比相应的同源双链(野生型或阴性对照)的柱保留时间短，不同序列的 DNA 同源双链的柱保留时间也有差异。因此，带有突变序列的样品呈现出异源和同源双链混合物的峰型特点，而不含突变序列的样品则只有同源双链的峰型。该技术可以自动检测单碱基替代及小片段核苷酸的插入或缺失，还可分离分析大小相近而序列存在差异的 DNA，是一种高性价比的检测技术。它给分子生物学中基因突变研究、临床基因诊断、核酸药物合成、微生物分析鉴定、法医学及动植物遗传学等领域注入新的生机，也为加快人类后基因组计划研究步伐提供了新的技术保障。

最近 Varian 公司也开发出基于变性高效液相色谱分析的 Varian's ProStar Helix DHPLC 分析系统。在国外已有较多的实验室和研究中心开始采用 WAVETMDNA 分析系统，成功地进行基因突变及多态性的检测以及疾病相关性研究。在国内此项技术也已受到关注，并开始应用于疾病相关候选基因的突变检测。这项技术的发展对于发现新突变或多态性，可减少测序工作量。尤其对于鉴别稀少的变异型，可明显降低成本，加快实验的进程。此外，随着 DHPLC 功能不断地开发和拓展，还可被广泛应用于 DNA 微卫星鉴定、肿瘤杂合性缺失的检测、RFPCR 的竞争性定量、人种遗传学分析、基因作图、核酸中自身剪切反应的研究、DNA 片段大小测定、寡核苷酸的质量控制和纯化、CpG 岛甲基化的分析及细菌鉴定、mtDNA 研究等许多基因组研究领域以及包括死亡年龄鉴定和性别鉴定等法庭应用中和 mRNA 的检测中。

5.3　高效液相色谱分析在各个领域的应用

高效液相色谱法不仅具有高效、高速度、高灵敏度的特点，由于它不受样品挥发性、极性、热稳定性的限制，应用范围更加广泛，已成为化学工业、生命科学、环境科学、食品科学、医药科学、材料科学等领域不可缺少的分析手段。液相色谱的强大功能使其成为解决上述领域中复杂体系的分析难题中最有力的

技术和方法。

5.3.1 在化学工业领域的应用

一、HPLC 分析烷基酚(AP)和烷基酚聚乙烯(APEO)

烷基酚聚乙烯(APEO)广泛用于纺织印染工业，降解产物烷基酚(AP)的毒性远远高于其母系化合物，尤其是壬基酚(NP)，是一种内分泌干扰物。欧盟第 2003/53/EC 号指令规定纺织品中 NP 和壬基酚聚乙烯(NPEO)含量均不能高于0.1%。用 HPLC 方法分析表面活性剂中 APEO 和 AP 的定性定量分析，保留时间和峰面积重现性良好。

(1) 色谱条件

色谱柱：Shim - pack VP - ODS(250mm×4.6mm i.d.，5μm)；流动相：水 + 甲醇 + 乙腈(13∶81∶6，体积比)；流量：1mL/min；柱温：40℃；激发波长：230nm；发射波长：296nm；进样量：10μL。

(2) 色谱分离

标样与样品色谱图见图 5.84、图 5.85。

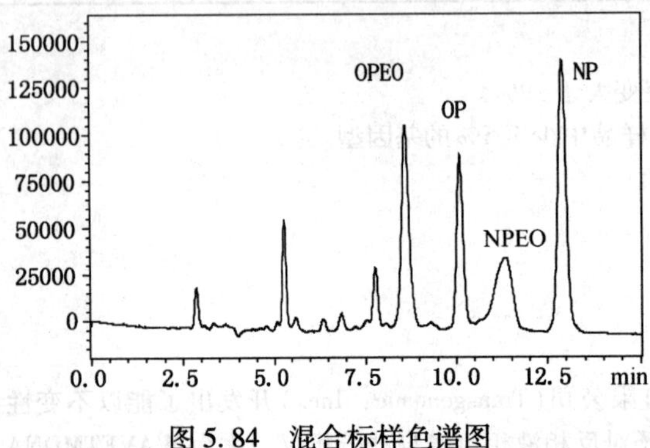

图 5.84 混合标样色谱图

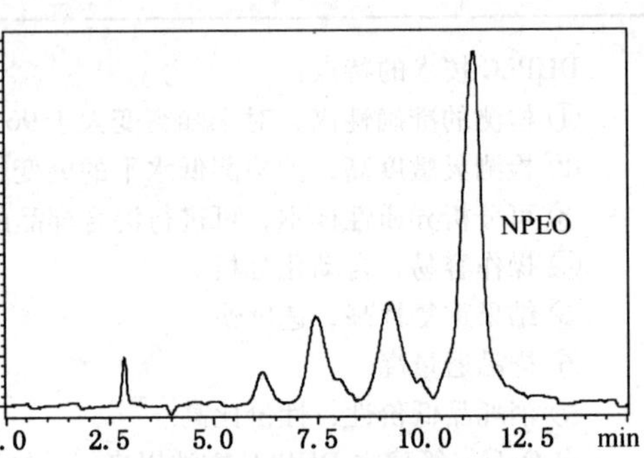

图 5.85 样品色谱图

二、超快速液相色谱对纺织品中 24 种禁用偶氮染料的检测

(1) 样品前处理

参照国标 GB/T 17592—2006 的样品前处理方法处理样品，标准品溶于 HPLC 级乙腈中制得混合标准品溶液，浓度分别为 5mg/L，15mg/L，30mg/L，50mg/L，100mg/L，150mg/L。

(2) 色谱条件

仪器：Shimadzu UFLC 和二极管阵列检测器。色谱柱：Shimadzu Shim - pack XR - ODS Ⅱ(75mm×3.0mm i.d.，2.2μm)，Shimadzu Shim - pack XR - ODS(50mm×3.0mm i.d.，2.2μm)，两者串联使用；流动相：A 相 - 纯水，B 相 - HPLC 级甲醇；流速：0.5mL/min；柱温：70℃；进样量：1μL；PDA 检测器波长范围：220～320nm。定量波长：240nm，280nm。梯度洗脱程序见表 5.17。

表 5.17 梯度洗脱时间程序

时间/min	B 相比例/%	时间/min	B 相比例/%
0.01	95	27.00	20
11.00	68	30.00	20
13.00	68	30.01	95
13.01	80	33.00	95
17.00	80		

(3) 色谱分离

24 种偶氮染料标准品及样品色谱图见图 5.86、图 5.87。

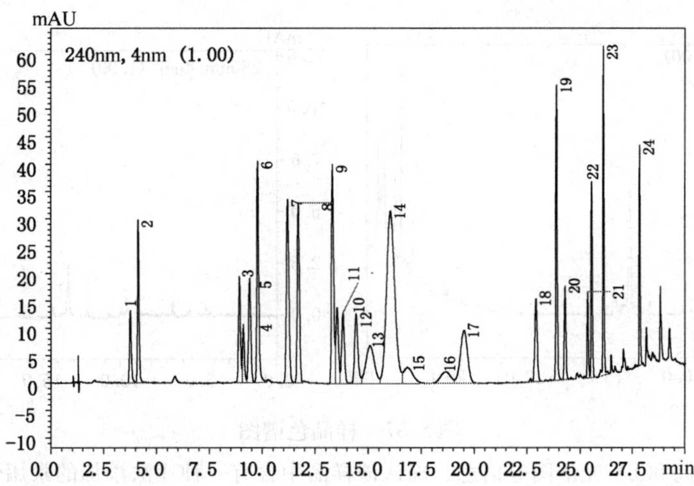

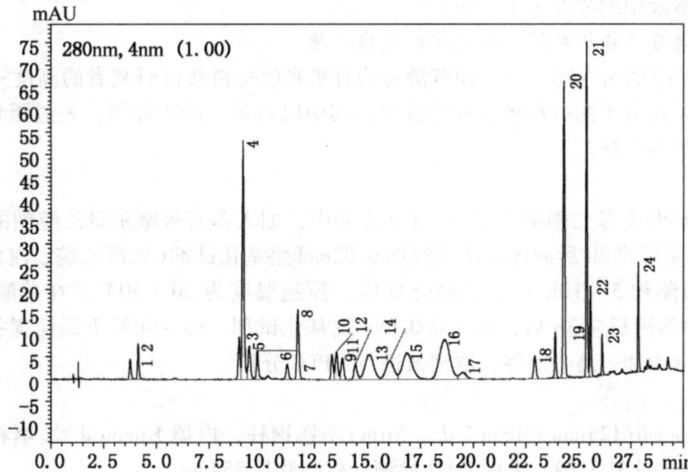

图 5.86　24 种偶氮染料标准品的色谱图

（截取波长：240nm 和 280nm）

表 5.18　24 种禁用偶氮染料保留时间对应表

序号	组 分 名 称	保留时间/min	序号	组 分 名 称	保留时间/min
1	2,4 - 二氨基苯甲醚	3.745	13	4,4′ - 二氨基二苯硫醚	15.238
2	2,4 - 二氨基甲苯	4.118	14	2 - 萘胺	16.13
3	2 - 甲氧基苯胺	8.906	15	3,3′ - 二甲氧基联苯胺	17.043
4	联苯胺	9.091	16	3,3′ - 二甲基联苯胺	18.78
5	邻甲苯胺	9.387	17	4 - 氯邻甲苯胺	19.54
6	4,4′ - 二氨基苯甲醚	9.773	18	2,4,5 - 三甲基苯胺	22.913
7	对氯苯胺	11.193	19	3,3′ - 二甲基 4,4′ - 二氨基二苯甲烷	23.868
8	2 - 氨基 -4 硝基甲苯	11.706	20	4 - 氨基联苯	24.273
9	4,4′ - 二氨基二苯甲烷	13.343	21	3,3′ - 二氯联苯胺	25.329
10	2 - 甲氧基 - 5 - 甲基苯胺	13.554	22	4 - 氨基偶氮苯	25.515
11	2,6 - 二甲基苯胺	13.832	23	4,4′ - 次甲基 - 双(2 - 氯苯胺)	26.067
12	2,4 - 二甲基苯胺	14.461	24	邻氨基偶氮苯	27.809

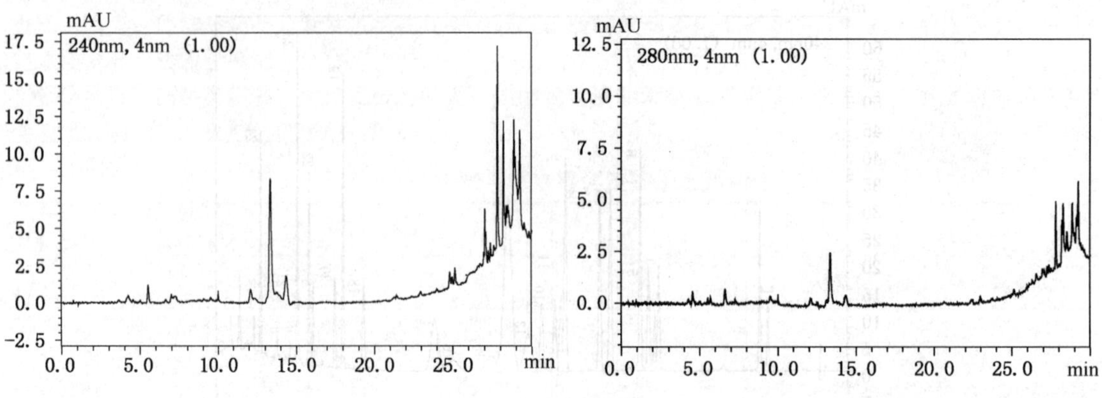

图 5.87 样品色谱图

经过对比保留时间和 UV 光谱图等信息，确认该样品中含有一种违法添加的禁用偶氮染料：4,4′-二氨基二苯甲烷，样品溶液中的浓度为 17.2mg/L。

三、高效液相色谱分离分析对苯二酚醚化的反应产物

聚对苯撑乙烯(PPV)的衍生物作为一种有潜力的有机光伏材料获得研究者的高度重视。目前对 PPV 衍生物的研究主要是在单体分子侧链和聚合方法方面，其中以对苯二酚为原料，经过醚化、双氯苄化获得各种聚合物单体的研究最为广泛。

(1) 样品制备

称取 2.20g(0.02mol)对苯二酚溶于 20mL 无水乙醇中，加入含有等摩尔量乙醇钠的乙醇溶液，在 20 ~ 40℃，N_2 保护下回流搅拌约 2h 后向体系缓慢滴加 0.02mol 烷基化试剂(如溴乙烷、溴代正丁烷、溴代异辛烷等)，80 ~ 90℃下回流约 5 ~ 10h 完成单醚化反应。控制温度为 30 ~ 50℃，在单醚反应液中再加入含 0.02mol 乙醇钠的乙醇溶液反应 3h 后，加入 0.02mol 烷基化试剂，80 ~ 90℃下回流搅拌反应约 10 ~ 20h 完成双醚化反应。反应液中和、离心沉降，取清液进行 HPLC 分析。

(2) 色谱条件

色谱柱：ODS Hypersil(125mm × 4mm i.d.，5μm)不锈钢柱，内填 Kromasil C_{18} 填料。流动相：A - 水，B - 乙腈，梯度洗脱程序见表 5.19。采用 DAD 检测，检测波长 254nm。

表 5.19 梯度洗脱时间程序

时间/min	B 相比例/%	流量/(mL/min)	时间/min	B 相比例/%	流量/(mL/min)
0	45	0.2	18	95	0.4
5	45	0.2	30	95	0.4
10	95	0.3			

(3)色谱分离

色谱分离图见图 5.88，各组分保留时间见表 5.20。

5.3.2 在医药科学领域的应用

一、甘草酸铵的 UFLC 分析方法

甘草性平，味甘，有解毒、祛痰、止痛、解痉等药理作用。在中医上，甘草补脾益气，滋咳润肺，缓急解毒，调和百药。西医药理发现，甘草剂有抗炎和抗变态反应的功能，因此在西医临床上主要作为缓和剂。甘草中有效成分为甘草酸铵(结构式见图 5.89)，采用超快速液相色谱(Ultra Fast Liquid Chromatography，UFLC)方法分析中药合剂中的甘草酸铵。

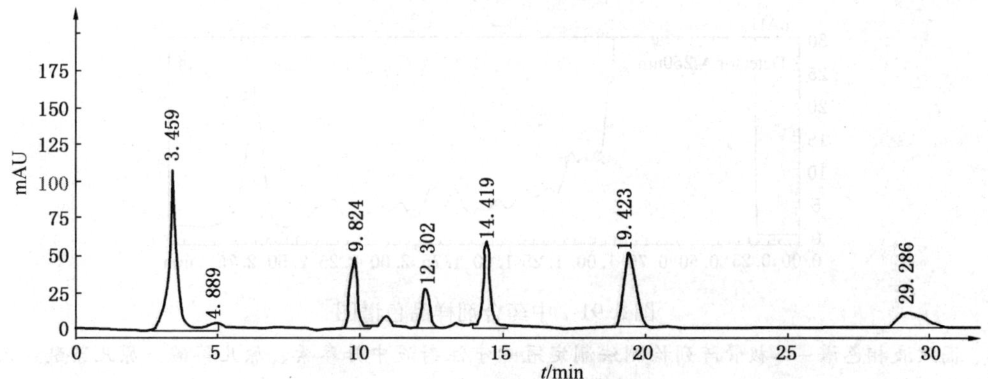

图 5.88　反应产物色谱图

表 5.20　反应产物各组分的保留时间

各反应产物及名称	保留时间 t/min	各反应产物及名称	保留时间 t/min
对苯二酚	3.459	对羟基苯异辛醚	12.302
醌	4.889	1,4－二丁基苯二醚	14.419
对羟基苯甲醚	5.388	1－甲基－4－异辛基－苯二醚	15.864
对羟基苯乙醚	6.875	1－乙基－4－异辛基－苯二醚	17.548
1,4－二乙基苯二醚	8.256	1－丁基－4－异辛基－苯二醚	19.423
对羟基苯丁醚	9.824	1,4－二异辛基苯二醚	29.286
2－丁基－1,4－二丁基苯二醚	10.985		

(1) 仪器配置

UFLC 包括流动相输液泵 LC－20AD×2，混合器 mixture(0.5mL)，在线脱气机 DGU－20A5，自动进样器SIL－20AC，柱温箱 CTO－20AC，紫外－可见检测器 SPD－20A，系统控制器 CBM－20A，工作站 LCSolution。

(2) 色谱条件

色谱柱：XR－ODS(75mm×3.0mm i.d.，2.2μm)；流动相：3%磷酸盐溶液＋乙腈(63:37，体积比)；流速：1mL/min；进样体积：5μL；柱温：40℃；检测波长：250nm；检测池温度：40℃。

(3) 色谱分离

标准品及样品(中药合剂)色谱图见图 5.90、图 5.91。

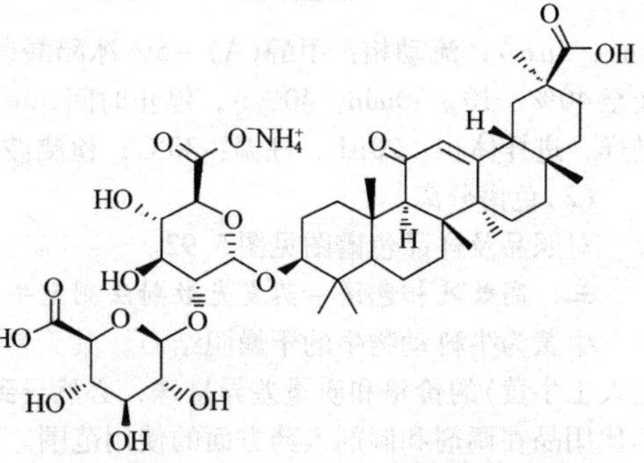

图 5.89　甘草酸铵的结构式

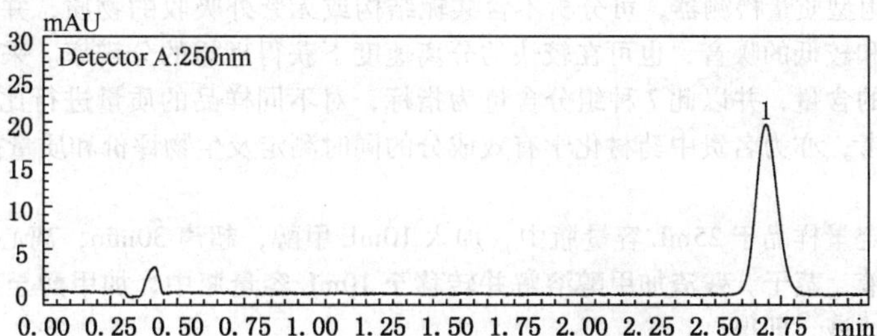

图 5.90　甘草酸铵标准品色谱图

1—甘草酸铵

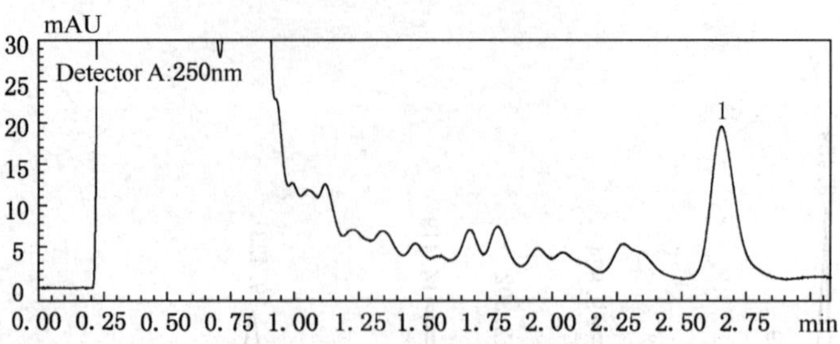

图 5.91 中药合剂样品色谱图

二、高效液相色谱－二极管阵列检测法测定冠心宁注射液中丹参素、原儿茶酸、原儿茶醛、阿魏酸、迷迭香酸和丹酚酸 B

冠心宁注射液具有活血化瘀、扩张冠脉增加冠脉血量、加速缺血心肌修复、促进梗死区心肌再生、改善微循环、抗血栓形成等作用，临床用于冠心病、心绞痛、脑栓塞等心脑血管疾病的治疗。处方中含丹参和川芎，丹参为该制剂的君药。制剂中有效成分主要为丹参的水溶性成分丹参素、原儿茶酸、原儿茶醛、迷迭香酸、丹酚酸 B 以及川芎中的阿魏酸等。该制剂中丹参素和原儿茶醛可作为质量控制指标。采用高效液相色谱－二极管阵列检测法同时测定制剂中丹参素、原儿茶酸、原儿茶醛、阿魏酸、迷迭香酸和丹酚酸 B6 种活性成分，该法简单、准确、重现性好，适于全面评价冠心宁注射液的质量。

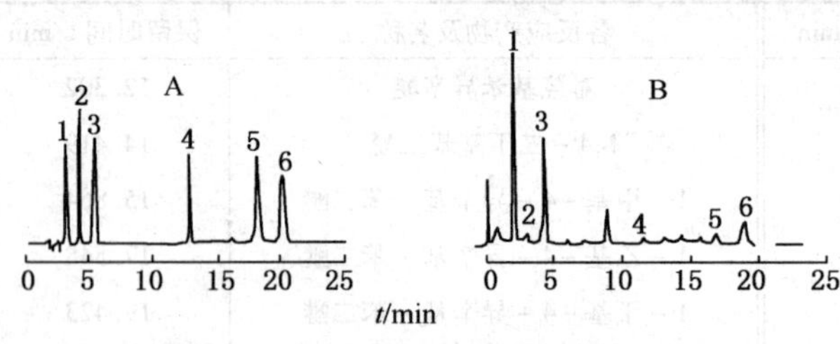

图 5.92 对照品(A)和冠心宁注射液(B)的 HPLC－DAD 色谱图

1—丹参素；2—原儿茶酸；3—原儿茶醛；4—阿魏酸；5—迷迭香酸；6—丹酚酸 B

(1) 色谱条件

色谱柱：Diamonsil™ C_{18} (250mm × 4.6mm i.d.，5μm)；流动相：甲醇(A)－5% 冰醋酸(B)，进行梯度洗脱，0～6min，30% A，6～10min，A 线性改变至 40%，10～30min，40% A；停止时间 30min，后运行 10min；体积流量：1.0mL/min；进样方式：自动进样，进样体积：20μL；柱温：30℃；检测波长：286nm。

(2) 色谱分离

对照品及样品色谱图见图 5.92。

三、高效液相色谱－蒸发光散射法测定牛黄中多种有效成分含量及其质量相关性研究

牛黄为牛科动物牛的干燥胆结石，其天然资源奇缺且价值昂贵，而代用品(培植牛黄、体外培育牛黄与人工牛黄)的价格和质量差异悬殊，必然导致疗效的巨大差异。为此，国家 SFDA 明确限定了天然牛黄及其代用品在调剂和制剂入药方面的使用范围。针对牛黄品种、质量的复杂性和多样性，有必要对这些样品建立实用和有效的质控方法。因胆酸类成分无紫外吸收或者紫外吸收很弱，常用检测器很难同时反映所有组分的信息，更难准确监测和控制其主要的药效组分。蒸发光散射检测器(Evaporative Light Scattering Detector，ELSD)是一种通用型质量检测器，可分析不含共轭结构或无紫外吸收的物质，并能在多溶剂梯度的情况下获得稳定的基线和较低的噪音，也可在较快的分离速度下获得理想的分辨率。采用 HPLC－ELSD 同时测定牛黄中 7 种组分的含量，并以此 7 种组分含量为指标，对不同样品的质量进行比较和预测分析，为牛黄的质量控制提供参考，亦为名贵中药材化学有效成分的同时测定及生物评价和质量控制提供了一种模式。

(1) 样品前处理

分别精密称量一定量样品于 25mL 容量瓶中，加入 10mL 甲醇，超声 30min，离心，吸取上清液，如上重复 3 次，合并上清液，蒸干。残渣加甲醇溶解并转移至 10mL 容量瓶中，加甲醇至刻度，摇匀，0.45μm 微孔滤膜滤过，取续滤液，即得。

(2) 色谱条件

色谱柱：Ultimate AQ－C_{18} (25cm × 4.6mm i.d.，5μm)；流动相：A 为 0.2% 甲酸水溶液，B 为乙腈；梯度洗脱程序：0min，58% A，15.00min，45% A，25.00min，10% A；流速：1mL/min；进样量：7μL；柱

温：30℃；ELSD 检测器参数：漂移管温度：100℃；载气(N_2)流速：1.9L/min；不分流模式(Impactoff)。

(3) 色谱分离

混合对照品及样品色谱图见图 5.93。

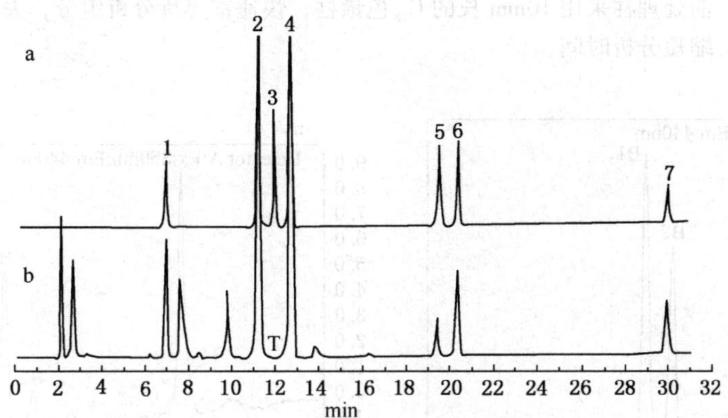

图 5.93　混合对照品(a)和试样(b)的色谱图

1—牛黄胆酸钠；2—胆酸；3—熊去氧胆酸；4—猪去氧胆酸；5—鹅去氧胆酸；
6—去氧胆酸；7—胆固醇

5.3.3　在食品科学领域的应用

一、光柱后衍生液相色谱法检测食品中的黄曲霉毒素

(1) 样品预处理

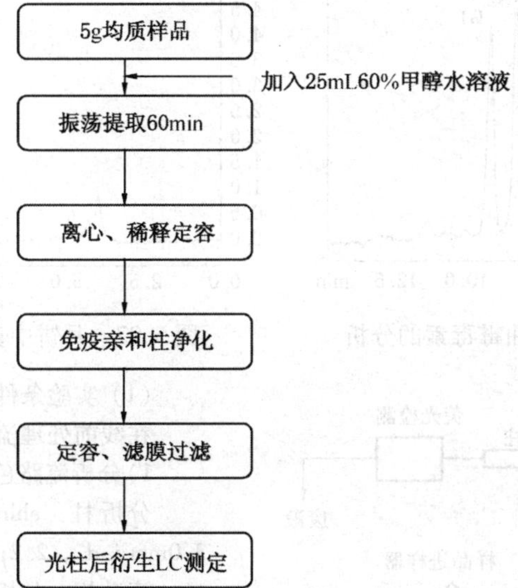

(2) 色谱条件

LC－10ADvp(输液泵)，DGU－14A(在线脱气机)，FCV－10Avp(低压梯度单元)，SIL－HTC(自动进样器)，CTO－10Avp(柱温箱)，SCL－10Avp(系统控制器)，LCsolution(色谱工作站)；光化学柱后衍生装置，AURA 公司，内置反应管(PTFE1500cm×0.5mm i.d.)；Alfatest 免疫亲和柱，VICAM 公司；色谱柱：Intersil ODS－3(250mm×4.6mm i.d.，5μm)；流动相：乙腈＋甲醇＋水(20∶25∶55，体积比)；流速：0.8mL/min；柱温：40℃；进样体积：50μL；检测波长：$Ex=360$nm，$Em=440$nm。

(3) 色谱分离

样品色谱图见图 5.94～图 5.97。

二、蜂蜜中喹诺酮类兽药残留

喹诺酮类化合物是一类光谱抗生素，广泛应用于兽药领域，如猪、牛、蜜蜂等的疾病防治。由于喹诺

酮对人体免疫力的影响，其在农产品里的兽药残留成为非常重要的检测项目。采用传统方法检测蜂蜜中的喹喏酮，需要复杂的前处理过程，且色谱分析周期时间较长，耗时耗力。采用在线前处理设计与岛津公司的超快速液相色谱联用，可以简化样品分析过程，节省分析时间，提高工作效率。前处理流路与分析流路通过一个六通阀连接。前处理柱采用10mm长的C_{18}色谱柱，快速富集待分析组分，去除杂质。分析柱采用岛津快速液相色谱柱，缩短分析时间。

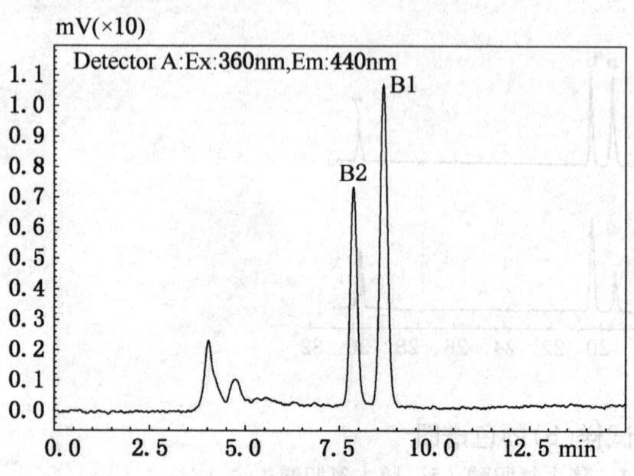

图 5.94　芝麻糖中黄曲霉毒素的分析

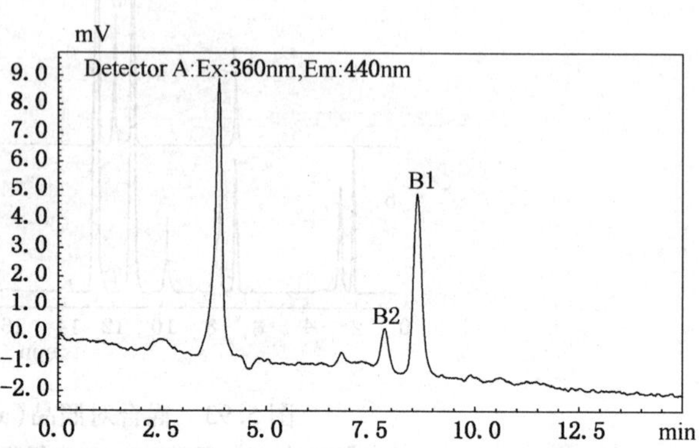

图 5.95　夹心果仁巧克力中黄曲霉毒素的分析

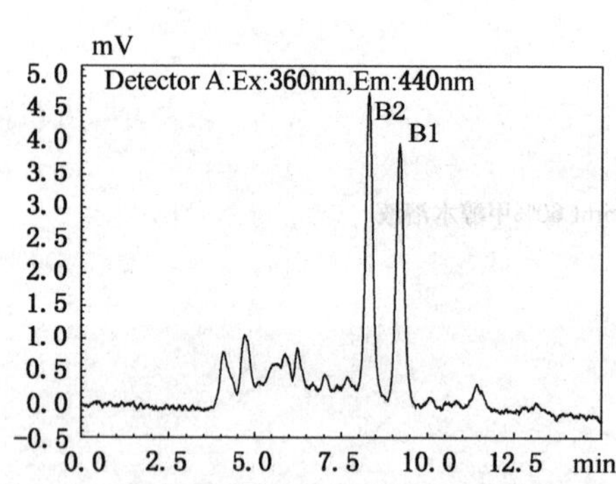

图 5.96　花生油中黄曲霉毒素的分析

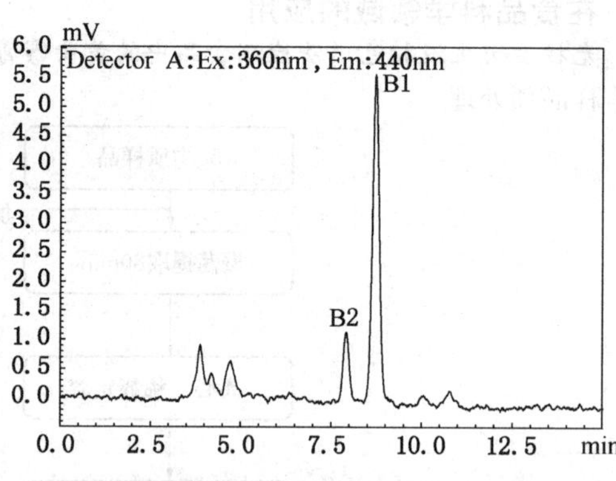

图 5.97　月饼中黄曲霉毒素的分析

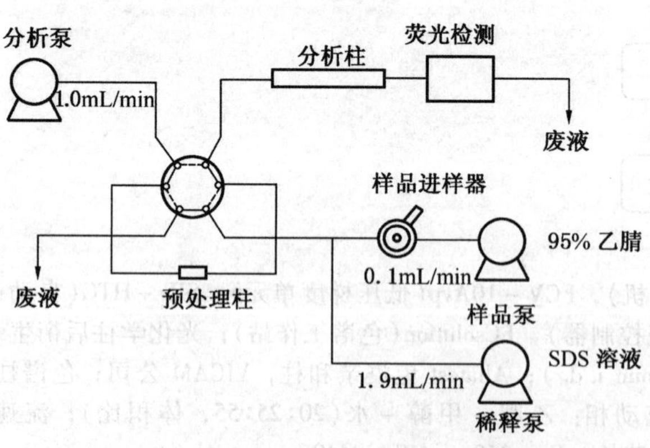

图 5.98　在线前处理高效液相色谱系统流程图

（1）实验条件

在线前处理流路见图 5.98。

1）分析流路色谱条件

分析柱：shim - pack XR - ODS（75mm × 3.0mm i.d.，2.2μm）

流动相：A 相 - SDS 溶液（1.0mmol/L SDS，30mmol/L 磷酸缓冲液，pH = 2.5）

B 相 - 乙腈，A:B = 75:25（体积比）

流速：1.0mL/min

柱温：40℃

检测：荧光检测器，激发波长 325nm，发射波长 365nm（恶喹酸，萘啶酮酸，氟甲喹）；激发波长 295nm，发射波长 445nm（诺氟沙星，环丙沙星，氟沙星，恩诺沙星，奥比沙星，二氟沙星）

2）前处理流路色谱条件

前处理柱：Shim - pack G - ODS（10mm × 4.6mm i.d.，5μm）

样品流动相：95% 乙腈

样品流速：0.1mL/min

稀释流动相：SDS 溶液

稀释流速：1.9mL/min

进样体积：100μL

富集时间：2min

（2）样品制备

取蜂蜜样品用 SDS 溶液稀释至 0.1mg/mL，过滤。

（3）分析结果

分析结果见图 5.99、图 5.100。

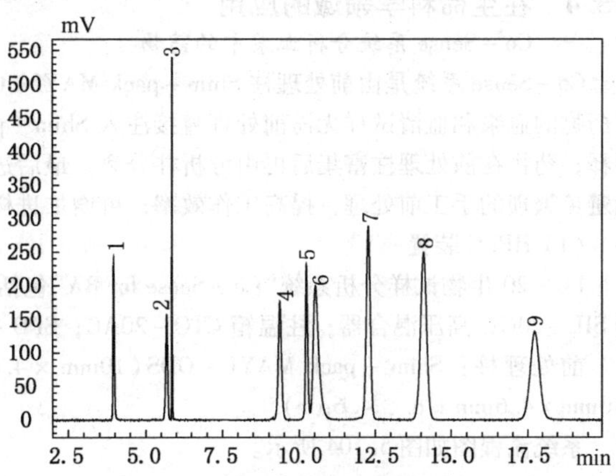

图 5.99 9 种喹啉酮标准样品色谱图

1—恶喹酸；2—萘啶酮酸；3—氟甲喹；4—诺氟沙星；5—环丙沙星；6—氟沙星；7—恩诺沙星；8—奥比沙星；9—二氟沙星

三、反相离子对色谱法检测冰淇淋中三聚氰胺

（1）样品前处理

参考国标 GB/T 22388—2008 原料乳与乳制品中三聚氰胺检测方法中的样品提取纯化过程，具体步骤如图 5.101 所示。

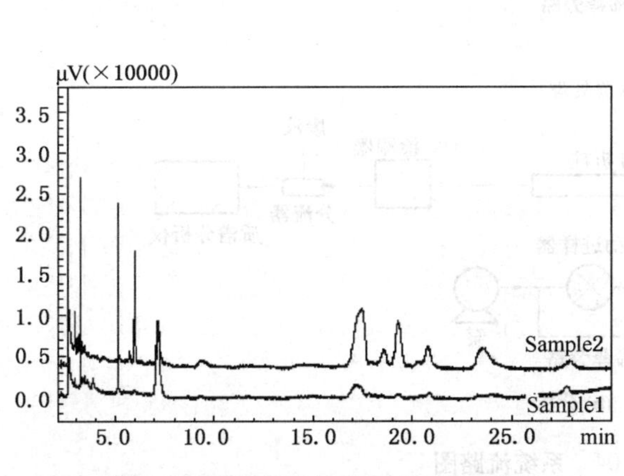

图 5.100 两种品牌蜂蜜产品色谱图

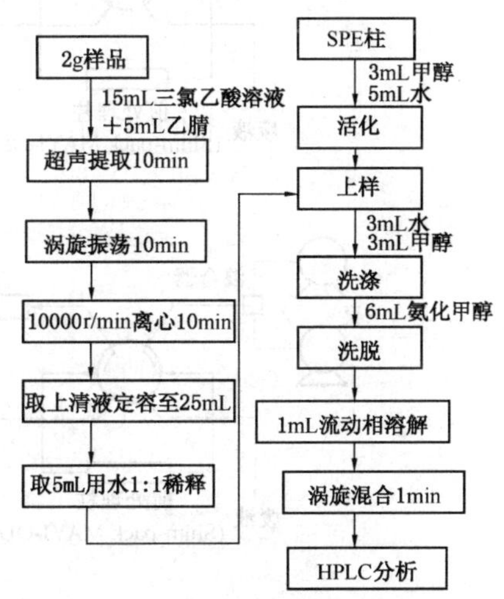

图 5.101 前处理步骤

（2）色谱条件

色谱柱：Shimadzu VP－ODS(250mm×4.6mm i.d.，5μm)；检测波长：240nm；流动相：缓冲液＋乙腈(90:10，体积比)；流速：1mL/min；柱温：40℃；进样量：20μL。

（3）色谱分离

检测三聚氰胺标样及样品的典型色谱图见图 5.102、图 5.103。

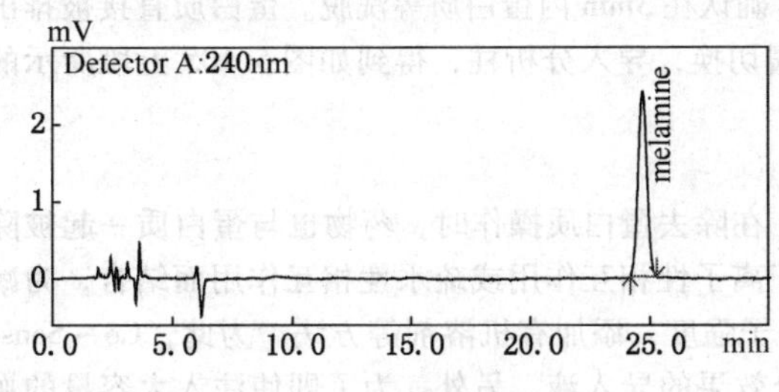

图 5.102 三聚氰胺标样图谱

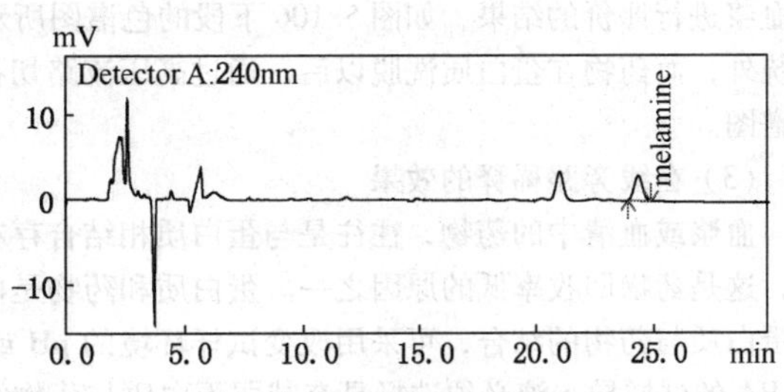

图 5.103 阳性样品检测结果

5.3.4 在生命科学领域的应用

一、Co－Sense 系统分析血浆中的药物

Co－Sense 系统是由前处理柱 Shim－pack MAYI－ODS 和在线稀释的自动柱切换 HPLC 系统构成的。含有药物的血浆和血清试样无需前处理直接注入 Shim－pack MAYI－ODS 前处理柱，系统进行在线除蛋白和稀释，药物在前处理柱富集后再由分析柱分离，最后进行检测，定量。采用在线前处理技术的 HPLC 系统，能避免繁琐的手工前处理，提高工作效率；可增加进样量，进行在线富集；药物的回收率与精密度高。

（1）HPLC 装置

LC－20 生物试样分析系统"Co－Sense for BA"包括：脱气机 DGU20A5；泵 LC－20AD(4 台)；自动进样器 SIL－20C；高压混合器；柱温箱 CTO－20AC；SPD－20AC。

前处理柱：Shim－pack MAYI－ODS(10mm×4.6mm i.d.，50μm)；分析柱：Shim－pack vp－ODS(10mm×4.6mm i.d.，4.6μm)

系统流程图如图 5.104 所示。

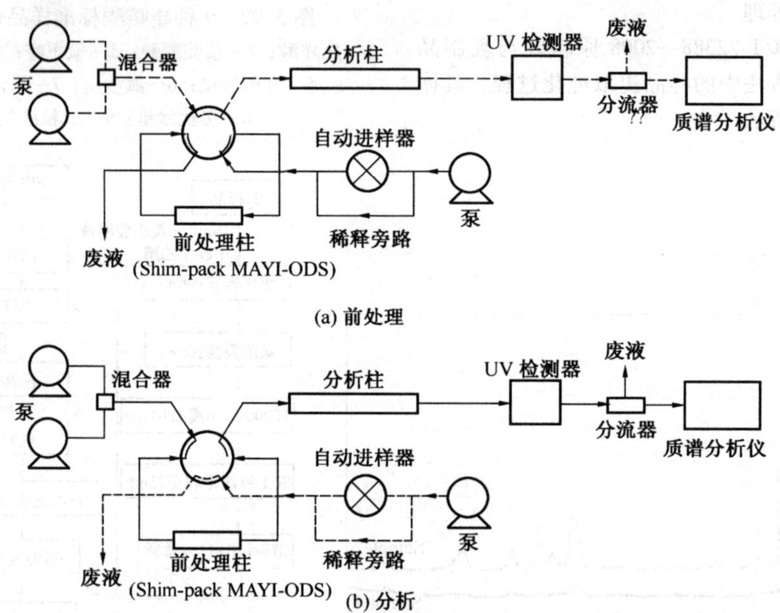

图 5.104　系统流路图

（2）前处理柱的效果

由于血浆中所含的蛋白质会引起分析柱劣化、流路堵塞，必须在前处理过程中有选择地予以除去。岛津公司的 Shim－pack MAYI－ODS 柱是用亲水性聚合物涂覆内面的反相柱，像蛋白质那样的大分子不会进入细孔内部，而像药物那样的小分子可渗透到细孔内，保留在固定相内。蛋白质直接排出系统外，而药物保留在前处理柱内被浓缩，随着用于分离的流动相导入分析柱。

使用前处理柱 Shim－pack MAYI－ODS 柱除蛋白的效果如图 5.105 所示。使用添加有异丙基安替比林的血浆进行评价的结果，如图 5.106 下段的色谱图所示，确认在 3min 内蛋白质等洗脱。蛋白质直接被排出系统外，而药物在蛋白质洗脱以后，通过高压流路切换阀切换，导入分析柱，得到如图 5.105 上段所示的色谱图。

（3）在线旁路稀释的效果

血浆或血清中的药物，往往是与蛋白质相结合存在，在除去蛋白质操作时，药物也与蛋白质一起被除去，这是药物回收率低的原因之一。蛋白质和药物是由于离子性相互作用或疏水性相互作用而结合，为减弱蛋白质与药物的结合，可采用改变试样环境的 pH 或离子强度，添加有机溶剂等方法。为此，Co－Sense for BA 的试样导入液必须选择具有减弱蛋白质与药物结合效果的导入液。另外，为了即使注入大容量的血浆试样时，也可有效回收、捕集药物，在本系统的进样部分设有稀释旁路，设定注入样品自动稀释至 8 倍。

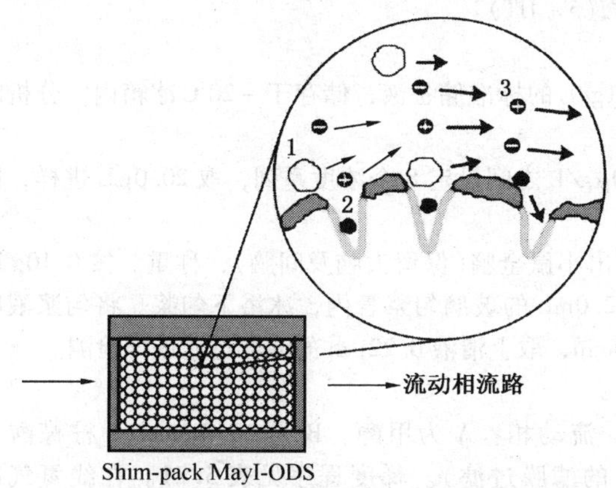

图 5.105　用 Shim - pack MAYI - ODS 前处理柱从血浆中提取药物的模式图

1—血浆蛋白质；2—药品；3—流动相

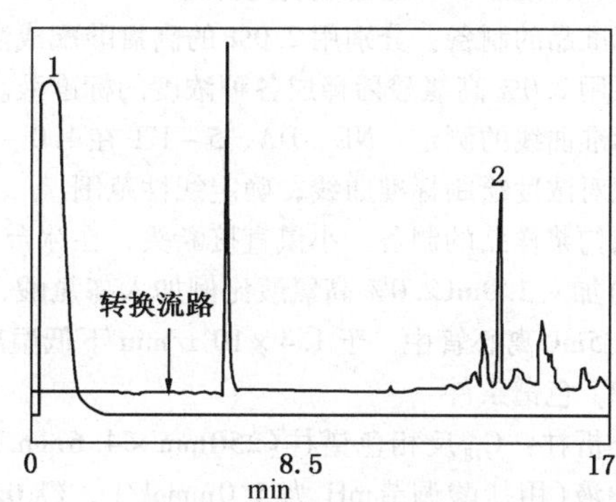

图 5.106　用 Shim - pack MAYI - ODS 前处理柱除去蛋白的效果

1—血浆蛋白质；2—异丙基安替比林

二、莫能菌素的柱后衍生 HPLC 分析方法

莫能菌素是聚醚类抗生素，是较理想的广谱抗球虫药，已广泛用于世界各地，在畜牧业上还可促进肉牛生长。莫能菌素钠盐为淡黄色粗粉，性质稳定，易溶于氯仿、甲醇、乙醇，但不溶于水。在酸性介质中不稳定，但在碱性介质中很稳定。在过去，饲料中抗生素定量方法基本上采用微生物学定量法，需在 37℃左右条件下培养细菌，大约 2 天后才能得到结果。目前，对于莫能菌素的分析，通常采用高效液相色谱香草醛柱后衍生进行分析，方法快速、简便。

（1）仪器配置

LC - 20AT(流动相输液泵)；LC - 10Ai(柱后衍生试剂输液泵)；SIL - 20AC(自动进样器)；CTO - 10Asvp(柱温箱)；SPD - 20A(紫外 - 可见检测器)；CRB - 6A(化学反应箱)；CBM - 20A(系统控制器)；LCSolution(色谱工作站)；反应盘管(7m × 0.5mm i. d. Teflon 管)。

（2）分析条件

流动相：甲醇 + 纯水 + 醋酸(920:80:1，体积比)

衍生剂：甲醇 + 硫酸 + 香草醛(950mL:20mL:30g)

流速：流动相和衍生剂均为 0.7mL/min

进样体积：200μL

色谱柱：Waters SunFire C_{18}(250mm × 4.6mm i. d.，5μm)

柱温：25℃

反应箱温度：95℃

检测波长：520nm

检测池温度：40℃

（3）标样处理

称取莫能菌素约 0.25g，加入稀释剂甲醇 + 水(90 : 10，体积比)50mL，摇匀并机械振荡 1h 后，静置过滤，称取 1mL 至 100mL 容量瓶中，稀释至刻度，摇匀。

（4）分析结果

莫能菌素色谱图见图 5.107。

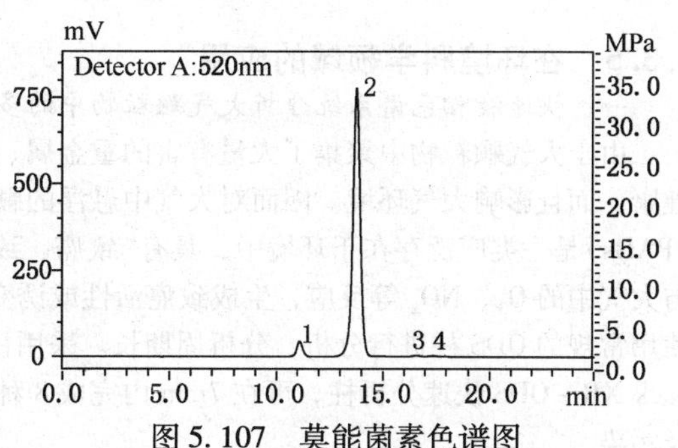

图 5.107　莫能菌素色谱图

三、高效液相色谱 - 荧光法测定小鼠脑组织中的单胺类神经递质

单胺类神经递质在中枢神经系统中参与脑缺血、镇痛、学习记忆等多种生理过程，具有重要的生理意义。该类神经递质包括儿茶酚胺和吲哚胺等，前者主要指去

甲肾上腺素(NE)和多巴胺(DA)，后者主要指5－羟色胺(5－HT)。

(1) 标准品和样品的制备与测定

标准品的制备：分别用2.0%的高氯酸配成浓度为1g/L的标准储备液，储存于－20℃冰箱内，分析时按需要用2.0%高氯酸稀释成各种浓度的标准液。

标准曲线的测定：NE、DA、5－HT在1.0～1000.0μg/L之间设定8个浓度系列，取20.0μL进样，以峰面积对浓度绘制标准曲线，确定线性范围。

脑匀浆样品的制备：小鼠直接断头，在冰台上剥离出小鼠全脑(保留大脑及间脑)，称重。按0.10g脑(湿重)加入1.0mL2.0%高氯酸比例加入高氯酸，放入2.0mL的玻璃匀浆管内，冰浴下匀浆。将匀浆液收集于1.5mL离心管中，于1.4×10^4r/min下低温离心20min，取上清液0.22μm的滤器过滤进样检测。

(2) 色谱条件

分析柱：C_{18}反相色谱柱(250mm×4.6mm i.d.)；流动相：A为甲醇，B为20.0mmol/L柠檬酸三钠缓冲液(用盐酸调节pH为5.0mmol/L，经0.45μm的滤膜过滤)。梯度程序见表5.21。在线氦气脱气，流速：1.0mL/min；柱温：35℃；荧光检测器波长设置为：激发波长280nm，发射波长315nm；以峰面积定量。

表5.21 梯度洗脱程序

时间/min	A%	B%	时间/min	A%	B%
0	5	95	14	10	90
7	5	95	15	5	95
9	10	90	25	95	5

(3) 色谱分离

标准品与样品色谱图见图5.108、图5.109。

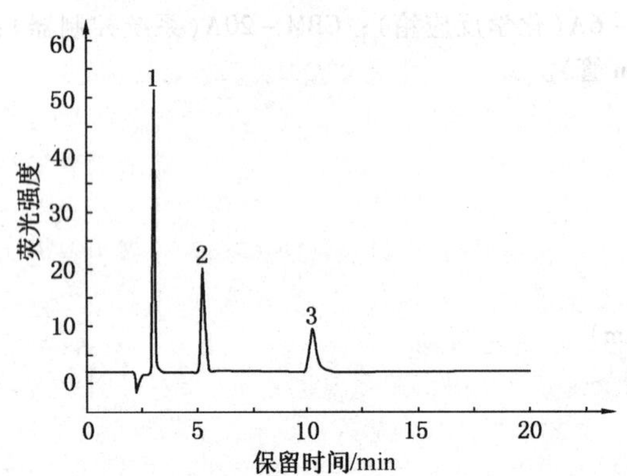

图5.108 种神经递质混合标准溶液色谱图
1—NE；2—DA；3—5－HT

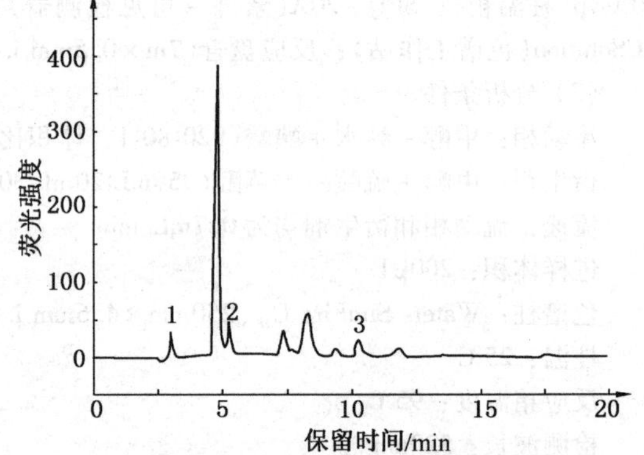

图5.109 脑匀浆样品色谱图
1—NE；2—DA；3—5－HT

5.3.5 在环境科学领域的应用

一、快速液相色谱系统分析大气颗粒物中的多环芳烃

由于大气颗粒物中聚集了大量有害的重金属、酸性氧化物、有害有机物、细菌病毒等，不但危害人类健康，而且影响大气环境。因而对大气中悬浮的颗粒物的研究是当代环境科学的一个热点课题。多环芳烃(PAHs)是一类广泛存在于环境中，具有“致癌、致畸和致基因突变”的“三致”特征的有机污染物，并且可与大气中的O_3、NO_x等反应，生成致癌活性或诱变性更强的化合物。多环芳烃传统的高效液相检测方法是使用常规的ODS柱进行分析，分析周期长。采用快速液相色谱系统(UFLC)，使用粒径为2.2μm的Shim－pack XR－ODS快速分析柱，可在7min内完成8种多环芳烃的分析，提高了工作效率，降低了溶剂的浪费及污染。

（1）样品制备

大气颗粒物样品是通过大气颗粒物采样仪采集在石英滤膜上，样品采集后于 -40℃以下密封保存。测定前，大气颗粒物样品采集膜放置于乙腈溶剂中洗提10min，洗提3次，洗提液收集在容器中。用移液枪移取10mL洗提液，利用氮气吹扫浓缩至1mL，过滤后进样，利用快速液相色谱系统进行分析测定。

（2）色谱条件

岛津UFLC快速液相色谱系统：LC-20AB二元输液泵，DGU-20A$_3$在线脱气机，SIL-20AC自动进样器，CTO-20A柱温箱，RF-10Axl荧光检测器，CBM-20A系统控制器。

分析柱：Shim-pack XR-ODS(75mm×3.0mm i.d.，2.2μm)；流动相：水+乙腈(28:72，体积比)；流速：1.0mL/min；柱温：40℃；检测：激发波长250nm，发射波长450nm(蒽，荧蒽，屈)，激发波长293nm，发射波长450nm(苯并[b]荧蒽，苯并[k]荧蒽，苯并[a]芘，二苯并[a，h]蒽，苯并[g，h，i]芘)；进样体积：10μL。

（3）色谱分离

标准品与样品的色谱分析图见图5.110、图5.111。

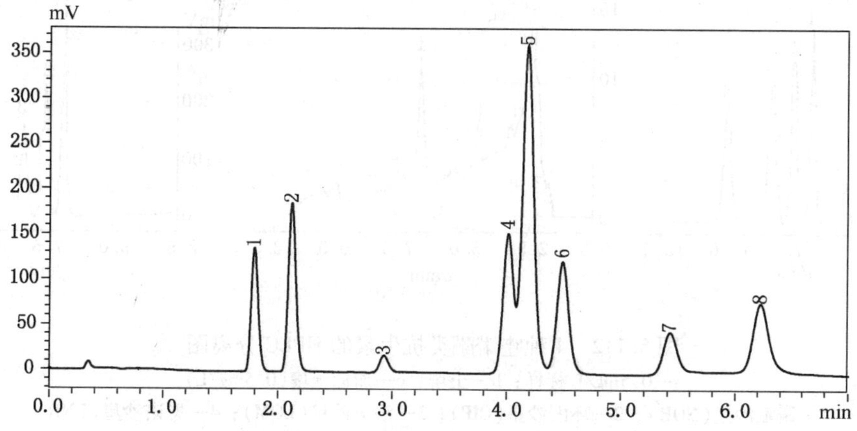

图5.110　8种多环芳烃标准品的色谱图

1—蒽；2—荧蒽；3—屈；4—苯并[b]荧蒽；5—苯并[k]荧蒽；
6—苯并[a]芘；7—二苯并[a，h]蒽；8—苯并[g，h，i]芘

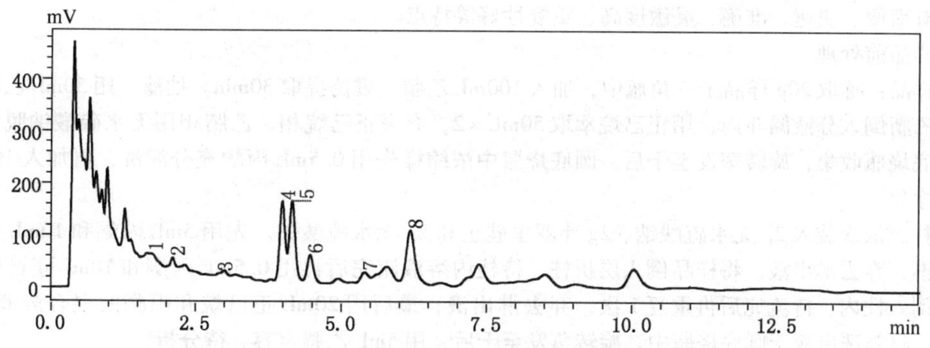

图5.111　大气提取颗粒物提取样品的色谱图

二、固相萃取-高效液相色谱-荧光检测土壤中喹诺酮类抗生素

喹诺酮类抗生素(QNs)大量用于人类和动物医疗，还添加于饲料中以提高饲料利用率和促进动物生长。抗生素摄入后大部分(>85%)以原药和代谢产物的形式随粪尿排出体外，成为新的环境污染物，并以多种途径进入土壤从而导致土壤抗生素污染，并引发水体污染，产生耐药性，危及生态安全和人体健康。

(1) 样品前处理

称取1.00g粉碎后风干过0.30mm孔径筛的土壤样品于10mL离心管中，加入50% $Mg(NO_3)_2$ +10% $NH_3 \cdot H_2O$(96:4，体积比)5mL，振荡5min，超声提取15min，离心(4500r/min)5min，收集上清液。残渣再用上述方法反复提取2次。合并提取液，过HLB固相萃取小柱(小柱先后用6mL甲醇、6mL水进行预处理)萃取富集。用6mL高纯水清洗小柱，真空干燥10min，再用3mL乙腈 + H_3PO_4 溶液(5:1，体积比)洗脱小柱。洗脱液在40℃水浴下用氮气吹至近干，用流动相定容至1mL，溶液过0.22μm膜，收集滤液于样品瓶中待测。

(2) 色谱条件

Waters色谱柱(250mm×4.6mm i.d.，5μm)；激发波长280nm，发射波长450nm；柱温25℃；进样量20μL；流动相：乙腈+0.067mol/L H_3PO_4 溶液(15:85，体积比)；流速：1.0mL/min。

(3) 色谱分离

样品色谱分离图见图5.112。

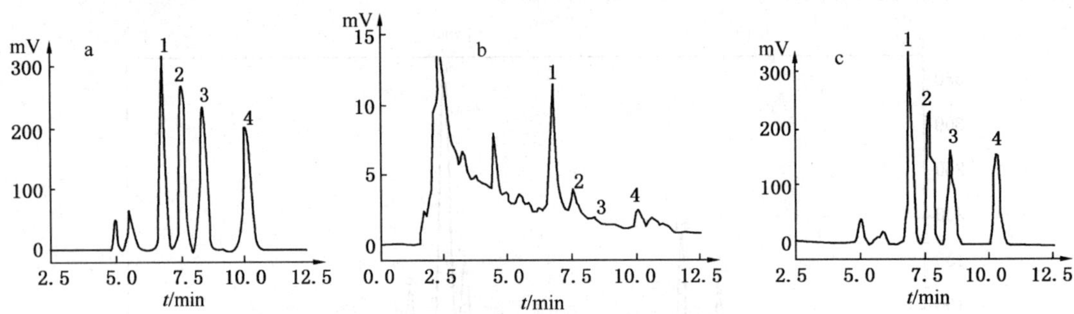

图5.112 4种喹诺酮类抗生素的HPLC分离图

a—0.5mg/L标样；b—土壤；c—加标土壤(0.5mg/L)

1—诺氟沙星(NOR)；2—环丙沙星(CIP)；3—洛美沙星(LOM)；4—恩诺沙星(ENR)

三、氟虫双酰胺在土壤和白菜中的高效液相色谱分析

氟虫双酰胺(flubendiamide)是一种新型邻苯二甲酰胺类杀虫剂，主要用于蔬菜、水果、水稻和棉花防治鳞翅目害虫。采用高效液相色谱法，使用紫外检测器对土壤和白菜中的氟虫双酰胺进行了分析和定量。该方法具有简便、快速、准确、灵敏度高、重复性好等特点。

(1) 样品前处理

土壤样品：称取20g样品于三角瓶中，加入100mL乙腈，震荡提取30min。抽滤，用50mL乙腈清洗滤渣。全部乙腈倒入分液漏斗内，用正己烷萃取50mL×2，弃去正己烷相。乙腈相用无水硫酸钠脱水，淋出液采用圆底烧瓶收集，旋转蒸发至干后，圆底烧瓶中浓缩样先用0.5mL丙酮充分润洗，再加入10mL正己烷，待柱净化。

层析柱内依次装入2g无水硫酸钠、2g弗罗里硅土和2g无水硫酸钠。先用5mL丙酮和10mL正己烷混合溶液预淋，弃去淋出液。将样品倒入层析柱，待柱内溶液流完后再用0.5mL丙酮和10mL正己烷润洗圆底烧瓶，倒入柱内，待流完后再重复1次，弃去淋出液，最后用20mL正己烷和丙酮的混合溶液(体积比6:4)淋洗，收集洗出液于圆底烧瓶中，旋转蒸发至干后，用5mL乙腈定容，待分析。

白菜样品：称取20g样品于烧杯中，加入100mL乙腈，用组织搅碎机将样品搅碎，抽滤，用50mL乙腈清洗残渣，其他步骤同土壤样品。

(2) 色谱条件

Agilent Zorbax C_{18}反相色谱柱(250mm×4.6mm i.d.)，柱温30℃，流动相为甲醇+水(6:4，体积比)，流速1mL/min，紫外检测器，检测波长254nm，进样量10μL。

(3) 色谱分离

样品色谱分离图见图5.113、图5.114。

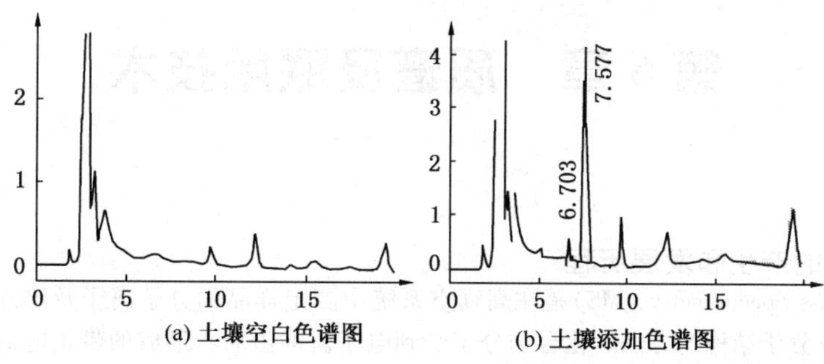

图 5.113　土壤中氟虫双酰胺色谱图

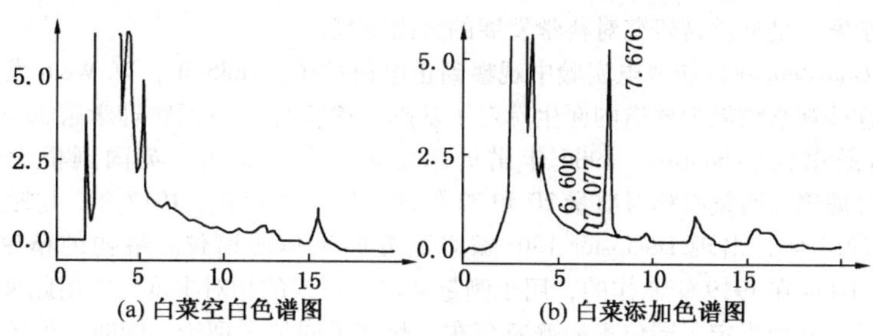

图 5.114　白菜中氟虫双酰胺色谱图

参　考　文　献

1　于世林．图解高效液相色谱技术与应用．北京：科学出版社，2009

2　李彤，张庆合，张维冰．高效液相色谱仪器系统．北京：化学工业出版社，2005

3　魏福祥，韩菊．仪器分析原理及技术．北京：中国石化出版社，2011

4　钟启升，胡玉斐，李攻科等．色谱，2009，27(5)：690～699

5　王玉红，张庆合，苏立强等．现代科学仪器，2004(4)：13～17

6　方能虎，蔺丽，任吉存等．化学进展，2005，17(2)：343～349

7　陆连寿，张秀英，郑明．中国兽药杂志，2009，43(9)：40～44

8　刘佳，朱京科，李文静．分析试验室，2009，28(12)：335～337

9　张雪，褚文静，刘伟娜等．中草药，2010，41(2)：234～236

10　刘苇，金城，孔维军等．分析化学，2010，38(4)：522～526

11　金忠秀，许媛媛，李平等．安徽医科大学学报，2009，44(6)：772～774

12　郃义萍，莫测辉，李彦文等．分析化学，2009，37(12)：1733～1737

13　秦冬梅，秦旭，孙扬等．农药，2009，48(10)：755～756

第6章　质谱及联用技术

6.1　概述

6.1.1　质谱技术的产生和发展历程

质谱分析法(Mass Spectrometry，MS)是在高真空系统中测定样品的分子离子及碎片离子质量，以确定样品相对分子质量及分子结构的方法。化合物分子受到电子流冲击后，形成的带正电荷分子离子及碎片离子，按照其质量 m 和电荷 z 的比值 m/z(质荷比)大小依次排列而被记录下来的图谱，称为质谱。

质谱分析技术是探索物质组分和结构的最有力手段，在引发的物理、化学、生物的一系列科学突破中起着关键作用，所以诺贝尔奖曾于1906、1911、1922、1989、1992和2002年度，授予与质谱仪和质谱分析理论有关的7位科学家，足见质谱研究对科学发展的突出贡献。

19世纪末，E. Goldstein在低压放电实验中观察到正电荷粒子，1885年，W. Wein发现正电荷粒子束在磁场中发生偏转，这些观察结果为质谱的诞生奠定了基础。1912年，英国物理学家Joseph John Thomson研制出世界上第一台质谱仪(Thomson，1906年诺贝尔物理学奖获得者、英国剑桥大学教授)。1912年J. J. Thompson使用磁偏仪证明氖有相对质量20和22的两种同位素存在。1917年，电喷雾物理现象被发现(并非为了质谱)；1918年，出现Dempster 180°磁扇面方向聚焦质谱仪。最初的精密仪器由在1918年J. Dempster和F. W. Aston在1919年制作的，用于测量某些同位素的相对丰度，并用此来对许多元素的同位素及其丰度进行测量，从而肯定了同位素的普遍存在，验证了同位素理论。同时，他还根据对同位素的研究，发现了元素质量的整数法则，Aston因此荣获了1922年的诺贝尔化学奖。1935年，马陶赫(Marttauch)和赫佐格(R. Herzog)根据他们的双聚焦理论，研制出双聚焦质谱仪；1940年，尼尔(Nier)设计出单聚焦磁质谱仪，又于1960年设计并制成了一台小型的双聚焦质谱仪；1942年，第一台商品质谱仪问世；1953年，由鲍尔(Paul)和斯坦威德尔(Steinwedel)提出了四极滤质器；同年，由威雷(Wiley)和麦克劳伦斯(Mclarens)设计出飞行时间质谱仪原型；1954年，英格拉姆(Inghram)和海登(Hayden)报道了Tandem系统，即串联的质谱系统(MS/MS)；1955年，Wiley & Mclarens提出飞行时间质谱仪；1960's，研究GC－MS联用技术；1974年，回旋共振质谱仪问世；1979年，传送带式LC/MS接口成为商业产品；1982年，离子束LC/MS接口出现；1984年，第一台电喷雾质谱仪宣告诞生；1988年，电喷雾质谱仪首次应用于蛋白质分析；80年代，新的质谱技术出现：快原子轰击电离子源(FAB，Fast Atom Bombardment)，基质辅助激光解吸电离源(MALDI)，电喷雾电离源(ESI)，大气压化学电离源(APCI)；LCMS联用仪，感应耦合等离子体质谱仪，富立叶变换质谱仪(FTMS)等；1989年，Hens G. Dohmelt和W. Paul因离子阱(Ion trap)技术的应用获诺贝尔物理奖；2002年，J. B. Penn和田中耕一因电喷雾电离(Electron Spray Ionization，ESI)质谱和基质辅助激光解吸电离(Matrix－Assisted Laser Desorption Ionization，MALDI)质谱获诺贝尔化学奖。

从20世纪60年代开始，质谱就广泛应用于有机化合物分子结构的测定。随着科学技术的发展，质谱仪已实现了与不同分离仪器的联用。例如，气相色谱与质谱联用、液相色谱与质谱联用、质谱和质谱的联用已成为用途很广的有机化合物分离、结构测定及定性定量分析的方法。另外，质谱仪和电子计算机的结合使用，既简化了质谱仪的操作，又提高了质谱仪的效能。特别是近年来从各种类型有机分子结构的研究中，找出了一些分子结构与质谱的规律，使质谱成为剖析有机物结构强有力的工具之一。在鉴定有机物的四大重要手段(NMR、MS、IR、UV)中，也是唯一可以确定分子式的方法(测定精度达 10^{-4})。20世纪80年代以来，出现的一系列软电离技术，为质谱分析生物大分子，如蛋白质、核酸和多糖等的结构以及分析复杂体系中生物活性分子提供了有效手段，有机质谱发展到生物质谱的阶段。

6.1.2　质谱分析法的特点

质谱分析法有如下特点：

① 应用范围广。

测定样品可以是无机物，也可以是有机物。应用上可作化合物的结构分析、测定原子量与相对分子量、同位素分析、生产过程监测、环境监测、热力学与反应动力学研究、空间探测等。被分析的样品可以是气体或液体，也可以是固体。

② 灵敏度高，样品用量少。

目前有机质谱仪的绝对灵敏度可达 50pg(1pg 为 10^{-12}g)，无机质谱仪绝对灵敏度可达 10^{-14}。用微克级样品即可得到满意的分析结果。

③ 分析速度快，并可实现多组分同时测定。

④ 与其他仪器相比，仪器结构复杂，价格昂贵，使用比较麻烦，对样品有破坏性。

6.1.3　质谱仪的分类

MS 仪器的分类有多种方法，按照仪器的机械尺寸，可以粗略地分为大型、中型、小型三类气质联用仪；又可以按照仪器的性能，分为高档、中档、低档三类气质联用仪或研究级和常规级两类。按照应用领域，可以分为有机质谱仪、无机质谱仪、同位素质谱仪。无机质谱仪包括：火花源双聚焦质谱仪、感应耦合等离子体质谱仪(ICP－MS)、二次离子质谱仪(SIMS)等。有机质谱仪又可以分为气相色谱－质谱联用仪(GC－MS)、液相色谱－质谱联用仪(LCMS)、基质辅助激光解析飞行时间质谱仪(MALDI－TOFMS)、傅立叶变换质谱仪(FT－MS)等。气相色谱－质谱联用仪 GCMS 由于质谱仪工作原理不同，又有气相色谱－四极质谱仪，气相色谱－飞行时间质谱仪(GC－TOFMS)，气相色谱－离子阱质谱仪(GC－ITMS)等。液相色谱－质谱联用仪(LCMS)同样有液相色谱－四极质谱仪，液相色谱－离子阱质谱仪，液相色谱－飞行时间质谱仪，以及各种各样的液相色谱－质谱－质谱联用仪。按照质谱仪的分辨率，又可以分为高分辨(通常分辨率高于 5000)、中分辨(通常分辨率在 1000 和 5000 之间)、低分辨(通常分辨率低于 1000)气质联用仪。小型台式四极杆质谱检测器的质量范围一般能检测到 1000amu 左右。四极杆质谱由于其本身固有的限制，一般 GCMS 分辨率在 2000 以下。市场占有率较大的、和气相色谱联用的高分辨质谱一般最高分辨率可达 60000 以上。与气相色谱联用的飞行时间质谱(TOFMS)，其分辨率可达 5000 左右。

无机质谱仪主要用于无机元素微量分析和同位素分析等方面。分为火花源质谱仪、离子探针质谱仪、激光探针质谱仪、辉光放电质谱仪、电感耦合等离子体质谱仪。火花源质谱仪不仅可以进行固体样品的整体分析，而且可以进行表面和逐层分析甚至液体分析；激光探针质谱仪可进行表面和纵深分析；辉光放电质谱仪分辨率高，可进行高灵敏度、高精度分析，适用范围包括元素周期表中绝大多数元素，分析速度快，便于进行固体分析；电感耦合等离子体质谱，谱线简单易认，灵敏度与测量精度很高。同位素质谱分析仪能精确测定元素的同位素比值，广泛用于核科学、地质年代测定、同位素稀释质谱分析、同位素示踪分析等。

以上的分类并不十分严谨，因为有些仪器带有不同附件，具有不同功能。例如，一台气相色谱－双聚焦质谱仪，如果改用快原子轰击电离源，就不再是气相色谱－质谱联用仪，而称为快原子轰击质谱仪(FABMS)。另外，有的质谱仪既可以和气相色谱相连，又可以和液相色谱相连，因此也不好归于某一类。在以上各类质谱仪中，数量最多、用途最广的是有机质谱仪。

除上述分类外，还可以从质谱仪所用的质量分析器的不同，把质谱仪分为双聚焦质谱仪、四极杆质谱仪、飞行时间质谱仪、离子阱质谱仪、傅里叶变换质谱仪等。

6.2　质谱技术及进展

6.2.1　仪器结构及工作原理

质谱仪都必须有电离装置把样品电离为离子，有质量分析装置把不同质荷比的离子分开，经检测器检测之后可以得到样品的质谱图，由于有机样品，无机样品和同位素样品等具有不同形态、性质和不同的分析要求，所以，所用的电离装置、质量分析装置和检测装置有所不同。但是，不管是哪种类型的质谱仪，其基本组成是相同的。都包括进样系统、真空系统、离子源、质量分析器和检测器(图 6.1 ~图 6.2)。本节主要介绍有机质谱仪的基本结构和工作原理。

6.2.1.1　进样系统

图 6.3 是两种进样系统的示意图。

将试样导入离子源常用的方法有三种：漏孔进样、插入式直接进样和色谱法进样。进样方式的选择取决于试样的物理化学性质，如熔点、蒸汽压、纯度和所采用的离子化方式等。

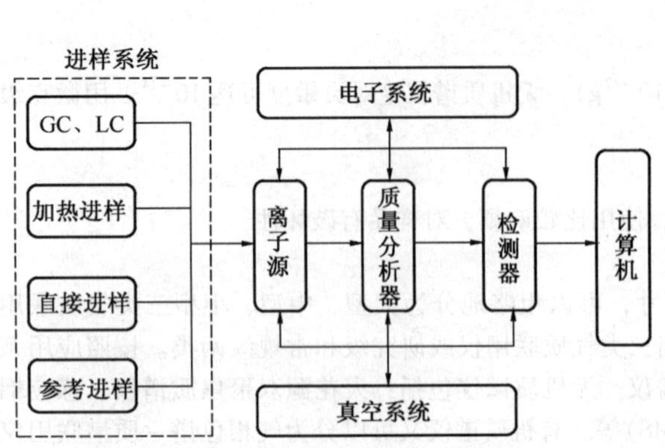

图 6.1　质谱仪的基本构成

图 6.2　岛津四极杆质谱仪

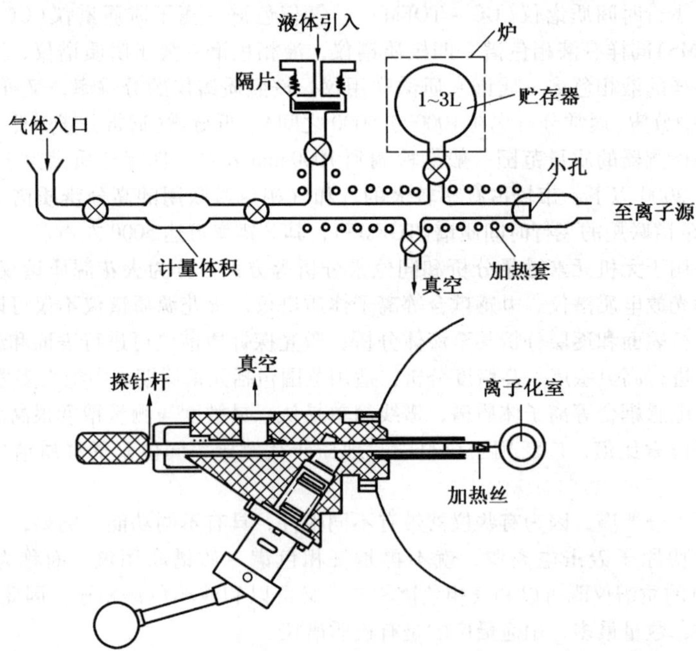

图 6.3　两种进样系统示意图

对于气体及沸点不高、易于挥发的样品，可以用图中上方的装置。贮样器由玻璃或上釉不锈钢制成，抽低真空(1Pa)，并加热至150℃，试样用微量注射器注入，在贮样器内立即化为蒸气分子，然后由于压力梯度，通过漏孔以分子流形式渗透入高真空的离子源中。

对于高沸点的液体、固体，可以用探头插入式直接进样(图 6.3)。调节加热温度，使试样气化为蒸气。此方法可将微克量级甚至更少试样送入电离室。探针杆中试样的温度可冷却至约 -100℃，或在数秒钟内加热到较高温度(如 300℃左右)。

直接进样法(Direct Injection，DI)使化合物的定性分析更简单(图 6.4)。样品不经气相色谱而直接导入质谱的离子源进行离子化，无需移开气相色谱仪就可以轻松地获得化合物的质谱图。这种进样方式可以分析气相色谱不能气化的液体、固体或热不稳定的样品。

用直接进样杆将样品直接导入质谱进行分析，同时可以进行多达 5 段的程序升温，温度最高可达真空状态下的 500℃。直接进样配合 EI、CI、NCI 获得相应的质谱图，提供化合物更多的信息。

与色谱联用的进样方法是最重要、最常用的进样方法之一。将色谱柱分离的组分直接导入质谱，使混合物的直接质谱分析成为可能。气相色谱-质谱联已经成为常规分析仪器，近几年液相色谱-质谱联用也在研究和应用领域取得了飞速发展。

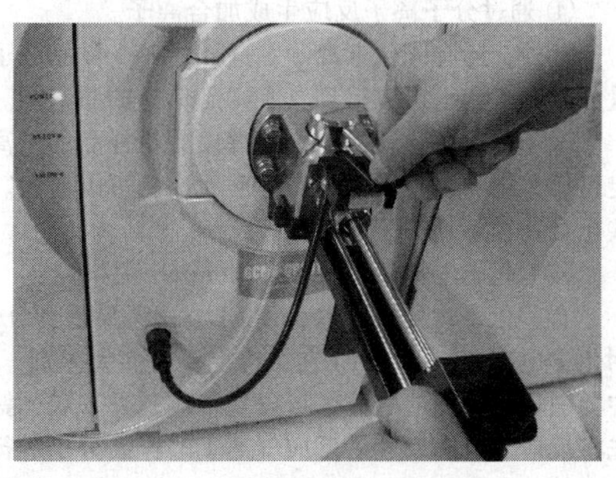

图 6.4 岛津公司专利产品沿导轨插入直接进样杆

6.2.1.2 真空系统

质谱仪的离子源、质谱分析器及检测器必须处于高真空状态(离子源的真空度应达 $10^{-5}\sim10^{-3}$Torr，质量分析器应达 10^{-6}Torr)，若真空度低，则：

① 大量氧会烧坏离子源的灯丝；

② 会使本底增高，干扰质谱图；

③ 引起额外的离子-分子反应，改变裂解模型，使质谱解释复杂化；

④ 干扰离子源中电子束的正常调节；

⑤ 用作加速离子的几千伏高压会引起放电。

因此，质谱仪都必须有真空系统。一般真空系统由机械真空泵和扩散泵或涡轮分子泵组成。机械真空泵能达到的极限真空度为 0.1Torr，不能满足要求，必须依靠高真空泵。扩散泵是常用的高真空泵，其性能稳定可靠，缺点是启动慢，从停机状态到仪器能正常工作所需时间长；涡轮分子泵则相反，仪器启动快，但使用寿命不如扩散泵。由于涡轮分子泵使用方便，没有油的扩散污染问题，因此近年来生产的质谱仪大多使用涡轮分子泵。涡轮分子泵直接与离子源或分析器相连，抽出的气体再由机械真空泵排到体系外。

6.2.1.3 离子源(Ion Source)

离子源的功能是提供能量将试样电离，形成由不同质荷比的离子组成的离子束。质谱仪的离子源种类很多，如电子轰击(Electron Impact，EI)离子源、化学电离源、快原子轰击源、大气压电离源(API)、基质辅助激光解析离子源、电感耦合等离子体离子化源等。

(1) 电子轰击(Electron Impact，EI)离子源

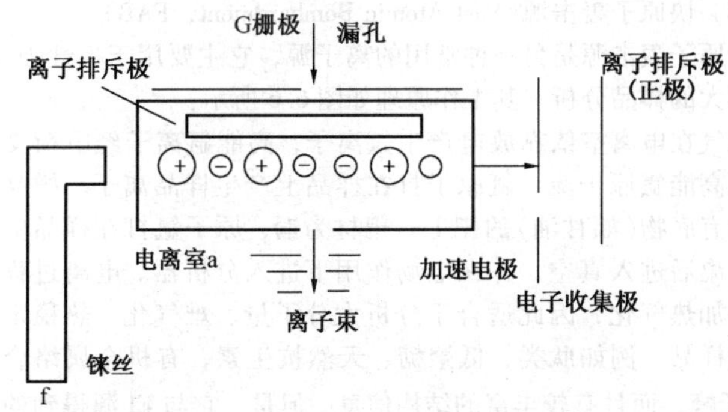

图 6.5 电子轰击离子源原理图

电子电离源又称 EI 源，是应用最为广泛的离子源，它主要用于挥发性样品的电离。图 6.5 是电子电离源的原理图，由 GC 或直接进样杆进入的样品，以气体形式进入离子源，由灯丝 F 发出的电子与样品分子发生碰撞使样品分子电离。一般情况下，灯丝 F 与接收极 T 之间的电压为 70V，所有的标准质谱图都是在 70eV 下做出的。在 70eV 电子碰撞作用下，有机物分子可能被打掉一个电子形成分子离子，也可能会发生化学键的断裂形成碎片离子。由分子离子可以确定化合物分子量，由碎片离子可以得到化合物的结构。对于一些不稳定的化合物，在 70eV 的电子轰击下很难得到分子离子。为了得到分子量，可以采用 10eV 或 20eV 的电子能量，不过此时仪器灵敏度将大大降低，需要加大样品的进样量。而且，得到的质谱图不再是标准质谱图。

离子源中进行的电离过程是很复杂的过程，有专门的理论对这些过程进行解释和描述。在电子轰击下，样品分子可能有四种不同途径形成离子：

① 样品分子被打掉一个电子形成分子离子。

$$M + e^- \longrightarrow M^{+\cdot} + 2e^-$$

② 分子离子进一步发生化学键断裂形成碎片离子。

$$M^{+\cdot} \longrightarrow m_1^{\ +} + R\cdot$$

$$M^{+\cdot} \longrightarrow m_2^{+\cdot} + N$$

③ 分子离子发生结构重排形成重排离子。

④ 通过分子离子反应生成加合离子。

此外，还有同位素离子。这样，一个样品分子可以产生很多带有结构信息的离子，对这些离子进行质量分析和检测，可以得到具有样品信息的质谱图。

电子电离源主要适用于易挥发有机样品的电离，GC－MS 联用仪中都有这种离子源。其优点是工作稳定可靠，结构信息丰富，有标准质谱图可以检索。缺点是只适用于易气化的有机物样品分析，并且，对有些化合物得不到分子离子。

(2) 化学电离源(Chemical Ionization，CI)

有些化合物稳定性差，用 EI 方式不易得到分子离子，因而也就得不到分子量。为了得到分子量可以采用化学电离源。CI 和 EI 在结构上没有多大差别，或者说主体部件是共用的。其主要差别是 CI 源工作过程中要引进一种反应气体，可以是甲烷、异丁烷、氨等。反应气的量比样品气要大得多。灯丝发出的电子首先将反应气电离，然后反应气离子与样品分子进行离子－分子反应，并使样品气电离。现以甲烷作为反应气为例，说明化学电离的过程。在电子轰击下，甲烷首先被电离：

$$CH_4^+ \longrightarrow CH_4^+ + CH_3^+ + CH_2^+ + CH^+ + C^+ + H^+$$

甲烷离子与分子进行反应，生成加合离子：

$$CH_4^+ + CH_4 \longrightarrow CH_5^+ + CH_3$$

$$CH_3^+ + CH_4 \longrightarrow C_2H_5^+ + H_2$$

加合离子与样品分子反应：

$$CH_5^+ + MH \longrightarrow MH_2^+ + CH_4$$

$$C_2H_5^+ + MH \longrightarrow M^+ + C_2H_6$$

生成的 MH_2^+ 和 X^+ 比样品分子多一个 H 或少一个 H，可表示为$[M \pm 1]^+$，称为准分子离子。事实上，以甲烷作为反应气，除$[M \pm 1]^+$之外，还可能出现$[M+17]^+$、$[M+29]^+$等离子，同时还出现大量的碎片离子。化学电离源是一种软电离方式，有些用 EI 方式得不到分子离子的样品，改用 CI 后可以得到准分子离子，因而可以推断相对分子质量。但是由于 CI 得到的质谱不是标准质谱，所以不能进行库检索。

EI 和 CI 源主要用于气相色谱－质谱联用仪，适用于易气化的有机物样品分析。

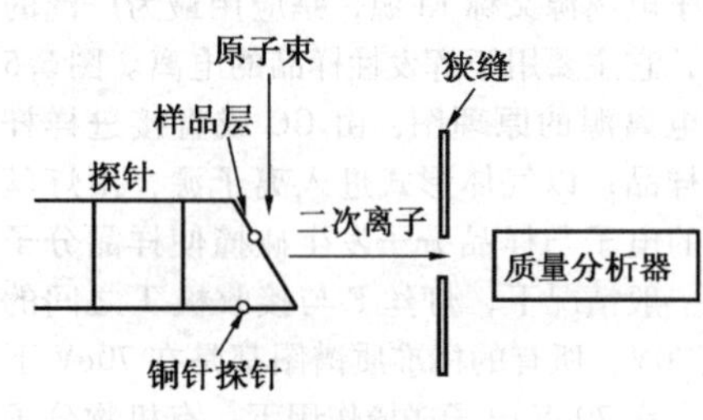

图 6.6 快原子轰击源示意图

(3) 快原子轰击源(Fast Atomic Bombardment，FAB)

快原子轰击源是另一种常用的离子源，它主要用于极性强、分子量大的样品分析。其工作原理如图 6.6 所示：

氩气在电离室依靠放电产生氩离子，高能氩离子经电荷交换得到高能氩原子流，氩原子打在样品上产生样品离子。样品置于涂有底物(如甘油)的靶上。靶材为铜，原子氩打在样品上使其电离后进入真空，并在电场作用下进入分析器。电离过程中不必加热气化，因此适合于分析大分子量、难气化、热稳定性差的样品。例如肽类、低聚糖、天然抗生素、有机金属络合物等。FAB 源得到的质谱不仅有较强的准分子离子峰，而且有较丰富的结构信息。但是，它与 EI 源得到的质谱图很不相同。其一是它的分子量信息不是分子离子峰 M，而往往是$[M+H]^+$或$[M+Na]^+$等准分子离子峰；其二是碎片峰比 EI 谱要少。

FAB 源主要用于磁式双聚焦质谱仪。

(4) 大气压电离源(API)

API 是液相色谱/质谱联用仪最常用的离子化方式。常见的大气压电离源有三种：电喷雾(Electron Spray Ionization，ESI)，大气压化学电离(Atmospheric Pressure Chemical Ionization，APCI)和大气压光电离(Atmospheric Pressure Photo Ionization，APPI)。电喷雾离子化是从去除溶剂后的带电液滴形成离子的过程，适用于容易在溶液中形成离子的样品或极性化合物。因具有多电荷能力，所以其分析的分子量范围很大，既可用于小分子分析，又可用于多肽、蛋白质和寡聚核苷酸分析。APCI 是在大气压下利用电晕放电来使气相样品和流动相电离的一种离子化技术，要求样品有一定的挥发性，适用于非极性或低、中等极性的化合物。由于极少形成多电荷离子，分析的分子量范围受到质量分析器质量范围的限制。APPI 是用紫外灯取代 APCI 的电晕放电，利用光化作用将气相中的样品电离的离子化技术，适用于非极性化合物。由于大气压电离源是独立于高真空状态的质量分析器之外的，故不同大气压电离源之间的切换非常方便。ESI 和 APCI 既作为液相色谱和质谱仪之间的接口装置，同时又是电离装置。这两部分将在 LCMS 接口部分介绍。

（5）基质辅助激光解析离子源(MALDI)

激光解析源(Laser Desorption，LD)是利用一定波长的脉冲式激光照射样品使样品电离的一种电离方式。被分析的样品置于涂有基质的样品靶上，激光照射到样品靶上，基质分子吸收激光能量，与样品分子一起蒸发到气相并使样品分子电离。激光电离源需要有合适的基质才能得到较好的离子产率。因此，这种电离源通常称为基质辅助激光解析电离(Matrix Assisted Laser Desorption Ionization，简称 MALDI)。MALDI 特别适合于飞行时间质谱仪(TOF)，组成 MALDI－TOF。MALDI 属于软电离技术，它比较适合于分析生物大分子，如肽、蛋白质、核酸等。得到的质谱主要是分子离子，准分子离子，碎片离子和多电荷离子较少。MALDI 常用的基质有 2,5 二羟基苯甲酸、芥子酸、烟酸、α－氰基－4－羟基肉桂酸等。

6.2.1.4 质量分析器(Mass Analyzer)

质量分析器的作用是将离子源产生的离子按 m/z 顺序分离，相当于光谱仪器上的单色器。常见的质量分析器有：双聚焦质量分析器，四极杆质量分析器，离子阱质量分析器，飞行时间质量分析器，傅里叶变换离子回旋共振质量分析器等。表 6.1 列出了几种质量分析器的特点。

表 6.1 质量分析器的比较

质量分析器	测定参数	质量范围 m/z	分辨率	特　点
四极杆	按照 m/z 大小过滤	3000	2000	适合电喷雾，易于正负离子模式切换，体积小，价格低
离子阱	频率	2000	2000	体积小，中等分辨率，设计简单价格低，适合多极质谱
磁场	动量/电荷	20000	>10000	分辨率高，分子量测试准确
飞行时间	飞行时间	∝	>10000	质量范围宽，扫描速度快，设计简单，高分辨率，高灵敏度
FT－MS	频率	10000	30000	高分辨率，适合多极质谱

下面介绍四极杆分析器，离子阱质量分析器，飞行时间质量分析器，傅里叶变换离子回旋共振分析器。

（1）四极杆质量分析器(Quadrupole Mass Analyzer)

四极杆质量分析器由四根棒状电极组成(图 6.7、图 6.8)。电极材料是镀金陶瓷或钼合金。相对两根电极间加有电压($V_{dc}+V_{rf}$)，另外两根电极间加有 $-(V_{dc}+V_{rf})$。其中 V_{dc} 为直流电压，V_{rf} 为射频电压。四个棒状电极形成一个四极电场。

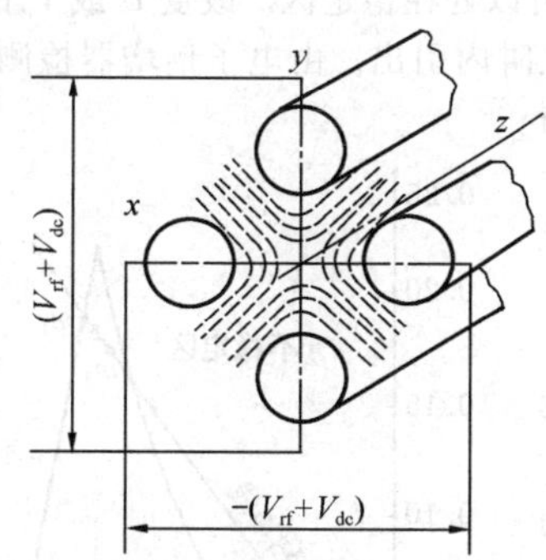

图 6.7 四极杆质量分析器组成示意图

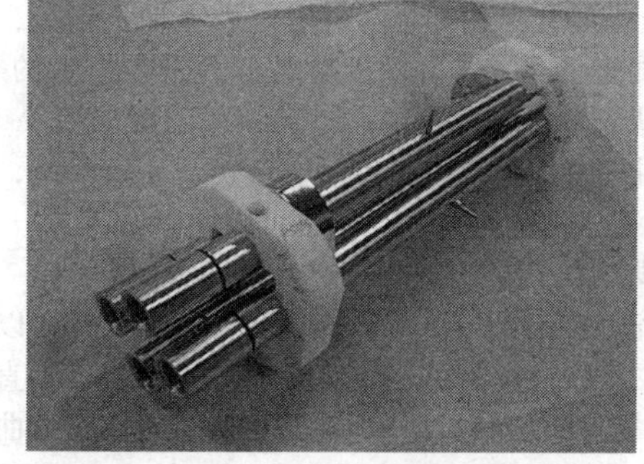

图 6.8 岛津公司使用的四极杆质量分析器实物图

离子在四极杆中的运动可用 Mathieu 方程描述。四极杆中离子运动的性质取决于 a、q，与初始条件无关，所有具有相同(a，q)值的离子将具有相同的运动周期。

Mathieu 曲线的稳定区图中，与 q 轴相交的两个稳定区依次为第Ⅰ稳定区和第Ⅱ稳定区，第Ⅲ稳定区为 x 方向第一稳定区与 y 方向第二稳定区相交的区域。

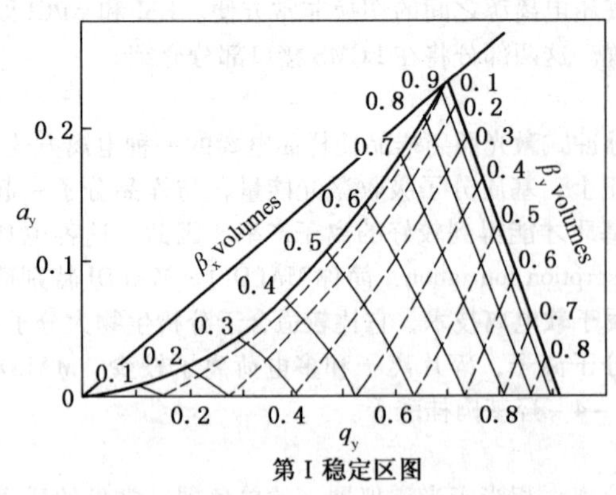

图 6.9 Mathieu 曲线的稳定区图

在四极杆分析器中，最常用的是原点附近的第Ⅰ稳定区(如图6.9)。只要 a, q 的绝对值都处于稳定区，则离子将稳定通过四极场而被检测。

a, q 的定义如式(6-1)所示：

$$a_u = a_x = a_y = \frac{4eu}{m\omega^2 r_0^2},$$

$$q_u = q_x = -q_y = \frac{2eV}{m\omega^2 r_0^2} \tag{6.1}$$

如果 r_0(四级场半径)、ω(射频频率)、u(直流电压)、V(交流振幅)确定，则质荷比为 m/z 的离子就有确定的 a 和 q 值。

分辨率与以下3个基本参数相关：四极杆长度(相对固定)，射频频率(相对固定)和离子入射能量(相对可调)。

质量范围与以下3个基本参数相关：四级场半径(相对固定)，四极杆最大电压(相对固定)，射频频率(相对固定)。

离子扫描：扫描电压 V(同时改变 u，以保持扫描线斜率不变)，即获得相应的质谱图。在质量扫描线上($k=a/q$)，有一段与稳定区相交的区域，只有 a/q 落在此区域的离子能穿过四极杆，从而实现离子过滤作用。改变该扫描线的斜率，即可改变实际质量扫描范围，设置扫描范围实际上就是设置 V_{rf} 值的变化范围。当 V_{rf} 由一个值变化到另一个值时，检测器检测到的离子就会从 m_1 变化到 m_2，也即得到 m_1 到 m_2 的质谱(图6.10)。V_{rf} 的变化可以是连续的，也可以是跳跃式的。所谓跳跃式扫描是指检测某些质量的离子，故称为选择离子监测(Select Ion Monitoring，SIM)。SIM 适合于定量分析，但是因为这种扫描方式得到的质谱不是全谱，因此不能进行质谱库检索和定性分析。

离子选择：在保持 V_{dc}/V_{rf} 不变的情况下改变 V_{rf} 值。对于一个 V_{rf} 值，四级场只允许一种质荷比的离子通过，其余离子则振幅不断增大，最后碰到四极杆而被吸收。

(2) 离子阱质量分析器(Iontrap Mass Analyzer)

离子阱的结构如图6.11所示。离子阱的主体是一个环电极和上下两端盖电极，都是绕 z 轴旋转的双曲面，并满足 $r_0^2=2z_0^2$(r_0 为环形电极的最小半径，z_0 为两个端盖电极间的最短距离)。直流电压 U 和射频电压 V_{rf} 加在环电极和端盖电极之间，两端盖电极都处于地电位。

与四极杆分析器类似，离子在离子阱内的运动遵守马蒂厄微分方程，也有类似四极杆分析器的稳定图。在稳定区内的离子，轨道振幅保持一定大小，可以长时间留在阱内，不稳定区的离子振幅很快增长，撞击到电极而消失。对于一定质量的离子，在一定的 $U(V_{dc})$ 和 V_{rf} 下，可以处在稳定区。改变 U 或 V_{rf} 的值，离子可能处于非稳定区。如果在引出电极上加负电压，可以将离子从阱内引出，由电子倍增器检测。因此，离子阱的质量扫描方式与四极杆类似，是在恒定的 U/V_{rf} 下，扫描 V_{rf} 获取质谱。

离子阱的特点是结构小巧，质量轻，灵敏度高，而且还有多级质谱功能。它可以用于 GCMS，也可以用于 LCMS。

(3) 线性离子阱(Linear Iontrap Mass Analyzer)

20世纪90年代，Jae Schwartz 和 Michael Senko 以及 JohnSyka 等人发展了二维线性离子阱。线型离子阱具有两个垂直的对称面，更接近于"四极杆"的对称性，垂直于 z 轴剖面具有双曲线结构。线型离子阱是双曲线沿着 z 轴三维化的结果，精度比3D离子阱更高，加工难度更大。这种电极具有与以往三维离子阱几乎相同的分析功能，而且内部离子容量更大，灵敏度更高，离子引入接口方法更简单。

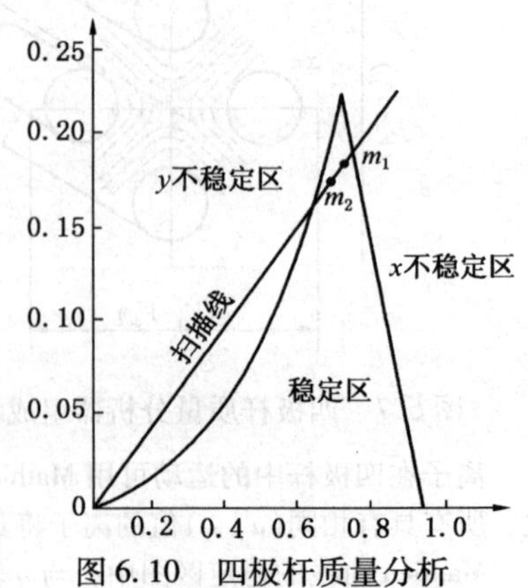

图 6.10 四极杆质量分析器检测示意图

四极线性离子阱(LIT 或 LTQ)，也被称为二维四极离子阱。线性离子阱在结构上与四极杆质量分析器类似，同样由四根平行极杆组成，使用 RF 和 DC 电位进行质量分离分析。但是，其工作模式却与三维离子阱类似。典型的线性离子阱采用 3 段设计，如图 6.12 所示，包括两对双曲线极杆，每一根都沿轴向分为 3 部分。中间部分大小约为首尾两部分的 3 倍，其中一根极杆具有一条狭缝，可射出离子进行外部检测。3 个不同的 DC 电压加载于线性离子阱的 3 个部分，使离子沿轴向（yz - plane）被捕集。在 x 和 y 两对电极加载 RF 电压产生 RF 电场，径向捕集离子（xy - plane）。另外，两相补充的 AC 电压加载于出口极杆的 x - 电极，用于离子的激发、分离和射出。与三维离子阱一致，线性离子阱采用质量选择不稳定模式径向射出阱内捕集的离子来完成分析。RF 电压以一定速率不断的增加使离子从小到大连续在径向方向变不稳定状态，并从出口电极的狭缝被射出。补充的 AC 电压也同样被用于 RF 电压扫描过程中的离子共振激发和射出。

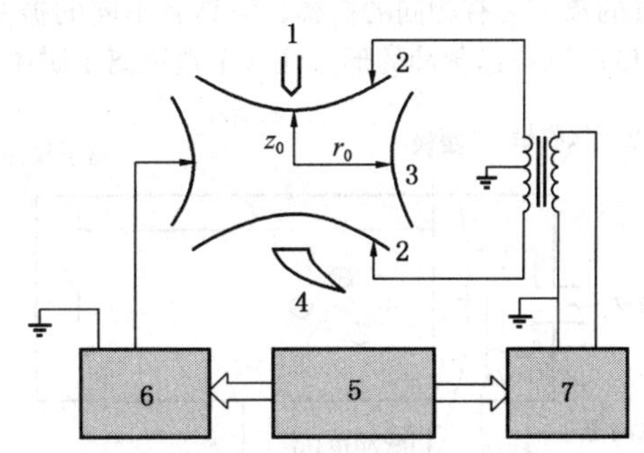

图 6.11　离子阱质量分析器示意图

1—灯丝；2—端帽；3—环形电极；4—电子倍增器；5—计算机；6—放大器和射频发生器（基本射频电压）；7—放大器和射频发生器（附加射频电压）

1995 年，James Hager 发展了基于四极杆的线型离子阱技术——QTrap 系列线型离子阱。这一技术采用完全商业的四极杆分析器，利用输出透镜作为激发电极，施加激励电压。这一技术优点是保留了四极杆原有的定性能力，同时新增了多级串级能力。

线性离子阱与三维离子阱相比，具有更好的捕集效率及离子射出效率、更大的阱容量，并增加了扫描速度与检测的灵敏度。

（4）轨道离子阱质谱仪（Orbitrap Mass Analyzer）

静电场轨道离子阱又称为 Orbitrap，是 2000 年由俄国科学家 Makarov 发明的新型质谱仪。其质量分析器形状如同纺锤体，由纺锤形中心内电极和 2 个外纺锤半电极组成。仪器工作时在 Orbitrap 内产生特殊几何结构的静电场，离子受到中心电场引力，围绕中心电极做圆周轨道运动。离子在纺锤形电场中有回旋、径向和轴向 3 种运动，Orbitrap 同时测定各种离子的轴向振荡频率 ω_z 并经傅里叶变换及质量校准后得到质谱。在一定的仪器条件下，离子的轴向振荡频率与离子的质荷比平方成反比（图 6.13）。

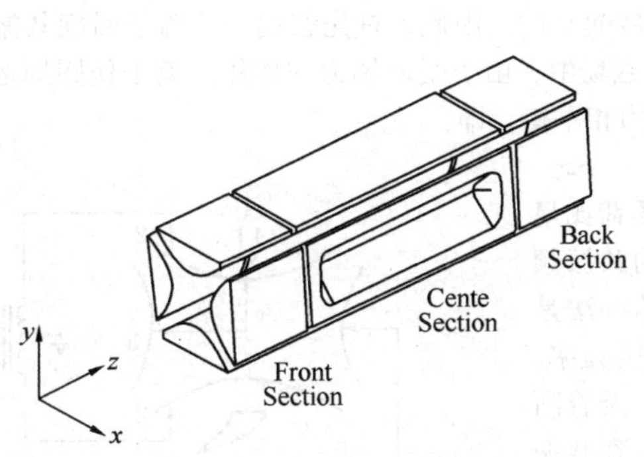

图 6.12　线性离子阱示意图

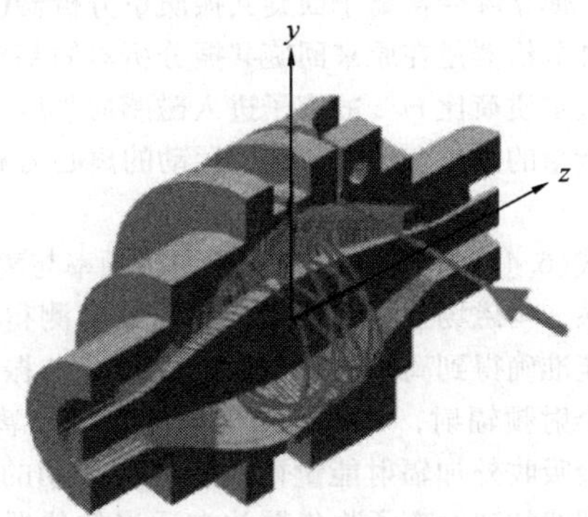

图 6.13　Orbitrap 示意图

轨道离子阱是使离子围绕中心电极的轨道旋转而捕获离子的装置。轨道捕集技术首次在 1923 年由 Kingdon 提出。Orbitrap 包括 1 个纺锤形的中心电极以及同轴的 2 个桶状外半电极。捕集的离子围绕中心电极进行旋转，以其长度进行共振。离子的质荷比与它们的共振频率相关。与 FT - ICR 质量分析器相似，离子频率由加载于 2 个外半电极之间产生的相电流获得，并使用傅里叶变换转换为质谱图。

被捕集离子的运动轨迹为一复杂的螺旋形，包含围绕中心电极的旋转运动以及轴向、径向的振动。因此，得到回旋、轴向振荡、径向振荡 3 个频率值。其中只有轴向振荡频率 $\omega = (q/mk)^{1/2}$ 可以用于质量分析，因其完全独立于离子的能量以及空间分布。实际应用时，离子通过窄小的离子入射通道注入阱中，伴随电场强度的增加，汇聚于阱的中心。当进入阱后，每一个 m/z 的离子不需额外的激发则进入相同的轴向振荡。

所有的离子具有相同的振幅，但具有不同的振荡频率。通常，电喷雾电离(ESI)形成的离子通过线性离子阱(LIT)以快速脉冲的形式注入至轨道离子阱中进行分析。

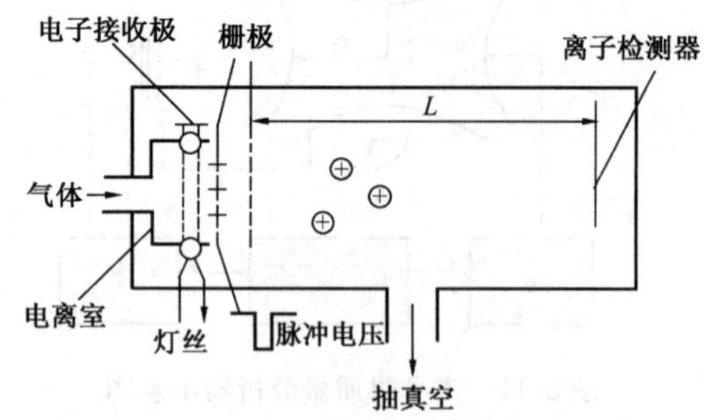

图 6.14　飞行时间质量分析器原理图

Orbitrap 具有高分辨率(150000)，高质量准确度(2～5ppm)，较大的空间－电荷容量，较宽的动态范围(>10)，较好的灵敏度等优点。

(5) 飞行时间质量分析器(Time of Flight Analyzer, TOF)

飞行时间质量分析器的主要部分是一个离子漂移管。图 6.14 是这种分析器的原理图。离子在加速电压 V 作用下得到动能，则有：

$$1/2mv^2 = eV \text{ 或 } v = (2eV/m)^{1/2} \tag{6.2}$$

式中，m：离子的质量；e：离子的电荷量，V 为离子加速电压。

离子以速度 v 进入自由空间(漂移区)，假定离子在漂移区飞行的时间为 T，漂移区长度为 L，则：

$$T = L(m/2eV)^{1/2} \tag{6.3}$$

由式(6.3)可以看出，离子在漂移管中飞行的时间与离子质量的平方根成正比。即，对于能量相同的离子，离子的质量越大，达到接收器所用的时间越长，质量越小，所用时间越短，根据这一原理，可以把不同质量的离子分开。适当增加漂移管的长度可以增加分辨率。

飞行时间质量分析器的特点是质量范围宽，扫描速度快，既不需电场也不需磁场。但是，长时间以来一直存在分辨率低这一缺点，造成分辨率低的主要原因在于离子进入漂移管前的时间分散、空间分散和能量分散。这样，即使是质量相同的离子，由于产生时间的先后，产生空间的前后和初始动能的大小不同，达到检测器的时间就不相同，因而降低了分辨率。目前，通过采取激光脉冲电离方式，离子延迟引出技术和离子反射技术，可以在很大程度上克服上述三个原因造成的分辨率下降。现在，飞行时间质谱仪的分辨率可达 20000 以上。最高可检质量超过 300000，并且具有很高的灵敏度。目前，这种飞行时间分析器已广泛应用于气相色谱－质谱联用仪，液相色谱－质谱联用仪和基质辅助激光解析飞行时间质谱仪中。图 6.15 是基质辅助激光解析飞行时间质谱仪原理图：

(6) 傅立叶变换离子回旋共振质量分析器(Fourier Transform Ion Cyclotron Resonance Analyzer, FTICR)

这种分析器是在原来回旋共振分析器的基础上发展起来的。因此，首先叙述一下离子回旋共振的基本原理。假定质荷比 m/z 的离子进入磁感应强度为 B 的磁场中，由于受磁场力的作用，离子作圆周运动，如果没有能量的损失和增加，圆周运动的离心力和磁场力相平衡，即：

$$mv^2/R = Bzv \tag{6.4}$$

由式(6.4)可以看出，离子的回旋频率与离子的质荷比呈线性关系，当磁场强度固定后，只需精确测得离子的共振频率，就能准确得到离子的质量。测定离子共振频率的办法是外加一个射频辐射，如果外加射频频率等于离子共振频率，离子就会吸收外加辐射能量而改变圆周运动的轨道，沿着阿基米德螺线加速，离子收集器放在适当的位置就能收到共振离子。改变辐射频率，就可以接收到不同的离子。但普通的回旋共振分析器扫描速度很慢，灵敏度低，分辨率也很差。傅立叶变换离子回旋共振分析器采用的是线性调频脉冲来激发离子，即在很短的时间内进行快速频率扫描，使很宽范围的质荷比的离子几乎同时受到激发。因而扫描速度和灵敏度比普通回旋共振分析器高得多。图 6.16 是这种分析器的结构示意图。

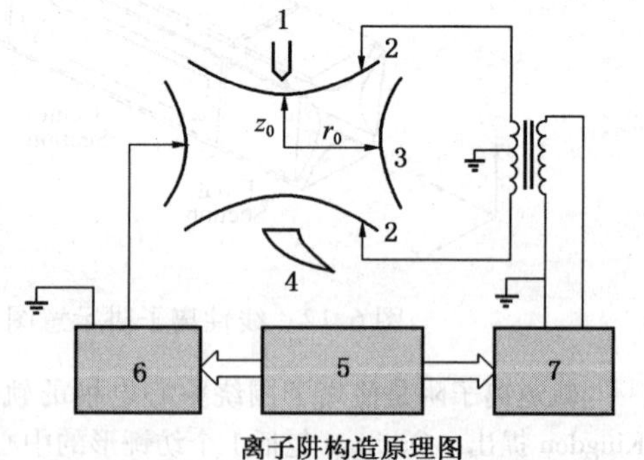

图 6.15　基质辅助激光解析飞行时间质谱仪原理图

1—灯丝；2—端帽；3—环形电极；4—电子倍增器；5—计算机；6—放大器和射频发生器(基本射频电压)；7—放大器和射频发生器(附加射频电压)

分析室是一个立方体结构，它由三对相互垂直的平行板电极组成，置于高真空和由超导磁体产生的强磁场中。第一对电极为捕集极，它与磁场方向垂直，电极上加有适当正电压，其目的是延长离子在室内滞留时间；第二对电极为发射极，用于发射射频脉冲；第三对电极为接收极，用来接收离子产生的信号。样品离子引入分析室后，在强磁场作用下被迫以很小的轨道半径作回旋运动，由于离子都是以随机的非相干方式运动，因此不产生可检出的信号。如果在发射极上施加一个很快的扫频电压，当射频频率和某离子的回旋频率一致时共振条件得到满足。离子吸收射频能量，轨道半径逐渐增大，变成螺旋运动，经过一段时间的相互作用以后，所有离子都做相干运动，产生可被检出的信号。做相干运动的正离子运动至靠近接收极的一个极板时，吸收此极板表面的电子，当其继续运动到另一极板时，又会吸引另一极板表面的电子。这样便会感生出“象电流”(见图6.17)，象电流是一种正弦形式的时间域信号，正弦波的频率和离子的固有回旋频率相同，其振幅则与分析室中该质量的离子数目成正比。如果分析室中各种质量的离子都满足共振条件，那么，实际测得的信号是同一时间内作相干轨道运动的各种离子所对应的正弦波信号的叠加。将测得的时间域信号重复累加，放大并经模数转换后输入计算机进行快速傅立叶变换，便可检出各种频率成分，然后利用频率和质量的已知关系，便可得到常见的质谱图。

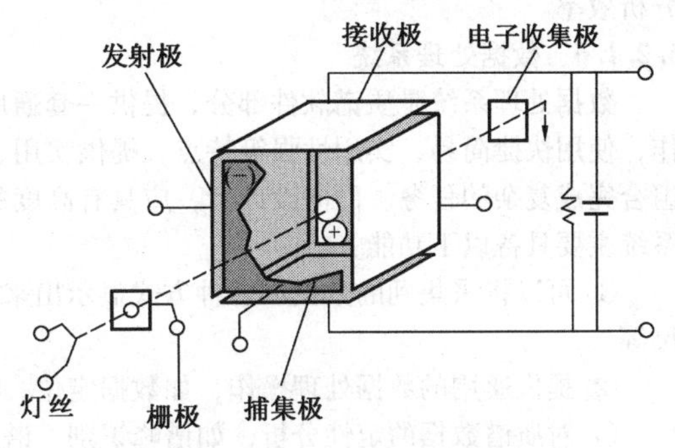

图 6.16　FTICR 结构示意图

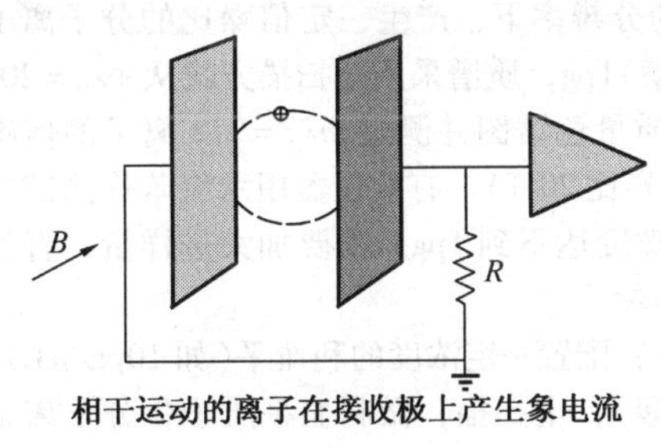

图 6.17　“象电流”产生过程图

利用傅立叶变换离子回旋共振原理制成的质谱仪称为傅立叶变换离子回旋共振质谱仪(Fouriertr Transform Ion Cyclotron Resonance Mass Spectrometer)，简称 FT - MS。FT - MS 有很多明显的优点：

① 分辨率极高，商品仪器的分辨可超过 1×10^6，而且在高分辨率下不影响灵敏度，而双聚焦分析器为提高分辨率必须降低灵敏度。同时，FT - MS 的测量精度非常好，能达到百万分之几，这对于得到离子的元素组成是非常重要的。

② 分析灵敏度高，由于离子是同时激发同时检测，因此比普通回旋共振质谱仪高 4 个量级，而且在高灵敏度下可以得到高分辨率。

③ 具有多级质谱功能。

④ 可以和任何离子源相联，扩宽了仪器功能。

此外还有诸如扫描速度快，性能稳定可靠，质量范围宽等优点。当然，另一方面，FT - MS 由于需要很高的超导磁场，因而需要液氦，仪器售价和运行费用都比较高。

6.2.1.5　检测器

检测器有电子倍增器，光电倍增器，微多通道板等不同类型。

常以电子倍增器(Electron Multiplier)(也有的采用光电倍增管)检测离子流。电子倍增器种类很多，其工作原理如图 6.18所示。一定能量的离子轰击阴极导致电子发射，电子在电场作用下，依次轰击下一级电极而被放大，电子倍增器的放大倍数一般在 $10^5\sim10^8$。电子倍增器中电子通过的时间很短，利用电子倍增器可以实现高灵敏、快速测定。但电子倍增器存在质量歧视效应，且随使用时间增加，增益会逐步减小。

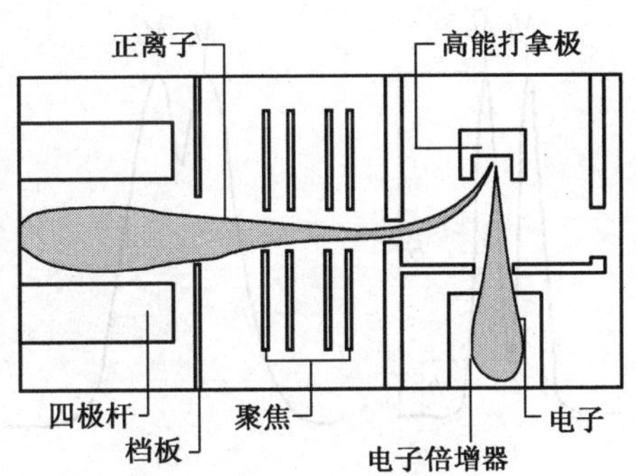

图 6.18　电子倍增器

近代质谱仪中常采用隧道电子倍增器，其工作原理与电子倍增器相似。因为体积较小，多个隧道电子倍增器可以串列起来，用于同时检测多个 m/z 不同的离子，从而大大提高分析效率。

6.2.1.6　数据处理系统

数据处理系统是质谱软件部分，提供一套通用的数据处理模式，面向用户，具有信息全面，可视化操作，使用快捷简易，实用性强等特点，提供实用、友好的交互界面。尽量使软件易学易用，用简单的操作组合完成复杂的任务。面向设计者，应具有高度的灵活性，易维护性，可复用性和易扩展性等特点。软件系统主要具备以下功能：

① 可以将采集到的数据以多种方式显示出来，提供多种观察谱图的辅助工具，如局部放大，定位，标尺等。

② 提供通用的数据处理操作，如数据定位，查找，局部观察等。

③ 对质谱数据的定性分析，如谱峰识别，谱库检索等。

④ 对质谱数据的定量分析提供自动产生分析报告，报表打印，数据转换等辅助功能。

6.2.2　仪器主要性能指标

衡量一台质谱仪性能好坏的指标很多，包括灵敏度，分辨率，质量范围，质量稳定性等。质谱仪的种类很多，其性能指标的表示方法也不完全相同，现将主要的指标及测试方法说明如下：

6.2.2.1　灵敏度

GCMS 灵敏度表示在一定的样品（如八氟萘或六氯苯）和一定的分辨率下，产生一定信噪比的分子离子峰所需的样品量。具体测量方法如下：通过 GC 进标准样品（八氟萘）1pg，质谱采用全扫描方式从 $m/z=200$ 扫到 $m/z=300$，扫描完成后，用八氟萘的分子离子 $m/z=272$ 做质量色谱图并测定 $m/z=272$ 离子的信噪比，如果信噪比为 20，则该仪器的灵敏度可表示为 1pg 八氟萘（信噪比 20:1）。有的仪器用六氯苯作测试样品，那么测量时要改用六氯苯的分子离子 $m/z=288$。如果仪器灵敏度达不到 1pg。则要加大进样量，直到有合适大小的信噪比为止。用此时的进样量及信噪比规定灵敏度指标。

LCMS 的灵敏度测定常采用利血平作为测试样品，测试方法如下：配置一定浓度的利血平（如 10pg/μL），通过 LC 进一定量样品，以水和甲醇各 50% 为流动相（加入 1% 醋酸），全扫描，做利血平质子化分子离子峰 m/z = 609 的质量色谱图。用进样量和信噪比规定灵敏度指标。

6.2.2.2　分辨率

质谱仪的分辨率表示质谱仪把相邻两个质量分开的能力，常用 R 表示。

其定义是，如果某质谱仪在质量为 M 处刚刚能分开质量为 M 和 $M+\Delta M$ 两个质量的离子，该质谱仪的分辨率为

$$R = M/\Delta M \tag{6.5}$$

例如某仪器能刚刚分开质量为 27.9949amu 和 28.0061amu 的两个离子峰，则该仪器的分辨率为

$$R = M/\Delta M = 27.9949/(28.0061-27.9949) = 2500$$

这里有两点说明：所谓两峰刚刚分开，一般是指两峰间的“峰谷”是峰高的 10%（每个峰提供 5%）。另外，在实际测量时，很难找到刚刚分开的两个峰，这时可采用下面方法进行分辨率的测量：

① 如果两个质谱峰 M_1 和 M_2 的中心距离为 a，峰高 5% 处的峰宽为 b（见图 6.19），则该仪器的分辨率为

$$R = (M_1+M_2)/2(M_2-M_1) \times (a/b) \tag{6.6}$$

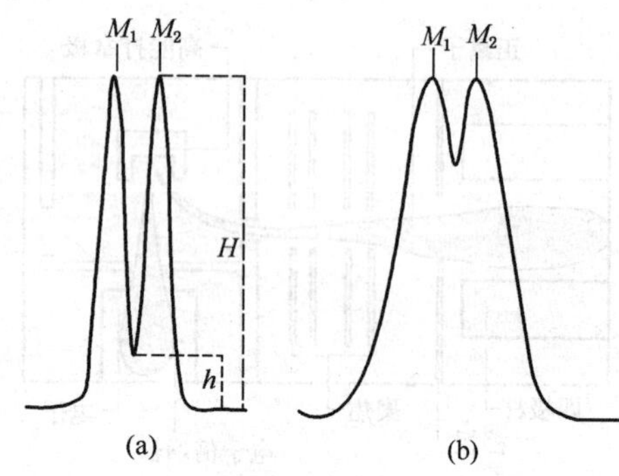

图 6.19　分辨率的定义

② 如果质量为 M 的质谱峰其峰高 50% 处的峰宽（即半峰宽）为 ΔM。则分辨率为：

$$R = M/\Delta M$$

后一种表示方法测量时比较方便。目前，FTMS 和 TOFMS 采用这种分辨率表示方式。对于磁式质谱仪，质量分离是不均匀的，在低质量端离子分散大，高质量端离子分散小，或者说 M 小时 ΔM 小，M 大时 ΔM 也大。因此，该仪器的分辨率数值基本不随 M 变化。在四极质谱仪中，质量排列是均匀的，若在 $M=100$ 时，$\Delta M=1$，则 $R=100$；在 $M=1000$ 时，$\Delta M=1$，则 $R=1000$。因此分辨率随质量变

化。为了对不同 M 处的分辨率都有一个共同的表示法，四极质谱仪的分辨率一般表示为 M 的倍数，如 $R=1.7M$ 或 $R=2M$ 等。如果是 $R=2M$，表示在 $M=100$ 时，$R=200$；$M=1000$ 时，$R=2000$。

6.2.2.3　质量范围

质量范围是质谱仪所能测定的离子质荷比的范围。对于多数离子源，电离得到的离子为单电荷离子。这样，质量范围实际上就是可以测定的分子量范围；对于电喷雾源，由于形成的离子带有多电荷，尽管质量范围只有几千，但可以测定的分子量可达 10 万以上。质量范围的大小取决于质量分析器。四极杆分析器的质量范围上限一般在 1000 左右，也有的可达 3000，而飞行时间质量分析器可达几十万。由于质量分离的原理不同，不同的分析器有不同的质量范围，彼此间比较无任何意义。同类型分析器则在一定程度上反映质谱仪的性能。当然，了解一台仪器的质量范围，主要为了知道它能分析的样品分子量范围。不能简单认为质量范围宽仪器就好，对于 GC - MS 来说，分析的对象是挥发性有机物，其分子量一般不超过 500，最常见的是 300 以下。因此，对于 GC - MS 的质谱仪来说，质量范围达到 800 应该就足够了，再高也不一定就肯定好。如果是 LC - MS 联用质谱仪，因为分析的很多是生物大分子，质量范围宽一点会好一些。

6.2.2.4　质量稳定性和质量准确度

质量稳定性主要是指仪器在工作时质量稳定的情况，通常用一定时间内质量漂移的质量单位来表示。例如某仪器的质量稳定性为 0.1amu/12h，意思是该仪器在 12h 之内，质量漂移不超过 0.1amu。

质量准确度是指质量测量的准确程度，常用相对百分比表示。例如，某化合物的质量为 152.0473amu，用某质谱仪多次测定该化合物，测得的质量与该化合物的理论质量之差在 0.003amu 之内，则该质谱仪的质量准确度为百万分之二十(20ppm)。质量精度是高分辨率质谱仪的一项重要指标，对低分辨率质谱仪没有太大意义。

6.2.3　质谱技术进展

各种新型的商品质谱仪在分析时间，灵敏度，稳定性，精确性方面均有不同的改进，有的还针对专门需要设计的质谱软件，例如，2006 年，PerkinElmer 公司在全球正式发布新一代 Clarus600 型气质联用仪，质谱软件专门设计了为满足环境和其他类型实验室的严格质量控制和认证所需的功能，并设计了 70 多种内置标准报告格式模板和专门满足美国 EPA 方法的环境报告模板。岛津公司推出新一代的 GCMS - QP2010plus，采用独立加温的高效离子源，大容量排气泵，ODLenS 的检测器等技术。

离子化技术和质量分析器是质谱技术的核心，前者是把待分析样品分子转化为离子，后者是把离子按其质量分离并分别测量它们的数目，构成质谱图。

6.2.3.1　离子化技术的新进展

离子化新技术主要包括电喷雾(Electrospray Ionization，ESI)和基质辅助激光解析电离(Matrix Assisted Laser Desorption Ionization，MALDI)两项离子化技术。这两项离子化技术、近年来又取得以下重要的进展。

(1) 解析电喷雾电离(Desorption Electrospray Ionization，DESI)

该技术是 ESI 技术的延伸。溶剂(含少量电介质)流入雾化器的毛细管，喷出的带电雾滴及离子在雾化气的带动下，轰击处于对面的样品靶，将靶上的样品解吸并电离成离子。DESI 的最大特点是无需提取、分离等繁杂的样品前处理，而且离子化是在大气压下进行，能在很短的时间内完成样品的分析，灵敏度也很高。DESI 的特点使这一技术可在检测爆炸物、化学战剂、毒品等方面得到重要应用。

(2) 实时直接分析(Direct Analysis in Real Time，DART)

2005 年日本电子美国子公司推出一项质谱产品的创新性技术革命——实时直接分析离子源技术，这是与 DESI 类似的离子化技术，它使用激发态氦原子作为离子化试剂，也有很高的灵敏度。分析人员利用该技术可对样品材料在开放的室内环境下进行非接触分析。DART 技术使得直接检测固体样品表面、溶液和气体中的化学成分成为可能，无需样品前处理，无需使用放射性部件，无需溶剂雾化以及高的电压或真空度。DART 技术保持了被测样品的完整性并可实时获取分析信息，这些优点对于快速筛查和高通量分析尤为重要，因此特别适合于司法侦察、本土安全防范和毒品检测等方面。

(3) 解吸电晕束电离(Desorption Corona Beam Ionization，DCBI)

岛津公司于 2008 年独立开发出了大气环境下直接质谱分析的离子源技术，这是一种解吸电晕束电离技术，并申请了中国专利。该技术利用直流高压在高速气流中产生发光的细束电晕，该细束射到样品上，即能对样品进行解吸电离，进而引入质谱仪进行实时质谱分析。设计的这种离子源可以避免以往质谱实验前繁杂的样品预处理程序，几秒钟就能出结果，大大加快了检测速度，并最大限度保有样品的本来面目，得到更加贴近实际的检验结果。同时通过对气流温度控制，能对实际生活中的复杂混合样品进行有效的分析。目前，该公司在寻找在食品、药品检验、公安等应用领域的合作伙伴，以期该技术能得到广泛应用。

此外，飞行时间二次离子质谱(TOF - SIMS)的离子源，在提高质量分辨水平方面取得突破进展，最重要的是该技术特别适用于有机物表面分析，大面积成像和有机物深度分析，适合生命科学需求。

6.2.3.2 质量分析器的新进展

质量分析器的研究朝两个方向发展，一是发展新型高分辨率的质量分析器，二是质量分析器的微型化。近年来有以下新进展：

(1) 新型高分辨率的质量分析器

在质量分析器研究方面，数字化离子阱、矩形直线离子阱、轨道离子阱代表了最新的研究成果。数字化离子阱技术的应用可以显著提高矩形离子阱的性能，特别是质量范围等关键的质谱仪指标。矩形离子阱是在线型离子阱(LIT)和圆柱形离子阱(CIT)的基础上发展而来的一种离子阱质量分析器，它既具有线型离子阱离子存储效率高、容量大的优点，又具有圆柱形离子阱结构简单、容易加工和装配的优点。

轨道离子阱最大特点是无磁场、无高频电场，只用静电场，属静电场离子阱。轨道离子阱的分辨率高达15万，质量测量准确度可优于2ppm。在制作成本以及运行维持费上，比离子回旋共振质谱低很多。这种质谱仪在药物研究、蛋白质组学和代谢组学等重大研究领域迅速得到广泛应用。

(2) 质量分析器微型化

在 Oak Ridge National Laboratory 工作的 Mike Ramsey 和 Bill Whitten 以及在 Nanofabrication Laboratory at Bell Laboratories 工作的 Stanley Pau 三人合作，在 $25mm^2$ 的芯片上制作了256个微型离子阱阵列。这种微型离子阱可在 10^{-4}Torr 低真空下工作，可免去使用昂贵的涡轮泵。这种微型质谱仪将来可能进入医生诊所，成为临床诊断的仪器。

(3) 离子淌度质谱

离子淌度质谱(Ion Mobility Mass Spectrometry，IMMS)是离子淌度分离与质谱联用的一种新型二维质谱分析技术，离子淌度分离原理是基于离子在飘移管中与缓冲气体碰撞时的碰撞截面不同，离子可按大小和形状进行分离。IMMS 已经用来检测化学战剂、爆炸物、环境污染、麻醉剂、半导体及生物大分子(如肽和蛋白质类)，并显示出其强大的分析能力。

6.3 质谱联用技术及进展

6.3.1 GCMS 联用技术

6.3.1.1 GCMS 联用概述

(1) 简介

气相色谱 - 质谱联用仪(Gas Chromatography - Mass Spectrometry，GCMS)指气相色谱仪和质谱仪的在线联用技术，用于混合物的快速分离与定性。其中的气相色谱作为质谱的特殊进样器，利用它对混合物的强有力的分离能力，使混合物分离成各个单一组分后按时间顺序依次进入质谱离子源，样品被离子化后进入质量分析器进行分离分析，最后检测器检测，获得各组分的质谱图以便确定结构。

质谱技术问世于1910年。传统的有四极杆质谱仪、飞行时间质谱仪及近代的串联质谱仪(MS/MS)、傅里叶变换离子回旋共振质谱仪等。目前，GCMS 的发展方向是小型化(即台式 GCMS)、自动化(仪器调试、控制、数据处理)、高灵敏度和高稳定性。常见的离子源有电子轰击型离子源(EI)、化学电离源(CI源)、快原子轰击电离源(FAB 源)、解析化学电离源(DCI)、大气压电离源(API 源)等。电子轰击型离子源(EI)是有机质谱应用最广的常规型离子源；化学电离源(CI 源)又称软电离技术，可获得准分子离子峰，是 EI 源的一个补充；大气压电离源(API 源)主要用作液相色谱 - 质谱联用。

GCMS 是分析仪器中较早实现联用技术的仪器。自1957年 J. CHolmes 和 P. A. Morrell 首次实现气相色谱和质谱联用以后，这一技术得到长足的发展。在所有联用技术中，气质联用(即 GCMS)发展最完善，应用最广泛。目前从事有机物分析的实验室几乎都把 GCMS 作为主要的定性确认手段之一，在很多情况下又用 GCMS 进行定量分析。另一方面，目前市售的有机质谱仪，不论是磁质谱、离子阱质谱、四级杆质谱、飞行时间质谱(TOF)还是傅立叶变换质谱(FTMS)等均能和气相色谱联用。GCMS 逐步成为分析复杂混合物最为有效的手段之一。

(2) GCMS 的基本构成与工作原理

图 6.20 所示 GCMS 由气相色谱仪 - 接口 - 质谱仪组成。图 6.21 是 GCMS - QP2010 Plus 实物图。图 6.22是工作原理示意图。气相色谱仪分离样品中的各组分，起到样品制备的作用，接口把气相色谱仪分离出的各组分送入质谱仪进行检测，起到气相色谱和质谱之间的适配器作用，质谱仪对接口引入的各组分依次进行分析，成为气相色谱仪的检测器。计算机系统交互式地控制气相色谱、接口和质谱仪，进行数据的采集和处理，是 GCMS 的中心控制单元。

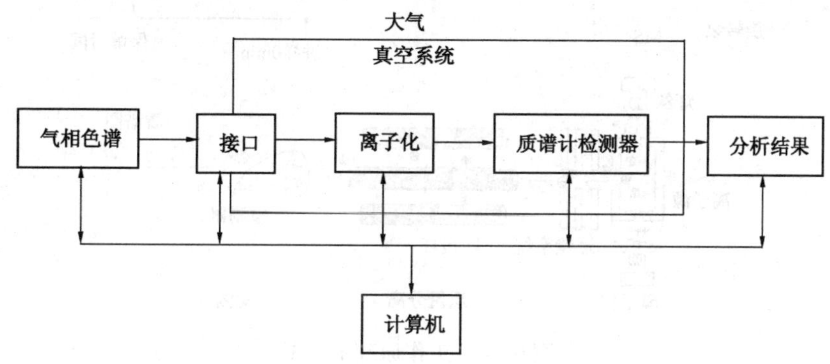

图 6.20 GCMS 联用仪器系统示意图

与气相色谱联用的质谱仪类型多种多样，主要体现在分析器的不同，有四级杆质谱仪、磁质谱仪、离子阱质谱仪及飞行时间质谱仪等。

样品中气体状态的分子进入质谱仪的离子源之后，被电离为带电离子，还会有一部分载气进入离子源(GCMS 操作中常用氦气作载气)。这部分载气和质谱仪内残余气体分子一起被电离为离子并构成本底。样品离子和本底离子一起被离子源的加速电压加速，射向质谱仪的分析器中，质谱分析器的作用是将电离后混合的碎片进行分离，根据分析器上所加载的电压的不同，在特定的时间内只有特定质荷比的碎片通过，位于分析器后部的高能打拿极和倍增器将信号转换和放大后在质谱工作站软件显示出来就描绘出了该组分的色谱峰。总离子色谱峰由底到峰顶再下降的过程，就是某组分出现在离子源的过程。目前绝大多数质谱仪都与数据系统连接，得到的质谱信号可通过计算机接口输入计算机。在进行 GCMS 操作时，从进样起，质谱仪开始在预定的质量范围内，磁场作自动循环扫描，每次扫描给出一组质谱，存入计算机，计算机算出每组质谱的全部峰强总和，作为再现色谱峰的纵坐标。每次扫描的起始时间 t_1、t_2、t_3，…作为横坐标。这样每一次扫描给出一个点，这些点连线给出一个再现的色谱峰。它和总离子色谱峰相似。数据系统可给出再现色谱峰峰顶所对应的时间，即保留时间。再现的色谱峰可以计算峰面积进行定量分析。利用再现的色谱峰，可任意调出色谱上任何一点所对应的一组质谱。

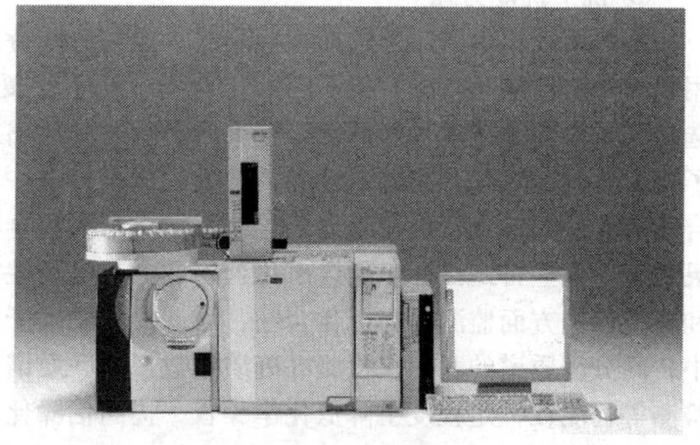

图 6.21 GCMS - QP2010 Plus 实物图

(3) 气质联用仪法和其他气相色谱法的主要区别

与气相色谱法进行简单比较，有如下一些性能和操作上的区别。

① GCMS 方法定性参数增加，定性可靠。

GCMS 方法不仅与 GC 方法一样能提供保留时间，而且还能提供质谱图，由质谱图、分子离子峰的准确质量、碎片离子峰强比、同位素离子峰、选择离子的子离子的质谱图等使 GCMS 方法定性远比 GC 方法可靠。

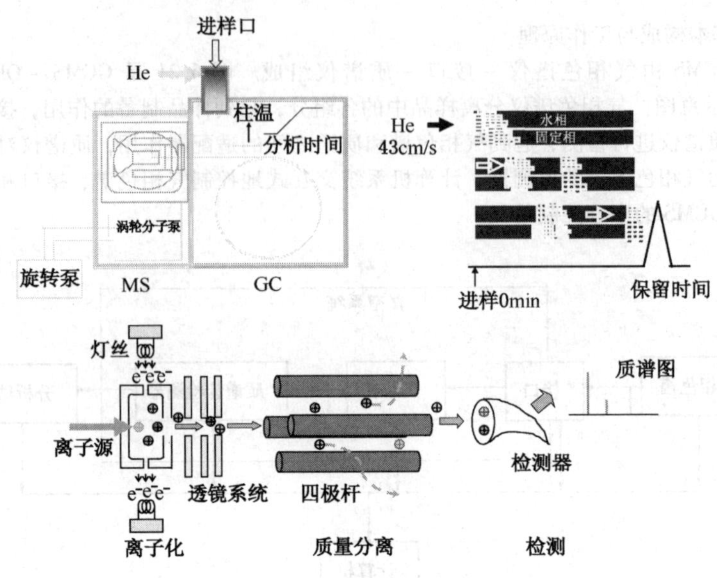

图 6.22 工作原理示意图

② 灵敏度高。

GCMS 方法是一种通用的色谱检测方法，但灵敏度却远高于 GC 方法中的通用检测器中的任何一种。GC 方法中常用的只有 FID 和 TCD 是通用检测器，其余都是选择性检测器，与检测样品中的元素或官能团有关。

③ 抗干扰能力强。

虽然用气相色谱仪的选择性检测器，能对一些特殊的化合物进行检测，不受复杂基质的干扰，但难以用同一检测器同时检测多类不同的化合物，而不受复杂基质的干扰。而采用色质联用中的提取离子色谱、选择离子检测等技术可降低化学噪声的影响，分离出总离子图上尚未分离的色谱峰。另外，选择不同的离子化方式也能对化合物的定性和灵敏度的提高带来一定的帮助，比如选择正化学离子化法一般可以获得化合物分子量的信息，负化学离子化法不但对某些化合物能获取分子量的信息，还能提高特定目标化合物的灵敏度。这些特定目标包括含卤化合物、含有电负性官能团的化合物，而这些化合物也是目前的食品安全和环境保护方面监测的目标化合物，因此负化学离子化法在这些领域得到了广泛的应用。在色质联用技术中，高分辨质谱的联用仪检测准确质量数、串联质谱(时间串联或空间串联)的选择反应检测或选择子离子检测等均能在一定程度上降低化学噪音，提高信噪比。

④ 可以用于定量分析。

从气相色谱和色质联用的一般经验来说，质谱仪定量似乎总不如气相色谱仪，但是，由于色质联用可用同位素稀释和内标技术，以及质谱技术的不断改进，色质联用仪的定量分析精度极大改善。在一些低浓度的定量分析中，接近多数气相色谱仪检测器的检测下限时，色质联用仪的定量精度优于气相色谱仪。

⑤ 方法容易实现套用。

气相色谱方法中的大多数样品处理方法、分离条件、仪器维护等都要保持，移植成为色质联用的方法。在色质联用中选择衍生化试剂时，要求衍生化物质在一般的离子化条件下能产生稳定的，合适的质量碎片。

⑥ 仪器维护方便。

气相色谱法中，经过一段时间的使用，某些检测器需要清洗。在色质联用中检测器不需要经常清洗，最常需要清洗的只是离子源或离子盒。离子源或离子盒是否清洁，是影响仪器工作状态的重要因素。柱老化时不连接质谱仪，减少注入高浓度样品、防止引入高沸点组分、尽量减少进样量、防止真空泄漏、反油等是防止离子源污染的方法。建议仪器采购时选择清洁程度高的涡轮分子泵抽真空。气相色谱工作的合适温度参数均可以移植到色质联用仪上，其他各部件的温度设置要注意防止出现冷点，否则，GCMS 的色谱分辨率将会恶化。

(4) 质谱检测

质谱检测应当使用质谱技术，如全质谱记录(全扫描)或选择离子监控(SIM)，MS - MS^n 技术如选择反应监控(SRM)或其他合适的 MS、MS - MS^n 技术与合适的离子化模式联合使用。在高分辨率质谱(HRMS)中，全质谱范围 10% 峰谷上分辨率应典型地超过 10000。全扫描质谱：当质谱检测是通过执行全扫描质谱记录时，所有出现的测量定性离子(分子离子、分子离子的特征加合物、特征碎片离子和同位素离子)的相对丰度必须超过校准标准品的参照质谱丰度的 10%。

选择离子检测(SIM)：当质谱检测是通过执行碎片谱法时，分子离子可能是更适宜测量的定性离子之一(分子离子、分子离子的特征加合物、特征碎片离子、同位素离子)。选择的定性离子不要起源于相同的分子基团。每一定性离子的信噪比(S/N)应大于 3。

全扫描和选择离子检测：校准物质、校准物质溶液或吸取的样品溶液中检测的高于要求的离子，其相对丰度用最强的离子或透过率的百分数表示；在可比较的浓度和相同的条件下测定，离子强度应符合表 6.2所示的限度。

表 6.2　质谱技术中相对离子强度的最大允许限量范围

相对峰度(基线峰的%)	电子轰击离子化 - 气质联用(EI - GCMS)(RSD)	化学离子化 - 气质联用、气相色谱 - 多级质谱、液质、液相色谱 - 多级质谱(CI - GCMS、$GCMS^n$、LCMS、$LCMS^n$)(RSD)
>50%	±10%	±20%
20% ~50%	±15%	±25%
10% ~20%	±20%	±30%
≤10%	±50%	±50%

6.3.1.2　GCMS 联用接口技术

GCMS 联用仪的接口是解决气相色谱和质谱联用的关键组件。理想的接口是能除去全部载气，但却能把待测物毫无损失地从气相色谱仪传输到质谱仪。

直接导入型接口是最常用的一种接口技术。GC 选择内径在 0.25 ~0.32mm 的毛细管色谱柱，载气流量设定在 1 ~2mL/min，通过一根金属毛细管直接引入质谱仪的离子源。这种氦载气是惰性气体，不发生电离，只有待测物会形成带电粒子。待测物带电粒子在电场作用下，加速向质量分析器运动，而载气却由于不受电场影响，被真空泵抽走。接口的实际作用是支撑插入端毛细管，使其准确定位。另一个作用是保持温度，使色谱柱流出物始终不产生冷凝。

使用这种接口的载气限于氦气或氢气。当气相色谱仪出口的载气流量高于 2mL/min 时，由于受质谱仪真空泵流量的限制，检测灵敏度可能会有所下降。一般使用这种接口时，气相色谱仪的流量设在 0.7 ~1.0mL/min。当最高工作温度接近最高柱温时，传输率可达 100%。这种接口方法组件结构简单，容易维护，应用也较为广泛，例如，美国惠普公司的目前市售 HP5973GC - MSD、美国 Finnigan 质谱公司的 TSQ - 7000GC - MS - MS 或 SSQ 系列的 GCMS 等均采用这种接口。由于现在市售的 GCMS 仪器采用直接导入型较多，不再对其他的分子分离器作过多的介绍。

6.3.1.3　GCMS 联用实验技术

(1) GCMS 测试条件的选择

在 GCMS 分析中，色谱的分离和质谱数据的采集是同时进行的。为了使每个组分都得到分离和鉴定，必须设备合适的色谱和质谱分析条件。

色谱条件包括色谱柱类型(填充柱或毛细管柱)，固定液种类，汽化温度，载气流量，分流比，温升程序等。设置的原则是：一般情况下均使用毛细管柱，极性样品使用极性毛细管柱，非极性样品采用非极性毛细管柱，未知样品可先用中等极性的毛细管柱，试用后再调整。当然，如果有文献可以参考，就采用文献所用条件。

质谱条件包括电离电压，电子电流，扫描速度，质量范围，这些都要根据样品情况进行设定。为了保护灯丝和倍增器，在设定质谱条件时，还要设置溶剂去除时间，使溶剂峰通过离子源之后再打开灯丝和倍增器。

在所有的条件确定之后，将样品用微量注射器注入进样口，同时启动色谱和质谱，进行 GCMS 分析。

(2) GCMS 衍生化技术

1) GCMS 衍生化的一般介绍

用 GCMS 方法分析实际样品时，对羟基、胺基、羧基等官能团进行衍生化往往起着十分重要的作用。GCMS 衍生化主要有以下特点：

① 改善了待测物的气相色谱性质。待测物中如果含有极性较大的基团，如羧基、羟基等，气相色谱特性不好，在一些通用的色谱柱上不出峰或峰拖尾，但衍生化以后，情况得到改善。

② 改善了待测物的热稳定性，某些待测物热稳定性差，在气化时或色谱过程中易发生化学变化(如分解等)。衍生化以后，待测物定量转化成在 GCMS 测定条件下稳定的化合物。

③ 改变了待测物的分子质量。衍生化后的待测物绝大多数分子量增大，有利于使待测物和基质分离，降低背景化学噪音的影响。

④ 改善了待测物的质谱行为。大多数情况下，衍生化后的待测物可以产生较有规律、容易解释的质量碎片。

⑤ 引入卤素原子或吸电子基团，使待测物可用化学电离方法检测。很多情况下可以提高检测灵敏度，检测得到待测物的分子量。

⑥ 通过一些特殊的衍生化方法，可以拆分一些很难分离的手性化合物。

当然，GCMS 衍生化方法应用不当，也会带来一些弊端：例如，

① 柱上衍生化有时会损伤色谱柱。

② 某些衍生化试剂需在氮气气流中吹干除去，方法不当会有损失。

③ 衍生化反应不完全，会影响灵敏度。

④ 衍生化试剂选用不当，有时会使待测物分子量增加过多，接近或超过一些小型质谱检测器的质量范围。

2) 常见的 GCMS 衍生化方法

GCMS 检测中选用衍生化试剂除了和气相色谱中选择衍生化试剂相同的准则以外，还应注意到衍生化产物的质谱特性。质量碎片特征性强，分子量适中，适合质量型检测器检测，也有利于与基质干扰物分离。表 6.3 列出了 GCMS 常用的衍生化方法。

表 6.3 GCMS 常用的衍生化方法

衍生化官能团	衍生化方法	每衍生化 1 个官能团分子量的增加值
羟　基	三甲基硅烷化(TMS)	72
	叔丁基二甲基硅烷化(TBDMS)	114
	乙酰化(Ac)	42
羧　基	甲基化(Me)	14
	三甲基硅烷化(TMS)	72
	叔丁基二甲基硅烷化(TBDMS)	114
伯胺或仲胺	三甲基硅烷化(TMS)	72
	叔丁基二甲基硅烷化(TBDMS)	114
	三氟乙酰化(TFA)	96
	乙酰化(Ac)	42

硅烷化衍生化是对羟基、胺基、酰胺基、羧基等官能团进行保护的最常见方法，常见的硅烷化试剂主要有 *N*,*O* - 双三甲基硅基三氟乙酰胺(BSTFA)、*N* - 甲基叔丁基二甲基硅基三氟乙酰胺(MTBSTFA)、*N* - 甲基三甲基硅基三氟乙酰胺(MSTFA)等。硅烷化衍生化主要应用于药物化学代谢物、兴奋剂的监测等方面。

酰化衍生化的基本类型如下：含有碳基的衍生化试剂和含有胺基和羟基的反应物反应生成含有酰胺或酯基的衍生化产物。常见的酰化试剂主要有酸酐或全氟酸酐，包括乙酸酐、三氟乙酸酐(TFA)、五氟丙酸酐(PFPA)、七氟丁酸酐(HFPA)等。酰化衍生化主要用于药物分析或者法庭毒品分析等方面。

烷基化试剂可以是卤代烷、重氮烷化合物或者某些醇，其中最典型的是碘化烷，如碘甲烷等。被衍生化的对象主要是一些酚类中的羟基和羧酸类中的羟基。烷基化衍生化主要用于某些农药和兴奋剂的监测。

6.3.1.4　仪器控制及数据处理

(1) 计算机界面图

以岛津公司的 GCMS 仪器(图 6.23)为例。

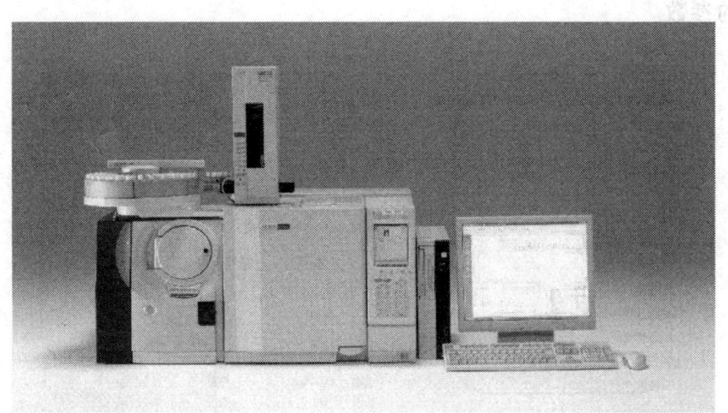

图 6.23　GCMS 仪器实物图

① 仪器技术规格:

离子化法: EI(标准配置), CI、NCI(选配件)

灯丝: 双灯丝

离子源温度: 100 ~ 300℃

质量范围: m/z1.5 ~ 1090

质量分析器: 带预置杆的高精度金属钼四极杆

SIM 方式: 64 通道 × 128 组

分辨率: $R \geqslant 2M$(FWHM)

稳定性: ±0.1u/48h(一定温度)

MS 接口: 最高温度 350℃

真空排气系统主泵: 双入口涡轮分子泵差动排气系统, 真空抽速 > 360L/s

柱流量: 最大 15mL/min(He)

最大扫描速度: 10000u/s

② 实时分析窗口:

实时分析窗口用于开启、关闭系统, 进行系统配置、仪器调谐、设定方法参数、采集数据等。通过辅

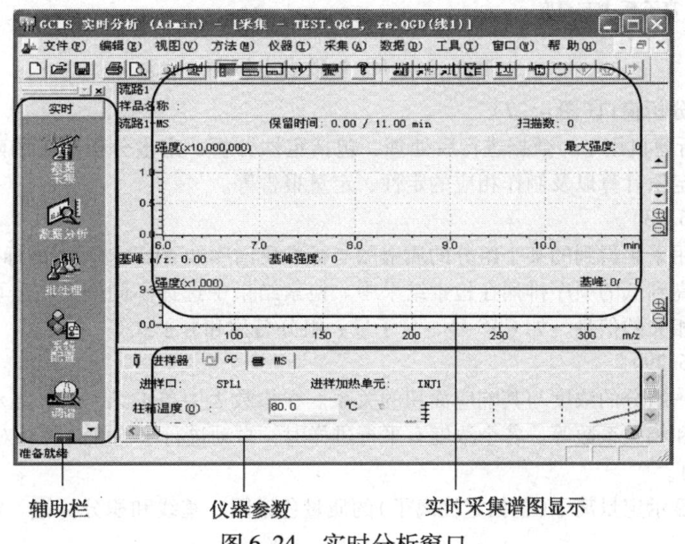

图 6.24　实时分析窗口

助栏可以快速、方便地进行这些操作。实时采集谱图显示区域显示当前正在采集的总离子流图和质谱图。仪器参数区域可以显示和设定自动进样器、GC和质谱参数。

③ GC参数设定界面(图6.25)

设定与GC相关的参数。

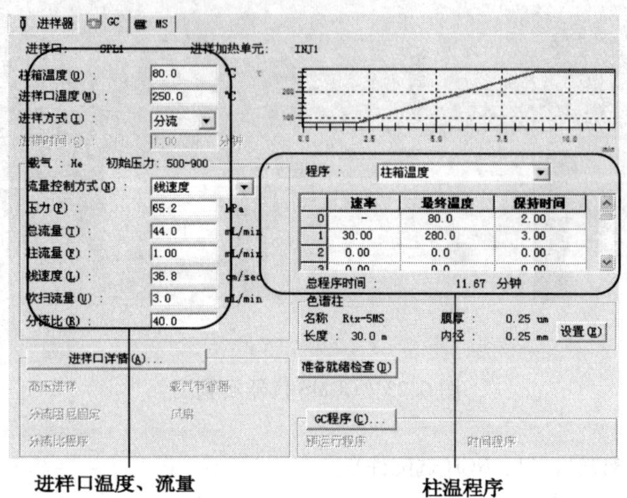

图6.25 GC参数设定界面

④ MS参数设定界面(图6.26)。

设定与质谱相关的参数。

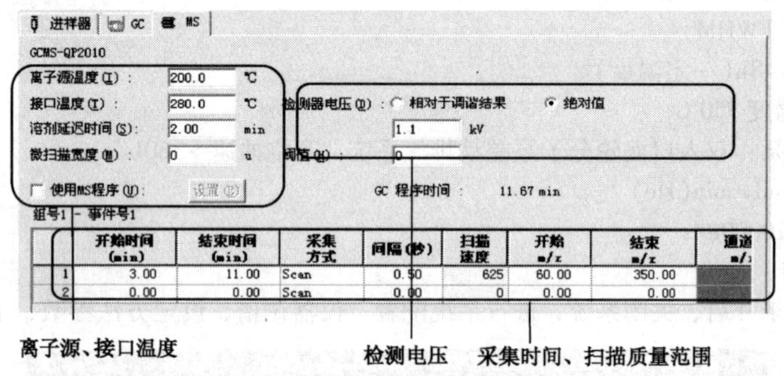

图6.26 MS参数设定界面

⑤ GCMS再解析分析窗口(图6.27)。

GCMS再解析分析窗口用于对数据进行后处理，包括定性分析、定量分析所需的建立组分表和标准曲线，对未知样品进行定量计算以及制作相应的定性、定量报告等。

⑥ 定性检索(图6.28)。

定性检索主要利用采集得到的某个组分的质谱图与标准质谱库如NIST谱库中的标准质谱图进行相似度检索，并以相似度从高到低的顺序排列在检索结果中。检索结果中选择不同的命中号可以显示相应组分的标准质谱图和该组分相关的信息，如CAS号、分子量、组分名称和分子式等。

⑦ 校准曲线(图6.29)。

标准曲线代表某一组分的浓度与其响应面积的关系。在参数表中单击某一行，显示该行对应的组分的标准曲线、曲线方程和相关系数等。各个浓度有平行进样时，自动进行平均并计算相对标准偏差(RSD%)。

⑧ 定量(图6.30)。

质量色谱图区域显示定量离子(包括定性离子)的质量色谱图、基线和积分标记。定量结果显示于结果表中。

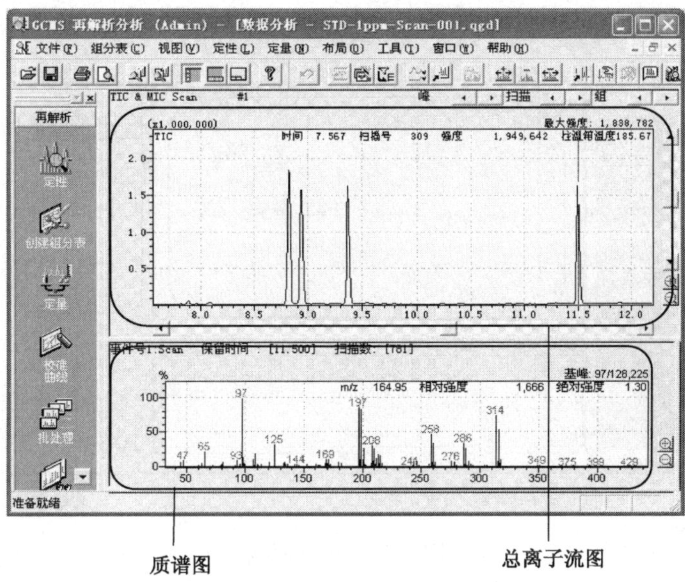

图 6.27　GCMS 再解析分析窗口

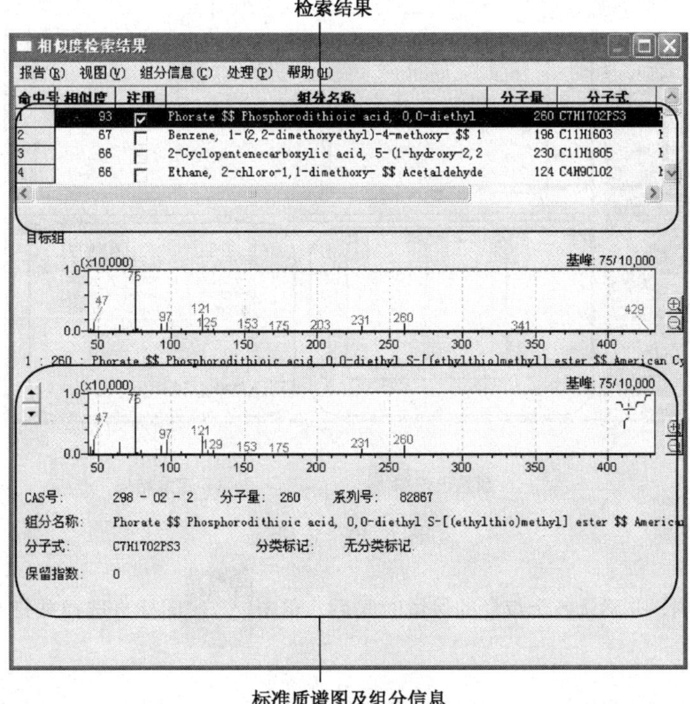

图 6.28　定性检索

⑨ 特殊用途技术(图 6.31)。

a. ARRT(Automatic Adjustment of Retention Time，自动保留时间调整)功能：

AART 功能可以使实验者利用保留指数与正构烷烃的实测保留时间计算目标化合物的保留时间，从而对保留时间进行精确的校准。在对色谱柱进行切割后或利用已有的数据库中的方法时，不需要手动逐一识别并调整组分保留时间。实际操作时，只需分析一次正构烷烃便可进行保留时间的推测计算。

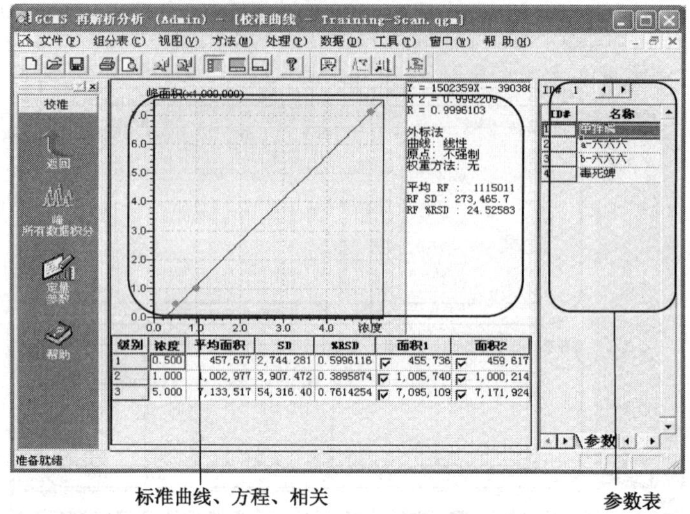

图 6.29 校准曲线

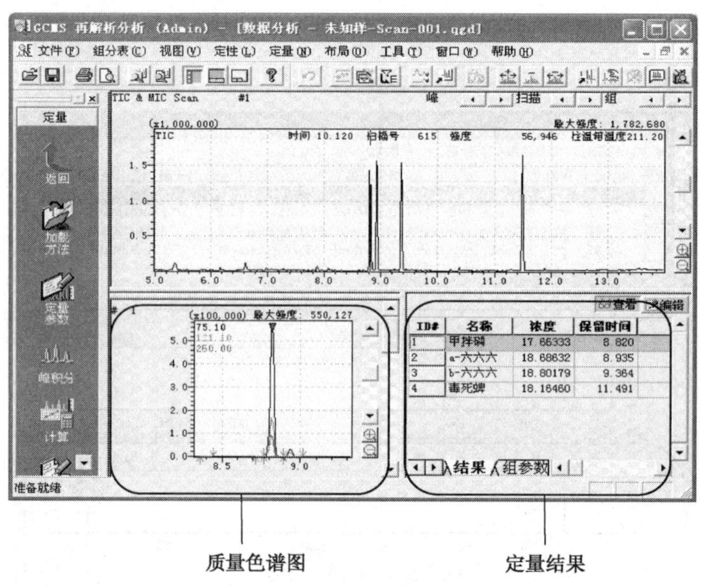

图 6.30 定量

采集正构烷烃数据，并确认各个烷烃的保留时间后，单击图标，选择并打开需要调整保留时间的方法文件。

校正前保留时间为方法中原先的出峰时间，校正后保留时间则为利用该组分的保留指数和正构烷烃的保留时间进行调整后的出峰时间。通过这种校正方式可以快速、准确地得到在当前系统下这些组分真正的保留时间(图 6.32)。

b. COAST(Creation of Automatic SCAN/SIM，自动建立 SCAN/SIM 参数表)：

采用 SIM 方式或 SCAN/SIM 同时采集方式时，需要按时间段进行分组并在每个组内输入相应的采集离子质量数，当测定组分较多时，手动分组和输入离子质量数较为繁琐且容易出错。COAST 功能可以利用已经建立的化合物表自动分组并生成 SIM 方法或 SCAN/SIM 方法(自动建立 SIM 表或 SCAN/SIM 表，无需手动输入离子)。以 12 个农药残留 SIM 测定为例，每个农药采集 3 个离子(1 个定量离子，2 个定性离子)，需

ID#	处理	名称	保留时间	保留索引
1	☑	C9	6.823	900
2	☑	C10	8.930	1000
3	☑	C11	10.986	1100
4	☑	C12	12.925	1200
5	☑	C13	14.744	1300
6	☑	C14	16.454	1400
7	☑	C15	18.067	1500
8	☑	C16	19.593	1600
9	☑	C17	21.038	1700
10	☑	C18	22.411	1800
11	☑	C19	23.719	1900
12	☑	C20	24.967	2000
13	☑	C21	26.160	2100
14	☑	C22	27.302	2200
15	☑	C23	28.398	2300
16	☑	C24	29.451	2400
17	☑	C25	30.462	2500
18	☑	C26	31.437	2600
19	☑	C27	32.376	2700
20	☑	C28	33.283	2800
21	☑	C29	34.159	2900
22	☑	C30	35.007	3000
23	☑	C31	35.827	3100
24	☑	C32	36.699	3200
25	☑	C33	37.686	3300

图 6.31　特殊用途技术

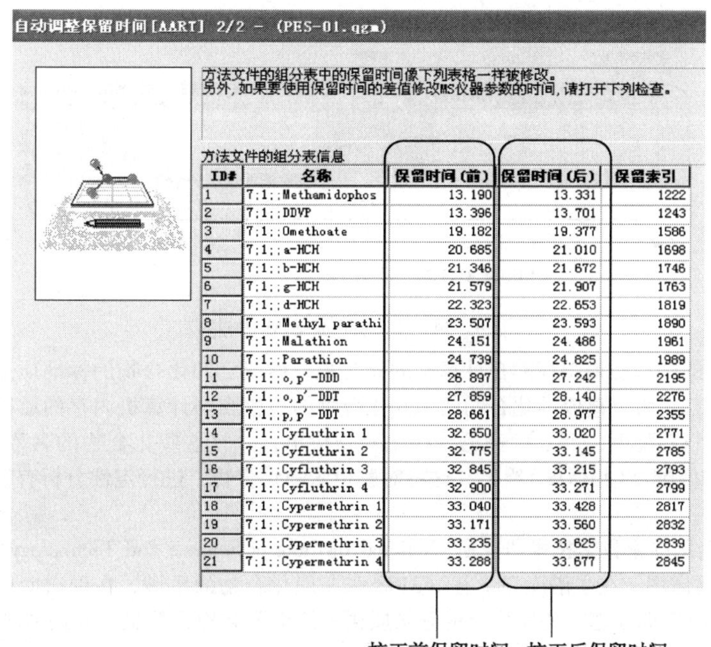

ID#	名称	保留时间(前)	保留时间(后)	保留索引
1	7;1;;Methamidophos	13.190	13.331	1222
2	7;1;;DDVP	13.396	13.701	1243
3	7;1;;Omethoate	19.182	19.377	1586
4	7;1;;a-HCH	20.685	21.010	1698
5	7;1;;b-HCH	21.346	21.672	1746
6	7;1;;g-HCH	21.579	21.907	1763
7	7;1;;d-HCH	22.323	22.653	1819
8	7;1;;Methyl parathi	23.507	23.593	1890
9	7;1;;Malathion	24.151	24.486	1961
10	7;1;;Parathion	24.739	24.825	1989
11	7;1;;o,p'-DDD	26.897	27.242	2195
12	7;1;;o,p'-DDT	27.859	28.140	2276
13	7;1;;p,p'-DDT	28.661	28.977	2355
14	7;1;;Cyfluthrin 1	32.650	33.020	2771
15	7;1;;Cyfluthrin 2	32.775	33.145	2785
16	7;1;;Cyfluthrin 3	32.845	33.215	2793
17	7;1;;Cyfluthrin 4	32.900	33.271	2799
18	7;1;;Cypermethrin 1	33.040	33.428	2817
19	7;1;;Cypermethrin 2	33.171	33.560	2832
20	7;1;;Cypermethrin 3	33.235	33.625	2839
21	7;1;;Cypermethrin 4	33.288	33.677	2845

图 6.32　校正保留时间

要输入 36 个离子。利用 COAST 功能，软件自动将 12 个农药分成 5 个组(时间段)，按照每个组分的保留时间将该农药的采集离子归入相应组内，自动建立了 SIM 方法或 SCAN/SIM 方法(图 6.33)。

自动生成 SIM 方法，如图 6.34 所示。

6.3.1.5　谱图检索

(1) 气相色谱 - 质谱联用的有关谱库

随着计算机技术的飞速发展，人们可以将在标准电离条件(电子轰击电离源，70eV 电子束轰击)下得到

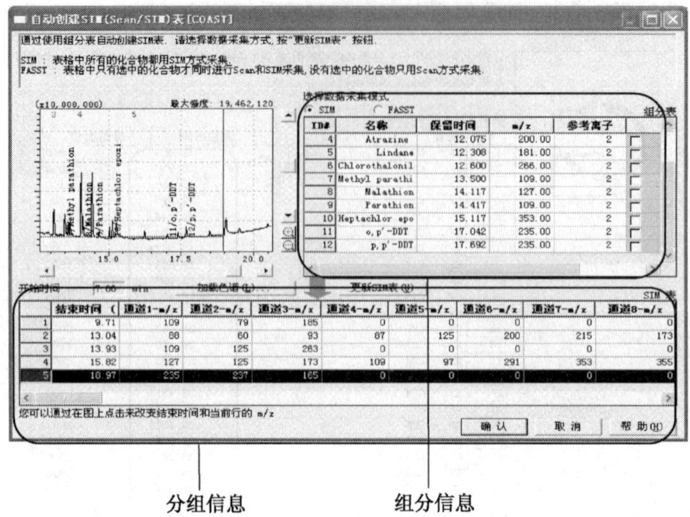

图 6.33 自动建立 SIM 或 SCAN/SIM 表

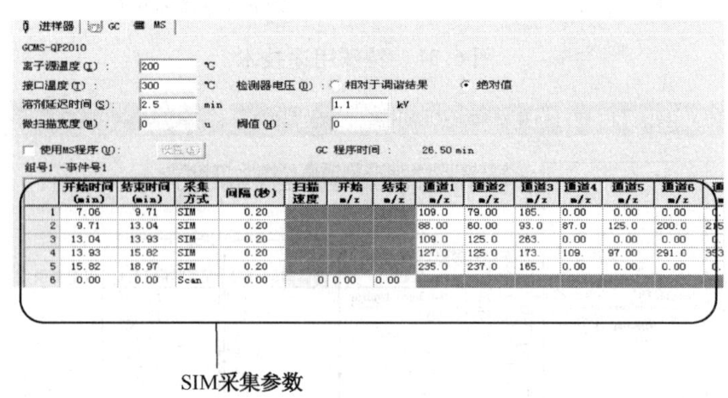

图 6.34 自动生成 SIM 方法

的大量已知纯化合物的标准质谱图存贮在计算机的磁盘里，做成已知化合物的标准质谱库，然后将在标准电离条件下得到的，已经被分离成纯化合物的未知化合物的质谱图与计算机内存的质谱库内的质谱图按一定的程序进行比较，将匹配度(相似度)高的一些化合物检出，并将这些化合物的名称、分子量、分子式、结构式(有些没有)和匹配度(相似度)给出，这将对解析未知化合物，进行定性分析有很大帮助。下面列出了最为常见的质谱库：

① NIST：库由美国国家科学技术研究所(National Institute of Science and Technology)出版，2008 版收录有 20 余万张的标准质谱图。在主谱库登录有 163198 张一般化合物的质谱，在副谱库中，对主谱库中的一部分化合物登录有 27627 张质谱。99% 以上的登录质谱中给出了结构式信息，对约 90% 的化合物给出了保留指数信息。

② NIST/EPA/NIH 库：是由美国国家科学技术研究所(NIST)、美国环保局(EPA)和美国国立卫生研究院(NIH)共同出版，最新版本收有的标准质谱图超过 129K 张，约有 107K 个化合物及 107K 个化合物的结构式。

③ Wiley 库：有 3 种版本。第六版本的 Wiley 库收有标准质谱图 230K 张，第六版本的 Wiley/NIST 库收有标准质谱图 275K 张；Wiley 选择库(Wiley Select Libraries)收有 90K 张标准质谱图。在 Wiley 库中同一个化合物可能有重复的不同来源的质谱图。2009 版收录有 338323 张一般化合物的质谱。

④ 农药库(Standard Pesticide Library)：登录有以电子轰击法(EI 法)测定的 318 种农药和以负化学电离法(NCI 法)测定的 173 种农药的质谱图。通过同时使用 EI 法与 NCI 法的质谱，可以对化合物进行高可靠性

的定性分析。并且本谱库附有食品、自来水中农残分析的标准方法。

⑤ 药物库(Pfleger Drug Library)：内有 4370 个化合物的标准质谱图，其中包括许多药物、杀虫剂、环境污染物及其代谢产物和它们的衍生化产物的标准质谱图。

⑥ 挥发油库(Essential Oil Library)：内有挥发油的标准质谱图。

在这 6 个质谱谱库中，前 3 个是通用质谱谱库，一般的 GC－MS 联用仪上配有其中的一个或两个谱库。目前使用最广泛的是 NIST/EPA/NIH 库。后三个是专用质谱谱库，根据工作的需要可以选择使用。

(2) NIST/EPA/NIH 库及检索

现在，几乎所有的 GC－MS 联用仪上都配有 NIST/EPA/NIH 库，各仪器公司所配用的 NIST/EPA/NIH 库所含有的标准质谱图的数目可能有所不同，这可能是与各仪器公司选择的谱库版本不同，配置也有所不同所致。如 1992 年版本的 NIST/EPA/NIH 库收有 62235 个化合物的标准质谱图，而 NIST/EPA/NIH 库选择复制库(Selected Replicates Library)还有 12592 张标准质谱图可以选择安装。还有 14 个不同定位(Custom)的使用者库(User Library)可与 NIST/EPA/NIH 库结合使用。质谱工作者还可将自己实验中得到的标准质谱图及数据用文本文件(Text fi1es)存在使用者库中，或者自己建立使用者库。这些都使不同仪器公司提供的 NIST/EPA/NIH 库所含有的标准质谱图的数目有所不同。

NIST/EPA/NIH 库的检索方式有两种：一种是在线检索，一种是离线检索。

在线检索是将 GC－MS 分析时得到的、已经扣除本底的质谱图，按选定的检索谱库和预先设定的库检索参数(Library Search Parameters)、库检索过滤器(Library Search Filters)与谱库中存有的质谱图进行比对，将得到的匹配度(相似度)最高的 20 个质谱图的有关数据(化合物的名称、分子量、分子式、可能的结构、匹配度等等)列出来，供被检索的质谱图定性作参考。

离线检索是在得到一张质谱图后，根据这张质谱图的有关信息，从质谱谱库中调出有关的质谱图与其进行比较。通过比较，可对该质谱图作出定性分析。离线检索的检索方式有以下几种：

① ID 号检索：ID(Identity)号是 NIST/EPA/NIH 库给每一个化合物规定识别号—即该化合物在库中的顺序号。只要直接输入该化合物的 ID 号(如果已知)，就可以将此化合物的标准质谱图调出进行比较。

② CAS 登记号检索：CAS(Chemical Abstract Service)登记号是每个化合物在化学文摘服务处登记的号码。如已知该化合物的 CAS 登记号，就可以用 CAS 登记号检索。只要输入 CAS 登记号，就可以将此化合物的标准质谱图调出进行比较。

③ NIST 库名称检索：如果知道该化合物在 NIST 库中的名称，就可以用此名称进行检索。

④ 使用者库(User Library)名称检索：按该化合物在使用者库中的准确名称进行检索。

⑤ 分子式检索：给出化合物的特定分子式就可以用分子式检索。将这一分子式输入后，可以给出库中符合这一分子式的全部化合物的标准质谱图。

⑥ 分子量检索：将分子量输入后，就可以给出库中符合这一分子量全部化合物的标准质谱图。

⑦ 峰检索：将得到的质谱数据按峰的质量数(m/z)和相对强度(基峰为 100，其他峰以基峰强度的百分数表示)范围依次输入。如知道最大质量数，可在 Maxmass 栏内输入。如从分子离子上有中性丢失，可在 Loss 栏内输入，这一丢失的最大值是 $m/z=64$。如输入 0，则此质谱图一定有分子离子峰。在输入这些峰的数据后就可得到一系列化含物的标准质谱图。输入的峰越多，输入的相对强度范围越窄，检出的化合物数量就越少，甚至检不出化合物来。此时可减少输入的峰或放宽相对强度范围，就可检出化合物。

(3) 使用谱库检索时应注意的问题

为了使检索结果正确，在使用谱库检索时应注意以下几个问题。

① 质谱库中的标准质谱图都是在电子轰击电离源中，用 70eV 电子束轰击得到的，所以被检索的质谱图也必须是在电子轰击电离源中、用 70eV 电子束轰击得到的，否则检索结果是不可靠的。

② 质谱库中标准质谱图都是用纯化合物得到的，所以被检索的质谱图也应该是纯化合物。本底的干扰往往使被检索的质谱图发生畸变，所以扣除本底的干扰对检索的正确与否十分重要。现在的质谱数据系统都带有本底扣除功能，重要的是如何确定(即选择)本底，这就要靠实践经验。在 GC－MS 分析中，有时要扣除色谱峰一侧的本底，有时要扣除峰两侧的本底。本底扣除时扣除的都是某一段本底的平均值。选择这一段本底的长短及位置也是凭经验决定。

③ 要注意检索后给出的匹配度(相似度)最高的化合物并不一定就是要检索的化合物，还要根据被检索

质谱图中的基峰，分子离子峰及其已知的某些信息（如是否含某些特殊元素——F、Cl、Br、I、S、N 等，该物质的稳定性、气味等），从检索后给出的一系列化合物中确定被检索的化合物。

6.3.1.6 GCMS 联用进展

（1）选择离子监测技术（Selective Ion Monitoring，SIM）

质谱检测器与传统检测器相比，在定性和定量方面都有很大的优点，并且可以得到被测物的分子结构信息，而其他检测器只能通过流出物的保留时间来定性，对多残留分析来说既浪费时间又有一定的难度，因此有的作者用质谱（MSD）检测器对被测物进行确证。质谱检测器在使用全扫描时，对很低浓度的样品要求预富集，选择离子监测（Selected Ion Monitoring，简称 SIM）可以使灵敏度大幅度提高，但降低被测物的定性信息。选择离子监测技术的应用对质谱仪也有一定的要求，真正意义上的 SIM 技术所用质谱仪中的质量分析器应该是四极杆质量分析器，对于离子阱型的质量分析器实际上是选择性离子存储监测模式（Selected Ion Storage，简称 SIS）。选择离子监测技术目前主要应用于气相色谱 - 质谱联机上，但是在液相色谱 - 质谱联机上也有应用，并且应用越来越广泛。

在 GC - MS 或 LC - MS 联机中采用 SIM 技术时，对预先选定的某个或某几个高丰度的特征质量峰，进行单离子或多离子检测从而获得某种或几种质荷比的离子流强度随时间变化的情况。由于质谱仪仅对少数特征离子反复自动扫描，故可获得更大的信号强度。其检测灵敏度比全扫描检测高 2 ~ 3 个数量级。

另外采用选择离子监测技术也可以将某些色谱上分不开的混合峰分开。当某两个或者几个化合物在一定的色谱条件下，在总离子流色谱图上不能分开；如果利用 SIM 模式，在相同的保留时间处提取不同的定性定量离子，可以分别将这些化合物定量。其不足是必须事先选出所要检测的离子，且得到的只是一条或几条谱线，不像质量色谱图那样可取得完整的质谱图。这样对于完全定性则说服力度不够，在质谱检测时可以利用一些其他的方法增加定性信息，在十分复杂的背景下检测出痕量以及超痕量的化合物。

SIM 的基本原理：选择化合物的特征离子，四极杆质量分析器的工作，只允许这些特征离子通过并且进行扫描，而不是像在全扫描模式下对一定范围内的所有离子进行扫描。选择性扫描时对特征离子的反复扫描，可以使选择离子的信号强度大幅度增加，而基质背景干扰相对降低，从而提高了检测的灵敏度，适用于定量。

GCMS 联用在分析检测和研究的许多领域中起着越来越重要的作用，特别是在许多有机化合物常规检测工作中成为一种必备的工具。全扫描模式定性，SIM 模式可以提高灵敏度，在复杂基质中痕量物质定量方面起着不可缺少的重要作用。

（2）负化学离子化技术（Negative Chemical Ionization，NCI）

气相色谱质谱联用技术中，样品离子化方法主要有电子轰击离子化法（又称 EI，仪器标准的离子化法）、化学离子化法（又称 CI 法。分为正化学离子化法 PCI 和负化学离子化法 NCI。选择性的离子化方法）。电子轰击离子化法是样品分子在热电子（70eV）轰击下电离，获得的谱图可使用公共谱库如 NIST 和 Wiley 进行相似度检索。EI 质谱可用于测定化学结构。选择性的 CI 法是近年来随着食品安全和环境保护的需要而发展起来的样品离子化方法。其主要目的是可以对样品中微量或者痕量组分进行高灵敏度分析。一般是离子源中通入大量反应气，灯丝发射的热电子流先将反应气电离，离子源内形成等离子体，继而化合物与等离子体内的离子进行争夺质子或电子等系列反应，从而被质量分析器分析、检测器检测。

能进行负化学离子化反应的化合物，一般是具有正电子亲合力的化合物，捕获电子后形成负离子被检测到，其对含卤素化合物等电子亲合力高的组分灵敏度高，接近 GC - ECD 的灵敏度。一般食品及环境中有害物具有相应的官能团，从而被高灵敏度地检测到。而基质等杂质大多是电子亲合力低的碳水化合物，不容易被离子化，没有信号产生，这样就避免了检测噪声，降低了背景值，获得了高灵敏度的检测结果。

岛津公司为了使用户有效使用负化学离子化方法进行食品安全和环境保护等领域微量及痕量物质的检测，专门开发了负化学源专用质谱谱库，方便用户的使用，用户不必自建库，就可以对农药残留等进行高灵敏度的定性和定量分析。

（3）保留指数定性法（Retention Index Qualitative Method）

保留指数又称为柯瓦（Kovats）指数，它是 1958 年由 Kovats 提出来的概念。保留指数表示物质在固定液上的保留行为，已经得到了热力学的证明，是目前使用最广泛并被国际上公认的定性指标。它具有重现性好、标准统一及温度系数小等优点。保留指数也是一种相对保留值，它是把正构烷烃中某两个组分的调整保留值的对数作为相对的尺度，并假定正构烷烃的保留指数为 $n \times 100$。被测物的保留指数值可用内插法计算。

例如，若确定物质 i 在某固定液 X 上的保留指数 IiX 的数值。先选取两个正构烷烃作为基准物质，其中一个的碳数为 Z，另一个为 $Z+1$，它们的调整保留时间分别为 $t'R(Z)$ 和 $t'R(Z+1)$，使被测物质 i 的调整保留时间 $t'R(i)$ 恰好于两者之间，即 $t'R(Z)t'R(i)t'R(Z+1)$。将含物质 i 和所选的两个正构烷烃的混合物注入其固定液 X 的色谱柱，在一定温度条件下绘制色谱图。大量实验数据表明，化合物调整保留时间的对数值与其保留指数间的关系基本上是一条直线关系。据此，可用内插法求算 IiX。

$$\text{IiX} = 100[Z + (\lg t'R(i) - \lg t'R(Z))/(\lg t'R(Z+1) - \lg t'R(Z))] \qquad (6.7)$$

保留指数的物理意义在于：它是与被测物质具有相同调整保留时间的假想的正构烷烃的碳数乘以 100。保留指数仅与固定相的性质、柱温有关，与其他实验条件无关。其准确度和重现性都很好。只要柱温与固定相相同，就可应用文献值进行鉴定，而不必用纯物质相对照。

假设保留指数用 R. I. 表示，则根据保留指数与保留时间的定义，可以近似地将上式简化为：

$$\text{R.I.} = n + (RT - RT_{C_n})/(RT_{C_{n+1}} - RT_{C_n}) \times 100 \qquad (6.8)$$

其中以 RT 为中间值，根据碳数为 C_n 的化合物和 C_{n+1} 的化合物保留时间的差，就可以计算出未知物的保留指数。见图 6.35 示意的计算方法。

保留指数不变的化合物，其保留时间却被使用的色谱柱、分析条件所左右。切短色谱柱或使用批号不同的色谱柱，则保留时间发生变化。为尽量使这种保留时间标准化，就要使用保留指数将其进行标准化方面的工作。根据定义，使用基准物质(正构烷)将化合物保留时间指标化，将其作为化学成分固有信息之一。岛津公司的 GCMSsolution 工作站标准的 AART(Automatic Adjustment of Retention Time)功能，可以使实验者利用保留指数与正构烷的实测值计算化合物的保留时间，从而对保留时间进行精确的校准。实际操作时，只需分析一次正构烷便可进行保留时间的推测计算，而且没有必要变更压力等分析参数。其特点是：AART 是世界领先的保留时间修正功能；用 AART 功能时，所需要的操作时间由 2h 减少到 20min；对所有的 GCMS－QP2010 Plus，AART 方法方法适用所有的方法文件。

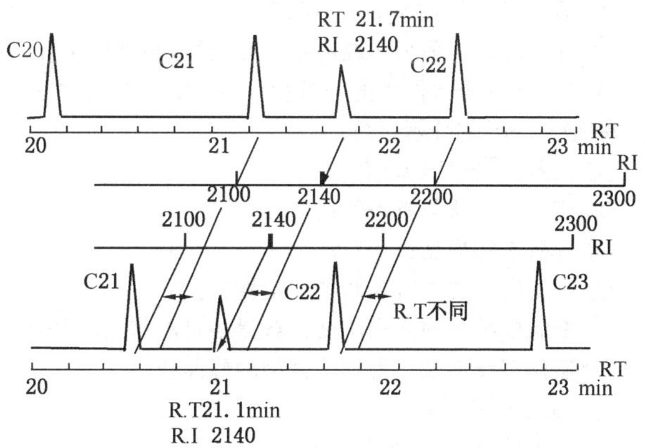

图 6.35　保留指数计算示意图

保留时间自动校准的定性功能满足了不同装置间方法的共享。如果使用 AART 功能，同一个方法也可以简单地适用于多个装置。并且，在各种选择使用的数据库，如岛津公司为食品安全和环境保护领域的用户开发的分析(方法包)中，每个化合物都已经预先登录了它的保留指数，利用已输入有 200 个成分的化合物名、测定离子、时间信息的方法，不含 SIM 设定时间的校正。AART 功能可自动校正 SIM 设定时间。可顺利地进行未知物的定性分析和定量检测。

在常规的 GCMS 分析中，因仪器之间的差异或仪器状态不同，造成保留时间、响应值的不同，因此在进行定量分析时，必须先分析标准样品，确认每个化合物的保留时间和制作工作曲线。

如果使用同种类的色谱柱、同一分析条件，则可维持良好的校正精度。

伴随着国外法制法规的引入和国内法规的建立，限制农药的数量不断增加，要分析这些农药，不但配置标准样品花费时间，而且有时还难以找到这些标准品。岛津公司将有害目标物定量分析所需的信息(保留时间，响应，谱图模式)进行了标准化，制作了快速筛查数据库，专门用于食品中农药残留的分析(图 6.36)。

筛选方法指用来测定关注水平条件下某一或某组分析物存在(在最低或高于最低目标浓度)是否存在的方法。这些方法对样品具有高通量能力，被用来对大量的样品进行初步审定以确定是否潜在地不符合规定。应该特别注意在方法的设计中在规定的概率水平时(通常 $\beta=5\%$)应尽量避免出现假阴性的符合结果。阳性结果要求用确证方法或标准参考方法进行确证。该快速筛查软件中包含了近 1000 种化合物，每个化合物都有各自的利用内标法制作的校准曲线。这个数据库利用了保留指数的功能，结合质谱图和同位素添加方法

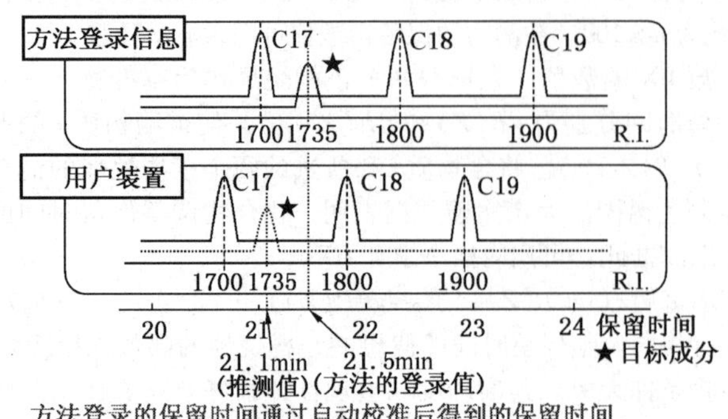

方法登录的保留时间通过自动校准后得到的保留时间

ID	Compound Name	Corrected Time	Actual Time	Error
1	Hexachlorocyclopentadiene	6.470	6.478	-0.008
2	Dimethylphthalate	7.395	7.399	-0.004
3	Acenaphthylene	7.553	7.548	0.005
4	Acenaphthene-d10	7.816	7.814	0.002
5	2-Chlorobiphenyl	7.933	7.935	-0.002
6	Diethylphthalate	8.729	8.736	-0.007
7	Fluorene	8.846	8.843	0.003
8	2,3-Dichlorobiphenyl	10.071	10.07	0.001
9	Hexachlorobenzene	10.275	10.27	0.005
10	Simazine	10.377	10.366	0.011
11	Atrazine	10.479	10.474	0.005
12	Pentachlorophenol	10.728	10.735	-0.007
13	gamma-HCH (Lindane)	10.831	10.825	0.006
14	Phenanthrene-d10	11.031	11.017	0.014
15	Phenanthrene	11.090	11.074	0.016
16	Anthracene	11.197	11.186	0.011
17	2,4,5-Trichlorobiphenyl	11.751	11.747	0.004
18	Alachlor	12.421	12.41	0.011
19	Heptachlor	12.505	12.492	0.013
20	Di-n-Butylphthalate	12.927	12.927	0.000
21	2,2',4,4'-Tetrachlorobiphenyl	13.096	13.091	0.005
22	Aldrin	13.361	13.345	0.016

图 6.36　保留时间自动校准

对峰面积进行校准，做到在没有标准品的情况下，进行未知物的定性和定量分析。

筛查数据库的前提是参数的标准化。

① 峰强度(面积)。使用 naphtalene - d8，phenanthrene - d10 同位素作内标进行峰面积的标准化。

② 质谱图。PFTBA 的 EPA625 调谐方法(或者 PFTPP 的 EPA624 调谐方法)。

③ 保留时间。采用链烷烃 C_9 ~ C_{33}进行数据库中保留时间的自动调谐。

关于快速筛查数据库的分析和一般 GCMS 分析之间的不同如下：

一般 GCMS 的分析过程：

① 仪器调谐(MS 调谐等)；

② 优化及确认分析条件；

③ 分析未知样品；

④ 根据质谱图进行未知物的定性)分析；

⑤ 配制标准品的系列浓度，获得各自的保留时间和质谱图(这一点比较困难，需要标准品)；

⑥ 制作工作曲线，得到化合物的峰面积；

⑦ 测定未知样品；

⑧ 浓度计算(定量分析)。

使用岛津公司快速筛查数据库的分析：

① 仪器调谐(PFTBA 标准品和 EPA625 调谐方法)；

② C_9 ~ C_{33}链烷烃的测定；

③ 根据链烷烃测定的结果进行的保留时间校准以及制作方法文件；

④ 添加内标后，测定未知样品；

⑤ 目标成分的自动鉴定和半定量。

以上各步骤的对比可以看到，采用快速筛查数据库时，并没有使用关于未知物的标准品，但最终能得到半定量的结果。

从自动校准保留时间的校准的多点校准功能上看，从低沸点至高沸点可以进行多点校正，因此可在更宽范围的保留时间区域进行正确的校正。根据目标成分自由选择不同碳数的链烷烃。除正构烷之外，其他已知化合物也可以利用其保留指数的信息进行保留时间的校准。另一个优点是依存于保留时间的 SIM 参数等也可以同时进行时间校正。实际使用时，只需将保留指数信息加入到方法中，便可以简单地将工作站 GCMSsolution 中的 AART 功能用于正在使用的方法中。

(4) 解卷积软件(Deconvolution Software)

岛津公司与合作伙伴美国 Ion Signature 共同开发了专利数学计算技术进行数据解析的软件。它能进行复杂数据的计算，计算的精度高，选择性高，提高了分析的灵敏度，对于样本的假阳性/假阴性的判断、样本再解析效率以及样品制备等方面能显著缩短所需要的时间。在数据处理能力上，能同时计算和处理 10 ~ 100 个重叠化合物，多达 10 个化合物重叠也能通过软件计算获得高灵敏度的结果，非常方便准确地得到复杂组分的详细定性和定量信息。

该软件具有强大的质谱解析能力，能搜索符合 MS 数据文件特征的质谱图，鉴定和除去不属于目标化合物的质谱图，在目标化合物谱库中，用多达 7 个限定离子丰度的离子比的预值进行比较，判断测定数据与预期的比率是否在可接受误差范围内，进而鉴别化合物是否存在(图 6.37)。

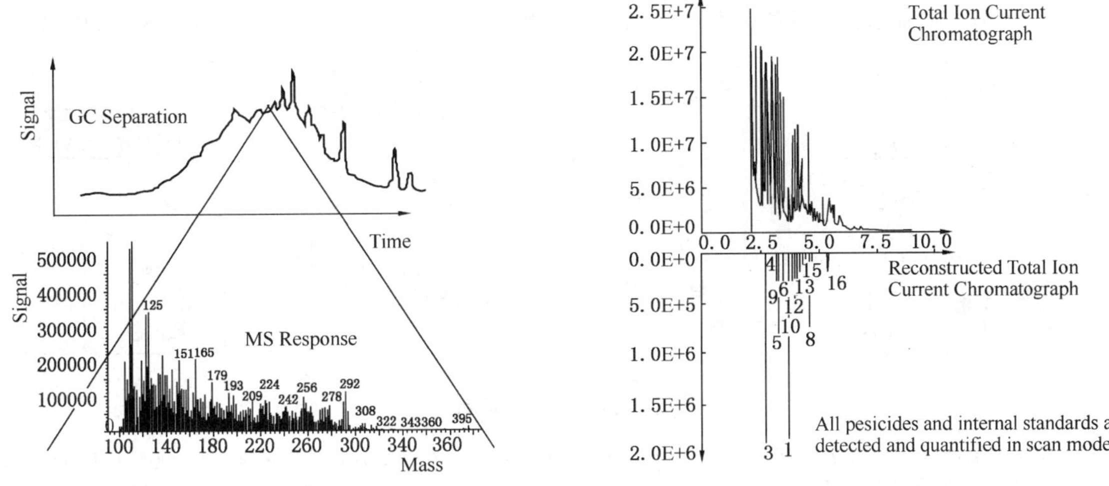

图 6.37　解卷积软件服务于研发部门和各种分析

实验室，尤其是需要精确鉴定复杂体系、共流出组分、快速 GC 条件下分析的目标化合物，支持行业上的最低方法检出限、高重现性、分析时间快速等特点，是实验室科研人员的得力工具之一。

另外，类似的如解卷积报告软件(Deconvolution Reporting Software，简称 DRS)是一个对目标化合物进行分析的应用软件，它将从化学工作站、NIST 自动化质谱解卷积和识别软件(AMDIS－32)及 NIST2002 质谱检索程序(NIST02)所获得的结果合并成一个易读的报告。DRS 专用于农药残留分析，包括一个含有多种化合物的质谱库。在自建谱库的基础上，用户还可以将此软件用于其他行业，例如毒物学、食品安全、PCB 分析、滥用药物检测、香料、法医及更多领域。

(5) GPC－GCMS 联用技术

目前，食品中有害物质检测的项目越来越多，多成分同时分析是目前的主要研究任务，但同时前处理方法开发等的限制，进行同时分析相对困难。为了研究有利于多检测物同时分析更为可靠而简易的方法，同时操作更简便，削减有害有机溶剂的使用量，减低向大气的排放，装置完全自动化使误差缩小等目的，岛津公司自主开发了 GPC 和 GCMS 在线联用系统(图 6.38)。

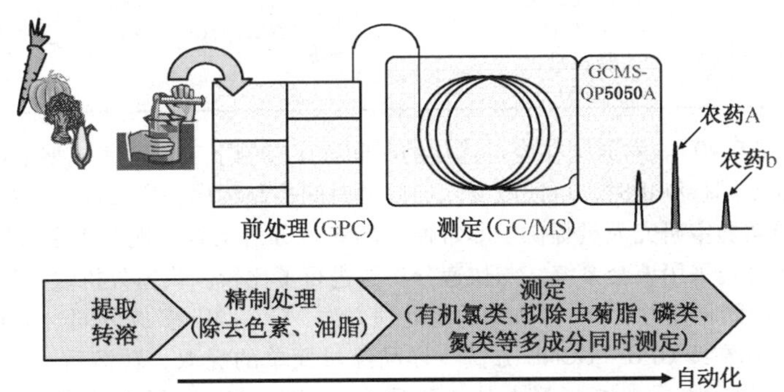

图 6.38　GPC－GCMS 在线装置示图

根据凝胶色谱理论，GPC 可以将磷脂、脂肪、叶绿素、类胡萝卜素等分子量比较大的物质一次性地从基体中除去，从而提高了农药分析的回收率。在分析含脂肪食品的农药残留时，GPC 净化法已经被 US－FDA，AOAC，USDA 以及日本的 MHW 等所采纳。

根据 GPC 的经典原理，将 GPC 和 GCMS 在线联机，对食品种的农药残留进行分析的时候，GPC 可以将基体中大分子干扰物质除去，而将小分子的农药等物质切换到 GC－MS 中进行分析，这样就实现了将二者完美连接的系统。

这个系统最关键的技术是将 GPC 和 GC－MS 做了在线连接的接口技术，该技术是岛津公司独创的技术，也是整套装置的重要组成部分。图 6.39 是二者连接的示意图：

在此系统中，主要的部分是进样口的大体积进样（又称程序升温进样）、微型 GPC 柱和 LC－GC 接口装置。

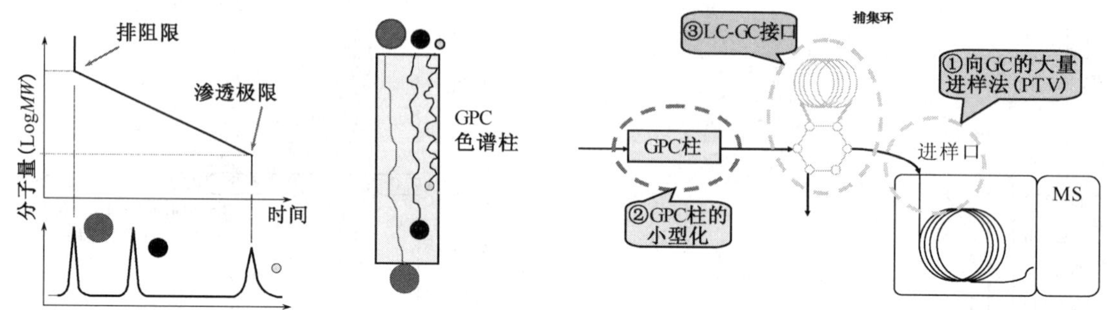

图 6.39　连接示意图

① GC 大量进样法。大量进样法有 PTV 进样和柱头进样。农药残留分析中存在农药在进样口中的吸附分解、样品稳定性的问题。要进行多成分同时分析，也要避免这些问题，因此采用了 GC 进样口处农药分解・吸附少的大体积进样法。该装置中的大体积进样口不使用吸附剂，提高实际样品的稳定性，也提高了连续分析的稳定性。使用自动进样器进样向 GC 柱导入待分析组分，进样量范围可达 50～200μL，这种 PTV 方式与柱头并用的进样方式很好地提高了分析的灵敏度和线性范围，对热分解性、吸附性高农药的分析尤其带来更多的好处。

② GPC 柱的微型化。使用常规的 GPC 柱一般需要 40min，且溶剂使用量在 200mL 左右。为了缩短样品前处理时间、分析时间、削减用于 GPC 前处理操作的溶剂量，该系统采用了微型 GPC 柱。关于 GPC 柱微型化与常规 GPC 柱实际使用情况，参见表 6.4：

表 6.4　传统与微型 GPC 柱比较

GPC 柱	负载量/制备量	所需时间	溶剂使用量
传统的 GPC 柱 内径 20mm 长 300mm （CLNpakEV－2000）	试样负载量 5mL 制备量 约 60mL	约 30min	约 150mL
	1/250	1/3	1/200
微型 GPC 柱 内径 2mm 长 150mm （CLNpakEV－200AC）	试样负载量： ～20μL 制备量： 约 200μL	约10min	约1mL

③ LC－GC 接口（图 6.40）。六通阀在经过优化的时间程序控制下工作，完成整个提纯和分析步骤。在处理不同基质的样品和不同待测物时，可以改变六通阀的时间控制程序，完成新的分析检测工作。

这种仪器的配置给实验室研究人员提供了非常便利的农残分析工具。现在大多数实验室在农残分析上采用快速分析法，岛津公司采用该套系统，与快速分析法进行了比较。快速分析法一般步骤是提取、转溶、离线 GPC＋（浓缩）（采用固相柱方法）、再浓缩的前处理方法，GC－MS 多成分同时测定多种农药，整个实验过程大约 170min。应用在线 GPC－GCMS 方法，样品经过简单的提取、转溶后，直接进到 GPC－GCMS 系统。GPC 在线除去大分子物质，农药等小分子物质进入 GC－MS 进行农药多成分同时分析，仅需要 80min，分析时间较快速法缩短约 1/2，实现了自动化带来的 one day 服务。通过在线自动化可望提高分析精度，装置、方法的有效性得以简化。实验室实际的情况是：大量样品仅简单的前处理就可以放在自动进样器的样品盘上，仪器自动彻夜运转，分析通量显著提高。

岛津公司将在线 GPC－GCMS 自动化的仪器与目前的 QuEChERS（Quick，Easy，Cheap，Effective，Rugged，and Safe）前处理法组合，进行了农药多残留的实际分析（图 6.41～图 6.42），取得了满意的结果。

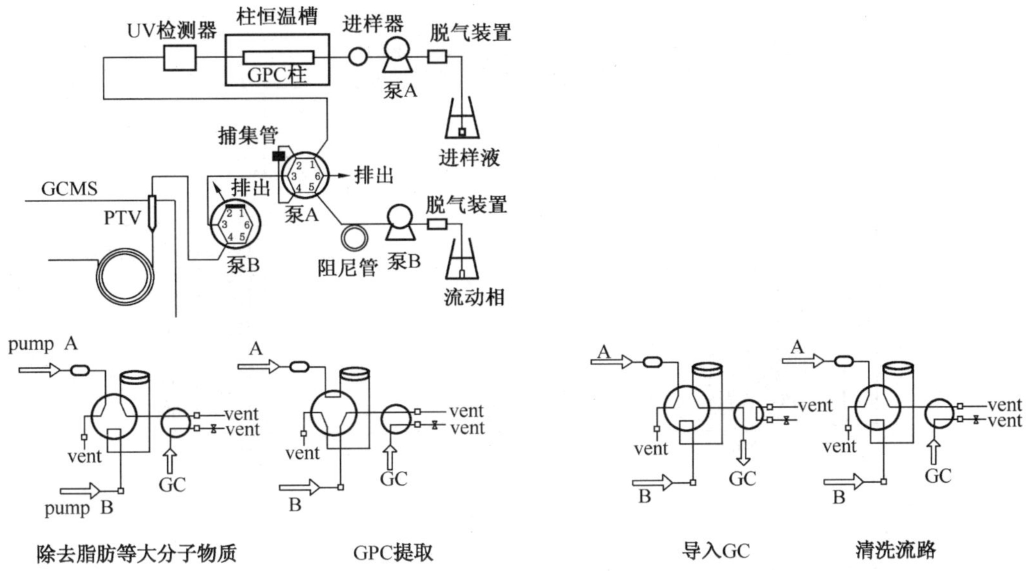

图 6.40 LCGC 示意图

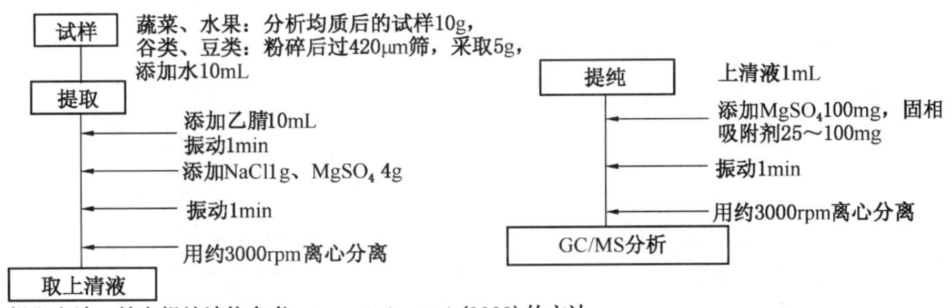

图 6.41 QuEChERS 前处理方法

图 6.42 中 GPC－GCMS 和 GCMS 的 TIC 图比较上看，在 GCMS 上没有去除完全的大分子量的物质，在 GPC－GCMS 上没有出现，表明虽然用较为快速的 QuEChERS 法进行前处理，GPC－GCMS 表现了更为优秀的去除杂质的能力。

应用 GPC－GCMS 系统，可在 50min 内完成从 GPC 提纯到 GCMS 分析的过程。使用 2mm 内径的 GPC 柱，溶剂消耗量可减少至过去方法的 1/200，不仅节省了溶剂还降低了对环境的影响。为了缩短分析时间，采用快速样品前处理－QuEChERS 法时，只需 30min 即可完成样品的前处理，溶剂消耗量只有 10mL，是常规样品前处理的几十分之一。采用 QuEChERS＋GPC－GCMS，可快速分析蔬菜和食品中的农药残留，从样品前处理到 GCMS 分析，仅用 1.5h 左右便可完成。由于 GPC 系统的净化作用，采用 QuEChERS 法＋GPC－GCMS，可得到比单一的 QuEChERS 法＋GCMS 更好的回收率和更低的检测限。

（6）MDGC/GCMS 联用技术

当单一色谱柱对化合物的分析变得很困难的时候，需要新的分离技术对复杂组分进行分离。新的多维气相色谱技术能够对复杂组分的分离成为可能。

其工作原理是：样品经过色谱柱 1 分离后，组分在流出色谱柱 1 尾端时，如果出口压力小于色谱柱 2 柱头压力时，组分进入检测器 1 进行检测（见图 6.43）。当色谱柱 2 入口压力小于色谱柱 1 出口压力时，组分进入色谱柱 2，从而得到进一步的分离（见图 6.44）。

特点是：

系统包含两根不同极性的色谱柱，在一根色谱柱上无法完全分离的组分，可导入第二根色谱柱进一步分离。

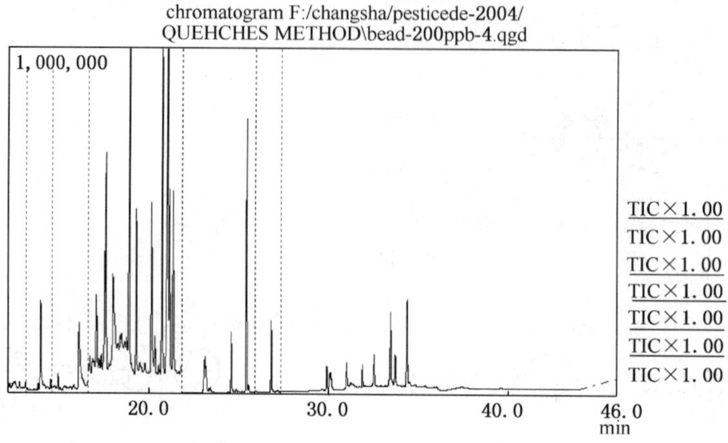

GPC-GCMS图

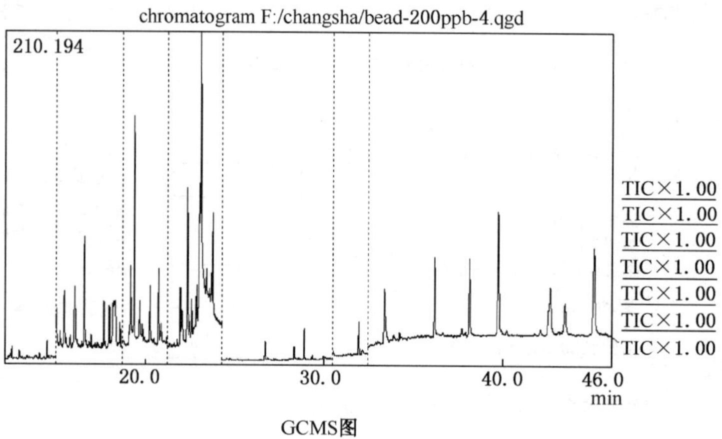

GCMS图

图 6. 42 大豆的 TIC 图(添加标样)

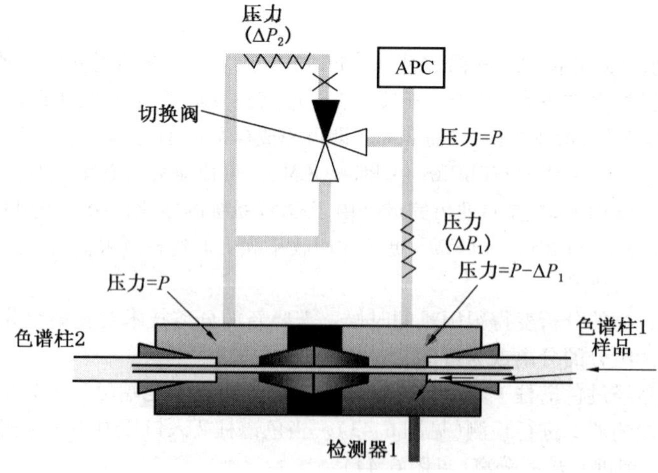

图 6. 43 待机模式

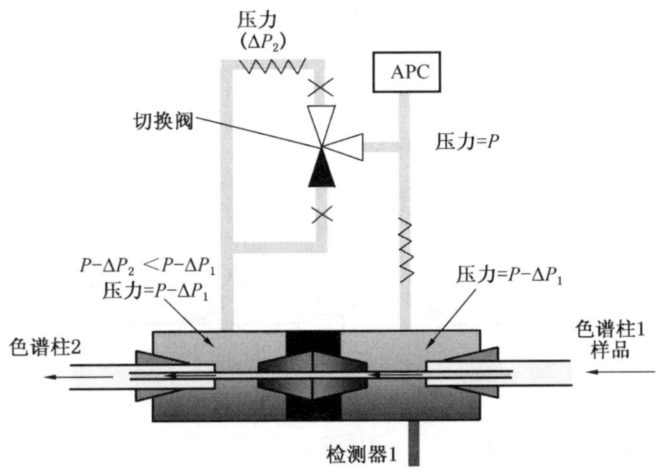

图 6.44　切割模式

采用独特的 Multi Deans Switching 切割技术，保证柱 1 上色谱峰的保留时间即使经过多次切割也不会出现漂移。

采用双柱箱系统，柱 2 的温度程序也可以充分优化。

系统采用惰性组件连接，有效抑制组分分解和色谱峰拖尾。

直观形象的 MDGCSolution 设置软件。

系统可以非常方便的拆分为独立的 GC 和 GCMS 使用(图 6.45)。

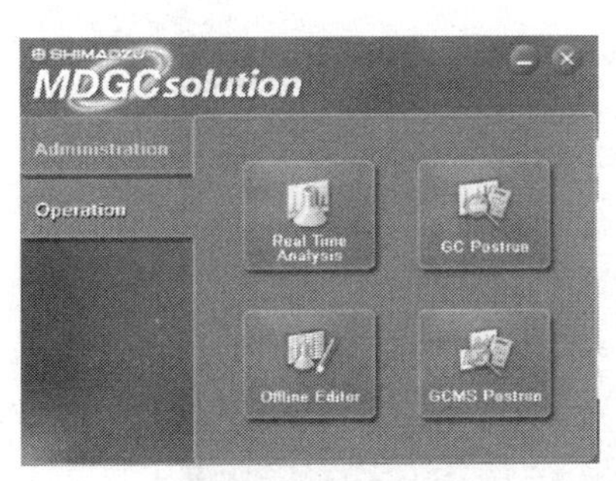

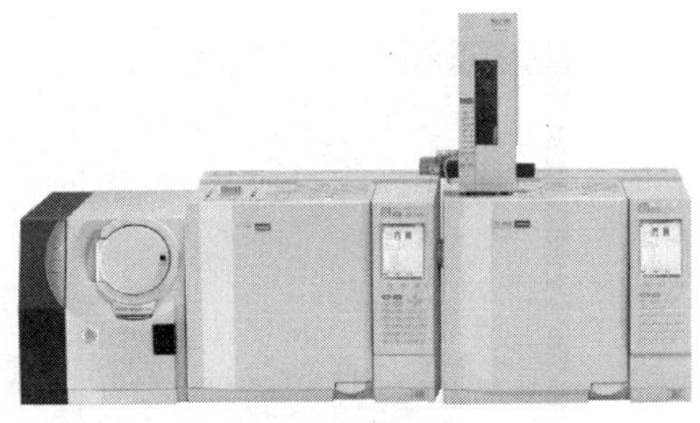

图 6.45　仪器实物图

(7) 全二维气相色谱(Comprehensive Two - dimensional Gas Chromatography，GC×GC)

二维气相色谱是由 Liu 和 Phillips 在 1991 年最先使用的，是多维色谱的一种，但它不同于通常的二维色谱(GC×GC)。GC×GC 一般采用中心切割法，从第一支色谱柱预分离后的部分馏分，被再次进样到第二支色谱柱，作进一步的分离，样品中的其他组分或被放空或也被中心切割。尽管可通过增加中心切割的次数来实现对感兴趣组分的分离，但由于流出柱 1 进到柱 2 时组分的谱带已较宽，因此，第二维的分辨率会受到损失。这种方法第二维的分析速度一般较慢，不能完全利用二维气相色谱的峰容量，它只是把第一支色谱柱流出的部分馏分转移到第二支色谱柱上，进行进一步的分离(图 6.46)。

全二维气相色谱(GC×GC)是把分离机理不同而又互相独立的两支色谱柱以串联方式结合成二维气相色谱，在这两支色谱柱之间装有一个调制器，起捕集再传送的作用，经第一支色谱柱分离后的每一个馏分，都需先进入调制器，进行聚焦后再以脉冲方式送到第二支色谱柱进行进一步的分离，所有组分从第二支色谱柱进入检测器，信号经数据处理系统处理，得到以柱 1 保留时间为第一横坐标，柱 2 保留时间为第二横坐标，信号强度为纵坐标的三维色谱图，或二维轮廓图。仪器组成见左图。这个技术自 90 年代初出现以来，已得到很大发展。使用 GC×GC 二维色谱容易解决干扰问题，分析速度也得以加速。

GC×GC - qMS 分析香精香料中的过敏原，见图 6.47。

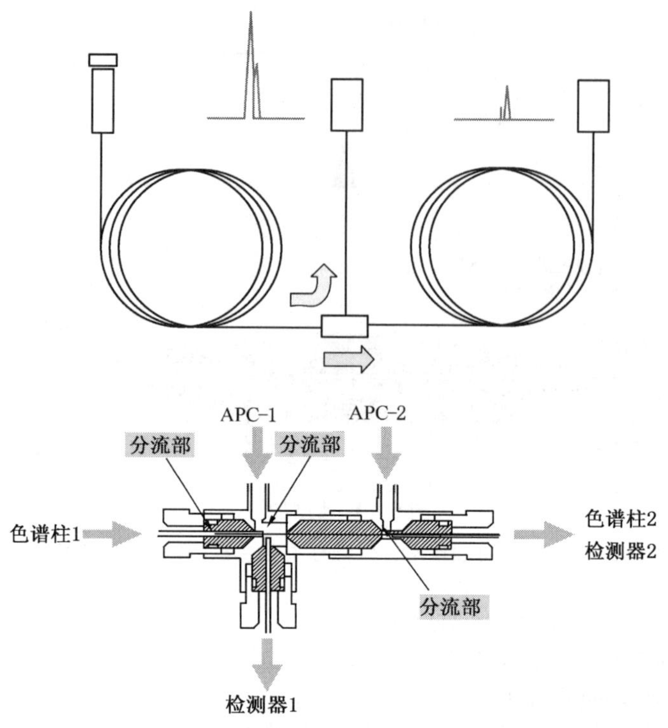

图 6.46 二维气相色谱示意图

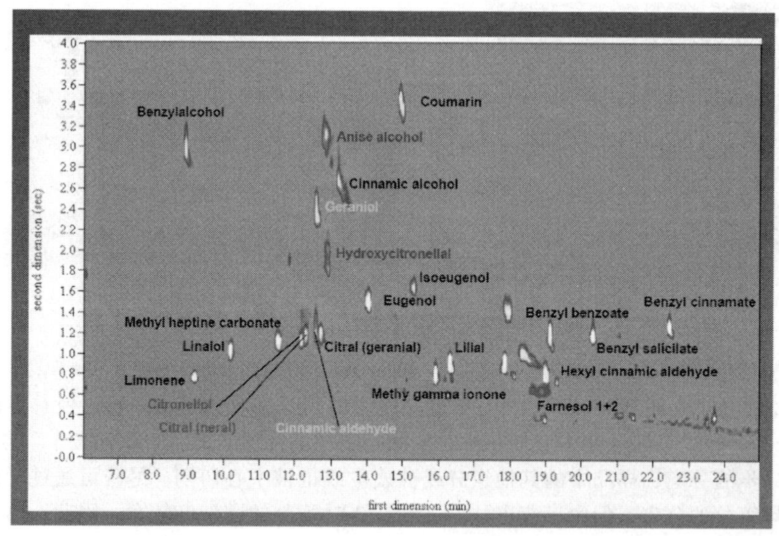

图 6.47 GC×GC－qMS 分析香精香料中的过敏原

岛津与荷兰的 Amsterdam 大学合作开发了 GC×GC－qMS 系统定性定量分析方法，发表在 2004 年的 Riva 会议上。

6.3.2 LCMS 联用技术及进展

6.3.2.1 LCMS 联用概述

科学技术的发展为研究生物化学问题提供了一系列很有效的方法，其中包括色谱技术、质谱技术等等。为了适应生命科学基础研究的要求，质谱技术的研究热点集中于两个方面，其一是发展新的软电离技术，以分析高极性、热不稳定性、难挥发的生物大分子(如蛋白质、核酸、多糖等)；其二是发展液相色谱与质谱联用的接口技术，以分析生物复杂体系中的痕量组分。

对于高极性、热不稳定、难挥发的大分子有机化合物，使用 GCMS 有困难，液相色谱的应用不受沸点的限制，并能对热稳定性差的试样进行分离、分析。由于液相色谱的一些特点，在实现联用时所遇到的困难比 GCMS 大得多，它需要解决的问题主要在两个方面：液相色谱流动相对质谱工作环境的影响以及质谱离子源的温度对液相色谱分析试样的影响。为了解决这些问题，以实现联用，早期的 LCMS 研究主要集中在去除 LC 溶剂方面，取得一定的成效，而电离技术中电子轰击离子源、化学电离源等经典方法并不适用于难挥发、热不稳定的化合物。20 世纪 80 年代以后，LCMS 的研究出现大气压化学电离(Atmospheric Pressure Chemical Ionization，APCI)接口、电喷雾电离(Electrospray Ionization，ESI)接口、粒子束(Particle Beam，PB)接口等技术后，才有突破性进展。现在，LCMS 已经成为生命科学、医药、临床医学、化学和化工领域中的最重要的工具之一。它的应用正迅速向环境科学、农业科学等众多方面发展。但是值得注意的是，各种接口技术都有不同程度的局限性，迄今为止，还没有一种接口技术具有像 GCMS 那样的普适性，因此，对于一个从事多方面工作的现代化实验室，需要具备几种 LCMS 接口技术，以适应 LC 分离化合物的多样性要求。

与 GCMS 类似，LCMS 由液相色谱、接口和质谱仪三部分构成(图 6.48)。

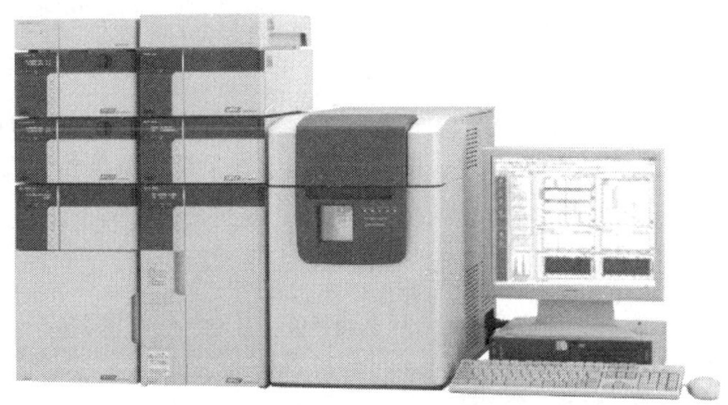

图 6.48　LCMS－2020 液质联用仪

其工作原理是：从 LC 柱出口流出液，先通过一个分离器，如果所用的 HPLC 柱是微孔柱(1.0mm)，全部流出液可以直接通过接口，如果用标准孔径(4.6mm)HPLC 柱，流出液被分开，仅有约 5% 流出液被引进电离源内，剩余部分可以收集在馏分收集器内；当流出液经过接口时，接口将承担除去溶剂和离子化的功能。产生的离子，在加速电压的驱动下，进入质谱计的质量分析器。整个系统由计算机控制。

与 LC 联机的质量分析器有：四极杆、离子阱、飞行时间及 FT－ICR 池子。离子阱、飞行时间分析器的灵敏度很高，而 FT－ICR 池子分析器可以测定的质量精度很高。

与 GCMS 类似，LCMS 也可以通过采集质谱得到总离子流色谱图。但是由于电喷雾是一种软电离源，通常不产生或产生很少碎片，谱图中只有准分子离子，因此，单靠 LCMS 很难作定性分析，利用高分辨率质谱仪(FTMS 或 TOFMS)可以得到未知化合物的组成，对定性分析非常有利。为了得到未知化合物的碎片结构信息，必须使用串联质谱仪。

LCMS 定量分析基本方法与普通液相色谱法相同。但是由于色谱分离方面的问题，一个色谱峰可能包含几种不同的组分，如果仅靠峰面积定量，会给定量分析造成误差。因此，对于 LCMS 定量分析不采用总离子流色谱图，而是采用与待测组分相对应的特征离子的质量色谱图。此时，不相关的组分不出峰，可以减少组分间的互相干扰。然而，有时样品体系十分复杂，即使利用质量色谱图，仍然有保留时间相同、分子量也相同的干扰组分存在。为了消除其干扰，最好是采用串联质谱法的多反应监测(MRM)技术。

6.3.2.2　LC－MS 联用接口技术

液相色谱－质谱联用的发展就是接口技术的发展，所开发的每一种接口都有其完善的过程，都有自己各自的特点，有的成为被广泛采用的接口，有的则仅在某些领域或在有限的范围内使用，有些则被新技术替代了。本节着重介绍目前广泛采用的两种接口 ESI 和 APCI，同时简要介绍一种新型 APPI。

(1) 电喷雾电离接口(ESI)

1984 年，Fenn 等人发表了他们在电喷雾技术方面的研究工作，这一开创性的工作引起了质谱界的极大重视。被人们称为 LCMS 技术乃至质谱技术的革命性突破。随后的十年中，配套于各种类型质谱的接口乃至液质专用机纷纷被开发上市。目前的电喷雾接口已经可安装在四极质谱、磁质谱和飞行时间质谱上。

电喷雾电离接口特点：

ESI 具有极为广泛的应用领域，如小分子药物及其各种体液内代谢产物的测定，农药及化工产品的中间体和杂质鉴定，大分子的蛋白质和肽类的分子量测定。氨基酸测序及结构研究以及分子生物学等许多重要的研究和生产领域，并以其如下的特点得到了广泛的认可：

① 高的离子化效率：对蛋白质而言接近 100%；

② 多种离子化模式供选择：ESI(+)、ESI(-)，APCI(+)、APCI(-)；

③ 对蛋白质而言，稳定的多电荷离子产生使蛋白质分子量测定范围可高达几十万甚至上百万 amu；

④ “软”离子化方式使热不稳定化合物得以分析并产生高丰度的准分子离子峰；

⑤ 气动辅助电喷雾(Peneumatic - Assisted Electrospray)技术在接口中采用使得接口可与大流量(~1mL/min)的 HPLC 联机使用。

⑥ 仪器专用化学站的开发使得仪器在调试、操作、HPLCMS 联机控制、故障自诊断等各方面都变得简单可靠。

电喷雾电离接口的结构：

配套的电喷雾电离(ESI)接口主要由两个功能部分组成：接口本身以及由气体加热、真空度指示、附加机械泵开关组成的控制单元。较新的设计中，接口操作包含在系统的整体控制之内。ESI 接口的结构如图 6.49 ~ 图 6.50 所示。

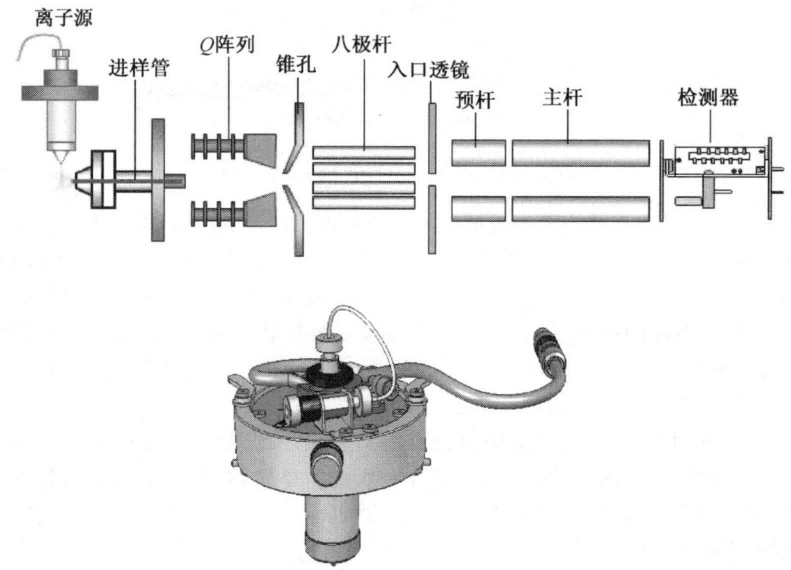

图 6.49　LCMS - 2020 结构示意图和 ESI 源

接口主要由大气压离子化室和离子聚焦透镜组件构成。喷口一般由双层同心管组成，外层通入氮气作为喷雾气体，内层输送流动相及样品溶液。某些接口还增加了“套气”设计，其主要作用为改善喷雾条件以提高离子化效率。例如采用六氟化硫为套气，使用水溶液做负离子测定时可以有效地减少喷口放电。

电喷雾接口工作原理：

以一定流速进入喷口的样品溶液及液相色谱流动相，经喷雾作用被分散成直径约为 1 ~ 3μm 的细小液滴。在喷口和毛细管入口之间设置的几千伏特的高电压的作用下，这些液滴由于表面电荷的不均匀分布和静电引力而被破碎成为更细小的液滴。在加热的干燥氮气的作用下，液滴中的溶剂被快速蒸发，直至表面电荷增大到库仑排斥力大于表面张力(达到雷利极限)而爆裂，产生带电的子液滴。子液滴中的溶剂继续蒸

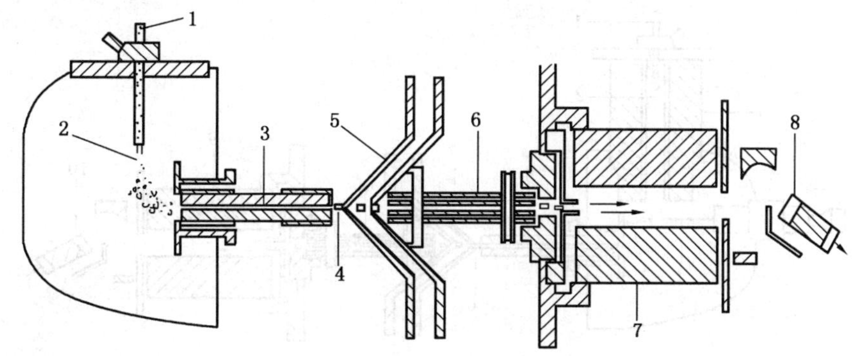

图 6.50　ESI 接口原理示意图

1—液相入口；2—雾化喷口；3—毛细管；4—CID 区；5—锥形分离器；
6—八极杆；7—四极杆；8—HED 检测器

发引起再次爆裂。此过程循环往复直至液滴表面形成很强的电场，而将离子由液滴表面排入气相中。进入气相的离子在高电场和真空梯度的作用下进入玻璃毛细管，经聚焦单元聚焦，被送入质谱离子源进行质谱分析。随样品离子进入质谱的少量溶剂，由于动量小而且呈电中性，将在进入质量分析器前被抽走。

（2）大气压化学电离接口(APCI)

大气压化学电离接口(Atmospheric Pressure Chemical Ionization，APCI)。用于 LCMS 的 APCI 技术与传统的化学电离接口不同，它并不采用诸如甲烷一类的反应气体，而是借助电晕放电启动一系列气相反应以完成离子化过程，就其原理，它也可被称为放电电离或等离子电离。APCI 主要产生的是单电子离子，它所分析的化合物的分子质量通常小于 1000u。APCI 是将 CI 原理应用到大气压下进行的电离技术，同传统的 CI 相比，这一条件下的效率更高。APCI 无需加热样品使之气化，因而有更宽的应用范围。APCI 主要用来分析分子量较小的非极性或者弱极性化合物。它的缺点是由于产生大量的溶剂离子，与样品离子一起进入质谱计，造成较高的化学噪声。

APCI 接口的结构：

APCI 接口的结构见图 6.51 和图 6.52。APCI 接口的构成与 ESI 接口相近，区别在于：

① 增加了一根电晕放电针，并将其对共地点的电压设置为 ±1200～2000V，其功能为发射自由电子并启动后续的离子化过程。

② 对喷雾气体加热，同时也加大了干燥气体的可加热范围。由于对喷雾气体的加热以及 APCI 的离子化过程对流动相的组成依赖较小，故 APCI 操作中可采用组成较为简单的，含水较多的流动相。

APCI 接口的工作原理：

放电针所产生的自由电子首先轰击空气中 O_2、N_2、H_2O 产生如 O_2^+、N_2^+、NO^+、H_2O^+ 等初级离子，再由这些初级离子与样品分子进行质子或电子交换，而使其离子化并进入气相，从而产生样品的质子化分子和加合离子。

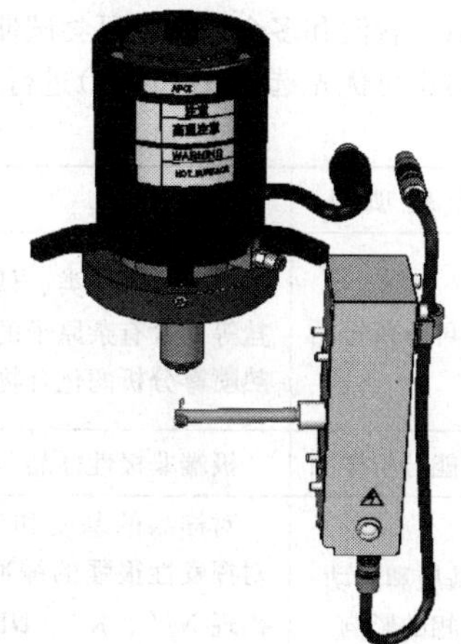

图 6.51　APCI 源外观图

（3）大气压光电离接口(APPI)

APPI 现在已经成为了继 ESI 和 APCI 后又一成功的商品化接口设计，并在多个领域得到了较为广泛的应用。而双离子接口 APCI/APPI 和 ESI/APPI 则进一步拓宽了 LCMS 的范围，使得 LCMS 开始在组合化学和新药开发中发挥独特的作用。APPI 另一诱人的特性就是其受磷酸缓冲盐和表面活性剂的干扰很小，因此为毛细管电泳质谱联用技术长期得不到较好解决的接口设计提供了良好的前景

6.3.2.3　LCMS 联用实验技术

（1）接口的选择

ESI 和 APCI 在实际应用中表现出它们各自的优势和弱点。这使得 ESI 和 APCI 成为了两个相互补充的

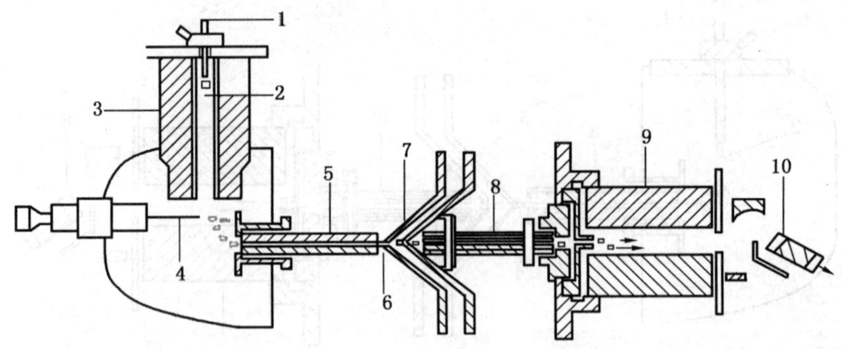

图 6.52 APCI 接口工作原理示意图

1—液相入口；2—雾化喷口；3—APCI 蒸发器；4—电晕放电针；5—毛细管；6—CID 区；7—锥形分离器；8—八极杆；9—四极杆；10—HED 检测器

分析手段。概括地说，ESI 适合于中等极性到强极性的化合物分子，特别是那些在溶液中能预先形成离子的化合物和可以获得多个质子的大分子(蛋白质)。只要有相对强的极性，ESI 对小分子的分析也常常可以得到满意的结果。

APCI 适合非极性或中等极性的小分子的分析，不适合可带有多个电荷的大分子的分析。表 6.5 从不同的方面对二者进行了比较，可以帮助我们针对不同的样品、不同的分析目的选用这两种接口。

(2) 正、负离子模式的选择

一般的商品仪器中，ESI 和 APCI 接口都有正负离子测定模式可供选择。选择的一般性原则为：

① 正离子模式适合于碱性样品，如含有赖氨酸、精氨酸和组氨酸的肽类。可用乙酸($pH=3\sim4$)或甲酸($pH=2\sim3$)对样品加以酸化。如果样品的 pH 值是已知的，则 pH 要至少低于 p*K* 值 2 个单位。

② 负离子模式 适合于酸性样品，如含有谷氨酸和天冬氨酸的肽类，可用氨水或三乙胺对样品进行碱化。pH 要至少高于 p*K* 值两个单位。

样品中含有仲氨或叔氨基时，可优先考虑使用正离子模式，如果样品中含有较多的强负电性基团，如含氯、含溴和多个羟基时可尝试使用负离子模式。有些酸碱性并不明确的化合物则要进行预试方可决定，此时也可优先选用 APCI(+)进行测定。

表 6.5 ESI 和 APCI 的比较

比较项目	ESI	APCI
可分析样品	蛋白质、肽类、低聚核苷酸；儿茶酚胺、季铵盐等；含有杂原子的化合物如氨基甲酸酯；可用热喷雾分析的化合物	非极性/中等极性的小分子，如脂肪酸、邻苯二甲酸酯等；含有杂原子的化合物如氨基甲酸酯、脲等；可用热喷雾、粒子束技术分析的化合物
不能分析样品	极端非极性样品	非挥发性样品；热稳定性差的样品
基质和流动相的影响	对样品的基质和流动相组成比 APCI 更敏感；对挥发性很强的缓冲液也要求使用较低的浓度；出现 Na^+、K^+、NH_4^+、Cl^-、TFA^-、Ac^- 等离子的加成	对样品的基质和流动相组成的敏感程度比 ESI 小；可以使用稍高浓度的挥发性强的缓冲溶液；有机溶剂的种类和溶剂分子的加成影响离子化效率和产物
溶剂	溶剂 pH 对在溶剂中形成离子的分析物有严重影响，溶剂 pH 的调整会加强在溶液中的非离子化分析物的离子化效率	溶剂选择非常重要并影响离子化过程；溶剂 pH 对离子化效率有一定的影响
流动相流速	在低流速下($<100\mu L$)工作良好；高流速下($>750\mu L$)比 APCI 差	在低流速下($<100\mu L$)工作不好；高流速下($>750\mu L$)好于 ESI
碎片的产生	CID 对大部分的极性和中等极性化合物可以产生显著的碎片	比 ESI 更为有效，并常有脱水峰出现

（3）流动相的选择

ESI 和 APCI 分析常用的流动相为甲醇、乙腈、水和它们不同比例的混合溶液，以及一些易挥发盐的缓冲液，如甲酸铵、乙酸铵等，原因是它们具有：

① 显著的质子自递作用，有利于离子在流动相中的预形成；

② 适中的介电常数，避免喷口放电；

③ 强挥发性，易脱去，不易形成溶剂加成物。

乙腈在 APCI 分析中优先被考虑使用，原因是它有较强的电子交换作用。HPLC 分析中常用的磷酸缓冲液以及一些离子对试剂如三氟乙酸等要尽量避免使用，或者尽量使用低浓度。

在选择流动相时也要考虑到某些离子对被分析分子的加成作用，如$[M+H]^+$，$[M+Na]^+$，$[M+NH_4]^+$等。作为$[M+H]^+$出现的准分子离子峰是一个质子加成产物，对绝大多数化合物的离子形成都是必要的；$[M+Na]^+$峰的出现对某些特定的化合物是很难避免的；$[M+NH_4]^+$则在大多数情况下由人为加入而产生。对以上所述做到心中有数即可，因为至少目前对离子的加成尚无规律可循。加成离子的产生对有些碎片较少的化合物可以起到增加质谱特征性的作用，但同时也使得一些化合物的质谱数据的使用变得复杂，如蛋白质和肽类的质谱识别和分子量的计算，可谓利弊兼得。

（4）流速的选择

流速的大小对 LCMS 成功地联机分析十分重要。要从所用柱子的内径、柱分离效果、流动相的组成等不同角度加以通盘考虑。即使是有气体辅助设置的 ESI 和 APCI 接口也仍是在较小的流速下可获得较高的离子化效率，所以在条件允许的情况下，最好采用内径小的柱子。从保证良好分离的角度考虑，0.3mm 内径的液相柱在 10μL/min 左右的流速下可得到良好分离，1.0mm 的内径，要求 30～60μL/min 的流速，2.1mm 的内径要求 200～500μL/min 的流速，而 4.6mm 的内径则在 >700μL/min 的流速下方可保证其分离度。采用 2.1mm 内径的柱子，用 300～400μL/min 的流速，当流动相中的有机溶剂比例较高时，可以保证良好的分离及 ng 级的质谱检出。这在一般的样品分析中是一个比较实用的选择。

同样流速下的流动注射分析比柱分离联用可得到更强的响应值，这是由于没有色谱柱洗脱损失所致。在实践工作中，可根据样品的纯度和不同的分析目的灵活地选用流动注射或柱分离方式。

（5）样品导入方式

① 注射方式：以注射器泵推动一支钢化玻璃注射器将样品溶液连续注入离子化室。这种方式在仪器调试时被广泛使用，也可在测定纯品的质谱时使用。由于它的连续进样方式，可以得到稳定的多电荷离子生成，故在蛋白质和肽类的分析中多采用。注入方式进样所得到的在正常情况下为一大小恒定的信号输出，总离子流图（TIC）表观上为一条直线；样品纯度低时，由于无法扣除流动相背景，不能获得纯净的质谱图。

② 流动注射分析方式：流动注射可用注射器泵串接一个六通阀或以 HPLC 泵配合进样器来进行。FIA 可快速地获得样品的质谱信息，在样品预试验中很实用。由于没有柱分离损失，可获得较高的样品利用率。同时由于 TIC 中样品峰的显现，可以方便地对流动相含有的本底进行扣除，获得较干净的质谱图。由于没有柱分离，FIA 方式对样品中的杂质本底仍无法扣除。

③ 与 HPLC 联机使用方式：联机采用"泵－分离柱－ESI 接口"的串接方式，有时也在分离柱的出口处接入一个 T 型三通，将一端接往紫外检测器、或将紫外检测器与质谱串接，可同时获得紫外信号（UV 检测器）或紫外光谱（DAD 检测器）。当 HPLC 的流动相组成不适合 ESI 的离子化条件时，也可在三通处接入另一台泵，加入某些溶剂或一定量的助剂做柱后补偿或修饰。例如在蛋白质分离及质谱检测中广泛使用的加入三氟乙酸调整（TFA－fix）技术。HPLC－ESI－MS 联机要求液相泵的流量很稳定，因此要采用流量脉动较小的 HPLC 泵系统或采用有效办法消除脉动。

（6）离子源温度的选择

ESI 和 APCI 操作中温度的选择和优化主要是指接口的干燥气体而言。一般情况下选择干燥气体温度高于分析物的沸点 20℃左右即可。对热不稳定性化合物，要选用更低些的温度，以避免显著地分解。选用干燥气体温度时要考虑流动相的组成，有机溶剂比例高时，应采用适当低些的温度。此外，干燥气体的设定加热温度与干燥气体在毛细管入口周围的实际温度往往不同，后者要低一些，这在温度设定时也要加以考虑。

（7）系统背景的消除

与 GCMS 相比，LCMS 的系统噪声要大得多，它产生于大量的溶剂及其所含杂质直接导入离子化室造成的化学噪声及在高压电场中的复杂行为所产生的电噪声。这些噪声常常会淹没信号，以至于有时在总离子流(TIC)图上无法看到峰的出现。消除系统噪声在 LCMS 分析中不是一件容易的事情，要从以下几个方面入手：

① 有机溶剂和水：市售的溶剂如甲醇、乙腈等以色谱纯的为最好，但它们在生产中控制的主要指标为 200nm 附近的紫外吸收。对一些在 ESI 条件下可产生很强信号的杂质并没有加以控制，例如，无论是国产或进口试剂中经常发现很强的增塑剂(邻苯二甲酸酯)信号 m/z149、m/z315、m/z391，造成很高的背景。由于目前尚无"电喷雾纯"的溶剂上市，需要自己设法加以纯化。分析中所用的水应为去离子水，并保存在塑料容器中，以减少钠离子的溶入。

② 样品的纯化：血样、尿样中含有大量的生物学基质，它们对噪声的贡献在所有分析方法中都是同样存在的。因此 LCMS 分析中大量的工作仍是样品的前处理，下一节将介绍一些较新的样品制备技术。采用尿液直接进样进行 LCMS 测定并不一定是个好主意。简单的固相萃取或液 - 液萃取即可将尿液中的大部分杂质除掉，既保护了分离柱又降低了背景。

③ 系统清洗：大多数的"脏"样品对输液管路、喷口、毛细管入口及入口金属环等部件的污染是很严重的，尤其是蛋白质。为此，需要控制进样量和经常清洗这些部件。色谱柱的冲洗要比 HPLC 分析更认真。输液管路最好用聚四氟乙烯管或无色聚醚醚酮管。不锈钢毛细管会吸附样品并造成碱金属离子污染问题(过多的加成)。

④ 氮气纯度：市售的钢瓶装高纯氮气(99.999%)及制氮机生产的氮气都要进一步纯化方可使用。有条件的实验室可用顶空液氮罐为氮气源，其纯度更好些。

6.3.2.4 仪器控制和数据处理

① 打开软件，看到主菜单画面如图 6.53 所示：

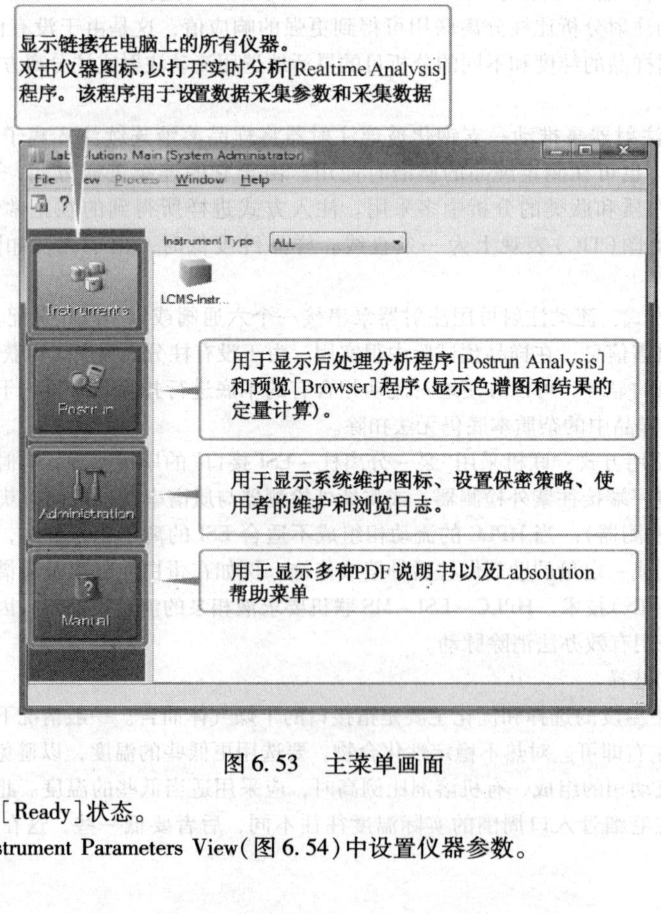

显示链接在电脑上的所有仪器。
双击仪器图标，以打开实时分析[Realtime Analysis]程序。该程序用于设置数据采集参数和采集数据

LabSolutions Main (System Administrator)
File View Process Window Help
Instrument Type ALL
Instruments
LCMS-Instr...
Postrun
用于显示后处理分析程序[Postrun Analysis]和预览[Browser]程序(显示色谱图和结果的定量计算)。
Administration
用于显示系统维护图标、设置保密策略、使用者的维护和浏览日志。
Manual
用于显示多种PDF说明书以及Labsolution帮助菜单

图 6.53 主菜单画面

② 确认仪器处于[Ready]状态。

实时分析画面 Instrument Parameters View(图 6.54)中设置仪器参数。

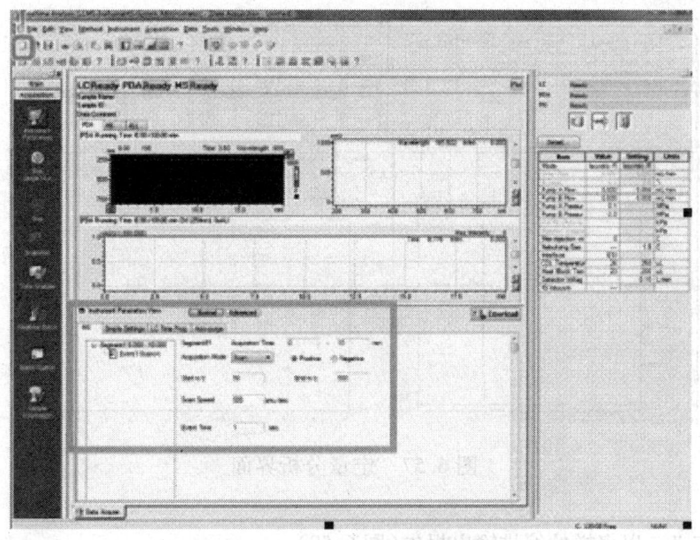

图6.54 设置仪器参数界面

进行分析条件优化，自动找出适合的单元参数(DL/Q阵列电压)(图6.55)。

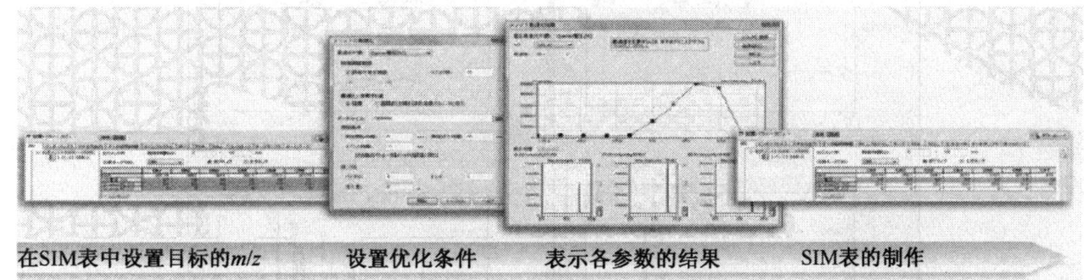

图6.55 分析条件优化界面

③ LCMS数据后处理画面，简洁直观(图6.56)。

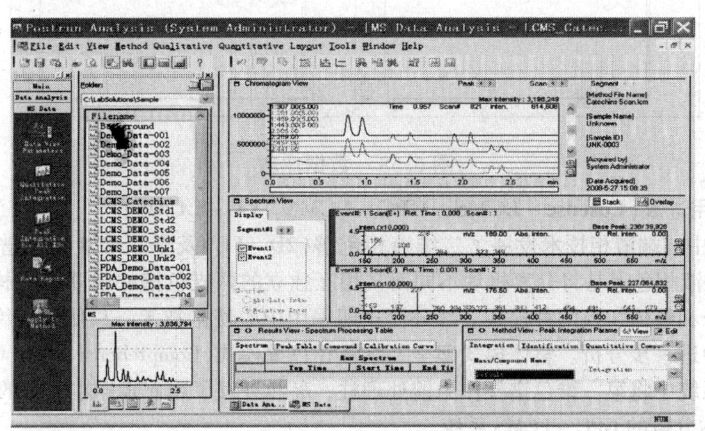

图6.56 LCMS数据后处理画面

④ 定量分析，制作校准曲线。组分表信息与校准曲线在同一个画面，信息丰富(图6.57)。

⑤ 数据比较：

多个数据栏目按顺序显示在同一个屏幕上。可以通过最佳的排列方式进行数据比较，查看数据文件内

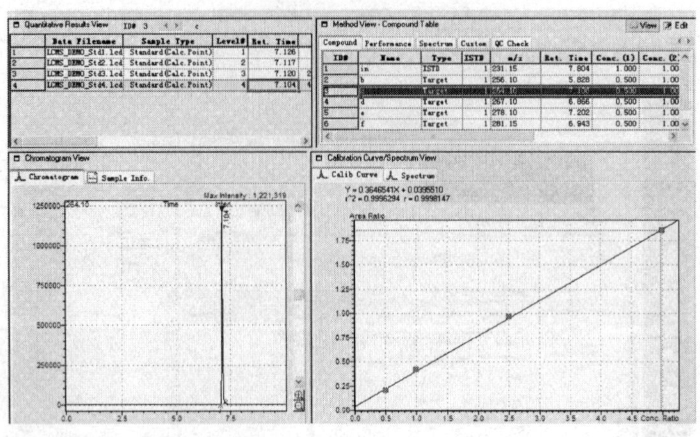

图 6.57 定量分析界面

各种信息(图 6.58)。

⑥ 报告可以自定义，以多样的编排输出报告(图 6.59)。

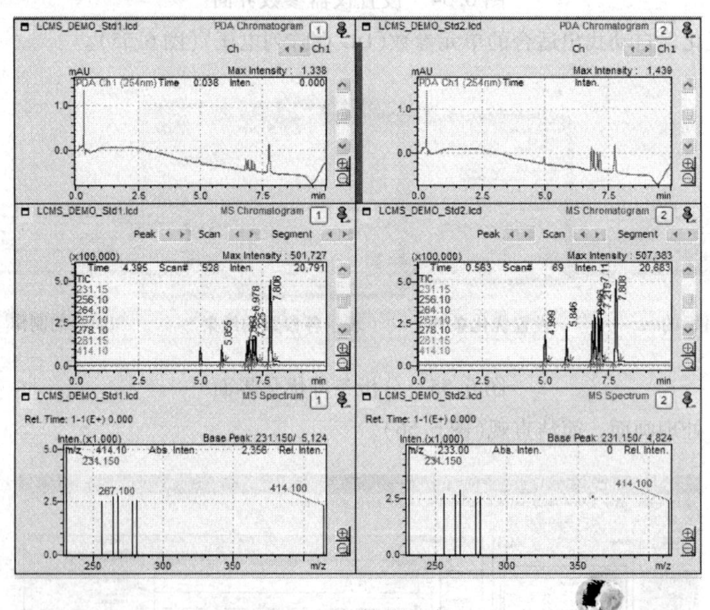

图 6.58 数据比较

6.3.2.5 LCMS 联用进展(Cosense - LCMS，GPC - LCMS，LC - LCMS)

LCMS 联用系统中前端液相技术发展了二维液相色谱(2D - LC)及全二维液相色谱(Comprehensive LC，LC × LC)技术。二维液相色谱是将分离机理不同而又相互独立的两支色谱柱串联起来构成的分离系统。柱切换通常可分为部分和整体切换两种模式。部分模式即采用中心切割技术，只使第一维分离的部分感兴趣的组分进入第二维中进一步分析。整体模式即全二维液相色谱模式(Comprehensive HPLC)。

二维液相色谱系统中将第一维色谱柱作为前处理柱，岛津开发了用血浆样本分析的 Co - Sense for BALCMS 系统和果蔬样本分析的 GPC - LCMS 系统。

(1) Co - Sense for BA LCMS

Co - Sense for BA LCMS 是 LCMS 仪器结合前处理柱，柱切换及在线稀释旁通流路的系统，可以对血浆血清样品直接进行药物分析。一般血浆样本在分析前，需要繁琐的样品前处理步骤，以除去其中的蛋白质，并对样品浓缩。Co - Sense for BA LCMS 系统(图 6.60)，采用的前处理柱是具有限制性通路媒介预柱(RAM)，导入泵 C 输送样品溶液，通过在线稀释旁通的作用，导入溶液被自动稀释，并导入至前处理柱

==== Shimadzu Labsolutions Data Report ====

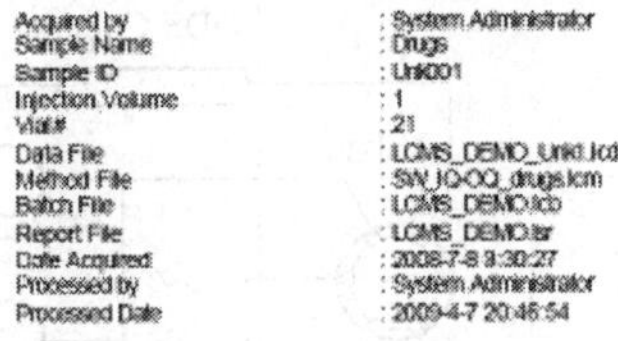

Acquired by	: System Administrator
Sample Name	: Drugs
Sample ID	: Unk001
Injection Volume	: 1
Vial#	: 21
Data File	: LCMS_DEMO_Unk0.lcd
Method File	: SW_IQ-OQ_drugs.lcm
Batch File	: LCMS_DEMO.lcb
Report File	: LCMS_DEMO.lsr
Date Acquired	: 2008-7-8 9:30:27
Processed by	: System Administrator
Processed Date	: 2009-4-7 20:46:54

<Chromatogram>

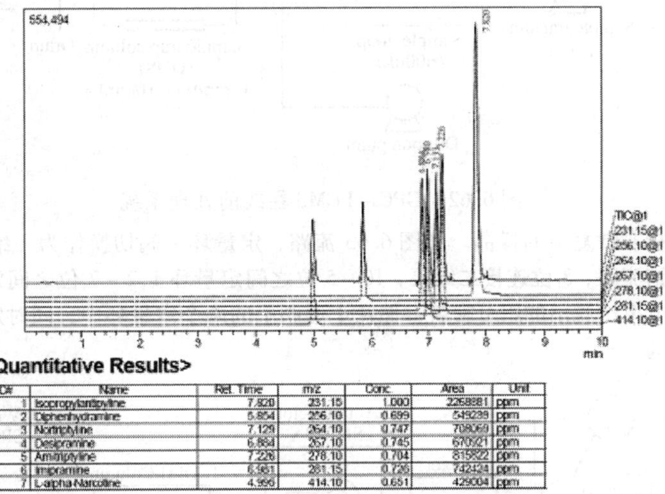

<Quantitative Results>

ID#	Name	Ret. Time	m/z	Conc.	Area	Unit
1	Isopropylantipyline	7.820	231.15	1.000	2268881	ppm
2	Diphenhydramine	5.854	256.10	0.699	549239	ppm
3	Nortriptyline	7.129	264.10	0.747	708069	ppm
4	Desipramine	6.884	267.10	0.745	670021	ppm
5	Amitriptyline	7.226	278.10	0.704	815822	ppm
6	Imipramine	6.961	281.15	0.726	742424	ppm
7	L-alpha-Narcotine	4.996	414.10	0.651	429004	ppm

图 6.59 输出报告

RAM。在除蛋白的同时，药物被捕集、浓缩在前处理柱上。经阀切换(图 6.62)，药物被洗脱至分析柱分离，再到后端紫外及质谱检测，其中泵 AB 输送分析时流动相。

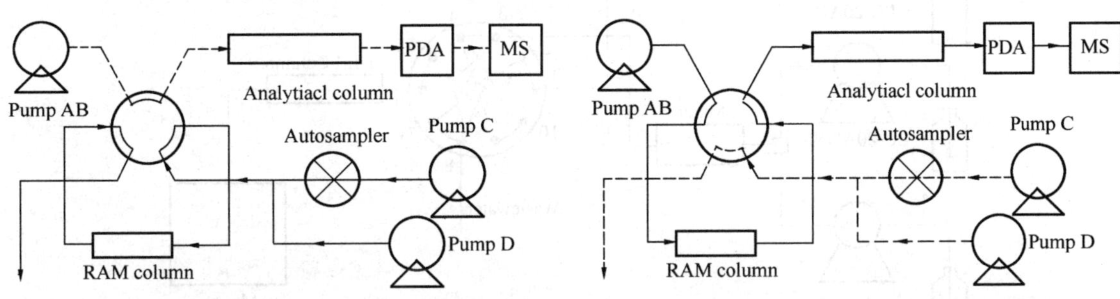

图 6.60 Co - Sense for BA LCMS 系统流路图 1　　图 6.61 Co - Sense for BA LCMS 系统流路图 2

该系统的主要优点是避免了繁琐的手工前处理操作，可以对血浆样本直接大体积进样，对药物进行在线富集浓缩，提高了药物的回收率，是分析生物样本的一个有力武器。

(2) GPC - LCMS 在线前处理系统(如图 6.62)

GPC(凝胶排阻色谱)是一种去除果蔬、生物样品中复杂基质的离线前处理方法，离线 GPC 前处理方法必须进行必要的浓缩步骤，会影响挥发性待测组分的回收率及重现性。此系统实现在线 GPC 前处理，并自动浓缩样品，获得较高样品回收率结果。样品经 GPC 色谱柱，大分子杂质首先去除到废液瓶，GPC 目标馏分进入样品环 Sample Loop，通过阀 1 切换，样品导入泵将样品环中目标馏分导入样品捕集柱，同时引入稀释旁路。最后流动相输液泵将捕集柱上浓缩的样品溶液冲洗至分析柱 ODS 柱。分离后再由 MS 分析检测。

(3) 全二维液相色谱(LC × LC)

在全二维系统中，从一维洗脱出来的不连续的组分，有规则间隔地进入下一维分离模式中，从而提供足够的峰容量及高的选择性。基于不同的分离目的，可以采用不同分离机理的柱系统构建多维液相色谱分

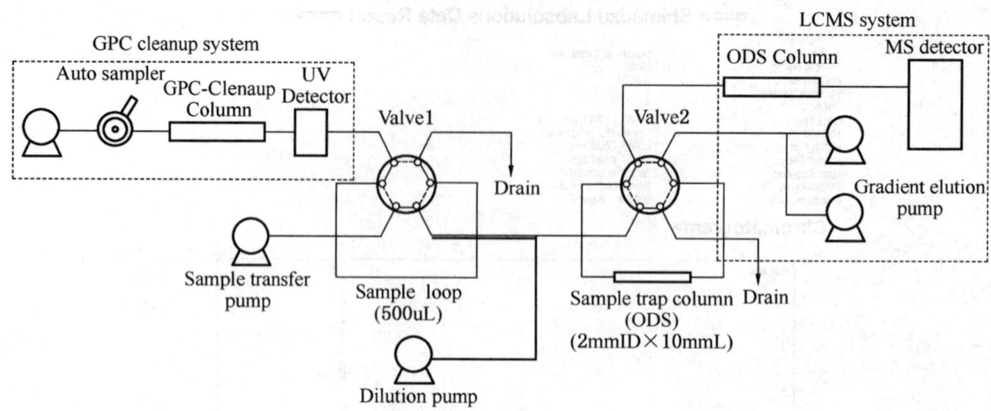

图 6.62 GPC - LCMS 在线前处理系统

离系统，从而分离分析非常复杂的样品。如图 6.63 流路，定量环 - 阀切换作为一维和二维的接口。10 通阀中 1 位连接一维色谱流路，3 位连接二维泵，10 - 5 位之间定量环 1,2 - 7 位之间定量环 2,6 位接第二维色谱柱。第一维色谱分离洗脱出的组分交替存储在十通阀上的两个定量环中，同时定量环中前一个组分被转移到第二维进行分离。

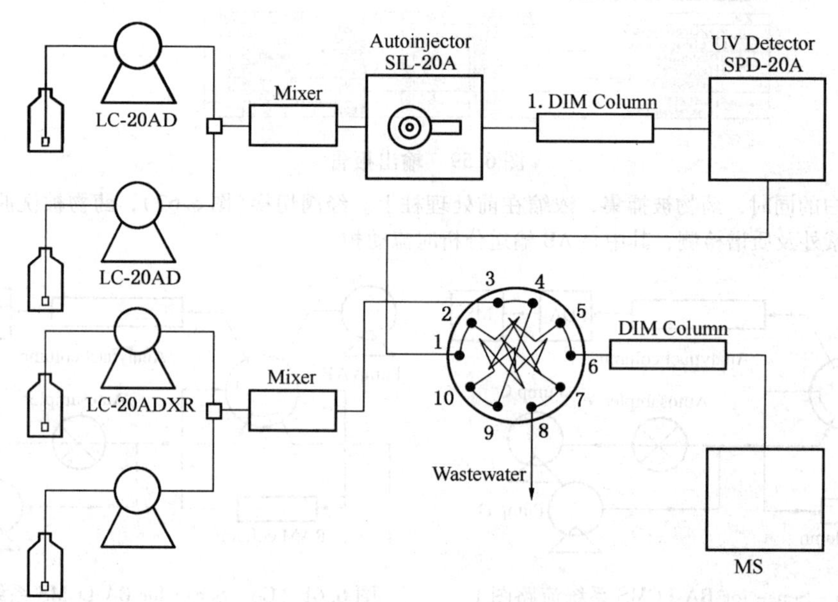

图 6.63 全二维液相色谱流路

6.3.3 MALDI - TOF 联用技术及进展

6.3.3.1 MALDI - TOF 概述

(1) 基本原理

基质辅助激光解析电离飞行时间质谱(MALDI - TOF)是近年来发展起来的一种新型的软电离生物质谱，其无论是在理论上还是在设计上都是十分简单和高效的。仪器主要由两部分组成：基质附助激光解吸电离离子源(MALDI)和飞行时间质量分析器(TOF)。MALDI 的原理是用激光照射样品与基质形成的共结晶薄膜，基质从激光中吸收能量传递给生物分子，而电离过程中将质子转移到生物分子或从生物分子得到质子，而使生物分子电离的过程。因此它是一种软电离技术，适用于混合物及生物大分子的测定。TOF 的原理是离子在电场作用下加速飞过飞行管道，根据到达检测器的飞行时间不同而被检测即测定离子的质荷比(m/z)与离子的飞行时间成正比，检测离子。MALDI - TOF 具有灵敏度高、准确度高及分辨率高等特点，为生命科学等领域提供了一种强有力的分析测试手段，并正扮演着越来越重要的作用。

1987 年，田中耕一先生发表了用含金属离子的甘油聚合物作为激光解析基质，分析 22000Da 的聚合分子离子。1988 年，田中耕一先生发表用软电离技术和飞行时间质谱测定溶解酵素(14306Da)和胰凝乳蛋白酶(25717Da)分子量。田中耕一因为软电离技术用来分析生物大分子质量的突出贡献，荣获 2002 年诺贝尔化学奖。2000 年，Alma Burlingame 发展了 MALDI - TOF/TOF 用来肽段测序。MALDI - TOF 仍然在向着更好的分辨率、灵敏度、质量准确度发展。

(2) MALDI - TOF 应用

MALDI - TOF 因为其高通量和耐盐性成为蛋白质鉴定等领域的首选。TOF/TOF 的发展为蛋白质一级序列测定，翻译后修饰位点分析，提供了分析利器。MALDI - TOF 在医学、食品、化工等领域以其独特的优势越来越受欢迎。在医学领域，生物标志物的快速筛查，鉴定和体外分子成像发挥着越来越不可替代的作用。微生物鉴定在食品加工、环境监测等领域有比传统方法快速简单准确的优势。在高分子聚合物分子领域，质谱精确的分子量测定，为该领域提供了强有力的分析平台。

① 分子量测定

分子量是有机化合物最基本的理化性质参数。分子量正确与否往往代表着所测定的有机化合物及生物大分子的结构正确与否。MALDI - TOF 是一种软电离技术，不产生或产生较少的碎片离子。它可直接应用于混合物的分析，也可用来检测样品中是否含有杂质及杂质的分子量。分子量也是生物大分子如多肽、蛋白质等鉴定中首要的参数，也是基因工程产品报批的重要数据之一。MALDI - TOF 的准确度高达 0.01% ~ 0.1%，远远高于目前常规应用的 SDS 电泳与高效凝胶色谱技术，目前可测定生物大分子的分子量高达 600kDa。

② 蛋白质组学中的质谱技术——肽质量指纹谱技术(PMF)

蛋白质组学是当前生命科学研究的前沿领域。对蛋白质快速、准确的鉴定是蛋白质组学研究中必不可少的关键性的一步。采用 MALDI - TOF 测得肽质量指纹谱在数据库中查询识别的方式鉴定蛋白质，是目前蛋白质组学研究中最普遍应用的最主要的鉴定方法。肽质量指纹谱是蛋白质被识别特异酶切位点的蛋白酶水解后得到的肽片段的质量图谱。由于每种蛋白的氨基酸序列(一级结构)都不同，当蛋白被水解后，产生的肽片段序列也各不相同，因此其肽质量指纹图也具有特征性。MALDI - TOF 分析肽混合物时，能耐受适量的缓冲剂、盐，而且各个肽片几乎都只产生单电荷离子，因此 MALDI - TOF 成为进行分析 PMF 的首选方法。

③ 蛋白质组学中的质谱技术——肽序列标签技术(Peptide Sequence Tag，PST)

由于 PMF 鉴定结果的可靠性受诸多因素影响，使得部分鉴定结果往往不是十分明确，特异性不高。多肽氨基酸序列匹配被认为是特异性最好的鉴定方法。在蛋白质组学研究中，利用质谱测序一般采用两种方式：一种是利用串联质谱(MS/MS)测序；另一种是利用源后裂解(Post Source Decay，PSD)技术测序。

在反射式 MALDI - TOF 中，当脉冲激光照射到微量样品与饱和小分子基质混合形成的共结晶上时，能量通过基质传递给样品，导致样品被解析电离，电离后形成的亚稳分子离子在飞经无场区(即飞行管区)时发生裂解(其活化能来自在离子源与基体发生的碰撞，在无场区与残留气体的碰撞，激光辐射及各种热机制等)所产生的子离子(即源后分解碎片离子)，可以通过不断改变反射器电压来进行分离、收集并记录于检测器，形成能为多肽和蛋白质一级结构提供十分丰富而有效的结构信息的 PSD 质谱图。利用 PSD 谱图，结合数据库检索可以迅速、高特异性地鉴定蛋白质。

目前，在蛋白质组学研究中，部分经 2DE 分离的蛋白质样品无法通过 PMF 鉴定或鉴定结果不明确，可将 PSD 测序功能应用于这些蛋白质的鉴定。随着对 PSD 技术的不断研究和发展，尤其是结合 MALDI - TOF 本身所具有的高灵敏度、高通量、样品靶点可多次应用测定、分析时主要产生单电荷准分子离子以及能够耐受一定量的盐和干扰物等特点，PSD - MALDI - TOF 将会在蛋白质组学、代谢组学以及药物筛选的研究中发挥更大的作用。

6.3.3.2 MALDI - TOFMS 实验技术

(1) 基质选择

MALDI - TOF 在分析样品时，待分析样品与有特定波长吸收(通常为紫外 337nm)的有机基质形成共结晶。在瞬时激光脉冲后，分析物被质子化，并解吸附进入气相，它们的质/荷比(m/z)通过飞行时间(TOF)

质量分析仪进行测定。质量精确度取决于样品的制备技术和所用的质量校准方法。关于基质的选择见表6.6：

表6.6 分析不同物质应选择的基质

基　质	肽谱分析	小蛋白	大蛋白	糖　肽	糖蛋白
CHCA（α－氰基－4－羟基肉桂酸）	1	3		2	
SA（芥子酸）		1	1	3	2
DHB（2,5－二羟基苯甲酸）	2	2	1	1	1
THAP（2,4,6－三羟基苯乙酮）	2				
DHAP/DAHC（2,6－二羟基苯乙酮/柠檬酸氰二铵）	2				

注：1表示第一选择，2表示第二选择，3表示第三选择。

（2）样品与基质的准备方法

① Dried－Droplet 法

样品基质的准备方法对 MALDI－TOF 的影响非常大，Dried－Droplet 法被广泛应用。此方法中，饱和基质溶液与被分析物溶液混合（比例大约为5000:1），0.5～2μL 混合液被点在靶体上，室温，自然干燥。

② 其他方法

Thin－Layer 法，先在靶体上点基质，形成均一的基质层。然后样品加在其上，这种方法有很高的灵敏度，分辨率和精确度。类似的，Thick－Layer 法，硝化纤维被用作基质辅助物，当均一的硝化纤维－基质层形成后，样品应用其上，这种方法抑制了碱性加合物形成，明显提高了检测灵敏度，特别是对胶内抽提的蛋白质和肽。Sand－wich 法则是按 Thin－Layer 法基质结晶后，再滴入 TFA、样品和基质。

（3）标准品准备

为了较好地解析 MALDI－TOF 数据，标准品的分子量最好与未知样品的分子量接近，以确保校准曲线的良好线性。标准品的浓度必须与未知样品（1～10μmol/μL）的浓度相似，以确保结果的准确性。标准品混合物需含盖待测分子量范围，至少需要3个校准标准混合物。标准品已商品化，可根据测试分子量的范围，方便购买。

6.3.3.3 MALDI－TOFMS 仪器控制与数据处理

① 开机界面：

MALDI－MS 软件共四个组件：左上为调节仪器参数的组件，可调节激光能量，样品位置等；右上为摄像头，可以实时观察轰击情况；左下为获取的图谱观察及后期数据处理界面；右下为仪器真空状态实时监测界面（图6.64）。

② 仪器校正界面：

根据待测物质的分子量范围，测量目的调整校正方法到合适（图6.65）。

③ 数据采集和后处理：

对采集得到的图谱或者已保存的图谱进行后处理，界面图如图6.66～图6.68。

6.3.3.4 MALDI－TOF 最新进展

（1）AXIMA PERFORMANCE

AXIMA PERFORMANCE 是发展性地继承了在 AXIMA－CFR 及－CFRplus 中独特的 Curved Field Reflectron 技术而开发出的装置。2004年，Curved FieldReflectron 的开发者 Johns Hopkins University 的 Cotter 教授发表了有关"配备 CFR 的串联飞行时间型质谱仪"开发的论文。之后，岛津/Kratos 进行了产品化开发，开始销售。Shimadzu Biotech 公司的新产品 AXIMA PERFORMANCE 是 MALDI CID MS/MS 的下一代产品。能传送最大能量碰撞（CID 能量为20keV），高灵敏度地释放信息，并且整合了新型的离子门技术，能进行高通量的母电子选择、尽管在复杂的大蛋白混合物存在的情况下，能简化 TOFTOF 的质谱和数据翻译。是一个多功能的高级质谱系统。AXIMA－TOF2 具有更多的灵活性，卓越的灵敏度和空前的简易性。

AXIMA PERFORMANCE 是高灵活性研究级别的高端质谱仪。可分析从蛋白质组学及各种生物或有机样品的高能 MS/MS 到大分子完整蛋白的分析。

AXIMA PERFORMANCE 的主要特点。

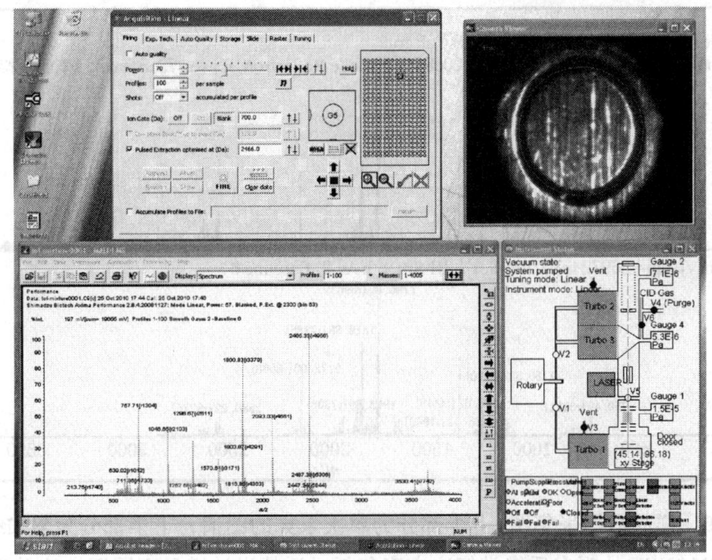

图 6.64　MALDI－MS 控制软件打开后的界面

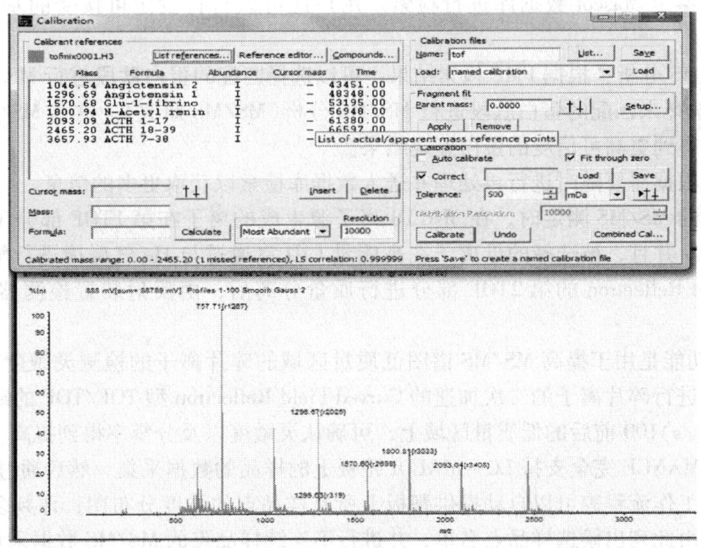

图 6.65　仪器校正界面(用标准品校正，误差范围 0.5Da)

① 配备真正的 CID 室，可进行 20keV 高碰撞能的 MS/MS 解析。与以往的 Post Source Decay(PSD)－MS/MS 比较，可获得信息量丰富的 MS/MS 数据，提高蛋白质解析的准确性和可靠性。

② 对以往的 Curved Field Reflectron 进行多次改良而成的 novaCFR 实现了 MS/MS 测定的高灵敏度化。

③ 新开发的双离子门 mono PULSE 在 1000Da 上的分辨率为 400，即可以分离出质量数相差约 2Da 的母离子进行 MS/MS 测定。

④ 利用 Low Mass Zoom 功能，可进行低质量区域的碎片离子高灵敏度、高分辨率的检测。

⑤ 特别是在蛋白质组学的研究领域，Peptide Mass Fingerprinting(PMF)解析的自动化、根据 PMF 解析结果的数据依赖的 MS/MS 解析等，实现了解析日常工作的自动化。

⑥ 最近，不使用二维电泳而使用 LC 分离蛋白质样品并在线进行 MALDI－TOFMS 解析的“LC－MALDI 法”引人注目。AXIMA PERFORMANCE 配备支持本公司已售 MALDI 点样器 AccuSpot，对应 LC－MALDI 法的软件。

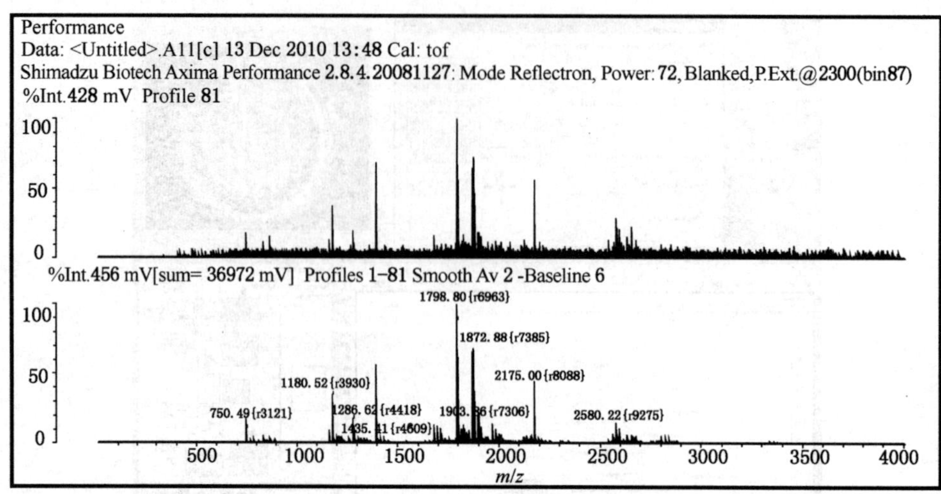

图 6.66 样品数据采集图(上半部分为单次采集的图谱，下半部分为累加结果)

AXIMA PERFORMANCE 的蛋白质组学解决方案包括灵活的设计满足不同用户的需要：从简单样品人工操作到全自动数据依赖的 PMF 和 MS/MS 蛋白质鉴定，使用者可以任意选择，二采集到的 PMF 数据可以由软件自动衔接到蛋白鉴定 Mascot 数据库进行检索。用户还可以自行设定可接受的基于 PMF 的蛋白鉴定分数。

数据依赖的 MS/MS 分析：根据 PMF 检索结果，可以选择匹配的蛋白肽段进行 MS/MS 分析(MS/MS 确认)；另外，也可以选择未匹配的蛋白肽段进行 MS/MS 分析(MS/MS 研究)。这些 MS/MS 谱图可以全自动进行批处理检索，以得到更高可信度的蛋白鉴定结果。

数据可以保存并根据需要随时进行再处理并送入数据库检索以获取更多的信息。

在进行多肽样品的 MS/MS 测定时，在 MALDI 离子源生成的离子在第 1TOF 部分飞行，在高性能离子门进行母离子的选择。并且，被选择的母离子在高能量 CID 室通过与 He 气碰撞进行解离，之后，在配备新开发的 Curved Field Reflectron 的第 2TOF 部分进行质量分离后，由反射装置检测器检测，获得 MS/MS 谱图。

Low Mass Zoom 功能是用于提高 MS/MS 谱图低质量区域的碎片离子的检测灵敏度以及分辨率的功能。这个功能可以弥补不进行碎片离子的二次加速的 Curved Field Reflectron 型 TOF/TOF 的缺点。Low Mass Zoom 谱图中，在质量值(m/z)100 前后的低质量区域上，可确认灵敏度以及分辨率得到提高。如图 6.69。

AXIMA PERFORMANCE 完全支持 LC - MALDI 靶板上的样品的数据采集，然后通过 MS/MS 数据进行蛋白鉴定。软件带有的工作流程表可以自动提供靶板上所有样品点的强度分布图；评判多肽的分布；决定色谱峰的最高点位置；由此列出候选样品点名单，并进行不连续样品点的 MS/MS 数据采集。排除名单可以用于排除某些已知污染物或高分度多肽，产生的所有数据都被直接送入 Mascot 进行数据库检索，得到蛋白鉴定结果。

(2) Axima - QIT™技术介绍

对于 Kratos Analytical 公司来说，每三年向市场推出一种新的尖端技术，Axima - QIT™就是在商品的 MALDI 的基础上，革命性的最新发展，以迎接蛋白质学组的最新挑战(图 6.70)。Axima - QIT™是诺贝尔获奖者田中耕一亲自参与研发的高端质谱仪；它的设计采用几乎所有质谱的优势，其贡献了期望的性能，解决了最新最复杂的蛋白质学组研究的问题，对蛋白质鉴定和目标蛋白质的结构解析和药物开发对蛋白质顺序 100% 说明问题。

1) Axima - QIT™的内部结构

① 基质辅助激光解吸附电离离子源，可以做到真正的无限时序列样品分析，样品制备简单，方法最优化，单一图谱分析复杂混合物。

② 四极离子阱，做到真正的多极 MS，用于结构研究，如糖肽的结构分析，可变能量的 CID 控制可以调节离子碎裂的程度，高分辨率的母离子选择是多级质谱的谱图更专一。

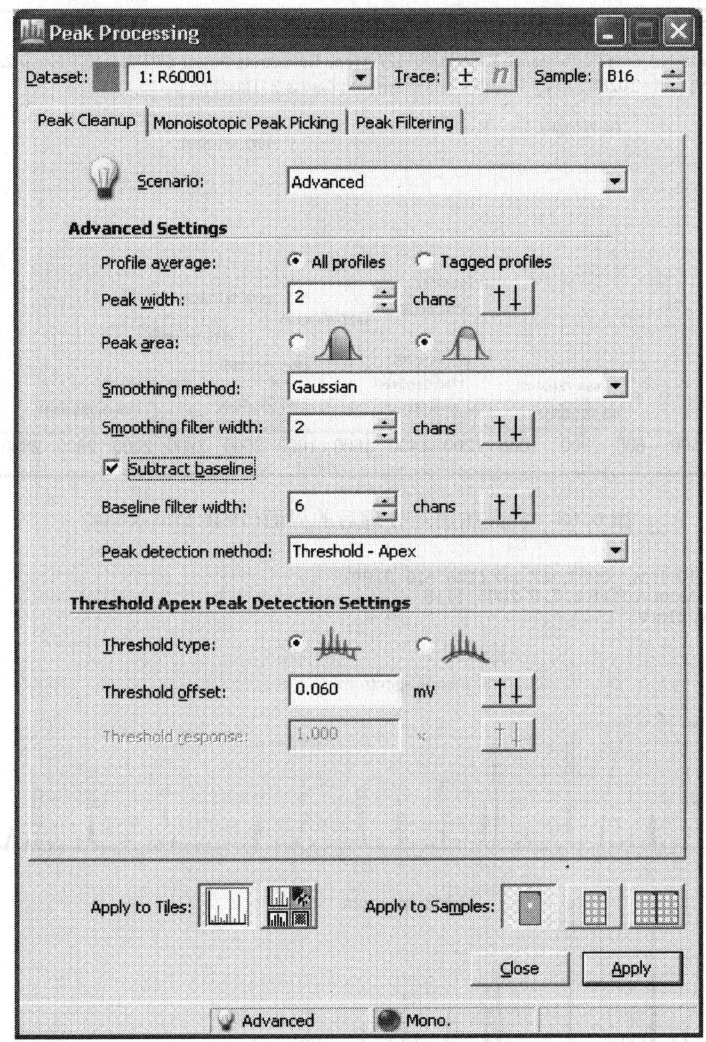

图 6.67　Peak Processing 界面(可对峰图进行平滑、扣除基线等处理)

③ 反射型无网飞行时间质谱分析仪，实现高质量分辨率的 MS/多级 MS，持久质量准确率的 MS/多级 MS，以及高分辨率的母离子选择。

Axima QIT 可以提供一系列崭新的技术，应用于更深入的研究，飞行时间质谱高分辨率和准确率，不依赖能量的变化；极低速加压(<100V)，可接受非导电和非平面样品，不影响灵敏度；接近垂直的激光激发，可高效产生及传送离子到四极离子阱中；还有宽的离子阱质量范围，得到样品的充分信息。

2) Axima - QIT^{TM}特点

① 质量准确性高：

无论采用几级 MS 方式，均可获得高质量准确度及更高的数据库检索和目标样品分类，图 6.71 表示了根据内标法得到的极高质量准确度，样品为血管紧张素Ⅱ经三级 MS 的离子质谱图。

② 真正的多级 MS 功能：

独特的破碎方式，可控制、灵活和完整。可用于目标鉴定和分类的重复检索，如右图所示，血管紧张素 II 样品经系列母离子选择的四级 MS 图谱，仍可检测到 immonium 离子的质谱峰。

③ 高分辨率的离子选择：

高分辨率和 MSn 分析对复杂的生物大分子提供顺序和结构信息。离子选择分辨率 >1000，可个别分析母离子图谱至单位道尔顿质量数。对于 MS/MS 研究来说，选择单一同位素能够排除可能的背景噪音，增强

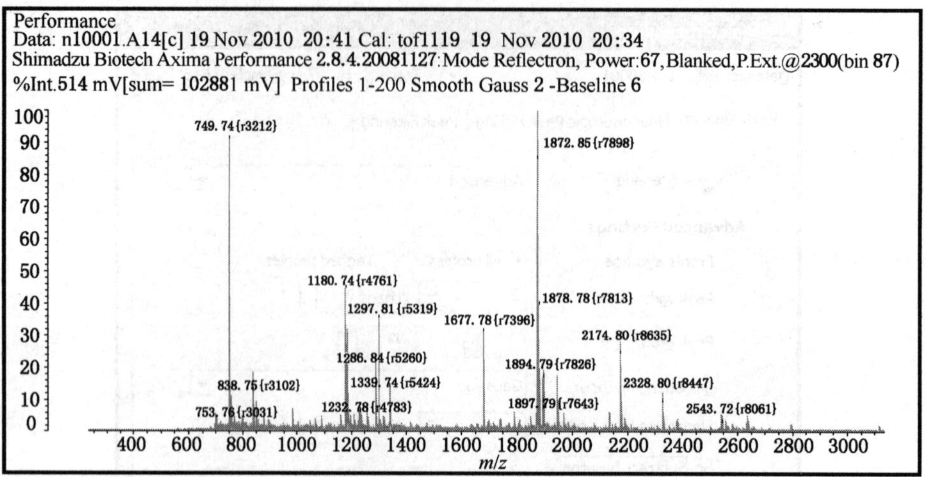

图 6.68 样品图谱经处理后的界面(Peak Processing)

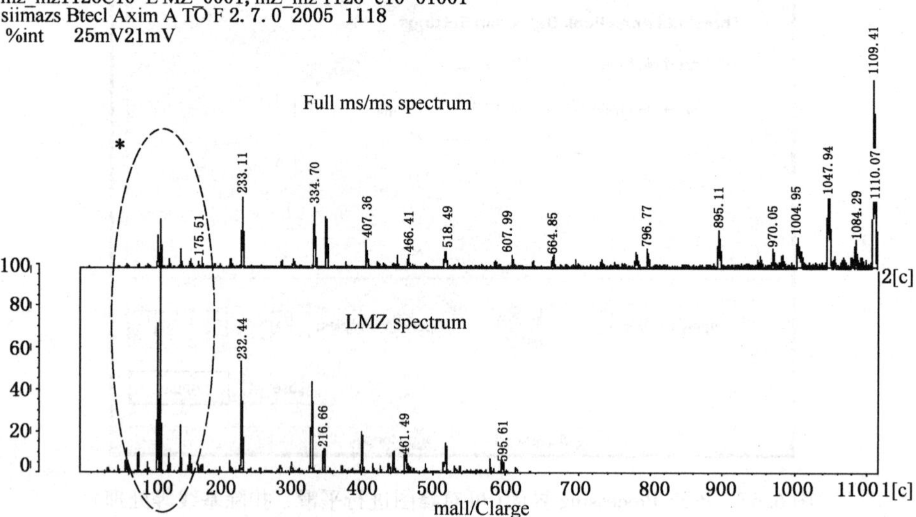

图 6.69 Low Mass Zoom 谱图

图 6.70 Axima－QIT™仪器外观图

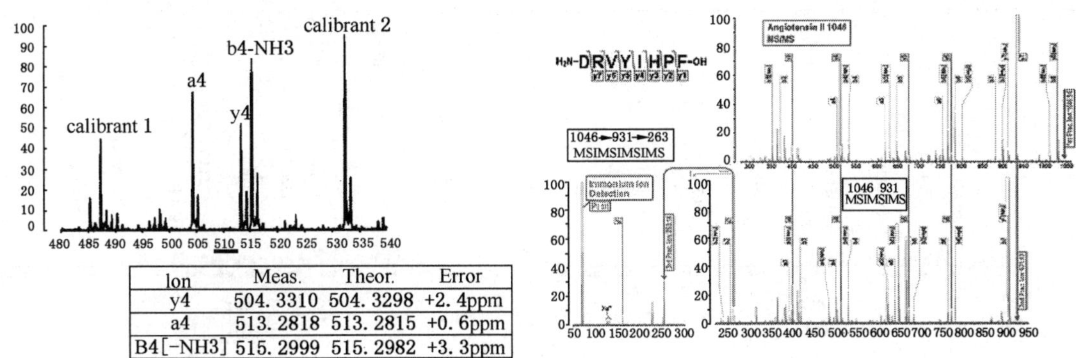

Ion	Meas.	Theor.	Error
y4	504.3310	504.3298	+2.4ppm
a4	513.2818	513.2815	+0.6ppm
B4[-NH3]	515.2999	515.2982	+3.3ppm

图 6.71　血管紧张素Ⅱ经三级 MS 的离子质谱图

了对破碎方式的分析，如图 6.72 中血管紧张素素Ⅱ的 MS/MS 图谱所示。

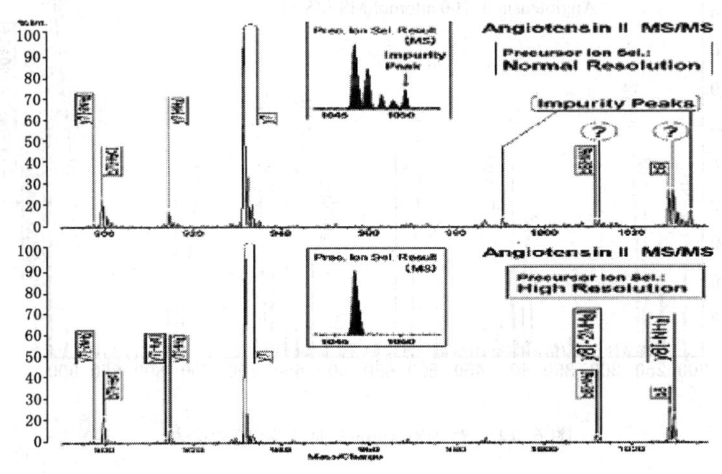

图 6.72　血管紧张素素Ⅱ的 MS/MS 图谱

④ 宽的离子阱质量范围：

宽的离子阱质量范围，更高的 MS/MS 质谱控制和灵活的控制能力。一次性校准满足所有的分析模式：MS 和多级 MS，高通量的多级 MS 分析，强有力地支持蛋白质鉴定数据检索功能。

⑤ 数据信息丰富：

以 MS/MS 和 MS/MS/MS 对胰蛋白酶解样品的分析举例，在图 6.73a 中，选择质量为 3404.70 的离子进行 MS/MS 分析(图 6.73b)，之后进一步选择质量为 1192.7 的离子经 MS/MS/MS 分析，从而得到新的结构信息。该种巨大的多级 MS 功能扩大了 MALDI 离子源可能的选择范围。

⑥ 高灵敏度 MS/MS 分析：

高灵敏度，由垂直激光照射和独立激光能量的高 TOF 分辨率。

例如，图 6.74 中 100attomol 血管紧张素Ⅱ经 MS 和 MS/MS，MS/MS/MS 分析，得到一系列清晰可识别离子峰，如图所示，以利于进一步鉴定和分析。

6.3.4　MS－MS 联用技术及进展

6.3.4.1　MS－MS 联用概述

串联质谱法是 20 世纪 70 年代末兴起的。串联质谱法是指用质谱作质量分离的质谱方法。它还有几种名称，如质谱－质谱法，多级质谱法，二维质谱法和序贯质谱法。

串联质谱的作用：

① 诱导第一级质谱产生的分子离子裂解，有利于研究子离子和母离子的关系，进而给出该分子离子的

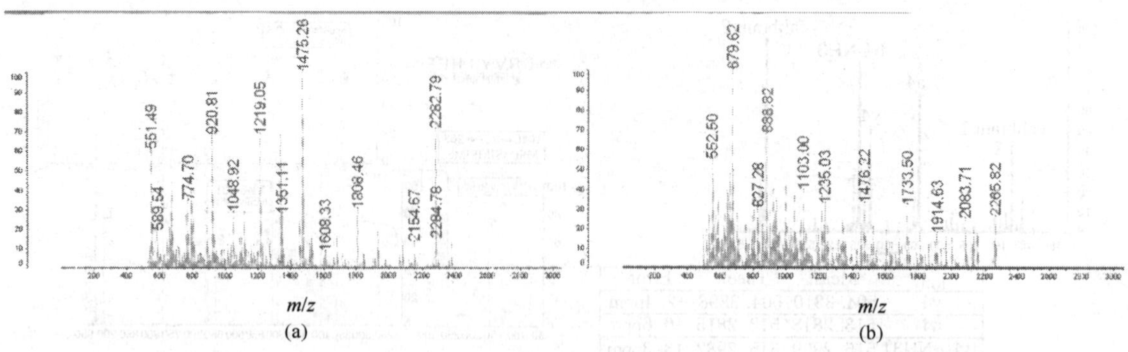

图 6.73 对胰蛋白酶解样品的分析

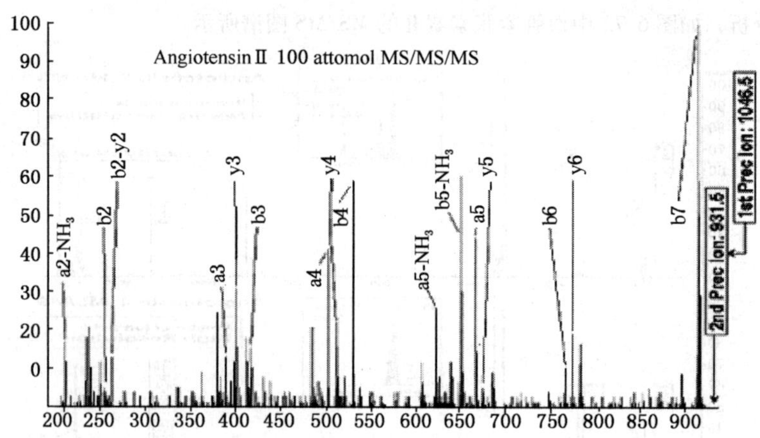

图 6.74 对 100attomol 血管紧张素分析

结构信息。

② 从干扰严重的质谱中抽取有用数据，大大提高质谱检测的选择性，从而能够测定混合物中的痕量物质。

串联质谱仪的组合方式：

① 磁分析器 - 静电分析器 - 磁分析器

② 静电分析器 - 磁分析器 - 静电分析器

③ 三重四极滤质器质谱仪(Q - Q - Q)

④ 混合式串联质谱仪，如 MA - ESA - Q - Q。

实现串联质谱有空间串联的时间串联两种方式。前者是用两台或两台以上质谱计前后串联，后者是同一台质谱计，按照好似间顺序进行 MS^n 分析。

以 MA - ESA - Q - Q 说明空间串联质谱的作用。其机制为：

先用 MA 进行质量分离，筛先出某一种离子，在 MA 与 ESA 之间进行第一次碰撞活化，高能量的离子产生出一级子离子；再由 ESA 从一级子离子中筛先出某一种离子，它经减速后在一级 Q 中进行第二次碰撞活化，产生低能量碰撞诱导分解产物(二级子离子)，二级子离子再通达二级 Q 进行分析，由于在此系统中同时检测了高、低能量碰撞的诱导分解产物，因此可获得较全面的离子信息。离子阱属于时间串联式质谱，在离子阱中进行质量选择、离子活化、质量分析，而且可多次重复。

无论那种串联方式，碰撞技术均为串联质谱的基础。

碰撞诱导解析(Collision - Induced Dissociation，CID)是指具有一定的离子在碰撞区与其中性原子或分子发生非弹性碰撞，碰撞气通常是氦气、氩气、氮气及 CO_2 等惰性气体，在碰撞过程中，离子部分动能转化为自身内能，导致离子分解。CID 有时也称为碰撞活化分解(Collision - Activation Dissociation，CAD)，典型的仪器如图 6.75 所示。

6.3.4.2　MS－MS 常用技术

气相色谱测定农药残留的基本原理是根据保留时间来判定待测组分。往往因为样品提取和净化等原因，可能会出现许多杂质峰。如果待测组分在保留时间内有一种或多种杂质峰出现，就可能被认为是待测组分，造成误判。GCMS 法不仅根据样品中待测组分在图谱上的保留时间，更主要是根据在此保留时间内残留农药裂解的特征离子碎片，由质谱仪按其分子量和分子结构对农药准确定性，并以此作为定量的依据，从而克服了由于未净化掉的杂质峰与农药保留时间重叠而造成将杂质峰误判为农药的缺点。

图 6.75　MALDI CID MS/MS 质谱仪

串联质谱法(MS－MS)是质谱法的重要联用技术之一，与一级质谱相比其灵敏度较高，可对复杂基体中的微量待测物进行测定，对一级质谱无法区分的化合物可进行进一步确认，能进行分同分异构体的区分。其原理是在离子源里形成的离子被第一个质量分析器分离，某些特定离子作为母离子进行碰撞裂解，再由第二个质量分析器检测子离子。因此 MS－MS 在检测定量离子之前就排除了干扰，提高了选择性，即使对复杂样本也可达到很高的灵敏度。MS－MS 有两种方式，空间串联和时间串联。空间串联质谱是将两个质量分析器前后排列起来，离子顺序经过两个分析器。该方式由于离子传输距离较长，使得检测灵敏度受到影响，而且仪器的购买维护费用较高。离子阱质谱(ITMS)是一种时间串联质谱，它以离子阱作为质量分析器，具有与大质谱相当的功能。第一级质谱选择母离子保存在阱中，然后通过碰撞诱导解离从母离子得到子离子，第二级质谱对子离子进行监测，从而获得定性定量信息。

目前，GC/MS/MS 已在环境分析、食品分析等方面得到广泛的应用。该技术不仅适用于复杂基体混合物的定性分析，而且可以利用得到二级质谱结果进行定量。这是因为在两个前后串联的质谱/质谱仪中，前级质谱主要用于担任分离工作，在样品被电离后，它只允许被分析的目标化合物的母离子或特征离子碎片通过，经过碰撞裂解后，再由第二级质谱分析裂解后产生的离子碎片，利用 MS/MS 可以同时得到较低的检测限和良好的结构鉴定信息(1 个母离子和 2 个或更多的子离子)。与气相色谱检测器相比，传统的台式质谱仪(GCMS)因灵敏度较低，其使用受到限制。而据文献报道，GC/MS/MS 可在与传统气相色谱检测器相似的灵敏度下进行定性定量分析。原因是 MS/MS 在对离子检测前就排除了干扰，所以即使对复杂样本也可达到很高的灵敏度。它不需要重复进样就能定性，比选择性检测器有更高的可信性。

目前，利用 GCMS 技术分析食品和环境样品中的农药残留量越来越普遍，因为它能给出化合物的结构信息，有利于化合物的定性。但因一般样品中(如蔬菜、水果、茶叶等)的背景干扰较大，导致样品预处理的周期较长，而且回收率较难保证。而 MS/MS 技术的应用，为复杂样品中微量农药的定性、定量分析提供了新的途径。其分析的特点是可以将在色谱上不能完全分开的共流出物利用时间编程和多通道检测将其分开。

6.3.4.3　MS－MS 联用进展

(1) 三重四极杆质谱

三重四极杆质谱仪，又称为 TripleQ 或者 QQQ，是串联质谱仪中最常见的一种，可以与 LC 或者 GC 相连。它可以进行二级质谱分析，具备一定的定性能力。并且在质谱定量上有明显的优势，因此已经成为药物代谢、农残检测等领域的常用仪器，是目前串联质谱仪中销量最大的一种类型。下面我们对三重四极杆的结构和工作模式进行说明。

图 6.76 中 Q1 和 Q3 是正常的四极杆质量分析器，Q2 是四极杆、六极杆、八极杆等，其上只加射频电压，工作在传输模式，由于八级杆对离子散射的抑制作用最强，因此商品仪器中采用八级杆较多。Q2 有直线型，也有呈 90 度或者 180 度弯曲的。三重四极杆质谱优点是碰撞效率高，定量线性范围宽。

三重四极杆质谱通常有全扫描、子离子扫描、母离子扫描、中性丢失扫描、多反应检测等几种工作模式。

全扫描用于检测离子流中各种离子的质荷比和强度，相当于单四极杆质谱。可进行初步的定性分析，

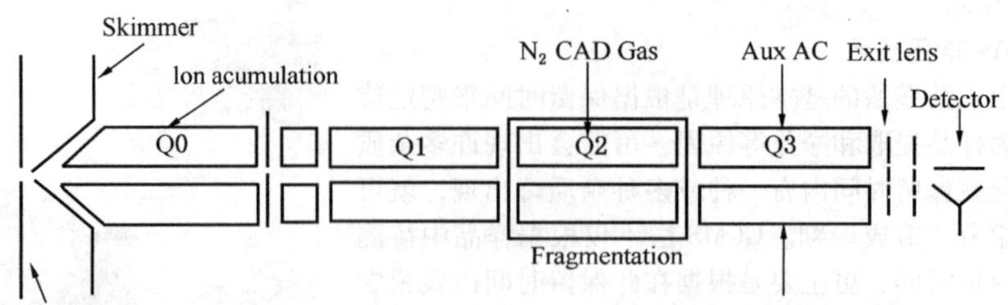

图 6.76 一种串联四极杆质谱仪的结构示意图

挑选需要进一步分析的离子。当色谱分离度好的时候，对简单的成份可以直接定性或定量。在仪器内部，可以使用 Q1 或者 Q3 做全扫描，两者的差别是混合离子的离子束是否通过了碰撞室 Q2。

子离子扫描可以得到母离子的碎片信息，从而了解母离子的结构信息，可以用来区分几种 m/z 相同的母离子，降低假阳性率。这时 Q1 工作在选择性离子监测(SIM)模式，即只允许母离子这一特定质荷比的离子通过；Q2 碰撞室工作在碰撞诱导解离模式(Collision Induced Dissociation，CID)，母离子与惰性气体分子碰撞产生碎片，并且在 Q2 的电场作用下将全部的碎片输送到 Q3；Q3 工作在全扫描模式，检测 Q2 产生的碎片离子的质荷比和强度。子离子扫描的作用是：通过母离子碎片种类和强度的差异来区分质荷比相同的母离子。

母离子扫描可以知道离子束中哪些母离子具有我们感兴趣的基团碎片。这时的工作模式与子离子扫描正好相反。仪器内部 Q1 工作在全扫描模式；Q2 工作在 CID 模式；Q3 用 SIM 模式监测感兴趣的碎片。

中性丢失扫描用于检测哪些母离子丢失了中性基团。中性丢失是指离子在碎裂过程中掉下一些不带电荷的中性碎片而变成一个质荷比更小的离子，常见的中性碎片有 H_2O，NH_3 等。此时仪器内部 Q1 处于全扫描模式；Q2 工作在 CID 模式；Q3 也处于全扫描模式。通过四极杆上电压参数的设定，使得 Q1 和 Q3 始终保持固定的质量差(即中性丢失质量)，只有满足相差固定质量的离子才得到检测。对于多电荷母离子在检测时应考虑多电荷的影响，如果子离子的电荷数比母离子少，则发生中性丢失后有可能子离子的 m/z 值比母离子还要高。

多反应监测，指的是通过 Q1 选择了母离子在 Q2 碰撞室内碎裂成多个碎片离子并同时监测一组或多组母离子和碎片离子的工作模式。这时 Q1 和 Q3 都工作在 SIM 模式，Q2 工作在 CID 模式。由 Q1 选择一个或几个特定离子，经碰撞碎裂之后，由其子离子中选出一对特定离子，只有同时满足 Q1 和 Q3 选定的一组离子时，才有信号产生。用这种扫描方式的好处是增加了选择性，即便是两个质量相同的离子同时通过了 Q1，仍可以依靠其子离子的不同将其分开。这种方式非常适合于从复杂的体系中选择某特定化合物，经常用于微量成分的定量分析。在实际使用过程中，往往需要在一份样品中同时检测几十甚至上千种物质。这时可以分别对每一个项目选择 1 ~ 2 个离子对，并且可以分多个时间段，每个时间段监测多个项目的离子对，让仪器来循环定量检测。

以上几种工作模式可以用图 6.77 来表示。

(2) 四极杆 - 飞行时间质谱

图 6.78 是四极杆 - 飞行时间质谱仪的示意图。目前四极杆 - 飞行时间质谱仪主要与以下两个发展方向：

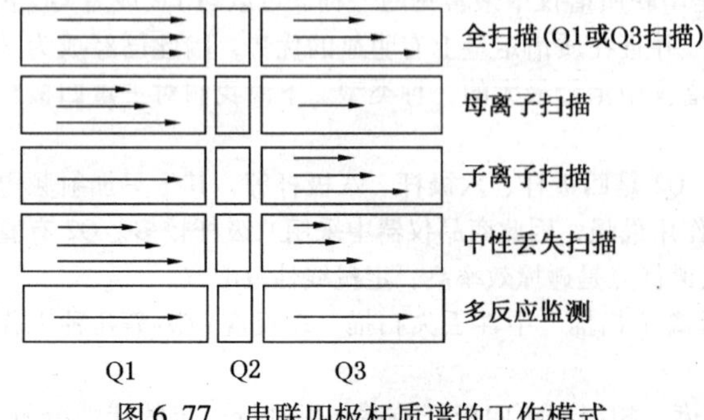

图 6.77 串联四极杆质谱的工作模式

1) 超高分辨高灵敏度仪器

为解决多肽、蛋白、寡糖、DNA 测序等生命科学领域中的前沿分析课题，需要发展特殊电离技术以及超高分辨、高灵敏度、大质量范围、多级串联的高档飞行时间质谱仪。MALDI 与 ESI 等离子源与高分辨飞行时间质谱仪器联用是近年来应用于生化新药和基因工程药物分析研究领域中的重要方法。MALDI 在高真空中离子化并直接得到检测，灵敏度高，然而其电离机理复杂。ESI 在大气压下离子化，但离子要从大气中引入真空，灵敏度较低，因此发展高效的真空接口成为重要的课题。1999 年，Laiko 成功地发明大气压基体辅助激光解析电离源(atmospheric pressure matrix2assistedlaser desorp tion ionization，AP2MALDI)，虽与 ESI 相似有灵敏度较低的问题，但较之常规 MALD I/TOFMS 有以下几个优势：①样品处理均在大气压下完成，避免把样品载入质谱真空系统的麻烦；②是一种更柔和的离子源，只需较低的能量就能产生离子，并能减少亚稳离子碎片的出现；③离子源对质谱仪器的质量精度和分辨率没有实质性的影响；④在大气压下，电离时形成均匀的离子云，使电离更加连续稳定。目前国际上 AP2MALDI 电离源由美国 Mathtech 公司专业生产，单离子源售价 5 万美元左右。飞行时间质谱仪是机械、电子、真空、计算机以及电子离子光学等多方面技术的综合，国际上也只有少数几个实验室和大仪器仪表公司具有研究和制造能力。开发我国自主产权的质谱仪器具有重要意义。

2）小型台式仪器

现在 TOFMS 已经在药物开发、基因排序和蛋白质研究中发挥重要作用。将来可能用于地铁、火箭和医生办公室，用来检验化学和生物的战剂，监测室内和宇宙空间站的空气质量，成为诊断仪器，用于器官移植的快速 DNA 分析，从不同蛋白质表达中估计疾病或从抗原分辨特种烈性传染病，这就需要发展小型化，对使用者友好及引入正在发展中的先进技术的综合型仪器。目前国内为满足环保、生化、农药、医药、食品等部门常规测试的需要，廉价及操作简单易于维护的小型台式 GC/TOF、LC/TOF 已具有很大的市场。这类仪器的自动化程度越来越高，许多原先由硬件完成的功能已由软件代替。仪器普遍采用微机处理系统进行控制和数据处理，使操作维修更为方便。

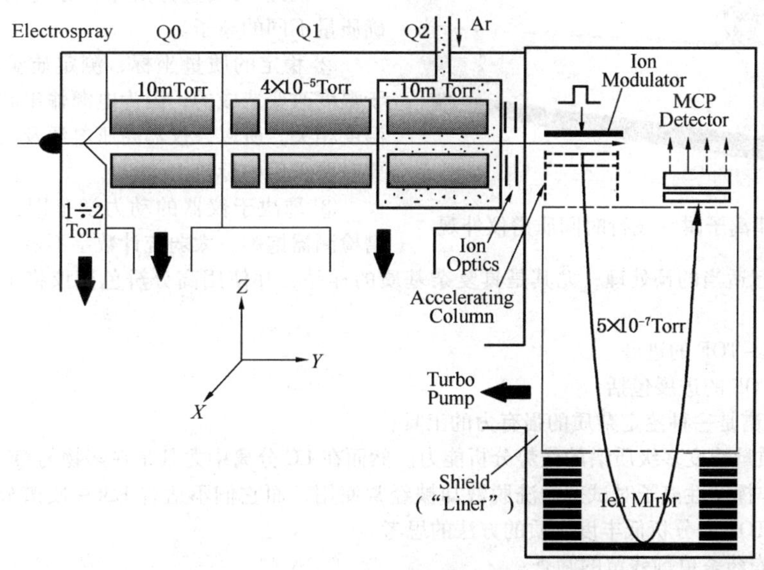

图 6.78 四极杆－飞行时间质谱仪的示意图

(3) LCMS－IT－TOF

1）概述

离子阱质谱的最大优点是实现时间上的串联，目前最新的商品化仪器已经可以达到 11 级的串联。当两端电极的直流电压为零，中间环形电极施加射频电压时，阱内形成一个三维空间的稳定电势区。场电势的作用使离子聚集在阱中央，持续时间可达数百毫秒，它可在一段时间内有选择性地积累离子，达到一定的浓度，以得到足够的灵敏度。这时的离子阱起到选择和储存离子的作用。目前与 TOFMS 实现联用的一般是仅有富集功能的小型离子阱，这正好可以弥补 TOFMS 装置不能在加速区存储离子的缺点。而且 m/z 最小的离子最靠近阱中心，它们的动能最小，捕集效率最高，这对于环境中小分子量有机污染物分析更具有优势。离子阱还可以用于复杂样品中离子的粗分离，可以有效地减少谱图峰的重叠(图 6.79)。

岛津 LCMS－IT－TOF(图 6.80)是基于 MALDI－QIT－TOF 质谱技术发展起来的，同时它能够同液相色谱进行连接，在其设计里包含了多种的新技术。岛津 LCMS－IT－TOF 是连接离子阱和飞行时间质谱的串级

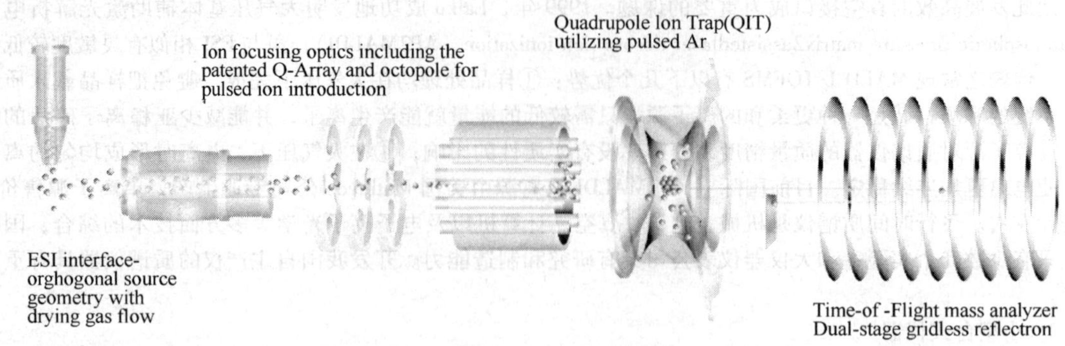

图 6.79 离子阱 - 飞行时间质谱仪工作原理

质谱技术。这项产品是唯一同时具备了高分辨率、高质量精确度、高速检测的 MS^n 飞行时间质谱。由于拥有了以上优点，它能够有效地进行精确结构分析并获得非常丰富的信息数据。

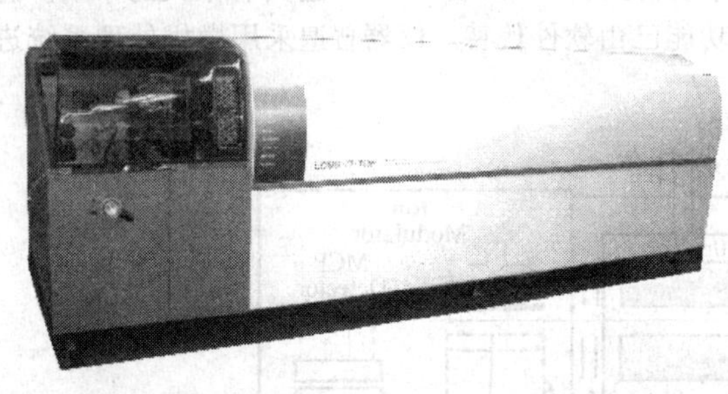

图 6.80 岛津离子阱 - 飞行时间质谱仪外观

离子阱 - 飞行时间质谱可以实现高质量精度、高分辨率，由于：

① 足够的质量分辨率，分离名义质量相同而准确质量不同的离子。

② 稳定的质量坐标，测定质量的漂移常常是由于温度改变造成的，因为电源输出和飞行管的长度与温度相关。所以，仪器高压电源及飞行管应控温，必要时要采用内标。

③ 取决于仪器的动力学范围，信号太强会使质谱检测器饱和，太弱统计数字不足。

④ 对样品进行适当的预处理，尤其是具复杂基质的样品，并使用高分辨色谱仪将干扰物和待测成分分离。

2）LCMS - IT - TOF 的进展

LCMS - IT - TOF 的进展包括：

① IT/TOF 质谱是一种鉴定杂质的强有力的工具：

这是因为高质量精度多级质谱的优势分析能力。然而在 LC 分离中尤其是在药物的 QC 分析中，含非挥发性盐缓冲液和非挥发性离子对试剂的洗脱液却被经常使用，而它们不适合 ESI - 质谱分析，因此就有了采用 LCMS - IT - TOF 来分析低丰度杂质的方法的思考。

② 食品中的农药杀虫剂残留的筛查：

在日本怎样确保食品安全是最被关注的问题之一。为了防范这种对人类健康的化学危害，很有必要开发出一种新的快速筛查方法来检测数百种危险的化学药品。由于 LCMS - IT - TOF 的良好的扫描灵敏度，农药可在 μg/L 水平被检测出．此高分辨率的质谱仪有着极好的质量准确度可以准确的鉴定出这些农药，足够的分辨率能从内源性干扰中区分出它们。

③ 生命科学和代谢组学分析：

应用代谢组学和化学计量学领域的技术可以理解绿茶的代谢组与其品质之间的关系。分析来自 2006 年关西地区茶品比赛的一组绿茶样品可以展示这种先进技术的用途。可通过主成分分析（PCA）来区分不同品质的绿茶结果，利用代谢指纹的信息，进行偏最小二乘法（PLS）的计算，可以构建很有实用意义的品质预测模型。

（4）其他 MSMS 联用技术

LTQ Velos 和 LTQ Orbitrap Velos 质谱仪于 2010 年在匹兹堡展览会首次亮相。LTQ Velos™ 具有全新的双压离子阱和先进的离子透镜，是世界上最快速和最灵敏的离子阱质谱仪。LTQ Orbitrap Velos™ 结合了领先的 Orbitrap™ 质量分析器、全新的高能碰撞解离（HCD）池和双压离子阱技术，可提供具有极高分辨率和精确度的质谱数据。

Q－trap QTRAP 四级杆－线性离子阱质谱仪把串联四级杆－线性离子阱技术首次结合在一起，既保留了串联四极杆质谱仪的优点，如母离子扫描(PS)、中性丢失扫描(NL)、MRM 定量功能，又克服了传统 3D 离子阱质谱仪诸如低质量截止点(1/3 效应)、"空间电荷效应"、碰撞效率低、定量功能差的缺点，并可以作为独立的两种仪器进行操作，是一台集优异定性与定量功能于一体，广泛用于蛋白质(组)研究、药物开发、药物代谢、残留分析、检验检疫等生物大分子和有机小分子领域的全能质谱仪。

6.4　质谱联用分析技术在各个领域中的应用

6.4.1　在药物分析方面的应用

一、LCMS 联用定量分析三种中药材中的重要成分

中药材质量标准的建立是一项长期的工作。在 2010 版药典中增加很多中药材相关的检测标准。由于中药材中成分复杂，分析时干扰大，因此用传统的紫外检测器分析中药材中某些成分时遇到挑战，而用液质联用则可以很好地进行定性和定量分析。本节用岛津 UFLCXR 和 LCMS－2020 液质联用的方法分析了千里光药材中的有毒成分生物碱 adonifoline，金钗石斛药材中的特征成分石斛碱 dendrobine，川楝子药材和饮片中的有效且有毒成分三萜川楝素 toosendanin，并针对要申报药典方法的这三个项目进行了方法验证，取得了可靠的结果。下面仅以千里光(结构式见图 6.81)为例，介绍测定过程。

仪器配置：

本实验采用岛津 LCMS－2020 液质联用仪，具体配置为 LC－20ADXR×2(流动相输液泵)，DGU－$20A_3$(在线脱气机)，SIL－20ACXR(自动进样器)，CTO－20AC(柱温箱)，CBM－20A(系统控制器)，LCMS－2020(单四极杆质谱仪)，LCMSsolution V5.0(色谱工作站)。

分析方法和结果

千里光药材中生物碱 adonifoline 的内标法定量分析

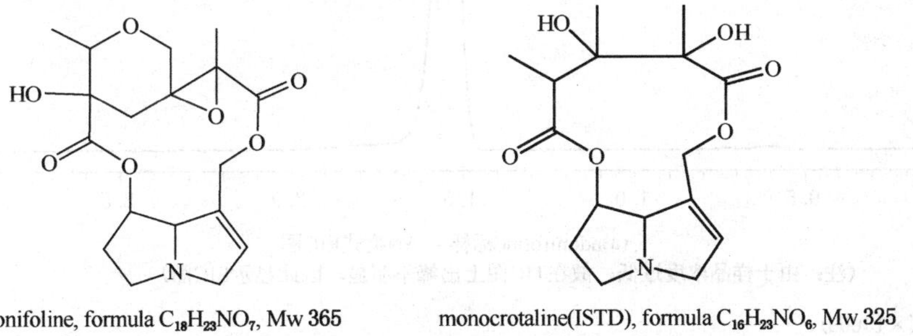

adonifoline, formula $C_{18}H_{23}NO_7$, Mw 365　　monocrotaline(ISTD), formula $C_{16}H_{23}NO_6$, Mw 325

图 6.81　生物碱 adonifoline 的结构式

色谱条件　以十八烷基硅烷键合硅胶为填充剂(TSK－gel ODS－140HTP 2.1×50mm，2.3μm)；以 0.5% 甲酸为流动相 A，以乙腈为流动相 B，按表 6.7 进行梯度洗脱。流动相流速为 0.2mL/min，柱温为 30℃，进样体积 2μL。

表 6.7　色谱条件

Time/min	Module	Command	Value/%
0.01	Pumps	PumpBConc.	7
2.50	Pumps	PumpBConc.	7
3.50	Pumps	PumpBConc.	90
5.50	Pumps	PumpBConc.	7
9.00	Controller	Stop	

质谱条件　以 LCMS－2020 为检测器，按表 6.8 参数进行检测。定性时扫描范围 m/z150～500，定量时 SIM 离子 366.1 和 326.1。

表 6.8　质谱条件

ES IMode	positive	DL Temperature	250℃
Event Time	0.1s	Heat Block Temperature	450℃
Detector Voltage	1.05kV	Nebulizing Gas Flow	1.5L/min
Interface Voltage	4.5kV	Drying Gas Flow	10L/min

内标溶液的制备　精密称取野百合碱(monocrotaline)对照品适量，加 0.5% 甲酸水制成每 1mL 含 200ng 标准品的溶液，即得。

对照品溶液制备　精密称取生物碱对照品适量，加 0.5% 甲酸水溶液制成每 1mL 含生物碱 50ng 的溶液。精密量取该溶液 4mL 和内标溶液 1mL，摇匀，即得。

供试品溶液制备　取本品粉末(50 目)约 0.2g，精密称定，置具塞锥形瓶中，精密加入 0.5% 甲酸水 100mL，称定重量，超声提取 40min，放冷，再称定重量，用 0.5% 甲酸水补足减失的重量，摇匀。精密量取上清液 4mL 置 5mL 量瓶中，加内标溶液至刻度，摇匀，过滤，取续滤液 2μL 注入液相色谱仪，按内标法以峰面积计算，即得。

结果图谱

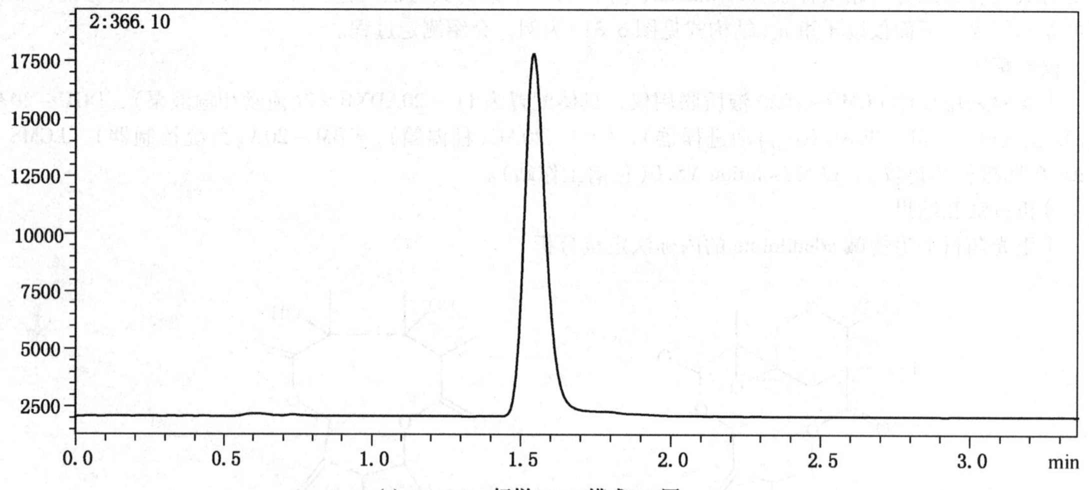

(a)adonifoline标样SCAN模式EIC图

(注：由于样品浓度过低，故在TIC图上出峰不明显，因此显示EIC图)

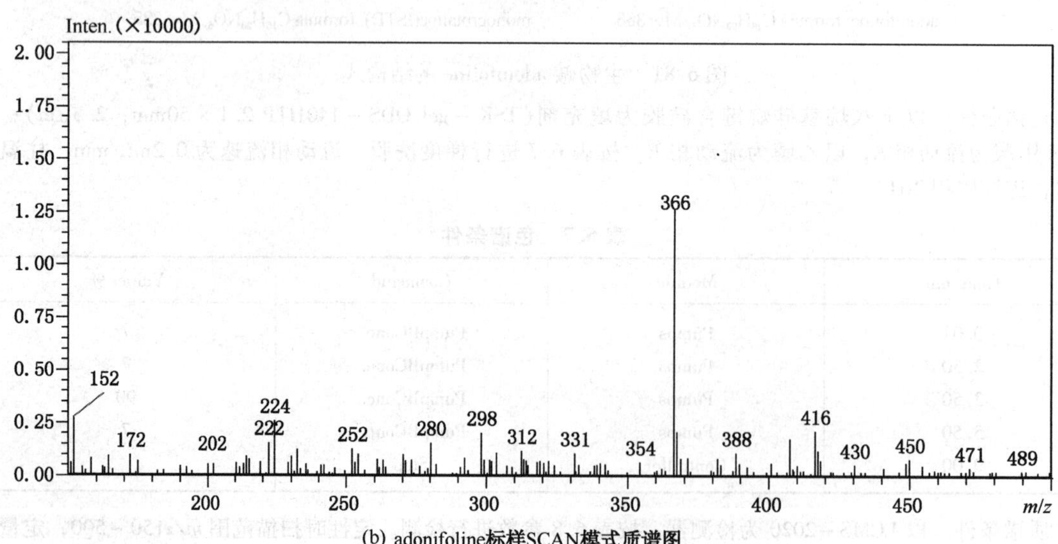

(b) adonifoline标样SCAN模式质谱图

图 6.82　测定得到的谱图(一)

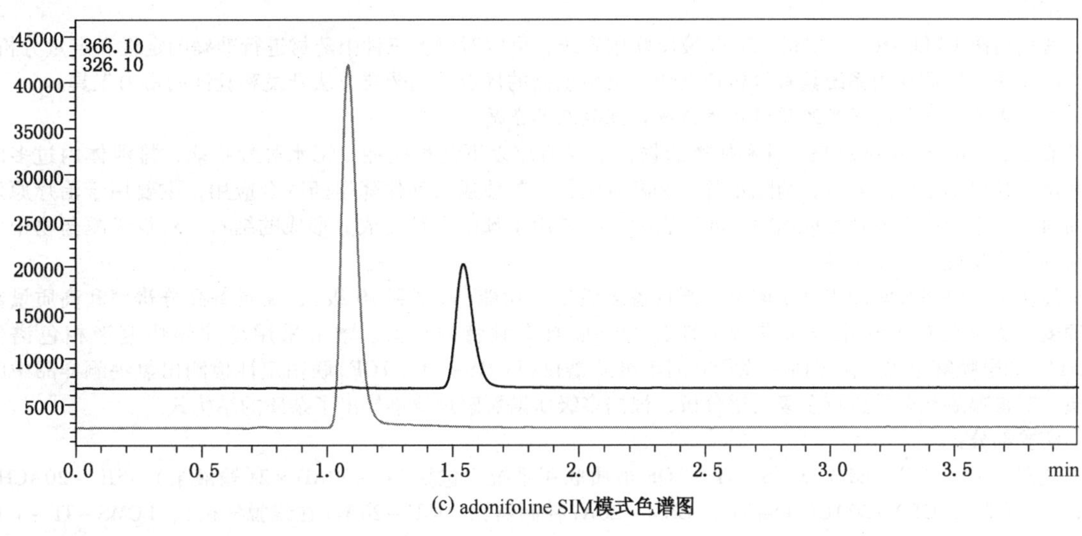

(c) adonifoline SIM模式色谱图

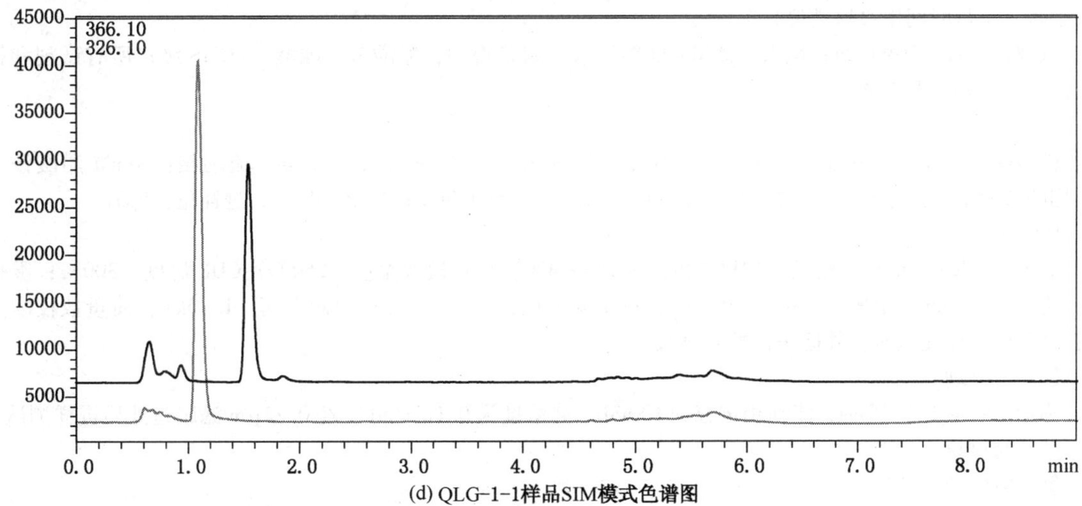

(d) QLG-1-1样品SIM模式色谱图

图 6.82　测定得到的谱图(二)

样品测定结果见图 6.82 和表 6.9(每个标样进 2 针，每个样品前处理两次，得到的溶液各进 2 针)

表 6.9　测定结果列表

编　号	样品说明	药材量/g	目标峰面积/avg	内标峰面积/avg	含量/(μg/g)
QLG - std - 1	对照品(40.12ng/mL)		45954	175057	
QLG - std - 1	对照品(58.28ng/mL)		66461	194077	
QLG - 1 - 1	宝华山样品	0.2064	108954	168701	50.9
QLG - 1 - 2	宝华山样品	0.2029	106715	149135	57.3
QLG - 1 - 3	宝华山样品	0.2011	89295	149126	48.4
QLG - 1 - 4	宝华山样品	0.2007	86886	163528	43.0
QLG - 2 - 1	西山样品	0.2016	ND		ND
QLG - 2 - 2	西山样品	0.2010	ND		ND
QLG - 3 - 1	菊花村样品	0.2016	ND		ND
QLG - 3 - 2	菊花村样品	0.2020	ND		ND

注：西山、菊花村样品低于检测限(1ng/mL)，未检出。

结论：

使用岛津 UFLCXR 和 LCMS－2020 液质联用系统，可以对以上三种中药材进行准确的定性和定量分析。岛津的超快速液质联用系统具有分析速度快，灵敏度高的优点，是药典方法开发和验证的得力工具。

二、离子阱飞行时间串级质谱定性检测氯噻酮及其杂质

氯噻酮(chlortralidone)是一种利尿类药物，主要治疗以下几种病症：①水肿性疾病，排泄体内过多的钠和水，减少细胞外液容量，消除水肿。②高血压，可单独或与其他降压药联合应用，主要用于治疗原发性高血压。③中枢性或肾性尿崩症。④肾石症，主要用于预防含钙盐成分形成的结石。对氯噻酮药物中含量高的杂质按规定需要定性。

岛津离子阱飞行时间串级质谱由于既具备多级质谱功能(最多到 10 级)，又具备高分辨率和高质量数准确度，从而在对未知化合物进行定性分析方面具有独特的优势。本节采用岛津超快速液相色谱仪(UFLC)和电喷雾电离－离子阱－飞行时间串级质谱仪(LCMS－IT－TOF)联用定性检测出氯噻酮样品中的杂质。对氯噻酮和杂质进行多级质谱分析，根据多级质谱裂解规律推导出了杂质的结构式。

实验部分：

仪器与试剂：Shimadzu LCMS－IT－TOF 液质联用系统，包括 LC－20AD×2(输液泵)，SIL－20ACHT(自动进样器)，CTO－20AC(柱温箱)，CBM－20A(控制器)，DGU－$20A_3$(在线脱气机)，LCMS－IT－TOF(离子阱－飞行时间串级质谱仪)。

试剂：甲醇，HPLC 级；纯水，Milli－Q 超纯水仪制备得到；醋酸铵，醋酸，LCMS 级；所有试剂和样品需用 0.22μm 滤膜过滤。

色谱条件：

色谱柱：Shimadzu Shim－pack XR－ODS，2.0mm I.D. ×75mm L.，2.2μm；流动相：10mM 醋酸铵溶液(用醋酸调节 pH 到 5.5)/甲醇＝70/30(v/v)；流速：0.4mL/min；柱温：40℃；进样量：5μL。

质谱条件：

离子源：ESI，负离子模式；扫描范围：*m/z*50～400；加热模块温度：250℃；CDL 温度：300℃；雾化气流速：1.5L/min；干燥气流速：10L/min；离子源电压：－3.5kV；检测器电压：1.70kV；质量数校准方法：自动调谐优化电压，外标法校准质量数。

样品前处理：

称量氯噻酮样品 10mg，流动相定容到 100mL，终浓度为 0.1mg/mL，经 0.22μm 滤膜过滤后进样测试。

结果与讨论：

氯噻酮的分析结果：

1）氯噻酮样品的 TIC 图

从氯噻酮样品的 TIC 图(图 6.83)中可以看出，样品中除了主要成分氯噻酮外，还含有一种杂质。

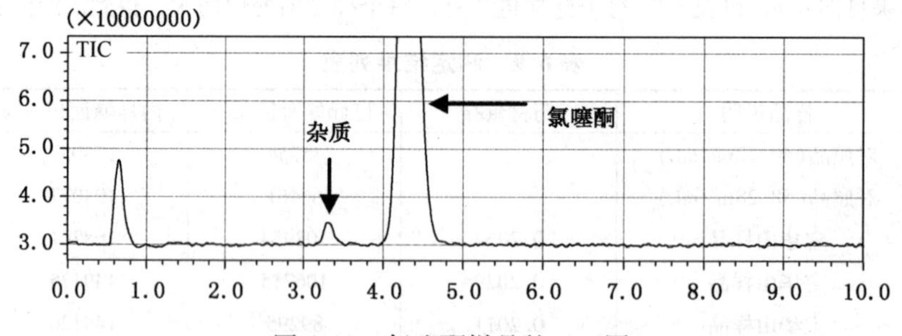

图 6.83 氯噻酮样品的 TIC 图

2)氯噻酮的 1 级质谱图

样品的 1 级质谱(图 6.84)得到样品的 *m/z* 为 337.0057，使用分子式预测软件进行分子式预测(如图 6.85)得样品的分子式为 $C_{14}H_{11}N_2O_4SCl$，分子式结果与样品实际情况吻合，质量数偏差仅为 0.59ppm。

3）氯噻酮的 2 级质谱图(图 6.86)

对 *m/z*337.0057 进行 2 级质谱测试，得到了 *m/z* 为 146.0242，189.9742 和 318.9951 的裂解碎片。其中 *m/z*146.0242 和 189.9742 分别是组成主成分的两个基本单元。

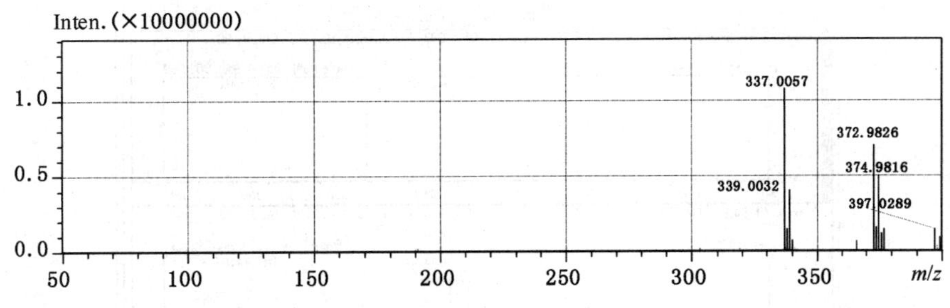

图 6.84 氯噻酮的 1 级质谱图

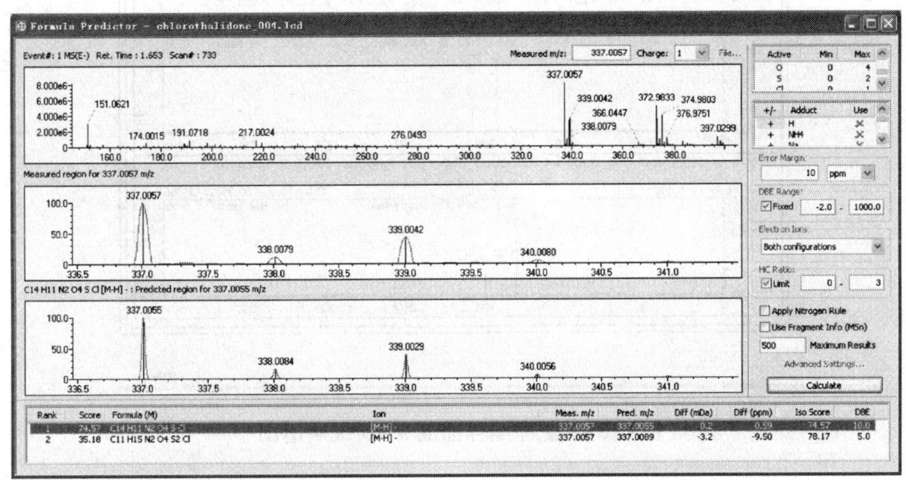

图 6.85 氯噻酮样品的 1 级质谱分子式预测结果

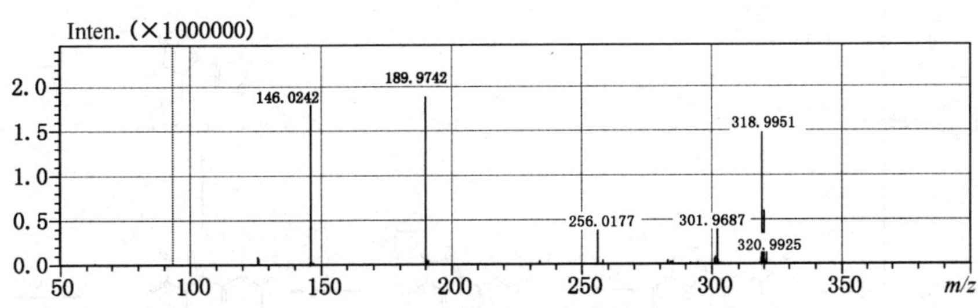

图 6.86 氯噻酮的 2 级质谱图

4）氯噻酮的 3～6 级质谱图

选择 *m/z*318.9951 进行多级质谱测试，得到氯噻酮的 3～6 级质谱图，如图 6.87 所示。

5）氯噻酮的裂解机理

根据氯噻酮的多级质谱信息，推测其可能的裂解机理，如图 6.88 所示。

杂质的分析结果：

1）杂质的 1 级质谱图

样品中检测到 1 个杂质，*m/z*336.0217。分子式预测结果如图 6.89 所示，最有可能的分子式为 $C_{14}H_{12}N_3O_3SCl$，质量数偏差仅为 0.66ppm（见图 6.90）。

2）杂质的 2 级质谱图

杂质的 2 级质谱图中（图 6.91）存在与主成分氯噻酮相同的分子离子峰 *m/z*318.9968 和 *m/z*189.9742，可以推测杂质分子中存在和主成分相似的结构 $C_{14}H_9N_2O_3SCl$ 和 $C_6H_6NO_2SCl$。同时检测到碎片 *m/z*

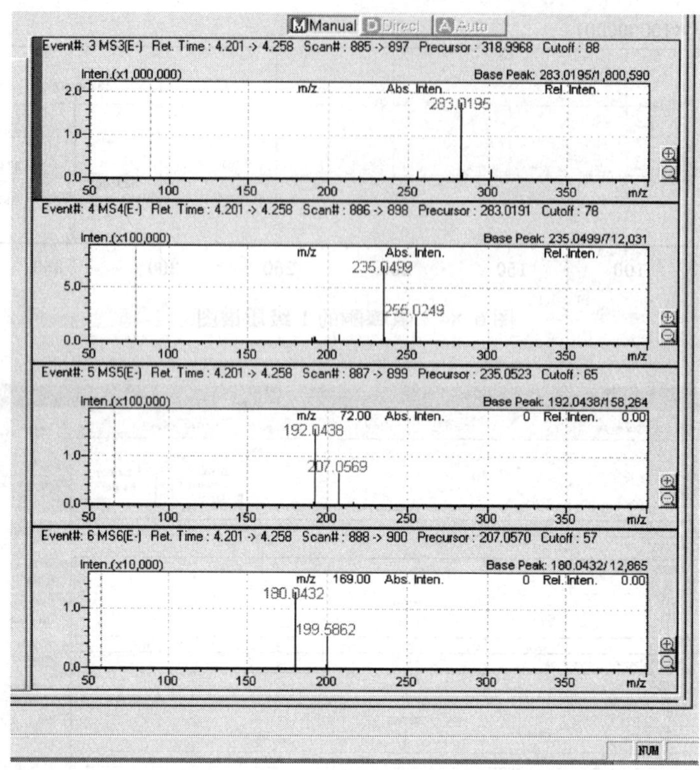

图 6.87 氯噻酮样品的 3 ~ 6 级质谱图

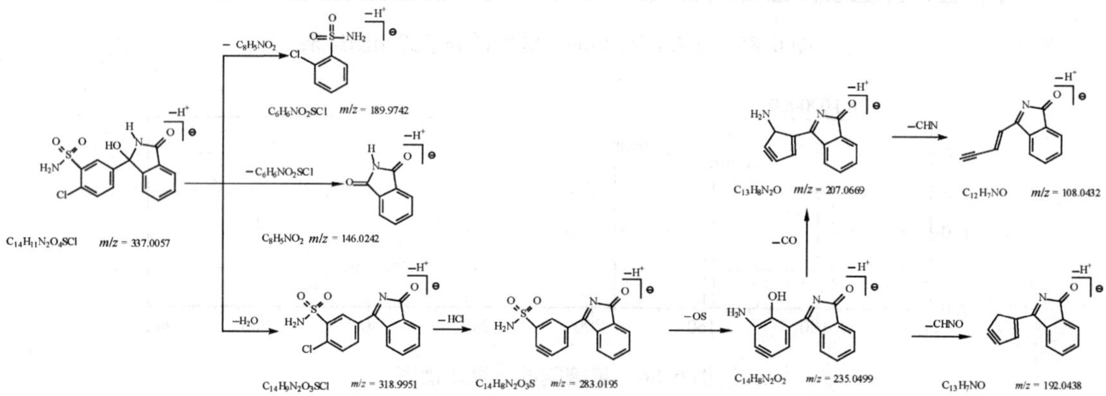

图 6.88 氯噻酮的裂解机理

145.0412，推测该碎片为构成杂质的另外一主要部分，分子式预测软件预测其分子式为 $C_8H_6N_2O$（图 6.92）。

3）杂质的 3 级质谱图（图 6.93）

将 *m/z*318.9968 的碎片继续碎裂，得到 *m/z*283.0192 的分子离子峰，与主成分 3 级质谱相同。

4）杂质的 4 级质谱图（图 6.94）

将 *m/z*283.0192 的碎片继续碎裂，得到 *m/z*235.0511 的碎片峰，与主成分 4 级质谱相同。

5）杂质可能裂解机理

根据预测分子式 $C_{14}H_{12}N_3O_3SCl$，以及杂质的二级质谱图中存在与主成分氯噻酮相同的碎片组分 $C_{14}H_9N_2O_3SCl$ 和 $C_6H_6NO_2SCl$。由 *m/z*145.0412 推测另一主要碎片分子式为 $C_8H_6N_2O$。因此，推断杂质的结构式和裂解途径如图 6.95。

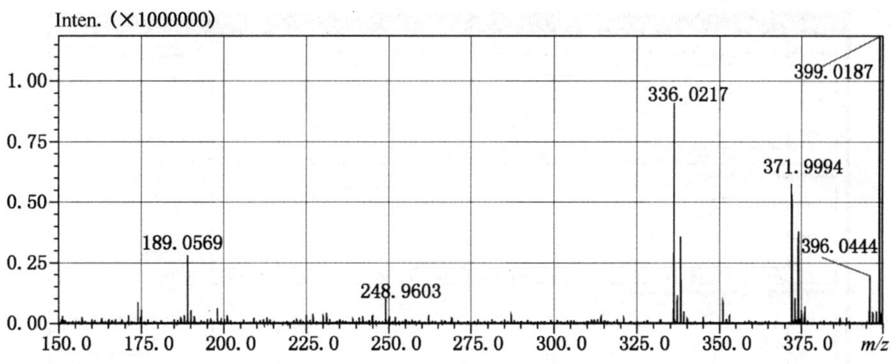

图6.89　杂质的1级质谱图

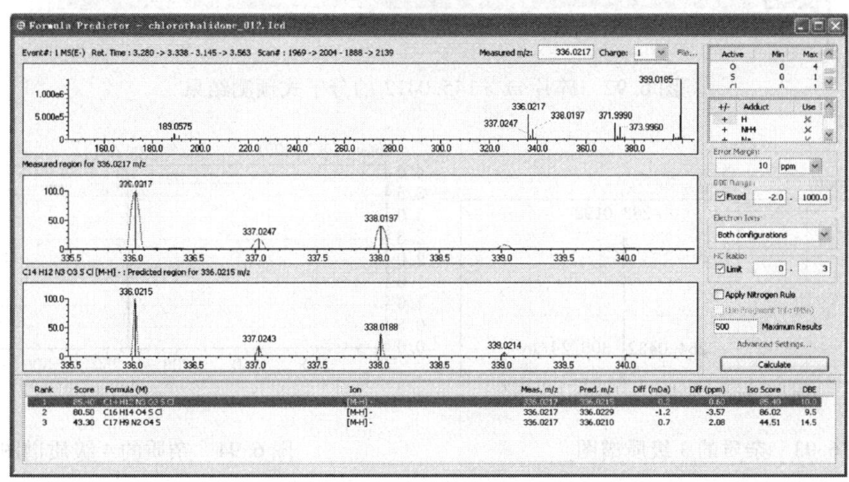

图6.90　m/z 336.0217 分子式预测结果

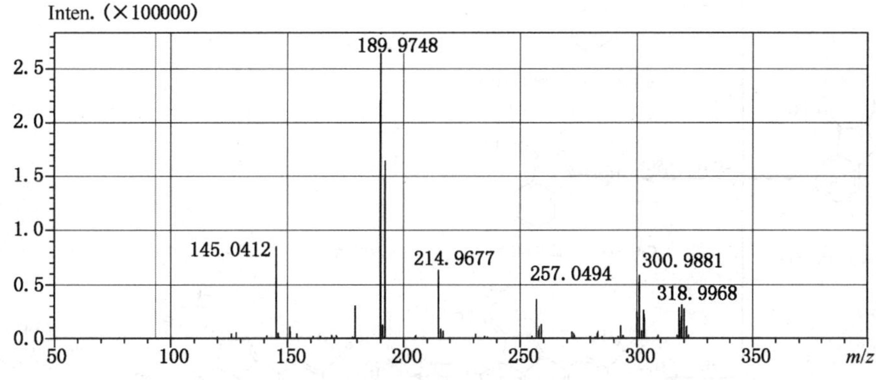

图6.91　杂质的2级质谱图

6.4.2　在农业与食品方面的应用

一、GPC－GCMS 结合岛津同时筛查数据库检测食品中的多农药残留

使用凝胶色谱串联气相色谱质谱，结合岛津同时筛查数据库的方法，通过农药保留时间的调整，测定食品中多种农药残留量，并对此方法进行了分析和研究。样品先用乙腈提取，经盐析、再活性炭及氨基固相萃取小柱净化后，使用在线 GPC 进入 GCMS 进行检测，其中大部分农药回收率在50.0%～135.0%。

实验部分：

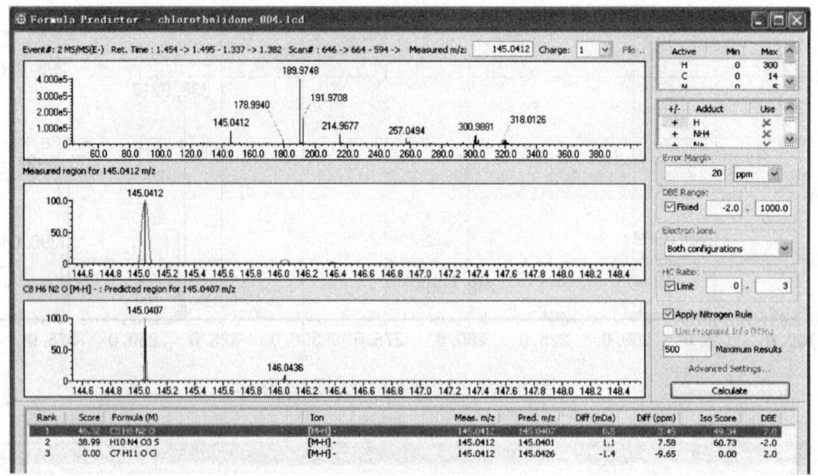

图 6.92 碎片 m/z 145.0412 的分子式预测结果

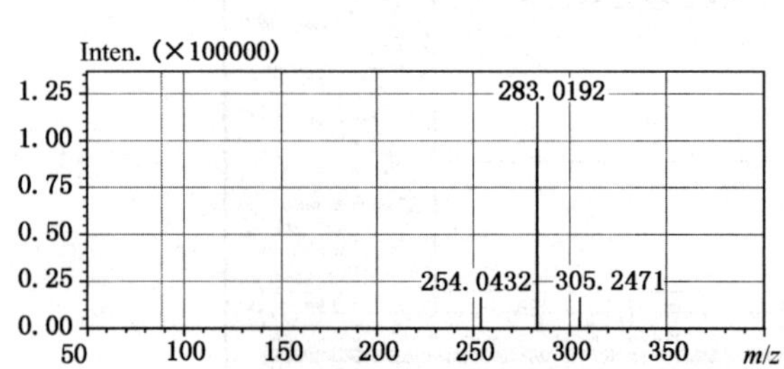

图 6.93 杂质的 3 级质谱图

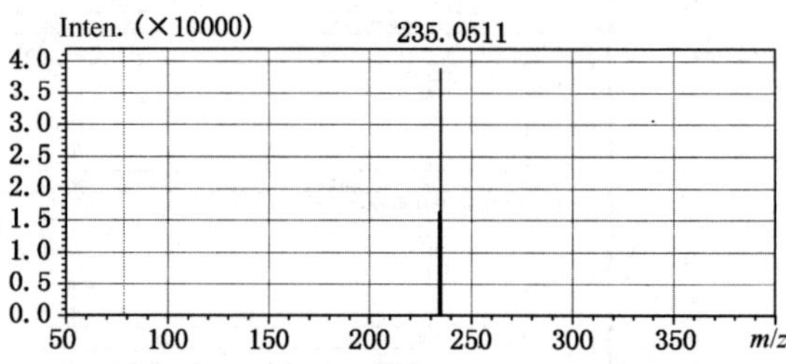

图 6.94 杂质的 4 级质谱图

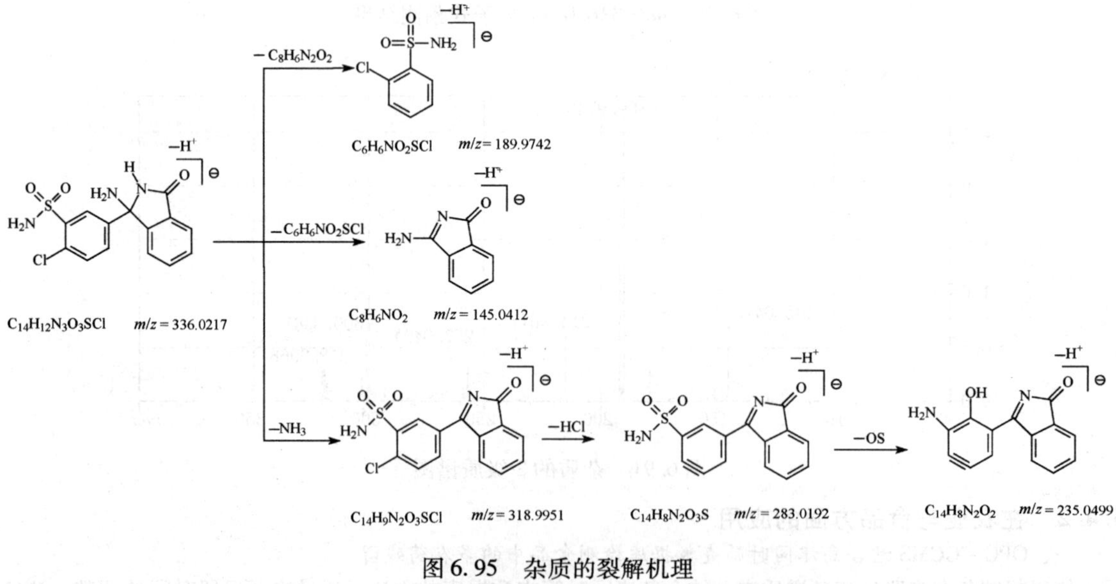

$C_{14}H_{12}N_3O_3SCl$ m/z = 336.0217

$-C_8H_6N_2O_2$ → $C_6H_6NO_2SCl$ m/z = 189.9742

$-C_6H_6NO_2SCl$ → $C_8H_6NO_2$ m/z = 145.0412

$-NH_3$ → $C_{14}H_9N_2O_3SCl$ m/z = 318.9951 —$-HCl$→ $C_{14}H_8N_2O_3S$ m/z = 283.0192 —$-OS$→ $C_{14}H_8N_2O_2$ m/z = 235.0499

图 6.95 杂质的裂解机理

仪器：岛津 GPC - GCMS 凝胶色谱 - 气质联用仪（日本生产）；固相萃取装置：Supelco 多管真空处理系统，Organomation N - EVAP 氮吹仪（美国）Envi - carb 活性炭小柱，NH_2 - LC 氨基小柱（250mg，3mL）（均为 Supelco 公司）；Sartorius ME215S 电子分析天平（德国）。

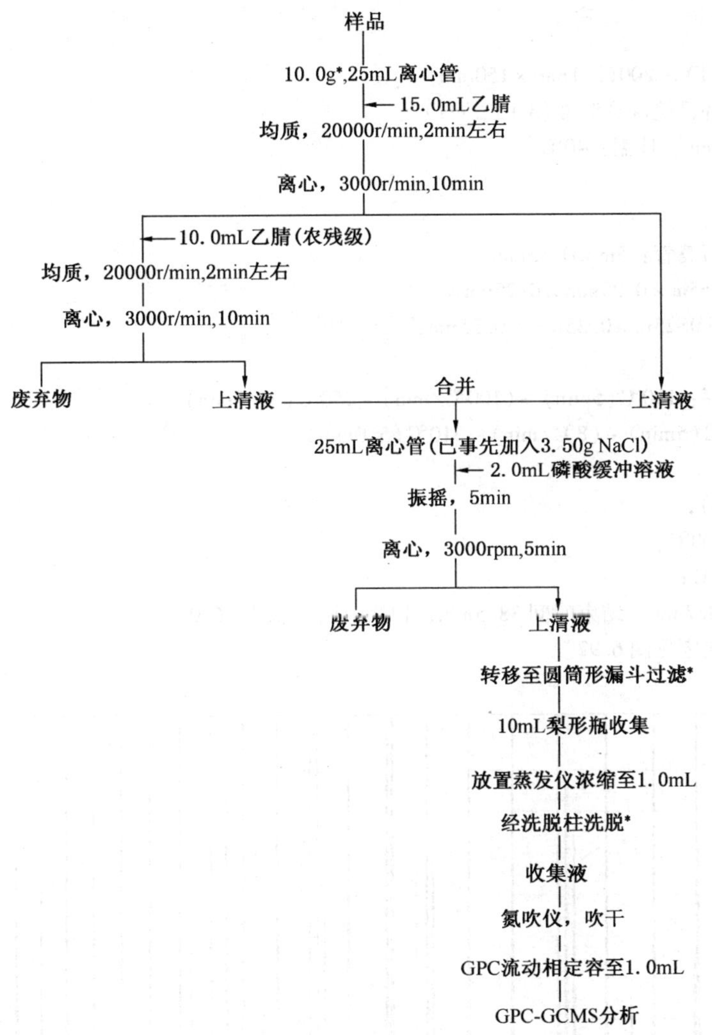

图6.96 样品前处理

试剂：

标准物质：50种农药混标、46种农药混标、85种农药混标各为100mg/kg，正己烷介质(关东化学株式会社)。

正构烷烃标准品：$C_9 \sim C_{33}$为100mg/kg，正已烷介质(关东化学株式会社)。

内标标准品：Naphthalene - d8，Phenanthrene - d10，Acenaphthene - d10，Fluoranthene - d10，Chrysene - d12，Perylene - d12均为100mg/kg，正已烷介质(关东化学株式会社)。

乙腈，甲苯，丙酮，环已烷(农残级，TEDIA公司)，氯化钠，磷酸二氢钾，无水硫酸钠(分析纯，上海试剂一厂)。

所用水均为超纯水。

样品前处理(图6.96)：

① 如含水较少的样品称取2.00g加入8.00g去离子水，浸泡20min。

② 将圆筒形漏斗中塞入一小团棉花(适量)，棉花上面加入约4.0cm高的无水Na_2SO_4层，再将离心管中的上清液用上述漏斗过滤。

③ 将Envi - Carb活性炭小柱和LC - NH_2氨基柱用树脂连接头连起来，上面为活性炭小柱，先用10mL乙腈甲苯混合溶液(3 +1，*v/v*)淋洗，活化小柱；再将浓缩液转移至小柱中，用10mL试管开始收集，然后用10mL乙腈甲苯混合溶液洗脱。

分析条件：

GPC 条件：

Shodex CLNpak EV－200(2.1mm×150mm)

流动相：丙酮环已烷混合溶液(3＋7，*v/v*)

流速：0.1mL/min；柱温：40℃

进样量：10μL

GCMS 条件：

色谱柱：惰性石英管：5m×0.53mm

预柱：DB－5MS5m×0.25mm×0.25um

分析柱：DB－5MS25m×0.25mm×0.25um；

PTV 进样模式，

进样口温度程序：120℃(5min)－(100℃/min)－250℃(31.7min)

柱温程序：82℃(5min)－(8℃/min)－310℃(5.0min)

载气：He

电子轰击源(EI)；

离子源温度：200℃；

接口温度：310℃；

扫描开始时间 8.7min，结束时间 38.5min；扫描范围 *m/z*33～600。

烷烃标准样品测定见图 6.97。

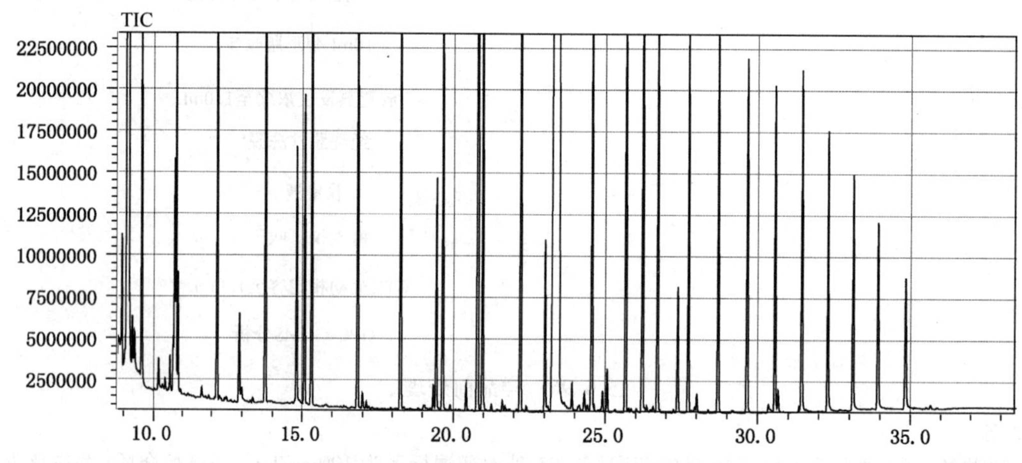

图 6.97 烷烃直接进样 GC/MS 的图谱

GCMS 条件的优化和添加回收实验结果：

多农药残留样品经过了 GPC 再进入 GCMS 后，在保留时间上会于原先筛查数据库中有比较大的差异。通过多次实验，调整了载气的流量和柱温条件，在保证了正构烷烃的出峰顺序一致的前况下，我们使用软件内置的 AART 功能重新对目标化合物进行保留时间的校正(表 6.10)。

表 6.10 修正前后的时间对比表

农药名称	保留时间/min		农药名称	保留时间/min	
	前	后		前	后
乙酰甲胺磷 acephate	17.085	14.335	内标 Phenanthrene－d10	22.413	19.458
内标 chrysene－d12	30.372	27.375	恶虫威 Bendiocarb	20.775	17.890
啶虫脒 acetamiprid	30.067	27.741	*b*－六六六 *b*－HCH	21.828	19.005
a－ 六六六 *a*－HCH	21.168	18.238	噻嗪酮 buprofezin	27.479	24.546

续表

农药名称	保留时间/min		农药名称	保留时间/min	
	前	后		前	后
硫线磷 cadusafos	20.996	18.076	氰戊菊酯 Febvalerate2	35.027	32.063
甲萘威 Carbaryl	23.917	21.023	氟氰戊菊酯 Flucythrinate1	33.862	30.918
毒虫畏 Chlorfenvinphos E	25.637	22.715	氟氰戊菊酯 Flucythrinate2	34.112	31.167
毒虫畏 Chlorfenvinphos Z	25.897	22.715	氟胺氰菊酯 Fluvalinate1	34.916	31.963
乙酯杀螨醇 Chlorobenzilate	28.074	25.142	氟胺氰菊酯 Fluvalinate2	35.002	32.051
毒死蜱 Chlorpyrifos	24.820	21.885	*g*－六六六 *g*－HCH	22.065	19.137
甲基毒死蜱 Chlorpyrifos－methyl	23.616	20.666	异柳磷－oxon Isofenphos－oxon	27.133	22.187
苯腈磷 Cyanophos CYAP	22.237	19.313	异柳磷 Isophenphos	25.865	22.953
内标 Perylene－d12	34.311	31.751	内标 Acenaphthene－d10	17.985	15.116
氟氯氰菊酯 Cyfluthrin1	33.235	30.293	异丙威 Isoprocarb	18.771	15.892
氟氯氰菊酯 Cyfluthrin2	33.364	30.423	恶唑磷 Isoxathion	27.752	24.833
氟氯氰菊酯 Cyfluthrin3	33.424	30.423	恶唑磷－oxon Isoxathion－oxon	27.133	24.233
氟氯氰菊酯 Cyfluthrin4	33.484	30.423	马拉硫磷 Malathion	24.662	21.761
氯氟氰菊酯 Cyhalothirn1	31.334	28.320	甲胺磷 Methamidophos	13.477	11.374
氯氟氰菊酯 Cyhalothrin 2	31.557	28.630	杀扑磷 Methidathion	26.389	23.442
氯氰菊酯 Cypermethrin1	33.648	30.832	甲硫威 Methiocarb	24.447	21.555
氯氰菊酯 Cypermethrin2	33.781	30.832	甲氧滴滴涕 Methoxychlor	30.470	20.855
氯氰菊酯 Cypermethrin3	33.847	30.832	甲基对硫磷 Methyl－parathion	23.775	25.345
氯氰菊酯 Cypermethrin4	33.897	30.699	*p*,*p*′－DDD	28.274	24.340
内标 Naphthalene－d8	12.784	10.856	*p*,*p*′－DDE	27.274	22.091
敌敌畏 DDVP	13.848	11.473	对硫磷 Parathion	25.013	29.616
溴氰菊酯 Deltamethrin	35.697	32.725	氯菊酯 Permethrin1	32.571	29.780
d－六六六 *d*－HCH	22.814	19.944	氯菊酯 Permethrin2	32.731	23.109
二嗪农 Diazinon	22.439	19.506	稻丰散 Phenthoate	26.035	28.167
甲基毒虫威 Dimethylvinphos	24.858	21.953	伏杀硫磷 phosalone	31.111	20.139
苯硫磷 EPN	30.334	27.394	抗蚜威 Pirimicarb	23.048	21.449
乙硫苯威 Ethiofencarb	23.244	20.342	甲基嘧啶磷 Pirimiphos－methyl	24.364	24.138
灭线磷 Ethoprophos	20.261	17.347	丙硫磷 Prothiofos	27.090	29.203
乙嘧硫磷 Etrimfos	22.849	19.924	吡唑硫磷 Pyraclofos	32.147	29.816
杀螟硫磷 Fenitrothion(MEP)	24.416	21.501	哒螨灵 Pyridaben	32.770	27.174
仲丁威 Fenobucab	19.820	16.924	哒嗪硫磷 Pyridaphenthion	30.091	28.402
内标 Fluoranthene－d10	25.996	23.030	吡丙醚 Pyriproxyfen	31.341	23.126
倍硫磷 Fenthion	24.923	22.003	喹硫磷 Quinalphos	26.049	31.291
氰戊菊酯 Fenvalerate1	34.765	31.810	氟硅菊酯 Silafluofen	34.245	19.892

续表

农 药 名 称	保留时间/min		农 药 名 称	保留时间/min	
	前	后		前	后
七氯菊酯 Tefluthrin	22.814	19.308	联苯三唑醇 Bitertanol	32.479	29.534
特丁硫磷 Terbufos	22.242	18.474	敌菌丹 Captafol	29.707	26.676
甲基乙拌磷 Thiometon	21.411	19.011	灭螨猛 Chinomethionat	26.459	24.868
莠去津 Atrazine	21.880	17.851	环丙唑醇 Cyproconazole	27.773	21.672
乙丁氟灵 Benfluralin	20.767	20.522	Dichlofluanid	24.595	18.593
呋草黄 Benfuresate	23.433	20.522	氯硝胺 Dicloran	21.524	22.003
除草定 Bromacil	24.461	21.782	乙霉威 Diethofencarb	24.879	32.426
溴丁酰草胺 Bromobutide	23.622	20.697	苯醚甲环唑 Difenoconazole1	35.336	32.426
丁草敌 Butylate	17.073	14.201	苯醚甲环唑 Difenoconazole2	35.402	26.068
克菌丹 Captan	26.078	23.156	敌瘟磷 Edifenphos	28.994	28.844
Carfentrazone - ethyl	28.839	25.928	氯苯嘧啶醇 Fenarimol	31.789	24.532
Chlorpropham	20.580	18.680	氟硅唑 Flusilazole	27.430	24.141
氯酞酸甲酯 Chlorthal - dimethyl	24.926	21.992	氟酰胺 Flutolanil	26.986	22.299
异恶草松 Clomazone	21.968	19.043	Fthalide	25.220	33.770
禾草灵 Diclofop - methyl	29.541	26.609	亚胺唑 Imibencinazole	36.836	20.172
哌草丹 Dimepiperate	26.165	23.219	异稻瘟净 Iprobenfos	23.069	27.211
异戊乙净 Dimethametryn	25.807	22.908	Iprothiolane	30.100	24.225
噻节因 Dimethipin	21.865	19.046	敌草胺 Napropamide	26.935	24.013
双苯酰草胺 Diphenamid	25.379	22.466	丙环唑 Propiconazole1	29.092	26.075
茵草敌 EPTC	15.875	13.068	丙环唑 Propiconazole2	29.143	26.216
戊草丹 Esprocarb	24.642	21.714	啶斑肟 Pyrifenox E	26.507	23.571
环嗪酮 Hexazinone	29.287	26.407	啶斑肟 Pyrifenox Z	25.877	22.947
环草啶 Lenacil	29.070	26.260	戊唑醇 Tebuconazole	29.502	26.596
苯噻酰草胺 Mefenacet	31.411	28.482	甲基立枯磷 Tolclofos - methyl	23.800	20.873
异丙甲草胺 Metolachlor	24.758	21.839	三唑醇 Triadimenol1	26.130	23.225
乙氧氟草醚 Oxyfluorfen	27.425	24.538	三唑醇 Triadimenol2	26.321	23.434
二甲戊灵 Pendimrthalin	25.628	22.698	三环唑 Tricyclazole	27.121	24.226
哌草磷 Piperophos	30.395	27.469	氟丙菊酯 Acrinathrin	31.784	28.875
丙草胺 Pretilachlor	27.120	24.214	三氯杀螨醇 Dicofol	30.593	27.471
炔苯酰草胺 Propyzamide	22.332	19.436	丰索磷 Fensulfothion	28.120	25.231
西玛津 Simazine	21.753	18.914	苄螨醚 Halfenprox	33.746	30.797
噻吩草胺 Thenylchlor	29.394	26.463	多效唑 Paclobutrazol	26.583	23.676
禾草丹 Thiobencarb	24.858	21.934	嘧螨醚 Pyrimidifen	34.544	31.590

将完善后方法直接用于添加回收实验，进行方法可靠性的验证。对 100 多种农残添加回收的 TIC 图见图 6.98。

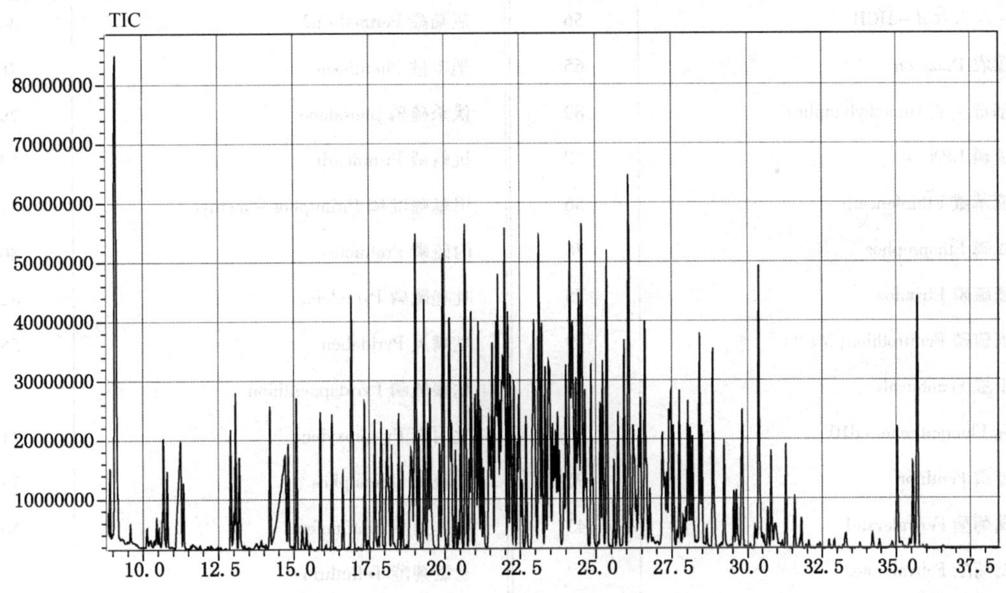

图 6.98 多种农药添加回收的全扫描图

从图 3 可以看到，TIC 基线与单纯的直接进样 GCMS 相比平坦，说明在线 GPC 对样品的净化起到了十分优良的作用，同时对减少仪器的维护次数也十分有利。通过软件分析上面的数据，对 0.06mg/kg 的添加回收，在 143 种物质的分析中，扣除 6 个内标物质，共检测出 123 个农药，其中 102 个农药回收率在 50.0% ~135.0%，占所有添加回收物质的 74%。各农药的平均回收率(6 次平均)如表 6.11。

表 6.11 0.06mg/kg 添加回收样品的平均回收率表

农药名称	平均回收率	农药名称	平均回收率
乙酰甲胺磷 acephate	78	苯腈磷 Cyanophos CYAP	95
内标 chrysene - d12		内标 Perylene - d12	
啶虫脒 acetamiprid	85	氟氯氰菊酯 Cyfluthrin1	41
a - 六六六 *a* - HCH	56	氟氯氰菊酯 Cyfluthrin2	42
内标 Phenanthrene - d10		氟氯氰菊酯 Cyfluthrin3	
恶虫威 Bendiocarb	91	氟氯氰菊酯 Cyfluthrin4	72
b - 六六六 *b* - HCH	65	氯氟氰菊酯 Cyhalothirn1	42
噻嗪酮 buprofezin	55	氯氟氰菊酯 Cyhalothrin 2	75
硫线磷 cadusafos	72.1	氯氰菊酯 Cypermethrin1	72
甲萘威 Carbaryl	89	氯氰菊酯 Cypermethrin2	
毒虫畏 Chlorfenvinphos E	65	氯氰菊酯 Cypermethrin3	85
毒虫畏 Chlorfenvinphos Z	65	氯氰菊酯 Cypermethrin4	
乙酯杀螨醇 Chlorobenzilate	45	内标 Naphthalene - d8	
毒死蜱 Chlorpyrifos	68	敌敌畏 DDVP	72
甲基毒死蜱 Chlorpyrifos - methyl	75	溴氰菊酯 Deltamethrin	

续表

农 药 名 称	平均回收率	农 药 名 称	平均回收率
d－六六六 *d*－HCH	56	氯菊酯 Permethrin2	34
二嗪农 Diazinon	65	稻丰散 Phenthoate	76
甲基毒虫威 Dimethylvinphos	89	伏杀硫磷 phosalone	79
苯硫磷 EPN	72	抗蚜威 Pirimicarb	57
乙硫苯威 Ethiofencarb	56	甲基嘧啶磷 Pirimiphos－methyl	81
灭线磷 Ethoprophos	78	丙硫磷 Prothiofos	80
乙嘧硫磷 Etrimfos	75	吡唑硫磷 Pyraclofos	82
杀螟硫磷 Fenitrothion(MEP)	79	哒螨灵 Pyridaben	55
仲丁威 Fenobucab	56	哒嗪硫磷 Pyridaphenthion	51
内标 Fluoranthene－d10		吡丙醚 Pyriproxyfen	71
倍硫磷 Fenthion	95	喹硫磷 Quinalphos	74
氰戊菊酯 Fenvalerate1	43	氟硅菊酯 Silafluofen	50
氰戊菊酯 Febvalerate2		七氯菊酯 Tefluthrin	
氟氰戊菊酯 Flucythrinate1	54	特丁硫磷 Terbufos	53
氟氰戊菊酯 Flucythrinate2		甲基乙拌磷 Thiometon	61
氟胺氰菊酯 Fluvalinate1	65	莠去津 Atrazine	54
氟胺氰菊酯 Fluvalinate2		乙丁氟灵 Benfluralin	75
g－六六六 *g*－HCH	47	呋草黄 Benfuresate	35
异柳磷－oxon Isofenphos－oxon	72	除草定 Bromacil	61
异柳磷 Isophenphos	64	溴丁酰草胺 Bromobutide	61
内标 Acenaphthene－d10		丁草敌 Butylate	42
异丙威 Isoprocarb	55	克菌丹 Captan	
恶唑磷 Isoxathion	72	Carfentrazone－ethyl	82
恶唑磷－oxon Isoxathion－oxon	63	Chlorpropham	46
马拉硫磷 Malathion	72	氯酞酸甲酯 Chlorthal－dimethyl	42
甲胺磷 Methamidophos	57	异恶草松 Clomazone	83
杀扑磷 Methidathion	94	禾草灵 Diclofop－methyl	81
甲硫威 Methiocarb	41	哌草丹 Dimepiperate	42
甲氧滴滴涕 Methoxychlor		异戊乙净 Dimethametryn	
甲基对硫磷 Methyl－parathion	74	噻节因 Dimethipin	
p,*p*'－DDD		双苯酰草胺 Diphenamid	76
p,*p*'－DDE		茵草敌 EPTC	84
对硫磷 Parathion	70	戊草丹 Esprocarb	45
氯菊酯 Permethrin1	52	环嗪酮 Hexazinone	63

续表

农　药　名　称	平均回收率	农　药　名　称	平均回收率
环草啶 Lenacil	58	氟硅唑 Flusilazole	56
苯噻酰草胺 Mefenacet	64	氟酰胺 Flutolanil	86
异丙甲草胺 Metolachlor	58	Fthalide	85
乙氧氟草醚 Oxyfluorfen	56	亚胺唑 Imibencinazole	68
二甲戊灵 Pendimrthalin	56	异稻瘟净 Iprobenfos	56
哌草磷 Piperophos	76	Iprothiolane	45
丙草胺 Pretilachlor	45	敌草胺 Napropamide	73
炔苯酰草胺 Propyzamide	42	丙环唑 Propiconazole1	98
西玛津 Simazine	45	丙环唑 Propiconazole2	34
噻吩草胺 Thenylchlor	43	啶斑肟 Pyrifenox E	56
禾草丹 Thiobencarb	73	啶斑肟 Pyrifenox Z	87
联苯三唑醇 Bitertanoll	56	戊唑醇 Tebuconazole	65
敌菌丹 Captafol	95	甲基立枯磷 Tolclofos – methyl	55
灭螨猛 Chinomethionat	72	三唑醇 Triadimenol1	45
环丙唑醇 Cyproconazole	85	三唑醇 Triadimenol2	56
Dichlofluanid	88	三环唑 Tricyclazole	89
氯硝胺 Dicloran	63	氟丙菊酯 Acrinathrin	89
乙霉威 Diethofencarb	55	三氯杀螨醇 Dicofol	99
苯醚甲环唑 Difenoconazole1	52	丰索磷 Fensulfothion	98
苯醚甲环唑 Difenoconazole2	135	苄螨醚 Halfenprox	56
敌瘟磷 Edifenphos	123	多效唑 Paclobutrazol	74.2
氯苯嘧啶醇 Fenarimol	99	嘧螨醚 Pyrimidifen	78

二、LCMS 法分析检测水产品鳗鱼中四种硝基呋喃代谢物

硝基呋喃类药物是人工合成的广谱抗生素，曾经被广泛应用，作为猪、禽类和水产促生长的添加剂。但在长时间的实验室研究过程中发现，硝基呋喃类的药物和代谢物均可以使实验动物发生癌变和基因突变。硝基呋喃与氯霉素一样，已被欧盟确定为不得检出的抗生素之一。此文采用 2 – 硝基苯甲醛（2 – NBA）衍生化反应之后液液提取的样品前处理方法，采用 LC – APCI – MS 对鳗鱼样品中硝基呋喃代谢物 AOZ，AMOZ，SC，AH 进行检测分析。

LCMS 分析条件：

仪器：ShimadzuLCMS – 2010EV 高效液相色谱 – 质谱联用仪（含 LC – 20AD 二元泵，在线真空脱气机，柱温箱，大气压化学离子化接口的四极杆质谱检测器以及 LCMS solution3.2 色谱工作站），Milli – QGradientA10 超纯水器（MilliporeInc. USA）。

LC 分析条件：

色谱柱：ShimadzuVP – ODS（C18），4.6mm I. D × 250mm，5μm

柱温：40℃　　　　　　　　流速：0.8mL/min

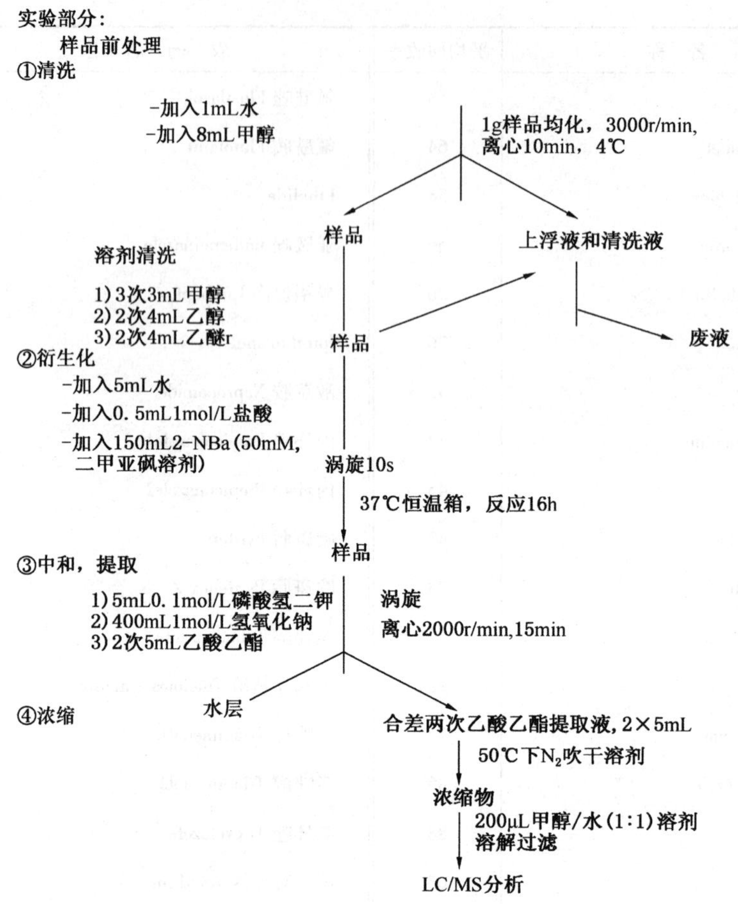

流动相：A：MeOH B：Water(10mMNH$_4$Ac)

Time(min)	B(%)
0.01	50
13.00	50
13.01	5
17.00	5
17.01	50
27.00	stop

进样体积：50μL

MS 分析条件：

质谱检测模式：大气压化学离子化(APCI)；离子极性：Positive；雾化气流速 2.5L/min，反吹气 0.03MPa，曲形脱溶剂装置(CDL)温度：250℃，电压(ProbeVoltage)4.5kV；加热块(Block)温度：200℃；检测器电压 1.50kV。选择性离子检测方式(SIM)，检测衍生化反应之后四个产物的目标离子 *m/z*，2-NBA-AOZ：253，2-NBA-AMOZ：335，2-NBA-AH：266，2-NBA-SC：226，

结果讨论：

(1) 硝基呋喃代谢物的衍生物标准品谱图结果

在上述分析条件下，四种硝基呋喃衍生物标准品 2-NBA-AOZ、2-NBA-AMOZ、2-NBA-AH、2-NBA-SC色谱图如图6.99 所示。

相应于 AOZ，AMOZ，AH，SC 的浓度分别为 0.43ppb，0.62ppb，2.32ppb，0.36ppb。

(2) 空白鳗鱼样品

取空白鳗鱼样品，按上述预处理方法进行操作，得到空白样品谱图，见图 6.100。可见该条件下，背

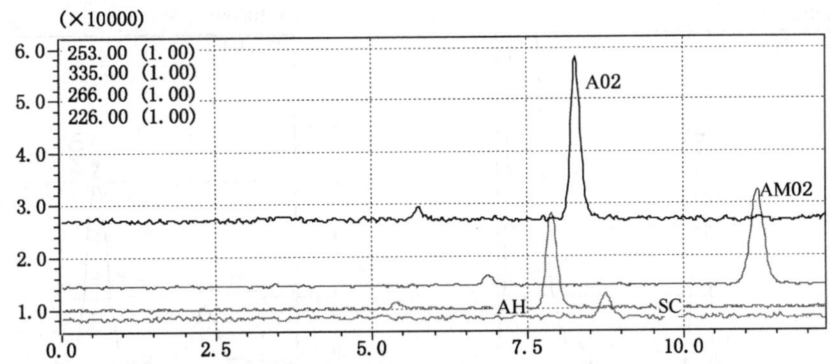

图 6.99　四种硝基呋喃代谢物衍生物的标准品色谱图

景杂质对 AOZ、AMOZ、AH、SC 检测不存在明显干扰。

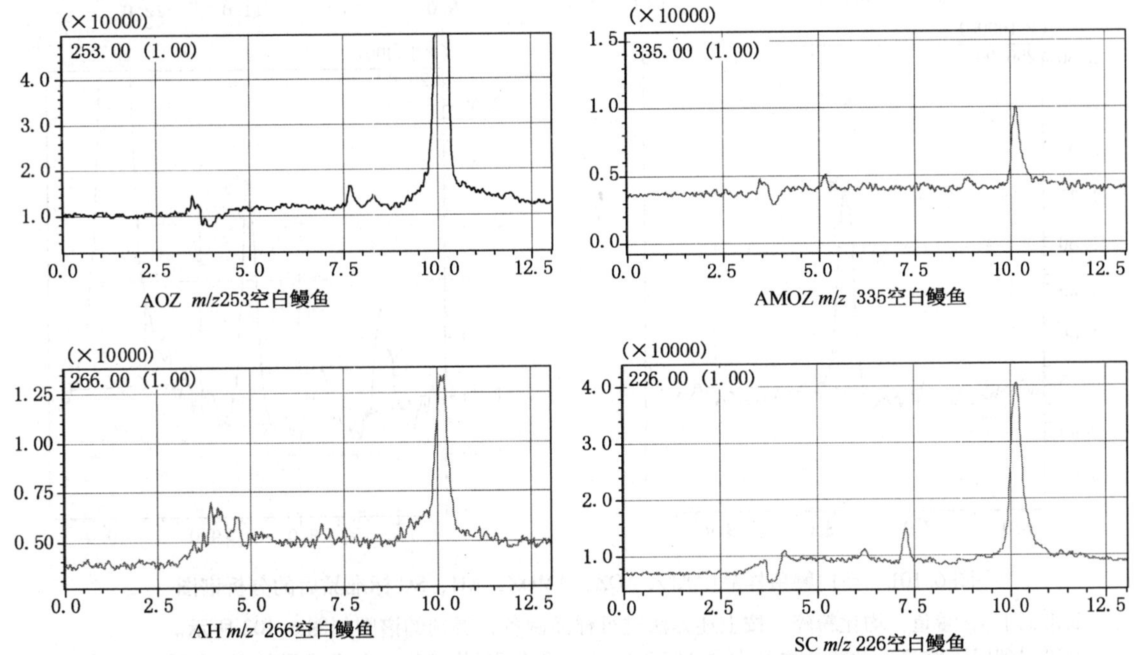

图 6.100　空白鳗鱼样品谱图

(3) 回收率，检测限，定量限结果

在空白鳗鱼样品中加入硝基呋喃代谢物标准品溶液，使 AOZ、AMOZ、AH、SC 的浓度为 0.5ppb，0.5ppb，0.5ppb，2.5ppb. 按上述方法进行衍生化提取等前处理，由 LCMS 分析得到加标样品色谱图，见图 6.101。利用加标样品得到方法回收率、检测限、定量限，结果见表 6.12。

表 6.12　方法回收率、检测限、定量限结果

	Conc/(ng/g)	Mean($n=2$)	Recovery/%	RSD/%	LOD/(ng/g)	LOQ/(ng/g)
AOZ	0.5	0.45	89.10	2.7	0.077	0.25
AMOZ	0.5	0.36	74.54	5.8	0.063	0.21
AH	2.5	0.94	42.13	16.3	0.163	0.55
SC	0.5	0.50	106.8	10.2	0.151	0.50

(4) 测定用户的活鳗样品结果

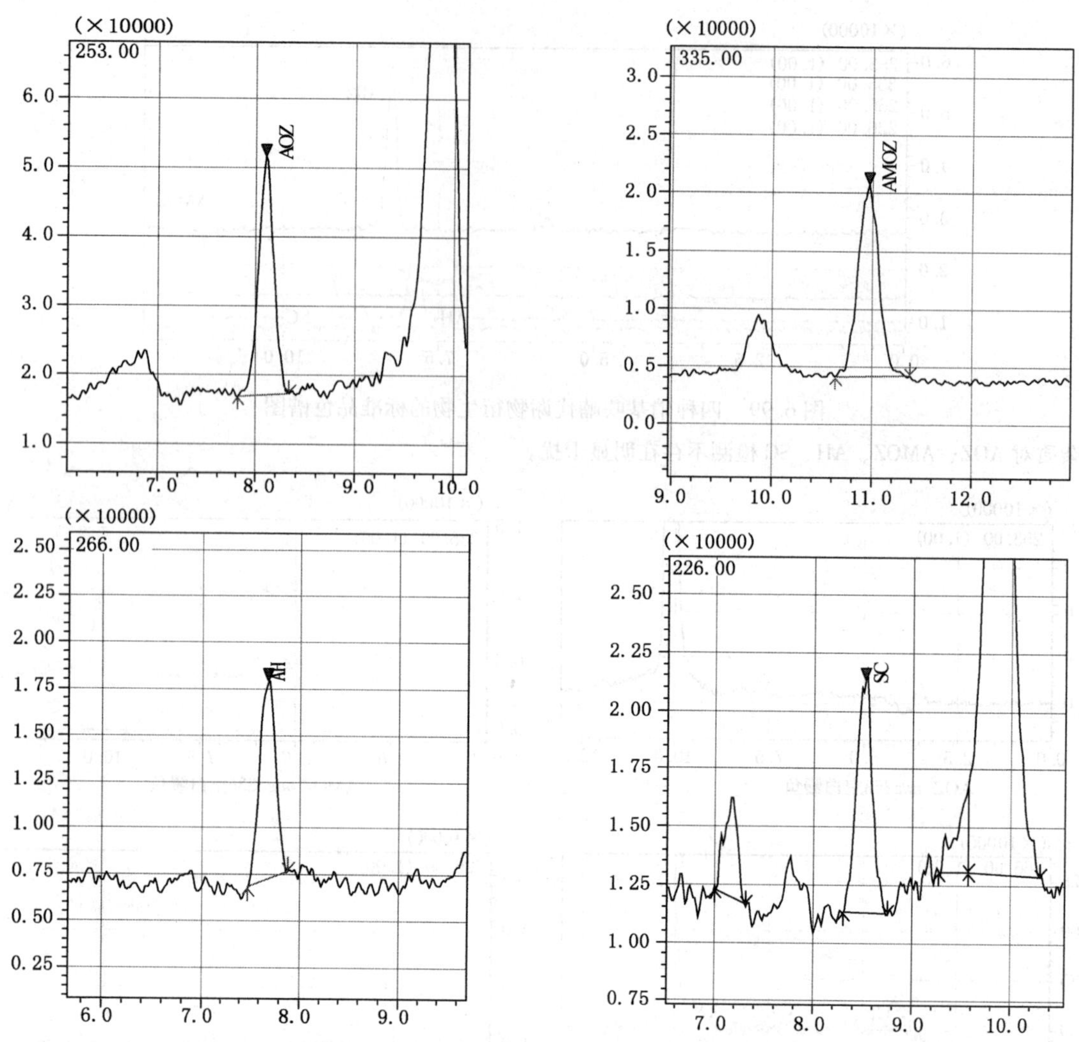

图 6.101　空白鳗鱼样品中加入 AOZ，AMOZ，AH，SC 标准品后的分析谱图

取市面上 1g 鳗鱼，均化粉碎，按上述方法进行样品制备，得到的谱图如图 6.102 所示。

可以得到以下结论，此鳗鱼样品中含 AOZ3.8ppb，含有 SC 代谢物，在定量限以下，不含硝基呋喃代谢物 AMOZ 和 AH。

结论：

利用 LC－APCI－MS 对鳗鱼样品中呋喃唑酮代谢物 AOZ，呋喃它酮代谢物 AMOZ，呋喃西林代谢物 SC 和呋喃妥因代谢物 AH 同时进行检测分析，AOZ 和 AMOZ 的检测限为 0.1ppb，定量限为 0.3ppb，AH 的检测限和定量限分别为 0.2ppb 和 0.6ppb，SC 的检测限和定量限分别为 0.15ppb 和 0.5ppb。此方法可以很好的用于鳗鱼企业内部对水产品中硝基呋喃抗生素代谢物的检测分析。

6.4.3　在生命科学方面的应用

一、胍基标记衍生(GLaD)Tau 蛋白相关多肽的 LCMS－IT－TOF 定量检测方法

Tau 是一种微管相关蛋白，控制一定范围的微管相关功能。在 Tau 蛋白中，淀粉样蛋白的形成与阿尔茨海默病相关。Tau 蛋白生成淀粉样蛋白与成核序列 VQIVYK 有关。这一序列被证实可激发淀粉样蛋白的生成并控制其生成速率。为研究这一成核多肽序列变化后对淀粉样蛋白生成的影响，建立了序列如下的多肽库：Ac－VQIVXK－NH2，(其中 X 代表天然存在的 L－氨基酸，不包括 Cys 和 Leu)，并检测其物理性质。以往报道采用 MALDI－TOF 的方法对不同标记的多肽同系物进行相对丰度的检测，并得到变异多肽混合物溶液中溶解与不溶解两相的分配系数。Jessica Z. Bereszczak 等将 GLaD 衍生法与 LCMS 检测相结合，快

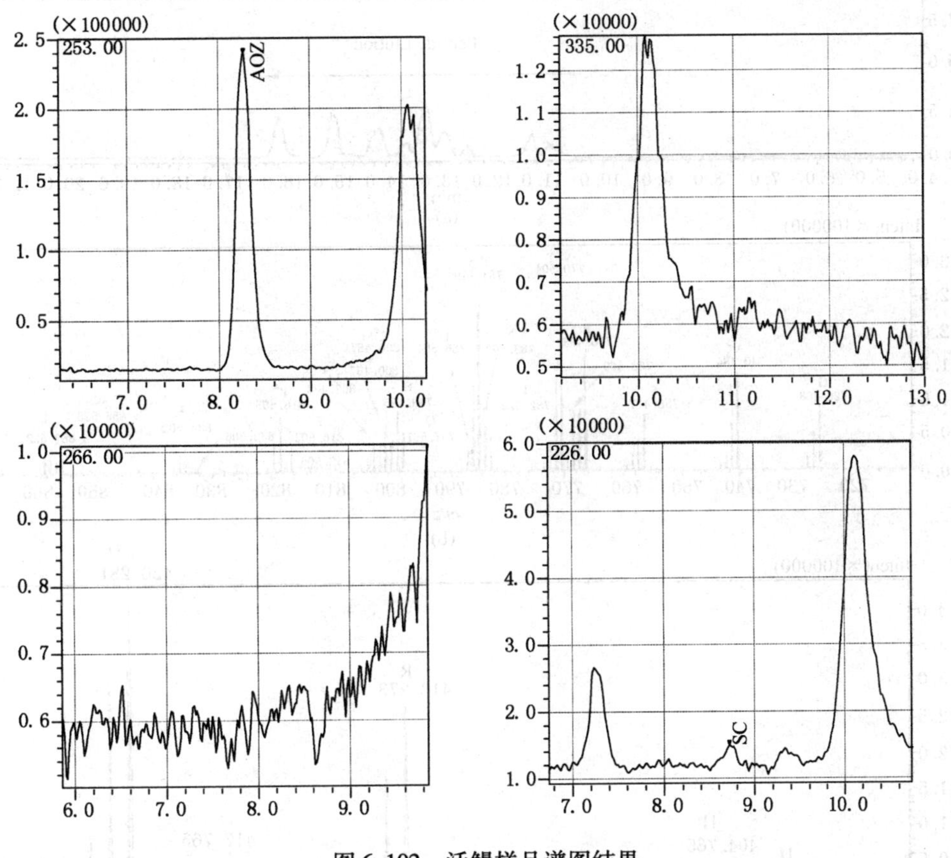

图 6.102　活鳗样品谱图结果

速检测得到丰度比例，进行相对定量，并得到 tau 蛋白相关多肽在两相中的分配系数（图 6.103、图 6.104）。

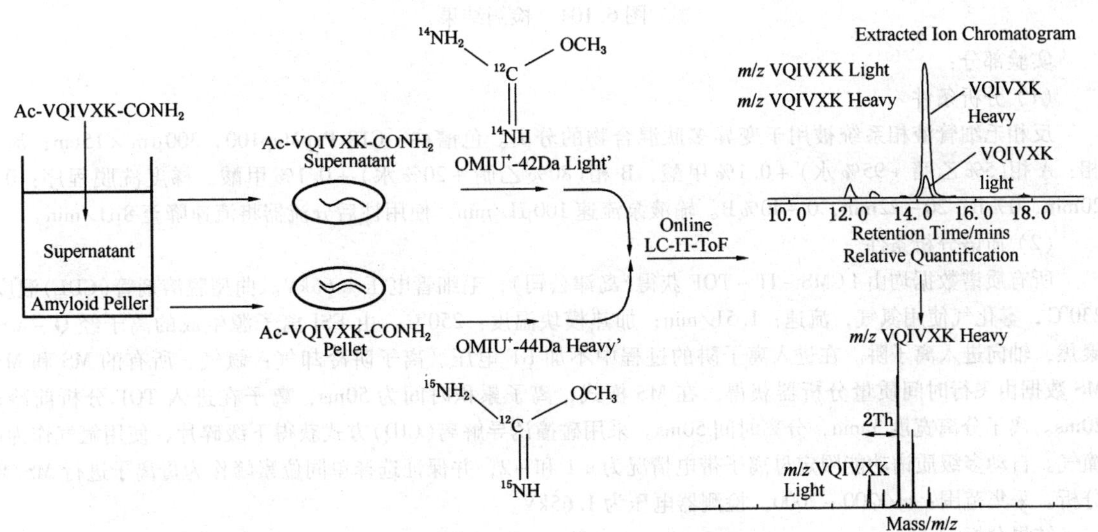

图 6.103　tau 蛋白相关多肽的定量检测

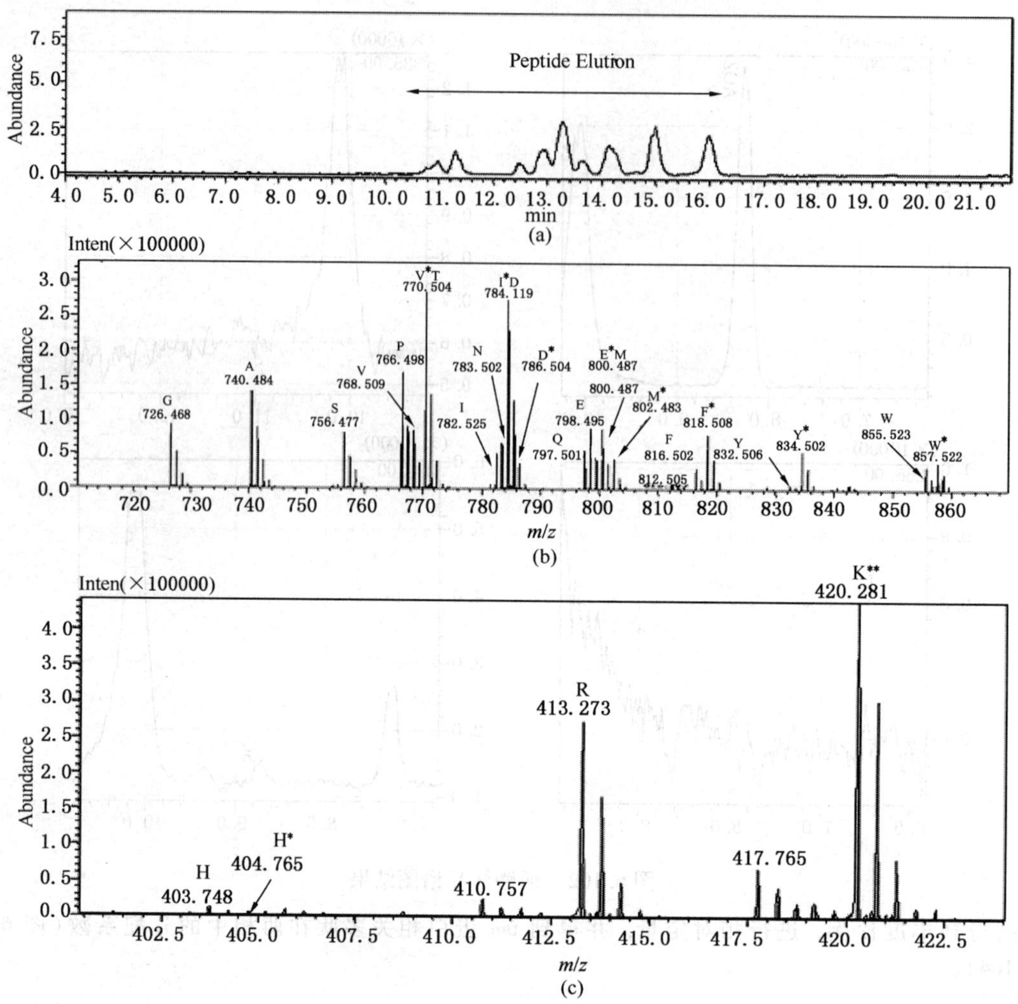

图 6.104 检测结果

实验部分：

（1）分析条件

反相毛细管液相系统被用于变异多肽混合物的分离。色谱柱：C18 PepMap100，300μm×15cm；流动相：A 相(5%乙腈+95%水)+0.1%甲酸，B 相(80%乙腈+20%水)+0.1%甲酸。梯度洗脱程序：0~20min，0%B；20~22min，0~40%B。输液泵流速 100μL/min，使用柱后分流器将流速降至 8μL/min。

（2）质谱分析条件

所有质谱数据均由 LCMS-IT-TOF 获得(岛津公司)，毛细管电压 4.66kV。曲型脱溶剂管(CDL)温度：230℃，雾化气使用氮气，流速：1.5L/min；加热模块温度：250℃。由 ESI 离子源生成的离子经 Q-array 聚焦，轴向进入离子阱。在进入离子阱的过程中不加 RF 电压。离子阱冷却气：氩气。所有的 MS 和 MS/MS 数据由飞行时间质量分析器获得。在 MS 模式，离子累积时间为 50ms，离子在进入 TOF 分析前冷却 20ms。离子分离宽度 3amu，分离时间 50ms。采用碰撞诱导解离(CID)方式获得下级碎片，使用氩气作为碰撞气。自动多级质谱功能限定母离子带电情况为+1 和+2，并保证选择单同位素峰作为母离子进行 MS/MS 分析。采集范围：*m/z*200~2000。检测器电压为 1.65kV。

结果分析：

为生成淀粉样蛋白，所有的变异多肽中加入 20mM 的 MOPS(含 0.01% NaN_3，pH7.2)。通常，5 天后可观察到淀粉样蛋白的生成。离心后，淀粉样蛋白沉淀物中加入“重”OMIU，上清液加入“轻”OMIU。两种溶

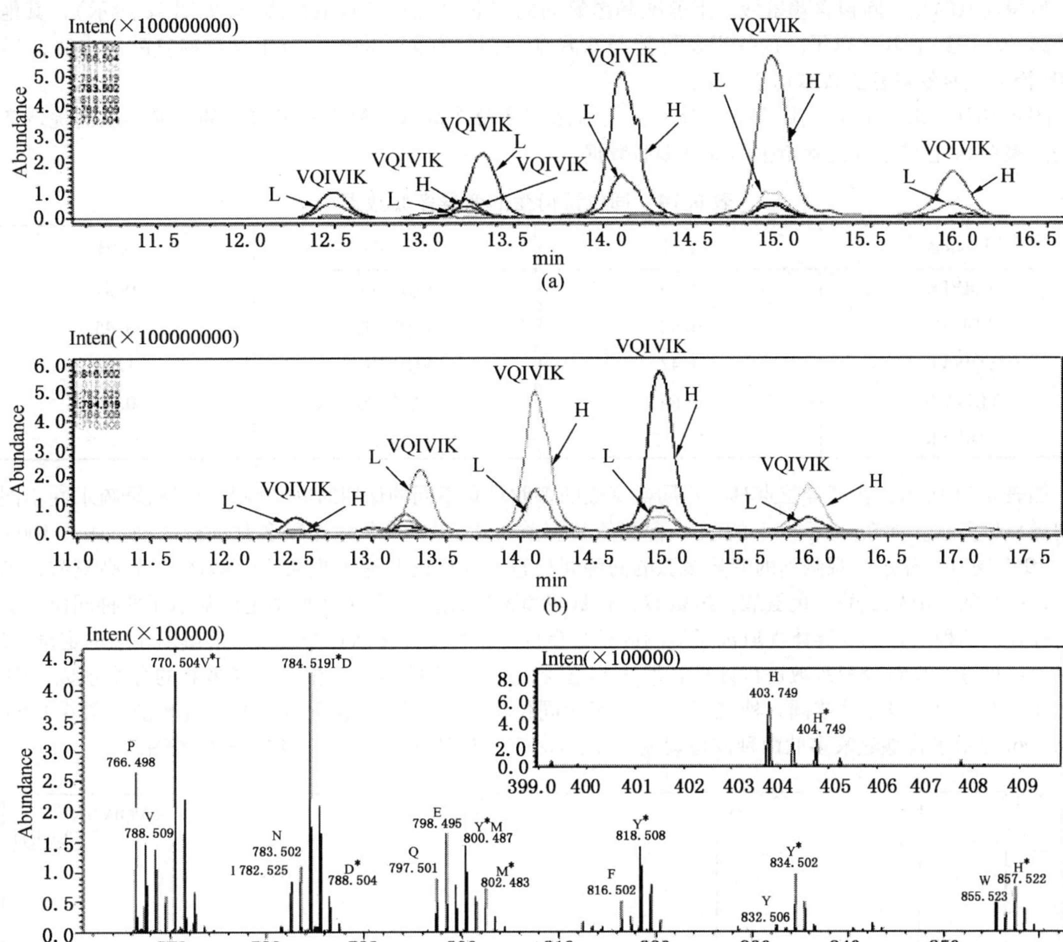

图 6.105　总离子流图及质谱图

液混合后经 LC 分离进行质谱检测。图 6.105(a)显示了总离子流图(TIC)，所有的变异多肽在 10 ~ 17.5min 的时间段中被洗脱出柱，如图 6.105(b)所示。

未检测到未发生修饰的多肽，显示 GLaD 衍生反应完全。所有由“轻”OMIU 衍生得到的单电荷多肽离子显示质谱图中，只有一些情况下，观测到相应的重异易位体，如表 6.13 所示。

表 6.13　相对应的衍生突变肽的理论 *m/z*

Residue change	*m/z*	Light	Heavy	Residue change	*m/z*	Light	Heavy
A	1	740.5	742.5	N	1	783.50	785.50
D	1	784.49	786.49	P	1	766.51	768.51
E	1	798.5	800.5	Q	1	797.52	799.52
F	1	816.53	818.53	R	2	413.28	414.28
G	1	726.48	728.48	S	1	756.49	758.49
H	2	403.76	404.76	T	1	770.51	772.51
I	1	782.54	784.54	V	1	768.53	770.53
K[a]	2	420.28	421.28	W	1	855.54	857.54
M	1	800.52	802.52	Y	1	832.52	834.52

值得注意的是，除包含赖氨酸、组氨酸和精氨酸的多肽只观察到双电荷离子(如图1c所示)，其他大部分离子均得到单电荷离子。这一现象可能与双残基的存在有关。同时，对于含有赖氨酸的多肽，“轻”OMIU衍生在两各赖氨酸残基均会产生。

图6.104(a)和图6.104(b)显示了所有在上清液和淀粉样蛋白沉淀中检测得到的变异多肽的提取离子流图。表6.14总结了同位素衍生的变异多肽数据。

表6.14 同位素衍生的变异多肽数据

Peptide	L:H	Peptide	L:H
VQIVFK	3.85	VQIVMK	0.81
VQIVIK	6.60	VQIVHK	0.45
VQIVVK	3.42	VQIVDK	1.62
VQIVWK	1.66	VQIVEK	0.48
VQIVYK	11.02		

如表6.14所示，在变异位点具有不同氨基酸的多肽具有不同的保留时间，因此可以根据疏水性不同分离同量异位多肽。如在*m/z*770.5的“轻”含酪氨酸多肽可以和“重”含缬氨酸多肽进行区别。图6.106a和图6.106b同时还显示了观测到的变异多肽的两种同位素变异体的共流出现象。(缬氨酸，异亮氨酸，苯丙氨酸，酪氨酸，甲硫氨酸，色氨酸，组氨酸，谷氨酸和天冬氨酸)。图6.106清楚的显示了两种同位素变异体的存在。两种同位素变异体提取离子流图的整合提供了一种变异多肽在溶解及不溶解两相中的定量方法，同时，还可进一步对分配系数进行计算。表6.14显示了所有淀粉样蛋白相中变异多肽的分配系数。GLaD方法还可对不同变异多肽或同一种变异多肽的不同同位素标记物以多级质谱数据进行区别。图6.106a和图6.106b显示了含缬氨酸多肽两种同位素变异体，*m/z*768.5和*m/z*770.5的MS/MS质谱图。

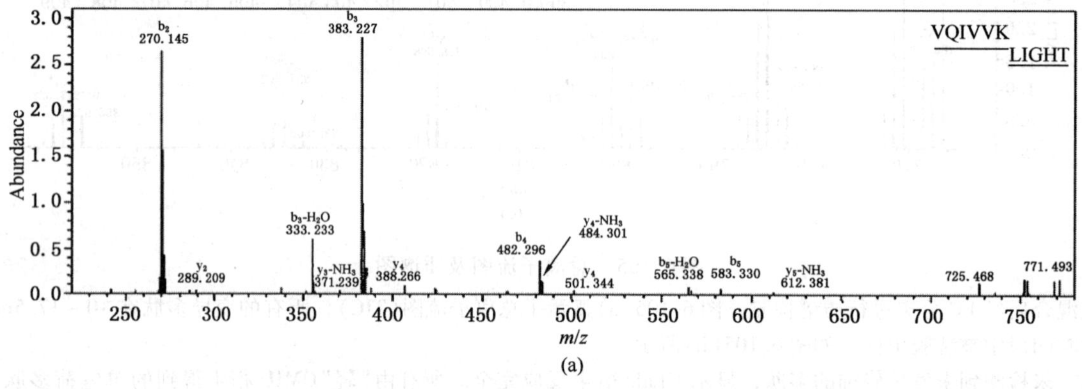

(a)

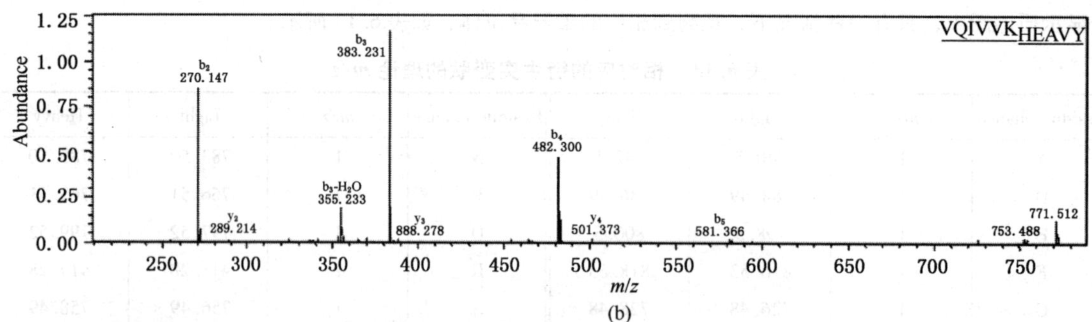

(b)

图6.106 含缬氨酸多肽两种同位素变异体的MS图

二、应用MALDI-QIT-TOF质谱检测抗甲氧苯青霉素奥里斯葡萄状球菌潜在的生物标志物(Axima QIT)

抗甲氧苯青霉素葡萄状球菌(MRSA)是医院传染的主因，而且由于其对目前的所有的抗生素形成了抵抗力，所以很难克服。许多变体非常容易适应医院的环境，在一个国家的好几个医院存在或者在国际间传播。这些就是所指的流行病或者 EMRSA。诸如脉冲场凝胶电泳(PFGE)的鉴定和噬菌体分型对识别爆发和感染是非常重要的，但可能需要几天才能得到结果，所以快速的方法是必要的。

很多研究者采用整细胞 MALDI，可以有效地进行种类水平鉴定。为了获得微生物的分型，开发标准方法是必要的，使用它可能区分亚型 MRSA。进一步研究我们已经鉴定到潜在的生物标志物峰，这些峰在培养和温浴条件范围内也能观察到，因此提供了一种比指纹技术更有效的替代技术。目前这些离子的具体结构是不确定的，采用高质量精确度和分辨率的 MALDI - QIT - TOF 质谱产生的 MS^n 数据，我们可以得到更多的结构信息。

方法和仪器：

隔离样品在 Columbia 琼脂中 37℃ 培养 18h 后，细菌的隔离克隆直接点到 MALDI 靶板上，加上基质溶液覆盖。常规的 MRSA(5 - chloro - 2 - mercaptobenzothiazol)的整细胞指纹分析使用的基质也用于 MALDI - QIT 分析。自行开发的软件可以鉴定潜在的生物标志物峰，每个峰采用四级杆离子阱飞行时间多级质谱获得 MS^3 数据。

结果：

收集的隔离样品($n = 200$)，采用传统技术抗生素实验先进行鉴定，然后采用 ICM 进行噬菌体定型和 PFGE 分型。这些隔离群包含不同的零星的和流行病相关的隔离群。例如在英国的两个主要克隆 EMRSA 15 (PFGE type 5)和 EMRSA 16(PFGE type 1)之间的谱图差异(图 6.107)很容易被鉴定。使用自行开发软件的柱状图功能可以鉴定潜在的变体标志峰。得到的结果表明这些生物标志物峰在许多条件下是可重复的，例如培养基质和温浴条件(图 6.108)。表明这个方法能为鉴定，更重要的是 MRSA 的分型提供一个有效的工具，这对检测和控制医院感染具有非常重要的意义。

这些峰的结构信息通过 AXIMA - QIT™(Shimadzu Biotech，Manchester，UK)得到(图 6.109、图 6.110)。

结论

使用 MALDI - QIT - TOF 进行生物标志物检测是快速和有效的方法，不需要严格的方法学，非常适合

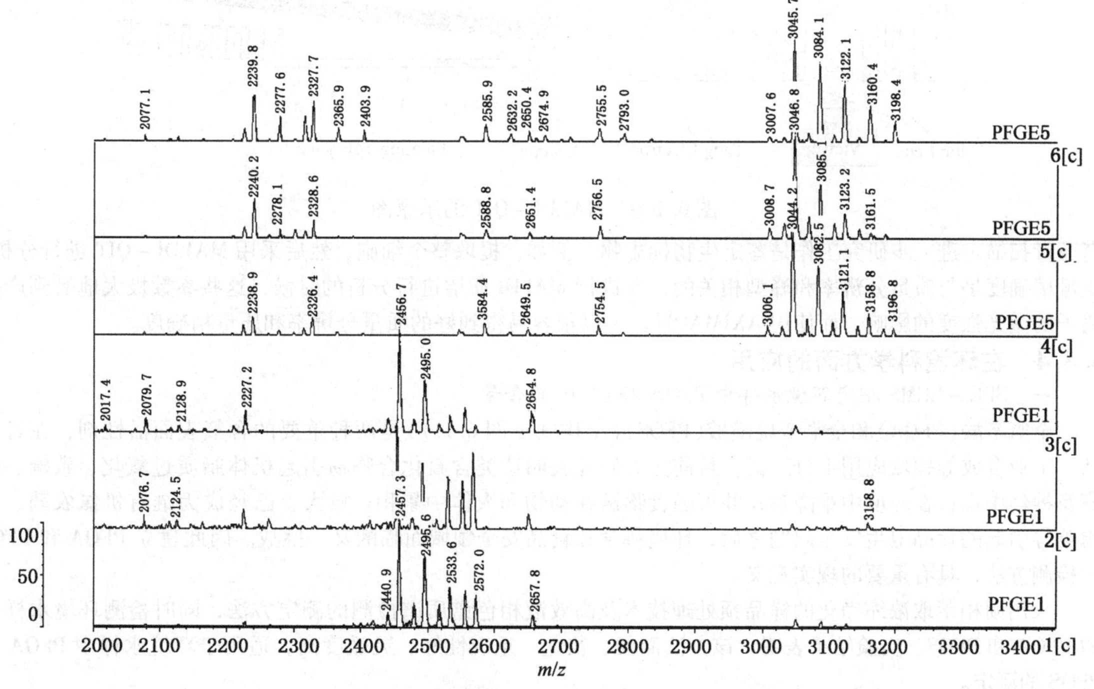

图 6.107 EMRSA15 全细胞的 MALDI 谱图

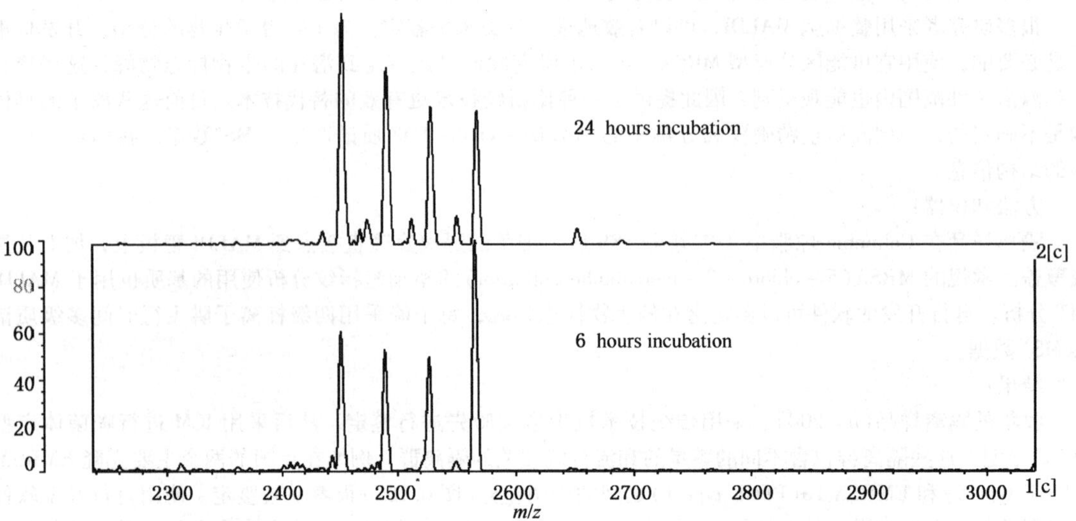

图 6.108 EMRSA 1 at6(PFGE 5)和 EMRSA 16(PFGE1)和 18h 温浴的生物标志物峰

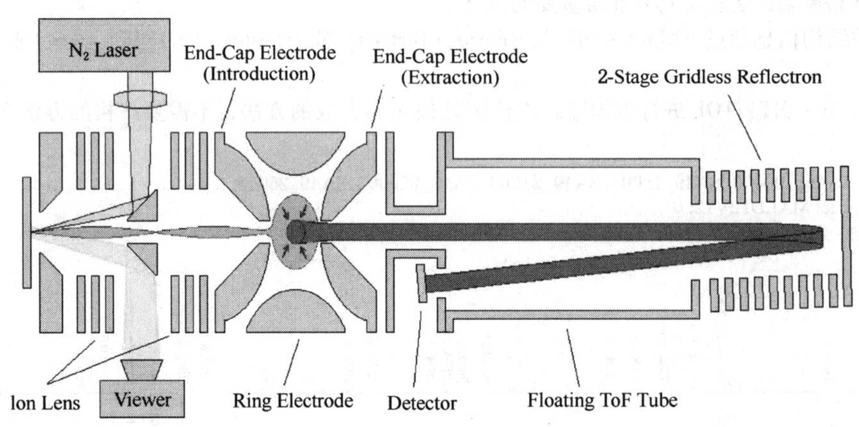

图 6.109 MALDI – QIT 的示意图

高通量扫描。进一步研究工作是鉴定生物标志物，例如，提取整个细胞，然后采用 MALDI – QIT 进行分析。质量精确度是与质量分辨率和峰型相关的。在进行 MALDI 质谱进行分析的时候，这些参数极大地受到产生离子的激光强度的影响。而使用 AXIMAQIT，可以很容易得到好的质量分辨率和质量精确度。

6.4.4 在环境科学方面的应用

一、SPE – LCMS 测定环境水样中 PFOA 和 PFOS 的含量

全氟辛酸(PFOA)和全氟辛烷磺酸(PFOS)(结构式见图 6.111)是两种重要的含氟表面活性剂，在日用品、工业合成等领域应用十分广泛。目前已有研究表明这类含氟化合物易引起机体脂质过氧化、致畸、致癌及神经中毒；在环境中难降解；并可随食物链在动物和人体中累积、放大，已经成为继有机氯农药、二噁英等引起的食品卫生安全问题之后，环境科学和食品安全领域面临的又一挑战。因此建立 PFOA 和 PFOS 的检测方法，具有重要的现实意义。

采用固相萃取浓缩净化的样品预处理技术及高效液相色谱质谱检测的测定方法，同时检测环境水样中的 PFOA 和 PFOS。实验结果表明：该方法简便、快速、重现性好、灵敏度高，适用于环境水样中 PFOA 和 PFOS 的测定。

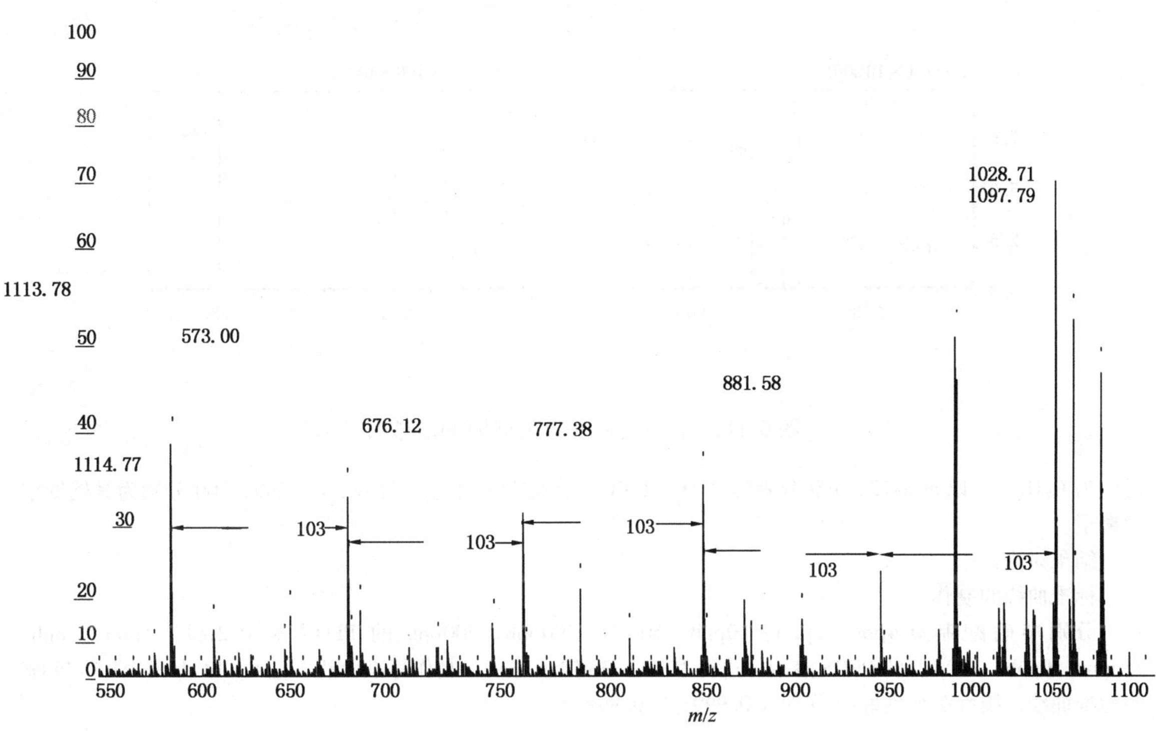

图 6.110　EMRSA16 的 MS^3 数据

实验部分：

仪器装置：

Shimadzu LCMS 系统：系统控制器 CBM－20A；脱气机 DGU－20A3；输液泵 LC－20AD×2；自动进样器 SIL－20A；柱温箱 CTO－20AC；质谱仪 LCMS－2010EV

分析条件：

液相条件

分析柱：Shimadzu Shim－pack VP－ODS(150mm×2mmI. D.)

柱温：40℃

流动相：A 5mmol/L 醋酸铵溶液(pH6.0)；B 乙腈

梯度程序：流速：0.2mL/min；进样量：10μL

质谱条件

离子化方式：ESI negative

雾化气流量：1.5L/min

干燥气压力：0.06MPa

CDL 温度：250℃

HeatBlock 温度：200℃

检测器电压：1.4kV

检测离子：对于 PFOA，检测 *m/z*413369

对于 PFOS，检测 *m/z*499500

选择离子的确定：

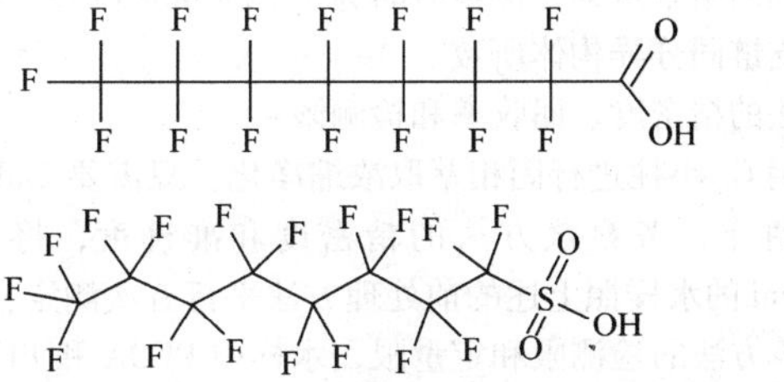

采用全扫描方式采集信号，得到 PFOA 和 PFOS 的质谱图(见图 6.112)。由于采用 ESI negative 的电离方式，PFOA 和 PFOS 的母离子为[M－H]$^-$，其值分别为 413 和 499，对于 PFOA，碎片离子 *m/z*369

PFOA

PFOS

图 6.111　PFOA 和 PFOS 的结构式

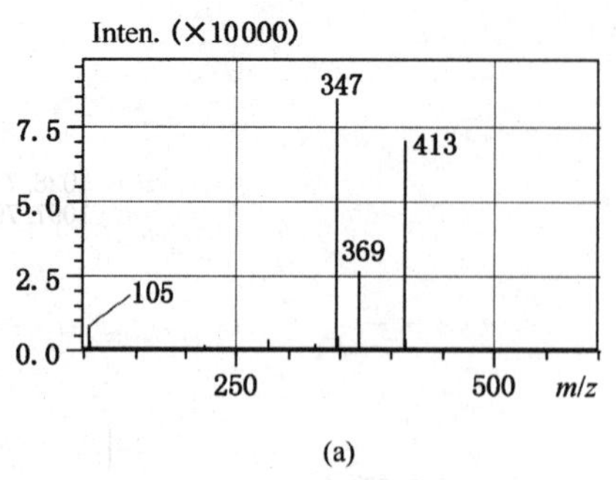

(a)

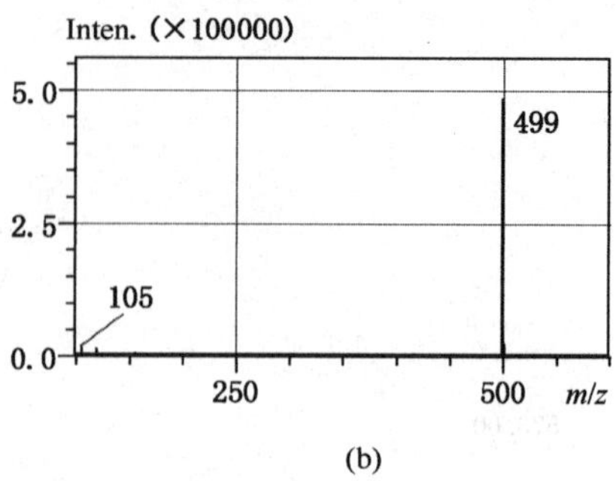

(b)

图 6. 112　PFOA(a)和 PFOS(b)的质谱图

对应为 $C_7H_{15}^-$。以 *m/z*413，499 分别为 PFOA 和 PFOS 的定量离子进行计算，*m/z*369，500 分别为其辅助定性离子。

结果讨论：

标准曲线的制作：

分别准确配制 0. 4ppb、2ppb、10ppb、50ppb、100ppb、200ppb 的 PFOA 和 0. 2ppb、1ppb、5ppb、25ppb、50ppb、100ppb 的 PFOS 溶液，进行 HPLC/MS 定量分析，制作标准曲线。图 6. 113 为 PFOA 和 PFOS 的标准曲线，线性关系良好(*r* 分别为 0. 9993 和 0. 9995)。

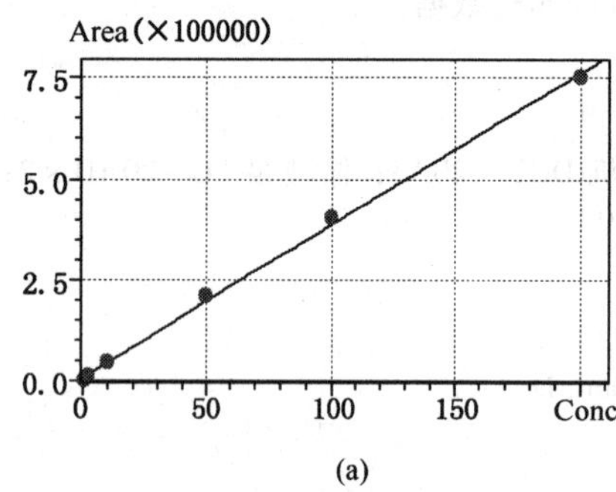

(a)

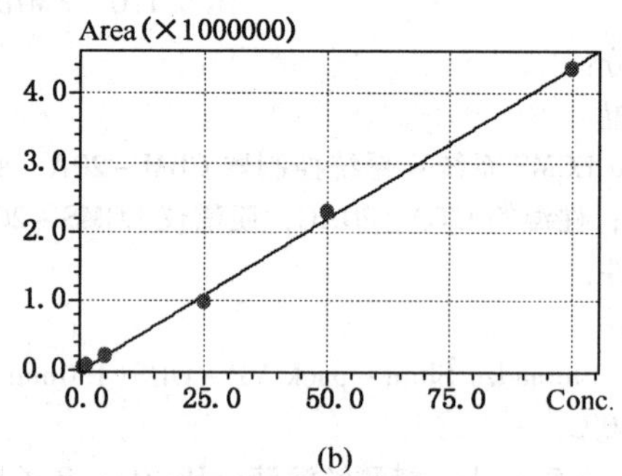

(b)

图 6. 113　PFOA(a)和 PFOS(b)的标准曲线

样品前处理方法：

样品为东湖水，取样后置于冰箱内 4℃保存。水样经 0. 45μm 的滤膜过滤后，取 100mL 过 C_{18} 小柱(500mg，3cc)。过柱前，SPE 小柱先经 10mL 乙腈和 5mL 超纯水活化，最后用 2mL 乙腈解析，以上流速均控制为 2 滴/秒。洗脱后的乙腈溶液用高纯氮气吹干，取 0. 5mL 流动相溶解后，进行 HPLC/MS 定量分析。图 6. 114 为超纯水和添加 PFOA、PFOS 浓度为 0. 5ng/mL 超纯水经以上前处理方法后得到的谱图。从 Scan 方式得到的结果可知，保留时间为 12. 450min 和 13. 568min 峰的质谱图一致，这是由于 PFOS 标准品中含有直链和支链同分异构体所致。

方法的精密度、回收率和检测限：

采用 C_{18} 小柱进行固相萃取浓缩净化，只需要 2mL 乙腈，就可以将 96% 以上组分洗脱下来。在选定的实验条件下，考察该方法的精密度和准确度，将添加标样 PFOA 和 PFOS 浓度分别为 0. 50ng/mL 和 0. 25ng/mL的水样照上述的前处理方法平行五次测定，重现性和回收率见表 6. 15。以信噪比的 3 倍和 10 倍分别计算方法的检测限和定量限，水样中 PFOA 和 PFOS 的检测限分别为 1. 6ng/L 和 0. 5ng/L，定量限分别为 5. 3ng/L 和 1. 7ng/L。

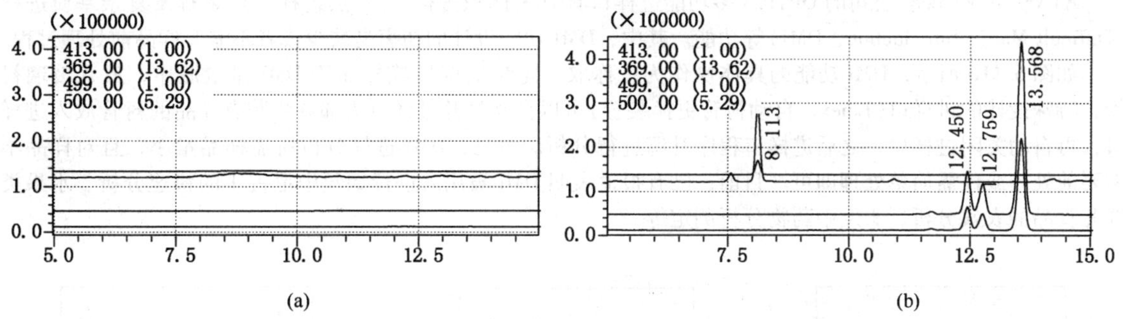

图 6.114　LCMS - MIC 离子流图

(a)超纯水；(b)添加 0.5ng/mLPFOA 和 PFOS 的超纯水

(保留时间：PFOA：8.113min；PFOS：12.450min + 13.568min)

表 6.15　水样中 PFOA 和 PFOS 的重现性和回收率

	PFOA	PFOS		PFOA	PFOS
NO.1	310037	3703510	NO.5	249371	2935903
NO.2	261097	2958127	Mean	273673	3165733
NO.3	283885	3203007	RSD%	8.70	10.06
NO.4	263976	3028120			

样品分析结果：

将采得的东湖水经上述的前处理方法富集纯化后，进行 LCMS 定量计算，图 6.115 为 PFOA 和 PFOS 的谱图，经计算，PFOA 刚刚能检出，但不得定量，PFOS 的浓度为 7.5ng/L。由此可见，东湖水受到了一定的污染，我国对 PFOA 及 PFOS 的污染状况应该给予足够的重视，以做到有效的检测及控制。

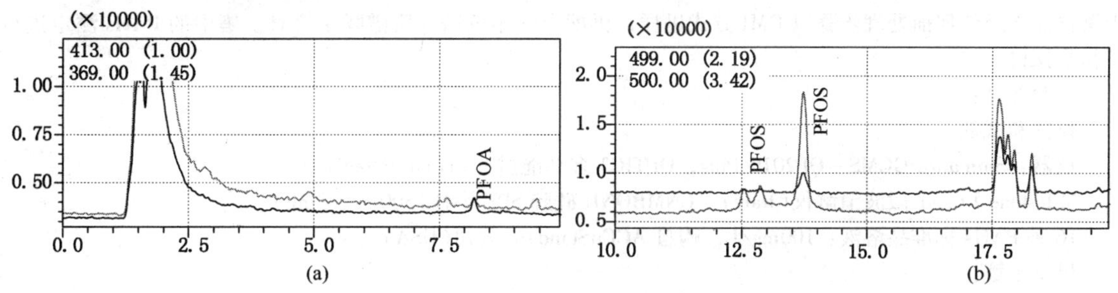

图 6.115　东湖水中 PFOA(a)和 PFOS(b)的谱图

二、DMI - GCMS 快速测定土壤中 16 种多环芳烃

多环芳烃(PAHs)是一类含有 2 个或 2 个以上苯环的芳香族化合物，既可以来源于各种人为活动，也可能由自然过程产生，因此在大气、水体和土壤等各种环境介质中及生物体内广泛存在。自 Blumer1961 年首次报道土壤中普遍存在 PAHs 以来，人们对各种土壤中的 PAHs 进行了较多研究；特别是 1979 年美国环保署 1979 年将 16 种 PAHs 列为优控污染物。由于它们大都具有较强的毒性和潜在的致癌性，可能会给人类及生态环境带来健康风险，更是引起了广泛关注。多环芳烃具有强烈的憎水性，进入土壤后很难降解并积累起来。研究表明，土壤作为一种重要的环境介质，是 PAHs 重要的汇集源。

由于环境介质尤其是土壤的基体复杂，所含干扰物质多，常规分析方法难以获得令人满意的检测结果，因此需采用适当的样品进行前处理技术以达到环境分析工作的要求，同时也决定其前处理过程操作较为复杂。文献报道的前处理方法有液液萃取、索氏提取、超声提取法、固相萃取、固相微萃取、超临界流体萃取、微波辅助萃取、加速溶剂萃取等。以上提取方法都需要后续的净化步骤去除其中的干扰杂质，耗时耗力。

ATAS/GLSciences 公司的 OPTIC3 多功能进样口具有大体积进样、冷/热进样、热裂解及复杂基质进样(Difficult Matrix Introduction, DMI)等功能。其中，DMI 功能设计的初衷是减少或者不需要样品前处理过程。

如图 6.116 所示，DMI 功能的具体操作为：称取一定量的标样或样品于 DMI 微量瓶中，放入玻璃衬管，特殊设计的进样口(Linex，自动衬管更换装置)可以自动打开进样口头部并将装有样品的衬管放入进样口，再自动关闭进样口，之后进样口程序升温进行分析。可见，DMI 进样分析所需样品量小，且对样品不需要前处理或仅需简单处理即可。目前，已有报道表明 DMI 被用来进行烟丝中尼古丁的快速分析、水果类婴儿食品的农残分析、头发中药物分析测定等。

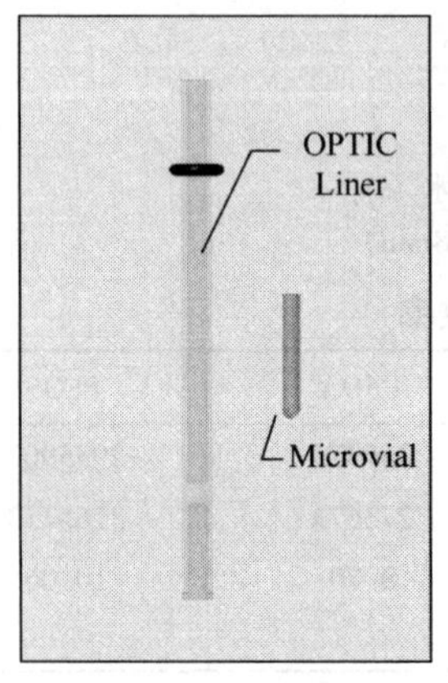

(a)DMI衬管和微量瓶

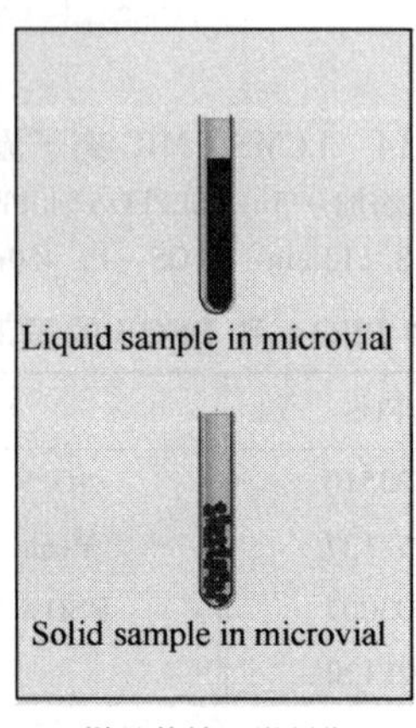

(b)样品装填入微量瓶

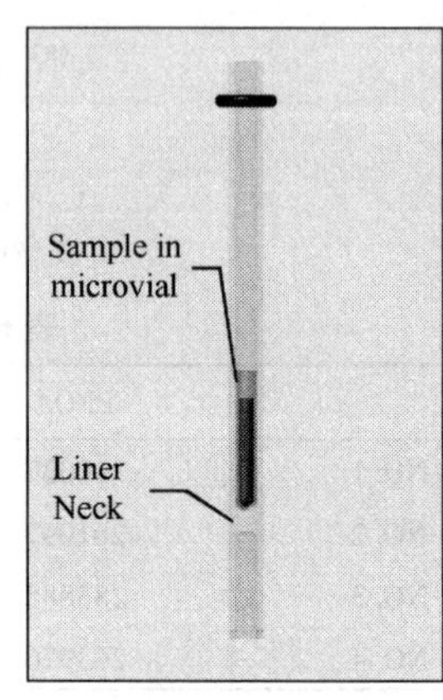

(c)微量瓶放入衬管

图 6.116 DMI 进样操作示意图

US EPA 8275a 方法采用热提取－气质联用(Thermal Extraction－GCMS)方法分析土壤、污泥和固废物中的 PAHs 和 PCBs 等半挥发性物质。以此为依据，本实验中采用 OPTIC3 多功能进样口，直接将风干磨细的土壤样品不经任何前处理步骤以 DMI 方式进样，再配合气相色谱－质谱联用仪对土壤中的 PAHs 测定进行了初步探讨。

实验部分：

仪器和试剂：

仪器：Shimadzu GCMS－QP2010 Plus，OPTIC3 多功能进样口(GL Sciences)；

Milestone Ethos1 微波消解仪(Italy)；CNMBOND 硅胶 SPE 小柱(500mg，3mL)。

16 种 PAHs 标准品溶液：100mg/L，购自 ACCuStandard 公司(USA)

供试土壤：

土壤为采自上海世博园区的表层土壤。样品在暗处风干后，磨碎过 60 目筛，于－18℃下保存备用。测定分析时直接称取约 10mg(精确至 0.0001g)样品至微量瓶中，将其放置入进样口衬管中即可开始分析。

标准土壤的制备：取上述磨细土壤置于 350℃下烘烤 2h 后，取 10mg DMI 进样检测，无干扰物检出即为空白土壤。分别取 PAHs 标准溶液(100g/L)10μL、100μL、200μL 准确加入 1.0000g 空白土壤中，加入 0.05mL 去离子水和适量丙酮使液面略微超过土壤，振荡 30min 使其混合均匀。等待丙酮挥干后，于 50℃下烘干即为 1mg/kg、10mg/kg、20mg/kg 标准土壤。

分析条件：

色谱柱：Rxi－5 MS 30m×0.25mm×0.25μm(Restek 公司)

OPTIC3 进样口条件：初始 50℃，以 15℃/s 升至 320℃，并保持 38min。

进样方式：不分流；进样时间：1.2min。

程序升温：50℃保持 1.2min，以 25℃/min 至 160℃，以 5℃/min 至 300℃，保持 5min。

质谱条件：离子源温度：200℃；接口温度：300℃；

SIM 方式定量：定量离子见表 6.16。

对比试验：

为考察 DMI - GCMS 测定 PAHs 方法准确性，与采用常规检测方法测定结果进行了比对。常规检测方法参考 EPA3546 和 EPA3530c 对土壤样品进行微波萃取和 SPE 硅胶柱净化，GCMS 检测(除进样方式外，其他分析条件同上)。

结果与讨论：

标准曲线：

采用本实验条件，16 种 PAHs 得到较好的分离效果，结果如图 6. 117 所示。

16 种 PAHs 分别 1mg/kg、10mg/kg、20mg/kg 标准土壤称取 10mg 以 DMI 方式装填入微量瓶中进样，得到各组分校准曲线。具体如表 6. 16 所示。

对 10mg/kg 标准土壤以 DMI 方式重复进样 3 次，测得其中 16 种成分的面积 RSD% 见表 6. 16。

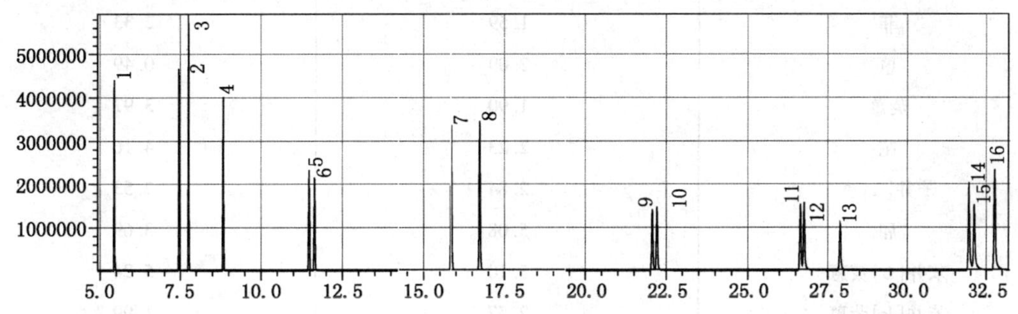

图 6. 117　SIM 方式标品谱图

1—萘；2—苊烯；3—苊；4—芴；5—菲；6—蒽；7—荧蒽；8—芘；9—苯并[a]蒽；10—屈；11—苯并[b]荧蒽；12—苯并[k]荧蒽；13—苯并[a]芘；14—茚并[1,2,3 - cd]芘；15—二苯并[a,h]蒽；16—苯并[g,h,i]苝

表 6. 16　16 种 PAHs 校准曲线相关系数和 RSD%

化合物	保留时间/min	目标离子	相关系数	RSD/%($n=3$)
萘	5. 91	128	0. 9964	20. 7
苊烯	8. 10	152	0. 9993	4. 57
苊	8. 45	153	0. 9869	16. 5
芴	9. 58	166	0. 9981	24. 4
菲	12. 33	178	0. 9983	8. 88
蒽	12. 48	178	0. 9983	5. 29
荧蒽	16. 82	202	0. 9983	5. 08
芘	17. 70	202	0. 9993	6. 98
苯并[a]蒽	23. 08	228	0. 9996	12. 1
屈	23. 26	228	0. 9996	9. 32
苯并[b]荧蒽	27. 76	252	0. 9995	15. 2
苯并[k]荧蒽	27. 86	252	0. 9945	12. 2
苯并[a]芘	29. 00	252	0. 9992	13. 3
茚并[1,2,3 - cd]芘	33. 13	276	0. 9992	7. 61
二苯并[a,h]蒽	33. 29	278	0. 9992	1. 81
苯并[g,h,i]苝	33. 95	276	0. 9992	7. 67

样品分析结果：

土壤中分析结果表明，DMI - GCMS 和微波萃取 - SPE 净化 - GCMS 两种样品处理方式对 16 种 PAHs 均有检出，具体含量见表 6. 17。除芴、蒽和二苯并[a，h]蒽外，其他组分的检出浓度在两种测定方法下较为

接近。可见，DMI－GCMS可以用来对土壤中的多环芳烃类物质进行定性乃至定量检测。在快速筛查工作中，由于不需要繁杂的样品前处理过程，本方法具有较为广泛的应用前景。

表6.17 DMI和微波萃取两种方式下土壤中PAHs检测结果

化合物	DMI－GCMS/(mg/kg)	微波萃取－SPE－GCMS/(mg/kg)
萘	0.22	0.84
苊烯	0.08	0.17
苊	0.32	0.21
芴	1.91	0.22
菲	1.59	2.33
蒽	2.09	0.49
荧蒽	1.90	3.97
芘	2.23	4.16
苯并[a]蒽	2.84	2.53
屈	5.08	3.69
苯并[b]荧蒽	5.10	5.24
苯并[k]荧蒽	2.57	1.99
苯并[a]芘	3.93	3.17
茚并[1,2,3－cd]芘	3.19	2.87
二苯并[a,h]蒽	1.72	0.59
苯并[g,h,i]芘	4.10	3.45

本实验采用先进的OPTIC3多功能进样口DMI(复杂基质进样)功能结合气相色谱－质谱联用技术，直接将土壤样品不经任何前处理直接进样分析。其中的16种多环芳烃。结果表明，土壤样品中16种多环芳烃的含量为0.08～5.10mg/kg。同时，与微波萃取－SPE提取净化处理的土壤样品检测结果比较，除芴、蒽和二苯并[a，h]蒽外，其他PAHs的检出浓度在两种方法下较为接近。由此可见，DMI－GCMS可以作为土壤等样品中多环芳烃的有效筛查工具。

6.4.5 在石油化工方面的应用

一、GPC－MALDI分析合成聚合物中的痕量物质

基质辅助激光解析离子化飞行时间质谱(MALDI－TOF MS)在近来被越来越多地应用于合成聚合物应用领域。使用这种技术后，聚合物单体和最终结构可以根据观测到的质量数来预测，并得到聚合物分子量分布信息，使用MS/MS可以进行分子结构分析。

然而，如果样品组成比较复杂的时候，由于离子抑制效应只有主要的成分可以被检测出来。因为组分会竞争离子化，低含量的组分会完全无法检测到。为了改进痕量物质的检测，研究人员开发了一种非常有效的LC－MALDI技术。复杂样品的组分首先用液相色谱进行分离收集，然后每个馏分用MALDI－TOFMS进行分析。如果使用离线LC－MALDI方式来进行的话，整个过程很繁琐并且工作量非常大。大量的时间和精力花在富集大量的馏分、添加基质和阳离子化试剂、然后手动点靶等工序上面。

岛津公司开发了Accu Spot自动点靶仪来自动混合LC流出物和各种试剂，并且直接点到MALDI样品靶板上。这样一套自动化的GPC－MALDI分析系统能够简化从LC分离到MALDI－TOF MS分析的所有过程。

实验部分：

样品制备：

这里我们介绍二聚物[聚(甲基丙烯酸甲酯－b－*n*－甲基丙烯酸丁酯)，poly(MMA－b－*n*－BMA)]复杂样品中痕量均聚物的检测实例(图6.118)。poly(MMA－b－*n*－BMA)溶于四氢呋喃(THF)，配制浓度为40mg/mL。地蒽酚(Dithranol)作为基质，三氟醋酸钠作为阳离子化试剂，溶于2mL THF中，浓度分别为

20mg/mL 和 10mg/mL。将准备好的基质/阳离子化试剂混合溶液装到 AccuSpot 基质输送泵的溶液瓶中。此外，采用一种微量 GPC 柱用于 LC 分离以获得高灵敏度的检测结果。

Sample

$$-\!\!\left[C(CH_3)(COOCH_3)-CH_2\right]_m\!\!-\!\!\left[C(CH_3)(COO(CH_2)_3CH_3)-CH_2\right]_n\!\!-$$

Poly(MMA-b-*n*-BMA)
Mn:MMA=2100, BMA=2100

Mtrix
OH　OH　OH
Dithranol

图 6. 118　待测物的结构式

分析条件：
SEC
柱子：Shodex GF310A - 1E(1. 0mmID × 250mm)
流动相：THF
流速：10μL/min
进样体积：1μL
检测波长：220nm
柱温：40℃
AccuSpot
点样时间间隔：6s
点样量：1μL/well
基质上样量：0. 2μL/well
MALDI - TOF MS
仪器：AXIMA Performance
模式：线性，正离子
基质：Dithranol THF 溶液，20mg/mL
阳离子化试剂：NaTFA THF 溶液，10mg/mL
系统构成：
测试系统构成如图 6. 119 所示。

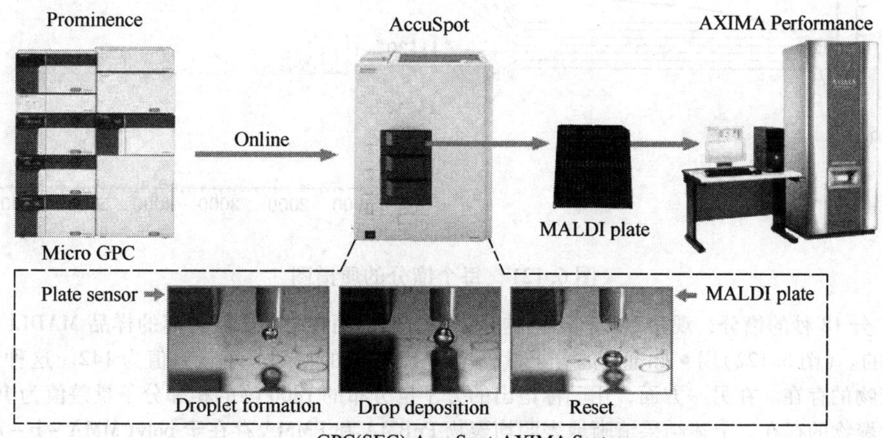

图 6. 119　测试仪器的系统组成

结果和讨论：
图 6. 120 显示了 poly(MMA - b - *n* - BMA) 的 GPC 色谱图。使用相对低分子量范围的 ShodexGF310A -

1E(1.0mm ID×250mm，排阻极限40000)色谱柱来分析合成聚合物中共存的低分子量寡聚物。主成分的出峰时间在11min左右，这之后有少量的低分子量物质流出。从8分20秒到13分20秒共5min时间内的馏分被收集下来，并且以6秒为点样间隔点在MALDI样品靶板上，共点了50个点。

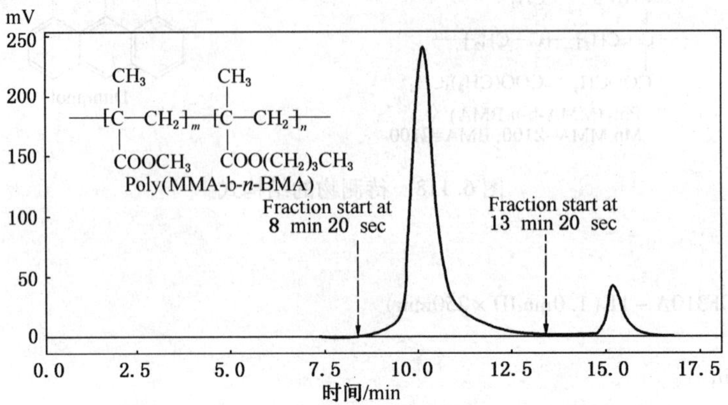

图6.120　poly(MMA－b－n－BMA)的GPC色谱图

每个点都用MALDI－TOF MS来分析，按照流出时间顺序得到每个点的质谱图。由于使用的是1mm内径的微量GPC色谱柱，所以全部馏分都点在MALDI样品靶板上，没有分流。因此得到了每个馏分的高灵敏度质谱图，并且每个馏分的分子量分布都被清晰的观测到。此外，得到的质谱图有非常高的信噪比，足以进行结构分析(图6.121)。

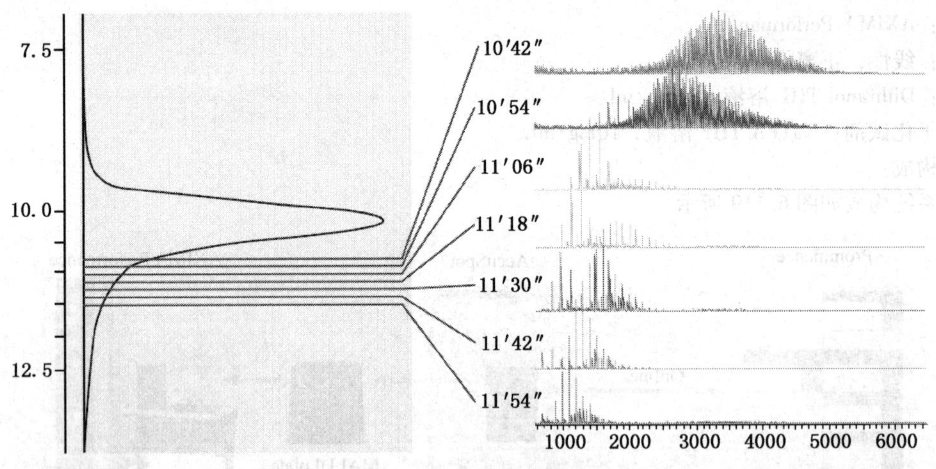

图6.121　每个馏分的质谱图

对于11分18秒的馏分，观察到2种不同的分子量分布，而在之前未经分离的样品MADLI谱图上是无法分辨出来的。(图6.122)用●标记出的分子量分布的1200峰的相邻分子量差值为142。这种情况意味着PnBMA均聚物的存在。在另一方面，用□标记出的分子量分布的1800峰的相邻分子量差值为100。这说明了PMMA均聚物的存在。上述结果清晰地表明均聚物PnBMA和PMMA存在于poly(MMA－b－n－BMA)中并且含量非常少。此外，这个结果有力的表明对于合成聚合物中少量成分的检测，这个系统相对于已存在的SEC(GPC)－MALDI－TOF MS技术来说能得到更加高的洗脱物质的时间分辨率，是分离分析的有力工具。

通常，聚合物中少量的寡聚物或者污染物在产物形成的过程中会迁移到表面。这种痕量聚合物组分的存在会直接影响到产物的物理特性(包括耐久性和其他关键的产品特性)。因此，这些组分的分析鉴定是非

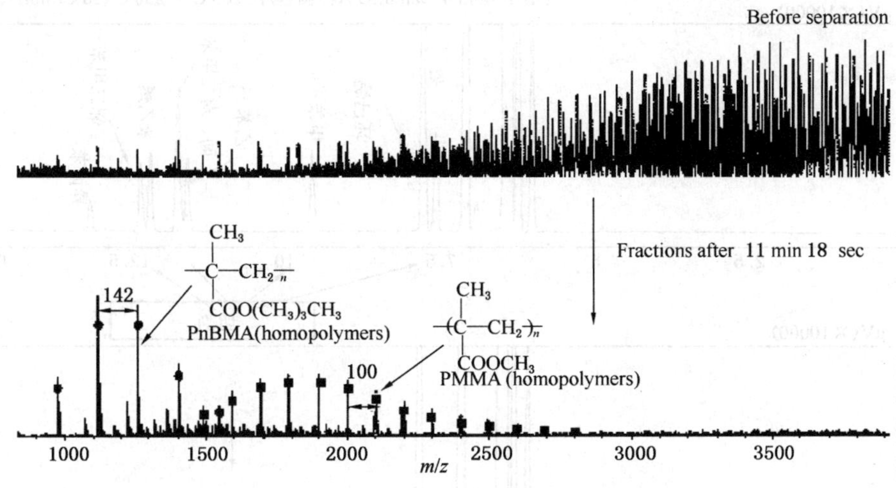

图 6.122 均聚物的检测

常重要的。而且，聚合物材料中含量小于 1% 的添加剂在阻止变质和增强材料功能方面扮演重要角色，因此对于有效的分析技术的需求越来越多。GPC－MALDI 平台可以对聚合物材料中非常少量的物质进行高灵敏度的分析，并且大大减轻了分析工作者的负担。GPC，AccuSpot 点靶和 MALDI 质谱的组合可以增加聚合物分析效果、提升工作效率。

二、MDGC/GCMS 技术分析汽油中的氧化物

汽油中的化合物成分非常复杂，目标化合物的分离和定量比较困难，尤其是一根色谱柱很难把复杂组分进行完全分离。为了解决这一难题，岛津公司使用多维气相色谱－质谱联用技术，即 MDGC/GCMS 对汽油中的氧化物进行分离分析。

MD 是 Multidimensional 的缩写。传统 MDGC 的常见问题是流路系统配置困难，操作参数过于复杂，重现性不佳等，现在使用 MDGC 对汽油样品进行分离，达到了良好的分离和定量效果。

分析条件：

色谱柱 1 DB－160m×0.32mm I. D. df. 5μm

柱温程序：100℃－10℃/min－230℃

载气流速：He 30cm/sec

分流比：1:100

进样量：1.0μL

检测器：FID310℃

色谱柱：2ZB－WAX30m 0.32mmI. D. df. 0.5μm

柱温：50℃

扫描方式：全扫描

接口温度：150℃

离子源温度：200℃

切换压力：180kPa

图 6.123 为 MDGC/GCMS 系统，右侧气相色谱为一维色谱分离，左侧气相色谱为二维色谱分离。

结果：

汽油样品分析情况见图 6.124～图 6.128，表 6.18～表 6.20。

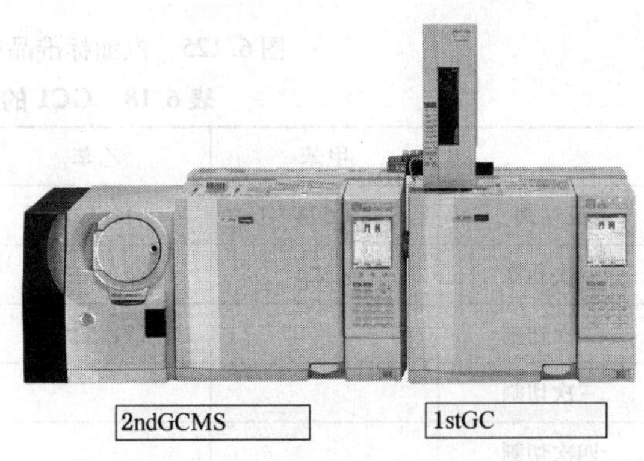

图 6.123 测试仪器的外观图

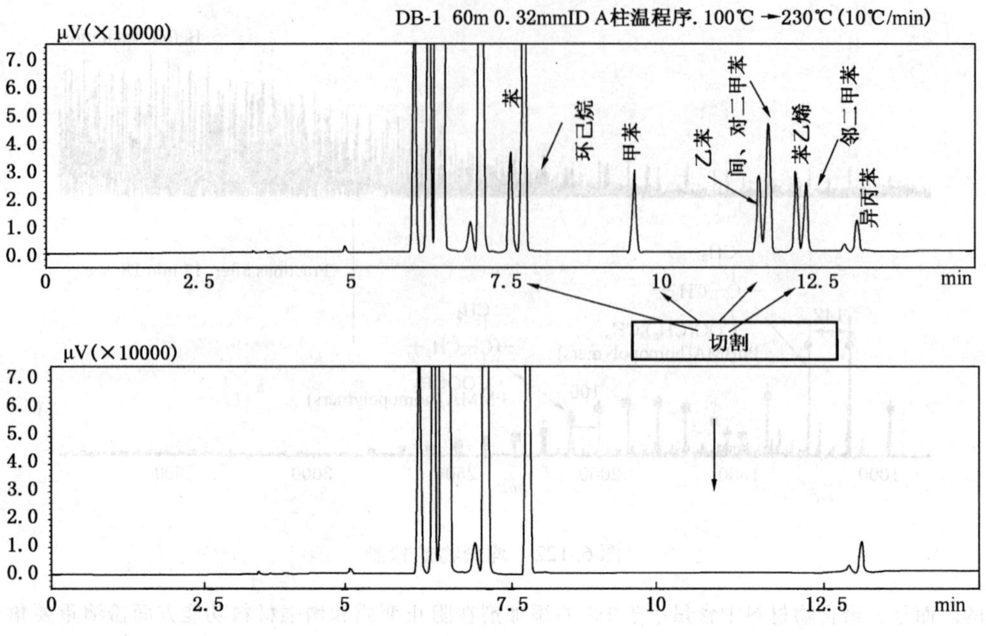

图 6.124 汽油标准品中的芳香烃(柱 1 色谱图)

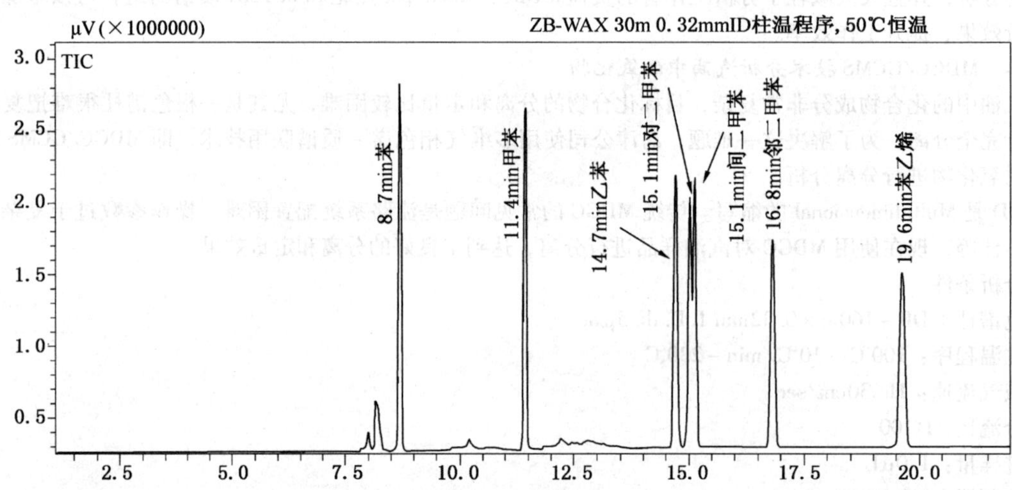

图 6.125 汽油标准品中的芳香烃(柱 2TIC 图)

表 6.18 GC1 的保留时间漂移列表

	甲苯	乙苯	苯乙烯	邻二甲苯	异丙苯
无切割	9.524	11.527	12.119	12.273	13.106
一次切割	9.524	11.527	12.119	12.273	13.104
二次切割		11.525	12.116	12.271	13.103
三次切割			12.111	12.267	13.098
四次切割					13.097
保留时间漂移	0.000	0.002	0.008	0.006	0.008

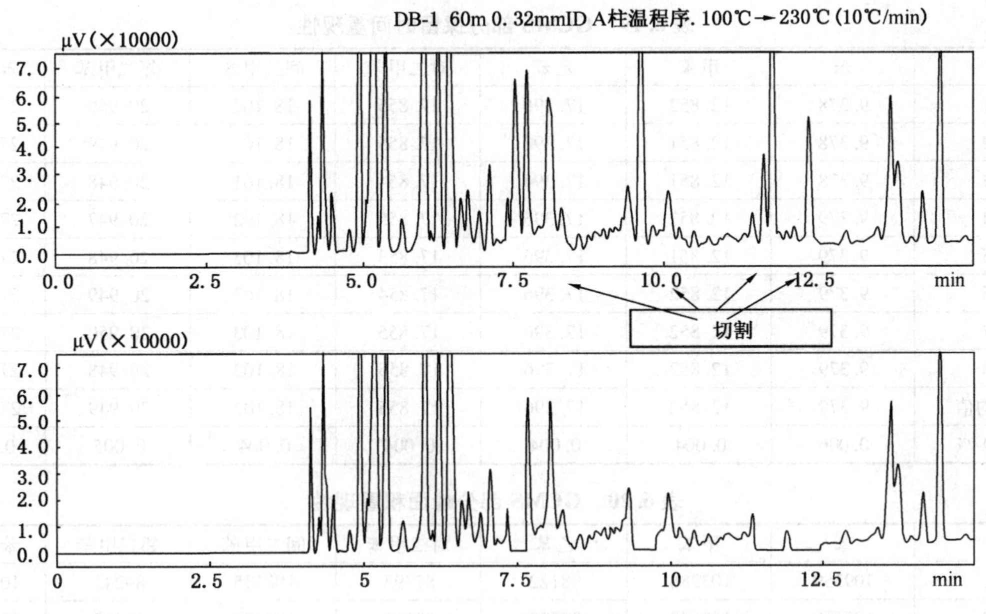

图 6.126 实际汽油样品中的芳香烃(柱1色谱图)

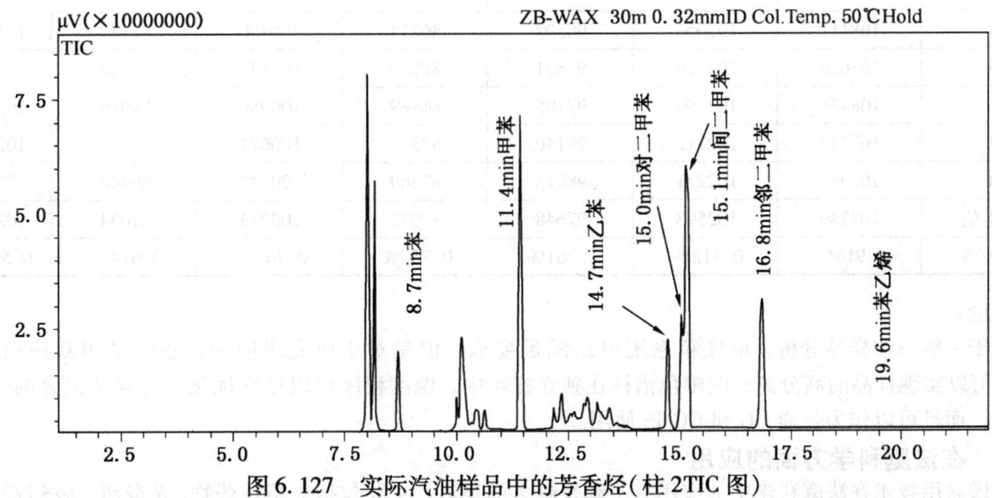

图 6.127 实际汽油样品中的芳香烃(柱2TIC图)

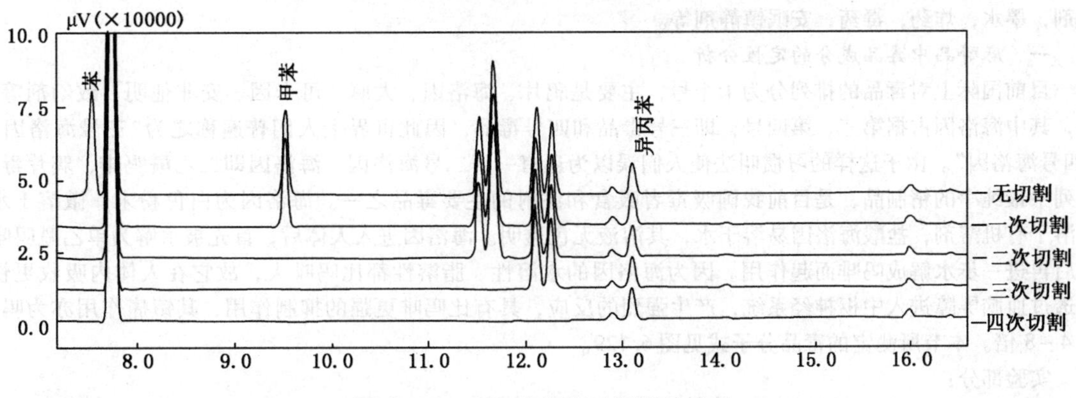

图 6.128 GC1 的保留时间漂移情况

从表 6.18 可以得到，一维色谱的保留时间重现性良好，完全能够保证在二维色谱再次切割时的需要。

表 6.19 GCMS 部分保留时间重现性

	苯	甲苯	乙苯	对二甲苯	间二甲苯	邻二甲苯	苯乙烯
1	9.378	12.852	17.396	17.855	18.102	20.950	27.259
2	9.378	12.851	17.396	17.855	18.103	20.949	27.256
3	9.378	12.851	17.394	17.854	18.101	20.948	27.252
4	9.379	12.852	17.395	17.855	18.102	20.947	27.253
5	9.379	12.851	17.396	17.853	18.103	20.948	27.255
6	9.379	12.852	17.396	17.854	18.103	20.949	27.260
7	9.379	12.852	17.396	17.855	18.103	20.950	27.256
8	9.379	12.852	17.396	17.855	18.102	20.948	27.249
平均值	9.379	12.852	17.396	17.855	18.102	20.949	27.255
RSD/%	0.006	0.004	0.004	0.004	0.004	0.005	0.013

表 6.20 GCMS 部分峰面积重现性

	苯	甲苯	乙苯	对二甲苯	间二甲苯	邻二甲苯	苯乙烯
1	109359	103286	98122	87393	100635	89242	103014
2	107650	102643	97770	87110	100270	89068	102838
3	107101	101808	96848	86377	99298	88344	101769
4	108111	102053	96502	86214	99104	88183	101575
5	107626	103159	98621	88180	101378	89808	103262
6	108431	102794	97105	86489	100080	89016	102532
7	107747	102812	98140	87346	100671	89322	102600
8	105965	102231	98078	87469	100747	89448	102993
平均值	107749	102598	97648	87072	100273	89054	102573
RSD/%	0.916%	0.512%	0.761%	0.767%	0.762%	0.614%	0.590%

结论：

对于一般汽油样品分析，单柱箱系统可以满足要求，但是对于研究级应用，建议采用双柱箱系统。MDGC 可以实现样品的高分离，两根色谱柱在独立柱箱中，温度程序可以独立优化，对复杂组分的分析更加充分，而且可以作为普通 GC 和 GCMS 使用。

6.4.6 在法庭科学方面的应用

质谱联用技术在法庭科学中的应用有了越来越多的报道，主要包括对精神药物（兴奋剂、致幻剂），麻醉剂，墨水，炸药，毒药，安眠镇静剂等。

一、麻醉品中毒品成分的定性分析

目前国际上对毒品的排列分为十个号，主要是鸦片、海洛因、大麻、可卡因、安非他明、致幻剂等十类，其中海洛因占据第三、第四号，即三号毒品和四号毒品，因此世界上人们普遍称之为"三号海洛因"、"四号海洛因"。由于这样的习惯叫法使人们误以为还有一、二号海洛因。海洛因即二乙酰吗啡，鸦片毒品系列中最纯净的精制品，是目前我国吸毒者吸食和注射的主要毒品之一。海洛因为白色粉末，微溶于水，易溶于有机溶剂，盐酸海洛因易溶于水，其溶液无色透明。海洛因进入人体后，首先被水解为单乙酰吗啡，然后再进一步水解成吗啡而起作用。因为海洛因的水溶性、脂溶性都比吗啡大，故它在人体内吸收更快，易透过血脑屏障进入中枢神经系统，产生强烈的反应，具有比吗啡更强的抑制作用，其镇痛作用亦为吗啡的 4~8 倍。本节所测定的毒品分子式见图 6.129。

实验部分：

气质分析条件：

色谱柱：RTX-5(Restek)30m×0.25mm×0.25μm

色谱柱温度：150℃(1min)10℃/min280℃(20min)

海洛因分子结构　　可待因分子结构　　乙酰可待因分子结构

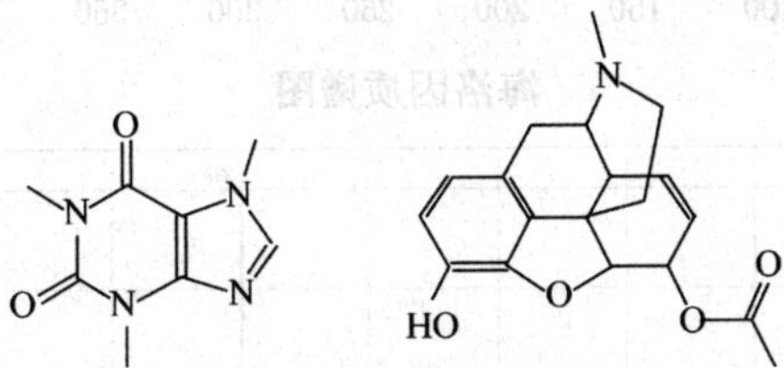

咖啡因分子结构　　O^6-单乙酰吗啡分子结构

图 6.129　待测毒品的结构式

载气流速：氦气（纯度大于 99.999%），1mL/min

进样口温度：280℃

接口温度：280℃

离子源温度：200℃

电离方式：EI

进样方式：分流进样

分流比：1:10

进样量：1μL

质量扫描范围（SCAN）：40～450amu

溶剂延迟：3.5min

样品总离子流图见图 6.130，得到的质谱图见图 6.131。

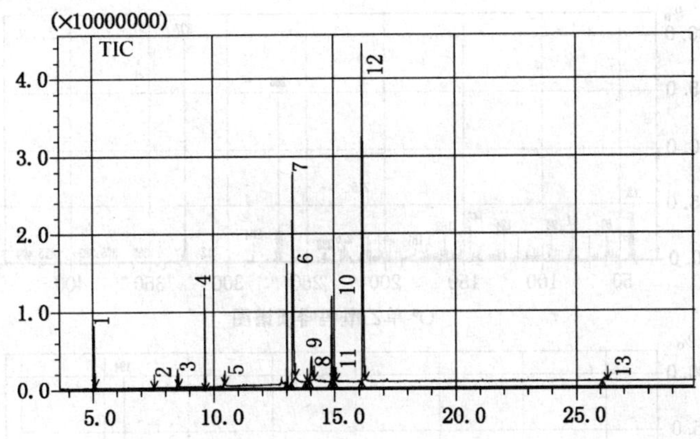

图 6.130　样品总离子流图

1—piracetam；2—meconin；3—coffeine；4—tramadol；5—1 - octadecanol；6—ISTD；7—dyphylline；8—codeine9—cholesterol；10—acetylcodein；11—6 - monoacetylmorphine；12—heroin；13—noscapine

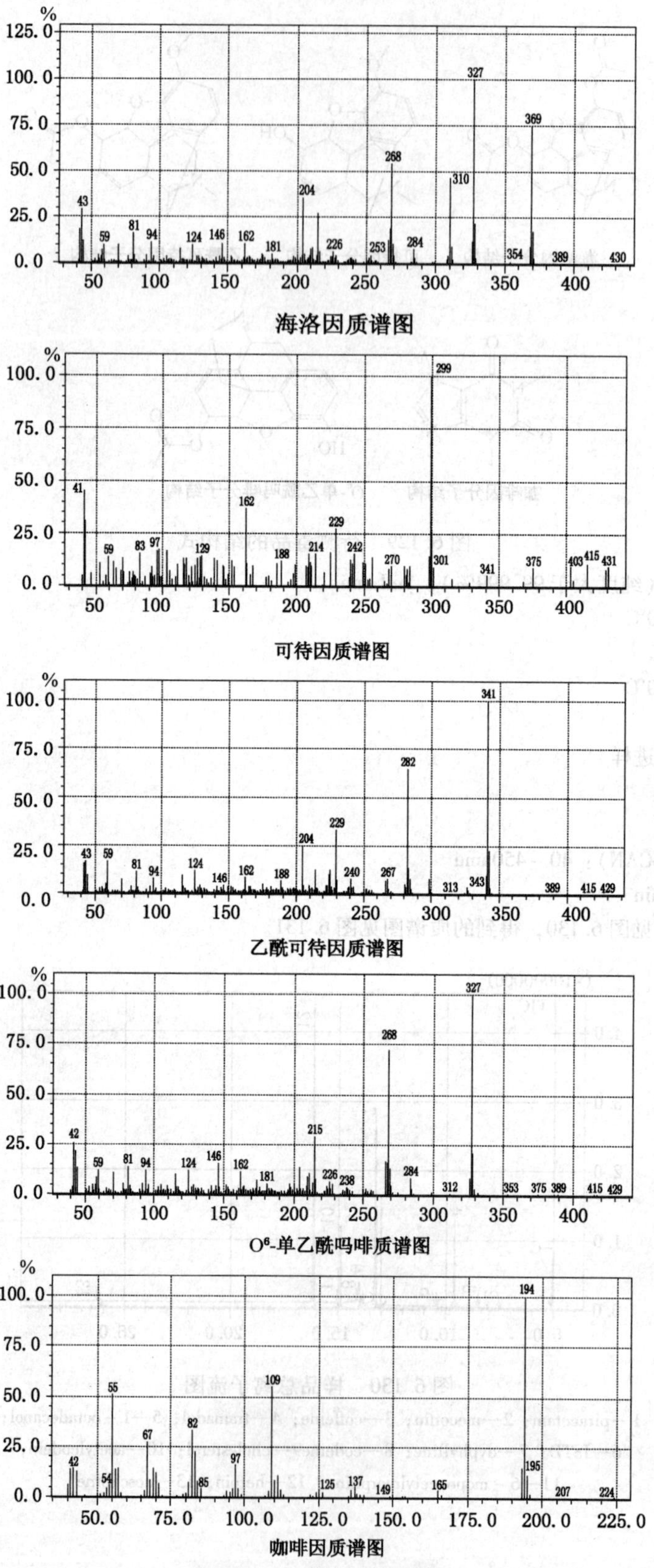

图 6.131 测定质谱谱图

结论

本样品中除了主要毒品成分海洛因外，其他成分还有单乙酰吗啡、乙酰可待因、可待因、咖啡因。由于海洛因是人工合成毒品，其最终产物是海洛因，但却是由吗啡乙酰化而得到的，一般情况下乙酰化过程是不完全的，均有单乙酰吗啡副产物的存在。另外，吗啡是从鸦片中提取的，鸦片中除吗啡外还含有另外一种主要成分，即可待因，可待因同样也能被乙酰化而生成乙酰可待因，而咖啡因既不可能是原料中成分，也不会是合成中间体，而是制造过程中或贩卖中添加的辅料，其种类和所占的重量比例均是因产地而不同的。

二、甲基苯丙胺滥用者尿液样本中对羟基甲基苯丙胺葡萄糖醛酸苷及对羟基甲基苯丙胺硫酸酯的 LC-MS－IT－TOF 检测方法

甲基苯丙胺(Methamphetamine，MA)俗称冰毒，尿液样本中 MA 及其代谢物，苯丙胺(Amphetamine，AP)和/或对羟基甲基苯丙胺(*p*－OHMA)的鉴定主要使用气相色谱质谱联用(GCMS)技术进行鉴定。目前，液相色谱质谱联用(LCMS)技术也被用于 MA 的检测。

实验部分：

化合物定性分析由岛津 LCMS－IT－TOF 完成。离子源：电喷雾电离源(ESI)；分析模式：正离子模式。接口电压 4.5kV；雾化气(N_2)：1.5L/min，曲型脱溶剂管(CDL)温度：200℃；离子累积时间：30ms；分离时间：20ms；碰撞诱导解离(CID)能量：50%；碰撞气比例：50%；CID 时间：30ms。色谱柱：L－columnODS 半微量柱(1.5mm×150mm，Chemicals Evaluation and ResearchInstitute，Tokyo，Japan)。流动相：甲醇/10mM 甲酸铵(pH3.5)＝5/95

使用单四极杆液质联用仪 LCMS－2010A(日本岛津公司)进行定量分析。使用 ESI 电喷雾电离源，接口电压：4.5kV；雾化气(N_2)：1.5L/min；CDL 温度：200℃；Q－arrayDC，10V；Q－arrayRF，150V。色谱柱：L－columnODS 半微量柱。流动相：甲醇和 10mM 甲酸铵缓冲盐(pH3.5)，使用线性梯度 20min 内，甲醇从 5% 变至 40%。定量分析使用 SIM 模式，共检测 6 个离子，分别为：*m/z*342，*p*－OHMA－Glu；*m/z*245，*p*－OHMA － Sul；*m/z*166，*p*－OHMA；*m/z*150，MA；*m/z*136，AP；*m/z*122，PEA。使用 β－苯乙胺(PEA)为内标。

样品制备：

在 100μL 尿液中添加 100ul1μg/mL 的 PEA，加入 500μL 的甲醇，涡旋混合 1min 去除蛋白质，离心 10min(1500×g)，取上清液。将上清液氮气吹干。残渣使用 100μL 蒸馏水进行复溶，过滤后共 LCMS 分析使用。

结果和讨论：

MA 使用者的尿样经处理后，使用岛津 LCMS－IT－TOF 进行分析。在保留时间 5min 和 10.5min，分别检测到质荷比为 *m/z*342.156 和 *m/z*246.078 的两个离子，标示为峰 1 和峰 2。经分子式预测其化学式分别为 $[C_{16}H_{24}NO_7]^+$(342.155)和 $[C_{10}H_{16}NO_4S]^+$(246.080)，分别与 *p*－OHMA－Glu 和 *p*－OHMA－Sul 的 $[M+H]^+$ 离子一致。

分别选择 *m/z*342.156 和 *m/z*246.078 为母离子获取其多级质谱数据，图 6.132 总结显示其结果。经鉴别峰 1(*m/z*342.156)的 MS/MS 谱图中显示出现 *m/z*166.122 的碎片离子，为 *p*－OHMA－Glu 失去 176Da 的葡萄糖醛酸基团生成的 *p*－OHMA 离子(理论值为 166.123)。同时，其 MS/MS 质谱图中还显示了 *m/z*135.084 的特征结构离子，与其理论值 135.081 非常接近。

峰 2 的 MS/MS 谱图也出现了 *m/z*166.120 的 *p*－OHMA 离子，为失去 SO_3(80Da)中性基团产生的碎片离子。同时 *m/z*135.084 的特征结构离子也出现在峰 2 的 MS/MS 图谱中。因此，鉴别峰 2 为 *p*－OHMA－Sul。除 *p*－OHMA 离子以及特征离子 *m/z*135.084 外，与峰 1 的 MS/MS 图谱相比，*p*－OHMA－Sul 的 MS/MS 图谱中还出现了 *m/z*187.006 和 *m/z*215.037 的离子，分别为丢失甲基氨基基团以及发生 α－断裂产生的离子。

峰 1 与峰 2 均选择 MS^2 级碎片离子 *m/z*166.122 为母离子进行 MS/MS/MS 实验，获得的 MS3 谱图与 *p*－OHMA 的 MS^2 级谱图一致。

为进一步证实上述推断，NoriakiShima 等合成得到 *p*－OHMA－Glu 和 *p*－OHMA－Sul 标准样品，在同样的条件下进行 MS^n 分析，其保留特性以及多级质谱图与样品检测结果完全一致。因此，最终确定实际样品中峰 1 和峰 2 分别为 *p*－OHMA－Glu 和 *p*－OHMA－Sul。实验中还检测得到 *p*－OHMA 的其他共轭化合物，

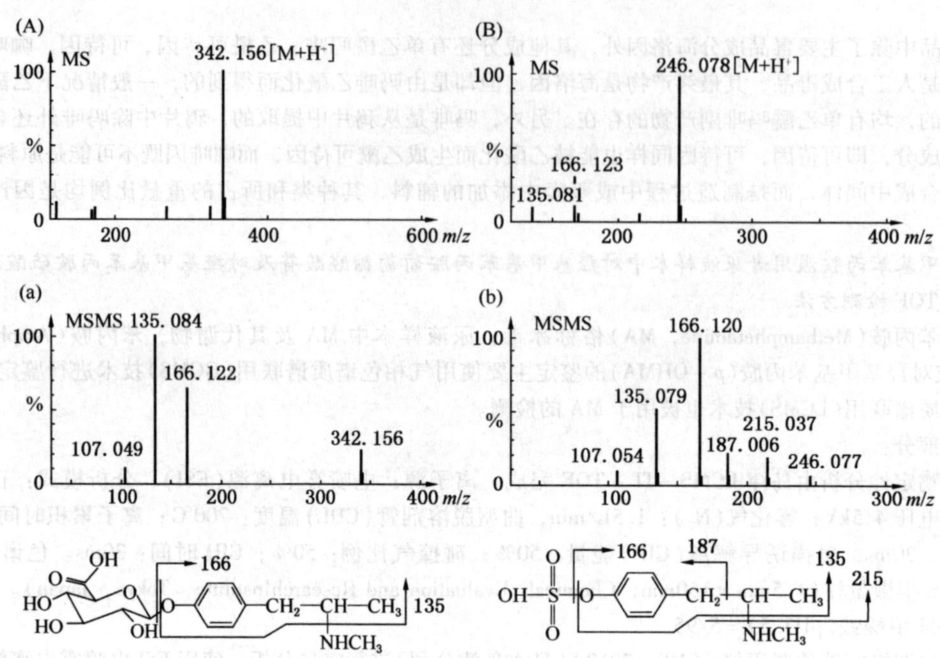

图 6.132 p – OHMA – Glu 和 p – OHMA – Sul 的鉴别

如葡萄糖苷化和甲基化产物等，其他的共轭化合物并未在尿样中检测得到。根据以上的研究，确定 MA 的排除产物除 p – OHMA – Glu 外，还有 p – OHMA – Sul 的产生。

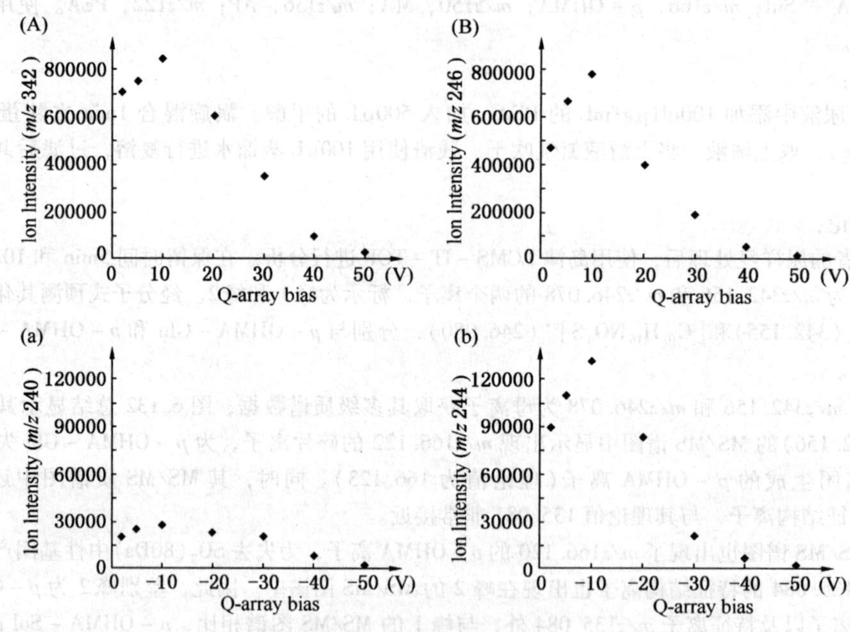

图 6.133　质谱条件的确定

分析条件优化过程：

质谱条件：

使用岛津 LCMS – 2010A 单四极杆液质进行 p – OHMA – Glu 和 p – OHMA – Sul 的 ESI 检测条件的优化。p – OHMA – Glu 的化学结构中具有甲氨基基团和羰基基团，因此在正、负离子模式下均有较好的质谱信号。p – OHMA – Sul 的结构中同样含有甲氨基基团以及硫酸酯基团，也易于离子化从而被检测。为选择最佳的检测模式以获得最好的灵敏度，对 LCMS－2010A 的 Q－array 电压进行优化。不同的 Q－array 电压对灵敏度以及碎片具有较明显的影响。以 1μg/mL 的 *p*－OHMA－Glu 和 *p*－OHMA－Sul 水溶液作为优化样品，使用流动注射模式每次进样 5μL 进行分析。在正、负离子模式下分别检测得到 *p*－OHMA－Glu 和 *p*－OHMA－Sul 的$[M+H]^+$和$[M-H]^-$。但是，二者在正离子模式下的强度均强于负离子模式的信号强度，分别为 5 倍和 20 倍。

另外，两个化合物均在 Q－array 电压为 10V 时获得正离子模式下最高的强度。当 Q－array 电压设置为 30V 时，离子强度明显下降。较高的 Q－array 电压导致 *p*－OHMA－Sul 产生 *m/z*166 和 *m/z*135 等碎片离子，从而使得离子强度降低。另一方面，在任何 Q－array 电压下 *p*－OHMA－Glu 均无碎片离子产生。因此，综合以上结果，确定以下的 SIM 检测参数：正离子模式，Q－array 电压：10V；目标离子：*p*－OHMA－Glu，*m/z*342；*p*－OHMA－Sul，*m/z*246。

表 6.21　方法稳定性实验数据

Analyte	*p*－OHMA－Glu	*p*－OHMA－Sul	*p*－OHMA	MA	AP
Recovery/%	82	85	90	92	92
Estimated limits of detection/(ng/mL)					
Full－scanmode	50	50	30	10	10
SIMmode	5	5	2	1	1
Linearity range/(μg/mL)	0.01－5	0.01－20	0.01－5	0.05－100	0.01－5
RSD/%	4.2	6.3	7.2	8.2	6.9
Accuracy(at1.0μg/mL)	1.02±0.03	1.09±0.05	0.97±0.07	1.02±0.09	0.99±0.07
Precision/%					
Within－day	5.3	6.5	7.0	7.9	7.0
Between－day	7.2	8.1	8.0	9.2	8.1

其他条件：

对梯度条件、有机相种类和流动相 pH 值进行优化，获得最终的液相分离条件。表 6.21 显示了该方法稳定性评价数据，确保检测的可靠性。

表 6.22　各 MA 用药者尿液样本中 MA 和其代谢物的浓度

Subject	*p*－OHMA－Glu (μg/mL)	*p*－OHMA－Sul/ (μg/mL)	*p*－OHMA (μg/mL)	MA/(μg/mL)	AP/(μg/mL)
1	1.1	6.0	1.0	18	1.8
2	0.19	1.8	0.32	5.3	0.17
3	1.0	5.8	0.60	60	1.5

使用优化后的液相方法对 3 名苯丙胺用药者的尿样进行检测，其中样本 1 的提取离子流图如图 6.134 所示。表 6.22 显示了 3 个样本的检测结果。除 *p*－OHMA 外，在全部 3 个样本中均检测得到 *p*－OHMA－Glu 和 *p*－OHMA－Sul。*p*－OHMA－Sul 的浓度大致比 *p*－OHMA－Glu 和 *p*－OHMA 的浓度高 5.5～9.7 倍。*p*－OHMA－Glu 的浓度范围在 0.19～1.1μg/mL，*p*－OHMA－Sul 在 1.8～6.0μg/mL，而 *p*－OHMA 的浓度范围在 0.32～1.0μg/mL。

以往文献报道，由 MA 生成 *p*－OHMA 为人体内 MA 的主要代谢途径。根据实验数据，*p*－OHMA 具有葡萄糖醛酸化和硫酸酯化两种代谢途径，如图 6.135 所示。硫酸酯化得到的代谢产物，其浓度高于葡萄糖醛酸化产物，因此，硫酸酯化为人体内 *p*－OHMA 的主要代谢途径。85% 的 *p*－OHMA 转化生成共轭化合物并在尿液中排出。

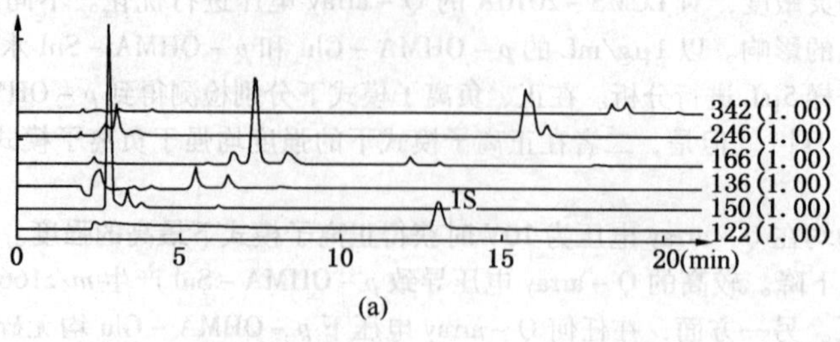

(a)

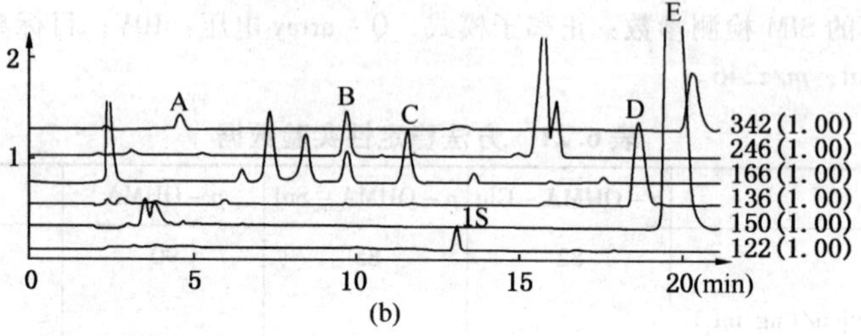

(b)

图 6.134　提取离子流图（a）空白样品（b）用药者尿样（样本 1）

A*p* - OHMA - Glu：1.1μg/mL；B*p* - OHMA - Sul：6.0μg/mL；

C*p* - OHMA：1.0μg/mL；DAP：1.8μg/mL；EMA：18μg/mL. IS：内标

Methamphetamine(MA)　→　Amphetamine(AP)

p-Hydroxymethamphetamine (*p*-OHMA)

p-OHMA-glucuronide (*p*-OHMA-Glu)　　*p*-OHMA-Sulfate (*p*-OHMA-Sul)

图 6.135　MA 代谢途径示意图

参 考 文 献

1　魏福祥，韩菊，刘宝友．仪器分析原理及技术．北京：中国石化出版社，2011

2　陈耀祖，涂亚平．有机质谱原理及应用．北京：科学出版社，2001

3　杨芃原，钱小红，盛龙生．生物质谱技术与方法．北京：科学出版社，2003

4　耿静波．质谱色谱联用软件系统的设计与实现．长春：吉林大学，2009

5　王维国，李重九，李玉兰，徐建中．有机质谱应用——在环境、农业和法庭科学中的应用．北京：化学工业出版社，2006

6　何美玉．现代有机与生物质谱．北京：北京大学出版社，2002